Zhuce Huanbao Gongchengshi Zhiye Zige Kaoshi
Jichu Kaoshi Fuxi Jiaocheng

注册环保工程师执业资格考试 基础考试复习教程

（上册）

注册工程师考试复习用书编委会 / 编

徐洪斌　曹纬浚　何新生 / 主编

人民交通出版社股份有限公司
China Communications Press Co.,Ltd.

内 容 提 要

本书根据2009年新版考试大纲及近几年考试真题编写,内容贴合考试实际,是考生复习必备的经典教材。

本书编写人员全部是多年从事注册环保工程师基础考试培训工作的专家、教授。书中内容紧扣现行考试大纲并覆盖了考试大纲的全部内容,着重于对概念的理解运用,重点突出。全书分"考试大纲""必备基础知识""经典练习"等模块。其中,"必备基础知识"除包含考试须知须会的内容以外,还配有"典型例题解析"。

本书由于篇幅较大,特分为上、下两册,上册为公共基础考试内容,下册为专业基础考试内容,以便于携带和翻阅。

本书可供参加注册环保工程师执业资格考试基础考试的考生复习使用。

图书在版编目(CIP)数据

2017注册环保工程师执业资格考试基础考试复习教程/徐洪斌,曹纬浚,何新生主编. —北京:人民交通出版社股份有限公司,2017.3
ISBN 978-7-114-13613-9

Ⅰ.①2… Ⅱ.①徐… ②曹… ③何… Ⅲ.①环境保护—资格考试—自学参考资料 Ⅳ.①X

中国版本图书馆CIP数据核字(2017)第008780号

书　　　名	2017注册环保工程师执业资格考试基础考试复习教程
著 作 者	徐洪斌　曹纬浚　何新生
责任编辑	刘彩云　谢海龙
出版发行	人民交通出版社股份有限公司
地　　　址	(100011)北京市朝阳区安定门外外馆斜街3号
网　　　址	http://www.ccpress.com.cn
销售电话	(010)59757973
总 经 销	人民交通出版社股份有限公司发行部
经　　　销	各地新华书店
印　　　刷	北京鑫正大印刷有限公司
开　　　本	787×1092　1/16
印　　　张	69.75
字　　　数	1673 千
版　　　次	2017年3月　第1版
印　　　次	2017年3月　第1次印刷
书　　　号	ISBN 978-7-114-13613-9
定　　　价	138.00元(含上、下两册)

(有印刷、装订质量问题,由本公司负责调换)

前　言

　　住房和城乡建设部、环境保护部及人力资源和社会保障部从2005年起实施注册环保工程师执业资格考试制度。

　　本教程的编写老师都是本专业有较深造诣的教授和高级工程师，分别来自北京建筑大学、北京工业大学、北京交通大学、北京工商大学、郑州大学及北京市建筑设计研究院。为了帮助环保工程师们准备考试，教师们根据多年教学实践经验和考生的回馈意见，依据考试大纲和现行教材、规范，为学员们编写了这本教程。本教程的目的是为了指导复习，因此力求简明扼要，联系实际，着重对概念和规范的理解应用，并注意突出重点，是一套值得考生信赖的考前辅导和培训用书。

　　本教程严格按现行考试大纲编写，并在多年教学实践中不断加以改进。为方便考生复习，本教程分上、下册出版，上册第1~11章为上午段公共基础考试内容；下册第12~17章为下午段专业基础考试内容，所选例题及练习题大多来自真题，并注有年号，考生做题时，可对此部分题多加关注。本书还配有《2017注册环保工程师执业资格考试基础考试历年真题详解》(两册)，考生可用此书多做练习。

　　(1) 在结构设置上，首先对大纲要求的知识点进行精炼阐述，然后辅以典型例题并进行解析，每一小节后附经典练习，并在每一章后提供提示及参考答案。

　　(2) 例题、练习题、模拟题等试题多来自历年真题，考生可在复习、练习过程中熟悉本考试的深度和广度。

　　(3) 全书是对考试大纲内容的精炼，考生通过本书的复习和练习，可在较短时间内完成对考试大纲的理解和掌握。

　　特别提醒，《中华人民共和国大气污染防治法》(2015年修订版)、《中华人民共和国环境影响评价法》(2016年9月1日起施行)，本书已作更新。

　　本书中的部分知识点和试题配有视频讲解，考生可扫描"二维码"在线学习，或者刮开封面"增值卡"，登录"注考网"(www.zhukaowang.com.cn)或扫描封面二维码，关注微信公众号"注考微课程"，观看更多精彩视频。

　　本书由徐洪斌、曹纬浚、何新生担任主编，参加编写的人员还有吴昌泽、范元玮、程学平、毛怀玲、谢亚勃、刘燕、钱民刚、李兆年、许怡生、许小重、陈向东、李魁元、马浩亮、董亚丽、孙震宇、周广远、雷达、高静、王靖雯、杨苗青、柳理芹、张秀金、程辉、贾玲华、毛怀珍、朋改非、吴景坤、吴扬、张翠兰、王彬、张超艳、张文娟、李平、邓华、冯嘉骝、钱程、李广秋、韩雪、陈启佳、翟平、郭虹、曹京、孙琳、李智民、赵思儒、吴越恺、许博超、张云龙、王坤、刘若禹、楼香林、莫培佳、段修谓、王蓓、宋方佳、杨守俊、王志刚、何承奎、葛宝金、李丹枫、王凯、王志伟、韩智铭、涂洪亮、孙玮、黄丽华、高璐、曹欣、阮文依、王金羽、康义荣、杨洪波、任东勇、曹铎、耿京、李铁柱、仲晓雯、冯存强、阮广青、赵欣然、霍新民、何玉章、颜志敏、曹一兰、周庄、张文革、张岩、周迎旭。

祝各位考生考试取得好成绩！

徐洪斌
2017 年 1 月

主编致考生

一、注册环保工程师在专业考试之前进行基础考试是和国外接轨的做法。通过基础考试并达到职业实践年限后就可以申请参加专业考试。基础考试是考大学中的基础课程，按考试大纲的安排，上午考试段考11科，120道题，4个小时，每题1分，共120分；下午考试段考6科，60道题，4个小时，每题2分，共120分；上、下午共240分。试题均为4选1的单选题，平均每题时间上午2分钟，下午4分钟，因此不会有复杂的论证和计算，主要是检验考生的基本概念和基本知识。考生在复习时不要偏重难度大或过于复杂的知识，而应将复习的注意力主要放在弄清基本概念和基本知识方面。

二、考生在复习本教程之前，应认真阅读"考试大纲"，清楚地了解考试的内容和范围，以便合理制订自己的复习计划。复习时一定要紧扣"考试大纲"的内容，将全面复习与突出重点相结合。着重对"考试大纲"要求掌握的基本概念、基本理论、基本计算方法、计算公式和步骤，以及基本知识的应用等内容有系统、有条理地重点掌握，明白其中的道理和关系，掌握分析问题的方法。同时还应会使用为减少计算工作量或简化、方便计算所制作的表格等。本教程中每章前均有一节"复习指导"，具体说明本章的复习重点、难点和复习中要注意的问题，建议考生认真阅读每章的"复习指导"，参考"复习指导"的意见进行复习。在对基本概念、基本原理和基本知识有一个整体把握的基础上，对每章节的重点、难点进行重点复习和重点掌握。

三、注册环保工程师基础考试上、下午试卷共计240分，上、下午不分段计算成绩，这几年及格线都是55%，也就是说，上、下午试卷总分达到132分就可以通过。因此，考生在准备考试时应注意扬长避短。从道理上讲，自己较弱的科目更应该努力复习，但毕竟时间和精力有限，如2009年新增加的"信号与信息技术"，据了解，非信息专业的考生大多未学过，短时间内要掌握好比较困难，而"信号与信息技术"总共只有6道题，6分，只占总分的2.5%，也就是说，即使"信号与信息技术"1分未得，其他科目也还有234分，从234分中考132分是完全可以做到的。因此考生可以根据考试分科题量、分数分配和自己的具体情况，计划自己的复习重点和主要得分科目。当然一些主要得分科目是不能放松的，如"高等数学"24题(上午段)24分，"工程流体力学与流体机械"10题(下午段)20分，"污染防治技术"22题(下午段)44分,都是不能放松的;其他科目则可根据自己过去对课程的掌握情况有所侧重,争取在自己过去学得好的课程中多得分。

四、在考试拿到试卷时,建议考生不要顺着题序顺次往下做。因为有的题会比较难,有的题不很熟悉,耽误的时间会比较多,以致到最后时间不够,题做不完,有些题会做但时间来不及,这就太得不偿失了。建议考生将做题过程分为四遍:

(1)首先用15～20分钟将题从头到尾看一遍,一是首先解答出自己很熟悉很有把握的题;二是将那些需要稍加思考估计能在平均答题时间里做出的题做个记号。这里说的平均答题时间,是指上午段4个小时考120道题,平均每题2分钟;下午段4个小时考60道题,平均每题4分钟,这个2分钟(上午)、4分钟(下午)就是平均答题时间。将估计在这个时间里能做出来的题做上记号。

(2)第二遍做这些做了记号的题,这些题应该在考试时间里能做完,做完了这些题可以说就考出了考生的基本水平,不管考生基础如何,复习得怎么样,考得如何,至少不会因为题没做完而遗憾了。

(3)这些会做或基本会做的题做完以后,如果还有时间,就做那些需要稍多花费时间的题,能做几个算几个,并适当抽时间检查一下已答题的答案。

(4)考试时间将近结束时,比如还剩5分钟要收卷了,这时你就应看看还有多少道题没有答,这些题确实不会了,建议考生也不要放弃。既然是单选,那也不妨估个答案,答对了也是有分的。建议考生回头看看已答题目的答案,A、B、C、D各有多少,虽然整个卷子四种答案的数量并不一定是平均的,但还是可以这样考虑,看看已答的题A、B、C、D中哪个答案最少,然后将不会做没有答的题按这个前边最少的答案通填,这样其中会有1/4可能还会多于1/4的题能得分,如果考生前边答对的题离及格正好差几分,这样一补充就能及格了。

五、基础考试是不允许带书和资料的,2012年前,考试时会给每位考生发一本"考试手册",载有公式和一些数据,考后收回。但从2012年起,取消了"考试手册"的配发。据说原因是考生使用不多,事实上也没有更多时间去翻手册。因此一些重要的公式、规定,考生一定要自己记住。

六、本教程每节后均附有习题,并在每章后附有提示及参考答案。建议考生在复习好本教程内容的基础上,多做习题。多做习题能帮助巩固已学的概念、理论、方法和公式等,并能发现自己的不足,哪些地方理解得不正确,哪些地方没有掌握好;同时熟能生巧,提高解题速度。本教程在最后提供了两套模拟试题,建议考生在复习完本教程以后,集中时间,排除干扰,模拟考试气氛,将模拟试题全部做一遍,以接近实战地检验一下自己的复习效果。

复习中若遇到疑问,可根据上、下册不同,参考封底邮箱信息,发邮件至两位主编邮箱,我们会尽快回复解答。相信这本教程能帮助大家准备好考试。

最后,祝愿各位考生取得好成绩!

曹纬浚

2017 年 1 月

目录(上册)

第一章 高等数学 ... 1
复习指导 ... 1
第一节 空间解析几何与向量代数 ... 5
第二节 一元函数微分学 ... 14
第三节 一元函数积分学 ... 31
第四节 多元函数微分学 ... 46
第五节 多元函数积分学 ... 53
第六节 级数 ... 64
第七节 常微分方程 ... 75
第八节 线性代数 ... 82
第九节 概率论与数理统计 ... 113
习题提示及参考答案 ... 132

第二章 普通物理 ... 153
复习指导 ... 153
第一节 热学 ... 154
第二节 波动学 ... 169
第三节 光学 ... 179
习题提示及参考答案 ... 195

第三章 普通化学 ... 201
复习指导 ... 201
第一节 物质结构和物质状态 ... 204
第二节 溶液 ... 225
第三节 化学反应速率与化学平衡 ... 235
第四节 氧化还原反应与电化学 ... 249
第五节 有机化合物 ... 259
习题提示及参考答案 ... 277

第四章 理论力学 ... 280
复习指导 ... 280
第一节 静力学 ... 282
第二节 运动学 ... 301
第三节 动力学 ... 309
习题提示及参考答案 ... 329

第五章 材料力学 ... 334
复习指导 ... 334

第一节	概论	335
第二节	轴向拉伸与压缩	339
第三节	剪切和挤压	345
第四节	扭转	348
第五节	截面图形的几何性质	352
第六节	弯曲梁的内力、应力和变形	356
第七节	应力状态与强度理论	369
第八节	组合变形	376
第九节	压杆稳定	382
习题提示及参考答案		387

第六章 流体力学 399

复习指导		399
第一节	流体力学定义及连续介质假设	400
第二节	流体的主要物理性质	401
第三节	流体静力学	406
第四节	流体动力学	417
第五节	流动阻力和能量损失	432
第六节	孔口、管嘴及有压管流	446
第七节	明渠恒定流	460
第八节	渗流定律、井和集水廊道	468
第九节	量纲分析和相似原理	474
习题提示及参考答案		481

第七章 电工电子技术 484

复习指导		484
第一节	电场与磁场	486
第二节	电路的基本概念和基本定律	491
第三节	直流电路的解题方法	498
第四节	正弦交流电路的解题方法	503
第五节	电路的暂态过程	518
第六节	变压器、电动机及继电接触控制	522
第七节	二极管及其应用	534
第八节	三极管及其基本放大电路	540
第九节	集成运算放大器	551
第十节	数字电路	559
习题提示及参考答案		574

第八章 信号与信息技术 579

复习指导		579
第一节	基本概念	580
第二节	数字信号与信息	598
习题提示及参考答案		614

第九章　计算机应用基础 ·· 616
   复习指导 ··· 616
   第一节　计算机基础知识 ·· 617
   第二节　计算机程序设计语言 ·· 624
   第三节　信息表示 ··· 627
   第四节　常用操作系统 ·· 633
   第五节　计算机网络 ··· 637
   习题提示及参考答案 ··· 655

第十章　工程经济 ·· 660
   复习指导 ··· 660
   第一节　资金的时间价值 ·· 662
   第二节　财务效益与费用估算 ·· 669
   第三节　资金来源与融资方案 ·· 679
   第四节　财务分析 ··· 684
   第五节　经济费用效益分析 ··· 695
   第六节　不确定性分析 ·· 698
   第七节　方案经济比选 ·· 702
   第八节　改扩建项目的经济评价特点 ··· 704
   第九节　价值工程 ··· 705
   习题提示及参考答案 ··· 709

第十一章　法律法规 ··· 713
   复习指导 ··· 713
   第一节　我国法规的基本体系 ·· 714
   第二节　中华人民共和国建筑法(摘要) ··· 714
   第三节　中华人民共和国安全生产法(摘要) ··· 720
   第四节　中华人民共和国招标投标法(摘要) ··· 725
   第五节　中华人民共和国合同法(摘要) ··· 730
   第六节　中华人民共和国行政许可法(摘要) ··· 735
   第七节　中华人民共和国节约能源法(摘要) ··· 738
   第八节　中华人民共和国环境保护法(摘要) ··· 743
   第九节　建设工程勘察设计管理条例(摘要) ··· 750
   第十节　建设工程质量管理条例(摘要) ··· 752
   第十一节　建设工程安全生产管理条例(摘要) ·· 757
   习题提示及参考答案 ··· 761

附录一　全国勘察设计注册工程师资格考试公共基础考试大纲 ·· 766
附录二　全国勘察设计注册工程师资格考试公共基础试题配置说明 ····································· 773

第一章 高等数学

复 习 指 导

在注册工程师基础考试中,基础部分试卷试题总数为 120 道题,其中高等数学占 24 题。高等数学题微积分部分有 16 道题,线性代数、概率、矢量代数有 8 道题。数学题的数量占上午试题总量的 $\frac{1}{5}$,因而复习好数学是至关重要的。

一、考试大纲

1.1 空间解析几何

向量的线性运算;向量的数量积、向量积及混合积;两向量垂直、平行的条件;直线方程;平面方程;平面与平面、直线与直线、平面与直线之间的位置关系;点到平面、直线的距离;球面、母线平行于坐标轴的柱面、旋转轴为坐标轴的旋转曲面的方程;常用的二次曲面方程;空间曲线在坐标面上的投影曲线方程。

1.2 微分学

函数的有界性、单调性、周期性和奇偶性;数列极限与函数极限的定义及其性质;无穷小和无穷大的概念及其关系;无穷小的性质及无穷小的比较;极限的四则运算;函数连续的概念;函数间断点及其类型;导数与微分的概念;导数的几何意义和物理意义;平面曲线的切线和法线;导数和微分的四则运算;高阶导数;微分中值定理;洛必达法则;一元函数的切线与法线,空间曲线的切线与法平面、曲面的切平面及法线;函数单调性的判别;函数的极值;函数曲线的凹凸性、拐点;偏导数与全微分的概念;二阶偏导数;多元函数的极值和条件极值;多元函数的最大、最小值及其简单应用。

1.3 积分学

原函数与不定积分的概念;不定积分的基本性质;基本积分公式;定积分的基本概念和性质(包括定积分中值定理);积分上限的函数及其导数;牛顿-莱布尼兹公式;不定积分和定积分的换元积分法与分部积分法;有理函数、三角函数的有理式和简单无理函数的积分;广义积分;二重积分与三重积分的概念、性质、计算和应用;两类曲线积分的概念、性质和计算;求平面图形的面积、平面曲线的弧长和旋转体的体积。

1.4 无穷级数

数项级数的敛散性概念;收敛级数的和;级数的基本性质与级数收敛的必要条件;几何级数与 p 级数及其收敛性;正项级数敛散性的判别法;任意项级数的绝对收敛与条件收敛;幂级数及其收敛半径、收敛区间和收敛域;幂级数的和函数;函数的泰勒级数展开;函数的傅里叶系数与傅里叶级数。

1.5 常微分方程

常微分方程的基本概念;变量可分离的微分方程;齐次微分方程;一阶线性微分方程;全微

分方程;可降阶的高阶微分方程;线性微分方程解的性质及解的结构定理;二阶常系数齐次线性微分方程。

1.6 线性代数

行列式的性质及计算;行列式按行按列展开定理的应用;矩阵的运算;逆矩阵的概念、性质及求法;矩阵的初等变换和初等矩阵;矩阵的秩;等价矩阵的概念和性质;向量的线性表示;向量组的线性相关和线性无关;线性方程组有解的判定;线性方程组求解;矩阵的特征值和特征向量的概念与性质;相似矩阵的概念和性质;矩阵的相似对角化;二次型及其矩阵表示;合同矩阵的概念和性质;二次型的秩;惯性定理;二次型及其矩阵的正定性。

1.7 概率论与数理统计

随机事件与样本空间;事件的关系与运算;概率的基本性质;古典型概率;条件概率;概率的基本公式;事件的独立性;独立重复试验;随机变量;随机变量的分布函数;离散型随机变量的概率分布;连续型随机变量的概率密度;常见随机变量的分布;随机变量的数学期望、方差、标准差及其性质;随机变量函数的数学期望;矩、协方差、相关系数及其性质;总体;个体;简单随机样本;统计量;样本均值;样本方差和样本矩;χ^2 分布;t 分布;F 分布;点估计的概念;估计量与估计值;矩估计法;最大似然估计法;估计量的评选标准;区间估计的概念;单个正态总体的均值和方差的区间估计;两个正态总体的均值差和方差比的区间估计;显著性检验;单个正态总体的均值和方差的假设检验。

二、复习指导

在复习中,首先要熟悉大纲,按大纲的要求分清哪些属于考试要求,哪些不属于考试要求,有的放矢地做好复习工作。建议考生除了复习本复习教程上的内容外,还可结合同济大学编的《高等数学》上、下册(第五版或第六版)课本一起复习。由于复习教程篇幅所限,有的内容显得简单了,结合书本复习,可进一步充实相关的内容。另外,在教科书中还附有大量的习题,可在复习时做练习题用。

关于考试的试题基础部分在上午考,时间为 4 个小时,考题有 120 道,也就是要在 240 分钟内做完 120 道题,平均 2 分钟做 1 道题,这一点也是我们在复习中应该注意的。这样,大的定理证明、复杂的计算题、计算量大大超过 2 分钟的题目就不可能在试题中出现。试题的形式都是单选题,从给出的四个选项中挑一个。如果题目是以计算题形式给出的,可通过正确的计算选择其中一个答案。

有的从形式上看也是计算题,但涉及的内容有奇偶函数,不妨先去判定一下。有的题目属于概念题,应认真回顾所学过的概念作出正确的选择,有的题目要求根据学过的定义、定理判定,要很好想一下这些定义、定理的具体内容,经分析后选出要求的答案。因而熟记书本的定义、定理性质是必要的,另外,熟悉一些题目的计算步骤,记住曾做过一些题目的结论也是必要的。另外注意根据题目的要求,当能肯定选出某一选项后,其余三个选项,不论它所给出的内容是什么,也不再去验证它为什么错。除了有的题目给了四个选项,一时判定不了的,可以采取逐一排除的方法,得到最后的结论。这些做法在具体做题时需要灵活掌握。但可以肯定的是选择题往往是从涉及概念性较强,计算比较灵活,而计算量又不很大的一类题目中选出。了解以上情况之后,从一开始复习就要加以注意。最后通过系统的复习达到对考试要求的内容有一个全面了解,应该记忆的定义、定理、性质和一些推导出来的结论要记住,应该记忆的公式要记牢,对各种类型的计算题解题的步骤要记住,只有这样,才能较好地应对这次考试。

下面按章、节讲一下每一部分的重点和难点,按复习教程所写的内容顺序进行。

(一)空间解析几何与向量代数

重点:(1)掌握利用向量的基本向量分解式或坐标表示式进行向量运算,如加法、减法、数乘,数量积、向量积、混合积的计算。

(2)熟练掌握利用两向量平行、两向量垂直坐标所具备的性质,设 $\vec{a},\vec{b}$ 为非零向量,$\vec{a}=\{a_x,a_y,a_z\},\vec{b}=\{b_x,b_y,b_z\}$,则 ① $\vec{a}\parallel\vec{b} \Leftrightarrow \vec{a}\times\vec{b}=0 \Leftrightarrow \vec{a}=\lambda\vec{b} \Leftrightarrow \dfrac{a_x}{b_x}=\dfrac{a_y}{b_y}=\dfrac{a_z}{b_z}$;② $\vec{a}\perp\vec{b} \Leftrightarrow \vec{a}\cdot\vec{b}=0 \Leftrightarrow a_xb_x+a_yb_y+a_zb_z=0$。会利用上述条件求直线方程、平面方程,或判定直线和平面间的某种位置关系,空间曲线在坐标面上的投影曲线。

难点:利用两向量平行或垂直的条件求直线方程、平面方程,判定直线和平面的位置关系又是其中的难点。

(二)一元函数微分学

重点:(1)熟练掌握函数奇偶性、单调性、周期性、有界性的判定办法。

(2)熟练掌握求函数极限的方法,把两个重要极限、利用等价无穷小求极限等方法和用洛必达法则求极限方法灵活地结合在一起,解决求极限的问题。

(3)掌握利用函数在一点连续的定义,判定函数在一点的连续性或求某一个数值。

(4)掌握用在一点导数的定义的两种形式求函数在一点的导数,并会利用在一点左、右导数的定义判定分段函数在交界点的可导性。掌握利用在一点导数的几何意义求切线方程、法线方程。

(5)熟练掌握复合函数、参数方程、隐函数、幂指函数的一阶导数以及高阶导数的计算。

(6)熟练掌握三个中值定理结论中的 ξ 值求法,会求函数的单调区间、函数的极值、函数的最值、函数的凹凸区间、拐点、会求函数的渐近线。其中,求各种给出函数的导数,确定函数曲线的单调性、凹凸区间等,又是这一节的**难点**。

(三)一元函数积分学

重点:(1)掌握原函数的概念,并要求把原函数的概念灵活地运用到求函数的不定积分中,计算出不定积分。

(2)熟练掌握利用不定积分公式、换元法、分部积分法,求不定积分。

其中,涉及利用原函数概念的不定积分计算,用换元积分法计算不定积分,是难点。

(3)掌握积分上限函数求导的方法,熟练掌握利用定积分的性质、奇偶函数在对称区间上积分的知识,利用定积分的换元积分和分部积分等求定积分。

(4)熟练掌握利用定积分求平面图形的面积和旋转体的体积、平面曲线的弧长、计算变力沿直线运动所做的功等。

(5)熟练掌握广义积分的计算,判定广义积分敛散性。

难点:计算不定积分、定积分及利用定积分求平面图形的面积和旋转体的体积。

(四)多元函数微分学

重点:(1)熟练掌握复合函数偏导数和全微分的计算,隐函数偏导数和全微分的计算。

(2)掌握二元函数在一点的连续性,偏导存在和全微分的概念及它们之间的联系。

(3)熟练掌握求空间曲线的切线和法平面、空间曲面的切平面和法线的方程的方法。

难点:二元函数连续性、偏导存在和可微概念之间的关系,求二元复合函数和隐函数的偏导、全微分是难点。

(五)多元函数积分学

重点:(1)熟练掌握二重积分的计算,并会在直角坐标系下把二重积分写成两种积分顺序下的二次积分,会把二重积分化为极坐标系下的二次积分。

(2)熟练掌握把三重积分化为在直角坐标系下、柱面坐标系下、球面坐标系下的三次积分(计算三重积分不是重点)。

(3)熟练掌握对弧长和坐标的曲线积分的计算。在对坐标的曲线积分中,一定要会利用与路径无关的条件,应用格林公式计算曲线积分。

难点:把三重积分化为直角、柱面、球面坐标系下三次积分,对弧长的曲线积分。

(六)级数

重点:(1)熟练掌握数项级数敛散性的判定。

(2)熟练掌握幂级数的收敛半经和收敛区间的求法。

(3)熟练掌握利用已知函数展开式,采用间接展开法,把函数展开成幂级数。

(4)掌握用狄利克雷收敛定理确定傅里叶级数的和函数,求在某点傅里叶级数的和。

难点:(1)数项级数敛散性的判定。

(2)用间接展开法把函数展开成幂级数。

(七)常微分方程

重点:(1)熟练掌握一阶微分方程中可分离变量方程、一阶线性方程通解的求法。

(2)熟练掌握二阶常系数线性齐次方程通解的计算方法。

(3)掌握列微分方程、解应用题方法。

难点:列微分方程、解应用题。

(八)线性代数

根据考试大纲的要求,线性代数需要掌握以下内容:行列式、矩阵、n 维向量、线性方程组、矩阵的特征值与特征向量、二次型。

行列式是线性代数的基本工具,而高阶行列式的计算一般都要用到行列式的相关性质。

矩阵是线性代数研究的主要对象,是求解线性方程组的有力工具。除了会矩阵的基本运算外,还应会求逆矩阵、矩阵的秩,进而会求解矩阵方程。

在求解线性方程组时会涉及解向量的最大线性无关组的问题,对于向量组要会求它的最大线性无关组。能熟练利用齐次及非齐次线性方程组解的性质,写出方程组的通解。

特征值与特征向量是矩阵理论中最基本的概念之一,对此,应熟练掌握。

关于二次型,首先要会写出它的矩阵形式,即找出它所对应的实对称阵。将一般二次型化为标准型时,也会遇到求二次型所对应矩阵的特征根的问题。

(九)概率论与数理统计

概率论与数理统计需要掌握的内容如下。

随机事件与概率、古典概型、一维随机变量的分布和数字特征、数理统计的基本概念、参数估计、假设检验。

对事件运算、古典概型、全概率公式、独立重复试验要会灵活运用这些工具解决具体问题。

对于随机变量可以有三种描述工具:分布函数、离散型随机变量的分布律、连续型随机变量的概率密度,需要熟悉它们的定义、性质,并且要会使用。比如,概率密度 $f(x)$ 中如果含未知数 A,则可用 $\int_{-\infty}^{+\infty} f(x)\mathrm{d}x = 1$ 定出 A。而对正态 $N(\mu,\sigma^2)$ 分布的随机变量要转化成标准正态 $N(0,1)$ 分布才可查表。

数字特征可从某个侧面反映随机变量分布的特点,数学期望和方差的性质及有关计算公式属于基本内容,用它们可以解决一些实际问题,应该予以关注。

统计量,比如样本均值 $\bar{X}$ 和方差 S^2,抽样分布是参数估计、假设检验的基础。

总之,大家应在基本概念清晰的基础上,熟练掌握有关的计算问题,特别是比较简捷的计算。

第一节 空间解析几何与向量代数

一、空间直角坐标

(一)坐标轴的平移

设旧坐标系为 $Oxyz$,新坐标系为 $O'x'y'z'$,新轴与旧轴平行,点 O' 的旧坐标为 (a,b,c),点 M 的旧、新坐标依次为 (x,y,z) 及 (x',y',z'),则

$$x = a+x', y = b+y', z = c+z' \tag{1-1}$$

(二)两点间的距离

在空间直角坐标系中,$M_1(x_1,y_1,z_1)$ 与 $M_2(x_2,y_2,z_2)$ 之间的距离为

$$d = \sqrt{(x_2-x_1)^2 + (y_2-y_1)^2 + (z_2-z_1)^2}$$

(三)定比分点

设 $M_1(x_1,y_1,z_1), M_2(x_2,y_2,z_2)$ 为两定点,点 $M(x,y,z)$ 将 $\overline{M_1M_2}$ 分为两段 $\overline{M_1M}$、$\overline{MM_2}$,使 $\dfrac{M_1M}{MM_2} = \lambda (\lambda \neq -1)$,则

$$x = \frac{x_1+\lambda x_2}{1+\lambda}, y = \frac{y_1+\lambda y_2}{1+\lambda}, z = \frac{z_1+\lambda z_2}{1+\lambda} \tag{1-2}$$

当 $\lambda = 1$ 时,M 为 $\overline{M_1M_2}$ 的中点,则

$$x = \frac{x_1+x_2}{2}, y = \frac{y_1+y_2}{2}, z = \frac{z_1+z_2}{2} \tag{1-3}$$

(四)空间方向的确定

设有一条有向直线 L,它与三个坐标轴正向的夹角分别为 $\alpha、\beta、\gamma (0 \leqslant \alpha,\beta,\gamma \leqslant \pi)$,称为直线 L 的方向角;$\{\cos\alpha,\cos\beta,\cos\gamma\}$ 称为直线 L 的方向余弦,三个方向余弦有如下关系

$$\cos^2\alpha + \cos^2\beta + \cos^2\gamma = 1 \tag{1-4}$$

二、向量代数

(一)向量的概念

空间具有一定长度和方向的线段称为向量。以 A 为起点,B 为终点的向量记作 $\overrightarrow{AB}$,或简记作 $\vec{a}$。向量 $\vec{a}$ 的长记作 $|\vec{a}|$,又称为向量 $\vec{a}$ 的模,两向量 $\vec{a}$ 和 $\vec{b}$ 若满足:①$|\vec{a}| = |\vec{b}|$,②$\vec{a}//\vec{b}$,③$\vec{a},\vec{b}$ 指向同一侧,则称 $\vec{a} = \vec{b}$。

与 $\vec{a}$ 方向一致的单位向量 $\vec{a}^0 = \dfrac{\vec{a}}{|\vec{a}|}$。

(二) 向量的运算

1. 两向量的和

以 $\vec{a}$、$\vec{b}$ 为边的平行四边形的对角线(图 1-1)所表示的向量 $\vec{c}$ 称向量 $\vec{a}$ 与 $\vec{b}$ 的和,记作

$$\vec{c} = \vec{a} + \vec{b} \tag{1-5}$$

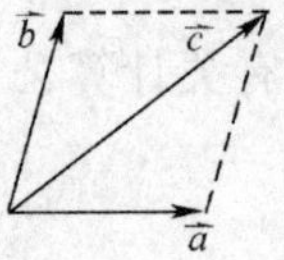

一般说,n 个向量 $\vec{a}_1, \vec{a}_2, \cdots, \vec{a}_n$ 的和可定义如下:先作向量 $\vec{a}_1$,再以 $\vec{a}_1$ 的终点为起点作向量 $\vec{a}_2, \cdots$,最后以向量 $\vec{a}_{n-1}$ 的终点为起点作向量 $\vec{a}_n$,则以向量 $\vec{a}_1$ 的起点为起点、以向量 $\vec{a}_n$ 的终点为终点的向量 $\vec{b}$ 称为 $\vec{a}_1, \vec{a}_2, \cdots, \vec{a}_n$ 的和,即

图 1-1

$$\vec{b} = \vec{a}_1 + \vec{a}_2 + \cdots + \vec{a}_n \tag{1-6}$$

2. 两向量的差

设 $\vec{a}$ 为一向量,与 $\vec{a}$ 的模相同,而方向相反的向量叫做 $\vec{a}$ 的负向量,记作 $-\vec{a}$,规定两个向量 $\vec{a}$ 与 $\vec{b}$ 的差为

$$\vec{a} - \vec{b} = \vec{a} + (-\vec{b}) \tag{1-7}$$

3. 向量与数的乘法

设 λ 是一个数,向量 $\vec{a}$ 与 λ 的乘积 $\lambda\vec{a}$ 规定为:

当 $\lambda > 0$ 时,$\lambda\vec{a}$ 表示一个向量,它的方向与 $\vec{a}$ 的方向相同,它的模等于 $|\vec{a}|$ 的 λ 倍,即 $|\lambda\vec{a}| = \lambda|\vec{a}|$;

当 $\lambda = 0$ 时,$\lambda\vec{a}$ 是零向量,即 $\lambda\vec{a} = \vec{0}$;

当 $\lambda < 0$ 时,$\lambda\vec{a}$ 表示一个向量,它的方向与 $\vec{a}$ 的方向相反,模等于 $|\vec{a}|$ 的 $|\lambda|$ 倍,即 $|\lambda\vec{a}| = |\lambda||\vec{a}|$。

4. 两向量的数量积

两向量的数量积为一数量,表示为

$$\vec{a} \cdot \vec{b} = |\vec{a}||\vec{b}|\cos(\widehat{\vec{a}, \vec{b}}) \tag{1-8}$$

5. 两向量的向量积

两向量的向量积为一向量,记作 $\vec{a} \times \vec{b} = \vec{c}$。

① $|\vec{c}| = |\vec{a}||\vec{b}|\sin(\widehat{\vec{a}, \vec{b}})$,$|\vec{c}|$ 的几何意义为以 $\vec{a}$、$\vec{b}$ 为边作出的平行四边形的面积;② $\vec{c} \perp \vec{a}$,$\vec{c} \perp \vec{b}$;③ $\vec{c}$ 的正向按右手规则四个手指从 $\vec{a}$ 以不超过 π 的角度转向 $\vec{b}$,则大拇指的指向即为 $\vec{c}$ 的方向。

6. 三个向量的混合积

$(\vec{a} \times \vec{b}) \cdot \vec{c}$ 称为向量 $\vec{a}$、$\vec{b}$、$\vec{c}$ 的混合积,记作 $[\vec{a}\ \vec{b}\ \vec{c}]$,$|(\vec{a} \times \vec{b}) \cdot \vec{c}|$ 的几何意义表示以 $\vec{a}$、$\vec{b}$、$\vec{c}$ 为棱的平行六面体的体积。可推出,当向量 $\vec{a}$、$\vec{b}$、$\vec{c}$ 共面时,混合积 $[\vec{a}\ \vec{b}\ \vec{c}] = 0$,即 $(\vec{a} \times \vec{b}) \cdot \vec{c} = 0$。

(三) 向量运算的性质($\vec{a}$、$\vec{b}$ 为向量,λ、μ 为数量)

交换律

$\vec{a} + \vec{b} = \vec{b} + \vec{a}$,$\lambda\vec{a} = \vec{a}\lambda$,$\vec{a} \cdot \vec{b} = \vec{b} \cdot \vec{a}$

结合律

$(\vec{a} + \vec{b}) + \vec{c} = \vec{a} + (\vec{b} + \vec{c})$,$(\lambda\mu)\vec{a} = \lambda(\mu\vec{a})$,

$\lambda(\vec{a} \cdot \vec{b}) = (\lambda\vec{a}) \cdot \vec{b} = \vec{a} \cdot (\lambda\vec{b})$,$\lambda(\vec{a} \times \vec{b}) = (\lambda\vec{a}) \times \vec{b} = \vec{a} \times (\lambda\vec{b})$

分配律

$(\lambda + \mu)\vec{a} = \lambda\vec{a} + \mu\vec{a}$,$\lambda(\vec{a} + \vec{b}) = \lambda\vec{a} + \lambda\vec{b}$,$(\vec{a} + \vec{b}) \cdot \vec{c} = \vec{a} \cdot \vec{c} + \vec{b} \cdot \vec{c}$,$(\vec{a} + \vec{b}) \times \vec{c} = \vec{a} \times \vec{c} + \vec{b} \times \vec{c}$

向量的数量积满足交换律,即 $\vec{a} \cdot \vec{b} = \vec{b} \cdot \vec{a}$;

向量的向量积不满足交换律,即 $\vec{a} \times \vec{b} \neq \vec{b} \times \vec{a}$,$\vec{a} \times \vec{b} = -\vec{b} \times \vec{a}$。

（四）向量在轴上的投影

给定向量 $\overrightarrow{AB}$ 及 u 轴，过 A、B 点分别向 u 轴作垂直平面，与 u 轴交于 A_1、B_1，则有向线段 $\overrightarrow{A_1B_1}$ 的值 A_1B_1 称为 $\overrightarrow{AB}$ 在 u 轴上的投影，记作 $\operatorname{Prj}_u \overrightarrow{AB}$，向量的投影是一个数量。

设 $\overrightarrow{AB}$ 与 u 轴的夹角为 α，则
$$\operatorname{Prj}_u \overrightarrow{AB} = |\overrightarrow{AB}|\cos\alpha$$

n 个向量的和在 u 轴上的投影为
$$\operatorname{Prj}_u(\vec{a}_1 + \vec{a}_2 + \cdots + \vec{a}_n) = \operatorname{Prj}_u \vec{a}_1 + \operatorname{Prj}_u \vec{a}_2 + \cdots + \operatorname{Prj}_u \vec{a}_n \tag{1-9}$$

（五）向量的投影表示

设 $\vec{a}$ 的起点 A 坐标为 (x_1, y_1, z_1)，终点 B 坐标为 (x_2, y_2, z_2)，则 $\vec{a} = \overrightarrow{AB} = \{x_2 - x_1, y_2 - y_1, z_2 - z_1\}$，记 $a_x = x_2 - x_1$，$a_y = y_2 - y_1$，$a_z = z_2 - z_1$，a_x、a_y、a_z 称为向量 $\vec{a}$ 在 x 轴、y 轴、z 轴上的投影。又设 $\vec{i}$、$\vec{j}$、$\vec{k}$ 依次为与 x、y、z 轴正向一致的单位向量，则
$$\vec{a} = a_x\vec{i} + a_y\vec{j} + a_z\vec{k} = (x_2-x_1)\vec{i} + (y_2-y_1)\vec{j} + (z_2-z_1)\vec{k} \tag{1-10}$$

又可写成
$$\vec{a} = \{a_x, a_y, a_z\} = \{x_2 - x_1, y_2 - y_1, z_2 - z_1\} \tag{1-11}$$

式(1-10)又称为向量 $\vec{a}$ 按基本单位向量的分解式，式(1-11)又叫做向量 $\vec{a}$ 的坐标表示式。

（六）向量运算的坐标表示式

设 $\vec{a} = \{a_x, a_y, a_z\}$，$\vec{b} = \{b_x, b_y, b_z\}$，$\vec{c} = \{c_x, c_y, c_z\}$，则
$$\vec{a} \pm \vec{b} = \{a_x \pm b_x, a_y \pm b_y, a_z \pm b_z\}$$
$$\lambda\vec{a} = \{\lambda a_x, \lambda a_y, \lambda a_z\}$$
$$\vec{a} \cdot \vec{b} = a_x b_x + a_y b_y + a_z b_z$$

$$\vec{a} \times \vec{b} = \begin{vmatrix} \vec{i} & \vec{j} & \vec{k} \\ a_x & a_y & a_z \\ b_x & b_y & b_z \end{vmatrix} = \begin{vmatrix} a_y & a_z \\ b_y & b_z \end{vmatrix}\vec{i} - \begin{vmatrix} a_x & a_z \\ b_x & b_z \end{vmatrix}\vec{j} + \begin{vmatrix} a_x & a_y \\ b_x & b_y \end{vmatrix}\vec{k} \tag{1-12}$$

$$[\vec{a}\ \vec{b}\ \vec{c}] = (\vec{a} \times \vec{b}) \cdot \vec{c}$$
$$= \begin{vmatrix} a_x & a_y & a_z \\ b_x & b_y & b_z \\ c_x & c_y & c_z \end{vmatrix} = \begin{vmatrix} b_y & b_z \\ c_y & c_z \end{vmatrix}a_x - \begin{vmatrix} b_x & b_z \\ c_x & c_z \end{vmatrix}a_y + \begin{vmatrix} b_x & b_y \\ c_x & c_y \end{vmatrix}a_z$$

向量的模和方向余弦的坐标表示式：

设 $\vec{a} = \{a_x, a_y, a_z\}$，$\alpha$、$\beta$、$\gamma$ 为 $\vec{a}$ 的方向角，则 $|\vec{a}| = \sqrt{a_x^2 + a_y^2 + a_z^2}$，

$$\cos\alpha = \frac{a_x}{|\vec{a}|} = \frac{a_x}{\sqrt{a_x^2 + a_y^2 + a_z^2}}$$
$$\cos\beta = \frac{a_y}{|\vec{a}|} = \frac{a_y}{\sqrt{a_x^2 + a_y^2 + a_z^2}} \tag{1-13}$$
$$\cos\gamma = \frac{a_z}{|\vec{a}|} = \frac{a_z}{\sqrt{a_x^2 + a_y^2 + a_z^2}}$$

且满足 $\cos^2\alpha + \cos^2\beta + \cos^2\gamma = 1$。

(七)两向量的夹角、平行与垂直坐标表示

设 $\vec{a} = \{a_x, a_y, a_z\}, \vec{b} = \{b_x, b_y, b_z\}$,则

$$\cos(\widehat{\vec{a}, \vec{b}}) = \frac{\vec{a} \cdot \vec{b}}{|\vec{a}||\vec{b}|} = \frac{a_x b_x + a_y b_y + a_z b_z}{\sqrt{a_x^2 + a_y^2 + a_z^2} \sqrt{b_x^2 + b_y^2 + b_z^2}}$$

(1-14)

$$\vec{a} // \vec{b} \Longleftrightarrow \vec{a} \times \vec{b} = \vec{0} \Longleftrightarrow \vec{a} = \lambda \vec{b} \Longleftrightarrow \frac{a_x}{b_x} = \frac{a_y}{b_y} = \frac{a_z}{b_z}$$

$$\vec{a} \perp \vec{b} \Longleftrightarrow \vec{a} \cdot \vec{b} = 0 \Longleftrightarrow a_x b_x + a_y b_y + a_z b_z = 0$$

三、平面

(一)平面的一般方程

$$Ax + By + Cz + D = 0$$

其中,平面法向量 $\vec{n} = \{A, B, C\}$。

(二)平面的点法式方程

过定点 (x_0, y_0, z_0),以 $\vec{n} = \{A, B, C\}$ 为法线向量的平面方程为

$$A(x - x_0) + B(y - y_0) + C(z - z_0) = 0$$

称为平面的点法式方程。

(三)平面的截距式方程

设 a, b, c 为平面在三个坐标轴上的截距,平面方程为

$$\frac{x}{a} + \frac{y}{b} + \frac{z}{c} = 1$$

(1-15)

称平面的截距式方程。

(四)两平面的夹角(通常指锐角)

设两平面方程为

$$\pi_1 \quad A_1 x + B_1 y + C_1 z + D_1 = 0$$
$$\pi_2 \quad A_2 x + B_2 y + C_2 z + D_2 = 0$$

则两平面夹角 φ 的余弦为

$$\cos\varphi = \frac{|A_1 A_2 + B_1 B_2 + C_1 C_2|}{\sqrt{A_1^2 + B_1^2 + C_1^2} \sqrt{A_2^2 + B_2^2 + C_2^2}}$$

(1-16)

两平面平行的充分必要条件为

$$\frac{A_1}{A_2} = \frac{B_1}{B_2} = \frac{C_1}{C_2} \neq \frac{D_1}{D_2}$$

(1-17)

两平面垂直的充分必要条件为

$$A_1 A_2 + B_1 B_2 + C_1 C_2 = 0$$

(1-18)

(五)三平面的交点

设三个平面方程为 $A_i x + B_i y + C_i z + D_i = 0$(其中,$i = 1, 2, 3$),若系数行列式 $D \neq 0$,则三平面有唯一交点,交点坐标即方程组的解。

(六)点到平面的距离

若平面方程为 $Ax + By + Cz + D = 0$,平面外一点 $M(x_1, y_1, z_1)$,则点 M 到平面的距离为

$$d = \frac{|Ax_1 + By_1 + Cz_1 + D|}{\sqrt{A^2 + B^2 + C^2}}$$

(1-19)

(七)点到直线的距离

设点 $M_0(x_0, y_0, z_0)$ 是直线 L 外的一点,$M_1(x_1, y_1, z_1)$ 是直线 L 上的任意取定的点,且直线 L

的方向向量为 $\vec{S}$，点 M_0 到直线 L 的距离为 d，设点 $M_0(x_0,y_0,z_0)$，$L: \dfrac{x-x_1}{m}=\dfrac{y-y_1}{n}=\dfrac{z-z_1}{p}$，则

$$d=\frac{|\overrightarrow{M_0M_1}\times\vec{S}|}{|\vec{S}|}=\frac{\left|\begin{array}{ccc}\vec{i}&\vec{j}&\vec{k}\\x_1-x_0&y_1-y_0&z_1-z_0\\m&n&p\end{array}\right|}{\sqrt{m^2+n^2+p^2}} \tag{1-20}$$

四、空间直线

（一）空间直线的一般方程

设空间直线 L 由两个平面 π_1 和 π_2 的交线给出，设 π_1 和 π_2 的方程分别为 $A_1x+B_1y+C_1z+D_1=0$ 和 $A_2x+B_2y+C_2z+D_2=0$，则 L 的方程为

$$\begin{cases}A_1x+B_1y+C_1z+D_1=0\\A_2x+B_2y+C_2z+D_2=0\end{cases} \tag{1-21}$$

（二）空间直线的点向式方程（或对称式方程）与参数方程

设直线 L 上一点 $M_0(x_0,y_0,z_0)$ 和它的一个方向向量 $\vec{S}=\{m,n,p\}$，则 L 的方程为

$$\frac{x-x_0}{m}=\frac{y-y_0}{n}=\frac{z-z_0}{p} \tag{1-22}$$

称为直线的点向式方程（或对称式方程）。

设 $\dfrac{x-x_0}{m}=\dfrac{y-y_0}{n}=\dfrac{z-z_0}{p}=t$，得到空间直线 L 的参数方程为

$$x=x_0+mt,\ y=y_0+nt,\ z=z_0+pt \tag{1-23}$$

在空间直线的点向式方程中，当 m、n、p 中有一个为 0，例如 $m=0$，而 $n,p\neq 0$ 时，则方程组应理解为 $x-x_0=0$，$\dfrac{y-y_0}{n}=\dfrac{z-z_0}{p}$。此时直线与 x 轴垂直。

当 m、n、p 中有两个为 0，例如 $m=n=0$，而 $p\neq 0$ 时，则方程组应理解为 $x-x_0=0$ 与 $y-y_0=0$ 联立。此时直线与 z 轴平行。

（三）两直线的夹角（通常指锐角）

设两直线的方程分别为 $\dfrac{x-x_1}{m_1}=\dfrac{y-y_1}{n_1}=\dfrac{z-z_1}{p_1}$，$\dfrac{x-x_2}{m_2}=\dfrac{y-y_2}{n_2}=\dfrac{z-z_2}{p_2}$，则两直线间夹角的余弦为

$$\cos\varphi=\frac{|m_1m_2+n_1n_2+p_1p_2|}{\sqrt{m_1^2+n_1^2+p_1^2}\sqrt{m_2^2+n_2^2+p_2^2}} \tag{1-24}$$

两条直线平行的充分必要条件为

$$\frac{m_1}{m_2}=\frac{n_1}{n_2}=\frac{p_1}{p_2} \tag{1-25}$$

两条直线垂直的充分必要条件为

$$m_1m_2+n_1n_2+p_1p_2=0$$

（四）两直线共面（平行或相交）的条件

设两直线的方程分别为

$$\frac{x-x_1}{m_1}=\frac{y-y_1}{n_1}=\frac{z-z_1}{p_1}$$

$$\frac{x-x_2}{m_2}=\frac{y-y_2}{n_2}=\frac{z-z_2}{p_2}$$

则它们共面的条件为

$$\begin{vmatrix} x_2-x_1 & y_2-y_1 & z_2-z_1 \\ m_1 & n_1 & p_1 \\ m_2 & n_2 & p_2 \end{vmatrix}=0 \qquad (1\text{-}26)$$

（五）直线与平面的夹角

设平面 π 的方程为 $Ax+By+Cz+D=0$，直线 L 的方程为 $\dfrac{x-x_0}{m}=\dfrac{y-y_0}{n}=\dfrac{z-z_0}{p}$，则直线 L 和平面 π 间夹角 φ 的正弦为

$$\sin\varphi=\dfrac{|Am+Bn+Cp|}{\sqrt{A^2+B^2+C^2}\sqrt{m^2+n^2+p^2}} \qquad (1\text{-}27)$$

直线与平面平行的条件为

$$Am+Bn+Cp=0 \qquad (1\text{-}28)$$

直线与平面垂直的条件为

$$\dfrac{A}{m}=\dfrac{B}{n}=\dfrac{C}{p} \qquad (1\text{-}29)$$

（六）空间曲线在坐标面的投影曲线方程

设空间曲线 C 的一般方程为

$$\begin{cases} F(x,y,z)=0 \\ G(x,y,z)=0 \end{cases}$$

空间曲线在坐标面上的投影得到的曲线，称为空间曲线在坐标面上的投影曲线。

空间曲线 C 在 xOy 平面上的投影曲线可表示为 $\begin{cases} H(x,y)=0 \\ z=0 \end{cases}$，其中方程 $H(x,y)=0$，由方程组 $\begin{cases} F(x,y,z)=0 \\ G(x,y,z)=0 \end{cases}$，消去字母 z 得到。$H(x,y)=0$ 又称为曲线 C 在 xOy 平面的投影柱面方程，$z=0$ 为 xOy 平面。

同理，消去方程组中变量 x 或变量 y，再分别和 $x=0$ 或 $y=0$ 联立，得到曲线 C 在 yOz 面或 xOz 面上的投影曲线方程。

$$\begin{cases} R(y,z)=0 \\ x=0 \end{cases} \text{或} \begin{cases} T(x,z)=0 \\ y=0 \end{cases}$$

五、柱面、锥面、旋转曲面、二次曲面

（一）柱面

动直线 L 平行于定直线并沿定曲线 C 移动形成的图形称为柱面，定曲线 C 叫做柱面的准线，动直线 L 叫做柱面的母线。只含 x、y 而缺 z 的方程 $F(x,y)=0$ 在空间直角坐标系中表示母线平行于 z 轴的柱面，其准线是 xOy 面上的曲线 $C:F(x,y)=0$。类似地，只含 x、z 而缺 y 的方程 $G(x,z)=0$ 和只含 y、z 而缺 x 的方程 $H(y,z)$ 分别表示母线平行于 y 轴和 x 轴的柱面。

（二）锥面

设直线 L 绕另一条与 L 相交的直线旋转一周，所得到的旋转曲面叫做圆锥面，两直线的交点叫做圆锥面的顶点，两直线的夹角 $\alpha(0<\alpha<\dfrac{\pi}{2})$ 叫做圆锥面的半顶角。

如圆锥面方程 $x^2+y^2=z^2$，锥面方程 $3x^2+4y^2=z^2$。

(三)旋转曲面

一条平面曲线绕其平面上的一条直线旋转一周所形成的曲面叫做旋转曲面,这条定直线叫做旋转曲面的轴。若 yOz 平面上曲线 L 的方程是 $f(y,z)=0$,将此曲线绕 Oy 轴旋转一周,得旋转曲面方程为 $f(y,\pm\sqrt{x^2+z^2})=0$,将此曲线绕 Oz 轴旋转一周,旋转曲面方程为 $f(\pm\sqrt{x^2+y^2},z)=0$。如曲线 $L:\begin{cases} f(x,y)=0 \\ z=0 \end{cases}$,绕 x 轴旋转一周产生的旋转面方程为 $f(x,\pm\sqrt{y^2+z^2})=0$。

(四)二次曲面

三元二次方程所表示的曲面叫做二次曲面。常见的二次曲面有:

由方程 $\dfrac{x^2}{a^2}+\dfrac{y^2}{b^2}+\dfrac{z^2}{c^2}=1$ 所表示的曲面叫做椭球面。当 $a=b=c$ 时,方程 $x^2+y^2+z^2=a^2$ 表示的曲面叫做球面。

由方程 $\dfrac{x^2}{2p}+\dfrac{y^2}{2q}=z$($p$ 与 q 同号)所表示的曲面叫做椭圆抛物面。

由方程 $-\dfrac{x^2}{2p}+\dfrac{y^2}{2q}=z$($p$ 与 q 同号)所表示的曲面叫做双曲抛物面或鞍形曲面。

由方程 $\dfrac{x^2}{a^2}+\dfrac{y^2}{b^2}-\dfrac{z^2}{c^2}=1$ 所表示的曲面叫做单叶双曲面。

由方程 $\dfrac{x^2}{a^2}-\dfrac{y^2}{b^2}+\dfrac{z^2}{c^2}=-1$ 所表示的曲面叫做双叶双曲面。

【例 1-1】 已知向量 $\vec{\alpha}=(-3,-2,1),\vec{\beta}=(1,-4,-5)$,则 $|\vec{\alpha}\times\vec{\beta}|$ 等于:

A. 0 B. 6 C. $14\sqrt{3}$ D. $14i+15j-10k$

解 $\vec{\alpha}\times\vec{\beta}=\begin{vmatrix} \vec{i} & \vec{j} & \vec{k} \\ -3 & -2 & 1 \\ 1 & -4 & -5 \end{vmatrix}=14\vec{i}-14\vec{j}+14\vec{k}$

$|\vec{\alpha}\times\vec{\beta}|=\sqrt{14^2+14^2+14^2}=\sqrt{3\times 14^2}=14\sqrt{3}$

答案: C

【例 1-2】 求过已知点 $M_0(4,-1,3)$ 且平行于直线 $\dfrac{x-3}{2}=\dfrac{y}{1}=\dfrac{z-1}{5}$ 的直线方程。

解 已知 $M_0(4,-1,3),\vec{s}=\{2,1,5\}$,

则直线方程

$$\dfrac{x-4}{2}=\dfrac{y+1}{1}=\dfrac{z-3}{5}$$

【例 1-3】 过 z 轴和点 $(1,2,-1)$ 的平面方程是:

A. $x+2y-z-6=0$ B. $2x-y=0$
C. $y+2z=0$ D. $x+z=0$

解 如图 1-2 所示。取 z 轴的方向向量 $\vec{s}=\{0,0,1\}$,连接原点 $O(0,0,0)$ 和点 $M(1,2,-1)$ 的向量 $\overrightarrow{OM}=\{1,2,-1\}$,过 z 轴和 $\overrightarrow{OM}$ 的平面的法向量为

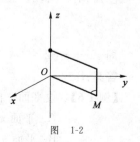

图 1-2

$$\vec{n} = \begin{vmatrix} \vec{i} & \vec{j} & \vec{k} \\ 0 & 0 & 1 \\ 1 & 2 & -1 \end{vmatrix} = -2\vec{i} + \vec{j}$$

过 z 轴和点 $M(1,2,-1)$ 的平面方程为

$$-2(x-1) + (y-2) = 0$$

化简得 $-2x + y = 0$,即 $2x - y = 0$。

答案:B

【例 1-4】 若向量 $\boldsymbol{\alpha}, \boldsymbol{\beta}$ 满足 $|\boldsymbol{\alpha}| = 2$,$|\boldsymbol{\beta}| = \sqrt{2}$,且 $\boldsymbol{\alpha} \cdot \boldsymbol{\beta} = 2$,则 $|\boldsymbol{\alpha} \times \boldsymbol{\beta}|$ 等于:

A. 2
B. $2\sqrt{2}$
C. $2 + \sqrt{2}$
D. 不能确定

解 $|\boldsymbol{\alpha}| = 2$,$|\boldsymbol{\beta}| = \sqrt{2}$,$\boldsymbol{\alpha} \cdot \boldsymbol{\beta} = 2$

由 $\boldsymbol{\alpha} \cdot \boldsymbol{\beta} = |\boldsymbol{\alpha}||\boldsymbol{\beta}|\cos(\widehat{\boldsymbol{\alpha}\boldsymbol{\beta}}) = 2 \cdot \sqrt{2}\cos(\widehat{\boldsymbol{\alpha}\boldsymbol{\beta}}) = 2$,知 $\cos(\widehat{\boldsymbol{\alpha}\boldsymbol{\beta}}) = \dfrac{\sqrt{2}}{2}$,$(\widehat{\boldsymbol{\alpha}\boldsymbol{\beta}}) = \dfrac{\pi}{4}$

故 $|\boldsymbol{\alpha} \times \boldsymbol{\beta}| = |\boldsymbol{\alpha}||\boldsymbol{\beta}|\sin(\widehat{\boldsymbol{\alpha}\boldsymbol{\beta}}) = 2 \cdot \sqrt{2} \cdot \dfrac{\sqrt{2}}{2} = 2$

答案:A

【例 1-5】 过直线 $L_1: \dfrac{x+1}{1} = \dfrac{y-2}{2} = \dfrac{z+3}{1}$ 和直线 $L_2: \begin{cases} x = -t+3 \\ y = -2t-1 \\ z = -t+1 \end{cases}$ 的平面方程是:

A. $x + y - 1 = 0$
B. $-x + z + 2 = 0$
C. $x + 2y - z = 0$
C. $2x + 2z - 1 = 0$

解 已知直线 L_1 的方向向量 $\vec{s_1} = \{1, 2, 1\}$,直线 $L_2: \begin{cases} x = -t+3 \\ y = -2t-1 \\ z = -t+1 \end{cases}$ 可化为 $\dfrac{x-3}{-1} = \dfrac{y+1}{-2} = \dfrac{z-1}{-1}$,其方向向量 $\vec{s_2} = \{-1, -2, -1\}$,因 $\vec{s_1}$、$\vec{s_2}$ 坐标成比例,故 $L_1 // L_2$。分别在 L_1、L_2 上取点 $M_1(-1, 2, -3)$,$M_2(3, -1, 1)$,$\overrightarrow{M_1M_2} = \{4, -3, 4\}$,所求平面的法向量 $\vec{n} \perp L_1$,$\vec{n} \perp \overrightarrow{M_1M_2}$,法向量 $\vec{n} = \begin{vmatrix} \vec{i} & \vec{j} & \vec{k} \\ 1 & 2 & 1 \\ 4 & -3 & 4 \end{vmatrix} = 11\vec{i} - 0\vec{j} - 11\vec{k}$,可取 $\vec{n} = \{1, 0, -1\}$。

已知 $M_1(-1, 2, -3)$,$\vec{n} = \{1, 0, -1\}$,则平面方程为

$$1(x+1) + 0(y-2) - 1(z+3) = 0$$

即 $-x + z + 2 = 0$

答案:B

【例 1-6】 设平面 π 的方程为 $3x - 4y - 5z - 2 = 0$,以下选项中错误的是:

A. 平面 π 过点 $(-1, 0, -1)$

B. 平面 π 的法向量为 $-3\vec{i} + 4\vec{j} + 5\vec{k}$

C. 平面 π 在 z 轴的截距是 $-\dfrac{2}{5}$

D. 平面 π 与平面 $-2x-y-2z+2=0$ 垂直

解 逐一验证选项 A、B、C 正确。

验证 D,两平面法向量为:$\vec{n_1}=\{3,-4,-5\}$,$\vec{n_2}=\{-2,-1,-2\}$。由条件知两平面垂直,那么两平面的法线向量也垂直,则 $\vec{n_1} \cdot \vec{n_2}=0$,但 $\vec{n_1} \cdot \vec{n_2}=-6+4+10=8 \neq 0$,选项 D 错误。

答案:D

【例 1-7】 已知直线 $L:\dfrac{x}{3}=\dfrac{y+1}{-1}=\dfrac{z-3}{2}$,平面 $\pi:-2x+2y+z-1=0$,则:

A. L 与 π 垂直相交 B. L 平行于 π,但 L 不在 π 上

C. L 与 π 非垂直相交 D. L 在 π 上

解 $\vec{S}=\{3,-1,2\}$,$\vec{n}=\{-2,2,1\}$,$\vec{S} \cdot \vec{n} \neq 0$,$\vec{S}$ 与 $\vec{n}$ 不垂直。

故直线 L 不平行于平面 π,从而选项 B、D 不成立;又因为 $\vec{S}$ 不平行于 $\vec{n}$,所以 L 不垂直于平面 π,选项 A 不成立。即直线 L 与平面 π 非垂直相交。

答案:C

【例 1-8】 下列方程中代表锥面的是:

A. $\dfrac{x^2}{3}+\dfrac{y^2}{2}-z^2=0$ B. $\dfrac{x^2}{3}-\dfrac{y^2}{2}-z^2=1$

C. $\dfrac{x^2}{3}+\dfrac{y^2}{2}-z^2=1$ D. $\dfrac{x^2}{3}+\dfrac{y^2}{2}+z^2=1$

解 A 表示锥面,B 表示双叶双曲面,C 表示单叶双曲面,D 表示椭球面。

答案:A

习 题

1-1 设 $\vec{\alpha}=\vec{i}+2\vec{j}+3\vec{k}$,$\vec{\beta}=\vec{i}-3\vec{j}-2\vec{k}$,与 $\vec{\alpha}$,$\vec{\beta}$ 都垂直的单位向量为( )。

A. $\pm(\vec{i}+\vec{j}-\vec{k})$ B. $\pm\dfrac{1}{\sqrt{3}}(\vec{i}-\vec{j}+\vec{k})$

C. $\pm\dfrac{1}{\sqrt{3}}(-\vec{i}+\vec{j}+\vec{k})$ D. $\pm\dfrac{1}{\sqrt{3}}(\vec{i}+\vec{j}-\vec{k})$

1-2 已知 $|\vec{a}|=1$,$|\vec{b}|=\sqrt{2}$,且 $(\widehat{\vec{a},\vec{b}})=\dfrac{\pi}{4}$,则 $|\vec{a}+\vec{b}|$ 等于( )。

A. 1 B. $1+\sqrt{2}$

C. 2 D. $\sqrt{5}$

1-3 设 $\vec{a},\vec{b},\vec{c}$ 均为向量,下列等式中正确的是( )。

A. $(\vec{a}+\vec{b}) \cdot (\vec{a}-\vec{b})=|\vec{a}|^2-|\vec{b}|^2$ B. $\vec{a}(\vec{a} \cdot \vec{b})=|\vec{a}|^2\vec{b}$

C. $(\vec{a} \cdot \vec{b})^2=|\vec{a}|^2|\vec{b}|^2$ D. $(\vec{a}+\vec{b}) \times (\vec{a}-\vec{b})=\vec{a}\times\vec{a}-\vec{b}\times\vec{b}$

1-4 已知两条空间直线 $L_1:\begin{cases}3x+z=4\\y+2z=9\end{cases}$,$L_2:\begin{cases}6x-y=7\\3y+6z=1\end{cases}$,这两直线的关系为( )。

A. 平行但不重合   B. 重合
C. 垂直   D. 相交但不垂直

1-5 直线 $L: \dfrac{x+3}{2} = \dfrac{y+4}{1} = \dfrac{z}{3}$ 与平面 $\pi: 4x - 2y - 2z = 3$ 的位置关系为（ ）。

A. 相互平行   B. L 在 π 上
C. 垂直相交   D. 相交但不垂直

1-6 过点 $M_0(2,1,3)$ 且与直线 $L: \dfrac{x+1}{3} = \dfrac{y-1}{2} = \dfrac{z}{-1}$ 垂直相交的直线方程是（ ）。

A. $\dfrac{x-2}{-\frac{12}{7}} = \dfrac{y-1}{\frac{5}{7}} = \dfrac{z-3}{-\frac{24}{7}}$ B. $\dfrac{x-2}{3} = \dfrac{y-1}{-2} = \dfrac{z-3}{4}$

C. $\dfrac{x-2}{2} = \dfrac{y-1}{-1} = \dfrac{z-3}{4}$ D. $\dfrac{x-2}{3} = \dfrac{y-1}{-1} = \dfrac{z-3}{4}$

1-7 过点 $M(3,-2,1)$ 且与直线 $L: \begin{cases} x - y - z + 1 = 0 \\ 2x + y - 3z + 4 = 0 \end{cases}$ 平行的直线方程是（ ）。

A. $\dfrac{x-3}{1} = \dfrac{y+2}{-1} = \dfrac{z-1}{-1}$ B. $\dfrac{x-3}{2} = \dfrac{y+2}{1} = \dfrac{z-1}{-3}$

C. $\dfrac{x-3}{4} = \dfrac{y+2}{-1} = \dfrac{z-1}{3}$ D. $\dfrac{x-3}{4} = \dfrac{y+2}{1} = \dfrac{z-1}{3}$

1-8 球面 $x^2 + y^2 + (z+3)^2 = 25$ 与平面 $z = 1$ 的交线是（ ）。

A. $x^2 + y^2 = 9$ B. $x^2 + y^2 + (z-1)^2 = 9$

C. $\begin{cases} x = 3\cos t \\ y = 3\sin t \end{cases}$ D. $\begin{cases} x^2 + y^2 = 9 \\ z = 1 \end{cases}$

1-9 已知平面 π 过点 $(1,1,0),(0,0,1),(0,1,1)$，则与平面 π 垂直且过点 $(1,1,1)$ 的直线的对称方程为（ ）。

A. $\dfrac{x-1}{1} = \dfrac{y-1}{0} = \dfrac{z-1}{1}$ B. $\dfrac{x-1}{-2} = \dfrac{y-1}{0} = \dfrac{z-1}{1}$

C. $\dfrac{x-1}{1} = \dfrac{z-1}{1}$ D. $\dfrac{x-1}{1} = \dfrac{y-1}{0} = \dfrac{z-1}{-1}$

1-10 将椭圆 $\begin{cases} \dfrac{x^2}{9} + \dfrac{z^2}{4} = 1 \\ y = 0 \end{cases}$，绕 x 轴旋转一周所生成的旋转曲面的方程是（ ）。

A. $\dfrac{x^2}{9} + \dfrac{y^2}{9} + \dfrac{z^2}{4} = 1$ B. $\dfrac{x^2}{9} + \dfrac{z^2}{4} = 1$

C. $\dfrac{x^2}{9} + \dfrac{y^2}{4} + \dfrac{z^2}{4} = 1$ D. $\dfrac{x^2}{9} + \dfrac{y^2}{4} + \dfrac{z^2}{9} = 1$

第二节 一元函数微分学

一、函数

（一）函数定义

设 X 与 Y 是实数的两个集合，若按照某规律（法则）对于每一个 $x \in X$，有唯一的数 $y \in Y$

与之对应,则称在集合 X 上定义了一个单值函数,记为 $y=f(x)$。如果对于 x 的每一个值对应着多个 y 值,则称这种函数为多值函数。对应规律和定义域是函数的两大要素。函数定义域的确定:解析式表示的函数的定义域是使解析式中每一种运算都有意义的自变量 x 取值范围,实际问题可根据实际问题的性质来确定。

(二)基本初等函数,初等函数,分段函数

幂函数、指数函数、对数函数、三角函数、反三角函数及常数统称为基本初等函数。

由基本初等函数经过有限次的四则运算和有限次复合且用一个式子表示的函数称为初等函数。

分段函数也满足函数定义,它是由几个式子表示的,当自变量取一部分值时,函数由一个式子表示,当自变量取另一部分值时,函数由另一个式子表示。

(三)函数的几何特性

1. 函数的单调性

设函数 $f(x)$ 在区间 I 上有定义,若对于任意 x_1、$x_2 \in I$,当 $x_1 < x_2$ 时,都有 $f(x_1) < f(x_2)$ [或 $f(x_1) > f(x_2)$] 成立,则称函数 $f(x)$ 在区间 I 上单调增加(或单调减少)。

2. 函数的有界性

设函数 $f(x)$ 在区间 I 上有定义,若存在正数 M,使得对任何 $x \in I$,都有 $|f(x)| \leq M$ 成立,则称 $f(x)$ 在区间 I 上有界。若这样的 M 不存在,则称 $f(x)$ 在 I 上无界。

3. 函数的奇偶性

设函数 $f(x)$ 的定义域 D 是关于原点对称的,若 $x \in D$,$-x \in D$,对任何 $x \in D$,有 $f(-x) = f(x)$ 成立,则称 $f(x)$ 为偶函数;若对上述 x 有 $f(-x) = -f(x)$ 成立,则称 $f(x)$ 为奇函数。

4. 函数的周期性

设函数 $f(x)$ 的定义域为 D,若存在常数 $T \neq 0$,使得对于任何 $x \in D$,都有 $f(x+T) = f(x)$ 成立,则称 $f(x)$ 为周期函数,称满足上式的最小正数 T 为 $f(x)$ 的周期。

二、极限

极限是用来描述变量的变化趋势的,分为数列的极限、函数的极限。函数的极限又可根据 x 的变化趋势分为 $x \to x_0$ 和 $x \to \infty$ 两种。

(一)数列极限定义

数列 $\{x_n\}$,$\lim\limits_{n \to \infty} x_n = a$ 是指 $\forall \varepsilon > 0$,$\exists N = N(\varepsilon)$,当 $n > N$ 时,有 $|x_n - a| < \varepsilon$ 成立。

(二)函数极限定义

函数极限 $\lim\limits_{x \to x_0} f(x) = A$ 是指 $\forall \varepsilon > 0$,$\exists \delta = \delta(\varepsilon) > 0$,当 $0 < |x - x_0| < \delta$ 时,就有 $|f(x) - A| < \varepsilon$ 成立。

$\lim\limits_{x \to \infty} f(x) = A$ 是指 $\forall \varepsilon > 0$,$\exists X > 0$,当 $|x| > X$ 时,就有 $|f(x) - A| < \varepsilon$ 成立。

(三)函数 $f(x)$ 在 $x = x_0$ 的左右极限

若 $\lim\limits_{x \to x_0^+} f(x) = A$,称 A 为函数 $f(x)$ 在 $x \to x_0$ 时的右极限;若 $\lim\limits_{x \to x_0^-} f(x) = A$,称 A 为函数 $f(x)$ 在 $x \to x_0$ 时的左极限。

函数在一点的极限与其左右极限有如下关系

$$\lim_{x\to x_0}f(x)=A \Leftrightarrow \lim_{x\to x_0^+}f(x)=\lim_{x\to x_0^-}f(x)=A \tag{1-30}$$

(四)无穷大量、无穷小量

(1)若 $\lim\limits_{x\to x_0(\text{或}\infty)}f(x)=0$,则称 $f(x)$ 是 $x\to x_0$(或 $x\to\infty$)时的无穷小量。

在同一极限过程中,函数的极限与无穷小量有如下关系

$$\lim f(x)=A \Leftrightarrow f(x)=A+\alpha(x) \tag{1-31}$$

其中 $\alpha(x)$ 为该极限过程中的无穷小量。

(2)无穷小量运算性质:有限个无穷小的和也是无穷小。有界函数与无穷小的乘积是无穷小。常数与无穷小的乘积是无穷小。有限个无穷小的乘积也是无穷小。

(3)若 $\lim\limits_{x\to x_0(\text{或}\infty)}f(x)=\infty$,则称 $f(x)$ 是 $x\to x_0$(或 $x\to\infty$)时的无穷大量。

(4)无穷大量与无穷小量的关系:在同一变化过程中,若 $\lim f(x)=0$,且 $f(x)\neq 0$,则 $\lim\dfrac{1}{f(x)}=\infty$;若 $\lim f(x)=\infty$,则 $\lim\dfrac{1}{f(x)}=0$。

(五)无穷小比较

(1)若在自变量的某一变化过程中 $\lim\alpha=0,\lim\beta=0$,如果 $\lim\dfrac{\beta}{\alpha}=0$,就称 β 是比 α 高阶的无穷小;如果 $\lim\dfrac{\beta}{\alpha}=\infty$,就称 β 是比 α 低阶的无穷小;如果 $\lim\dfrac{\beta}{\alpha}=c\neq 0$,就称 β 与 α 是同阶无穷小;如果 $\lim\dfrac{\beta}{\alpha}=1$,就称 β 与 α 是等价无穷小,记作 $\alpha\sim\beta$。

(2)等价无穷小量在求极限中的应用。设 $\alpha\sim\alpha',\beta\sim\beta'$,且 $\lim\dfrac{\beta'}{\alpha'}$ 存在,则 $\lim\dfrac{\beta}{\alpha}=\lim\dfrac{\beta'}{\alpha'}$。求两个无穷小之比的极限时,分子及分母都可用等价无穷小来代替,如果用来代替的无穷小选得适当,可以使计算简化。

(3)在计算极限时常用的等价无穷小有,在 $x\to 0$ 时,$\sin x\sim x,\tan x\sim x,1-\cos x\sim\dfrac{1}{2}x^2,e^x-1\sim x,\ln(1+x)\sim x,\sqrt[n]{1+x}-1\sim\dfrac{1}{n}x$。

(六)在同一极限过程中有极限的函数具有的运算性质

设 $\lim f(x)=a,\lim g(x)=b$,则:

(1) $\lim[f(x)\pm g(x)]=\lim f(x)\pm\lim g(x)=a\pm b$。

(2) $\lim[f(x)g(x)]=\lim f(x)\cdot\lim g(x)=a\cdot b$。

$\lim kf(x)=k\lim f(x)=ka$(k 为常数)。

$\lim[f(x)]^n=[\lim f(x)]^n=a^n$($n$ 为正整数)。

(3) $\lim\dfrac{f(x)}{g(x)}=\dfrac{\lim f(x)}{\lim g(x)}=\dfrac{a}{b}$($b\neq 0$)。

(4)若 $f(x)\geq 0$(或 $f(x)\leq 0$),且 $\lim f(x)=a$,则 $a\geq 0$(或 $a\leq 0$)。

(5)有极限的函数在该极限过程中有界。

(6)函数极限的唯一性。如果 $\lim f(x)$ 存在,那么这极限唯一。

(七)常用的求极限的方法

(1)利用极限与左右极限的关系,求分段函数在分界点处的极限。

(2)利用四则运算法则。

(3)利用极限存在准则:夹逼定理、单调有界数列必有极限。

(4)运用等价无穷小代替。

(5)利用无穷大量与无穷小量的关系。

(6)利用两个重要极限:$\lim\limits_{x\to 0}\dfrac{\sin x}{x}=1$,$\lim\limits_{x\to\infty}(1+\dfrac{1}{x})^x=e$ 或 $\lim\limits_{x\to 0}(1+x)^{\frac{1}{x}}=e$。

(7)利用公式

$$\lim_{x\to\infty}\frac{a_0 x^n+a_1 x^{n-1}+\cdots+a_n}{b_0 x^m+b_1 x^{m-1}+\cdots+b_m}=\begin{cases}\dfrac{a_0}{b_0} & n=m\\ \infty & n>m\\ 0 & n<m\end{cases}$$

其中,m,n 为正整数,a_0,b_0 不等于零。

(8)利用变量替换。

(9)利用初等函数的连续性。

(10)利用若 $\lim f(x)=A>0$,$\lim g(x)=B$,则 $\lim f(x)^{g(x)}=A^B$。

(11)运用洛必达法则求未定型的极限。

三、函数的连续性

(一)函数 $f(x)$ 在 $x=x_0$ 点连续的定义

如果函数 $f(x)$ 在点 x_0 的某邻域有定义,若有 $\lim\limits_{x\to x_0}f(x)=f(x_0)$ 成立,则称 $f(x)$ 在 $x=x_0$ 处连续。还可以用增量来定义函数 $f(x)$ 在一点 x_0 的连续性,若有 $\lim\limits_{\Delta x\to 0}\Delta y=0$,其中 $\Delta x=x-x_0$,$\Delta y=f(x)-f(x_0)$,则称 $f(x)$ 在 x_0 处连续。

(二)函数 $f(x)$ 在 $x=x_0$ 点左、右连续性

若 $\lim\limits_{x\to x_0^+}f(x)=f(x_0)$ 或 $\lim\limits_{x\to x_0^-}f(x)=f(x_0)$,则称 $f(x)$ 在点 x_0 处右连续或左连续。函数 $f(x)$ 在 $x=x_0$ 点连续的充分必要条件为 $\lim\limits_{x\to x_0^+}f(x)=\lim\limits_{x\to x_0^-}f(x)=f(x_0)$。若 $f(x)$ 在区间 I 上每一点均连续(对区间端点应理解为左连续或右连续),则称 $f(x)$ 在 I 上连续。

(三)连续函数的性质

(1)连续函数的和、差、积、商(分母不为零时),仍为连续函数。

(2)连续函数的复合函数仍为连续函数。

(3)初等函数在其定义域内是连续的。

(四)函数的间断点及间断点的类型

若 $f(x)$ 在点 x_0 处不连续,则称 x_0 为 $f(x)$ 的一个间断点。当 $f(x)$ 在间断点 x_0 处左、右极限存在时,称 x_0 为第一类间断点。并称左右极限存在且相等的第一类间断点为可去间断点,称左右极限存在但不相等的第一类间断点为跳跃间断点;当 $f(x)$ 在间断点 x_0 处左右极限至少有一个不存在时,称 x_0 为第二类间断点。

第一类间断点又可细分为跳跃间断点和可去间断点,第二类间断点又可细分为无穷间断点和振荡间断点。

(五)闭区间 $[a,b]$ 上连续函数的性质

(1)根存在定理:若 $f(x)$ 在 $[a,b]$ 连续,且 $f(a)\cdot f(b)<0$,则至少存在一点 $x_0\in(a,b)$,使

$f(x_0)=0$。

(2)介值定理：若 $f(x)$ 在 $[a,b]$ 上连续且 $f(a)\neq f(b)$，对任意的数 c，$\min\{f(a),f(b)\}<c<\max\{f(a),f(b)\}$，则至少存在一点 $x_0\in(a,b)$，使得 $f(x_0)=c$。

(3)最值定理：若 $f(x)$ 在 $[a,b]$ 上连续，则 $f(x)$ 在 $[a,b]$ 上一定可取得最大值和最小值。

(4)有界性定理：闭区间上连续函数必有界。

【例 1-9】 判定函数 $f(x)=\ln(x+\sqrt{x^2+1})$ 的奇偶性。

解 利用函数奇偶性定义判定

$$f(-x)=\ln[-x+\sqrt{(-x)^2+1}]=\ln(-x+\sqrt{x^2+1})$$
$$=\ln\frac{x^2+1-x^2}{\sqrt{x^2+1}+x}=\ln\frac{1}{\sqrt{x^2+1}+x}=\ln(x+\sqrt{x^2+1})^{-1}$$
$$=-\ln(x+\sqrt{x^2+1})=-f(x)$$

$f(-x)=-f(x)$，由定义可知函数是奇函数。

【例 1-10】 求极限 $\lim\limits_{n\to\infty}\dfrac{\sqrt[3]{n^2}\sin n!}{n+1}$。

解 $\lim\limits_{n\to\infty}\dfrac{\sqrt[3]{n^2}\sin n!}{n+1}=\lim\limits_{n\to\infty}\dfrac{n^{\frac{2}{3}}}{n+1}\cdot\sin n!$

当 $n\to\infty$ 时，$\dfrac{n^{\frac{2}{3}}}{n+1}\to 0$，$|\sin n!|\leqslant 1$

故原式 $=0$。

【例 1-11】 若 $\lim\limits_{x\to 1}\dfrac{2x^2+ax+b}{x^2+x-2}=1$，则必有：

A. $a=-1,b=2$ B. $a=-1,b=-2$
C. $a=-1,b=-1$ D. $a=1,b=1$

解 因为 $\lim\limits_{x\to 1}(x^2+x-2)=0$，

故 $\lim\limits_{x\to 1}(2x^2+ax+b)=0$，即 $2+a+b=0$，得 $b=-2-a$，代入原式：

$$\lim\limits_{x\to 1}\dfrac{2x^2+ax-2-a}{x^2+x-2}=\lim\limits_{x\to 1}\dfrac{2(x+1)(x-1)+a(x-1)}{(x+2)(x-1)}=\lim\limits_{x\to 1}\dfrac{2\times 2+a}{3}=1$$

故 $4+a=3$，得 $a=-1,b=-1$。

答案： C

【例 1-12】 若 $\lim\limits_{x\to 0}(1-x)^{\frac{k}{x}}=2$，则常数 k 等于：

A. $-\ln 2$ B. $\ln 2$ C. 1 D. 2

解 $\lim\limits_{x\to 0}(1-x)^{\frac{k}{x}}=2$

因 $\lim\limits_{x\to 0}(1-x)^{\frac{k}{x}}=\lim\limits_{x\to 0}[(1-x)^{\frac{1}{x}}]^{-k}=e^{-k}$

所以 $e^{-k}=2$，$k=-\ln 2$

答案： A

【例 1-13】 设 $f(x)=\dfrac{1+e^{\frac{1}{x}}}{2+3e^{\frac{1}{x}}}$,问 $x=0$ 是否为间断点,若是间断点,是什么类型的间断点?

解 因 $x=0$ 函数没有定义,所以 $x=0$ 是间断点。

又因
$$\lim_{x\to 0^+}f(x)=\lim_{x\to 0^+}\frac{e^{\frac{1}{x}}\left(\frac{1}{e^{\frac{1}{x}}}+1\right)}{e^{\frac{1}{x}}\left(\frac{2}{e^{\frac{1}{x}}}+3\right)}=\frac{1}{3}$$

$$\lim_{x\to 0^-}f(x)=\lim_{x\to 0^-}\frac{1+e^{\frac{1}{x}}}{2+3e^{\frac{1}{x}}}=\frac{1}{2}$$

所以 $x=0$ 是第一类间断点,属跳跃间断点。

【例 1-14】 下列极限计算中,错误的是:

A. $\lim\limits_{n\to\infty}\dfrac{2^n}{x}\sin\dfrac{x}{2^n}=1$ B. $\lim\limits_{x\to\infty}\dfrac{\sin x}{x}=1$

C. $\lim\limits_{x\to 0}(1-x)^{\frac{1}{x}}=e^{-1}$ D. $\lim\limits_{x\to\infty}\left(1+\dfrac{1}{x}\right)^{2x}=e^2$

解 选项 A:$\lim\limits_{n\to\infty}\dfrac{2^n}{x}\sin\dfrac{x}{2^n}=\lim\limits_{n\to\infty}\dfrac{\sin\dfrac{x}{2^n}}{\dfrac{x}{2^n}}$,设 $\dfrac{x}{2^n}=t$,当 $n\to\infty$,$t\to 0$,原式 $=\lim\limits_{t\to 0}\dfrac{\sin t}{t}=1$

选项 B:$\lim\limits_{x\to\infty}\dfrac{\sin x}{x}=\lim\limits_{x\to\infty}\dfrac{1}{x}\sin x=0$(无穷小量与有界函数的乘积为无穷小量)

注意:$\lim\limits_{x\to 0}\dfrac{\sin x}{x}=1$

同理可验证选项 C:由 $\lim\limits_{x\to 0}(1+kx)^{\frac{1}{x}}=\lim\limits_{x\to 0}(1+kx)^{\frac{1}{kx}\cdot k}=e^k$,知 $\lim\limits_{x\to 0}(1-x)^{\frac{1}{x}}=\lim\limits_{x\to 0}[1+(-1)x]^{\frac{1}{x}(-1)}=e^{-1}$

选项 D:$\lim\limits_{x\to\infty}\left(1+\dfrac{1}{x}\right)^{2x}=\lim\limits_{x\to\infty}\left[\left(1+\dfrac{1}{x}\right)^x\right]^2=e^2$

答案:B

【例 1-15】 若 $\lim\limits_{x\to\infty}\left(\dfrac{ax^2-3}{x^2+1}+bx+2\right)=\infty$,则 a 与 b 的值是:

A. $b\neq 0$,a 为任意实数   B. $a\neq 0$,$b=0$

C. $a=1$,$b=0$ D. $a=0$,$b=0$

解 通分,利用多项式的商在 $x\to\infty$ 时的结论得到

$$原式=\lim_{x\to\infty}\frac{ax^2-3+(bx+2)(x^2+1)}{x^2+1}=\lim_{x\to\infty}\frac{bx^3+(a+2)x^2+bx-1}{x^2+1}=\infty$$

仅需 x^3 项的系数不等于 0,即 $b\neq 0$,a 可以为任意实数。

答案:A

四、导数与微分

(一)导数定义

设函数 $y=f(x)$ 在点 x_0 的某一邻域内有定义,当自变量 x 在点 x_0 给以增量 Δx(点 x_0+

Δx 仍在该邻域内),设函数取得对应的增量 $\Delta y = f(x_0 + \Delta x) - f(x_0)$。如果当 $\Delta x \to 0$ 时这两个增量的比的极限

$$\lim_{\Delta x \to 0} \frac{\Delta y}{\Delta x} = \lim_{\Delta x \to 0} \frac{f(x_0 + \Delta x) - f(x_0)}{\Delta x} \tag{1-32}$$

存在,则称这个极限值为函数在点 x_0 的导数,并称函数在 x_0 可导或具有导数。若上述极限不存在,则称函数在 x_0 不可导。

函数 $y = f(x)$ 在点 x_0 的导数可记为

$$f'(x_0) = \lim_{\Delta x \to 0} \frac{f(x_0 + \Delta x) - f(x_0)}{\Delta x} \tag{1-33}$$

也可记为 $y' \big|_{x=x_0}, \dfrac{\mathrm{d}y}{\mathrm{d}x} \big|_{x=x_0}, \dfrac{\mathrm{d}}{\mathrm{d}x} f(x) \big|_{x=x_0}$

用导数定义求函数 $f(x)$ 在 x_0 的导数还可用下式计算

$$f'(x_0) = \lim_{x \to x_0} \frac{f(x) - f(x_0)}{x - x_0} \tag{1-34}$$

(二)函数 $f(x)$ 在 $x = x_0$ 的单侧导数

$$f'_-(x_0) = \lim_{\Delta x \to 0^-} \frac{f(x_0 + \Delta x) - f(x_0)}{\Delta x} \quad \text{或} \quad f'_-(x_0) = \lim_{x \to x_0^-} \frac{f(x) - f(x_0)}{x - x_0}$$

单侧导数 $\tag{1-35}$

$$f'_+(x_0) = \lim_{\Delta x \to 0^+} \frac{f(x_0 + \Delta x) - f(x_0)}{\Delta x} \quad \text{或} \quad f'_+(x_0) = \lim_{x \to x_0^+} \frac{f(x) - f(x_0)}{x - x_0}$$

分别称为函数 $f(x)$ 在 x_0 的左导数与右导数,统称为单侧导数。

函数 $f(x)$ 在 x_0 可导的充要条件是 $f'_+(x_0) = f'_-(x_0)$。

函数 $f(x)$ 在 x_0 可导,则函数在 x_0 点必连续;反之,不一定成立。

(三) $f(x)$ 在点 x_0 处的导数 $f'(x_0)$ 的几何意义

导数 $f'(x_0)$ 几何意义表示曲线 $y = f(x)$ 在对应点 (x_0, y_0) 处的切线斜率。

已知函数 $y = f(x)$ 及其曲线上点 (x_0, y_0),则函数 $f(x)$ 在点 (x_0, y_0) 处的切线方程为

$$y - y_0 = f'(x_0)(x - x_0)$$

法线方程为 $\qquad y - y_0 = -\dfrac{1}{f'(x_0)}(x - x_0) \qquad [f'(x_0) \neq 0]$

函数在一点导数的物理意义为物体作变速直线运动,已知物体运动的距离 s 和时间 t 的函数:$s = s(t)$,导数 $s'(t_0)$ 表示物体在 t_0 时刻的瞬时速度。

(四)函数的导函数及求导函数公式

如果函数 $y = f(x)$ 在区间 (a, b) 内每一点都有导数,称这种对应关系所确定的函数为 $y = f(x)$ 的导函数,记为 $f'(x), y', \dfrac{\mathrm{d}y}{\mathrm{d}x}, \dfrac{\mathrm{d}}{\mathrm{d}x} f(x)$。即

$$f'(x) = \lim_{\Delta x \to 0} \frac{f(x + \Delta x) - f(x)}{\Delta x} \qquad x \in (a, b) \tag{1-36}$$

(五)常用的求导方法

1.利用导数的定义求导

特别是分段函数在交界点处的导数往往用在一点左、右导数定义计算。

2. 利用基本导数公式表和导数的四则运算法则求导

基本导数公式：

$(c)' = 0$ $\qquad$ $(\ln x)' = \dfrac{1}{x}$

$(x^\mu)' = \mu x^{\mu-1}$ $\qquad$ $(\arcsin x)' = \dfrac{1}{\sqrt{1-x^2}}$

$(\sin x)' = \cos x$ $\qquad$ $(\arccos x)' = -\dfrac{1}{\sqrt{1-x^2}}$

$(\cos x)' = -\sin x$ $\qquad$ $(\arctan x)' = \dfrac{1}{1+x^2}$

$(\tan x)' = \sec^2 x$ $\qquad$ $(\text{arccot}\, x)' = -\dfrac{1}{1+x^2}$

$(\cot x)' = -\csc^2 x$ $\qquad$ $(\text{sh}\, x)' = \text{ch}\, x$

$(\sec x)' = \sec x \tan x$ $\qquad$ $(\text{ch}\, x)' = \text{sh}\, x$

$(\csc x)' = -\csc x \cot x$ $\qquad$ $(\text{th}\, x)' = \dfrac{1}{\text{ch}^2 x}$

$(a^x)' = a^x \ln a$ $\qquad$ $(\text{arsh}\, x)' = \dfrac{1}{\sqrt{1+x^2}}$

$(e^x)' = e^x$ $\qquad$ $(\text{arch}\, x)' = \dfrac{1}{\sqrt{x^2-1}}$

$(\log_a x)' = \dfrac{1}{x \ln a}$ $\qquad$ $(\text{arth}\, x)' = \dfrac{1}{1-x^2}$

函数和、差、积、商求导法则：

$$[f(x) \pm g(x)]' = f'(x) \pm g'(x)$$
$$[f(x) \cdot g(x)]' = f'(x)g(x) + f(x)g'(x)$$
$$\left[\dfrac{f(x)}{g(x)}\right]' = \dfrac{f'(x)g(x) - f(x)g'(x)}{[g(x)]^2} \qquad [g(x) \neq 0]$$

3. 利用复合函数的求导法则求导

若 $u = \varphi(x)$ 在点 x 处可导，$y = f(u)$ 在相应点 u 处可导，则复合函数 $f[\varphi(x)]$ 在点 x 可导，且 $\dfrac{\mathrm{d}y}{\mathrm{d}x} = \dfrac{\mathrm{d}y}{\mathrm{d}u} \cdot \dfrac{\mathrm{d}u}{\mathrm{d}x}$ 或记为 $\{f[\varphi(x)]\}' = f'[\varphi(x)] \cdot \varphi'(x)$。

4. 反函数求导法

若 $y = f(x)$ 与 $x = \varphi(y)$ 互为反函数，$f(x)$ 在点 x 可导，$\varphi(y)$ 在相应点 y 处可导，且 $\dfrac{\mathrm{d}x}{\mathrm{d}y} = \varphi'(y) \neq 0$，则 $\dfrac{\mathrm{d}y}{\mathrm{d}x} = \dfrac{1}{\dfrac{\mathrm{d}x}{\mathrm{d}y}}$。

5. 参数方程求导法

设 $y = f(x)$ 的参数方程为 $x = \varphi(t), y = \psi(t)$ 时，$\varphi(t)$ 与 $\psi(t)$ 均可导，$\varphi'(t) \neq 0$，则 $\dfrac{\mathrm{d}y}{\mathrm{d}x} = \psi'(t) / \varphi'(t)$。

6. 隐函数求导法

若方程 $F(x, y) = 0$ 确定了隐函数 $y = f(x)$，则由 $F[x, f(x)] = 0$ 两边对 x 求导，并运用

复合函数求导法则,就可求得 $f'(x)$。

7. 取对数求导法

求幂指函数或某些含有复杂的乘、除、乘方、开方运算函数的导数时,可以采用先取对数后求导的方法进行。[幂指函数:形如 $y=f(x)^{g(x)}$ 的函数]

8. 求函数的高阶导数

若 $f'(x)$ 在 (a,b) 内可导,则它的导数称为 $f(x)$ 的二阶导数。一般说来,$f(x)$ 的 $n-1$ 阶导数仍是 x 的函数,若它可导,则该导数称为函数 $f(x)$ 的 n 阶导数,记为 $y^{(n)}$,$f^{(n)}(x)$,$\dfrac{d^n y}{dx^n}$,$\dfrac{d^n f(x)}{dx^n}$。求 $y=f(x)$ 的 n 阶导数,可以利用求一阶导数的法则逐次地往下求导即可,但在计算过程中,要注意分析归纳,找出规律,写出 n 阶导数的表示式。

9. 参数方程的二阶导数

若方程 $x=\varphi(t)$,$y=\psi(t)$ 二阶可导,且 $\varphi'(t)\neq 0$。在求出一阶导数 $\dfrac{dy}{dx}=\dfrac{\psi'(t)}{\varphi'(t)}$ 后求二阶导数时,别忘乘 $\dfrac{dt}{dx}$,即:$\dfrac{d^2 y}{dx^2}=\dfrac{d}{dx}(\dfrac{dy}{dx})=\dfrac{d}{dt}\left[\dfrac{\psi'(t)}{\varphi'(t)}\right]\cdot\dfrac{dt}{dx}=\dfrac{\psi''\varphi'-\psi'\varphi''}{[\varphi'(t)]^3}$。

10. 隐函数的二阶导数

若 $F(x,y)=0$,求出一阶导数后,在求二阶导数时,把式中的 y 作为中间变量来求导,然后代入 y',整理后得 y''。

(六)函数微分及微分公式

1. 微分定义

设函数 $y=f(x)$ 在某一区间 I 上有定义,x_0、$x_0+\Delta x$ 在 I 上,如果 $\Delta y=f(x_0+\Delta x)-f(x_0)$ 可表示为

$$\Delta y=A\Delta x+o(\Delta x) \tag{1-37}$$

其中 A 是不依赖于 Δx 的常数,$o(\Delta x)$ 为比 Δx 高阶的无穷小,则称 $f(x)$ 在点 x_0 可微。$dy=A\Delta x$ 称为 $f(x)$ 在点 x_0 处相应于自变量增量 Δx 的微分。$f(x)$ 在点 x_0 可微的充分必要条件是 $f(x)$ 在点 x_0 可导。记 $\Delta x=dx$,则 $dy=A\Delta x=f'(x_0)dx$。

函数 $y=f(x)$ 在任意点 x 的微分,称为函数的微分。记作 $dy=f'(x)dx$。

函数的微分就是求出函数 $f'(x)$ 乘以 dx。函数的微分具有微分形式的不变性,即不论 u 是中间变量还是自变量,函数 $f(u)$ 的一阶微分都具有相同的形式,即 $df(u)=f'(u)du$。

2. 微分公式

$d(x^\mu)=\mu x^{\mu-1}dx$ $\qquad$ $d(e^x)=e^x dx$

$d(\sin x)=\cos x dx$ $\qquad$ $d(\log_a x)=\dfrac{1}{x\ln a}dx$

$d(\cos x)=-\sin x dx$ $\qquad$ $d(\ln x)=\dfrac{1}{x}dx$

$d(\tan x)=\sec^2 x dx$ $\qquad$ $d(\arcsin x)=\dfrac{1}{\sqrt{1-x^2}}dx$

$d(\cot x)=-\csc^2 x dx$ $\qquad$ $d(\arccos x)=-\dfrac{1}{\sqrt{1-x^2}}dx$

$d(\sec x)=\sec x\tan x dx$ $\qquad$ $d(\arctan x)=\dfrac{1}{1+x^2}dx$

$$d(\csc x) = -\csc x \cot x\, dx \qquad d(\operatorname{arccot} x) = -\frac{1}{1+x^2}dx$$

$$d(a^x) = a^x \ln a\, dx$$

3. 函数和、差、积、商微分法则

$$d(u \pm v) = du \pm dv \qquad d(cu) = c\,d(u) \quad (c\text{ 为常数})$$

$$d(uv) = v\,du + u\,dv \qquad d\left(\frac{u}{v}\right) = \frac{v\,du - u\,dv}{v^2}$$

【例 1-16】 $y = 2^{\tan\frac{1}{x}}$,求 y'。

解
$$y' = 2^{\tan\frac{1}{x}} \cdot \ln 2 \cdot \sec^2 \frac{1}{x} \cdot \left(-\frac{1}{x^2}\right)$$

$$= -\frac{\ln 2}{x^2} 2^{\tan\frac{1}{x}} \cdot \sec^2 \frac{1}{x}$$

【例 1-17】 $y = x^{\sin x}\ (x>0)$,求 y'。

解 本题属于幂指函数的求导问题,既不能使用幂函数的导数公式,也不能使用指数函数的导数公式。可利用对数求导法求解。即

$$\ln y = \sin x \ln x$$

$$\frac{1}{y} \cdot y' = \cos x \ln x + \frac{\sin x}{x}$$

$$y' = x^{\sin x}\left(\cos x \ln x + \frac{\sin x}{x}\right)$$

【例 1-18】 已知 $x^2 + y^2 - xy = 1$,求由方程确定的函数 y 的导数 y'。

解 方法1:两边对 x 求导,求导时,把式中字母 y 看作 x 的函数。

$$2x + 2y\frac{dy}{dx} - \left(y + x\frac{dy}{dx}\right) = 0$$

$$2x + 2y\frac{dy}{dx} - y - x\frac{dy}{dx} = 0$$

$$(2y - x)\frac{dy}{dx} = y - 2x$$

$$\frac{dy}{dx} = \frac{y - 2x}{2y - x}$$

方法2:利用二元方程确定的隐函数求导数法则。

$$x^2 + y^2 - xy - 1 = 0$$

$$F_x = 2x - y,\ F_y = 2y - x$$

$$\frac{dy}{dx} = -\frac{F_x}{F_y} = -\frac{2x - y}{2y - x} = \frac{y - 2x}{2y - x}$$

用方法2求隐函数的导数显得简单,以后不妨用这种方法。

【例 1-19】 $y = \ln(x + \sqrt{x^2 - a^2})$,求 $\dfrac{dy}{dx}, \dfrac{d^2y}{dx^2}$。

解 在计算一阶导数后,注意将其化为最简形式,再求二阶导数。

$$\frac{dy}{dx} = \frac{1}{x + \sqrt{x^2 - a^2}}\left(1 + \frac{x}{\sqrt{x^2 - a^2}}\right)$$

23

$$= \frac{1}{x+\sqrt{x^2-a^2}} \cdot \frac{x+\sqrt{x^2-a^2}}{\sqrt{x^2-a^2}}$$

$$= \frac{1}{\sqrt{x^2-a^2}}$$

$$\frac{d^2y}{dx^2} = -\frac{1}{2}(x^2-a^2)^{-\frac{3}{2}} \cdot 2x$$

$$= -\frac{x}{(x^2-a^2)^{\frac{3}{2}}}$$

【例 1-20】 设 $\begin{cases} x = e^{2t} \\ y = t - e^{-t} \end{cases}$,求 $\frac{dy}{dx}, \frac{d^2y}{dx^2}$。

解 注意在求参数方程的二阶导数时,应乘一项 $\frac{dt}{dx}$。

$$\frac{dy}{dt} = 1 + e^{-t}, \frac{dx}{dt} = 2e^{2t}$$

$$\frac{dy}{dx} = \frac{\frac{dy}{dt}}{\frac{dx}{dt}} = \frac{1+e^{-t}}{2e^{2t}} = \frac{1}{2}(e^{-2t} + e^{-3t})$$

$$\frac{d^2y}{dx^2} = \frac{d}{dt}\left(\frac{dy}{dx}\right) \cdot \frac{dt}{dx} = \frac{1}{2}(-2e^{-2t} - 3e^{-3t}) \frac{1}{\frac{dx}{dt}}$$

$$= \frac{1}{2}(-2e^{-2t} - 3e^{-3t}) \frac{1}{2e^{2t}} = -\frac{1}{2}e^{-4t} - \frac{3}{4}e^{-5t}$$

【例 1-21】 曲线 $y = x^3 - 6x$ 上切线平行于 x 轴的点是:

A. $(0,0)$ B. $(\sqrt{2}, 1)$

C. $(-\sqrt{2}, 4\sqrt{2})$ 和 $(\sqrt{2}, -4\sqrt{2})$ D. $(1,2)$ 和 $(-1,2)$

解 切线平行 x 轴,即切线的斜率为 0。

设曲线的切点坐标为 (x_0, y_0),则

$$y = x^3 - 6x, y' = 3x^2 - 6, y'|_{x=x_0} = 3x_0^2 - 6$$

令 $3x_0^2 - 6 = 0$,解得 $x_0 = \pm\sqrt{2}$

所求切点坐标为 $(\sqrt{2}, -4\sqrt{2}), (-\sqrt{2}, 4\sqrt{2})$

答案:C

【例 1-22】 已知 $f(x)$ 是二阶可导函数,$y = e^{2f(x)}$,则 $\frac{d^2y}{dx^2}$ 为:

A. $e^{2f(x)}$ B. $e^{2f(x)} f''(x)$

C. $e^{2f(x)}[2f'(x)]$ D. $2e^{2f(x)}[2(f'(x))^2 + f''(x)]$

解 利用复合函数求导法则,题中 $f(x)$ 为 x 的二阶可导函数。

$$y' = (e^{2f(x)})' = 2f'(x) e^{2f(x)}$$
$$y'' = 2[f''(x) e^{2f(x)} + f'(x) e^{2f(x)} \cdot 2f'(x)] = 2e^{2f(x)}[2(f'(x))^2 + f''(x)]$$

答案:D

【例 1-23】 设 $y = e^{\sin^2 x}$,则 dy 为:

A. $e^x d\sin^2 x$ B. $e^{\sin^2 x} d\sin^2 x$

C. $e^{\sin^2 x}\sin 2x\,\mathrm{d}\sin x$ D. $e^{\sin^2 x}\,\mathrm{d}\sin x$

解 $\mathrm{d}y = y'\mathrm{d}x = e^{\sin^2 x} \cdot 2\sin x \cdot \cos x\,\mathrm{d}x = e^{\sin^2 x} \cdot 2\sin x\,\mathrm{d}\sin x = e^{\sin^2 x}\,\mathrm{d}\sin^2 x$

答案：B

五、微分中值定理

微分中值定理在研究函数中起着重要的作用，最重要的是拉格朗日中值定理，罗尔定理可看作它的特例，柯西定理是它的推广。

（一）罗尔定理

若 $f(x)$ 在 $[a,b]$ 连续，在 (a,b) 内可导，且 $f(a)=f(b)$，则至少存在一点 $\xi \in (a,b)$，使 $f'(\xi)=0$。

（二）拉格朗日中值定理

若 $f(x)$ 在 $[a,b]$ 连续，在 (a,b) 内可导，则至少存在一点 $\xi \in (a,b)$，使得

$$f(b)-f(a)=f'(\xi)(b-a) \tag{1-38}$$

由拉格朗日中值定理可以证明：若 $f(x)$ 在区间 I 上的导数恒等于零，则 $f(x)$ 在 I 上为常数。

（三）柯西中值定理

若 $f(x), F(x)$ 在 $[a,b]$ 连续，在 (a,b) 内可导，且 $F'(x) \neq 0$，则至少存在一点 $\xi \in (a,b)$，使得

$$\frac{f(b)-f(a)}{F(b)-F(a)}=\frac{f'(\xi)}{F'(\xi)} \tag{1-39}$$

（四）洛必达法则

若：(1) $\lim\limits_{x \to a(\text{或}\infty)} f(x) = \lim\limits_{x \to a(\text{或}\infty)} F(x) = 0(\text{或}\infty)$；(2) $f'(x)$ 及 $F'(x)$ 在 $0<|x-x_0|<\delta$（或 $|x|>X$）处存在，且 $F'(x) \neq 0$，(3) $\lim\limits_{x \to a(\text{或}\infty)} \dfrac{f'(x)}{F'(x)}$ 存在（或 ∞），则

$$\lim_{x \to a(\text{或}\infty)} \frac{f(x)}{F(x)} = \lim_{x \to a(\text{或}\infty)} \frac{f'(x)}{F'(x)} = 存在(\text{或}\infty) \tag{1-40}$$

满足以上条件的两个函数比的极限等于两个函数导数比的极限，在利用洛必达法则时，三个条件中有一条不满足就不能应用。对于未定型"$0 \cdot \infty$"、"$\infty - \infty$"、"0^0"、"∞^0"、"1^∞"可化为"$\dfrac{0}{0}$"或"$\dfrac{\infty}{\infty}$"型的极限计算。在利用洛必达法则计算未定式的极限时，前面学过的计算极限的方法仍适用，例如等价无穷小替换，两个重要极限等。

（五）泰勒公式

若 $f(x)$ 在 x_0 的某一邻域 (a,b) 内具有 $n+1$ 阶导数，则 $\forall x \in (a,b)$ 有下面式子成立

$$f(x)=f(x_0)+\frac{f'(x_0)}{1!}(x-x_0)+\cdots+\frac{f^{(n)}(x_0)}{n!}(x-x_0)^n+R_n(x) \tag{1-41}$$

该公式称为 $f(x)$ 的 n 阶泰勒公式，$R_n(x)$ 称为余项，其中 $R_n(x)$ 表达式为

$$R_n(x)=\frac{f^{(n+1)}(\zeta)}{(n+1)!}(x-x_0)^{n+1} \tag{1-42}$$

这里 ζ 是介于 x_0 与 x 之间的某个值。

在泰勒公式(1-41)中取 $x_0=0$，就得到工程中常用的麦克劳林公式

$$f(x)=f(0)+f'(0)x+\frac{f''(0)}{2!}x^2+\cdots+\frac{f^{(n)}(0)}{n!}x^n+R_n(x) \tag{1-43}$$

其中 $R_n(x)=\dfrac{f^{(n+1)}(\zeta)}{(n+1)!}x^{n+1}$，这里 ζ 是介于 0 与 x 之间的某个值。

六、导数的应用

(一)判定函数的单调区间

设 $y=f(x)$ 在区间 (a,b) 上可导，$\forall x\in(a,b)$，若 $f'(x)>0$(或<0)[在个别点亦可 $f'(x)=0$]，则 $f(x)$ 在区间 (a,b) 上严格单调增加(或减小)。

(二)求函数的极值

若函数 $f(x)$ 在点 x_0 的某一邻域内的任何点 x 恒有 $f(x)<f(x_0)$[或 $f(x)>f(x_0)$]，则函数 $f(x)$ 在点 x_0 有极大值(或极小值)，函数的极大值、极小值统称为函数的极值，点 x_0 为 $f(x)$ 的极值点。函数的极值是局部的概念，在某一邻域内函数的极大(小)值不一定是函数在定义域内的最大(小)值。

极值存在的必要条件：若 $f'(x_0)$ 存在，且 x_0 为 $f(x)$ 的极值点，则 $f'(x_0)=0$。但逆命题不成立，即若 $f'(x_0)=0$，但 x_0 不一定是函数 $f(x)$ 的极值点。导数为零的点称为函数的驻点。驻点以及连续但导数不存在的点称为函数可疑极值点。

极值存在的第一充分条件：设 $f(x)$ 在 x_0 的某一邻域内连续，且可导，若 $x<x_0$ 时，$f'(x)>0$[或 $f'(x)<0$]；若 $x>x_0$ 时，$f'(x)<0$[或 $f'(x)>0$]，则 $f(x)$ 在 x_0 取得极大值(或极小值)。对于连续但导数不存在的点的极值，同样要通过判定在该点两侧的导数符号来确定。

极值存在的第二充分条件：设 $f(x)$ 具有二阶导数，且在 x_0 点 $f'(x_0)=0$，若 $f''(x_0)<0$ 时，$f(x)$ 在 x_0 取得极大值，若 $f''(x_0)>0$ 时，$f(x)$ 在 x_0 取得极小值。

(三)函数的最大值、最小值

函数 $f(x)$ 在 $[a,b]$ 上连续，则其在 $[a,b]$ 上的最大值和最小值可通过比较端点、驻点、一阶导数不存在的点的函数值的大小来确定。即

$$f_{最大值}=\max\{f(a),f(b),f(x_1),f(x_2),\cdots,f(x_n)\}$$

$$f_{最小值}=\min\{f(a),f(b),f(x_1),f(x_2),\cdots,f(x_n)\}$$

其中，$x_1,x_2,\cdots,x_n$ 为 $f(x)$ 在 (a,b) 内的所有可疑极值点。

在求解实际问题时，经常用到下面结论：若 $f(x)$ 在 $[a,b]$ 上连续，且在 (a,b) 内只有唯一一个极值点 x_0，则当 $f(x_0)$ 为极大(小)值时，它就是 $f(x)$ 在 $[a,b]$ 上的最大(小)值。

若 $f(x)$ 在 $[a,b]$ 上单调增加(减少)，则 $f(a)$ 为其最小(大)值，$f(b)$ 为其最大(小)值。

(四)凹凸性，拐点

设 $f(x)$ 在 $[a,b]$ 上连续，任给 $x_1,x_2\in(a,b)$ 恒有 $f\left(\dfrac{x_1+x_2}{2}\right)>$(或$<$)$\dfrac{f(x_1)+f(x_2)}{2}$，则称 $f(x)$ 在 $[a,b]$ 上是凸(或凹)的。若曲线在 x_0 两旁凹凸性改变，则称点 $(x_0,f(x_0))$ 为曲线的拐点。

函数凹凸性判别法则(充分条件)：设 $f''(x)$ 存在，若 $a<x<b$ 时，$f''(x)>0$[或 $f''(x)<0$]在个别点 $f''(x)$ 可以为零，则曲线为凹(或凸)的。

设 $f(x)$ 连续，若在点 x_0，$f''(x_0)=0$ 或 $f''(x_0)$ 不存在，且在 x_0 两侧 $f''(x)$ 改变符号时，则点 $(x_0,f(x_0))$ 是拐点。

【例 1-24】 求 $\lim\limits_{x\to\infty}x(e^{\frac{1}{x}}-1)$。

解 原式 $\overset{\infty\cdot 0}{=}\lim\limits_{x\to\infty}\dfrac{e^{\frac{1}{x}}-1}{\dfrac{1}{x}}\overset{\frac{0}{0}}{=}\lim\limits_{x\to\infty}\dfrac{e^{\frac{1}{x}}\left(-\dfrac{1}{x^2}\right)}{-\dfrac{1}{x^2}}=\lim\limits_{x\to\infty}e^{\frac{1}{x}}=1$

【例 1-25】 求 $\lim\limits_{x\to 0^+} x^{\sin x}$。

解 $$\text{原式} = \lim_{x\to 0^+} e^{\ln x^{\sin x}} \stackrel{0^0}{=} \lim_{x\to 0^+} e^{\sin x \ln x} = e^{\lim\limits_{x\to 0^+}\sin x \ln x}$$

因 $$\lim_{x\to 0^+} \sin x \ln x \stackrel{0\cdot\infty}{=} \lim_{x\to 0^+} \frac{\ln x}{\frac{1}{\sin x}} \stackrel{\infty}{=} \lim_{x\to 0^+} -\frac{\sin^2 x}{x\cos x} = -\lim_{x\to 0^+} \frac{x^2}{x\cos x}$$
$$= 0 \quad (x\to 0, \sin^2 x \sim x^2)$$

所以 $$\text{原式} = e^0 = 1$$

【例 1-26】 求函数 $y = x^2 e^{-x}$ 的单调区间、极值及此函数曲线的凹凸区间和拐点。

解 (1) $D:(-\infty, +\infty)$

(2) $y' = 2xe^{-x} - x^2 e^{-x} = xe^{-x}(2-x)$

　　$y'' = 2e^{-x} - 2xe^{-x} - 2xe^{-x} + x^2 e^{-x} = e^{-x}(x^2 - 4x + 2)$

(3) 令 $y' = 0$，得 $x_1 = 0, x_2 = 2$

　　令 $y'' = 0$，得 $x_3 = 2-\sqrt{2}, x_4 = 2+\sqrt{2}$

(4) 列表 1-1。

表 1-1

x	$(-\infty, 0)$	0	$(0, 2-\sqrt{2})$	$2-\sqrt{2}$	$(2-\sqrt{2}, 2)$	2	$(2, 2+\sqrt{2})$	$2+\sqrt{2}$	$(2+\sqrt{2}, +\infty)$
y'	$-$	0	$+$	$+$	$+$	0	$-$	$-$	$-$
y''	$+$	$+$	$+$	0	$-$	$-$	$-$	0	$+$

函数在 $(0,2)$ 单增，在 $(-\infty, 0)$ 与 $(2, +\infty)$ 单减。
$$f_{极小}(0) = 0, f_{极大}(2) = 4e^{-2}$$
$(-\infty, 2-\sqrt{2}), (2+\sqrt{2}, +\infty)$ 为凹区间，$(2-\sqrt{2}, 2+\sqrt{2})$ 为凸区间，点 $(2-\sqrt{2}, (2-\sqrt{2})^2 e^{\sqrt{2}-2}), (2+\sqrt{2}, (2+\sqrt{2})^2 e^{-(2+\sqrt{2})})$ 为拐点。

【例 1-27】 下列极限式中，能够使用洛必达法则求极限的是：

A. $\lim\limits_{x\to 0} \dfrac{1+\cos x}{e^x - 1}$　　　　　B. $\lim\limits_{x\to 0} \dfrac{x - \sin x}{\sin x}$

C. $\lim\limits_{x\to 0} \dfrac{x^2 \sin\dfrac{1}{x}}{\sin x}$　　　　　D. $\lim\limits_{x\to\infty} \dfrac{x + \sin x}{x - \sin x}$

解 $\lim\limits_{x\to 0} \dfrac{x - \sin x}{\sin x} \stackrel{\frac{0}{0}}{=} \lim\limits_{x\to 0} \dfrac{1 - \cos x}{\cos x} = 0$

答案：B

【例 1-28】 下列说法中正确的是：

A. 若 $f'(x_0) = 0$，则 $f(x_0)$ 必是 $f(x)$ 的极值

B. 若 $f(x_0)$ 是 $f(x)$ 的极值，则 $f(x)$ 在 x_0 处可导，且 $f'(x_0) = 0$

C. 若 $f(x)$ 在 x_0 处可导，则 $f'(x_0) = 0$ 是 $f(x)$ 在 x_0 取得极值的必要条件

D. 若 $f(x)$ 在 x_0 处可导，则 $f'(x_0) = 0$ 是 $f(x)$ 在 x_0 取得极值的充分条件

解 函数 $f(x)$ 在点 x_0 处可导，则 $f'(x_0) = 0$ 是 $f(x)$ 在 x_0 取得极值的必要条件。

答案：C

【例 1-29】 设 $f(x)=x(x-1)(x-2)$，则方程 $f'(x)=0$ 的实根个数是：

  A. 3   B. 2   C. 1   D. 0

解 $f(x)=x(x-1)(x-2)$

$f(x)$ 在 $[0,1]$ 连续，在 $(0,1)$ 可导，且 $f(0)=f(1)$

由罗尔定理可知，存在 $f'(\zeta_1)=0$，ζ_1 在 $(0,1)$ 之间

$f(x)$ 在 $[1,2]$ 连续，在 $(1,2)$ 可导，且 $f(1)=f(2)$

由罗尔定理可知，存在 $f'(\zeta_2)=0$，ζ_2 在 $(1,2)$ 之间

因为 $f'(x)=0$ 是二次方程，所以 $f'(x)=0$ 的实根个数为 2

答案：B

【例 1-30】 设函数 $f(x)$ 在 $(-\infty,+\infty)$ 上是偶函数，且在 $(0,+\infty)$ 内有 $f'(x)>0$，$f''(x)>0$，则在 $(-\infty,0)$ 内必有：

  A. $f'(x)>0$，$f''(x)>0$ B. $f'(x)<0$，$f''(x)>0$
  C. $f'(x)>0$，$f''(x)<0$ D. $f'(x)<0$，$f''(x)<0$

解 已知 $f(x)$ 在 $(-\infty,+\infty)$ 为偶函数，$f(x)$ 的图形关于 y 轴对称。又知 $f(x)$ 在 $(0,+\infty)$ 上，$f'(x)>0$，$f''(x)>0$，因而函数 $f(x)$ 在 $(0,+\infty)$ 上的图形单增且凹向。

由对称性可知，函数 $f(x)$ 在 $(-\infty,0)$ 上图形单减且凹向，所以在 $(-\infty,0)$ 上 $f'(x)<0$，$f''(x)>0$，选 B。

还可通过 $f(-x)=f(x)$，求出一阶、二阶导数，确定在 $(-\infty,0)$ 上，y'、y'' 的符号。

【例 1-31】 对于曲线 $y=\dfrac{1}{5}x^5-\dfrac{1}{3}x^3$，下列说法不正确的是：

  A. 有 3 个极值点   B. 有 3 个拐点
  C. 有 2 个极值点   D. 对称原点

解 求曲线的极值点

$y=\dfrac{1}{5}x^5-\dfrac{1}{3}x^3$，$y'=x^4-x^2=x^2(x+1)(x-1)$

令 $y'=0$，驻点 $x=-1,0,1$，把定义域分成 $(-\infty,-1)$，$(-1,0)$，$(0,1)$，$(1,+\infty)$ 几个区间。

列表 1-2。

表 1-2

x	$(-\infty,-1)$	-1	$(-1,0)$	0	$(0,1)$	1	$(1,+\infty)$
$f'(x)$	$+$	0	$-$	0	$-$	0	$+$
$f(x)$	↗	极大点	↘	无极值	↘	极小点	↗

可知函数有 2 个极值点，C 正确，A 不正确。

本题 D 正确，因为 $f(x)$ 为奇函数，图形关于原点对称。

还可通过计算拐点的方法，确定 B 正确。

答案：A。

习 题

1-11 $\lim\limits_{x\to\infty} \dfrac{3x^2+5}{5x+3}\sin\dfrac{2}{x} = ($)。

  A. 1   B. $\dfrac{6}{5}$ C. 2   D. -1

1-12 极限 $\lim\limits_{x\to 0}\dfrac{\ln(1-tx^2)}{x\sin x}$ 的值等于( )。

  A. t B. $-t$ C. 1   D. -1

1-13 当 $x\to 0$ 时,$x^2-\sin x$ 是 x 的( )。

  A. 高阶无穷小   B. 同阶无穷小但不是等价无穷小

  C. 低阶无穷小   D. 等价无穷小

1-14 设 $f(x)=\begin{cases}\cos(x-1) & x>1 \\ g(x) & x<1\end{cases}$,若 $\lim\limits_{x\to 1}f(x)=1$,则 $g(x)=($)。

  A. $\arctan\dfrac{1}{x-1}$ B. $\arcsin\dfrac{1}{x-1}$ C. $\tan(x-1)$ D. $1+e^{\frac{1}{x-1}}$

1-15 $\lim\limits_{x\to 0}\dfrac{\sqrt{2-2\cos x}}{x}$ 的结果( )。

  A. 不存在   B. 1   C. $\sqrt{2}$ D. 2

1-16 设 $f(x)=\begin{cases}\cos x+x\sin\dfrac{1}{x} & x<0 \\ x^2+1 & x\geq 0\end{cases}$,则 $x=0$ 是 $f(x)$ 的( )。

  A. 可去间断点   B. 跳跃间断点   C. 振荡间断点   D. 连续点

1-17 若在区间 (a,b) 内,$f'(x)=g'(x)$,则下列等式中错误的是( )。

  A. $f(x)=cg(x)$ B. $f(x)=g(x)+c$

  C. $\int \mathrm{d}f(x)=\int \mathrm{d}g(x)$ D. $\mathrm{d}f(x)=\mathrm{d}g(x)$

  (以上各式中,c 为任意常数)

1-18 已知函数在 x_0 处可导,且 $\lim\limits_{x\to 0}\dfrac{x}{f(x_0-2x)-f(x_0)}=\dfrac{1}{4}$,则 $f'(x_0)=($)。

  A. 4   B. -4 C. -2 D. 2

1-19 函数 $f(x)=\dfrac{x+1}{x}$ 在 $[1,2]$ 上符合拉格朗日定理条件的 ξ 值为( )。

  A. $\sqrt{2}$ B. $-\sqrt{2}$ C. $\dfrac{1}{\sqrt{2}}$ D. $-\dfrac{1}{\sqrt{2}}$

1-20 点 $(0,1)$ 是曲线 $y=ax^3+bx^2+c$ 的拐点,则有( )。

  A. $a=1$,$b=-3$,$c=1$

  B. a 为不等于 0 的实数,$b=0$,$c=1$

  C. $a=1$,$b=0$,c 为不等于 1 的任意实数

  D. a、b 为任意值,c 为不等于 1 的任意实数

1-21 曲线 $x^3+y^3+(x+1)\cos\pi y+9=0$，在 $x=-1$ 点处的法线方程是( )。

A. $y+3x+6=0$ B. $y-3x-1=0$

C. $y-3x-8=0$ D. $y+3x+1=0$

1-22 设由抛物线 $y=x^2$ 与三条直线 $x=a,x=a+1,y=0$ 所围成的平面图形，当 $a=($)时图形的面积最小。

A. $a=1$ B. $a=-\dfrac{1}{2}$ C. $a=0$ D. $a=2$

1-23 若 $f''(x)$ 存在，则函数 $y=\ln[f(x)]$ 的二阶导数为( )。

A. $\dfrac{f''(x)f(x)-[f'(x)]^2}{[f(x)]^2}$ B. $\dfrac{f''(x)}{f'(x)}$

C. $\dfrac{f''(x)f(x)+[f'(x)]^2}{[f(x)]^2}$ D. $\ln''[f(x)]\cdot f''(x)$

1-24 设参数方程 $\begin{cases}x=f(t)-\ln f(t)\\ y=tf(t)\end{cases}$ 确定了 y 是 x 的函数，且 $f'(t)$ 存在，$f(0)=2$，$f'(0)=2$，则当 $t=0$ 时，$\dfrac{dy}{dx}$ 的值等于( )。

A. $\dfrac{4}{3}$ B. $-\dfrac{4}{3}$ C. -2 D. 2

1-25 设曲线 $y=\ln(1+x^2)$，M 是曲线上的点，若曲线在 M 点的切线平行于已知直线 $y-x+1=0$，则 M 点的坐标是( )。

A. $(-2,\ln 5)$ B. $(-1,\ln 2)$ C. $(1,\ln 2)$ D. $(2,\ln 5)$

1-26 若 $f'(x)=g'(x)$，则下列等式( )成立。

A. $f(x)=g(x)$ B. $f(x)>g(x)$

C. $f(x)<g(x)$ D. $f(x)=g(x)+c$

1-27 设 $f(x)$ 的二阶导数存在，且 $f'(x)=f(1-x)$，则( )成立。

A. $f''(x)+f'(x)=0$ B. $f''(x)-f'(x)=0$

C. $f''(x)+f(x)=0$ D. $f''(x)-f(x)=0$

1-28 设函数 $f(x)=\begin{cases}e^{-x}+1 & x\leqslant 0\\ ax+2 & x>0\end{cases}$，若 $f(x)$ 在 $x=0$ 处可导，则 a 的值是( )。

A. 1 B. 2 C. 0 D. -1

1-29 设 $f(x)=\begin{cases}x^2\sin\dfrac{1}{x} & x>0\\ ax+b & x\leqslant 0\end{cases}$ 在 $x=0$ 处可导，则 a,b 之值为( )。

A. $a=1,b=0$ B. $a=0,b$ 为任意常数

C. $a=0,b=0$ D. $a=1,b$ 任意常数

1-30 已知 $\begin{cases}x=\dfrac{1-t^2}{1+t^2}\\ y=\dfrac{2t}{1+t^2}\end{cases}$，则 $\dfrac{dy}{dx}$ 为( )。

A. $\dfrac{t^2-1}{2t}$ B. $\dfrac{1-t^2}{2t}$ C. $\dfrac{x^2-1}{2x}$ D. $\dfrac{2t}{t^2-1}$

1-31 设 $y=(1+x)^{\frac{1}{x}}$，则 $y'(1)$ 等于( )。

A. 2　　　　　　B. e　　　　　　C. $\dfrac{1}{2}-\ln 2$　　　　D. $1-\ln 4$

1-32　函数 $f(x)=10\arctan x-3\ln x$ 的极大值是(　　)。

　　　A. $10\arctan 2-3\ln 2$　　　　　　B. $\dfrac{5}{2}\pi-3$

　　　C. $10\arctan 3-3\ln 3$　　　　　　D. $10\arctan\dfrac{1}{3}$

1-33　曲线 $y=x^3(x-4)$ 既单增且向上凹的区间为(　　)。
　　　A. $(-\infty,0)$　　B. $(0,+\infty)$　　C. $(2,+\infty)$　　D. $(3,+\infty)$

1-34　函数 $f(x)=\dfrac{x^2}{2}+2x+\ln|x|$ 在 $[-4,-1]$ 上的最大值为(　　)。

　　　A. 2　　　　　　B. 1　　　　　　C. $\ln 4$　　　　　　D. $-\dfrac{3}{2}$

第三节　一元函数积分学

一、不定积分

(一)不定积分的概念

1.原函数定义

定义在某区间 I 上的函数 $f(x)$，若存在函数 $F(x)$，使得该区间上的一切 x，均有 $F'(x)=f(x)$ 或 $\mathrm{d}F(x)=f(x)\mathrm{d}x$，则称 $F(x)$ 为 $f(x)$ 在区间 I 上的原函数。

若函数 $f(x)$ 存在两个原函数，那么它们只相差一个常数。由于常数的导数为零，所以函数 $f(x)$ 如果有原函数，则 $f(x)$ 就有无穷多个原函数，可表示为 $F(x)+C$。

2.不定积分定义

函数 $f(x)$ 的全体原函数称为 $f(x)$ 的不定积分，记作 $\displaystyle\int f(x)\mathrm{d}x$。

若 $F(x)$ 是 $f(x)$ 的一个原函数，则 $\displaystyle\int f(x)\mathrm{d}x=F(x)+C$（$C$ 为任意常数）

(1-44)

3.不定积分的性质

利用原函数的定义和不定积分的概念可得到下面性质

$$\int kf(x)\mathrm{d}x=k\int f(x)\mathrm{d}x\quad(\text{常数 }k\neq 0)$$

$$\int[f(x)\pm g(x)]\mathrm{d}x=\int f(x)\mathrm{d}x\pm\int g(x)\mathrm{d}x$$

$$\mathrm{d}\int f(x)\mathrm{d}x=f(x)\mathrm{d}x,\ \frac{\mathrm{d}}{\mathrm{d}x}\int f(x)\mathrm{d}x=f(x)$$

$$\int \mathrm{d}F(x)=F(x)+C,\ \int F'(x)\mathrm{d}x=F(x)+C$$

(1-45)

(二)不定积分的计算

1.利用原函数的定义计算不定积分
2.利用积分公式计算不定积分
常用的不定积分公式有：

$$\int k\mathrm{d}x=kx+C\quad(k\text{ 是常数})$$

$$\int x^{\mu}\mathrm{d}x=\frac{x^{\mu+1}}{\mu+1}+C\quad(\mu\neq-1)$$

$$\int \frac{\mathrm{d}x}{x} = \ln|x| + C$$

$$\int \frac{\mathrm{d}x}{1+x^2} = \arctan x + C$$

$$\int \frac{\mathrm{d}x}{\sqrt{1-x^2}} = \arcsin x + C$$

$$\int \cos x \mathrm{d}x = \sin x + C$$

$$\int \sin x \mathrm{d}x = -\cos x + C$$

$$\int \frac{\mathrm{d}x}{\cos^2 x} = \int \sec^2 x \mathrm{d}x = \tan x + C$$

$$\int \frac{\mathrm{d}x}{\sin^2 x} = \int \csc^2 x \mathrm{d}x = -\cot x + C$$

$$\int \sec x \tan x \mathrm{d}x = \sec x + C$$

$$\int \csc x \cot x \mathrm{d}x = -\csc x + C$$

$$\int e^x \mathrm{d}x = e^x + C$$

$$\int a^x \mathrm{d}x = \frac{a^x}{\ln a} + C$$

$$\int \mathrm{sh}x \mathrm{d}x = \mathrm{ch}x + C$$

$$\int \mathrm{ch}x \mathrm{d}x = \mathrm{sh}x + C$$

$$\int \tan x \mathrm{d}x = -\ln|\cos x| + C$$

$$\int \cot x \mathrm{d}x = \ln|\sin x| + C$$

$$\int \sec x \mathrm{d}x = \ln|\sec x + \tan x| + C$$

$$\int \csc x \mathrm{d}x = \ln|\csc x - \cot x| + C$$

$$\int \frac{\mathrm{d}x}{a^2 + x^2} = \frac{1}{a}\arctan \frac{x}{a} + C$$

$$\int \frac{\mathrm{d}x}{x^2 - a^2} = \frac{1}{2a}\ln\left|\frac{x-a}{x+a}\right| + C$$

$$\int \frac{\mathrm{d}x}{\sqrt{a^2 - x^2}} = \arcsin \frac{x}{a} + C$$

$$\int \frac{\mathrm{d}x}{\sqrt{x^2 + a^2}} = \ln(x + \sqrt{x^2 + a^2}) + C$$

$$\int \frac{\mathrm{d}x}{\sqrt{x^2 - a^2}} = \ln|x + \sqrt{x^2 - a^2}| + C$$

3. 换元积分法

第一类换元积分法：设 $f(u)$ 具有原函数 $F(u)$，而 $u = \varphi(x)$ 可导，则有

$$\int f[\varphi(x)]\varphi'(x)\mathrm{d}x = \int f(u)\mathrm{d}u = F[\varphi(x)] + C \tag{1-46}$$

第二类换元积分法：设 $x=\varphi(t)$ 在区间 $[\alpha,\beta]$ 上单调可导，且 $\varphi'(t)\neq 0$，又设 $f[\varphi(t)]\varphi'(t)$ 具有原函数 $F(t)$，则有

$$\int f(x)\mathrm{d}x = \int f[\varphi(t)]\varphi'(t)\mathrm{d}t = F(t) + c = F[\varphi^{-1}(x)] + C \tag{1-47}$$

式中，$\varphi^{-1}(x)$ 为 $x=\varphi(t)$ 的反函数。

用式(1-47)，在计算时可根据函数的特点适当选择代换函数。常用的代换有三角代换、根式代换、倒代换等。

三角代换，如被积函数 $f(x)$ 中含有

$$\sqrt{a^2-x^2}，可设\ x = a\sin t\ \left(-\frac{\pi}{2}<t<\frac{\pi}{2}\right)$$

$$\sqrt{x^2+a^2}，可设\ x = a\tan t\ \left(-\frac{\pi}{2}<t<\frac{\pi}{2}\right)$$

$$\sqrt{x^2-a^2}，可设\ x = a\sec t\ \left(0<t<\frac{\pi}{2}\right)$$

根式代换，如 $\int \dfrac{1}{\sqrt{2x-1}+1}\mathrm{d}x$，可设 $\sqrt{2x-1}=t$

倒代换，如 $\int \dfrac{1}{x\sqrt{x^2-1}}\mathrm{d}x$，可设 $x=\dfrac{1}{t}$ $(t>0$ 或 $t<0)$

4. 分部积分法

设 $u(x),v(x)$ 可微，且 $\int v(x)\mathrm{d}u(x)$ 存在，由公式 $\mathrm{d}(uv)=u\mathrm{d}v+v\mathrm{d}u$ 得到分部积分公式

$$\int u\mathrm{d}v = uv - \int v\mathrm{d}u$$

或

$$\int uv'\mathrm{d}x = uv - \int vu'\mathrm{d}x \tag{1-48}$$

利用分部积分公式计算不定积分的方法称为分部积分法。

运用分部积分法时，需将被积函数转换为 u 与 v' 两个因式的乘积。正确把其中一部分看作 u，其余看作 v' 是利用好分部积分法公式的关键。应该记住 u 和 v' 设法的一般规律。如果被积函数是正整数次幂函数与正(余)弦函数的乘积或是正整数次幂函数与指数函数的乘积时，设幂函数为 u，其余的为 v'。如果被积函数是正整数次幂函数与对数函数的乘积或是幂函数与反三角函数的乘积时，设对数函数或反三角函数为 u，其余的为 v'。掌握了这些规律，对解决一部分不定积分是有利的，对后面求定积分也是有用的。在定积分分部积分法中，设 u 和 v' 的方法与不定积分方法完全一致。

5. 有理函数积分

有理函数是指两个多项式的商所表示的函数，即

$$R(x) = \frac{P_n(x)}{Q_m(x)} = \frac{a_0x^n + a_1x^{n-1} + \cdots + a_n}{b_0x^m + b_1x^{m-1} + \cdots + b_m}$$

式中 m,n 为非负整数，$a_0\neq 0$，$b_0\neq 0$，$P_n(x)$ 与 $Q_m(x)$ 无公因式。当次数 $m>n$ 时称为真分式，次数 $m\leqslant n$ 时称为假分式。计算时，先通过代数变形或多项式除法化假分式为真分式，再把真分式的分母在实数范围内因式分解，然后按规则转换为部分分式之和，用比较同次幂或代

特殊值法确定待定系数,再积分。

运用上述方法可将真分式的不定积分化为下面四类积分:

I. $\int \dfrac{A}{x-a}dx$ \qquad II. $\int \dfrac{A}{(x-a)^n}dx$

III. $\int \dfrac{Mx+N}{x^2+Px+Q}dx$ \qquad IV. $\int \dfrac{Mx+N}{(x^2+Px+Q)^n}dx$

以上是解有理函数不定积分的一般步骤,但在解此类题之前应先考虑是否有更简便的方法,这一点应注意。

6. 三角函数有理式的积分

三角函数有理式的不定积分可通过三角代换设 $\tan\dfrac{x}{2}=u$ 来解决,$dx=\dfrac{2}{1+u^2}du$,$\sin x=\dfrac{2u}{1+u^2}$,$\cos x=\dfrac{1-u^2}{1+u^2}$ 化为有理函数的积分。对于三角函数的有理式积分,在解题前同样要考虑有没有更简便的方法来求解。

7. 简单无理函数的积分

$$\int R(x,\sqrt[n]{ax+b})dx , \quad \int R\left(x,\sqrt[n]{\dfrac{ax+b}{cx+d}}\right)dx$$

可通过变量替换,设 $\sqrt[n]{ax+b}$,$\sqrt[n]{\dfrac{ax+b}{cx+d}}$ 为一新变量来解决。

【例 1-32】 已知 $\dfrac{\sin x}{1+x\sin x}$ 为 $f(x)$ 的一个原函数,求 $\int f(x)f'(x)dx$。

解 $\int f(x)f'(x)dx = \int f(x)df(x) = \dfrac{1}{2}f^2(x)+C$

由原函数定义可知

$$f(x)=\left(\dfrac{\sin x}{1+x\sin x}\right)'=\dfrac{\cos x(1+x\sin x)-\sin x(\sin x+x\cos x)}{(1+x\sin x)^2}$$

$$=\dfrac{\cos x-\sin^2 x}{(1+x\sin x)^2}$$

原式 $=\dfrac{1}{2}\left[\dfrac{\cos x-\sin^2 x}{(1+x\sin x)^2}\right]^2+C$

【例 1-33】 已知 $f(x)$ 为连续的偶函数,则 $f(x)$ 的原函数中:

A. 有奇函数
B. 都是奇函数
C. 都是偶函数
D. 没有奇函数也没有偶函数

解 举例 $f(x)=x^2$,$\int x^2 dx=\dfrac{1}{3}x^3+C$

当 $C=0$ 时,为奇函数;

当 $C=1$ 时,$\int x^2 dx=\dfrac{1}{3}x^3+1$ 为非奇非偶函数。

答案:A

【例 1-34】 $f'(e^x)=1+x$,求 $f(x)$。

解 把式子转化为关于 $f(x)$ 形式的表达式,设 $e^x=t$,$x=\ln t$,则

即
$$f'(t) = 1 + \ln t$$
$$f'(x) = 1 + \ln x$$
$$f(x) = \int (1+\ln x)\mathrm{d}x = x + \int \ln x \mathrm{d}x$$
$$= x + x\ln x - \int 1 \mathrm{d}x = x + x\ln x - x + C$$
$$= x\ln x + C$$

【例 1-35】 若 $\sec^2 x$ 是 $f(x)$ 的一个原函数，则 $\int xf(x)\mathrm{d}x$ 等于：

A. $\tan x + C$
B. $x\tan x - \ln|\cos x| + C$
C. $x\sec^2 x + \tan x + C$
D. $x\sec^2 x - \tan x + C$

解 $\int xf(x)\mathrm{d}x = \int x\mathrm{d}\sec^2 x = x\sec^2 x - \int \sec^2 x \mathrm{d}x = x\sec^2 x - \tan x + C$

答案： D

【例 1-36】 若 $\int f(x)\mathrm{d}x = x^3 + C$，则 $\int f(\cos x)\sin x \mathrm{d}x$ 等于：

A. $-\cos^3 x + C$ B. $\sin^3 x + C$ C. $\cos^3 x + C$ D. $\dfrac{1}{3}\cos^3 x + C$

解 已知 $\int f(x)\mathrm{d}x = x^3 + C$，先将 $\int f(\cos x)\sin x \mathrm{d}x$ 换成已给式子形式。

设 $\cos x = u$，$\mathrm{d}u = -\sin x \mathrm{d}x$，$\sin x \mathrm{d}x = -\mathrm{d}u$，则

$$\int f(\cos x)\sin x \mathrm{d}x = -\int f(u)\mathrm{d}u = -u^3 + C = -(\cos x)^3 + C = -\cos^3 x + C$$

答案： A

【例 1-37】 下列积分式中，正确的是：

A. $\int \cos(2x+3)\mathrm{d}x = \sin(2x+3) + C$ B. $\int e^{\sqrt{x}}\mathrm{d}x = e^{\sqrt{x}} + C$

C. $\int \ln x \mathrm{d}x = x\ln x - x + C$ D. $\int \dfrac{1}{\sqrt{4-x^2}}\mathrm{d}x = \dfrac{1}{2}\arcsin \dfrac{x}{2} + C$

解 选 C。计算如下

$$\int \ln x \mathrm{d}x \xrightarrow{\text{分部积分}} x\ln x - \int \mathrm{d}x = x\ln x - x + C$$

其余通过计算皆错：

A. $\int \cos(2x+3)\mathrm{d}x = \dfrac{1}{2}\int \cos(2x+3)\mathrm{d}(2x+3) = \dfrac{1}{2}\sin(2x+3) + C$

B. 设 $\sqrt{x} = t$，$x = t^2$，$\mathrm{d}x = 2t\mathrm{d}t$，$\int e^{\sqrt{x}}\mathrm{d}x = 2\int e^t \cdot t\mathrm{d}t = 2\left(te^t - \int e^t \mathrm{d}t\right) = 2e^t(t-1) + C = 2e^{\sqrt{x}}(\sqrt{x}-1) + C$

D. $\int \dfrac{1}{\sqrt{4-x^2}}\mathrm{d}x \xrightarrow{\text{积分公式}} \arcsin \dfrac{x}{2} + C$

二、定积分

(一) 定积分概念

定积分的引入是应实际的需要而产生的，如数学中计算曲边梯形的面积，物理中计算变速

直线运动的物体在时间$[t_1,t_2]$内所经过的路程等。

1. 定积分定义

设 $f(x)$ 是定义在 $[a,b]$ 上的有界函数，在 $[a,b]$ 中任意插入一些分点 $a=x_0<x_1<\cdots<x_n=b$，把 $[a,b]$ 分成 n 个小区间，在每个小区间 $[x_{i-1},x_i]$ 上任意取一点 ξ_i，作函数值与小区间 Δx_i 的乘积 $f(\xi_i)\Delta x_i$（其中，$i=1,2,\cdots,n$），作和式 $\sum_{i=1}^{n}f(\xi_i)\Delta x_i$，令 $\lambda=\max\{\Delta x_i(i=1,2,\cdots,n)\}\to 0$，如果上式极限（这个极限与区间的分法及各小区间上 ξ_i 的取法无关）存在，则称此极限为函数 $f(x)$ 在 $[a,b]$ 上的定积分，记作 $\int_a^b f(x)\mathrm{d}x$，即

$$\int_a^b f(x)\mathrm{d}x = \lim_{\substack{n\to\infty \\ \lambda\to 0}}\sum_{i=1}^{n}f(\xi_i)\Delta x_i \tag{1-49}$$

2. 定积分的几何意义、物理意义

几何意义：

当在 $[a,b]$ 上 $f(x)\geqslant 0$，$\int_a^b f(x)\mathrm{d}x$ 表示由曲线 $y=f(x)$，x 轴，直线 $x=a$、$x=b$ 所围成图形的面积；

当在 $[a,b]$ 上 $f(x)\leqslant 0$，$\int_a^b f(x)\mathrm{d}x$ 表示由曲线 $y=f(x)$，x 轴，直线 $x=a$、$x=b$ 所围成图形的面积的负值；

当 $f(x)$ 可正可负，$\int_a^b f(x)\mathrm{d}x$ 表示由曲线 $y=f(x)$，x 轴，直线 $x=a$、$x=b$ 所围成图形的面积的代数和。

物理意义：$\int_a^b f(x)\mathrm{d}x$ 可以表示不同的物理量，如变速直线运动所经过的路程，变力所做的功。

3. 定积分性质

(1) 若 $f(x)$ 在 $[a,b]$ 上可积，k 为常数，则

$$\int_a^b kf(x)\mathrm{d}x = k\int_a^b f(x)\mathrm{d}x$$

(2) 若 $f(x),g(x)$ 在 $[a,b]$ 上可积，则

$$\int_a^b [f(x)\pm g(x)]\mathrm{d}x = \int_a^b f(x)\mathrm{d}x \pm \int_a^b g(x)\mathrm{d}x$$

(3) 如果 $a<c<b$，$f(x)$ 有界，则 $f(x)$ 在 $[a,b]$ 上可积的充要条件是 $f(x)$ 在 $[a,c]$ 和 $[c,b]$ 上都可积。且有

$$\int_a^b f(x)\mathrm{d}x = \int_a^c f(x)\mathrm{d}x + \int_c^b f(x)\mathrm{d}x$$

(4) 如果在区间 $[a,b]$ 上，$f(x)=1$ 则

$$\int_a^b 1\mathrm{d}x = \int_a^b \mathrm{d}x = b-a$$

(5) 如果在区间 $[a,b]$ 上，$f(x)\geqslant 0$，则 $\int_a^b f(x)\mathrm{d}x\geqslant 0$ $(a<b)$。

(6) 如果在区间 $[a,b]$ 上，$f(x)\leqslant g(x)$，则有

$$\int_a^b f(x)\mathrm{d}x \leqslant \int_a^b g(x)\mathrm{d}x$$

(7)设 M 及 m 分别是 $f(x)$ 在区间 $[a,b]$ 上的最大值及最小值,则

$$m(b-a) \leqslant \int_a^b f(x)\mathrm{d}x \leqslant M(b-a) \quad (a<b)$$

(8)定积分中值定理

如果函数 $f(x)$ 在闭区间 $[a,b]$ 上连续,则在积分区间 $[a,b]$ 上至少存在一个点 ξ,使下式成立

$$\int_a^b f(x)\mathrm{d}x = f(\xi)(b-a) \quad (a \leqslant \xi \leqslant b)$$

4. 积分上限函数

(1)设 $f(x)$ 在 $[a,b]$ 上连续,$x \in [a,b]$,称 $\int_a^x f(x)\mathrm{d}x$ 为积分上限函数,记作 $\phi(x) = \int_a^x f(x)\mathrm{d}x$,经常写成如下形式 $\phi(x) = \int_a^x f(t)\mathrm{d}t \quad (a \leqslant x \leqslant b)$。

(2)若 $f(x)$ 在 $[a,b]$ 上连续,则积分上限函数的导数

$$\phi'(x) = \left[\int_a^x f(t)\mathrm{d}t\right]' = f(x) \quad (a \leqslant x \leqslant b)$$

上式可说明积分上限函数 $\int_a^x f(t)\mathrm{d}t$ 是 $f(x)$ 的一个原函数。

(3)若 $f(x)$ 在 $[a,b]$ 上连续,且 $g(x)$ 可导,则 $\left[\int_a^{g(x)} f(t)\mathrm{d}t\right]' = f(u) \cdot g'(x) = f[g(x)] \cdot g'(x)$。

(二)定积分的计算

(1)利用定义计算:即分割、取近似、求和、取极限的方法。

(2)利用牛顿-莱布尼兹公式计算:设函数 $f(x)$ 在 $[a,b]$ 上连续,$F(x)$ 为其原函数,则

$$\int_a^b f(x)\mathrm{d}x = F(x)\Big|_a^b = F(b) - F(a)$$

(3)利用换元法计算:若 $f(x)$ 在 $[a,b]$ 上连续,$x = \varphi(t)$ 在 $[\alpha,\beta]$ 上连续,且当 $t \in [\alpha,\beta]$ 时 $x = \varphi(t) \in [a,b]$,$a = \varphi(\alpha)$,$b = \varphi(\beta)$,$\varphi(t)$ 在 $[\alpha,\beta]$ 上具有连续导数,则

$$\int_a^b f(x)\mathrm{d}x = \int_\alpha^\beta f[\varphi(t)]\varphi'(t)\mathrm{d}t \tag{1-50}$$

(4)利用分部积分法计算:设 $u = u(x)$、$v = v(x)$ 在 $[a,b]$ 上可导,$u'(x)v(x)$ 在 $[a,b]$ 上可积,则

$$\int_a^b u(x)v'(x)\mathrm{d}x = u(x)v(x)\Big|_a^b - \int_a^b u'(x)v(x)\mathrm{d}x \tag{1-51}$$

或

$$\int_a^b u(x)\mathrm{d}v(x) = u(x)v(x)\Big|_a^b - \int_a^b v(x)\mathrm{d}u(x)$$

定积分的换元法、分部积分法与不定积分采用的方法是一致的,只多了上下限。不定积分的换元法有第一、二类之分,并且有不同的公式,而定积分换元法只有一个计算式,从公式(1-50)左往右推,就是第二类换元法,从公式(1-50)右往左推就是第一类换元法。定积分分部积分中 u 与 $\mathrm{d}v$ 的取法与不定积分相同。

(5)利用定积分的性质计算。

(6)利用公式计算:

① $\int_0^{\frac{\pi}{2}} \sin^m x \, dx = \int_0^{\frac{\pi}{2}} \cos^m x \, dx$ （m 为正整数）

$$= \begin{cases} \dfrac{m-1}{m} \times \dfrac{m-3}{m-2} \times \cdots \times \dfrac{5}{6} \times \dfrac{3}{4} \times \dfrac{1}{2} \times \dfrac{\pi}{2} & (m \text{ 为正偶数}) \\ \dfrac{m-1}{m} \times \dfrac{m-3}{m-2} \times \cdots \times \dfrac{6}{7} \times \dfrac{4}{5} \times \dfrac{2}{3} \times 1 & (m \text{ 为大于 1 的奇数}) \end{cases}$$

② $\int_0^\pi \sin^m x \, dx = 2\int_0^{\frac{\pi}{2}} \sin^m x \, dx$ （m 为正整数）

③ $\int_{-a}^a f(x) \, dx = \begin{cases} 2\int_0^a f(x) \, dx & f(x) \text{ 为偶函数} \\ 0 & f(x) \text{ 为奇函数} \end{cases}$

④ $\int_a^{a+T} f(x) \, dx = \int_0^T f(x) \, dx$　[a 为实数、T 为周期函数 $f(x)$ 的周期]

⑤ $\int_0^\pi x f(\sin x) \, dx = \dfrac{\pi}{2} \int_0^\pi f(\sin x) \, dx$

【例 1-38】 $\dfrac{d}{dx} \int_{2x}^0 e^{-t^2} dt$ 等于：

A. e^{4x^2}　　　　B. $2e^{-4x^2}$　　　　C. $-2e^{-4x^2}$　　　　D. e^{-x^2}

解　$\dfrac{d}{dx} \int_{2x}^0 e^{-t^2} dt = -\dfrac{d}{dx} \int_0^{2x} e^{-x^2} dt = -e^{-4x^2} \cdot 2 = -2e^{-4x^2}$

答案：C

【例 1-39】 设 $f(x)$ 在 $(-\infty, +\infty)$ 连续，$x \neq 0$，求 $\varphi(x) = \int_0^{\frac{1}{x}} f(t) \, dt$ 的导数。

解　$\varphi'(x) = \dfrac{d}{dx} \int_0^{\frac{1}{x}} f(t) \, dt = f\left(\dfrac{1}{x}\right)\left(-\dfrac{1}{x^2}\right) = -\dfrac{1}{x^2} f\left(\dfrac{1}{x}\right)$

【例 1-40】 计算 $\int_0^\pi \sqrt{\sin^3 x - \sin^5 x} \, dx$。

解　原式 $= \int_0^\pi \sqrt{\sin^3 x (1 - \sin^2 x)} \, dx = \int_0^\pi (\sin x)^{\frac{3}{2}} |\cos x| \, dx$

$= \int_0^{\frac{\pi}{2}} (\sin x)^{\frac{3}{2}} |\cos x| \, dx + \int_{\frac{\pi}{2}}^\pi (\sin x)^{\frac{3}{2}} |\cos x| \, dx$

$= \dfrac{2}{5} (\sin x)^{\frac{5}{2}} \Big|_0^{\frac{\pi}{2}} - \dfrac{2}{5} (\sin x)^{\frac{5}{2}} \Big|_{\frac{\pi}{2}}^\pi = \dfrac{4}{5}$

【例 1-41】 计算 $\int_{-2}^2 (|x| + x) e^{|x|} \, dx$。

解　原式 $= \int_{-2}^2 |x| e^{|x|} \, dx + \int_{-2}^2 x e^{|x|} \, dx$

因 $f(x) = x e^{|x|}$ 为奇函数，故 $\int_{-2}^2 x e^{|x|} \, dx = 0$，则

原式 $= 2 \int_0^2 |x| e^{|x|} \, dx$　[因 $f(x) = |x| e^{|x|}$ 为偶函数]

$$= 2\int_0^2 xe^x dx = 2\int_0^2 x de^x$$
$$= 2(xe^x \Big|_0^2 - \int_0^2 e^x dx)$$
$$= 2(2e^2 - e^2 + 1)$$
$$= 2(e^2 + 1)$$

【例 1-42】 设 $f(x)$ 为 $(-\infty, +\infty)$ 上的连续函数,且满足 $f(x) = 3x^2 - x\int_0^1 f(x)dx$,求 $f(x)$ 的表达式。

解 在式中,$\int_0^1 f(x)dx$ 为一定值

设 $\int_0^1 f(x)dx = A$,则 $f(x) = 3x^2 - xA$

两边积分

$$\int_0^1 f(x)dx = \int_0^1 3x^2 dx - \int_0^1 Ax dx$$
$$A = 1 - \frac{A}{2} \cdot x^2 \Big|_0^1, A = 1 - \frac{A}{2}, A = \frac{2}{3}$$
$$f(x) = 3x^2 - Ax = 3x^2 - \frac{2}{3}x$$

三、广义积分

(一)无穷限积分

设 $f(x)$ 在 $[a, +\infty)$ 上有定义,且对任何 $b > a$,$f(x)$ 在 $[a,b]$ 上可积,若极限 $\lim\limits_{b \to +\infty} \int_a^b f(x)dx$ 存在,则定义

$$\int_a^{+\infty} f(x)dx = \lim_{b \to +\infty} \int_a^b f(x)dx \tag{1-52}$$

并说 $f(x)$ 在 $[a, +\infty)$ 上广义积分存在或收敛;若上述极限不存在,就说广义积分不存在或发散。同理可定义

$$\int_{-\infty}^b f(x)dx = \lim_{a \to -\infty} \int_a^b f(x)dx \tag{1-53}$$

$$\int_{-\infty}^{+\infty} f(x)dx = \int_{-\infty}^c f(x)dx + \int_c^{+\infty} f(x)dx \tag{1-54}$$

(二)无界函数积分

设 $f(x)$ 在 $(a,b]$ 上有定义,在点 a 的右邻域内无界,对任何 $0 < \varepsilon < b - a$,$f(x)$ 在 $[a+\varepsilon, b]$ 上可积,若极限 $\lim\limits_{\varepsilon \to 0^+} \int_{a+\varepsilon}^b f(x)dx$ 存在,则定义

$$\int_a^b f(x)dx = \lim_{\varepsilon \to 0^+} \int_{a+\varepsilon}^b f(x)dx \tag{1-55}$$

并说 $f(x)$ 在 $(a,b]$ 上广义积分存在或收敛;若极限不存在,则说广义积分不存在或发散。同理可定义

$$\int_a^b f(x)dx = \lim_{\varepsilon \to 0^+} \int_a^{b-\varepsilon} f(x)dx \quad [f(x) \text{在点} b \text{的左邻域无界}] \tag{1-56}$$

$$\int_a^b f(x)\mathrm{d}x = \lim_{\varepsilon_1 \to 0^+} \int_a^{c-\varepsilon_1} f(x)\mathrm{d}x + \lim_{\varepsilon_2 \to 0^+} \int_{c+\varepsilon_2}^b f(x)\mathrm{d}x \quad [a<c<b, f(x)\text{在点 }c\text{ 的邻域无界}]$$

(1-57)

上述广义积分,在计算中都是先通过计算定积分,再取极限求出最后的结果。在计算定积分时,常义积分所用的一切计算方法均能使用;在求极限时有时还要用到洛必达法则才能求出最后的极限。对于无界函数的积分,它很容易和常义积分混淆在一起,计算前要认真分析一下是常义积分还是广义积分,否则将会出现错误的结果。

【例 1-43】 求 $\int_e^{+\infty} \frac{1}{x(\ln x)^2}\mathrm{d}x$。

解 方法 1

$$原式 = \lim_{b \to +\infty} \int_e^b \frac{1}{(\ln x)^2}\mathrm{d}\ln x = \lim_{b \to +\infty} \left(-\frac{1}{\ln x}\right)\Big|_e^b$$

$$= -\lim_{b \to +\infty} \left(\frac{1}{\ln b} - \frac{1}{\ln e}\right) = 1$$

方法 2

$$原式 = \int_e^{+\infty} \frac{1}{(\ln x)^2}\mathrm{d}\ln x = -\frac{1}{\ln x}\Big|_e^{+\infty}$$

$$= -\left(\lim_{x \to +\infty} \frac{1}{\ln x} - 1\right) = 1$$

【例 1-44】 求 $\int_{-1}^1 \frac{1}{x^3}\mathrm{d}x$。

解 $\lim_{x \to 0} \frac{1}{x^3} = \infty, x = 0$ 为无穷不连续点。

方法 1

$$原式 = \int_{-1}^0 \frac{1}{x^3}\mathrm{d}x + \int_0^1 \frac{1}{x^3}\mathrm{d}x$$

因

$$\int_0^1 \frac{1}{x^3}\mathrm{d}x = \lim_{\varepsilon \to 0^+} \int_\varepsilon^1 \frac{1}{x^3}\mathrm{d}x$$

$$= \lim_{\varepsilon \to 0^+} -\frac{1}{2}\left(\frac{1}{x^2}\right)\Big|_\varepsilon^1$$

$$= -\frac{1}{2}\left(1 - \lim_{\varepsilon \to 0^+} \frac{1}{\varepsilon^2}\right)$$

$$= +\infty$$

所以广义积分 $\int_{-1}^1 \frac{1}{x^3}\mathrm{d}x$ 发散。

方法 2

$$\int_0^1 \frac{1}{x^3}\mathrm{d}x = -\frac{1}{2}\left(\frac{1}{x^2}\Big|_0^1\right)$$

$$= -\frac{1}{2}\left(1 - \lim_{x \to 0^+} \frac{1}{x^2}\right)$$

$$= +\infty$$

广义积分 $\int_{-1}^{1} \frac{1}{x^3} dx$ 发散。

【例 1-45】 下列广义积分收敛的是：

A. $\int_{1}^{+\infty} \cos x \, dx$ B. $\int_{1}^{+\infty} \frac{1}{x^3} dx$

C. $\int_{1}^{+\infty} \ln x \, dx$ D. $\int_{1}^{+\infty} e^x \, dx$

解 对每一选项通过计算检验

A. $\int_{1}^{+\infty} \cos x \, dx = \sin x \Big|_{1}^{+\infty}$，振荡无极限

B. $\int_{1}^{+\infty} \frac{1}{x^3} dx = -\frac{1}{2} x^{-2} \Big|_{1}^{+\infty} = \frac{1}{2}$

C. $\int_{1}^{+\infty} \ln x \, dx = (x \ln x - x) \Big|_{1}^{+\infty} = x(\ln x - 1) \Big|_{1}^{+\infty} = \lim_{x \to +\infty} x(\ln x - 1) + 1 = +\infty$

D. $\int_{1}^{+\infty} e^x \, dx = e^x \Big|_{1}^{+\infty} = +\infty$

答案：B

【例 1-46】 下列命题或等式中，错误的是：

A. 设 $f(x)$ 在 $[-a, a]$ 上连续且为偶函数，则 $\int_{-a}^{a} f(x) dx = 2 \int_{0}^{a} f(x) dx$

B. 设 $f(x)$ 在 $[-a, a]$ 上连续且为奇函数，则 $\int_{-a}^{a} f(x) dx = 0$

C. 设 $f(x)$ 是 $(-\infty, +\infty)$ 上连续的周期函数，周期为 T，则 $\int_{a}^{a+T} f(x) dx = \int_{0}^{T} f(x) dx$

D. $\int_{-1}^{1} \frac{1}{x^2} dx = -\frac{1}{x} \Big|_{-1}^{1} = -2$

解 选项 A、B 正确。选项 C 计算如下

$$\int_{a}^{a+T} f(x) dx = \int_{a}^{0} f(x) dx + \int_{0}^{T} f(x) dx + \int_{T}^{a+T} f(x) dx \qquad ①$$

将式子 $\int_{T}^{a+T} f(x) dx$ 变形，设 $x = t + T$, $dx = dt$。当 $x = T$ 时，$t = 0$；当 $x = a + T$ 时，$t = a$。

$$\int_{T}^{a+T} f(x) dx = \int_{0}^{a} f(t+T) dt = \int_{0}^{a} f(t) dt = \int_{0}^{a} f(x) dx = -\int_{a}^{0} f(x) dx$$

代入式①，得 $\int_{a}^{a+T} f(x) dx = \int_{0}^{T} f(x) dx$，正确。

选项 D 是广义积分，计算如下

$\int_{-1}^{1} \frac{1}{x^2} dx = \int_{-1}^{0} \frac{1}{x^2} dx + \int_{0}^{1} \frac{1}{x^2} dx$ （$x = 0$ 为无穷间断点）

而 $\int_{-1}^{0} \frac{1}{x^2} dx = \lim_{\varepsilon \to 0^+} \int_{-1}^{0-\varepsilon} \frac{1}{x^2} dx = \lim_{\varepsilon \to 0^+} \left(\frac{-1}{x} \right) \Big|_{-1}^{0-\varepsilon} = \lim_{\varepsilon \to 0^+} \left(\frac{1}{\varepsilon} - 1 \right) = +\infty$，错误，选 D。

四、定积分的应用

通过定积分定义导出的微分元素法,对解决几何方面和物理方面的实际问题行之有效。

(一)用元素法解题的主要步骤

(1)确定积分变量及变量的变化区间;

(2)找出所求量的微分元素;

(3)在积分区间上积分。而选对积分变量及变量的变化区间、正确写出所求量的微分元素是微分元素法的关键。

(二)定积分的应用

1. 定积分的几何应用

计算平面图形的面积,旋转体和平行截面面积为已知的立体的体积,平面曲线的弧长。

(1)平面图形的面积

直角坐标方程:设曲边梯形由曲边 $y = f(x)[f(x) \geqslant 0]$,直线 $x = a, x = b$ 以及 x 轴围成,如图 1-3 所示。

$$A = \int_a^b f(x) \mathrm{d}x$$

参数方程:设曲边由参数方程 $\begin{cases} x = \varphi(t) \\ y = \psi(t) \end{cases}$ 给出,直线 $x = a, x = b$ 以及 x 轴围成,如图 1-4 所示。

则

$$A = \int_a^b f(x) \mathrm{d}x = \int_{t_1}^{t_2} \psi(t) \varphi'(t) \mathrm{d}t$$

(当 $x = a$ 时,$t = t_1$,当 $x = b$ 时,$t = t_2$)

极坐标方程:设曲边方程为 $r = r(\theta)$ 以及射线 $\theta = \alpha, \theta = \beta$ 围成的图形,如图 1-5 所示。

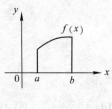
图 1-3

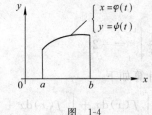
图 1-4

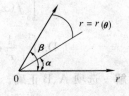
图 1-5

则

$$A = \int_\alpha^\beta \frac{1}{2} r^2(\theta) \mathrm{d}\theta$$

(2)体积

旋转体的体积:设由曲线 $y = f(x)$,直线 $x = a, x = b$ 以及 x 轴围成的平面图形,绕 x 轴旋转一周而生成的旋转体的体积,如图 1-6 所示。则

$$V_x = \int_a^b \pi [f(x)]^2 \mathrm{d}x$$

平行截面面积为已知的立体的体积:设立体由曲面 S,以及平面 $x = a, x = b$ 所围成,且对于 $[a,b]$ 上任一点 x 作垂直截面,截得的面积 $A = A(x)$ 为 x 的连续函数,如图 1-7 所示。则

$$V = \int_a^b A(x)\,\mathrm{d}x$$

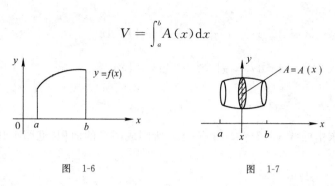

图 1-6　　　　　　　　　　图 1-7

(3) 平面曲线的弧长

直角坐标方程:曲线 C 的方程为 $y = f(x), a \leqslant x \leqslant b$,则 $s = \int_a^b \sqrt{1 + [f'(x)]^2}\,\mathrm{d}x$

参数方程:曲线 C 的方程为 $\begin{cases} x = \varphi(t) \\ y = \psi(t) \end{cases}, t_1 \leqslant t \leqslant t_2$,则 $s = \int_{t_1}^{t_2} \sqrt{[\varphi'(t)]^2 + [\psi'(t)]^2}\,\mathrm{d}t$

极坐标方程:曲线 C 的方程为 $r = r(\theta), \alpha \leqslant \theta \leqslant \beta$,则 $s = \int_\alpha^\beta \sqrt{[r(\theta)]^2 + [r'(\theta)]^2}\,\mathrm{d}\theta$

2. 定积分的物理应用

计算物体作变速直线运动所经历的路程及物体在变力作用下沿直线运动所做的功、水压力等。

【例 1-47】 计算抛物线 $y^2 = 2x$ 与直线 $y = x - 4$ 所围成平面图形的面积。

解 如图 1-8 所示,求交点 $\begin{cases} y^2 = 2x \\ y = x - 4 \end{cases}$,得 $(8, 4)$ 和 $(2, -2)$

选积分变量为 y,则

$$A = \int_{-2}^4 \left(y + 4 - \frac{1}{2}y^2\right)\mathrm{d}y$$

$$= \left(\frac{1}{2}y^2 + 4y - \frac{1}{6}y^3\right)\Big|_{-2}^4 = 18$$

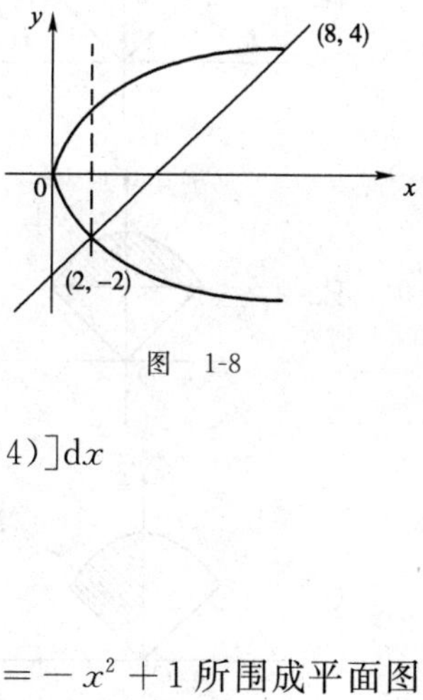

选积分变量为 x,则

$$A = \int_0^2 [\sqrt{2x} - (-\sqrt{2x})]\,\mathrm{d}x + \int_2^8 [\sqrt{2x} - (x-4)]\,\mathrm{d}x$$

$$= \int_0^2 2\sqrt{2x}\,\mathrm{d}x + \int_2^8 (\sqrt{2x} - x + 4)\,\mathrm{d}x = 18$$

图 1-8

【例 1-48】 计算:(1)求由直线 $x = 0, x = 2, y = 0$ 与抛物线 $y = -x^2 + 1$ 所围成平面图形的面积 S;(2)求上述平面图形绕 x 轴旋转一周所得的旋转体的体积 V_x(图 1-9)。

解 因为平面图形有一部分在 x 轴的上方,另有一部分在 x 轴下方,在计算面积时需加一个负号。

(1) $S = \int_0^1 (-x^2 + 1)\mathrm{d}x + \int_1^2 -(-x^2 + 1)\mathrm{d}x$

$= \left(-\frac{1}{3}x^3 + x\right)\Big|_0^1 + \left(\frac{1}{3}x^3 - x\right)\Big|_1^2$

$= 2$

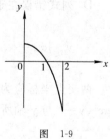

图 1-9

(2) $V_x = \int_0^1 \pi(-x^2+1)^2 dx + \int_1^2 \pi[-(-x^2+1)]^2 dx$

$= \pi \int_0^2 (-x^2+1)^2 dx = \pi \int_0^2 (x^4-2x^2+1)dx$

$= \pi\left(\dfrac{1}{5}x^5 - \dfrac{2}{3}x^3 + x\right)\Big|_0^2 = \dfrac{46}{15}\pi$

【例 1-49】 求由曲线 $y=2-x^2$ 与 $y=|x|$ 所围成图形的面积(见图 1-10)。下列表示式错误的是：

A. $\int_{-1}^{0}(2-x^2+x)dx + \int_0^1 (2-x^2-x)dx$

B. $\int_0^1 2y\,dy + \int_1^2 2\sqrt{2-y}\,dy$

C. $2\int_0^1 (2-x^2-x)dx$

D. $\int_{-1}^{1}(2-x^2-x)dx$

图 1-10

解 $\begin{cases} y=2-x^2 \\ y=x \end{cases}$ 与 $\begin{cases} y=2-x^2 \\ y=-x \end{cases}$ 的交点分别为 $(1,1)$、$(-1,1)$，经分析 A、B、C 列式均正确。

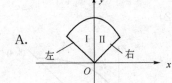

A. 为按左右两部分分别列式计算面积。

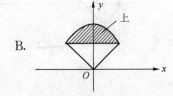

B. 利用图形关于 y 轴的对称式，按上、下两部分分别列式计算面积。

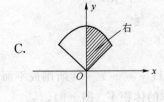

C. 利用图形关于 y 轴对称，面积为右半部面积的 2 倍列式计算面积。

D. 列式错误在于对曲线 $y=2-x^2$ 与 $y=|x|$ 所围成图形的理解有误。

$y=|x|=\begin{cases} x & x\geq 0 \\ -x & x<0 \end{cases}$

两交点坐标应为 $(-1,1)$、$(1,1)$。选项 D 的被积函数 $f(x)=2-x^2-x$ 是计算曲线 $y=2-x^2$、$y=x$ 与 y 轴所围成图形面积的式子。选 D。

习 题

1-35 下列各式中正确的是(C 为任意常数)(　　)。

　　A. $\int f'(3-2x)\mathrm{d}x = -\frac{1}{2}f(3-2x)+C$

　　B. $\int f'(3-2x)\mathrm{d}x = -f(3-2x)+C$

　　C. $\int f'(3-2x)\mathrm{d}x = f(x)+C$

　　D. $\int f'(3-2x)\mathrm{d}x = \frac{1}{2}f(3-2x)+C$

1-36 设 $F(x)$ 是 $f(x)$ 的一个原函数，则 $\int e^{-x}f(e^{-x})\mathrm{d}x$ 等于(　　)。

　　A. $F(e^{-x})+C$ 　　　　　　　　B. $-F(e^{-x})+C$
　　C. $F(e^x)+C$ 　　　　　　　　　D. $-F(e^x)+C$

1-37 计算积分 $\int \frac{f'(\ln x)}{x\sqrt{f(\ln x)}}\mathrm{d}x = ($　　$)$。

　　A. $\sqrt{f(\ln x)}+C$ 　　　　　　　B. $-\sqrt{f(\ln x)}+C$
　　C. $2\sqrt{f(\ln x)}+C$ 　　　　　　D. $-2\sqrt{f(\ln x)}+C$

1-38 设 $f(x)$ 的一个原函数为 $\cos x$，$g(x)$ 的一个原函数为 x^2，则 $f[g(x)] = ($　　$)$。

　　A. $\cos x^2$ 　　　B. $-\sin x^2$ 　　　C. $\cos 2x$ 　　　D. $-\sin 2x$

1-39 如果 $\int \frac{f'(\ln x)}{x}\mathrm{d}x = x^2+C$，则 $f(x) = ($　　$)+C$。

　　A. $\frac{1}{x^2}$ 　　　B. e^x 　　　C. e^{2x} 　　　D. xe^x

1-40 设函数 $f(x)$ 在区间 $[a,b]$ 上连续，则下列结论不正确的是(　　)。

　　A. $\int_a^b f(x)\mathrm{d}x$ 是 $f(x)$ 的一个原函数

　　B. $\int_a^x f(t)\mathrm{d}t$ 是 $f(x)$ 的一个原函数 $(a<x<b)$

　　C. $\int_x^b f(t)\mathrm{d}t$ 是 $-f(x)$ 的一个原函数 $(a<x<b)$

　　D. $f(x)$ 在 $[a,b]$ 上是可积的

1-41 广义积分 $I = \int_e^{+\infty} \frac{\mathrm{d}x}{x(\ln x)^2}$，则(　　)。

　　A. $I=1$ 　　　B. $I=-1$ 　　　C. $I=\frac{1}{2}$ 　　　D. 此广义积分发散

1-42 下列广义积分中发散的是(　　)。

　　A. $\int_2^{+\infty} \frac{1}{x\ln^3 x}\mathrm{d}x$ 　　　　　　B. $\int_0^{+\infty} e^{-x}\mathrm{d}x$

　　C. $\int_{-1}^0 \frac{2}{\sqrt{1-x^2}}\mathrm{d}x$ 　　　　　　D. $\int_1^e \frac{1}{x\ln x}\mathrm{d}x$

1-43 设 $Q(x) = \int_0^{x^2} t e^{-t} dt$，则 $Q'(x) = ($ $)$。

A. xe^{-x} B. $-xe^{-x}$ C. $2x^3 e^{-x^2}$ D. $-2x^3 e^{-x^2}$

1-44 $\int_0^a f(x) dx = ($ $)$。

A. $\int_0^{\frac{a}{2}} [f(x) + f(x-a)] dx$ B. $\int_0^{\frac{a}{2}} [f(x) + f(a-x)] dx$

C. $\int_0^{\frac{a}{2}} [f(x) - f(a-x)] dx$ D. $\int_0^{\frac{a}{2}} [f(x) - f(x-a)] dx$

1-45 下列结论中，错误的是（   ）。

A. $\int_{-a}^{a} f(x^2) dx = 2\int_0^a f(x^2) dx$ B. $\int_0^{2\pi} \sin^{10} x dx = \int_0^{2\pi} \cos^{10} x dx$

C. $\int_{-\pi}^{\pi} \cos 5x \sin 7x dx = 0$ D. $\int_0^1 10^x dx = 9$

1-46 设函数 $f(x)$ 在 $[0, +\infty)$ 上连续，且满足 $f(x) = xe^{-x} + e^x \int_0^1 f(x) dx$，则 $f(x)$ 是（   ）。

A. xe^{-x} B. $xe^{-x} - e^{x-1}$
C. e^{x-1} D. $(x-1)e^{-x}$

1-47 在区间 $[0, 2\pi]$ 上，曲线 $y = \sin x$ 与 $y = \cos x$ 之间所围图形的面积是（   ）。

A. $\int_{\frac{\pi}{4}}^{\pi} (\sin x - \cos x) dx$ B. $\int_{\frac{\pi}{4}}^{\frac{5\pi}{4}} (\sin x - \cos x) dx$

C. $\int_0^{2\pi} (\sin x - \cos x) dx$ D. $\int_0^{\frac{5\pi}{4}} (\sin x - \cos x) dx$

第四节　多元函数微分学

一、多元函数的概念

（一）n 元函数定义

设有集合 $E \subset R^n$（R^n 表示 n 维实数空间），如果对于 E 中每一点 $P(x_1, x_2, \cdots, x_n)$，均有一个确定的 u 值与之对应，则称 u 为 $(x_1, x_2, \cdots, x_n)$ 的 n 元函数（当 $n \geq 2$ 时称为多元函数）。

在 R^n 中点 $P_1(x_1, x_2, \cdots, x_n)$ 和点 $P_2(y_1, y_2, \cdots, y_n)$ 间的距离公式为

$$|P_1 P_2| = \sqrt{(y_1 - x_1)^2 + \cdots + (y_n - x_n)^2} \tag{1-58}$$

与点 P_0 的距离小于 δ（$\delta > 0$）的点 M 的全体称为点 P_0 的 δ 邻域，记为 $U(P_0, \delta)$。用 $U(P_0)$ 表示点 P_0 的某一邻域；用 $\overline{U}(P_0, \delta)$ 表示某一去心的点 P_0 的 δ 邻域。

（当 $n = 2$ 时，即二元函数的定义，二维空间两点间的距离公式及点 P_0 的 δ 邻域的概念同上。）

（二）二元函数的极限

设二元函数 $z = f(x, y)$ 的定义域为 $D \subset R^2$，点 $P(x_0, y_0)$ 为 D 的聚点（即在 P_0 的任一邻域内，总含有 D 中无限多个点，则称 P_0 为 D 的聚点）。若 $\forall \varepsilon > 0, \exists \delta > 0$，使当 $0 < \sqrt{(x - x_0)^2 + (y - y_0)^2} < \delta$ 时，有 $|f(x, y) - A| < \varepsilon$ 成立，则称 A 为二元函数 $f(x, y)$，当

$(x,y) \to (x_0, y_0)$ 的极限，记为 $\lim\limits_{\substack{x \to x_0 \\ y \to y_0}} f(x,y) = A$，其中点 $(x,y) \to (x_0, y_0)$ 要求以任意方式进行，极限均存在且相等，仅个别路径不行，这是二元函数极限与一元函数极限最大的不同之处。

二元函数比一元函数多了一个自变量，求极限时注意它们的区别与联系。关于一元函数的极限的运算法则和计算公式，可以推广到二元函数，但形式要比一元复杂得多。

（三）二元函数的连续性

设 $f(x,y)$ 的定义域为 D，$M_0(x_0, y_0) \in D$，且为 D 的聚点，若有 $\lim\limits_{\substack{x \to x_0 \\ y \to y_0}} f(x,y) = f(x_0, y_0)$，则称 $f(x,y)$ 在点 M_0 连续。若 $f(x,y)$ 在区域 D 中的每一点均连续，则称 $f(x,y)$ 在 D 上连续。在有界闭区域上连续的二元函数，介值定理、最值定理仍成立。连续二元函数的和、差、积、商（分母不为零）仍为连续函数，二元连续函数的复合函数也具有相应的连续性。二元初等函数在定义域上连续。这些性质都可推广到三元以上的函数中。

二、二元函数的偏导数和全微分

（一）偏导数

1. 二元函数在一点的偏导数

设 $z = f(x,y)$ 在点 $P_0(x_0, y_0)$ 的某一邻域内有定义，$P_1(x_0 + \Delta x, y_0)$ 为该邻域内的一点，若有

$$\lim_{\Delta x \to 0} \frac{f(x_0 + \Delta x, y_0) - f(x_0, y_0)}{\Delta x} \tag{1-59}$$

存在，则称此极限为 $f(x,y)$ 在点 P_0 处对 x 的偏导数，记作 $z'_x\big|_{(x_0, y_0)}, \dfrac{\partial z}{\partial x}\big|_{(x_0, y_0)}, f'_x\big|_{(x_0, y_0)}, \dfrac{\partial f}{\partial x}\big|_{(x_0, y_0)}$。

类似地，函数 $z = f(x, y)$ 在点 $P_0(x_0, y_0)$ 处对 y 的偏导数定义为 $f'_y(x_0, y_0) = \lim\limits_{\Delta y \to 0} \dfrac{f(x_0, y_0 + \Delta y) - f(x_0, y_0)}{\Delta y}$，记作 $z'_y\big|_{(x_0, y_0)}, \dfrac{\partial z}{\partial y}\big|_{(x_0, y_0)}, f'_y\big|_{(x_0, y_0)}, \dfrac{\partial f}{\partial y}\big|_{(x_0, y_0)}$。

2. 二元函数偏导函数

若 $z = f(x,y)$ 在定义域 D 内的每一点 (x,y) 处对 x（或 y）的偏导数都存在，称这种对应关系所确定的函数为函数 z 对 x（对 y）的偏导函数，记作 $\dfrac{\partial z}{\partial x}, z'_x, \dfrac{\partial f}{\partial x}, f'_x, \dfrac{\partial z}{\partial y}, z'_y, \dfrac{\partial f}{\partial y}, f'_y$。

计算二元函数在一点的偏导数，可以用定义求，也可用先求出偏导函数再代值的方法计算。求二元函数的偏导函数时，只要把一个变量当作变量，另一个变量看作常量求导即可。对于二元分段函数，在分界点处的偏导数，必须用函数在一点偏导数定义计算。

对于一元函数，曾有函数在一点可导，在这一点必连续的结论；对于二元函数，函数在一点存在对 x、对 y 的偏导数，但不能保证函数在这一点连续。

3. 二元函数高阶偏导

函数 $z = f(x,y)$ 在 D 内的偏导数 $\dfrac{\partial z}{\partial x}$ 和 $\dfrac{\partial z}{\partial y}$ 仍是 x, y 的二元函数，如果 $\dfrac{\partial z}{\partial x}$ 和 $\dfrac{\partial z}{\partial y}$ 的偏导数也存在，则称它们的偏导数为 $z = f(x,y)$ 的二阶偏导数，按求导数次序不同有

$$\frac{\partial^2 z}{\partial x^2} = \frac{\partial}{\partial x}\left(\frac{\partial z}{\partial x}\right) \qquad \frac{\partial^2 z}{\partial x \partial y} = \frac{\partial}{\partial x}\left(\frac{\partial z}{\partial y}\right)$$

$$\frac{\partial^2 z}{\partial y^2} = \frac{\partial}{\partial y}\left(\frac{\partial z}{\partial y}\right) \qquad \frac{\partial^2 z}{\partial y \partial x} = \frac{\partial}{\partial x}\left(\frac{\partial z}{\partial y}\right)$$

其中，$\dfrac{\partial^2 z}{\partial x \partial y}$ 与 $\dfrac{\partial^2 z}{\partial y \partial x}$ 称为二阶混合偏导。类似可定义三阶、四阶以及 n 阶偏导。二阶及二阶以上的偏导数称为高阶偏导数。在 $\dfrac{\partial^2 z}{\partial x \partial y}$ 与 $\dfrac{\partial^2 z}{\partial y \partial x}$ 连续时，高阶混合偏导与求导的次序无关，即 $\dfrac{\partial^2 z}{\partial x \partial y} = \dfrac{\partial^2 z}{\partial y \partial x}$。即高阶混合偏导相等。

（二）全微分

(1) 二元函数全微分定义：

设 $z = f(x,y)$ 在点 $P(x,y)$ 的某一邻域内有定义，点 $P_1(x+\Delta x, y+\Delta y)$ 在该邻域内，若全增量 $\Delta z = f(x+\Delta x, y+\Delta y) - f(x,y)$ 可表示为

$$\Delta z = A\Delta x + B\Delta y + o(\rho) \tag{1-60}$$

式中，A、B 与 Δx 及 Δy 无关；而仅与 x、y 有关，$\rho = \sqrt{(\Delta x)^2 + (\Delta y)^2}$，$o(\rho)$ 表示关于 ρ 的高阶无穷小。则称 $f(x,y)$ 在 (x,y) 处可微。$A\Delta x + B\Delta y$ 为 $f(x,y)$ 在点 (x,y) 处的全微分，记作 $\mathrm{d}z = A\Delta x + B\Delta y$。

若 $z = f(x,y)$ 在区域 D 内每点均可微分，称 $f(x,y)$ 在区域 D 内可微。

函数 $z = f(x,y)$ 的全微分为

$$\mathrm{d}z = \dfrac{\partial z}{\partial x}\mathrm{d}x + \dfrac{\partial z}{\partial y}\mathrm{d}y \tag{1-61}$$

(2) 如果函数 $z = f(x,y)$ 在点 (x,y) 处可微，则该函数在点 (x,y) 的偏导 $\dfrac{\partial z}{\partial x}$、$\dfrac{\partial z}{\partial y}$ 都存在，且 $\mathrm{d}z = \dfrac{\partial z}{\partial x}\mathrm{d}x + \dfrac{\partial z}{\partial y}\mathrm{d}y$。

(3) 二元函数在 (x,y) 点可微、偏导存在、连续之间的关系：

二元函数 $z = f(x,y)$ 在 (x,y) 点可微，函数在点 (x,y) 的偏导一定存在；但偏导存在，二元函数在点 (x,y) 不一定可微。函数 $z = f(x,y)$ 在点 (x,y) 可微，则函数在点 (x,y) 连续；但函数在点 (x,y) 连续，二元函数在这一点不一定可微。如果函数 $z = f(x,y)$ 的偏导数 $\dfrac{\partial z}{\partial x}$、$\dfrac{\partial z}{\partial y}$ 在点 (x,y) 连续，则二元函数在该点可微分。

(4) 二元函数 $f(x,y)$ 在一点 (x_0, y_0) 偏导的几何意义：

二元函数 $z = f(x,y)$ 在 $P_0(x_0, y_0)$ 对 x 的偏导数 $f'_x(x_0, y_0)$ 的几何意义为曲线 $C: z = f(x,y), y = y_0$ 在点 $M_0(x_0, y_0, z_0)$ 的切线斜率。对 y 的偏导数 $f'_y(x_0, y_0)$ 表示曲线 $C: z = f(x,y), x = x_0$ 在点 $M_0(x_0, y_0, z_0)$ 的切线斜率。

（三）复合函数的微分法

1. 复合函数全导数公式

设 $u = \varphi(t), v = \psi(t)$ 在点 t 可导，函数 $z = f(u,v)$ 在对应点 (u,v) 具有连续偏导数，则复合函数 $z = f[\varphi(t), \psi(t)]$ 在点 t 可导，且有

$$\dfrac{\mathrm{d}z}{\mathrm{d}t} = \dfrac{\partial z}{\partial u}\dfrac{\mathrm{d}u}{\mathrm{d}t} + \dfrac{\partial z}{\partial v}\dfrac{\mathrm{d}v}{\mathrm{d}t} \tag{1-62}$$

推广：设 $u = f(x,y,z,t), x = u(t), y = v(t), z = \omega(t)$，则

$$\frac{\mathrm{d}u}{\mathrm{d}t}=\frac{\partial u}{\partial x}\frac{\mathrm{d}x}{\mathrm{d}t}+\frac{\partial u}{\partial y}\frac{\mathrm{d}y}{\mathrm{d}t}+\frac{\partial u}{\partial z}\frac{\mathrm{d}z}{\mathrm{d}t}+\frac{\partial u}{\partial t} \tag{1-63}$$

式(1-62)、式(1-63)称函数 z 对 t 的全导数公式。

2. 复合函数偏导数公式

推广到多个中间变量，多个自变量的情况有下面公式：

(1) 设 $z=f(u,v),u=\varphi(x,y),v=\psi(x,y)$，则

$$\frac{\partial z}{\partial x}=\frac{\partial z}{\partial u}\cdot\frac{\partial u}{\partial x}+\frac{\partial z}{\partial v}\cdot\frac{\partial v}{\partial x} \qquad \frac{\partial z}{\partial y}=\frac{\partial z}{\partial u}\cdot\frac{\partial u}{\partial y}+\frac{\partial z}{\partial v}\cdot\frac{\partial v}{\partial y} \tag{1-64}$$

(2) 设 $z=f(u,x,y),u=\varphi(x,y)$，则复合函数 $z=f[\varphi(x,y),x,y]$ 的偏导数

$$\frac{\partial z}{\partial x}=\frac{\partial f}{\partial u}\cdot\frac{\partial u}{\partial x}+\frac{\partial f}{\partial x} \qquad \frac{\partial z}{\partial y}=\frac{\partial f}{\partial u}\cdot\frac{\partial u}{\partial y}+\frac{\partial f}{\partial y} \tag{1-65}$$

(3) 设 $z=f(u,v,\omega),u=\varphi(x,y),v=\psi(x,y),\omega=\omega(x,y)$，则

$$\frac{\partial z}{\partial x}=\frac{\partial z}{\partial u}\cdot\frac{\partial u}{\partial x}+\frac{\partial z}{\partial v}\cdot\frac{\partial v}{\partial x}+\frac{\partial z}{\partial \omega}\cdot\frac{\partial \omega}{\partial x}$$

$$\frac{\partial z}{\partial y}=\frac{\partial z}{\partial u}\cdot\frac{\partial u}{\partial y}+\frac{\partial z}{\partial v}\cdot\frac{\partial v}{\partial y}+\frac{\partial z}{\partial \omega}\cdot\frac{\partial \omega}{\partial y} \tag{1-66}$$

（四）隐函数的微分法

(1) 设方程 $F(x,y)=0$，满足 $F(x_0,y_0)=0$，$F(x,y)$ 在点 (x_0,y_0) 的某一邻域内连续，且有连续的偏导数 $F'_x(x,y)$、$F'_y(x,y)$，$F'_y(x_0,y_0)\neq 0$，则方程 $F(x,y)=0$ 在点 (x_0,y_0) 的邻域内恒能唯一确定一个单值连续且具有连续导数的函数 $y=f(x)$，它满足条件 $y_0=f(x_0)$，并有

$$\frac{\mathrm{d}y}{\mathrm{d}x}=-\frac{F'_x(x,y)}{F'_y(x,y)} \tag{1-67}$$

(2) 设方程 $F(x,y,z)=0$ 满足 $F(x_0,y_0,z_0)=0$，$F(x,y,z)$ 在点 (x_0,y_0,z_0) 的某一邻域内连续且有连续偏导数 $F'_x(x,y,z)$、$F'_y(x,y,z)$、$F'_z(x,y,z)$，$F'_z(x_0,y_0,z_0)\neq 0$，则在点 (x_0,y_0,z_0) 的邻域内，方程 $F(x,y,z)=0$ 恒能唯一确定一个单值且具有连续偏导数的函数 $z=f(x,y)$，它满足条件 $z_0=f(x_0,y_0)$，并有

$$\frac{\partial z}{\partial x}=-\frac{F'_x(x,y,z)}{F'_z(x,y,z)} \qquad \frac{\partial z}{\partial y}=-\frac{F'_y(x,y,z)}{F'_z(x,y,z)} \tag{1-68}$$

三、多元函数的应用

（一）空间曲线的切线与法平面

设空间曲线 γ 的参数方程为 $x=x(t),y=y(t),z=z(t)$，其中 $x(t),y(t),z(t)$ 均可微。曲线 γ 上的点 $M_0(x_0,y_0,z_0)$ 对应 $t=t_0$，且 $x'(t_0)$、$y'(t_0)$、$z'(t_0)$ 不同时为零，则曲线 γ 在点 M_0 处的切线方程为

$$\frac{x-x_0}{x'(t_0)}=\frac{y-y_0}{y'(t_0)}=\frac{z-z_0}{z'(t_0)} \tag{1-69}$$

过点 M_0 与切线垂直的平面称为曲线 γ 在点 M_0 处的法平面，它的方程为

$$x'(t_0)(x-x_0)+y'(t_0)(y-y_0)+z'(t_0)(z-z_0)=0$$

其中 $\{x'(t_0),y'(t_0),z'(t_0)\}$ 既是曲线 γ 在 M_0 处的切线的方向向量，又是 γ 在 M_0 处的法平面的法向量。

(二)曲面的切平面与法线

设曲面Σ的方程为$F(x,y,z)=0$,$M_0(x_0,y_0,z_0)$为Σ上的一点,$F(x,y,z)$在点M_0可微,且$F'_x(x_0,y_0,z_0)$,$F'_y(x_0,y_0,z_0)$,$F'_z(x_0,y_0,z_0)$不同时为零,则曲面Σ在点M_0处的切平面方程为

$$F'_x|_{M_0}(x-x_0)+F'_y|_{M_0}(y-y_0)+F'_z|_{M_0}(z-z_0)=0 \quad (1-70)$$

过点M_0与切平面垂直的直线称为曲面Σ在M_0的法线,法线方程为

$$\frac{x-x_0}{F'_x(x_0,y_0,z_0)}=\frac{y-y_0}{F'_y(x_0,y_0,z_0)}=\frac{z-z_0}{F'_z(x_0,y_0,z_0)} \quad (1-71)$$

其中,$\{F'_x,F'_y,F'_z\}_{M_0}$既是曲面Σ在点M_0处的切平面的法向量,又是曲面Σ在点M_0处的法线的方向向量。

(三)多元函数的极值

多元函数的极值问题分为无条件极值和条件极值两大类。对于自变量除了限定其在定义域内变化外,没有其他任何限制的极值问题,称为无条件极值;如果自变量还要受一定的其他条件限制,则称为条件极值。

1. 无条件极值

设函数$z=f(x,y)$在点(x_0,y_0)的某个邻域内有定义,对于该邻域内异于点(x_0,y_0)的点(x,y),恒有$f(x,y)<f(x_0,y_0)$[或$f(x,y)>f(x_0,y_0)$],则称$f(x_0,y_0)$为$f(x,y)$的极大值(或极小值),则称点(x_0,y_0)为极大值点(或极小值点)。

函数的极大值和极小值统称为函数的极值。使$f(x,y)$的一阶偏导数均等于零的点称为$f(x,y)$的驻点。可偏导的函数在点(x_0,y_0)取得极值的必要条件是点(x_0,y_0)为它的驻点。

驻点和使$f(x,y)$的一阶偏导数不存在的点统称为函数的极值可疑点,判断驻点是否为函数的极值点的方法如下:

设函数$z=f(x,y)$在点(x_0,y_0)的某邻域内连续且有一阶及二阶连续偏导数,又$f'_x(x_0,y_0)=0$,$f'_y(x_0,y_0)=0$,记$A=f''_{xx}(x_0,y_0)$,$B=f''_{xy}(x_0,y_0)$,$C=f''_{yy}(x_0,y_0)$则

(1)$AC-B^2>0$时具有极值,且当$A<0$时有极大值,当$A>0$时有极小值;

(2)$AC-B^2<0$时没有极值;

(3)$AC-B^2=0$时可能有极值,也可能没有极值,需另找其他方法判断。

2. 条件极值

求解条件极值的基本方法是设法将它转化为无条件极值问题求解。常用的转化方法有两种:(1)直接由约束条件找出变量之间的关系,代入目标函数将条件极值化为无条件极值;(2)运用拉格朗日乘数法,构造辅助函数,将条件极值化为无条件极值。

拉格朗日乘数法:求$z=f(x,y)$(目标函数)在约束条件$\varphi(x,y)=0$下的极值,可构造函数

$$F(x,y,\lambda)=f(x,y)+\lambda\varphi(x,y) \quad (1-72)$$

将$F(x,y,\lambda)$分别对x、y、λ求偏导,并令其为零,得到$\begin{cases}F'_x=f'_x+\lambda\varphi'_x=0\\F'_y=f'_y+\lambda\varphi'_y=0\\F'_\lambda=\varphi(x,y)=0\end{cases}$方程组,解出$x$、$y$、$\lambda$。

得到 $F(x,y,\lambda)$ 的驻点 (x_0,y_0,λ_0),则 (x_0,y_0) 就是原问题的极值可疑点。对于实际问题可根据问题本身的性质确定该极值可疑点是否为极值点。

这种方法可以推广到自变量多于两个,条件多于一个的情况。

在实际问题中,如果多元函数只有唯一可能极值点,而根据问题的性质可知,最大值(或最小值)一定存在,那么在这个可能极值点处,取得函数的最大值(或最小值)。

【例 1-50】 $f(x,y)=\ln\left(x+\dfrac{y}{2x}\right)$,求 $\dfrac{\partial z}{\partial x}\bigg|_{(1,0)},\dfrac{\partial z}{\partial y}\bigg|_{(1,0)}$。

解
$$\dfrac{\partial z}{\partial x}=\dfrac{1}{x+\dfrac{y}{2x}}\left(1-\dfrac{y}{2x^2}\right)=\dfrac{2x^2-y}{x(2x^2+y)},\text{则}\dfrac{\partial z}{\partial x}\bigg|_{(1,0)}=1$$

$$\dfrac{\partial z}{\partial y}=\dfrac{1}{x+\dfrac{y}{2x}}\cdot\dfrac{1}{2x}=\dfrac{1}{2x^2+y},\text{则}\dfrac{\partial z}{\partial y}\bigg|_{(1,0)}=\dfrac{1}{2}$$

【例 1-51】 设 $z=z(x,y)$ 是由方程 $xz-xy+\ln(xyz)=0$ 所确定的可微函数,则 $\dfrac{\partial z}{\partial y}$ 等于:

A. $\dfrac{-xz}{xz+1}$ B. $-x+\dfrac{1}{2}$

C. $\dfrac{z(-xz+y)}{x(xz+1)}$ D. $\dfrac{z(xy-1)}{y(xz+1)}$

解 $F(x,y,z)=xz-xy+\ln(xyz)$

$F_x=z-y+\dfrac{yz}{xyz}=z-y+\dfrac{1}{x},F_y=-x+\dfrac{xz}{xyz}=-x+\dfrac{1}{y},F_z=x+\dfrac{xy}{xyz}=x+\dfrac{1}{z}$

$\dfrac{\partial z}{\partial y}=-\dfrac{F_y}{F_z}=-\dfrac{-x+\dfrac{1}{y}}{x+\dfrac{1}{z}}=-\dfrac{(1-xy)z}{y(xz+1)}=\dfrac{z(xy-1)}{y(xz+1)}$

答案:D

【例 1-52】 设方程 $x^2+y^2+z^2=4z$ 确定可微函数 $z=z(x,y)$,则全微分 dz 等于:

A. $\dfrac{1}{2-z}(y dx+x dy)$ B. $\dfrac{1}{2-z}(x dx+y dy)$

C. $\dfrac{1}{2+z}(dx+dy)$ D. $\dfrac{1}{2-z}(dx-dy)$

解 $x^2+y^2+z^2=4z,x^2+y^2+z^2-4z=0$

$F_x=2x,F_y=2y,F_z=2z-4$

$\dfrac{\partial z}{\partial x}=-\dfrac{F_x}{F_z}=-\dfrac{2x}{2z-4}=-\dfrac{x}{z-2},\dfrac{\partial z}{\partial y}=-\dfrac{F_y}{F_z}=-\dfrac{2y}{2z-4}=-\dfrac{y}{z-2}$

$dz=\dfrac{\partial z}{\partial x}dx+\dfrac{\partial z}{\partial y}dy=-\dfrac{x}{z-2}dx-\dfrac{y}{z-2}dy=\dfrac{1}{2-z}(x dx+y dy)$

答案:B

【例 1-53】 设 $z=f\left(xy,\dfrac{x}{y}\right)$,函数 $z=f(u,v)$ 具有连续偏导数,求 $\dfrac{\partial z}{\partial x},\dfrac{\partial z}{\partial y}$。

解
$$\dfrac{\partial z}{\partial x}=\dfrac{\partial z}{\partial u}\cdot y+\dfrac{\partial z}{\partial v}\cdot\dfrac{1}{y}=y\dfrac{\partial z}{\partial u}+\dfrac{1}{y}\dfrac{\partial z}{\partial v}$$

$$\dfrac{\partial z}{\partial y}=\dfrac{\partial z}{\partial u}\cdot x+\dfrac{\partial z}{\partial v}\left(-\dfrac{x}{y^2}\right)=x\dfrac{\partial z}{\partial u}-\dfrac{x}{y^2}\dfrac{\partial z}{\partial v}$$

【例 1-54】 求曲线 $x=t, y=t^2, z=t^3$ 在点 $(1,1,1)$ 处的切线和法平面。

解 将点 $(1,1,1)$ 代入曲线方程可得 $t=1$

$$\vec{s}=\{1,2t,3t^2\}, \quad \vec{s}|_{t=1}=\{1,2,3\}$$

切线方程 $\qquad \dfrac{x-1}{1}=\dfrac{y-1}{2}=\dfrac{z-1}{3}$

法平面方程 $\qquad (x-1)+2(y-1)+3(z-1)=0$

【例 1-55】 已知函数 $f\left(xy, \dfrac{x}{y}\right)=x^2$，则 $\dfrac{\partial f(x,y)}{\partial x}+\dfrac{\partial f(x,y)}{\partial y}$ 等于：

  A. $2x+2y$ B. $x+y$ C. $2x-2y$ D. $x-y$

解 将函数 $f\left(xy, \dfrac{x}{y}\right)$ 变形为 $f(x,y)$ 形式。

设 $u=xy, v=\dfrac{x}{y}$，那么 $x=\dfrac{u}{y}, x=yv$

$x^2=\dfrac{u}{y}\cdot yv=u\cdot v$

原函数化为 $f(u,v)=uv$，即 $f(x,y)=xy$

$f'_x(x,y)=y, f'_y(x,y)=x$

$\dfrac{\partial f}{\partial x}+\dfrac{\partial f}{\partial y}=y+x$

答案：B

习 题

1-48 设 $z=u^2\ln v$，而 $u=\varphi(x,y), v=\psi(y)$ 均为可导函数，则 $\dfrac{\partial z}{\partial y}$ 为（   ）。

  A. $2u\ln v+u^2\cdot\dfrac{1}{v}$ B. $2\varphi'_y\ln v+u^2\cdot\dfrac{1}{v}$

  C. $2u\varphi'_y\ln v+u^2\cdot\dfrac{1}{v}\cdot\psi'_y$ D. $2u\psi'_y\cdot\dfrac{1}{v}\cdot\psi'_y$

1-49 已知 $y=y(x,z)$，由方程 $xyz=e^{x+y}$ 确定，则 $\dfrac{\partial y}{\partial x}$ 是（   ）。

  A. $\dfrac{y(x-1)}{x(1-y)}$ B. $\dfrac{y}{x(1-y)}$ C. $\dfrac{yz}{1-y}$ D. $\dfrac{y(1-xz)}{x(1-y)}$

1-50 若函数 $z=\dfrac{\ln(xy)}{y}$，则当 $x=e, y=e^{-1}$ 时，全微分 dz 等于（   ）。

  A. $edx+dy$ B. e^2dx-dy

  C. $dx+e^2dy$ D. $edx+e^2dy$

1-51 在曲线 $x=t, y=t^2, z=t^3$ 上某点的切线平行于平面 $x+2y+z=4$，则该点的坐标为（   ）。

A. $\left(-\dfrac{1}{3}, \dfrac{1}{9}, -\dfrac{1}{27}\right), (-1,1,-1)$

B. $\left(-\dfrac{1}{3}, \dfrac{1}{9}, -\dfrac{1}{27}\right), (1,1,1)$

C. $\left(\dfrac{1}{3}, \dfrac{1}{9}, \dfrac{1}{27}\right), (1,1,1)$

D. $\left(\dfrac{1}{3}, \dfrac{1}{9}, \dfrac{1}{27}\right), (-1,1,-1)$

1-52 曲面 $z = x^2 - y^2$ 与平面 $x-y-z-1=0$ 平行的切平面方程是( )。

A. $x-y-z-1=0$ B. $x-y-z+1=0$

C. $x-y-z=0$ D. $x-y-z-2=0$

1-53 二元函数 $z = x^3 - y^3 + 3x^2 + 3y^2 - 9x$ 的极大值点是( )。

A. $(1,0)$ B. $(1,2)$

C. $(-3,0)$ D. $(-3,2)$

1-54 曲面 $xyz=1$ 上平行于 $x+y+z+3=0$ 的切平面方程是( )。

A. $x+y+z=0$ B. $x+y+z=1$

C. $x+y+z=2$ D. $x+y+z=3$

1-55 曲面 $z=x^2-y^2$ 在点 $(\sqrt{2},-1,1)$ 处的法线方程是( )。

A. $\dfrac{x-\sqrt{2}}{2\sqrt{2}} = \dfrac{y+1}{-2} = \dfrac{z-1}{-1}$ B. $\dfrac{x-\sqrt{2}}{2\sqrt{2}} = \dfrac{y+1}{-2} = \dfrac{z-1}{1}$

C. $\dfrac{x-\sqrt{2}}{2\sqrt{2}} = \dfrac{y+1}{2} = \dfrac{z-1}{-1}$ D. $\dfrac{x-\sqrt{2}}{2\sqrt{2}} = \dfrac{y+1}{2} = \dfrac{z-1}{1}$

第五节 多元函数积分学

一、二重积分

(一)二重积分的概念与性质

1. 二重积分定义

设 $f(x,y)$ 为有界闭区域 D 上的有界函数,将 D 分割成 n 个小区域 $\Delta\sigma_1, \Delta\sigma_2, \cdots, \Delta\sigma_n$,$\Delta\sigma_i$ 也表示第 i 个小区域的面积,用 λ_i 表示 $\Delta\sigma_i (i=1,2,\cdots,n)$ 的直径($\Delta\sigma_i$ 上任意两点间距离的最大值),在每一 $\Delta\sigma_i$ 上任取一点 (x_i,y_i),作积分和 $\sum\limits_{i=1}^{n} f(x_i, y_i)\Delta\sigma_i$,如果当 $n \to \infty$ 时,$\|\lambda\| \to 0 (\|\lambda\| = \max\{\lambda_1,\cdots,\lambda_n\})$ 积分和有极限 I,即

$$\lim_{\substack{n\to\infty \\ \|\lambda\|\to 0}} \sum_{i=1}^{n} f(x_i,y_i)\Delta\sigma_i = I \tag{1-73}$$

称 I 为二元函数 $f(x,y)$ 在闭区域 D 上的二重积分,记作 $\iint\limits_{D} f(x,y)\mathrm{d}\sigma$。

2. 二重积分存在的充分条件

若 $f(x,y)$ 在 D 上连续,则二重积分 $\iint\limits_{D} f(x,y)\mathrm{d}\sigma$ 一定存在。

3. 二重积分几何意义

若 $f(x,y) \geqslant 0$，则二重积分 $\iint\limits_D f(x,y)\mathrm{d}\sigma$ 表示以曲面 $z=f(x,y)$ 为顶，以区域 D 为底，以 D 的边界为准线，母线平行于 Oz 轴的柱面围成的曲顶柱体的体积。当 $f(x,y)=1$ 时，$\iint\limits_D 1\mathrm{d}x\mathrm{d}y$ 表示 D 的面积。

4. 二重积分的性质

(1) $\iint\limits_D kf(x,y)\mathrm{d}\sigma = k\iint\limits_D f(x,y)\mathrm{d}\sigma \quad (k\text{ 为常数})$

(2) $\iint\limits_D [f(x,y) \pm g(x,y)]\mathrm{d}\sigma = \iint\limits_D f(x,y)\mathrm{d}\sigma \pm \iint\limits_D g(x,y)\mathrm{d}\sigma$

(3) $\iint\limits_D f(x,y)\mathrm{d}\sigma = \iint\limits_{D_1} f(x,y)\mathrm{d}\sigma + \iint\limits_{D_2} f(x,y)\mathrm{d}\sigma \quad (\text{其中 } D=D_1+D_2)$

(4) 在 D 上，$f(x,y)=1$，σ 为 D 的面积，则 $\iint\limits_D 1\mathrm{d}\sigma = \iint\limits_D \mathrm{d}\sigma = \sigma$。

(5) 在 D 上，$f(x,y) \leqslant \varphi(x,y)$，则 $\iint\limits_D f(x,y)\mathrm{d}\sigma \leqslant \iint\limits_D \varphi(x,y)\mathrm{d}\sigma$。

(6) 设 M,m 分别为 $f(x,y)$ 在闭区域 D 上的最大值、最小值，σ 是 D 的面积，则 $m\sigma \leqslant \iint\limits_D f(x,y)\mathrm{d}\sigma \leqslant M\sigma$。

(7) 设 $f(x,y)$ 在闭区域 D 上连续，σ 是 D 的面积，则在 D 上至少存在一点 (ξ,η) 使 $\iint\limits_D f(x,y)\mathrm{d}\sigma = f(\xi,\eta)\sigma$。

（二）二重积分的计算

1. 直角坐标系

计算二重积分时，可根据被积函数 $f(x,y)$ 和区域 D 的形状选择积分顺序，是先 y 后 x，还是先 x 后 y，把 D 用不等式组表示，再将二重积分化为累次积分计算。

若 $D=\{(x,y)\,|\,a \leqslant x \leqslant b, y_1(x) \leqslant y \leqslant y_2(x)\}$，则

$$\iint\limits_D f(x,y)\mathrm{d}x\mathrm{d}y = \int_a^b \mathrm{d}x \int_{y_1(x)}^{y_2(x)} f(x,y)\mathrm{d}y \tag{1-74}$$

若 $D=\{(x,y)\,|\,c \leqslant y \leqslant d, x_1(y) \leqslant x \leqslant x_2(y)\}$，则

$$\iint\limits_D f(x,y)\mathrm{d}x\mathrm{d}y = \int_c^d \mathrm{d}y \int_{x_1(y)}^{x_2(y)} f(x,y)\mathrm{d}x \tag{1-75}$$

2. 极坐标系

如果积分区域 D 的边界曲线用极坐标方程表示比较方便（如圆周等），且被积函数用极坐标表示也较方便（如含有 x^2+y^2 等），则可以利用直角坐标与极坐标的关系式 $x=r\cos\theta$，$y=r\sin\theta$，面积元素 $\mathrm{d}x\mathrm{d}y=r\mathrm{d}r\mathrm{d}\theta$，将二重积分转化为极坐标计算

$$\iint\limits_D f(x,y)\mathrm{d}x\mathrm{d}y = \iint\limits_D f(r\cos\theta, r\sin\theta)r\mathrm{d}r\mathrm{d}\theta \tag{1-76}$$

在极坐标系下，若

(1) $D=\{(r,\theta)\,|\,\alpha \leqslant \theta \leqslant \beta, \varphi_1(\theta) \leqslant r \leqslant \varphi_2(\theta)\}$，则

$$\iint_D f(r\cos\theta, r\sin\theta)r\mathrm{d}r\mathrm{d}\theta = \int_\alpha^\beta \mathrm{d}\theta \int_{\varphi_1(\theta)}^{\varphi_2(\theta)} f(r\cos\theta, r\sin\theta)r\mathrm{d}r \tag{1-77}$$

(2) $D = \{(r,\theta) | \alpha \leqslant \theta \leqslant \beta, 0 \leqslant r \leqslant \varphi(\theta)\}$，则

$$\iint_D f(r\cos\theta, r\sin\theta)r\mathrm{d}r\mathrm{d}\theta = \int_\alpha^\beta \mathrm{d}\theta \int_0^{\varphi(\theta)} f(r\cos\theta, r\sin\theta)r\mathrm{d}r \tag{1-78}$$

式中，$\alpha, \beta \in [0, 2\pi]$ 且 $\alpha < \beta$；$\varphi(\theta)$、$\varphi_1(\theta)$、$\varphi_2(\theta)$ 均为连续函数。式(1-77)对应于极点位于积分区域 D 外部的情况；式(1-78)对应于极点位于积分区域 D 内部或边界上的情形。

二、三重积分

(一) 三重积分的一般概念

1. 三重积分定义

设 $f(x,y,z)$ 是空间有界闭区域 Ω 上的有界函数，用任意分法将 Ω 分成 n 份 $\Delta U_1, \Delta U_2, \cdots, \Delta U_n$（同时用它表示子区域的体积），在 ΔU_i 内任取一点 (x_i, y_i, z_i) 作积分和 $\sum_{i=1}^n f(x_i, y_i, z_i)\Delta U_i$，若当 $n \to \infty$，$\|\lambda\| \to 0$ [$\|\lambda\|$ 表示 $\Delta U_i (i=1,2,\cdots,n)$ 的最大直径] 时极限 $\lim\limits_{\substack{n\to\infty \\ \|\lambda\|\to 0}} \sum_{i=1}^n f(x_i, y_i, z_i)\Delta U_i$ 存在，则称此极限值为 $f(x,y,z)$ 在 Ω 上三重积分，记作 $\iiint_\Omega f(x,y,z)\mathrm{d}U$。

2. 三重积分存在的充分条件

在有界闭区域 Ω 上连续函数 $f(x,y,z)$ 在 Ω 上必定可积。

3. 三重积分也有类似二重积分的七个性质（不再赘述）。

(二) 三重积分的计算

三重积分的计算，也是根据被积函数和积分区域 Ω 的情况，选择一种合适的坐标系和积分顺序，将它化为累次积分进行计算。

1. 直角坐标

设 $\Omega = \{(x,y,z) | a \leqslant x \leqslant b, y_1(x) \leqslant y \leqslant y_2(x), z_1(x,y) \leqslant z \leqslant z_2(x,y)\}$，则

$$\iiint_\Omega f(x,y,z)\mathrm{d}x\mathrm{d}y\mathrm{d}z = \int_a^b \mathrm{d}x \int_{y_1(x)}^{y_2(x)} \mathrm{d}y \int_{z_1(x,y)}^{z_2(x,y)} f(x,y,z)\mathrm{d}z \tag{1-79}$$

同理可写出其他顺序，将三重积分化为三次积分。（在直角坐标系下，体积元素 $\mathrm{d}v = \mathrm{d}x\mathrm{d}y\mathrm{d}z$）

2. 柱坐标

设 $\Omega = \{(x,y,z) | \alpha \leqslant \theta \leqslant \beta, r_1(\theta) \leqslant r \leqslant r_2(\theta), z_1(r,\theta) \leqslant z \leqslant z_2(r,\theta)\}$，则

$$\iiint_\Omega f(x,y,z)\mathrm{d}x\mathrm{d}y\mathrm{d}z = \int_\alpha^\beta \mathrm{d}\theta \int_{r_1(\theta)}^{r_2(\theta)} r\mathrm{d}r \int_{z_1(r,\theta)}^{z_2(r,\theta)} f(r\cos\theta, r\sin\theta, z)\mathrm{d}z \tag{1-80}$$

同理也可写出其他顺序，将三重积分化为三次积分。

在柱坐标系下，体积元素 $\mathrm{d}v = r\mathrm{d}r\mathrm{d}\theta\mathrm{d}z$，直角坐标和柱坐标的关系 $x = r\cos\theta$，$y = r\sin\theta$，$z = z$。

3. 球面坐标

设 $\Omega = \{(x,y,z) | \alpha \leqslant \theta \leqslant \beta, \varphi_1(\theta) \leqslant \varphi \leqslant \varphi_2(\theta), r_1(\theta,\varphi) \leqslant r \leqslant r_2(\theta,\varphi)\}$，则

$$\iiint\limits_{\Omega} f(x,y,z)\mathrm{d}x\mathrm{d}y\mathrm{d}z = \int_{\alpha}^{\beta}\mathrm{d}\theta\int_{\varphi_1(\theta)}^{\varphi_2(\theta)}\sin\varphi\mathrm{d}\varphi\int_{r_1(\theta,\varphi)}^{r_2(\theta,\varphi)}f(r\sin\varphi\cos\theta, r\sin\varphi\sin\theta, r\cos\varphi)r^2\mathrm{d}r \quad (1-81)$$

在球坐标系下，体积元素 $\mathrm{d}v = r^2\sin\varphi\mathrm{d}r\mathrm{d}\theta\mathrm{d}\varphi$，直角坐标和球面坐标的关系 $x = r\sin\varphi\cos\theta$，$y = r\sin\varphi\sin\theta, z = r\cos\varphi$。

在计算三重积分时，当积分区域 Ω 为圆柱形（或柱形）区域，或 Ω 的投影为圆域时，被积函数具有 $f(x^2+y^2)$ 的形式，一般可采用柱面坐标计算；当积分区域为球形区域或锥面与球面围成的区域，被积函数具有 $f(x^2+y^2+z^2)$ 的形式，用球面坐标计算较为方便。

【例 1-56】 将二重积分 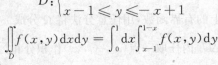 化为直角坐标系下的二次积分，其中 D 由 $x+y=1, x-y=1$ 及 y 轴围成（图 1-11），要求用两种积分顺序表示。

解　（1）先 y 后 x

$$D:\begin{cases} 0 \leqslant x \leqslant 1 \\ x-1 \leqslant y \leqslant -x+1 \end{cases}$$

$$\iint\limits_{D} f(x,y)\mathrm{d}x\mathrm{d}y = \int_0^1 \mathrm{d}x \int_{x-1}^{1-x} f(x,y)\mathrm{d}y$$

（2）先 x 后 y

由于右边界曲线由两个方程给出，把 D 分为 D_1, D_2 两部分，见图 1-11。

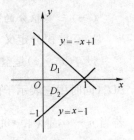

图 1-11

$$\iint\limits_{D} = \iint\limits_{D_1+D_2} = \iint\limits_{D_1} + \iint\limits_{D_2}$$

$$D_1:\begin{cases} 0 \leqslant y \leqslant 1 \\ 0 \leqslant x \leqslant 1-y \end{cases} \qquad D_2:\begin{cases} -1 \leqslant y \leqslant 0 \\ 0 \leqslant x \leqslant 1+y \end{cases}$$

$$\iint\limits_{D} f(x,y)\mathrm{d}x\mathrm{d}y = \int_0^1 \mathrm{d}y \int_0^{1-y} f(x,y)\mathrm{d}x + \int_{-1}^0 \mathrm{d}y \int_0^{1+y} f(x,y)\mathrm{d}x$$

【例 1-57】 计算二重积分 $I = \int_0^1 \mathrm{d}x \int_x^{\sqrt{x}} \frac{\sin y}{y} \mathrm{d}y$。

解　如图 1-12 所示，先对 y 积分时，被积函数无初等函数表示的原函数，需要改变积分顺序后再计算。

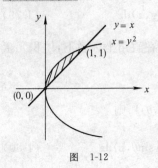

图 1-12

先作出曲线 $y=x, y=\sqrt{x}$，求交点 $(0,0)$、$(1,1)$，再作直线 $x=0, x=1$ 把积分区域还原。

按先 x 后 y 的顺序

$$D:\begin{cases} 0 \leqslant y \leqslant 1 \\ y^2 \leqslant x \leqslant y \end{cases}$$

$$I = \int_0^1 \mathrm{d}y \int_{y^2}^y \frac{\sin y}{y}\mathrm{d}x = \int_0^1 \frac{\sin y}{y} x \Big|_{y^2}^y \mathrm{d}y$$

$$= \int_0^1 (1-y)\sin y\mathrm{d}y = 1 - \sin 1$$

【例 1-58】 二次积分 $\int_0^1 \mathrm{d}x \int_{x^2}^x f(x,y)\mathrm{d}y$ 交换积分次序后的二次积分是：

A. $\int_{x^2}^x \mathrm{d}y \int_0^1 f(x,y)\mathrm{d}x$ 　　B. $\int_0^1 \mathrm{d}y \int_{y^2}^y f(x,y)\mathrm{d}x$

C. $\int_y^{\sqrt{y}}\mathrm{d}y\int_0^1 f(x,y)\mathrm{d}x$ \qquad D. $\int_0^1 \mathrm{d}y\int_y^{\sqrt{y}} f(x,y)\mathrm{d}x$

解 $D: 0\leqslant y\leqslant 1, y\leqslant x\leqslant\sqrt{y}$(图 1-13)

$y=x$,即 $x=y$; $y=x^2$,得 $x=\sqrt{y}$

所以二次积分交换积分顺序后为 $\int_0^1 \mathrm{d}y\int_y^{\sqrt{y}} f(x,y)\mathrm{d}x$,选 D。

【例 1-59】 计算由曲面 $z=2-x^2-y^2$ 及 $z=\sqrt{x^2+y^2}$ 所围成立体的体积(图 1-14)。

解 利用三重积分计算(本题也可用二重积分计算)

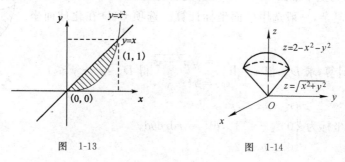

图 1-13 \qquad 图 1-14

投影区域 D_{xy}

$$\begin{cases} z=2-x^2-y^2 \\ z=\sqrt{x^2+y^2} \end{cases} \xRightarrow{\text{消字母}z} D_{xy}: x^2+y^2\leqslant 1$$

利用柱面坐标计算

$$\Omega:\begin{cases} r\leqslant z\leqslant 2-r^2 \\ 0\leqslant r\leqslant 1 \\ 0\leqslant \theta\leqslant 2\pi \end{cases}$$

$$V=\iiint_\Omega \mathrm{d}V=\int_0^{2\pi}\mathrm{d}\theta\int_0^1 r\mathrm{d}r\int_r^{2-r^2}\mathrm{d}z=\frac{5}{6}\pi$$

【例 1-60】 D 域由 x 轴, $x^2+y^2-2x=0(y\geqslant 0)$ 及 $x+y=2$ 所围成, $f(x,y)$ 是连续函数,化 $\iint_D f(x,y)\mathrm{d}x\mathrm{d}y$ 为二次积分是:

A. $\int_0^{\frac{\pi}{4}}\mathrm{d}\varphi\int_0^{2\cos\varphi} f(\rho\cos\varphi,\rho\sin\varphi)\rho\mathrm{d}\rho$ \qquad B. $\int_0^1 \mathrm{d}y\int_{1-\sqrt{1-y^2}}^{2-y} f(x,y)\mathrm{d}x$

C. $\int_0^{\frac{\pi}{2}}\mathrm{d}\varphi\int_0^1 f(\rho\cos\varphi,\rho\sin\varphi)\rho\mathrm{d}\rho$ \qquad D. $\int_0^1 \mathrm{d}x\int_0^{\sqrt{2x-x^2}} f(x,y)\mathrm{d}y$

解 积分区域 D 为 $x^2+y^2-2x=0$,即 $(x-1)^2+y^2=1$。由图 1-15 可知,选项 A、C 积分变量 ρ、φ 的取值均有错误。

在化为直角坐标计算时,按先 x 后 y 的顺序积分

$D:\begin{cases} 0\leqslant y\leqslant 1 \\ 1-\sqrt{1-y^2}\leqslant x\leqslant 2-y \end{cases}$

$\iint_D f(x,y)\mathrm{d}x\mathrm{d}y=\int_0^1 \mathrm{d}y\int_{1-\sqrt{1-y^2}}^{2-y} f(x,y)\mathrm{d}x$

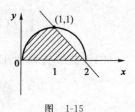

图 1-15

故选项 D 错,正确答案为 B。

【例 1-61】 计算由曲面 $z=\sqrt{x^2+y^2}$ 及 $z=x^2+y^2$ 所围成的立体体积的三次积分为:

A. $\int_0^{2\pi}d\theta\int_0^1 rdr\int_{r^2}^r dz$
B. $\int_0^{2\pi}d\theta\int_0^1 rdr\int_r^1 dz$
C. $\int_0^{2\pi}d\theta\int_0^{\frac{\pi}{4}}\sin\varphi d\varphi\int_0^1 r^2 dr$
D. $\int_0^{2\pi}d\theta\int_{\frac{\pi}{4}}^{\frac{\pi}{2}}\sin\varphi d\varphi\int_0^1 r^2 dr$

解 由已知条件画出积分区域,如图 1-16 所示。

$z=\sqrt{x^2+y^2}$ 为上半锥面,$z=x^2+y^2$ 为旋转抛物面。因 $z=x^2+y^2$,用球面坐标表示复杂,一般选用柱面坐标计算。选项 C、D 在化球面坐标时有错误。

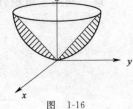

图 1-16

化柱面坐标计算,求 D_{xy},消 z。由 $\begin{cases} z=\sqrt{x^2+y^2} \\ z=x^2+y^2 \end{cases}$ 得 $D_{xy}:x^2+y^2\leqslant 1$

Ω 化为柱面坐标为 $\begin{cases} r^2\leqslant z\leqslant r \\ 0\leqslant r\leqslant 1 \\ 0\leqslant \theta\leqslant 2\pi \end{cases}$,$dV=rdrd\theta dz$

$$V=\iiint_\Omega 1dV=\int_0^{2\pi}d\theta\int_0^1 rdr\int_{r^2}^r 1dz$$

答案: A

三、对弧长的曲线积分

(一)对弧长的曲线积分的概念

设 L 是平面上的可求长曲线,$f(x,y)$ 是定义在 L 上的有界函数,将 L 任意地分为 n 个小弧段 $\widehat{M_{i-1}M_i}(i=1,2,\cdots,n)$,设 $\widehat{M_{i-1}M_i}$ 的长为 Δs_i,在 $\widehat{M_{i-1}M_i}$ 上任意取一点 (ξ_i,η_i) 作积分和 $\sum_{i=1}^n f(\xi_i,\eta_i)\Delta s_i$,若 $\lambda=\max\{\Delta s_i,(i=1,2,\cdots,n)\}\to 0$,上述和式极限存在,则称此极限为 $f(x,y)$ 在 L 上对弧长的曲线积分,记作 $\int_L f(x,y)ds$。

(二)对弧长的曲线积分的性质

(1) $\int_L kf(x,y)ds=k\int_L f(x,y)ds$ (k 为常数)

(2) 可加性:$\int_{\widehat{AB}}f(x,y)ds=\int_{\widehat{AC}}f(x,y)ds+\int_{\widehat{CB}}f(x,y)ds$ (C 为 $\widehat{AB}$ 上的任一点)

(3) 与路径方向无关性:$\int_{\widehat{AB}}f(x,y)ds=\int_{\widehat{BA}}f(x,y)ds$

(三)对弧长的曲线积分的计算

(1) 设曲线的参数方程为 $x=\varphi(t)$、$y=\psi(t)$,$\alpha\leqslant t\leqslant\beta$ 且 $\psi(t)$、$\varphi(t)$ 在 $[\alpha,\beta]$ 上具有连续导数,则

$$\int_L f(x,y)ds=\int_\alpha^\beta f[\varphi(t),\psi(t)]\sqrt{[\varphi'(t)]^2+[\psi'(t)]^2}dt \tag{1-82}$$

(2) 设曲线方程为 $y=y(x)$,$a\leqslant x\leqslant b$ 且 $y(x)$ 在 $[a,b]$ 上具有连续导数,则

$$\int_L f(x,y)ds=\int_a^b f[x,y(x)]\sqrt{1+[y'(x)]^2}dx$$

在(2)式中,当 $f(x,y)=1$ 时,$\int_L ds = \int_a^b \sqrt{1+(f'(x))^2} dx$,可用它计算平面曲线的弧长,与一元定积分应用求弧长公式一样。

(3) 设曲线方程为 $x=x(y), c \leqslant y \leqslant d$,且 $x(y)$ 在 $[c,d]$ 上具有连续导数,则

$$\int_L f(x,y) ds = \int_c^d f[x(y), y] \sqrt{1+[x'(y)]^2} dy \tag{1-83}$$

在计算对弧长的曲线积分时,由于 $ds>0$,化为定积分后,积分下限必须小于积分上限。

四、对坐标的曲线积分

(一)对坐标的曲线积分的概念和性质

设 L 为平面上的有向曲线,$P(x,y)$ 是定义在 L 上的有界函数,自 L 的起点至终点任意分 L 为 n 个弧段 $\widehat{M_{i-1}M_i}(i=1,2,\cdots,n)$,$\widehat{M_{i-1}M_i}$ 在 x 轴上的投影为 Δx_i,在 $\widehat{M_{i-1}M_i}$ 上任取一点 (ξ_i, η_i) 作积分和 $\sum_{i=1}^n P(\xi_i, \eta_i) \Delta x_i$,如果 $\lambda = \max |\Delta x_i|, (i=1,2,\cdots,n)\} \to 0$,上述和式的极限存在,则称此极限为函数 $P(x,y)$ 沿曲线 L 对坐标 x 的曲线积分,记作 $\int_L P(x,y) dx$,即

$$\int_L P(x,y) dx = \lim_{\lambda \to 0} \sum_{i=1}^n P(\xi_i, \eta_i) \Delta x_i$$

同理,可以定义函数 $Q(x,y)$ 沿曲线 L 对坐标 y 的曲线积分

$$\int_L Q(x,y) dy = \lim_{\lambda \to 0} \sum_{i=1}^n Q(\xi_i, \eta_i) \Delta y_i$$

一般平面曲线 L 对坐标的曲线积分表达式为

$$\int_L P(x,y) dx + Q(x,y) dy$$

对坐标的曲线积分具有以下性质:

1. 可加性

$$\int_L P dx + Q dy = \int_{L_1} P dx + Q dy + \int_{L_2} P dx + Q dy$$

其中,$L = L_1 + L_2$。

2. 与积分曲线的方向有关

$$\int_L P(x,y) dx + Q(x,y) dy = -\int_{-L} P(x,y) dx + Q(x,y) dy \tag{1-84}$$

其中,L 和 $-L$ 方向相反。

(二)计算

(1) 设曲线 L 的参数方程为 $x=\varphi(t)$、$y=\psi(t)$,L 的起点与终点所对应的参数依次为 α 与 β,且 $P(x,y)$、$Q(x,y)$ 连续,$\psi(t)$、$\varphi(t)$ 连续可微,则

$$\int_L P(x,y) dx + Q(x,y) dy = \int_\alpha^\beta \{P[\varphi(t), \psi(t)] \varphi'(t) + Q[\varphi(t), \psi(t)] \psi'(t)\} dt \tag{1-85}$$

(2) 设曲线 L 的方程 $y=y(x)$ 连续可微,起点与终点的横坐标依次为 a、b,则

$$\int_L P(x,y) dx + Q(x,y) dy = \int_a^b \{P[x, y(x)] + Q[x, y(x)] y'(x)\} dx \tag{1-86}$$

(3) 设曲线 L 的方程 $x=x(y)$ 连续可微,起点与终点的纵坐标依次为 c、d,则

$$\int_L P(x,y)\mathrm{d}x + Q(x,y)\mathrm{d}y = \int_c^d \{P[x(y),y]x'(y) + Q[x(y),y]\}\mathrm{d}y \tag{1-87}$$

(三) 格林公式

设 D 为单连通域,$P(x,y)$、$Q(x,y)$ 在区域 D 上具有一阶连续偏导数,L 为 D 全部边界曲线的正向,即沿 L 前进时,D 始终在边界的左侧,则

$$\oint_L P\mathrm{d}x + Q\mathrm{d}y = \iint_D \left(\frac{\partial Q}{\partial x} - \frac{\partial P}{\partial y}\right)\mathrm{d}x\mathrm{d}y \tag{1-88}$$

其中 L 为闭曲线的正向,D 为 L 所围成的区域。

式(1-88)称为格林公式。

当格林公式在复连通域里时,可表示为:设 D 为复连通域,D 由闭曲线 L_1 和 L_2 所围成,P、Q 在 D 上具有一阶连续偏导,则

$$\oint_{L_1} P\mathrm{d}x + Q\mathrm{d}y + \oint_{L_2} P\mathrm{d}x + Q\mathrm{d}y = \iint_D \left(\frac{\partial Q}{\partial x} - \frac{\partial P}{\partial y}\right)\mathrm{d}x\mathrm{d}y$$

其中 L_1、L_2 为闭曲线正向,D 为 L_1、L_2 所围成的平面区域。

(四) 曲线积分与路径无关的条件

设 D 为一单连通域,函数 $P(x,y)$、$Q(x,y)$ 在 D 内具有一阶连续偏导数,则曲线积分 $\int_L P\mathrm{d}x + Q\mathrm{d}y$ 在 D 内与路径无关的充分必要条件为 $\frac{\partial P}{\partial y} = \frac{\partial Q}{\partial x}$ 在 D 上恒成立。

设 D 为单连通域,P、Q 具有一阶连续偏导数,则由格林公式可知下列 4 个条件相互等价。

(1) $\frac{\partial Q}{\partial x} = \frac{\partial P}{\partial y}$ 在 D 内恒成立。

(2) $\oint_L P(x,y)\mathrm{d}x + Q(x,y)\mathrm{d}y = 0$,$L$ 是位于 D 内的任意一条光滑(或分段光滑)的闭曲线。

(3) 设 L 是位于 D 内的任意一条光滑(或分段光滑)的曲线,曲线积分 $\int_L P(x,y)\mathrm{d}x + Q(x,y)\mathrm{d}y$ 与积分路径无关(即只依赖于曲线 L 的起点和终点位置)。

(4) 存在可微函数 $u(x,y)$,在 D 内有 $\mathrm{d}u = P(x,y)\mathrm{d}x + Q(x,y)\mathrm{d}y$。

对于(4)中的函数 $u(x,y)$ 可按下面方法计算

$$\forall (x_0, y_0) \in D \quad u(x,y) = \int_{(x_0,y_0)}^{(x,y)} P(x,y)\mathrm{d}x + Q(x,y)\mathrm{d}y \tag{1-89}$$

在曲线积分与路径无关的条件下,$u(x,y)$ 可按下列两式之一求出

$$u(x,y) = \int_{x_0}^x P(x,y_0)\mathrm{d}x + \int_{y_0}^y Q(x,y)\mathrm{d}y \tag{1-90}$$

$$u(x,y) = \int_{x_0}^x P(x,y)\mathrm{d}x + \int_{y_0}^y Q(x_0,y)\mathrm{d}y \tag{1-91}$$

五、多元积分学的应用

(一) 平面图形的面积

设 D 为 xOy 平面上的有界闭区域，则 D 的面积 A 为

$$A = \iint\limits_{D} dx dy \tag{1-92}$$

(二) 几何体的体积

设 Ω 为三维空间里的几何体，则 Ω 的体积 V 为

$$V = \iiint\limits_{\Omega} dx dy dz \tag{1-93}$$

(三) 曲顶柱体体积

设曲面 Σ 的方程为 $z = f(x,y) \geqslant 0$，$(x,y) \in D$，则 D 上以 Σ 为顶的曲顶柱体体积 V 为

$$V = \iint\limits_{D} f(x,y) dx dy \tag{1-94}$$

多元积分可用于计算曲面面积、平面薄片和空间物体的质量、重心、转动惯量、对质点的引力等。曲线积分可用于计算曲线形构件的质量、重心、转动惯量、引力、变力沿曲线运动所做的功等。

【例 1-62】 计算 $\int_L \sqrt{y} ds$，其中 L 是抛物线 $y = x^2$ 上点 $O(0,0)$ 与点 $B(1,1)$ 之间的一段弧（图 1-17）。

解 $L: \begin{cases} y = x^2 \\ x = x \end{cases}$ $(0 \leqslant x \leqslant 1)$

$$ds = \sqrt{1^2 + (2x)^2} dx = \sqrt{1+4x^2} dx$$

$$\int_L \sqrt{y} ds = \int_0^1 \sqrt{x^2} \sqrt{1+4x^2} dx$$

$$= \int_0^1 x \sqrt{1+4x^2} dx = \frac{1}{12}(5\sqrt{5} - 1)$$

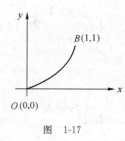

图 1-17

【例 1-63】 计算 $\int_L (x+y)dx + (x-y)dy$，其中 L 为直线 $y = 2x - 1$ 上从 $(1,1)$ 到 $(2,3)$ 的有向线段（图 1-18）。

解 方法 1：$L: \begin{cases} y = 2x-1 \\ x = x \end{cases}$ $(x: 1 \to 2)$

$$\int_L (x+y)dx + (x-y)dy$$

$$= \int_1^2 (x + 2x - 1)dx + (x - 2x + 1)2dx$$

$$= \int_1^2 (x+1)dx = \frac{5}{2}$$

方法 2：利用曲线积分与路径无关的方法计算（在用参数方程化为定积分时，若计算定积分时式子较复杂，通常考虑是否满足积分与路径无关的条件 $\frac{\partial Q}{\partial x}=\frac{\partial P}{\partial y}$，若满足，则可换成其他路径的积分），见图 1-19。

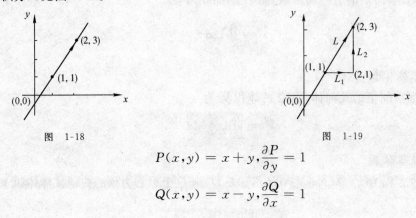

图 1-18　　　　　　　　　　图 1-19

$$P(x,y) = x+y, \frac{\partial P}{\partial y} = 1$$

$$Q(x,y) = x-y, \frac{\partial Q}{\partial x} = 1$$

$\frac{\partial Q}{\partial x}=\frac{\partial P}{\partial y}$，曲线积分与积分路径无关

$$\int_L (x+y)dx + (x-y)dy$$
$$= \int_{L_1}(x+y)dx+(x-y)dy + \int_{L_2}(x+y)dx+(x-y)dy$$

$L_1: \begin{cases} y=1 \\ x=x \end{cases} \quad (x:1 \to 2)$

$$\int_{L_1}(x+y)dx+(x-y)dy = \int_1^2 (x+1)dx = \frac{5}{2}$$

$L_2: \begin{cases} x=2 \\ y=y \end{cases} \quad (y:1 \to 3)$

$$\int_{L_2}(x+y)dx+(x-y)dy = \int_1^3 (2-y)dy = 0$$

$$\int_L (x+y)dx+(x-y)dy = \frac{5}{2}+0 = \frac{5}{2}$$

【例 1-64】 如图 1-20 所示，设 L 为从点 $A(0,-2)$ 到点 $B(2,0)$ 的有向直线段，则对坐标的曲线积分 $\int_L \frac{1}{x-y}dx + ydy$ 等于：

A. 1　　　　　　　　B. -1

C. 3　　　　　　　　D. -3

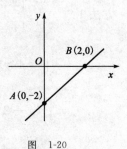

图 1-20

解　$L: \begin{cases} y=x-2 \\ x=x \end{cases}, 0 \leqslant x \leqslant 2$

$$\int_L \frac{1}{x-y}dx + ydy = \int_0^2 \frac{1}{x-(x-2)}dx + (x-2)dx$$

$$= \int_0^2 \left(x - \frac{3}{2}\right)dx = \left(\frac{1}{2}x^2 - \frac{3}{2}x\right)\Big|_0^2$$

$$= \frac{1}{2} \times 4 - \frac{3}{2} \times 2 = -1$$

答案:B

习　　题

1-56 设 D 为由 $y=x, x=0, y=1$ 所围成的区域,则 $\iint\limits_D e^{-y}dxdy = (\quad)$。

A. $\frac{1}{2}(e-1)$　　B. $-\frac{1}{2e}$　　C. $\frac{1}{2}(1+e)$　　D. $1-\frac{2}{e}$

1-57 化二次积分为极坐标系下的二次积分,$\int_0^1 dx \int_0^{x^2} f(x,y)dy = (\quad)$。

A. $\int_0^{\frac{\pi}{3}} d\theta \int_0^{\sec\theta\tan\theta} f(r\cos\theta, r\sin\theta)rdr$

B. $\int_0^{\frac{\pi}{4}} d\theta \int_0^{\sec\theta\tan\theta} f(r\cos\theta, r\sin\theta)rdr$

C. $\int_0^{\frac{\pi}{3}} d\theta \int_{\sec\theta\tan\theta}^{\sec\theta} f(r\cos\theta, r\sin\theta)rdr$

D. $\int_0^{\frac{\pi}{4}} d\theta \int_{\sec\theta\tan\theta}^{\sec\theta} f(r\cos\theta, r\sin\theta)rdr$

1-58 设 G 为圆域 $x^2 + y^2 \leqslant 4$,则下列式子中正确的是( )。

A. $\iint\limits_G \sin(x^2+y^2)dxdy = \iint\limits_G \sin4 dxdy$

B. $\iint\limits_G \sin(x^2+y^2)dxdy = \int_0^{2\pi} d\theta \int_0^4 \sin r^2 dr$

C. $\iint\limits_G \sin(x^2+y^2)dxdy = \int_0^{2\pi} d\theta \int_0^2 r\sin r^2 dr$

D. $\iint\limits_G \sin(x^2+y^2)dxdy = \int_0^{2\pi} d\theta \int_0^2 \sin r^2 dr$

1-59 $I = \iint\limits_D xyd\sigma$,$D$ 由 $y^2 = x$ 及 $y = x-2$ 所围成,则化为二次积分后的结果为( )。

A. $I = \int_0^4 dx \int_{y+2}^{y^2} xydy$　　　　B. $I = \int_{-1}^2 dy \int_{y^2}^{y+2} xydx$

C. $I = \int_0^1 dx \int_{-\sqrt{x}}^{\sqrt{x}} xydy + \int_1^4 dx \int_{x-2}^{\sqrt{x}} xydy$　　D. $I = \int_{-1}^2 dx \int_{y^2}^{y+2} xydy$

1-60 改变积分次序 $\int_0^3 dy \int_y^{6-y} f(x,y)dx$,则有( )。

A. $\int_0^3 dx \int_x^{6-x} f(x,y)dy$　　　　B. $\int_0^3 dx \int_0^x f(x,y)dy + \int_3^6 dx \int_0^{6-x} f(x,y)dy$

C. $\int_0^3 dx \int_0^x f(x,y) dy$ D. $\int_3^6 dx \int_0^{6-x} f(x,y) dy$

1-61 曲线 $y = \frac{2}{3} x^{\frac{3}{2}}$ 上相应于 x 从 0 到 1 的一段弧的长度是(　　)。

A. $\frac{2}{3}(\sqrt[3]{4}-1)$ B. $\frac{4}{3}\sqrt{2}$ C. $\frac{2}{3}(2\sqrt{2}-1)$ D. $\frac{4}{15}$

1-62 设 L 是连接 $A(1,0), B(0,1), C(-1,0)$ 的折线, 则曲线积分 $\int_{ABC} \frac{dx+dy}{|x|+|y|} = ($　　$)$。

A. 0   B. -2 C. 2   D. 4

1-63 两个圆柱体 $x^2+y^2 \leqslant R^2, x^2+z^2 \leqslant R^2$ 公共部分的体积 V 为(　　)。

A. $2\int_0^R dx \int_0^{\sqrt{R^2-x^2}} \sqrt{R^2-x^2} dy$ B. $8\int_0^R dx \int_0^{\sqrt{R^2-x^2}} \sqrt{R^2-x^2} dy$

C. $\int_{-R}^R dx \int_{-\sqrt{R^2-x^2}}^{\sqrt{R^2-x^2}} \sqrt{R^2-x^2} dy$ D. $4\int_{-R}^R dx \int_{-\sqrt{R^2-x^2}}^{\sqrt{R^2-x^2}} \sqrt{R^2-x^2} dy$

1-64 设平面闭区域 D 由 $x=0, y=0, x+y=\frac{1}{2}, x+y=1$ 所围成, $I_1 = \iint_D [\ln(x+y)]^3 dxdy, I_2 = \iint_D (x+y)^3 dxdy, I_3 = \iint_D [\sin(x+y)]^3 dxdy$, 则 I_1, I_2, I_3 之间的关系应是(　　)。

A. $I_1 < I_2 < I_3$ B. $I_1 < I_3 < I_2$
C. $I_3 < I_2 < I_1$ D. $I_3 < I_1 < I_2$

第六节　级　　数

一、常数项级数及其敛散性

(一)常数项级数的概念

1.常数项级数定义

由无穷数列 $\{a_n\}$ 组成的表达式

$$\sum_{n=1}^{\infty} a_n = a_1 + a_2 + \cdots + a_n + \cdots \tag{1-95}$$

称为常数项无穷级数,简称常数项级数。a_n 称为级数的通项(或一般项)。

2.常数项级数敛散性定义

$$S_n = \sum_{i=1}^{n} a_i = a_1 + a_2 + \cdots + a_n$$

称为级数式(1-95)的前 n 项和,简称部分和。若 $\lim_{n \to \infty} S_n = S$ 存在,则称级数 $\sum_{n=1}^{\infty} a_n$ 收敛, S 为该级数的和,即 $S = \sum_{n=1}^{\infty} a_n$。若 $\lim_{n \to \infty} S_n$ 不存在,则称级数 $\sum_{n=1}^{\infty} a_n$ 发散。

由于 $a_n = S_n - S_{n-1}$, 可以得到级数 $\sum_{n=1}^{\infty} a_n$ 收敛的必要条件 $\lim_{n \to \infty} a_n = 0$。

(二)常数项级数的性质

(1)如果级数 $\sum_{n=1}^{\infty} a_n$ 收敛于和 S, c 为常数,则 $\sum_{n=1}^{\infty} ca_n$ 收敛,其和为 cS。

(2)如果级数 $\sum\limits_{n=1}^{\infty}a_n$、$\sum\limits_{n=1}^{\infty}b_n$ 都收敛,其和分别为 A、B,则 $\sum\limits_{n=1}^{\infty}(a_n\pm b_n)$ 收敛,其和为 $A\pm B$。

(3)一个级数收敛,另一个级数发散,则它们对应项的和或差所得的级数发散。

(4)两个发散级数对应项的和或差所得的级数敛散性不定。

(5)在级数中去掉、加上或改变有限项不会改变级数的收敛性。在收敛时和要改变。

(6)如果级数 $\sum\limits_{n=1}^{\infty}a_n$ 收敛,则对其任意加括号后所得的级数仍收敛且其和不变。若加括号后所成的级数发散,则原级数也发散。

二、正项级数敛散性判别法

各项为正数的级数 $\sum\limits_{n=1}^{\infty}a_n=a_1+a_2+\cdots+a_n+\cdots(a_n\geqslant 0)$ 称为正项级数,各项符号相同的级数都可以归入正项级数(负项级数各项乘以 -1 可化为正项级数来判定)。正项级数的部分和 S_n 构成一个单调增加(或不减少)的数列 $\{S_n\}$。由极限存在准则可知,正项级数收敛的充要条件是其部分和数列 $\{S_n\}$ 有上界。

(一)利用级数收敛的必要条件判别

设 $\sum\limits_{n=1}^{\infty}a_n$,其中 $a_n\geqslant 0(n=1,2,\cdots)$。若 $\lim\limits_{n\to\infty}a_n\neq 0$,则 $\sum\limits_{n=1}^{\infty}a_n$ 发散。

(二)正项级数收敛的基本定理

正项级数收敛的充要条件是其部分和数列有界。

(三)常用的正项级数敛散法

1. 比较判别法

设 $\sum\limits_{n=1}^{\infty}a_n$、$\sum\limits_{n=1}^{\infty}b_n$ 为两个正项级数,且 $0\leqslant a_n\leqslant b_n(n=1,2,\cdots)$,那么若 $\sum\limits_{n=1}^{\infty}b_n$ 收敛,则 $\sum\limits_{n=1}^{\infty}a_n$ 收敛;若 $\sum\limits_{n=1}^{\infty}a_n$ 发散,则 $\sum\limits_{n=1}^{\infty}b_n$ 发散。

2. 比较判别法的极限形式

设 $\sum\limits_{n=1}^{\infty}a_n$、$\sum\limits_{n=1}^{\infty}b_n$ 为两个正项级数,若 $\lim\limits_{n\to\infty}\dfrac{a_n}{b_n}=c$,则当:

(1)$0<c<+\infty$ 时,$\sum\limits_{n=1}^{\infty}a_n$ 与 $\sum\limits_{n=1}^{\infty}b_n$ 具有相同的敛散性;

(2)$c=0$ 时,$\sum\limits_{n=1}^{\infty}b_n$ 收敛,则 $\sum\limits_{n=1}^{\infty}a_n$ 也收敛;

(3)$c=+\infty$ 时,$\sum\limits_{n=1}^{\infty}b_n$ 发散,则 $\sum\limits_{n=1}^{\infty}a_n$ 也发散。

在运用比较判别法时,常用下面三个级数作为比较的级数:①等比级数 $\sum\limits_{n=1}^{\infty}aq^{n-1}$,当 $|q|<1$ 时级数收敛,当 $|q|\geqslant 1$ 时发散。②调和级数 $\sum\limits_{n=1}^{\infty}\dfrac{1}{n}$,这是一个发散的级数。③$p$ 级数 $\sum\dfrac{1}{n^p}$($p>0$,实数),当 $p>1$ 时,p 级数收敛;当 $p\leqslant 1$ 时,p 级数发散。

3. 比值判别法

设 $\sum\limits_{n=1}^{\infty}a_n$ 为正项级数,若 $\lim\limits_{n\to\infty}\dfrac{a_{n+1}}{a_n}=\rho$,则当 $\rho<1$ 时,级数收敛;当 $\rho>1$(包括 $+\infty$)时,级数发散,当 $\rho=1$ 时,级数的敛散性不确定。

4. 根值判别法

设 $\sum\limits_{n=1}^{\infty} a_n$ 为正项级数,若 $\lim\limits_{n\to\infty}\sqrt[n]{a_n}=\rho$,则当 $\rho<1$ 时,级数收敛;当 $\rho>1$(包括 $\rho=\infty$)时,级数发散,当 $\rho=1$ 时,级数的敛散性不确定。

三、任意项级数敛散性的判定

(一)交错级数敛散性的判定(莱布尼茨定理)

设交错级数 $\sum\limits_{n=1}^{\infty}(-1)^{n-1}a_n(a_n>0,n=1,2,\cdots)$,即 $a_1-a_2+a_3-a_4+a_5\cdots$ 组成的级数,满足条件:① $\lim\limits_{n\to\infty}a_n=0$;② $a_n\geqslant a_{n+1}(n=1,2,\cdots)$。则交错级数收敛,且其和 $S\leqslant a_1$。

(二)一般异号级数敛散性的判定

若一个级数 $\sum\limits_{n=1}^{\infty}a_n$ 各项为任意实数,$a_n(n=1,2,\cdots)$ 可正、可负和零,构成的级数,称为一般异号级数。一般异号级数敛散性的判定方法:

把级数各项取绝对值,化为正项级数判定。

设 $\sum\limits_{n=1}^{\infty}a_n$,其中项 $a_n(n=1,2,\cdots)$ 为任意实数,若 $\sum\limits_{n=1}^{\infty}|a_n|$ 收敛,则 $\sum\limits_{n=1}^{\infty}a_n$ 也收敛;若各项取绝对值的级数 $\sum\limits_{n=1}^{\infty}|a_n|$ 采用比值法或根值法判定得到级数发散,则原级数 $\sum\limits_{n=1}^{\infty}a_n$ 一定发散。

设级数 $\sum\limits_{n=1}^{\infty}a_n$ 为一般异号级数,若 $\lim\limits_{n\to\infty}a_n\neq 0$,则 $\sum\limits_{n=1}^{\infty}a_n$ 发散。

(三)绝对收敛与条件收敛

设 $\sum\limits_{n=1}^{\infty}a_n$,其中项 $a_n(n=1,2,\cdots)$ 为任意实数,若 $\sum\limits_{n=1}^{\infty}|a_n|$ 收敛,则称 $\sum\limits_{n=1}^{\infty}a_n$ 绝对收敛;若 $\sum\limits_{n=1}^{\infty}|a_n|$ 发散,但 $\sum\limits_{n=1}^{\infty}a_n$ 收敛,则称 $\sum\limits_{n=1}^{\infty}a_n$ 条件收敛。

四、幂级数及其敛散性

(一)幂级数

(1)形如 $a_0+a_1x+a_2x^2+\cdots+a_nx^n+\cdots$ 的级数称为幂级数,常数 $a_0,a_1,\cdots,a_n,\cdots$ 称为幂级数的系数。对于形如 $a_0+a_1(x-x_0)+a_2(x-x_0)^2+\cdots+a_n(x-x_0)^n+\cdots$ 的幂级数,令 $z=x-x_0$ 就可把它化为上面的形式。

(2)阿贝尔定理:如果级数 $\sum\limits_{n=0}^{\infty}a_nx^n$ 在 $x=x_0(x_0\neq 0)$ 时收敛,则适合不等式 $|x|<|x_0|$ 的一切 x 使该幂级数绝对收敛。反之,如果级数 $\sum\limits_{n=0}^{\infty}a_nx^n$ 在 $x=x_0$ 时发散,则适合不等式 $|x|>|x_0|$ 的一切 x 使该幂级数发散。

(3)形如 $\sum\limits_{n=0}^{\infty}a_nx^n$ 幂级数的收敛区间、收敛域:

① 存在一个正数 $R(0<R<\infty)$,当 $|x|<R$ 时,幂级数收敛;当 $|x|>R$ 时,幂级数发散。称开区间 $(-R,R)$ 为幂级数的收敛区间。再通过判定端点 $x\pm R$ 的敛散性,得到级数的收敛域。有下列几种情况:$(-R,R)$ 或 $(-R,R]$ 或 $[-R,R)$ 或 $[-R,R]$。

② 对任何实数 x 幂级数都收敛,幂级数的收敛区间、收敛域均为 $(-\infty,+\infty)$。

③除 $x=0$ 外幂级数均发散,收敛域只有一点 $x=0$。

对于情况①,常数 R 称为幂级数的收敛半径;情况②,幂级数的收敛半径 $R=+\infty$;情况③,收敛半径 $R=0$。

(二)幂级数收敛半径 R 的求法

1. 不缺项的幂级数

(1)设 $\sum\limits_{n=0}^{\infty} a_n x^n$,若 $\lim\limits_{n\to\infty}\left|\dfrac{a_{n+1}}{a_n}\right|=\rho$,则:①当 $0<\rho<\infty$ 时,$R=\dfrac{1}{\rho}$;②当 $\rho=0$ 时,$R=+\infty$;③当 $\rho=+\infty$ 时,$R=0$。其中,a_{n+1}、a_n 为幂级数连续两项的系数。

(2)对于形如 $\sum\limits_{n=0}^{\infty} a_n(x-x_0)^n$ 的幂级数,令 $y=x-x_0$,将它化为 $\sum\limits_{n=0}^{\infty} a_n y^n$ 的形式,再利用上面方法求出 R 值,回代 $y=x-x_0$,解不等式得到 x 的收敛范围。

2. 缺项的幂级数

对于 $\sum\limits_{n=0}^{\infty} a_n x^n$ 级数中,缺少 x 的乘方次数为奇数次的项或缺少 x 方的乘次数为偶数次的项时,例如 $\sum\limits_{n=0}^{\infty} a_n x^{2n}$、$\sum\limits_{n=0}^{\infty} a_n x^{2n-1}$,可把级数看作为函数项级数,用比值法计算,即 $\lim\limits_{n\to\infty}\left|\dfrac{U_{n+1}(x)}{U_n(x)}\right|=$

$\rho(x)\begin{cases}<1,解出 |x|<R,级数绝对收敛。\\ >1,解出 |x|>R,级数发散。\end{cases}$

则 R 值为级数的收敛半径。

(其中 $U_{n+1}(x)$,$U_n(x)$ 为幂级数的相邻两项)

注:求幂级数的收敛半径 R,重点应放在"1. 不缺项的幂级数"这一部分。

(三)幂级数的运算

1. 幂级数的四则运算

设 $\sum\limits_{n=0}^{\infty} a_n x^n$ 与 $\sum\limits_{n=0}^{\infty} b_n x^n$ 的收敛半径分别为 R 与 R',则:

(1) $\sum\limits_{n=0}^{\infty} a_n x^n \pm \sum\limits_{n=0}^{\infty} b_n x^n = \sum\limits_{n=0}^{\infty}(a_n \pm b_n)x^n$,其收敛半径 $R=\min\{R,R'\}$;

(2) $\sum\limits_{n=0}^{\infty} a_n x^n$ 与 $\sum\limits_{n=0}^{\infty} b_n x^n$ 的积所得级数的收敛半径 $R=\min\{R,R'\}$;

(3) $\sum\limits_{n=0}^{\infty} a_n x^n$ 与 $\sum\limits_{n=0}^{\infty} b_n x^n (b_0 \neq 0)$ 的商所得到的级数,在比 R、R' 小得多的范围内收敛。

2. 幂级数的分析运算法

设幂级数 $\sum\limits_{n=0}^{\infty} a_n x^n$ 的收敛半径为 R,和函数为 $S(x)$,则

(1) $S(x)$ 在其收敛区间上连续。

(2) $S(x)$ 在 $(-R,R)$ 上可积,$\forall x\in(-R,R)$,有逐项积分公式

$$\int_0^x S(x)\mathrm{d}x = \int_0^x \sum_{n=0}^{\infty} a_n x^n \mathrm{d}x = \sum_{n=0}^{\infty}\int_0^x a_n x^n \mathrm{d}x \tag{1-96}$$

(3) $S(x)$ 在 $(-R,R)$ 上可导,且有逐项求导公式

$$S'(x) = \left(\sum_{n=0}^{\infty} a_n x^n\right)' = \sum_{n=0}^{\infty}(a_n x^n)' = \sum_{n=1}^{\infty} n a_n x^{n-1} \tag{1-97}$$

逐项积分和逐项微分后的级数的收敛半径仍为 R,但端点 $x=\pm R$ 的敛散性可能会发生变化。

利用幂级数的四则运算和分析运算的性质以及一些函数幂级数的展开式可求出幂级数的和函数,并由此可求出一些常数项级数的和。

(四)函数的幂级数展开式

1. 函数的泰勒级数与麦克劳林级数

设 $f(x)$ 在 $x=x_0$ 的各阶导数都存在, $a_n=\frac{1}{n!}f^{(n)}(x_0)$, $(n=1,2,\cdots)$, 称为函数 $f(x)$ 的泰勒系数,以这些系数写成的幂级数称为 $f(x)$ 的泰勒级数,记为

$$f(x_0)+\frac{f'(x_0)}{1!}(x-x_0)+\cdots+\frac{1}{n!}f^{(n)}(x_0)(x-x_0)^n+\cdots \tag{1-98}$$

但此级数不一定收敛于 $f(x)$,只有当函数 $f(x)$ 在包含 $x=x_0$ 的某区间 I 内无限次可导,而且泰勒公式中的余项 $R_n(x)$,当 $x\in I$ 时,满足条件

$$\lim_{n\to\infty}R_n(x)=0 \tag{1-99}$$

其中 $R_n(x)=\frac{f^{(n+1)}(\xi)}{(n+1)!}(x-x_0)^{n+1}$, ξ 是介于 x 与 x_0 之间的某个值。则 $f(x)$ 的泰勒级数,当 $x\in I$ 时,收敛于 $f(x)$,即

$$f(x)=f(x_0)+\frac{f'(x_0)}{1!}(x-x_0)+\cdots+\frac{1}{n!}f^{(n)}(x_0)(x-x_0)^n+\cdots \tag{1-100}$$

称为 $f(x)$ 在 $x=x_0$ 的泰勒级数展开式。当 $x_0=0$ 时,称为 $f(x)$ 的麦克劳林级数展开式

$$f(x)=f(0)+\frac{f'(0)}{1!}x+\frac{f''(0)}{2!}x^2+\cdots+\frac{1}{n!}f^{(n)}(0)x^n+\cdots \tag{1-101}$$

2. 函数的幂级数展开式

把函数展开为幂级数,实际上是一个对函数求高阶导数的问题。

通常用直接展开法和间接展开法将函数展开成幂级数。直接展开法是先求出 $f^{(n)}(x)$, $(n=1,2,\cdots)$,写出 $f(x)$ 的幂级数,求出收敛半径 R,然后再讨论在 $(-R,R)$ 内泰勒公式中的余项 $R_n(x)\to 0(n\to\infty)$,得到幂级数在该区间内收敛于 $f(x)$。间接展开法是利用一些已知函数的幂级数展开式如 e^x、$\sin x$、$\cos x$、$\ln(1+x)$、$(1+x)^m$ 等的展开式作为基础,再利用幂级数的四则运算和分析运算的性质,以及函数幂级数展开式的唯一性定理将函数展开成幂级数。

常用的函数展开式有

$$e^x=1+x+\frac{1}{2!}x^2+\cdots+\frac{1}{n!}x^n+\cdots=\sum_{n=0}^{\infty}\frac{x^n}{n!} \quad (-\infty,+\infty)$$

$$\sin x=x-\frac{1}{3!}x^3+\frac{1}{5!}x^5+\cdots+(-1)^n\frac{x^{2n+1}}{(2n+1)!}+\cdots=\sum_{n=0}^{\infty}(-1)^n\frac{x^{2n+1}}{(2n+1)!} \quad (-\infty,+\infty)$$

$$\cos x=1-\frac{1}{2!}x^2+\frac{1}{4!}x^4+\cdots+(-1)^n\frac{x^{2n}}{(2n)!}+\cdots=\sum_{n=0}^{\infty}(-1)^n\frac{x^{2n}}{(2n)!} \quad (-\infty,+\infty)$$

$$\ln(1+x)=x-\frac{x^2}{2}+\frac{x^3}{3}-\cdots+(-1)^n\frac{x^{n+1}}{n+1}+\cdots=\sum_{n=1}^{\infty}(-1)^{n-1}\frac{x^n}{n} \quad (-1,1]$$

$$(1+x)^m=1+mx+\frac{m(m-1)}{2!}x^2+\cdots+\frac{m(m-1)\cdots(m-n+1)}{n!}x^n+\cdots \quad (m\text{ 为任意常数})$$

当 $m>0$ 时,收敛于 $[-1,1]$;当 $-1<m<0$ 时,收敛于 $(-1,1]$;当 $m\leqslant-1$ 时,收敛于 $(-1,1)$。

$$\frac{1}{1+x}=1-x+x^2-\cdots+(-1)^n x^n+\cdots=\sum_{n=0}^{\infty}(-1)^n x^n \quad (-1,1)$$

$$\frac{1}{1-x}=1+x+x^2+\cdots+x^n+\cdots=\sum_{n=0}^{\infty} x^n \quad (-1,1)$$

函数 $\frac{1}{1+x}$，$\frac{1}{1-x}$ 的展开式应特别关注，在求函数展开式中经常用到。

五、傅里叶级数

(一)傅里叶系数、傅里叶级数

若周期为 2π 的函数 $f(x)$ 可积，则

$$a_n=\frac{1}{\pi}\int_{-\pi}^{\pi}f(x)\cos nx\,\mathrm{d}x \quad (n=0,1,2,\cdots)$$
$$b_n=\frac{1}{\pi}\int_{-\pi}^{\pi}f(x)\sin nx\,\mathrm{d}x \quad (n=1,2,\cdots)$$

(1-102)

称为 $f(x)$ 的傅里叶系数。以傅里叶系数为系数写出的级数

$$\frac{a_0}{2}+\sum_{n=1}^{\infty}(a_n\cos nx+b_n\sin nx)$$

(1-103)

称为 $f(x)$ 的傅里叶级数。函数的傅里叶级数不一定收敛，即使收敛，它的和函数也不一定就是 $f(x)$，这一点值得注意。

(二)狄利克雷收敛定理

狄利克雷收敛定理：若 $f(x)$ 是周期为 2π 的周期函数，且满足在一个周期内连续或只有有限个第一类间断点，并且至多只有有限个极值点，则 $f(x)$ 的傅里叶级数收敛，并且当 x 是 $f(x)$ 的连续点时，级数收敛于 $f(x)$，当 x 是 $f(x)$ 的间断点时，级数收敛于 $\frac{f(x-0)+f(x+0)}{2}$。

只要函数满足狄利克雷收敛条件，那么傅里叶级数在连续点处收敛于函数在该点的函数值，在间断点处，收敛于函数在该点左极限与右极限的算术平均值。

(三)函数展开成傅里叶级数

(1)设函数 $f(x)$ 为以 2π 为周期函数，且满足狄利克雷收敛定理条件，则系数

$$a_0=\frac{1}{\pi}\int_{-\pi}^{\pi}f(x)\mathrm{d}x$$
$$a_n=\frac{1}{\pi}\int_{-\pi}^{\pi}f(x)\cos nx\,\mathrm{d}x \quad (n=1,2,\cdots)$$
$$b_n=\frac{1}{\pi}\int_{-\pi}^{\pi}f(x)\sin nx\,\mathrm{d}x \quad (n=1,2,\cdots)$$

它的傅里叶级数为

$$f(x)=\frac{a_0}{2}+\sum_{n=1}^{\infty}(a_n\cos nx+b_n\sin nx) \quad (在 f(x) 连续点处收敛)$$

(2)若周期为 2π 的连续函数 $f(x)$ 是奇函数，则

$$a_n=0 \quad (n=0,1,2,\cdots)$$
$$b_n=\frac{2}{\pi}\int_{0}^{\pi}f(x)\sin nx\,\mathrm{d}x \quad (n=1,2,\cdots)$$

它的傅里叶级数只含有正弦项，即

$$f(x) = \sum_{n=1}^{\infty} b_n \sin nx \, dx \qquad (在 f(x)连续点处收敛)$$

若周期为 2π 的连续函数 $f(x)$ 是偶函数,则

$$a_n = \frac{2}{\pi} \int_0^{\pi} f(x) \cos nx \, dx \qquad (n = 0,1,2,\cdots)$$
$$b_n = 0 \qquad (n = 1,2,\cdots)$$

它的傅里叶级数只含有常数项和余弦项,即

$$f(x) = \frac{a_0}{2} + \sum_{n=1}^{\infty} a_n \cos nx \qquad (在 f(x)连续点处收敛)$$

分别称这样的级数为正弦级数和余弦级数。

(3)如果 $f(x)$ 在 $[-\pi,\pi]$ 上有定义,通过周期延拓,变成以 2π 为周期的周期函数,然后展开成傅里叶级数,在 $(-\pi,\pi)$ 上的展式即为 $f(x)$ 的展式,端点 $x=-\pi$、$x=\pi$ 由延拓后的函数来确定。若在该点连续,包括在内;若在该点间断,不包括在内。只定义在 $[0,\pi]$ 上的函数 $f(x)$,可先通过奇延拓(或偶延拓),再周期延拓得到以 2π 为周期的周期函数,展开成傅里叶级数,在 $(0,\pi)$ 上的展式即为 $f(x)$ 的展式,$x=0$、$x=\pi$ 点由延拓后的函数来确定,若在该点连续,包括在内;若在该点间断,不包括在内。

(4)周期为 $2l$ 的函数,也有相关的收敛定理,它的系数的计算公式为

$$a_n = \frac{1}{l} \int_{-l}^{l} f(x) \cos \frac{n\pi x}{l} dx \qquad (n = 0,1,2,\cdots)$$
$$b_n = \frac{1}{l} \int_{-l}^{l} f(x) \sin \frac{n\pi x}{l} dx \qquad (n = 1,2,\cdots) \tag{1-104}$$

傅里叶级数为

$$f(x) = \frac{a_0}{2} + \sum_{n=1}^{\infty} \left(a_n \cos \frac{n\pi x}{l} + b_n \sin \frac{n\pi x}{l} \right) \qquad (确定收敛域) \tag{1-105}$$

周期为 $2l$ 的奇(或偶)函数,定义在 $[-l,l]$ 上的函数及定义在 $[0,l]$ 上的函数可仿照周期为 2π 的函数,定义在 $[-\pi,\pi]$ 上函数及定义在 $[0,\pi]$ 上的函数来处理。

【例 1-65】 判别级数的敛散性

$$\sum_{n=1}^{\infty} \frac{\cos n}{n(n+1)}$$

解 级数的项有正有负,为一般异号级数,各项取绝对值。

$$\left| \frac{\cos n}{n(n+1)} \right| \leqslant \frac{1}{n(n+1)} \leqslant \frac{1}{n^2} \qquad (n = 1,2,\cdots)$$

已知 $\sum_{n=1}^{\infty} \frac{1}{n^2}$,$p$ 级数,$p=2>1$,收敛。

由正项级数比较法知 $\qquad \sum_{n=1}^{\infty} \left| \frac{\cos n}{n(n+1)} \right|$ 收敛

故 $\qquad \sum_{n=1}^{\infty} \frac{\cos n}{n(n+1)}$ 收敛

【例 1-66】 级数 $\sum_{n=1}^{\infty} (-1)^n \frac{1}{n^{p-1}}$:

  A. 当 $1<p\leqslant 2$ 时条件收敛   B. 当 $p>2$ 时条件收敛
  C. 当 $p<1$ 时条件收敛   D. 当 $p>1$ 时条件收敛

解 $\sum\limits_{n=1}^{\infty}(-1)^n \dfrac{1}{n^{p-1}}$ 级数条件收敛应满足条件：①取绝对值后级数发散；②原级数收敛。

$\sum\limits_{n=1}^{\infty}\left|(-1)^n \dfrac{1}{n^{p-1}}\right| = \sum\limits_{n=1}^{\infty}\dfrac{1}{n^{p-1}}$，当 $0<p-1\leqslant 1$ 时，即 $1<p\leqslant 2$，取绝对值后级数发散，原级数 $\sum\limits_{n=1}^{\infty}(-1)^n \dfrac{1}{n^{p-1}}$ 为交错级数。

在 $1<p\leqslant 2$ 时，取绝对值后的级数发散，而当 $p>1$ 时，满足莱布尼兹定理条件：① $\dfrac{1}{n^{p-1}} > \dfrac{1}{(n+1)^{p-1}}$；② $\lim\limits_{n\to\infty}\dfrac{1}{n^{p-1}}=0$，原级数收敛。

综合以上结论 $1<p\leqslant 2$ 和 $p>1$，应为 $1<p\leqslant 2$。

答案：A

【例 1-67】 求幂级数 $x-\dfrac{x^2}{2}+\dfrac{x^3}{3}-\cdots+(-1)^{n-1}\dfrac{x^n}{n}+\cdots$ 的收敛半径和收敛域。

解
$$\rho = \lim_{n\to\infty}\left|\dfrac{a_{n+1}}{a_n}\right| = \lim_{n\to\infty}\dfrac{\dfrac{1}{n+1}}{\dfrac{1}{n}} = 1$$

$R=\dfrac{1}{\rho}=1$，即 $|x|<1$ 收敛

当 $x=1$ 时，代入级数得

$1-\dfrac{1}{2}+\dfrac{1}{3}-\cdots+(-1)^{n-1}\dfrac{1}{n}+\cdots$ 为交错级数，满足莱布尼兹定理条件，收敛。

当 $x=-1$ 时，代入级数得

$-1-\dfrac{1}{2}-\dfrac{1}{3}-\cdots-\dfrac{1}{n}\cdots = -\left(1+\dfrac{1}{2}+\dfrac{1}{3}+\cdots+\dfrac{1}{n}+\cdots\right)$ 为调和级数，发散。

收敛域 $(-1,1]$

【例 1-68】 函数 $f(x)=\dfrac{1}{x}$，将其展开为 $x-3$ 的幂级数。

解
$$\dfrac{1}{x}=\dfrac{1}{3+x-3}=\dfrac{1}{3}\times\dfrac{1}{1+\dfrac{x-3}{3}}$$

利用已知 $\dfrac{1}{1+x}=1-x+x^2-x^3+\cdots, x\subset(-1,1)$，展开式得到

$$\dfrac{1}{3}\times\dfrac{1}{1+\dfrac{x-3}{3}}=\dfrac{1}{3}\times\left[1-\dfrac{x-3}{3}+\left(\dfrac{x-3}{3}\right)^2-\left(\dfrac{x-3}{3}\right)^3+\cdots\right]$$

由 $-1<x<1$，代入 $-1<\dfrac{x-3}{3}<1$，得 $0<x<6$

$$\dfrac{1}{x}=\dfrac{1}{3}\times\left[1-\dfrac{x-3}{3}+\left(\dfrac{x-3}{3}\right)^2-\cdots\right] \qquad (0,6)$$

【例 1-69】 下列各级数发散的是：

A. $\sum\limits_{n=1}^{\infty}\sin\dfrac{1}{n}$ \qquad B. $\sum\limits_{n=1}^{\infty}(-1)^{n-1}\dfrac{1}{\ln(n+1)}$

C. $\sum\limits_{n=1}^{\infty}\dfrac{n+1}{3^{\frac{n}{2}}}$ \qquad D. $\sum\limits_{n=1}^{\infty}(-1)^{n-1}\left(\dfrac{2}{3}\right)^n$

解 选 A。分析如下：

$\sum_{n=1}^{\infty} \sin \frac{1}{n}$ 为正项级数，对于 $\lim_{n \to \infty} \frac{\sin \frac{1}{n}}{\frac{1}{n}}$，因 $\lim_{x \to \infty} \frac{\sin \frac{1}{x}}{\frac{1}{x}} = \lim_{t \to 0} \frac{\sin t}{t} = 1$，故 $\lim_{n \to \infty} \frac{\sin \frac{1}{n}}{\frac{1}{n}} = 1$

而 $\sum_{n=1}^{\infty} \frac{1}{n}$ 发散，所以 $\sum_{n=1}^{\infty} \sin \frac{1}{n}$ 发散。

选项 B，$\sum_{n=1}^{\infty} (-1)^{n-1} \frac{1}{\ln(n+1)}$ 为交错级数，可用莱布尼兹定理判定：① $u_n \geqslant u_{n+1}$；② $\lim_{n \to \infty} u_n = 0$。级数收敛。

选项 C，$\sum_{n=1}^{\infty} \frac{n+1}{3^{\frac{n}{2}}}$ 为正项级数，用比值判别法 $\lim_{n \to \infty} \frac{u_{n+1}}{u_n} = \frac{1}{\sqrt{3}} < 1$，收敛。

选项 D，$\sum_{n=1}^{\infty} (-1)^{n-1} \left(\frac{2}{3}\right)^n = \frac{2}{3} - \left(\frac{2}{3}\right)^2 + \left(\frac{2}{3}\right)^3 + \left(\frac{2}{3}\right)^4 + \cdots$ 为等比级数，公比 $q = -\frac{2}{3}$，$|q| < 1$，收敛。

【例 1-70】 级数 $\sum_{n=1}^{\infty} u_n$ 收敛的充要条件是：

  A. $\lim_{n \to \infty} u_n = 0$ B. $\lim_{n \to \infty} \frac{u_{n+1}}{u_n} = r < 1$

  C. $u_n \leqslant \frac{1}{n^2}$ D. $\lim_{n \to \infty} S_n$ 存在，其中 $S_n = u_1 + \cdots + u_n$

解 选项 A 错误：$\sum_{n=1}^{\infty} u_n$ 收敛 $\Rightarrow \lim_{n \to \infty} u_n = 0$ 仅是级数收敛的必要条件，而非充分条件。例如调和级数 $\sum_{n=1}^{\infty} \frac{1}{n}$，满足 $\lim_{n \to \infty} u_n = \lim_{n \to \infty} \frac{1}{n} = 0$，但级数发散。

选项 B 错误：$\lim_{n \to \infty} \frac{u_{n+1}}{u_n} = r < 1$ 为正项级数收敛的充分条件，但所给级数并未说明是什么类型的级数。

选项 C 错误：此条件仅对正项级数收敛适用。

选项 D 正确：$\lim_{n \to \infty} S_n$ 存在是级数 $\sum_{n=1}^{\infty} u_n$ 收敛的充分必要条件，这是判定级数敛散性的基本定理。

【例 1-71】 级数 $\sum_{n=1}^{\infty} \frac{\sin \frac{n\pi}{2}}{\sqrt{n^3}}$ 的收敛性是：

  A. 绝对收敛 B. 发散

  C. 条件收敛 D. 无法判定

解 级数各项取绝对值，即 $\sum_{n=1}^{\infty} \left| \frac{\sin \frac{n\pi}{2}}{\sqrt{n^3}} \right|$，因 $\left| \frac{\sin \frac{n\pi}{2}}{\sqrt{n^3}} \right| \leqslant \frac{1}{n^{\frac{3}{2}}}$，而级数 $\sum_{n=1}^{\infty} \frac{1}{n^{\frac{3}{2}}}$，$p = \frac{3}{2} > 1$，收敛，由正项级数比较法知，级数 $\sum_{n=1}^{\infty} \left| \frac{\sin \frac{n\pi}{2}}{\sqrt{n^3}} \right|$ 收敛，所以原级数 $\sum_{n=1}^{\infty} \frac{\sin \frac{n\pi}{2}}{\sqrt{n^3}}$ 绝对收敛。

答案：A

【例 1-72】 级数 $\sum\limits_{n=1}^{\infty}(-1)^{n-1}x^n$ 的和函数是：

    A. $\dfrac{1}{1+x}(-1<x<1)$ B. $\dfrac{x}{1+x}(-1<x<1)$

    C. $\dfrac{x}{1-x}(-1<x<1)$ D. $\dfrac{1}{1-x}(-1<x<1)$

解 级数 $\sum\limits_{n=1}^{\infty}(-1)^{n-1}x^n = x-x^2+x^3-\cdots+(-1)^{n-1}x^n+\cdots$，公比 $q=-x$，$|q|=|-x|=|x|<1$，等比级数收敛，级数的和函数 $S=\dfrac{a_1}{1-q}=\dfrac{x}{1-(-x)}=\dfrac{x}{1+x}$ $(-1<x<1)$。

答案：B

【例 1-73】 函数 e^x 展开成为 $x-1$ 的幂级数是：

    A. $\sum\limits_{n=0}^{\infty}\dfrac{(x-1)^n}{n!}$ B. $e\sum\limits_{n=0}^{\infty}\dfrac{(x-1)^n}{n!}$ C. $\sum\limits_{n=0}^{\infty}\dfrac{(n-1)^n}{n}$ D. $\sum\limits_{n=0}^{\infty}\dfrac{(x-1)^n}{ne}$

解 $e^x = e^{x-1+1} = e\cdot e^{x-1}$

已知 $e^x = 1+\dfrac{1}{1!}x+\dfrac{1}{2!}x^2+\cdots+\dfrac{1}{n!}x^n+\cdots$ $(-\infty,+\infty)$

$e^{x-1} = 1+\dfrac{1}{1!}(x-1)+\dfrac{1}{2!}(x-1)^2+\cdots+\dfrac{1}{n!}(x-1)^n+\cdots$

$\qquad = \sum\limits_{n=0}^{\infty}\dfrac{1}{n!}(x-1)^n$ $(-\infty,+\infty)$

$e^x = e\sum\limits_{n=0}^{\infty}\dfrac{1}{n!}(x-1)^n$ $(-\infty,+\infty)$

答案：B

【例 1-74】 级数 $\sum\limits_{n=1}^{\infty}\dfrac{(2x+1)^n}{n}$ 的收敛域是：

    A. $(-1,1)$ B. $[-1,1]$

    C. $[-1,0)$ D. $(-1,0)$

解 设 $2x+1=z$，级数为 $\sum\limits_{n=1}^{\infty}\dfrac{z^n}{n}$。

$\lim\limits_{n\to\infty}\left|\dfrac{a_{n+1}}{a_n}\right| = \lim\limits_{n\to\infty}\dfrac{\frac{1}{n+1}}{\frac{1}{n}} = 1, \rho=1, R=\dfrac{1}{\rho}=1$

当 $z=1$ 时，$\sum\limits_{n=1}^{\infty}\dfrac{1}{n}$ 发散，当 $z=-1$ 时，$\sum\limits_{n=1}^{\infty}\dfrac{(-1)^n}{n}$ 收敛，

所以 $-1\leqslant z<1$ 收敛，即 $-1\leqslant 2x+1<1$，$-1\leqslant x<0$。

答案：C

【例 1-75】 下列命题中，正确的是：

    A. 周期函数 $f(x)$ 的傅里叶级数收敛于 $f(x)$

    B. 若 $f(x)$ 有任意阶导数，则 $f(x)$ 的泰勒级数收敛于 $f(x)$

    C. 正项级数收敛的充分必要条件是级数的部分和数列有界

    D. 若正项级数收敛，则级数 $\sum\limits_{n=1}^{\infty}\sqrt{a_n}$ 必收敛

解 A 错误。由迪利克雷收敛定理知，周期函数在满足一定的条件下，展开成的傅里叶

级数才收敛于 $f(x)$。

B 错误。若 $f(x)$ 有任意阶导数，$f(x)$ 的泰勒级数在 $\lim\limits_{n\to\infty}R_n(x)=0$ 的条件下才收敛于 $f(x)$。

D 错误。举例说明，$\sum\limits_{n=1}^{\infty}\dfrac{1}{n^2}$ 收敛 $(p>1)$，但 $\sum\limits_{n=1}^{\infty}\dfrac{1}{n}$ 为调和级数发散。

C 正确。正项级数收敛的充分必要条件是级数的部分和数列有界，这是正项级数收敛的基本定理。

【例 1-76】 周期为 2 的函数 $f(x)$，它在一个周期内的表达式为 $f(x)=x(-1\leqslant x<1)$，设它的傅里叶级数的和函数为 $S(x)$，则 $S\left(\dfrac{3}{2}\right)$ 等于：

A. 1　　　　B. $-\dfrac{1}{2}$　　　　C. -1　　　　D. $\dfrac{1}{2}$

解 设函数 $f(x)$ 的傅里叶级数为

$$\dfrac{a_0}{2}+\sum_{n=1}^{\infty}a_n\cos\dfrac{n\pi x}{l}+b_n\sin\dfrac{n\pi x}{l}$$

由迪利克雷收敛可知，$x=\dfrac{3}{2}$ 是函数 $f(x)$ 的连续点（见图 1-21），级数的和函数 $S(x)$ 收敛于 $x=\dfrac{3}{2}$ 对应的函数值。

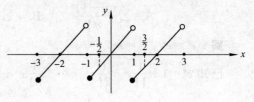

图 1-21

$$S\left(\dfrac{3}{2}\right)=S\left(-\dfrac{1}{2}\right)=f\left(-\dfrac{1}{2}\right)=x\big|_{x=-\frac{1}{2}}=-\dfrac{1}{2}$$

答案：B

习　题

1-65　下列级数中，发散的级数是（　　）。

A. $\sum\limits_{n=1}^{\infty}(-1)^n\dfrac{1}{\sqrt{n}}$　　B. $\sum\limits_{n=1}^{\infty}\dfrac{n}{2^n}$　　C. $\sum\limits_{n=1}^{\infty}\left(\dfrac{1}{n}-\dfrac{1}{n+1}\right)$　　D. $\sum\limits_{n=1}^{\infty}\sin\dfrac{n\pi}{3}$

1-66　函数 $\sum\limits_{n=1}^{\infty}\dfrac{(-1)^{n-1}}{n}$ 的收敛性是（　　）。

A. 绝对收敛　　　　　　　　　　B. 条件收敛

C. 等比级数收敛　　　　　　　　D. 发散

1-67　设级数 $\sum\limits_{n=1}^{\infty}U_n$ 是条件收敛的，又设 $U_n^*=\dfrac{U_n+|U_n|}{2}$，$U_n^{**}=\dfrac{U_n-|U_n|}{2}$，则级数 $\sum\limits_{n=1}^{\infty}U_n^*$ 和 $\sum\limits_{n=1}^{\infty}U_n^{**}$（　　）。

A. $\sum\limits_{n=1}^{\infty}U_n^*$ 和 $\sum\limits_{n=1}^{\infty}U_n^{**}$ 都是收敛的　　B. $\sum\limits_{n=1}^{\infty}U_n^*$ 和 $\sum\limits_{n=1}^{\infty}U_n^{**}$ 都是发散的

C. $\sum\limits_{n=1}^{\infty}U_n^*$ 发散，但 $\sum\limits_{n=1}^{\infty}U_n^{**}$ 收敛　　D. $\sum\limits_{n=1}^{\infty}U_n^*$ 收敛，但 $\sum\limits_{n=1}^{\infty}U_n^{**}$ 发散

1-68　已知幂级数 $\sum\limits_{n=1}^{\infty}\dfrac{a^n-b^n}{a^n+b^n}x^n(0<a<b)$，则所给级数的收敛半径 R 等于（　　）。

A. b　　　　　　　　　　　　　B. $\dfrac{1}{a}$

C. $\dfrac{1}{b}$ 　　　　　　　　D. R 的值与 a,b 无关

1-69　设 $f(x)=\begin{cases}x & -\pi\leqslant x<0\\ 1 & 0\leqslant x\leqslant\pi\end{cases}$ 的傅里叶级数展开式为 $\dfrac{a_0}{2}+\sum\limits_{n=1}^{\infty}(a_n\cos nx+b_n\sin nx)$，则其中的系数 $a_3=(\quad)$。

　　A. $\dfrac{1}{\pi}$ 　　　　B. $\dfrac{2}{\pi}$ 　　　　C. $\dfrac{2}{9\pi}$ 　　　　D. 0

1-70　幂级数 $x^2-\dfrac{1}{2}x^3+\dfrac{1}{3}x^4-\cdots+\dfrac{(-1)^{n+1}}{n}x^{n+1}+\cdots(-1<x\leqslant 1)$ 的和是( )。

　　A. $x\sin x$ 　　B. $\dfrac{x^2}{1+x^2}$ 　　C. $x\ln(1-x)$ 　　D. $x\ln(1+x)$

1-71　函数 $f(x)=\dfrac{x}{x^2-5x+6}$ 展开成 $(x-5)$ 的级数的收敛区间是( )。

　　A. $(10,1)$ 　　B. $(-1,1)$ 　　C. $(3,7)$ 　　D. $(4,5)$

1-72　设 $f(x)=\begin{cases}x & 0\leqslant x\leqslant\dfrac{\pi}{2}\\ \pi & \dfrac{\pi}{2}<x<\pi\end{cases}$，$S(x)=\sum\limits_{n=1}^{\infty}b_n\sin nx$，其中 $b_n=\dfrac{2}{\pi}\int_0^\pi f(x)\sin nx\,\mathrm{d}x$，则 $S\left(-\dfrac{\pi}{2}\right)$ 的值是( )。

　　A. $\dfrac{\pi}{2}$ 　　B. $\dfrac{3\pi}{4}$ 　　C. $-\dfrac{3\pi}{4}$ 　　D. 0

第七节　常微分方程

一、微分方程的一般概念

含有未知函数的导数（或微分）的方程称为微分方程。未知函数为一元函数的微分方程称为常微分方程。方程中未知函数求导的最高阶数称为微分方程的阶。如果一个方程中未知函数对自变量的各阶导数的乘方次数都是一次，称为线性微分方程，否则称为非线性微分方程。在微分方程中，不含未知函数及其导数的项 $Q(x)$ 称为自由项。$Q(x)$ 为零的方程称为齐次方程，$Q(x)$ 不为零的方程称为非齐次方程。代入方程后能使方程成为恒等式的连续函数称为微分方程的解。若微分方程的解中，含有独立的任意常数的个数与方程的阶数相同，则称此解为微分方程的通解。方程中给出的特定条件称初始条件。通解中任意常数被初始条件确定后的解称为微分方程的特解。

二、一阶微分方程的解法

（一）可分离变量方程

若一阶方程 $F(x,y,y')=0$ 可化为 $f(x)\mathrm{d}x=g(y)\mathrm{d}y$ 或 $f(x)\mathrm{d}x-g(y)\mathrm{d}y=0$ 的形式，称为可分离变量方程。对变量已分离的方程，两边积分就可得到原方程的通解

$$\int g(y)\mathrm{d}y=\int f(x)\mathrm{d}x+C \qquad (1\text{-}106)$$

其中，C 为任意常数。

（二）齐次方程

若一阶方程 $F(x,y,y')=0$，可化为 $y'=\varphi\left(\dfrac{y}{x}\right)$ 的形式，称为齐次方程。令 $u=\dfrac{y}{x}$，$y=xu$，$y'=u+xu'$，代入方程则可将方程化为 $u+xu'=\varphi(u)$，分离变量后，两边积分得

$$\int \frac{\mathrm{d}u}{\varphi(u)-u} = \int \frac{\mathrm{d}x}{x} + C \tag{1-107}$$

其中 C 为任意常数。求出积分后，再把 $u=\dfrac{y}{x}$ 代入得原方程的通解。

若一阶方程 $F(x,y,y')=0$，可化为 $x'=\varphi\left(\dfrac{x}{y}\right)$ 的形式，也称为齐次方程，可设 $u=\dfrac{x}{y}$ 求通解。

（三）一阶线性方程

若一阶方程 $F(x,y,y')=0$ 可化为

$$y' + P(x)y = Q(x) \tag{1-108}$$

其中，$P(x)$、$Q(x)$ 是 x 的函数或常数，则该方程称为一阶线性微分方程，当 $Q(x)\neq 0$ 时，称为一阶线性非齐次方程。当 $Q(x)=0$ 时，$y'+P(x)y=0$ 称为一阶线性齐次微分方程。解一阶线性非齐次方程时，可先解对应的齐次方程，求出通解 $y=Ce^{-\int P(x)\mathrm{d}x}$，然后常数变易，将解中的 c 写成 $C(x)$，代入求出 $C(x)=\int Q(x)e^{\int P(x)\mathrm{d}x}\mathrm{d}x+C$，最后得到非齐次的通解

$$y = e^{-\int P(x)\mathrm{d}x}\left[\int Q(x)e^{\int P(x)\mathrm{d}x}\mathrm{d}x + C\right] \tag{1-109}$$

通常可以直接利用式(1-109)，求出一阶线性非齐次方程的通解。

将式(1-109)写成 $y=e^{-\int P(x)\mathrm{d}x}\int Q(x)e^{\int P(x)\mathrm{d}x}\mathrm{d}x+Ce^{-\int P(x)\mathrm{d}x}$ 形式，得到一阶非齐次方程的通解＝(第一项)非齐线性方程的一个特解＋(第二项)线性齐次方程的通解。

（四）全微分方程

若一阶微分方程 $P(x,y)\mathrm{d}x+Q(x,y)\mathrm{d}y=0$ 的左端恰好是某一函数 $u=u(x,y)$ 的全微分，称为全微分方程。即

$$\mathrm{d}u(x,y) = P(x,y)\mathrm{d}x + Q(x,y)\mathrm{d}y$$

这里，$\dfrac{\partial u}{\partial x}=P(x,y)$，$\dfrac{\partial u}{\partial y}=Q(x,y)$

那么 $u(x,y)=C$ 就是全微分方程的通解。

通解的求法：

当 $P(x,y)$、$Q(x,y)$ 在单连通域 G 内具有一阶连续偏导数，$\dfrac{\partial P}{\partial y}=\dfrac{\partial Q}{\partial x}$ 在区域 G 内恒成立，那么全微分方程的通解可通过计算下面积分求出

$$u(x,y) = \int_{x_0}^{x} P(x,y)\mathrm{d}x + \int_{y_0}^{y} Q(x_0,y)\mathrm{d}y = C \tag{1-110}$$

或

$$u(x,y) = \int_{x_0}^{x} P(x,y_0)\mathrm{d}x + \int_{y_0}^{y} Q(x,y)\mathrm{d}y = C \tag{1-111}$$

其中 x_0、y_0 是在区域 G 内适当选定的点 $M_0(x_0, y_0)$ 的坐标。

三、可降阶的高阶微分方程

(一) $y^{(n)} = f(x)$ 型

这种方程只需逐次积分，求出其通解。每次积分，方程的阶数降低一次，出现一个任意常数。

(二) $y'' = f(x, y')$ 型

微分方程中不显含 y。

令 $y' = P(x)$，则 $y'' = P'(x)$，方程化为 $\dfrac{\mathrm{d}P}{\mathrm{d}x} = f(x, P)$，解微分方程求出 $P = \varphi(x, C_1)$，代入 $y' = P(x)$，从而把方程化为 $\dfrac{\mathrm{d}y}{\mathrm{d}x} = \varphi(x, C_1)$，运用分离变量法，求得原方程的通解为

$$y = \int \varphi(x, C_1) \mathrm{d}x + C_2 \tag{1-112}$$

(三) $y'' = f(y, y')$ 型

微分方程中不显含 x。

令 $y' = P(y)$，则 $y'' = \dfrac{\mathrm{d}P}{\mathrm{d}x} = \dfrac{\mathrm{d}P}{\mathrm{d}y} \cdot \dfrac{\mathrm{d}y}{\mathrm{d}x} = P \dfrac{\mathrm{d}P}{\mathrm{d}y}$，从而可将原方程化为 $P \dfrac{\mathrm{d}P}{\mathrm{d}y} = f(y, P)$，设其通解为 $P = \varphi(y, C_1)$，再运用分离变量法，求得原方程的通解为

$$\int \dfrac{\mathrm{d}y}{\varphi(y, C_1)} = x + C_1 \tag{1-113}$$

【例 1-77】 判别一阶微分方程 $(e^{x+y} - e^x)\mathrm{d}x + (e^{x+y} + e^y)\mathrm{d}y = 0$ 的类型，并求其通解。

解 $e^x(e^y - 1)\mathrm{d}x + e^y(e^x + 1)\mathrm{d}y = 0$

$$\dfrac{e^x}{e^x + 1}\mathrm{d}x + \dfrac{e^y}{e^y - 1}\mathrm{d}y = 0$$

微分方程为一阶可分离变量方程。

$$\int \dfrac{e^x}{e^x + 1}\mathrm{d}x + \int \dfrac{e^y}{e^y - 1}\mathrm{d}y = \ln c$$

$$\ln(e^x + 1) + \ln(e^y - 1) = \ln c$$

$$\ln(e^x + 1)(e^y - 1) = \ln c$$

$$(e^x + 1)(e^y - 1) = C$$

通解为 $(e^x + 1)(e^y - 1) = C$

【例 1-78】 微分方程 $xy' - y = x^2 e^{2x}$ 通解 y 等于：

A. $x(\dfrac{1}{2}e^{2x} + C)$ B. $x(e^{2x} + C)$

C. $x(\dfrac{1}{2}x^2 e^{2x} + C)$ D. $x^2 e^{2x} + C$

解 $xy' - y = x^2 e^{2x}$，$y' - \dfrac{1}{x}y = xe^{2x}$

$P(x) = -\dfrac{1}{x}$，$Q(x) = xe^{2x}$

$$y = e^{-\int(-\frac{1}{x})\mathrm{d}x}\left[\int xe^{2x} e^{\int(-\frac{1}{x})\mathrm{d}x}\mathrm{d}x + C\right] = e^{\ln x}(\int xe^{2x} e^{-\ln x}\mathrm{d}x + C)$$

$$= x(\int e^{2x}\mathrm{d}x + C) = x\left(\dfrac{1}{2}e^{2x} + C\right)$$

答案：A

【例 1-79】 微分方程 $y'+\dfrac{1}{x}y=2$ 满足初始条件 $y|_{x=1}=0$ 的特解是：

    A. $x-\dfrac{1}{x}$ B. $x+\dfrac{1}{x}$

    C. $x+\dfrac{C}{x}$（C 为任意常数）   D. $x+\dfrac{2}{x}$

解 $P(x)=\dfrac{1}{x}, Q(x)=2$

代入公式 $y=e^{-\int P(x)\mathrm{d}x}\left[\int Q(x)e^{\int P(x)\mathrm{d}x}\mathrm{d}x+C\right]$

通解为 $y=e^{-\int \frac{1}{x}\mathrm{d}x}\left[\int 2e^{\int \frac{1}{x}\mathrm{d}x}\mathrm{d}x+C\right]=e^{-\ln x}\left[\int 2x\mathrm{d}x+C\right]=\dfrac{1}{x}(x^2+C)$

当 $x=1, y=0$ 时，$C=-1$

特解为 $y=x-\dfrac{1}{x}$

答案：A

【例 1-80】 设 $\int_0^x f(t)\mathrm{d}t=2f(x)-4$，且 $f(0)=2$，则 $f(x)$ 是：

    A. $e^{\frac{x}{2}}$ B. $e^{\frac{x}{2}+1}$ C. $2e^{\frac{x}{2}}$ D. $\dfrac{1}{2}e^{2x}$

解 方程两边求导，得 $f(x)=2f'(x)$

设 $f(x)=y, f'(x)=y'$，方程化为 $2y'=y$，解方程 $\dfrac{2}{y}\mathrm{d}y=\mathrm{d}x$，得 $2\ln y=x+C_1 \Rightarrow \ln y=\dfrac{x}{2}+\dfrac{C_1}{2} \Rightarrow y=e^{\frac{x}{2}+\frac{1}{2}}=Ce^{\frac{x}{2}}$，其中 $C=e^{\frac{1}{2}}$

代入初始条件 $x=0, y=2$，得 $C=2$

所以 $y=2e^{\frac{x}{2}}$，即 $f(x)=2e^{\frac{x}{2}}$

答案：C

【例 1-81】 已知微分方程 $y'+p(x)y=q(x)[q(x)\neq 0]$ 有两个不同的特解 $y_1(x), y_2(x)$，C 为任意常数，则该微分方程的通解是：

    A. $y=C(y_1-y_2)$ B. $y=C(y_1+y_2)$

    C. $y=y_1+C(y_1+y_2)$ D. $y=y_1+C(y_1-y_2)$

解 $y'+p(x)y=q(x)$，$y_1(x)-y_2(x)$ 为对应齐次方程的解。

微分方程 $y'+p(x)y=q(x)$ 的通解为 $y=y_1+C(y_1-y_2)$

答案：D

四、高阶线性微分方程

（一）线性微分方程解的结构

二阶和二阶以上的微分方程称为高阶微分方程。形如

$$y''+P(x)y'+Q(x)y=f(x) \quad (1\text{-}114)$$

其中 $P(x)$、$Q(x)$ 为 x 的函数或常数。当 $f(x)\neq 0$ 时,方程称为二阶线性非齐次方程。
当 $f(x)=0$ 时,对应的方程
$$y''+P(x)y'+Q(x)y=0 \tag{1-115}$$
称为二阶线性齐次方程。

1. 二阶线性齐次微分方程(1-115)解的结构

(1)如果函数 $y_1(x)$ 与 $y_2(x)$ 是方程(1-115)的两个解,那么 $y=c_1y_1+c_2y_2$ 也是方程(1-115)的解,其中 c_1、c_2 是任意常数。

(2)如果 $y_1(x)$ 与 $y_2(x)$ 是方程(1-115)的两个线性无关的解,那么 $y=c_1y_1+c_2y_2$ 就是方程(1-115)的通解。

2. 二阶线性非齐次方程(1-114)解的结构

(1)若 y^* 是二阶非齐次线性方程(1-114)的一个特解,Y 是对应的线性齐次方程(1-115)的通解,那么 $y=Y+y^*$ 是二阶非齐次线性微分方程(1-114)的通解。

(2)若非齐次线性方程(1-114)的右端 $f(x)$ 是几个函数的和,如
$$y''+P(x)y'+Q(x)y=f_1(x)+f_2(x) \tag{1-116}$$
而 y_1^* 与 y_2^* 分别是方程 $y''+P(x)y'+Q(x)y=f_1(x)$ 与 $y''+P(x)y'+Q(x)y=f_2(x)$ 的特解,那么 $y_1^*+y_2^*$ 就是方程(1-116)的特解。

(二)二阶常系数线性齐次方程通解的计算

(1)定义:当二阶线性齐次方程 $y''+P(x)y'+Q(x)y=0$ 中 $P(x)$、$Q(x)$ 为常数时,即 $y''+py'+qy=0$(其中,p、q 为常数),该方程称为二阶常系数线性齐次方程。

(2)二阶常系数线性齐次方程通解的计算:设二阶常系数线性齐次方程
$$y''+py'+qy=0 \tag{1-117}$$
(其中,p、q 均为常数)

求方程解(1-117)的步骤如下:

①写出对应的特征方程
$$r^2+pr+q=0 \tag{1-118}$$

②求出特征根(即特征方程的根)
$$r_{1,2}=\frac{-p\pm\sqrt{p^2-4q}}{2} \tag{1-119}$$

③按下面规则写出方程(1-117)的通解

若 $r_1\neq r_2$,为两个不同的实特征根,则方程的通解为
$$y=C_1e^{r_1x}+C_2e^{r_2x} \tag{1-120}$$

若 $r_1=r_2$,为重特征根,则方程的通解为
$$y=e^{r_1x}(C_1+C_2x) \tag{1-121}$$

若 $r_{1,2}=\alpha\pm i\beta$,为一对共轭复根,则方程的通解为
$$y=e^{\alpha x}(C_1\cos\beta x+C_2\sin\beta x) \tag{1-122}$$

(三)二阶常系数线性非齐次方程简介

$y''+py'+qy=f(x)$ 中,$f(x)=P_m(x)\cdot e^{\lambda x}$($P_m(x)$ 为某个多项式,乘指数函数 $e^{\lambda x}$)时方程通解的求法:

(1)二阶常系数线性非齐次方程的通解为

$y=\bar{y}$(二阶常系数线性齐次方程的通解)$+y^*$(二阶常系数线性非齐次方程的一个特解)

(2)二阶常系数线性齐次方程 $y''+py'+qy=0$ 的通解按"(二)二阶常系数线性齐次方程通解的计算"求出。

(3)当自由项 $f(x)=P_m(x)e^{\lambda x}$($P_m(x)$ 为某个多项式,乘指数函数 $e^{\lambda x}$)时,方程有形如 $y^*=x^k Q_m(x)e^{\lambda x}$ 的特解,其中 $Q_m(x)$ 与 $P_m(x)$ 为同次多项式,其系数待定,而 k 按 λ 不是特征方程的根、是特征方程的单根或是特征方程的重根,依次取为 0,1 或 2。

注:此内容不作重点,仅涉及个别题目。

【例 1-82】 求二阶线性齐次方程(1) $y''-y'-6y=0$;(2) $y''+9y=0$;(3) $y''+2y'+y=0$ 的通解。

解 (1) $r^2-r-6=0$
$$r_1=3, r_2=-2$$
$$y=C_1 e^{3x}+C_2 e^{-2x}$$

(2) $r^2+9=0$
$$r_1=\pm 3i$$
$$y=C_1\cos 3x+C_2\sin 3x$$

(3) $r^2+2r+1=0$
$$r=-1(\text{重根})$$
$$y=e^{-x}(C_1+C_2 x)$$

【例 1-83】 微分方程 $y''-4y'+3y=0$,$y|_{x=0}=6$,$y'|_{x=0}=10$,满足初始条件的特解:

A. $y=4e^x+e^{3x}$ B. $y=e^x+2e^{3x}$

C. $y=4e^x+2e^{3x}$ D. $y=2e^x+4e^{3x}$

解 方程的特征方程为 $r^2-4r+3=0$,解得 $r_1=1, r_2=3$
则通解为 $y=C_1 e^x+C_2 e^{3x}$
求导 $y'=C_1 e^x+3C_2 e^{3x}$
代入初始条件 $\begin{cases} C_1+C_2=6 \\ C_1+3C_2=10 \end{cases} \Rightarrow C_1=4, C_2=2$
方程的特解为 $y=4e^x+2e^{3x}$。

答案:C

【例 1-84】 已知函数 $y_1(x), y_2(x), y_3(x)$ 都是方程 $y''(x)+P_1(x)y'(x)+P_2(x)y(x)=Q(x)$(以下称方程①)的特解,其中 P_1, P_2, Q 为已知非零连续函数,且 $\dfrac{y_1-y_2}{y_2-y_3}\neq$ 常数,方程①的通解是:

A. $y=C_1 y_1+C_2 y_2+y_3$ B. $y=C_1 y_1+C_2(y_1-y_3)+y_2$

C. $y=C_1(y_2-y_3)+C_2 y_1+y_1$ D. $y=(C_1+1)y_1+(C_2-C_1)y_2-C_2 y_3$

(其中 C_1、C_2 为常数)

解 验证:y_1-y_2, y_2-y_3 是方程①对应的齐次方程的解,如将 y_1-y_2 代入方程,$(y_1''-y_2'')+P_1(y_1'-y_2')+P_2(y_1-y_2)=y_1''+P_1 y_1'+P_2 y_1-(y_2''+P_1 y_2'+P_2 y_2)=Q(x)-Q(x)=0$。
所以 y_1-y_2 是方程①对应齐次方程的解。

同样验证 y_2-y_3 也是方程①对应齐次方程的解。

而已知 $\dfrac{y_1-y_2}{y_2-y_3}\neq$ 常数，所以 y_1-y_2,y_2-y_3 是方程①对应齐次方程的两个线性无关的解。

可知方程①对应齐次方程的通解为：$y=C_1(y_1-y_2)+C_2(y_2-y_3)$

所示方程①的通解是：$y=C_1(y_1-y_2)+C_2(y_2-y_3)+y_1$

解整理得：$y=(C_1+1)y_1+(C_2-C_1)y_2-C_2y_3$

答案：D

习　题

1-73　判断下列一阶微分方程中可化为一阶线性方程的是(　　)。

　　A. $(5-2xy-y^2)dx-(x+y)^2dy=0$　　B. $(x^2+y^2)dx-xydy=0$

　　C. $(xe^y-2y)dy+e^{-y}dx=0$　　D. $dy-e^xdx=-2xydx$

1-74　微分方程 $y'=\dfrac{x}{y}+\dfrac{y}{x},y|_{x=1}=2$ 的特解为(　　)。

　　A. $y^2=x^2(2+\ln x)$　　B. $y^2=4\ln x$

　　C. $y^2=2x^2(2+\ln x)$　　D. $y^2=x^2(4+\ln x)$

1-75　若方程 $y'+p(x)y=0$ 的一个特解为 $y=\cos 2x$，则该方程满足初始条件 $y|_{x=0}=2$ 的特解为(　　)。

　　A. $\cos 2x+2$　　B. $\cos 2x+1$

　　C. $2\cos x$　　D. $2\cos 2x$

1-76　设已知一阶线性方程 $\dfrac{dy}{dx}+p(x)y=q(x)$ 的两个解 $y_1(x),y_2(x)$，则该方程的通解为(　　)。

　　A. $C_1y_1(x)+C_2y_2(x)$　　B. $C_1y_1(x)+C_2[y_2(x)-y_1(x)]$

　　C. $y_1(x)+C[y_2(x)+y_1(x)]$　　D. $y_2(x)+C[y_2(x)-y_1(x)]$

1-77　微分方程 $(1+x^2)y''=2xy'$ 满足初始条件 $y|_{x=0}=1,y'|_{x=0}=3$ 的特解是(　　)。

　　A. x^3+3x+2　　B. $9x^3+3x+1$

　　C. x^3+3x+1　　D. $9x^3+3x+2$

1-78　下列函数中不是方程 $y''-2y'+y=0$ 的解的函数是(　　)。

　　A. x^2e^x　　B. e^x　　C. xe^x　　D. $(x+2)e^x$

1-79　已知 $r_1=3,r_2=-3$ 是方程 $y''+py'+qy=0$（p 和 q 是常数）的特征方程的两个根，则该微分方程是(　　)。

　　A. $y''+9y'=0$　　B. $y''-9y'=0$　　C. $y''+9y=0$　　D. $y''-9y=0$

1-80　微分方程 $\dfrac{d^2y}{dx^2}+2y=1$ 的通解是(　　)。

　　A. $\dfrac{1}{2}+C_1\cos\sqrt{2}x+C_2\sin\sqrt{2}x$　　B. $\dfrac{1}{2}+C_1e^{\sqrt{2}x}+C_2e^{-\sqrt{2}x}$

　　C. $C_1\cos\sqrt{2}x+C_2\sin\sqrt{2}x$　　D. $C_1e^{\sqrt{2}x}+C_2e^{-\sqrt{2}x}$

第八节 线 性 代 数

一、行列式及其计算

在 n 阶行列式

$$D_n = \begin{vmatrix} a_{11} & a_{12} & \cdots & a_{1n} \\ \vdots & \vdots & & \vdots \\ a_{n1} & a_{n2} & \cdots & a_{nn} \end{vmatrix} \tag{1-123}$$

中，a_{ij} 称为第 i 行第 j 列的元素。对于二阶、三阶行列式在中学阶段大家就已知道

$$D_2 = \begin{vmatrix} a_{11} & a_{12} \\ a_{21} & a_{22} \end{vmatrix} = a_{11}a_{22} - a_{12}a_{21}$$

$$D_3 = \begin{vmatrix} a_{11} & a_{12} & a_{13} \\ a_{21} & a_{22} & a_{23} \\ a_{31} & a_{32} & a_{33} \end{vmatrix}$$

$$= a_{11}a_{22}a_{33} + a_{12}a_{23}a_{31} + a_{13}a_{21}a_{32} - a_{13}a_{22}a_{31} - a_{11}a_{23}a_{32} - a_{12}a_{21}a_{33}$$

(一) n 阶行列式的计算

余子式：行列式中元素 a_{ij} 的余子式是将行列式中 a_{ij} 所在的行与列划去，剩下的元素按原顺序排成的低一阶行列式，叫做元素 a_{ij} 的余子式，记作 M_{ij}。

代数余子式：行列式中元素 a_{ij} 的代数余子式为 $(-1)^{i+j}M_{ij}$，可记作 A_{ij}，即 $A_{ij} = (-1)^{i+j}M_{ij}$。

拉普拉斯展开定理[又称行列式按行(列)展开定理]及推论如下。

定理：n 阶行列式

$$D = \begin{vmatrix} a_{11} & a_{12} & \cdots & a_{1n} \\ a_{21} & a_{22} & \cdots & a_{2n} \\ \vdots & \vdots & & \vdots \\ a_{n1} & a_{n2} & \cdots & a_{nn} \end{vmatrix}$$

的值等于它的任意一行(列)的各元素与其对应代数余子式的乘积的和。

即
$$D = a_{i1}A_{i1} + a_{i2}A_{i2} + \cdots + a_{in}A_{in} \quad (i = 1, 2, \cdots, n)$$
$$D = a_{1j}A_{1j} + a_{2j}A_{2j} + \cdots + a_{nj}A_{nj} \quad (j = 1, 2, \cdots, n)$$

推论：n 阶行列式 D 的某一行(列)的各元素与另一行(列)对应的代数余子式的乘积之和等于零。

即
$$a_{i1}A_{j1} + a_{i2}A_{j2} + \cdots + a_{in}A_{jn} = 0 \quad [i \neq j \ (i, j = 1, 2, \cdots, n)]$$
$$a_{1i}A_{1j} + a_{2i}A_{2j} + \cdots + a_{ni}A_{nj} = 0 \quad [i \neq j \ (i, j = 1, 2, \cdots, n)]$$

(二) 行列式的主要性质

(1) 行列式与它的转置行列式相等。

(2) 对换行列式的任意两行(列)，行列式仅改变符号。

(3) 行列式的任一行(列)的所有元素同乘以数 k，等于该行列式乘以数 k。

(4) 行列式中如果有两行(列)元素成比例，则行列式为零。

(5) 若行列式某一行(列)的各元素是两个数之和，则该行列式等于按此行(列)分成的两个

相应行列式的和。

例如 $\begin{vmatrix} a_{11}+a'_{11} & a_{12}+a'_{12} \\ a_{21} & a_{22} \end{vmatrix} = \begin{vmatrix} a_{11} & a_{12} \\ a_{21} & a_{22} \end{vmatrix} + \begin{vmatrix} a'_{11} & a'_{12} \\ a_{21} & a_{22} \end{vmatrix}$

(6)将行列式的某一行(列)的各元素同乘以一个数后加到另一行(列)对应元素上,行列式值不变。

行列式的计算重点,放在会利用行列式的性质和拉普拉斯展开定理计算三、四阶行列式和简单的高阶行列式上。

【例 1-85】 解方程 $\begin{vmatrix} 1 & 1 & 1 & 1 \\ 1 & x & 2 & 2 \\ 2 & 2 & x & 3 \\ 3 & 3 & 3 & x \end{vmatrix} = 0$。

解 由于 $\begin{vmatrix} 1 & 1 & 1 & 1 \\ 1 & x & 2 & 2 \\ 2 & 2 & x & 3 \\ 3 & 3 & 3 & x \end{vmatrix} \xrightarrow[\substack{-2r_1+r_3 \\ -3r_1+r_4}]{-r_1+r_2} \begin{vmatrix} 1 & 1 & 1 & 1 \\ 0 & x-1 & 1 & 1 \\ 0 & 0 & x-2 & 1 \\ 0 & 0 & 0 & x-3 \end{vmatrix} = (x-1)(x-2)(x-3)$

所以方程解为 $x=1, x=2, x=3$

【例 1-86】 计算行列式 $D = \begin{vmatrix} 0 & 3 & 0 & 1 \\ a & d & e & f \\ 0 & 1 & b & 2 \\ 0 & 0 & 0 & c \end{vmatrix}$。

解 按第一行展开,得

$$D = (-1)^{1+2} 3 \begin{vmatrix} a & e & f \\ 0 & b & 2 \\ 0 & 0 & c \end{vmatrix} + (-1)^{1+4} \begin{vmatrix} a & d & e \\ 0 & 1 & b \\ 0 & 0 & 0 \end{vmatrix} = -3abc$$

或按第一列展开

$$D = (-1)^{2+1} a \begin{vmatrix} 3 & 0 & 1 \\ 1 & b & 2 \\ 0 & 0 & c \end{vmatrix} = -ac \begin{vmatrix} 3 & 0 \\ 1 & b \end{vmatrix} = -3abc$$

二、矩阵及其运算

(一)矩阵的概念

由 $m \times n$ 个数 $a_{ij}(i=1,2,\cdots,m; j=1,2,\cdots,n)$ 排成 m 行 n 列的数表

$$\boldsymbol{A}_{m \times n} = \begin{bmatrix} a_{11} & a_{12} & \cdots & a_{1n} \\ a_{21} & a_{22} & \cdots & a_{2n} \\ \vdots & \vdots & & \vdots \\ a_{m1} & a_{m2} & \cdots & a_{mn} \end{bmatrix} \tag{1-124}$$

叫做 m 行 n 列矩阵,这 $m \times n$ 个数叫做矩阵 $\boldsymbol{A}$ 的元素,a_{ij} 叫做矩阵 $\boldsymbol{A}$ 的第 i 行第 j 列元素。

若 $m=n$,则 $\boldsymbol{A}$ 为 n 阶方阵。

只有一行的矩阵称为行矩阵(或行向量),只有一列的矩阵称为列矩阵(或列向量)。

元素都是零的矩阵称为零矩阵,记作 **0**。

(二)矩阵的运算

1. 矩阵相等

如果两个 $m \times n$ 阶矩阵 $\boldsymbol{A} = (a_{ij})$,$\boldsymbol{B} = (b_{ij})$ 的对应元素相等,即

$$a_{ij} = b_{ij} \quad (i=1,2,\cdots,m;j=1,2,\cdots,n)$$

则称矩阵 **A** 与矩阵 **B** 相等,记作 **A=B**。

2. 矩阵的运算

$$\boldsymbol{A} \pm \boldsymbol{B} = \begin{bmatrix} a_{11} \pm b_{11} & \cdots & a_{1n} \pm b_{1n} \\ a_{21} \pm b_{21} & \cdots & a_{2n} \pm b_{2n} \\ \vdots & & \vdots \\ a_{m1} \pm b_{m1} & \cdots & a_{mn} \pm b_{mn} \end{bmatrix}$$

设 λ 为任意常数

$$\lambda \boldsymbol{A} = \begin{bmatrix} \lambda a_{11} & \cdots & \lambda a_{1n} \\ \lambda a_{21} & \cdots & \lambda a_{2n} \\ \vdots & & \vdots \\ \lambda a_{mn} & \cdots & \lambda a_{mn} \end{bmatrix}$$

$$\boldsymbol{A}_{m \times n} \boldsymbol{B}_{n \times p} = \begin{bmatrix} a_{11} & \cdots & a_{1n} \\ a_{21} & \cdots & a_{2n} \\ \vdots & & \vdots \\ a_{m1} & \cdots & a_{mn} \end{bmatrix} \begin{bmatrix} b_{11} & \cdots & b_{1p} \\ b_{21} & \cdots & b_{2p} \\ \vdots & & \vdots \\ b_{n1} & \cdots & b_{np} \end{bmatrix} = \begin{bmatrix} c_{11} & \cdots & c_{1p} \\ c_{21} & \cdots & c_{2p} \\ \vdots & & \vdots \\ c_{m1} & \cdots & c_{mp} \end{bmatrix} = \boldsymbol{C}_{m \times p}$$

其中 $C_{ij} = a_{i1}b_{1j} + a_{i2}b_{2j} + \cdots + a_{in}b_{nj} (i=1,2,\cdots,m;j=1,2,\cdots,p)$。

矩阵相乘时,必须满足左矩阵列数与右矩阵行数相同时才能相乘。

另外要注意,数乘矩阵的运算是用这个数乘矩阵的每一个元素,与数乘行列式运算不同,应特别注意它们的区别。

矩阵运算有下列性质:

(1)加法运算性质

设 **A**、**B**、**C** 均为 $m \times n$ 阶矩阵,则

A+B=B+A

A+B+C=(A+B)+C=A+(B+C)

(2)数与矩阵相乘的运算性质(设 **A**、**B** 均为 $m \times n$ 阶矩阵,λ、μ 为常数)

$\lambda(\boldsymbol{A}+\boldsymbol{B}) = \lambda\boldsymbol{A} + \lambda\boldsymbol{B}$

$(\lambda+\mu)\boldsymbol{A} = \lambda\boldsymbol{A} + \mu\boldsymbol{A}$

$(\lambda\mu)\boldsymbol{A} = \lambda(\mu\boldsymbol{A})$

(3)矩阵乘法运算性质(假设运算均是可行的)

$(\boldsymbol{AB})\boldsymbol{C} = \boldsymbol{A}(\boldsymbol{BC})$

$\boldsymbol{A}(\boldsymbol{B}+\boldsymbol{C}) = \boldsymbol{AB} + \boldsymbol{AC}$

$(\boldsymbol{B}+\boldsymbol{C})\boldsymbol{A} = \boldsymbol{BA} + \boldsymbol{CA}$

$\lambda(\boldsymbol{AB}) = (\lambda\boldsymbol{A})\boldsymbol{B} = \boldsymbol{A}(\lambda\boldsymbol{B})$($\lambda$ 为常数)

对矩阵的运算还需要注意以下几点:

①矩阵的乘法不满足交换律即 $\boldsymbol{AB} \neq \boldsymbol{BA}$

②矩阵乘法运算不满足消去律即 $AB = AC$，且 $A \neq 0$，不能推出 $B = C$，只有当方阵 A 可逆时，该结论才能成立。

③矩阵 $AB = 0$ 不一定能推出 $A = 0$ 或 $B = 0$。例如 $\begin{bmatrix} 1 & 1 \\ -1 & -1 \end{bmatrix} \begin{bmatrix} -1 & -1 \\ 1 & 1 \end{bmatrix} = \begin{bmatrix} 0 & 0 \\ 0 & 0 \end{bmatrix}$。

④由 $A^2 = A$ 不一定能推出 $A = 0$ 或 $A = E$，仅当方阵 A 可逆时 $A = E$；仅当 $A - E$ 可逆时，$A = 0$。

⑤由 $A^2 = 0$，不一定能推出 $A = 0$。例 $A = \begin{bmatrix} 1 & -1 \\ 1 & -1 \end{bmatrix}$，$A^2 = \begin{bmatrix} 1 & -1 \\ 1 & -1 \end{bmatrix} \begin{bmatrix} 1 & -1 \\ 1 & -1 \end{bmatrix} = \begin{bmatrix} 0 & 0 \\ 0 & 0 \end{bmatrix}$。

(4) 矩阵幂的性质

设矩阵 A 是 n 阶方阵，A 可以连乘，k 个 A 相乘记作 A^k，叫 A 的 k 次幂。

矩阵的幂有性质：$A^k A^l = A^{k+l}$，$(A^k)^l = A^{kl}$。

设 A 是 n 阶方阵，$f(x) = a_n x^n + a_{n-1} x^{n-1} + \cdots + a_1 x + a_0$，是一个一元 n 次多项式，用 A 代替多项式中的 x，得到矩阵多项式 $f(A) = a_n A^n + a_{n-1} A^{n-1} + \cdots + a_1 A + a_0 E$，其中 E 是 n 阶单位矩阵，矩阵多项式仍是一个 n 阶方阵。

(5) 转置矩阵的定义和性质

转置矩阵的定义：把矩阵 A 的所有行换成相应的列所得的矩阵，称为矩阵 A 的转置矩阵，记作 A^T。

若
$$A = \begin{bmatrix} a_{11} & a_{12} & \cdots & a_{1n} \\ a_{21} & a_{22} & \cdots & a_{2n} \\ \vdots & \vdots & & \vdots \\ a_{m1} & a_{m2} & \cdots & a_{mn} \end{bmatrix}$$

则
$$A^T = \begin{bmatrix} a_{11} & a_{21} & \cdots & a_{m1} \\ a_{12} & a_{22} & \cdots & a_{m2} \\ \vdots & \vdots & & \vdots \\ a_{1n} & a_{2n} & \cdots & a_{mn} \end{bmatrix}$$

矩阵转置的性质：

$$(A^T)^T = A$$
$$(\lambda A)^T = \lambda A^T \ (\lambda \text{ 为常数})$$
$$(A + B)^T = A^T + B^T$$
$$(AB)^T = B^T A^T$$
$$(AB \cdots C)^T = C^T \cdots B^T A^T$$

(三) 单位矩阵、对角矩阵、三角矩阵

主对角线上的元素为 1，主对角线外的其他元素全为 0 的 n 阶方阵，称为 n 阶单位矩阵，记作 E。即 $E = \begin{bmatrix} 1 & & \\ & \ddots & \\ & & 1 \end{bmatrix}$。

除主对角线外，其他元素全部为零的方阵称为对角方阵，记作 Λ。例 $\Lambda = \begin{bmatrix} a_{11} & & 0 \\ & \ddots & \\ 0 & & a_{nn} \end{bmatrix}$。

矩阵

$$\begin{bmatrix} a_{11} & \cdots & a_{1n} \\ & \ddots & \vdots \\ 0 & & a_{nn} \end{bmatrix} \quad \begin{bmatrix} a_{11} & & 0 \\ \vdots & \ddots & \\ a_{n1} & \cdots & a_{nn} \end{bmatrix}$$

分别称为上三角矩阵和下三角矩阵。

(四)对称矩阵,反对称矩阵

若 n 阶方阵 A 满足 $A=A^T$,则称 A 为对称矩阵;若 n 阶方阵满足 $A=-A^T$,则称 A 为反对称矩阵。

(五)方阵的行列式

由 n 阶方阵 A 的元素按原次序组成的行列式叫做方阵 A 的行列式,记作 $|A|$ 或 $detA$。

方阵行列式性质:设 A、B 是两个 n 阶方阵,则:① $|A^T|=|A|$,$|kA|=k^n|A|$(k 为常数),$|AB|=|A||B|$,$|A^k|=|A|^k$(k 为正整数),$|A^{-1}|=\dfrac{1}{|A|}=|A|^{-1}$;② 设 A 为 m 阶矩阵,B 为 n 阶矩阵,则行列式 $\begin{vmatrix} A & 0 \\ 0 & B \end{vmatrix}=|A||B|$。

(六)奇异矩阵,非奇异矩阵

若 n 阶方阵 A,满足 $|A|\neq 0$,则称 A 为非奇异矩阵;如果 $|A|=0$,则称 A 为奇异矩阵。

(七)正交矩阵

若 A 为 n 阶方阵,如果 $A^TA=AA^T=E$,则称 A 为正交矩阵。

三、矩阵的秩及逆矩阵

(一)矩阵的秩

在 $m\times n$ 矩阵 A 中任取 k 行、k 列($k\leqslant \min\{m,n\}$),位于这些行列交叉处的元素构成一个 k 阶行列式,称为矩阵 A 的 k 阶子式。

矩阵 A 中不为零子式的最高阶数,称为矩阵 A 的秩,记为 $R(A)$。

如果矩阵 A 中至少有一个 k 阶子式不为零,而所有 $k+1$ 阶子式全为零,则 $R(A)=k$。

当 n 阶方阵 A 的秩 $R(A)=n$ 时,即 $detA\neq 0$,称方阵 A 为满秩的。

n 阶方阵 A 的秩 $R(A)=n$ 的充分必要条件是 $|A|\neq 0$。

(二)矩阵的初等变换、初等矩阵

1.矩阵的初等变换

(1)对调两行(对调 i、j 两行,记作 $r_i\leftrightarrow r_j$);

(2)以数 $k\neq 0$ 乘以某一行中所有元素(第 i 行乘 k 记作 $r_i\times k$);

(3)把某一行所有元素的 k 倍加到另一行对应元素上(第 j 行的 k 倍加到第 i 行上,记作 kr_j+r_i)。

以上是矩阵的初等行变换。

如果把其中的"行"换成"列",即得矩阵的初等列变换(其中记号"r"换成"c"即可)。

矩阵的初等行(列)变换,统称矩阵的初等变换。

初等变换不改变矩阵的秩。任何一个满秩方阵经过有限次行(列)变换后,必可化为单位矩阵。

2.初等矩阵

由单位矩阵 $E=\begin{bmatrix} 1 & 0 & 0 & \cdots & 0 \\ 0 & 1 & 0 & \cdots & 0 \\ 0 & 0 & 1 & \cdots & 0 \\ \vdots & \vdots & \vdots & & \vdots \\ 0 & 0 & 0 & \cdots & 1 \end{bmatrix}$ 经过一次初等变换得到的矩阵称为初等矩阵。

三种初等变换对应着三种初等矩阵。

(1) 对调两行或对调两列

交换 n 阶单位矩阵的第 i 行(列)和第 j 行(列)所得初等矩阵,可记作 $E(i,j)$。

$$E \xrightarrow[(c_i \leftrightarrow c_j)]{r_i \leftrightarrow r_j} E(i,j) = \begin{bmatrix} 1 & 0 & 0 & \cdots & 0 \\ 0 & 0 & 1 & \cdots & 0 \\ \vdots & \vdots & \vdots & & \vdots \\ 0 & 1 & 0 & \cdots & 0 \\ \vdots & \vdots & \vdots & & \vdots \\ 0 & 0 & 0 & \cdots & 1 \end{bmatrix} \begin{matrix} \\ i \\ \\ j \\ \\ \end{matrix}$$

(2) 以数 $k \neq 0$ 乘某行或某列

把 n 阶单位矩阵第 i 行(列)乘以一个非零常数 k 所得的初等矩阵可记作 $E[i(k)]$。

$$E \xrightarrow[(kc_i)]{kr_i} E[i(k)] = \begin{bmatrix} 1 & & & & & & \\ & \ddots & & & & & \\ & & 1 & & & & \\ & & & k & & & \\ & & & & 1 & & \\ & & & & & \ddots & \\ & & & & & & 1 \end{bmatrix} i$$

(3) 以数 k 乘某行(列)加到另一行(列)上去

把 n 阶单位矩阵的第 j 行(第 i 列)所有元素乘以 k,加到第 i 行(第 j 列)所得初等矩阵可记作 $E[i,j(k)]$。

$$E \xrightarrow[(c_j + kc_i)]{r_i + kr_j} E[i,j(k)] = \begin{bmatrix} 1 & & & & & \\ & \ddots & & & & \\ & & 1 & & k & \\ & & & \ddots & & \\ & & & & 1 & \\ & & & & & 1 \end{bmatrix} \begin{matrix} \\ \\ i \\ \\ j \\ \end{matrix}$$

矩阵的初等变换与初等矩阵有下面关系:矩阵左乘一个初等矩阵,相当于对矩阵作一次与初等矩阵相应的同类型的初等行变换;矩阵右乘一个初等矩阵,相当于对矩阵作了一次与初等矩阵同类型的初等列变换。

初等矩阵都是可逆的,其逆矩阵仍是初等矩阵,且有

$$[E(i,j)]^{-1} = E(i,j)$$

$$[E(i(k))]^{-1} = E[i(\frac{1}{k})]$$

$$[E(i,j(k))]^{-1} = E[i,j(-k)]$$

任何矩阵都可以通过矩阵的行初等变换化为阶梯形,即所有零行都在矩阵的底部,每个阶梯只有一行,每一个阶梯的第一个非零元素在这一行的左边,而这个非零元素所在的列下方的其他元素全为零。

如

$$\begin{bmatrix} 1 & -2 & -1 & 0 & 2 \\ 0 & 3 & 2 & 2 & -1 \\ 0 & 0 & 0 & -3 & 1 \\ 0 & 0 & 0 & 0 & 0 \end{bmatrix}$$

阶梯形中非零行向量的个数即为矩阵的秩,这样就可以利用初等行变换:①把满秩方阵化为单位矩阵;②求满秩矩阵 A 的逆矩阵 A^{-1};③利用初等行变换求矩阵 A 的秩。

利用初等行变换求矩阵的秩时,只需把矩阵化为阶梯形,非零行的个数即为矩阵的秩。

(三)等价矩阵的概念和性质,矩阵的标准形

如果矩阵 A 经有限次初等变换变成矩阵 B,就称矩阵 A 与 B 等价,记作 $A \cong B$。

矩阵之间的等价关系具有下列性质:

(1)反身性,$A \cong A$;

(2)对称性,若 $A \cong B$,则 $B \cong A$;

(3)传递性,若 $A \cong B, B \cong C$,则 $A \cong A$。

定义:形如 $\begin{bmatrix} E_r & \cdots & 0 \\ \cdots & \cdots & \cdots \\ 0 & \cdots & 0 \end{bmatrix}$ 的矩阵,称为矩阵的标准形,其中 $E_r = \begin{bmatrix} 1 & & \\ & 1 & \\ & & \ddots & \\ & & & 1 \end{bmatrix}$ 为 r 阶单位矩阵。

任何矩阵都可经过一系列的初等行、列变换化为标准形,而对矩阵进行的行或列的初等变换不改变矩阵的秩,所以最后得到的矩阵的标准形和原矩阵等价。

每个矩阵都有一个唯一的等价标准形;反之,有相同矩阵标准形的矩阵是等价的。

矩阵标准形中单位矩阵 E_r 的阶数又称为矩阵的秩,利用这个性质可以求出矩阵的秩。

方法1:利用矩阵的初等变换,将其化成标准形,得到的单位矩阵的阶数即为矩阵的秩。

方法2:通过矩阵的初等行变换,将其化为行阶梯形,非零行的行数就是矩阵的秩。

零矩阵的秩规定为零。

矩阵的秩 $R(A) \geq r$ 的充分必要条件:A 中有一个 r 阶子式不为零。

矩阵的秩 $R(A) \leq r$ 的充分必要条件:A 中所有 $r+1$ 阶子式全为零。

若 A 为 $m \times n$ 矩阵,则 A 的秩不会大于它的行或列数,即 $R(A) \leq \min\{m,n\}$。

对于矩阵的秩,常用到的性质有以下几个:

(1)$R(A) = R(A^T)$

(2)$R(A+B) \leq R(A) + R(B)$

(3)$R(AB) \leq \min[R(A), R(B)]$

(4)若 $AB = 0$,则 $R(A) + R(B) \leq n$,其中 A 为 $m \times n$ 矩阵,B 为 $n \times s$ 矩阵。

(5)若 $A \neq 0$,则 $R(A) > 0$

(6)若 A 可逆,则 $R(AB) = R(B)$,若 B 可逆,则 $R(AB) = R(A)$

(7)若 $A + B = kE(k \neq 0)$,则 $R(A) + R(B) \geq n$,(其中 A, B 为 n 阶方阵)。

(四)逆矩阵

1.定义

设 A 为 n 阶方阵,若存在 n 阶方阵 B,使

$$AB=BA=E$$

则称 A 是可逆矩阵,并称 B 为 A 的逆矩阵,记作 $A^{-1}=B$。

可逆矩阵一定是方阵,并且它的逆矩阵也为同阶方阵。如果 B 是 A 的逆矩阵,那么 B 也是可逆矩阵,并且 A 是 B 的逆矩阵。

由正交矩阵的定义,若 A 为正交矩阵,满足 $A^{\mathrm{T}}A=AA^{\mathrm{T}}=E$,可推出,$A^{-1}=A^{\mathrm{T}}$,即正交矩阵的逆矩阵为其转置矩阵。

设 A 为 n 阶方阵

$$A=\begin{bmatrix} a_{11} & a_{12} & \cdots & a_{1n} \\ a_{21} & a_{22} & \cdots & a_{2n} \\ \vdots & \vdots & & \vdots \\ a_{n1} & a_{n2} & \cdots & a_{nn} \end{bmatrix}$$

A_{ij} 是方阵的行列式 $|A|$ 中元素 a_{ij} 的代数余子式,则称矩阵 $A^{*}=\begin{bmatrix} A_{11} & A_{21} & \cdots & A_{n1} \\ A_{12} & A_{22} & \cdots & A_{n2} \\ \vdots & \vdots & & \vdots \\ A_{1n} & A_{2n} & \cdots & A_{nn} \end{bmatrix}$ 为矩阵 A 的伴随矩阵。

2.伴随矩阵的性质

(1) $AA^{*}=A^{*}A=|A|E$。

(2) 设 A 为 n 阶方阵,则 $|A^{*}|=|A|^{n-1}$。

(3) 若 A 可逆,则 $A^{*}=|A|A^{-1}$,$(A^{*})^{-1}=A/|A|$,$(A^{-1})^{*}=(A^{*})^{-1}$。

(4) 设 A、B 为 n 阶方阵,则 $(kA)^{*}=k^{n-1}A^{*}$,$(A^{k})^{*}=(A^{*})^{k}$

$$(A^{*})^{*}=|A|^{n-2}A, (AB)^{*}=B^{*}A^{*}$$

方阵 A 的逆矩阵 A^{-1} 存在的充要条件是 A 为非奇异方阵。

方阵 A 的逆矩阵 A^{-1} 若存在,则必唯一。

3.方阵的逆矩阵满足运算律

(1) 若 A 可逆,则 A^{-1} 亦可逆,且 $(A^{-1})^{-1}=A$。

(2) 若 A 可逆,数 $\lambda\neq 0$ 则 λA 可逆,且 $(\lambda A)^{-1}=\dfrac{1}{\lambda}A^{-1}$。

(3) 若 A、B 为同阶方阵且均可逆,则 AB 亦可逆,且 $(AB)^{-1}=B^{-1}A^{-1}$。

(4) 若 A 可逆,则 A^{T} 亦可逆,且 $(A^{\mathrm{T}})^{-1}=(A^{-1})^{\mathrm{T}}$。

(5) $|A^{-1}|=\dfrac{1}{|A|}$。

(6) $\begin{bmatrix} A & \\ & B \end{bmatrix}^{-1}=\begin{bmatrix} A^{-1} & 0 \\ 0 & B^{-1} \end{bmatrix}$,$\begin{bmatrix} 0 & A \\ B & 0 \end{bmatrix}^{-1}=\begin{bmatrix} 0 & B^{-1} \\ A^{-1} & 0 \end{bmatrix}$。其中 A、B 为可逆矩阵。

4.求逆矩阵的方法

(1) 初等变换法

设 A 为非奇异的 n 阶方阵,取一 n 阶单位矩阵 E 构成下面的矩阵

$$(A|E)=\begin{bmatrix} a_{11} & \cdots & a_{1n} & 1 & \cdots & 0 \\ a_{21} & \cdots & a_{2n} & 0 & \cdots & 0 \\ \vdots & & \vdots & \vdots & & \vdots \\ a_{n1} & \cdots & a_{nn} & 0 & \cdots & 1 \end{bmatrix}$$

对 $(A|E)$ 进行"初等行变换"(即对 A 和 E 同时进行相同的行变换),当 $(A|E)$ 中的 A 变成 E 时,E 便化为 A^{-1}

$$(A|E) \xrightarrow{\text{初等行变换}} (E|A^{-1})$$

(2) 用伴随矩阵求逆矩阵

设 A 为非奇异矩阵,A 的伴随矩阵为 A^*,即

$$A^* = \begin{bmatrix} A_{11} & A_{21} & \cdots & A_{n1} \\ A_{12} & A_{22} & \cdots & A_{n2} \\ \vdots & \vdots & & \vdots \\ A_{1n} & A_{2n} & \cdots & A_{nn} \end{bmatrix} \tag{1-125}$$

则 A 的逆阵

$$A^{-1} = \frac{A^*}{|A|}$$

【例 1-87】 设 $A = \begin{bmatrix} 2 & 5 \\ 1 & 3 \end{bmatrix}$,$B = \begin{bmatrix} 4 & -6 \\ 2 & 1 \end{bmatrix}$,求解矩阵方程 $AZ = B$。

解 方程两边左乘 A^{-1},得 $Z = A^{-1}B$

$$A^{-1} = \frac{1}{|A|}A^* = \frac{1}{6-5}\begin{bmatrix} 3 & -5 \\ -1 & 2 \end{bmatrix} = \begin{bmatrix} 3 & -5 \\ -1 & 2 \end{bmatrix}$$

所以

$$Z = \begin{bmatrix} 3 & -5 \\ -1 & 2 \end{bmatrix}\begin{bmatrix} 4 & -6 \\ 2 & 1 \end{bmatrix} = \begin{bmatrix} 2 & -23 \\ 0 & 8 \end{bmatrix}$$

【例 1-88】 已知矩阵 $A = \begin{bmatrix} 1 & 2 & -1 \\ 3 & 4 & -2 \\ 5 & -4 & 1 \end{bmatrix}$,则 A^{-1} 为:

A. $\begin{bmatrix} -4 & 2 & 0 \\ -13 & 6 & -1 \\ -32 & 14 & -2 \end{bmatrix}$
B. $\begin{bmatrix} -4 & -13 & -32 \\ 2 & 6 & 14 \\ 0 & -1 & -2 \end{bmatrix}$

C. $\begin{bmatrix} -2 & 1 & 0 \\ -13 & 3 & -\frac{1}{2} \\ -16 & 7 & -1 \end{bmatrix}$
D. $\begin{bmatrix} -2 & 1 & 0 \\ -\frac{13}{2} & 3 & -\frac{1}{2} \\ -16 & 7 & -1 \end{bmatrix}$

解 方法 1:$A^{-1} = \frac{1}{|A|}A^*$

$$|A| = \begin{vmatrix} 1 & 2 & -1 \\ 3 & 4 & -2 \\ 5 & -4 & 1 \end{vmatrix} = \begin{vmatrix} 1 & 2 & -1 \\ 0 & -2 & 1 \\ 0 & -14 & 6 \end{vmatrix} = 2 \neq 0$$

$$A^* = \begin{bmatrix} -4 & -13 & -32 \\ 2 & 6 & 14 \\ 0 & -1 & -2 \end{bmatrix}^T = \begin{bmatrix} -4 & 2 & 0 \\ -13 & 6 & -1 \\ -32 & 14 & -2 \end{bmatrix}$$

$$A^{-1} = \frac{1}{2}A^* = \begin{bmatrix} -2 & 1 & 0 \\ -\frac{13}{2} & 3 & -\frac{1}{2} \\ -16 & 7 & -1 \end{bmatrix}$$

方法 2：$(A \mid E) = \begin{bmatrix} 1 & 2 & -1 & 1 & 0 & 0 \\ 3 & 4 & -2 & 0 & 1 & 0 \\ 5 & -4 & 1 & 0 & 0 & 1 \end{bmatrix} \rightarrow \begin{bmatrix} 1 & 2 & -1 & 1 & 0 & 0 \\ 0 & -2 & 1 & -3 & 1 & 0 \\ 0 & -14 & 6 & -5 & 0 & 1 \end{bmatrix} \rightarrow$

$\begin{bmatrix} 1 & 2 & -1 & 1 & 0 & 0 \\ 0 & 1 & -\frac{1}{2} & \frac{3}{2} & -\frac{1}{2} & 0 \\ 0 & -14 & 6 & -5 & 0 & 1 \end{bmatrix} \rightarrow \begin{bmatrix} 1 & 0 & 0 & -2 & 1 & 0 \\ 0 & 1 & -\frac{1}{2} & \frac{3}{2} & -\frac{1}{2} & 0 \\ 0 & 0 & -1 & 16 & -7 & 1 \end{bmatrix} \rightarrow \begin{bmatrix} 1 & 0 & 0 & -2 & 1 & 0 \\ 0 & 1 & 0 & -\frac{13}{2} & 3 & -\frac{1}{2} \\ 0 & 0 & 1 & -16 & 7 & -1 \end{bmatrix}$

$A^{-1} = \begin{bmatrix} -2 & 1 & 0 \\ -\frac{13}{2} & 3 & -\frac{1}{2} \\ -16 & 7 & -1 \end{bmatrix}$

方法 3：可利用题中已知的矩阵 A 分别与答案中给出的矩阵作乘积；乘积后若得到单位矩阵即为所求。如 A 乘选项 D 的矩阵得 E，那么选项 D 为 A 的逆矩阵。方法 3 一般来说是比较适用的方法。

答案：D

【例 1-89】 已知矩阵 $A = \begin{bmatrix} 1 & 2 & -1 \\ 3 & 4 & -2 \\ 5 & -4 & 1 \end{bmatrix}$，且 $A^2 - AB = E$，则矩阵 B 为：

A. $\begin{bmatrix} 3 & 1 & -1 \\ \frac{19}{2} & 1 & -\frac{3}{2} \\ 21 & -11 & 2 \end{bmatrix}$ B. $\begin{bmatrix} 3 & 1 & -1 \\ 4 & \frac{3}{2} & -3 \\ 21 & -11 & 2 \end{bmatrix}$

C. $\begin{bmatrix} 2 & 1 & -1 \\ \frac{19}{2} & 1 & -\frac{3}{2} \\ 21 & -11 & 2 \end{bmatrix}$ D. $\begin{bmatrix} 3 & 1 & -1 \\ \frac{19}{2} & 1 & -\frac{3}{2} \\ 12 & -11 & 2 \end{bmatrix}$

解 由上例可知 $|A| \neq 0$，A 可逆

$$A^{-1} = \begin{bmatrix} -2 & 1 & 0 \\ -\frac{13}{2} & 3 & -\frac{1}{2} \\ -16 & 7 & -1 \end{bmatrix}$$

已知 $A^2 - AB = E$，$A(A - B) = E$

两边左乘 A^{-1}，即 $A^{-1}A(A - B) = A^{-1}E$，$A - B = A^{-1}$

$B = A - A^{-1} = \begin{bmatrix} 1 & 2 & -1 \\ 3 & 4 & -2 \\ 5 & -4 & 1 \end{bmatrix} - \begin{bmatrix} -2 & 1 & 0 \\ -\frac{13}{2} & 3 & -\frac{1}{2} \\ -16 & 7 & -1 \end{bmatrix}$

$= \begin{bmatrix} 3 & 1 & -1 \\ \frac{19}{2} & 1 & -\frac{3}{2} \\ 21 & -11 & 2 \end{bmatrix}$

答案：A

【例 1-90】 设 A,B 为三阶方阵,且行列式 $|A|=-\dfrac{1}{2}$,$|B|=2$,A^* 是 A 的伴随矩阵,则行列式 $|2A^*B^{-1}|$ 等于:

    A. 1   B. -1 C. 2   D. -2

解 $|2A^*B^{-1}|=2^3|A^*B^{-1}|=2^3|A^*|\cdot|B^{-1}|$

$A^{-1}=\dfrac{1}{|A|}A^*,\ A^*=|A|\cdot A^{-1}$

$A\cdot A^{-1}=E,\ |A|\cdot|A^{-1}|=1,\ |A^{-1}|=\dfrac{1}{|A|}=\dfrac{1}{-\dfrac{1}{2}}=-2$

$|A^*|=||A|\cdot A^{-1}|=\left|-\dfrac{1}{2}A^{-1}\right|=\left(-\dfrac{1}{2}\right)^3|A^{-1}|=\left(-\dfrac{1}{2}\right)^3\times(-2)=\dfrac{1}{4}$

$B\cdot B^{-1}=E,\ |B|\cdot|B^{-1}|=1,\ |B^{-1}|=\dfrac{1}{|B|}=\dfrac{1}{2}$

因此,$|2A^*B^{-1}|=2^3\times\dfrac{1}{4}\times\dfrac{1}{2}=1$

答案: A

【例 1-91】 设 A、B 是 n 阶矩阵,且 $B\neq 0$,满足 $AB=0$,则以下选项中错误的是:

    A. $R(A)+R(B)\leqslant n$ B. $|A|=0$ 或 $|B|=0$

    C. $0\leqslant R(A)<n$ D. $A=0$

解 选 D。由矩阵乘法运算法则知,两个非零矩阵之积可以是零矩阵。所以由 $AB=0$,得 $A=0$ 是错误的。

选项 A、B、C 可由矩阵的秩的性质判定。

若 $AB=0$,则 $R(A)+R(B)\leqslant n$,选项 A 正确。

已知 $AB=0,|AB|=|0|,|A|\cdot|B|=0$,所以 $|A|=0$ 或 $|B|=0$,选项 B 正确。

另外,因 $AB=0$,所以 $R(A)+R(B)\leqslant n$ 成立,而 $B\neq 0$,所以 $1\leqslant R(B)\leqslant n$,$0\leqslant R(A)<n$,选项 C 正确。

【例 1-92】 已知矩阵 $A=\begin{bmatrix}1&0&0\\0&1&2\\0&2&4\end{bmatrix}$,则 A 的秩 $R(A)$ 等于:

    A. 0   B. 1   C. 2   D. 3

解 $A=\begin{bmatrix}1&0&0\\0&1&2\\0&2&4\end{bmatrix}\xrightarrow{(-2)r_2+r_3}\begin{bmatrix}1&0&0\\0&1&2\\0&0&0\end{bmatrix}$

非零行向量的个数为 2,所以 $R(A)=2$,选 C。

对于矩阵求秩这一类题目,都可以通过矩阵的初等行变换,把矩阵化为阶梯形,非零行的个数,即为矩阵的秩。

【例 1-93】 设 $A=\begin{bmatrix}1&-1&2\\2&1&1\\-1&1&-2\end{bmatrix}$,$B=\begin{bmatrix}2&a&1\\0&3&a\\0&0&-1\end{bmatrix}$,则秩 $R(AB-A)$ 等于:

    A. 1   B. 2   C. 3   D. 与 a 的取值有关

解 方法 1 $AB-A=AB-AE=A(B-E)$

$$= \begin{bmatrix} 1 & -1 & 2 \\ 2 & 1 & 1 \\ -1 & 1 & -2 \end{bmatrix} \begin{bmatrix} 1 & a & 1 \\ 0 & 2 & a \\ 0 & 0 & -2 \end{bmatrix}$$

$$= \begin{bmatrix} 1 & a-2 & -a-3 \\ 2 & 2a+2 & a \\ -1 & -a+2 & a+3 \end{bmatrix}$$

$$AB-A \xrightarrow[\text{行初等变换}]{r_1+r_3} \begin{bmatrix} 1 & a-2 & -a-3 \\ 2 & 2a+2 & a \\ 0 & 0 & 0 \end{bmatrix}$$

$$\xrightarrow[\text{行初等交换}]{-2r_1+r_2} \begin{bmatrix} 1 & a-2 & -a-3 \\ 0 & 6 & 3a+6 \\ 0 & 0 & 0 \end{bmatrix}$$

因 $\begin{vmatrix} 1 & a-2 \\ 0 & 6 \end{vmatrix} = 6 \neq 0, \begin{vmatrix} 1 & a-2 & -a-3 \\ 0 & 6 & 3a+6 \\ 0 & 0 & 0 \end{vmatrix} = 0$

所以秩为 2，即 $R(AB-A) = 2$

方法 2 $AB-A = A(B-E), R(AB-A) = R[A(B-E)]$ ①

利用矩阵秩的性质：若 A 可逆，则 $R(AB) = R(B)$

①式中 $B-E = \begin{bmatrix} 1 & a & 1 \\ 0 & 2 & a \\ 0 & 0 & -2 \end{bmatrix}, |B-E| = -4 \neq 0$

所以矩阵 $B-E$ 可逆

①式中 $R[A(B-E)] = R(A)$

而 $A = \begin{bmatrix} 1 & -1 & 2 \\ 2 & 1 & 1 \\ -1 & 1 & -2 \end{bmatrix} \rightarrow \begin{bmatrix} 1 & -1 & 2 \\ 0 & 3 & -3 \\ 0 & 0 & 0 \end{bmatrix}$

$R(A) = 2$

所以 $R(AB-A) = 2$

答案：B

四、向量组的线性相关性

(一) n 维向量

由 n 个数组成的有序数组 $(a_1, a_2, \cdots, a_n)$，称作一个 n 维向量，记作 $\boldsymbol{\alpha} = (a_1, a_2, \cdots, a_n)$，其中 a_i 称作 $\boldsymbol{\alpha}$ 的第 i 个坐标 $(i = 1, 2, \cdots, n)$。

设 $\boldsymbol{\alpha} = (a_1, a_2, \cdots, a_n), \boldsymbol{\beta} = (b_1, b_2, \cdots, b_n)$，当 $a_i = b_i (i = 1, 2, \cdots, n)$ 时，称 $\boldsymbol{\alpha}$ 与 $\boldsymbol{\beta}$ 相等，记作 $\boldsymbol{\alpha} = \boldsymbol{\beta}$。

称 $\boldsymbol{\alpha} = (a_1, a_2, \cdots, a_n)$ 为 n 维行向量，$\boldsymbol{\alpha}^T = \begin{bmatrix} a_1 \\ a_2 \\ \vdots \\ a_n \end{bmatrix}$ 为 n 维列向量。

分量全为 0 的向量称为零向量，记作 $\boldsymbol{0}$，即 $\boldsymbol{0} = (0, 0, \cdots, 0)$

向量 $\boldsymbol{\alpha}=(a_1,a_2,\cdots a_n)$ 的各分量的相反数所组成的向量,称为 $\boldsymbol{\alpha}$ 的负向量,记作 $-\boldsymbol{\alpha}$,即 $-\boldsymbol{\alpha}=(-a_1,-a_2,\cdots -a_n)$。

设 $\boldsymbol{\alpha}=(a_1,a_2,\cdots,a_n),\boldsymbol{\beta}=(b_1,b_2,\cdots,b_n)$。

向量加法定义:
$$\boldsymbol{\alpha}+\boldsymbol{\beta}=(a_1+b_1,a_2+b_2,\cdots,a_n+b_n)$$

向量减法定义:
$$\boldsymbol{\alpha}-\boldsymbol{\beta}=\boldsymbol{\alpha}+(-\boldsymbol{\beta})=(a_1-b_1,a_2-b_2,\cdots,a_n-b_n)$$

向量 $\boldsymbol{\alpha}$ 与数乘积定义:k 为任意实数,则 $k\boldsymbol{\alpha}=(ka_1,ka_2,\cdots,ka_n)$。

n 维向量的加法和数乘运算满足下面性质(设 $\boldsymbol{\alpha}$、$\boldsymbol{\beta}$、$\boldsymbol{\gamma}$ 表示 n 维向量,k、l 表示数量)。

(1) $\boldsymbol{\alpha}+\boldsymbol{\beta}=\boldsymbol{\beta}+\boldsymbol{\alpha}$;

(2) $(\boldsymbol{\alpha}+\boldsymbol{\beta})+\boldsymbol{\gamma}=\boldsymbol{\alpha}+(\boldsymbol{\beta}+\boldsymbol{\gamma})$;

(3) $\boldsymbol{\alpha}+\mathbf{0}=\boldsymbol{\alpha}$;

(4) $\boldsymbol{\alpha}+(-\boldsymbol{\alpha})=\mathbf{0}$;

(5) $k(\boldsymbol{\alpha}+\boldsymbol{\beta})=k\boldsymbol{\alpha}+k\boldsymbol{\beta}$;

(6) $(k+l)\boldsymbol{\alpha}=k\boldsymbol{\alpha}+l\boldsymbol{\alpha}$。

(二)向量的线性表示

设 $\boldsymbol{\alpha}_1,\boldsymbol{\alpha}_2,\cdots,\boldsymbol{\alpha}_s,\boldsymbol{\beta}$ 均为 n 维向量,若存在一组数 $k_1,k_2,\cdots,k_s$,使得 $\boldsymbol{\beta}=k_1\boldsymbol{\alpha}_1+k_2\boldsymbol{\alpha}_2+\cdots+k_s\boldsymbol{\alpha}_s$,则称向量 $\boldsymbol{\beta}$ 是向量组 $\boldsymbol{\alpha}_1,\boldsymbol{\alpha}_2,\cdots,\boldsymbol{\alpha}_s$ 的一个线性组合,也称向量 $\boldsymbol{\beta}$ 可由向量组 $\boldsymbol{\alpha}_1,\boldsymbol{\alpha}_2,\cdots,\boldsymbol{\alpha}_s$ 线性表示。

(三)向量组的线性相关性

对于 m 个 n 维向量 $\boldsymbol{\alpha}_1,\boldsymbol{\alpha}_2,\cdots,\boldsymbol{\alpha}_m$,若存在不全为零的 m 个数 $k_1,k_2,\cdots,k_m$,使得
$$k_1\boldsymbol{\alpha}_1+k_2\boldsymbol{\alpha}_2+\cdots+k_m\boldsymbol{\alpha}_m=\mathbf{0}$$

则称这 m 个向量线性相关;否则,称它们线性无关。

通过线性相关和线性无关的定义可推出:

(1)单独一个零向量,线性相关;

(2)含有零向量的向量组,线性相关;

(3)单独一个非零向量,线性无关;

(4)由 n 个标准单位向量 $\boldsymbol{\varepsilon}_1=(1,0,0,\cdots,0),\boldsymbol{\varepsilon}_2=(0,1,0,\cdots,0),\boldsymbol{\varepsilon}_n=(0,\cdots,0,1)$ 组成的向量组,线性无关。

判别向量组的线性相关性还有下面几个重要结论:

(1)若 $\boldsymbol{\alpha}_1,\boldsymbol{\alpha}_2,\cdots,\boldsymbol{\alpha}_s$ 线性无关,而 $\boldsymbol{\alpha}_1,\boldsymbol{\alpha}_2,\cdots,\boldsymbol{\alpha}_s,\boldsymbol{\beta}$ 线性相关,则 $\boldsymbol{\beta}$ 可由 $\boldsymbol{\alpha}_1,\boldsymbol{\alpha}_2,\cdots,\boldsymbol{\alpha}_s$ 线性表示,且表示法唯一。

(2)一个向量组中如果有一部分向量线性相关,那么这个向量组线性相关。

(3)如果一个向量组线性无关,那么它的任何一部分向量组也线性无关。

(4)如果向量组 $\boldsymbol{\alpha}_i=(a_{1i},a_{2i},a_{3i},\cdots,a_{ji}),i=1,2,\cdots,s$,线性无关,那么在每一个向量上添一个分量所得到的向量组 $\boldsymbol{\beta}_i=(a_{1i},a_{2i},a_{3i},\cdots,a_{ji},a_{(j+1)i}),i=1,2,\cdots,s$,也线性无关。

(5)$n+1$ 个 n 维向量 $\boldsymbol{\alpha}_i=(a_{i1},a_{i2},\cdots,a_{in}),i=1,2,\cdots,n,n+1$,一定线性相关。

(6)向量组 $\boldsymbol{\alpha}_1,\boldsymbol{\alpha}_2,\cdots,\boldsymbol{\alpha}_s(s\geq 2)$ 线性相关的充要条件,是其中至少有一个向量可由其余向量线性表示。

等价命题是向量组线性无关的充分必要条件,是向量组中任一向量都不能由其余向量线

性表示。

(7) n 个 n 维向量 $\boldsymbol{\alpha}_i = (a_{i1}, a_{i2}, \cdots, a_{in})$，$i=1,2,\cdots,n$，线性无关的充要条件是

$$\begin{vmatrix} a_{11} & a_{12} & \cdots & a_{1n} \\ \vdots & \vdots & & \vdots \\ a_{n1} & a_{n2} & \cdots & a_{nn} \end{vmatrix} \neq 0$$

(8) n 个 n 维向量 $\boldsymbol{\alpha}_i = (a_{i1}, a_{i2}, \cdots, a_{in})$，$i=1,2,\cdots,n$，线性相关的充要条件是

$$\begin{vmatrix} a_{11} & a_{12} & \cdots & a_{1n} \\ \vdots & \vdots & & \vdots \\ a_{n1} & a_{n2} & \cdots & a_{nn} \end{vmatrix} = 0$$

如果把 $m \times n$ 矩阵 $\boldsymbol{A}$ 看作是由 $\boldsymbol{A}$ 的列(行)向量组成，则其列(行)向量的相关性与矩阵 $\boldsymbol{A}$ 的秩之间有以下关系：

当 $\boldsymbol{A}$ 的列(行)向量个数 $n(m)$ 大于 $\boldsymbol{A}$ 的秩时，即

$$n > R(\boldsymbol{A}) \quad [m > R(\boldsymbol{A})]$$

则列(行)向量组线性相关；

当列(行)向量个数等于矩阵 $\boldsymbol{A}$ 的秩时，即

$$n = R(\boldsymbol{A}) \quad [m = R(\boldsymbol{A})]$$

则列(行)向量组线性无关。以上结论可以作为判别向量组线性相关性的有效方法。

(四) 最大线性无关组

定义 1，设有两个向量组，$\boldsymbol{A}:\boldsymbol{\alpha}_1,\boldsymbol{\alpha}_2,\cdots,\boldsymbol{\alpha}_s$，$\boldsymbol{B}:\boldsymbol{\beta}_1,\boldsymbol{\beta}_2,\cdots,\boldsymbol{\beta}_t$，如果向量组 $\boldsymbol{A}$ 中每个向量都能由向量组 $\boldsymbol{B}$ 线性表示，则称向量组 $\boldsymbol{A}$ 能由向量组 $\boldsymbol{B}$ 线性表示。

定义 2，如果向量组 $\boldsymbol{A}$ 能由向量组 $\boldsymbol{B}$ 线性表示，且向量组 $\boldsymbol{B}$ 也能由向量组 $\boldsymbol{A}$ 线性表示，则称两个向量组等价，记作 $\boldsymbol{A} \cong \boldsymbol{B}$。

向量组等价具有以下性质：

(1) 反身性：$\boldsymbol{A} \cong \boldsymbol{A}$。

(2) 对称性：若 $\boldsymbol{A} \cong \boldsymbol{B}$，则 $\boldsymbol{B} \cong \boldsymbol{A}$。

(3) 传递性：若 $\boldsymbol{A} \cong \boldsymbol{B}$，$\boldsymbol{B} \cong \boldsymbol{C}$，则 $\boldsymbol{A} \cong \boldsymbol{C}$。

最大线性无关组定义：设有向量组 $\boldsymbol{A}:\boldsymbol{\alpha}_1,\boldsymbol{\alpha}_2,\cdots,\boldsymbol{\alpha}_s$，而向量组 $\boldsymbol{B}:\boldsymbol{\alpha}_{i1},\boldsymbol{\alpha}_{i2},\cdots,\boldsymbol{\alpha}_{ir}(r \leqslant s)$ 是向量组 $\boldsymbol{A}$ 的一个部分向量组。如果：① 向量组 $\boldsymbol{B}$ 线性无关；② 向量组 $\boldsymbol{A}$ 中的每一个向量都可由向量组 $\boldsymbol{B}$ 线性表示。则称向量组 $\boldsymbol{B}$ 是向量组 $\boldsymbol{A}$ 的一个最大线性无关组。

由定义可知，向量组的一个最大线性无关组与向量组本身是等价的。

一般地，向量组的最大线性无关组不是唯一的。一个向量组的任意两个极大线性无关组可以互相线性表示，因此它们是等价的。根据定理两个等价的线性无关的向量组各自所含的向量的个数必定相等。因而一个向量组的最大线性无关向量组所含向量的个数是个不变数，它由向量组本身确定。

【例 1-94】 已知向量组 $\boldsymbol{\alpha}_1 = (3,2,-5)^T$，$\boldsymbol{\alpha}_2 = (3,-1,3)^T$，$\boldsymbol{\alpha}_3 = \left(1,-\dfrac{1}{3},1\right)^T$，$\boldsymbol{\alpha}_4 = (6,-2,6)^T$，则该向量组的一个极大线性无关组是：

  A. $\boldsymbol{\alpha}_2,\boldsymbol{\alpha}_4$ B. $\boldsymbol{\alpha}_3,\boldsymbol{\alpha}_4$ C. $\boldsymbol{\alpha}_1,\boldsymbol{\alpha}_2$ D. $\boldsymbol{\alpha}_2,\boldsymbol{\alpha}_3$

解 以 α_1、α_2、α_3、α_4 为列向量作矩阵 A

$$A = \begin{bmatrix} 3 & 3 & 1 & 6 \\ 2 & -1 & -\frac{1}{3} & -2 \\ -5 & 3 & 1 & 6 \end{bmatrix} \xrightarrow{-r_1+r_3} \begin{bmatrix} 3 & 3 & 1 & 6 \\ 2 & -1 & -\frac{1}{3} & -2 \\ -8 & 0 & 0 & 0 \end{bmatrix} \xrightarrow{-\frac{1}{8}r_3}$$

$$\begin{bmatrix} 3 & 3 & 1 & 6 \\ 2 & -1 & -\frac{1}{3} & -2 \\ 1 & 0 & 0 & 0 \end{bmatrix} \xrightarrow[(-2)r_3+r_2]{(-3)r_3+r_1} \begin{bmatrix} 0 & 3 & 1 & 6 \\ 0 & -1 & -\frac{1}{3} & -2 \\ 1 & 0 & 0 & 0 \end{bmatrix} \xrightarrow{3r_2+r_1} \begin{bmatrix} 0 & 0 & 0 & 0 \\ 0 & -1 & -\frac{1}{3} & -2 \\ 1 & 0 & 0 & 0 \end{bmatrix}$$

$$\xrightarrow{r_1 \leftrightarrow r_3} \begin{bmatrix} 1 & 0 & 0 & 0 \\ 0 & -1 & -\frac{1}{3} & -2 \\ 0 & 0 & 0 & 0 \end{bmatrix}$$

极大无关组为 α_1、α_2。

答案:C

【例 1-95】 设 $\alpha,\beta,\gamma,\delta$ 是 n 维向量,已知 α,β 线性无关,γ 可以由 α,β 线性表示,δ 不能由 α,β 线性表示,则以下选项中正确的是:

    A. $\alpha,\beta,\gamma,\delta$ 线性无关   B. α,β,γ 线性无关

    C. α,β,δ 线性相关   D. α,β,δ 线性无关

解 已知 α,β 线性无关,γ 可以由 α,β 线性表示,可推出 α,β,γ 线性相关,所以选项 B 错误。

由 α,β,γ 相关,推出 $\alpha,\beta,\gamma,\delta$ 也相关,所以选项 A 错误。

选项 C 可用反证法,证明它是错误的。设 α,β,δ 线性相关,已知 α,β 线性无关,而 α,β,δ 线性相关,由向量组线性相关性的重要结论,推出 δ 可由 α,β 线性表示,与已知条件矛盾,所以 α,β,δ 线性无关,从而选项 C 错误。

答案:D

(五)向量组的秩

定义:向量组的最大线性无关组中所含向量的个数,称为这个向量组的秩。

向量组的秩有两个重要性质:

(1)设向量组 A 的秩为 r_1,向量组 B 的秩为 r_2,若向量组(A)可以由向量组(B)线性表示,则 $r_1 \leqslant r_2$。若向量组 B 可以由向量组 A 线性表示,则 $r_2 \leqslant r_1$。

(2)等价向量组有相同的秩。

矩阵的行秩、列秩的定义:

设 A 是 $m \times n$ 矩阵,将矩阵的每个行看作行向量,矩阵的 m 个行向量构成一个向量组,该向量组的秩称为矩阵的行秩。

将矩阵的每个列看作列向量,矩阵的 n 个列向量构成一个向量组,该向量组的秩称为矩阵的列秩。

定理：矩阵的行秩＝矩阵的列秩＝矩阵的秩。

五、线性方程组

（一）齐次线性方程组

$$\begin{cases} a_{11}x_1 + a_{12}x_2 + \cdots + a_{1n}x_n = 0 \\ a_{21}x_1 + a_{22}x_2 + \cdots + a_{2n}x_n = 0 \\ \cdots\cdots \\ a_{m1}x_1 + a_{m2}x_2 + \cdots + a_{mn}x_n = 0 \end{cases} \tag{1-126}$$

可用矩阵表示为

$$Ax = 0$$

其中，A 为系数矩阵

$$A = \begin{bmatrix} a_{11} & a_{12} & \cdots & a_{1n} \\ a_{21} & a_{22} & \cdots & a_{2n} \\ \vdots & \vdots & & \vdots \\ a_{m1} & a_{m2} & \cdots & a_{mn} \end{bmatrix}; \quad x = \begin{bmatrix} x_1 \\ x_2 \\ \vdots \\ x_n \end{bmatrix}$$

若将 A 的第 j 列元素看作是向量 $\boldsymbol{\alpha}_j = \begin{bmatrix} a_{1j} \\ a_{2j} \\ \vdots \\ a_{mj} \end{bmatrix}$ $(j = 1, 2, \cdots, n)$，则方程组（1-126）可表示为

$$x_1\boldsymbol{\alpha}_1 + x_2\boldsymbol{\alpha}_2 + \cdots + x_n\boldsymbol{\alpha}_n = 0$$

若 $\boldsymbol{\beta}_1, \boldsymbol{\beta}_2, \cdots, \boldsymbol{\beta}_l$ 是齐次方程组（1-126）的 l 个解向量，并且：
(1) $\boldsymbol{\beta}_1, \boldsymbol{\beta}_2, \cdots, \boldsymbol{\beta}_l$ 线性无关；
(2) 方程组（1-126）的任意解向量都是 $\boldsymbol{\beta}_1, \boldsymbol{\beta}_2, \cdots, \boldsymbol{\beta}_l$ 的线性组合，则称 $\boldsymbol{\beta}_1, \boldsymbol{\beta}_2, \cdots, \boldsymbol{\beta}_l$ 是方程组（1-126）的基础解系。

方程组（1-126）的基础解系不唯一，但每个基础解系所含向量个数相同。

还有如下结论：

若 A 的秩 $R(A) = r$，则：①当 $r = n$ 时，方程组（1-126）只有零解。②当 $r < n$ 时，方程组（1-126）有无穷多解，这时基础解系含有 $n - r$ 个解向量。并可按下列方法求基础解系：

设 A 中的 r 阶子式

$$\begin{vmatrix} a_{11} & \cdots & a_{1r} \\ \vdots & & \vdots \\ a_{r1} & \cdots & a_{rr} \end{vmatrix} \neq 0$$

方程组（1-126）与下列方程组同解

$$\begin{cases} a_{11}x_1 + \cdots + a_{1r}x_r = -a_{1r+1}x_{r+1} - \cdots - a_{1n}x_n \\ \cdots\cdots \\ a_{r1}x_1 + \cdots + a_{rr}x_r = -a_{rr+1}x_{r+1} - \cdots - a_{rn}x_n \end{cases}$$

可以分别取

$$\begin{bmatrix} x_{r+1} \\ x_{r+2} \\ \vdots \\ x_n \end{bmatrix} = \begin{bmatrix} 1 \\ 0 \\ \vdots \\ 0 \end{bmatrix}, \begin{bmatrix} 0 \\ 1 \\ \vdots \\ 0 \end{bmatrix}, \cdots, \begin{bmatrix} 0 \\ 0 \\ \vdots \\ 1 \end{bmatrix}$$

$n-r$ 组数,由此可求得方程组的 $n-r$ 个解向量,即为方程组的基础解系。

若 $\xi_1,\xi_2,\cdots,\xi_i$ 是齐次方程组 $Ax=0$ 的一个基础解系,则齐次线性方程组 $Ax=0$ 的通解是 $x=k_1\xi_1+k_2\xi_2+\cdots+k_i\xi_i$,其中 $k_1,k_2,\cdots,k_i$ 是任意常数。

(二)非齐次线性方程组

$$\begin{cases} a_{11}x_1+a_{12}x_2+\cdots+a_{1n}x_n=b_1 \\ a_{21}x_1+a_{22}x_2+\cdots+a_{2n}x_n=b_2 \\ \cdots \\ a_{m1}x_1+a_{m2}x_2+\cdots+a_{mn}x_n=b_m \end{cases} \quad (1\text{-}127)$$

其中 $x_1,x_2,\cdots,x_n$ 表示 n 个未知量,m 是方程个数,a_{ij} 表示第 i 个方程中含 x_j 项的系数,$b_1,b_2,\cdots,b_m$,叫常数项。

当 $b_1,b_2,\cdots,b_m$ 不全为零时,称其为非齐次线性方程组。

用矩阵表示为

$$Ax=b \quad b=(b_1,b_2,\cdots,b_m)^T$$

或

$$x_1\alpha_1+x_2\alpha_2+\cdots+x_n\alpha_n=b \quad (1\text{-}128)$$

式中 A 为式(1-127)的系数矩阵,向量 $\alpha_j=(a_{1j},a_{2j},\cdots,a_{mj})^T$(其中,$j=1,2,\cdots,n$)。

若将一组数 $c_1,c_2,\cdots,c_n$ 代替未知量 $x_1,x_2,\cdots,x_n$,使方程组的 m 个等式都成立,就说 $(c_1,c_2,\cdots,c_n)$ 是方程组的一个解。方程组的全体解称为方程组的解集。解集相同的方程组称为同解方程组。

常用的非齐次线性方程组的解法有克莱姆法则和高斯消元法。

1. 克莱姆法则

设方程组① $\begin{cases} a_{11}x_1+a_{12}x_2+\cdots+a_{1n}x_n=b_1 \\ a_{21}x_1+a_{22}x_2+\cdots+a_{2n}x_n=b_2 \\ \cdots\cdots \\ a_{n1}x_1+a_{n2}x_2+\cdots+a_{nn}x_n=b_n \end{cases}$,用矩阵记为 $Ax=b$

若线性方程组①的系数行列式 $D=|A|\neq 0$,则该方程组有唯一解

$$x_j=\frac{D_j}{D}(j=1,2,\cdots,n)$$

其中 D_j 是将 D 中的第 j 列用方程组的常数列替换后得到的 n 阶行列式。

在变量个数较少且 $|A|\neq 0$ 时,可用克莱姆法则求解。

2. 高斯消元法

解方程组 $Ax=b$,最基本的方法是高斯消元法。把方程组写成增广矩阵,矩阵 $\tilde{A}=(A|b)$ 为式(1-127)的增广矩阵,并对增广矩阵作行的初等变换,得到和原方程同解方程组,再求解。

将增广矩阵 $\tilde{A}=(A|b)$ 施行矩阵的初等行变换化为行阶梯形。线性方程组(1-127)有解的充要条件,是系数矩阵 A 与增广矩阵 $\tilde{A}$ 的秩相等:$R(A)=R(\tilde{A})$。在有解的情况下,如果 $R(A)=$

$R(\widetilde{A})<n$,则方程组(1-127)有无穷多解。若 $R(A)=R(\widetilde{A})=n$,则方程组(1-127)有唯一解。具体解法如下

$$\widetilde{A}=(A\mid b)=\begin{bmatrix} a_{11} & a_{12} & \cdots & a_{1n} & b_1 \\ a_{21} & a_{22} & \cdots & a_{2n} & b_2 \\ \vdots & \vdots & & \vdots & \vdots \\ a_{m1} & a_{m2} & \cdots & a_{mn} & b_m \end{bmatrix} \xrightarrow[\text{化为行阶梯形}]{\text{初等行变换}} \begin{bmatrix} c_{11} & c_{12} & c_{1r} & c_{1n} & d_1 \\ & c_{22} & c_{2r} & c_{2n} & d_2 \\ & & \ddots & & \\ & & c_{rr} & c_{rn} & d_r \\ & & & & d_{r+1} \\ & & & & 0 \\ & & & & \vdots \\ & & & & 0 \end{bmatrix}$$

根据行阶梯形矩阵的性质,方程组的解有如下的结论

(1)若 $d_{r+1}\neq 0$,方程组无解。即 $R(A)\neq R(\widetilde{A})$ 无解。

(2)若 $d_{r+1}=0$,方程组有解。即 $R(A)=R(\widetilde{A})$,方程组有解。若 $R(A)=R(\widetilde{A})=r$,当 $r=n$ 时,方程组有唯一解;当 $r<n$ 时,方程组有无穷多解。

(三)线性方程组解的性质

1.线性齐次方程组

(1)设 ξ_1,ξ_2 均为齐次线性方程组 $Ax=0$ 的解,则 $\xi_1+\xi_2$ 也是方程组 $Ax=0$ 的解。

(2)设 ξ 为齐次线性方程组 $Ax=0$ 的解,则 $k\xi$(k 为任意常数)也是方程组 $Ax=0$ 的解。

(3)若 $\xi_1,\xi_2,\cdots,\xi_t$ 均为方程组 $Ax=0$ 的解($k_1,k_2,\cdots,k_t$ 为任意常数),则 $k_1\xi_1+k_2\xi_2+\cdots+k_t\xi_t$ 也是方程组 $Ax=0$ 的解。

(4)设 A 是 $m\times n$ 矩阵,且 $R(A)=r<n$,则齐次线性方程组 $Ax=0$ 的基础解系由 $n-r$ 个向量构成。

(5)设 $\xi_1,\xi_2,\cdots,\xi_{n-r}$ 为方程组 $Ax=0$ 的一组基础解系,则方程组的通解 $x=k_1\xi_1+k_2\xi_2+\cdots+k_{n-r}\xi_{n-r}$(其中 $k_1,k_2,\cdots,k_{n-r}$ 为任意常数)。

2.非齐次线性方程组

(1)若 y_1,y_2 是方程组 $Ax=b$ 的解,则 y_1-y_2 是对应齐次方程组 $Ax=0$ 的解。

(2)设 A 为 $m\times n$ 矩阵,且 $R(A\mid b)=R(A)=n$,则非齐次线性方程组 $Ax=b$ 有唯一解。

(3)若 y 是方程组 $Ax=b$ 的解,ξ 是 $Ax=0$ 的解,则 $y+\xi$ 是方程组 $Ax=b$ 的解。

(4)若 $Ax=b$,当 $R(A)=R(\widetilde{A})=r<n$ 时,有无穷多解,则其通解

$$x=y^*+k_1\xi_1+k_2\xi_2+\cdots+k_{n-r}\xi_{n-r}$$

其中 y^* 为非齐次方程组一个解,$\xi_1,\xi_2,\cdots,\xi_{n-r}$ 为 $Ax=0$ 的一组基础解系,$k_1,k_2,\cdots,k_{n-r}$ 为任意常数。

【例 1-96】 设方程组 $\begin{cases} x_1-x_2+6x_3=0 \\ 4x_2-8x_3=-4 \\ x_1+3x_2-2x_3=a \end{cases}$,问 a 取何值时,方程组有解?

解 $\widetilde{A}=\begin{bmatrix} 1 & -1 & 6 & 0 \\ 0 & 4 & -8 & -4 \\ 1 & 3 & -2 & a \end{bmatrix} \xrightarrow{-r_1+r_3} \begin{bmatrix} 1 & -1 & 6 & 0 \\ 0 & 4 & -8 & -4 \\ 0 & 4 & -8 & a \end{bmatrix} \xrightarrow{-r_2+r_3} \begin{bmatrix} 1 & -1 & 6 & 0 \\ 0 & 4 & -8 & -4 \\ 0 & 0 & 0 & a+4 \end{bmatrix}$

$a=-4$ 时,$R(A)=R(\widetilde{A})=2$,方程组有解。

【例 1-97】 求线性齐次方程组 $\begin{cases} x_1-x_2-x_3+x_4=0 \\ x_1-x_2+x_3-3x_4=0 \\ x_1-x_2-2x_3+3x_4=0 \end{cases}$ 的通解。

解 $A = \begin{bmatrix} 1 & -1 & -1 & 1 \\ 1 & -1 & 1 & -3 \\ 1 & -1 & -2 & 3 \end{bmatrix} \xrightarrow[-r_1+r_3]{-r_1+r_2} \begin{bmatrix} 1 & -1 & -1 & 1 \\ 0 & 0 & 2 & -4 \\ 0 & 0 & -1 & 2 \end{bmatrix} \rightarrow \begin{bmatrix} 1 & -1 & -1 & 1 \\ 0 & 0 & 1 & -2 \\ 0 & 0 & -1 & 2 \end{bmatrix} \rightarrow$

$\begin{bmatrix} 1 & -1 & -1 & 1 \\ 0 & 0 & 1 & -2 \\ 0 & 0 & 0 & 0 \end{bmatrix} \rightarrow \begin{bmatrix} 1 & -1 & 0 & -1 \\ 0 & 0 & 1 & -2 \\ 0 & 0 & 0 & 0 \end{bmatrix}$

同解方程组为 $\begin{cases} x_1 - x_2 - x_4 = 0 \\ x_3 - 2x_4 = 0 \end{cases}$, $\begin{cases} x_1 = x_2 + x_4 \\ x_3 = 2x_4 \end{cases}$

$\begin{bmatrix} x_2 \\ x_4 \end{bmatrix}$ 取 $\begin{bmatrix} 1 \\ 0 \end{bmatrix}$, $\begin{bmatrix} 0 \\ 1 \end{bmatrix}$

则 $\begin{bmatrix} x_1 \\ x_3 \end{bmatrix}$ 为 $\begin{bmatrix} 1 \\ 0 \end{bmatrix}$, $\begin{bmatrix} 1 \\ 2 \end{bmatrix}$。

基础解系 $\xi_1 = \begin{bmatrix} 1 \\ 1 \\ 0 \\ 0 \end{bmatrix}$, $\xi_2 = \begin{bmatrix} 1 \\ 0 \\ 2 \\ 1 \end{bmatrix}$

通解 $x = C_1 \begin{bmatrix} 1 \\ 1 \\ 0 \\ 0 \end{bmatrix} + C_2 \begin{bmatrix} 1 \\ 0 \\ 2 \\ 1 \end{bmatrix}$。（其中 C_1, C_2 为任意实数）

【例 1-98】 设非齐次线性方程组 $\begin{cases} x_1 - x_2 - x_3 + x_4 = 0 \\ x_1 - x_2 + x_3 - 3x_4 = 1 \\ x_1 - x_2 - 2x_3 + 3x_4 = -\frac{1}{2} \end{cases}$，求方程组通解。

解 $\widetilde{A} = \begin{bmatrix} 1 & -1 & -1 & 1 & 0 \\ 1 & -1 & 1 & -3 & 1 \\ 1 & -1 & -2 & 3 & -\frac{1}{2} \end{bmatrix} \xrightarrow[(-1)r_1+r_3]{(-1)r_1+r_2} \begin{bmatrix} 1 & -1 & -1 & 1 & 0 \\ 0 & 0 & 2 & -4 & 1 \\ 0 & 0 & -1 & 2 & -\frac{1}{2} \end{bmatrix}$

$\xrightarrow{\frac{1}{2}r_2} \begin{bmatrix} 1 & -1 & -1 & 1 & 0 \\ 0 & 0 & 1 & -2 & \frac{1}{2} \\ 0 & 0 & -1 & 2 & -\frac{1}{2} \end{bmatrix} \xrightarrow{1 \cdot r_2 + r_3} \begin{bmatrix} 1 & -1 & -1 & 1 & 0 \\ 0 & 0 & 1 & -2 & \frac{1}{2} \\ 0 & 0 & 0 & 0 & 0 \end{bmatrix}$

$\xrightarrow{1 \cdot r_2 + r_1} \begin{bmatrix} 1 & -1 & 0 & -1 & \frac{1}{2} \\ 0 & 0 & 1 & -2 & \frac{1}{2} \\ 0 & 0 & 0 & 0 & 0 \end{bmatrix}$

$R(A) = R(\widetilde{A}) = 2 < 4$，方程组有解且有无穷多组解。

同解方程组为 $\begin{cases} x_1 - x_2 - x_4 = \frac{1}{2} \\ x_3 - 2x_4 = \frac{1}{2} \end{cases}$

变形 $\begin{cases} x_1 = x_2 + x_4 + \dfrac{1}{2} \\ x_3 = 2x_4 + \dfrac{1}{2} \end{cases}$ (x_2, x_4 为自由未知量)

令 $x_2 = C_1, x_4 = C_2$

$$\begin{cases} x_1 = C_1 + C_2 + \dfrac{1}{2} \\ x_2 = C_1 \\ x_3 = 2C_2 + \dfrac{1}{2} \\ x_4 = C_2 \end{cases}$$

方程组通解 $\begin{bmatrix} x_1 \\ x_2 \\ x_3 \\ x_4 \end{bmatrix} = C_1 \begin{bmatrix} 1 \\ 1 \\ 0 \\ 0 \end{bmatrix} + C_2 \begin{bmatrix} 1 \\ 0 \\ 2 \\ 1 \end{bmatrix} + \begin{bmatrix} \dfrac{1}{2} \\ 0 \\ \dfrac{1}{2} \\ 0 \end{bmatrix}$

【例 1-99】 设 B 是 3 阶非零矩阵,已知 B 的每一列都是方程组 $\begin{cases} x_1 + 2x_2 - 2x_3 = 0 \\ 2x_1 - x_2 + tx_3 = 0 \\ 3x_1 + x_2 - x_3 = 0 \end{cases}$ 的解。

则 t 等于：

A. 0   B. 2   C. -1   D. 1

解 已知 B 是 3 阶非零矩阵,即在 B 中至少有一行或一列为非零向量。可知方程组应有非零解。因而方程组 $\begin{bmatrix} 1 & 2 & -2 \\ 2 & -1 & t \\ 3 & 1 & -1 \end{bmatrix} \begin{bmatrix} x_1 \\ x_2 \\ x_3 \end{bmatrix} = 0$ 中系数矩阵的行列式 $\begin{vmatrix} 1 & 2 & -2 \\ 2 & -1 & t \\ 3 & 1 & -1 \end{vmatrix} = 0$

由克莱姆法则知,齐次方程组 $\begin{cases} a_{11}x_1 + a_{12}x_2 + a_{13}x_3 = 0 \\ a_{21}x_1 + a_{22}x_2 + a_{23}x_3 = 0 \\ a_{31}x_1 + a_{32}x_2 + a_{33}x_3 = 0 \end{cases}$ 的系数行列式 $D \neq 0$ 时,它仅有零解。齐次方程组有非零解,则它的系数行列式 $D = 0$。

计算 $\begin{vmatrix} 1 & 2 & -2 \\ 2 & -1 & t \\ 3 & 1 & -1 \end{vmatrix} \xrightarrow[(-3)r_1 + r_3]{(-2)r_1 + r_2} \begin{vmatrix} 1 & 2 & -2 \\ 0 & -5 & 4+t \\ 0 & -5 & 5 \end{vmatrix} \xrightarrow{(-1)r_2 + r_3} \begin{vmatrix} 1 & 2 & -2 \\ 0 & -5 & 4+t \\ 0 & 0 & 1-t \end{vmatrix}$

$= -5(1-t) = 0 \Rightarrow t = 1$

答案: D

【例 1-100】 设 A 为矩阵, $\boldsymbol{\alpha}_1 = \begin{bmatrix} 1 \\ 0 \\ 2 \end{bmatrix}, \boldsymbol{\alpha}_2 = \begin{bmatrix} 0 \\ 1 \\ -1 \end{bmatrix}$ 都是线性方程组 $A\boldsymbol{x} = \boldsymbol{0}$ 的解,则矩阵 A 为：

A. $\begin{bmatrix} 0 & 1 & -1 \\ 4 & -2 & -2 \\ 0 & 1 & 1 \end{bmatrix}$ B. $\begin{bmatrix} 2 & 0 & -1 \\ 0 & 1 & 1 \end{bmatrix}$

C. $\begin{bmatrix} -1 & 0 & 2 \\ 0 & 1 & -1 \end{bmatrix}$ D. $(-2\ \ 1\ \ 1)$

解 方法1：本题可将矩阵各选项分别代入矩阵方程 $Ax=0$，得到对应的线性方程组。如选项A代入得到方程组 $\begin{cases} x_2-x_3=0 \\ 4x_1-2x_2-2x_3=0 \\ x_2+x_3=0 \end{cases}$。把 $\alpha_1=\begin{bmatrix}1\\0\\2\end{bmatrix}, \alpha_2=\begin{bmatrix}0\\1\\-1\end{bmatrix}$ 逐一代入方程组检验，满足方程组的即为所求矩阵，反之则不是。选项A不满足方程组，舍去。同样选项B、C也不成立。

选项D代入得到的方程组为 $(-2\ \ 1\ \ 1)\begin{bmatrix}x_1\\x_2\\x_3\end{bmatrix}=0$

即 $-2x_1+x_2+x_3=0, x_3=2x_1-x_2$

当 $x_1=1, x_2=0$ 时，$x_3=2$

当 $x_1=0, x_2=1$ 时，$x_3=-1$

解为 $\alpha_1=\begin{bmatrix}1\\0\\2\end{bmatrix}, \alpha_2=\begin{bmatrix}0\\1\\-1\end{bmatrix}$

方法2：已知 α_1、α_2 是方程组 $Ax=0$ 的解，而 α_1、α_2 线性无关，未知数个数是3，还可判定 α_1、α_2 为 $Ax=0$ 的一组基础解系，而 $Ax=0$ 中，有 n(未知量的个数)$-R(A)$(矩阵 A 的秩)=基础解系的个数，成立。

所以推出 $R(A)=3-2=1$。

答案：D

六、方阵的特征值与特征向量

(一)定义

对于 n 阶方阵 A，如果数 λ 和 n 维非零列向量 x 满足

$$Ax=\lambda x$$

则数 λ 称为方阵 A 的特征值，非零向量 x 称为方阵 A 对应特征值 λ 的特征向量。

上式可写成

$$(A-\lambda E)x=0 \quad \text{或} \quad (\lambda E-A)x=0$$

该齐次线性方程组有非零解的充要条件是系数行列式

$$|A-\lambda E|=0 \quad \text{或} \quad |\lambda E-A|=0 \tag{1-129}$$

即

$$\begin{vmatrix} a_{11}-\lambda & a_{12} & \cdots & a_{1n} \\ a_{21} & a_{22}-\lambda & \cdots & a_{2n} \\ \vdots & \vdots & & \vdots \\ a_{n1} & a_{n2} & \cdots & a_{nn}-\lambda \end{vmatrix}=0 \quad \text{或} \quad \begin{vmatrix} \lambda-a_{11} & -a_{12} & \cdots & -a_{1n} \\ -a_{21} & \lambda-a_{22} & \cdots & -a_{2n} \\ \cdots\cdots \\ -a_{n1} & -a_{n2} & \cdots & \lambda-a_{nn} \end{vmatrix}=0$$

上式是以 λ 为未知数的一元 n 次方程，叫做方阵 A 的特征方程。其左端是关于 λ 的 n 次多项式 $|\lambda E-A|$ 称作方阵 A 的特征多项式。特征方程 $|\lambda E-A|=0$ 的解，称为方阵 A 的特征值，且 n 次方程有 n 个特征值。

设 $\lambda = \lambda_i$ 为 A 的一个特征值,则由方程

$$(\lambda_i E - A)x = 0$$

可求得非零解 $x = P_i$,P_i 就是方阵 A 对应于特征值 λ_i 的特征向量。

(二)求 n 阶矩阵 A 的特征值与特征向量的步骤

(1)求 A 的特征方程 $\det(\lambda E - A) = 0$ 的全部根 $\lambda_1, \lambda_2, \cdots, \lambda_n$。

(2)将 $\lambda = \lambda_i (i = 1, 2, \cdots, n)$,分别代入 $(\lambda E - A)x = 0$,得齐次线性方程组 $(\lambda_i E - A)x = 0$。

(3)方程组 $(\lambda_i E - A)x = 0$ 的基础解系,就是 A 对应于 λ_i 的特征向量,基础解系的线性组合(**0** 除外)就是 A 对应于 $\lambda = \lambda_i$ 的全部特征向量。

若在计算特征值时,有 $\lambda = 0$,那么 $Ax = 0$ 的所有非零解向量,即为特征值 $\lambda = 0$ 对应的特征向量。

(三)特征值和特征向量的几个重要性质

(1)若线性无关的非零向量 x_1, x_2 都是矩阵 A 属于特征值 λ 的特征向量,对任意不全为零的数 k_1, k_2,向量 $k_1 x_1 + k_2 x_2$ 也是矩阵 A 的属于特征值 λ 的特征向量。

(2)方阵 A 的属于不同特征值的特征向量是线性无关的。

(3)如果 $\lambda_1, \lambda_2, \cdots, \lambda_m$ 是方阵 A 的 m 个特征值,向量 $x_1, x_2, \cdots, x_m$ 是依次与之对应的特征向量,如果 $\lambda_1, \lambda_2, \cdots, \lambda_m$ 是两两互不相同的,那么向量组 $x_1, x_2, \cdots, x_m$ 一定线性无关。

(4)如果 n 阶方阵 A 的全部特征值是 $\lambda_1, \lambda_2, \cdots, \lambda_n$,那么

①$\lambda_1 + \lambda_2 + \cdots + \lambda_n = a_{11} + a_{22} + \cdots + a_{nn}$(其中 $a_{11}, a_{22}, \cdots, a_{nn}$ 为方阵主对角线上的元素)。

②$\lambda_1 \lambda_2 \cdots \lambda_n = |A|$。

(5)若 λ 为 A 的特征值,则矩阵 $kA, aA + bE, A^2, A^m, A^{-1}, A^*$ 分别有特征值 $k\lambda, a\lambda + b, \lambda^2, \lambda^m$、$\dfrac{1}{\lambda}, \dfrac{|A|}{\lambda} (\lambda \neq 0)$,且特征向量相同。(式中字母 a, b 为不为零的常数)

【例 1-101】 求矩阵 $A = \begin{bmatrix} -2 & 1 & 1 \\ 0 & 2 & 0 \\ -4 & 1 & 3 \end{bmatrix}$ 的特征值与特征向量。

解 求特征值,$|\lambda E - A| = 0$

$$\begin{vmatrix} \lambda+2 & -1 & -1 \\ 0 & \lambda-2 & 0 \\ 4 & -1 & \lambda-3 \end{vmatrix} = (\lambda-2) \begin{vmatrix} \lambda+2 & -1 \\ 4 & \lambda-3 \end{vmatrix} = (\lambda-2)^2 (\lambda+1)$$

所以 $\lambda_1 = \lambda_2 = 2, \lambda_3 = -1$。

计算 $\lambda_1 = \lambda_2 = 2$ 对应矩阵 A 的特征向量

将 $\lambda = 2$ 代入得 $(2E - A)x = 0$

即 $\begin{bmatrix} 4 & -1 & -1 \\ 0 & 0 & 0 \\ 4 & -1 & -1 \end{bmatrix} \begin{bmatrix} x_1 \\ x_2 \\ x_3 \end{bmatrix} = \begin{bmatrix} 0 \\ 0 \\ 0 \end{bmatrix}$

而 $\begin{bmatrix} 4 & -1 & -1 \\ 0 & 0 & 0 \\ 4 & -1 & -1 \end{bmatrix} \rightarrow \begin{bmatrix} 4 & -1 & -1 \\ 0 & 0 & 0 \\ 0 & 0 & 0 \end{bmatrix}$

所以 $4x_1 - x_2 - x_3 = 0, 4x_1 = x_2 + x_3, x_1 = \dfrac{1}{4} x_2 + \dfrac{1}{4} x_3$

$\begin{bmatrix} x_2 \\ x_3 \end{bmatrix}$ 取 $\begin{bmatrix} 4 \\ 0 \end{bmatrix}$, $\begin{bmatrix} 0 \\ 4 \end{bmatrix}$

x_1 : 1   1

对应 $\lambda=2$,矩阵 A 对应特征向量 $\xi_1 = \begin{bmatrix} 1 \\ 4 \\ 0 \end{bmatrix}$, $\xi_2 = \begin{bmatrix} 1 \\ 0 \\ 4 \end{bmatrix}$

对应 $\lambda=2$ 的全部特征向量 $C_1\xi_1+C_2\xi_2 = C_1\begin{bmatrix} 1 \\ 4 \\ 0 \end{bmatrix}+C_2\begin{bmatrix} 1 \\ 0 \\ 4 \end{bmatrix}$ (C_1,C_2 为不同时为零的任意常数)

计算 $\lambda_3=-1$ 对应矩阵 A 的特征向量,$(\lambda_3 E - A)x = 0$

即 $\begin{bmatrix} 1 & -1 & -1 \\ 0 & -3 & 0 \\ 4 & -1 & -4 \end{bmatrix}\begin{bmatrix} x_1 \\ x_2 \\ x_3 \end{bmatrix}=\begin{bmatrix} 0 \\ 0 \\ 0 \end{bmatrix}$

$\begin{bmatrix} 1 & -1 & -1 \\ 0 & -3 & 0 \\ 4 & -1 & -4 \end{bmatrix} \rightarrow \begin{bmatrix} 1 & -1 & -1 \\ 0 & -3 & 0 \\ 0 & 3 & 0 \end{bmatrix} \rightarrow \begin{bmatrix} 1 & -1 & -1 \\ 0 & -3 & 0 \\ 0 & 0 & 0 \end{bmatrix} \rightarrow \begin{bmatrix} 1 & 0 & -1 \\ 0 & 1 & 0 \\ 0 & 0 & 0 \end{bmatrix}$

所以 $\begin{cases} x_1=x_3 \\ x_2=0 \end{cases}$,当 $x_3=1$ 时,$x_2=0,x_1=1$,特征向量 $\xi=\begin{bmatrix} 1 \\ 0 \\ 1 \end{bmatrix}$

$\lambda_3=-1$ 对应矩阵 A 的全部特征向量 $C\begin{bmatrix} 1 \\ 0 \\ 1 \end{bmatrix}$ (其中 C 为不等于 0 的任意常数).

【例 1-102】 设 A 是 3 阶矩阵,$\alpha_1=(1,0,1)^T,\alpha_2=(1,1,0)^T$ 是 A 的属于特征值为 1 的特征向量。$\alpha_3=(0,1,2)^T$ 是 A 的属于特征值为 -1 的特征向量,则:

  A. $\alpha_1-\alpha_2$ 是 A 的属于特征值为 1 的特征向量

  B. $\alpha_1-\alpha_3$ 是 A 的属于特征值为 1 的特征向量

  C. $\alpha_1-\alpha_3$ 是 A 的属于特征值为 2 的特征向量

  D. $\alpha_1+\alpha_2+\alpha_3$ 是 A 的属于特征值为 1 的特征向量

解 根据矩阵的特征值和特征向量的定义 α_1,α_2 是矩阵 A 特征值 1 对应的特征向量,就有 $\begin{cases} A\alpha_1=1\cdot\alpha_1 & ① \\ A\alpha_2=1\cdot\alpha_2 & ② \end{cases}$ 成立。

①式 $-$ ②式得 $A(\alpha_1-\alpha_2)=1\cdot(\alpha_1-\alpha_2)$,而 $\alpha_1-\alpha_2$ 为非零向量,由定义可知,$\alpha_1-\alpha_2$ 是 A 的属于特征值为 1 的特征向量,选项 B,C,D 均不成立。

答案:A

【例 1-103】 已知 3 维列向量 α,β 满足 $\beta\neq k\alpha$(k 为常数),$\alpha^T\beta=4$,设 3 阶矩阵 $A=\beta\alpha^T$,则:

  A. β 是 A 的属于特征值 0 的特征向量

  B. α 是 A 的属于特征值 0 的特征向量

  C. β 是 A 的属于特征值 4 的特征向量

  D. α 是 A 的属于特征值 4 的特征向量

解 利用矩阵的特征值、特征向量的定义和题目给的条件判定。

$A\alpha \xrightarrow[A=\beta\alpha^T]{代入} \beta\alpha^T\alpha = \beta|\alpha|^2 = |\alpha|^2\beta \neq \lambda\alpha$（因为 $\beta \neq k\alpha$ 已知），当 $\lambda = 0$ 或 4 时选项 B、D 不成立。

而 $A\beta = \beta\alpha^T\beta = \beta(\alpha^T\beta) = 4\beta$，即 $A\beta = 4\beta$ 成立，选项 C 成立。

答案：C

七、相似矩阵的概念和性质

（一）相似矩阵的概念

设 A、B 都是 n 阶矩阵，若有可逆矩阵 P，使 $P^{-1}AP = B$，则称 A 和 B 相似，或说 A 相似于 B，记作 $A \sim B$，可逆矩阵 P 称为相似变换矩阵。

（二）相似矩阵的性质

(1) $A \sim A$。

(2) $A \sim B$，则 $B \sim A$。

(3) $A \sim B$ 且 $B \sim C$，则 $A \sim C$。

(4) 设 n 阶方阵 A 和 B 相似，则有：

① $R(A) = R(B)$；

② $|A| = |B|$；

③ A 和 B 的特征多项式相同，即 $|\lambda E - A| = |\lambda E - B|$；

④ A 和 B 的特征值相同。

八、矩阵的相似对角化

(1) 对 n 阶方阵 A，若存在可逆矩阵 P，使

$$P^{-1}AP = \begin{bmatrix} \lambda_1 & & & \\ & \lambda_2 & & \\ & & \ddots & \\ & & & \lambda_n \end{bmatrix}（对角矩阵） \tag{1-130}$$

则称 A 相似于对角矩阵，也称矩阵 A 可相似对角化。

(2) n 阶矩阵 A 相似于对角矩阵 Λ 的充要条件，是 A 有 n 个线性无关的特征向量。

若有可逆矩阵 P，使得

$$P^{-1}AP = \begin{bmatrix} \lambda_1 & & & \\ & \lambda_2 & & \\ & & \ddots & \\ & & & \lambda_n \end{bmatrix}$$

则 $\lambda_1, \lambda_2, \cdots, \lambda_n$ 为 A 的 n 个特征值，而矩阵 P 的 n 个列向量是矩阵 A 的对应于这些特征值 $\lambda_1, \lambda_2, \cdots, \lambda_n$ 的 n 个线性无关的特征向量。

还可以得到下面结论：

(1) 如果 n 阶方阵 A 有 n 个不同的特征值，则 A 一定可以相似对角化。

(2) 如果 A 有重特征值，且对每一个重特征值，其重数和对应的线性无关的特征向量的个数都相等，则 A 一定可以相似对角化。

(3) 如果 A 有一个 K 相似重特征值，并且所对应的线性无关特征向量的个数少于 K，则 A 一定不能相似对角化。

(4)实对称矩阵的相似对角化:

如果 n 阶方阵 A 等于它的转置矩阵,即 $A=A^T$,则称 A 为对称矩阵。所有元素为实数的对称矩阵,称为实对称矩阵。

实对称矩阵的特征值、特征向量有下列性质:

(1)实对称矩阵的特征值一定都是实数。

(2)在实数范围内 n 阶实对称矩阵有 n 个特征值(重根按重数计算)。

(3)实对称矩阵对应于不同特征值的特征向量必正交。

前面已讲 n 阶矩阵 A 满足 $A^T A=E$,则称 A 为正交矩阵。由此定义可见正交矩阵是可逆矩阵。若矩阵 A 是正交矩阵,那么 $A^{-1}=A^T$。

定理: 设 A 为 n 阶实对称矩阵,则必存在正交矩阵 P,使

$$P^{-1}AP = P^T AP = \Lambda = \begin{bmatrix} \lambda_1 & & & \\ & \lambda_2 & & \\ & & \ddots & \\ & & & \lambda_n \end{bmatrix}$$

其中 $\lambda_1, \lambda_2, \cdots, \lambda_n$ 是 A 的特征值。

给定实对称矩阵 A,求正交矩阵 P 使其相似对角化的步骤:

①设 $|\lambda E - A|=0$,解特征方程求出 A 的全部特征值 $\lambda_1, \lambda_2, \cdots, \lambda_n$(做完这一步,就已经求出 A 的相似对角矩阵 Λ)。

②对每个特征值 $\lambda_i (i=1,2,\cdots,n)$,代入 $(\lambda E - A)x=0$,解齐次线性方程组 $(\lambda_i E-A)x=0$,求出对应的特征向量。如果特征值是单根,就对应一个特征向量,如果特征值是 K 重根,就对应 K 个线性无关的特征向量。

③对于重的特征根,对它所对应的那组线性无关特征向量进行施密特正交化再单位化(或称正交规范化)。

④对特征值是单根,要对求出的这个特征向量单位化。

⑤所有经过单位化、正交规范化的特征向量 $q_1, q_2, \cdots, q_n$(依次对应特征值 $\lambda_1, \lambda_2, \cdots \lambda_n$)构成一个正交向量组。

⑥将所有正交的特征向量按列排成一个矩阵,令其为 $P=(q_1, q_2, \cdots, q_n)$,那么 P 是正交矩阵,而且有 $P^{-1}AP = P^T AP = \Lambda = \begin{bmatrix} \lambda_1 & & & \\ & \lambda_2 & & \\ & & \ddots & \\ & & & \lambda_n \end{bmatrix}$。

即注意:$P=(q_1, q_2, \cdots, q_n)$ 中,$q_1, q_2, \cdots, q_n$ 的排列顺序应和特征值 $\lambda_1, \lambda_2, \cdots, \lambda_n$ 的排列顺序一致,即 $q_i(i=1,\cdots,n)$ 恰好是 λ_i 的特征向量。

【例 1-104】 已知矩阵 $A = \begin{bmatrix} 1 & -1 & 1 \\ 2 & 4 & -2 \\ -3 & -3 & 5 \end{bmatrix}$ 与 $B = \begin{bmatrix} \lambda & 0 & 0 \\ 0 & 2 & 0 \\ 0 & 0 & 2 \end{bmatrix}$ 相似,则 λ 等于:

A. 6　　　　　　B. 5　　　　　　C. 4　　　　　　D. 14

解 矩阵相似有相同的特征多项式、有相同的特征值。

方法 1:

$$|\lambda E - A| = \begin{vmatrix} \lambda-1 & 1 & -1 \\ -2 & \lambda-4 & 2 \\ 3 & 3 & \lambda-5 \end{vmatrix} \xrightarrow{(-3)r_1+r_3} \begin{vmatrix} \lambda-1 & 1 & -1 \\ -2 & \lambda-4 & 2 \\ -3\lambda+6 & 0 & \lambda-2 \end{vmatrix} \xrightarrow{-(\lambda-4)r_1+r_2}$$

$$\begin{vmatrix} \lambda-1 & 1 & -1 \\ -\lambda^2+5\lambda-6 & 0 & \lambda-2 \\ -3\lambda+6 & 0 & \lambda-2 \end{vmatrix} = (-1)^{1+2} \begin{vmatrix} -(\lambda-2)(\lambda-3) & \lambda-2 \\ -3(\lambda-2) & \lambda-2 \end{vmatrix}$$

$$= (\lambda-2)(\lambda-2)\begin{vmatrix} +(\lambda-3) & 1 \\ 3 & 1 \end{vmatrix} = (\lambda-2)(\lambda-2)[+(\lambda-3)-3]$$

$$= (\lambda-2)(\lambda-2)(\lambda-6)$$

特征值为 $2,2,6$;矩阵 B 中 $\lambda=6$。

方法 2:因为 $A \sim B$,所以 A 与 B 有相同特征值,设为 $\lambda_1,\lambda_2,\lambda_3$,由性质可知: $\lambda_1+\lambda_2+\lambda_3=1+4+5=10$。故由 $\lambda_1+\lambda_2+\lambda_3=\lambda+2+2=10$,得 $\lambda=6$。

答案:A

九、合同矩阵的概念和性质

(一)合同矩阵

设 A、B 为 n 阶方阵,若存在 n 阶可逆矩阵 P,使 $P^T AP = B$,则称 A 合同于 B,记作 $A \simeq B$。

(二)合同矩阵的性质

合同是方阵之间的又一个等价关系,它具有下列性质:

(1)自反性:$A \simeq A$。

(2)对称性:$A \simeq B$,则 $B \simeq A$。

(3)传递性:$A \simeq B$ 且 $B \simeq C$,则 $A \simeq C$。

合同变换不改变矩阵的秩。

(4)任何一个实对称矩阵 A 都合同于对角矩阵,即存在正交矩阵 P,使得

$$P^T AP = \begin{bmatrix} \lambda_1 & & & \\ & \lambda_2 & & \\ & & \ddots & \\ & & & \lambda_n \end{bmatrix} \quad (其中 \lambda_1,\lambda_2,\cdots,\lambda_n 为实对称矩阵 A 的特征值) \qquad (1\text{-}131)$$

十、二次型

(一)二次型定义

含有 n 个变量 $x_1,x_2,\cdots,x_n$ 的二次齐次函数(即每项都是二次的多项式)。
$$f(x_1,x_2,\cdots,x_n) = a_{11}x_1^2 + a_{22}x_2^2 + \cdots + a_{nn}x_n^2 + 2a_{12}x_1x_2 + 2a_{13}x_1x_3 + \cdots + 2a_{n-1,n}x_{n-1}x_n$$ 称为一个 n 元二次型,简称二次型。当 a_{ij} 都是实数时,称为实二次型。

(二)二次型的矩阵表示
$$f(x_1,x_2,\cdots,x_n) = x_1(a_{11}x_1 + a_{12}x_2 + \cdots + a_{1n}x_n) + x_2(a_{21}x_1 + a_{22}x_2 + \cdots + a_{2n}x_n) + \cdots +$$

$$\begin{aligned}
&\quad x_n(a_{n1}x_1+a_{n2}x_2+\cdots+a_{nn}x_n)\\
&=(x_1,x_2,\cdots,x_n)\begin{bmatrix}a_{11}x_1+a_{12}x_2+\cdots+a_{1n}x_n\\ a_{21}x_1+a_{22}x_2+\cdots+a_{2n}x_n\\ \vdots\quad \vdots\quad\quad \vdots\\ a_{n1}x_1+a_{n2}x_2+\cdots+a_{nn}x_n\end{bmatrix}\\
&=(x_1,x_2,\cdots,x_n)\begin{bmatrix}a_{11}&a_{12}&\cdots&a_{1n}\\ a_{21}&a_{22}&\cdots&a_{2n}\\ \vdots&\vdots&&\vdots\\ a_{n1}&a_{n2}&\cdots&a_{nn}\end{bmatrix}\begin{bmatrix}x_1\\x_2\\ \vdots\\ x_n\end{bmatrix}
\end{aligned} \quad (1\text{-}132)$$

记 $\quad A=\begin{bmatrix}a_{11}&a_{12}&\cdots&a_{1n}\\ a_{21}&a_{22}&\cdots&a_{2n}\\ \vdots&\vdots&&\vdots\\ a_{n1}&a_{n2}&\cdots&a_{nn}\end{bmatrix},\ x=\begin{bmatrix}x_1\\x_2\\ \vdots\\ x_n\end{bmatrix}$

则二次型可记作

$$f=x^{\mathrm{T}}Ax$$

其中 A 为实对称矩阵。

对称矩阵 A 叫做二次型 f 的矩阵。A 的秩叫做二次型 f 的秩。

【例 1-105】 二次型 $f=x^2-3z^2-4xy+yz$ 用矩阵记号表示,就是

$$f=(x,y,z)\begin{bmatrix}1&-2&0\\ -2&0&\frac{1}{2}\\ 0&\frac{1}{2}&-3\end{bmatrix}\begin{bmatrix}x\\y\\z\end{bmatrix}$$

任给一个二次型,就唯一地确定一个对称矩阵;反之,任给一个对称矩阵,也可唯一地确定一个二次型。一个实二次型和一个实对称矩阵是一一对应的。

(三)二次型的标准型

定义:形如 $f=\varphi_1 x_1^2+\varphi_2 x_2^2+\cdots+\varphi_n x_n^2$ 的二次型称为二次型的标准型。在标准型中,如果平方项的系数 $\varphi_i(i=1,2,\cdots,n)$ 为 1,-1 或 0,即 $f=x_1^2+x_2^2+\cdots+x_p^2-x_{p+1}^2-\cdots-x_r^2$,则称其为二次型的规范形。

正交变换定义:如果 P 为正交矩阵,则线性变换 $x=Py$ 称为正交变换。

定理:任给实二次型 $f(x_1,x_2,\cdots,x_n)=x^{\mathrm{T}}Ax$(其中 $A=A^{\mathrm{T}}$),一定有正交变换 $x=Py$($P^{\mathrm{T}}=P^{-1}$),使 $f=\lambda_1 y_1^2+\lambda_2 y_2^2+\cdots+\lambda_n y_n^2$。

其中 $\lambda_1,\lambda_2,\cdots,\lambda_n$ 是 A 的特征值,而 P 的列向量就是对应于 $\lambda_1,\lambda_2,\cdots,\lambda_n$ 的两两正交的单位特征向量。

用正交变换化实二次型为标准形的计算步骤:

(1)写出二次型的矩阵 A。

(2)求出矩阵 A 的特征值 $\lambda_1,\lambda_2,\cdots,\lambda_n$。

(3)求特征值对应的特征向量。

(4)将 k 重特征值对应的 k 个线性无关的特征向量作施密特正交化再单位化(或说正交规范化),得到正交的特征向量。

(5)将单特征值对应的一个特征向量单位化。

(6)将这些向量按 $\lambda_1,\lambda_2,\cdots,\lambda_n$ 对应的顺序排列成矩阵,得到正交矩阵 P,这时有 $P^{\mathrm{T}}AP = P^{-1}AP = \Lambda$,其中 Λ 是对角矩阵,它由 A 的特征值构成,即 $\Lambda = \begin{bmatrix} \lambda_1 & & & \\ & \lambda_2 & & \\ & & \ddots & \\ & & & \lambda_n \end{bmatrix}$。

(7)写出正交变换 $x = Py$,代入二次型,得到 $f = x^{\mathrm{T}}Ax = (Py)^{\mathrm{T}}APy = y^{\mathrm{T}}P^{\mathrm{T}}APy = y^{\mathrm{T}}\Lambda y = \lambda_1 y_1^2 + \lambda_2 y_2^2 + \cdots + \lambda_n y_n^2$。

(四)惯性定理

设有实二次型 $f = x^{\mathrm{T}}Ax$,它的秩为 r,有两个实的可逆变换 $x = Py$ 及 $x = Qz$(P,Q 为与 A 同阶的可逆阵),使

$$f = k_1 y_1^2 + k_2 y_2^2 + \cdots + k_r y_r^2 \quad (k_i \neq 0)$$

及

$$f = \lambda_1 z_1^2 + \lambda_2 z_2^2 + \cdots + \lambda_r z_r^2 \quad (\lambda_i \neq 0)$$

则 $k_1,\cdots,k_r$ 中正数的个数与 $\lambda_1,\cdots,\lambda_r$ 中正数的个数相等,这个定理称为惯性定理。

在二次型的标准形中,尽管实二次型 $f(x_1,x_2,\cdots,x_n)$ 的标准形不唯一,但标准形中正平方项的个数、负平方项的个数是唯一确定的,分别称为二次型的正惯性指数和负惯性指数。

在实二次型中,二次型的秩 r 可反映 f 通过可逆线性变换化为标准型或规范型后非零平方项的个数,正惯性指数的数量反映 f 通过可逆线性变换化为标准型或规范型后这些非零平方项中正项的个数,负惯性指数反映负项的个数。

(五)二次型及其矩阵的正定性

(1)设有实二次型 $f(x) = x^{\mathrm{T}}Ax$,如果对任何 $x \neq 0$,都有 $f(x) > 0$,则称 f 为正定二次型,并称实对称矩阵 A 是正定矩阵;如果对任何 $x \neq 0$,都有 $f(x) < 0$,则称 f 为负定二次型,并称实对称矩阵 A 是负定矩阵。

(2)判断二次型是正定的几个充要条件:

①实二次型 $f = x^{\mathrm{T}}Ax$ 为正定的充分必要条件是正惯性指数等于未知数的个数。

②实二次型 $f = x^{\mathrm{T}}Ax$ 为正定的充分必要条件是对称矩阵 A 是正定的。

③实二次型 $f = x^{\mathrm{T}}Ax$ 为正定的充分必要条件是对称矩阵 A 的特征值全为正。

④实二次型 $f = x^{\mathrm{T}}Ax$ 为正定的充分必要条件是对称矩阵 A 合同于单位矩阵。

⑤实二次型 $f = x^{\mathrm{T}}Ax$ 的对称矩阵 A 为正定的充分必要条件是各阶顺序主子式都为正,即

$$a_{11} > 0, \begin{vmatrix} a_{11} & a_{12} \\ a_{21} & a_{22} \end{vmatrix} > 0, \cdots, \begin{vmatrix} a_{11} & \cdots & a_{1n} \\ \vdots & & \vdots \\ a_{n1} & \cdots & a_{nn} \end{vmatrix} > 0$$

实对称矩阵 A 为负定的充分必要条件是:奇数阶主子式为负,而偶数阶主子式为正,即

$$(-1)^r \begin{vmatrix} a_{11} & \cdots & a_{1r} \\ \vdots & & \vdots \\ a_{r1} & \cdots & a_{rr} \end{vmatrix} > 0 \quad (r = 1, 2, \cdots, n)$$

【例1-106】 判别二次型 $f_1 = 2x_1^2 + 3x_2^2 + x_3^2 + 2\sqrt{2}x_1 x_2$,$f_2 = -x_1^2 - x_2^2 - 3x_3^2 - 2x_1 x_3 - 2x_2 x_3$ 是正定的,还是负定的?

解 (1) $f_1 = (x_1, x_2, x_3) \begin{bmatrix} 2 & \sqrt{2} & 0 \\ \sqrt{2} & 3 & 0 \\ 0 & 0 & 1 \end{bmatrix} \begin{bmatrix} x_1 \\ x_2 \\ x_3 \end{bmatrix}$

$D_1 = 2 > 0, D_2 = \begin{vmatrix} 2 & \sqrt{2} \\ \sqrt{2} & 3 \end{vmatrix} = 6 - 2 > 0, D_3 = \begin{vmatrix} 2 & \sqrt{2} & 0 \\ \sqrt{2} & 3 & 0 \\ 0 & 0 & 1 \end{vmatrix} = 1 \times \begin{vmatrix} 2 & \sqrt{2} \\ \sqrt{2} & 3 \end{vmatrix} > 0$

f_1 是正定的。

(2) $f_2 = (x_1, x_2, x_3) \begin{bmatrix} -1 & 0 & -1 \\ 0 & -1 & -1 \\ -1 & -1 & -3 \end{bmatrix} \begin{bmatrix} x_1 \\ x_2 \\ x_3 \end{bmatrix}$

$D_1 = -1 < 0, D_2 = \begin{vmatrix} -1 & 0 \\ 0 & -1 \end{vmatrix} = 1 > 0, D_3 = \begin{vmatrix} -1 & 0 & -1 \\ 0 & -1 & -1 \\ -1 & -1 & -3 \end{vmatrix} = -1 < 0$

f_2 是负定的。

【例 1-107】 已知三元二次型 $f = ax_1^2 + ax_2^2 + x_3^2 - 2ax_2x_3$, a 满足以下哪个条件时, f 是正定二次型。

        A. $a > 1$ B. $0 < a < 1$ C. $-1 < a < 0$ D. $a > 0$

解

$$f = ax_1^2 + ax_2^2 + x_3^2 - 2ax_2x_3 = (x_1 \ x_2 \ x_3) \begin{bmatrix} a & 0 & 0 \\ 0 & a & -a \\ 0 & -a & 1 \end{bmatrix} \begin{bmatrix} x_1 \\ x_2 \\ x_3 \end{bmatrix}$$

二次型的矩阵 $A = \begin{bmatrix} a & 0 & 0 \\ 0 & a & -a \\ 0 & -a & 1 \end{bmatrix}$

f 为正定的充要条件:

$$a > 0, \begin{vmatrix} a & 0 \\ 0 & a \end{vmatrix} > 0, \begin{vmatrix} a & 0 & 0 \\ 0 & a & -a \\ 0 & -a & 1 \end{vmatrix} > 0$$

即 $\begin{cases} a > 0 \\ a^2 > 0 \\ a^2(1-a) > 0 \end{cases} \Rightarrow$ 公共解 $0 < a < 1$

答案: B

习 题

1-81 行列式 $D_1 = \begin{vmatrix} 1 & 3 & 1 \\ 2 & 2 & 3 \\ 3 & 1 & 5 \end{vmatrix}, D_2 = \begin{vmatrix} \lambda & 0 & 1 \\ 0 & \lambda-1 & 1 \\ 1 & 0 & \lambda \end{vmatrix}$, 若 $D_1 = D_2$, 则 λ 的值为(   )。

A. 0,1　　　　　　B. 0,2　　　　　　C. −1,1　　　　　　D. −1,2

1-82　已知行列式 $\begin{vmatrix} & & & \lambda_1 \\ & & \lambda_2 & \\ & \cdots & & \\ \lambda_n & & & \end{vmatrix}$，其中 $\lambda_i \neq 0(i=1,2,\cdots,n)$，则行列式的值为(　　)。

A. $\lambda_1\lambda_2\lambda_3\cdots\lambda_n$　　　　　　B. 0

C. $-\lambda_1\lambda_2\cdots\lambda_n$　　　　　　D. $(-1)^{\frac{n(n-1)}{2}}\lambda_1\lambda_2\cdots\lambda_n$

1-83　设 A 是 4×5 矩阵，B 是 5×4 矩阵，则下列结论中不正确的是(　　)。

A. $|AB|\neq 0$　　B. $|A^T B^T|$ 有意义　　C. $R(A)=R(A^T)\leqslant 4$　　D. $R(AB)\leqslant 4$

1-84　已知 $\boldsymbol{\alpha}_1=\begin{bmatrix}2\\0\\0\end{bmatrix}, \boldsymbol{\alpha}_2=\begin{bmatrix}0\\0\\-3\end{bmatrix}$，下列向量中是 $\boldsymbol{\alpha}_1,\boldsymbol{\alpha}_2$ 的线性组合的是(　　)。

A. $\boldsymbol{\beta}=\begin{bmatrix}-3\\0\\4\end{bmatrix}$　　B. $\boldsymbol{\beta}=\begin{bmatrix}0\\1\\0\end{bmatrix}$　　C. $\boldsymbol{\beta}=\begin{bmatrix}1\\1\\0\end{bmatrix}$　　D. $\boldsymbol{\beta}=\begin{bmatrix}0\\-1\\1\end{bmatrix}$

1-85　设向量组的秩为 r，则(　　)。

A. 该向量组所含向量的个数必大于 r

B. 该向量组中任何 r 个向量必线性无关，任何 $r+1$ 个向量必线性相关

C. 该向量组中有 r 个向量线性无关，有 $r+1$ 个向量线性相关

D. 该向量组中有 r 个向量线性无关，任何 $r+1$ 个向量必线性相关

1-86　利用初等行变换求矩阵 $\begin{bmatrix}1&1&2&2&1\\0&2&1&5&-1\\2&0&3&-1&3\\1&1&0&4&-1\end{bmatrix}$ 的列向量组的一个最大无关组为(　　)。

A. 第1、2列　　B. 第2、3列　　C. 第4、5列　　D. 第1、2、3列

1-87　设 $A=\begin{bmatrix}a_1b_1 & a_1b_2 & \cdots & a_1b_n \\ a_2b_1 & a_2b_2 & \cdots & a_2b_n \\ \vdots & \vdots & & \vdots \\ a_nb_1 & a_nb_2 & \cdots & a_nb_n\end{bmatrix}$，其中 $a_i\neq 0, b_i\neq 0(i=1,2,\cdots,n)$，则矩阵 A 的秩等于(　　)。

A. n　　　　　　B. 0　　　　　　C. 1　　　　　　D. 2

1-88　设 $\boldsymbol{\alpha}_1,\boldsymbol{\alpha}_2,\boldsymbol{\alpha}_3$ 是四元非齐次线性方程组 $Ax=b$ 的三个解向量，且 $R(A)=3$，$\boldsymbol{\alpha}_1=(1,2,3,4)^T$，$\boldsymbol{\alpha}_2+\boldsymbol{\alpha}_3=(0,1,2,3)^T$，$C$ 表示任意常数，则线性方程组 $Ax=b$ 的通解 x 为(　　)。

A. $\begin{bmatrix}1\\2\\3\\4\end{bmatrix}+C\begin{bmatrix}1\\1\\1\\1\end{bmatrix}$　　B. $\begin{bmatrix}1\\2\\3\\4\end{bmatrix}+C\begin{bmatrix}1\\2\\3\\4\end{bmatrix}$　　C. $\begin{bmatrix}1\\2\\3\\4\end{bmatrix}+C\begin{bmatrix}0\\1\\2\\3\end{bmatrix}$　　D. $\begin{bmatrix}1\\2\\3\\4\end{bmatrix}+C\begin{bmatrix}2\\3\\4\\5\end{bmatrix}$　　$\begin{bmatrix}1\\2\\3\\4\end{bmatrix}+C\begin{bmatrix}3\\4\\5\\6\end{bmatrix}$

1-89　可逆矩阵 A(即 $|A|\neq 0$)与矩阵(　　)有相同的特征值。

A. A^T　　　　　　B. A^{-1}　　　　　　C. A^2　　　　　　D. $A+E$

1-90 设 A、B 均为 n 阶矩阵，则下列各式中正确的是（   ）。
   A. $(A+B)(A-B)=A^2-B^2$ B. $(AB)^2=A^2B^2$
   C. 由 $AC=BC$，必可推出 $A=B$ D. $A^2-E=(A+E)(A-E)$

1-91 设 A、B、C 均为 n 阶方阵，且 $ABC=E$，则（   ）。
   A. $ACB=E$ B. $CBA=E$ C. $BAC=E$ D. $BCA=E$

1-92 设 A 为三阶矩阵，$|A|=\frac{1}{2}$，则 $|(2A)^{-1}-5A^*|$ 为（   ）。
   A. 0   B. -16 C. 4   D. -8

1-93 设 A 为 n 阶方阵，且 $|A|=a\neq 0$，则 $|A^*|=$（   ）。
   A. a B. $\frac{1}{a}$ C. a^{n-1} D. a^n

1-94 设三阶方阵 A 的特征值为 $1,2,-2$，它们所对应的特征向量分别为 $\alpha_1,\alpha_2,\alpha_3$，令 $P=(\alpha_1,\alpha_2,\alpha_3)$，则 $P^{-1}AP=$（   ）。

   A. $\begin{bmatrix} 1 & & \\ & 2 & \\ & & -2 \end{bmatrix}$ B. $\begin{bmatrix} 2 & & \\ & 1 & \\ & & -2 \end{bmatrix}$ C. $\begin{bmatrix} -1 & & \\ & -2 & \\ & & 2 \end{bmatrix}$ D. $\begin{bmatrix} -2 & & \\ & 1 & \\ & & 2 \end{bmatrix}$

1-95 设 $\lambda=2$ 是可逆矩阵 A 的一个特征值，则矩阵 $E+(\frac{1}{2}A^3)^{-1}$ 有一个特征值等于（   ）。
   A. $\frac{1}{4}$ B. $\frac{5}{4}$ C. 5   D. $\frac{4}{5}$

1-96 设 A 为 n 阶方阵，则以下结论正确的是（   ）。
   A. 若 A 可逆，则 A 的对应于 λ 的特征向量也是 A^{-1} 对应于特征值 $\frac{1}{\lambda}$ 的特征向量
   B. A 的特征向量的任一线性组合仍是 A 的特征向量
   C. 若 λ 是方阵 A 对应特征向量 x 的特征值，那么 A^* 对应于特征向量 x 的特征值为 $\lambda|A|$
   D. A 的特征向量为方程组 $(A-\lambda E)x=0$ 的全部解向量

1-97 已知向量 $\alpha=(1,a,1)^T,\beta=(-1,-1,-b)^T,\gamma=(b,2,0)^T$ 为三阶实对称矩阵 A 的 3 个不同特征值对应的特征向量，则（   ）。
   A. $a=1,b=-2$ B. $a=-2,b=1$ C. $a=-1,b=2$ D. $a=2,b=-1$

1-98 已知三阶矩阵 A 的特征值为 $-1,1,2$，则矩阵 $B=(A^*)^{-1}$（其中 A^* 为 A 的伴随矩阵）的特征值为（   ）。
   A. $1,-1,-2$ B. $\frac{1}{2},-\frac{1}{2},-1$ C. $-\frac{1}{4},\frac{1}{4},\frac{1}{2}$ D. $-\frac{1}{3},\frac{1}{3},\frac{2}{3}$

1-99 设 A 是一个三阶实矩阵，如果对于任一三维列向量 x，都有 $x^TAx=0$，那么（   ）。
   A. $|A|=0$ B. $|A|>0$ C. $|A|<0$ D. 以上都不成立

1-100 n 阶实对称矩阵 A 为正定矩阵，则下列不成立的是（   ）。
   A. 所有 K 阶子式为正（$K=1,2,\cdots,n$）   B. A 的所有特征值全为正
   C. A^{-1} 为正定矩阵   D. 秩$(A)=n$

第九节　概率论与数理统计

一、随机事件与概率

（一）随机事件与样本空间

随机试验（通常记作 E）具有以下特点：每次试验结果不可能事先确定，但试验的全部可能结果是可知的，在相同条件下试验可以重复进行。

随机试验 E 的每个可能结果称为一个基本事件，记作 ω。把试验 E 的所有可能结果的集合称为 E 的样本空间，记作 Ω。

随机事件可以由 E 的某些基本事件组成，通常用 $A,B,C,\cdots$ 表示。

每次试验必然发生的事件，称作必然事件，记作 Ω；每次试验必不发生的事件，称作不可能事件，记作 ϕ。

（二）随机事件的关系及运算

1. 包含与相等

若事件 A 发生必然导致事件 B 发生，则称事件 B 包含事件 A，记作 $A \subset B$。若 $A \subset B$ 且 $B \subset A$，则称事件 A 与事件 B 相等，记作 $A = B$。

2. 和事件

事件 A 与 B 中至少有一个发生的事件称作事件 A 与 B 之和，记作 $A \cup B$ 或 $A + B$。

3. 积事件

事件 A 与 B 同时发生的事件称作事件 A 与 B 之积，记作 AB 或 $A \cap B$。

4. 差事件

事件 A 发生而事件 B 不发生，这样的事件称作事件 A 与 B 之差，记作 $A - B$。

5. 互不相容事件

若事件 A 与 B 不能同时发生，则称事件 A 与 B 互不相容或互斥，记作 $AB = \phi$。

6. 对立事件

若事件 A 与 B 中必有且仅有一个发生，即 $A \cup B = \Omega$ 且 $AB = \phi$，则称 A 与 B 互为对立事件。A 的对立事件可记为 $\overline{A}$，所以 $A \cup \overline{A} = \Omega$，$A \overline{A} = \phi$。注意"$A$ 不发生"即"$\overline{A}$ 发生"，所以 $A - B = A\overline{B}$。

事件的运算律：

① $A \cup B = B \cup A$
② $A \cup (B \cup C) = (A \cup B) \cup C$
③ $AB = BA$
④ $(AB)C = A(BC)$
⑤ $A(B \cup C) = AB \cup AC$
⑥ $A \cup (BC) = (A \cup B)(A \cup C)$
⑦ $\overline{A \cup B} = \overline{A}\ \overline{B}$
⑧ $\overline{AB} = \overline{A} \cup \overline{B}$

【例 1-108】 重复进行一项试验，事件 A 表示"第一次失败且第二次成功"，则事件 $\overline{A}$ 表示：

    A. 两次均失败　　　　　　　　B. 第一次成功或第二次失败

C. 第一次成功且第二次失败　　　　D. 两次均成功

解 设 B 表示"第一次失败",C 表示"第二次成功",则 $A=BC$,$\overline{A}=\overline{B}\cup\overline{C}$。

答案: B

(三)概率及其性质

1. 概率的统计定义

若在 n 次重复试验中事件 A 出现了 m 次,则比值 $\dfrac{m}{n}$ 称为事件 A 在这 n 次试验中出现的**频率**,记为 $f_n(A)=\dfrac{m}{n}$。

当试验次数 n 无限增大时,$f_n(A)$ 就稳定于某个常数 p,则数 p 称为 A 的**概率**,记作 $P(A)$。

2. 概率的性质

(1) 对任意事件 A 有 $0\leqslant P(A)\leqslant 1$。$P(\Omega)=1$,$P(\phi)=0$。

(2) 对互不相容事件 A、B 有
$$P(A\cup B)=P(A)+P(B)$$

(3) $P(\overline{A})=1-P(A)$(此性质有时可用于简化计算)。

(4) 对任意两事件 A、B 有
$$P(A\cup B)=P(A)+P(B)-P(AB)$$

(5) $P(A\overline{B})=P(A-B)=P(A)-P(AB)$,当 $B\subset A$ 时 $P(A-B)=P(A)-P(B)$

【例 1-109】 若 $P(A)=0.8$,$P(A\overline{B})=0.2$,则 $P(\overline{A}\cup\overline{B})$ 等于:

A. 0.4　　　　　　　　　　　　B. 0.6

C. 0.5　　　　　　　　　　　　D. 0.3

解 因 $\quad\quad\quad\quad P(A\overline{B})=P(A)-P(AB)$

所以 $\quad\quad\quad\quad P(AB)=P(A)-P(A\overline{B})=0.6$

$$P(\overline{A}\cup\overline{B})=P(\overline{AB})=1-P(AB)=1-0.6=0.4$$

答案: A

3. 概率的古典定义

设随机试验的全部可能结果是 n 个等可能的基本事件,其中有且仅有 m 个基本事件包含于随机事件 A,则事件 A 的概率

$$P(A)=\dfrac{m}{n}$$

例如,在一批 N 个产品中有 M 个次品。设事件 A 是"从这批产品中任取 n 个产品,其中恰有 m 个次品",那么

$$P(A)=\dfrac{C_M^m\cdot C_{N-M}^{n-m}}{C_N^n}$$

【例 1-110】 袋中有 5 个球,其中 3 个是白球,2 个是红球,一次随机地取出 3 个球,其中恰有 2 个是白球的概率是:

A. $\left[\dfrac{3}{5}\right]^2\dfrac{2}{5}$　　B. $C_3^2\left[\dfrac{3}{5}\right]^2\dfrac{1}{5}$　　C. $\left[\dfrac{3}{5}\right]^2$　　D. $\dfrac{C_3^2 C_2^1}{C_5^3}$

答案: D

(四)条件概率及事件的相互独立性

1.条件概率

设 A、B 为两个事件,$P(A)>0$,则称 $P(B|A)=\dfrac{P(AB)}{P(A)}$ 为事件 A 发生的条件下,事件 B 发生的<u>条件概率</u>。

(1)乘法公式

$$P(A)>0 \text{ 时}, P(AB)=P(A)P(B|A) \tag{1-133}$$

或
$$P(B)>0 \text{ 时}, P(AB)=P(B)P(A|B)$$

(2)<u>全概率公式</u>

设事件组 $A_1, A_2, \cdots, A_n$ 互不相容,且 $A_1 \cup A_2 \cup \cdots \cup A_n = \Omega$,$P(A_i)>0$,$i=1,2,\cdots,n$。则对任一事件 B 有

$$P(B)=\sum_{i=1}^{n}P(B|A_i)P(A_i) \tag{1-134}$$

(3)<u>贝叶斯(Bayes)公式</u>

在全概率公式条件下,且 $P(B)>0$,则有

$$P(A_i|B)=\dfrac{P(A_i)P(B|A_i)}{\sum\limits_{k=1}^{n}P(A_k)P(B|A_k)} \quad (i=1,2,\cdots,n) \tag{1-135}$$

【例 1-111】 设有一箱产品由三家工厂生产,第一家工厂生产总量的 $\dfrac{1}{2}$,其他两厂各产总量的 $\dfrac{1}{4}$,又知各厂次品率分别为 2%、2%、4%,现从此箱任取一件产品,(1)问取到正品的概率是多少?(2)如果已知取到的这件产品恰为正品,问它是由第二家工厂生产的概率是多少?

解 设 B 为"取到一件正品";A_i 为"取到一件第 i 厂产品",$i=1,2,3$。

(1)由全概率公式 $P(B)=\sum\limits_{i=1}^{3}P(A_i)P(B|A_i)$

且 $P(B|A_i)=1-P(\overline{B}|A_i) \quad (i=1,2,3)$

$$P(B)=\dfrac{1}{2}\times 0.98+\dfrac{1}{4}\times 0.98+\dfrac{1}{4}\times 0.96=0.975$$

或

$$P(\overline{B})=\dfrac{1}{2}\times 0.02+\dfrac{1}{4}\times 0.02+\dfrac{1}{4}\times 0.04=0.025$$

$$P(B)=1-P(\overline{B})=0.975$$

(2)由贝叶斯公式可知 $P(A_2|B)=\dfrac{\dfrac{1}{4}\times 0.98}{\dfrac{1}{2}\times 0.98+\dfrac{1}{4}\times 0.98+\dfrac{1}{4}\times 0.96}\approx 0.2513$

2.独立性

若事件 A、B 满足 $P(AB)=P(A)P(B)$,则称 A 与 B <u>相互独立</u>。在实际应用中,往往直接由事件的实际意义来判断独立性。

如果 A、B 相互独立,则 A 与 $\overline{B}$、$\overline{A}$ 与 B、$\overline{A}$ 与 $\overline{B}$ 均相互独立。

如果 A、B 独立,$0<P(A)<1$,则 $P(B|A)=P(B|\overline{A})=P(B)$。($A$ 发生与否不影响 B 发生的概率)

【例 1-112】 若 $P(A)>0$,$P(B)>0$,$P(\overline{B})>0$,$P(A|B)=P(A)$,则下列各式不成立

的是：

A. $P(B|A)=P(B)$
B. $P(A|\overline{B})=P(A)$
C. $P(AB)=P(A)P(B)$
D. $AB=\phi$

解 因 $P(AB)=P(B)P(A|B)=P(A)P(B)>0$，而 $AB=\phi$ 时，$P(AB)=0$。

答案：D

对于三个事件 A、B、C，如果有
$$P(AB)=P(A)P(B)$$
$$P(AC)=P(A)P(C)$$
$$P(BC)=P(B)P(C)$$
$$P(ABC)=P(A)P(B)P(C)$$

则称三事件 A、B、C 相互独立。

对于 n 个事件 $A_1,A_2,\cdots,A_n$，如果对任何整数 $k(2\leqslant k\leqslant n)$，任意 $1\leqslant i_1<i_2<\cdots<i_k\leqslant n$，有 $P(A_{i_1}A_{i_2}\cdots A_{i_k})=P(A_{i_1})P(A_{i_2})\cdots P(A_{i_k})$ 成立，则称 A_1、A_2、$\cdots$、A_n 相互独立。

3. 独立重复试验

设一次试验中，事件 A 发生的概率为 $p(0<p<1)$，则在 n 次独立重复试验中
$$P\{A\text{ 发生 }k\text{ 次}\}=C_n^k p^k q^{n-k} \quad (q=1-p; k=0,1,2,\cdots,n)$$

【**例 1-113**】在一小时内一台车床不需要工人看管的概率为 0.8，一个工人看管三台车床，三台车床工作相互独立，求在一小时内三台车床中至少有一台不需要人看管的概率。

解 方法 1

设 A 表示"一小时内一台车床不需要看管"，看管三台车床相当于 3 次独立重复试验。
B 表示"一小时内三台车床中至少有一台不需要看管"；
B_k 表示"一小时内三台车床中恰有 k 台不需要看管"，$k=0,1,2,3$。

由题意可知 $P(A)=0.8$
$$P(B_k)=C_3^k 0.8^k 0.2^{3-k} \quad (k=0,1,2,3)$$
$$P(B)=P(B_1)+P(B_2)+P(B_3)$$
$$=\sum_{k=1}^{3} C_3^k 0.8^k 0.2^{3-k}=0.992$$

方法 2 $P(B)=1-P(\overline{B})$
$$P(\overline{B})=P(B_0)=0.2^3$$
$$P(B)=1-0.2^3=0.992$$

由此可见，借助性质 $P(A)=1-P(\overline{A})$ 有时可简化计算。

二、随机变量

为了进一步研究随机现象，需要将随机试验的结果数量化，为此先定义随机变量。

(一) 随机变量及其分布函数

如果对于随机试验的每一个可能结果 ω，变量 X 都有一确定实数与它对应，则称 X 为随机变量。对任意实数 x，称函数

$$F(x)=P\{X\leqslant x\} \quad (-\infty<x<+\infty)$$

为随机变量 X 的**分布函数**。

分布函数性质：

(1) $0\leqslant F(x)\leqslant 1(-\infty<x<+\infty)$；$\lim\limits_{x\to+\infty}F(x)=1$，$\lim\limits_{x\to-\infty}F(x)=0$；

(2) $F(x)$ 是非减函数，即 $x_1<x_2$ 时，$F(x_1)\leqslant F(x_2)$；

(3) $F(x)$ 是右连续的，即 $\lim\limits_{x\to a^+}F(x)=F(a)$；

(4) $P\{a<X\leqslant b\}=F(b)-F(a)$，$P(X>a)=1-F(a)$。

(二) 离散型随机变量

离散型随机变量的全部可能取值为有限多个 (记为 $x_1,x_2,\cdots,x_n$) 或可数多个 (记为 $x_1,x_2,\cdots,x_n,\cdots$)。

离散型随机变量的**分布律**为

$$P\{X=x_k\}=P_k \quad (k=1,2,\cdots,n,\cdots)$$

也可用表格表示

X	x_1	x_2	$\cdots$	x_n	$\cdots$
P_k	P_1	P_2	$\cdots$	P_n	$\cdots$

分布律的性质：

(1) 非负性，$P_k\geqslant 0(k=1,2,\cdots)$；

(2) 全部概率的和为 1，即 $\sum\limits_{k=1}^{\infty}P_k=1$。

(3) $P(a<X\leqslant b)=\sum\limits_{a<x_k\leqslant b}P_k$。

离散型随机变量的分布函数

$$F(x)=P\{X\leqslant x\}=\sum\limits_{x_k\leqslant x}P\{X=x_k\}$$

【例 1-114】 离散型随机变量 X 的分布律为 $P(X=k)=C\lambda^k(k=0,1,2,\cdots)$，则下列不成立的是：

A. $C>0$ B. $0<\lambda<1$ C. $C=1-\lambda$ D. $C=\dfrac{1}{1-\lambda}$

解 由分布律性质知 $C\lambda^k\geqslant 0$，$\sum\limits_{k=0}^{\infty}C\lambda^k=\dfrac{C}{1-\lambda}=1$。所以 $C>0,\lambda>0,|\lambda|<1,C=1-\lambda$。

答案： D

(三) 连续型随机变量

对于随机变量 X，如果存在非负函数 $f(x)$，使对任意实数 x 有

$$F(x)=P\{X\leqslant x\}=\int_{-\infty}^{x}f(t)dt$$

则称 X 为**连续型随机变量**，称 $f(x)$ 为 X 的**概率密度**。此时，$F(x)$ 为连续函数。

概率密度 $f(x)$ 性质：

(1) $\int_{-\infty}^{+\infty}f(x)dx=1$；

(2) 在 $f(x)$ 连续点有 $F'(x)=f(x)$；

(3) $P\{a<X\leqslant b\}=F(b)-F(a)=\int_{a}^{b}f(x)dx$。

注意：连续型随机变量 X 取任一定值 a 的概率 $P\{X=a\}=0$，但 "$X=a$" 有时并非不可

事件。

【例 1-115】 下列函数中,可以作为连续型随机变量的分布函数的是:

A. $\Phi(x)=\begin{cases}0, & x<0 \\ 1-e^x, & x\geqslant 0\end{cases}$
B. $F(x)=\begin{cases}e^x, & x<0 \\ 1, & x\geqslant 0\end{cases}$

C. $G(x)=\begin{cases}e^{-x}, & x<0 \\ 1, & x\geqslant 0\end{cases}$
D. $H(x)=\begin{cases}0, & x<0 \\ 1+e^{-x}, & x\geqslant 0\end{cases}$

解 分布函数[记为 $Q(x)$]性质为:①$0\leqslant Q(x)\leqslant 1, Q(-\infty)=0, Q(+\infty)=1$;②$Q(x)$ 是非减函数;③$Q(x)$ 是右连续的。

$\Phi(+\infty)=-\infty$;$F(x)$ 满足分布函数的性质①、②、③;

$G(-\infty)=+\infty$,$x\geqslant 0$ 时,$H(x)>1$。

答案: B

【例 1-116】 设随机变量 X 的概率密度为 $f(x)=\begin{cases}Axe^{-\frac{x^2}{2\sigma^2}} & x\geqslant 0 \\ 0 & x<0\end{cases}$,求常数 A。

解 由 $\int_{-\infty}^{+\infty}f(x)\mathrm{d}x=1$,可知 $\int_{0}^{+\infty}Axe^{-\frac{x^2}{2\sigma^2}}\mathrm{d}x=-A\sigma^2\int_{0}^{+\infty}e^{-\frac{x^2}{2\sigma^2}}\mathrm{d}\left(-\frac{x^2}{2\sigma^2}\right)=A\sigma^2=1$,由此有 $A=\frac{1}{\sigma^2}$。

【例 1-117】 设连续型随机变量 X 的分布函数为

$$F(x)=A+B\arctan x \quad (-\infty<x<+\infty)$$

求:(1) 常数 A 与 B;

(2) 随机变量 X 落入 $(-1,1)$ 内的概率;

(3) 随机变量 X 的概率密度。

解 (1) 因 $F(+\infty)=A+\frac{\pi}{2}B=1$,$F(-\infty)=A-\frac{\pi}{2}B=0$

所以 $A=\frac{1}{2}$,$B=\frac{1}{\pi}$,$F(x)=\frac{1}{2}+\frac{1}{\pi}\arctan x$

(2) $P\{-1<X<1\}=F(1)-F(-1)=\frac{1}{2}$

(3) $f(x)=F'(x)=\frac{1}{\pi(1+x^2)} \quad (-\infty<x<+\infty)$

(四)常用概率分布

1. 二点分布(0-1 分布)

分布律

$$P\{X=k\}=p^kq^{1-k} \quad (k=0,1)$$

或

X	0	1
P_k	q	p

$(0<p<1, q=1-p)$

2. 二项分布 $X\sim B(n,p)$

分布律

$$P\{X=k\}=C_n^k p^k q^{n-k} \quad (0<p<1, q=1-p; k=0,1,2,\cdots,n)$$

说明：(1) 0-1 分布就是 $B(1,p)$。

(2) 当 X 表示"n 次独立重复试验中，事件 A 发生的次数"时，$X \sim B(n,p)$，$p = P(A)$。

3. 泊松分布

分布律

$$P\{X=k\} = \frac{e^{-\lambda}\lambda^k}{k!} \quad (\text{参数 } \lambda \text{ 为正常数}, k = 0, 1, 2, \cdots)$$

4. 均匀分布

概率密度

$$f(x) = \begin{cases} \dfrac{1}{b-a} & a \leqslant x \leqslant b \\ 0 & \text{其他} \end{cases}$$

5. 指数分布

概率密度

$$f(x) = \begin{cases} \lambda e^{-\lambda x} & x \geqslant 0 \\ 0 & x < 0 \end{cases} \quad (\text{参数 } \lambda \text{ 为正常数})$$

6. 正态分布 $X \sim N(\mu, \sigma^2)$

概率密度

$$f(x) = \frac{1}{\sqrt{2\pi}\sigma} e^{-\frac{(x-\mu)^2}{2\sigma^2}} \quad (-\infty < x < +\infty, \mu \text{ 为常数}, \sigma \text{ 为正常数})$$

标准正态分布 $X \sim N(0,1)$

概率密度

$$\varphi(x) = \frac{1}{\sqrt{2\pi}} e^{-\frac{x^2}{2}} \quad (-\infty < x < +\infty) \tag{1-136}$$

分布函数 $\quad \Phi(x) = \dfrac{1}{\sqrt{2\pi}} \displaystyle\int_{-\infty}^{x} e^{-\frac{t^2}{2}} dt$

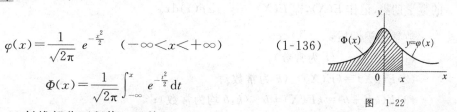

图 1-22

$\Phi(x)$ 为图 1-22 斜线部分面积值。显然

$$\Phi(0) = 0.5$$

$$\Phi(-a) = 1 - \Phi(a) \text{（图 1-23）}$$

$$a > 0 \text{ 时}, P\{|X| < a\} = 2\Phi(a) - 1 \text{（图 1-23）}$$

设 $X \sim N(\mu, \sigma^2)$，则：

(1) $\dfrac{X-\mu}{\sigma} \sim N(0,1)$

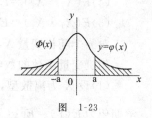

图 1-23

(2) $P(a < X \leqslant b) = F(b) - F(a) = \Phi\left(\dfrac{b-\mu}{\sigma}\right) - \Phi\left(\dfrac{a-\mu}{\sigma}\right)$

(3) 当 a, b 为常数，$a \neq 0$ 时，$aX + b \sim N(a\mu + b, a^2\sigma^2)$。

【例 1-118】 设 $X \sim N(1, 2^2)$，求 $P\{-1 < X^3 < 8\}$。$\Phi(0.5) = 0.69, \Phi(1) = 0.84$。

解 $P\{-1 < X^3 < 8\} = P\{-1 < X < 2\}$

$$= F(2) - F(-1)$$

$$= \Phi\left(\frac{2-1}{2}\right) - \Phi\left(\frac{-1-1}{2}\right)$$

$$= \Phi(0.5) - \Phi(-1)$$

$$= \Phi(0.5) - [1 - \Phi(1)]$$
$$= 0.69 - [1 - 0.84]$$
$$= 0.53$$

为了便于应用,对于标准正态分布,我们引入上 α 分位数的定义:

设 $X \sim N(0,1)$,若数 z_α 满足条件(图 1-24)

$$P\{X > z_\alpha\} = \alpha \quad (0 < \alpha < 1) \tag{1-137}$$

则称数 z_α 为标准正态分布上 α 分位数。$\Phi(z_\alpha) = P(X \leqslant z_\alpha) = 1 - \alpha$,由于概率密度 $\varphi(x)$ 为偶函数,所以 $z_{1-\alpha} = -z_\alpha$。(有的书不用 z_α 而用 u_α)

例如,查表可知 $z_{0.05} = 1.645, z_{0.025} = 1.96, z_{0.95} = -1.645$。

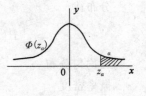

图 1-24

三、随机变量的数字特征

(一)随机变量的数字特征

1. 数学期望(均值)

设离散型随机变量 X 的分布律为 $P\{X = x_k\} = P_k (k=1,2,\cdots,n,\cdots)$。若 $\sum\limits_{k=1}^{\infty} x_k P_k$ 绝对收敛,则称 $\sum\limits_{k=1}^{\infty} x_k P_k$ 为 X 的**数学期望**,记作 $E(X)$,即 $E(X) = \sum\limits_{k=1}^{\infty} x_k P_k$。

设连续型随机变量 X 的概率密度为 $f(x)$,若 $\int_{-\infty}^{+\infty} x f(x) \mathrm{d}x$ 绝对收敛,则称 $\int_{-\infty}^{+\infty} x f(x) \mathrm{d}x$ 为 X 的**数学期望**,记作 $E(X)$,即 $E(X) = \int_{-\infty}^{+\infty} x f(x) \mathrm{d}x$。

数学期望性质:

(1) $E(c) = c$ (c 为常数);
(2) $E(kX) = kE(X)$ (k 为常数);
(3) $E(kX+b) = kE(X) + b$ (k, b 均为常数);
(4) $E(X_1 + X_2) = E(X_1) + E(X_2)$;
(5) $E(X_1 \cdot X_2) = E(X_1) \cdot E(X_2)$ (X_1, X_2 相互独立时)。

对 n 个随机变量 $X_1, \cdots, X_n$ 有类似结论。

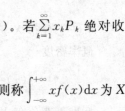

随机变量函数的数学期望:

(1) 设 X 为离散型,分布律为 $P(X = x_i) = P_i (i=1,2,\cdots)$,$Y = g(X)$,则随机变量 Y 的数学期望为 $E(Y) = E[g(X)] = \sum\limits_{i=1}^{\infty} g(x_i) P_i$(绝对收敛)。

(2) 设 X 为连续型,概率密度为 $f(x)$,$Y = g(X)$,则随机变量 Y 的数学期望为 $E(Y) = E[g(X)] = \int_{-\infty}^{+\infty} g(x) f(x) \mathrm{d}x$(绝对收敛)。

【例 1-119】 设 (X,Y) 的联合概率密度为 $f(x,y) = \begin{cases} k, 0 < x < 1, 0 < y < x \\ 0, \text{其他} \end{cases}$,则数学期望 $E(XY)$ 等于:

A. $\dfrac{1}{4}$ B. $\dfrac{1}{3}$ C. $\dfrac{1}{6}$ D. $\dfrac{1}{2}$

解 如图 1-25 所示,$\int_{-\infty}^{+\infty}\int_{-\infty}^{+\infty} f(x,y) \mathrm{d}x \mathrm{d}y = \int_0^1 \int_0^x k \mathrm{d}y \mathrm{d}x = \dfrac{k}{2} = 1$,得 $k = 2$

$$E(XY) = \int_{-\infty}^{+\infty}\int_{-\infty}^{+\infty} xyf(x,y)dxdy = \int_0^1\int_0^x 2xy\,dy\,dx = \frac{1}{4}$$

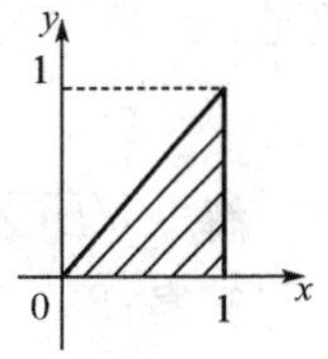

答案：A

图 1-25

2. 方差

称 $E[(X-E(X))^2]$ 为 X 的 方差，记为 $D(X)$，即 $D(X)=E[(X-E(X))^2]$，方差用于刻画随机变量取值分散程度。称 $\sqrt{D(X)}$ 为 X 的 标准差 或均方差。

设离散型随机变量 X 的分布律为 $P(X=x_k)=P_k(k=1,2,\cdots)$，则

$$D(X) = \sum_{k=1}^{\infty}[x_k - E(X)]^2 P_k$$

设连续型随机变量 X 的概率密度为 $f(x)$，则

$$D(X) = \int_{-\infty}^{\infty}[x - E(X)]^2 f(x)dx$$

计算方差有时用公式

$$D(X) = E(X^2) - [E(X)]^2 \tag{1-137}$$

方差性质：

(1) $D(C)=0$ （C 为常数）；

(2) $D(CX)=C^2 D(X), D(X\pm C)=D(X)$ （C 为常数）；

(3) 设随机变量 X_1, X_2 相互独立，则

$$D(X_1 \pm X_2) = D(X_1) + D(X_2)$$

对 n 个随机变量 $X_1, \cdots, X_n$ 有类似结论。

特别对独立同分布的随机变量 $X_1, \cdots, X_n$，如果 $E(X_i)=\mu, D(X_i)=\sigma^2 (i=1,2,\cdots,n)$，令 $\overline{X}=\frac{1}{n}\sum_{i=1}^{n} X_i$，则

$$E(\overline{X}) = E\left(\frac{1}{n}\sum_{i=1}^{n} X_i\right) = \mu$$

$$D(\overline{X}) = D\left(\frac{1}{n}\sum_{i=1}^{n} X_i\right) = \frac{1}{n}\sigma^2$$

【例 1-120】 已知 $E(X)=2, D(X)=1, Y=X^2$，求 $E(Y)$。

解 由于 $E(Y)=E(X^2)$，而 $E(X^2)=D(X)+E^2(X)$，所以 $E(Y)=1+2^2=5$。

(二) 常见概率分布的期望和方差（表 1-3）

表 1-3

X 服从的分布	$E(X)$	$D(X)$
参数 P 的 0-1 分布，$q=1-p$	p	pq
二项分布 $B(n,p)$，$q=1-p$	np	npq
参数 λ 的泊松分布	λ	λ
(a,b) 上的均匀分布	$\frac{a+b}{2}$	$\frac{(b-a)^2}{12}$
参数 λ 的指数分布	$\frac{1}{\lambda}$	$\frac{1}{\lambda^2}$
正态分布 $N(\mu,\sigma^2)$	μ	σ^2

【例 1-121】 设随机变量 X 服从参数为 2 的泊松分布，则随机变量 $Z=3X+2$ 的标准

差是：

    A. 18   B. $3\sqrt{2}$ C. 6   D. 4

解 $\sqrt{D(Z)}=\sqrt{9D(X)}=\sqrt{9\times 2}=3\sqrt{2}$

答案：B

(三)矩、协方差、相关系数及其性质

(1)设 k 为正整数，$E(X)$ 存在，则称 $E(X^k)$ 为 X 的 k 阶原点矩，称 $E[(X-E(X))^k]$ 为 X 的 k 阶中心矩。X 的方差 $D(X)$ 为 X 的二阶中心矩。

(2)设 X、Y 为随机变量，$E(X)$、$E(Y)$ 存在，则称 $E[(X-E(X))(Y-E(Y))]$ 为 X 与 Y 的协方差，记作 $\mathrm{Cov}(X,Y)$，即 $\mathrm{Cov}(X,Y)=E[(X-E(X))(Y-E(Y))]$。

因为 $(X-E(X))(Y-E(Y))=XY-XE(Y)-YE(X)+E(X)E(Y)$，所以 $\mathrm{Cov}(X,Y)=E(XY)-E(X)\cdot E(Y)$。

协方差性质：

① $\mathrm{Cov}(X,Y)=\mathrm{Cov}(Y,X)$；

② $\mathrm{Cov}(X_1+X_2,Y)=\mathrm{Cov}(X_1,Y)+\mathrm{Cov}(X_2,Y)$；

③ $\mathrm{Cov}(aX,bY)=ab\mathrm{Cov}(X,Y)$，其中 a、b 为常数；

④ 若 X 与 Y 相互独立，则 $\mathrm{Cov}(X,Y)=0$。

(3)设 $D(X)>0,D(Y)>0$，则称 $\dfrac{\mathrm{Cov}(X,Y)}{\sqrt{D(X)D(Y)}}$ 为 X 与 Y 的相关系数，记作 ρ_{XY}。

相关系数性质：

① $|\rho_{XY}|\leqslant 1$；

② $|\rho_{XY}|=1$ 的充分必要条件是存在常数 a、$b(a\neq 0)$，使 $P\{Y=aX+b\}=1$。

ρ_{XY} 描述 X 和 Y 之间线性相关关系的密切程度。$|\rho_{XY}|$ 接近1，说明 X、Y 之间有密切的线性相关关系；$\rho_{XY}=0$ 时称 X 与 Y 不相关，说明 X 与 Y 之间没有线性相关关系。

四、数理统计的基本概念

(一)总体与样本

在统计学中，我们把研究对象的全体(或某项指标 X)称为总体，组成总体的基本单元称为个体。总体可以用随机变量 X 表示。例如 X 表示钢筋强度、灯泡寿命等。

从一个总体 X 中，随机地抽取 n 个个体称为样本，记为 $X_1,X_2,\cdots,X_n$。若样本 $X_1,X_2,\cdots,X_n$ 相互独立，且与 X 有相同的概率分布，则称 $X_1,X_2,\cdots,X_n$ 是来自总体 X 的容量为 n 的(简单随机)样本。每次具体抽样，所得数据为样本观察值，用 $x_1,x_2,\cdots,x_n$ 表示。

如果总体的概率密度为 $f(x)$，则 $(X_1,X_2,\cdots,X_n)$ 有联合密度 $f(x_1)f(x_2)\cdots f(x_n)$。

(二)统计量

设 $X_1,X_2,\cdots,X_n$ 是来自总体 X 的样本，则不含未知参数的连续函数 $g(X_1,X_2,\cdots,X_n)$ 称为统计量。

常用统计量有：

(1)样本均值 $\overline{X}=\dfrac{1}{n}\sum\limits_{i=1}^{n}X_i$；

(2)样本方差 $S^2=\dfrac{1}{n-1}\sum\limits_{i=1}^{n}(X_i-\overline{X})^2$；

(3)样本标准差 $S=\sqrt{\dfrac{1}{n-1}\sum\limits_{i=1}^{n}(X_i-\overline{X})^2}$。

如果 $E(X)=\mu,D(X)=\sigma^2$,则 $E(\overline{X})=\mu,D(\overline{X})=\dfrac{1}{n}\sigma^2$ 且 $E(S^2)=\sigma^2$。

(4)样本 k 阶原点矩 $\qquad A_k=\dfrac{1}{n}\sum\limits_{i=1}^{n}X_i^k,k=1,2,\cdots$

样本 k 阶中心矩 $\qquad B_k=\dfrac{1}{n}\sum\limits_{i=1}^{n}(X_i-\overline{X})^k,k=1,2,\cdots$

(三)正态总体样本均值与样本方差的分布

1.数理统计中常用的分布

(1)χ^2 分布

设 $Z_1,Z_2,\cdots,Z_n$ 相互独立且都服从 $N(0,1)$ 分布,则称
$$Y=\sum_{i=1}^{n}Z_i^2$$
服从自由度为 n 的 χ^2 分布,记作 $Y\sim\chi^2(n)$。若数 $\chi_\alpha^2(n)$ 满足 $P\{Y>\chi_\alpha^2(n)\}=\alpha(0<\alpha<1)$,则称数 $\chi_\alpha^2(n)$ 为 $\chi^2(n)$ 分布的上 α 分位数(图 1-26)。

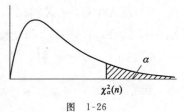

图 1-26

χ^2 分布的性质:

①设 $X\sim\chi^2(n)$,则 $E(X)=n,D(X)=2n$。

②可加性:设 $X\sim\chi^2(n_1),Y\sim\chi^2(n_2)$,且 X,Y 相互独立,则 $X+Y\sim\chi^2(n_1+n_2)$。

(2)t 分布

设 X、Y 相互独立,且 $X\sim N(0,1),Y\sim\chi^2(n)$,则称
$$T=\dfrac{X}{\sqrt{\dfrac{Y}{n}}}$$

服从自由度为 n 的 t 分布,记作 $T\sim t(n)$。

若数 $t_\alpha(n)$ 满足
$$P\{T>t_\alpha(n)\}=\alpha \quad (0<\alpha<1)$$
则称 $t_\alpha(n)$ 为 $t(n)$ 分布的上 α 分位数(图 1-27)。$t(n)$ 分布的概率密度 $f(x)$ 为偶函数,因而有 $t_{1-\alpha}(n)=-t_\alpha(n)$。

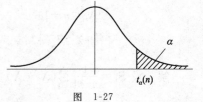

图 1-27

(3)F 分布

设 X、Y 相互独立,且 $X\sim\chi^2(n_1)$、$Y\sim\chi^2(n_2)$,则称
$$F=\dfrac{X/n_1}{Y/n_2}$$
服从 F 分布,记作 $F\sim F(n_1,n_2)$,n_1、n_2 分别为第一、第二自由度。

若数 $F_\alpha(n_1,n_2)$ 满足
$$P\{F>F_\alpha(n_1,n_2)\}=\alpha \quad (0<\alpha<1)$$
则称 $F_\alpha(n_1,n_2)$ 为 $F(n_1,n_2)$ 分布的上 α 分位数(图 1-28)。

若 $F\sim F(n_1,n_2)$,则 $\dfrac{1}{F}\sim F(n_2,n_1)$。由此可得 $F_{1-\alpha}(n_1,n_2)=\dfrac{1}{F_\alpha(n_2,n_1)}$。

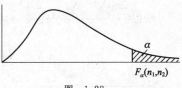

图 1-28

2. 正态总体常用抽样分布

(1) 设 $X_1, X_2, \cdots, X_n$ 是来自总体 $N(\mu, \sigma^2)$ 的样本，则

① $\overline{X}$ 与 S^2 相互独立。

② $\overline{X} \sim N\left(\mu, \dfrac{\sigma^2}{n}\right)$，$\dfrac{\overline{X} - \mu}{\dfrac{\sigma}{\sqrt{n}}} \sim N(0, 1)$。

③ $Y = \dfrac{(n-1)S^2}{\sigma^2} \sim \chi^2(n-1)$。

④ $T = \dfrac{\overline{X} - \mu}{\dfrac{S}{\sqrt{n}}} \sim t(n-1)$。

(2) 设 $X_1, X_2, \cdots, X_{n1}$ 和 $Y_1, Y_2, \cdots, Y_{n2}$ 是分别来自总体 $N(\mu_1, \sigma_1^2)$ 和 $N(\mu_2, \sigma_2^2)$ 的样本，且 $X_1, X_2, \cdots, X_{n1}; Y_1, Y_2, \cdots, Y_{n2}$ 相互独立，$\overline{X}, \overline{Y}$ 分别为两样本均值，$S_1^2 、 S_2^2$ 分别为两样本方差，则

① 当 $\sigma_1^2 = \sigma_2^2 = \sigma^2$ 时，

记 $S_w = \sqrt{\dfrac{(n_1-1)S_1^2 + (n_2-1)S_2^2}{n_1+n_2-2}}$

$$\dfrac{(\overline{X} - \overline{Y}) - (\mu_1 - \mu_2)}{\sqrt{\dfrac{n_1+n_2}{n_1 n_2}} S_w} \sim t(n_1+n_2-2)$$

② $\dfrac{\sigma_2^2 S_1^2}{\sigma_1^2 S_2^2} \sim F(n_1-1, n_2-1)$

【例 1-122】 设 $X_1, X_2, \cdots, X_n$ 与 $Y_1, Y_2, \cdots, Y_n$ 是来自正态总体 $X \sim N(\mu, \sigma^2)$ 的样本，并且相互独立，$\overline{X}$ 与 $\overline{Y}$ 分别是其样本均值，则 $\dfrac{\sum\limits_{i=1}^{n}(X_i-\overline{X})^2}{\sum\limits_{i=1}^{n}(Y_i-\overline{Y})^2}$ 服从的分布是：

A. $t(n-1)$ B. $F(n-1, n-1)$

C. $\chi^2(n-1)$ D. $N(\mu, \sigma^2)$

解 设 $S_1^2 = \dfrac{1}{n-1} \sum\limits_{i=1}^{n}(X_i - \overline{X})^2$

因为总体 $X \sim N(\mu, \sigma^2)$

所以 $\dfrac{\sum\limits_{i=1}^{n}(X_i-\overline{X})^2}{\sigma^2} = \dfrac{(n-1)S_1^2}{\sigma^2} \sim \chi^2(n-1)$，同理 $\dfrac{\sum\limits_{i=1}^{n}(Y_i-\overline{Y})^2}{\sigma^2} \sim \chi^2(n-1)$

又因为两样本相互独立

所以 $\dfrac{\sum\limits_{i=1}^{n}(X_i-\overline{X})^2}{\sigma^2}$ 与 $\dfrac{\sum\limits_{i=1}^{n}(Y_i-\overline{Y})^2}{\sigma^2}$ 相互独立

$\dfrac{\sum\limits_{i=1}^{n}(X_i-\overline{X})^2}{\sum\limits_{i=1}^{n}(Y_i-\overline{Y})^2} = \dfrac{\dfrac{\sum\limits_{i=1}^{n}(X_i-\overline{X})^2}{(n-1)\sigma^2}}{\dfrac{\sum\limits_{i=1}^{n}(Y_i-\overline{Y})^2}{(n-1)\sigma^2}} \sim F(n-1, n-1)$

答案：B

五、参数估计

用样本来估计总体的某些未知参数（主要是期望和方差），这就是参数估计。参数估计有点估计和区间估计两种。

（一）点估计

设总体 X 的分布函数为 $F(x,\theta)$，θ 是未知参数，构造一个统计量 $g(X_1,X_2,\cdots,X_n)$，用它的值 $g(x_1,x_2,\cdots,x_n)$ 估计参数 θ，称为参数的点估计问题。称统计量 $g(X_1,X_2,\cdots,X_n)$ 为 θ 的估计量，称 $g(x_1,x_2,\cdots,x_n)$ 为 θ 的估计值，θ 的估计量和估计值可记为 $\hat{\theta}$。

1. 矩估计法

设 $X_1,X_2,\cdots,X_n$ 是 X 的样本，X 的分布中含 k 个待估计参数 $\theta_1,\theta_2,\cdots,\theta_k$。如果总体矩 $\mu_l=E(X^l)(l=1,2,\cdots,k)$ 存在，相应的样本矩 $A_l=\frac{1}{n}\sum_{i=1}^{n}X_i^l(l=1,2,\cdots,k)$，令 $\mu_l=A_l(l=1,2,\cdots,k)$，$\theta_1,\theta_2,\cdots,\theta_k$ 的解 $\hat{\theta}_1,\hat{\theta}_2,\cdots,\hat{\theta}_k$ 分别为 $\theta_1,\theta_2,\cdots,\theta_k$ 的矩估计量。

样本均值 $\qquad\qquad\qquad \overline{X}=\frac{1}{n}\sum_{i=1}^{n}X_i$

样本二阶中心矩 $\qquad\qquad S_n^2=\frac{1}{n}\sum_{i=1}^{n}(X_i-\overline{X})^2$

$\overline{X}$、S_n^2 分别是总体参数 $E(X)$、$D(X)$ 的矩估计量。

【例 1-123】 设总体 X 的概率密度 $f(x)=\begin{cases}(\theta+1)x^\theta & 0<x<1\\ 0 & \text{其他}\end{cases}$，其中 $\theta>-1$ 是未知参数，$X_1,X_2,\cdots,X_n$ 是来自总体 X 的样本，则 θ 的矩估计量是：

A. $\overline{X}$ 　　B. $\dfrac{2\overline{X}-1}{1-\overline{X}}$ 　　C. $2\overline{X}$ 　　D. $\overline{X}-1$

解 $E(X)=\int_0^1 x(\theta+1)x^\theta\mathrm{d}x=\dfrac{\theta+1}{\theta+2}$，$\theta=\dfrac{2E(X)-1}{1-E(X)}$，用 $\overline{X}$ 替换 $E(X)$ 得 $\hat{\theta}=\dfrac{2\overline{X}-1}{1-\overline{X}}$

答案：B

【例 1-124】 设总体 X 的概率分布为：

X	0	1	2	3
P	θ^2	$2\theta(1-\theta)$	θ^2	$1-2\theta$

其中 $\theta(0<\theta<\dfrac{1}{2})$ 是未知参数，利用样本值 3,1,3,0,3,1,2,3，所得 θ 的矩估计值是：

A. $\dfrac{1}{4}$ 　　B. $\dfrac{1}{2}$ 　　C. 2 　　D. 0

解 因为 $0<\theta<\dfrac{1}{2}$，显然，选项 B,C,D 都错，或 $E(X)=1\times 2\theta(1-\theta)+2\theta^2+3(1-2\theta)=3-4\theta$，$\theta=\dfrac{3-E(X)}{4}$，用 $\overline{X}$ 替换 $E(X)$，得估计量 $\hat{\theta}=\dfrac{3-\overline{X}}{4}$。

因为 $\overline{X}=\dfrac{3+1+3+3+1+2+3}{8}=2$，得估计值 $\hat{\theta}=\dfrac{3-2}{4}=\dfrac{1}{4}$。

答案：A

2. 极大似然估计法

(1) 似然函数

设总体 X 的分布律为 $P(X=x_k)=P_k(\theta)(k=1,2,\cdots)$，其中含有未知参数 θ，$x_1,x_2,\cdots,x_n$ 为一组样本值，则函数 $L(\theta)=\prod\limits_{i=1}^{n}P(X=x_i)$ 称为**似然函数**。

设总体 X 的概率密度 $f(x,\theta)$ 已知，其中 θ 为未知参数，Θ 为 θ 的取值范围。对于样本 $X_1,X_2,\cdots,X_n$ 的一组样本值 $x_1,x_2,\cdots,x_n$，

则函数
$$L(\theta)=\prod_{i=1}^{n}f(x_i,\theta),\theta\in\Theta \tag{1-138}$$

称为**似然函数**。未知参数可以是一个也可以是多个。

(2) 极大似然估计

如果似然函数 $L(\theta)$ 在 $\hat{\theta}$ 上取得最大值，则称 $\hat{\theta}$ 为 θ 的**极大似然估计**。一般来说，求 θ 的极大似然估计 $\hat{\theta}$ 可以通过求解下面方程

$$\frac{dL(\theta)}{d\theta}=0 \quad 或 \quad \frac{d}{d\theta}\ln L(\theta)=0$$

求得，当概率密度中含多个未知参数 $\theta_1,\cdots,\theta_k$ 时，可用类似方法求得 $\hat{\theta}_1,\cdots,\hat{\theta}_k$。

【例 1-125】 设总体 X 服从指数分布，概率密度为

$$f(x)=\begin{cases}\lambda e^{-\lambda x} & x>0 \\ 0 & x\leqslant 0\end{cases}\quad(\lambda>0)$$

其中 λ 为未知数，如果取得样本观察值为 $x_1,x_2,\cdots,x_n$，求参数 λ 的极大似然估计。

解 似然函数

$$L(\lambda)=\prod_{i=1}^{n}\lambda e^{-\lambda x_i}=\lambda^n e^{-\lambda\sum\limits_{i=1}^{n}x_i}\quad(\lambda>0)$$

$$\ln L(\lambda)=n\ln\lambda-\lambda\sum_{i=1}^{n}x_i$$

由此有方程
$$\frac{d}{d\lambda}\ln L(\lambda)=\frac{n}{\lambda}-\sum_{i=1}^{n}x_i=0$$

所以，λ 的极大似然估计为

$$\hat{\lambda}=\frac{n}{\sum\limits_{i=1}^{n}x_i}=\frac{1}{\bar{x}}(估计值),\hat{\lambda}=\frac{1}{\bar{X}}(估计量)$$

(二) 估计量的评选标准

1. 无偏性

设 $\hat{\theta}=\hat{\theta}(X_1,X_2,\cdots,X_n)$ 是参数 θ 的估计量，若 $E(\hat{\theta})=\theta$，则称 $\hat{\theta}$ 是 θ 的**无偏估计量**。例如，$\bar{X}$ 是 $E(X)$ 的无偏估计量，S^2 是 $D(X)$ 的无偏估计量。

2. 有效性

设 $\hat{\theta}_1$、$\hat{\theta}_2$ 都是 θ 的无偏估计量，若 $D(\hat{\theta}_1)<D(\hat{\theta}_2)$，则称 $\hat{\theta}_1$ 比 $\hat{\theta}_2$ **有效**。

例如，设 $\mu=E(X),\sigma^2=D(X)>0,X_1、X_2$ 为总体 X 的样本，μ 的两个估计量为

$$\hat{\mu}_1=\frac{1}{2}X_1+\frac{1}{2}X_2,\hat{\mu}_2=\frac{1}{3}X_1+\frac{2}{3}X_2$$

因为
$$E(\hat{\mu}_1) = \frac{1}{2}E(X_1) + \frac{1}{2}E(X_2) = \mu$$
$$E(\hat{\mu}_2) = \frac{1}{3}E(X_1) + \frac{2}{3}E(X_2) = \mu$$

所以 $\hat{\mu}_1$、$\hat{\mu}_2$ 都是 μ 的无偏估计量。

但是
$$D(\hat{\mu}_1) = \frac{1}{4}D(X_1) + \frac{1}{4}D(X_2) = \frac{1}{2}\sigma^2$$
$$D(\hat{\mu}_2) = \frac{1}{9}D(X_1) + \frac{4}{9}D(X_2) = \frac{5}{9}\sigma^2$$
$$D(\hat{\mu}_1) < D(\hat{\mu}_2)$$

所以 $\hat{\mu}_1$ 比 $\hat{\mu}_2$ 有效。

3. 一致性

设 $\hat{\theta}(X_1, X_2, \cdots, X_n)$ 是 θ 的估计量,若对任一给定的 $\varepsilon > 0$ 和一切 $\theta \in \Theta$（Θ 为 θ 的可能取值范围,称为参数空间),均有 $\lim_{n \to \infty} P(|\hat{\theta} - \theta| > \varepsilon) = 0$,则称 $\hat{\theta}$ 是 θ 的<u>一致估计量</u>。

【例 1-126】 设总体 $X \sim N(0, \sigma^2)$,$X_1, X_2, \cdots, X_n$ 是来自总体的样本,$\hat{\sigma}^2 = \frac{1}{n}\sum_{i=1}^{n} X_i^2$,则下面结论中正确的是：

A. $\hat{\sigma}^2$ 不是 σ^2 的无偏估计量

B. $\hat{\sigma}^2$ 是 σ^2 的无偏估计量

C. $\hat{\sigma}^2$ 不一定是 σ^2 的无偏估计量

D. $\hat{\sigma}^2$ 不是 σ^2 的估计量

解 $E(\hat{\sigma}^2) = E\left(\frac{1}{n}\sum_{i=1}^{n} X_i^2\right) = E(X_i^2)$

样本 $X_1, X_2, \cdots X_n$ 与总体 X 同分布,$X_i \sim N(0, \sigma^2)$

$E(\hat{\sigma}^2) = E(X_i^2) = D(X_i) + [E(X_i)]^2 = \sigma^2 + 0^2 = \sigma^2$

答案：B

（三）区间估计

对于未知参数 θ,除了求出它的点估计 $\hat{\theta}$ 外,我们还希望估计出一个范围,并希望知道这个范围包含参数 θ 真值的可靠程度。

设总体 X 的分布含有一个未知数 θ。若由样本 $X_1, X_2, \cdots, X_n$ 确定的两个统计量 $\theta_1(X_1, X_2, \cdots, X_n)$ 及 $\theta_2(X_1, X_2, \cdots, X_n)$,对于给定的值 $\alpha(0 < \alpha < 1)$ 满足

$$P\{\theta_1(X_1, X_2, \cdots, X_n) < \theta < \theta_2(X_1, X_2, \cdots, X_n)\} = 1 - \alpha \tag{1-140}$$

则称随机区间 (θ_1, θ_2) 为 θ 的置信度为 $1-\alpha$ 的<u>置信区间</u>。θ_1 和 θ_2 分别称为置信下限和置信上限。

式(1-140)的意义是:在随机抽样得到的区间 (θ_1, θ_2) 包含 θ 真值的概率为 $(1-\alpha)$,不含 θ 值的概率为 α。

求置信区间的方法：

(1)先找一个与待估参数有关的统计量,一般找 θ 的一个良好的点估计量 $\hat{\theta}$。

(2)设法找出表达式中含此统计量 $\hat{\theta}$ 和待估参数 θ 的一个随机变量 U,其分布已知且与 θ 无关。

(3) 对于给定的置信度 $1-\alpha$,选取常数 a、b,使 $P(a<U<b)=1-\alpha$。一般取 b 为 U 的分布的上 $\frac{\alpha}{2}$ 分位数,取 a 为 U 的分布的上 $1-\frac{\alpha}{2}$ 分位数。

(4) 把不等式 $a<U<b$ 改写为等价的形式 $\theta_1<\theta<\theta_2$,其中 θ_1、θ_2 仅与 a、b、样本有关,而与 θ 无关,于是有 $P(\theta_1<\theta<\theta_2)=1-\alpha$,随机区间 (θ_1,θ_2) 就是参数 θ 的一个置信度为 $1-\alpha$ 的置信区间。

1. 正态总体均值 μ 的区间估计

设总体 $X \sim N(\mu,\sigma^2)$。

(1) σ^2 已知,求 μ 的置信区间

取 $\hat{\mu}=\overline{X}$,由于
$$U=\frac{\overline{X}-\mu}{\sigma/\sqrt{n}} \sim N(0,1)$$

总体均值 μ 的 $1-\alpha$ 置信区间为

$$\left(\overline{X}-z_{\frac{\alpha}{2}}\frac{\sigma}{\sqrt{n}},\overline{X}+z_{\frac{\alpha}{2}}\frac{\sigma}{\sqrt{n}}\right) \tag{1-139}$$

(2) σ^2 未知,求 μ 的置信区间

$$S^2=\frac{1}{n-1}\sum_{i=1}^{n}(X_i-\overline{X})^2$$

取 $\hat{\mu}=\overline{X}$,由于
$$U=\frac{\overline{X}-\mu}{S/\sqrt{n}} \sim t(n-1)$$

总体均值 μ 的 $1-\alpha$ 置信区间为

$$\left(\overline{X}-t_{\frac{\alpha}{2}}(n-1)\frac{S}{\sqrt{n}},\overline{X}+t_{\frac{\alpha}{2}}(n-1)\frac{S}{\sqrt{n}}\right) \tag{1-140}$$

2. 正态总体方差 σ^2 的区间估计

取 $\hat{\sigma}^2=S^2$,由于
$$U=\frac{(n-1)S^2}{\sigma^2} \sim \chi^2(n-1)$$

总体方差 σ^2 的 $1-\alpha$ 置信区间为 $\left(\dfrac{(n-1)S^2}{\chi^2_{\frac{\alpha}{2}}(n-1)},\dfrac{(n-1)S^2}{\chi^2_{1-\frac{\alpha}{2}}(n-1)}\right)$ (1-141)

3. 两个正态总体均值差和方差比的区间估计

设 $X_1,X_2,\cdots,X_{n_1}$ 和 $Y_1,Y_2,\cdots,Y_{n_2}$ 分别是总体 $N(\mu_1,\sigma_1^2)$ 和 $N(\mu_2,\sigma_2^2)$ 的两个相互独立的样本。$\overline{X}$ 和 $\overline{Y}$ 为两样本均值,S_1^2 和 S_2^2 为两样本方差。

(1) σ_1^2 和 σ_2^2 已知时,$\mu_1-\mu_2$ 的置信区间

由于 $\overline{X}-\overline{Y} \sim N\left(\mu_1-\mu_2,\dfrac{\sigma_1^2}{n_1}+\dfrac{\sigma_2^2}{n_2}\right)$,$\dfrac{(\overline{X}-\overline{Y})-(\mu_1-\mu_2)}{\sqrt{\dfrac{\sigma_1^2}{n_1}+\dfrac{\sigma_2^2}{n_2}}} \sim N(0,1)$

$\mu_1-\mu_2$ 的 $1-\alpha$ 置信区间为

$$\left(\overline{X}-\overline{Y}-z_{\frac{\alpha}{2}}\sqrt{\dfrac{\sigma_1^2}{n_1}+\dfrac{\sigma_2^2}{n_2}},\overline{X}-\overline{Y}+z_{\frac{\alpha}{2}}\sqrt{\dfrac{\sigma_1^2}{n_1}+\dfrac{\sigma_2^2}{n_2}}\right)$$

(2) σ_1^2、σ_2^2 未知,但知 $\sigma_1^2=\sigma_2^2$ 时,$\mu_1-\mu_2$ 的置信区间

记
$$S_w=\sqrt{\dfrac{(n_1-1)S_1^2+(n_2-1)S_2^2}{n_1+n_2-2}}$$

由于
$$\dfrac{(\overline{X}-\overline{Y})-(\mu_1-\mu_2)}{\sqrt{\dfrac{n_1+n_2}{n_1 n_2}}S_w} \sim t(n_1+n_2-2)$$

所以 $\mu_1-\mu_2$ 的 $1-\alpha$ 置信区间为

$$\left(\overline{X}-\overline{Y}-t_{\frac{\alpha}{2}}(n_1+n_2-2)\sqrt{\frac{n_1+n_2}{n_1 n_2}}S_w,\ \overline{X}-\overline{Y}+t_{\frac{\alpha}{2}}(n_1+n_2-2)\sqrt{\frac{n_1+n_2}{n_1 n_2}}S_w\right)$$

【例 1-127】 甲、乙两工人生产同一零件,甲 8 天的日产量是 628、583、510、554、612、523、530、615,乙 10 天的日产量是 535、433、398、470、567、480、498、560、503、426。

假定日产量均服从正态分布,且方差相同,试求两工人日平均产量之差的置信区间。($\alpha=0.05$)

解 记甲日产量为 X,乙日产量为 Y,$n_1=8$,$n_2=10$。

$$\overline{X}=569.38,\ S_1^2=2\,110.55$$

$$\overline{Y}=487.00,\ S_2^2=3\,256.22$$

$$S_w=\sqrt{\frac{(n_1-1)S_1^2+(n_2-1)S_2^2}{n_1+n_2-2}}=\sqrt{\frac{7\times 2\,110.55+9\times 3\,256.22}{16}}=52.488$$

$$t_{0.025}(16)=2.119\,9$$

$$t_{\frac{\alpha}{2}}(n_1+n_2-2)\sqrt{\frac{n_1+n_2}{n_1 n_2}}S_w=2.119\,9\times\sqrt{\frac{18}{80}}\times 52.488=52.78$$

则 $\mu_1-\mu_2$ 的 0.95 置信区间为 (29.60,135.16)。

(3) σ_1^2/σ_2^2 的置信区间

由于

$$\frac{\sigma_2^2 S_1^2}{\sigma_1^2 S_2^2}\sim F(n_1-1,n_2-1)$$

所以 σ_1^2/σ_2^2 的 $1-\alpha$ 置信区间为 $\left(\dfrac{S_1^2}{S_2^2}\cdot\dfrac{1}{F_{\frac{\alpha}{2}}(n_1-1,n_2-1)},\ \dfrac{S_1^2}{S_2^2}\cdot\dfrac{1}{F_{1-\frac{\alpha}{2}}(n_1-1,n_2-1)}\right)$

六、假设检验

假设检验是根据样本信息,通过构造适当的统计量,对原假设是否为真作出检验,得出拒绝或接受的决定。假设检验的基本思想是:小概率事件(例如发生概率小于 0.01 的事件)在一次观察中可以认为几乎不可能发生。

(一)假设检验的一般步骤

(1)根据问题的要求,设立一个待检验的假设 H_0 及其对立假设 H_1,这里 H_0、H_1 是首先必须明确给出的。参数假设检验时,H_0 中一定有等号,H_1 中一定没有等号。

(2)选一个检验统计量 $T(X_1,X_2,\cdots,X_n)$,在假设 H_0 成立(等号成立)的条件下,其分布是完全可知的。

(3)选一检验水平 α(小概率值)并确定 H_0 的一个否定域 W_α,使 H_0 成立时,$P(T\in W_\alpha)=\alpha$。

(4)由样本具体数据算出 $T(X_1,X_2,\cdots,X_n)$ 的实际值 $T(x_1,x_2,\cdots,x_n)$,若 $T\in W_\alpha$,则否定 H_0 接受 H_1,这时可能犯第一类错误(弃真),其概率为 α。若 $T\notin W_\alpha$,则接受 H_0。这时可能犯第二类错误(取伪)。

(二)正态总体参数的假设检验

设总体 $X\sim N(\mu,\sigma^2)$,$X_1,X_2,\cdots,X_n$ 是来自 X 的一个样本,显著性水平为 α。

1. σ^2 已知时,总体均值 μ 的假设检验

$H_0:\mu=\mu_0$ $H_1:\mu\neq\mu_0$ (μ_0 为已知常数)

H_0 成立时,统计量 $U=\dfrac{\overline{X}-\mu_0}{\sigma}\sqrt{n}\sim N(0,1)$

当 $|U| = \dfrac{|\overline{X} - \mu_0|}{\sigma}\sqrt{n} > z_{\frac{\alpha}{2}}$ 时，否定 H_0；否则，接受 H_0。

2. σ^2 未知时，总体均值 μ 的假设检验

$H_0: \mu = \mu_0 \quad H_1: \mu \neq \mu_0 \quad (\mu_0$ 为已知常数$)$

H_0 成立时，统计量 $T = \dfrac{\overline{X} - \mu_0}{S}\sqrt{n} \sim t(n-1)$

当 $|T| = \dfrac{|\overline{X} - \mu_0|}{S}\sqrt{n} > t_{\frac{\alpha}{2}}(n-1)$ 时，否定 H_0；否则，接受 H_0。

3. μ 未知时，总体方差 σ^2 的假设检验

$H_0: \sigma^2 = \sigma_0^2 \quad H_1: \sigma^2 \neq \sigma_0^2 \quad (\sigma_0$ 为已知常数$)$

H_0 成立时，统计量

$$\chi^2 = \dfrac{1}{\sigma_0^2}\sum_{i=1}^{n}(X_i - \overline{X})^2 = \dfrac{(n-1)S^2}{\sigma_0^2} \sim \chi^2(n-1)$$

当 $\chi^2 < \chi^2_{1-\frac{\alpha}{2}}(n-1)$ 或 $\chi^2 > \chi^2_{\frac{\alpha}{2}}(n-1)$ 时，否定 H_0；否则，接受 H_0。

【例 1-128】 根据长期经验和资料的分析，某砖瓦厂所生产的砖的抗断强度 X 服从正态分布，方差 $\sigma^2 = 1.21$，今从该厂生产的一批砖中随机抽取 6 块，测得抗断强度(单位是 kg/cm^2)：32.56 29.66 31.64 30.00 31.87 31.03

问：这批砖的平均抗断强度可否认为是 $32.50 kg/cm^2$？$(\alpha = 0.05)$

解 假设 $H_0: \mu = 32.50, H_1: \mu \neq 32.50$

根据所给样本值，计算统计量 U 的值

$$U = \dfrac{\overline{x} - 32.50}{\sigma/\sqrt{n}} = \dfrac{31.13 - 32.50}{\sqrt{1.21/6}} = \dfrac{-1.37}{1.1} \times \sqrt{6} \approx -3$$

$z_{0.025} = 1.96$，而 $|U| = 3 > 1.96$，故应在显著性水平 $\alpha = 0.05$ 下否定 H_0，即不能认为平均抗断强度是 $32.50 kg/cm^2$。

【例 1-129】 设 $x_1, x_2, \cdots, x_n$ 是来自总体 $N(\mu, \sigma^2)$ 的样本，μ、σ^2 未知，$\overline{x} = \dfrac{1}{n}\sum_{i=1}^{n}x_i$，$Q^2 = \sum_{i=1}^{n}(x_i - \overline{x})^2$，$Q > 0$。则检验假设 $H_0: \mu = 0$ 时应选取的统计量是：

A. $\sqrt{n(n-1)}\dfrac{\overline{x}}{Q}$ \quad B. $\sqrt{n}\dfrac{\overline{x}}{Q}$

C. $\sqrt{n-1}\dfrac{\overline{x}}{Q}$ \quad D. $\sqrt{n}\dfrac{\overline{x}}{Q^2}$

解 当 σ^2 未知时检验假设 $H_0: \mu = \mu_0$，应选取统计量 $T = \dfrac{\overline{x} - \mu_0}{s}\sqrt{n}$，$s^2 = \dfrac{1}{n-1}\sum_{i=1}^{n}(x_i - \overline{x})^2 = \dfrac{1}{n-1}Q^2$，$s = \dfrac{Q}{\sqrt{n-1}}$。

答案：A

习　题

1-101 两台机床加工同样的零件，第一台出现废品的概率是 0.03，第二台出现废品的概率是 0.02，第一台加工的零件比第二台加工的零件多一倍，将加工出来的零件放在一起，则任意取出一零件是合格品的概率是(　　)。

A. 0.027　　　　B. 0.973　　　　C. 0.954　　　　D. 0.982

1-102　两个小组生产同样的零件,第一组的废品率是2%,第二组的产量是第一组的两倍而废品率是3%。若两组生产的零件放在一起,从中任抽取一件,经检查是废品,则这件废品是第一组生产的概率为( )。

A. 15%　　　　B. 25%　　　　C. 35%　　　　D. 45%

1-103　设随机事件 A 与 B 相互独立,且 $P(A)=0.4$, $P(B)=0.3$,则 $P(A \cup B)$ 是( )。

A. 0.48　　　　B. 0.58　　　　C. 0.50　　　　D. 0.70

1-104　某人射击,每次击中目标的概率为0.8,射击3次,至少击中2次的概率约为( )。

A. 0.7　　　　B. 0.8　　　　C. 0.5　　　　D. 0.9

1-105　设 X 的分布律为

X	0	1	2	3
P	0.4	a	b	0.1

,已知随机事件 $\{X \leqslant 1\}$ 与 $\{0 < X < 3\}$ 相互独立,则( )。

A. $a=0.2$　$b=0.3$　　　　B. $a=0.4$　$b=0.1$
C. $a=0.3$　$b=0.2$　　　　D. $a=0.1$　$b=0.4$

1-106　设随机变量 X 的概率密度 $f(x)$ 为偶函数, X 的分布函数为 $F(x)$,则对任意实数 a,有( )。

A. $F(-a) = 1 - \int_0^a f(x)dx$　　　　B. $F(-a) = \frac{1}{2} - \int_0^a f(x)dx$
C. $F(-a) = F(a)$　　　　D. $F(-a) = 2F(a) - 1$

1-107　下列4个函数中,( )可作为随机变量的概率密度。

A. $f(x) = \begin{cases} x & -1<x<1 \\ 0 & 其他 \end{cases}$　　　　B. $f(x) = \begin{cases} x^2 & -1<x<1 \\ 0 & 其他 \end{cases}$

C. $f(x) = \begin{cases} \frac{1}{2} & -1<x<1 \\ 0 & 其他 \end{cases}$　　　　D. $f(x) = \begin{cases} 2 & -1<x<1 \\ 0 & 其他 \end{cases}$

1-108　设随机变量 X 服从正态 $N(1, 2^2)$, $a = P\{12 < X \leqslant 16\}$, $b = P\{14 < X \leqslant 18\}$,则 a 与 b 之间的关系是( )。

A. $a < b$　　　　B. $a > b$　　　　C. $a = b$　　　　D. $a \leqslant b$

1-109　某有奖储蓄每一开户定额为60元,按规定,1万个户头中头奖一个,为500元,二奖十个,每个为100元,三奖一百个,每个为10元,四奖一千个,每个为2元,某人买了5个户头,他得奖的期望值是( )元。

A. 2.20　　　　B. 2.25　　　　C. 2.30　　　　D. 2.35

1-110　设 X 表示4次独立射击命中次数,已知4次射击至少命中一次的概率为 $\frac{15}{16}$,则 $E(X^2) = ($)。

A. 2　　　　B. 3　　　　C. 4　　　　D. 5

1-111　设 $X_1, X_2, \cdots, X_{16}$ 为正态总体 $N(\mu, 4)$ 的一个样本,样本均值 $\overline{X} = \frac{1}{16}\sum_{i=1}^{16} X_i$,则

$E[(\overline{X}-\mu)^2]=(\quad)$。

A. $\dfrac{1}{8}$ B. $\dfrac{1}{4}$ C. $\dfrac{1}{16}$ D. $\dfrac{1}{12}$

1-112 设 $X_1,X_2,\cdots,X_{16}$ 为正态总体 $N(\mu,4)$ 的一个样本,样本均值 $\overline{X}=\dfrac{1}{16}\sum\limits_{i=1}^{16}X_i$,则 $P(|\overline{X}-\mu|<1)=(\quad)$。$[\Phi(2)=0.9772]$

A. 0.9544   B. 0.9312   C. 0.9607   D. 0.9722

1-113 某厂生产合金弦线,其抗拉强度服从均值为 10 560MPa 的正态分布 $N(\mu,\sigma^2)$。现从一批产品中随机抽出 10 根,得样本均值 $\overline{x}=10631.4$,样本方差 $S^2=\dfrac{1}{n-1}\sum\limits_{i=1}^{n}(x_i-\overline{x})^2=6560.4$,现检验这批产品的平均抗拉强度有无显著变化。$(\alpha=0.05)$

检验假设 $H_0:\mu=10560,H_1:\mu\neq 10560$

问:在 H_0 成立时采用统计量 $\dfrac{\overline{X}-10560}{S/\sqrt{10}}$ 服从( )。

A. $t(9)$ 分布   B. $t(10)$ 分布   C. 正态分布   D. $\chi^2(9)$ 分布

1-114 设 X、Y 是两个方差相等的正态总体,$(X_1,\cdots,X_{n_1})$、$(Y_1,\cdots,Y_{n_2})$ 分别是 X、Y 的样本,两样本独立,样本方差分别为 S_1^2、S_2^2,则统计量 $F=\dfrac{S_1^2}{S_2^2}$ 服从 F 分布,它的自由度为( )。

A. (n_1-1,n_2-1) B. (n_1,n_2)
C. (n_1+1,n_2+1) D. (n_1+1,n_2-1)

1-115 设总体 X 的概率密度 $f(x)=\begin{cases}\lambda x^{-(\lambda+1)} & x>1 \\ 0 & x\leqslant 1\end{cases}$ $(\lambda>1)$。$X_1,X_2,\cdots,X_n$ 为样本,$\overline{X}$ 为样本均值,则 λ 的矩估计量是( )。

A. $\dfrac{\overline{X}}{\overline{X}+1}$ B. $\dfrac{\overline{X}}{\overline{X}-1}$ C. $\dfrac{\overline{X}+1}{\overline{X}}$ D. $\dfrac{\overline{X}-1}{\overline{X}}$

习题提示及参考答案

1-1 提示:利用向量积求出与 $\vec{\alpha}$、$\vec{\beta}$ 都垂直的向量,$\vec{\alpha}\times\vec{\beta}=\begin{vmatrix}\vec{i}&\vec{j}&\vec{k}\\1&2&3\\1&-3&-2\end{vmatrix}=5(\vec{i}+\vec{j}-\vec{k})$,$|\vec{\alpha}\times\vec{\beta}|=5\sqrt{3}$,因单位向量 $\vec{a}^0=\dfrac{\vec{\alpha}}{|\vec{a}|}$,所以 $\vec{a}^0=\pm\dfrac{1}{\sqrt{3}}(\vec{i}+\vec{j}-\vec{k})$。

答案:D

1-2 提示:利用数量积计算公式 $\vec{a}\cdot\vec{a}=|\vec{a}|^2$,求出 $|\vec{a}|^2$,即得到 $|\vec{a}|$。$|\vec{a}+\vec{b}|^2=(\vec{a}+\vec{b})\cdot(\vec{a}+\vec{b})=\vec{a}\cdot\vec{a}+2\vec{a}\cdot\vec{b}+\vec{b}\cdot\vec{b}=5$,所以 $|\vec{a}+\vec{b}|=\sqrt{5}$。

答案:D

1-3 提示:运用数量积和向量积的定义及它们的运算性质计算,$(\vec{a}+\vec{b})\cdot(\vec{a}-\vec{b})=\vec{a}\cdot\vec{a}+\vec{b}\cdot\vec{a}-\vec{a}\cdot\vec{b}-\vec{b}\cdot\vec{b}=|\vec{a}|^2-|\vec{b}|^2$,选项 A 成立。选项 B、C、D 均不成立。

答案:A

1-4 **提示**：利用已知的两直线方程计算出它们各自的方向向量。

例如 $\begin{cases} 3x+z=4 \\ y+2z=9 \end{cases}$，$\vec{S_1}=\vec{n_1}\times\vec{n_2}=\begin{vmatrix} \vec{i} & \vec{j} & \vec{k} \\ 3 & 0 & 1 \\ 0 & 1 & 2 \end{vmatrix}=-\vec{i}-6\vec{j}+3\vec{k}$，同理求出 $\vec{S_2}=-6\vec{i}-36\vec{j}+18\vec{k}$。$\vec{S_1}$、$\vec{S_2}$ 对应坐标成比例，故 $\vec{S_1}/\!/\vec{S_2}$，则 $L_1/\!/L_2$ 或重合，在 L_1 上取一点 $(1,7,1)$，代入 L_2 方程，不满足 L_2 方程，因而 L_1、L_2 平行但不重合。

答案：A

1-5 **提示**：直线 L 的方向向量 $\vec{S}=\{2,1,3\}$，平面 π 的法向量 $\vec{n}=\{4,-2,-2\}$，$\vec{S}\cdot\vec{n}=0$，则 $\vec{S}\perp\vec{n}$，直线与平面平行或重合，取 L 上一点 $(-3,-4,0)$ 代入平面 π 方程得 $4\times(-3)-2\times(-4)+0=-4\neq 3$，不满足平面方程，故直线 $/\!/$ 平面。

答案：A

1-6 **提示**：见解图，取已知直线的方向向量为与其垂直平面的法向量，取 $\vec{n}=\vec{S}=\{3,2,-1\}$，$M_0(2,1,3)$。过 M_0 与 L 垂直的平面方程：$3(x-2)+2(y-1)-(z-3)=0$，化简得 $3x+2y-z-5=0$。求出已知直线和垂直平面的交点，L 的参数方程为 $x=3t-1,y=2t+1,z=-t$，代入平面方程 $3(3t-1)+2(2t+1)+t-5=0$，解出 $t=\dfrac{3}{7}$，交点为 $M_1\left(\dfrac{2}{7},\dfrac{13}{7},-\dfrac{3}{7}\right)$。连接 M_0M_1，$\overrightarrow{M_0M_1}=\left\{-\dfrac{12}{7},\dfrac{6}{7},-\dfrac{24}{7}\right\}=-\dfrac{6}{7}\{2,-1,4\}$，取 $\vec{S}_{M_0M_1}=\{2,-1,4\}$，与已知直线垂直相交的直线方程为 $\dfrac{x-2}{2}=\dfrac{y-1}{-1}=\dfrac{z-3}{4}$。

题 1-6 解图

答案：C

1-7 **提示**：利用给出的直线方程，求出直线方程的方向向量，$\vec{n_1}=\{1,-1,-1\}$，$\vec{n_2}=\{2,1,-3\}$，$\vec{n_1}\times\vec{n_2}=4\vec{i}+\vec{j}+3\vec{k}$，取 $\vec{S}=\{4,1,3\}$。利用 $\vec{S}=\{4,1,3\}$，点 $M(3,-2,1)$ 写出 L 的方程：$\dfrac{x-3}{4}=\dfrac{y+2}{1}=\dfrac{z-1}{3}$。

答案：D

1-8 **提示**：通过方程组 $\begin{cases} x^2+y^2+(z+3)^2=25 \\ z=1 \end{cases}$ 消去 z，得 $x^2+y^2=9$，为空间曲线在 xOy 平面上的投影柱面。联立 $\begin{cases} x^2+y^2=9 \\ z=1 \end{cases}$，为两空间曲面的交线在 xOy 平面上的投影曲线。

答案：D

1-9 **提示**：分别写出向量 $\overrightarrow{M_1M_2}=\{-1,-1,1\}$，$\overrightarrow{M_1M_3}=\{-1,0,1\}$，平面 π 的法向量 $\vec{n}=\overrightarrow{M_1M_2}\times\overrightarrow{M_1M_3}=-\vec{i}+0\vec{j}-\vec{k}$，取 $\vec{S}=\vec{n}=\{1,0,1\}$，点 $M(1,1,1)$，所求直线对称式方程为 $\dfrac{x-1}{1}=\dfrac{y-1}{0}=\dfrac{z-1}{1}$。

答案：A

1-10 **提示**：在 xOz 平面上的曲线 $f(x,z)=0$，绕 x 轴旋转一周，旋转曲面方程为 $f(x,\pm\sqrt{y^2+z^2})=0$。则旋转曲面方程为 $\dfrac{x^2}{9}+\dfrac{y^2+z^2}{4}=1$。

答案:C

1-11 提示:$\lim\limits_{x\to\infty}\dfrac{3x^2+5}{5x+3}\sin\dfrac{2}{x}=\lim\limits_{x\to\infty}\dfrac{x\left((3x+\dfrac{5}{x})\right)}{5x+3}\sin\dfrac{2}{x}=\lim\limits_{x\to\infty}\dfrac{3x+\dfrac{5}{x}}{5x+3}\times\dfrac{\sin\dfrac{2}{x}}{\dfrac{2}{x}}\times 2=\dfrac{3}{5}\times 1\times 2=\dfrac{6}{5}$。

答案:B

1-12 提示:$x\to 0$ 利用等价无穷小计算,$\ln(1-tx^2)\sim -tx^2$,$x^2\sim x\sin x$,原式$=\lim\limits_{x\to 0}\dfrac{-tx^2}{x^2}=-t$。

答案:B

1-13 提示:$\lim\limits_{x\to 0}\dfrac{x^2-\sin x}{x}=\lim\limits_{x\to 0}(x-\dfrac{\sin x}{x})=-1(\neq 1)$,为同阶无穷小,但不是等价无穷小。

答案:B

1-14 提示:已知$\lim\limits_{x\to 1}f(x)=1$,$\lim\limits_{x\to 1^+}f(x)=\lim\limits_{x\to 1^-}f(x)=1$,而$\lim\limits_{x\to 1^+}f(x)=\lim\limits_{x\to 1^+}\cos(x-1)=1$,要求:$\lim\limits_{x\to 1^-}f(x)=1$,即$\lim\limits_{x\to 1^-}g(x)=1$,可验证当$g(x)=1+e^{\frac{1}{x-1}}$时极限为 1,$\lim\limits_{x\to 1^-}(1+e^{\frac{1}{x-1}})=1+\lim\limits_{x\to 1^-}e^{\frac{1}{x-1}}=1$。

答案:D

1-15 提示:$\lim\limits_{x\to 0}\dfrac{\sqrt{2-2\cos x}}{x}=\lim\limits_{x\to 0}\dfrac{\sqrt{4\sin^2\dfrac{x}{2}}}{x}=\lim\limits_{x\to 0}\dfrac{2\left|\sin\dfrac{x}{2}\right|}{x}$。当 $x\to 0^+$ 时,$\lim\limits_{x\to 0^+}\dfrac{2\left|\sin\dfrac{x}{2}\right|}{x}=\lim\limits_{x\to 0^+}\dfrac{2\sin\dfrac{x}{2}}{x}=1$;当 $x\to 0^-$ 时,$\lim\limits_{x\to 0^-}\dfrac{2\left|\sin\dfrac{x}{2}\right|}{x}=\lim\limits_{x\to 0^-}\dfrac{-2\sin\dfrac{x}{2}}{x}=-1$。

答案:A

1-16 提示:在 $x=0$ 处,当满足$\lim\limits_{x\to 0^+}f(x)=\lim\limits_{x\to 0^-}f(x)=f(0)$时,$f(x)$在 $x=0$ 处连续。

计算:$x=0$,$f(0)=1$,$\lim\limits_{x\to 0^-}(\cos x+x\sin\dfrac{1}{x})=1$,$\lim\limits_{x\to 0^+}(x^2+1)=1$,所以在 $x=0$,$f(x)$连续。

答案:D

1-17 提示:可以验证 $f(x)=Cg(x)$错误,求导 $f'(x)=Cg'(x)$。

答案:A

1-18 提示:利用函数在一点可导的定义计算 $f'(x_0)=\lim\limits_{\Delta x\to 0}\dfrac{f(x_0+\Delta x)-f(x_0)}{\Delta x}$,原式$=\lim\limits_{x\to 0}\dfrac{f(x_0-2x)-f(x_0)}{x}=\lim\limits_{x\to 0}\dfrac{f(x_0-2x)-f(x_0)}{-2x}\times(-2)=\dfrac{1}{-2f'(x_0)}=\dfrac{1}{4}$,求出$f'(x_0)=-2$。

答案:C

1-19 提示:验证 $f(x)$在区间$[1,2]$上满足拉格朗日中值定理的条件,即有 $f(2)-f(1)=f'(\xi)(2-1)$,$1<\xi<2$。$\dfrac{3}{2}-2=-\dfrac{1}{x^2}|_{x=\xi}(2-1)$,$-\dfrac{1}{2}=-\dfrac{1}{\xi^2}$,$\xi^2=2$,$\xi=\sqrt{2}$。

答案:A

1-20 **提示**：利用点$(0,1)$是曲线$y=ax^3+bx^2+c$拐点的条件，$y'=3ax^2+2bx$，$y''=6ax+2b$，令$y''=0$，$6ax+2b=0$，$x=\dfrac{-2b}{6a}=-\dfrac{1}{3}\dfrac{b}{a}$。

因拐点横坐标为 0，即 $x=0$，则 $b=0$。

将 $b=0$ 代入曲线方程，$y=ax^3+C$，$y''=6ax$，当 $a\neq 0$ 时，$(-\infty,0)$，$(0,+\infty)$ 两侧 y'' 异号，再将拐点坐标 $x=0$，$y=1$ 代入 $y=ax^3+bx^2+c$，$c=1$，所以 $b=0$，$c=1$，a 为不等于 0 的任何实数。

答案：B

1-21 **提示**：利用多元隐函数方法求导，$F(x,y)=0$，求出 F_x、F_y，则 $\dfrac{\mathrm{d}y}{\mathrm{d}x}=-\dfrac{F_x}{F_y}$，$F_x=3x^2+\cos\pi y$，$F_y=3y^2+(x+1)[-(\sin\pi y)\cdot\pi]$，$\dfrac{\mathrm{d}y}{\mathrm{d}x}=-\dfrac{F_x}{F_y}=-\dfrac{3x^2+\cos\pi y}{3y^2+(x+1)(-\pi\sin\pi y)}$，当 $x=-1$ 时，代入原方程 $y=-2$。

切线斜率 $K_{切}=\dfrac{\mathrm{d}y}{\mathrm{d}x}\big|_{\substack{x=-1\\y=-2}}=-\dfrac{1}{3}$，法线斜率 $K_{法}=3$，法线方程 $y+2=3(x+1)$，即 $y-3x-1=0$。

答案：B

1-22 **提示**：面积 $A=\displaystyle\int_a^{a+1}x^2\mathrm{d}x=\dfrac{1}{3}[(a+1)^3-a^3]$，利用导数知识求在面积最小时的 a 值，$A'=\dfrac{1}{3}[3(a+1)^2-3a^2]=2a+1$，令 $A'=0$，$a=-\dfrac{1}{2}$，$A''=2>0$，所以当 $a=-\dfrac{1}{2}$ 取得面积最小。

题 1-22 解图

答案：B

1-23 **提示**：用复合函数求导法则计算，$y'=\dfrac{1}{f(x)}\cdot f'(x)=\dfrac{f'(x)}{f(x)}$，再利用函数商的求导法则 $y''=\dfrac{f''\cdot f-f'\cdot f'}{f^2(x)}=\dfrac{f\cdot f''-(f')^2}{f^2}$。

答案：A

1-24 **提示**：$\dfrac{\mathrm{d}y}{\mathrm{d}t}=f(t)+tf'(t)$，$\dfrac{\mathrm{d}x}{\mathrm{d}t}=f'(t)-\dfrac{f(t)}{f'(t)}$，$\dfrac{\mathrm{d}y}{\mathrm{d}x}=\dfrac{\frac{\mathrm{d}y}{\mathrm{d}t}}{\frac{\mathrm{d}x}{\mathrm{d}t}}=\dfrac{f^2(t)+tf(t)f'(t)}{f(t)f'(t)-f'(t)}$。

将 $t=0$，$f(0)=2$，$f'(0)=2$ 代入得：$\dfrac{\mathrm{d}y}{\mathrm{d}x}\bigg|_{\substack{t=0\\f(0)=2\\f'(0)=2}}=\dfrac{2^2+0}{2\times 2-2}=2$。

答案：D

1-25 **提示**：$\dfrac{\mathrm{d}y}{\mathrm{d}x}=\dfrac{2x}{1+x^2}$，已知直线 $y=x-1$，斜率 $k=1$，$\dfrac{2x}{1+x^2}=1$，$x^2-2x+1=0$，解出 $x=1$，二重根。当 $x=1$ 时，$y=\ln 2$。

答案：C

1-26 **提示**：$f'(x)=g'(x)$，$f(x)$、$g(x)$ 可差一常数，即 $f(x)=g(x)+C$。

答案：D

1-27 提示：已知 $f'(x)=f(1-x)$，两边求导，有：
$$f''(x)=-f'(1-x) \quad ①$$
在式 $f'(x)=f(1-x)$ 中，当 x 取 $1-x$ 时，有：
$$f'(1-x)=f(x) \quad ②$$
将②式代入①式：$f''(x)=-f(x)$，$f''(x)+f(x)=0$。
答案：C

1-28 提示：已知 $f(x)$ 在 $x=0$ 可导，即左导 $f'_-(0)=$ 右导 $f'_+(0)$，则
$$f'_+(0)=\lim_{x\to 0^+}\frac{f(x)-f(0)}{x-0}=\lim_{x\to 0^+}\frac{ax+2-2}{x-0}=a;$$
$$f'_-(0)=\lim_{x\to 0^-}\frac{f(x)-f(0)}{x-0}=\lim_{x\to 0^-}\frac{e^{-x}+1-2}{x}=\lim_{x\to 0^-}\frac{e^{-x}-1}{x}=\lim_{x\to 0^-}\frac{-x}{x}=-1(当\ x\to 0$$
时，$e^{-x}-1\sim -x$)。
答案：D

1-29 提示：$f(x)$ 在 $x=0$ 可导，所以在 $x=0$ 必连续，即 $\lim_{x\to 0^+}f(x)=\lim_{x\to 0^-}f(x)=f(0)$，$f(0)=b$，$\lim_{x\to 0^+}x^2\sin\frac{1}{x}=0$，$\lim_{x\to 0^-}(ax+b)=b$，得到 $b=0$，利用 $f(x)$ 在 $x=0$ 可导，$f'_+(0)=f'_-(0)$，而 $f'_+(0)=\lim_{x\to 0^+}\frac{x^2\sin\frac{1}{x}-b}{x-0}=0$，$f'_-(0)=\lim_{x\to 0^-}\frac{ax+b-b}{x}=a$，得到 $a=0$，$b=0$。
答案：C

1-30 提示：$\frac{dx}{dt}=\frac{-4t}{(1+t^2)^2}$，$\frac{dy}{dt}=\frac{2-2t^2}{(1+t^2)^2}$，则 $\frac{dy}{dx}=\frac{\frac{dy}{dt}}{\frac{dx}{dt}}=\frac{t^2-1}{2t}$。
答案：A

1-31 提示：$f(x)$ 为幂指函数，利用对数求导法计算，两边取对数，即 $\ln y=\frac{1}{x}\ln(1+x)$，求导 $\frac{1}{y}\frac{dy}{dx}=-\frac{1}{x^2}\ln(1+x)+\frac{1}{x(1+x)}$，$\frac{dy}{dx}=(1+x)^{\frac{1}{x}}\left[-\frac{1}{x^2}\ln(1+x)+\frac{1}{x(1+x)}\right]$，$\frac{dy}{dx}\Big|_{x=1}=1-\ln 4$。
答案：D

1-32 提示：定义域 $(0,+\infty)$，$f'(x)=\frac{10}{1+x^2}-\frac{3}{x}=\frac{-3x^2+10x-3}{x(1+x^2)}$，令 $f'(x)=0$，$-3x^2+10x-3=0$，得到 $x=3$，$x=\frac{1}{3}$，分割定义域，判定 $x=\frac{1}{3}$，$x=3$ 时两侧一阶导数的符号，确定 $x=3$ 处取得极大值 $f(3)$。
答案：C

1-33 提示：定义域 $(-\infty,+\infty)$，求 $y'=4x^2(x-3)=0$，得到 $x=0$，$x=3$。则由 $y''=12(x-2)x=0$，得到 $x=0$，$x=2$。列表如下。

题 1-33 解表

x	$(-\infty,0)$	0	$(0,2)$	2	$(2,3)$	3	$(3,+\infty)$
y'	$-$	0	$-$	$-$	$-$	0	$+$
y''	$+$	0	$-$	0	$+$	$+$	$+$
y	⌣	拐	⌢	拐	⌣	极值	↗

确定单增且向上凹的区间为$(3,+\infty)$。

答案:D

1-34 **提示**:定义域$[-4,-1]$,$f'(x)=x+2+\dfrac{1}{x}=\dfrac{x^2+2x+1}{x}$,$(\ln|x|)'=\dfrac{1}{x}$。令$f'(x)=0$,即$x^2+2x+1=0$,$x=-1$为驻点,端点$x=-4$,$x=-1$,比较$f(-1)$与$f(-4)$函数值的大小,确定最大值。

答案:C

1-35 **提示**:利用凑微分方法,即$\displaystyle\int f'(3-2x)\mathrm{d}x=\dfrac{-1}{2}\int f'(3-2x)\mathrm{d}(-2x+3)=-\dfrac{1}{2}f(3-2x)+C$。

答案:A

1-36 **提示**:利用第一类换元积分法(凑微分法),即$\displaystyle\int e^{-x}f(e^{-x})\mathrm{d}x=-\int f(e^{-x})\mathrm{d}e^{-x}=-F(e^{-x})+C$。

答案:B

1-37 **提示**:凑微分,即$\displaystyle\int\dfrac{f'(\ln x)}{x\sqrt{f(\ln x)}}\mathrm{d}x=\int\dfrac{f'(\ln x)}{\sqrt{f(\ln x)}}\mathrm{d}\ln x=\int\dfrac{1}{\sqrt{f(\ln x)}}\mathrm{d}f(\ln x)=2\sqrt{f(\ln x)}+C$。

答案:C

1-38 **提示**:利用函数原函数的定义计算,$(x^2)'=2x$,$g(x)=2x$,$(\cos x)'=-\sin x$,$f(x)=-\sin x$,所以$f[g(x)]=-\sin[g(x)]=-\sin 2x$。

答案:D

1-39 **提示**:计算函数的积分,即左$=\displaystyle\int f'(\ln x)\mathrm{d}\ln x=f(\ln x)+C_1$

而右$=x^2+C_2$,则$f(\ln x)+C_1=x^2+C_2$,设$t=\ln x$,$x=e^t$,代入得$f(t)+C_1=e^{2t}+C_2$;则$f(x)=e^{2x}+c$(其中$C=C_2-C_1$)。

答案:C

1-40 **提示**:$f(x)$在$[a,b]$连续,$f(x)$在$[a,b]$可积,定积分$\displaystyle\int_a^b f(x)\mathrm{d}x$为一确定常数。

答案:A

1-41 **提示**:$I=\displaystyle\int_e^{+\infty}\dfrac{1}{x(\ln x)^2}\mathrm{d}x=\int_e^{+\infty}\dfrac{1}{(\ln x)^2}\mathrm{d}\ln x=-\dfrac{1}{\ln x}\Big|_e^{+\infty}=-\left(\lim_{x\to+\infty}\dfrac{1}{\ln x}-\dfrac{1}{\ln e}\right)=1$。

答案:A

1-42 **提示**:逐一计算选项 A、B、C、D 来确定。

选项 A:$\displaystyle\int_2^{+\infty}\dfrac{1}{x\ln^3 x}\mathrm{d}x=\int_2^{+\infty}\dfrac{1}{\ln^3 x}\mathrm{d}(\ln x)=-\dfrac{1}{2}\dfrac{1}{\ln^2 x}\Big|_2^{+\infty}=-\dfrac{1}{2}\left(\lim_{x\to+\infty}\dfrac{1}{\ln^2 x}-\dfrac{1}{\ln^2 2}\right)=$

$\dfrac{1}{2\ln^2 2}$，收敛。

选项 B：$\displaystyle\int_0^{+\infty} e^{-x}\,dx = -e^{-x}\Big|_0^{+\infty} = -(\lim_{x\to+\infty} e^{-x} - 1) = 1$，收敛。

选项 C：因 $x=-1$ 为无穷不连续点，则 $\displaystyle\int_{-1}^0 \dfrac{2}{\sqrt{1-x^2}}\,dx = 2\arcsin x\Big|_{-1}^0 = 2(0 - \lim_{x\to -1^+}\arcsin x) = \pi$，收敛。

选项 D：因 $x=1$ 为函数的无穷不连续点，则 $\displaystyle\int_1^e \dfrac{1}{x\ln x}\,dx = \int_1^e \dfrac{1}{\ln x}\,d\ln x = \ln\ln x\Big|_1^e = \ln\ln e - \lim_{x\to 1^+}\ln\ln x = \infty$，发散。

答案：D

1-43 提示：积分上限函数求导数，$Q'(x) = x^2 e^{-x^2} \cdot 2x = 2x^3 e^{-x^2}$。
答案：C

1-44 提示：$\displaystyle\int_0^a f(x)\,dx = \int_0^{\frac{a}{2}} f(x)\,dx + \int_{\frac{a}{2}}^a f(x)\,dx$。

将 $\displaystyle\int_{\frac{a}{2}}^a f(x)\,dx$ 变形，设 $x = a - t$，$dx = -dt$。当 $x = a$ 时，$t = 0$；当 $x = \dfrac{a}{2}$ 时，$t = \dfrac{a}{2}$。

$\displaystyle\int_{\frac{a}{2}}^a f(x)\,dx = \int_{\frac{a}{2}}^0 f(a-t)(-dt) = \int_0^{\frac{a}{2}} f(a-t)\,dt = \int_0^{\frac{a}{2}} f(a-x)\,dx$。

答案：B

1-45 提示：可以验证选项 A、B、C 均成立，例如 $\displaystyle\int_{-a}^a f(x^2)\,dx = \int_{-a}^0 f(x^2)\,dx + \int_0^a f(x^2)\,dx$，设 $x = -t$，$dx = -dt$，$\displaystyle\int_{-a}^0 f(x^2)\,dx = \int_a^0 f[(-t)^2](-dt) = \int_0^a f(t^2)\,dt = \int_0^a f(x^2)\,dx$，从而 $\displaystyle\int_{-a}^a f(x)\,dx = 2\int_0^a f(x^2)\,dx$。

选项 D：$\displaystyle\int_0^1 10^x\,dx = \dfrac{1}{\ln 10} 10^x\Big|_0^1 = \dfrac{1}{\ln 10}(10-1) = \dfrac{9}{\ln 10}$。

答案：D

1-46 提示：已知 $f(x)$ 在 $[0,+\infty)$ 连续，$f(x)$ 在 $[0,1]$ 上可积，定积分 $\displaystyle\int_0^1 f(x)\,dx$ 为一常数。

设 $A = \displaystyle\int_0^1 f(x)\,dx$，则 $f(x) = xe^{-x} + Ae^x$，两边在 $[0,1]$ 区间上作定积分，得 $\displaystyle\int_0^1 f(x)\,dx = \int_0^1 xe^{-x}\,dx + \int_0^1 Ae^x\,dx$，$A = \displaystyle\int_0^1 xe^{-x}\,dx + A\int_0^1 e^x\,dx$……①，而 $\displaystyle\int_0^1 xe^{-x}\,dx = -\int_0^1 x\,de^{-x} = -\left[xe^{-x}\Big|_0^1 - \int_0^1 e^{-x}\,dx\right] = -\left(\dfrac{2}{e} - 1\right)$，$\displaystyle\int_0^1 e^x\,dx = e-1$，代入①式 $A = -\left(\dfrac{2}{e} - 1\right) + (e-1)A$，求出 $A = -\dfrac{1}{e}$，则 $f(x) = xe^{-x} - \dfrac{1}{e}e^x$。

答案：B

1-47 提示：画图

$x: \left[\dfrac{\pi}{4}, \dfrac{5}{4}\pi\right]$

$$A = \int_{\frac{1}{4}\pi}^{\frac{5}{4}\pi} (\sin x - \cos x) \mathrm{d}x。$$

答案：B

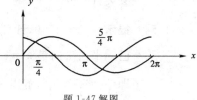
题 1-47 解图

1-48 提示：利用二元复合函数，求偏导的方法计算，$\dfrac{\partial z}{\partial y} = \dfrac{\partial z}{\partial u} \cdot \dfrac{\partial u}{\partial y} + \dfrac{\partial z}{\partial v} \cdot \dfrac{\partial v}{\partial y} = 2u\varphi'_y \ln v + \dfrac{u^2}{v}\varphi'_y$。

答案：C

1-49 提示：$xyz - e^{x+y} = 0, F_x = yz - e^{x+y}, F_y = xz - e^{x+y}$。

$\dfrac{\partial y}{\partial x} = -\dfrac{F_x}{F_y} = -\dfrac{yz - e^{x+y}}{xz - e^{x+y}} \xrightarrow{\text{由原方程可知}} -\dfrac{yz - xyz}{xz - xyz} = -\dfrac{z(y-xy)}{z(x-xy)} = -\dfrac{y(1-x)}{x(1-y)}$

答案：A

1-50 提示：$\dfrac{\partial z}{\partial x} = \dfrac{1}{y} \cdot \dfrac{1}{xy} \cdot y = \dfrac{1}{xy}, \quad \dfrac{\partial z}{\partial x}\bigg|_{\substack{x=e \\ y=e^{-1}}} = 1$

$\dfrac{\partial z}{\partial y} = \dfrac{\frac{1}{xy}xy - \ln(xy)}{y^2} = \dfrac{1 - \ln xy}{y^2}, \quad \dfrac{\partial z}{\partial y}\bigg|_{\substack{x=e \\ y=e^{-1}}} = e^2$

$\mathrm{d}z = \mathrm{d}x + e^2 \mathrm{d}y$

答案：C

1-51 提示：曲线切线的方向向量 $\vec{s} = \{1, 2t, 3t^2\}$，平面法向量 $\vec{n} = \{1, 2, 1\}$，切线与平面平行，那么切线应与平面的法向量垂直。

$\vec{s} \perp \vec{n}$，则 $\vec{s} \cdot \vec{n} = 0$，即 $1 + 4t + 3t^2 = 0$，解方程 $3t^2 + 4t + 1 = 0, t_1 = -\dfrac{1}{3}, t_2 = -1$，得对应点 $\left(-\dfrac{1}{3}, \dfrac{1}{9}, -\dfrac{1}{27}\right), (-1, 1, -1)$。

答案：A

1-52 提示：求曲面 $z = x^2 - y^2$ 的切平面的法向量，$x^2 - y^2 - z = 0, \vec{n} = \{F_x, F_y, F_z\} = \{2x, -2y, -1\}$，已知平面法向量 $\vec{n}_{已知} = \{1, -1, -1\}$，两平面平行，法向量平行，$\vec{n} \mathbin{/\mkern-5mu/} \vec{n}_{已知}$，对应坐标成比例，有 $\dfrac{2x}{1} = \dfrac{-2y}{-1} = \dfrac{-1}{-1} = 1$，得 $x = \dfrac{1}{2}, y = \dfrac{1}{2}$，代入方程得 $z = 0$，求出切点坐标 $M_0\left(\dfrac{1}{2}, \dfrac{1}{2}, 0\right)$。$\vec{n} = \{1, -1, -1\}$，切平面方程 $\left(x - \dfrac{1}{2}\right) - \left(y - \dfrac{1}{2}\right) - (z - 0) = 0$，化简为 $x - y - z = 0$。

答案：C

1-53 提示：利用二元函数求极值的充分条件计算

$\begin{cases} z'_x = 3x^2 + 6x - 9 = 0, \text{得 } x_1 = -3, x_2 = 1 \\ z'_y = -3y^2 + 6y = 0, \text{得 } y_1 = 0, y_2 = 2 \end{cases}$

求出驻点 $M_1(-3, 0), M_2(-3, 2), M_3(1, 0), M_4(1, 2)$，再求出 z_{xx}, z_{xy}, z_{yy} 逐一判定在哪一点取得极大值，如 $M_2(-3, 2), z_{xx} = 6x + 6, z_{xy} = 0, z_{yy} = -6y + 6$，代入 $A = -12, B = 0, C = -6, AC - B^2 > 0, A < 0$，在该点取得极大值。

答案:D

1-54 提示:$xyz-1=0$,计算 F_x,F_y,F_z,即 $F_x=yz,F_y=xz,F_z=xy$,$\vec{n}=\{yz,xz,xy\}$。已知平面法向量 $\vec{n}=\{1,1,1\}$,因两平面平行,平面法向量平行,对应坐标成比例,即 $\frac{yz}{1}=\frac{xz}{1}=\frac{xy}{1}$,解出 $y=x=z$,代入得 $x^3=1,x=1$,即 $x=y=z=1$。

M_0 点坐标$(1,1,1)$,$\vec{n}=\{1,1,1\}$,切平面方程$(x-1)+(y-1)+(z-1)=0,x+y+z-3=0$。

答案:D

1-55 提示:$z=x^2-y^2$,$M_0(\sqrt{2},-1,1)$,$x^2-y^2-z=0$,$\vec{n}=\{2x,-2y,-1\}\big|_{(\sqrt{2},-1,1)}=\{2\sqrt{2},2,-1\}$,取 $\vec{s}=\vec{n}=\{2\sqrt{2},2,-1\}$,$M_0(\sqrt{2},-1,1)$,法线方程
$$\frac{x-\sqrt{2}}{2\sqrt{2}}=\frac{y+1}{2}=\frac{z-1}{-1}$$

答案:C

1-56 提示:求交点 $\begin{cases}y=x\\y=1\end{cases}$,$(1,1)$,先对 y 积分,再对 x 积分,D:$\begin{cases}0\leqslant x\leqslant 1\\x\leqslant y\leqslant 1\end{cases}$,$\iint\limits_D e^{-y}dxdy=\int_0^1 dx\int_x^1 e^{-y}dy=-\int_0^1\left(\frac{1}{e}-e^{-x}\right)dx=-\left(\frac{1}{e}\cdot x+e^{-x}\right)\Big|_0^1=-\left(\frac{2}{e}-1\right)=-\frac{2}{e}+1$。

答案:D

1-57 提示:还原积分区域 D,如图所示,D 在极坐标下不等式组为:
$\begin{cases}0\leqslant\theta\leqslant\dfrac{\pi}{4}\\\tan x\sec\theta\leqslant r\leqslant\sec\theta\end{cases}$,其中 $y=x^2$,化为 $r\sin\theta=(r\cos\theta)^2$,$r=\dfrac{\sin\theta}{\cos^2\theta}=\tan\theta\sec\theta$。$x=1$,化为 $r\cos\theta=1$,$r=\sec\theta$,面积元素 $dxdy=rdrd\theta$,原式 $=\int_0^{\frac{\pi}{4}}d\theta\int_{\tan\theta\sec\theta}^{\sec\theta}f(r\cos\theta,r\sin\theta)rdr$。

答案:D

1-58 提示:G 为圆域 $\iint\limits_G\sin(x^2+y^2)dxdy$,用 $x=r\cos\theta,y=r\sin\theta,dxdy=rdrd\theta$ 代入积分式

原式 $=\iint\limits_G\sin r^2\cdot rdrd\theta=\int_0^{2\pi}d\theta\int_0^2 r\sin r^2 dr$ $G:\begin{cases}0\leqslant\theta\leqslant 2\pi\\0\leqslant r\leqslant 2\end{cases}$

答案:C

1-59 提示:求交点 $\begin{cases}y^2=x\\y=x-2\end{cases}$,$(4,2),(1,-1)$

先对 x 积分,后对 y 积分,$D:\begin{cases}-1\leqslant y\leqslant 2\\y^2\leqslant x\leqslant y+2\end{cases}$

$I=\int_{-1}^2 dy\int_{y^2}^{y+2}xydx$。

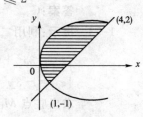
题 1-59 解图

答案：B

1-60 **提示**：复原积分区域画出图形。

求交点 $\begin{cases} y=6-x \\ y=x \end{cases}$，交点为$(3,3)$，因围成区域$D$的

上面曲线由两个方程组成，因而分成两个部分计算。

$D_1:\begin{cases} 0\leqslant x\leqslant 3 \\ 0\leqslant y\leqslant x \end{cases}, D_2:\begin{cases} 3\leqslant x\leqslant 6 \\ 0\leqslant y\leqslant 6-x \end{cases}$

题 1-60 解图

原式 $=\iint\limits_D f(x,y)\mathrm{d}x\mathrm{d}y = \iint\limits_{D_1} f(x,y)\mathrm{d}x\mathrm{d}y + \iint\limits_{D_2} f(x,y)\mathrm{d}x\mathrm{d}y$

$= \int_0^3 \mathrm{d}x \int_0^x f(x,y)\mathrm{d}y + \int_3^6 \mathrm{d}x \int_0^{6-x} f(x,y)\mathrm{d}y$

答案：B

1-61 **提示**：$L:\begin{cases} y=\dfrac{2}{3}x^{\frac{3}{2}} \\ x=x \end{cases}, 0\leqslant x\leqslant 1, \mathrm{d}s=\sqrt{1+[y'(x)]^2}\mathrm{d}x=\sqrt{1+x}\mathrm{d}x, S=\int_L 1\cdot \mathrm{d}s=$

$\int_0^1 \sqrt{1+x}\mathrm{d}x = \dfrac{2}{3}(2\sqrt{2}-1)$。

答案：C

1-62 **提示**：此题为对坐标的曲线积分，$\int_{ABC} \dfrac{\mathrm{d}x+\mathrm{d}y}{|x|+|y|} = \int_{L_1} +$

$\int_{L_2}, L_1:\begin{cases} y=-x+1 \\ x=x \end{cases}, x:1\to 0$

$\int_{L_1} = \int_1^0 \dfrac{1+(-1)}{x+(-x+1)}\mathrm{d}x = 0$;

$L_2:\begin{cases} y=x+1 \\ x=x \end{cases}, x:0\to -1$

题 1-62 解图

$\int_{L_2} = \int_0^{-1} \dfrac{1+1}{-x+(x+1)}\mathrm{d}x = \int_0^{-1} 2\mathrm{d}x = -2\int_{-1}^0 \mathrm{d}x = -2$。

答案：B

1-63 **提示**：画出公共部分图形，V 由八块相等的部分构成，只要求出一块即可。

计算 V_1，体积 $V=8V_1$，D_1 由 $x^2+y^2=R^2, x=0, y=0$ 围

成，$V_1 = \iint\limits_{D_1} \sqrt{R^2-x^2}\mathrm{d}x\mathrm{d}y, D_1:\begin{cases} 0\leqslant x\leqslant R \\ 0\leqslant y\leqslant \sqrt{R^2-x^2} \end{cases}$,

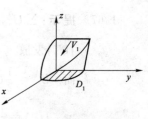

题 1-63 解图

$V_1 = \int_0^R \mathrm{d}x \int_0^{\sqrt{R^2-x^2}} \sqrt{R^2-x^2}\mathrm{d}y$

则 $V = 8\int_0^R \mathrm{d}x \int_0^{\sqrt{R^2-x^2}} \sqrt{R^2-x^2}\mathrm{d}y$。

答案：B

1-64　提示：在 D 内 $\frac{1}{2} \leqslant x+y \leqslant 1$，$\ln(x+y) \leqslant 0$，$[\ln(x+y)]^3 \leqslant 0$，已知当 $0 < x < \frac{\pi}{2}$ 时，$\sin x < x$，在 D 内的点满足 $0 < x+y < \frac{\pi}{2}$，所以 $0 < \sin(x+y) < x+y$ 成立，即 $0 < \sin^3(x+y) < (x+y)^3$，在 D 上满足 $\ln^3(x+y) < \sin^3(x+y) < (x+y)^3$，则 $\iint\limits_{D} \ln^3(x+y)\,dxdy < \iint\limits_{D} \sin^3(x+y)\,dxdy < \iint\limits_{D} (x+y)^3\,dxdy$，即 $I_1 < I_3 < I_2$。

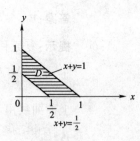

题 1-64 解图

答案：B

1-65　提示：可验证选项 A、B、C 均收敛。

$\sum\limits_{n=1}^{\infty}(-1)^n \frac{1}{\sqrt{n}}$，因 $u_n \geqslant u_{n+1}$，$\lim\limits_{n\to\infty} u_n = 0$，收敛。

$\sum\limits_{n=1}^{\infty} \frac{n}{2^n}$，因 $\lim\limits_{n\to\infty} \frac{u_{n+1}}{u_n} = \lim\limits_{n\to\infty} \frac{\frac{n+1}{2^{n+1}}}{\frac{n}{2^n}} = \lim\limits_{n\to\infty} \frac{n+1}{n} \cdot \frac{1}{2} = \frac{1}{2} < 1$，收敛。

$\sum\limits_{n=1}^{\infty} \left(\frac{1}{n} - \frac{1}{n+1}\right)$，因 $\frac{1}{n} - \frac{1}{n+1} = \frac{1}{n(n+1)} < \frac{1}{n^2}$，而 $\sum\limits_{n=1}^{\infty} \frac{1}{n^2}$ 收敛，所以 $\sum\limits_{n=1}^{\infty} \left(\frac{1}{n} - \frac{1}{n+1}\right)$ 收敛。

$\sum\limits_{n=1}^{\infty} \sin \frac{n\pi}{3}$，因 $\lim\limits_{n\to\infty} u_n = \lim\limits_{n\to\infty} \sin \frac{n\pi}{3} \neq 0$，发散。

答案：D

1-66　提示：$\sum\limits_{n=1}^{\infty} \left|(-1)^{n-1} \frac{1}{n}\right| = \sum\limits_{n=1}^{\infty} \frac{1}{n}$ 发散，而 $u_n \geqslant u_{n+1}$，且 $\lim\limits_{n\to\infty} u_n = 0$，级数 $\sum\limits_{n=1}^{\infty} \frac{(-1)^{n-1}}{n}$ 收敛，所以级数 $\sum\limits_{n=1}^{\infty}(-1)^{n-1} \frac{1}{n}$ 条件收敛。

答案：B

1-67　提示：$\sum\limits_{n=1}^{\infty} U_n$ 条件收敛，即 $\sum\limits_{n=1}^{\infty} |U_n|$ 发散，$\sum\limits_{n=1}^{\infty} U_n$ 收敛，所以 $\frac{1}{2}\sum\limits_{n=1}^{\infty} U_n$ 收敛，$\frac{1}{2}\sum\limits_{n=1}^{\infty} |U_n|$ 发散。

而 $U^* = \frac{1}{2}U_n + \frac{1}{2}|U_n|$，$\sum\limits_{n=1}^{\infty} U^*$ 发散。

$U^{**} = \frac{1}{2}U_n - \frac{1}{2}|U_n|$，$\sum\limits_{n=1}^{\infty} U^{**}$ 发散。

根据常数项级数的性质。

答案：B

1-68　提示：$\lim\limits_{n\to\infty} \left|\frac{a_{n+1}}{a_n}\right| = \lim\limits_{n\to\infty} \frac{\frac{a^{n+1}-b^{n+1}}{a^{n+1}+b^{n+1}}}{\frac{a^n-b^n}{a^n+b^n}} = \lim\limits_{n\to\infty} \frac{a^{n+1}-b^{n+1}}{a^n-b^n} \cdot \frac{a^n+b^n}{a^{n+1}+b^{n+1}}$

$$=\lim_{n\to\infty}\frac{b^{n+1}\left[\left(\frac{a}{b}\right)^{n+1}-1\right]}{b^n\left[\left(\frac{a}{b}\right)^n-1\right]}\cdot\frac{b^n\left[\left(\frac{a}{b}\right)^n+1\right]}{b^{n+1}\left[\left(\frac{a}{b}\right)^{n+1}+1\right]}=b\cdot\frac{1}{b}=1$$

$$R=\frac{1}{\rho}=1$$

答案：D

1-69　提示：$f(x)=\begin{cases}x & -\pi\leqslant x<0\\ 1 & 0\leqslant x\leqslant\pi\end{cases}$，利用公式求出 a_3 的值。

$$a_3=\frac{1}{\pi}\int_{-\pi}^{\pi}f(x)\cos 3x\mathrm{d}x=\frac{1}{\pi}\left(\int_{-\pi}^{0}x\cos 3x\mathrm{d}x+\int_{0}^{\pi}\cos 3x\mathrm{d}x\right)$$

$$=\frac{1}{\pi}\left(\frac{1}{3}\int_{-\pi}^{0}x\mathrm{d}\sin 3x+0\right)=\frac{1}{\pi}\left[\frac{1}{3}\left(x\sin 3x\Big|_{-\pi}^{0}-\int_{-\pi}^{0}\sin 3x\mathrm{d}x\right)\right]$$

$$=\frac{1}{9\pi}\cos 3x\Big|_{-\pi}^{0}=\frac{2}{9\pi}$$

答案：C

1-70　提示：原级数 $=x(x-\frac{1}{2}x^2+\frac{1}{3}x^3-\cdots+(-1)^{n+1}x^n+\cdots)$，已知 $\ln(1+x)=x-\frac{1}{2}x^2+\frac{1}{3}x^3-\cdots$，$-1<x\leqslant 1$，幂级数和为 $x\ln(1+x)$。

答案：D

1-71　提示：利用 $f(x)=\dfrac{x}{(x-2)(x-3)}=\dfrac{A}{x-2}+\dfrac{B}{x-3}$，计算出 $A=-2$，$B=3$。

$f(x)=\dfrac{-2}{x-2}+\dfrac{3}{x-3}$，函数 $\dfrac{-2}{x-2}=-2\dfrac{1}{x-5+3}=-\dfrac{2}{3}\dfrac{1}{1+\frac{x-5}{3}}$，展开成 $x-5$ 的幂级数后，收敛区间通过下式计算：由 $-1<\dfrac{x-5}{3}<1$，解出 $2<x<8$。

同理，函数 $\dfrac{3}{x-3}=3\times\dfrac{1}{x-5+2}=\dfrac{3}{2}\times\dfrac{1}{1+\frac{x-5}{2}}$，展开成 $x-5$ 的幂级数后，求出收敛区间 $3<x<7$。公共部分 $3<x<7$。

答案：C

1-72　提示：奇延拓，周期延拓，由迪利克雷收敛定理可知。因 $x=-\dfrac{\pi}{2}$ 为间断点

$$s\left(-\frac{\pi}{2}\right)=-s\left(\frac{\pi}{2}\right)$$
$$=-\frac{f\left(\frac{\pi}{2}-0\right)+f\left(\frac{\pi}{2}+0\right)}{2}$$
$$=-\frac{\frac{\pi}{2}+\pi}{2}=-\frac{3}{4}\pi$$

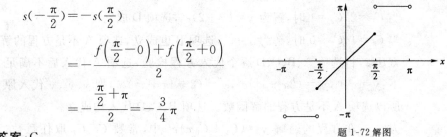

题 1-72 解图

答案：C

1-73　提示：$\mathrm{d}y-e^x\mathrm{d}x=-2xy\mathrm{d}x$，$\dfrac{\mathrm{d}y}{\mathrm{d}x}-e^x=-2xy$，$\dfrac{\mathrm{d}y}{\mathrm{d}x}+2xy=e^x$。

答案：D

1-74 提示:本题为一阶齐次方程。设 $u=\dfrac{y}{x}, y=xu, \dfrac{dy}{dx}=u+x\dfrac{du}{dx}$,代入 $u+x\dfrac{du}{dx}=\dfrac{1}{u}+u, x\dfrac{du}{dx}=\dfrac{1}{u}, udu=\dfrac{1}{x}dx, \dfrac{1}{2}u^2=\ln x+C$,通解 $\dfrac{1}{2}\dfrac{y^2}{x^2}=\ln x+C$,代入初始条件 $x=1,y=2,C=2$,特解 $y^2=2x^2(2+\ln x)$。

答案:C

1-75 提示:方法 1,可将 $y=\cos 2x$ 代入原方程求出 $p(x)$,计算如下:$y=\cos 2x, y'=-2\sin 2x$,代入 $-2\sin 2x+p(x)\cos 2x=0$,则 $p(x)=2\tan 2x$。再把求出的 $p(x)$ 代入原方程得:$y'+2(\tan 2x)y=0, \dfrac{dy}{dx}=-2\tan 2x\cdot y, \dfrac{1}{y}dy=-2\tan 2xdx, \ln y=\ln\cos 2x+\ln C$,通解 $y=C\cos 2x$,代入初始条件 $x=0,y=2$,解出 $C=2$,选项 D 正确。

方法 2,因为一阶线性齐次方程 $y'+p(x)y=0$ 任意两个解只差一个常数因子,所以选项 A、B、C 都不是该方程的解。

答案:D

1-76 提示:$y_1(x)、y_2(x)$ 为非齐次方程的解,$y_2(x)-y_1(x)$ 是对应齐次方程的解,那么 $C[y_2(x)-y_1(x)]$ 为对应齐次方程的通解。

一阶线性非齐次方程的通解 $y=y^*$(非齐次的一特解)$+Y$(齐次的通解),则通解为 $y_2(x)+C[y_2(x)-y_1(x)]$。

答案:D

1-77 提示:方程是 $y''=f(x,y')$ 不显含字母 y,设 $y'=p(x), y''=p'$,代入方程并分离变量得 $\dfrac{dp}{p}=\dfrac{2x}{1+x^2}dx$,两边积分,$\ln p=\ln(1+x^2)+\ln C_1, p=C_1(1+x^2)$,即 $p=y'=C_1(1+x^2)$,由条件 $y'|_{x=0}=3$,知 $C_1=3$,得 $y'=3(1+x^2)$,两边积分 $y=x^3+3x+c_2$,由条件 $y|_{x=0}=1$,得 $C_2=1$,特解 $y=x^3+3x+1$。

答案:C

1-78 提示:$y''-2y'+y=0$。

方法 1,对应特征方程 $r^2-2r+1=0, r=1$,二重根。

通解 $y=(C_1+C_2x)e^x$,其中 $C_1、C_2$ 为任意常数。

当 $C_1=0,C_2=1$ 时,解 $y=xe^x$,选项 C 成立。

当 $C_1=2,C_2=1$ 时,解为 $y=(x+2)e^x$,选项 D 成立。

当 $C_1=1,C_2=0$ 时,解为 $y=e^x$,选项 B 也成立,选项 A 不是方程的解。

方法 2,将选项 A、B、C、D 逐个代入方程检验,选项 A 代入后不满足方程,计算如下:$y=x^2e^x, y'=(2x+x^2)e^x, y''=(2+4x+x^2)e^x$,把 $y、y'、y''$ 代入原方程不成立,所以选项 A 不是方程的解函数。选项 B、C、D 代入均成立。

方法 3,在方程的通解 $y=(C_1+C_2x)e^x$ 中,常数 $C_1、C_2$ 取任意数,选项 A 均不成立。

答案:A

1-79 提示:已知 $r_1=3, r_2=-3$,从而可知二阶线性齐次方程对应的特征方程为 $(r-3)\cdot$

$(r+3)=0$,即 $r^2-9=0$,反推知二阶常系数线性齐次方程为 $\dfrac{d^2y}{dx^2}-9y=0$。

答案:D

1-80 提示:直接看出 $y^*=\dfrac{1}{2}$ 是线性非齐次方程的一个特解。求齐次方程通解,$r^2+2=0$,$r=\pm\sqrt{2}i$,$y=C_1\cos\sqrt{2}x+C_2\sin\sqrt{2}x$。对应齐次方程的通解 $Y=C_1\cos\sqrt{2}x+C_2\sin\sqrt{2}x$,则方程的通解 $y=\dfrac{1}{2}+C_1\cos\sqrt{2}x+C_2\sin\sqrt{2}x$。

答案:A

1-81 提示:分别求出行列式 D_1,D_2 的值。即 $D_1=0$,$D_2=(\lambda+1)(\lambda-1)^2$,从而 λ 值取 $-1,1$。

答案:C

1-82 提示:利用行列式的性质将第一行按顺序与第二行、第三行互换,一直换到第 n 行,一共交换 $n-1$ 次,变号次数 $(n-1)$ 次,再将原行列式第二行按顺序换到第 $n-1$ 行,交换 $(n-2)$ 次,依次进行,最后将原行列式第 $n-1$ 行和第 n 行交换,得

$$\begin{vmatrix} & & & \lambda_1 \\ & & \lambda_2 & \\ & \ddots & & \\ \lambda_n & & & \end{vmatrix} = (-1)^{n-1}(-1)^{n-2}\cdots(-1)^1 \begin{vmatrix} \lambda_n & & & \\ & \lambda_{n-1} & & \\ & & \ddots & \\ & & & \lambda_1 \end{vmatrix}$$

$$= (-1)^{1+2+\cdots+(n-1)} \begin{vmatrix} \lambda_n & & & \\ & \lambda_{n-1} & & \\ & & \ddots & \\ & & & \lambda_1 \end{vmatrix}$$

$$= (-1)^{\frac{n(n-1)}{2}} \begin{vmatrix} \lambda_n & & & \\ & \lambda_{n-1} & & \\ & & \ddots & \\ & & & \lambda_1 \end{vmatrix}$$

$$= (-1)^{\frac{n(n-1)}{2}} \lambda_1 \lambda_2 \cdots \lambda_n$$

答案:D

1-83 提示:矩阵 **AB** 可能为奇异矩阵,也可能为非奇异矩阵;若 **AB** 为奇异矩阵,则有 $|AB|=0$,故选项 A 不成立。

答案:A

1-84 提示:方法 1,$\boldsymbol{\beta}$ 是 $\boldsymbol{\alpha}_1$,$\boldsymbol{\alpha}_2$ 的线性组合,则 $\boldsymbol{\beta}$,$\boldsymbol{\alpha}_1$,$\boldsymbol{\alpha}_2$ 线性相关,于是 $|\boldsymbol{\beta},\boldsymbol{\alpha}_1,\boldsymbol{\alpha}_2|=0$,选项 A 计算如下:$\begin{vmatrix} -3 & 2 & 0 \\ 0 & 0 & 0 \\ 4 & 0 & -3 \end{vmatrix}=0$,其余选项计算行列式的值均不为 0,故选项 A 成立。

方法 2,由于 $\boldsymbol{\alpha}_1$ 与 $\boldsymbol{\alpha}_2$ 的第 2 个分量为 0,所以 $\boldsymbol{\alpha}_1$、$\boldsymbol{\alpha}_2$ 线性组合的第 2 个分量还为 0,选 A。

答案:A

1-85 提示：设该向量组构成的矩阵为 A，则有 $R(A)=r$，于是在 A 中有 r 阶子式 $D_r \neq 0$，这 r 阶子式所在的列(行)向量组线性无关，又由 A 中所有 $r+1$ 阶子式均为零，可知 A 中任意 $r+1$ 列(行)向量都线性相关，故选 D。

答案：D

1-86 提示：将矩阵作行的初等变换化为阶梯形，找出不为零的行列式的最高阶子式对应的列向量。

$$\begin{bmatrix} 1 & 1 & 2 & 2 & 1 \\ 0 & 2 & 1 & 5 & -1 \\ 2 & 0 & 3 & -1 & 3 \\ 1 & 1 & 0 & 4 & -1 \end{bmatrix} \xrightarrow[-r_1+r_4]{-2r_1+r_3} \begin{bmatrix} 1 & 1 & 2 & 2 & 1 \\ 0 & 2 & 1 & 5 & -1 \\ 0 & -2 & -1 & -5 & 1 \\ 0 & 0 & -2 & 2 & -2 \end{bmatrix} \xrightarrow{r_2+r_3}$$

$$\begin{bmatrix} 1 & 1 & 2 & 2 & 1 \\ 0 & 2 & 1 & 5 & -1 \\ 0 & 0 & 0 & 0 & 0 \\ 0 & 0 & -2 & 2 & -2 \end{bmatrix} \xrightarrow{r_3 \leftrightarrow r_4} \begin{bmatrix} 1 & 1 & 2 & 2 & 1 \\ 0 & 2 & 1 & 5 & -1 \\ 0 & 0 & -2 & 2 & -2 \\ 0 & 0 & 0 & 0 & 0 \end{bmatrix}, 因为 \begin{vmatrix} 1 & 1 & 2 \\ 0 & 2 & 1 \\ 0 & 0 & -2 \end{vmatrix} \neq 0。$$

答案：D

1-87 提示：方法 1 $A \xrightarrow[\cdots\cdots]{-\frac{a_2}{a_1}r_1+r_2} \begin{bmatrix} a_1b_1 & a_1b_2 & \cdots & a_1b_n \\ 0 & 0 & \cdots & 0 \\ \cdots & \cdots & \cdots & \cdots \\ 0 & 0 & \cdots & 0 \end{bmatrix} \xrightarrow{\div a_1} \begin{bmatrix} b_1 & b_2 & \cdots & b_n \\ 0 & 0 & \cdots & 0 \\ 0 & 0 & \cdots & 0 \end{bmatrix}$，则

$R(A)=1$。

方法 2 令 $B = \begin{bmatrix} a_1 \\ a_2 \\ \vdots \\ a_n \end{bmatrix}_{n\times 1}$，$C=(b_1,b_2,\cdots,b_n)_{1\times n}$，则 $A=B_{n\times 1} \cdot C_{1\times n}$

因 $R(B_{n\times 1})=1$，$R(C_{1\times n})=1$，$R(A)=R(BC) \leqslant \min\{R(B), R(C)\}$，则 $R(A)=1$。

答案：C

1-88 提示：验证 $\alpha = \dfrac{\alpha_2+\alpha_3}{2}$ 是非齐次方程组 $Ax=b$ 的解。

代入方程 $A\alpha = A\dfrac{\alpha_2+\alpha_3}{2} = \dfrac{1}{2}(A\alpha_2+A\alpha_3) = \dfrac{1}{2}(b+b)=b$，$\alpha = \dfrac{\alpha_2+\alpha_3}{2} = \begin{bmatrix} 0 \\ \frac{1}{2} \\ 1 \\ \frac{3}{2} \end{bmatrix}$，因 α_1

是非齐次线性方程组的解，α 也是非齐次线性方程组的解，可以验证 $\alpha_1-\alpha$ 是对应齐次方程组 $Ax=0$ 的解，代入方程组 $A(\alpha_1-\alpha)=A\alpha_1-A\alpha=b-b=0$。

设 $\xi = \alpha_1-\alpha = \begin{bmatrix} 1 \\ \frac{3}{2} \\ 2 \\ \frac{5}{2} \end{bmatrix}$，而对应齐次线性方程组 $Ax=0$ 基础解系中向量个数＝未知数个

数 $4-R(A)=1$，所以对应齐次线性方程组的通解为 $c\xi$（c 为任意常数），非齐次方程组 $Ax=b$ 的通解为：$x=\alpha_1+C\xi$（非齐次的一个特解＋齐次的通解）$=\begin{bmatrix}1\\2\\3\\4\end{bmatrix}+$

$C\begin{bmatrix}1\\3/2\\2\\5/2\end{bmatrix}=\begin{bmatrix}1\\2\\3\\4\end{bmatrix}+C\cdot\frac{1}{2}\begin{bmatrix}2\\3\\4\\5\end{bmatrix}$，即 $x=\begin{bmatrix}1\\2\\3\\4\end{bmatrix}+C_1\begin{bmatrix}2\\3\\4\\5\end{bmatrix}$，$\left(C_1=\frac{C}{2}\right)$。

答案：C

1-89 **提示**：矩阵对应的特征多项式相同，则有相同的特征值。

因 $|\lambda E-A^\mathrm{T}|=|(\lambda E-A)^\mathrm{T}|=|\lambda E-A|$，所以 $|\lambda E-A^\mathrm{T}|=|\lambda E-A|$，特征多项式相同，因而有相同的特征值。

答案：A

1-90 **提示**：运算中应注意矩阵的乘法不满足交换律，即 $AB\neq BA$，逐个验证选项 A、B、C、D，计算如下：

选项 A，$(A+B)(A-B)=A^2+BA-AB+B^2\neq A^2-B^2$。

选项 B，$(AB)^2=(AB)(AB)=ABAB\neq A^2B^2$。

选项 C，$AC=BC$，只有当矩阵 C 可逆时，选项 C 才成立，但矩阵 C 是否可逆，未知。

选项 D，$(A+E)(A-E)=A^2+EA-AE-E^2=A^2-E$，成立。

答案：D

1-91 **提示**：因 A、B、C 均为 n 阶方阵，且 $ABC=E$，取行列式 $|ABC|=1$，即 $|A||B||C|=1$，可知 $|A|$、$|B|$、$|C|$ 均不为 0，所以 A、B、C 均可逆。

等式 $ABC=E$ 两边左乘 A^{-1}，得 $BC=A^{-1}E$，$BC=EA^{-1}$，等式两边再右乘 A 得 $BCA=EA^{-1}A=E$。

答案：D

1-92 **提示**：将行列式中的第一项，利用数乘矩阵的逆的性质变形，$(2A)^{-1}=\frac{1}{2}A^{-1}$，再将第二项 A^* 写成 A^{-1} 的形式，因 $A^{-1}=\frac{1}{|A|}A^*$，所以 $A^*=|A|A^{-1}$，代入行列式计算，

$|(2A)^{-1}-5A^*|=\left|\frac{1}{2}A^{-1}-5|A|A^{-1}\right|=\left|\frac{1}{2}A^{-1}-\frac{5}{2}A^{-1}\right|=|-2A^{-1}|=(-2)^3|A^{-1}|=-8\times 2=-16$。

（因 $A\cdot A^{-1}=E$，$|A||A^{-1}|=1$，$|A^{-1}|=\frac{1}{|A|}=2$）

在计算中还用到公式 $|kA|=k^n|A|$（k 为任意常数，A 为 n 阶方阵）

答案：B

1-93 **提示**：利用 $A^*=|A|A^{-1}$，两边取行列式，$|A^*|=||A|A^{-1}|=|A|^n|A^{-1}|$，又因 $AA^{-1}=E$，$|A||A^{-1}|=1$，从而 $|A^{-1}|=\frac{1}{|A|}$，推出 $|A^*|=|A|^n\cdot\frac{1}{|A|}=|A|^{n-1}=a^{n-1}$。

答案：C

1-94 提示：已知三阶方阵 A 存在一可逆矩阵 $P=(\alpha_1,\alpha_2,\alpha_3)$，使 $P^{-1}AP=\Lambda$（Λ 为对角矩阵）。

若式子 $P^{-1}AP=\begin{bmatrix}\lambda_1 & & \\ & \lambda_2 & \\ & & \lambda_3\end{bmatrix}$。则 P 列向量的排列与 Λ 矩阵中特征值的排列之间存在着对应关系。即可逆矩阵 P 中的 α_1 对应 Λ（对角矩阵）中的 λ_1，可逆矩阵 P 中的 α_2 对应 Λ（对角矩阵）中的 λ_2，可逆矩阵 P 中的 α_3 对应 Λ（对角矩阵）中的 λ_3，所以当 P 的列向量排列顺序确定后，对角矩阵 Λ 中特征值的排列即可确定。

$\Lambda=\begin{bmatrix}1 & & \\ & 2 & \\ & & -2\end{bmatrix}$。

答案：A

1-95 提示：分别找出矩阵 $E+\left(\dfrac{1}{2}A^3\right)^{-1}$ 中，每一部分矩阵所对应的特征值，利用特征值和特征向量的重要性质得出对应特征值。设 λ 为 A 的特征值，矩阵 $aA+bE$ 对应特征值为 $a\lambda+b$（a,b 为常数）。利用 $\lambda=2$ 是可逆矩阵 A 的一个特征值，推出矩阵 $\left(\dfrac{1}{2}A^3\right)^{-1}$ 对应的特征值，步骤如下：A^3 对应特征值 $\lambda^3=2^3$，$\dfrac{1}{2}A^3$ 对应特征值为 $\dfrac{1}{2}\lambda^3=4$，$\left(\dfrac{1}{2}A^3\right)^{-1}$ 对应特征值是 $\dfrac{1}{2}A^3$ 对应特征值的倒数，即为 $\dfrac{1}{4}$。故 $E+\left(\dfrac{1}{2}A^3\right)^{-1}$ 对应特征值 $=1+\dfrac{1}{4}=\dfrac{5}{4}$（$E$ 对应的特征值为 1）。

答案：B

1-96 提示：选项 A，设可逆阵 A 的特征值 λ 对应的特征向量为 α，则 $A\alpha=\lambda\alpha,\lambda\neq 0$，所以 $\alpha=A^{-1}\lambda\alpha,\alpha=\lambda A^{-1}\alpha,A^{-1}\alpha=\dfrac{1}{\lambda}\alpha$，所以 $\dfrac{1}{\lambda}$ 是 A^{-1} 对应特征向量 α 的特征值。

选项 B，设 λ_1,λ_2 为 n 阶方阵 A 的两个不相等特征值 $\lambda\neq 0$，x_1,x_2 分别为 λ_1,λ_2 对应的特征向量，则线性组合 x_1+x_2 不是 A 的特征向量，选项 B 不成立。

选项 C，由方阵的特征值和特征向量的性质可知，若 λ 为方阵 A 对应特征向量 x 的特征值 $\lambda\neq 0$，那么 A^* 对应于方阵 A 特征向量 x 的特征值为 $\dfrac{|A|}{\lambda},\lambda\neq 0$。选项 C 不成立。

选项 D，由于 A 的特征向量为非零向量，故方程组 $(\lambda E-A)x=0$ 的零向量不是 A 的特征向量，选项 D 不成立。

答案：A

1-97 提示：实对称矩阵对应于不同特征值的特征向量必正交。

$\alpha^T\cdot\beta=0$，即 $(1,a,1)\begin{bmatrix}-1\\-1\\-b\end{bmatrix}=-1-a-b=0$；

$\beta^T\gamma=0$，即 $(-1,-1,-b)\begin{bmatrix}b\\2\\0\end{bmatrix}=-b-2=0$；

$\boldsymbol{\alpha}^\mathrm{T}\boldsymbol{\gamma}=0$,即 $(1,a,1)\begin{bmatrix}b\\2\\0\end{bmatrix}=b+2a=0$；

解方程组 $\begin{cases}a+b+1=0\\b+2=0\\b+2a=0\end{cases}$，解出 $a=1,b=-2$。

答案：A

1-98 **提示**：利用相关知识可知 $(\boldsymbol{A}^*)^{-1}=\dfrac{1}{|\boldsymbol{A}|}\boldsymbol{A}$。（因为 $\boldsymbol{A}^{-1}=\dfrac{1}{|\boldsymbol{A}|}\boldsymbol{A}^*,\boldsymbol{A}^*=|\boldsymbol{A}|\boldsymbol{A}^{-1}$,$(\boldsymbol{A}^*)^{-1}=(|\boldsymbol{A}|\boldsymbol{A}^{-1})^{-1},(\boldsymbol{A}^*)^{-1}=\dfrac{1}{|\boldsymbol{A}|}(\boldsymbol{A}^{-1})^{-1},(\boldsymbol{A}^*)^{-1}=\dfrac{\boldsymbol{A}}{|\boldsymbol{A}|}$），又因方阵的行列式与方阵的特征值有如下关系：设 $\boldsymbol{A}=(a_{ij})_{n\times n}$ 的 n 个特征值为 $\lambda_1,\lambda_2,\cdots,\lambda_n$，则：①$\lambda_1+\lambda_2+\cdots+\lambda_n=a_{11}+a_{22}+\cdots+a_{nn}$；②$\lambda_1\cdot\lambda_2\cdots\lambda_n=|\boldsymbol{A}|$。得到 $|\boldsymbol{A}|=\lambda_1\lambda_2\lambda_3=(-1)\times 1\times 2=-2$，所以 $(\boldsymbol{A}^*)^{-1}=\dfrac{\boldsymbol{A}}{|\boldsymbol{A}|}=-\dfrac{1}{2}\boldsymbol{A}$。

若 λ 是 $\boldsymbol{A}$ 的特征值，$k\boldsymbol{A}$ 的特征值为 $k\lambda$，且特征向量相同。所以 $(\boldsymbol{A}^*)^{-1}=-\dfrac{1}{2}\boldsymbol{A}$ 的特征值为 $(-\dfrac{1}{2})\lambda$，即为 $\dfrac{1}{2},-\dfrac{1}{2},-1$。

答案：B

1-99 **提示**：已知对任一三维列向量 $\boldsymbol{x}$ 有 $\boldsymbol{x}^\mathrm{T}\boldsymbol{A}\boldsymbol{x}=0$ 成立 ①
对①式取转置 $(\boldsymbol{x}^\mathrm{T}\boldsymbol{A}\boldsymbol{x})^\mathrm{T}=0,\boldsymbol{x}^\mathrm{T}\boldsymbol{A}^\mathrm{T}\boldsymbol{x}=0$ ②
则①式+②式：$\boldsymbol{x}^\mathrm{T}\boldsymbol{A}\boldsymbol{x}+\boldsymbol{x}^\mathrm{T}\boldsymbol{A}^\mathrm{T}\boldsymbol{x}=0,\boldsymbol{x}^\mathrm{T}(\boldsymbol{A}+\boldsymbol{A}^\mathrm{T})\boldsymbol{x}=0$ ③
在③式中，可证明 $\boldsymbol{A}+\boldsymbol{A}^\mathrm{T}$ 为实对称矩阵，因 $(\boldsymbol{A}+\boldsymbol{A}^\mathrm{T})^\mathrm{T}=(\boldsymbol{A})^\mathrm{T}+(\boldsymbol{A}^\mathrm{T})^\mathrm{T}=\boldsymbol{A}^\mathrm{T}+\boldsymbol{A}=\boldsymbol{A}+\boldsymbol{A}^\mathrm{T}$，设 $\boldsymbol{A}+\boldsymbol{A}^\mathrm{T}=\boldsymbol{B},\boldsymbol{B}=\begin{bmatrix}a_{11}&a_{12}&a_{13}\\a_{12}&a_{22}&a_{23}\\a_{13}&a_{23}&a_{33}\end{bmatrix}$，即有

$(x_1,x_2,x_3)\begin{bmatrix}a_{11}&a_{12}&a_{13}\\a_{12}&a_{22}&a_{23}\\a_{13}&a_{23}&a_{33}\end{bmatrix}\begin{bmatrix}x_1\\x_2\\x_3\end{bmatrix}=0$ ④

也就是 $a_{11}x_1^2+a_{22}x_2^2+a_{33}x_3^2+2a_{12}x_1x_2+2a_{13}x_1x_3+2a_{23}x_2x_3=0$，由已知④式对任一三维列向量 $\boldsymbol{x}$ 都成立，取一些特殊的三维列向量代入，可得 $a_{11},a_{22},a_{33},\cdots,a_{23}$ 皆为 0，所以 $\boldsymbol{A}+\boldsymbol{A}^\mathrm{T}=\boldsymbol{0},\boldsymbol{A}=-\boldsymbol{A}^\mathrm{T}$ ⑤
所以 $\boldsymbol{A}$ 为三阶反对称阵，⑤式取行列式：$|\boldsymbol{A}|=|-\boldsymbol{A}^\mathrm{T}|=(-1)^3|\boldsymbol{A}^\mathrm{T}|=-|\boldsymbol{A}^\mathrm{T}|=-|\boldsymbol{A}|$，得 $2|\boldsymbol{A}|=0$，则 $|\boldsymbol{A}|=0$。

此题解题过程可以不记，理解即可，但应记住结论。

答案：A

1-100 **提示**：已知 n 阶实对称矩阵 $\boldsymbol{A}$ 为正定矩阵，所以 $\boldsymbol{A}$ 的所有特征值皆正，选项 B 成立。设 $\boldsymbol{A}$ 的特征值为 $\lambda_1,\lambda_2,\cdots,\lambda_n$，可知 $\boldsymbol{A}^{-1}$ 的特征值为 $\dfrac{1}{\lambda_1},\dfrac{1}{\lambda_2},\cdots,\dfrac{1}{\lambda_n}$。因 $\lambda_1,\lambda_2,\cdots,\lambda_n$ 均大于 0，则 $\dfrac{1}{\lambda_1},\dfrac{1}{\lambda_2},\cdots,\dfrac{1}{\lambda_n}$ 均大于 0，所以 $\boldsymbol{A}^{-1}$ 为正定矩阵，选项 C 成立。

又由于 A 为正定,其所有顺序主子式全大于零,因而矩阵 A 的行列式大于 0,$R(A)=n$,选项 D 成立,故选项 A 不成立。

答案:A

1-101 提示:注意 0.03 和 0.02 是条件概率,作为条件的事件与不作条件的事件要分别设。

设 A_i 为"第 i 台加工的零件",$i=1,2$,B 为"废品",则 $\bar{B}$ 为合格品。

$$P(A_1)=\frac{2}{3},P(A_2)=\frac{1}{3},P(B|A_1)=0.03,P(B|A_2)=0.02$$

$$P(\bar{B})=1-P(B)=1-[P(A_1)P(B|A_1)+P(A_2)P(B|A_2)]$$

答案:B

1-102 提示:设 A_i 为"第 i 组生产的零件",$i=1,2$,B 为"废品",则 $P(A_1)=\frac{1}{3}$,$P(A_2)=\frac{2}{3}$,$P(B|A_1)=0.02$,$P(B|A_2)=0.03$,求 $P(A_1|B)$,显然可用贝叶斯公式,

$$P(A_1|B)=\frac{P(A_1B)}{P(B)}=\frac{P(A_1)P(B|A_1)}{P(A_1)P(B|A_1)+P(A_2)P(B|A_2)}。$$

答案:B

1-103 提示:A 与 B 相互独立,即 $P(AB)=P(A)P(B)$,$P(A\cup B)=P(A)+P(B)-P(AB)=P(A)+P(B)-P(A)P(B)$ 或 $P(A\cup B)=1-P(\overline{A\cup B})=1-P(\bar{A}\bar{B})=1-P(\bar{A})P(\bar{B})=1-[1-P(A)][1-P(B)]$。

答案:B

1-104 提示:这是 3 次独立重复试验,设 A 为"每次命中目标",$P(A)=0.8$,至少击中两次的概率为:$P=C_3^2 0.8^2\times 0.2+C_3^3 0.8^3$,或设 X 为"3 次射击命中的次数",则 $X\sim B(3,0.8)$,$P(X\geqslant 2)=P(X=2)+P(X=3)$。

答案:D

1-105 提示:由分布律的性质可知 $0.4+a+b+0.1=1$,即 $a+b=0.5$,$\{X\leqslant 1\}\cap\{0<X<3\}=\{X=1\}$,由独立性 $P\{X=1\}=P\{X\leqslant 1\}\cdot P\{0<X<3\}$,即 $a=(0.4+a)(a+b)$。

答案:B

1-106 提示:因 $f(-x)=f(x)$,所以 $F(0)=\int_{-\infty}^{0}f(x)\mathrm{d}x=\int_{0}^{+\infty}f(t)\mathrm{d}t=0.5$,$F(-a)=\int_{-\infty}^{-a}f(x)\mathrm{d}x=-\int_{+\infty}^{a}f(-t)\mathrm{d}t=\int_{a}^{+\infty}f(t)\mathrm{d}t=\int_{0}^{+\infty}f(x)\mathrm{d}x-\int_{0}^{a}f(x)\mathrm{d}x$。

也可把 $f(x)$ 的积分值理解为曲边梯形面积(见解图)来判定。

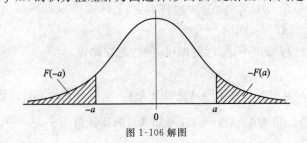

图 1-106 解图

答案:B

1-107 提示:用概率密度性质 $f(x) \geqslant 0$ 且 $\int_{-\infty}^{+\infty} f(x) dx = 1$ 去核对。也可以由均匀分布的

概率密度函数 $f(x) = \begin{cases} \dfrac{1}{b-a}, & a < x < b \\ 0 \end{cases}$ 直接判定。

答案:C

1-108 提示:$f(x) > 0$,且 $x > 1$ 时,$f(x)$ 单调减少(见解图)。

$a = \int_{12}^{16} f(x) dx$ 等于区间 $[12,16]$ 上曲边梯形面积。

$b = \int_{14}^{18} f(x) dx$ 等于区间 $[14,18]$ 上曲边梯形面积。

答案:B

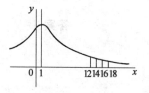

题 1-108 解图

1-109 提示:设某人得奖 X(元),第 i 个户头得奖为 X_i(元),$i = 1,2,3,4,5$。X_i 分布律为

X_i	500	100	10	2	0
P_i	0.0001	0.001	0.01	0.1	0.8889

$X = \sum_{i=1}^{5} X_i$

$E(X) = E(\sum_{i=1}^{5} X_i) = \sum_{i=1}^{5} E(X_i) = 5E(X_1) = 5 \times (500 \times 0.0001 + 100 \times 0.001 + 10 \times 0.01 + 2 \times 0.1)$

答案:B

1-110 提示:$X \sim B(4, p), P(X \geqslant 1) = \dfrac{15}{16}, P(X=0) = (1-p)^4 = \dfrac{1}{16}, p = \dfrac{1}{2}, E(X^2) = D(X) + [E(X)]^2 = np(1-p) + (np)^2$。

答案:D

1-111 提示:$E(\overline{X}) = \mu, D(\overline{X}) = \dfrac{\sigma^2}{n}, E[(\overline{X}-\mu)^2] = D(\overline{X})$。

答案:B

1-112 提示:$\overline{X} \sim N(\mu, \dfrac{\sigma^2}{n}), \dfrac{\overline{X}-\mu}{\dfrac{\sigma}{\sqrt{n}}} = 2(\overline{X}-\mu) \sim N(0,1), P(|\overline{X}-\mu| < 1) = P(|2(\overline{X}-\mu)| < 2) = 2\Phi(2) - 1$。

答案:A

1-113 提示:总体 $X \sim N(\mu, \sigma^2)$ 时,$\dfrac{\overline{X}-\mu}{\dfrac{S}{\sqrt{n}}} \sim t(n-1)$,在 $H_0: \mu = \mu_0$ 成立时,检验统计量

$\dfrac{\overline{X}-\mu_0}{\dfrac{S}{\sqrt{n}}} \sim t(n-1)$。

答案:A

1-114 提示:注意对两个正态总体的样本有 $\dfrac{\sigma_2^2 S_1^2}{\sigma_1^2 S_2^2} \sim F(n_1-1, n_2-1)$,两总体方差相等,即

$\sigma_1^2 = \sigma_2^2$ 时，$\dfrac{\sigma_2^2 S_1^2}{\sigma_1^2 S_2^2} = \dfrac{S_1^2}{S_2^2}$。

答案：A

1-115 **提示**：$E(X) = \displaystyle\int_1^{+\infty} x\lambda x^{-(\lambda+1)} \mathrm{d}x = \dfrac{\lambda}{\lambda - 1}$，$\lambda = \dfrac{E(X)}{E(X) - 1}$，用 $\overline{X}$ 替换 $E(X)$，得 λ 的矩估计量 $\hat{\lambda} = \dfrac{\overline{X}}{\overline{X} - 1}$。

答案：B

第二章 普通物理

复习指导

一、考试大纲

2.1 热学

气体状态参量；平衡态；理想气体状态方程；理想气体的压强和温度的统计解释；自由度；能量按自由度均分原理；理想气体内能；平均碰撞频率和平均自由程；麦克斯韦速率分布律；方均根速率；平均速率；最概然速率；功；热量；内能；热力学第一定律及其对理想气体等值过程的应用；绝热过程；气体的摩尔热容量；循环过程；卡诺循环；热机效率；净功；制冷系数；热力学第二定律及其统计意义；可逆过程和不可逆过程。

2.2 波动学

机械波的产生和传播；一维简谐波表达式；描述波的特征量；波面，波前，波线；波的能量、能流、能流密度；波的衍射；波的干涉；驻波；自由端反射与固定端反射；声波；声强级；多普勒效应。

2.3 光学

相干光的获得；杨氏双缝干涉；光程和光程差；薄膜干涉；光疏介质；光密介质；迈克尔逊干涉仪；惠更斯-菲涅尔原理；单缝衍射；光学仪器分辨本领；衍射光栅与光谱分析；X射线衍射；布拉格公式；自然光和偏振光；布儒斯特定律；马吕斯定律；双折射现象。

二、复习指导

(一) 热学

热学包含两部分内容：气体分子运动论和热力学。

气体分子运动论主要是研究宏观热现象的本质，对大量分子运用统计平均方法揭示压强、温度的微观本质，进而讨论三个统计规律，即分子平均动能按自由度均分的统计规律，分子速率分布的统计规律，分子碰撞的统计规律。

其中，理想气体状态方程，气体的压强和温度公式及其推导，理想气体的内能，麦克斯韦分子速率分布为重点。本部分内容公式较多，但切不可死记公式，必须弄清公式的来龙去脉和公式的物理意义。

热力学部分的核心是热力学第一定律、热力学第二定律，尤以热力学第一定律及其在各等值过程、绝热过程中的应用为重点。此外，对循环过程（包括卡诺循环）热机效率也应予以足够的重视。

热力学部分习题主要是根据热力学第一定律来计算理想气体的几种典型过程的功、热量、内能变化以及循环过程的效率等问题。解题前应首先弄清是什么过程（等温、等压、等容、绝热)及这一过程的特点。因为功、热量都是过程量,其值与过程的性质有关。

(二)波动学

这一节主要讨论机械波的产生、描述、能量和干涉。其中平面简谐波的波动方程和波的干涉为本节重点。

理解波动方程 $y(x,t)$ 时要特别注意理解建立波动方程的思路,要从三个不同角度,即 $x=$ 常量,$t=$ 常量以及 x 和 t 都变化的三个方面去理解波动方程的物理意义。

学习波的干涉时,要注意掌握相干条件并运用相位差或波程差的概念分析相干波的叠加后振幅极大、极小问题。

此外,由于机械振动是产生机械波的根源,因此有必要复习机械振动的有关概念:谐振动方程、相位、同方向同频率谐振动的合成。

(三)光学

光学(波动光学)含有三部分内容:光的干涉、光的衍射、光的偏振。

光的干涉是波动光学的基础,在光的衍射、偏振中都要用到。

在光的干涉中,以分波阵面干涉(双缝)和分振幅干涉(薄膜、劈尖)为重点。但不管是分是分波阵面干涉还是分振幅干涉,最重要的是要善于分析光路,掌握好光程的概念及在垂直入射的情况下光程差的计算。此外在光程差的计算中,应注意因界面反射条件不同而产生的附加光程差 $\lambda/2$(半波损失)。

光的衍射以夫琅和费单缝衍射为重点。要特别注意不要把单缝衍射暗纹公式 $a\sin\theta=k\lambda$ 与双缝干涉明纹公式 $\delta=k\lambda$ 相混淆,二者形式相似而结果相反,前者表示单缝边缘光线的光程差,后者是两束相干光的光程差。

此外,式中 k 是一可变的整数,具体取值视问题的条件而定。

在光的偏振中,以马吕斯定律和布儒斯特定律为重点。理解马吕斯定律时应注意,定律中的光强 I_0 为入射偏振片前的偏振光的光强,而自然光通过偏振片后光强减半 $\left(\frac{1}{2}I_0\right)$。

第一节 热　　学

一、平衡态、气体状态参量

热学的研究对象是由大量原子、分子组成的宏观物质系统,称为热力学系统。关于分子数目的典型数量是阿伏伽德罗常数 $N_0=6.022\times10^{23}$ 个分子/mol,即 1 mol 的任何物质有 6.022×10^{23} 个分子。热学的研究内容:热现象所遵循的普遍规律,即热力学第一定律和热力学第二定律,以及(热力学)系统的物理性质与冷热现象的关系。热学的研究方法有两种:一是宏观方法,称为热力学方法;二是微观方法,称为分子运动论。

(一)平衡态

系统的宏观物理性质不随时间变化的状态,称系统处于平衡态,或称为静态。

(二)气体状态参量

系统的宏观物理性质,是由经过定义的物理量来描述。经长期研究发现,当一定量的气体处于平衡态时,用它的体积 V、压强 p、温度 T 来描述它的物理状态最好,这些描述气体状态的物理量,称为气体平衡状态参量,简称状态参量。

体积(V),指气体分子可到达的空间。在容器中气体的体积,也就是容器体积。体积的国际单位是立方米(m^3)。有时也用升(L),$1L = 10^{-3} m^3$。

压强(p),是指气体作用于外界(例如容器壁)每单位面积上的正压力。压强的国际单位称为帕斯卡,简称帕(Pa),即牛顿/米^2(N/m^2)。应用中经常会出现大气压的压强单位,$1atm = 1.013 \times 10^5 Pa$。

温度(T),是热学中特有的表示系统冷热程度的物理量,温度的数值表示叫温标,采用热力学温标时,温度用 T 表示,而用摄氏温标时,温度用 t 表示,热力学温度 T 与摄氏温度 t 的关系为

$$T(K) = 273.15 + t(℃)$$

二、理想气体状态方程

严格遵守波义耳-马略特定律、盖吕萨克定律、查理定律和阿伏伽德罗定律的气体称为理想气体,与气体的化学成分无关。实际中的各种气体只是在压强较低(或稀薄气体)的情况下才能视为理想气体。

综合上述理想气体遵守的四条定律,可导出理想气体状态参量之间的一个在任何情况下都成立的关系式,叫理想气体状态方程。

$$pV = \frac{m}{M}RT \tag{2-1}$$

式中:m——气体的质量;

M——摩尔质量;

R——摩尔气体常量值为 $8.31 J/(mol \cdot K)$。

理想气体状态方程还可化为另一种形式,设质量为 m 的气体的分子数为 N,1 mol 气体的分子数为 N_0(阿伏伽德罗常数),$\left(\frac{m}{M}\right)$ mol 气体的分子数为 $N = \frac{m}{M}N_0$。

即

$$\frac{m}{M} = \frac{N}{N_0} \tag{2-2}$$

把它代入式(2-1),有 $pV = \frac{N}{N_0}RT = N\frac{R}{N_0}T$,即

$$p = \frac{N}{V}\frac{R}{N_0}T \tag{2-3}$$

令

$$n = \frac{N}{V}, k = \frac{R}{N_0} \tag{2-4}$$

于是

$$p = nkT \tag{2-5}$$

式中:n——单位体积内的分子数,称分子数密度;

k——$1.38 \times 10^{-23} J/K$,称玻尔兹曼常数。

三、理想气体的压强和温度的统计解释

(一)理想气体的微观图景

从微观图景来看,理想气体是由数目巨大的运动着的分子组成。各运动着的分子之间,以及分子与容器壁之间会发生频繁的碰撞,使每个分子的运动速率和方向发生频繁的变化,这样,从整体来看,理想气体是一个这样的群体:其中每一个分子都做杂乱无章的运动,或者说,分子做热运动。

（二）理想气体分子模型

最简单的分子模型是把分子看成一个直径可忽略不计的、具有一定质量（分子质量）m' 的弹性小球。所谓直径可以忽略是指小球之间的距离远大于小球直径，这样，可把小球当作质点来处理。小球与器壁间碰撞，视为完全弹性碰撞。

（三）压强的统计解释

理想气体对容器壁产生的压强，是大量分子不断撞击器壁的结果。根据完全弹性碰撞的力学知识，以及处于平衡态的理想气体的压强特征——对容器各面施加的压强相等，可推导出一个重要的压强公式

$$p = \frac{2}{3} n \bar{\omega} \tag{2-6}$$

式中，$n = N/V$，即分子数密度，N 是分子总数，$\bar{\omega}$ 称为分子的平均平动动能，它等于全体分子的平动动能之和除以全体分子总数，即

$$\bar{\omega} = \left(\frac{1}{2} m' v_1^2 + \frac{1}{2} m' v_2^2 + \cdots + \frac{1}{2} m' v_N^2\right)/N = \frac{1}{2} m' \overline{v^2} \tag{2-7}$$

$\overline{v^2}$ 为分子速率平方的平均值。请注意，各分子间的频繁碰撞使每个分子的速率 $v_1, v_2, \cdots, v_N$ 在发生频繁的变化，但 $\overline{v^2}$ 及 $\bar{\omega}$ 却不随时间变化（因为压强 p 不随时间变化），这是大量做热运动分子集体的统计规律性的表现。所谓统计规律性，是指以平动动能为例，一个特定的分子，例如编号为 i 的分子，它的平动动能 $\omega_i = \frac{1}{2} m' v_i^2$ 是随时（或随机）变化的，而大量分子的平均平动动能 $\bar{\omega}$ 却表现出不变的规律性——统计规律性。

（四）温度的统计解释

联立理想气体状态方程(2-5)及压强公式(2-6)

$$\begin{cases} p = nkT \\ p = \dfrac{2}{3} n \bar{\omega} \end{cases}$$

由上两式消去 p 得

$$\bar{\omega} = \frac{3}{2} kT \tag{2-8}$$

上式把热学中特有的量——温度与大量分子的平均平动动能联系起来，这使我们摆脱了温度是冷热程度这种无法定量描述的经验之谈，而把温度看作是大量分子热运动强度的标志。温度越高，分子的总体表现是热运动越激烈。

四、能量按自由度均分原理

（一）自由度数目 i

气体中每一个分子可由单个原子或多个原子组成，称单原子分子或多原子分子，由单原子分子组成的气体如氦气（He）、氖气（Ne）等，由双原子分子组成的气体如氧气（O_2）、氮气（N_2）等，至于甲烷气（CH_4），自然是由五原子分子组成的气体了。

自由度数目 i 是指决定某物体在空间的位置所需要的独立坐标数目。

据此，把构成气体分子的每一个原子看成一质点，且各原子之间的距离固定不变（称刚性分子，即视为刚体）。那么，单原子分子的自由度 $i=3$，即有三个平动自由度；刚性双原子分子

的自由度 $i=5$，即有三个平动自由度和两个转动自由度；由三个以上原子组成的刚性多原子分子 $i=6$，有三个平动自由度和三个转动自由度。

(二) 能量按自由度均分原理

它的内容是：在温度为 T 的平衡态下，每一个分子的每一个自由度都具有相同的平均动能，其值为 $\frac{1}{2}kT$（请特别注意"平均"两字）。

据此，一个单原子分子有三个平均自由度，单原子分子的平均（平动）动能 $\bar{\omega}=3\cdot\frac{1}{2}kT$，这正是式 (2-8)。刚性双原子分子 $i=5$，它的平均动能 $\bar{\varepsilon}=\frac{5}{2}kT$（细说起来，即三个平动自由度对应平均平动动能为 $\frac{3}{2}kT$，两个转动自由度对应平均转动动能为 $\frac{2}{2}kT$）。一般说来，若一个分子的自由度数为 i，那么，据能量按自由度均分原理，该分子的平均动能为

$$\bar{\varepsilon}=\frac{i}{2}kT$$

五、理想气体内能

从微观上讲，理想气体是指分子之间相互作用势能小到可以忽略不计的气体，因为各分子的热运动动能远大于它们之间相互作用势能。这样，整个理想气体具有的机械能量，就等于每个分子热运动动能之和，设理想气体分子总数为 N，一个分子的动能用 ε 表示，则理想气体的内能 E 可表示为

$$E=\varepsilon_1+\varepsilon_2+\cdots+\varepsilon_N$$

$$=N\cdot\frac{(\varepsilon_1+\varepsilon_2+\cdots+\varepsilon_N)}{N}=N\bar{\varepsilon}$$

式中，$\bar{\varepsilon}$ 为每一分子的平均动能，应为 $\frac{i}{2}kT$，故

$$E=\frac{i}{2}NkT \tag{2-9}$$

$$N=\left(\frac{m}{M}\right)N_0$$

$$N_0k=R$$

$$E=\frac{i}{2}\left(\frac{m}{M}\right)RT \tag{2-10}$$

由于理想气体状态方程 $pV=\left(\frac{m}{M}\right)RT$，$E$ 还可表示为

$$E=\frac{i}{2}pV \tag{2-11}$$

理想气体每单位体积的内能，即内能密度为

$$E/V=\frac{i}{2}p \tag{2-12}$$

六、麦克斯韦速率分布律

(一)速率分布函数

设理想气体分子总数为 N,各分子的速率自然有大有小,现以 $\mathrm{d}N$ 表示速率在 $v \to v+\mathrm{d}v$ 区间内的分子数,定义速率分布函数为

$$f(v) = \frac{\mathrm{d}N}{N\mathrm{d}v} \tag{2-13}$$

从速率分布函数的定义式可知,它的意义是在单位速率间隔内分子的百分数,当理想气体处于平衡态时,分布函数与时间无关,而与速率 v 有关。式(2-13)可改写为

$$\mathrm{d}N = Nf(v)\mathrm{d}v \tag{2-14}$$

如要表示速率在 $v_1 \to v_2$ 区间内的分子数,可将上式积分

$$\int_{v_1}^{v_2} \mathrm{d}N = \Delta N = \int_{v_1}^{v_2} Nf(v)\mathrm{d}v$$

故
$$\int_{v_1}^{v_2} f(v)\mathrm{d}v = \frac{\Delta N}{N} \tag{2-15}$$

表示速率在 $v_1 \to v_2$ 区间内的分子数占总分子数的百分率。由于全体分子速率分布总在 $0 \to \infty$ 区间内,把式(2-14)从 $v=0$ 到 $v \to \infty$ 积分得

$$\int_0^\infty f(v)\mathrm{d}v = 1 \tag{2-16}$$

上式说明, $\int_0^\infty f(v)\mathrm{d}v =$ 分布曲线下总面积 $= 1$,速率分布函数应满足归一化条件。

(二)麦克斯韦速率分布函数

理论和实践都证实,处于温度为 T 的理想气体,速率分布函数的具体数学形式是

$$f(v) = \left(\frac{m'}{2\pi kT}\right)^{3/2} e^{-\frac{m'v^2}{2kT}} 4\pi v^2 \tag{2-17}$$

式中各文字的意义都已交代过。此式称为麦克斯韦速率分布函数。若以 v 为横坐标,以 $f(v)$ 为纵坐标,此函数的大致图形,如图 2-1 所示,温度越高,分布曲线的最高点越向速率大的方向移动。

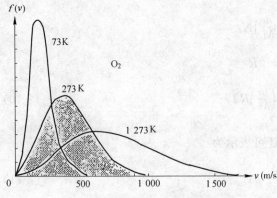

图 2-1 不同温度下速率分布曲线

(三)三种速率

知道了麦克斯韦速率分布函数后,可求出全体分子的三种速率。

1. 最可几速率 v_p(最概然速率)

由 $\dfrac{\mathrm{d}f(v)}{\mathrm{d}v} = 0$,得

$$v_\mathrm{p} = \sqrt{\frac{2kT}{m'}} = \sqrt{\frac{2RT}{M}} \tag{2-18}$$

M 为气体的摩尔质量。

2. 平均速率 $\bar{v}$

$$\bar{v} = \frac{1}{N}\int_0^\infty v\mathrm{d}N = \int_0^\infty vf(v)\mathrm{d}v = \sqrt{\frac{8kT}{\pi m'}} = \sqrt{\frac{8RT}{\pi M}} \tag{2-19}$$

3. 方均根速率 $\sqrt{\overline{v}^2}$

$$\overline{v}^2 = \frac{1}{N}\int_0^\infty v^2 f(v) \mathrm{d}v = \frac{3kT}{m'} \tag{2-20}$$

$$\sqrt{\overline{v}^2} = \sqrt{\frac{3kT}{m'}} = \sqrt{\frac{3RT}{M}}$$

七、平均碰撞次数 $\overline{Z}$ 和平均自由程 $\overline{\lambda}$

气体分子间在做频繁的相互碰撞,一个分子在单位时间内的碰撞次数 Z 简称为碰撞次数,或称碰撞频率。由于分子热运动的无规则性,没有理由说各分子的 Z 是一样的,Z 对全体分子的平均值 $\overline{Z}$,称平均碰撞次数。

一个分子在相继的两次碰撞之间所飞行的路程,叫自由程。各分子的自由程各不相同,对全体分子取平均,叫平均自由程,以 $\overline{\lambda}$ 表示。对于一个分子平均来说,在单位时间内的飞行路程为平均速率 $\overline{v}$,所以下式成立

$$\overline{v} = \overline{Z}\overline{\lambda} \tag{2-21}$$

研究表明

$$\overline{Z} = \sqrt{2}\pi d^2 n \overline{v} \tag{2-22}$$

式中:n——分子数密度;

d——分子有效直径,不同分子有不同的有效直径。

$$\overline{\lambda} = \frac{\overline{v}}{\overline{Z}} = \frac{1}{\sqrt{2}\pi d^2 n} = \frac{kT}{\sqrt{2}\pi d^2 p} \tag{2-23}$$

上式中最后一等式利用了理想气体状态方程 $p = nkT$。式(2-23)表明在 T 一定时,$\overline{\lambda}$ 与 p 成反比。$\overline{\lambda}$ 在对气体内迁移现象(包括热传导、扩散、黏滞等)讨论时起重要作用。

八、热力学第一定律

(一)准静态过程

热力学系统在与外界发生相互作用时,它(以及外界)的状态要发生变化,状态变化的过程,叫热力学过程。以理想气体为例,系统从初态 (p_0, V_0, T_0) 变化到终态 (p_1, V_1, T_1),可通过各种不同过程实现(参看示意图 2-2),不同的过程体现了系统与外界的不同相互作用。

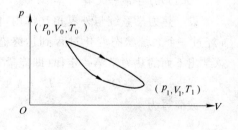

图 2-2

要使原先处于平衡态的理想气体状态发生变化,首先要破坏它原先的平衡态。也即系统要历经一非平衡态(非静态)情形。但若过程进行得如此缓慢,使过程进行中系统的状态都近似达到平衡态,这种理想化的过程叫准静态过程。在准静态过程中,气体的状态都可用平衡态(静态)参量 (p, V, T) 来描述。

(二)理想气体内能的改变 ΔE

一定量理想气体的内能 E 由式(2-10)确定。故理想气体经历任何过程从温度为 T_1 的状态变到温度为 T_2 的状态时,内能的增量为

$$\Delta E = E_2 - E_1 = \frac{m}{M} \cdot \frac{i}{2} \cdot R(T_2 - T_1) \tag{2-24}$$

显然,一定量理想气体的内能增量只取决于系统的初、终态,而与联系初、终态的过程无关,这一结论十分重要。或者可说,内能本身是状态的单值函数。

(三)功 A

利用力学中功的概念,计算气缸中气体在准静态过程中所做的功。设气体的压强为 p,活塞面积为 S,气体对活塞的压力 $f=pS$(见图 2-3),当活塞移动微小距离 $\mathrm{d}L$ 时,气体体积变化 $\mathrm{d}V=S\mathrm{d}L$,过程中所做微功 $\mathrm{d}A=f\mathrm{d}L=pS\mathrm{d}L=p\mathrm{d}V$。当气体体积从 V_1 膨胀到 V_2 时,气体对外(活塞)做功为

$$A = \int_{V_1}^{V_2} p \mathrm{d}V \tag{2-25}$$

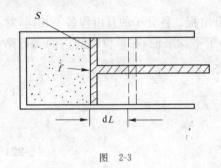

图 2-3

当过程用 p-V 图上一条曲线表示时(见图 2-4),功 A 即表示曲边梯形的面积。可见,若以不同的曲线(代表不同的变化过程)连接相同的初(V_1)、终态(V_2),功 A 不同,功与过程有关,注意,若 $V_2>V_1$,气体体积随过程膨胀,气体对外做正功($A>0$),反之,若 $V_2<V_1$,气体被压缩,气体对外做负功。还要注意,功 A 的表达式(2-25)只对准静态过程成立,对非准静态过程不成立。如气体向真空膨胀,对外做功 $A=0$。

(四)热量 Q

气体对外做正功或负功(外界对气体做正功),都会使气体(及外界)状态发生变化。改变系统状态,不仅可采取做功的方式,也可采取热量交换的方式。气体从外界吸收热量或放热给外界,都会使气体(及外界)状态发生变化。气体从外界吸收(或放热给外界)的热量多少,不仅取决于气体的初、终态,也取决于联系两态的变化过程,这一点在热力学第一定律中会清楚地看出。

(五)热力学第一定律

设一热力学系统与外界相互作用,使系统从某一初态 a 经过一个系统状态变化过程到达终态 b,无数试验事实总结出下面的热力学第一定律(即能量守恒与转换定律)

$$Q_{a \to b} = E_b - E_a + A_{a \to b}$$

或简写为

$$Q = \Delta E + A \tag{2-26}$$

图 2-4

式中:Q——过程中系统从外界吸收的热量(若 $Q>0$ 为吸热,$Q<0$ 为放热);

A——过程中系统对外界做功(可正可负,负功表示外界对系统做正功);

ΔE——系统内能的增量,即系统终态内能与初态内能的差。

若过程的初、终态一定,则 ΔE 一定,而 A 与过程有关,故 Q 也与过程有关。

对于一个微小变化过程,热力学第一定律可写成微分形式

$$dQ = dE + dA$$

热力学第一定律不仅适用于理想气体,而且还适用于液体、固体等一切热力学系统。

九、热力学第一定律对理想气体等值过程和绝热过程的应用

$(\frac{m}{M})$ mol 的理想气体,从初态(p_1, V_1, T_1)经某一过程变化到终态(p_2, V_2, T_2),如何计算热力学第一定律中的Q、ΔE、A?

首先要注意ΔE与过程无关,它由式(2-24)确定

$$\Delta E = (\frac{m}{M})\frac{i}{2}R(T_2 - T_1)$$

功A可通过式(2-25)计算,那么过程吸热Q可以从热力学第一定律算出。

(一)等容过程

过程方程:V=恒量,或p/T=恒量

$$A = \int_{V_1}^{V_2} p dV = 0 \quad (dV = 0)$$

$$Q_V = \Delta E + A = (\frac{m}{M})\frac{i}{2}R(T_2 - T_1) \tag{2-27}$$

(二)等压过程

过程方程:p=恒量,或T/V=恒量

$$A = \int_{V_1}^{V_2} p dV = p(V_2 - V_1)$$

利用状态方程$pV = (\frac{m}{M})RT$,可将上式写成

$$A = (\frac{m}{M})R(T_2 - T_1) \tag{2-28}$$

$$Q_p = \Delta E + A = (\frac{m}{M})(\frac{i+2}{2})R(T_2 - T_1) \tag{2-29}$$

比较式(2-29)和式(2-27)可知,等压过程吸热量比等容过程吸热量多。

(三)等温过程

过程方程:T=恒量,或pV=恒量

$$A = \int_{V_1}^{V_2} p dV = \int_{V_1}^{V_2} \frac{(\frac{m}{M})RT}{V} dV = (\frac{m}{M})RT \int_{V_1}^{V_2} \frac{dV}{V}$$

$$A = (\frac{m}{M})RT \ln \frac{V_2}{V_1} = (\frac{m}{M})RT \ln \frac{p_1}{p_2} \tag{2-30}$$

而$\Delta E = 0$(因$T_2 = T_1$)

$$Q_T = A = (\frac{m}{M})RT \ln \frac{V_2}{V_1} = (\frac{m}{M})RT \ln \frac{p_1}{p_2} \tag{2-31}$$

可见等温过程中,理想气体从外界吸收的热量Q,全部转化为气体对外做功。

（四）绝热过程
$$Q=0 \quad (2-32)$$
$$A=-\Delta E=-\frac{i}{2}\left(\frac{m}{M}\right)R(T_2-T_1)$$

绝热过程中，气体对外做功，是以减少自己的内能为代价的。绝热过程的方程将在第十一节中介绍。

十、热容量

（一）热容量定义

一系统每升高单位温度所吸收的热量，称为系统的热容量。即
$$C=dQ/dT \quad (2-33)$$

当系统为1mol时，它的热容量称摩尔热容量，单位为J/(mol·K)。系统热容量C等于摩尔热容量乘以摩尔数。

（二）定容摩尔热容量C_V与定压摩尔热容量C_p

1mol系统在等容过程中，每升高单位温度所吸收的热量，称定容摩尔热容量C_V。1mol系统在等压过程中，每升高单位温度所吸收的热量，称定压摩尔热容量C_p，即
$$C_V=\left.\frac{dQ}{dT}\right|_{V=\text{恒量}}, \quad C_p=\left.\frac{dQ}{dT}\right|_{p=\text{恒量}} \quad (2-34)$$

对1mol理想气体而言，由式(2-27)及式(2-29)可得
$$C_V=\frac{Q}{T_2-T_1}=\frac{i}{2}R, \quad C_p=\frac{Q}{T_2-T_1}=\frac{i+2}{2}R \quad (2-35)$$

由此可知
$$C_p-C_V=R \quad (2-36)$$

令
$$\gamma=C_p/C_V=(i+2)/i \quad (2-37)$$

对单原子分子，自由度$i=3$，故$\gamma=5/3$；对刚性双原子分子，$i=5$，故$\gamma=7/5$。

引入C_v与C_p后，式(2-27)可表示为$Q_V=\left(\frac{m}{M}\right)C_V(T_2-T_1)$，式(2-29)可表示为$Q_p=\left(\frac{m}{M}\right)C_p(T_2-T_1)$。

十一、绝热过程方程

理想气体的绝热过程方程可由热力学第一定律式(2-26)通过积分求得，结果是
$$V^{\gamma-1}T=\text{恒量} \quad (2-38)$$

利用理想气体状态方程还可把上式改写为以下两种形式
$$pV^\gamma=\text{恒量}, \quad p^{\gamma-1}T^{-\gamma}=\text{恒量} \quad (2-39)$$

绝热过程做功已由式(2-32)给出。也可根据理想气体状态方程$pV=\frac{m}{M}RT$改写为
$$A=\frac{i}{2}(p_1V_1-p_2V_2)$$

由式(2-37)知$i/2=1/(\gamma-1)$，故
$$A=\frac{1}{\gamma-1}(p_1V_1-p_2V_2) \quad (2-40)$$

这是绝热过程做功的另一计算公式。此公式可直接由功的表达式得到

$$A = \int_{V_1}^{V_2} p\,dV = p_1 V_1^\gamma \int_{V_1}^{V_2} \frac{dV}{V^\gamma} = p_1 V_1^\gamma \left(\frac{V_2^{1-\gamma}}{1-\gamma} - \frac{V_1^{1-\gamma}}{1-\gamma}\right) = \frac{1}{\gamma-1}(p_1 V_1 - p_2 V_2)$$

十二、循环过程、热机效率、卡诺循环

(一)循环过程

<u>系统从某一状态开始经一系列变化过程又回到原来状态,这个变化过程叫循环过程。</u>在过程的 p-V 图上,循环过程必为一封闭曲线。系统经一循环后,由于返回原来状态,故系统内能不变,这是循环过程的重要特性。

在如图 2-5 所示的循环过程中,系统从 A 态出发,在过程 $A \to B \to C$ 中,系统对外做正功;在过程 $C \to D \to A$ 中,系统对外做负功(外界对系统做正功)。因此,整个循环过程系统对外做的净功为循环过程曲线所包围的面积(图中阴影部分),把热力学第一定律应用于循环过程,因 $\Delta E = 0$,故有

$$A = Q \quad (\text{循环过程}) \tag{2-41}$$

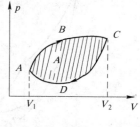

图 2-5

即<u>系统对外做的净功应等于系统从外界吸收的净热量</u>。循环是顺时针的,则 $A > 0$,称为热机。

(二)热机效率 η

式(2-41)中 Q 表示系统在循环过程中从外界吸收的净热量,可把它改写成 $Q = Q_1 - Q_2$,Q_1 表示吸热,Q_2 表示放热,热机效率 η 被定义为

$$\eta = \frac{A}{Q_1} = \frac{Q_1 - Q_2}{Q_1} = 1 - \frac{Q_2}{Q_1} \tag{2-42}$$

(三)卡诺循环

卡诺循环是在两个恒定的高温(T_1)热源和低温(T_2)热源之间工作的热机的一个特殊循环过程。它由两个等温过程、两个绝热过程组成。以理想气体为工作物质的卡诺循环如图 2-6 所示。

过程 1→2 为等温吸热过程,系统从高温热源吸热 Q_1 由式(2-31)确定

$$Q_1 = \frac{m}{M} R T_1 \ln \frac{V_2}{V_1}$$

过程 3→4 为等温放热过程,系统放热给低温热源 Q_2 为

$$Q_2 = \frac{m}{M} R T_2 \ln \frac{V_3}{V_4}$$

又因 2→3 及 4→1 均为绝热过程,故有

$$T_1 V_1^{\gamma-1} = T_2 V_4^{\gamma-1}$$
$$T_1 V_2^{\gamma-1} = T_2 V_3^{\gamma-1}$$
$$V_2/V_1 = V_3/V_4$$

于是,卡诺循环效率为

$$\eta = \frac{Q_1 - Q_2}{Q_1} = \frac{T_1 - T_2}{T_1} = 1 - \frac{T_2}{T_1} \tag{2-43}$$

若使卡诺循环逆时针方向进行:1→4→3→2→1,如图 2-7 所示。气体将从低温热源吸热

Q_2,又接受外界做功 A,向高温热源放热 $Q_1=A+Q_2$,这是卡诺制冷循环。它使低温物体失去热量而使高温物体得到热量,这是电冰箱工作原理,定义制冷系数为

$$\omega = Q_2/A = Q_2/(Q_1-Q_2) \tag{2-44}$$

因此卡诺制冷机的制冷系数为

$$\omega_{卡诺} = T_2/(T_1-T_2) \tag{2-45}$$

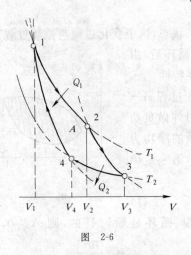
图 2-6

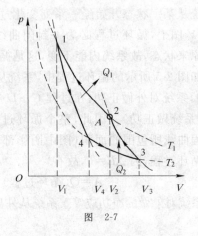
图 2-7

十三、可逆过程和不可逆过程

系统在外界作用下经过一个过程从初态变到终态,外界同时要发生变化:也从初态变到终态,现使系统发生的变化过程逆向进行,即从终态到初态,若外界同时也从终态恢复到初态,那么系统(及外界)发生的过程叫可逆过程。所谓可逆过程是指逆过程可以抹去正过程所留下的一切变化,好像世界上什么事情都没有发生过一样,不满足可逆过程条件的一切过程,称为不可逆过程。

功、热转换过程是不可逆的:功可以完全转变成热量;但在不引起其他任何变化的条件下(外界也同时复原),热不能完全变化为功。热量可以自动地从高温物体传到低温物体。但在不引起其他任何变化的条件下(即不能自动地),热量不能从低温物体传到高温物体。气体分子可自动地从密度大处向密度小处扩散,而自动的逆过程不行。动、植物的生老病死等等都是不可逆过程。

十四、热力学第二定律及其统计意义

上节提到的许多不可逆过程实例,说明自然界所发生的千变万化的过程有单向性(不可逆性),可以证明,各种单向性过程是相互沟通的,即从某一过程的单向性可推得另一过程的单向性。因此,要说明这种单向性的变化规律,只要任选一实例即可。有以下两种典型表述,并称之为热力学第二定律。

(1)开尔文表述:不可能制造出一种循环工作的热机,它只从单一热源吸热使之完全变为功而不使外界发生任何变化。

(2)克劳修斯表述:热量不能自动地从低温物体传向高温物体而不引起外界变化。

人们把从单一热源吸热并使之全部变成功而不引起其他变化的机器叫第二类永动机。这种永动机不违背热力学第一定律,但违背热力学第二定律,故不能制成。

电冰箱是克劳修斯表述的很好注释。热量不是不能从低温物体(冰箱内部)传向高温物体

(箱外),而是不能自动地进行。冰箱不插上电源就不会制冷。

自(动)发(生)过程的单向性可以用系统处于某一状态的几率予以解释,这称为热力学第二定律的统计意义(或统计解释)。我们举一个气体向真空膨胀(扩散)的具体例子,来说明热力学第二定律的统计意义。假定气体由 N 个分子组成,处在体积为 V 的容器中,但一开始全部气体被隔板挡在只占容器 $1/n$ 的空间中。当隔板被抽掉时,气体会自动扩散到均匀占满整个容器空间为止,这是个不可逆过程。

系统的初态几率为 $(1/n)^N$,扩散过程使气体分子占据越来越大空间,即 n 减小,几率变大,最后当 $n=1$ 时,即气体分布在整个容器中时,几率达最大,自发过程终止,系统达平衡态。系统内部进行的自发过程,总是由几率小的宏观状态向几率大的宏观状态进行,这就是热力学第二定律的统计意义。由于分子总数 N 极大,n 与 1 的任何有限偏离,例如 $n=1.1$,则此宏观态的几率为 $(1/1.1)^N \to 0$,因此,要使系统自动返回初态的可能性几乎为零,即实际上过程是不可逆的。

【例 2-1】 在标准状态下,当氢气和氦气的压强与体积都相等时,氢气和氦气的内能之比为:

A. $\dfrac{5}{3}$ B. $\dfrac{3}{5}$ C. $\dfrac{1}{2}$ D. $\dfrac{3}{2}$

解 由 $E = \dfrac{m}{M} \dfrac{i}{2} RT = \dfrac{i}{2} pV$,注意到氢为双原子分子,氦为单原子分子,即 $i(H_2) = 5$,$i(He) = 3$,又 $p(H_2) = p(He)$,$V(H_2) = V(He)$,故 $\dfrac{E(H_2)}{E(He)} = \dfrac{i(H_2)}{i(He)} = \dfrac{5}{3}$。

答案:A

【例 2-2】 假定氧气的热力学温度提高一倍,氧分子全部离解为氧原子,则氧原子的平均速率是氧分子平均速率的:

A. 4 倍   B. 2 倍   C. $\sqrt{2}$ 倍   D. $\dfrac{1}{\sqrt{2}}$ 倍

解 $\bar{v} = \sqrt{\dfrac{8RT}{\pi M}}$,$\bar{v}_{O_2} = \sqrt{\dfrac{8RT}{\pi M}} = \sqrt{\dfrac{8RT}{\pi \cdot 32}}$

氧气的热力学温度提高一倍,氧分子全部离解为氧原子,$T_O = 2T_{O_2}$

$\bar{v}_O = \sqrt{\dfrac{8RT_O}{\pi M_O}} = \sqrt{\dfrac{8R \cdot 2T}{\pi \cdot 16}}$,则 $\dfrac{\bar{v}_O}{\bar{v}_{O_2}} = \dfrac{\sqrt{\dfrac{8R \cdot 2T}{\pi \cdot 16}}}{\sqrt{\dfrac{8RT}{\pi \cdot 32}}} = 2$

答案:B

【例 2-3】 容积恒定的容器内盛有一定量的某种理想气体,分子的平均自由程为 $\bar{\lambda}_0$,平均碰撞频率为 $\bar{Z}_0$,若气体的温度降低为原来的 $\dfrac{1}{4}$ 倍,则此时分子的平均自由程 $\bar{\lambda}$ 和平均碰撞频率 $\bar{Z}$ 为:

A. $\bar{\lambda} = \bar{\lambda}_0$,$\bar{Z} = \bar{Z}_0$ B. $\bar{\lambda} = \bar{\lambda}_0$,$\bar{Z} = \dfrac{1}{2}\bar{Z}_0$

C. $\bar{\lambda} = 2\bar{\lambda}_0$,$\bar{Z} = 2\bar{Z}_0$ D. $\bar{\lambda} = \sqrt{2}\bar{\lambda}_0$,$\bar{Z} = 4\bar{Z}_0$

解 气体分子的平均碰撞频率 $Z_0 = \sqrt{2}n\pi d^2 \bar{v} = \sqrt{2}n\pi d^2 \sqrt{\dfrac{8RT}{\pi M}}$,平均自由程 $\bar{\lambda}_0 = \dfrac{\bar{v}}{\bar{Z}_0} = \dfrac{1}{\sqrt{2}n\pi d^2}$,$T' = \dfrac{1}{4}T$,$\bar{\lambda} = \bar{\lambda}_0$,$\bar{Z} = \dfrac{1}{2}\bar{Z}_0$。

答案:B

【例 2-4】 一定量的理想气体由 a 状态经过一过程到达 b 状态,吸热为 335J,系统对外做功 126J;若系统经过另一过程由 a 状态到达 b 状态,系统对外做功 42J,则过程中传入系统的热量为:

    A. 530J   B. 167J   C. 251J   D. 335J

解 两过程都是由 a 状态到达 b 状态,内能是状态量,内能增量 $\Delta E = \dfrac{m}{M}\dfrac{i}{2}R(T_b - T_a)$ 相同。

由热力学第一定律 $Q = (E_2 - E_1) + W = \Delta E + W$,有 $Q_1 - W_1 = Q_2 - W_2$,即 $335 - 126 = Q_2 - 42$,可得 $Q_2 = 251$J。

答案:C

【例 2-5】 一定量的理想气体,经过等体过程,温度增量 ΔT,内能变化 ΔE_1,吸收热量 Q_1;若经过等压过程,温度增量也为 ΔT,内能变化 ΔE_2,吸收热量 Q_2,则一定是:

    A. $\Delta E_2 = \Delta E_1$, $Q_2 > Q_1$ B. $\Delta E_2 = \Delta E_1$, $Q_2 < Q_1$

    C. $\Delta E_2 > \Delta E_1$, $Q_2 > Q_1$ D. $\Delta E_2 < \Delta E_1$, $Q_2 < Q_1$

解 两过程温度增量均为 ΔT,内能增量 $\Delta E = \dfrac{m}{M}\dfrac{i}{2}R\Delta T$ 相同,即 $\Delta E_2 = \Delta E_1$。

由热力学第一定律,等体过程不做功,$W_1 = 0$,$Q_1 = \Delta E_1 = \dfrac{m}{M}\dfrac{i}{2}R\Delta T$;

对于等压过程,$Q_2 = \Delta E_2 + W_2 = \dfrac{m}{M}(\dfrac{i}{2} + 1)R\Delta T$,所以 $Q_2 > Q_1$。

答案:A

【例 2-6】 一定量理想气体由初态 (p_1, V_1, T_1) 经等温膨胀到达终态 (p_2, V_2, T_1),则气体吸收的热量 Q 为:

    A. $Q = p_1 V_1 \ln\dfrac{V_2}{V_1}$ B. $Q = p_2 V_2 \ln\dfrac{V_2}{V_1}$

    C. $Q = p_1 V_1 \ln\dfrac{V_1}{V_2}$ D. $Q = p_2 V_1 \ln\dfrac{p_2}{p_1}$

解 等温过程 $\Delta E = 0$,吸收的热量等于对外做功,$Q = \dfrac{m}{M}RT\ln\dfrac{V_2}{V_1} = p_1 V_1 \ln\dfrac{V_2}{V_1}$。

答案:A

【例 2-7】 有 1mol 刚性双原子分子理想气体,在等压过程中对外做功 W,则其温度变化 ΔT 为:

    A. $\dfrac{R}{W}$ B. $\dfrac{W}{R}$ C. $\dfrac{2R}{W}$ D. $\dfrac{2W}{R}$

解 等压过程由 $W = p\Delta V = p(V_2 - V_1) = \dfrac{m}{M}R\Delta T$,今 $\dfrac{m}{M} = 1$,故 $\Delta T = \dfrac{W}{R}$。

答案:B

习 题

2-1 两容器内分别装有氢气和氦气,若它们的温度和质量分别相等,则( )。
    A. 两种气体分子的平均平动动能相等   B. 两种气体分子的平均动能相等
    C. 两种气体分子的平均速率相等   D. 两种气体的内能相等

2-2 若理想气体的体积为 V,压强为 p,温度为 T,一个分子的质量为 m',k 为玻兹曼常量,R 为摩尔气体常量,则该理想气体的分子数为( )。
    A. pV/m' B. $pV/(kT)$ C. $pV/(RT)$ D. $pV/(m'T)$

2-3 一瓶氦气和一瓶氮气密度相同,分子平均平动动能相同,而且它们都处于平衡状态,则它们( )。
    A. 温度相同、压强相同
    B. 温度、压强都不相同
    C. 温度相同,但氦气的压强大于氮气的压强
    D. 温度相同,但氦气的压强小于氮气的压强

2-4 压强为 p、体积为 V 的氦气(He,视为刚性分子理想气体)的内能为( )。
    A. $\frac{3}{2}pV$ B. $\frac{5}{2}pV$ C. $\frac{1}{2}pV$ D. $3pV$

2-5 在容积 $V=8\times10^{-3}\,\mathrm{m^3}$ 的容器中,装有压强 $p=5\times10^2\,\mathrm{Pa}$ 的理想气体,则容器中气体分子的平动动能总和为( )。
    A. 2J   B. 3J   C. 5J   D. 6J

2-6 某容器内储有1mol氢气和1mol氦气,设两种气体各自对器壁产生的压强分别为 p_1 和 p_2,则两者的大小关系是( )。
    A. $p_1>p_2$ B. $p_1=p_2$ C. $p_1<p_2$ D. 不确定

2-7 两瓶不同的气体,一瓶是氧,另一瓶是一氧化碳,若它们的压强和温度相同,但体积不同,则下列量相同的是:①单位体积中的分子数,②单位体积的质量,③单位体积的内能,其中正确的是( )。
    A. ①②   B. ②③   C. ①③   D. ①②③

2-8 两种理想气体的温度相等,则它们的:①分子的平均动能相等,②分子的转动动能相等,③分子的平均平动动能相等,④内能相等,以上论断中,正确的是( )。
    A. ①②③④   B. ①②④   C. ①④   D. ③

2-9 一定量氢气和氧气,都可视为理想气体,它们分子的平均平动动能相同,那么它们分子的平均速率之比 $\bar{v}_{H_2}:\bar{v}_{O_2}$ 为( )。
    A. 1:16   B. 16:1   C. 1:4   D. 4:1

2-10 一定量的理想气体,在容积不变的条件下,当温度升高时,分子平均碰撞次数 $\bar{Z}$ 及平均自由程 $\bar{\lambda}$ 的变化情况是( )。
    A. $\bar{Z}$ 增大,$\bar{\lambda}$ 不变   B. $\bar{Z}$ 不变,$\bar{\lambda}$ 增大
    C. $\bar{Z}$ 增大,$\bar{\lambda}$ 增大   D. $\bar{Z}$、$\bar{\lambda}$ 都不变

2-11 理想气体的密度 ρ 在某一过程中与绝对温度 T 成反比关系,则该过程为( )。

A. 等容过程 B. 等压过程 C. 等温过程 D. 绝热过程

2-12 两个相同的容器，一个装氦气，一个装氧气(视为刚性分子)，开始时它们的温度和压强都相同。现将9J的热量传给氦气，使之升高一定温度。若使氧气也升高同样的温度，则应向氧气传递的热量是(　　)。

　　A. 9J B. 15J C. 18J D. 6J

2-13 1mol氧气和1mol水蒸气(均视为刚性分子理想气体)，若在体积不变的情况下吸收相等的热量，则它们的(　　)。

　　A. 温度升高相同，压强增加相同 B. 温度升高不同，压强增加不同
　　C. 温度升高相同，压强增加不同 D. 温度升高不同，压强增加相同

2-14 在常温条件下，压强、体积、温度都相同的氮气和氦气在等压过程中吸收了相等的热量，则它们对外做功之比为(　　)。

　　A. 5∶9 B. 5∶7
　　C. 1∶1 D. 9∶5

2-15 如图所示，理想气体由初态 a 经 acb 过程变到终态 b。则(　　)。

　　A. 内能增量为正，对外做功为正，系统吸热为正
　　B. 内能增量为负，对外做功为正，系统吸热为正
　　C. 内能增量为负，对外做功为正，系统吸热为负
　　D. 不能判断

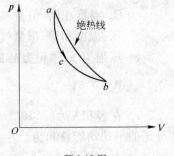

题 2-15 图

2-16 一定量理想气体，从状态 A 开始，分别经历等压、等温、绝热三种过程(AB、AC、AD)，其容积由 V_1 都膨胀到 $2V_1$，其中(　　)。

　　A. 气体内能增加的是等压过程，气体内能减少的是等温过程
　　B. 气体内能增加的是绝热过程，气体内能减少的是等压过程
　　C. 气体内能增加的是等压过程，气体内能减少的是绝热过程
　　D. 气体内能增加的是绝热过程，气体内能减少的是等温过程

2-17 一定量的理想气体，起始温度为 T，体积为 V_0，后经历绝热过程，体积变为 $2V_0$，再经过等压过程，温度回升到起始温度，最后再经过等温过程，回到起始状态，则在此循环过程中(　　)。

　　A. 气体从外界净吸的热量为负值
　　B. 气体对外界净做的功为正值
　　C. 气体从外界净吸的热量为正值
　　D. 气体内能减少

2-18 设高温热源的热力学温度是低温热源热力学温度的 n 倍，则理想气体在一次卡诺循环中，传给低温热源的热量是从高温热源吸取的热量的(　　)。

　　A. n 倍 B. $n-1$ 倍 C. $1/n$ D. $(n+1)/n$ 倍

2-19 热力学第二定律可表述为(　　)。

　　A. 功可以全部转换为热，但热不能全部转换为功
　　B. 热量不能从低温物体传到高温物体
　　C. 热可以全部转换为功，但功不能全部转换为热
　　D. 热量不能自动地从低温物体传到高温物体

2-20 "理想气体和单一热源接触做等温膨胀时,吸收的热量全部用来对外做功。"对此说法,有如下几种评论,哪种是正确的?(　　)。

  A. 不违反热力学第一定律,但违反热力学第二定律

  B. 不违反热力学第二定律,但违反热力学第一定律

  C. 不违反热力学第一定律,也不违反热力学第二定律

  D. 违反热力学第一定律,也违反热力学第二定律

第二节　波　动　学

一、机械波的产生和传播

(一)一些基本概念

振动(状态)的传播过程称为波动。机械振动在弹性媒质中的传播过程称为机械波。变化的电磁场在空间的传播过程称为电磁波。本节研究的是机械波,但许多基本精神都适用于电磁波。

产生波动要有两个条件:第一要有振动源,第二要有传播振动的弹性媒质。

如果质点振动方向与波的传播方向垂直,这种波叫横波(如手握长绳一端上下抖动,振动沿水平方向传播出去,绳上形成横波)。如果质点振动方向与波的传播方向一致,这种波叫纵波(如空气中传播的声波是纵波)。

波从波源出发,在媒质中向各个方向传播,那些振动相位相同的点的集合称为波(阵)面。波面为平面的称为平面波,波面为球面的称为球面波等。传到最前面的那个波面称为波前。波的传播方向称为波线。在各向同性的媒质中,波线与波面垂直。

(二)波速、波长、频率

波速是单位时间内振动状态传播的距离,以 u 表示。u 取决于媒质的物理性质,对机械波来说,取决于媒质的惯性与弹性,具体结论如下。

在弹性固体中,横波与纵波的速度分别是

$$u=\sqrt{G/\rho} \quad (横波)$$

$$u=\sqrt{Y/\rho} \quad (纵波)$$

式中,G 和 Y 分别为媒质的切变弹性模量和杨氏弹性模量,ρ 为媒质密度。

在气体和液体中,不能传播横波,因为它们的切变弹性模量为零。而纵波在气体和液体中的传播速度为

$$u=\sqrt{B/\rho} \quad (纵波)$$

式中,B 为媒质容变弹性模量。在理想气体中,声速为

$$u=\sqrt{\gamma p/\rho}=\sqrt{\gamma RT/M}$$

式中,$\gamma=C_p/C_V$,p 为压强,ρ 为密度,M 为摩尔质量。

波长 λ:波动传播时,同一波线上的两个相邻的相位相差为 2π 的质点,它们之间的距离称为波长 λ。

周期 T 和频率 ν:振动状态传播一个波长的距离所需的时间为一个周期 T。频率 $\nu=1/T$,单位为 1/秒(1/s),或称赫兹(Hz)。

二、平面简谐波的波动方程

波面为平面、媒质中各点均做简谐振动(简谐振动的传播过程)的波,叫平面简谐波。

设在无吸收的均匀媒质中,有一平面简谐波沿 x 轴正向以波速 u 传播。各质点振动位移方向与 x 轴垂直(横波),即 y 方向,设在 $x=0$ 处质点的振动方程为

$$y = A\cos(\omega t + \varphi_0)$$

式中,A 为振幅,ω 为圆频率(角频率),y 是 $x=0$ 处的质点在 t 时刻偏离平衡位置的位移。设媒质中某点 P 的 x 坐标为 x_P,由于 P 点的振动是由 $x=0$ 处的振动以波速 u 传过来的,故应比 $x=0$ 处的质点晚振动 x_P/u 的时间,P 点的振动方程应为

$$y_P = A\cos[\omega(t - x_P/u) + \varphi_0]$$

略去 P,即媒质中任一坐标为 x 的质点,其振动方程,亦即平面简谐波的波动方程为

$$y = A\cos\left[\omega\left(t - \frac{x}{u}\right) + \varphi_0\right] \tag{2-46}$$

利用 $\omega = 2\pi\nu$,$\nu = 1/T$,$u = \lambda/T$ 等,可将波动方程变为如下形式

$$y = A\cos\left(2\pi\nu t - \frac{2\pi x}{\lambda} + \varphi_0\right) \tag{2-47}$$

$$y = A\cos\left[2\pi\left(\frac{t}{T} - \frac{x}{\lambda}\right) + \varphi_0\right] \tag{2-48}$$

$$y = A\cos\left[\frac{2\pi}{\lambda}(x - ut) + \varphi_0\right] \tag{2-49}$$

波动方程的意义:

(1)当 x 一定时(即波线上某一点),波动方程表示坐标为 x 的质点的振动方程。

(2)当 t 一定时(即某一瞬时),波动方程表示 t 时刻各质点的位移,即 t 时刻的波形。

(3)当 x、t 都变时,波动方程表示整个波形以波速 u 向 x 正方向传播。

如果波沿 x 轴负向传播,仍设 $x=0$ 处振动方程为

$$y = A\cos(\omega t + \varphi_0)$$

任一坐标为 x 的质点要比 $x=0$ 处的质点早振动 x/u 这么多时间,即相位超前 $\omega\dfrac{x}{u}$。因此,任一坐标为 x 的质点振动方程,即波动方程为

$$y = A\cos\left[\omega\left(t + \frac{x}{u}\right) + \varphi_0\right]$$

$$= A\cos\left(2\pi\nu t + \frac{2\pi x}{\lambda} + \varphi_0\right)$$

$$= A\cos\left[2\pi\left(\frac{t}{T} + \frac{x}{\lambda}\right) + \varphi_0\right]$$

$$= A\cos\left[\frac{2\pi}{\lambda}(x + ut) + \varphi_0\right] \tag{2-50}$$

又若设 $x = x_0$ 处质点的振动方程为

$$y = A\cos(\omega t + \Phi)$$

则沿 x 正向传播,波速为 u 的波动方程为

$$y = A\cos\left[\omega\left(t - \frac{x - x_0}{u}\right) + \Phi\right] \tag{2-51}$$

沿 x 轴负向传播的波动方程为

$$y = A\cos[\omega(t+\frac{x-x_0}{u})+\Phi] \tag{2-52}$$

三、波的能量、能流密度

（一）波的能量

当弹性媒质中有振动传播时，各质元要发生振动，因而有动能。各质元也要发生弹性形变，因而有势能，振动传播时，媒质中各质元由近及远一层层振动起来，所以能量也逐层传播出去。能量随波动而传播，这是波动的重要特征。

设在质量密度为 ρ 的弹性媒质中，有一平面简谐波以速度 u 沿 x 轴正向传播，初相 $\varphi_0=0$，其波动方程设为式(2-46)[注：也可设为式(2-50)，结果一样]

$$y = A\cos\omega(t-\frac{x}{u})$$

在 x 处取一小块媒质，体积为 ΔV，质量为 $\Delta m = \rho\Delta V$（质元），此质元做简谐振动，其动能 W_K 为

$$W_K = \frac{1}{2}\Delta m v^2 = \frac{1}{2}\rho\Delta V(\frac{\partial y}{\partial t})^2 = \frac{1}{2}\rho A^2\omega^2\sin^2[\omega(t-\frac{x}{u})]\Delta V$$

可以证明，质元的弹性形变势能 $W_p = W_K$，所以在质元（或体元）内总机械能为

$$W = W_K + W_p = \rho A^2\omega^2\sin^2[\omega(t-\frac{x}{u})]\Delta V \tag{2-53}$$

说明两点：

(1) 由于 $\sin^2[\omega(t-\frac{x}{u})] = \sin^2[\frac{2\pi}{T}(t-\frac{x}{u})]$ 随时间 t 在 $0\sim1$ 之间变化。当 ΔV 中机械能增加时，说明上一个邻近体元传给它能量；当 ΔV 中机械能减少时，说明它的能量传给下一个邻近体元。这正符合能量传播图。

(2) 体元 ΔV 中动能与势能同时达最大值（当体元处在平衡位置 $y=0$ 时）及最小值（当体元处在最大位移 $y=A$ 时）。

（二）能量密度、能流密度

能量（体）密度是指媒质中每单位体积具有的机械能，按式(2-53)，应为

$$w = W/\Delta V = \rho A^2\omega^2\sin^2[\omega(t-\frac{x}{u})] \tag{2-54}$$

可见 w 也随时间而变化。能量密度在一个周期内的平均值叫平均能量密度，用 $\overline{w}$ 表示，即

$$\overline{w} = \frac{1}{T}\int_0^T \rho A^2\omega^2\sin^2[\omega(t-\frac{x}{u})]dt = \frac{1}{2}\rho A^2\omega^2 \tag{2-55}$$

从上式可看出，对平面简谐波而言，$\overline{w}$ 与体元所在位置无关，是个恒量。

为了定量地描述能量随波动而传播，引进能流密度这一物理量，它的定义是：单位时间内通过垂直于波传播方向每单位截面面积的平均能量，用 I 表示。

参见图 2-8，在垂直于波传播方向上取一截面积 S，并以波速 u 为高作一柱体，该柱体内含有能量平均为

$$\overline{W} = \overline{w}\Delta V = \frac{1}{2}\rho A^2\omega^2 Su$$

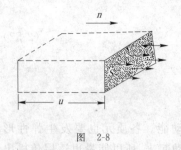

图 2-8

在单位时间内,这些能量都应传过 S 面,根据能流密度 I 的定义应为

$$I = \overline{W}/S = \frac{1}{2}\rho A^2 \omega^2 u \tag{2-56}$$

定义能流密度矢量 $\boldsymbol{I}$,它的方向为波的传播方向,即波速 $\boldsymbol{u}$ 的方向,故

$$\boldsymbol{I} = \frac{1}{2}\rho A^2 \omega^2 \boldsymbol{u} \tag{2-57}$$

能流密度又称为波强。它的单位是 J/(m²·s),或 W/m²(瓦/米²)。

四、波的衍射

波在传播过程中遇到障碍物时,能够绕过障碍物的边缘,在障碍物的阴影区内继续传播,这种现象称为波的衍射。

五、波的干涉

(一)波的叠加原理

从几个波源发出的波在同一媒质中传播时,不论相遇与否,都各自保持原有特性(频率、波长、振动方向、传播方向等),按各自原来的传播方向前进。在相遇区域中,各质点同时参与几种振动,各质点的振动位移等于各振动引起位移的矢量和。上述结论,称为波的叠加原理。

(二)波的干涉现象

由两个(或多个)频率相同、振动方向相同、相位差恒定的波源发出的波叫相干波。满足上述条件的波源叫相干波源。在相干波相遇的区域内,各质点(同时参与两种振动)的振动将有恒定的振幅,但有的质点振幅大,即振动加强;有的质点振幅小,即振动减弱。这种现象称为波的干涉现象。

(三)干涉条件

设两相干波源 S_1 及 S_2 的振动方程为

$$y_1 = A_1 \cos(\omega t + \Phi_1)$$
$$y_2 = A_2 \cos(\omega t + \Phi_2)$$

由两波源发出的两列平面简谐波在媒质中经 r_1、r_2 的波程分别传到 P 点相遇(参见图 2-9)。在 P 点引起的分振动分别为

$$y_{1P} = A_1 \cos\left(\omega t + \Phi_1 - \frac{2\pi r_1}{\lambda}\right)$$
$$y_{2P} = A_2 \cos\left(\omega t + \Phi_2 - \frac{2\pi r_2}{\lambda}\right)$$

P 点的合振动方程为

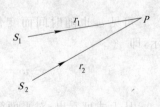

图 2-9

$$y_P = y_{1P} + y_{2P}$$
$$= A\cos(\omega t + \Phi) \tag{2-58}$$

其中

$$A=\sqrt{A_1^2+A_2^2+2A_1A_2\cos\left[\Phi_2-\Phi_1-\frac{2\pi(r_2-r_1)}{\lambda}\right]} \qquad (2\text{-}59)$$

$$\tan\Phi=\frac{A_1\sin(\Phi_1-\frac{2\pi r_1}{\lambda})+A_2\sin(\Phi_2-\frac{2\pi r_2}{\lambda})}{A_1\cos(\Phi_1-\frac{2\pi r_1}{\lambda})+A_2\cos(\Phi_2-\frac{2\pi r_2}{\lambda})} \qquad (2\text{-}60)$$

上面的结果由来,可参阅程守洙的《同方向简谐振动的合成》。

由式(2-59)可看出,当两分振动在 P 点的相位差 $\Delta\Phi=\Phi_2-\Phi_1-2\pi(r_2-r_1)/\lambda$ 为 2π 的整数倍时,合振幅最大,$A=A_1+A_2$;当 $\Delta\Phi$ 为 π 的奇数倍时,合振幅最小,$A=|A_1-A_2|$。即:

$\Delta\Phi=\pm 2k\pi$ ($k=0,1,2,\cdots$)干涉加强条件。

$\Delta\Phi=\pm(2k+1)\pi$ ($k=0,1,2,\cdots$)干涉减弱条件。

干涉加强及减弱条件也可用波程差 $\delta=r_2-r_1$ 来表示:

当 $\delta=r_2-r_1=\pm k\lambda-(\Phi_2-\Phi_1)\lambda/2\pi$ 时,干涉加强。

当 $\delta=r_2-r_1=\pm(2k+1)\lambda/2-(\Phi_2-\Phi_1)\lambda/2\pi$ 时,干涉减弱。

如果两相干波源的振动初相位相等,即 $\Phi_1=\Phi_2$,则:

当 $\delta=r_2-r_1=\pm k\lambda$ 时,干涉加强;

当 $\delta=r_2-r_1=\pm(2k+1)\lambda/2$ 时,干涉减弱。

波的干涉加强及减弱条件,在讨论光的干涉现象时会用到。

六、驻波

(一)驻波的形成

两频率相同、振动方向相同、振幅相同,沿相反方向传播的平面简谐波,叠加起来形成驻波,这是一种具体的干涉现象。

如图 2-10 所示,左边放一音叉,音叉末端系一水平细绳 AB,细绳经过滑轮悬一重物。音叉振动时,绳上产生波动向右传播到达 B 点,在 B 点反射产生反射波向左传播。这样入射波和反射波在同一绳子上沿相反方向传播,它们相互干涉产生驻波。这里波在绳子固定端 B 处反射,因而在反射处形成波节(振幅为零)。如果波在绳子自由端反射,那么反射处形成波腹(振幅最大)。

(二)驻波方程

设一列平面简谐波沿 x 正向传播,另一列沿 x 负向传播,波动方程分别设为

$$y_1=A\cos 2\pi(\nu t-\frac{x}{\lambda})$$

$$y_2=A\cos 2\pi(\nu t+\frac{x}{\lambda})$$

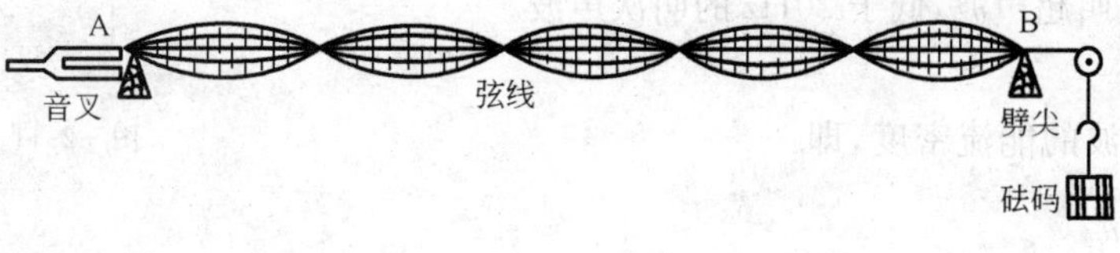

图 2-10 驻波试验

合成波的波动方程为

$$y = y_1 + y_2 = A\cos 2\pi(\nu t - \frac{x}{\lambda}) + A\cos 2\pi(\nu t + \frac{x}{\lambda})$$

利用三角公式

$$\cos\alpha + \cos\beta = 2\cos\frac{(\alpha+\beta)}{2}\cos\frac{(\alpha-\beta)}{2}$$

可得

$$y = 2A\cos\frac{2\pi x}{\lambda}\cos 2\pi\nu t \tag{2-61}$$

上式为驻波方程。

(三)驻波的特点

1. 振幅分布特点

驻波中各质点的振幅$|2A\cos 2\pi\frac{x}{\lambda}|$随各质点的位置$x$而变化。

当$2\pi x/\lambda = k\pi(k=0,\pm 1,\pm 2,\cdots)$时,即
$$x = k\lambda/2 \quad (k=0,\pm 1,\pm 2,\cdots)$$

各处的振幅最大($2A$),这些点称为波腹。

当$2\pi x/\lambda = [(2k+1)\pi]/2(k=0,\pm 1,\pm 2,\cdots)$时,即
$$x = (2k+1)\lambda/4 \quad (k=0,\pm 1,\pm 2,\cdots)$$

各处的振幅为零,即质点不动,这些点称为波节。可见,相邻两波节(或波腹)间距为半波长$\lambda/2$。

2. 位相分布特点

从驻波方程式(2-61)看,有$\cos 2\pi\nu t$,似乎各点相位都为$2\pi\nu t$,即各点相位似乎相同。其实不然。因$2A\cos(2\pi x/\lambda)$是随x的变化而有正、负之分,而在相邻两节点间各质点因为$2A\cos(2\pi x/\lambda)$有相同的符号,所以各质点相位相同;在同一节点的两侧各质点因$2A\cos(2\pi x/\lambda)$有相反的符号,故节点两侧的质点相位相反(即相位相关为π)。也就是说,驻波被波节点分成若干长度为$\lambda/2$的小段,每一小段上各质点相位相同;相邻两段上各质点相位相反。概貌见图2-11。

3. 能量传播特点

驻波是由方向相反的两列波叠加而成。由能流密度矢量$\boldsymbol{I}=(1/2)\rho A^2\omega^2\boldsymbol{u}$知,驻波的能流密度矢量$\boldsymbol{I}_1+\boldsymbol{I}_2=0$,故驻波不传播能量。

七、声波、声强级

在弹性媒质中传播的机械纵波,其频率在$20\sim 20\,000\text{Hz}$之间,能引起人的听觉,这种波叫声波;频率高于$20\,000\text{Hz}$的波叫超声波,低于20Hz的叫次声波。

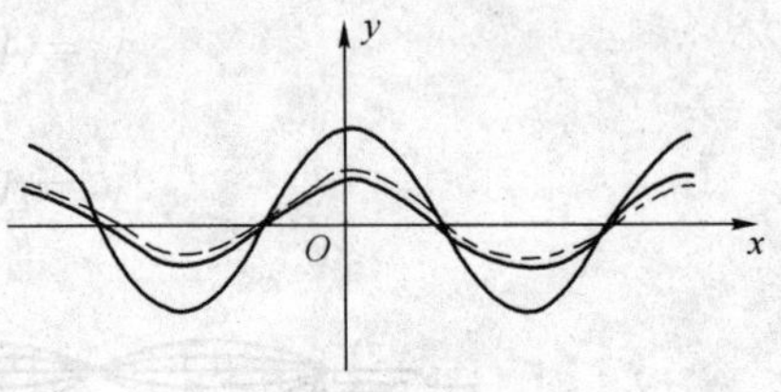

(一)声强

声强就是声波的能流密度,即

$$I = \frac{1}{2}\rho A^2\omega^2 u \tag{2-62}$$

图 2-11

由上式可知,频率越高,越容易获得较大的声强。

（二）声强级

能引起听觉的声波，不仅有频率范围，而且还有声强范围。对于每个可闻频率，声强都有上下两个限值，低于下限的声强不能引起听觉，称为听阈声强，高于上限的声强也不能引起听觉，太高了只能引起痛觉，称为痛阈声强。在 1 000 Hz 频率时，一般正常人听觉的最高声强为 10^{-4} W/cm^2，最低声强为 10^{-16} W/cm^2。通常把这最低声强作为测定声强的标准，用 I_0 表示。由于声强的数量级相差悬殊，所以常用对数标度作为**声强级**的量度，声强级 I_L 定义为

$$I_L = \lg \frac{I}{I_0} \text{(B)} \tag{2-63}$$

声强级单位为贝尔(B)，1 贝尔=10 分贝(dB)，故声强级也可定义为

$$I_L = 10\lg \frac{I}{I_0} \text{(dB)} \tag{2-64}$$

八、多普勒效应

当波源、观察者（接收器）相对媒质静止时，观察者接收到的频率是波源的频率 ν_0。

当波源或观察者相对媒质运动，或两者都相对媒质运动时，观察者接收到的频率 ν' 和声源频率 ν_0 不同，这种现象称为多普勒效应。

为简明计，设声源和观察者在同一直线上运动（这种限制并非必要，下面要说明的）。以 v_S 表示波源（相对于媒质）的运动速度，v_B 表示观察者（相对于媒质）的运动速度，u 表示波在媒质中的传播速度，下面分三种情况讨论。

（一）声源不动，观察者以 v_B 运动

若观察者向着波源运动，表示 $v_B > 0$（规定）。此时，相当于波以 $u + v_B$ 的速度通过观察者，所以单位时间内通过观察者的完整波数，即观察者接收到的波的频率为

$$\nu' = \frac{u+v_B}{\lambda} = \left(1 + \frac{v_B}{u}\right)\nu_0 \tag{2-65}$$

可见，若观察者向着波源运动，$v_B > 0$，$\nu' > \nu_0$；反之若观察者背离波源运动，$v_B < 0$，$\nu' < \nu_0$。

（二）观察者静止，波源以 v_S 运动

若波源向着观察者运动，表示 $v_S > 0$。由于波速 u 与波源运动无关，波在一周期内传播距离总等于波长 λ，但在一周期内波源向前移动了 $v_S T$ 的距离，其效果相当于波长缩短为

$$\lambda' = \lambda - v_S T$$

因此，观察者接收到的频率 ν' 由于波长缩短而增大为

$$\nu' = \frac{u}{\lambda - v_S T} = \frac{u}{(u-v_S)T} = \frac{u}{u-v_S}\nu_0 \tag{2-66}$$

若波源背离观察者运动，$v_S < 0$，$\nu' < \nu_0$。

（三）波源、观察者同时运动

综上（一）、（二）所述，此时观察者接收到的频率为

$$\nu' = \frac{u}{u-v_S}\left(1 + \frac{v_B}{u}\right)\nu_0 = \frac{u+v_B}{u-v_S}\nu_0 \tag{2-67}$$

最后要说明，如果波源与观察者不在同一直线上运动，则以上公式中 v_B、v_S 代表观察者及波源速度在两者连线上的分量。

【例 2-8】 一平面简谐波沿 x 轴正方向传播，振幅 $A = 0.02$ m，周期 $T = 0.5$ s，波长 $\lambda =$

100m,原点处质元的初相位 $\varphi=0$,则波动方程的表达式为:

A. $y=0.02\cos2\pi\left(\dfrac{t}{2}-0.01x\right)$ (SI)

B. $y=0.02\cos2\pi(2t-0.01x)$ (SI)

C. $y=0.02\cos2\pi\left(\dfrac{t}{2}-100x\right)$ (SI)

D. $y=0.02\cos2\pi(2t-100x)$ (SI)

解 当初相位 $\varphi=0$ 时,波动方程的表达式为 $y=A\cos\left[\omega\left(t-\dfrac{x}{u}\right)+\varphi_0\right]$,利用 $\omega=2\pi\nu,\nu=\dfrac{1}{T}$,$u=\lambda\nu$,波动方程可写为 $y=A\cos\left[2\pi\left(\dfrac{t}{T}-\dfrac{x}{\lambda}\right)+\varphi_0\right]$,令 $A=0.02$m,$T=0.5$s,$\lambda=100$m,则得 $y=0.02\cos2\pi(2t-0.01x)$ (SI)。

答案:B

【例 2-9】 一横波沿一根弦线传播,其方程为 $y=-0.02\cos\pi(4x-50t)$ (SI),该波的振幅与波长分别为:

A. 0.02cm, 0.5cm   B. -0.02m, -0.5m

C. -0.02m, 0.5m   D. 0.02m, 0.5m

解 ①波动方程标准式: $y=A\cos\left[\omega\left(t-\dfrac{x-x_0}{u}\right)+\varphi_0\right]$

②本题方程: $y=-0.02\cos\pi(4x-50t)=0.02\cos[\pi(4x-50t)+\pi]$

$$=0.02\cos[\pi(50t-4x)+\pi]=0.02\cos\left[50\pi\left(t-\dfrac{4x}{50}\right)+\pi\right]$$

$$=0.02\cos\left[50\pi\left[t-\dfrac{x}{\dfrac{50}{4}}\right]+\pi\right]$$

故 $\omega=50\pi=2\pi\nu,\nu=25$Hz,$u=\dfrac{50}{4}$,波长 $\lambda=\dfrac{u}{\nu}=0.5$m,振幅 $A=0.02$m。

答案:D

【例 2-10】 一平面简谐波的波动方程为 $y=2\times10^{-2}\cos2\pi\left(10t-\dfrac{x}{5}\right)$ (SI)。$t=0.25$s 时,处于平衡位置,且与坐标原点 $x=0$ 最近的质元的位置是:

A. ±5m   B. 5m   C. ±1.25m   D. 1.25m

解 在 $t=0.25$s 时刻,处于平衡位置,$y=0$

由简谐波的波动方程 $y=2\times10^{-2}\cos2\pi\left(10\times0.25-\dfrac{x}{5}\right)=0$,可知

$$\cos2\pi\left(10\times0.25-\dfrac{x}{5}\right)=0$$

则 $2\pi\left(10\times0.25-\dfrac{x}{5}\right)=\dfrac{1}{2}(2k+1)\pi,k=0,\pm1,\pm2,\cdots$

由此可得 $\dfrac{2}{5}x=\dfrac{9}{2}-k$

当 $x=0$ 时,$k=4.5$。所以 $k=4,x=1.25$ 或 $k=5,x=-1.25$ 时,与坐标原点 $x=0$ 最近。

答案:C

【例 2-11】 一横波的波动方程是 $y=2\times10^{-2}\cos2\pi(10t-\frac{x}{5})$(SI),$t=0.25$s 时,距离原点 $(x=0)$ 处最近的波峰位置为:

        A. ± 2.5m   B. ± 7.5m   C. ± 4.5m   D. ± 5m

解 所谓波峰,其纵坐标 $y=+2\times10^{-2}$m,亦即要求 $\cos2\pi(10t-\frac{x}{5})=1$,即 $2\pi(10t-\frac{x}{5})=\pm 2k\pi$;当 $t=0.25$s 时,$20\pi\times 0.25-\frac{2\pi x}{5}=\pm 2k\pi$,$x=(12.5\mp 5k)$。

距原点最近的点取 $x=0$,得 $k=2.5$。则当 $k=2,x=2.5;k=3,x=-2.5$。

答案: A

【例 2-12】 一平面简谐波的波动方程为 $y=2\times10^{-2}\cos2\pi(10t-\frac{x}{5})$(SI),对 $x=2.5$m 处的质元,在 $t=0.25$s 时,它的:

        A. 动能最大,势能最大   B. 动能最大,势能最小
        C. 动能最小,势能最大   D. 动能最小,势能最小

解 简谐波在弹性媒质中传播时媒质质元的能量不守恒,任一质元 $W_p=W_k$,平衡位置时动能及势能均为最大,最大位移处动能及势能均为零。

将 $x=2.5$m,$t=0.25$s 代入波动方程 $y=2\times10^{-2}\cos2\pi(10\times 0.25-\frac{2.5}{5})=0.02$m,为波峰位置,动能及势能均为零。

答案: D

【例 2-13】 两人轻声谈话的声强级为 40dB,热闹市场上噪声的声强级为 80dB。市场上噪声的声强与轻声谈话的声强之比为:

        A. 2   B. 20   C. 10^2 D. 10^4

解 声强级为 $L=10\lg\frac{I}{I_0}$,其中 $I_0=10^{-12}$W/m² 为测定基准,I 的单位为 B(贝尔)。轻声谈话的声强级为 40dB(分贝),dB 为 B(贝尔)的十分之一,即为 4B(贝),则由 $4=\lg\frac{I_1}{I_0}$,得轻声谈话声强 $I_1=I_0\times 10^4$W/m²,同理可得热闹市场上声强 $I_2=I_0\times 10^8$W/m²,可知市场上噪声的声强与轻声谈话的声强之比 $\frac{I_2}{I_1}=\frac{I_0\times 10^8}{I_0\times 10^4}=10^4$。

答案: D

习 题

2-21 一横波沿绳子传播时的波动方程为 $y=0.05\cos(4\pi x-10\pi t)$(SI),则(   )。

        A. 波长为 0.05m   B. 波长为 0.5m
        C. 波速为 25m/s   D. 波速为 5m/s

2-22 一平面简谐波在弹性媒质中传播,在某一瞬时,媒质中某质元正处于平衡位置,此时它的能量是(   )。

A. 动能为零,势能为零　　　　　　B. 动能最大,势能最大
C. 动能为零,势能最大　　　　　　D. 动能最大,势能为零

2-23　一平面简谐波沿 x 轴正向传播,已知 $x=L(L<\lambda)$ 处质点的振动方程为 $y=A\cos\omega t$,波速为 u,那么 $x=0$ 处质点的振动方程为(　　)。

A. $y=A\cos(\omega t+L/u)$　　　　B. $y=A\cos(\omega t-L/u)$
C. $y=A\cos\omega(t+L/u)$　　　　D. $y=A\cos\omega(t-L/u)$

2-24　一振幅为 A、周期为 T、波长为 λ 的平面简谐波沿 x 轴负向传播,在 $x=\lambda/2$ 处, $t=T/4$ 时,振动相位为 π,则此平面简谐波的波动方程为(　　)。

A. $y=A\cos(2\pi t/T-2\pi x/\lambda-\pi/2)$
B. $y=A\cos(2\pi t/T+2\pi x/\lambda+\pi/2)$
C. $y=A\cos(2\pi t/T+2\pi x/\lambda-\pi/2)$
D. $y=A\cos(2\pi t/T-2\pi x/\lambda+\pi)$

2-25　在下面几种说法中,正确的说法是(　　)。

A. 波源不动时,波源的振动周期与波动周期在数值上是不同的
B. 波源振动的速度与波速相同
C. 在波传播方向上的任一质点的振动相位总是比波源的相位滞后
D. 在波传播方向上的任一质点的振动相位总是比波源的相位超前

2-26　一平面简谐波在媒质中沿 x 轴正方向传播,传播速度 $u=15\text{cm/s}$,波的周期 $T=2\text{s}$,沿波线上 A、B 两点相距 5.0cm,当波传播时, B 点的振动相位比 A 点落后(　　)。

A. $\pi/2$　　　　B. $\pi/3$　　　　C. $\pi/6$　　　　D. $3\pi/2$

2-27　一平面简谐波在弹性媒质中传播,在媒质质元从最大位移处回到平衡位置的过程中(　　)。

A. 它的势能转换成动能
B. 它的动能转换成势能
C. 它从相邻一段媒质元获得能量,其能量逐渐增加
D. 它把自己的能量传给相邻的一段媒质元,其能量逐渐减少

2-28　在驻波中,两个相邻波节间各质点的振动(　　)。

A. 振幅相同,相位相同　　　　　　B. 振幅不同,相位相同
C. 振幅相同,相位不同　　　　　　D. 振幅不同,相位不同

2-29　两列相干平面简谐波振幅都是 4cm,两波源相距 30cm,相位差为 π,在两波源连线的中垂线上任意一点 P,两列波叠加后合振幅为(　　)。

A. 8cm　　　　B. 16cm　　　　C. 30cm　　　　D. 0

2-30　两振幅均为 A 的相干波源 S_1 和 S_2（见图）相距 $3\lambda/4$（λ 为波长）,若在 S_1、S_2 的连线上, S_1 右侧的各点合振幅均为 $2A$,则两波的初相位差 $\Phi_{02}-\Phi_{01}$ 是(　　)。

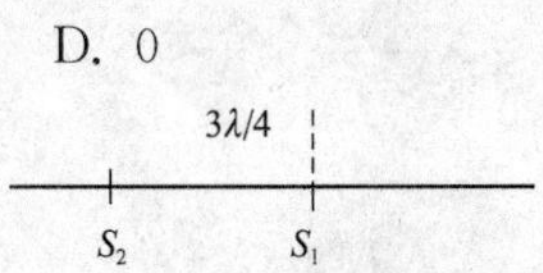

A. 0　　　　　　　　　　　　　　B. $\pi/2$
C. π　　　　　　　　　　　　　D. $3\pi/2$

题 2-30 图

2-31　在波长为 λ 的驻波中两个相邻波节之间的距离为(　　)。

A. λ　　　　B. $\lambda/2$　　　　C. $3\lambda/4$　　　　D. $\lambda/4$

第三节 光　学

光波是电磁波,是电磁量 **E**、**H**(**E** 为电场强度,**H** 为磁场强度)的扰动在空间的传播。它不依赖于空间是否存在媒质,光的传播速度为 $c=3.0\times10^8$ m/s,在媒质中的传播速度为 $u=c/n$,n 为媒质的折射率。光波是横波,其中 **E**、**H** 矢量的振动方向与光波的传播方向总是垂直的(图 2-12)。

由于对人眼和光学仪器起作用的主要是由矢量 **E**,故称 **E** 为光矢量。

一、相干光波的叠加

几列光波在媒质中传播而相遇时,通常满足波的叠加原理。我们首先讨论的是同方向、同频率、有恒定初相差的两个单色光源(称相干光源)所发出的两列光波的叠加(即相干光的叠加)。

在场点 P,由相干光源 S_1、S_2(图 2-13)所发出的两列相干光波引起的光扰动分别为

$$y_1=A_1\cos(\omega t-2\pi\frac{r_1}{\lambda}+\varphi_1)$$

$$y_2=A_2\cos(\omega t-2\pi\frac{r_2}{\lambda}+\varphi_2)$$

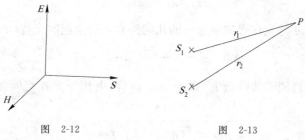

图 2-12　　　　　　　　　　图 2-13

在 P 点合扰动的振幅满足

$$A^2=A_1^2+A_2^2+2A_1A_2\cos(\varphi_2-\varphi_1-2\pi\frac{r_2-r_1}{\lambda})$$

相应地,P 点的光强为

$$I=I_1+I_2+2\sqrt{I_1I_2}\cos\Delta\Phi \qquad (2-68)$$

式中,$I_1=A_1^2$,$I_2=A_2^2$,$2\sqrt{I_1I_2}\cos\Delta\Phi$ 为干涉项,它决定了空间干涉场的光强分布。

当 $\Delta\Phi=\pm 2k\pi$ 时($k=0,1,2,\cdots$),有

$I_{max}=I_1+I_2+2\sqrt{I_1I_2}$,此时场点光强最大、亮点。

当 $\Delta\Phi=\pm(2k+1)\pi$ 时($k=0,1,2,\cdots$),则有

$I_{min}=I_1+I_2-2\sqrt{I_1I_2}$,此时场点光强最小、暗点。在干涉场中,凡具有相同相位差的所有亮点(或暗点)的轨迹,就形成同一 k 级的(或暗)条纹,k 称干涉条纹的级次。

当 $\Delta\Phi$ 为其他值,该对应点光强介于 I_{max} 与 I_{min} 之间。

当 $I_1=I_2$ 时,则合光强为

$$I=2I_1+2I_1\cos\Delta\Phi=2I_1(1+\cos\Delta\Phi)=4I_1\cos^2\frac{\Delta\Phi}{2} \qquad (2-69)$$

当 $\Delta\Phi=\pm 2k\pi$ 时,$I_{max}=4I_1$;

当 $\Delta\Phi=\pm(2k+1)\pi$ 时,$I_{min}=0$。

若两相干光源的初相位相同,即 $\varphi_1=\varphi_2$,则

$$\Delta\Phi = 2\pi \frac{r_1 - r_2}{\lambda} \tag{2-70}$$

当波程差 $\delta = r_1 - r_2$ 满足以下条件时,即

$$\delta = r_1 - r_2 = \begin{cases} \pm k\lambda & \text{有最大光强} \\ \pm(2k+1)\dfrac{\lambda}{2} & \text{有最小光强} \end{cases} \quad (k=0,1,2,\cdots) \tag{2-71}$$

二、光程与光程差

在实际问题中经常遇到相干的两束光在不同媒质中传播的情形,此时须引入光程的概念。

若两相干光分别在折射率为 n_1、n_2 的媒质中传播 r_1、r_2 的几何路程,因在媒质中的传播速度 u 是真空中光速 c 的 $\dfrac{1}{n}$,而在媒质中的波长 λ_n 与真空中波长 λ 的关系为 $\lambda_n = \lambda/n$,一个波长对应 2π 的相位改变。故有

$$2\pi r_1/\lambda_1 = 2\pi n_1 r_1/\lambda$$
$$2\pi r_2/\lambda_2 = 2\pi n_2 r_2/\lambda$$

将媒质的折射率 n 与光在媒质中通过的几何路程 r 的乘积叫光程(nr)。于是

$$\Delta\Phi = \varphi_2 - \varphi_1 + \frac{2\pi}{\lambda}(n_1 r_1 - n_2 r_2) \tag{2-72}$$

通常两束相干光源取自同一波阵面上,有 $\varphi_2 = \varphi_1$,则两束相干光在空间各点的相位差仅取决于光程差 δ,即

$$\Delta\Phi = \frac{2\pi}{\lambda}(n_1 r_1 - n_2 r_2) = \frac{2\pi}{\lambda}\delta \tag{2-73}$$

当

$$\Delta\Phi = \frac{2\pi}{\lambda}\delta = \begin{cases} \pm 2k\pi & \text{加强} \\ \pm(2k+1)\pi & \text{减弱} \end{cases} \quad (k=0,1,2,\cdots) \tag{2-74}$$

或

$$\delta = \begin{cases} \pm k\lambda & \text{加强} \\ \pm(2k+1)\dfrac{\lambda}{2} & \text{减弱} \end{cases} \quad (k=0,1,2,\cdots) \tag{2-75}$$

三、相干光的获得

前面提到通过分离光波,可得到相干光。有两种方法:分割波阵面及分割振幅。

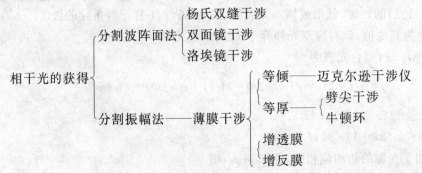

四、光的干涉

(一)杨氏双缝干涉

如图 2-14 所示,杨氏用单色光从 S 发出的光波波阵面到达离 S 等远的双缝 S_1、S_2 时,S_1、S_2 为同一波阵面上的两点,可视为两相干波源(称分波阵面法),从 S_1、S_2 发出的两列波分别经 r_1、r_2 传到屏上 P 点,产生干涉条纹的明暗条件由光程差 δ 决定。

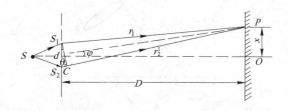

图 2-14 双狭缝干涉条纹分布计算用图

1. 干涉条纹分布的特点

(1)屏幕上出现的是平行、等距的明、暗相间的直条纹,条纹间距与 D 成正比,与缝距 d 成反比,条纹间距随入射波长的增大而变大。

(2)以白光入射,除中央条纹为白色外,两侧的干涉条纹将按波长从中间向两侧对称排列,对同级彩色条纹,紫光靠正中央明纹,红光远离中央明纹。

(3)由于不同波长与其相应的干涉条纹的间距不同,故当级次增加时,不同级的条纹可能发生重叠。

(4)干涉条纹不仅出现在屏幕上,凡是两束光重叠的区域都存在干涉场,场内均可观察到干涉条纹,故杨氏双缝干涉属于非定域干涉。

2. 明、暗纹条件、位置及间距

在折射率为 n 的媒质中,两束相干光在干涉场中任一点 P 的光程差为 $\delta = n(r_2 - r_1)$

当

$$\delta = \begin{cases} \pm k\lambda & \text{出现明条纹} \\ \pm(2k+1)\dfrac{\lambda}{2} & \text{出现暗条纹} \end{cases} \quad (k=0,1,2,\cdots)$$

式中:λ——光在真空中的波长。

由图 2-14 知 $\qquad r_2 - r_1 \approx d\sin\theta \approx xd/D$

所以 $\qquad \delta = nd\sin\theta = nxd/D$

故明、暗的位置为

$$\begin{aligned} x_\text{明} &= \pm kD\lambda/(nd) \\ x_\text{暗} &= \pm(2k+1)D\lambda/(2nd) \end{aligned} \quad (k=0,1,2,\cdots) \tag{2-76}$$

相邻明(或暗)纹的间距为

$$\Delta x = D\lambda/(nd) \tag{2-77}$$

(二)薄膜干涉

1. 等倾干涉

图 2-15 为厚度均匀,折射率为 n_2 的薄膜,置于折射率为 n_1 的媒质中,一单色光经薄膜上下表面反射后得到 1 和 2 两条光线,它们相互平行,并且是相干的。由反射、折射定律可得到

两光束的光程差为

$$\delta = 2d\sqrt{n_2^2 - n_1^2\sin^2 i} = 2n_2 d\cos\gamma$$

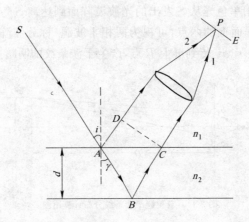

图 2-15

由上式可知,光程差取决于入射角 i 的大小,理论证明,当光从光疏媒质射向光密媒质,在分界面反射时有半波损失。在我们讨论的问题中,不论 $n_1 < n_2$,还是 $n_1 > n_2$,1 与 2 两条光线之一总有半波损失出现,因而在光程差中必须计及这个半波损失。1 与 2 两条光线的光程差最后应表示为

$$\delta = 2n_2 d\cos\gamma + \frac{\lambda}{2} \tag{2-78}$$

而光线的干涉图样由下式决定

$$\delta = 2n_2 d\cos\gamma + \frac{\lambda}{2} = \begin{cases} 2k\dfrac{\lambda}{2}(k=1,2,\cdots) & \text{相长干涉(明纹)} \\ (2k+1)\dfrac{\lambda}{2}(k=0,1,2,\cdots) & \text{相消干涉(暗纹)} \end{cases} \tag{2-79}$$

要注意的是,引时干涉图样不是在薄膜面上,而是在无穷远,若用透镜进行观察,在置于透镜焦平面的屏上,可以看到干涉图样。因干涉图样中同一干涉条纹是来自膜面的等倾角光线经透镜聚焦后的轨迹,故称为等倾干涉条纹。

当 $i=0$ 时,光垂直入射,有

$$\delta = 2n_2 d + \frac{\lambda}{2} = \begin{cases} 2k\dfrac{\lambda}{2}(k=1,2,\cdots) & \text{反射光加强,透射光减弱} \\ (2k+1)\dfrac{\lambda}{2}(k=0,1,2,\cdots) & \text{反射光相消,透射光加强} \end{cases} \tag{2-80}$$

2. 等厚干涉

劈尖薄膜的厚度不均匀而形成如图 2-16 所示的劈尖形的膜层,称之为劈尖。

从单色光源 S 发出的光经光学系统成为平行光束,经平玻璃片 M 反射后垂直入射到空气壁尖 W,由劈尖上、下表面反射的光速进行相干叠加,形成干涉条纹,通过显微镜 T 进行观察、测量。

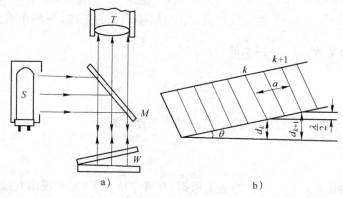

图 2-16

根据式(2-80)知

$$\delta = 2d + \frac{\lambda}{2} = \begin{cases} 2k\dfrac{\lambda}{2} & (k=1,2,\cdots) \quad \text{明条纹} \\ (2k+1)\dfrac{\lambda}{2} & (k=0,1,2\cdots) \quad \text{暗条纹} \end{cases} \tag{2-81}$$

显然,同一明(或暗)条纹对应相同厚度的空气层,因而是等厚条纹。

由式(2-81)得,两相邻明(或暗)条纹对应的空气层厚度差都等于 $\lambda/2$,见图 2-16。

$$d_{k+1} - d_k = \frac{\lambda}{2}$$

设劈尖的夹角为 θ,则相邻明(或暗)纹之间距 a 应满足关系式

$$a\sin\theta = \lambda/2 \tag{2-82}$$

从式(2-82)看出,θ 角越小,条纹分布越疏;反之,θ 角越大,条纹分布越密。当 θ 角大到一定程度,干涉条纹将密得无法分辨,这时将看不到干涉条纹。

从式(2-82)可知,如已知夹角 θ,测出条纹间距 a,就可算出波长 λ。反之,如 λ 已知,测出条纹,就可算出微小角度 θ。

3. 迈克尔逊干涉仪

如图 2-17 所示迈克尔逊干涉仪结构示意图。M_1、M_2 为平面反射镜,G_1、G_2 为两块相同材料制成的等厚平行玻璃板,在 G_1 的一面镀有半透明的薄银层,称为分束板,G_2 为光路补偿板。G_1、G_2 与 M_1、M_2 均成 45°交角。

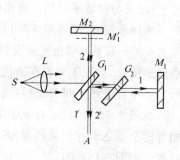

图 2-17 迈克尔逊干涉仪光路示意图

平行光束射入 G_1 后到达半透明银膜层,分成两束,其中一束 I_1 透过银层到达 G_2,穿过 G_2 传向 M_1,经 M_1 反射后又穿过 G_2,再经 G_1 的薄银层反射传向 A 处;另一束 I_2 经镀银层反射,经 G_1 射出向 M_2 传播,经 M_2 反射后再穿过 G_1 传向 A 处。I_1、I_2 满足相干条件,故在 A 处通过望远镜可以看到干涉条纹。

由图可知,从 M_1 上反射的光,可以看成是从 M_1 在 G_1 的薄银层产生的虚像 M'_1 处发出的,故 I_1、I_2 之间的光程差由 M_2 与 M'_1 之间距离 Δd 决定。

当 M_1 与 M_2 不严格垂直时,M'_1 与 M_2 构成劈尖,产生明暗相间的等厚干涉条纹。

当 M_1 与 M_2 严格垂直时,M'_1 与 M_2 平行,产生等倾干涉条纹。

当移动 M_2 时,Δd 改变,干涉条纹移动。当 M_2 移动 $\frac{\lambda}{2}$ 的距离,视场中看到干涉条纹移动 1 条,若条纹移动 ΔN 条,则 M_2 移动的距离为

$$\Delta d = \Delta N \frac{\lambda}{2} \tag{2-83}$$

依此可测光波波长;反之,若已知波长 λ,可测微小长度 Δd。

五、光的衍射

光沿直线传播是建立几何光学的基本依据,在通常情况下,光表现出直线传播的性质。但是,当光通过很窄的单缝时,却表现出与直线传播不同的现象,一部分光线绕过单缝的边缘到达偏离直线传播的区域在屏上出现明、暗相间的条纹,这种现象称为光的衍射现象。它与光的干涉现象一样,显示了光的波的特性。

(一)惠更斯-菲涅耳原理

惠更斯原理可以解释光偏离直线传播的现象,但它不能解释为什么在屏上会出现明、暗条纹。菲涅耳接受了惠更斯的次波概念,并提出各次波都是相干的,从而发展了惠更斯原理,后称惠更斯-菲涅耳原理。其要点可定性表述为:从同一波源上各点发出的次波是相干波,经过传播在空间某点相遇时的叠加是相干叠加。

(二)夫琅和费单缝衍射

平行光线的衍射现象,叫夫琅和费衍射。

在不透明的平面物体上开一条狭缝 K(缝长远大于缝宽),用一束平行光线垂直地照射在狭缝上,当缝宽 a 与入射光波长的数量级相近时,经单缝衍射的光线,通过透镜 L 会聚在屏幕 E 上,出现与狭缝平行的明暗相间的衍射条纹。

采用菲涅耳"半波带法"可以说明衍射图样的形成。如图 2-18a)所示,AB 为狭缝截面,缝宽为 a。一束平行单色光垂直狭缝平面入射,通过狭缝的光发生衍射,衍射角 φ 相同的平行光束经透镜 L_2 会聚于放置在透镜焦平面处的屏上,会聚点 P 的光强取决于同一衍射角 φ 的平行光束中各光线之间的光程差。

如图 2-18 b)所示,对应于某衍射角 φ,把缝上波前 S 沿着与狭缝平行方向分成一系列宽度相等的窄条 ΔS,并使从相邻 ΔS 各对应点发出的光线的光程差为半个波长,这样的 ΔS 称为半波带。由图 2-18 可知,对应于衍射角为 φ 的屏上 P 点,缝边缘两条光线之间的光程差为

$$\delta = BC = a\sin\varphi$$

因而半波带的数目 N 为

$$N = 2a\sin\varphi/\lambda$$

当 N 恰好为偶数时,因相邻半波带各对应点的光线的光线差都是 $\lambda/2$,即相位差为 π,因而两相邻半波带的光线在 P 点都干涉相消,P 点的光强为零,即 P 点为暗点;当 N 为奇数时,因相邻半波带发出的光两两干涉相消后,剩下一个半波带发出的光未被抵消,因此 P 点为明点。由此可得单缝夫琅和费衍射条纹的明暗纹条件为

$$a\sin\varphi = \begin{cases} \pm 2k\dfrac{\lambda}{2}(k=1,2,\cdots) & \text{暗纹} \\ \pm(2k+1)\lambda/2(k=0,1,2,\cdots) & \text{明纹} \end{cases} \tag{2-84}$$

当 $\varphi=0$ 时,有

$$a\sin\varphi=0 \quad 中央明纹中心$$

式中 k 为衍射级,中央明纹是零级明纹,因所有光线到达中央明纹中心 P_0 点的光程相同,光程差为零,故中央明纹中心 P_0 处光强最大。明暗以中央明纹为中心两边对称分布,依次是第一级($k=1$),第二级($k=2$),……暗纹和明纹。中央明纹宽度是由紧邻中央明纹两侧的暗纹($k=1$)决定,即

$$-\lambda < a\sin\varphi < \lambda$$

当半波带数 N 不是整数时,P 点的光强介于明暗之间,实际上屏上光强的分布是连续变化的。对一定波长的单色光,缝宽 a 越小,各级条纹的衍射角 φ 越大,在屏上相邻条纹的间隔也越大,即衍射效果越显著。反之,a 越大,φ 越小,各级衍射条纹向中央明纹靠拢;当 a 增大到分辨不清各级条纹时,衍射现象消失,此时相当于光直线传播的情况。

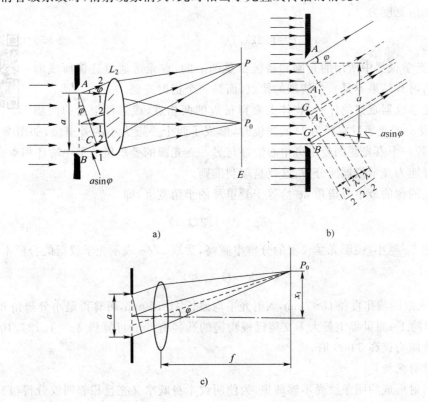

图 2-18

中央明纹的宽度由紧邻中央明纹两侧的暗纹($k=1$)决定。如图 2-18c)所示,通常衍射角 φ 很小。

由暗纹条件 $a\sin\varphi = 1\times\lambda(k=1)$,得 $\varphi \approx \dfrac{\lambda}{a}$,$x_1 = \varphi f$。

第一级暗纹距中心 P_0 的距离为 $x_1 = \varphi f = \dfrac{\lambda}{a}f$,所以中央明纹的宽度 $l_0 = 2x_1 = \dfrac{2\lambda f}{a}$。

其他明纹宽度是中央明纹宽度的一半,即 $l = \dfrac{l_0}{2} = \dfrac{\lambda f}{a}$。

(三)光学仪器的分辨本领

若夫琅和费单缝衍射中的狭缝用直径为 D 的圆孔代替,则衍射图样的中央是一明亮的圆

斑,外围是一组同心暗环和明环,如图 2-19 所示。

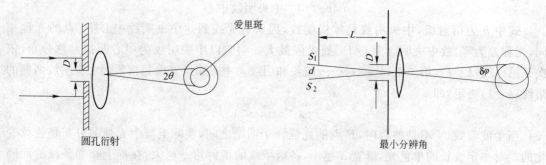

图 2-19

由第一暗环所包围的中央亮斑称爱里斑,其光强占整个入射光强的 84%,理论计算可得爱里斑的半角宽度为

$$\theta = 1.22\lambda/D \tag{2-85}$$

通常,光学仪器中所用的光阑和透镜都是圆形的,点光源通过透镜所成的像因圆孔衍射其结果不是一个清晰的像点,而是一个衍射光斑。

当用光学仪器观察物体时,物体上靠得很近的两物点(或靠得很近的两物体)S_1、S_2 发出的光通过直径为 D 的透镜时,形成了两个一定大小的爱里斑,如图 2-19 所示。瑞利指出,若一个点光源的爱里斑中心恰好与另一点光源的爱里斑的第一暗环相重合,这两个点光源恰好能为光学仪器所分辨,这就是瑞利准则。

两物点的像的最小分辨角 $\delta\varphi$ 恰等于爱里斑的半角宽度,即

$$\delta\varphi = \theta = 1.22\lambda/D \tag{2-86}$$

分辨角 $\delta\varphi$ 越小,说明光学仪器的分辨率越高,常取 $1/\delta\varphi$ 表示光学仪器的分辨本领 R,即

$$R = D/1.22\lambda \tag{2-87}$$

例如,人眼的瞳孔直径 $D \approx 2\text{mm}$,入射光平均波长 $\lambda = 550\text{nm}$,可算得最小分辨角 $\delta\varphi \approx 3.4 \times 10^{-4}\text{rad}$,即约 $1'$;而世界上最大天文望远镜物镜的孔径有 6m,可算得 $\delta\varphi = 1.12 \times 10^{-7}\text{rad}$,比人眼的分辨能力提高 3 000 倍。

(四)衍射光栅

单缝衍射形成的明条纹尚不够理想,为使明纹本身既窄又亮且相邻明纹分得很开,通常都使用衍射光栅。例如我们在玻璃片上刻划出许多等距离等宽度的平行直线,刻痕处不透光,而两刻痕间可以透光,相当于一个单缝,这样就构成了透射式平面衍射光栅。由大量等宽、等间距的平行狭缝所组成的光学元件称衍射光栅。光栅和棱镜一样是一种分光装置,主要用来形成光谱(图 2-20)。

缝的宽度 a 和刻痕(不透光)的宽度 b 之和,即 $a+b$ 称为光栅常数。

一束平行单色光垂直照射在光栅上,光线经过透镜 L 后将在屏幕 E 上呈现各级衍射条纹,如图 2-20 所示。

对光栅中每一条透光缝,由于衍射都将在屏幕上呈现衍射图样,而各缝发出的衍射光都是相干光,所以缝与缝之间的光波相互干涉,光栅衍射条纹是衍射和干涉的总效果。

$$(a+b)\sin\varphi = \pm k\lambda \quad (k = 0,1,2,\cdots) \tag{2-88}$$

当衍射角 φ 满足条件时,即形成明条纹。显然,光栅上狭缝的条数愈多,条纹就愈明亮。上式中整数 k 表示条纹的级数,上述明条纹称为光栅的衍射条纹。式(2-88)称为光栅公式。

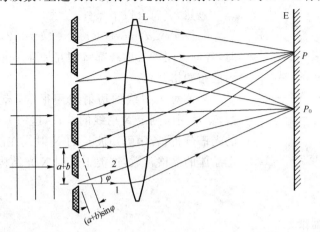

图 2-20　衍射光栅

一般来说,当 φ 满足式(2-88)时,是合成光强为最大的必要条件,这些明条纹,细窄而明亮,称为主极大。可以证明,各主极大明条纹之间充满大量的暗条纹,当光栅狭缝数很大时,在主极大明条纹之间实际上形成一片黑暗的背景。

（五）光谱分析

由式(2-88)可知,在给定光栅常数情况下,衍射角 φ 的大小和入射光的波长有关,白光通过光栅后,各单色光将产生相应的各自分开的条纹,形成光栅的衍射光谱。中央明纹(零级)仍为白色,而在中央条纹两侧,对称地排列着第一级、第二级等光谱,如图 2-21 所示。

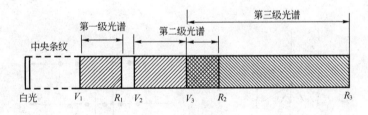

图 2-21　衍射光谱

由于不同元素(或化合物)各有自己特定的光谱,所以由谱线的成分可以分析出发光物质所含的元素和化合物,还可以从谱线的强度定量地分析出元素的含量,这种分析方法叫做光谱分析。

（六）伦琴射线的衍射

伦琴射线又叫 X 射线,它是一种波长为 0.1nm 数量级电磁波。1912 年德国物理学家劳厄用晶格常数 d(晶体中相邻原子间距)作衍射光栅,获得了 X 射线的衍射图样,开创了 X 射线作晶体结构分析的重要应用。

英国科学家布喇格把晶体中周期性排列的原子看成为一系列互相平行的原子层,如图 2-22 所示,当一束平行的 X 射线照射到晶体上时,晶体中各原子都成为向各方向散射子波的波源,各层间的散射线相互叠加产生相干现象。

如图 2-22 所示,设原子层之间距离为 d,当一束平行的相干 X 射线以与晶面夹角 φ 入射

时，相邻两层反射线的光程差为

$$AC+CB=2d\sin\theta$$

显然，当符合以下条件

$$2d\sin\theta=k\lambda \quad (k=1,2,3,\cdots) \quad (2\text{-}89)$$

时，各原子层的反射线都将相互加强，光强极大，上式就是著名的布喇格公式。

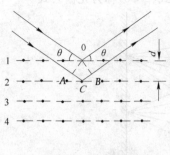

图 2-22 布喇格方法

晶体对 X 射线的衍射应用很广，若已知晶体的晶格常数，就可用来测定 X 射线的波长，这一方面的工作叫 X 射线的光谱分析；若用已知波长的 X 射线在晶体上衍射，就可测定晶体的晶格常数，这类工作叫 X 光结构分析。

六、光的偏振

（一）自然光和偏振光

光矢量只限于单一方向振动的光称线偏振光。一般光源（如电灯、太阳等）的发光机理是由为数众多的原子或分子等的自发辐射，它们之间，无论在发光的前后次序（相位），振动的取向和大小（偏振和振幅），以及发光的持续时间（波列的长短）都相互独立。所以从垂直光传播方向的平面上看，几乎各个方向都有大小不等、前后参差不齐而变化很快的光矢量的振动，按统计平均而言，无论哪一个方向的振动都不比其他方向占优势，这种光就是自然光。

自然光中任一方向的光振动，都可分解成某两个相互垂直方向的振动，它们在每个方向上的时间平均值相等，但无固定的相位关系，不能合成一个线偏振光。通常把自然光用两个相互独立的、等振幅的、振动方向互相垂直的线偏振光表示，如图 2-23 所示，这两个线偏振光的光强等于自然光光强度的一半。

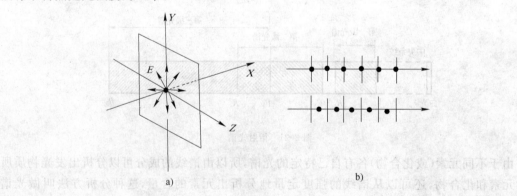

图 2-23

线偏振光传播方向与振动方向构成的平面叫振动面。由于线偏振光的 E 总在振动面内，故又称平面偏振光如图 2-24a)所示。

若光矢量 E 可取任意方向，但在各方向上振幅不同，这种光叫部分偏振光，如图 2-24b)所示。

（二）起偏和检偏，马吕斯定律

1. 偏振片的起偏和检偏

使自然光转变成偏振光叫起偏，能使自然光变成偏振光的装置叫偏振器。起偏器有多种，如利用光的反射和折射起偏的玻璃片堆,利用晶体的双折射特性起偏的尼科耳棱镜等,以及利用晶体的二向色性的各类起偏器。

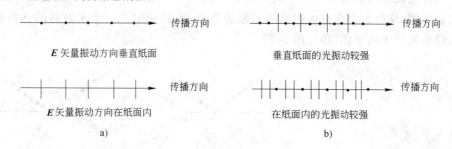

图 2-24
a)平面偏振光示意图;b)部分偏振光示意图

起偏器只能透过沿某方向振动的光矢量或光矢量振动沿该方向的分量,而不能透过与该方向垂直振动的光矢量或光矢量振动与该方向垂直的分量。这个透光方向称为偏振化方向或起偏方向。自然光透过偏振片后,透光强变为入射光强的一半,透射光即变为偏振光。由偏振片的特性可知,它既可用作起偏器,也可用作检偏器,检验向它入射的光是否为线偏振光。

自然光透过偏振片后,透光强度变为入射光强的一半,逆着光的传播方向观察透射光的强弱,当转动偏振片时,光强不变。若线偏振光入射偏振片,则透射光的强弱在转动偏振片时要发生周期性变化。光矢量振动方向与偏振光方向平行时透射光量最强,垂直时最暗。

图 2-25 表示利用偏振片起偏与检偏的情况,图中 A、B 分别为起偏器和检偏器。

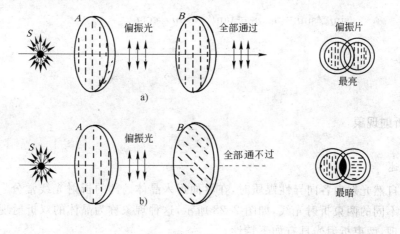

图 2-25

2. 马吕斯定律

若入射线偏振光的光强为 I_0,透过检偏器后,透射光强(不计检偏器对光的吸收)为 I,则

$$I = I_0 \cos^2 \alpha \tag{2-90}$$

式中,α 是线偏振光振动方向和检偏器偏振化方向之间的夹角。上式即为马吕斯定律(参见图 2-26)。

由式上可知,当 $\alpha = 0°$(或 $180°$)时,$I = I_0$;$\alpha = 90°$(或 $270°$)时,$I = 0$,此时无光从检偏器射出。

(三)反射、折射产生的偏振、布儒斯特定律

当一束自然光在两种媒质 n_1、n_2 的分界面上反射和折射时,反射光和折射光都是部分偏振光。实验表明:反射光中垂直入射面的光振动较强,折射光中平行于入射面的光振动较强,它们随入射角的变化而变化,参见图 2-27。

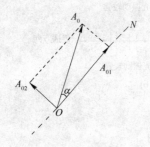

图 2-26

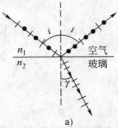 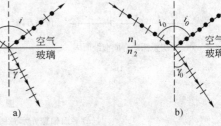

图 2-27 反射和折射时的偏振现象

a)自然光经反射和折射后产生部分偏振光;b)入射角为布儒斯特角时,反射光为偏振光

1815 年,布儒斯特发现:当入射角 i 增大至某一特定值 i_0,且满足

$$\tan i_0 = n_2/n_1 = n_{21} \tag{2-91}$$

时,反射光为光振动垂直入射面的线偏振光,折射光仍为部分偏振光。i_0 称为布儒斯特角。上式即布儒斯特定律的数学表达式,式中,n_1、n_2 为媒质的折射率。

由折射定律,入射角 i_0 与折射角 γ 的关系

$$\sin i_0/\sin r = n_2/n_1 = \tan i_0 = \sin i_0/\cos i_0$$

故

$$i_0 + \gamma = \pi/2 \tag{2-92}$$

七、双折射现象

(一)概述

当一束自然光射向各向异性媒质时,在界面折入晶体内部的折射光线常分为传播方向不同的两束折射光线,如图 2-28 所示,这种现象称为晶体的双折射现象。

试验发现,两束折射光具有如下特性:

(1)两束折射光是光振动方向不同的线偏振光。

(2)其中一束折射光始终在入射面内,并遵守折射定律,称为寻常光,简称 o 光;另一束折射光一般不在入射面内,且不遵从折射定律,称为非常光,简称 e 光。在入射角 $i=0$ 时,寻常光沿原方向传播($\gamma_0=0$),而非常光一般不沿原方向传播($\gamma_0 \neq 0$),如图 2-29 所示,此时当以入射光为轴转动晶体时,o 光不动,而 e 光绕轴旋转。

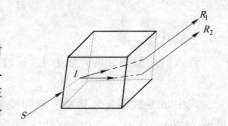

图 2-28

(3)在方解石一类晶体内存在一个特殊方向,光线沿该方向传播时,不产生双折射现象,这

个特殊的方向称为晶体的光轴。光轴仅标志双折射晶体的一个特定方向,任何平行于这个方向的直线都是晶体的光轴。只有一个光轴方向的晶体,称为单轴晶体,为方解石、石英等;有两个光轴方向的晶体,称为双轴晶体,如云母、硫磺等。

当光线沿晶体的某一表面入射时,此表面的法线与晶体的光轴所构成的平面叫做主截面,方解石的主截面是一平行四边形,自然光沿如图 2-29 所示的方向入射时,入射面就是主截面,由检偏器可以检测到 o 光、e 光都是偏振光,o 光的光振动垂直于主截面,而 e 光的光振动则在主截面内。

(二)偏振光的干涉

振幅为 A 的偏振光通过晶体后形成 o、e 光,这两束光频率相同,存在一定相位差,只是由于振动方向相互垂直而不相干,于是利用偏振片 N 偏振化方向与偏振片 M 的偏振化方向正交,如图 2-30 所示把 o、e 光的振动方向引到同一方向,这样就成为两束相干的偏振光。

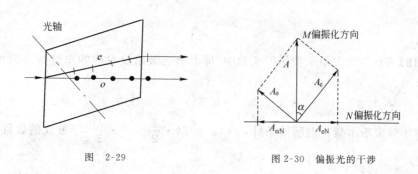

图 2-29 　　　　　　　　　　图 2-30　偏振光的干涉

【例 2-14】　在空气中用波长为 λ 的单色光进行双缝干涉实验时,观测到相邻明条纹的间距为 1.33mm,当把实验装置放入水中(水的折射率为 $n=1.33$)时,则相邻明条纹的间距变为:

A. 1.33mm　　　B. 2.66mm　　　C. 1mm　　　D. 2mm

解　由杨氏双缝干涉条纹间距公式知,空气中 $\Delta x = \dfrac{D}{d}\lambda$,放入水中 $\Delta x_n = \dfrac{D}{d}\lambda_n = \dfrac{\Delta x}{n} = \dfrac{1.33}{1.33} = 1$。

答案:C

【例 2-15】　波长为 λ 的单色光垂直照射在折射率为 n 的劈尖薄膜上,在由反射光形成的干涉条纹中,第五级明条纹与第三级明条纹所对应的薄膜厚度差为:

A. $\dfrac{\lambda}{2n}$　　　B. $\dfrac{\lambda}{n}$　　　C. $\dfrac{\lambda}{5n}$　　　D. $\dfrac{\lambda}{3n}$

解　相邻两条纹的厚度差为介质中的半个波长,第五级明条纹与第三级明条纹所对应的薄膜厚度差为 $2 \cdot \dfrac{\lambda}{2n} = \dfrac{\lambda}{n}$。

答案:B

【例 2-16】　若在迈克尔逊干涉仪的可动反射镜 M 移动了 0.620mm 的过程中,观察到干

涉条纹移动了 2 300 条,则所用光波的波长为:

　　　　A. 269nm　　　　B. 539nm　　　　C. 2 690nm　　　　D. 5 390nm

解　由迈克尔逊干涉仪公式 $\Delta d = k \cdot \dfrac{\lambda}{2}$,可得:

$$\lambda = \dfrac{2 \times 0.62 \times 10^6}{2\,300} = 539 \text{nm}$$

答案:B

注:此题由可见光范围(400~760nm)可不用计算直接得出结论。

【例 2-17】　在单缝夫琅禾费衍射实验中,波长为 λ 的单色光垂直入射到单缝上,对应衍射角为 $30°$ 的方向上,若单缝处波阵面可分成 3 个半波带,则缝宽 a 为:

　　　　A. λ　　　　B. 1.5λ　　　　C. 2λ　　　　D. 3λ

解　由单缝夫琅禾费衍射明纹条件,对应衍射角为 $30°$ 的方向上,

单缝处波面可分成 3 个半波带,即　$\delta = a\sin 30° = (2k+1)\dfrac{\lambda}{2} = 3 \cdot \dfrac{\lambda}{2}$

可得 $a = 3\lambda$。

答案:D

【例 2-18】　在单缝夫琅禾费衍射实验中,屏上第三级暗纹对应的单缝处波面可分成的半波带的数目为:

　　　　A. 3　　　　B. 4　　　　C. 5　　　　D. 6

解　由单缝夫琅禾费衍射暗纹条件,$a\sin\varphi = 2k \cdot \dfrac{\lambda}{2} = 6 \cdot \dfrac{\lambda}{2}$,半波纹的数目为 6。

答案:D

【例 2-19】　在单缝夫琅禾费衍射实验中,单缝宽度 $a = 1 \times 10^{-4}$m,透镜焦距 $f = 0.5$m。若用 $\lambda = 400$nm 的单色平行光垂直入射,中央明纹的宽度为:

　　　　A. 2×10^{-3}m　　　　B. 2×10^{-4}m

　　　　C. 4×10^{-4}m　　　　D. 4×10^{-3}m

解　单缝夫琅禾费衍射中央明纹的宽度为:

$$l_0 = \dfrac{2\lambda f}{a} = \dfrac{2 \times 400 \times 10^{-9} \times 0.5}{1 \times 10^{-4}} = 4 \times 10^{-3} \text{ m}$$

答案:D

【例 2-20】　两偏振片叠放在一起,欲使一束垂直入射的线偏振光经过两个偏振片后振动方向转过 $90°$,且使出射光强尽可能大,则入射光的振动方向与前后两偏振片的偏振化方向夹角分别为:

　　　　A. $45°$ 和 $90°$　　　　B. $0°$ 和 $90°$　　　　C. $30°$ 和 $90°$　　　　D. $60°$ 和 $90°$

解　注意题目给定入射光为线偏振光,由马吕斯定律:

经过第一个偏振片后　$I = I_0 \cos^2\alpha$

经过第二个偏振片后　$I' = I\cos^2\left(\dfrac{\pi}{2} - \alpha\right) = \dfrac{I_0}{4}\sin^2(2\alpha)$

出射光强最大 $I' = \dfrac{I_0}{4}\sin^2(2\alpha) = \dfrac{I_0}{4}$,$\sin(2\alpha) = 1$,$\alpha = \dfrac{\pi}{4}$

答案:A

【例 2-21】　一束自然光垂直穿过两个偏振片,两个偏振片的偏振化方向成 $45°$。已知通

过此两偏振片后光强为 I,则入射至第二个偏振片的线偏振光强度。

        A. I B. $2I$ C. $3I$ D. $I/2$

解 注意题目的问题为入射至第二个偏振片的线偏振光强度。

由马吕斯定律:$I = I_0 \cos^2 \alpha = I_0 \cos^2 45°$,则 $I_0 = 2I$。

答案:B

【例 2-22】 波长 $\lambda = 550\text{nm}(1\text{nm}=10^{-9}\text{m})$ 的单色光垂直入射于光栅常数为 $2 \times 10^{-4}\text{cm}$ 的平面衍射光栅上,可能观察到光谱线的最大级次为:

        A. 2   B. 3   C. 4   D. 5

解 光栅公式 $d\sin\theta = \pm k\lambda$ $(k = 1, 2, 3, \cdots)$

在波长、光栅常数不变的情况下,要使 k 最大,$\sin\theta$ 必最大,取 $\sin\theta = 1$,此时,$d = \pm k\lambda$,$k = \pm \dfrac{d}{\lambda} = \pm \dfrac{2 \times 10^{-4} \times 10^{-2}}{550 \times 10^{-9}} = 3.636$,取整后可得最大级次为 3。

答案:B

【例 2-23】 一单色平行光垂直入射到光栅上,衍射光谱中出现了五条明纹,若已知此光栅的缝宽 a 与不透光部分 b 相等,那么在中央明纹一侧的两条明纹级次分别是:

        A. 1 和 3   B. 1 和 2   C. 2 和 3   D. 2 和 4

解 光栅衍射是单缝衍射和多缝干涉的和效果。

因为光栅的缝宽 a 与不透光部分 b 相等,单缝衍射第一级暗纹位置:$x = \dfrac{\lambda f}{a}$

光栅衍射公式:$(a+b)\sin\varphi = k\lambda$,光栅衍射明纹位置:$x = k\dfrac{\lambda f}{2a}$

光栅衍射的第二级明纹将与单缝衍射第一级暗纹重叠产生缺级现象,故在中央明纹一侧的两条明纹级次分别是 1 和 3。

答案:A

【例 2-24】 通常亮度下,人眼睛瞳孔的直径约为 3mm,视觉感受到最灵敏的光波波长为 550nm($1\text{nm}=1\times10^{-9}\text{m}$),则人眼睛的最小分辨角约为:

        A. $2.24 \times 10^{-3}\text{rad}$ B. $1.12 \times 10^{-4}\text{rad}$

        C. $2.24 \times 10^{-4}\text{rad}$ D. $1.12 \times 10^{-3}\text{rad}$

解 人眼睛的最小分辨角:

$$\theta = 1.22 \dfrac{\lambda}{D} = \dfrac{1.22 \times 550 \times 10^{-6}}{3} = 2.24 \times 10^{-4}\text{rad}$$

答案:C

习 题

2-32 在真空中波长为 λ 的单色光,在折射率为 n 的透明介质中从 A 沿某路径传播到 B,若 A、B 两点相位差为 3π,则此路径 AB 的光程为(   )。

        A. 1.5λ B. $1.5n\lambda$ C. 3λ D. $1.5\lambda/n$

2-33 用白光光源进行双缝实验,若用一个纯红色的滤光片遮盖一条缝,用一个纯蓝色的滤光片遮盖另一条缝,则(   )。

    A. 干涉条纹的宽度将发生改变   B. 产生红光和蓝光的两套彩色干涉条纹

C. 干涉条纹的亮度将发生改变　　　　D. 不产生干涉条纹

2-34　在双缝干涉实验中,若用透明的云母片遮住上面的一条缝,则(　　)。
　　　A. 干涉图样不变　　　　　　　　B. 干涉图样下移
　　　C. 干涉图样上移　　　　　　　　D. 不产生干涉条纹

2-35　双缝间距为 2mm,双缝与屏幕相距 300cm,用波长 600nm 的光照射时,屏幕上干涉条纹的相邻两明纹的距离是(单位:mm)(　　)。
　　　A. 5.0　　　B. 4.5　　　C. 4.2　　　D. 0.9

2-36　一束波长为 λ 的单色光从空气垂直入射到折射率为 n 的透明薄膜上,要使反射光线得到加强,薄膜最小厚度应为(　　)。
　　　A. $\lambda/4$　　　B. $\lambda/(4n)$　　　C. $\lambda/2$　　　D. $\lambda/(2n)$

2-37　真空中波长为 λ 的单色光,在折射率为 n 的均匀透明媒质中,从 A 点沿某一路径传播到 B 点,路径长度为 L,A、B 两点光振动相位差记为 $\Delta\Phi$,则(　　)。
　　　A. $L=3\lambda/2$ 时,$\Delta\Phi=3\pi$　　　B. $L=3\lambda/(2n)$ 时,$\Delta\Phi=3n\pi$
　　　C. $L=3\lambda/(2n)$ 时,$\Delta\Phi=3\pi$　　　D. $L=3n\lambda/2$ 时,$\Delta\Phi=3n\pi$

2-38　两块平玻璃构成空气壁尖,左边为棱边。用单色平行光垂直入射。若上面的玻璃慢慢向上平移,则干涉条纹(　　)。
　　　A. 向棱边方向平移,条纹间隔变小　　B. 向棱边方向平移,条纹间隔变大
　　　C. 向棱边方向平移,条纹间隔不变　　D. 向离开棱边方向平移,条纹间隔不变

2-39　用波长为 λ 的单色光垂直照射到空气劈尖上,从反射光中观察干涉条纹,距顶点 L 处是暗纹。使劈尖角 θ 连续增大,直到该处再次出现暗纹时(见图),劈尖角的改变量 $\Delta\theta$ 是(　　)。
　　　A. $\lambda/(2L)$　　　　　　　　B. λ/L
　　　C. $2\lambda/L$　　　　　　　　D. $\lambda/(4L)$

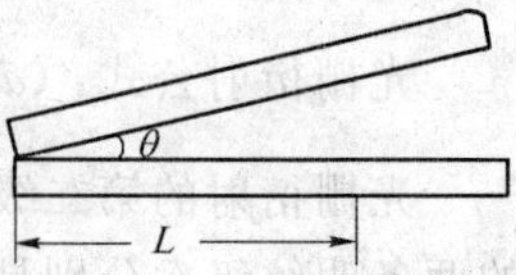

题 2-39 图

2-40　在单缝夫琅和费衍射实验中波长为 λ 的单色光垂直入射到单缝上,对应于衍射角 $\Phi=30°$ 的方向上,若单缝处波阵面可划分为 4 个半波带,则单缝的宽度 $a=$(　　)。
　　　A. 6λ　　　B. 4λ　　　C. 3λ　　　D. λ

2-41　在单缝夫琅和费衍射实验中,若将缝宽缩小一半,原来第三级暗纹处将是(　　)。
　　　A. 第一级暗纹　　　　　　　　B. 第一级明纹
　　　C. 第二级暗纹　　　　　　　　D. 第二级明纹

2-42　汽车两前灯相距约 1.2m,夜间人眼瞳孔直径为 5mm,车灯发出波长为 $0.5\mu m$ 的光,则人眼夜间能区分两前车灯的最大距离为(　　)。
　　　A. 10km　　　B. 3km　　　C. 2km　　　D. 4km

2-43　在两个偏振化方向正交的偏振片 P_1 和 P_2 之间,平行地插入第三个偏振片 P,P_1 与 P 的偏振化方向间的夹角为 $60°$。若入射自然光的光强为 I_0,不考虑偏振片的吸收与反射,则出射光的光强为(　　)。
　　　A. $I_0/4$　　　B. $3I_0/32$　　　C. $3I_0/8$　　　D. $I_0/16$

2-44　一束自然光以布儒斯特角入射到平板玻璃上,则(　　)。
　　　A. 反射光束垂直于入射面偏振,透射光束平行于入射面偏振且为完全偏振光
　　　B. 反射光束平行于入射面偏振,透射光束为部分偏振光

C. 反射光束是垂直于入射面的线偏振光,透射光束是部分偏振光
D. 反射光束和透射光束都是部分偏振光

2-45 假设某一介质对于空气的临界角是 45°,则光从空气射向此介质时的布儒斯特角是( )。

A. 45°   B. 90°   C. 35.2°   D. 54.7°

2-46 某单色光垂直入射到一个每一毫米有 800 条刻痕线的光栅上,如果第一级谱线的衍射角为 30°,则入射光的波长应为( )。

A. 0.625μm   B. 1.25μm   C. 2.5μm   D. 5μm

2-47 波长 $\lambda=0.55\mu m$ 的单色光垂直入射于光栅常数 $(a+b)=2\times 10^{-6}$m 的平面衍射光栅上,可能观察到的光谱线的最大级次为( )。

A. 第二级   B. 第三级   C. 第四级   D. 第五级

2-48 一束自然光从空气投射到玻璃表面上(空气折射率为 1),当折射角为 30°时,反射光是完全偏振光,则此玻璃板的折射率等于( )。

A. 1.33   B. $\sqrt{2}$ C. $\sqrt{3}$ D. 1.5

习题提示及参考答案

2-1 提示:用 $\bar{\omega}=\frac{3}{2}kT$,平均动能$=\frac{i}{2}kT$,平均速率 $\bar{v}\propto\sqrt{\frac{RT}{M}}$,$E_内=\frac{m}{M}\frac{i}{2}RT$ 分析,注意到 $M(H_2)\neq M(He)$,$i(H_2)\neq i(He)$。

答案:A

2-2 提示:$p=nkT$,分子数密度 $n=\frac{N(分子数)}{V}$。

答案:B

2-3 提示:由 $\bar{\omega}=\frac{3}{2}kT$ 知,若两气体分子平均平动动能相同,则 $T(He)=T(N_2)$,又根据 $pV=\frac{m}{M}RT$ 得 $p=\frac{\frac{m}{V}}{M}RT$,式中 $\frac{m}{V}$ 即气体密度,由于摩尔质量 $M(He)<M(N_2)$,故 $P(He)>P(N_2)$。

答案:C

2-4 提示:$E_内=\frac{i}{2}\frac{m}{M}RT=\frac{i}{2}pV$。

答案:A

2-5 提示:气体分子的平动自由度 $i=3$,平动动能的总和即气体由平动产生的内能 $E_内=\frac{3}{2}\frac{m}{M}RT=\frac{3}{2}pV=\frac{3}{2}\times 5\times 10^2\times 8\times 10^{-3}=6$J。

答案:D

2-6 提示:用 $p=nkT$ 或 $pV=\frac{m}{M}RT$ 分析。注意到氢气、氦气都在同一容器中,温度相

同,单位体积的分子数相同。

答案:B

2-7 提示:1.用 $p=nkT$ 分析①,单位体积内分子数 n 应相同。

2.用 $pV=\dfrac{m}{M}RT$ 分析②,单位体积内的质量 $\dfrac{m}{V}=\dfrac{pM}{RT}$ 不同(摩尔质量 M 不同)。

3.用内能 $E=\dfrac{i}{2}\dfrac{m}{M}RT=\dfrac{i}{2}pV$ 分析③,单位体积内的内能 $\dfrac{E}{V}=\dfrac{i}{2}p$ 应相同,因为氧和一氧化碳都是双原子分子,自由度 i 相同。

答案:C

2-8 提示:1.平均动能=平均平动动能+平均转动动能=$\dfrac{3}{2}kT+\dfrac{i(转动)}{2}kT$。

2.内能 $E=\dfrac{i}{2}\dfrac{m}{M}RT$。

答案:D

2-9 提示:由 $\bar{\omega}=\dfrac{3}{2}kT$,知:$T(H_2)=T(O_2)$

又平均速率 $\bar{v}\propto\sqrt{\dfrac{RT}{M}}$,$\dfrac{\bar{v}_{H_2}}{\bar{v}_{O_2}}=\sqrt{\dfrac{M(O_2)}{M(H_2)}}=\sqrt{\dfrac{32}{2}}=\dfrac{4}{1}$。

答案:D

2-10 提示:平均碰撞次数 $\bar{Z}=\sqrt{2}\pi d^2 n\bar{v}$,平均速率 $\bar{v}=1.6\sqrt{\dfrac{RT}{M}}$,平均自由程 $\bar{\lambda}=\dfrac{\bar{v}}{\bar{Z}}=\dfrac{1}{\sqrt{2}\pi d^2 n}$。

答案:A

2-11 提示:由 $pV=\dfrac{m}{M}RT$,可得 $p=\dfrac{\rho}{M}RT$;当 p 不变时,ρ 与 T 成反比。

答案:B

2-12 提示:由 $pV=\dfrac{m}{M}RT$,知:$\dfrac{m}{M}(He)=\dfrac{m}{M}(O_2)$,对 He,有 $\dfrac{m}{M}\dfrac{3}{2}R\Delta T=9J$,即 $\dfrac{m}{M}R\Delta T=6J$;对 O_2,有 $\dfrac{m}{M}\dfrac{5}{2}R\Delta T=\dfrac{5}{2}\times 6=15J$。

答案:B

2-13 提示:$Q_V=\dfrac{m}{M}\dfrac{i}{2}R\Delta T$。在本题中,$Q_V=\dfrac{m}{M}\dfrac{i(O_2)}{2}R\Delta T(O_2)=\dfrac{m}{M}\dfrac{i(H_2O)}{2}R\Delta T(H_2O)$,因 $i(O_2)\neq i(H_2O)$,则 $\Delta T(H_2)\neq \Delta T(H_2O)$,又由 $pV=\dfrac{m}{M}RT$,知 V 不变时,$\Delta p(O_2)\neq \Delta p(H_2O)$。

答案:B

2-14 提示:$Q_p=\dfrac{m}{M}(\dfrac{i}{2}+1)R\Delta T=(\dfrac{i}{2}+1)p\Delta V$,$A_p=p\Delta V$,$\dfrac{7}{2}p\Delta V(N_2)=\dfrac{5}{2}p\Delta V'(He)$,

$\dfrac{A(N_2)}{A(He)}=\dfrac{p\Delta V}{p\Delta V'}=\dfrac{5}{7}$。

答案：B

2-15 提示：1.由图知 $T_a > T_b$，所以沿 acb 过程内能减少（内能增量为负）。

2.由图知沿 acb 过程 $A > 0$。

3.$Q_{acb} = E_b - E_a + A_{acb}$，又 $E_b - E_a = -A_{绝热} = -$（绝热曲线下面积）。

比较 $A_{绝热}$ 和 A_{acb}，知 $Q_{acb} < 0$。

答案：C

2-16 提示：画 p-V 图，当容积增加时，等压过程内能增加（T 增加），绝热过程内能减少。而等温过程内能不变。

答案：C

2-17 提示：画 p-V 图，此循环为逆循环（致冷机），Q（循环）$= A$（净），A（净）< 0。

答案：A

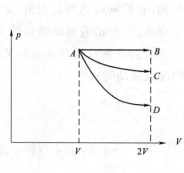

题 2-16 解图

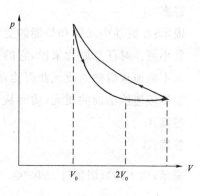

题 2-17 解图

2-18 提示：$\eta_{卡诺} = 1 - \dfrac{T_2}{T_1} = 1 - \dfrac{Q_2}{Q_1}$。

答案：C

2-19 提示：注意对热力学第二定律的全面理解。

答案：D

2-20 提示：热力学第二定律开尔文表述：不可能制成一种循环动作的热机，只从一个热源吸取热量，使之完全变为有用功……，而本题叙述的是单一的"等温过程"，不违反热力学第二定律。

答案：C

2-21 提示：将波动方程化为标准形式，再比较计算。并注意到 $\cos\varphi = \cos(-\varphi)$，$y = 0.05\cos(4\pi x - 10\pi t) = 0.05\cos(10\pi t - 4\pi x) = 0.05\cos[10\pi(t - \dfrac{x}{2.5})]$，故 $\omega = 10\pi = 2\pi\nu$，波速 $u = 2.5 \text{m/s}$，波长 $\lambda = \dfrac{u}{\nu}$。

答案：B

2-22 提示：在波动中，质元的动能和势能变化是同相位的，它们同时达到最大值，又同时达到最小值。本题中"质元正处于平衡位置"，此时速度最大。

答案：B

2-23　提示：以 $x=L$ 处为原点，写出波动方程，再令 $x=-L$ 代入波动方程，得 $x=0$ 处质点的振动方程。

答案：C

2-24　提示：设波动方程为 $y=A\cos(\omega t+\frac{\omega x}{u}+\varphi_0)=A\cos(\frac{2\pi}{T}t+\frac{2\pi x}{\lambda}+\varphi_0)$ 因 $\frac{2\pi}{T}\times\frac{T}{4}+\frac{2\pi\times\frac{\lambda}{2}}{\lambda}+\varphi_0=\pi$，所以 $\varphi_0=-\frac{\pi}{2}$。

答案：C

2-25　答案：C

2-26　提示：$\Delta\Phi=\frac{2\pi(\Delta x)}{\lambda}$，波速 $u=\lambda\nu=\lambda\frac{1}{T}$。

答案：B

2-27　提示：在波动中动能和势能的变化是同相位的，它们同时达到最大值，又同时达到最小值。对任意质元来说，它的机械能是不守恒的，即沿着波动的传播方向，该质元不断地从后面的质元获得能量（质元从一端点向平衡位置移动时），又不断地把能量传递给前面的质元（质元从平衡位置向端点移动时）。

答案：C

2-28　答案：B

2-29　提示：由干涉减弱条件，$\Delta\Phi=\Phi_{02}-\Phi_{01}-\frac{2\pi(r_2-r_1)}{\lambda}=\pm(2k+1)\pi$　$(k=0,1,2,\cdots)$

现 $\varphi_{02}-\varphi_{01}=\pi, r_2-r_1=0$，故 $\Delta\varphi=\pi, A=|A_1-A_2|=0$。

答案：D

2-30　提示：按题意作图，S_1 右侧任取 P 点，可见 $r_2-r_1=\frac{3\lambda}{4}$，又知 S_1 右侧的各点合振幅均为 $2A$，说明 S_1 右侧各点干涉加强，即 $\Delta\Phi=0$（取 $k=0$）。

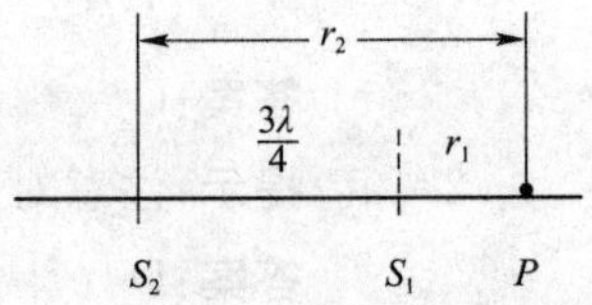

$\Delta\Phi=\Phi_{02}-\Phi_{01}-\frac{2\pi(r_2-r_1)}{\lambda}=0(k=0)$

图 2-30 解图

得 $\Phi_{02}-\Phi_{01}=\frac{2\pi(\frac{3\lambda}{4})}{\lambda}=\frac{3}{2}\pi$。

答案：D

2-31　提示：波节的位置 $x=(2k+1)\frac{\lambda}{4}$　$(k=0,\pm1,\pm2,\cdots)$

令 $k=0$ 和 $k=1$，相邻两波节之间距离 $x_1-x_0=\frac{\lambda}{2}$。

答案：B

2-32　提示：$\Delta\Phi=\frac{2\pi\delta}{\lambda}$（$\delta$ 指光程差）。

答案：A

2-33　提示：考虑相干光源(波源)的条件,从两滤光片出来的光是不是相干光。
　　　答案：D

2-34　提示：考察零级明纹向哪一方向移动。
　　　答案：C

2-35　提示：$\Delta x = \dfrac{D}{d}\lambda$。
　　　答案：D

2-36　提示：$2ne + \dfrac{\lambda}{2} = k\lambda (k=1)$,式中$\dfrac{\lambda}{2}$为附加光程差(半波损失)。
　　　答案：B

2-37　提示：$\Delta\Phi = \dfrac{2\pi\delta}{\lambda}$($\delta$指光程差),依本题题意$\delta = nL$,即$\Delta\Phi = \dfrac{2\pi nL}{\lambda}$。
　　　答案：C

2-38　提示：同一明纹(暗纹)对应相同厚度的空气层,间距为 $\dfrac{\lambda}{2\sin\theta}$。

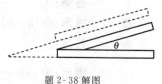

题 2-38 解图

　　　答案：C

2-39　提示：$\theta \approx \dfrac{e}{L}$ (e 为空气层厚度),$\Delta\theta = \dfrac{\Delta e}{L}$,又相邻两明(暗)纹对应的空气层厚度差 $\Delta e = e_{k+1} - e_k = \dfrac{\lambda}{2}$。
　　　答案：A

2-40　提示：$a\sin\varphi = k\lambda = 2k\dfrac{\lambda}{2}$,今 $a\sin 30° = 4 \times \dfrac{\lambda}{2}$。
　　　答案：B

2-41　提示：由 $a\sin\varphi = k\lambda$(暗纹),知 $a\sin\varphi = 3\lambda$,现 $a'\sin\varphi = \dfrac{3}{2}\lambda$ ($a' = \dfrac{a}{2}$),应满足明纹条件,即 $a'\sin\varphi = \dfrac{3}{2}\lambda = (2k+1)\dfrac{\lambda}{2} \Rightarrow k = 1$。
　　　答案：B

2-42　提示：最小分辨角 $\delta\varphi = 1.22\dfrac{\lambda}{D}$,两车灯对瞳孔中心张角为 $\dfrac{\Delta x(车灯距)}{L(人车距离)}$,故
$$1.22\dfrac{\lambda}{D(孔径)} = \dfrac{\Delta x}{L}, L = \dfrac{D \times \Delta x}{1.22 \times \lambda} = \dfrac{5 \times 10^{-3} \times 1.2}{1.22 \times 0.5 \times 10^{-6}} \approx 10 \times 10^3 \text{m}$$
　　　答案：A

2-43　提示：由 $I = I_0\cos^2\alpha$,并注意到"自然光通过偏振片后,光强减半",则
$$I = \dfrac{I_0}{2}\cos^2 60°\cos^2 30° = \dfrac{3I_0}{32}$$
　　　答案：B

2-44　提示：自然光以布儒斯特角入射,反射光为垂直于入射面的线偏振光,折射光(透

射光束)为部分偏振光。

答案:C

2-45 提示:如图所示,按临界角的概念,光必须从光密介质射向光疏介质才可能发生全反射,即 $\frac{\sin 45°}{\sin 90°} = \frac{n_1}{n_2}$,而光从空气射向介质时,布儒斯特角应满足 $\tan i_0 = \frac{n_2}{n_1}$,故 $\tan i_0 = \frac{n_2}{n_1} = \frac{1}{\sin 45°} = \sqrt{2}$,$i_0 = 54.7°$。

题 2-45 解图

答案:D

2-46 提示:注意到光栅常数 $a+b = \frac{1}{800}$ mm,由 $(a+b)\sin\varphi = k\lambda$,$\frac{1}{800}\sin 30° = 1\times\lambda$,$1\mu m = 10^{-6}$ m。

答案:A

2-47 提示:由 $(a+b)\sin\varphi = k\lambda$,今 $2\times10^{-6}\sin 90° = k\times 0.55\times 10^{-6}$,$k$ 只能取整数。

答案:B

2-48 提示:由 $\tan i_0 = \frac{n_2}{n_1}$,又 $i_0 + \gamma_0 = 90°$,$\tan 60° = n_2$。

答案:C

第三章 普通化学

复习指导

一、考试大纲

3.1 物质的结构和物质状态

原子结构的近代概念;原子轨道和电子云;原子核外电子分布;原子和离子的电子结构;原子结构和元素周期律;元素周期表;周期、族;元素性质及氧化物及其酸碱性。离子键的特征;共价键的特征和类型;杂化轨道与分子空间构型;分子结构式;键的极性和分子的极性;分子间力与氢键;晶体与非晶体;晶体类型与物质性质。

3.2 溶液

溶液的浓度;非电解质稀溶液通性;渗透压;弱电解质溶液的解离平衡;分压定律;解离常数;同离子效应;缓冲溶液;水的离子积及溶液的 pH 值;盐类的水解及溶液的酸碱性;溶度积常数;溶度积规则。

3.3 化学反应速率与化学平衡

反应热与热化学方程式;化学反应速率;温度和反应物浓度对反应速率的影响;活化能的物理意义;催化剂;化学反应方向的判断;化学平衡的特征;化学平衡移动原理。

3.4 氧化还原反应与电化学

氧化还原的概念;氧化剂与还原剂;氧化还原电对;氧化还原反应方程式的配平;原电池的组成和符号;电极反应与电池反应;标准电极电势;电极电势的影响因素及应用;金属腐蚀与防护。

3.5 有机化学

有机物特点、分类及命名;官能团及分子构造式;同分异构;有机物的重要反应:加成、取代、消除、氧化、催化加氢、聚合反应、加聚与缩聚;基本有机物的结构、基本性质及用途:烷烃、烯烃、炔烃、芳烃、卤代烃、醇、苯酚、醛和酮、羧酸、酯;合成材料:高分子化合物、塑料、合成橡胶、合成纤维、工程塑料。

二、复习指导

普通化学中基本概念和基本理论较多,而计算方面的问题比较简单,所以在复习时应特别注意对基本概念及理论的理解。

(一)物质结构和物质状态

本节内容多、概念多,考生复习时不易掌握。若将其分类,可包括以下两个方面的内容。

1. 原子结构

核外电子到底是如何运动的?它涉及原子轨道、波函数、量子数、电子云等基本概念。考生必须明确一个波函数就是一个原子轨道,它由三个量子数(n、l、m)正确组合来决定,在每个轨道上只能容纳二个自旋相反的电子(即 $m_s=\pm\frac{1}{2}$),在此基础上才能进行包括原子、离子的核外电子排布,进一步了解原子核外电子的排布与周期表的关系,以及元素性质、元素氧化物及其水合物酸碱性的递变规律。

2.化学键与晶体结构

$$\text{化学键}\begin{cases}\text{离子键}\longrightarrow\text{离子晶体}\\\text{共价键}\longrightarrow\begin{cases}\text{分子晶体}\\\text{原子晶体}\end{cases}\\\text{金属键}\longrightarrow\text{金属晶体}\end{cases}$$

(1)不同的化学键有不同的形成和特征。例如共价键:①形成;②特征;③类型;④键的极性和分子的极性。

(2)不同的晶体结构有不同的物理特性。

(3)分子间力与氢键。

(4)杂化轨道理论,这部分内容是难点但不是重点,只要求对给出的分子能确定它的杂化类型和分子的空间构型即可。

本节其余部分作为一般了解。

(二)溶液

溶液中包括溶质和溶剂。

溶液的浓度是指一定量溶剂(或溶液)中含有的溶质量,常用的有"物质的量"浓度和质量摩尔浓度。

溶剂可以是水、乙醇、苯、四氯化碳等。

溶质按其在水中是否电离分电解质和非电解质,本节讨论非电解质稀溶液的通性。

电解质按其电离的程度分强电解质和弱电解质,本节讨论弱电解质的电离平衡及其移动。

电解质按其溶解的程度分易溶电解质和难溶电解质,本节讨论后者的溶解平衡及其移动。

1.稀溶液的通性

稀溶液的通性是指难挥发非电解质的稀溶液的蒸气压下降、沸点升高、凝固点下降以及渗透压等。计算不是重点,但对浓溶液和电解质溶液要求会定性分析。

2.电离平衡、溶解平衡及其移动

这是本节的重点。内容较多,但不难掌握,可按以下思路复习。

(1)电离平衡

①弱电解质的电离平衡;

②水的离子积及 pH 值;

③水解平衡。

以上要求掌握电离平衡常数的表达式,它与电离度的关系,溶液的 C_{H^+}、C_{OH^-} 和 pH 值的计算。

(2)电离平衡的移动

①单相同离子效应;

②缓冲溶液:缓冲溶液的组成、溶液 pH 值的计算。

(3)溶解平衡

①溶度积(K_{sp});

②溶度积与溶解度(S)的关系;

③溶度积规则及应用。

(三)化学反应速率和化学平衡

本节讨论三个问题,重点是后两者。同时提出几个要点:

1. 书写热化学方程式时注意物质的状态、反应条件、计量系数,$\Delta H<0$ 为放热;$\Delta H>0$ 为吸热。

2. 平均速率与瞬时速率均能表示反应速率,但以不同物质的浓度变化表示反应速率时其数值不一定相等。

3. 影响速率的因素主要有物质的本性(对给定反应体现在活化能上)、反应温度、反应物浓度及催化剂。

(1)浓度的影响

除必须掌握质量作用定律以外,还要明确基元反应,非基元反应、反应级数、速度常数等基本概念。

(2)温度的影响

主要反应在温度对速度常数的影响上,公式不用死记,但温度升高时速率常数升高、反应速度增加的结论必须掌握,而且这结论对吸热反应、放热反应、正反应的速率常数、逆反应的速率常数均适用。

(3)催化剂的影响

使用催化剂能降低活化能从而提高反应速率。明确活化能、活化分子等概念,反应热与正、逆反应活化能的关系。

4. 化学平衡

除明确平衡时的特征外,还必须写出平衡时的特征常数——平衡常数表达式。掌握平衡常数物理意义、影响因素、特征和应用。

在化学平衡的移动方面,掌握浓度、温度、压强改变对移动的影响。

总之除掌握质量作用定律表达式和平衡常数表达式外,还要掌握浓度、温度、压力、催化剂对速率、速率常数、平衡常数及平衡移动的影响。

(四)氧化还原与电化学

本节没有难点,基本概念与要记忆的较多,要求掌握以下五个方面。

1. 基本概念

如氧化数、氧化剂、还原剂、氧化反应、还原反应等,以及它们之间的关系。如:

氧化剂在发生还原反应过程中氧化数降低。

还原剂在发生氧化反应过程中氧化数升高。

2. 原电池

自发的氧化还原反应(即原电池中的电池反应)可以组成原电池,原电池中有正、负极,两极上发生不同的电极反应。原电池的电动势 $E=\varphi_{正}-\varphi_{负}$,最后落实到原电池符号。

3. 电极电势

影响电极电势的因素中,温度的影响一般不大,常将温度定在 298K;浓度、介质与物质的本性对电极电势的影响,可从能斯特方程看出。例如半反应

$$MnO_4^- + 8H^+ + 5e \rightleftharpoons Mn^{2+} + 4H_2O$$

能斯特方程为

$$\varphi_{MnO_4^-/Mn^{2+}} = \varphi^{\ominus}_{MnO_4^-/Mn^{2+}} + \frac{0.059}{5}\lg\frac{C_{MnO_4^-} \cdot C_{H^+}^8}{C_{Mn^{2+}}}$$

由上式可见氧化态的浓度升高、介质的酸度升高，能使电极电势升高。至于物质本性的影响体现在 $\varphi^{\ominus}$ 数值的大小上。

电极电势应用很广，可用来判断原电池的正、负极；氧化剂、还原剂的相对强弱；氧化还原反应的方向和进行的程度。

4.电解

电解池中发生的氧化还原反应是不自发的，因此电解池中两极名称、两极反应不同于原电池，除要掌握这些之外，还要明确分解电压、超电势的概念及形成的原因，判断电解的产物。

5.金属腐蚀及防止

了解电化学腐蚀的目的是如何防止金属的腐蚀。

（五）有机化合物

重点掌握：

（1）有机物的特点、分类和命名。

（2）有机物的重要反应包括取代、加成、消去、氧化还原、加聚、缩聚反应和定位效应、不对称加成规则及查氏规则。

（3）重要的高分子材料，如 PVC、ABS、环氧树脂、橡胶等。

第一节　物质结构和物质状态

物质结构与性质之间有着必然的联系，要深入了解物质的宏观性质，必须探究其微观性质。分子是保持物质化学性质的最小微粒，由原子组成。所以本节主要学习原子结构理论，在此基础上，讨论分子结构和晶体结构的基本内容。

一、原子核外电子排布

（一）核外电子运动的特性

核外电子运动具有两大特性，即量子化和波粒二象性，这也是一切实物微粒运动的共同特性。

1.能量的量子化

实验证明，辐射能的吸收和发射只能是一小份一小份的，是不连续的。这一小份不连续能量的基本单位叫量子。物质吸收或发射能量只能是量子的整数倍。量子的能量 E 与频率 ν 成正比。即

$$E=h\nu \tag{3-1}$$

式中，h 为普朗克常数，等于 6.626×10^{-34} J·s。

原子中电子的能量是量子化的，当电子从高能量状态 $E_{高}$ 跃迁到低能量状态 $E_{低}$ 时，就以光量子的形式发射能量；反之吸收能量，其频率为

$$\nu=\frac{E_{高}-E_{低}}{h} \tag{3-2}$$

由于电子的能量是量子化的，所以光量子的能量和波长也是不连续的，这就是原子光谱是线状的原因所在。

2.波粒二象性

一切实物微粒（光子、电子、中子、质子等）运动时，既有粒子的性质又有波的性质，即为

波粒二象性。电子在核外运动也有波粒二象性。粒子性表现在电子与实物相互作用时有能量的吸收或发射,如能量 E 和动量 p;波动性表现在电子在传播过程中有干涉和衍射现象,如波长 λ 和频率 ν。

波粒二象性的内在联系是

$$E=h\nu \quad (3-3)$$
$$p=h/\lambda \quad (3-4)$$
$$\lambda=h/p=h/m\nu \quad (3-5)$$

式中,m 为实物粒子的质量;ν 为实物粒子的运动速度;p 为动量。

此式就是著名的德布罗意(de Broglie)关系式,它把微观粒子的粒子性和波动性统一起来。人们把这种与微观粒子相联系的波,叫做德布罗意波或物质波。

3.测不准原理

宏观物体运动时,人们可以依据经典物理定律准确确定其在任何指定时刻的位置和速度。而对于微观粒子则不同,对运动中的微观粒子来说,不可能同时准确确定它的位置和动量。这就是海森堡(Heisenberg)不确定原理。其关系式为

$$\Delta p \cdot \Delta x \geqslant h/4\pi \quad (3-6)$$

式中,Δp 为微观粒子动量的不确定度;Δx 为微观粒子位置的不确定度。

它表明,微观粒子位置的不确定度 Δx 越小,相应它的动量的不确定度 Δp 就越大。对电子来说,当电子位置确定的误差越小,相应的动量的测定误差就越大,反之亦然。也就是说,电子的位置若能准确的测定,其动量就不可能准确的测定。电子运动有它特殊的规律。

(二)核外电子运动状态的描述

可用波函数和电子云来描述核外电子运动的状态。

1.波函数与原子轨道

描述核外电子运动规律的方程叫薛定谔方程,对单电子体系该方程可写成下列形式

$$\frac{\partial^2 \psi}{\partial x^2}+\frac{\partial^2 \psi}{\partial y^2}+\frac{\partial^2 \psi}{\partial z^2}+\frac{8\pi^2 m}{h^2}(E-V)\psi=0 \quad (3-7)$$

式中,ψ 为描述电子运动情况的波函数,m 为电子质量,E 为电子的总能量,V 为电子的势能。

求解该方程,可得到波函数 ψ 和总能量 E。在求解过程中必须引入三种量子数 n、l、m,才能解出一系列符合量子数条件的波函数 ψ_1、ψ_2、…,以及相应的能量 E_1、E_2、…。

波函数是描述波的数学函数式,表示核外电子的运动状态;波函数是空间坐标的函数 $\psi(x,y,z)$ 或 $\psi(\gamma,\theta,\Phi)$。在量子力学里,将描述原子中单个电子运动状态的函数式 称为波函数,习惯上又称为原子轨道。每一个波函数代表核外电子的一种运动状态,表示一个原子轨道。所以不同波函数 $\psi_{n,l,m}$ 就可以表示电子在核外出现的不同原子轨道或运动状态。

2.量子数

波函数 ψ 是描述原子处于定态时电子运动状态的数学函数式。求解薛定谔方程时,要得到合理的波函数解,要求方程中的一些参数满足一定的条件,为此引进取分立值的三个参数(量子数),即主量子数 n、角量子数 l、磁量子数 m。三个量子数取值不是任意的,有一定限制条件。一组允许的量子数 n、l、m 取值对应一个合理的波函数 $\psi_{n,l,m}$,即可以确定一个原子轨道。电子除轨道运动外,还有自旋运动,所以,描述一个电子的运动状态除以上三个量子数外,还需第四个量子数,即自旋量子数 m_s。量子数的物理意义及取值的限制描述如下:

(1)主量子数 n

n 的取值:$n=1,2,3,\cdots$,目前稳定原子中 n 最大为 7。

n 的意义:

①代表电子层,$n=1,2,\cdots$,分别为第一电子层,第二电子层,$\cdots\cdots$,分别用 K,L,M,N,$\cdots$表示;

②代表电子离核的平均距离($r \propto n^2$);

③决定原子轨道的能级($E \propto n$)。

所以 n 越大能级越高($E_1<E_2<E_3<\cdots$),电子离核的平均距离越远($r_1<r_2<r_3<\cdots$)。

(2)角量子数 l

l 的取值:$l=0,1,2,\cdots,n-1$,目前 l 最大为 3。

n 与 l 的关系为:$n=1,l=0;n=2,l=0,1;n=3,l=0,1,2;n=4,l=0,1,2,3;\cdots$

l 的意义:

①表示电子亚层,$l=0,1,2,3$,分别为 s,p,d,f 亚层,其轨道分别叫 s,p,d,f 轨道,轨道上的电子分别叫 s,p,d,f 电子。

②确定轨道的形状:$l=0,1,2,\cdots$,轨道的形状分别为球形、双球形、四橄榄形$\cdots\cdots$。

③在多电子原子中 l 还决定亚层的能量,当 n 一定时,l 越大亚层能量也越大,同一亚层的原子轨道能量相等,故叫等价(简并)轨道。

(3)磁量子数 m

m 的取值:$m=0,\pm 1,\pm 2,\pm 3,\cdots,\pm l$,由于 l 最大为 3,所以 m 只有前 7 个取值。

l 与 m 的关系为:$l=0,m=0;l=1,m=0,\pm 1;l=2,m=0,\pm 1,\pm 2;l=3,m=0,\pm 1,\pm 2,\pm 3$。

m 的意义:

①确定轨道在空间的取向。

②确定亚层中轨道的数目。m 的每一个取值代表轨道在空间的一种取向,即一条轨道。如 $l=1$ 的 p 亚层,m 为 0,± 1 三个取值,所以 p 亚层在空间有三种取向,有三条 p 轨道。

③在无外加磁场的情况下,轨道能量与 m 无关。

(4)自旋量子数 m_s

m_s 决定电子自旋方向,可取 $+\frac{1}{2}$ 和 $-\frac{1}{2}$ 两个值。每一套(n,l,m),m_s 可取 $\pm\frac{1}{2}$ 两个值。

量子数与核外电子运动状态列于表 3-1。

量子数与核外电子运动状态 表 3-1

主量子数 n	主层符号	角量子数 l	亚层符号	磁量子数 m	亚层轨道数	电子层中轨道数	自旋量子数 m_s	电子层中电子容量
1	K	0	1s	0	1	1	±1/2	2
2	L	0	2s	0	1	4	±1/2	8
		1	2p	0,±1	3		±1/2	
3	M	0	3s	0	1	9	±1/2	18
		1	3p	0,±1	3		±1/2	
		2	3d	0,±1,±2	5		±1/2	
4	N	0	4s	0	1	16	±1/2	32
		1	4p	0,±1	3		±1/2	
		2	4d	0,±1,±2	5		±1/2	
		3	4f	0,±1,±2,±3	7		±1/2	

【例 3-1】 下列量子数正确组合的是：
   A. $n=1, l=1, m=0$ B. $n=2, l=0, m=1$
   C. $n=3, l=2, m=3$ D. $n=4, l=3, m=2$

答案：D

【例 3-2】 量子数 $n=4, l=2, m=0$ 的原子轨道数目是：
   A. 1   B. 2   C. 3   D. 4

解 一组允许的量子数 n, l, m 取值对应一个合理的波函数，即可以确定一个原子轨道。量子数 $n=4, l=2, m=0$ 为一组合理的量子数，确定一个原子轨道。

答案：A

【例 3-3】 决定原子轨道取向的量子数和确定原子轨道形状的量子数分别是：
   A. 主量子数、角量子数
   B. 角量子数、磁量子数
   C. 磁量子数、角量子数
   D. 自旋量子数、主量子数

答案：C

【例 3-4】 多电子原子中同一电子层原子轨道能级（量）最高的亚层是：
   A. s 亚层   B. p 亚层
   C. d 亚层   D. f 亚层

解 多电子原子中原子轨道的能级取决于主量子数 n 和角量子数 l：主量子数 n 相同时，l 越大，能量越高；角量子数 l 相同时，n 越大，能量越高。n 决定原子轨道所处的电子层数，l 决定原子轨道所处亚层（$l=0$ 为 s 亚层，$l=1$ 为 p 亚层，$l=2$ 为 d 亚层，$l=3$ 为 f 亚层）。同一电子层中的原子轨道 n 相同，l 越大，能量越高。

答案：D

3. 概率密度与电子云

概率是核外电子在空间出现的机会。概率密度是电子在核外空间某处单位体积内出现的概率。根据实验和理论的研究已经证实，电子的概率密度等于波函数的平方，即 ψ^2。为了形象地表示电子在原子中的概率密度分布情况，在化学上引入电子云的概念。电子云是用黑点的疏密度来表示核外空间各点电子概率密度大小的具体图像。例如基态氢原子的 1s 电子云呈球状。

4. 原子轨道和电子云的角度分布图

用数学方法把 $\psi(\gamma, \theta, \Phi)$ 分成两个函数的乘积，即

$$\psi(\gamma, \theta, \Phi) = R(r) \cdot Y(\theta, \Phi) \tag{3-8}$$

式中：$R(r)$——波函数的径向分布部分；
$Y(\theta, \Phi)$——波函数的角度分布部分。

角度分布图：波函数的角度分布部分（Y）随角度（θ, Φ）变化的图形。原子轨道和电子云的角度分布平面示意图见图 3-1 和图 3-2。两图的作法、外形和空间取向相似，区别在于前者比后者"胖"些；前者有"+"、"−"之分，后者则没有。

（三）核外电子的分布

1. 原子轨道的近似能级顺序

在多电子原子中，原子轨道的能级不仅与主量子数有关，与角量子数也有关系。我国化学家徐光宪教授，根据光谱试验数据的结果归纳出一个近似规律：在多电子原子中各原子轨道的

能量由 $n+0.7l$ 来决定,数值越大,能量越高,见表 3-2。

多电子原子的能级顺序　　　　　　　　　表 3-2

轨道符号	1s	2s	2p	3s	3p	4s	3d	4p	5s	4d	5p	6s	4f	5d	6p	7s	5f	…
$n+0.7l$	1.0	2.0	2.7	3.0	3.7	4.0	4.4	4.7	5.0	5.4	5.7	6.0	6.1	6.4	6.7	7.0	7.1	
能级高低顺序	→ 从左到右、依次升高																	

由表 3-2 可知:

(1) 当 l 不变时, E 随 n 增大而增大。如 $E_{1s}<E_{2s}<E_{3s}<\cdots$, $E_{2p}<E_{3p}<E_{4p}<\cdots$。

(2) 当 n 不变时, E 随 l 增大而增大。如 $E_{4s}<E_{4p}<E_{4d}<E_{4f}$。

(3) 当 n、l 均变化时,出现能级交错。如 $E_{4s}<E_{3d}<E_{4p}$, $E_{5s}<E_{4d}<E_{5p}$, $E_{6s}<E_{4f}<E_{5d}<E_{6p}$。

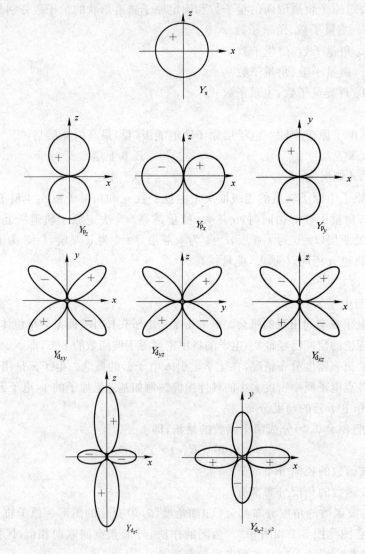

图 3-1　s、p、d 原子轨道角度分布平面示意图

2. 屏蔽效应

在多电子原子中,核电荷(Z)对某个电子的吸引力,由于其他电子对该电子的排斥而被削弱的作用称为**屏蔽效应**,若削弱部分为 σ (叫屏蔽常数),则有效核电荷 $Z^* = Z - \sigma$。屏蔽作用

越大,核电荷减小越多,核对电子的引力越小,电子能级越高,屏蔽作用的大小为 K>L>M>N…,所以当 l 相同时,能级随 n 增大而升高。

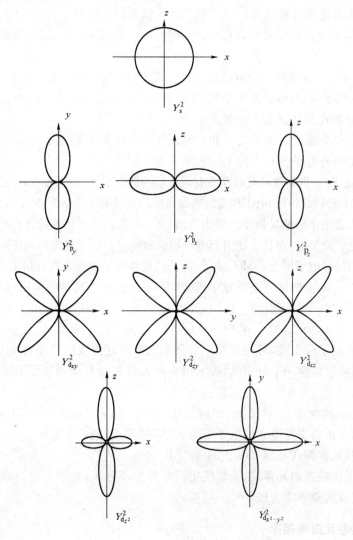

图 3-2　s、p、d 电子云角度分布平面示意图

3. 钻穿效应

外层电子穿过内层钻入核附近,减少内层电子对它的屏蔽作用而使能级降低的现象称为钻穿效应。钻穿效应越大,轨道能级越低。钻穿效应的大小顺序为 $ns>np>nd>nf$,所以当 n 不变时,轨道能级随 l 增大而升高。

至于能量出现交错如 $E_{4s}<E_{3d}$,是因为 4s 电子钻穿效应比 3d 大,受其他电子的屏蔽作用小,故使得 4s 电子的能级比 3d 还低。同理可解释 $E_{6s}<E_{4f}<E_{5d}<E_{6p}$。

4. 核外电子排布的规则

原子中的电子按一定规则排布在各原子轨道上。人们根据原子光谱实验和量子力学理论,总结出三个排布原则:泡利不相容原理、能量最低原理和洪特规则。

(1)泡利不相容原理

在同一原子中,不可能有四个量子数完全相同的两个电子存在。每一个轨道上最多只能容纳两个自旋相反的电子。每个电子层中电子的最大容量为 $2n^2$。

(2) 能量最低原理

电子总是尽先占据能级较低的轨道。电子进入轨道的先后顺序为:ns、$(n-2)f$、$(n-1)d$、np,即按 1s、2s、2p、3s、3p、4s、3d、4p、5s、4d、5p、6s、4f、5d、6p、7s、5f、6d、7p 的顺序填充。

(3) 洪特规则

在等价轨道(如 3 个 p 轨道、5 个 d 轨道、7 个 f 轨道)上,电子尽可能分占不同的轨道,而且自旋方向相同。同一电子亚层,电子处于全充满(p^6、d^{10}、f^{14})、半充满(p^3、d^5、f^7)状态时较稳定。

5. 核外电子分布式和外层电子分布式

原子的**核外电子分布式**是电子按 n 和 l 增大的顺序在各个轨道上分布的式子。例如,25 号元素 Mn 原子的核外电子分布式为 $1s^2 2s^2 2p^6 3s^2 3p^6 3d^5 4s^2$。

外层电子(价电子)是指那些对元素性质有显著影响的电子,它们在各个轨道上分布的式子叫做**外层电子分布式**,或外层(价层)电子构型。例如,Mn 的外层电子构型为 $3d^5 4s^2$,又如 K 是 $4s^1$。

原子得到或失去电子后便是离子。应当指出,当原子失去电子而成为正离子时,一般是能量较高的最外层的电子先失去,而且往往引起电子层数的减少。原子成为负离子时,原子所得的电子总是分布在它的最外电子层上。Mo^{2+} 和 I^- 离子的核外电子分布式及外层电子分布式为:

离子	离子的核外电子分布式	离子的外层电子分布式
Mo^{2+}	$1s^2 2s^2 2p^6 3s^2 3p^6 3d^{10} 4s^2 4p^6 4d^4$	$4s^2 4p^6 4d^4$
I^-	$1s^2 2s^2 2p^6 3s^2 3p^6 3d^{10} 4s^2 4p^6 4d^{10} 5s^2 5p^6$	$5s^2 5p^6$

正确书写核外电子分布式,可先根据三个分布规则和近似能级顺序将电子依次填入相应轨道,再按电子层顺序整理一下分布式,按 n 由小到大自左向右排列各原子轨道,相同电子层的轨道排在一起。

例如,4s 轨道的能级比 3d 轨道低,在填入电子时,先填入 4s,后填入 3d,但 4s 是比 3d 更外层的轨道,因而在正确书写原子的电子分布式时,3d 总是写在 4s 前面。

例如,第 29 号元素铜,Cu $1s^2 2s^2 2p^6 3s^2 3p^6 3d^{10} 4s^1$。

对于核外电子比较多的元素,由光谱测定的核外电子分布,并不完全与理论预测的一致。对于这些特例,应以实验事实为准。

二、原子结构与元素周期律

原子核外电子分布的周期性是元素周期律的基础,元素周期表是周期律的表现形式。

(一) 核外电子的排布与元素周期表的关系

首先分析周期表中各元素最后一个电子填充的电子亚层,见表 3-3。

电子填充与周期表的关系   表 3-3

周期 \ 族	IA IIA	IIIB~VIIB、VIII、IB、IIB	IIIA~0	元素的数目	电子填充的亚层	最高主量子数 n	原子的电子层数
1	$1s^1$		$1s^2$	2	1s	1	1
2	$2s^{1\sim2}$		$2p^{1\sim6}$	8	2s,2p	2	2
3	$3s^{1\sim2}$		$3p^{1\sim6}$	8	3s,3p	3	3
4	$4s^{1\sim2}$	$3d^{1\sim10} 4s^{1\sim2}$	$4p^{1\sim6}$	18	4s,3d,4p	4	4
5	$5s^{1\sim2}$	$4d^{1\sim10} 5s^{1\sim2}$	$5p^{1\sim6}$	18	5s,4d,5p	5	5
6	$6s^{1\sim2}$	$4f^{1\sim14} 5d^{1\sim10} 6s^{1\sim2}$	$6p^{1\sim6}$	32	6s,4f,5d,6p	6	6

由表 3-3 可看到：

(1)在周期表中各同周期或同族元素的外层电子排布是有规律的。如同主族元素，原子的最外层电子数相等；同周期主族元素最外层电子数由 1 逐渐增加到 8 个电子。

(2)核外电子排布与划分周期有关。如元素所在周期数等于该元素原子的电子层数，等于原子中最高主量子数。

(3)核外电子排布与族的关系，由表 3-3 可见：

主族、IB 和 IIB 的族数等于 $(ns+np)$ 层上的电子数，n 为最高主量子数。

IIIB~VIIB 的族数等于 $[(n-1)d+ns]$ 层上的电子数。

VIII 族元素的电子数为 $[(n-1)d+ns]$ 层上的电子数，即 8~10 个电子。

(4)元素在周期表中的分区：

s 区：包括 IA、IIA 族元素。外层电子构型为 ns^1 和 ns^2（n 是最高主量子数）。

p 区：包括 IIIA 至 VIIA 和零族元素。外层电子构型为 ns^2np^1 至 ns^2np^6（He 为 $1s^2$）。

d 区：包括 IIIB 至 VIIB 和 VIII 族元素。外层电子构型一般为 $(n-1)d^1ns^2$ 至 $(n-1)d^8ns^2$，但有例外。

ds 区：包括 IB、IIB 族元素。外层电子构型为 $(n-1)d^{10}ns^1$ 和 $(n-1)d^{10}ns^2$。d 区和 ds 区元素叫过渡元素。

f 区：包括镧系中的 57~71 号元素和锕系中的 89~103 号元素。外层电子构型为 $(n-2)f^{0\sim14}(n-1)d^{0\sim2}ns^2$。

【例 3-5】 锰原子的核外电子排布式为 $1s^22s^22p^63s^23p^63d^54s^2$，锰所在的：(1)周期数为（　）；(2)族数为（　）。

(1) A=2　　　　B=4　　　　C=3　　　　D=5

(2) A=VIIA　　B=IIA　　　C=VIIB　　D=IIB

答案：B(周期数为最高主量子数)，C(价电子构型 $3d^54s^2$，为 d 区副族元素，族数为价电子数)

【例 3-6】 下列基态原子的核外电子分布式错误的是：

A. $1s^22s^22p^63s^23p^3$

B. $1s^22s^22p^63s^13p^1$

C. $1s^22s^22p^63s^23p^4$

D. $1s^22s^22p^63s^23p^5$

答案：B(3s 轨道未满，不是基态分布)

(二)周期表中元素性质的递变规律

元素的性质决定于原子结构。由于原子的电子层结构呈周期性变化，所以元素的基本性质如原子半径、电离能、电子亲和能、电负性等也呈周期性变化，元素的化合物如氧化物及其水合物的酸碱性也呈递变性规律变化。

1. 原子半径

原子半径包括共价半径、金属半径、范德华半径。共价半径是同种元素的两原子以共价单键结合时两原子核间距的一半；金属半径是金属晶体中相邻两原子核间距的一半；在分子晶体中，分子间是以范德华力结合的。例如稀有气体形成的单原子分子晶体中，两个同种原子核间距离的一半就是范德华半径。

在周期表中，原子半径的变化规律为：同一周期主族元素从左到右有效核电荷 E^* 依次增加，原子半径依次减小，副族元素的原子半径略有减小；同一族元素从上到下，主族元素原子半径递增,副族元素略有增大但不明显,特别是五、六周期的元素,由于镧系收缩使得它们的原子半径相差很小。

2.电离能(I)

定义:基态的气态原子失去一个电子形成+1价气态离子所需要的最低能量为该原子的第一电离能(I_1);从+1价气态离子再失去一个电子形成+2价气态离子时所需最低能量为第二电离能(I_2);依此类推。随失去电子数的增加,电离能依次增加,即$I_1<I_2<I_3<\cdots$。通常所说的电离能是指I_1,单位为kJ/mol。

变化规律:同一周期从左到右,主族元素的有效核电荷数依次增加,原子半径依次减小,电离能依次增大;同一主族元素从上到下原子半径依次增大,电离能依次减小,副族元素的变化不如主族元素那样有规律。

意义:电离能可用来衡量单个气态原子失去电子的难易程度。元素的电离能越小,越易失去电子,金属性越强。

3.电子亲和能(Y)

基态的气态原子得到一个电子形成-1价气态离子所放出的能量称为该元素的电子亲和能。电子亲和能越大,越容易获得电子,元素的非金属性越强。

4.电负性(X)

为了衡量分子中各原子吸引电子的能力,泡利在1932年引入了电负性的概念。电负性数值越大,表明原子在分子中吸引电子的能力越强;电负性数值越小,表明原子在分子中吸引电子的能力越弱。元素的电负性较全面反映了元素的金属性和非金属性的强弱。

变化规律:同一周期从左到右,主族元素的电负性逐渐增大;同一主族从上到下元素的电负性逐渐减小。副族元素的电负性规律性较差。金属元素的电负性一般小于2.0(金和铂除外);非金属元素的电负性一般大于2.0(硅除外)。

【例3-7】 下列元素,电负性最大的是:
  A.F   B.Cl   C.Br   D.I

解 周期表中元素电负性的递变规律:同一周期从左到右,主族元素的电负性逐渐增大;同一主族从上到下元素的电负性逐渐减小。

答案:A

【例3-8】 下列几种元素中原子半径最小的是( )。
  A. Na   B. Al   C. F   D. Bi

答案:C

(三)元素的氧化物及其水合物酸碱性递变规律

1.分类

(1)碱性氧化物——活泼金属的氧化物。

(2)酸性氧化物——主要是非金属氧化物。

(3)两性氧化物——主要是Be、Al、Pb、Sb等对角线上元素的氧化物和一些金属氧化物,如TiO_2、Cr_2O_3等。

(4)惰性氧化物或称不成盐氧化物,即不与水、酸、碱反应的氧化物,如CO、NO等。

2.一般规律

(1)同周期元素最高价态氧化物及其水合物从左到右酸性递增、碱性递减。例如第三周期主族元素的氧化物及其水合物的酸碱性变化规律如下:

氧化物	Na_2O	MgO	Al_2O_3	SiO_2	P_2O_5	SO_3	Cl_2O_7
氧化物的水合物	$NaOH$	$Mg(OH)_2$	$Al(OH)_3$	H_2SiO_3	H_3PO_4	H_2SO_4	$HClO_4$
酸碱性	强碱	中强碱	两性	弱酸	中强酸	强酸	最强酸

$\xrightarrow{\text{酸性递增、碱性递减}}$

又如第四周期副族：

氧化物	Sc_2O_3	TiO_2	V_2O_5	CrO_3	Mn_2O_7
氧化物的水合物	$Sc(OH)_3$	$Ti(OH)_4$	HVO_3	H_2CrO_4	$HMnO_4$
酸碱性	碱性	两性	弱酸	中强酸	高强酸

$\xrightarrow{\text{酸性递增、碱性递减}}$

(2) **同一主族元素相同价态的氧化物及其水合物,从上至下酸性减弱、碱性增强**。例如 VA 族：

碱性增强 ↓	N_2O_3	HNO_2	中强酸	酸性增强 ↑
	P_2O_3	H_3PO_3	中强酸	
	As_2O_3	H_3AsO_3	两性偏酸	
	Sb_2O_3	$Sb(OH)_3$	两性偏碱	
	Bi_2O_3	$Bi(OH)_3$	碱性	

又例如 VIB 族：
酸性 $H_2CrO_4 > H_2MoO_4 > H_2WO_4$

(3) **同一元素不同价态的氧化物及其水合物,依价态升高的顺序酸性增强,碱性减弱。**例如：

CrO	Cr_2O_3	CrO_3
$Cr(OH)_2$	$Cr(OH)_3$	H_2CrO_4
碱性	两性	酸性

$\xrightarrow{\text{酸性增强}}$

3. 氧化物及其水合物的酸碱性与结构的关系

(1) R—O—H 规则

以下分四点简要说明规则内容：

① 氧化物的水合物不论是酸还是碱,其结构中均含有 R—O—H 部分。如：

$Mg(OH)_2$：HO—Mg—OH；H_2SO_4：
$$HO-\overset{\overset{O}{\|}}{\underset{\underset{O}{\|}}{S}}-OH$$

② 规则把 R、O、H 都看成离子,即 R^{n+}、O^{2-}、H^+。

③ R—O—H 有两种电离方式,即：

R — O ┊— H   酸式电离,产生 H^+,则为酸

R —┊ O — H   碱式电离,产生 OH^-,则为碱

④ 采取何种方式电离取决于 R^{n+} 与 O^{2-} 和 O^{2-} 与 H^+ 之间作用力的大小。若 R^{n+} 的电荷多、半径小,则 R^{n+} 与 O^{2-} 的引力将大于 O^{2-} 与 H^+ 的引力,则发生酸式电离呈酸性;若 R^{n+} 电荷少,半径大,具有 8 电子构型,R^{n+} 与 O^{2-} 的引力将小于 O^{2-} 与 H^+ 的引力,则发生碱式电离

呈碱性;如果 R^{n+} 与 O^{2-} 的引力近似等于 O^{2-} 与 H^+ 的引力,既可发生酸式电离,也可以发生碱式电离,该水合物具有两性。以第三周期氧化物之水合物的酸碱性递变规律说明如下:

R^{n+}	Na^+	Mg^{2+}	Al^{3+}	Si^{4+}	P^{5+}	S^{6+}	Cl^{7+}
R^{n+} 电荷数	+1	+2	+3	+4	+5	+6	+7
R^{n+} 半径(Pm)	90	65	50	41	34	29	26
$R(OH)_n$	NaOH	$Mg(OH)_2$	$Al(OH)_3$	H_2SiO_3	H_3PO_4	H_2SO_4	$HClO_4$
酸碱性	强碱	中强碱	两性	弱酸	中强酸	强酸	最强酸

R^{n+} 的电荷数递增,半径递减,R^{n+} 与 O^{2-} 引力递增,酸式电离递增,酸性增强。$\longrightarrow$

(2)鲍林规则

为了说明含氧酸酸性的相对强弱,鲍林将含氧酸写成 $(HO)_m RO_n$,n 为不与 H 结合的氧原子数。鲍林认为:n 值越大,酸性越强。例如:

$$\left.\begin{array}{llll} HClO_4 & 写成\ HOClO_3 & n=3 \\ H_2SO_4 & 写成\ (HO)_2SO_2 & n=2 \\ HNO_2 & 写成\ HONO & n=1 \\ H_3BO_3 & 写成\ (HO)_3B & n=0 \end{array}\right\vert \begin{array}{c} n\ 值下降 \\ \downarrow \\ 酸性减弱 \end{array}$$

【例 3-9】 下列物质中酸性最弱的是(　　)。

A. H_3PO_4 B. $HClO_4$ C. H_3AsO_4 D. H_3AsO_3

答案:D

【例 3-10】 下列物质中酸性最强的是(　　)。

A. $HClO_4$ B. $HClO_3$ C. $HClO_2$ D. $HClO$

答案:A

三、化学键

化学键是分子或晶体中原子或离子间的强烈作用力。键能约为 $100\sim 800kJ/mol$,是决定分子和晶体的化学性质的主要因素。一般分为共价键、离子键和金属键三大类。

(一)离子键

1. 离子键的形成和特性

电负性大的非金属原子(如 VIIA 元素)和电负性小的金属原子(如 IA 元素)相互靠近时发生电子转移形成正负离子,正负离子借静电作用形成离子键。由离子键结合而成的化合物或晶体叫离子型化合物或离子晶体。

离子键的特征是没有饱和性和方向性。离子键的实质是静电引力。离子的电荷数取决于形成离子时原子得失电子数。

2. 离子半径

离子半径是指在离子型化合物中,相邻两正负离子的核间距也就是正负离子半径之和。其变化规律为:同周期不同元素离子的半径随离子电荷代数值增大而减小,如 $S^{2-}>Cl^->Na^+>Mg^{2+}>Al^{3+}>Si^{4+}>P^{5+}$。同族元素电荷数相同的离子半径随电子层数增加而增大,如 $Be^{2+}<Mg^{2+}<Ca^{2+}<Sr^{2+}<Ba^{2+}$,$F^-<Cl^-<Br^-<I^-$。同种元素的离子半径随电荷数的增大而减小,如 $Fe^{2+}>Fe^{3+}$,$Pb^{2+}>Pb^{4+}$ 等。

3. 离子的电子构型

在离子型化合物中,对简单的负离子来讲都具有稀有气体原子的稳定结构,如 Cl^-

($3s^23p^6$)、O^{2-}($2s^22p^6$)等,对正离子来讲具有:

(1) 2 电子构型,如 Li^+、Be^{2+}($1s^2$)。

(2) 8 电子构型,如 Na^+、Mg^{2+}、Al^{3+}、Ca^{2+}(ns^2np^6)。

(3) 9~17 电子构型,如 Fe^{2+}、Cr^{2+}、Cu^{2+}、Mn^{2+}($ns^2np^6nd^{1\sim9}$)。

(4) 18 电子构型,如 Cu^+、Zn^{2+}、Ag^+、Cd^{2+}($ns^2np^6nd^{10}$)。

(5) 18+2 电子构型,如 Sn^{2+}、Pb^{2+}、Sb^{3+}[$(n-1)s^2(n-1)p^6(n-1)d^{10}ns^2$]。

4. 晶格能(U)

在离子晶体中表示离子键的强度和晶格的牢固程度可用晶格能衡量。晶格能是指在 298K,101 325Pa 压力下,由气态正负离子生成 1 摩尔离子晶体时所放出的能量。由此可见晶格能值越大,放出的能量越大,离子晶体越稳定,破坏其晶格时耗费的能量也越大。

影响晶格能的因素主要有正负离子的电荷数和其半径,它们的关系可粗略表示为

$$U \propto \frac{|Z_+ \cdot Z_-|}{r_+ + r_-} \tag{3-9}$$

对于晶体构型相同的离子晶体,离子电荷越多,半径越小,晶格能越大,离子键越强,晶格越牢固。

5. 离子的极化

离子在外电场或另一离子作用下,发生变形产生诱导偶极的现象叫离子极化。正负离子相互极化的强弱取决于离子的极化力和变形性。

离子的极化力是指某离子使其他离子变形的能力,极化力取决于:

(1) 离子的电荷。电荷数越多,极化力越强。

(2) 离子的半径。半径越小,极化力越强。

(3) 离子的电子构型。当电荷数相等、半径相近时,极化力的大小为:18 或 18+2 电子构型>9~17 电子构型>8 电子构型。

离子的变形性是指某离子在外电场作用下电子云变形的程度。影响变形性的因素有:

(1) 离子的电荷。正离子电荷越多,变形性越小;负离子电荷越多,变形性越大,如

$$Si^{4+} < Al^{3+} < Mg^{2+} < Na^+ < F^- < O^{2-}$$

(2) 离子半径。半径越大,变形性越大。如

$$I^- > Br^- > Cl^- > F^-$$

(3) 离子的电子构型。8 电子构型的离子其变形性小于其他电子构型。

每种离子都具有极化力与变形性,但在一般情况下,主要考虑正离子的极化力和负离子的变形性,只有当正离子也容易变形时才考虑正负离子间的相互极化作用。

由于离子的极化作用,使负离子的电子云向正离子偏移,导致电子云的重叠,键的极性减弱,使离子键向共价键过渡,离子晶体向分子晶体过渡。例如 d 区、ds 区、p 区金属元素的氯化物、氧化物等晶体的过渡就是离子极化作用的结果。

(二) 共价键

1. 共价键的形成

当非金属元素和电负性相差不大的原子之间相互靠近时,通过电子相互配对形成的化学键为共价键。由共价键形成的化合物叫共价型化合物。共价型化合物的晶体有原子晶体和分子晶体。

共价键理论包括价键理论和杂化轨道理论。

2. 价键理论的要点

(1)两原子靠近时,自旋相反的未成对电子可以配对形成共价键(所以价键理论也称电子配对法)。

(2)成键电子的原子轨道必须发生最大限度的重叠。轨道重叠越多,共价键越牢固。

3.共价键的特征

(1)具有饱和性。一个原子含有 n 个未成对电子,只能和 n 个自旋方向相反的电子配对成键。如 N· 可形成3个共价单键,或形成一个共价叁键;:Ö: 可形成2个共价单键,或形成一个共价双键,:F̈· 只能形成一个共价单键。

(2)具有方向性。轨道重叠时成键电子的原子轨道总是沿一定的方向进行重叠。

4.共价键的类型——σ键和π键

σ键:成键轨道沿键轴(两原子核间连线)方向以"头碰头"的方式重叠。重叠部分以键轴为对称轴呈圆柱形对称分布。故 σ 键重叠程度大、键能大、稳定性高。

π键:成键轨道沿键轴方向以"肩并肩"方式重叠。重叠部分垂直于键轴镜面反对称。π键重叠程度较 σ 键小,π键没有 σ 键牢固,稳定性较差,易发生化学反应。共价单键一般为 σ 键,双键中含一个 σ 键一个 π 键,叁键中一个 σ 键两个 π 键。

5.杂化轨道理论要点

杂化轨道理论是在价键理论基础上发展起来的,能较好的解释多原子分子的空间构型。其主要论点为:

(1)原子轨道在成键过程中并不是一成不变的。原子(一般为中心原子)在成键时,受外力作用使原子中能级相近的原子轨道重新组合成新的原子轨道,这一过程称为轨道杂化,简称杂化。新组合成的原子轨道叫杂化轨道。

(2)杂化轨道的数目取决于参加杂化的轨道数(见表3-4),即一个原子中能量相近的 n 个原子轨道,可以而且只能形成 n 个杂化轨道。

杂化类型与分子空间构型 表3-4

杂化类型	sp	sp^2	sp^3	sp^3 不等性	
参加杂化轨道数	1个s、1个p	1个s、2个p	1个s、3个p	1个s、3个p	
杂化轨道数	2	3	4	4	
轨道间夹角	180°	120°	109°28′	<109°28′	<109°28′
空间构型	直线形	平面三角形	正四面体	三角锥形	"V"字形
实例	$BeCl_2$、$HgCl_2$	BF_3、BCl_3	CH_4、SiF_4	NH_3、PH_3	H_2O、H_2S

(3)杂化轨道的形状:杂化后使轨道的正瓣变大,更能满足最大重叠原理,从而提高成键能力,使分子更稳定。

(4)杂化轨道的空间构型决定分子的空间构型(见表3-4)。sp^3 杂化轨道中含孤电子对数不同,分子的空间构型不同。

(5)杂化轨道分等性杂化轨道和不等性杂化轨道。凡能量相等、成分相同的杂化轨道叫等性杂化轨道;凡原子中有孤对电子占据杂化轨道而不成键的杂化叫不等性杂化,所形成的杂化轨道的成分不完全等同,故称不等性杂化轨道。

6. 杂化类型的确定

对于 AB_n 型的分子、离子,且限于只有 s、p 参与的杂化,下面介绍如何确定中心原子的杂化类型。

(1)确定 A 的价电子对数(x)

若 AB_n 为分子:$x=\frac{1}{2}$(A 的价电子数+B 提供的电子总数),见表 3-5。

表 3-5

族 数	H	IIA、IIB	IIIA	IVA	VA	VIA	VIIA
A 的价电子数	—	2	3	4	5	6	7
B 提供的电子数	1	—	—	—	—	0	1

若 AB_n^{m+} 为正离子:$x=\frac{1}{2}$(A 的价电子数+B 提供的电子总数-离子的电荷数)

若 AB_n^{m-} 为负离子:$x=\frac{1}{2}$(A 的价电子数+B 提供的电子总数+离子的电荷数)

离子的电荷数即 m 值。

(2)确定杂化类型(见表 3-6)

表 3-6

价电子对数	2	3	4
杂化类型	sp 杂化	sp^2 杂化	sp^3 杂化

【例 3-11】 PCl_3 分子空间几何构型及中心原子杂化类型分别为:
 A. 正四面体,sp^3 杂化   B. 三角锥型,不等性 sp^3 杂化
 C. 正方形,dsp^2 杂化   D. 正三角形,sp^2 杂化

解 P 和 N 为同主族元素,PCl_3 中 P 的杂化类型与 NH_3 中的 N 原子杂化类型相同,为不等性 sp^3 杂化,四个杂化轨道呈四面体型,有一个杂化轨道被孤对电子占据,其余三个杂化轨道与三个 Cl 原子形成三个共价单键,分子为三角锥形。

答案:B

【例 3-12】 在 $NaCl$,$MgCl_2$,$AlCl_3$,$SiCl_4$ 四种物质中,离子极化作用最强的是:
 A. NaCl   B. $MgCl_2$ C. $AlCl_3$ D. $SiCl_4$

解 离子的极化作用是指离子的极化力,离子的极化力为某离子使其他离子变形的能力。极化力取决于:①离子的电荷,电荷数越多,极化力越强;②离子的半径,半径越小,极化力越强;③离子的电子构型,当电荷数相等、半径相近时,极化力的大小为:18 或 18+2 电子构型>9~17 电子构型>8 电子构型。每种离子都具有极化力和变形性,一般情况下,主要考虑正离子的极化力和负离子的变形性。离子半径的变化规律:同周期不同元素离子的半径随离子电荷代数值增大而减小。四个化合物的阳离子为同周期元素,离子半径逐渐减小,离子电荷的代数值逐渐增大,所以极化作用逐渐增大。

答案:D

(三)金属键

金属中自由电子与原子(或正离子)之间的作用力称为金属键。

1. 金属键的形成

金属元素的原子半径一般较大,而最外层电子数又较少,因此,金属晶体中最外层电子易

从金属原子上脱落,在晶体内自由运动,成为自由电子。原子脱落电子后形成正离子。在整个金属晶体中的原子(或离子)与自由电子所形成的化学键称为金属键。又称改性共价键,即将自由电子看成是金属原子或离子的共有电子,所有原子都参与的一种特殊的共价键。金属的一些特性,如传热性、导电性、延展性等,都与自由电子的存在与运动有关。

2. 金属键的特征

无方向性和无饱和性。

3. 金属键的强度

决定于金属的价电子数和原子半径。价电子数越多,原子半径越小,金属键越强。

离子键通常存在于离子晶体中,共价键存在于共价型单质或共价型化合物中,金属键存在于金属及合金中。

四、分子间的力和氢键

(一)共价键的极性

共价键有无极性取决于相邻两原子间共用电子对有无偏移。有偏移的是极性共价键;没有偏移的是非极性共价键。采用电负性差值来判别时:电负性差等于零为非极性共价键;电负性差不等于零为极性共价键。

(二)分子的极性

分子是否有极性取决于分子中正负电荷中心是否重合。重合的为非极性分子;不重合的为极性分子。分子是否有极性或分子极性的大小也可用分子的偶极矩来判断。

偶极矩 μ 等于极上电荷 q 乘以偶极长度 l。μ 等于零为非极性分子;μ 不等于零为极性分子,而且 μ 值越大,分子的极性越大。

对双原子分子,分子的极性决定于键的极性。对于多原子分子,分子的极性决定于键的极性和分子的空间构型,若键有极性,而分子空间构型对称,则分子无极性,如 CO_2、$HgCl_2$、BF_3、CCl_4 等;若键有极性,而分子空间构型不对称,则分子有极性,如 NH_3、H_2O、$SiHCl_3$ 等。

多原子分子(AB_n 型)极性的判断:

A 的氧化数的绝对值与 A 的价电子数是否相等,相等为非极性分子,不等为极性分子。

总之,共价键是否有极性,取决于相邻两原子间共用电子对是否偏移;而分子是否有极性,取决于整个分子中正、负电荷中心是否重合。

上述讨论分子极性时,只是考虑孤立分子中电荷的分布情况。如果把分子置于外加电场中,由于同性相斥,异性相吸,非极性分子原来重合的正、负电荷中心被分开,极性分子原来不重合的正、负电荷中心也被进一步分开。这种正、负两"极"(即电中心)分开的过程叫极化。由此产生的偶极叫诱导偶极。分子被极化的难易程度用分子的极化率来表示,极化率由试验测定,它反映分子在外电场作用下变形的性质。分子的变形性与分子大小有关,分子越大,包含的电子越多,就会有较多的电子被吸引的较松,分子的变形性也越大。

分子以原子核为骨架,电子受到骨架的吸引。但是,原子核和电子无时无刻不在运动。所谓分子构型其实只表现了在一段时间内的大体情况,每一瞬间都是不平衡的。因此,所谓的正、负电荷中心的位置只是在一段时间的统计结果。在某一瞬间,正、负电荷中心可能离开它的平衡位置,由此产生的偶极叫瞬时偶极。

(三) 分子间力

在分子与分子之间存在的作用力称分子间力,也称范德华力。分子间力是分子间一种较弱的相互作用力,比化学键小 1～2 个数量级。

1. 分子间力的产生

任何分子都有正、负电荷中心,非极性分子也有正、负电荷中心,不过是重合在一起。任何分子都有变形的性能。分子的极性和变形性是当分子互相靠近时分子间产生吸引作用的根本原因。

(1) 色散力

色散力是瞬时偶极与瞬时偶极之间产生的作用力。瞬时偶极是由于每一瞬间分子的正、负电荷中心不重合产生的偶极。分子量越大,产生的瞬时偶极也越大,色散力越大。色散力存在于非极性分子与非极性分子之间,也存在于非极性分子与极性分子、极性分子与极性分子之间。

(2) 诱导力

诱导力是由诱导偶极和固有偶极之间产生的作用力。诱导偶极是由于在极性分子的固有偶极的影响下产生的偶极。固有偶极越大,产生的诱导偶极也越大,诱导力也就越大。诱导力存在于非极性分子与极性分子之间,也存在于极性分子与极性分子之间。

诱导偶极也可在外电场的作用下产生。

(3) 取向力

取向力是由固有偶极和固有偶极之间产生的作用力。固有偶极即极性分子原有的偶极。分子的极性越大,取向力越大。取向力存在于极性分子与极性分子之间。

分子间力是色散力、诱导力、取向力的总称。

2. 影响分子间力的因素

分子间力以色散力为主,只有当分子的极性特别大时(如 H_2O)才以取向力为主。

在同类型分子中,色散力正比于分子的摩尔质量,正比于分子半径。所以分子间力正比于分子的摩尔质量,正比于分子半径。

3. 分子间力的特征

(1) 没有方向性和饱和性;

(2) 分子间力比化学键小 1～2 个数量级;

(3) 分子间力的作用范围 0.3～0.5nm。

分子间力主要影响物质的熔点、沸点和硬度等。对同类型分子,分子量越大,色散力越大,分子间力越大,物质的熔、沸点相对要高,硬度要大。

(四) 氢键

氢原子与电负性大、半径小、有孤对电子的原子 X(如 F、O、N)形成强极性共价键(H—X)后,还能吸引另一个电负性较大的原子 Y(如 F、O、N)中的孤对电子而形成氢键(X—H⋯Y),点线表示氢键。氢键具有饱和性和方向性,其键能比共价键的键能小得多,与分子间力更为接近些。氢键分为分子内氢键和分子间氢键,分子间氢键使物质熔点、沸点升高,分子内氢键使物质溶、沸点降低。若溶质分子与溶剂分子之间可以形成氢键,则溶质的溶解度增大。

【例 3-13】 下列分子中属极性分子的是:

A. $SiCl_4$
B. NH_3
C. CO_2
D. BF_3

答案:B(NH_3为三角锥形)

【例 3-14】 下列每组分子中只存在色散力的是:
- A. H_2 和 CO_2
- B. HCl 和 SO_3
- C. H_2O 和 O_2
- D. SO_2 和 H_2S

答案:A(非极性分子间只存在色散力)

【例 3-15】 下列分子中存在氢键的是:
- A. CO_2
- B. HBr
- C. NH_3
- D. C_2H_5OH

答案:C

【例 3-16】 下列分子中键的极性最大的是:
- A. HF
- B. HCl
- C. HBr
- D. HI

答案:A(F 的电负性最大)

【例 3-17】 下列化合物中,含极性键的非极性分子是:
- A. Cl_2
- B. H_2S
- C. CH_4
- D. H_2O

答案:C(CH_4为正四面体构型)

五、理想气体定律

气体的基本特征是它的扩散性和压缩性。

气体的密度小,分子之间的空隙很大,这正是气体具有较大压缩性的原因,也是不同气体可以任何比例混合成为均匀混合物的原因。

温度与压力对气体体积的影响很大,联系体积、压力和温度之间关系的方程式称为状态方程。

(一)理想气体状态方程

理想气体体积、温度和压力之间的关系式为**理想气体状态方程式**,即为

$$pV = nRT \tag{3-10}$$

式中,R 称为摩尔气体常数。在国际单位制中,p 以 Pa、V 以 m^3、T 以 K 为单位,则 $R = 8.314 J/(mol \cdot K)$。

对真实气体,该式实际上是一个近似方程式,只有在分子本身体积极小(接近于没有体积)和分子间相互作用力极小(可忽略)的情况下,上述方程式才是准确的。真实气体分子本身有体积,分子之间有相互作用力,但在较高温度(不低于 0℃)、较低压强(不高于 101.3kPa)的情况下,这两个因素可忽略不计,用上式进行计算的结果能接近实际情况。

(二)混合气体分压定律

(1)分体积:指相同温度下,组分气体 i 具有和混合气体相同压强时所占的体积 V_i。若混合气体中有组分 1、2、3、…、i 种气体,则混合气体的体积 $V_总 = V_1 + V_2 + \cdots + V_i$。

(2)体积分数:指某组分 i 的分体积 V_i 与总体积 $V_总$ 之比,即 $X_i = V_i / V_总$。

(3)分压强:在恒温时,某组分气体 i 占据与混合气体相同体积时,对容器所产生的压强,即为该组分气体的分压强 p_i,也称分压。

(4)分压定律:

由实验结果得出:混合气体的总压强 $p_总$ 为各组分气体的分压之和,即

$$p_{总}=p_1+p_2+\cdots+p_i \tag{3-11}$$

混合气体中每一种气体都分别遵守理想气体状态方程式,即

$$p_iV_{总}=n_iRT \tag{3-12}$$

由以上两点可引出两条重要推论,即

$$p_i=p_{总}\times \frac{V_i}{V_{总}} \tag{3-13}$$

$$p_i=p_{总}\times \frac{n_i}{n_{总}} \tag{3-14}$$

所以混合气体分压定律为:混合气体的总压强 $p_{总}$ 等于组分气体分压之和;某组分气体分压 p_i 的大小和它在气体混合物中的体积分数 $V_i/V_{总}$(或摩尔分数 $n_i/n_{总}$)成正比。

(三)有关计算

根据分压定律,可以计算混合气体的总压,也可根据总压和体积分数计算组分气体的分压。

【例 3-18】 在 298K 时,将压强为 3.33×10^4Pa 的氮气 0.2L 和压强为 4.67×10^4Pa 的氧气 0.3L 移入 0.3L 的真空容器,问混合气体中各组分气体的分压强、分体积和总压强各为多少?从答案中可得到什么结论?

解 由题意可知,两气体混合过程中温度不变,又知两气体在 298K 时不发生化学反应,混合前后物质的量不变。所以

$$(pV)_{混合前}=(pV)_{混合后}$$

对氮气
$$3.33\times10^4\times0.2=P_{N_2}\times0.3$$
$$p_{N_2}=2.22\times10^4Pa$$

对氧气
$$4.67\times10^4\times0.3=p_{O_2}\times0.3$$
$$p_{O_2}=4.67\times10^4Pa$$

$$p_{总}=(2.22+4.67)\times10^4=6.89\times10^4Pa$$

根据分压定律
$$p_i=p_{总}\times V_i/V_{总}$$
$$V_i=p_i\times V_{总}/P_{总}$$

对氮气 $V_{N_2}=2.22\times10^4\times0.3\div(6.89\times10^4)=0.097L$

对氧气 $V_{O_2}=4.67\times10^4\times0.3\div(6.89\times10^4)=0.203L$

则氮气和氧气的分压分别为 2.22×10^4Pa 和 4.67×10^4Pa,分体积分别为 0.097L 和 0.203L,总压强为 6.89×10^4Pa。可见分体积并不一定是混合前气体的体积。

【例 3-19】 将 1 体积氮气和 3 体积氢气的混合物放入反应器中,在总压强为 1.42×10^6Pa 的压强下开始反应,当原料气有 9% 反应时,各组分的分压和混合气体的总压各为多少?

解 ①先求反应前各物质的分压,根据

$$p_i=p_{总}\times \frac{V_i}{V_{总}}$$

对氮气 $p_{N_2}=1.42\times10^6\times\dfrac{1}{1+3}=3.55\times10^5Pa$

对氢气 $p_{H_2}=1.42\times10^6\times\dfrac{3}{1+3}=1.065\times10^6Pa$

②求反应后各物质的分压,由于氮气和氢气已有 9% 起了反应,故它们的分压比反应前减小 9%,即:

对氮气 $p_{N_2}=3.55\times10^5\times(1-9\%)=3.23\times10^5Pa$

对氢气 $p_{H_2}=1.065\times10^6\times(1-9\%)=9.69\times10^5 Pa$

对氨气：根据化学反应方程式

$$N_2+3H_2=2NH_3$$

氨的生成量为氮消耗量的1倍，因此生成的氨的分压为氮分压减少值的1倍。即

$$p_{NH_3}=2\times(3.55-3.23)\times10^5=6.40\times10^4 Pa$$

因此混合气体的总压强

$$p_{总}=p_{H_2}+p_{N_2}+p_{NH_3}=(3.23+9.69+0.64)\times10^5=1.36\times10^6 Pa$$

则氮的分压为 $3.23\times10^5 Pa$，氢的分压为 $9.69\times10^5 Pa$，氨的分压 $6.40\times10^4 Pa$；混合气体的总压为 $1.36\times10^6 Pa$。

六、液体蒸气压、沸点、汽化热

同气体相比，液体是不可压缩的；液体分子的扩散也比气体分子缓慢得多。

(一)液体的蒸气压

蒸气压是饱和蒸气压的简称，指在一定温度下与液体相互平衡的蒸气所具有的压强。

在某温度下，若将某液体放置在密封的容器中，液体分子将迅速蒸发，随气相中蒸气分子的浓度增加，凝聚速度 V_1 逐渐增加而接近蒸发速度 V_2。

$$液体 \underset{凝聚}{\overset{蒸发}{\rightleftharpoons}} 蒸气$$

当 $V_1=V_2$ 时，液气之间达成动态平衡，此时蒸气分子的浓度和蒸气压均达到某一恒定值。只要有液体与蒸气共存，蒸气压与容器的体积无关。当温度升高时，蒸气压升高。如80℃时水的蒸气压为47.4kPa，100℃时为101.3kPa。

(二)液体的沸点

液体在其蒸气压与液面上压强相等时的温度下沸腾，如果此压强为一个标准大气压(101.3kPa)，液体沸腾时的温度就为该液体的正常沸点。即一种液体的正常沸点就是它的平衡蒸气压恰好等于101.3kPa时的温度。在101.3kPa下的水，正常沸点是100℃，苯的正常沸点是80℃。若液面上的压强降低，液体的沸点低于正常沸点，如水面压强降到3.2kPa，水在25℃就沸腾，水的沸点为25℃。反之，水面压强高于101.3kPa，水的沸点高于正常沸点100℃，如高压锅中沸水的温度就高于100℃。

(三)液体的汽化热

为使一种液体能在恒温下蒸发，必须向此液体供给充分的热量。所以把在恒温下使单位质量的液体蒸发所必须供给的热能叫做汽化热。如水的汽化热在100℃时为40.6kJ/mol，50℃时为42.7kJ/mol。

七、晶体类型与物质的性质

(一)晶体的基本类型及物理性质

大多数固体物质都是晶体。晶体是具有规则几何多面体外形的固体。由于晶格结点上的粒子不同，粒子间作用力不同，可将晶体分为离子晶体、原子晶体、分子晶体和金属晶体四种基本类型。

1.离子晶体

在离子晶体中，组成晶格的微粒是正、负离子，它们交错地排列在晶格结点上，彼此以离子键相结合，离子键的键能较大，因此离子晶体具有较高的熔点、沸点，硬而较脆，易溶于极性溶剂，固态时不导电，熔融状态或水溶液中能导电。

绝大多数盐类（如 $NaCl$、CaF_2、K_2SO_4 等）、强碱（如 $NaOH$、KOH 等）和许多金属氧化物（如 MgO、CaO、Na_2O 等）都属于离子晶体的结构类型。

离子晶体的熔点、硬度与晶格的牢固程度与晶格能的大小有关。晶格能是指在 298.15K 和标准压力下，由气态正、负离子生成 1mol 离子晶体所释放出来的能量。

离子电荷与离子半径对离子晶体熔点和硬度的影响：晶格能的大小与正、负离子的电荷（分别以 q^+、q^- 表示）及正、负离子的半径（分别用 r^+、r^- 表示）有关。离子电荷数越多、离子半径越小时，产生的静电强度越大，与相反电荷离子的结合力就越强，相应离子的晶格能就越大，熔点就越高，硬度也越大。

2. 原子晶体

在原子晶体中，组成晶格的粒子是原子。原子间以共价键相结合，由于共价键的结合力极强，所以这类晶体的熔点极高，硬度极大，延展性差，不能导电，不溶于大多数溶剂中。

周期表中第 IVA 族元素碳（金刚石）、硅、锗、灰锡等单质的晶体是原子晶体。周期表中第 IIIA、IVA、VA 族元素彼此组成的化合物如碳化硅（SiC）、氮化铝（AlN）等化合物也是原子晶体。

3. 分子晶体

在分子晶体中，组成晶格的粒子是分子，分子内部虽以共价键相结合，但分子之间则仅靠分子间作用力结合成晶体。由于分子间力比化学键力弱得多，因此，分子晶体的熔点、沸点都很低，在常温下多为气体、液体或低熔点固体。

在分子晶体中，不存在离子或自由电子，所以无论是固态、还是液态都不导电。

分子晶体的物种极多，许多单质如 H_2、O_2、N_2、I、硫（S_8）、白磷（P_4）等和数以万计的化合物如冰（H_2O）、氨（NH_3）、氯化氢（HCl）等在一定条件下形成的固体都属于分子晶体。

4. 金属晶体

在金属晶体的晶格结点上排列着金属的原子和正离子，在它们之间存在着从金属原子脱落下来的自由电子。由于自由电子的存在使金属具有导电性。它的导电性随着温度的升高而降低，它还具有良好的传热性和延展性。

以上四种晶体的结构特征及物理特性，归纳于表 3-7。

四种晶体的结构特征与物理特性　　表 3-7

晶体类型		离子晶体	原子晶体	分子晶体	金属晶体
晶格结点上粒子		正、负离子	原子	分子	原子、正离子
粒子间作用力		离子键	共价键	分子间力(氢键)	金属键
物理特性	熔点	较高	高	低	多数高、少数低
	硬度	较硬	大	小	多数大、少数小
	导电性	熔融或溶解后导电	差	差	良
	延展性	差	差	差	良
实例		$NaCl$、MgO、KNO_3、$CsCl$	金刚石、Si、SiC、GaAs、BN	CO_2、H_2、I_2、H_2O、SO_2	金属及合金

(二)过渡型晶体

过渡型晶体又叫混合型晶体。晶体内部质点间有多种作用力。

1. 层状结构晶体

如石墨,层内碳原子间作用力是 sp^2-sp^2 σ 键和大 π 键,层与层之间是分子间力。故石墨耐高温,有金属光泽和良好的传热性、导电性及润滑性。

2. 链状结构晶体

如石棉,链内原子之间是共价键,链与链之间作用力是弱静电引力。故石棉易撕裂成纤维状。

(三)推测晶体某些物理特性的一般方法

1. 根据元素的性质确定键型和晶型

(1)绝大多数金属为金属键,属金属晶体。

(2)在共价化合物中,先区分原子晶体。原子晶体为数不多,如金刚石(C)、Si、Ge、灰 Sn,化合物有 SiC、SiO_2、GaAs、AlN、BN 等。

(3)区分离子晶体和分子晶体。位于周期表左下角的金属元素与右上角的非金属元素形成的晶体是典型的离子晶体;一般金属元素与非金属元素形成的晶体是过渡型晶体;非金属元素的单体及其化合物除少数为原子晶体外,其余都是分子晶体。

2. 根据各类晶体的特性预测其物理性能

注意区分分子晶体中原子间作用力(即化学键力)和分子间作用力(包括分子间力和氢键),同类型分子晶体随摩尔质量增大,分子间力增大,熔沸点升高。有氢键的分子晶体,熔沸点有所升高但仍低于离子晶体、原子晶体和金属晶体。

不同的金属晶体金属键强度差别较大,IA 族金属原子半径较大、价电子最少,因此金属键较弱,金属晶体熔点低,硬度小,VIB 族原子未成对的外电子数多,原子半径小,金属键较强,元素单质的熔沸点最高。

【例 3-20】 下列物质中熔点最高的是:

  A. NaCl   B. NaF
  C. NaBr   D. NaI

答案:B(正、负离子电荷相等,离子半径越小,晶格能越大,熔点越高)

【例 3-21】 下列物质中熔点最高的是:

  A. $AlCl_3$ B. $SiCl_4$
  C. SiO_2 D. H_2O

答案:C(SiO_2 是原子晶体)

习 题

3-1 下列各套量子数中不合理的是( )。

  A. $n=2, l=1, m=-1$ B. $n=3, l=1, m=0$
  C. $n=2, l=2, m=-2$ D. $n=4, l=3, m=3$

3-2 下列原子或离子的外层电子分布式中不正确的是( )。

  A. V^{2+} $3s^2 3p^6 3d^3$ B. Fe^{2+} $3d^4 4s^2$
  C. Cu^{2+} $3s^2 3p^6 3d^9$ D. Cl $3s^2 3p^5$

3-3 属于第五周期的某一元素的原子失去三个电子后,在角量子数为 2 的外层轨道上电子恰好处于半充满状态,该元素的原子序为( )。

  A. 26 B. 41 C. 76 D. 44

3-4 量子数 $n=4$、$l=2$ 的轨道上允许容纳的最多电子数是( )。

  A. 8 B. 10 C. 18 D. 32

3-5 下列各组原子和离子半径变化的顺序中,不正确的一组是( )。

  A. $P^{3-}>S^{2-}>Cl^->F^-$ B. $K^+>Ca^{2+}>Fe^{2+}>Ni^{2+}$

  C. $Al>Si>Mg>Ca$ D. $V>V^{2+}>V^{3+}>V^{4+}$

3-6 下列元素电负性大小顺序中正确的是( )。

  A. $Be>B>Al>Mg$ B. $B>Al>Be\approx Mg$

  C. $B>Be\approx Al>Mg$ D. $B\approx Al<Be<Mg$

3-7 下列含氧酸中酸性最弱的是( )。

  A. $HClO_3$ B. $HBrO_3$ C. H_2SO_4 D. H_2CO_3

3-8 下列氢氧化物中碱性最强的是( )。

  A. $Sr(OH)_2$ B. $Fe(OH)_3$ C. $Ca(OH)_2$ D. $Sc(OH)_3$

3-9 下列共价型化合物中键有极性、分子没有极性的是( )。

  A. H_2O B. $CHCl_3$ C. BF_3 D. PCl_3

3-10 OF_2 分子中氧原子的杂化轨道是( )。

  A. sp^3 杂化 B. dsp^2 杂化

  C. sp^2 杂化 D. sp^3 不等性杂化

3-11 下列各组判断中不正确的是( )。

  A. $SiCl_4$、CH_4、CO_2、BCl_3 均为非极性分子

  B. H_2O、H_2S、OF_2、SO_2 均为非极性分子

  C. $SnCl_2$、HCl、H_2S、PCl_3 均为极性分子

  D. CO、HI、NH_3、HF 均为极性分子

3-12 SO_2 分子之间存在着( )。

  A. 色散力 B. 色散力、诱导力

  C. 色散力、取向力 D. 取向力、诱导力、色散力

3-13 下列化合物中,分子间具有氢键的是( )。

  A. SiH_4 B. HF C. H_2S D. C_2H_6

3-14 下列晶体熔化时要破坏共价键力的是( )。

  A. SiC B. MgO C. CO_2 D. Cu

第二节 溶 液

  溶液是由一种或几种物质以分子、原子或离子状态分散到另一种物质中形成均匀而稳定的体系。后者称溶剂,一般为液体;前者为溶质,可为固体、液体、气体。

一、溶液的浓度及计算

  溶液的浓度是指一定量的溶剂(或溶液)中含有的溶质量。

(一)质量百分比浓度(A%)

溶液中组分 A 的质量百分比浓度可表示为

$$A\% = \frac{A\text{ 的质量}}{\text{溶液总质量}} \times 100\% \tag{3-15}$$

例如,36%的浓盐酸即为 100g 浓盐酸中含 36g 氯化氢和 64g 水。

(二)"物质的量"浓度(C_A)

在溶液的单位体积 V 中,含有溶质 A 的"物质的量"n_A。表达式为

$$C_A = \frac{n_A(\text{mol})}{V(\text{L})} \tag{3-16}$$

(三)物质的量分数(或摩尔分数)(X_A)

溶液中组分 A 的"物质的量"(或组分 A 的摩尔数)n_A,与各组分的"物质的量"总和(或各组分的总摩尔数)$n_A + n_B$ 之比,可表达为

$$X_A = \frac{n_A}{n_A + n_B} \tag{3-17}$$

(四)质量摩尔浓度(m_A)

1 000g 溶剂中溶质 A 的"物质的量"为 n_A,则 m_A 可表示为

$$m_A = n_A / 1\,000\text{g} \tag{3-18}$$

【例 3-22】 现有 100mL 浓硫酸,测得其质量分数为 98%,密度为 1.84g·mL^{-1},其物质的量浓度为:

A. 18.4mol·L^{-1} B. 18.8mol·L^{-1}
C. 18.0mol·L^{-1} D. 1.84mol·L^{-1}

解 100mL 浓硫酸中 H$_2$SO$_4$ 的物质的量 $n = \dfrac{100 \times 1.84 \times 0.98}{98} = 1.84\text{mol}$

物质的量浓度 $C = \dfrac{1.84}{0.1} = 18.4\text{mol·L}^{-1}$

答案:A

二、稀溶液通性

稀溶液的通性是指溶液的蒸气压降低、沸点升高、凝固点下降以及渗透压等。这些性质只与溶质的粒子数有关,与溶质本性无关,所以又叫<u>依数性</u>。

(一)溶液的蒸气压下降

蒸气压是指在一定温度下,液体与它的蒸气处于平衡时蒸气所具有的压强。所谓溶液的蒸气压,实际上是指溶液中溶剂的蒸气压。在相同温度下,溶液的蒸气压总是低于纯溶剂的蒸气压。纯溶剂的蒸气压 p^* 与溶液蒸气压 $p_\text{溶液}$ 之差叫溶液蒸气压的降低 Δp。

$$\Delta p = p^* - p_\text{溶液} \tag{3-19}$$

其定量关系为拉乌尔定律

$$\Delta p = \frac{n_A}{n_A + n_B} \times p^* \quad \text{或} \quad \Delta p = \frac{n_A}{n_B} \times p^* \tag{3-20}$$

式中,n_A、n_B 分别表示溶质、溶剂物质的量。$\dfrac{n_A}{n_A + n_B}$(或 n_A/n_B)称溶质 A 的物质的量分数。该式表示:<u>难挥发非电解质稀溶液的蒸气压下降与溶质的物质的量分数成正比</u>。

(二)溶液的沸点上升和凝固点下降

沸点就是液相蒸气压等于外压时的温度,而凝固点则是固相蒸气压等于液相蒸气压时的温度。一切纯物质都有一定的沸点和凝固点。例如当纯水的蒸气压等于101.325kPa时,它的沸点(正常沸点)就是100℃,而0℃即为水的凝固点,此时$p_{H_2O}(s)=p_{H_2O}(L)=0.611$kPa,冰水共存。

由于溶液的蒸气压下降,使得它的沸点高于纯溶剂的沸点。而溶液的凝固点都低于纯溶剂的凝固点。溶液沸点上升和凝固点下降的定量关系为拉乌尔定律。

$$\Delta T_{bp} = k_{bp} \cdot m \tag{3-21}$$

$$\Delta T_{fp} = k_{fp} \cdot m \tag{3-22}$$

上述式中:ΔT_{bp}、ΔT_{fp}——分别表示沸点升高度数和凝固点降低度数;

k_{bp}、k_{fp}——分别表示溶剂的沸点上升常数和凝固点下降常数;

m——质量摩尔浓度,在近似计算中也可用物质的量浓度(C)代替。

沸点升高用于热处理,凝固点下降一般作制冷剂的防冻剂。

【例3-23】 将3.0g尿素CO(NH$_2$)$_2$溶于200g水中,计算此溶液的沸点和凝固点。已知水的$k_{bp}=0.52$,$k_{fp}=1.86$。

解 尿素的摩尔质量为60g/mol,尿素的$n=3.0/60=0.05$mol。

质量摩尔浓度 $$m = \frac{0.05}{200} \times 1\,000 = 0.25\,\text{mol/kg}$$

$$\Delta T_{bp} = k_{bp} \cdot m = 0.52 \times 0.25 = 0.13℃$$

此溶液的沸点为 $100+0.13=100.13℃$

$$\Delta T_{fp} = k_{fp} \cdot m = 1.86 \times 0.25 = 0.47℃$$

此溶液的凝固点为 $0.00-0.47=-0.47℃$

(三)渗透压

只允许溶剂分子通过,不允许溶质分子通过的薄膜叫半透膜。溶剂分子透过半透膜进入溶液的现象叫渗透。阻止溶剂分子通过半透膜进入溶液所施加于溶液的最小额外压力叫渗透压。渗透压的大小可用范托夫公式表示

$$p_{渗} = \frac{n}{V}RT = CRT \tag{3-23}$$

式中:R——取值为8.31[Pa·m³/(mol·K)];

T——绝对温度(K)。

难挥发非电解质稀溶液的性质(Δp、ΔT_{bp}、ΔT_{fp}、$p_{渗}$)与一定量溶剂中所溶解溶质的物质的量成正比,与溶质本性无关。

稀溶液定律并不适用于浓溶液和电解质溶液,但可做到定性比较。例如下列水溶液的凝固点,由高到低的排列顺序为:0.1mol/L C$_6$H$_{12}$O$_6$>0.1mol/L HAc>0.1mol/L NaCl>0.1mol/L CaCl$_2$>1mol/L C$_6$H$_{12}$O$_6$>1mol/L HAc>1mol/L NaCl>1mol/L H$_2$SO$_4$。

【例3-24】 下列溶液凝固点最高的是:

A. 1mol/L HAc B. 0.1mol/L CaCl$_2$

C. 1mol/L H$_2$SO$_4$ D. 0.1mol/L HAc

答案:D

【例3-25】 下列溶液中渗透压最高的是:

A. 0.1mol/L C_2H_5OH　　　　B. 0.1mol/L NaCl
C. 0.1mol/L HAc　　　　　　D. 0.1mol/L Na_2SO_4

答案：D

三、电解质溶液

在水溶液中或在熔融状态下能形成离子，因而能导电的物质称电解质。在水溶液中能完全电离的电解质称为强电解质；仅能部分电离的称为弱电解质。

（一）一元弱酸、弱碱的电离平衡

$$AB \rightleftharpoons A^+ + B^-$$

平衡时　　$K_i = \dfrac{[C_{A^+}/C^\ominus][C_{B^-}/C^\ominus]}{[C_{AB}/C^\ominus]}$　或　$K_i = \dfrac{C_{A^+} \cdot C_{B^-}}{C_{AB}}$　　　　(3-24)

式中：K_i——电离常数，K_i 是温度的函数，与物质的浓度无关；对类型相同的酸或碱可用 K_i 值的大小衡量它们电离程度的大小，并比较其酸性或碱性的相对强弱。

当弱电解质在溶液中达到电离平衡时，已电离的分子数占溶质分子总数的百分比叫做 电离度，常用 α 表示。即

$$\alpha = \dfrac{\text{已电离的溶质分子数}}{\text{溶质的分子总数}} \times 100\% \tag{3-25}$$

α 与 K_i 都能表示弱电解质的电离能力，都可用来比较弱电解质的相对强弱，不同的是电离度受温度和浓度的影响。

电离度 α 与 K_i 的关系

$$K_i = \dfrac{C\alpha^2}{1-\alpha} \tag{3-26}$$

式中：C——AB 的起始浓度。

当 $C/K_i \geqslant 500$ 时，α 很小，上式可改写为

$$K_i = C\alpha^2 \quad \text{或} \quad \alpha = \sqrt{K_i/C} \quad \text{（稀释定律）} \tag{3-27}$$

它表明浓度越稀，电离度越大。

当 AB 为弱酸时　　　　$K_i = K_a$ ；　$C_{A^+} = C_{H^+}$

$$C_{H^+} = C \cdot \alpha = \sqrt{K_a \cdot C} \tag{3-28}$$

当 AB 为弱碱时　　　　$K_i = K_b$ ；　$C_{B^-} = C_{OH^-}$

$$C_{OH^-} = C \cdot \alpha = \sqrt{K_b \cdot C} \tag{3-29}$$

当 AB 是 H_2O 时　　　$C_{H^+} = C_{A^+}$ ；　$C_{OH^-} = C_{B^-}$

则　　　　$C_{H^+} \cdot C_{OH^-} = K_i \cdot C_{H_2O} = K_w$　　　　(3-30)

K_w 为 H_2O 的离子积，298K 纯水中 $C_{H^+} = C_{OH^-} = 1 \times 10^{-7}$ mol/L，所以 $K_w = 1 \times 10^{-14}$。

令　　　　　　　　$-\lg C_{H^+} = \text{pH}$　　（酸度）　　　　(3-31)

　　　　　　　　　$-\lg C_{OH^-} = \text{pOH}$　（碱度）　　　　(3-32)

则　　　　　　　　$-\lg C_{H^+} - \lg C_{OH^-} = -\lg K_w$

$$\text{pH} + \text{pOH} = 14 \tag{3-33}$$

【例 3-26】　已知 $K_b^\ominus(NH_3 \cdot H_2O) = 1.8 \times 10^{-5}$，$0.1\text{mol} \cdot L^{-1}$ 的 $NH_3 \cdot H_2O$ 溶液的 pH 为：

A. 2.87　　　　B. 11.13　　　　C. 2.37　　　　D. 11.63

解 $NH_3 \cdot H_2O$ 为一元弱碱，

$$C_{OH^-} = \sqrt{K_b \cdot C} = \sqrt{1.8 \times 10^{-5} \times 0.1} \approx 1.34 \times 10^{-3} \text{mol/L}$$

$$C_{H^+} = 10^{-14}/C_{OH^-} \approx 7.46 \times 10^{-12}, \text{pH} = -\lg C_{H^+} \approx 11.13$$

答案：B

(二)多元弱酸的电离平衡

多元弱酸的电离是分级进行的，每一级有一个电离常数，且 $K_{a1} > K_{a2}$，以硫化氢为例：

一级电离　　　$H_2S \rightleftharpoons H^+ + HS^-$　　　$K_{a1} = C_{H^+} \cdot C_{HS^-}/C_{H_2S} = 1.0 \times 10^{-7}$

二级电离　　　$HS^- \rightleftharpoons H^+ + S^{2-}$　　　$K_{a2} = C_{H^+} \cdot C_{S^{2-}}/C_{HS^-} = 1.3 \times 10^{-13}$

计算溶液中 C_{H^+} 时，可采用与一元弱酸计算 C_{H^+} 相似的计算方法，如 H_2S 水溶液中

$$C_{H^+} = C_{HS^-} = \sqrt{K_{a1} \cdot C} \tag{3-34}$$

因此比较多元弱酸的强弱时，或与一元弱酸比较强弱时，只需比较 K_{a1} 的大小即可。

计算 $C_{S^{2-}}$ 时用 K_{a2}　　　$C_{S^{2-}} = K_{a2} \cdot \dfrac{C_{HS^-}}{C_{H^+}} = K_{a2}$ 　　　(3-35)

以上两级电离平衡符合多重平衡规则：两电离平衡方程式相加得总平衡式，总式的 K_a 等于 $K_{a1} \cdot K_{a2}$，即

$$H_2S \rightleftharpoons 2H^+ + S^{2-} \quad K_a = K_{a1} \cdot K_{a2} = \dfrac{C_{H^+}^2 \cdot C_{S^{2-}}}{C_{H_2S}}$$

或

$$C_{S^{2-}} = K_{a1} \cdot K_{a2} \cdot \dfrac{C_{H_2S}}{C_{H^+}^2} \tag{3-36}$$

该关系式表明：只要调节 H_2S 饱和溶液中的 pH 值就可以控制 S^{2-} 的浓度。室温时 H_2S 饱和溶液的浓度可视为 0.1mol/L。

(三)单相同离子效应

在弱电解质溶液中，加入与其具有共同离子的强电解质时，导致弱电解质电离度降低的现象称为单相同离子效应。它是离子浓度的改变引起电离平衡移动的结果。例如在 HAc 溶液中加入 NaAc，由于增加了 Ac^- 离子的浓度，使 HAc 电离平衡向右移动，从而降低了 HAc 的电离度。

(四)缓冲溶液

缓冲溶液是弱酸及弱酸盐(或弱碱及弱碱盐)的混合液，其 pH 值能在一定范围内不受少量酸或碱或稀释的影响而发生显著的变化。缓冲溶液的缓冲原理就是单相同离子效应。

【例 3-27】 下列各组溶液能作缓冲溶液的是：

A. KOH 溶液—KNO_3 溶液

B. 0.1mol/L 20mL $NH_3 \cdot H_2O$—0.1mol/L 30mL HCl 溶液

C. 0.5mol/L 50mL HAc 溶液—0.5mol/L 25mL NaOH 溶液

D. 0.5mol/L 50mL HCl 溶液—0.5mol/L 25mL NaOH 溶液

答案：C(NaOH 和 HAc 反应生成 NaAc，组成 HAc—NaAC 缓冲溶液)

缓冲溶液 pH 值的计算方法：

酸性缓冲溶液　　　　$C_{H^+} = K_a \cdot C_{酸}/C_{盐}$

$$pH = pK_a - \lg \frac{C_{酸}}{C_{盐}} \tag{3-37}$$

式中 $pK_a = -\lg K_a$

碱性缓冲溶液

$$C_{OH^-} = K_b \cdot \frac{C_{碱}}{C_{盐}}$$

$$pH = 14 - pK_b + \lg \frac{C_{碱}}{C_{盐}} \tag{3-38}$$

式中 $pK_b = -\lg K_b$

【例 3-28】 20mL 0.1mol/L 氨水与 10mL 0.1mol/L HCl 混合。求 pH 值($K_b = 1.77 \times 10^{-5}$)。

解 两种溶液混合后,生成 NH_4Cl,其浓度为 $C_{NH_4^+} = 10 \times 0.1/30 = \frac{1}{30}$ mol/L,剩余的氨浓度为 $C_{NH_3} = (20 \times 0.1 - 10 \times 0.1)/30 = \frac{1}{30}$ mol/L。所以该体系为 $NH_3 - NH_4^+$ 体系,其 pH 值为 $pH = 14 - pK_b + \lg C_{碱}/C_{盐} = 14 - 4.75 = 9.25$。

【例 3-29】 计算 0.2mol/L 50mL $NH_3 \cdot H_2O$ 和 0.2mol/L 30mL HCl 溶液的 pH 值时,应用的公式为:

A. $pH = 14 - pK_b + \lg \frac{C_{碱}}{C_{盐}}$ B. $pH = \frac{1}{2}(pK_a - \lg C)$

C. $pH = \frac{1}{2}(pK_b - \lg C)$ D. $pH = pK_a - \lg \frac{C_{酸}}{C_{盐}}$

答案:A(碱性缓冲溶液)

缓冲溶液的选择与配制:

缓冲溶液的 pH 值首先取决于 pK_a 或 pK_b,其次是 $C_{酸}/C_{盐}$ 或 $C_{碱}/C_{盐}$ 的比值。在配制一定 pH 值的缓冲溶液时,所选择弱酸的 pK_a(或弱碱的 pK_b)要尽可能与要求的 pH 值(或 pOH^- 值)接近,然后调节 $C_{酸}/C_{盐}$(或 $C_{碱}/C_{盐}$)的比值,当比值为 1 时缓冲能力最大。这时溶液的 $pH = pK_a$($pOH^- = pK_b$)。例如配制 pH 值为 5 的缓冲溶液时,可选择 HAc-NaAc(因 $pK_{HAc} = 4.75$),然后再确定 HAc 和 NaAc 的用量。

(五)盐类的水解

盐类的水解是指盐类的离子与水作用生成弱酸或弱碱的反应。由于这个反应的发生,破坏了水的电离平衡,使溶液具有酸性或碱性。

盐类的水解由水的电离平衡和弱电解质的电离平衡组成。其水解常数 K_h 可由多重平衡规则导出。如 NaAc 的水解平衡,可由下列两个电离平衡相减得到

$$H_2O \rightleftharpoons H^+ + OH^- \quad K_w$$
$$HAc \rightleftharpoons H^+ + Ac^- \quad K_a$$
$$\overline{H_2O + Ac^- \rightleftharpoons HAc + OH^-} \quad K_h$$

$$K_h = \frac{C_{HAc} \cdot C_{OH^-}}{C_{Ac^-}} = \frac{K_w}{K_a} \tag{3-39}$$

同理可推导出一元弱碱强酸盐、弱酸弱碱盐及多元弱酸强碱盐的水解常数(见表 3-8)。

盐类水解的程度可用水解常数来衡量,K_h 越大(或 K_a 或 K_b 越小),盐类的水解程度越大;也可用水解度 h 来衡量。

$$h = \frac{已水解盐的物质的量(或浓度)}{起始盐物质的量(或浓度)} \times 100\% \tag{3-40}$$

多元弱酸强碱盐的水解是分级进行的。如 Na_2CO_3 按下面两级进行水解:

一级水解　　　　　$CO_3^{2-} + H_2O \rightleftharpoons HCO_3^- + OH^-$　　$K_{h1} = 1.8 \times 10^{-4}$

二级水解　　　　　$HCO_3^- + H_2O \rightleftharpoons H_2CO_3 + OH^-$　　$K_{h2} = 2.3 \times 10^{-8}$

由于 $K_{h1} \gg K_{h2}$，所以计算该类盐溶液的 pH 值时，一般只考虑一级水解即可。

影响水解平衡移动的因素有：水解离子的本性、温度、盐的浓度、溶液的酸度等。

各类盐的水解常数、C_{H^+} 或 C_{OH^-} 及溶液的酸碱性　　　　　表 3-8

盐的种类	水解平衡实例	水解常数	C_{H^+} 或 C_{OH^-}	酸碱性
强碱弱酸盐	$Ac^- + H_2O \rightleftharpoons HAc + OH^-$	K_w/K_a	$C_{OH^-} = \sqrt{C \cdot K_w/K_a}$	碱性
强酸弱碱盐	$NH_4^+ + H_2O \rightleftharpoons NH_3 \cdot H_2O + H^+$	K_w/K_b	$C_{H^+} = \sqrt{C \cdot K_w/K_b}$	酸性
弱酸弱碱盐	$NH_4^+ + Ac^- + H_2O \rightleftharpoons NH_3 \cdot H_2O + HAc$	$K_w/K_a \cdot K_b$	$C_{H^+} = \sqrt{K_a \cdot K_w/K_b}$	$K_a = K_b$ 中性 $K_a > K_b$ 酸性 $K_a < K_b$ 碱性
多元弱酸盐	$CO_3^{2-} + H_2O \rightleftharpoons HCO_3^- + OH^-$ $HCO_3^- + H_2O \rightleftharpoons H_2CO_3 + OH^-$	K_w/K_{a2} K_w/K_{a1}	$C_{OH^-} = \sqrt{\dfrac{K_w \cdot C}{K_{a2}}}$	碱性

（六）多相离子平衡

一定温度下的难溶电解质饱和溶液中未溶解的固体与溶液中离子之间的平衡叫多相离子平衡，简称溶解平衡。平衡时离子浓度的乘积为一常数，称溶度积。

1. 溶度积（K_{sp}）

$$A_nB_m(s) \rightleftharpoons nA^{m+} + mB^{n-}$$

溶度积的表达式为

$$K_{sp(A_nB_m)} = C_{A^{m+}}^n \cdot C_{B^{n-}}^m \tag{3-41}$$

溶度积和溶解度 S（单位：mol/L）都可表示物质的溶解能力。如用 K_{sp} 直接比较，仅限于同类型的难溶电解质。K_{sp} 与 S 的关系如下：

对 AB 型物质：如 AgX、$BaSO_4$、$CaCO_3$ 等。

$$S = \sqrt{K_{sp(AB)}} \tag{3-42}$$

对 A_2B（或 AB_2）型物质：如 Ag_2CrO_4、$Mg(OH)_2$ 等。

$$S = \sqrt[3]{\dfrac{K_{sp(A_2B)}}{4}} \tag{3-43}$$

对同类型的难溶物质，其溶度积大，则溶解度也一定大。但对于不同类型的难溶物质，溶度积大的，溶解度不一定大，所以要求出溶解度方可比较溶解能力的大小。

【例 3-30】 能正确表示 $HgCl_2$ 的 S 与 K_{sp} 之间的关系式是：

A. $S = \sqrt{\dfrac{K_{sp}}{2}}$　　　　B. $S = \sqrt{K_{sp}}$

C. $S = \sqrt[3]{K_{sp}}$　　　　D. $S = \sqrt[3]{\dfrac{K_{sp}}{4}}$

答案：D

2. 溶度积规则

对于难溶电解质 A_nB_m，在任意状态时

$$C_{A^{m+}}^n \cdot C_{B^{n-}}^m = Q（离子积） \tag{3-44}$$

若 $Q>K_{sp}$ 　　为过饱和溶液,有沉淀析出;

若 $Q=K_{sp}$ 　　为饱和溶液,处于平衡状态;

若 $Q<K_{sp}$ 　　为不饱和溶液,无沉淀析出。

3. 多相同离子效应

在难溶电解质饱和溶液中加入含有相同离子的强电解质,使难溶电解质溶解度降低的现象称多相同离子效应。利用同离子效应可使某些离子沉淀更完全。离子沉淀完全的条件是被沉淀离子的浓度 $\leq 10^{-5}$ mol/L。

4. 沉淀的溶解

根据溶度积规则,沉淀溶解的必要条件是 $Q<K_{sp}$。因此,一切能降低离子浓度的方法都会促使溶解平衡向溶解的方向移动,沉淀就会溶解。通常采用的方法有酸碱溶解法、氧化还原法、配合溶解法等。

5. 沉淀的转化

由一种沉淀向另一种沉淀转化的过程称沉淀的转化。向沉淀物中加入另一沉淀剂后,沉淀转化的可能性和限度,由平衡常数 K 确定。

例如　　　　　　　　$Ag_2CrO_4(s) + 2Cl^- \rightleftharpoons 2AgCl(s) + CrO_4^{2-}$

$$K = \frac{C_{CrO_4^{2-}}}{C_{Cl^-}^2} = \frac{C_{CrO_4^{2-}} \cdot C_{Ag^+}^2}{C_{Cl^-}^2 \cdot C_{Ag^+}^2} = \frac{K_{sp(Ag_2CrO_4)}}{K_{sp(AgCl)}^2}$$

$$K = \frac{9 \times 10^{-12}}{(1.56 \times 10^{-10})^2} = 3.7 \times 10^8 > 1 \times 10^7$$

K 值较大,沉淀转化可以实现。对同一类型的难溶电解质,反应物的 K_{sp} 与生成物的 K_{sp} 的比值越大,沉淀转化越完全。

6. 分步沉淀

若溶液中含有多种离子,加入沉淀剂时,离子积先超过 K_{sp} 的离子先沉淀,后超过者后沉淀。这种先后沉淀的现象叫分步沉淀。分步沉淀不仅与 K_{sp} 有关,而且还与被沉淀的离子浓度有关。当离子浓度相同时,对同一类型难溶电解质,K_{sp} 越小者越先沉淀。

分步沉淀可用来分离或提纯物质。如果被分离的几种物质 K_{sp} 相差越大,则分离就越完全。

【例 3-31】 在 $BaSO_4$ 饱和溶液中,加入 $BaCl_2$,利用同离子效应使 $BaSO_4$ 的溶解度降低,体系中 $C(SO_4^{2-})$ 的变化是:

　　　　A. 增大　　　　　　　　　　　　B. 减小

　　　　C. 不变　　　　　　　　　　　　D. 不能确定

解　在 $BaSO_4$ 饱和溶液中,存在 $BaSO_4 = Ba^{2+} + SO_4^{2-}$ 平衡,加入 $BaCl_2$,溶液中 Ba^{2+} 增加,平衡向左移动,SO_4^{2-} 的浓度减小。

答案:B

【例 3-32】 将 0.2 mol/L 的醋酸与 0.2 mol/L 的醋酸钠溶液混合,为使溶液的 pH 维持在 4.05,则酸和盐的比例为 ($K_a = 1.76 \times 10^{-5}$):

　　　　A. 6∶1　　　　　　　　　　　　B. 4∶1

　　　　C. 5∶1　　　　　　　　　　　　D. 10∶1

答案:C

【例 3-33】 AgCl 固体在下列哪一种溶液中的溶解度最大:

A. 0.01mol/L 氨水溶液

B. 0.01mol/L 氯化钠溶液

C. 纯水

D. 0.01mol/L 硝酸银溶液

答案：A（Ag^+ 与 NH_3 形成配合物）

【例 3-34】 下列水溶液中 pH 值最大的是：

A. $0.1mol/dm^3$ HCN

B. $0.1mol/dm^3$ NaCN

C. $0.1mol/dm^3$ HCN + $0.1mol/dm^3$ NaCN

D. $0.1mol/dm^3$ NaAc

答案：B（组成盐的弱酸的解离常数越小，盐水解程度越大）

7. 多相离子平衡计算举例

【例 3-35】 计算 $Mg(OH)_2$：①在纯水中；②在 0.01mol/L $MgCl_2$ 溶液中；③在 0.2mol/L NH_4Cl 和 0.5mol/L 氨水混合溶液中的溶解度。已知 $K_{sp[Mg(OH)_2]}=1.8\times10^{-11}$，$K_{b[NH_3\cdot H_2O]}=1.77\times10^{-5}$。

解 设 $Mg(OH)_2$ 的溶解度为 x mol/L

①在纯水中

$$Mg(OH)_2(s) \rightleftharpoons Mg^{2+} + 2OH^-$$

平衡浓度(mol/L)　　　　　　　　x　　$2x$

$$K_{sp}=C_{Mg^{2+}}\cdot C_{OH^-}^2=4x^3$$

$$x=\sqrt[3]{\frac{K_{sp[Mg(OH)_2]}}{4}}=\sqrt[3]{\frac{1.8\times10^{-11}}{4}}=1.65\times10^{-4}\text{mol/L}$$

②在 $MgCl_2$ 溶液中

$$Mg(OH)_2(s) \rightleftharpoons Mg^{2+} + 2OH^-$$

平衡浓度(mol/L)　　　　　　　$0.01+x$　$2x$

$$K_{sp}=(0.01+x)(2x)^2=1.8\times10^{-11}$$

按近似计算，$0.01+x\approx 0.01$，则 $x=2.12\times10^{-5}$ mol/L

③在混合溶液中

$$Mg(OH)_2(s)+2NH_4^+ \rightleftharpoons Mg^{2+}+2NH_3\cdot H_2O$$

平衡浓度(mol/L)　　　　$0.2-2x$　　　　x　　　$0.5+2x$

该式的 K　　$K=K_{sp[Mg(OH)_2]}/K_b^2$

$$=1.8\times10^{-11}/(1.77\times10^{-5})^2$$

$$=0.057$$

$$K=C_{Mg^{2+}}\cdot C_{NH_3\cdot H_2O}^2/C_{NH_4^+}^2$$

$$=x(0.5+2x)^2/(0.2-2x)^2=0.057$$

按近似计算，$0.5+2x\approx 0.5$，则 $x=9.12\times10^{-3}$ mol/L

因 $2x$ 远小于 0.2，故可忽略 $2x$。

【例 3-36】 向含有 0.1mol/L $CuSO_4$ 和 1.0mol/L HCl 混合液中不断通入 H_2S 气体，计算溶液中残留的 Cu^{2+} 离子浓度。已知 $K_{a1}=1.1\times10^{-7}$，$K_{a2}=1.3\times10^{-13}$，$K_{sp(CuS)}=6.3\times$

10^{-36}，H_2S 饱和溶液的浓度为 0.1mol/L。

解 设反应后溶液中残留的 Cu^{2+} 浓度为 $x\text{mol/L}$

$$Cu^{2+} + H_2S \Longrightarrow CuS(s) + 2H^+$$

平衡浓度(mol/L) x 0.1 $1.2-2x$

$$K = \frac{K_{a1} \cdot K_{a2}}{K_{sp}} = \frac{1.1 \times 10^{-7} \times 1.3 \times 10^{-13}}{6.3 \times 10^{-36}} = 2.27 \times 10^{15}$$

$$2.27 \times 10^{15} = C_{H^+}^2 / C_{Cu^{2+}} \cdot C_{H_2S} = (1.2-2x)^2 / x \times 0.1$$

按近似计算，$1.2 - 2x \approx 1.2$

$$x = 1.2^2 / (0.1 \times 2.27 \times 10^{15}) = 6.3 \times 10^{-15} \text{mol/L}$$

【例 3-37】 在 0.1mol/L $FeCl_3$ 溶液中加入等体积 0.2mol/L 氨水和 2.0mol/L NH_4Cl 混合液，能否产生 $Fe(OH)_3$ 沉淀？已知 $K_{sp[Fe(OH)_3]} = 4.0 \times 10^{-38}$，$K_{b(NH_3 \cdot H_2O)} = 1.77 \times 10^{-5}$。

解 加入等体积的 $NH_3 \cdot H_2O$ 和 NH_4Cl 溶液后，各物质浓度将降低一半。即

$$C_{Fe^{3+}} = 0.05 \text{mol/L}$$
$$C_{NH_3 \cdot H_2O} = 0.1 \text{mol/L}$$
$$C_{NH_4Cl} = 1.0 \text{mol/L}$$

$$C_{OH^-} = K_b \cdot \frac{C_{\text{碱}}}{C_{\text{盐}}} = 1.77 \times 10^{-5} \times \frac{0.1}{1.0} = 1.77 \times 10^{-6} \text{mol/L}$$

$$Q = C_{Fe^{3+}} \cdot C_{OH^-}^3 = 0.05 \times (1.77 \times 10^{-6})^3 = 2.8 \times 10^{-19} > 4.8 \times 10^{-38}$$

所以有 $Fe(OH)_3$ 沉淀析出。

习 题

3-15 在 120cm^3 的水溶液中含糖($C_{12}H_{22}O_{11}$) 15.0g，溶液密度为 1.047g/cm^3，该溶液的质量百分比浓度(%)、物质的量浓度(mol/L)、质量摩尔浓度(mol/kg)、物质的量分数分别为(   )。

    A. 11.1%、0.366mol/L、0.347mol/kg、7.09×10^{-3}
    B. 11.9%、0.366mol/L、0.397mol/kg、7.09×10^{-3}
    C. 11.9%、0.044mol/L、0.347mol/kg、7.09×10^{-3}
    D. 11.1%、0.044mol/L、0.397mol/kg、6.20×10^{-3}

3-16 在 $20°C$ 时，将 15.0g 葡萄糖($C_6H_{12}O_6$)溶于 200g 水中，该溶液的冰点($K_{fp} = 1.86°C$)、正常沸点($K_{bp} = 0.52°C$)、渗透压(设 $M=m$)分别是(   )。

    A. $-0.776°C$、$100.22°C$、$1.02 \times 10^3 \text{Pa}$ B. $0.776°C$、$99.78°C$、$1.02 \times 10^3 \text{kPa}$
    C. $-0.776°C$、$100.22°C$、$1.02 \times 10^3 \text{kPa}$ D. $273.93°C$、$72.93°C$、$1.02 \times 10^6 \text{Pa}$

3-17 下列酸溶液的 C_{H^+}、电离度分别为(   )。
    (1) 0.25mol/L 氢溴酸；(2) 0.25mol/L 次氯酸($K_a = 3.2 \times 10^{-8}$)。

    A. (1) 0.25mol/L，0%；(2) $8.9 \times 10^{-5} \text{mol/L}$，$0.036$
    B. (1) 0.25mol/L，50%；(2) $8.0 \times 10^{-9} \text{mol/L}$，$3.2 \times 10^{-6}$
    C. (1) 0.25mol/L，100%；(2) $8.0 \times 10^{-9} \text{mol/L}$，$3.2 \times 10^{-6}\%$
    D. (1) 0.25mol/L，100%；(2) $8.9 \times 10^{-5} \text{mol/L}$，$0.036\%$

3-18 H_2S 饱和溶液浓度为 0.1mol/L，已知 $K_{a1} = 1.32 \times 10^{-7}$，$K_{a2} = 7.1 \times 10^{-15}$，该溶液

的 C_{H^+}、C_{HS^-}、$C_{S^{2-}}$ 和 pH 值分别为( )。

  A. $1.15×10^{-4}$、$1.15×10^{-4}$、$7.1×10^{-15}$、3.94

  B. $1.15×10^{-4}$、$7.1×10^{-15}$、$2.3×10^{-4}$、3.94

  C. $3.6×10^{-15}$、0、$7.1×10^{-15}$、14.4

  D. $2.3×10^{-4}$、$1.15×10^{-4}$、$1.15×10^{-4}$、3.64

3-19　在 0.1mol/L 醋酸溶液中,下列说法不正确的是( )。

  A. 加入少量氢氧化钠溶液,醋酸的电离平衡向右移动

  B. 加入水稀释后,醋酸的电离度增加

  C. 加入浓醋酸,由于增加反应物的浓度,使醋酸的电离平衡向右移动,电离度增加

  D. 加入少量盐酸,使醋酸电离度减小

3-20　在含有 0.1mol/L 氨水与 0.1mol/L NH_4Cl 的溶液中,C_{H^+} 为( )(已知 $K_{bNH_3·H_2O}=1.8×10^{-5}$)。

  A. $1.34×10^{-3}$ mol/L   B. $9.46×10^{-12}$ mol/L

  C. $1.8×10^{-5}$ mol/L   D. $5.56×10^{-10}$ mol/L

3-21　50mL、0.1mol/L 的某一元弱酸 HA 溶液与 20mL、0.10mol/L 的 KOH 溶液混合,并加水稀释至 100mL,测得该溶液的 pH=5.25。此一元弱酸的电离常数为( )。

  A. $5.6×10^{-6}$ B. $3.7×10^{-6}$

  C. $8.4×10^{-6}$ D. $6.3×10^{-6}$

3-22　AgCl 在(1)纯水中;(2)NaCl 溶液中;(3)$Na_2S_2O_3$ 溶液中的溶解度大小的顺序是( )。

  A. (1)>(2)>(3)   B. (3)>(2)>(1)

  C. (3)>(1)>(2)   D. (1)>(3)>(2)

3-23　0.025mol/L NaAc 溶液的 pH 值及水解度分别为( )($K_a=1.76×10^{-5}$)。

  A. 5.42,$1.06×10^{-4}$ B. 8.58,0.015%

  C. 8.58,$1.06×10^{-4}$ D. 5.42,0.015%

第三节　化学反应速率与化学平衡

一、热化学

(一)系统和环境、状态和状态函数

1.系统和环境

系统:人们将其作为研究对象的那部分物质世界,即被研究的物质和它们所占有的空间。

环境:系统之外并与系统有密切联系的其他物质或空间。

系统和环境之间可以有物质和能量的传递。按传递情况不同,将系统分为:

(1)敞开系统:与环境之间既有物质交换又有能量交换的系统。

(2)封闭系统:与环境之间没有物质交换,但有能量交换的系统。

(3)隔离系统:与环境之间既无物质交换又无能量交换的系统。

2.状态和状态函数

状态:即系统的物理和化学性质的综合表现。系统的状态由状态量进行描述。状态量就

是描述系统有确定值的物理量。如以气体为系统时,n、p、V、T 等。

状态函数:确定体系状态的物理量。

状态函数的特点:状态函数是状态的单值函数。当系统的状态发生变化时,状态函数的变化量只与系统的始、末态有关,而与变化的实际途径无关。

(二)化学反应计量式和反应进度

根据质量守恒定律,用规定的化学符号和化学式来表示化学反应的式子,叫做化学反应方程式或化学反应计量式。

书写化学反应计量式时应做到:

(1)根据实验事实,正确写出反应物和产物的化学式;

(2)反应前后原子的种类和数量保持不变,即满足原子守恒,如果是离子方程式还要满足电荷守恒;

(3)要表明物质的聚集状态,g 表示气态,l 表示液态,s 表示固态,aq 表示水溶液。

一般用化学反应计量式表示化学反应中的质量守恒关系,通式为

$$0 = \sum_B \nu_B B \tag{3-45}$$

ν_B 称为 B 的化学计量数,量纲为一。并规定,反应物的化学计量数为负,产物的化学计量数为正。对任一反应

$$aA + bB = yY + zZ$$

$$\nu_A = -a; \nu_B = -b; \nu_Y = y; \nu_Z = z$$

例如,合成氨的化学反应计量式为

$$N_2 + 3H_2 = 2NH_3$$

则 $\nu(N_2) = -1; \nu(H_2) = -3; \nu(NH_3) = 2$

化学计量数与化学反应方程式的写法有关,如合成氨的化学反应计量式写为

$$1/2 N_2 + 3/2 H_2 = NH_3$$

则 $\nu(N_2) = -1/2; \nu(H_2) = -3/2; \nu(NH_3) = 1$

ν_B 的物理意义:表示按计量反应方程式反应时各物质转化的比例数。

反应进度:为了描述化学反应进行的程度,引入一个新物理量——反应进度。反应进度 ξ 的定义为式

$$d\xi = \nu_B^{-1} dn_B \tag{3-46}$$

式中,n_B 为物质 B 的物质的量,ν_B 为 B 的化学计量数。反应进度 ξ 的单位为 mol。

对于有限的变化,有 $\Delta\xi = \Delta n_B / \nu_B$

对于化学反应,一般选尚未反应时,$\xi = 0$,因此

$$\xi = [n_B(\xi) - n_B(0)] / \nu_B \tag{3-47}$$

式中,$n_B(0)$ 为 $\xi = 0$ 时物质 B 的物质的量,$n_B(\xi)$ 为 $\xi = \xi$ 时物质 B 的物质的量。

引入反应进度这个量的最大优点,是在反应进行到任意时刻时,可用任一反应物或产物来表示反应进行的程度,所得的值总是相等的。

应用反应进度时应注意:

(1)反应进度与化学计量式匹配;

(2)对于同一化学反应计量式,用任何物质的物质的量的变化量来计算反应进度都是相等的。

$\xi = 1 \text{mol}$ 的物理意义:反应按所给反应式的系数比例进行了一个单位的化学反应。

(三)热和功

热和功是系统发生变化时与环境进行能量交换的两种形式。

(1)热。体系与环境之间因温度不同而交换或传递的能量称为热,表示为 Q。规定:体系从环境吸热时,Q 为正值;体系向环境放热时,Q 为负值。Q 与具体的变化途径有关,不是状态函数。

(2)功。除了热之外,其他被传递的能量叫做功,表示为 W。规定:环境对体系做功时,W 为正值;体系对环境做功时,W 为负值。功与途径有关,不是状态函数。功分体积功和非体积功(表面功、电功等)。

等外压过程中,体积功为

$$W_{体} = -p_{外}(V_2 - V_1) = -p_{外}\Delta V \tag{3-48}$$

(四)热力学能

热力学能为系统内部运动能量的总和。内部运动包括分子的平动、转动、振动以及电子运动和核运动,用 U 表示。

由于分子内部运动的相互作用十分复杂,因此目前尚无法测定内能的绝对数值。

内能的特征:状态函数、无绝对数值、广度性质。

(五)热力学第一定律

当系统由始态变化到终态时,系统与环境间传递的热量 Q 和功 W 之和等于系统的热力学能的变化量 ΔU。即

$$\Delta U = Q + W \tag{3-49}$$

这就是热力学第一定律的数学表达式。

例如,某封闭体系在某一过程中从环境中吸收了 50kJ 的热量,对环境做了 30kJ 的功,则体系在过程中热力学能的变化为:$\Delta U_{体系} = (+50\text{kJ}) + (-30\text{kJ}) = 20\text{kJ}$。体系热力学能净增为 20kJ。

(六)化学反应的反应热

化学反应热是指等温过程热,即当反应发生后,使反应产物的温度回到反应前始态的温度,化学反应过程中吸收或放出的热量,简称反应热。

根据反应条件的不同,反应热又可分为恒容反应热和恒压反应热两种。

1.恒容反应热

恒容过程,体积功 $W_{体} = 0$,不做非体积功 $W' = 0$ 时,所以

$$W = W_{体} + W' = 0, \quad Q_V = \Delta U \tag{3-50}$$

2.恒压反应热

恒压过程,不做非体积功时,$W_{体} = -p(V_2 - V_1)$,所以 $Q_p = \Delta U + p(V_2 - V_1)$

(七)焓和焓变

在封闭体系中等压反应条件下进行化学反应时,反应热为

$$Q_p = \Delta U + p(V_2 - V_1) = (U_2 - U_1) + p(V_2 - V_1) = (U_2 + p_2 V_2) - (U_1 + p_1 V_1) \tag{3-51}$$

定义:$H = U + pV$,H 称为焓。则 $Q_p = H_2 - H_1 = \Delta H$。

H 是一个重要的热力学函数,是状态函数,但不能知道它的绝对数值。

公式 $Q_p = \Delta H$ 的意义:

(1)等压热效应即为焓的增量,故 Q_p 也只取决于始终态,而与途径无关;

(2)可以通过 ΔH 的计算求出的 Q_p 值。

通常,许多化学反应是在"敞口"容器中进行的,系统压力与环境压力相等,这时的反应热

称为定压反应热。定压反应热以 ΔH 表示，单位：kJ/mol。并规定，当反应放出热量时（放热反应），$\Delta H<0$；当反应吸收热量时（吸热反应），$\Delta H>0$。

（八）热化学方程式

热化学方程式：表示化学反应与其热效应关系的化学方程式。

如：$2H_2(g)+O_2(g)=2H_2O(g)$；$\Delta_r H_m^\ominus(298)=-483.6$kJ/mol

表示在 298K、100kPa 下，当反应进度为 1mol 时，放出 483.6kJ 的热量。

r 表示反应（reaction），$\Delta_r H_m$ 表示反应的摩尔焓变，m 表示反应进度为 1mol，$\ominus$ 表示热力学标准态。

热力学中对标准态（$\ominus$）的规定：气态物质的标准态是标准压力 $p^\ominus=100$kPa 时表现出理想气体性质的纯气体物质的状态；液体、固体物质的标准态是指处于标准压力下纯液体或纯固体的状态；溶液中溶质的标准态是在标准压力下，质量摩尔浓度为 1mol/kg 时的状态。标准状态时温度不作规定。

书写热化学方程式时应注意以下几个问题：

(1) 注明反应物与生成物的聚集状态。g 表示气态，l 表示液态，s 表示固态。

$$2H_2(g)+O_2(g)=2H_2O(g), \Delta_r H_m^\ominus=-483.6\text{kJ/mol}$$

$$2H_2(g)+O_2(g)=2H_2O(l), \Delta_r H_m^\ominus=-571.68\text{kJ/mol}$$

(2) 不同计量系数的同一反应，其摩尔反应热不同。

$$H_2(g)+1/2O_2(g)=H_2O(g), \Delta_r H_m^\ominus(298)=-241.8\text{kJ/mol}$$

$$2H_2(g)+O_2(g)=2H_2O(g), \Delta_r H_m^\ominus(298)=-483.6\text{kJ/mol}$$

(3) 正逆反应的反应热效应数值相等，符号相反。

$$2H_2(g)+O_2(g)=2H_2O(g), \Delta_r H_m^\ominus(298)=-483.6\text{kJ/mol}$$

$$2H_2O(g)=2H_2(g)+O_2(g), \Delta_r H_m^\ominus(298)=+483.6\text{kJ/mol}$$

(4) 注明反应的温度和压力。

（九）盖斯定律

盖斯定律，即化学反应的恒压或恒容反应热只与物质的始态或终态有关而与变化的途径无关。换句话说，一个化学反应如果分几步完成，则总反应的反应热等于各步反应的反应热之和。

应用盖斯定律通过计算不仅可以得到某些恒压反应热，从而减少大量实验测定工作，而且可以计算出难以或无法用实验直接测定的某些反应的反应热。

【例 3-38】 已知反应 $C+O_2=CO_2$ 和 $CO+\frac{1}{2}O_2=CO_2$ 的反应热，计算 $C+\frac{1}{2}O_2=CO$ 的反应热。

解 (1) $C+O_2=CO_2, \Delta_r H_{m,1}=-393.5$kJ/mol

(2) $CO+\frac{1}{2}O_2=CO_2, \Delta_r H_{m,2}=-283.0$kJ/mol

式(1)-(2)为 $C+\frac{1}{2}O_2=CO$

所以 $C+\frac{1}{2}O_2=CO$ 的 $\Delta_r H_{m,3}=\Delta_r H_{m,1}-\Delta_r H_{m,2}$

$$=[-393.5-(-283)]\text{kJ/mol}$$

$$=-110.5\text{kJ/mol}$$

(十) 标准摩尔生成焓

标准状态时，由指定单质生成单位物质的量的纯物质 B 时反应的焓变，称为**标准摩尔生成焓**，记作 $\Delta_f H_m^{\ominus}$。上标 $\ominus$ 表示标准状态，下标"f"(formation 的词头)表示生成。$\Delta_f H_m^{\ominus}$ 的单位为 kJ/mol，通常使用的是 298.15K 的摩尔生成焓数据。

指定单质通常指标准压力和该温度下最稳定的单质。如 C：石墨(s)；Hg：Hg(l)等。但 P 为白磷(s)，即 P(s,白)。

显然，标准态指定单质的标准生成焓为 0。生成焓的负值越大，表明该物质键能越大，对热越稳定。

由标准摩尔生成焓($\Delta_f H_m^{\ominus}$)计算标准摩尔反应焓变($\Delta_r H_m^{\ominus}$)：根据标准摩尔生成焓的定义，应用盖斯定律可以导出，化学反应的标准摩尔反应焓变等于生成物的标准摩尔生成焓的总和减去反应物的标准摩尔生成焓的总和。

二、化学反应速率

(一) 化学反应速率的表示方法

化学反应速率通常是用单位时间内反应物或生成物浓度的变化量来表示。时间单位常用 s(秒)、min(分)或 h(小时)，浓度单位一般用 mol/L。

$$\bar{v}_i = \Delta C_i / \Delta t \quad (\text{平均速率}) \tag{3-52}$$

对同一反应，用不同物质的浓度变化表示 $\bar{v}$ 时，其数值不一定相等。如

$$N_2(g) + 3H_2(g) \rightleftharpoons 2NH_3(g)$$

当 $\bar{v}_{NH_3} = 0.2 \text{mol}/(L \cdot s)$ 时，$\bar{v}_{H_2} = 0.3 \text{mol}/(L \cdot s)$，而 $\bar{v}_{N_2} = 0.1 \text{mol}/(L \cdot s)$。它们的比值恰好等于反应方程中各物质的化学计量数之比，即

$$\bar{v}_{N_2} : \bar{v}_{H_2} : \bar{v}_{NH_3} = 0.1 : 0.3 : 0.2 = 1 : 3 : 2$$

所以当反应速率以数值表达时应注明以哪种物质的浓度变化为标准。

实际速率为瞬时速率 v_i，即

$$v_i = \lim_{\Delta t \to 0} \frac{\Delta C_i}{\Delta t} = \frac{dC_i}{dt} \tag{3-53}$$

瞬时速率可通过试验，并经作图法求得。

用反应进度定义的反应速率：单位体积内反应进度随时间的变化率。即

$$v = \frac{1}{V} \frac{d\xi}{dt} \tag{3-54}$$

因为 $d\xi = v_B^{-1} dn_B$，对于恒容反应 $dC_B = dn_B/V$，上式可写成反应速率的常用定义式

$$v = \frac{1}{v_B} \cdot \frac{dC_B}{dt} \tag{3-55}$$

v 的 SI 单位：$\text{mol}/(\text{dm}^3 \cdot s)$。

例如，对于合成氨反应 $N_2(g) + 3H_2(g) \rightleftharpoons 2NH_3(g)$

其反应速率：

$$v = \frac{1}{2} \frac{dC(NH_3)}{dt} = -\frac{dC(N_2)}{dt} = -\frac{1}{3} \frac{dC(H_2)}{dt}$$

显然，用反应进度定义的反应速率的量值与表示速率物质的选择无关，亦即一个反应就只有一个反应速率值，但与计量系数有关，所以在表示反应速率时，必须写明相应的化学计量方程式。

(二) 反应速率方程

浓度是影响反应速率的重要因素之一，表明反应物浓度与反应速率之间的定量关系的方

程称为反应速率方程,简称速率方程。

1. 基元反应的速率方程——质量作用定律

实验证明,浓度越大,速率越快,对基元反应(一步完成的反应)

$$aA+bB \rightarrow C$$

其反应速率方程或质量作用定律表达式为

$$v=kC_A^a \cdot C_B^b \tag{3-56}$$

即基元反应的反应速率与以化学计量数为方次的反应物浓度的乘积成正比,这就是质量作用定律,也叫速率定律。

a、b 分别是反应物 A、B 的化学计量数,表示反应级数。对于 A 是 a 级反应,对于 B 是 b 级反应,对整个反应或总反应的级数为 $(a+b)$ 级。一个一级反应就是 $a+b=1$ 的反应,依此类推。

k 为速率常数,它表示反应物均为单位浓度时的反应速率。k 的大小取决于反应物的本质及反应温度,而与浓度无关。

质量作用定律只适用于基元反应。

2. 非基元反应的速率方程

非基元反应即由几个基元反应组成的复杂反应,质量作用定律虽适用于其中每一个基元反应,但往往不适用于总的反应,其速率方程必须由试验测得反应速度才能确定。对于反应式

$$aA+bB \longrightarrow cC+dD$$

其速率方程为

$$v=kC_A^x \cdot C_B^y$$

式中,x、y 的值通常由试验测定,可为零、整数或小数。

上述定量关系式,除适用于气体反应外,也适用于溶液中的反应。液态和固态纯物质由于浓度不变,在式中通常不表达出来。气体压力的改变相当于浓度的影响。

【例 3-39】 某基元反应的速率方程为 $v=kC_A \cdot C_B^2$,当 $C_A'=2C_A$;$C_B'=2C_B$ 时,其速率方程为:

  A. $v'=v$ B. $v'=4v$ C. $v'=8v$ D. $v'=16v$

答案:C

(三)温度对速率的影响——阿仑尼乌斯公式

温度对化学反应速率的影响主要体现在速率常数 k 上。温度升高,k 值增大。两者的定量关系可用阿仑尼乌斯公式表示

$$k=Ze^{-\frac{\varepsilon}{RT}}$$

或

$$\lg k=-\frac{\varepsilon}{2.303RT}+\lg Z \tag{3-57}$$

式中:ε——给定的反应活化能;

  Z——给定的指前因子。

由公式可知:

(1)对某反应温度越高,速率常数就越大,所以速率也越大;温度一定时,活化能越大,速率常数就越小,速率也越小。

(2)以 $\lg k$ 对 $\dfrac{1}{T}$ 作图可得一直线,其斜率为 $-\varepsilon/2.303R$,截距为 $\lg Z$。因此,由作图法可求给定反应的活化能和指前因子,以及给定温度下的速率常数值。ε 也可由下式求得

$$\lg \frac{k_2}{k_1} = \frac{\varepsilon}{2.303R}\left(\frac{T_2-T_1}{T_1 \cdot T_2}\right) \tag{3-58}$$

(四)催化剂对速率的影响

化学反应过程的实质是旧的化学键断裂,新的化学键建立的过程,在此过程中必定伴随着能量的变化。首先需足够的能量使旧的化学键断裂。

1. 化学反应活化能和活化分子

根据气体运动理论,只有具有足够能量的分子(或原子)的碰撞才有可能发生反应。这种能够发生反应的碰撞叫**有效碰撞**。这种具有足够能量可以发生有效碰撞而发生反应的分子叫做**活化分子**。活化分子所具有的平均能量与反应物分子的平均能量之差称为**活化能**。活化能的大小,由反应物自身性质所决定。活化分子占反应分子总数的百分比叫活化分子百分数。反应的活化能越高,活化分子百分数越小,反应越慢,反之反应越快。

2. 催化剂

催化剂是一种能改变反应速率而本身在反应前后的质量和化学性质都不改变的物质。催化剂之所以加快反应的速率,是因为它改变了反应的历程,降低了反应活化能,增加了活化分子百分数,如图 3-3 所示。

图 3-3 表明有催化剂时和无催化剂时活化能的差别。图中 A 和 B 分别为反应物分子和生成物分子的平均能量;C 和 C' 分别表示无催化剂和有催化剂时活化分子的平均能量;ε_1 和 ε_2 分别为无催化剂和有催化剂时的活化能,显然 $\varepsilon_1 > \varepsilon_2$。

一般化学反应的活化能在 40～420kJ/mol 之间,大多数反应在 60～240kJ/mol 之间。

对可逆反应,ε_1 为正反应活化能,ε'_1 为逆反应活化能,则正反应的热效应 ΔH 和逆反应的热效应 $-\Delta H$ 可表示为

$$\Delta H = \varepsilon_1 - \varepsilon'_1 = -\Delta H \tag{3-59}$$

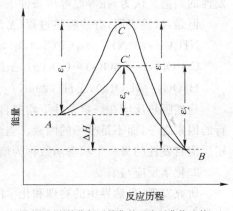

图 3-3 有催化与无催化的反应活化能比较

由以上讨论可见:浓度、温度、催化剂对反应速率的影响都可归结为活化分子数的改变,但改变的原因各不相同。浓度的影响是通过增加单位体积内的分子总数;温度的影响是通过能量的变化改变活化分子百分数;而催化剂是通过改变反应机理,降低反应活化能增加活化分子的百分数。

【例 3-40】 催化剂可加快反应速率的原因,下列叙述正确的是:

  A. 降低了反应的 $\Delta_r H_m^{\ominus}$

  B. 降低了反应的 $\Delta_r G_m^{\ominus}$

  C. 降低了反应的活化能

  D. 使反应的平衡常数 $K^{\ominus}$ 减小

解 催化剂之所以加快反应的速率,是因为它改变了反应的历程,降低了反应的活化能,增加了活化分子百分数。

答案:C

三、化学反应的方向

(一)化学反应的自发性

在给定条件下能自动进行的反应或过程叫**自发反应**或**自发过程**。

自发过程具有以下共同特征:

(1)具有不可逆性——单向性;

(2)有一定的限度;

(3)可由一定物理量判断变化的方向和限度。

化学反应在指定条件下自发进行的方向和限度问题,是科学研究和生产实践中极为重要的理论问题之一。

(二)化学反应方向的判据

1.化学反应方向和焓变

化学反应中,许多放热反应都能自发的进行。例如:

$H_2(g)+1/2O_2(g)=H_2O(l)$,$\Delta_r H_m^\ominus(298K)=-285.83 kJ/mol$

$H^+(aq)+OH^-(aq)=H_2O(l)$,$\Delta_r H_m^\ominus(298K)=-55.84 kJ/mol$

显然,能量越低,体系的状态就越稳定。化学反应一般也符合上述能量最低原理。的确,很多化学反应自发朝着放热的方向进行。据此,有人曾试图以反应的焓变($\Delta_r H_m$)作为反应自发性的判据。认为,在等温等压条件下,当$\Delta_r H_m<0$时,化学反应自发进行。

但是,试验表明,有些吸热过程($\Delta_r H_m>0$)也能自发进行。例如:

$NH_4Cl(s)=NH_4^+(aq)+Cl^-(aq)$,$\Delta_r H_m^\ominus(298K)=9.76 kJ/mol$

$CaCO_3(s)=CaO(s)+CO_2(g)$,$\Delta_r H_m^\ominus(1123K)=178.32 kJ/mol$

$H_2O(l)=H_2O(g)$,$\Delta_r H_m^\ominus(298K)=44 kJ/mol$

这些吸热反应在一定条件下均能自发进行。说明放热($\Delta_r H_m<0$)只是有助于反应自发进行的因素之一,而不是唯一的因素。当温度升高时,另外一个因素变得更重要,热力学上,将决定反应自发性的另一个状态函数称为熵。

2.化学反应与熵变

研究发现,自然界中的物理和化学的自发过程一般都朝着混乱程度增大的方向进行。热力学上,用一个新的状态函数"熵"来表示体系的混乱度。熵是系统内部质点混乱程度或无序程度的量度,以"S"表示。系统的混乱度愈大,熵愈大。熵是状态函数。熵的变化只与始态、终态有关,而与途径无关。

热力学第二定律的统计表达:在隔离系统中发生的自发进行的反应必伴随着熵的增加,或隔离系统的熵总是趋向于极大值。这就是自发过程的热力学准则,称为**熵增加原理**。这就是隔离系统的熵判据。

热力学第三定律:系统内物质微观粒子的混乱度与物质的聚集状态和温度等有关。在绝对零度时,理想晶体内分子的各种运动都将停止,物质微观粒子处于完全整齐有序的状态。人们根据一系列低温实验事实和推测,总结出一个经验定律——热力学第三定律。

在绝对零度时,一切纯物质的完美晶体的熵值都等于零,即$S(0K)=0$。

知道某一物质从绝对零度到指定温度下的一些化学数据,就可以求出此温度的熵值,称为这一物质的**规定熵**。

标准摩尔熵：单位物质的量的纯物质在标准状态下的规定熵叫做该物质的**标准摩尔熵**，以 $S_m^{\ominus}$（或简写为 S）表示。注意 S_m 的 SI 单位为 $J/(mol \cdot K)$。

根据上述讨论并比较物质的标准熵值，可以得出下面一些规律：对于同一种物质，$S_g > S_l > S_s$；同一物质在相同的聚集状态时，其熵值随温度的升高而增大，$S_{高温} > S_{低温}$。对于不同种物质，$S_{复杂分子} > S_{简单分子}$。对于混合物和纯净物，$S_{混合物} > S_{纯物质}$。

熵变的计算：熵是状态函数，反应或过程的熵变 $\Delta_r S$，只跟始态和终态有关，而与变化的途径无关。反应的标准摩尔熵变 $\Delta_r S_m^{\ominus}$（或简写为 $\Delta S^{\ominus}$），其计算及注意点与 $\Delta_r H_m$ 的相似。

$$\Delta_r S_m^{\ominus} = \sum v_i S_m^{\ominus}(生成物) - \sum v_i S_m^{\ominus}(反应物)$$

应当指出，虽然物质的标准熵随温度的升高而增大，但只要温度升高没有引起物质聚集状态的改变时，则可忽略温度的影响，近似认为反应的熵变基本不随温度而变。

【**例 3-41**】已知反应 $N_2(g) + 3H_2(g) \rightarrow 2NH_3(g)$ 的 $\Delta_r H_m < 0$，$\Delta_r S_m < 0$，则该反应为：

  A. 低温易自发，高温不易自发 B. 高温易自发，低温不易自发

  C. 任何温度都易自发   D. 任何温度都不易自发

解 由公式 $\Delta G = \Delta H - T\Delta S$ 可知，当 ΔH 和 ΔS 均小于零时，ΔG 在低温时小于零，所以低温自发，高温非自发。

答案：A

虽然熵增加有利于反应的自发进行，但与反应焓变一样，一般情况不能仅用熵变作为反应自发进行的判据。要判断反应自发进行的方向，必须将这两个因素综合考虑。

3. 反应自发性的判据——反应的吉布斯函数变

为了确定反应自发性的判据，1875 年，美国化学家吉布斯（Gibbs）首先提出一个把焓和熵归并在一起的热力学函数——G（现称吉布斯自由能或吉布斯函数），并定义：$G = H - TS$。

对于等温过程： $\Delta G = \Delta H - T\Delta S$ (3-60)

ΔG 表示反应和过程的吉布斯函数变，简称**吉布斯函数变**，式(3-60)称为**吉布斯等温方程**。**反应自发性的判据**：根据热力学推导得出，对于恒温、恒压不做非体积功的一般反应，其自发性的判断标准（称为最小自由能原理）为：

$\Delta G < 0$，自发过程，过程能向正方向进行。

$\Delta G = 0$，平衡状态。

$\Delta G > 0$，非自发过程，过程能向逆方向进行。

这一规律表明：等温、等压的封闭体系内，不做非体积功的条件下，任何自发过程总是朝着吉布斯函数减小的方向进行。系统不会自发地从吉布斯函数小的状态向吉布斯函数大的状态进行。

恒温、恒压下化学反应自发进行方向的判据是化学反应的 ΔG，ΔG 的大小取决于反应的 ΔH、ΔS 和温度 T。表 3-9 给出了 ΔH、ΔS 和 T 对反应自发性的影响。

ΔH、ΔS 和 T 对反应自发性的影响   表 3-9

反应实例	ΔH	ΔS	$\Delta G = \Delta H - T\Delta S$	反应情况
$H_2(g) + Cl_2(g) = 2HCl(g)$	−	+	−	自发（任何温度）
$2CO(g) = 2C(s) + O_2(g)$	+	−	+	非自发（任何温度）
$CaCO_3(s) = CaO(s) + CO_2(s)$	+	+	升高至某温度时由正值变为负值	升高温度有利于反应自发进行
$N_2(g) + 3H_2(g) = 2NH_3(g)$	−	−	降低至某温度时由正值变为负值	降低温度有利于反应自发进行

4. 反应的摩尔吉布斯函数变的计算及应用

(1) 标准状态下摩尔吉布斯函数变的计算

标准摩尔生成吉布斯函数:在标准状态时,由指定单质生成单位物质的量的纯物质时反应的吉布斯函数变,叫做该物质的**标准摩尔生成吉布斯函数**,用 $\Delta_f G_m^\ominus$ 表示,常用单位为 kJ/mol。

任何指定单质(注意磷为白磷): $\Delta_f G_m^\ominus = 0$

298.15K 时的物质的 $\Delta_f G_m^\ominus$ 可以查到。

反应的标准摩尔吉布斯函数变以 $\Delta_r G_m^\ominus$ 表示。

298.15K 时,反应的标准摩尔吉布斯函数变的计算公式为

$$\Delta_r G_m^\ominus(298.15K) = \sum v_i \Delta_f G_m^\ominus(生成物) - \sum v_i \Delta_f G_m^\ominus(反应物)$$

利用物质的 $\Delta_f H_m^\ominus(298.15K)$ 和 $S_m^\ominus(298.15K)$ 的数据求算:先计算得到反应的 $\Delta_r H_m^\ominus$ 和 $\Delta_r S_m^\ominus$,然后利用下列公式计算反应的 $\Delta_r G_m^\ominus(298.15K)$

$$\Delta_r G_m^\ominus(298.15K) = \Delta_r H_m^\ominus(298.15K) - 298.15 \Delta_r S_m^\ominus(298.15K)$$

需要指出,上式计算得到的 $\Delta_r G_m^\ominus$ 为 298.15K 时的值,而 $\Delta_r G_m^\ominus$ 值随温度不同而改变。但由于温度对大多数反应的焓变和熵变影响较小,对这些反应可看作: $\Delta_r H_m^\ominus(T) \approx \Delta_r H_m^\ominus(298.15K)$, $\Delta_r S_m^\ominus(T) \approx \Delta_r S_m^\ominus(298.15K)$,所以任一温度 T 时的标准摩尔吉布斯函数变可按下式近似计算

$$\Delta_r G_m^\ominus(T) = \Delta_r H_m^\ominus(T) - T \Delta_r S_m^\ominus(T)$$
$$\approx \Delta_r H_m^\ominus(298.15K) - T \Delta_r S_m^\ominus(298.15K)$$

(2) 非标准状态下摩尔吉布斯函数变的计算

许多化学反应是在等温等压非标准状态下进行的,此时反应的 $\Delta_r G_m$ 可根据实际条件用热力学等温方程进行计算

$$\Delta_r G_m(T) = \Delta_r G_m^\ominus(T) + RT \ln Q \tag{3-61}$$

式中,Q 为反应商。

【例 3-42】 某化学反应在任何温度下都可以自发进行,此反应需满足的条件是:

A. $\Delta_r H_m < 0, \Delta_r S_m > 0$

B. $\Delta_r H_m > 0, \Delta_r S_m < 0$

C. $\Delta_r H_m < 0, \Delta_r S_m < 0$

D. $\Delta_r H_m > 0, \Delta_r S_m > 0$

解 由公式 $\Delta G = \Delta H - T \Delta S$ 可知,当 $\Delta H < 0$ 和 $\Delta S > 0$ 时,ΔG 在任何温度下都小于零,都能自发进行。

答案:A

四、化学平衡

(一) 化学平衡时的特征

当 $v_正$ 等于 $v_逆$ 时,化学反应达到平衡状态。化学平衡的特征:

(1) 外观上反应"停顿"了,实质是动态平衡;

(2) 当外界条件不变时,反应物和生成物浓度不再随时间改变;

(3) 平衡状态可以从正逆两方向到达。

(二) 化学平衡常数表达式

1. 经验平衡常数(或实验平衡常数)

对任何可逆反应

$$aA+bB \rightleftharpoons dD+gG$$

在一定温度下,反应达到平衡时生成物浓度的乘积与反应物浓度乘积之比是一个常数

$$\frac{C_G^g \cdot C_D^d}{C_A^a \cdot C_B^b}=K_c \tag{3-62}$$

K_c 叫 浓度平衡常数,简称平衡常数。上式为化学平衡常数表达式。

对气体反应,平衡常数既可用浓度表示,也可用平衡时各气体的分压表示。

$$K_p=\frac{p_G^g \cdot p_D^d}{p_A^a \cdot p_B^b} \tag{3-63}$$

K_p 叫 分压平衡常数(或压力平衡常数)。K_p 与 K_c 的关系为

$$K_p=K_c(RT)^{\Delta n} \tag{3-64}$$

式中,$\Delta n=(g+d)-(a+b)$,$R=8.314\text{Pa} \cdot \text{m}^3/(\text{K} \cdot \text{mol})$。注意计算时 p、C 与 R 的单位一致。

2. 标准平衡常数 $K^\ominus$

在 K_c 与 K_p 表达式中,浓度或分压均为用平衡时物质的绝对浓度或绝对分压来表示的;而标准平衡常数,则是用平衡时物质的相对浓度或相对分压来表示。如

$$Zn(s)+2H^+ \rightleftharpoons H_2(g)+Zn^{2+}$$

$$K^\ominus=\frac{[C_{Zn^{2+}}/C^\ominus][p_{H_2}/p^\ominus]}{[C_{H^+}/C^\ominus]^2} \tag{3-65}$$

式中:$C^\ominus$——标准浓度,$C^\ominus=1.0\text{mol/L}$;

$p^\ominus$——标准压强,$p^\ominus=100\text{kPa}$。

热力学上,标准平衡常数简称平衡常数,是一无量纲的量。平衡常数是表征化学反应进行到最大程度时反应进行程度的一个常数。对同一类型的反应,在给定反应条件下,$K^\ominus$ 值越大,表明正反应进行得越完全。在一定温度下,不同反应,各有其特定的 $K^\ominus$ 值。对于指定反应,其平衡常数 $K^\ominus$ 的值只是温度的函数,而与参与平衡的物质的量无关。

书写平衡常数表达式时应注意:

(1)平衡常数表达式与反应历程无关,但必须是平衡时的相对浓度或相对压力,化学计量数为其指数;

(2)纯固体、纯液体的浓度不列入表达式;

(3)平衡常数表达式与反应方程的书写形式有关,例如在 373K 时

$$N_2O_4 \rightleftharpoons 2NO_2 \quad K_1=\frac{[C_{NO_2}/C^\ominus]^2}{C_{N_2O_4}/C^\ominus}=0.36$$

$$\frac{1}{2}N_2O_4 \rightleftharpoons NO_2 \quad K_2=\frac{C_{NO_2}/C^\ominus}{[C_{N_2O_4}/C^\ominus]^{\frac{1}{2}}}=\sqrt{K_1}=0.6$$

$$2NO_2 \rightleftharpoons N_2O_4 \quad K_3=[C_{N_2O_4}/C^\ominus]/[C_{NO_2}/C^\ominus]^2=1/K_1=2.8$$

【例 3-43】 下列反应的标准平衡常数可用 $p^\ominus/p_{H_2}$ 表示的是:

A. $H_2(g)+S(g) \rightleftharpoons H_2S(g)$ B. $H_2(g)+S(s) \rightleftharpoons H_2S(g)$

C. $H_2(g)+S(s)\rightleftharpoons H_2S(l)$ D. $H_2(l)+S(s)\rightleftharpoons H_2S(s)$

答案:C

3. 平衡常数的物理意义和特征

(1)平衡常数是可逆反应进行程度的特征常数,其值越大,表明正反应趋势越大,反应物的平衡转化率也越高,如表3-10所示。

(2)平衡常数只是温度的函数。表3-10中,反应Ⅰ的 K 值,随温度的升高而减少,此反应为放热反应,$\Delta H<0$;反应Ⅱ的 K 值,随温度的升高而增大,此反应为吸热反应,$\Delta H>0$。

平衡常数与转化率 表3-10

反应Ⅰ:$SO_2(g)+\frac{1}{2}O_2(g)\rightleftharpoons SO_3(g)$				反应Ⅱ:$CH_4(g)+H_2O(g)\rightleftharpoons CO(g)+3H_2(g)$			
T(K)	400	500	600	T(K)	600	700	900
K	442.4	50.5	9.37	K	0.38	7.4	1.3×10^3
SO_2 转化率(%)	99.2	93.5	73.6	CH_4 转化率(%)	65	92	99

(3)符合多重平衡规则。当 n 个反应相加(或相减)得总反应时,总反应的 K 等于各个反应平衡常数的乘积(或商)。如

$$FeO(s)+CO(g)\rightleftharpoons Fe(s)+CO_2(g) \qquad K_1$$
$$-)FeO(s)+H_2(g)\rightleftharpoons Fe(s)+H_2O(g) \qquad K_2$$
$$\overline{CO(g)+H_2O(g)=CO_2(g)+H_2(g) \qquad K_3=K_1/K_2}$$

【例3-44】 已知反应(1)$H_2(g)+S(s)\rightleftharpoons H_2S(g)$,其平衡常数为 $K_1^\ominus$,
(2)$S(s)+O_2(g)\rightleftharpoons SO_2(g)$,其平衡常数为 $K_2^\ominus$,则反应
(3)$H_2(g)+SO_2(s)\rightleftharpoons O_2(g)+H_2S(g)$ 的平衡常数为 $K_3^\ominus$ 是:

A. $K_1^\ominus+K_2^\ominus$ B. $K_1^\ominus \cdot K_2^\ominus$
C. $K_1^\ominus-K_2^\ominus$ D. $K_1^\ominus/K_2^\ominus$

解 多重平衡规则:当 n 个反应相加(或相减)得总反应时,总反应的 K 等于各个反应平衡常数的乘积(或商)。题中反应(3) = (1)-(2),所以 $K_3^\ominus=\dfrac{K_1^\ominus}{K_2^\ominus}$。

答案:D

4. 平衡常数的应用

(1)判断反应进行的方向

对于反应 $\qquad aA+bB\rightleftharpoons gG+dD$

体系处于任意状态,浓度熵和分压熵分别为

$$Q_c=\frac{[C_G/C^\ominus]^g\cdot[C_D/C^\ominus]^d}{[C_A/C^\ominus]^a\cdot[C_B/C^\ominus]^b} \qquad Q_p=\frac{[p_G/p^\ominus]^g\cdot[p_D/p^\ominus]^d}{[p_A/p^\ominus]^a\cdot[p_B/p^\ominus]^b} \qquad (3-66)$$

Q_c 与 Q_p 总称反应熵 Q。

当 $Q=K$ 时   处于平衡状态
当 $Q<K$ 时   反应正向进行
当 $Q>K$ 时   反应逆向进行

(2)进行有关的计算

①已知 K 和各反应物的起始浓度,可求各物质的平衡浓度及某反应物的转化率。平衡转

化率为

$$\alpha = \frac{某物已转化浓度}{该物起始浓度} \times 100\% \qquad (3\text{-}67)$$

②已知某温度下各物质的平衡浓度(分压)或各反应物的起始浓度(分压)和某一物质的转化率,求 K。

③用多重平衡规则求另一平衡的 K。

【例 3-45】 在 313K 时,$N_2O_4 \rightleftharpoons 2NO_2$ 反应的压力为 506.625kPa,$K=0.9$,求该温度下 N_2O_4 的平衡转化率。

解 设 N_2O_4 的起始量为 n mol,平衡转化率为 α。 $N_2O_4 \rightleftharpoons 2NO_2$

起始物质的量(mol)	n	0
平衡物质的量(mol)	$n-n\alpha$	$2n\alpha$
平衡时总物质的量(mol)	$n-n\alpha+2n\alpha=n(1+\alpha)$	
平衡时物质的分量	$\dfrac{1-\alpha}{1+\alpha}$	$\dfrac{2\alpha}{1+\alpha}$
平衡时分压(Pa)	$\dfrac{1-\alpha}{1+\alpha} \cdot p$	$\dfrac{2\alpha}{1+\alpha} \cdot p$

$$K = \frac{[p_{NO_2}/p^{\ominus}]^2}{[p_{N_2O_4}/p^{\ominus}]} = \frac{4\alpha^2 p}{(1-\alpha^2)p^{\ominus}} = 0.9$$

$$\frac{20\alpha^2}{1-\alpha^2} = 0.9 \Rightarrow \alpha = 0.208 = 20.8\%$$

标准平衡常数可由吉布斯等温方程式导出。

在化学热力学中,推导出了 $\Delta_r G_m$ 与系统组成间的关系

$$\Delta_r G_m(T) = \Delta_r G_m^{\ominus}(T) + RT\ln Q \qquad (3\text{-}68)$$

当反应达到平衡时 $\Delta_r G_m = 0, Q = K^{\ominus}$

$$\Delta_r G_m^{\ominus}(T) = -RT\ln K^{\ominus}$$

$$\ln K^{\ominus} = \frac{\Delta_r G_m^{\ominus}}{-RT} \qquad (3\text{-}69)$$

上式反映了标准平衡常数 $K^{\ominus}$ 与 $\Delta_r G_m^{\ominus}$ 之间的关系。

(三)化学平衡的移动

化学平衡是相对的、暂时的、有条件的。当外界条件(浓度、压强、温度)改变时,可逆反应从一个平衡状态向另一个平衡状态转化的过程称化学平衡的移动。

1. 浓度对平衡的影响

对处于平衡状态的可逆反应,若保持其他条件不变,则增加反应物浓度或减少生成物浓度,使 $Q<K$,平衡向右移动;同理减少反应物浓度或增加生成物浓度,使 $Q>K$,平衡向左移动。

2. 压强对平衡的影响

对有气体参加的反应,改变总压强(各气体反应物和生成物分压之和)时,如果反应前后气体分子数相等,平衡不移动;如果反应前后气体分子总数不等,平衡就会移动。例如

$$N_2 + 3H_2 \rightleftharpoons 2NH_3$$

平衡时各气体分压(Pa) a b c

$$K = \frac{c^2}{a \cdot b^3}(p^0)^2$$

总压增大 2 倍时(Pa)　　　　　　　$2a$　$2b$　$2c$

$$Q=\frac{c^2}{4a \cdot b^3}(p^0)^2$$

$Q<K$,平衡向右移动

所以增加总压强时,平衡向气体分子总数减少的方向移动;降低总压强时,平衡向气体分子数增加的方向移动。

【例 3-46】 在一容器中,反应 $2SO_2(g)+O_2(g) \rightleftharpoons 2SO_3(g)$ 达平衡后,在恒温下加入一定量氮气,并保持总压不变,平衡将会:

　　　　A. 正向移动　　　　　　　　B. 逆向移动
　　　　C. 无明显变化　　　　　　　D. 不能判断

答案:B

3. 温度对平衡的影响

温度对平衡的影响与反应的热效应有关。对放热反应($\Delta H<0$),升高温度,K 下降(使 $K<Q$),平衡向吸热方向移动;对吸热反应($\Delta H>0$),升高温度,K 升高(使 $K>Q$),平衡向吸热反应方向移动。总之,温度升高,平衡向吸热方向移动;温度降低,平衡向放热方向移动。正反应为放热反应,则逆反应为吸热反应;若正反应为吸热反应,则逆反应为放热反应。

4. 吕查德原理

如果改变平衡体系的条件之一(浓度、压强和温度),平衡就向着削弱这种改变的方向移动(见表 3-11)。

外界条件对反应速率、平衡常数和平衡移动的影响　　　　表 3-11

影响因素	v	k	K	平衡移动方向
增加反应物浓度	增加	不变	不变	向正反应方向移动
增加气体分子总压强	增加	不变	不变	向气体分子总数减小方向移动
升高反应温度	增加	增大	正反应吸热 K 增大,正反应放热 K 减小	向吸热方向移动
加催化剂	增加	增大	不变	不移动

【例 3-47】 已知反应 $C_2H_2(g)+2H_2(g) \rightleftharpoons C_2H_6(g)$ 的 $\Delta_rH_m<0$,当反应达平衡后,欲使反应向右进行,可采取的方法是:

　　　　A. 升温,升压　　　　　　　B. 升温,减压
　　　　C. 降温,升压　　　　　　　D. 降温,减压

解 此反应为气体分子数减小的反应,升压,反应向右进行;反应的 $\Delta_rH_m<0$,为放热反应,降温,反应向右进行。

答案:C

习　题

3-24　升高温度可以增加反应速率的主要原因是(　　)。

　　　　A. 增加了分子总数　　　　　B. 降低了活化能
　　　　C. 增加了活化分子百分数　　D. 分子平均动能增加

3-25 某放热反应的正反应活化能为 15kJ/mol，逆反应的活化能是（ ）。
   A. −15kJ/mol   B. 大于 15kJ/mol
   C. 小于 15kJ/mol   D. 无法判断

3-26 对于一个给定条件下的反应，随着反应的进行（ ）。
   A. 正反应速率降低   B. 速率常数变小
   C. 平衡常数变大   D. 逆反应速率降低

3-27 下列不正确的说法是（ ）。
   A. 质量作用定律只适用于基元反应
   B. 对吸热反应温度升高，平衡常数减小
   C. 非基元反应是由若干个基元反应组成
   D. 反应速率常数的大小取决于反应物的本性及反应温度

3-28 某温度下，下列反应的平衡常数的关系是（ ）。

$$2SO_2(g)+O_2(g) \rightleftharpoons 2SO_3(g) \quad K_1$$

$$SO_3(g) \rightleftharpoons SO_2(g)+\frac{1}{2}O_2(g) \quad K_2$$

   A. $K_1=K_2$ B. $K_1=\frac{1}{(K_2)^2}$ C. $(K_2)^2=K_1$ D. $K_2=2K_1$

3-29 在 298K，总压强为 101 325Pa 的混合气体中，含有 N_2、H_2、He、CO_2 四种气体，其质量均为 1g，它们分压的大小顺序是（ ）。
   A. $H_2>He>N_2>CO_2$ B. $CO_2>N_2>He>H_2$
   C. $He>N_2>CO_2>H_2$ D. $CO_2>He>N_2>H_2$

3-30 某气相反应 $2NO(g)+O_2(g) \rightleftharpoons 2NO_2(g)$ 是放热反应，反应达到平衡时，使平衡向右移动的条件是（ ）。
   A. 升高温度和增加压力   B. 降低温度和压力
   C. 降低温度和增加压力   D. 升高温度和降低压力

3-31 已知在一定温度下

$$SO_3(g) \rightleftharpoons SO_2(g)+\frac{1}{2}O_2(g) \quad K=0.050$$

$$NO_2(g) \rightleftharpoons NO(g)+\frac{1}{2}O_2(g) \quad K=0.012$$

则反应 $SO_2(g)+NO_2(g) \rightleftharpoons SO_3(g)+NO(g)$ 的 K 为（ ）。
   A. 4.2   B. 0.038   C. 0.24   D. 0.062

第四节　氧化还原反应与电化学

一、氧化还原反应的基本概念

化学反应中有电子转移的反应称氧化还原反应，反应前后反应物和生成物的氧化数发生了变化。

（一）氧化数（又称氧化值）

元素的氧化数是划分氧化还原反应和非氧化还原反应的主要依据，也是定义氧化剂、还原剂的重要概念。

1. 氧化数的概念

氧化数是某元素一个原子的电荷数,这种电荷数可由假设把每个键中的电子指定给电负性更大的原子而求得。

2. 确定氧化数的规则

(1)在离子型化合物中,氧化数等于离子电荷。

(2)在共价化合物中,把共用电子对指定给电负性大的原子后,原子的表观电荷数就是该原子的氧化数。

(3)分子或离子的总电荷数等于各元素氧化数的代数和。分子的总电荷数为零。

3. 一些已知元素氧化数的习惯规定

(1)在单质中,元素的氧化数均为零。

(2)除在金属氢化物中 H 的氧化数为 -1 外,氢在其他化合物中的氧化数均为 $+1$。

(3)除在过氧化物中氧的氧化数为 -1,在氟化物中氧的氧化数为 $+1$ 或 $+2$(分别如 O_2F_2 和 OF_2)外,氧的氧化数一般为 -2。

(4)在化合物中,碱金属的氧化数为 $+1$,碱土金属的氧化数为 $+2$,F 的氧化数为 -1。

(二)氧化剂和还原剂

在氧化还原反应中,某元素的原子失去电子,使该元素的氧化数增加;相反,某元素的原子得到电子,其氧化数减少。

失去电子的物质为还原剂,在反应中被氧化;得到电子的物质为氧化剂,在反应中被还原。

例如

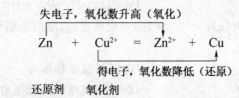

还原剂　氧化剂

氧化、还原是指反应过程。

(三)氧化还原方程的配平

1. 配平原则

还原剂失电子总数等于氧化剂得电子总数,反应前后各元素原子总数相等。

2. 配平的步骤

(1)写出未配平的离子方程,如 $MnO_4^- + SO_3^{2-} + H^+ \rightarrow Mn^{2+} + SO_4^{2-} + H_2O$

(2)将离子方程写成氧化、还原半反应式,并配平,即

还原反应　　　　　$MnO_4^- + 8H^+ + 5e^- \Longrightarrow Mn^{2+} + 4H_2O$

氧化反应　　　　　$SO_3^{2-} + H_2O - 2e^- \Longrightarrow SO_4^{2-} + 2H^+$

(3)将两个半反应式各乘以适当系数,使得失电子数相等,然后将两个半反应式合并得到一个配平的氧化还原方程,即

$$\begin{array}{r} 2\times \\ + \quad 5\times \end{array} \left| \begin{array}{l} MnO_4^- + 8H^+ + 5e^- = Mn^{2+} + 4H_2O \\ SO_3^{2-} + H_2O - 2e^- = SO_4^{2-} + 2H^+ \end{array} \right.$$

$$2MnO_4^- + 5SO_3^{2-} + 6H^+ = 2Mn^{2+} + 5SO_4^{2-} + 3H_2O$$

二、原电池

原电池是借助氧化还原反应产生电流的装置。

(一) 原电池的组成、电极反应和电池反应

1. 原电池的组成

原电池由三部分组成。

(1) 半电池或称电极(包括导体)。

(2) 金属导线：组成外电路。

(3) 盐桥：盐桥的作用为沟通内电路，保持溶液电中性，使电流持续产生，例如铜锌原电池是由两个半电池组成，一个为锌半电池或叫锌电极；另一个为铜半电池或叫铜电极。

2. 电极反应和电池反应

对于铜锌原电池：

锌电极上发生的电极反应为

$$Zn(s) - 2e = Zn^{2+}(aq) \quad (氧化反应)$$

铜电极上发生的电极反应为

$$Cu^{2+}(aq) + 2e = Cu(s) \quad (还原反应)$$

原电池中发生的电池反应为

$$Zn(s) + Cu^{2+}(aq) = Zn^{2+}(aq) + Cu(s) \quad (氧化还原反应)$$

电极反应也称半反应，每一个半反应都有两类物质：一类可作还原剂的物质，称为还原态物质，如 Cu、Zn 等；另一类可作氧化剂的物质，称为氧化态物质，如 Cu^{2+}、Zn^{2+} 等。氧化态和相应的还原态物质组成电对，称氧化还原电对，可表示为氧化态/还原态，如 Cu^{2+}/Cu 和 Zn^{2+}/Zn。一些电极反应，电极符号见表 3-12。

电极种类和电极符号　　　　表 3-12

电极种类	电极反应	电极符号	
		负极	正极
I. 金属—金属离子	$Zn^{2+} + 2e^- \rightleftharpoons Zn$	$Zn \mid Zn^{2+}$	$Zn^{2+} \mid Zn$
II. 同种金属不同价态离子	$Fe^{3+} + e^- \rightleftharpoons Fe^{2+}$	$Pt \mid Fe^{3+}, Fe^{2+}$	$Fe^{2+}, Fe^{3+} \mid Pt$
III. 非金属—非金属离子	$2H^+ + 2e^- \rightleftharpoons H_2$	$Pt \mid H_2 \mid H^+$	$H^+ \mid H_2 \mid Pt$
IV. 金属—金属难溶盐—负离子	$AgCl(s) + e^- \rightleftharpoons Ag + Cl^-$	$Ag \mid AgCl(s) \mid Cl^-$	$Cl^- \mid AgCl(s) \mid Ag$

在铜半电池中，氧化剂 Cu^{2+} 发生还原反应，所以是正极；在锌半电池中，还原剂 Zn 发生氧化反应，所以是负极。原电池中电子流动方向由负极流向正极，电流方向刚好相反。原电池电动势为

$$E = \varphi_{正} - \varphi_{负} = \varphi_{氧化剂} - \varphi_{还原剂} \tag{3-70}$$

(二) 原电池的符号(图式)

原电池的装置可用符号表示，如铜锌原电池表示为

$$(-)Zn \mid ZnSO_4(C_1) \parallel CuSO_4(C_2) \mid Cu(+)$$

按规定负极写在左边，正极写在右边，以双垂线(‖)表示盐桥，单线(｜)表示两相之间的界面，盐桥两边应是半电池组成中的溶液，若离子浓度不是标准浓度(1mol/L)，则需标明。除金

属及其对应的金属盐溶液组成的半电池外,其余几种电极在组成半电池时需外加导电体材料如铂、石墨等。

【例 3-48】 将下列反应组成原电池,并用原电池符号表示

$$FeCl_3 + KI \rightarrow I_2 + FeCl_2 + KCl$$

解 ①由氧化数变化确定氧化剂和还原剂

氧化数降低,还原反应
Fe³⁺   +   I⁻   →   Fe²⁺   +   I₂
氧化数升高,氧化反应
氧化剂   还原剂

即 $Fe^{3+} + I^- \rightarrow Fe^{2+} + I_2$,氧化数降低为还原反应,氧化数升高为氧化反应。$Fe^{3+}$ 为氧化剂,I^- 为还原剂。

②确定正负极,并选择电极

氧化剂发生还原反应为正极;还原剂发生氧化反应为负极。正极选择第Ⅱ类电极;负极选择第Ⅲ类电极。

③组成原电池并用原电池符号表示

$$(-)Pt|I_2(s)|I^-(C_1) \| Fe^{2+}(C_2), Fe^{3+}(C_3)|Pt(+)$$

三、电极电势

(一)标准电极电势

当温度为 298K,离子浓度为 1mol/L,气体的分压为 100kPa,固体为纯固体,液体为纯液体,此状态称标准状态。标准状态时的电极电势称**标准电极电势**,用 $\varphi^\ominus$ 表示,非标准状态下的电势就称电极电势,用 φ 表示。标准电极电势标志着物质氧化还原能力的大小,是判断氧化剂、还原剂强弱以及氧化还原反应方向的基本依据。$\varphi^\ominus$ 值的大小只取决于物质的本性,与物质的数量和电极反应的方向无关。例如

$$Zn^{2+} + 2e^- \rightleftharpoons Zn \qquad \varphi^\ominus = -0.76V$$

$$2Zn^{2+} + 4e^- \rightleftharpoons 2Zn \qquad \varphi^\ominus = -0.76V$$

$$Zn \rightleftharpoons Zn^{2+} + 2e^- \qquad \varphi^\ominus = -0.76V$$

电极电势的物理意义和注意事项:

(1)$\varphi^\ominus$ 代数值越大,表明电对的氧化态越易得电子,即氧化态就是越强的氧化剂;$\varphi^\ominus$ 代数值越小,表明电对的还原态越易失电子,即还原态就是越强的还原剂。如:$\varphi^\ominus(Cl_2/Cl^-) = 1.3583V, \varphi^\ominus(Br_2/Br^-) = 1.066V, \varphi^\ominus(I_2/I^-) = 0.5355V$。可知:$Cl_2$ 氧化性较强,而 I^- 还原性较强。

(2)$\varphi^\ominus$ 代数值与电极反应中化学计量数的选配无关。如 $Zn^{2+} + 2e^- = Zn$ 与 $2Zn^{2+} + 4e = 2Zn, \varphi^\ominus$ 数值相同。

(3)$\varphi^\ominus$ 代数值与半反应的方向无关。无论电对物质在实际反应中的转化方向如何,其 $\varphi^\ominus$ 代数值不变。如 $Cu^{2+} + 2e = Cu$ 与 $Cu = Cu^{2+} + 2e, \varphi^\ominus$ 数值相同。

(二)浓度对电极电势的影响——能斯特方程

电极电势与物质的本性、物质的浓度、温度有关,一般温度的影响较小,对某一电对而言,浓度的影响可用**能斯特方程**表示

$$a\,氧化型 + ne^- \rightleftharpoons b\,还原型$$

在 25℃时
$$\varphi = \varphi^\ominus + \frac{0.059}{n} \lg \frac{C^a_{氧化型}}{C^b_{还原型}} \quad (3\text{-}71)$$

式中,φ 为指定浓度下的电极电势;$\varphi^\ominus$ 为标准电极电势;n 为电极反应中得失电子数;$C_{还原型}$ 为还原态物质的浓度;$C_{氧化型}$ 为氧化态物质的浓度。

利用该方程可计算不同离子浓度或不同分压时的 φ 值,但使用时须注意:
(1)纯固体、纯液体不列入方程;
(2)电极反应式中,化学计量数为浓度或分压的指数;
(3)参加电极反应的 H^+ 或 OH^- 或其他离子的浓度也应列入方程;水的浓度不必写入式中。

【例 3-49】 计算当 H^+ 浓度为 3.0mol/L,其他离子浓度为 1mol/L 时,电对 $Cr_2O_7^{2-}/Cr^{3+}$ 的电极电势。已知 $\varphi^\ominus_{Cr_2O_7^{2-}/Cr^{3+}} = 1.33V$。

解
$$Cr_2O_7^{2-} + 14H^+ + 6e^- \rightleftharpoons 2Cr^{3+} + 7H_2O$$

能斯特方程
$$\varphi_{Cr_2O_7^{2-}/Cr^{3+}} = \varphi^\ominus_{Cr_2O_7^{2-}/Cr^{3+}} + \frac{0.059}{n} \lg \frac{C_{Cr_2O_7^{2-}} \cdot C^{14}_{H^+}}{C^2_{Cr^{3+}}}$$

$$= 1.33 + \frac{0.059}{6} \lg 3^{14}$$

$$= 1.40V$$

【例 3-50】 向原电池 $(-)Ag, AgCl|Cl^- \| Ag^+|Ag(+)$ 的负极中加入 $NaCl$,则原电池电动势的变化是:

  A. 变大   B. 变小   C. 不变   D. 不能确定

解 负极 氧化反应:$Ag + Cl^- = AgCl + e$
正极 还原反应:$Ag^+ + e = Ag$
电池反应:$Ag^+ + Cl^- = AgCl$

原电池负极能斯特方程式为:$\varphi_{AgCl/Ag} = \varphi^\ominus_{AgCl/Ag} + 0.059 \lg \frac{1}{C(Cl^-)}$。

由于负极中加入 $NaCl$,Cl^- 浓度增加,则负极电极电势减小,正极电极电势不变,因此电池的电动势增大。

答案:A

【例 3-51】 有原电池 $(-)Zn|ZnSO_4(c_1)\|CuSO_4(c_2)|Cu(+)$,如向铜半电池中通入硫化氢,则原电池电动势变化趋势是:

  A. 变大   B. 变小   C. 不变   D. 无法判断

解 铜电极通入 H_2S,生成 CuS 沉淀,Cu^{2+} 浓度减小。

铜半电池反应为:$Cu^{2+} + 2e^- = Cu$,根据电极电势的能斯特方程式

$$\varphi = \varphi^\ominus + \frac{0.059}{2} \lg \frac{C_{氧化型}}{C_{还原型}} = \varphi^\ominus + \frac{0.059}{2} \lg C_{Cu^{2+}}$$

$C_{Cu^{2+}}$ 减小,电极电势减小。原电池的电动势 $E = \varphi_正 - \varphi_负$,$\varphi_正$ 减小,$\varphi_负$ 不变,则电动势 E 减小。

答案:B

【例 3-52】 下列各电对的电极电势与 H^+ 浓度有关的是:

  A. Zn^{2+}/Zn B. Br_2/Br^-
  C. AgI/Ag D. MnO_4^-/Mn^{2+}

解 四个电对的电极反应分别为：
$$Zn^{2+} + 2e^- = Zn; Br_2 + 2e^- = 2Br^-$$
$$AgI + e^- = Ag + I^-$$
$$MnO_4^- + 8H^+ + 5e = Mn^{2+} + 4H_2O$$

只有 MnO_4^-/Mn^{2+} 电对的电极反应与 H^+ 的浓度有关。

根据电极电势的能斯特方程式，MnO_4^-/Mn^{2+} 电对的电极电势与 H^+ 的浓度有关。

答案： D

（三）电极电势的应用

(1) 判断原电池正负极，计算原电池电动势，φ 值较大的为正极，φ 值较小的为负极。当两极处于标准状态时，直接用 $\varphi^\ominus$ 来判断和计算。

(2) 判断氧化剂和还原剂的相对强弱。$\varphi^\ominus$ 值或 φ 值越大，表示电对中氧化态的氧化能力越强，是强氧化剂；$\varphi^\ominus$ 值或 φ 值越小，表示电对中还原态的还原能力越强，是强还原剂。

(3) 判断氧化还原反应的方向

$$E = \varphi_{氧化剂} - \varphi_{还原剂} > 0 \quad 反应正向进行$$
$$E = \varphi_{氧化剂} - \varphi_{还原剂} = 0 \quad 处于平衡状态$$
$$E = \varphi_{氧化剂} - \varphi_{还原剂} < 0 \quad 反应逆向进行$$

(4) 判断反应进行的程度

氧化还原反应达到平衡时，平衡常数 $K^\ominus$ 与标准电动势 $E^\ominus$ 之间的关系为

$$\lg K^\ominus = \frac{nE^\ominus}{0.059} = \frac{n(\varphi^\ominus_{氧化剂} - \varphi^\ominus_{还原剂})}{0.059} \tag{3-72}$$

式中，n 为氧化还原反应中转移的电子数。K 越大，反应进行的程度越大。

【例 3-53】 在 298K 时，对反应

$$2Fe^{3+}(1.0mol/L) + Cu \rightleftharpoons 2Fe^{2+}(0.2mol/L) + Cu^{2+}(0.01mol/L)$$

已知 $\varphi^\ominus_{Cu^{2+}/Cu} = 0.34V$，$\varphi^\ominus_{Fe^{3+}/Fe^{2+}} = 0.77V$。

① 将该反应设计成原电池，并用符号表示；
② 写出两极反应；
③ 判断反应进行方向；
④ 计算 298K 时反应的平衡常数 $K^\ominus$。

解 ① 设计原电池

$$\varphi_{Fe^{3+}/Fe^{2+}} = 0.77 + \frac{0.059}{1}\lg\frac{1.0}{0.2} = 0.81V$$

$$\varphi_{Cu^{2+}/Cu} = 0.34 + \frac{0.059}{2}\lg 0.01 = 0.28V$$

原电池符号：$(-)Cu|Cu^{2+}(0.01mol/L) \| Fe^{2+}(0.2mol/L), Fe^{3+}(1.0mol/L)|Pt(+)$

② 写出两极反应

正极电极反应 $\quad\quad\quad\quad Fe^{3+} + e^- \rightleftharpoons Fe^{2+}$
负极电极反应 $\quad\quad\quad\quad Cu - 2e^- \rightleftharpoons Cu^{2+}$

③ 判断反应方向

$$E = \varphi_{氧化剂} - \varphi_{还原剂} = 0.81 - 0.28 = 0.53V > 0$$

反应正向进行 [或 $E^\ominus = 0.43V > 0.2V$，反应正向进行]

④计算平衡常数

$$\lg K^\ominus = \frac{nE^\ominus}{0.059} = \frac{2\times(0.77-0.34)}{0.059} = 14.58$$

$$K^\ominus = 3.80\times 10^{14}$$

【例 3-54】 已知:$\varphi^\ominus_{Fe^{3+}/Fe^{2+}} = 0.77V$;$\varphi^\ominus_{Fe^{2+}/Fe} = -0.44V$;$\varphi^\ominus_{Zn^{2+}/Zn} = -0.76V$;$\varphi^\ominus_{Cu^{2+}/Cu} = 0.34V$。氧化型物质的氧化能力由强到弱的排列次序正确的是:

    A. $Fe^{3+} > Zn^{2+} > Cu^{2+}$ B. $Zn^{2+} > Fe^{3+} > Cu^{2+}$

    C. $Cu^{2+} > Fe^{3+} > Zn^{2+}$ D. $Fe^{3+} > Cu^{2+} > Zn^{2+}$

答案:D

【例 3-55】 反应 $Zn^{2+}(1.0\text{mol/L}) + Fe \rightleftharpoons Zn + Fe^{2+}(0.1\text{mol/L})$ 自发进行的方向是:

    A. 正向   B. 逆向

    C. 平衡状态   D. 不能判断

答案:B

【例 3-56】 该反应的 $\lg K^\ominus$ 是:

    A. $\dfrac{-2\times 0.32}{0.059}$ B. $\dfrac{2\times 0.32}{0.059}$

    C. $\dfrac{-2\times 0.29}{0.059}$ D. $\dfrac{2\times 0.29}{0.059}$

答案:A

四、电解

电流通过电解液在电极上引起氧化还原反应的过程叫电解。

(一)电解池的组成和电极反应

电解池是将电能转变成化学能的装置。电解池中有两极,与外电源负极相连的极叫阴极,与外电源正极相连的极叫阳极。电解时阴极上发生还原反应,阳极上发生氧化反应。

(二)分解电压与超电压

使电解顺利进行时所需最小外加电压叫实际分解电压,理论分解电压是电解产物形成原电池时所产生的电动势,它与外加电压方向相反。一般情况下实际分解电压总是大于理论分解电压。主要原因是电极的极化。电极极化又分浓差极化和电化学极化两类。

浓差极化是由电极反应速度快,而离子扩散速度慢,使电极表面离子浓度低于整体的离子浓度所造成的极化现象。阴极表面离子浓度降低将使阴极电势更负,阳极表面离子浓度降低将使阳极电势更正,分解电压将增大。浓差极化可用加热和搅拌等方法消除。

电化学极化是电极反应速度慢所引起的极化现象。其结果也是使阴极电势变得更负,阳极电势更正。实际析出电势与理论析出电势之差叫超电势(η 表示),统一规定超电势取正值。即

$$\eta_{阴} = \varphi_{阴、理} - \varphi_{阴、实} \tag{3-73}$$

$$\eta_{阳} = \varphi_{阳、实} - \varphi_{阳、理} \tag{3-74}$$

阴极超电势与阳极超电势之和等于超电压,即

$$E_{超} = \eta_{阴} + \eta_{阳} \tag{3-75}$$

(三)电解产物的一般规律

电解产物析出的先后顺序由它们的析出电势来决定。而析出电势又与标准电极电势、离

子浓度、超电势等有关。但总的原则是：**析出电势代数值较大的氧化型物质首先在阴极还原；析出电势代数值较小的还原型物质首先在阳极氧化。**一般规律是：

阴极　　　　　　　当 $\varphi^{\ominus} > \varphi^{\ominus}_{Al^{3+}/Al}$ 时　　$M^{n+} + ne^- \rightleftharpoons M$

　　　　　　　　　当 $\varphi^{\ominus} < \varphi^{\ominus}_{Al^{3+}/Al}$ 时　　$2H^+ + 2e^- \rightleftharpoons H_2$

阳极　可溶性电极　　　　　　　$M - ne^- \rightleftharpoons M^{n+}$

　　　惰性电极　简单负离子，如 Cl^-、Br^-、I^-、S^{2-} 分别析出 Cl_2、Br_2、I_2、S。

　　　　　　　　复杂离子，如 $4OH^- - 4e^- \rightleftharpoons O_2 + 2H_2O$。

【例 3-57】 电解 NaCl 水溶液时，阴极上放电的离子是：

　　　　A. H^+　　　　B. OH^-　　　　C. Na^+　　　　D. Cl^-

解　电解产物析出顺序由它们的析出电势决定。析出电势与标准电极电势、离子浓度、超电势有关。总的原则：析出电势代数值较大的氧化型物质首先在阴极还原，析出电势代数值较小的还原型物质首先在阳极氧化。

阴极：当 $\varphi^{\ominus} > \varphi^{\ominus}_{Al^{3+}/Al}$ 时，$M^{n+} + ne^- = M$

　　　当 $\varphi^{\ominus} < \varphi^{\ominus}_{Al^{3+}/Al}$ 时，$2H^+ + 2e^- = H_2$

因 $\varphi^{\ominus}_{Na^+/Na} < \varphi^{\ominus}_{Al^{3+}/Al}$ 时，所以 H^+ 首先放电析出。

答案：A

五、金属的腐蚀及其防止

(一)金属的腐蚀

金属腐蚀是指金属表面与周围介质发生化学或电化学作用而遭受的破坏。金属腐蚀分化学腐蚀和电化学腐蚀两大类。

单纯由化学作用引起的腐蚀叫化学腐蚀。其特点是腐蚀过程中没有水气的参与。如金属与干燥的 O_2、H_2S、Cl_2、SO_2 等气体和石油中的有机硫化物作用生成相应的化合物，高温时尤为显著。

金属与电解质溶液接触时发生电化学腐蚀。在腐蚀过程中形成许多微小的腐蚀电池。杂质等电极电势较大的物质作为阴极发生还原反应，电极电势较小的物质在阳极上发生氧化反应而被腐蚀。由于腐蚀介质的不同，电化学腐蚀又可分为下列三种类型。

1. 析氢腐蚀

在酸性介质中(以 Fe 为例)

阳极　　　　　　　　　　$Fe - 2e^- \rightleftharpoons Fe^{2+}$

阴极(导电杂质)　　　　　$2H^+ + 2e^- = H_2$

电池反应　　　　　　　　$Fe + 2H^+ \rightleftharpoons Fe^{2+} + H_2$

或　　　　　　　　　　　$Fe + 2H_2O \rightleftharpoons Fe(OH)_2 + H_2$

2. 吸氧腐蚀

在弱碱性或中性介质中(以 Fe 为例)：

阳极　　　　　　　　　　$Fe - 2e^- \rightleftharpoons Fe^{2+}$

阴极(导电杂质)　　　　　$\frac{1}{2}O_2 + H_2O + 2e^- \rightleftharpoons 2OH^-$

总反应　　　　　　　　　$Fe + H_2O + \frac{1}{2}O_2 \rightleftharpoons Fe(OH)_2$

Fe(OH)$_2$ 在空气中进一步氧化脱水成为铁锈 Fe$_2$O$_3$,钢铁在大气中的腐蚀主要是吸氧腐蚀。

3. 差异充气腐蚀

当金属表面氧气分布不均时发生差异充气腐蚀,实际上是吸氧腐蚀的一种。

$$O_2 + 2H_2O + 4e^- \rightleftharpoons 4OH^-$$

$$\varphi = \varphi^\ominus + \frac{0.059}{4} \lg \frac{p_{O_2}}{C_{OH^-}^4}$$

可见,p_{O_2} 小的部位,φ 值小,作为阳极被腐蚀。这种腐蚀的危害极大,多发生在金属表面不光滑或加工的接口处等。

【例 3-58】 在差异充气腐蚀中,氧气浓度大和小部分的名称分别为:

A. 阳极和阴极　　　　　　B. 阴极和阳极
C. 正极和负极　　　　　　D. 负极和正极

答案:B

(二) 金属腐蚀的防止

防止金属腐蚀的方法很多,常用的有组成合金法、表面涂层法、缓蚀剂法、阴极保护法等。

缓蚀剂法是在腐蚀介质中加入少量物质来延缓腐蚀速率的方法,所加的物质叫缓蚀剂。缓蚀剂分为无机缓蚀剂和有机缓蚀剂两大类,在中性或碱性介质中常加无机缓蚀剂,如亚硝酸盐、铬酸盐、重铬酸盐、磷酸盐等;在酸性介质中加入有机缓蚀剂,如乌洛托品[六次甲基四胺(CH$_2$)$_6$N$_4$]、若丁(其主要成分为苯基硫脲)等来减缓钢铁的腐蚀。

阴极保护法分为两种。

1. 牺牲阳极保护法

将活泼金属与被保护金属组成原电池,使活泼金属作为腐蚀电池的阳极而被腐蚀,被保护的金属作为阴极得到保护。此法常用于保护海轮外壳、锅炉及海底设备。

2. 外加电流法

这是在直流电源作用下,将被保护的金属与另一附加电极组成电解池,被保护金属作为电解池的阴极而达到保护的目的。这种方法用于防止土壤、河水和海水中的金属设备被腐蚀。

【例 3-59】 下列防止金属腐蚀的方法中错误的是:

A. 在金属表面涂刷油漆
B. 在外加电流保护法中,被保护金属直接与电源正极相连
C. 在外加电流保护法中,被保护金属直接与电源负极相连
D. 为了保护铁制管道,可使其与锌片相连

答案:B

六、原电池、电解池、腐蚀电池的比较

(一) 原电池中发生自发的氧化还原反应(表 3-13)

表 3-13

电极名称	电　势	电　极　反　应
正极	高	还原反应
负极	低	氧化反应

(二)电解池中发生强制的氧化还原反应(表3-14)

表3-14

电极名称	电势	电极反应
阳极	高	氧化反应
阴极	低	还原反应

(三)腐蚀电池中发生自发的氧化还原反应(表3-15)

表3-15

电极名称	电势	电极反应
阴极	高	还原反应
阳极	低	氧化反应

习　　题

3-32　在 $KMnO_4 + HCl \rightarrow KCl + MnCl_2 + Cl_2 + H_2O$ 反应中,配平后各物种前的化学计量数从左到右依次为(　　)。

　　　A. 2、8、2、2、3、8　　　　　　　　B. 2、16、2、2、5、8

　　　C. 2、4、1、2、3、8　　　　　　　　D. 2、16、2、2、5、4

3-33　在上题反应中,作为氧化剂的是(　　)。

　　　A. HCl　　　B. $MnCl_2$　　　C. Cl_2　　　D. $KMnO_4$

3-34　下列两电极反应

$$Cu^{2+} + 2e^- \rightleftharpoons Cu$$

$$I_2 + 2e^- \rightleftharpoons 2I^-$$

当离子浓度增大时,电极电势变化正确的是(　　)。

　　　A. $\varphi_{Cu^{2+}/Cu}$变小,φ_{I_2/I^-}变大　　　B. $\varphi_{Cu^{2+}/Cu}$变大,φ_{I_2/I^-}变大

　　　C. $\varphi_{Cu^{2+}/Cu}$变小,φ_{I_2/I^-}变大　　　D. $\varphi_{Cu^{2+}/Cu}$变大,φ_{I_2/I^-}变小

3-35　已知 $\varphi^{\ominus}_{MnO_4^-/Mn^{2+}} = 1.51V$,$\varphi_{MnO_4^-/MnO_2} = 1.68V$,$\varphi_{MnO_4^-/MnO_4^{2-}} = 0.56V$,则还原型物质的还原性由强到弱排列的次序是(　　)。

　　　A. $MnO_4^{2-} > MnO_2 > Mn^{2+}$　　　　B. $Mn^{2+} > MnO_4^- > MnO_2$

　　　C. $MnO_4^{2-} > Mn^{2+} > MnO_2$　　　　D. $MnO_2 > MnO_4^{2-} > Mn^{2+}$

3-36　下列两反应能自发进行

$$2Fe^{3+} + Cu \rightleftharpoons 2Fe^{2+} + Cu^{2+}; \quad Cu^{2+} + Fe \rightleftharpoons Fe^{2+} + Cu$$

由此比较 $a:\varphi_{Fe^{3+}/Fe^{2+}}$,$b:\varphi_{Cu^{2+}/Cu}$,$c:\varphi_{Fe^{2+}/Fe}$ 的代数值大小顺序为(　　)。

　　　A. $a > b > c$　　　B. $c > b > a$　　　C. $b > a > c$　　　D. $a > c > b$

3-37　反应 $A + B^{2+} = A^{2+} + B$ 的标准平衡常数是 10^4,则该反应组成原电池时,该原电池的电动势是(　　)。

　　　A. 0.118V　　　B. 1.20V　　　C. 0.07V　　　D. 0.236V

3-38　用铜作电极电解 $CuCl_2$ 水溶液时,阳极的主要反应是(　　)。

　　　A. $4OH^- - 4e^- \rightleftharpoons 2H_2O + O_2$　　　B. $2Cl^- - 2e^- = Cl_2$

　　　C. $2H^+ + 2e^- \rightleftharpoons H_2$　　　　　　D. $Cu - 2e^- = Cu^{2+}$

3-39 在差异充气腐蚀中,氧气浓度大和浓度小的部分名称分别为(　　)。

　　　A. 阳极和阴极　　B. 阴极和阳极　　C. 正极和负极　　D. 负极和正极

3-40 将钢管一部分埋在沙土中,另一部分埋在黏土中,埋入黏土中的钢管成为腐蚀电池的(　　)。

　　　A. 正极　　　　B. 负极　　　　C. 阴极　　　　D. 阳极

第五节　有机化合物

一、有机化合物的特点、分类及命名

有机化合物在结构和性质上的特点如下:

(一)结构特点

(1)碳原子之间可以形成 C—C 单键、C=C 双键和 C≡C 叁键。碳原子的连接方式有长短不等的直链、支链和首尾相连的环链。例如

$$CH_3-C≡CH \qquad CH_3(CH_2)_{16}CH_3 \qquad 环己烯$$

　　丙炔　　　　　　　正十八烷　　　　　　环己烯

(2)普遍存在同分异构现象。一种分子式往往可以表示几种性能完全不同的化合物,这些化合物叫<mark>同分异构体</mark>。例如正丁烷与异丁烷的分子式都是 C_4H_{10},而它们的结构式分别为

$$CH_3-CH_2-CH_2-CH_3 \qquad CH_3-CH(CH_3)-CH_3$$

　　　　正丁烷　　　　　　　　　　异丁烷

这种由于碳原子的连接方式不同形成的异构体叫<mark>碳骼异构体</mark>。又如分子式都是 C_2H_6O 的乙醇和甲醚结构式分别为

$$CH_3-CH_2-OH \qquad CH_3-O-CH_3$$

　　　乙醇　　　　　　　　　　甲醚

这种由于官能团的不同形成的异构体叫<mark>官能团异构体</mark>。因此,为了准确地表示一个有机化合物,通常采用结构式而不用分子式。

(二)性质特点

(1)容易燃烧。除 CCl_4 外都可以燃烧,目前所用的固体、液体、气体燃料几乎都是有机物。

(2)熔点、沸点低。绝大多数有机化合物都是共价化合物,晶体类型属分子晶体,分子间作用力较弱。故大多数有机物的熔点、沸点较低,一般熔点在 573K 以下。

(3)难溶于水,易溶于有机溶剂。大多数有机化合物是非极性或弱极性的分子,根据"相似相溶"原则,都可溶于酒精、乙醚、丙酮、煤油、汽油等有机溶剂。

(4)反应速率慢、产物种类多。有机物之间的反应速率慢,常要用加热加压或加催化剂的方法来加速反应。有机反应进行时,常有副反应发生,产物种类多。

(5)绝缘性能好。绝大多数有机物是非电解质,在溶解和熔融状态下不导电,是优良的绝

缘材料。

(三)有机物的分类

1. 按碳原子的连接方式分类

(1)开链化合物

碳原子相互连接成两端张开的链,开链化合物又叫脂肪类化合物。如

$$CH_3-CH_2-OH \qquad CH_3-\underset{\underset{O}{\|}}{C}-CH_3 \qquad H_2C=CH-CH=CH_2$$

　　　乙醇　　　　　　　丙酮　　　　　　　1,3-丁二烯

(2)碳环化合物

碳原子相互连接成环状。碳环化合物又分三类:

①脂环化合物,性质与链状化合物相似,主要存在于石油和煤焦油中,如:

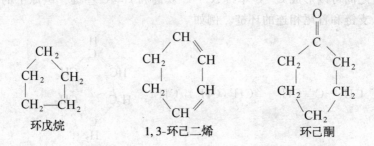

　　环戊烷　　　　　1,3-环己二烯　　　　　环己酮

②芳香族化合物,这类化合物分子中都含有苯环结构,如:

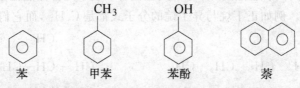

　　苯　　　甲苯　　　苯酚　　　萘

③杂环化合物,环上除有碳原子外,还有其他原子(如 O、N、S),如:

　　呋喃　　　吡啶　　　噻吩

2. 按官能团分类

将含有相同官能团和化学性质基本相似的化合物划分为一类。表 3-16 列出了一些主要化合物的类别、官能团的名称及通式等。表中 R、R′表示烷基,Ar 表示芳烃基,X 表示卤素。

一些主要有机物的类型　　　　　　　表 3-16

类别	通式	官能团	名称	例子
烷烃	C_nH_{2n+2}			CH_4　甲烷
烯烃	C_nH_{2n}	$C=C$	双键	$CH_2=CH_2$　乙烯

续上表

类别	通式	官能团	名称	例子
炔烃	C_nH_{2n-2}	$-C\equiv C-$	叁键	$CH\equiv CH$ 乙炔
卤代烃	$R-X$	$-X$	卤素原子	C_6H_5Br 溴苯
醇或酚	$R-OH$ 或 $Ar-OH$	$-OH$	羟基	CH_3CH_2OH 乙醇，C_6H_5OH 苯酚
醚	$R-O-R'$	$-O-$	醚键	$C_2H_5-O-C_2H_5$ 乙醚
醛	$R-CHO$	$\overset{H}{\underset{}{-C=O}}$	醛基	$CH_3-\overset{O}{\underset{}{C}}-H$ 乙醛
酮	$R-\overset{O}{\underset{}{C}}-R'$	$-\overset{O}{\underset{}{C}}-$	羰基	$CH_3-\overset{O}{\underset{}{C}}-CH_3$ 丙酮
羧酸	$RCOOH$	$-\overset{O}{\underset{}{C}}-OH$	羧基	CH_3COOH 乙酸
酯	$RCOOR'$	$-\overset{O}{\underset{}{C}}-O-R'$	烷氧羰基	$CH_3COOCH_2CH_3$ 乙酸乙酯
胺	$R-NH_2$	$-NH_2$	氨基	$H_2NCH_2CH_2NH_2$ 乙二胺
酰胺	$R-\overset{O}{\underset{}{C}}-NH_2$	$-\overset{O}{\underset{}{C}}-NH_2$	氨基甲酰基	$CH_3-\overset{O}{\underset{}{C}}-NH_2$ 乙酰胺
腈	$R-CN$	$-CN$	氰基	$H_2C=CHCN$ 丙烯腈
硝基化合物	$R-NO_2$ 或 $Ar-NO_2$	$-NO_2$	硝基	$C_6H_5NO_2$ 硝苯
磺酸	$R-SO_3H$	$-SO_3H$	磺酸基	$C_6H_5SO_3H$ 苯磺酸

（四）有机物的命名

有机物的命名方法有习惯命名法、衍生物命名法、系统命名法。重点介绍系统命名法。

1．链烃及其衍生物的命名原则

（1）选择主链

选择最长碳链或含有官能团的最长碳链为主链，以主链作为母体，主链中的碳原子数用甲、乙、……壬、癸、十一、十二……表示，称某烷、某烯、某炔、某醇、某醛、某酸等，支链、卤原子、硝基则视为取代基。

（2）主链编号

从距取代基或官能团最近的一端开始，对碳原子依次用1，2，3，…进行编号，来表明取代基或官能团的位置。但要尽可能采用最小数目。有 n 个取代基时，简单的在前，复杂的在后，相同的取代基和官能团的数目，用二、三、…表示。

（3）写出全称

将取代基的位置编号、数目和名称写在前面，将母体化合物的名称写在后面，例如

$$\overset{6}{CH_3}-\overset{5}{CH_2}-\underset{\underset{CH_2CH_3}{|}}{\overset{4}{CH}}-\overset{3}{CH_2}-\underset{\underset{CH_2}{\|}}{\overset{2}{C}}-\overset{1}{CH_3} \quad \text{2-甲基-4-乙基-1-己烯}$$

$\overset{7}{C}H_3-\overset{6}{\underset{\underset{CH_3}{|}}{\overset{\overset{CH_3}{|}}{C}}}-\overset{5}{\underset{\underset{CH_2CH_3}{|}}{C}H}-\overset{4}{C}\equiv\overset{3}{C}-\overset{2}{\underset{\underset{CH_3}{|}}{\overset{\overset{CH_3}{|}}{C}}}-\overset{1}{C}H_3$ 2,2,6,6-四甲基-5-乙基-3-庚炔

$\overset{6}{C}H_3-\overset{5}{C}H=\overset{4}{C}H-\overset{3}{\underset{\underset{O}{\|}}{C}}-\overset{2}{\underset{\underset{Cl}{|}}{\overset{\overset{CH_3}{|}}{C}}}-\overset{1}{C}H_3$ 2-氯-2-甲基-4-己烯-3-酮

2. 芳香烃及其衍生物的命名原则

(1)选择母体

选择苯环上所连官能团(—OR、—NH$_2$、—OH、$-\overset{O}{\overset{\|}{C}}-$、—CN、$-\overset{O}{\overset{\|}{C}}-H$、$-\overset{O}{\overset{\|}{C}}-NH_2$、$-\overset{O}{\overset{\|}{C}}-X$、—SO$_3$H、$-\overset{O}{\overset{\|}{C}}-OR$、$-\overset{O}{\overset{\|}{C}}-OH$、$\diagup C=C\diagdown$、—C≡C—)或带官能团最长的碳链为母体,把苯环视为取代基。当苯环上有简单的烃基(分子量较小的烃基)、卤原子、硝基时,把苯环当做母体。

(2)编号

将母体中碳原子依次用1,2,…编号,使官能团或取代基位次具有最小值。当苯环上含有两个或三个取代基时,可分别用邻-、间-、对-或连-、均-、偏-等词头表示。例如:

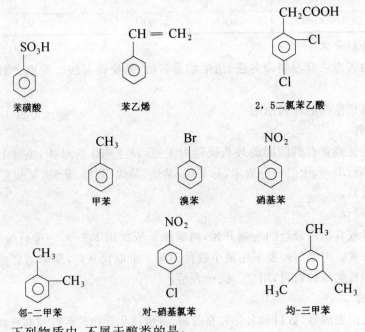

【例3-60】 下列物质中,不属于醇类的是:

A. C_4H_9OH B. 甘油

C. $C_6H_5CH_2OH$ D. C_6H_5OH

解 羟基与烷基直接相连为醇,通式为 R—OH(R 为烷基);羟基与芳香基直接相连为酚,

通式为 Ar—OH(Ar 为芳香基)。

答案：D

【例 3-61】 下列有机物中，对于可能处在同一平面上的最多原子数目的判断，正确的是：

A. 丙烷最多有 6 个原子处于同一平面上

B. 丙烯最多有 9 个原子处于同一平面上

C. 苯乙烯（◯—CH=CH$_2$）最多有 16 个原子处于同一平面上

D. CH$_3$CH=CH—C≡C—CH$_3$ 最多有 12 个原子处于同一平面上

解　丙烷最多 5 个原子处于一个平面，丙烯最多 7 个原子处于一个平面，苯乙烯最多 16 个原子处于一个平面，CH$_3$CH=CH—C≡C—CH$_3$ 最多 10 个原子处于一个平面。

答案：C

二、有机物的重要反应

(一)裂化反应

有机化合物在高温下分解叫热解，烷烃的热解叫裂化反应，裂化反应的实质是 C—C 键和 C—H 键的断裂。反应产物是混合物，碳原子越多的有机物热解时产物越复杂。丁烷的裂化反应如下

$$CH_3CH_2CH_2CH_3 \longrightarrow \begin{cases} CH_3—CH=CH_2 + CH_4 \\ CH_2=CH_2 + CH_3—CH_3 \\ CH_3—CH_2—CH=CH_2 + H_2 \end{cases}$$

在催化裂化下，除有 C—C 键的断裂外还伴随着异构化、环化、芳香化、聚合、缩合等反应发生。

(二)取代反应

在反应中，反应物分子的一个原子或原子团被其他原子或原子团替代的反应。例如：在日光或加热下，CH$_4$ 与 Cl$_2$ 发生的取代反应生成 HCl 和氯甲烷(CH$_3$Cl)、二氯甲烷(CH$_2$Cl$_2$)、三氯甲烷(CHCl$_3$)、四氯化碳(CCl$_4$)。

芳香烃有以下几种重要取代反应：

(1)氯化

◯ + Cl$_2$ $\xrightarrow{\text{Fe 或 FeCl}_3}$ ◯—Cl + HCl

(2)硝化

◯ + HNO$_3$ $\xrightarrow{\text{浓 H}_2\text{SO}_4}$ ◯—NO$_2$ + H$_2$O

(3)磺化

◯ + H$_2$SO$_4$(浓) $\longrightarrow$ ◯—SO$_3$H + H$_2$O

当苯环上已有一个取代基,再进入第二个取代基时,按苯环的结构可以进入邻位、间位和对位形成三种异构体。但事实上这三个不同的位置取代的机会是不均等的,第二个取代基进入的位置决定于苯环上原有取代基,与新进入的取代基关系不大,把苯环上原有取代基对新进入取代基的定位作用叫取代基的定位效应。根据实验结果一般把定位基分为两类:

(1)邻位、对位定位基

定位效应的大小顺序:$-NH_2>-OH>-CH_3>Cl>Br>I>-C_6H_5$,同时使苯环活化。
例如:

$$C_6H_5CH_3 + HNO_3(浓) \xrightarrow{浓 H_2SO_4} \text{邻-硝基甲苯}(58\%) + \text{对-硝基甲苯}(38\%) + \text{间-硝基甲苯}(4\%)$$

(2)间位定位基

其定位效应大小顺序:$-NO_2>-CN>-SO_3H>-CHO>-COOH$,同时使苯环钝化。
例如:

$$C_6H_5NO_2 + HNO_3(发烟) \xrightarrow[368\sim373K]{浓 H_2SO_4} \text{间-二硝基苯}(93.2\%) + \text{邻-二硝基苯}(6.5\%) + \text{对-二硝基苯}(0.3\%)$$

(三)加成反应

不饱和分子中的双键、叁键打开,即分子中的 π 键断裂,两个一价的原子或原子团加到不饱和键的两个碳原子上,这种反应叫加成反应,重要的加成反应有以下两种类型。

1. 不饱和烃的加成反应

如烯烃的加成反应

$$CH_3CH=CH_2 + HOH = CH_3CH-CH_2$$
$$||$$
$$OHH$$

像这种结构不对称的烯烃与水、卤化氢等极性试剂加成时,主要是试剂中带负电荷的部分加到双键含氢较少的或不含氢的碳原子上,而带正电荷部分加到双键含氢较多的碳原子上,这一规律称不对称加成规则,此经验规律也称马尔可夫尼克夫规则,简称马氏规则。合成高分子的原料如氯乙烯、乙酸乙烯酯、丙烯腈等都是通过加成反应得到的。例如:乙炔与 HCl 的加成得氯乙烯

$$CH\equiv CH + HCl \xrightarrow{HgCl_2} CH_2=CHCl$$

乙炔与乙酸的加成得乙酸乙烯酯

$$CH\equiv CH + CH_3COOH \xrightarrow[150\times 10^5\sim 180\times 10^5 Pa]{碱} H_2C=CH-O-\overset{\displaystyle O}{\overset{\|}{C}}-CH_3$$

乙炔与 HCN 的加成得丙烯腈

$$CH\equiv CH + HCN \xrightarrow[353\sim 363K]{CuCl_2+NH_4Cl} CH_2=CHCN$$

2. 醛和酮的加成反应

醛和酮的分子中都含有羰基（$-\overset{O}{\underset{\|}{C}}-$），羰基中 C=O 双键也能发生加成反应。当醛酮与结构对称的试剂加成时，反应情况类似烯烃加成；当与结构不对称的试剂加成时，由于

$$>\overset{\delta+}{C}=\overset{\delta-}{O}$$

试剂分子中带负电荷的部分加到碳原子上，带正电荷部分加到氧原子上。如醛、酮与 HCN 的加成反应

$$\underset{H}{\overset{R}{>}}\overset{\delta+}{C}=\overset{\delta-}{O} + HCN \longrightarrow \underset{H}{\overset{R}{>}}C\overset{OH}{\underset{CN}{<}}$$

$$\underset{R}{\overset{R'}{>}}C=O + HCN \longrightarrow \underset{R}{\overset{R'}{>}}C\overset{OH}{\underset{CN}{<}}$$

（四）消去反应

从有机化合物分子中消去一个小分子化合物如 HX、H_2O 等的作用叫消去反应，重要的消去反应有卤代烷的消去反应和醇的消去反应等。

1. 卤代烷的消去反应

卤代烷与 NaOH 的乙醇溶液共热时，可发生消去反应

$$R-\underset{H}{\overset{}{C}H}-\underset{X}{\overset{}{C}H_2}+NaOH \xrightarrow{C_2H_5OH} RCH=CH_2+NaX+H_2O$$

叔卤代烷最容易脱卤化氢，仲卤代烷次之，伯卤代烷最难。仲、叔卤代烷脱卤化氢时，氢原子主要是从含氢较少的碳原子上脱去，如 2-溴丁烷的消去反应

$$CH_3-\underset{H}{\overset{}{C}H}-\underset{Br}{\overset{}{C}H}-\underset{H}{\overset{}{C}H_2}+KOH \xrightarrow{C_2H_5OH} \underset{81\%}{CH_3CH=CHCH_3}+\underset{19\%}{CH_3CH_2CH=CH_2}$$

2. 醇的消去反应

醇在有催化剂和一定高温下能发生消去反应，使醇分子脱去水而变成烯烃，例如

$$\underset{H}{\overset{}{C}H_2}-\underset{OH}{\overset{}{C}H_2} \xrightarrow[\text{（或 }Al_2O_3,360℃）]{\text{浓 }H_2SO_4,170℃} H_2C=CH_2+H_2O$$

醇脱水时主要从含氢较少的碳原子上脱去氢原子，这样形成的烯烃比较稳定，此规律叫做查依采夫规律，简称查氏规则，例如

$$CH_3-CH_2-CH_2-\underset{OH}{\overset{}{C}H}-CH_3 \xrightarrow[-H_2O]{\text{酸}} \begin{cases} CH_3CH_2-CH=CH-CH_3 \\ \text{2-戊烯（主要产物）} \\ CH_3-CH_2-CH_2-CH=CH_2 \\ \text{1-戊烯（次要产物）} \end{cases}$$

（五）氧化还原反应

有机化学中把分子中加入氧或失去氢的反应叫氧化反应，把分子中失去氧或加入氢的反

应叫还原反应。

1. 烷烃的氧化

烷烃在常温下是稳定的,但在高温催化下可氧化成醇、醛、酮、酸,例如甲烷氧化可得到甲醛、甲酸

$$CH_4 + O_2 \xrightarrow{N_i}{873K} HCHO + H_2O$$

2. 不饱和烃的氧化

烯烃分子中由于存在双键,比烷烃容易氧化,冷的稀高锰酸钾碱性溶液能使烯烃氧化为二元醇

$$3CH_2=CH_2 + 2KMnO_4 + 4H_2O \Longrightarrow 3CH_2-CH_2 + 2KOH + 2MnO_2$$
$$\qquad\qquad\qquad\qquad\qquad\qquad\quad |\quad\ \ |$$
$$\qquad\qquad\qquad\qquad\qquad\qquad\ \ OH\ OH$$

在较强的氧化剂作用下(如酸性高锰酸钾溶液),可进一步氧化而使碳链在原双键处完全断裂,氧化结果可简单表示如下

$$RCH=CH_2 \xrightarrow{[O]} RC\underset{\ }{\overset{O}{\parallel}}OH + HC\underset{\ }{\overset{O}{\parallel}}OH \xrightarrow{[O]} CO_2 + H_2O$$

$$\underset{R}{\overset{R}{\ }}C=CH-R' \xrightarrow{[O]} \underset{R}{\overset{R}{\ }}C=O + R'-\underset{\ }{\overset{O}{\parallel}}C-OH$$

即当原双键碳原子上连有两个氢原子时,氧化后 $CH_2{=}$ 就变成甲酸或进一步氧化成 CO_2 和 H_2O;当原双键碳原子上连有一个氢原子和一个烷基时,氧化后 $RCH{=}$ 就变成 RCOOH(羧酸);当原双键碳原子上连有两个烷基时,氧化后 $R_2C{=}$ 就变成 $R-\overset{O}{\overset{\parallel}{C}}-R$(酮)。

炔烃最易被氧化,一般叁键完全断裂,如乙炔被 $KMnO_4$ 氧化

$$3CH{\equiv}CH + 10KMnO_4 + 2H_2O = 6CO_2 + 10KOH + 10MnO_2\downarrow$$

3. 芳烃的氧化

芳香烃中苯环较稳定,普通情况下与氧化剂不作用。但苯环带有侧链时,不论侧链长短如何,都是侧链中直接与苯环连接的碳原子被氧化变为羧基(—COOH),例如

$$\text{C}_6\text{H}_5\text{—CH}_2\text{—CH}_3 \xrightarrow{[O]} \text{C}_6\text{H}_5\text{—COOH}$$

4. 醇的氧化

醇的氧化随分子中—OH 的位置不同而难易程度不同:伯醇(R—OH)氧化最初得到醛,继续氧化可得到羧酸,例如

$$CH_3CH_2OH \xrightarrow{[O]} CH_3CHO \xrightarrow{[O]} CH_3COOH$$

仲醇($\begin{matrix}R\\R\end{matrix}$CH—OH)氧化得到酮,一般不再被氧化,例如

$$CH_3-\underset{\underset{OH}{|}}{CH}-CH_3 \xrightarrow{[O]} CH_3-\underset{\underset{O}{\|}}{C}-CH_3$$

(异丙醇)　　　　　　　(丙酮)

5. 醛的氧化

醛非常容易氧化成酸。弱氧化剂($CuSO_4$ 及酒石酸钾钠的碱溶液)可将醛氧化成酸,但与酮不能反应。

(六)加聚反应

由低分子化合物(单体)通过加成反应,相互结合成为高聚物的反应叫**加聚反应**。在此反应过程中,没有产生其他副产物,因此高聚物具有与单体相同的成分。发生加聚反应的单体必须含有不饱和键,乙烯类单体的加聚反应如下

$$n\,CH_2=\underset{\underset{X}{|}}{CH} \longrightarrow \pecahkan{CH_2-\underset{\underset{X}{|}}{CH}}_n$$

乙烯类单体　　　　乙烯类高聚物

反应式中 $\{CH_2-\underset{\underset{X}{|}}{CH}\}$ 为链节,n 为聚合度,X 可以是 H、R、Cl、CN、Ar 等。

常见的单体和加聚而成的高聚物见表3-17。

常见单体和高聚物　　　　表3-17

单　体	高　聚　物
$CH_2=CH_2$ 乙烯	$\{CH_2-CH_2\}_n$ 聚乙烯
$CH_2=CH-CH_3$ 丙烯	$\{CH_2-\underset{\underset{CH_3}{|}}{CH}\}_n$ 聚丙烯
$CH_2=CHCl$ 氯乙烯	$\{CH_2-CHCl\}_n$ 聚氯乙烯
$CH_2=CH-CH=CH_2$ 1,3-丁二烯	$\{CH_2-CH=CH-CH_2\}_n$ 聚丁二烯
$CH_2=CHCN$ 丙烯腈	$\{CH_2-\underset{\underset{CN}{|}}{CH}\}_n$ 聚丙烯腈
$CF_2=CF_2$ 四氟乙烯	$\{CF_2-CF_2\}_n$ 聚四氟乙烯
$CH_2=CH-\bigcirc$ 苯乙烯	$\{CF_2-CF_2\}_n$ 聚苯乙烯（$\bigcirc$）
$CH_2=\underset{\underset{CH_3}{|}}{C}-COOCH_3$ 2-甲基丙烯酸甲酯	$\{CH_2-\underset{\underset{COOCH_3}{|}}{\overset{\overset{CH_3}{|}}{C}}\}_n$ 聚2-甲基丙烯酸甲酯 (有机玻璃)

单 体	高 聚 物
$CH_2=CH-O-\overset{O}{\underset{\|}{C}}-CH_3$ 乙酸乙烯酯	$\{CH_2-\underset{\underset{\underset{\|}{C}=O}{\|}}{\overset{\|}{CH}}\}_n$ 聚乙酸乙烯酯

（七）缩聚反应

由一种或多种单体互相缩合成为高聚物，同时析出其他低分子物质（如水、氨、醇、卤化氢等）的反应叫**缩聚反应**，所生成的高聚物的成分与单体不同，例如

$$n\,HO-\overset{O}{\underset{\|}{C}}-[CH_2]_4-\overset{O}{\underset{\|}{C}}-OH + n\,H-N-[CH_2]_6-N-H \longrightarrow$$

$$\quad\quad\quad\quad\text{（己二酸）}\quad\quad\quad\quad\quad\quad\text{（己二胺）}$$

$$\{\overset{O}{\underset{\|}{C}}-[CH_2]_4-\overset{O}{\underset{\|}{C}}-\underset{H}{N}-[CH_2]_6-\underset{H}{N}\}_n + (2n-1)H_2O$$

（聚酰胺 66，即尼龙 66）

一般而言，含有两个官能团的单体缩聚形成线型高聚物，如聚酰胺 66；含有三个官能团的单体缩聚形成体型高聚物，如丙三醇与邻苯二甲酸酐缩聚形成醇酸树脂，反应如下

$$n\,\underset{\text{（丙三醇）}}{\underset{OH\ OH\ OH}{CH_2-CH-CH_2}} + n\,\text{（邻苯二甲酸酐）} \xrightarrow{-H_2O}$$

（此处为醇酸树脂的体型网状结构示意图）

（八）催化加氢

催化加氢是指在催化剂作用下，还原剂氢等与不饱和化合物的加成反应。

1. 碳-碳重键的加氢反应

催化加氢方法几乎能使各种类型的碳-碳双键或叁键，无论是孤立的还是共轭的，以不同的难易程度加氢成为饱和键（示例如下）。常用的催化剂有钯、铂、镍等。该方法具有成本低、

操作简单、收率高、产品质量好和选择性好等优点,因此它在精细有机合成和工业生产中成为广泛采用的方法。

$$CH_2=CH_2 \xrightarrow[催化剂]{H_2} CH_3-CH_3$$

2. 芳香环系的加氢反应

芳香族化合物也能进行催化加氢,转变成饱和的脂肪族环系。但它要比脂肪族化合物中的烯键加氢困难得多。例如,异丙烯基苯在很温和的条件下(常温、常压),侧链上的烯键就能够被加氢,而苯环保持不变。

芳香环系催化加氢示例

三、典型有机物的分子式、性质和用途

(一)烷烃

烷烃是只有碳-碳单键的饱和链烃。烷烃的通式为 C_nH_{2n+2}。随着相对分子质量的增加,烷烃的熔沸点有规律地升高,它们的密度也由小变大。烷烃都不溶于水,易溶于有机溶剂。烷烃的化学性质较稳定,常温下与强酸、强碱、强氧化剂及还原剂都不易反应,所以除作为燃料外,还常用作溶剂、润滑油。在较特殊的条件下,烷烃也显示一定的反应能力,而这些化学性质在基本有机原料工业及石油化工中都非常重要。

甲烷(CH_4)是最简单的烷烃。甲烷是无色、无味的可燃性气体,比空气轻,微溶解于水,燃烧热 $3.97×10^4 kJ/m^3$,可被液化和固化;性质稳定,在适当条件下能发生氧化、卤化、热解等反应;甲烷与空气的混合气体在点燃时会发生爆炸,爆炸极限 5.3%～14.0%(体积)。

甲烷在工业上主要用于制造乙炔以及经转化制成氢气或合成氨和有机合成的原料气,也用于制备炭黑、硝基甲烷、一氯甲烷、二氯甲烷、三氯甲烷(氯仿)、二硫化碳、四氯化碳和氢氰酸等,也可直接用作燃料。

(二)烯烃

烯烃是指含碳-碳双键(烯键)的碳氢化合物,属于不饱和烃。烯烃的通式为 C_nH_{2n}。随着相对分子质量的增加,烯烃的熔沸点逐渐升高。烯烃最重要的反应是双键上的亲电加成反应。不饱和烯烃通过聚合反应可以形成聚合物。

(三)炔烃

炔烃是含碳-碳叁键的一类不饱和脂肪烃。炔烃的通式为 C_nH_{2n-2}。炔烃的熔沸点低,密度小,难溶于水,易溶于有机溶剂。炔烃的化学活性比烯烃弱,能被高锰酸钾氧化,产物为羧酸。

(四)芳烃

芳烃是芳香烃的简称,是指分子结构中含有一个或者多个苯环的烃类化合物。最简单和最重要的芳烃是苯及其同系物甲苯、二甲苯、乙苯等。芳烃的物理性质和其他烃类类似,它们都没有极性,不溶于水,密度比水小。

苯是无色、易挥发、易燃烧的液体,有芳香气味;有毒,比水轻;熔点 5.5℃,沸点

80.1℃,溶于乙醇、乙醚等许多有机溶剂;苯蒸气与空气形成爆炸性混合物,爆炸极限1.5%~8.0%(体积);在适当情况下,分子中的氢能被卤素、硝基、磺酸基等置换;也能与氯、氢等起加成反应。

苯是染料、塑料、合成橡胶、合成树脂、合成纤维、合成药物和农药等的重要原料,也可用作动力燃料以及涂料、橡胶、胶水等的溶剂。

苯的来源:工业上由焦炉气(煤气)和炼焦油的轻油部分中回收,近年来随石油化工的发展,将由石油产品的芳构化得到。

甲苯($\langle\bigcirc\rangle-CH_3$)是无色易挥发的液体,有芳香气味,比水轻,熔点-95℃,沸点110.8℃,不溶于水,溶于乙醇、乙醚和丙酮,化学性质与苯相似;蒸气与空气形成爆炸性混合物,爆炸极限1.2%~7.0%(体积);用于制造糖精、染料、药物和炸药等,并用作溶剂;由分馏煤焦油的轻油部分或由催化重整轻汽油馏分而制得。

(五)卤代烃

卤代烃是指烃分子中的氢原子被卤素(氟、氯、溴、碘)取代后生成的化合物。绝大多数卤代烃不溶于水或在水中溶解度很小,但能溶于很多有机溶剂,有些可以直接作为溶剂使用。卤代烃大都具有一种特殊气味,多卤代烃一般都难燃或不燃。卤代烃是一类重要的有机合成中间体,是许多有机合成的原料。

(六)醇

醇的官能团是羟基。醇的沸点比含同数碳原子的烷烃、卤代烷高。在同系列中醇的沸点也是随着碳原子数的增加而有规律地上升。低级的醇能溶于水,相对分子质量增加,溶解度就降低。含有三个以下碳原子的一元醇,可以和水混溶。醇也能溶于强酸。醇在强酸水溶液中溶解度要比在纯水中大。醇的用途极广,是有机合成工业的原料,也是用得最多最普遍的溶剂。

乙醇为无色透明易挥发的液体,比水轻,熔点-117.3℃,沸点78.4℃,能溶于水、甲醇、乙醚和氯仿等溶剂,也能作为溶剂溶解有机化合物和若干无机化合物;乙醇与水能形成共沸混合物,普通的酒精中含乙醇95.57%(质量)在78.10℃时馏出;乙醇是易燃的液体,其蒸气与空气混合能形成爆炸性混合物,爆炸极限3.5%~18%(体积)。

乙醇的用途很广,是一种重要的溶剂,并用于制染料、涂料、药物、合成橡胶、洗涤剂等。

长期以来乙醇是由淀粉、纤维素以及某些植物的糖通过发酵来制取的。

$$C_6H_{12}O_6 \xrightarrow{\text{酵素中的酶}} 2C_2H_5OH + 2CO_2 \uparrow$$
葡萄糖　　　　　　　　　　乙醇

由发酵得来的醇溶液含有8%~12%的乙醇,通过分馏可得95%的乙醇。在CaO或BaO上进行蒸馏可除去残余水而得到绝对酒精,即无水酒精。

大量乙醇是由乙烯按直接或间接方法生产的

$$CH_2=CH_2 + H_2O \xrightarrow{H^+} CH_3CH_2OH$$

(七)酚

酚是-OH基与芳烃基直接连接的化合物,通式为Ar-OH(Ar为芳烃基)。根据分子中所含羟基的数目可分为一元酚:分子中含一个羟基,如苯酚C_6H_5OH;二元酚:分子中含二个羟基,如苯二酚$C_6H_4(OH)_2$;多元酚:分子中含三个或三个以上羟基,如苯三酚$C_6H_3(OH)_3$

和苯六酚 $C_6(OH)_6$。

酚类大多数是无色晶体,难溶于水,易溶于乙醇和乙醚,和醇相比,酚有显著酸性,能和碱直接作用形成酚盐(如苯酚钠 C_6H_5ONa),大多能与三氯化铁溶液作用而发生特殊颜色,可资鉴别。

苯酚⌬—OH(俗名石碳酸),无色或白色晶体,有特殊气味,有毒,具有腐蚀性,在空气中变成粉红色,比水重,熔点 42～43℃,沸点 182℃,在室温时稍溶于水,65℃ 以上时能与水混溶,易溶于乙醇、乙酸、氯仿、甘油、二硫化碳等溶剂,苯酚的水溶液与三氯化铁溶液作用呈紫色;苯酚与醛类缩聚生成酚醛树脂,商业上称电木。

苯酚除用作防腐剂、医药品、增塑剂外,还用于制染料、合成树脂、塑料、合成纤维和农药等。

（八）醛和酮

醛和酮是含有羰基的化合物。一般来说,醛和酮比烯烃的沸点高,比醇和羧酸的沸点低。小于或等于 5 个碳原子的低级醛和酮在水中的溶解度较高,醛和酮一般能溶于有机溶剂。很大程度上,醛和酮都有芳香性气味,是芬芳气味天然物质中的主要活性成分。基于此,一些醛和酮被用作香水和香料。

乙醛(CH_3CHO)为无色流动的液体,有辛辣刺激性的气味,比水轻,熔点 $-123.5℃$,沸点 20.2℃;能与水、乙醇、乙醚、氯仿相混合,易燃、易挥发,蒸气与空气形成爆炸性混合物,爆炸极限 4.0%～57.0%(体积),易氧化成乙酸,与碱作用时发生许多复杂的变化,于浓硫酸或盐酸存在下聚合成三聚乙醛。

乙醛用于制造醋酸、乙酸乙酯、正丁醇、合成树脂等。

（九）羧酸

羧酸是一类通式为 RCOOH 或 $R(COOH)n$ 的化合物,式中 R 为脂烃基或芳烃基,分别称为脂肪(族)酸或芳香(族)酸。羧酸的沸点比多数相对分子质量相近的烃、卤代烃都要高,甚至比相对分子质量相当的醇、醛、酮的沸点还要高。羧酸在水中可以电离出氢离子,它的酸性比醇和酚要强得多。羧酸在自然界中分布广泛,在有机合成中有着重要的作用。

（十）酯

酯是指由酸(羧酸或无机含氧酸)与醇起反应生成的一类有机化合物。酯类都难溶于水,易溶于乙醇和乙醚等有机溶剂,密度一般比水小。低级酯是具有芳香气味的液体。在有酸或有碱存在的条件下,酯能发生水解反应生成相应的酸或醇。相对分子质量小的酯可用作溶剂,相对分子质量较大的酯是良好的增塑剂。

乙酸乙酯($CH_3COOC_2H_5$)为无色可燃性液体,有果子香味,熔点 $-83.6℃$,沸点 77.1℃;易着火,微溶于水,溶于乙醇、乙醚、氯仿和苯等溶剂,易起水解和皂化作用,蒸气与空气形成爆炸性混合物,爆炸极限 2.2%～11.2%(体积)。

乙酸乙酯用作清漆、稀薄剂、人造革、硝酸纤维素塑料等的溶剂,也用作制染料、药物、香料等的原料。

四、几种重要的高分子合成材料

高分子合成材料的主要成分是合成树脂,其次为增强和改善材料的某些性能,还常加入一些填料、增塑剂、固定剂、润滑剂、抗静电剂等。主要的合成树脂有聚乙烯、聚苯乙烯、聚氯乙烯、聚酰胺、环氧树脂、ABS 树脂、聚碳酸酯等,下面简要介绍:

(一)聚乙烯 $\{CH_2-CH_2\}_n$

聚乙烯是由单体乙烯加聚而成的加聚物,有低分子量和高分子量两种。

低分子量聚乙烯一般为无色、无臭、无味、无毒的液体;比水轻;不溶于水,微溶于松节油、甲苯等溶剂;耐水和大多数化学品;可用作高级润滑油和涂料等。

高分子量聚乙烯的纯品是乳白色蜡状固体粉末,经加入稳定剂后可加工成粒状;在常温下不溶于已知溶剂中,但在脂肪烃、芳香烃、卤代烃中长期接触时能溶胀;在70℃以上时可稍溶于甲苯、醋酸、戊酯等溶剂中,具热塑性;在空气中加热和受日光影响,发生氧化作用;能耐大多数酸碱的侵蚀,吸水性小;在低温时可保持柔软性,电绝缘性高。

聚乙烯主要用于制造塑料制品,如包装薄膜、容器、管道、日用品、电视和雷达的高频电绝缘材料,也用于抽丝成纤维,以及用作金属、木材和织物的涂层等。

(二)聚氯乙烯 $\{CH_2-CHCl\}_n$

聚氯乙烯是由单体氯乙烯 $CH_2=CHCl$ 经加聚而成的高聚物。

聚氯乙烯有热塑性;工业品是白色或浅黄色粉末;相对密度约1.4,含氯量56%~58%;低分子量的易溶于酮类、酯类、氯化烃类溶剂,高分子量的则难溶解;具有极好的耐化学腐蚀性,但热稳定性和耐光性较差,在140℃开始分解出氯化氢,在制造塑料时需加稳定剂;电绝缘性优良,不会燃烧。

聚氯乙烯用于制造塑料、涂料、合成纤维等。根据所加增塑剂的多少,可制得软质和硬质塑料,前者可用于制成薄膜(如雨衣、台布、包装材料、农业用薄膜等)、人造革和电线套层等,后者可用于制板材、管道和阀等。

(三)聚丙烯腈 $\{CH_2-CH\}_n$
$\quad\quad\quad\quad\quad\quad\quad\quad |$
$\quad\quad\quad\quad\quad\quad\quad\;\;CN$

聚丙烯腈是由单体丙烯腈 $CH_2=CH-CN$ 经加聚而成的高分子化合物。

聚丙烯腈为白色粉末,溶于二甲基甲酰胺或硫氰酸盐等溶液;耐老化强度高,绝热性能好。

聚丙烯腈主要用于制造合成纤维(如人造羊毛)。

(四)聚酰胺(尼龙)

聚酰胺树脂是具有许多重复的酰胺基 $-\overset{\overset{O}{\|}}{C}-\overset{\overset{H}{|}}{N}-$ 的高聚物的总称,商品名尼龙。它是由二元胺与二元酸缩聚而成或由内酰胺聚合而成的,例如尼龙66(聚己二酰己二胺)是由己二胺 $H_2N-(CH_2)_6-NH_2$ 和己二酸 $[HOOC(CH_2)_4COOH]$ 缩聚而成的。

尼龙6(聚己内酰胺)是由氨基酸或其内酰胺缩聚而成的,尼龙1010(聚癸二酰癸二胺)则是癸二酸与癸二胺的缩聚物。

聚酰胺为白色至淡黄色的不透明固体,熔点180~280℃;不溶于乙醇、丙酮、醋酸乙酯等普通溶剂,但溶于酚类、硫酸、甲酸、醋酸和某些无机盐溶液;有良好的韧性、耐油和耐溶剂性、优异的机械性能、耐磨性、一定的吸水性和耐温性。

主要用于制合成纤维、工程塑料、涂料和胶黏剂等。

(五)聚碳酸酯

聚碳酸酯的结构式为 $\{O-\bigcirc-\underset{\underset{CH_3}{|}}{\overset{\overset{CH_3}{|}}{C}}-\bigcirc-O-\overset{\overset{O}{\|}}{C}\}_n$,它是由二酚基丙烷 HO—

$\left(\mathrm{CH_3)_2C(C_6H_4)_2}\right.$—OH 的钠盐与光气 Cl—CO—Cl 在常温常压下缩聚而成的。或由二酚基丙烷与碳酸二苯酯 (C₆H₅)O—CO—O(C₆H₅) 经酯交换和缩聚而制得。

聚碳酸酯是透明几乎无色或淡黄色的固体，相对密度为 1.2，熔点等于或大于 220℃，软化点高；能耐低温；溶于二氯甲烷，稍溶于芳香烃和酮等；吸水性小；熔化与冷却后变成透明的玻璃状物；能耐盐类、无机稀酸、有机稀酸、弱碱等，但被碱破坏，在甲醇中溶胀。聚碳酸酯可用作工程塑料，特别适用于制造外形复杂的摩擦件，如齿轮和其他机械零件、电子元件、精密仪器零件等；可用作医疗用具、光学仪器、家具日用品等，还可用作薄膜、泡沫体和玻璃纤维增强塑料等。

（六）ABS 树脂

ABS 树脂又称丙丁苯树脂，学名丙烯腈-丁二烯-苯乙烯共聚物。即它是由丙烯腈（A）与丁二烯（B）、苯乙烯（S）共聚而制成。其结构式为

$$\text{—}[\text{CH}_2\text{—CH(CN)}]_x\text{—}[\text{CH}_2\text{—CH=CH—CH}_2]_y\text{—}[\text{CH}_2\text{—CH(C}_6\text{H}_5)]_n\text{—}$$

ABS 树脂兼有丙烯腈较高的强度、耐热和耐油性；苯乙烯的透明、坚硬、良好的电绝缘性和机械加工性；以及丁二烯的弹性和抗冲击性等优良的综合性能。

ABS 树脂可用作工程塑料，制造齿轮、轴承、仪表壳、冰箱门框衬里、汽车零件、电话机、行李箱、水管、煤气管、工具零件等。

（七）橡胶

天然橡胶是由异戊二烯互相结合起来而成的高聚物。

$$n\text{CH}_2\text{=C(CH}_3\text{)—CH=CH}_2 \longrightarrow [\text{CH}_2\text{—C(CH}_3\text{)=CH—CH}_2]_n$$
异戊二烯　　　　　　　　　　　聚异戊二烯

合成橡胶是由 1,3-丁二烯或与其他单体聚合而成的丁二烯类高聚物。

1. 丁二烯类合成橡胶

在催化剂作用下，1,3-丁二烯可聚合成顺丁橡胶。

$$n\,\text{CH}_2\text{=CH—CH=CH}_2 \longrightarrow [\text{CH}_2\text{—CH=CH—CH}_2]_n$$

顺丁橡胶的弹性虽好，但抗拉强度和塑性都不如天然橡胶。

由 1,3-丁二烯与苯乙烯共聚可得丁苯橡胶，一般可用下式表示

$$[\text{CH}_2\text{—CH=CH—CH}_2\text{—CH}_2\text{—CH(C}_6\text{H}_5\text{)}]_n$$

丁苯橡胶的机械性能和耐磨性接近天然橡胶,绝缘性较好,但不耐油和有机溶剂。

由丁二烯与丙烯腈共聚则可得丁腈橡胶,可用下式表示

$$\mathrm{+CH_2-CH=CH-CH_2-CH_2-CH+_n}$$
$$\qquad\qquad\qquad\qquad\qquad\quad |$$
$$\qquad\qquad\qquad\qquad\qquad\ \ CN$$

丁腈橡胶的最大优点是耐油,抗拉强度比丁苯橡胶好,耐磨性、耐热性比天然橡胶好,但塑性低,加工较难。

顺丁橡胶用于制造胶鞋、胶管、胶板、胶布和模型等制品;丁苯橡胶主要用于制造轮胎和其他橡胶等工业制品,苯乙烯含量约10%的丁苯橡胶用于制造耐寒橡胶制品;丁腈橡胶用于制造耐油胶管、飞机油箱、密封热圈、胶黏剂等橡胶制品。

2. 硅橡胶

硅橡胶是含有硅原子的特种合成橡胶的总称,结构式示意如下

$$\left[\begin{array}{c} R \\ | \\ Si-O \\ | \\ R \end{array}\right]_n$$

式中,R 主要是甲基 CH_3,部分是乙基 C_2H_5、乙烯基 $CH=CH_2$、苯基 C_6H_5 或其他有机基团,以改进胶的性能。

硅橡胶是一种线形的聚硅氧烷,它是由有机硅单体部分水解后缩聚而成的。例如:

$$(CH_3)_2SiCl_2 + 2H_2O \rightarrow (CH_3)_2Si(OH)_2 + 2HCl$$
　　　二甲基二氯硅烷　　　二甲基硅二醇

$$n(CH_3)_2Si(OH)_2 \longrightarrow \left[\begin{array}{c} CH_3 \\ | \\ Si-O \\ | \\ CH_3 \end{array}\right]_n + nH_2O$$

硅橡胶的种类很多,具有不同技术性能和用途。一般在 $-60\sim250℃$ 仍能保持良好的弹性,耐热、耐油、防水、不易老化、绝缘性能好,但机械性能较差,耐碱性不及其他橡胶。

硅橡胶用于制造火箭、导弹、飞机的零件和绝缘材料,也用于制造高温和低温下使用的垫圈,密封零件,高温高压设备的衬垫、油管衬里等。

(八) 环氧树脂

环氧树脂是含有环氧基团 $\overset{O}{\underset{|\ \ \ \ \ |}{C-C}}$ 的树脂的总称。环氧树脂品种很多,目前应用较广

的是由环氧氯丙烷 $\overset{O}{\underset{|\ \ \ \ \ |}{C-C}}$ 和双酚A即二酚基丙烷 $HO-\!\!\left\langle\bigcirc\right\rangle\!\!-\!\!\underset{\underset{CH_3}{|}}{\overset{\overset{CH_3}{|}}{C}}\!\!-\!\!\left\langle\bigcirc\right\rangle\!\!-OH$,在碱性催

化作用下缩聚而成的线形高聚物,结构简示如下

$$CH_2-CH-CH_2\!\!-\!\!\left[O-\!\!\left\langle\bigcirc\right\rangle\!\!-\!\!\underset{\underset{CH_3}{|}}{\overset{\overset{CH_3}{|}}{C}}\!\!-\!\!\left\langle\bigcirc\right\rangle\!\!-O-CH_2-CH-CH_2\right]_n$$
$$\underset{O}{\diagdown\diagup}\qquad\qquad\qquad\qquad\qquad\qquad\qquad\qquad\qquad\quad\ |$$
$$\qquad\qquad\qquad\qquad\qquad\qquad\qquad\qquad\qquad\qquad\qquad\ OH$$

根据不同配比和制法,可得不同相对分子质量的产品。相对分子质量小的是黄色或琥珀色高黏度透明液体,相对分子质量大的是固体,熔点一般在145～155℃;溶于丙酮、乙二醇、甲苯和苯乙烯等溶剂;无臭无味,耐碱和大部分溶剂;与多元胺、有机酸酐、其他固化剂反应变成坚硬的体型高聚物;耐热性、绝缘性、硬度和柔韧性都好;对金属和非金属具有优异的黏合力。

环氧树脂是目前广泛使用的黏合剂,俗称万能胶,可作金属和非金属材料(如陶瓷、玻璃、木材等)的黏合剂,也可用以制造涂料、增强塑料或浇铸成绝缘制品等,还可用于处理纺织品,起防皱、防缩、防水等作用。

【例 3-62】 下列各组物质在一定条件下反应,可以制得比较纯净的1,2-二氯乙烷的是:

A. 乙烯通入浓盐酸中   B. 乙烷与氯气混合
C. 乙烯与氯气混合   D. 乙烯与卤化氢气体混合

解 乙烯与氯气混合,可以发生加成反应:$C_2H_4 + Cl_2 = CH_2Cl-CH_2Cl$。

答案:C

【例 3-63】 下列有机物中,既能发生加成反应和酯化反应,又能发生氧化反应的化合物是:

A. $CH_3CH=CHCOOH$ B. $CH_3CH=CHCOOC_2H_5$
C. $CH_3CH_2CH_2CH_2OH$ D. $HOCH_2CH_2CH_2CH_2OH$

解 A 为丙烯酸,烯烃能发生加成反应和氧化反应,酸可以发生酯化反应。

答案:A

【例 3-64】 人造象牙的主要成分是$+CH_2-O+_n$,它是经加聚反应制得的。合成此高聚物的单体是:

A. $(CH_3)_2O$ B. CH_3CHO
C. $HCHO$ D. $HCOOH$

解 由低分子化合物(单体)通过加成反应,相互结合成高聚物的反应称为加聚反应。加聚反应没有产生副产物,高聚物成分与单体相同,单体含有不饱和键。HCHO 为甲醛,加聚反应为:$nH_2C=O \rightarrow +CH_2-O+_n$。

答案:C

【例 3-65】 人造羊毛的结构简式为:$+CH_2-CH+_n$,它属于:
$\qquad\qquad\qquad\qquad\qquad\qquad\quad |$
$\qquad\qquad\qquad\qquad\qquad\qquad\ CN$

①共价化合物   ②无机化合物   ③有机化合物
④高分子化合物   ⑤离子化合物

A. ②④⑤   B. ①④⑤
C. ①③④   D. ③④⑤

解 人造羊毛为聚丙烯腈,由单体丙烯腈通过加聚反应合成,为高分子化合物。分子中存在共价键,为共价化合物,同时为有机化合物。

答案:C

习 题

3-41 下列化合物属于芳香族化合物的是(　　)。

A. CH₂=CH-CH₂-CH₂-CH=CH (环状)

B. C₆H₅-CH₃

C. CH₂=CH-CH=CH₂

D. 环戊二烯并氧

3-42 下列化合物属于醛类的有机物是(　　)。

A. RCHO　　　B. R-C-R'　　　C. R-OH　　　D. RCOOH
　　　　　　　　　　‖
　　　　　　　　　　O

3-43 下列化合物叫 2,4-二氯苯乙酸的物质是(　　)。

A. CH₂COOH (苯环邻位两个Cl)

B. CH₂COOH (苯环3,4位两个Cl)

C. CH₂COOH (苯环2,4位两个Cl)

D. CH₂COOH (苯环3,5位两个Cl)

3-44 下列反应属于取代反应的是(　　)。

A. C₆H₆ + H₂SO₄(浓) → C₆H₅SO₃H + H₂O

B. CH₃-CH=CH₂ + H₂O ⟶ CH₃-CH-CH₃
　　　　　　　　　　　　　　　　　|
　　　　　　　　　　　　　　　　　OH

C. CH₃-CH₂-CH-CH₃ $\xrightarrow[KOH]{C_2H_5OH}$ CH₃-CH=CH-CH₃
　　　　　　　|
　　　　　　　Br

D. 3CH₂=CH₂ + 2KMnO₄ + 4H₂O = 3CH₂-CH₂ + 2KOH + 2MnO₂
　　　　　　　　　　　　　　　　　　　　|　　|
　　　　　　　　　　　　　　　　　　　　OH　OH

3-45 苯乙烯与丁二烯反应后的产物是(　　)。

A. 尼龙 66　　　B. 丁苯橡胶　　　C. 环氧树脂　　　D. 聚苯乙烯

3-46 ABS 是下列哪一组单体的共聚物(　　)。

A. 苯乙烯、氯丁烯、丙烯腈　　　B. 丁二烯、氯乙烯、苯烯腈
C. 苯烯腈、丁二烯、苯乙烯　　　D. 丁二烯、苯乙烯、丙烯腈

3-47 聚酰胺树脂中含有下列哪种结构(　　)。

A. $+CH_2-CH+$
         |
         CN

B. $+CH_2-C=CH-CH_2+$
              |
              CH_3

C.
```
   O  H
   ‖  |
 +C—N+
```

D.
```
     R
     |
   +Si—O+
     |
     R
```

3-48 双酚 A 与环氧氯丙烷作用后的产物为( )。
   A. 尼龙 66   B. 聚碳酸酯
   C. 顺丁橡胶   D. 环氧树脂

习题提示及参考答案

3-1　提示：$n=2, l$ 可以取 $0, 1$。
　　答案：C

3-2　提示：原子失去电子成为离子时，一般是能量较高的最外层电子先失去。
　　答案：B

3-3　提示：据题意推测该元素三价离子的价电子排布为 $4s^2 4p^6 4d^5$，推测原子序数为 44。
　　答案：D

3-4　提示：$n=4, l=2$ 为 4d 轨道，d 轨道为 5 个肩并轨道，最大容纳 10 个电子。
　　答案：B

3-5　提示：同一周期从左到右，主族元素的有效核电荷数依次增加，原子半径依次减小；同一主族元素从上到下原子半径依次递增。
　　答案：C

3-6　提示：同一周期从左到右，主族元素的电负性逐渐增大；同一主族元素从上到下电负性逐渐减小。
　　答案：C

3-7　提示：根据元素氧化物及其水合物酸碱性变化规律。
　　答案：D

3-8　提示：根据元素氧化物及其水合物酸碱性变化规律。
　　答案：A

3-9　提示：BF_3 中 B—F 键为极性键，B 为 sp^2 杂化，BF_3 为平面三角形分子，分子没极性。
　　答案：C

3-10　提示：和 H_2O 中氧类似，OF_2 中 O 也为 sp^3 不等性杂化。
　　答案：D

3-11　提示：B 项中 4 个化合物均为极性分子。
　　答案：B

3-12　提示：SO_2 为极性分子，极性分子间存在取向力、诱导力、色散力。
　　答案：D

3-13　提示：参见氢键形成条件。
　　答案：B

3-14　提示：SiC 为原子晶体，原子间以共价键相结合。

答案：A

3-15 提示：参见各种浓度的定义及计算公式。
答案：B

3-16 提示：先计算出葡萄糖质量摩尔浓度，然后根据拉乌尔定律和渗透压公式计算。
答案：C

3-17 提示：氢溴酸为强酸，全部电离；次氯酸为一元弱酸，按 $C_{H^-}=\sqrt{K_a \cdot C}$，$\alpha=\sqrt{\dfrac{K_a}{C}}$ 计算。
答案：D

3-18 提示：参见多元弱酸的电离平衡。
答案：A

3-19 提示：根据公式 $\alpha=\sqrt{\dfrac{K_a}{C}}$ 加入冰醋酸，浓度增大，电离度减小。
答案：C

3-20 提示：此为碱性缓冲溶液，按公式 $pH=14-pK_b+\lg\dfrac{C_{碱}}{C_{盐}}$。
答案：D

3-21 提示：一元弱酸过量，反应后形成 HA—KA 缓冲溶液，首先计算出缓冲溶液中 HA 和 KA 的浓度，在根据酸性缓冲溶液的公式 $pH=pK_a-\lg\dfrac{C_{碱}}{C_{盐}}$ 计算出 K_a。
答案：B

3-22 提示：在 NaCl 溶液中由于同离子效应，AgCl 溶解度降低；在 $Na_2S_2O_3$ 溶液中，由于形成 $Ag_2S_2O_3$ 沉淀，AgCl 溶解度增大。
答案：C

3-23 提示：NaAc 为强碱弱酸盐，发生水解，按 $C_{OH^-}=\sqrt{C \cdot K_w/K_a}$。
答案：B

3-24 提示：升高温度，分子获得能量，活化分子百分数增加。
答案：C

3-25 提示：$\Delta H=\varepsilon_1-\varepsilon_1'$。$\Delta H$ 为热效应，ε_1 为正反应活化能，ε_1' 为逆反应活化能。
答案：B

3-26 提示：随着反应进行，反应物浓度降低，正反应速度降低。
答案：A

3-27 提示：吸热反应，温度升高，平衡常数增大。
答案：B

3-28 提示：根据多重平衡规则求导。
答案：B

3-29 提示：根据分子量大小，可以定性判断混合气体中物质的量由大到小顺序为 H_2、He、N_2、CO_2，根据分压定律可知分压由大到小顺序为 H_2、He、N_2、CO_2。
答案：A

3-30 提示：放热反应，降低温度，平衡向右移动；气体分子数减小到反应，增大压力，平衡右移。
答案：C

3-31　提示:根据多重平衡规则求导。
　　　答案:C

3-32　提示:参见氧化还原反应方程的配平。
　　　答案:B

3-33　提示:$KMnO_4$ 中 Mn 氧化数降低,得电子,$KMnO_4$ 为氧化剂。
　　　答案:D

3-34　提示:根据公式 $\varphi = \varphi^{\ominus} + \dfrac{0.059}{n} \lg \dfrac{C_{氧化型}^a}{C_{还原型}^b}$ 判断。
　　　答案:D

3-35　提示:电对的电极电势越大,其氧化态的氧化能力越强;电对的电极电势越小,其还原态的还原能力越强。
　　　答案:C

3-36　提示:由第一个反应可知 $a>b$,由第二个反应可知 $b>c$。
　　　答案:A

3-37　提示:根据公式 $\lg K^{\ominus} = \dfrac{nE^{\ominus}}{0.059}$ 计算。
　　　答案:A

3-38　提示:析出电势代数值较小的还原型物质首先在阳极氧化。
　　　答案:D

3-39　提示:参见差异充气腐蚀。
　　　答案:B

3-40　提示:为差异充气腐蚀,埋入黏土中的钢管表面氧气浓度小,作为阳极。
　　　答案:D

3-41　提示:芳香族类化合物分子中含有苯环结构。
　　　答案:B

3-42　提示:B 为酮,C 为醇,D 为酸。
　　　答案:A

3-43　提示:根据芳香烃及其衍生物命名原则。
　　　答案:C

3-44　提示:相当于磺酸基取代氢。
　　　答案:A

3-45　提示:1,3-丁二烯与苯乙烯共聚可得丁苯橡胶。
　　　答案:B

3-46　提示:ABS 树脂又称丙丁苯树脂,学名丙烯腈-丁二烯-苯乙烯共聚物。
　　　答案:D

3-47　提示:聚酰胺树脂,商品名尼龙,是具有许多重复的酰胺基的高聚物。
　　　答案:C

3-48　提示:参见环氧树脂的有关介绍。
　　　答案:D

第四章 理论力学

复习指导

一、考试大纲

4.1 静力学
平衡;刚体;力;约束及约束力;受力图;力矩;力偶及力偶矩;力系的等效和简化;力的平移定理;平面力系的简化;主矢;主矩;平面力系的平衡条件和平衡方程式;物体系统(含平面静定桁架)的平衡;摩擦力;摩擦定律;摩擦角;摩擦自锁。

4.2 运动学
点的运动方程;轨迹;速度;加速度;切向加速度和法向加速度;平动和绕定轴转动;角速度;角加速度;刚体内任一点的速度和加速度。

4.3 动力学
牛顿定律;质点的直线振动;自由振动微分方程;固有频率;周期;振幅;衰减振动;阻尼对自由振动振幅的影响——振幅衰减曲线;受迫振动;受迫振动频率;幅频特性;共振;动力学普遍定理;动量;质心;动量定理及质心运动定理;动量及质心运动守恒;动量矩;动量矩定理;动量矩守恒;刚体定轴转动微分方程;转动惯量;回转半径;平行轴定理;功;动能;势能;动能定理及机械能守恒;达朗贝尔原理;惯性力;刚体作平动和绕定轴转动(转轴垂直于刚体的对称面)时惯性力系的简化;动静法。

二、基本要求

(一)静力学
熟练掌握并能灵活运用静力学中的基本概念及公理分析相关问题,特别是对物体的受力分析;掌握不同力系的简化方法和简化结果;能够根据各种力系和滑动摩擦的特性,定性或定量地分析和解决物体系统的平衡问题。

(二)运动学
熟练运用直角坐标法和自然法求解点的各运动量;能根据刚体的平行移动(平动)、绕定轴转动和平面运动的定义及其运动特征,求解刚体的各运动量;掌握刚体上任一点的速度和加速度的计算公式及刚体上各点速度和加速度的分布规律。

(三)动力学
能应用动力学基本定律列出质点运动微分方程;能正确理解并熟练地计算动力学普遍定理中各基本物理量(如动量、动量矩、动能、功、势能等),熟练掌握动力学普遍定理(包括动量定理、质心运动定理、动量矩定理、刚体定轴转动微分方程、动能定理)及相应的守恒定理;掌握刚体转动惯量的计算公式及方法,熟记杆、圆盘及圆环的转动惯量,并会利用平行移轴定理计算简单组合形体的转动惯量；能正确理解惯性力的概念，并能正确表示出各种不同运动状态的刚体上惯性力系主矢和主矩的大小、方向、作用点，能应用动静法求解质点、质点系的动力学问题；能应用质点运动微分方程列出单自由度系统线性振动的微分方程，并会求其周期、频率和振幅。掌握阻尼对自由振动振幅的影响及受迫振动的幅频特性和共振的概念。

三、重点难点分析

（一）静力学

静力学所研究的是物体受力作用后的平衡规律，重点包括以下三部分内容：

（1）静力学的基本概念（平衡、刚体、力、力偶等）和公理；约束的类型及约束力的确定；物体的受力分析和受力图。这一部分的难点就是物体的受力分析。在画受力图时除根据约束的类型确定约束力的方向外，还要会利用二力平衡原理、三力汇交平衡定理、力偶的性质等，来确定铰链或固定铰支座约束力的方向。

（2）各种力系的简化方法及简化结果。其难点在于主矢和主矩的概念及计算。可通过力的平移定理加深对主矢、主矩、合力、合力偶的认识，通过熟练掌握力的投影，力对点之矩和力对轴之矩的计算，来得到主矢和主矩的正确结果。

（3）各种力系的平衡条件及与之相对应的平衡方程，平衡方程的不同形式及对应的附加条件。难点在于物体及物体系统（包括考虑摩擦）平衡问题的求解。解题时要灵活选取合适的研究对象进行受力分析，列平衡方程时要选取适当的投影轴和矩心（矩轴），使问题能够得到快速准确的解答。

（二）运动学

运动学研究物体运动的几何性质。重点是：

（1）描述点的运动的矢量法、直角坐标法和自然法。要明确用不同的方法所表示的同一个点的运动量，形式不同，但不同形式的结果之间是相互有关系的，要熟练掌握这些关系，并将这些关系应用到解题当中去。

（2）刚体的平动及其运动特征（尤其是作曲线平动的刚体）；作定轴转动刚体的转动方程、角速度和角加速度及刚体内各点速度、加速度的计算方法。这是运动学的基本内容，在物理学中都学习过，正是这些看似简单的问题，却往往容易出现概念性错误且不能熟练应用。解决的方法是在认真分析刚体运动形式的基础上，根据其运动特征，选择相应的计算公式。

（3）点的复合运动。解题时首先要明确一个动点、两个坐标系以及与之相应的三种运动，合理选择动点、动系，其原则是相对运动轨迹易于判断。这一部分的难点是牵连点的概念，以及牵连速度、牵连加速度的判断与计算。要把动系看成是 $O'x'y'$ 平面，在此平面上与所选动点相重合的点，即为牵连点，该点相对于定参考系的速度、加速度，称为牵连速度和牵连加速度，解题时一定要深刻理解这一定义。

（4）刚体的平面运动。要会正确判断机构中作平面运动的刚体，熟练掌握并能灵活运用求平面运动刚体上点的速度的三种方法——基点法、瞬心法和速度投影法；会应用基点法求平面运动刚体上点的加速度。特别要熟悉刚体瞬时平动时的运动特征为：刚体的角速度为零，角加速度不为零；刚体上各点的速度相同，加速度不同，但其上任意两点的加速度在该两点连线上的投影相等。

（三）动力学

动力学研究物体受力作用后的运动规律。重点是：

(1)会应用动力学基本定律(牛顿第二定律)和动力学普遍定理(动量定理、动量矩定理和动能定理)列出质点和质点系(包括平动、定轴转动、平面运动的刚体)的运动微分方程,解微分方程时要注意初始条件只能用于确定微分方程解中的积分常数;要熟练掌握动量、动量矩、动能、势能、功的概念与计算方法,正确选择及综合应用动力学普遍定理求解质点系动力学问题;动力学普遍定理的综合应用,大体上包含两方面含义:一是对几个定理,即动量定理、质心运动定理、动量矩定理、定轴转动微分方程、平面运动微分方程和动能定理的特点、应用条件、可求解何类问题等有透彻的了解,能根据不同类型问题的已知条件和待求量,选择适当的定理,包括各种守恒情况的判断,相应守恒定理的应用。二是对比较复杂的问题,应能采用多个定理联合求解。此外,求解动力学问题,往往需要进行运动分析,以提供运动学补充方程。因而对动力学普遍定理的综合应用,须熟悉有关定理及应用范围和条件,多做练习,通过比较总结(包括一题多解的讨论),从中摸索出规律。其解题步骤是:首先选取研究对象,对其进行受力分析和运动分析;其次是根据分析的结果,针对物体不同的运动选择不同的定理,通常可先应用动能定理求解系统的各运动量(速度、加速度、角速度和角加速度),再应用质心运动定理或动量矩定理(定轴转动微分方程)求解未知力。

(2)刚体系统惯性力系的简化及达朗贝尔原理的应用。这一部分的关键是要分析物体的运动形式,并根据其运动形式确定惯性力并将其画在受力图上,根据受力图列平衡方程,求解未知量。要注意的是:因为达朗贝尔原理是采用静力平衡方程求解未知量,故未知量的数目不能超过独立的平衡方程数。未知量中包括速度、加速度、角速度、角加速度、约束力等,若未知量数目超过了独立的平衡方程数,则需要建立补充方程,在多数情况下,是建立运动学的补充方程。当单独使用达朗贝尔原理解题出现计算上的困难(如需解微分方程)时,由于质点系的达朗贝尔原理实际是动量定理、动量矩定理的另一种表达形式,故可联合应用达朗贝尔原理与动能定理求解质点系的动力学问题。

第一节 静 力 学

静力学研究物体在力作用下的平衡规律,主要包括物体的受力分析、力系的等效简化、力系的平衡条件及其应用。

一、静力学的基本概念及基本原理

(一)基本概念

1. 力的概念

力是物体间相互的机械作用,这种作用将使物体的运动状态发生变化——运动效应,或使物体的形状发生变化——变形效应。力的量纲为牛顿(N)。力的作用效果取决于力的三要素:力的大小、方向、作用点。力是矢量,满足矢量的运算法则。当求共点二力之合力时,采用力的平行四边形法则:其合力可由两个共点力为边构成的平行四边形的对角线确定,见图 4-1a)。或者说,合力矢等于此二力的几何和,即

$$F_R = F_1 + F_2 \tag{4-1}$$

显然,求 F_R 时,只需画出平行四边形的一半就够了,即以力矢 F_1 的尾端 B 作为力矢 F_2 的起点,连接 AC 所得矢量即为合力 F_R。如图 4-1b)所示三角形 ABC 称为力三角形。这种求合力的方法称为力的三角形法则。

多个共点力的合成可采用力的多边形规则:若有汇交于点 A 的四个力 F_1、F_2、F_3、F_4,如图 4-2a)所示,求合力时可任取一点 a,先作力三角形求出 F_1 与 F_2 的合力 F_{R1},再作力三角形求出 F_{R1} 与 F_3 的合力 F_{R2},最后作力三角形合成 F_{R2} 与 F_4 即得合力 F_R,如图 4-2b)所示。多边形 $abcde$ 称为此汇交力系的力多边形,而封闭边 ae 则表示此汇交力系合力 F_R 的大小和方向,显然 F_R 的作用线必过汇交点 A。利用力多边形法简化力系时,求 F_{R1} 和 F_{R2} 的中间过程可略去,只需将组成力多边形的各分力首尾相连,而合力则由第一个分力的起点指向最后一个分力的终点(矢端)即可。根据矢量相加的交换率,任意变换各分力矢的作图次序,可得形状不同的力多边形,但其合力矢仍然不变,如图 4-2c)所示。

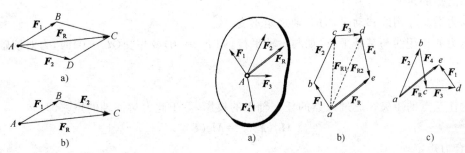

图 4-1 力的平行四边形法则　　　图 4-2 力的多边形规则

【例 4-1】 平面汇交力系(F_1, F_2, F_3, F_4, F_5)的力多边形如图 4-3 所示,则该力系的合力 F_R 等于:

A. F_3　　　　　　　　B. $-F_3$
C. F_2　　　　　　　　D. $-F_2$

解 根据力的多边形规则,当 F_1、F_2、F_3、F_4、F_5 各分力首尾相连时,合力应由第一个分力 F_1 的起点指向最后一个分力 F_5 的终点(矢端)。

答案:B

(1)力对点之矩

力使物体绕某支点(或矩心)转动的效果可用力对点之矩度量。设力 F 作用于刚体上的 A 点,如图 4-4 所示,用 r 表示空间任意点 O 到 A 点的矢径,于是,力 F 对 O 点的力矩定义为矢径 r 与力矢 F 的矢量积,记为 $M_O(F)$。即

$$M_O(F) = r \times F \tag{4-2}$$

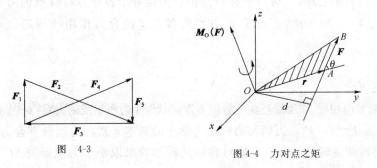

图 4-3　　　　　　　　图 4-4 力对点之矩

式(4-2)中点 O 称作力矩中心,简称矩心。力 F 使刚体绕 O 点转动效果的强弱取决于:①力矩的大小;②力矩的转向;③力和矢径所组成平面的方位。因此,力矩是一个矢量,矢量的模即力矩的大小为

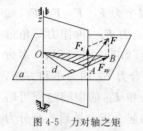

图 4-5 力对轴之矩

$$|M_O(F)| = |r \times F| = rF\sin\theta = Fd \qquad (4-3)$$

矢量的方向与 OAB 平面的法线 n 一致,按右手螺旋法则来确定。力矩的单位为 N·m 或 kN·m。

(2)力对轴之矩

如图 4-5 所示,力 F 对任意轴 z 的矩用 $M_z(F)$ 表示,称为力对轴之矩。其值为

$$M_z(F) = M_O(F_{xy}) = \pm F_{xy}d \qquad (4-4)$$

力对轴的矩是力使刚体绕某轴转动效果的度量,是代数量。其正负号按右手螺旋法则确定。从力对轴之矩的定义可得其性质:

①当力沿其作用线移动时,力对轴之矩不变。

②当力的作用线与某轴平行(如与 z 轴平行,则 $F_{xy}=0$)或相交($d=0$)时,力对该轴之矩为零。

(3)力矩关系定理

力对任意点的矩矢在通过该点的任一轴上的投影,等于此力对该轴的矩。即

$$[M_O(F)]_z = M_z(F) \qquad (4-5)$$

(4)合力矩定理

汇交力系的合力对某点(或某轴)之矩等于力系中各分力对同一点(或同一轴)之矩的矢量和(或代数和)。即

$$M_O(F_R) = \sum M_O(F_i) \qquad (4\text{-}6a)$$

或

$$M_z(F_R) = \sum M_z(F_i) \qquad (4\text{-}6b)$$

【例 4-2】 如图 4-6 所示结构直杆 BC,受载荷 F、q 作用,$BC=L$,$F=qL$,其中 q 为载荷集度,单位 N/m,集中力以 N 计,长度以 m 计。则该主动力系对 O 点的合力矩为:

A. $M_O = 0$

B. $M_O = \dfrac{qL^2}{2}$ N·m (↺)

C. $M_O = \dfrac{3qL^2}{2}$ N·m (↺)

D. $M_O = qL^2$ N·m (↻)

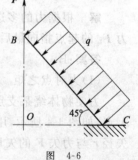

图 4-6

解 根据合力矩定理,主动力系对 O 点的合力矩等于各分力对 O 点的力矩之代数和,即:$M_O(F_R) = M_O(F) + M_O(qL)$。由于 F 力和均布力 q 的合力作用线均通过 O 点,故合力矩为零。

答案:A

2. 力偶的概念

大小相等、方向相反、作用线互相平行但不重合的两个力所组成的力系(见图 4-7),称为力偶,记为 (F, F'),且 $F = -F'$。力偶与力同是力学中的基本元素。力偶没有合力,故只能使物体产生转动并将改变其转动状态。力偶对物体的转动效果取决于力偶矩矢 M。M 定义为组成力偶的两个力对任一点之矩的矢量和,即

$$M = M_O(F) + M_O(F')$$
$$= r_A \times F + r_B \times F' = r_{BA} \times F \qquad (4\text{-}7)$$

力偶矩矢与矩心 O 无关。力偶的三要素为：

(1) 力偶矩的大小；
(2) 力偶的转向；
(3) 力偶作用面的方位。

力偶矩矢的大小为

$$|M| = Fd \tag{4-8}$$

其中，d 为力偶中两个力之间的垂直距离，称为力偶臂。方向按右手螺旋法则确定。

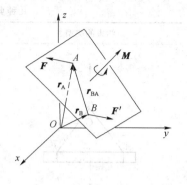

图 4-7　力偶矩矢量

力偶的作用效果仅取决于力偶矩矢，故只要保持力偶矩矢不变，力偶可在其作用面内任意移动和转动，或同时改变力偶中力的大小和力偶臂的长短，或在平行平面内移动，都不改变力偶对同一刚体的作用效果。

3. 刚体的概念

在物体受力以后的变形对其运动和平衡的影响小到可以忽略不计的情况下，便可把物体抽象成为不变形的力学模型——刚体。

4. 平衡的概念

平衡是指物体相对惯性参考系静止或作匀速直线平行移动的状态。

(二) 基本原理

1. 二力平衡原理

不计自重的刚体在二力作用下平衡的必要和充分条件是：二力沿着同一作用线，大小相等，方向相反。仅受两个力作用且处于平衡状态的物体，称为二力体，又称二力构件。

2. 加减平衡力系原理

在作用于刚体的力系中，加上或减去任意一个平衡力系，不改变原力系对刚体的作用效应。

推论 I：力的可传性。作用于刚体上的力可沿其作用线滑移至刚体内任意点而不改变力对刚体的作用效应。

推论 II：三力平衡汇交定理。作用于刚体上三个相互平衡的力，若其中两个力的作用线汇交于一点，则此三力必在同一平面内，且第三个力的作用线通过汇交点。

【例 4-3】 作用在一个刚体上的两个力 F_1、F_2，满足 $F_1 = -F_2$ 的条件，则该二力可能是：

A. 作用力和反作用力或一对平衡的力
B. 一对平衡的力或一个力偶
C. 一对平衡的力或一个力和一个力偶
D. 作用力和反作用力或一个力偶

解 因为作用力和反作用力分别作用在两个不同的刚体上，故选项 A、D 是错误的；而当 $F_1 = -F_2$ 时，两个力不可能合成为一个力，选项 C 也不正确。

答案：B

注：作用力与反作用力、一对平衡的力和一个力偶中的两个力均可用矢量表达式 $F_1 = -F_2$ 表示，一定要分清三者的不同之处。

(三) 约束与约束力

阻碍物体运动的限制条件称为约束，约束对被约束物体的机械作用称为约束力。

工程中常见的几种典型约束的性质以及相应约束力的确定方法见表 4-1。

几种典型约束的性质及相应约束力的确定方法　　　　表 4-1

约束的类型	约束的性质	约束力的确定
柔体约束(如绳索、胶带、链条等)	柔体约束只能限制物体沿着柔体的中心线伸长方向的运动,而不能限制物体沿其他方向的运动	约束力必定沿柔体的中心线,且背离被约束的物体
光滑接触约束	光滑接触约束只能限制物体沿接触面的公法线指向支承面的运动,而不能限制物体沿接触面或离开支承面的运动	光滑接触面的约束力通过接触点,沿接触面的公法线并指向被约束的物体
圆柱铰链与铰链支座	铰链约束只能限制物体在垂直于销钉轴线的平面内任意方向的运动,而不能限制物体绕销钉的转动	约束力作用在垂直于销钉轴线平面内,通过销钉中心,而方向待定
可动铰支座(辊轴支座)	可动铰支座不能限制物体绕销钉的转动和沿支承面的运动,而只能限制物体在支承面垂直方向的运动	可动铰支座的约束力通过销钉中心且垂直于支承面,指向待定
固定端约束	固定端约束既能限制物体移动,又能限制物体绕固定端转动	约束力可表示为两个互相垂直的分力和一个约束力偶,指向均待定

(四)受力分析与受力图

分析力学问题时,往往必须首先根据问题的性质、已知量和所要求的未知量,选择某一物体(或几个物体组成的系统)作为研究对象,并假想地将所研究的物体从与之接触或连接的物体中分离出来,即解除其所受的约束而代之以相应的约束力。解除约束后的物体,称为分离体。分析作用在分离体上的全部主动力和约束力,画出分离体的受力简图——受力图。这一过程即为受力分析。

受力分析是求解静力学和动力学问题的重要基础,具体步骤如下:

(1)选定合适的研究对象,确定分离体;
(2)画出所有作用在分离体上的主动力(一般皆为已知力);
(3)在分离体的所有约束处,根据约束的性质画出约束力。

【例 4-4】 如图 4-8 所示构架由 AC、BD、CE 三杆组成,A、B、C、D 处为铰接,E 处光滑接触。已知:$F_p = 2\text{kN}$,$\theta = 45°$,杆及轮重均不计,则 E 处约束力的方向与 x 轴正向所成的夹角为:

A. 0°   B. 45°
C. 90°   D. 225°

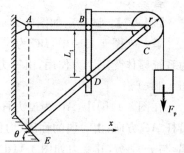

图 4-8

解 E 处为光滑接触面约束,根据约束的性质,约束力应垂直于支撑面,指向被约束物体。

答案:B

【例 4-5】 如图 4-9a)所示将大小为 100N 的力 $\boldsymbol{F}$ 沿 x、y 方向分解,若 $\boldsymbol{F}$ 在 x 轴上的投影为 50N,而沿 x 方向的分力的大小为 200N,则 $\boldsymbol{F}$ 在 y 轴上的投影为:

A. 0   B. 50N
C. 200N   D. 100N

解 如图 4-9b)所示,根据力的投影公式,$F_x = F\cos\alpha = 50\text{N}$,故 $\alpha = 60°$。而分力 $\boldsymbol{F}_x$ 的大小是力 $\boldsymbol{F}$ 大小的 2 倍,因此力 $\boldsymbol{F}$ 与 y 轴垂直,在 y 轴的投影为零。

答案:A

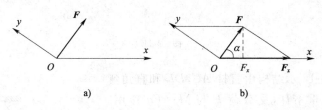

图 4-9

【例 4-6】 在如图 4-10a)所示结构中,如果将作用于构件 AC 上的力偶 M 搬移到构件 BC 上,则根据力偶的性质(力偶可在其作用面内任意移动和转动,不改变力偶对同一刚体的作用效果),A、B、C 三处的约束力:

A. 都不变   B. 仅 C 处改变
C. 都改变   D. 仅 C 处不变

解 若力偶 M 作用于构件 AC 上,则 BC 为二力构件,AC 满足力偶的平衡条件,受力图如图 4-10b)所示;若力偶 M 作用于构件 BC 上,则 AC 为二力构件,BC 满足力偶的平衡条件,受力图如图 4-10c)所示。从图中看出,两种情况下 A、B、C 三处约束力的方向都发生了变化,这与力偶的性质并不矛盾,因为力偶在其作用面内移动后(从构件 AC 移至构件 BC),并未改变其使系统整体(ACB)产生顺时针转动趋势的作用效果。

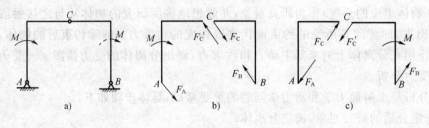

图 4-10

答案:C

【**例 4-7**】 试确定如图 4-11a)、b)所示系统中 A、B 处约束力的方向。

解 在图 4-11a)中,BC 为二力杆,根据二力平衡原理,B 处约束力 F_B 必沿杆 BC 方向;因为系统整体受三个力作用,由三力平衡汇交定理知,A 处约束力 F_A 与力 F_B、F 汇交于一点,见图 4-11c)。

在图 4-11b)中,AC 为二力杆(只在 A、C 处受力),根据二力平衡原理,A 处约束力 F_A 必沿杆 AC 方向;由力偶的性质(力偶只能与力偶平衡)知,B 处约束力 F_B 应与力 F_A 组成一力偶,与 m 平衡,其受力如图 4-11d)所示。

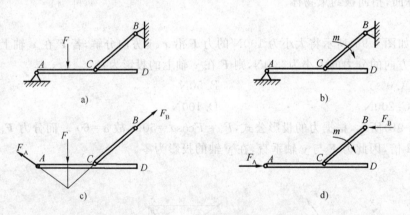

图 4-11

【**例 4-8**】 图 4-12 示结构由直杆 AC,DE 和直角弯杆 BCD 所组成,自重不计,受载荷 F 与 M = Fa 作用。则 A 处约束力的作用线与 x 轴正向所成的夹角为:

    A. 135°   B. 90°
    C. 0°   D. 45°

解 首先分析杆 DE,E 处为活动铰链支座,约束力垂直于支撑面如图 4-13a),杆 DE 的铰链 D 处的约束力可按三力汇交原理确定;其次分析铰链 D,D 处铰接了杆 DE、直角弯杆 BCD 和连杆,连杆的约束力 F_D 沿杆为铅垂方向,杆 DE 作用在铰链 D 上的力为 $F'_{D右}$,按照铰链 D 的平衡,其受力图如图 4-13b)所示;

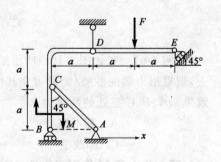

图 4-12

288

最后分析直杆 AC 和直角弯杆 BCD，直杆 AC 为二力杆，A 处约束力沿杆方向，根据力偶的平衡，由 F_A 与 $F'_{D左}$ 组成的逆时针转向力偶与顺时针转向的主动力偶 M 组成平衡力系，故 A 处约束力的指向如图 4-13c)所示。

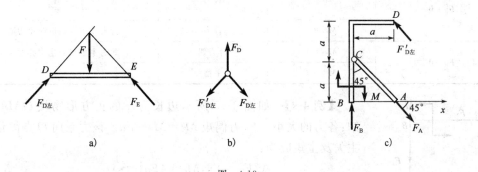

图 4-13

答案：D

二、力系的简化

将作用在物体上的一个力系用另一个与其对物体作用效果相同的力系来代替，则这两个力系互为等效力系。若用一个简单力系等效地替换一个复杂力系，则称为力系的简化。

（一）力的平移定理

作用在刚体上的力可以向任意点 O 平移，但必须同时附加一个力偶，这一附加力偶的力偶矩等于平移前的力对平移点 O 之矩。

（二）任意力系的简化

考察作用在刚体上的任意力系（$F_1, F_2, \cdots, F_n$），如图 4-14a)所示。若在刚体上任取一点 O（简化中心），应用力的平移定理，将力系中的各力 $F_1, F_2, \cdots, F_n$ 逐个向简化中心平移，最后得到汇交于 O 点的，由 $F'_1, F'_2, \cdots, F'_n$ 组成的汇交力系，以及由所有附加力偶 $M_1, M_2, \cdots, M_n$ 组成的力偶系，如图 4-14b)所示。

平移后得到的汇交力系和力偶系，可以分别合成一个作用于 O 点的合力 F'_R，以及合力偶 M_O，如图 4-14c)所示。其中

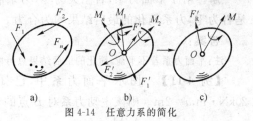

图 4-14 任意力系的简化

$$\left.\begin{array}{l}F'_R = \sum_{i=1}^{n} F_i \\ M_O = \sum_{i=1}^{n} M_i = \sum_{i=1}^{n} M_O(F_i)\end{array}\right\} \quad (4-9)$$

任意力系中所有各力的矢量和 F'_R，称为该力系的主矢；而诸力对于任选简化中心 O 之矩的矢量和 M_O，称为该力系对简化中心的主矩。

上述结果表明：任意力系向任选一点 O 简化，可得一个力和一个力偶，这个力等于该力系的主矢，作用线通过简化中心；简化所得力偶的力偶矩矢等于该力系对简化中心 O 的主矩。

注意：任意力系的主矢与简化中心的选择无关，而其主矩与简化中心的选择有关。

（三）平面力系的简化结果

平面力系的简化结果见表 4-2。

平面力系简化的最后结果　　　　　　　　　　　　表 4-2

F'_R（主矢）	M_O（主矩）	最后结果	说　明
$F'_R \neq 0$	$M_O \neq 0$	合力	合力作用线到简化中心 O 的距离为 $d = \dfrac{\lvert M_O \rvert}{F'_R}$
	$M_O = 0$	合力	合力作用线通过简化中心
$F'_R = 0$	$M_O \neq 0$	合力偶	此时主矩与简化中心无关
	$M_O = 0$	平衡	

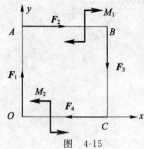

图 4-15

【例 4-9】 如图 4-15 所示边长为 a 的正方形物块 $OABC$。已知：各力的大小 $=F$，力偶矩 $M_1 = M_2 = Fa$。该力系向 O 点简化后的主矢及主矩应为：

A. $F_R = 0\text{N}, M_O = 4Fa\,(\curvearrowleft)$
B. $F_R = 0\text{N}, M_O = 3Fa\,(\curvearrowleft)$
C. $F_R = 0\text{N}, M_O = 2Fa\,(\curvearrowleft)$
D. $F_R = 0\text{N}, M_O = 2Fa\,(\curvearrowright)$

解　四个分力构成自行封闭的四边形（F_1 与 F_3 等值反向、F_2 与 F_4 等值反向），故主矢为零：$F_R = 0\text{N}$；M_1 与 M_2 等值反向，F_1 与 F_3、F_2 与 F_4 构成顺时针转向的两个力偶，每个力偶的力偶矩大小均为 Fa，故主矩为：$M_O = M_2 - M_1 - Fa - Fa = -2Fa$（顺时针）。

答案：D

【例 4-10】 平面力系不平衡，其简化的最后结果为：

A. 合力　　　　　　　　　B. 合力偶
C. 合力或合力偶　　　　　D. 合力和合力偶

解　对于平面力系，若主矢为零，力系简化的最后结果为合力偶；若主矢不为零，无论主矩是否为零，力系简化的最后结果均为合力。

答案：C

注：平面力系若不平衡，简化的最后结果只可能是合力或合力偶。

【例 4-11】 图示平面力系中，已知 $q = 10\text{kN/m}, M = 20\text{kN}\cdot\text{m}, a = 2\text{m}$。则该主动力系对 B 点的合力矩为：

A. $M_B = 0$
B. $M_B = 20\text{kN}\cdot\text{m}\,(\curvearrowleft)$
C. $M_B = 40\text{kN}\cdot\text{m}\,(\curvearrowleft)$
D. $M_B = 40\text{kN}\cdot\text{m}\,(\curvearrowright)$

解　将主动力系对 B 点取矩求代数和：

$$M_B = M - qa^2/2 = 20 - 10 \times 2^2/2 = 0$$

答案：A

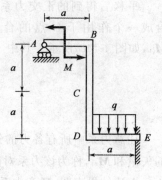

图 4-16

三、力系的平衡

力系平衡的充分必要条件是力系的主矢与主矩同时等于零。

(一)平面力系的平衡

1.平面力系的平衡方程

根据平衡条件 $F'_R=0, M_O=0$,可得平面任意力系和平面特殊力系的几种不同形式的平衡方程(见表 4-3)。

平面力系的平衡方程   表 4-3

力(偶)系	平面任意力系	平面汇交力系	平面平行力系(取 y 轴与各力作用线平行)	平面力偶系
平衡条件	主矢、主矩同时为零 $F'_R=0, M_O=0$	合力为零 $F_R=0$	主矢、主矩同时为零 $F'_R=0, M_O=0$	合力偶矩为零 $M=0$
基本形式平衡方程	$\sum F_x=0$ $\sum F_y=0$ $\sum m_O(F)=0$	$\sum F_x=0$ $\sum F_y=0$	$\sum F_y=0$ $\sum m_O(F)=0$	$\sum m=0$
二力矩形式平衡方程	$\sum F_x=0$(或$\sum F_y=0$) $\sum m_A(F)=0$ $\sum m_B(F)=0$ A、B 两点连线不垂直于 x 轴(或 y 轴)	$\sum m_A(F)=0$ $\sum m_B(F)=0$ A、B 两点与力系的汇交点不在同一直线上	$\sum m_A(F)=0$ $\sum m_B(F)=0$ A、B 两点连线不与各力平行	无
三力矩形式平衡方程	$\sum m_A(F)=0$ $\sum m_B(F)=0$ $\sum m_C(F)=0$ A、B、C 三点不在同一直线上	无	无	无

【例 4-12】 平面平行力系处于平衡,应有独力平衡方程的个数为:

A. 1个　　　　B. 2个　　　　C. 3个　　　　D. 4个

解　对于平面平行力系,向一点简化的结果仍为一主矢和一主矩,但主矢的作用线与平行力系中的力平行,若要令其等于零,只需一个平衡方程。而主矩为零应和任意力系一样需要一个平衡方程。

答案:B

【例 4-13】 如图 4-17a)所示平面构架,不计各杆自重。已知:物块 M 重力的大小为 F_P,悬挂如图所示,不计小滑轮 D 的尺寸与重量,A、E、C 均为光滑铰链,$L_1=1.5$m,$L_2=2$m。则支座 B 的约束力为:

A. $F_B=\frac{3}{4}F_P(\rightarrow)$　　　　B. $F_B=\frac{3}{4}F_P(\leftarrow)$

C. $F_B=F_P(\leftarrow)$　　　　D. $F_B=0$

解　取构架整体为研究对象,根据约束的性质,B 处为活动铰链支座,约束力为水平方向(图 4-17b)。列平衡方程:$\sum M_A(F)=0, F_B \cdot 2L_2 - F_P \cdot 2L_1 = 0, F_B = \frac{3}{4}F_P$。

答案:A

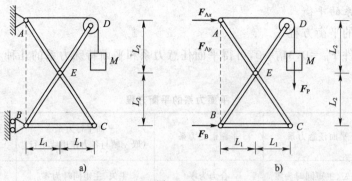

图 4-17

【例 4-14】 重力为 W 的圆球置于光滑的斜槽内,如图 4-18 所示。右侧斜面 B 处对球的约束力 F_{NB} 的大小为:

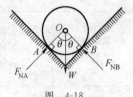

图 4-18

A. $F_{NB} = \dfrac{W}{2\cos\theta}$
B. $F_{NB} = \dfrac{W}{\cos\theta}$
C. $F_{NB} = W\cos\theta$
D. $F_{NB} = \dfrac{W}{2}\cos\theta$

解 以圆球为研究对象,沿 OA、OB 方向有约束力 $\boldsymbol{F}_{NA}$ 和 $\boldsymbol{F}_{NB}$,由对称性可知两约束力大小相等,对圆球列铅垂方向的平衡方程

$$\sum F_y = 0 = F_{NA}\cos\theta + F_{NB}\cos\theta - W = 0 \Rightarrow F_{NB} = \dfrac{W}{2\cos\theta}$$

答案:A

2. 物体系统的平衡

由两个或两个以上的物体(构件)通过一定的约束方式连接在一起而组成的系统,称为物体系统,简称物系。

当物系整体平衡时,系统中每一个物体也都平衡。系统内各物体间相互的作用力,称为内力;系统以外的物体作用于系统的力,称为外力。

通常情况下,每一个处于平衡状态的物体在平面力系作用下,具有三个独立的平衡方程,若物体系统由 n 个物体组成,则系统便具有 $3n$ 个独立的平衡方程(在特殊力系作用下,物系中独立的平衡方程数目可由表 4-3 确定),可解 $3n$ 个未知量。若物系中实际存在的未知量数目为 k,则当 $k=3n$ 时,应用全部独立的平衡方程就可求得全部未知量,此类问题称为静定问题;当 $k>3n$ 时,应用全部独立的平衡方程不能求出全部未知量,此类问题称为静不定问题,或称为超静定问题。

求解物体系统平衡问题的方法及步骤:

(1)首先判断物系的静定性。只有肯定了所给物系是静定的,才着手求解。

(2)选取研究对象。尽可能通过整体平衡,求得某些未知约束力,再根据具体所要求的未知量,选择合适的局部或单个物体作为研究对象。

(3)进行受力分析。根据约束的性质及作用与反作用定律,严格区分施力体与受力体,内力与外力(只分析所选研究对象受到的外力),画出研究对象的受力图。

(4)建立平衡方程,求解未知量。

【例 4-15】 在如图 4-19a)所示结构中,已知 q、L,设力偶逆时针转向为正。则固定端 B 处约束力的值为:

A. $F_{Bx} = qL$, $F_{By} = qL$, $M_B = -\frac{3}{2}qL^2$

B. $F_{Bx} = -qL$, $F_{By} = qL$, $M_B = \frac{3}{2}qL^2$

C. $F_{Bx} = qL$, $F_{By} = -qL$, $M_B = \frac{3}{2}qL^2$

D. $F_{Bx} = -qL$, $F_{By} = -qL$, $M_B = \frac{3}{2}qL^2$

解 选 AC 为研究对象,受力如图 4-19b)所示,列平衡方程

$$\sum m_C(\boldsymbol{F}) = 0: qL \cdot \frac{L}{2} - F_A \cdot \frac{L}{2} = 0, F_A = qL$$

再选结构整体为研究对象,受力如图 4-19a)所示,列平衡方程

$$\sum F_x = 0: F_{Bx} + qL = 0, F_{Bx} = -qL$$

$$\sum F_y = 0: F_A + F_{By} = 0, F_{By} = -qL$$

$$\sum m_B(\boldsymbol{F}) = 0: M_B - qL \cdot \frac{L}{2} - F_A \cdot L = 0, M_B = \frac{3}{2}qL^2$$

图 4-19

答案:D

【**例 4-16**】 如图 4-20a)所示水平梁 AB 由铰 A 与杆 BD 支撑。在梁上 O 处用小轴安装滑轮,轮上跨过软绳,绳一端水平地系于墙上,另一端悬挂重力为 W 的物块。构件均不计自重。铰 A 的约束力大小为:

A. $F_{Ax} = \frac{5}{4}W, F_{Ay} = \frac{3}{4}W$ B. $F_{Ax} = W, F_{Ay} = \frac{1}{2}W$

C. $F_{Ax} = \frac{3}{4}W, F_{Ay} = \frac{1}{4}W$ D. $F_{Ax} = \frac{1}{2}W, F_{Ay} = W$

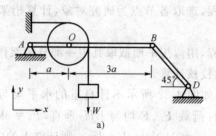 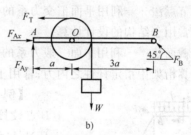

图 4-20

解 取杆 AB 及滑轮为研究对象,受力如图4-20b)所示。列平衡方程

$$\sum m_A(\boldsymbol{F}) = 0: F_B\cos45° \times 4a + F_T \cdot r - W(a+r) = 0$$

因为 $F_T = W$, $F_B\cos45° = F_B\sin45° = \frac{W}{4}$

$$\sum F_x = 0: F_{Ax} - F_T - F_B\cos45° = 0, F_{Ax} = \frac{5}{4}W$$

$$\sum F_y = 0: F_{Ay} - W + F_B\sin45° = 0, F_{Ay} = \frac{3}{4}W$$

答案:A

【例 4-17】 在如图 4-21a)所示机构中,已知:$F_P,L=2\text{m},r=0.5\text{m},q=30°,BE=EG,CE=EH$。则支座 A 的约束力为:

A. $F_{Ax}=F_P(\leftarrow),F_{Ay}=1.75F_P(\downarrow)$ B. $F_{Ax}=0,F_{Ay}=0.75F_P(\downarrow)$

C. $F_{Ax}=0,F_{Ay}=0.75F_P(\uparrow)$ D. $F_{Ax}=F_P(\rightarrow),F_{Ay}=1.75F_P(\uparrow)$

解 对系统进行整体分析,外力有主动力 F_P,A、H 处约束力,由于 F_P 与 H 处约束力均为铅垂方向,故 A 处也只有铅垂方向约束力(图 4-21b),列平衡方程 $\sum M_H(F)=0,F_{Ay} \cdot L - F_P(0.5L+r)=0,F_{Ay}=0.75F_P$。

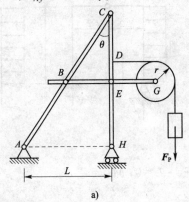 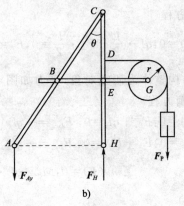

图 4-21

答案:B

(二)平面静定桁架

桁架是一种由若干直杆在两端彼此用铰链连接而成的杆系结构,其特点是受力后几何形状不变。若桁架所有的杆件都在同一平面内,称其为平面桁架,各杆间的铰接点称作节点;各杆自重不计,所受荷载均作用于节点上,或平均分配在杆件两端的节点上。所以桁架中的各杆均为二力杆。

平面静定桁架的内力计算方法:

(1)节点法——利用平面汇交力系的平衡方程,选取各节点为研究对象,计算桁架中各杆之内力;常用于结构的设计计算。

(2)截面法——利用平面一般力系的平衡方程,用假想平面截取其中一部分桁架作为研究对象,计算桁架中指定杆件之内力;常用于结构的校核计算。

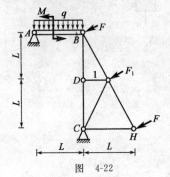

图 4-22

【例 4-18】 如图 4-22 所示不计自重的水平梁与桁架在 B 点铰接。已知:荷载 F_1、F 均与 BH 垂直,$F_1=8\text{kN},F=4\text{kN},M=6\text{kN}\cdot\text{m},q=1\text{kN/m},L=2\text{m}$。则杆件 1 的内力为:

A. $F_1=0$

B. $F_1=8\text{kN}$

C. $F_1=-8\text{kN}$

D. $F_1=-4\text{kN}$

解 取节点 D 分析其平衡,可知 1 杆为零杆。

答案:A

【例 4-19】 不经计算,通过直接判定得出如图 4-23 所示桁架中内力为零的杆数为:

A. 2 根 B. 3 根 C. 4 根 D. 5 根

解 根据节点法,由节点 E 的平衡,可判断出杆 EC、EF 为零杆,再由节点 C 和 G,可判断出杆 CD、GD 为零杆;由系统的整体平衡可知:支座 A 处只有铅垂方向的约束力,故通过分析

节点 A,可判断出杆 AD 为零杆。

答案:D

注:判断零杆时,首先分析无外荷载作用的两杆节点和其中两杆在同一直线上的三杆节点。

(三)滑动摩擦

在主动力作用下,当两物体接触处有相对滑动或有相对滑动趋势时,在接触处的公切面内将受到一定的阻力阻碍其相对滑动,这种现象称为滑动摩擦。

1. 各种摩擦力的计算公式

图 4-24 中所示力 P、F_T 为主动力,摩擦力 F 可根据物体的运动状态分为三类。其计算公式见表 4-4。

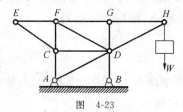

图 4-23

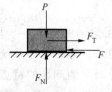

图 4-24 滑动摩擦

摩擦力计算一览表   表 4-4

类 别	静摩擦力 F_s	最大静摩擦力 F_{max}	动摩擦力 F_d
产生条件	物体接触面之间有相对滑动趋势,但物体仍保持静止	物体接触面之间有相对滑动趋势,但物体处于要滑而未滑的临界平衡状态	物体接触面之间开始相对滑动
方向	与相对滑动趋势方向相反	与相对滑动趋势方向相反	与相对滑动方向相反
大小	$0 \leqslant F_s \leqslant F_{max}$ F_s 之值由平衡方程确定 $F_s = F_T$	$F_{max} = f_s F_N$ 式中,F_N 为接触面的法向约束力(也称法向正压力);f_s 称作静滑动摩擦因数,其值可从工程手册中查找	$F_d = f_d F_N$ 式中,F_N 为接触面法向反力;f_d 为动滑动摩擦因数

2. 摩擦曲线

摩擦力 F 与主动力 F_T 之间的关系以及物体的运动状态,可用如图 4-25 所示的摩擦曲线来表示。

3. 摩擦角与自锁

静摩擦力 F_s 与法向约束力 F_N 的合力 F_{RA} 称为全约束力,其作用线与接触面的公法线成一偏角 φ,见图 4-26a)。当物块处于平衡的临界状态时,静摩擦力达到最大值 F_{max},偏角 φ 也达到最大值 φ_f,见图 4-26b)。全约束力与法线间夹角的最大值 φ_f 称为摩擦角。由图可得

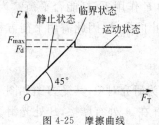

图 4-25 摩擦曲线

图 4-26 摩擦角

$$\tan\varphi_f = \frac{F_{max}}{F_N} = \frac{f_s F_N}{F_N} = f_s \qquad (4-10)$$

即摩擦角的正切等于静摩擦因数。

因静摩擦力 F_s 总是小于或等于最大静摩擦力 F_{max},故全约束力与支承面法线间的夹角 φ,总是小于或等于摩擦角 φ_f,其变化范围为

$$0 \leqslant \varphi \leqslant \varphi_f \tag{4-11}$$

如图 4-27a)所示,若设作用于物块上主动力的合力 F_R 与接触面法线的夹角为 θ,全约束力 F_{RA} 与接触面法线间的夹角为 φ,则当 F_R 的作用线在摩擦角之内($\theta < \varphi_f$)时,无论这个力怎样大,都会产生与之满足二力平衡条件的全约束力 $F_{RA}(\varphi = \theta < \varphi_f)$,使物块保持静止,这种现象称为自锁现象。

反之,如图 4-27b)所示,当 F_R 的作用线在摩擦角之外($\theta > \varphi_f$)时,无论这个力怎样小,物块一定会滑动。$\theta = \varphi_f$ 时,物块处于临界平衡状态。

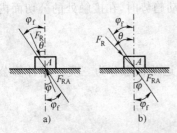

图 4-27 自锁现象

4. 考虑滑动摩擦时物体系统的平衡

考虑摩擦时平衡问题的特点是:在受力分析时必须考虑摩擦力。考虑摩擦力后,物体系统除满足力系的平衡条件(平衡方程)外,还需满足物理条件,即

$$F_s \leqslant f_s F_N \quad \text{或} \quad \theta \leqslant \varphi_f$$

【**例 4-20**】 重力大小为 W 的物块自由地放在倾角为 α 的斜面上,如图 4-28 所示。且 $\sin\alpha = \frac{3}{5}$,$\cos\alpha = \frac{4}{5}$。物块上作用一水平力 F,且 $F = W$。若物块与斜面间的静摩擦系数 $f = 0.2$,则该物块的状态为:

  A. 静止状态   B. 临界平衡状态
  C. 滑动状态   D. 条件不足,不能确定

解 如图 4-29 所示,若物块平衡,沿斜面方向有 $F_f = F\cos\alpha - W\sin\alpha = 0.2F$
而最大静摩擦力 $F_{fmax} = f \cdot F_N = f(F\sin\alpha + W\cos\alpha) = 0.28F$
因 $F_{fmax} > F_f$,所以物块静止。

答案:A

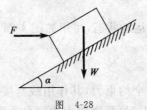
图 4-28

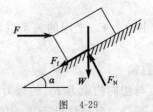
图 4-29

【**例 4-21**】 如图 4-30a)所示结构中,已知:B 处光滑,杆 AC 与墙间的静摩擦因数 $f_s = 1$,$\theta = 60°$,$BC = 2AB$,杆自重不计。试问在垂直于杆 AC 的力 F 作用下,杆能否平衡?为什么?

解 本例已知静摩擦因数以及外加力方向,求保持静止的条件,因此需用平衡方程与物理条件联合求解,现用解析法与几何法分别求解。

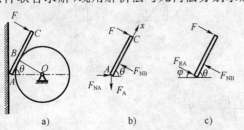

图 4-30

(1)解析法

以杆 AC 为研究对象,其受力图如图 4-30b)所示。注意到,杆在 A 处有摩擦,B 处光滑。应用平面力系平衡方程和 A 处摩擦力的物理方程,有

$$\sum F_x = 0: F_{NA}\cos 60° - F_A \sin 60° = 0 \quad \text{①}$$
$$F_A \leqslant f_s F_{NA} \quad \text{②}$$

由①式得

$$\frac{F_{A}}{F_{NA}} = \frac{\cos 60°}{\sin 60°} = \cot 60° = 0.577 \qquad ③$$

由②式得

$$\frac{F_{A}}{F_{NA}} \leqslant f_{s} = 1 \qquad ④$$

比较③式和④式,满足平衡条件,所以系统平衡。

(2) 几何法

因为杆 AC 在 C、B 两处的力均垂直于杆,故杆若平衡,A 处的全反力 F_{RA} 必与杆垂直,见图 4-30c),其中 $\boldsymbol{F}_{RA} = \boldsymbol{F}_{A} + \boldsymbol{F}_{NA}$。由于 F_{RA} 与 F_{NA} 的夹角 $\varphi = 30°$,而 A 处的摩擦角为

$$\varphi_{f} = \arctan f_{s} = \arctan 1 = 45°$$

由此可得

$$\varphi < \varphi_{f}$$

满足自锁条件,所以系统平衡。

注:若已知条件为摩擦角而非摩擦因数时,尽量应用自锁条件求解摩擦问题。

习 题

4-1 如图所示三力矢 $\boldsymbol{F}_1$、$\boldsymbol{F}_2$、$\boldsymbol{F}_3$ 的关系是(　　)。

A. $\boldsymbol{F}_1 + \boldsymbol{F}_2 + \boldsymbol{F}_3 = 0$

B. $\boldsymbol{F}_3 = \boldsymbol{F}_1 + \boldsymbol{F}_2$

C. $\boldsymbol{F}_2 = \boldsymbol{F}_1 + \boldsymbol{F}_3$

D. $\boldsymbol{F}_1 = \boldsymbol{F}_2 + \boldsymbol{F}_3$

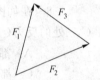

题 4-1 图

4-2 作用在一个刚体上的两个力 $\boldsymbol{F}_A$、$\boldsymbol{F}_B$,满足 $\boldsymbol{F}_A = -\boldsymbol{F}_B$ 的条件,则该二力可能是(　　)。

A. 作用力和反作用力或一对平衡的力

B. 一对平衡的力或一个力偶

C. 一对平衡的力或一个力和一个力偶

D. 作用力和反作用力或一个力偶

4-3 两直角刚杆 AC、CB 支承如图所示,在铰 C 处受力 P 作用,则 A、B 两处约束反力与 x 轴正向所成的夹角 $\alpha = (　　)$,$\beta = (　　)$。

A. 30°,45°　　　　B. 45°,135°

C. 90°,30°　　　　D. 135°,90°

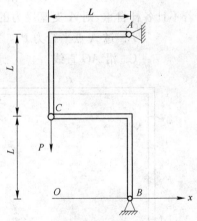

题 4-3 图

4-4 已知 $\boldsymbol{F}_1$、$\boldsymbol{F}_2$、$\boldsymbol{F}_3$、$\boldsymbol{F}_4$ 为作用于刚体上的平面共点力系,其力矢关系如图所示为平行四边形,由此可知(　　)。

A. 力系可合成为一个力偶

B. 力系可合成为一个力

C. 力系简化为一个力和一力偶

D. 力系的合力为零,力系平衡

4-5 设力 $\boldsymbol{F}$ 在 x 轴上的投影为 F,则该力在与 x 轴共面的任一轴上的投影(　　)。

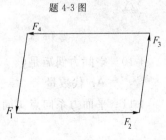

题 4-4 图

A. 一定不等于零　　B. 不一定等于零　　C. 一定等于零　　D. 等于 F

4-6 如图所示结构受力 **P** 作用,杆重不计,则 A 支座约束力的大小为(　　)。

A. $P/2$　　　　B. $\sqrt{3}P/2$　　　　C. $\dfrac{P}{\sqrt{3}}$　　　　D. 0

4-7 如图所示一等边三角形板,边长为 a,沿三边分别作用有力 F_1、F_2 和 F_3,且 $F_1=F_2=F_3$,则此三角形板处于(　　)状态。

A. 平衡
C. 转动

B. 移动
D. 既移动又转动

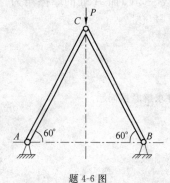

题 4-6 图

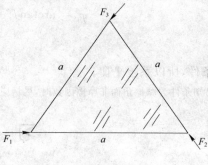

题 4-7 图

4-8 在如图所示结构中,如果将作用于构件 AC 上的力偶 m 搬移到构件 BC 上,则 A、B、C 三处的反力(　　)。

A. 都不变
C. 都改变

B. A、B 处反力不变,C 处反力改变
D. A、B 处反力改变,C 处反力不变

4-9 杆 AF、BE、EF、CD 相互铰接,并支承如图所示,今在 AF 杆上作用一力偶(**P**、**P**′),若不计各杆自重,则 A 支座反力的作用线(　　)。

A. 过 A 点平行力 **P**
C. 沿 AG 直线

B. 过 A 点平行 BG 连线
D. 沿 AH 直线

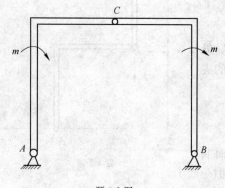

题 4-8 图

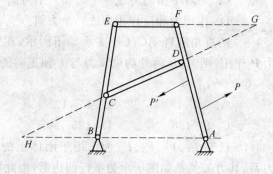

题 4-9 图

4-10 空间力偶矩是(　　)。

A. 代数量　　　　B. 滑动矢量　　　　C. 定位矢量　　　　D. 自由矢量

4-11 平面力系向点 1 简化时,主矢 $\mathbf{R}'=0$,主矩 $\mathbf{M}_1 \neq 0$,如将该力系向另一点 2 简化,则(　　)。

A. $\mathbf{R}' \neq 0, \mathbf{M}_2 \neq 0$

B. $\mathbf{R}'=0, \mathbf{M}_2 \neq \mathbf{M}_1$

C. $R'=0, M_2=M_1$ D. $R'\neq 0, M_2=M_1$

4-12 五根等长的细直杆铰接成图所示杆系结构,各杆重量不计,若 $P_A=P_E=P$,且垂直 BD,则杆 BD 的内力 S_{BD} 为( )。

  A. $-P$(压)   B. $-\sqrt{3}P$(压)
  C. $-\sqrt{3}P/3$(压)   D. $-\sqrt{3}P/2$(压)

4-13 在如图所示系统中,绳 DE 能承受的最大拉力为 10kN,杆重不计,则力 P 的最大值为( )。

  A. 5kN   B. 10kN   C. 15kN   D. 20kN

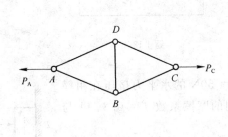
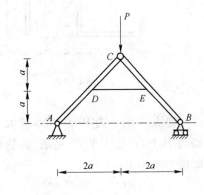

题 4-12 图   题 4-13 图

4-14 力系简化时若取不同的简化中心,则( )。
  A. 力系的主矢、主矩都会改变
  B. 力系的主矢不会改变,主矩一般会改变
  C. 力系的主矢会改变,主矩一般不改变
  D. 力系的主矢、主矩都不会改变,力系简化时与简化中心无关

4-15 某平面任意力系向 O 点简化后,得到如图所示的一个力 R 和一个力偶矩为 M_O 的力偶,则该力系的最后合成结果是( )。
  A. 作用在 O 点的一个合力   B. 合力偶
  C. 作用在 O 点左边某点的一个合力   D. 作用在 O 点右边某点的一个合力

4-16 桁架结构形式与荷载 F_P 均已知(见图)。结构中杆件内力为零的杆件数为( )。
  A. 零根   B. 2根   C. 4根   D. 6根

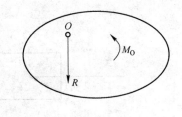

题 4-15 图   题 4-16 图

4-17 两直角刚杆 ACD, BEC 在 C 处铰接,并支承如图所示。若各杆重不计,则支座 A 处约束力的方向为( )。

A. F_A 的作用线沿水平方向　　B. F_A 的作用线沿铅垂方向
C. F_A 的作用线平行于 B、C 连线　　D. F_A 的作用线方向无法确定

4-18　带有不平行两槽的矩形平板上作用一力偶 M，如图所示。今在槽内插入两个固定于地面的销钉，若不计摩擦则有(　　)。

A. 平板保持平衡　　B. 平板不能平衡
C. 平衡与否不能判断　　D. 上述三种结果都不对

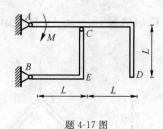

题 4-17 图

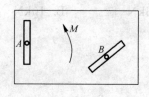

题 4-18 图

4-19　物块 A 的重力 $W=10$N，被大小为 $F_P=50$N 的水平力挤压在粗糙的铅垂墙面 B 上，且处于平衡(见图)。物块与墙间的摩擦系数 $f=0.3$。A 与 B 间的摩擦力大小为(　　)。

A. $F=15$N
B. $F=10$N
C. $F=3$N
D. 只依据所给条件则无法确定

题 4-19 图

4-20　物块重力的大小为 5kN，与水平面间的摩擦角为 $\varphi_m=35°$，今用与铅垂线成 60°角的力 P 推动物块，如图所示，若 $P=5$kN，则物块将(　　)。

A. 不动　　B. 滑动
C. 处于临界状态　　D. 滑动与否无法确定

4-21　物块重力的大小为 $G=20$N，用 $P=40$N 的力按如图所示方向把物块压在铅直墙上，物块与墙之间的摩擦系数 $f=\sqrt{3}/4$，则作用在物块上的摩擦力等于(　　)。

A. 20N　　B. 15N
C. 0　　D. $10\sqrt{3}$N

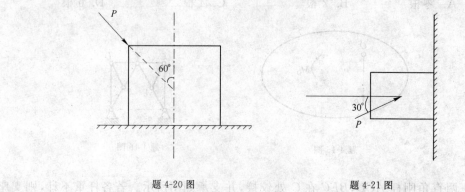

题 4-20 图　　题 4-21 图

4-22　重力的大小 $W=80$kN 的物体自由地放在倾角为 30°的斜面上，如图所示，若物体

与斜面间的静摩擦系数 $f=\sqrt{3}/4$,动摩擦系数 $f'=0.4$,则作用在物体上的摩擦力的大小为( )。

  A. 30kN   B. 40kN   C. 27.7kN   D. 0

4-23 物 A 重力的大小为 100kN,物 B 重力的大小为 25kN,A 物与地面摩擦系数为 0.2,滑轮处摩擦不计,如图所示,则物体 A 与地面间的摩擦力为( )。

  A. 20kN   B. 16kN   C. 15kN   D. 12kN

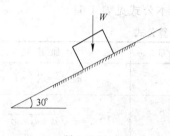

题 4-22 图

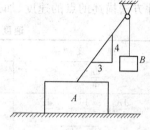

题 4-23 图

第二节 运 动 学

  运动学是用几何学的观点来研究物体的运动规律,即物体运动的描述(其在空间的位置随时间变化的规律)、运动的速度和加速度,而不涉及引起物体运动的物理原因。

一、点的运动学

  点的运动学主要研究点相对于某一参考系的运动量随时间的变化规律,包括:点的运动方程的建立,运动轨迹的描述,速度和加速度的确定。

(一)描述点的运动的基本方法与基本公式

描述点的运动常用的基本方法有:矢量法、直角坐标法、自然法。现将这三种方法及其应用范围归纳于表 4-5 中。

研究点的运动的基本方法   表 4-5

方 法	矢 量 法	直角坐标法	自 然 法
特点与用途	简明、直观,常用于理论推导	便于代数及微积分运算,常用于轨迹未知的情况	速度、切向加速度、法向加速度的算式简单、物理意义明确,常用于轨迹已知的情况
参考系			
参考系	以参考体上任一固定点 O 为参考点	以直角坐标系的三个坐标轴为参考坐标轴	在轨迹上任选一点 O 为参考点

续上表

方 法	矢 量 法	直角坐标法	自 然 法
运动方程	$r=r(t)$	$x=f_1(t), y=f_2(t), z=f_3(t)$	$s=f(t)$
轨迹	矢径 r 的矢端曲线	从上式中消去时间"t"即可得轨迹方程:$F_1(x,y)=0, F_2(y,z)=0$	事先已知

用上述三种方法描述的点的速度、加速度的基本公式见表 4-6。

速度、加速度计算公式　　　　　　表 4-6

基本方法	速　度	加速度分量	全 加 速 度	备注
矢量法	$v=\dfrac{dr}{dt}=\dot{r}$		$a=\dfrac{dv}{dt}=\dfrac{d^2r}{dt^2}=\ddot{r}$	
直角坐标法	$v_x=\dfrac{dx}{dt}, v_y=\dfrac{dy}{dt}, v_z=\dfrac{dz}{dt}$ $v=\sqrt{v_x^2+v_y^2+v_z^2}$ $\cos(v,i)=\dfrac{v_x}{v}$ $\cos(v,j)=\dfrac{v_y}{v}$ $\cos(v,k)=\dfrac{v_z}{v}$	$a_x=\dfrac{dv_x}{dt}=\ddot{x}$ $a_y=\dfrac{dv_y}{dt}=\ddot{y}$ $a_z=\dfrac{dv_z}{dt}=\ddot{z}$	$a=\sqrt{a_x^2+a_y^2+a_z^2}$ $\cos(a,i)=\dfrac{a_x}{a}$ $\cos(a,j)=\dfrac{a_y}{a}$ $\cos(a,k)=\dfrac{a_z}{a}$	
自然法	$v=\dfrac{ds}{dt}=\dot{s}$ 或 $v=\dot{s}\tau$	$a_\tau=\dfrac{dv}{dt}=\ddot{s}$ 沿切线方向 $a_n=\dfrac{v^2}{\rho}=\dfrac{(\dot{s})^2}{\rho}$ 恒指向曲率中心	$a=\sqrt{a_\tau^2+a_n^2}, \tan\beta=\dfrac{|a_\tau|}{a_n}$ β 为 a 与法线轴 n 正向间的夹角	加速度恒指向曲线凹的一侧

(二)三种基本方法之间的相互关系(见表 4-7)

三种基本方法之间的相互关系　　　　　　表 4-7

运动方程	速　度	加　速　度
$r=xi+yj+zk$	$v=v_xi+v_yj+v_zk=\dot{s}\tau$ $v=\dot{s}=\sqrt{v_x^2+v_y^2+v_z^2}$	$a=a_xi+a_yj+a_zk=\ddot{s}\tau+\dfrac{\dot{s}^2}{\rho}n$ $a=\sqrt{a_x^2+a_y^2+a_z^2}=\sqrt{\ddot{s}^2+\dfrac{\dot{s}^4}{\rho^2}}$

【例 4-22】 如图 4-31 所示点 P 沿螺线自外向内运动。它走过的弧长与时间的一次方成正比。关于该点的运动,有以下 4 种答案,请判断哪一个答案是正确的:

　　A. 速度越来越快　　　　B. 速度越来越慢
　　C. 加速度越来越大　　　D. 加速度越来越小

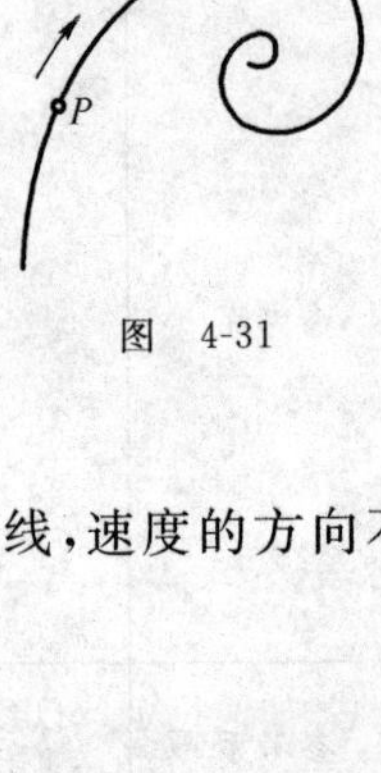

解 因为运动轨迹的弧长与时间的一次方成正比,所以有

$$s = kt$$

其中 k 为比例常数。对时间求一次导数后得到点的速度

$$v = \dot{s} = k$$

图 4-31

可见该点做匀速运动。但这只是指速度的大小。由于运动的轨迹为曲线,速度的方向不断改变,所以,还需要作加速度分析。于是,有

$$a_\tau = \dfrac{dv}{dt} = 0, \quad a_n = \dfrac{v^2}{\rho}$$

总加速度
$$a = \sqrt{a_\tau^2 + a_n^2} = a_n = \frac{v^2}{\rho}$$

当点由外向内运动时,运动轨迹的曲率半径 ρ 逐渐变小,所以加速度 a 越来越大。

答案:C

【例 4-23】 点在铅垂平面 Oxy 内的运动方程 $\left.\begin{array}{l}x=v_0 t\\y=\dfrac{1}{2}gt^2\end{array}\right\}$,式中,$t$ 为时间,v_0、g 为常数。

点的运动轨迹应为:

A. 直线   B. 圆弧曲线

C. 抛物线   D. 直线与圆连线

解 由第一个方程可得 $t=\dfrac{x}{v_0}$,将其代入第二个方程,可得抛物线方程 $y=\dfrac{g}{2v_0^2}x^2$。

答案:C

【例 4-24】 已知动点的运动方程为 $x=t$,$y=2t^2$。则其轨迹方程为:

A. $x=t^2-t$ B. $y=2t$

C. $y-2x^2=0$ D. $y+2x^2=0$

解 将运动方程中的参数 t 消去:$t=x$,$y=2x^2$。

答案:C

【例 4-25】 一炮弹以初速度和仰角 α 射出。对于如图 4-32 所示直角坐标的运动方程为 $x=v_0\cos\alpha t$,$y=v_0\sin\alpha t-\dfrac{1}{2}gt^2$,则当 $t=0$ 时,炮弹的速度和加速度的大小分别为:

A. $v=v_0\cos\alpha$,$a=g$

B. $v=v_0$,$a=g$

C. $v=v_0\sin\alpha$,$a=-g$

D. $v=v_0$,$a=-g$

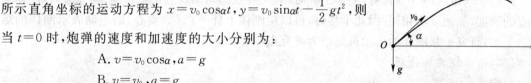

图 4-32

解 分别对运动方程 x 和 y 求时间 t 的一阶、二阶导数,即:$\dot{x}=v_0\cos\alpha$,$\dot{y}=v_0\sin\alpha-gt$;$\ddot{x}=0$,$\ddot{y}=-g$;当 $t=0$ 时,速度的大小 $v=\sqrt{\dot{x}^2+\dot{y}^2}=v_0$,加速度的大小 $a=|\ddot{y}|=g$。

答案:B

【例 4-26】 动点 A 和 B 在同一坐标系中的运动方程分别为 $\begin{cases}x_A=t\\y_A=2t^2\end{cases}$,$\begin{cases}x_B=t^2\\y_B=2t^4\end{cases}$,其中 x、y 以 cm 计,t 以 s 计,则两点相遇的时刻为:

A. $t=1$s   B. $t=0.5$s   C. 2s   D. $t=1.5$s

解 两点相遇时应具有相同的坐标,即 $x_A=x_B$,$y_A=y_B$,根据运动方程有 $t=t^2$,$2t^2=2t^4$,解得 $t=1$s。

答案:A

【例 4-27】 一动点沿直线轨道按照 $x=3t^3+t+2$ 的规律运动(x 以 m 计,t 以 s 计),则当 $t=4$s 时,动点的位移、速度和加速度分别为:

A. $x=54$m,$v=145$m/s,$a=18$m/s^2

B. $x=198$m,$v=145$m/s,$a=72$m/s^2

C. $x=198\text{m}, v=49\text{m/s}, a=72\text{m/s}^2$
D. $x=192\text{m}, v=145\text{m/s}, a=12\text{m/s}^2$

解 将 x 对时间 t 求一阶导数为速度,即:$v = 9t^2 + 1$;再对时间 t 求一阶导数为加速度,即 $a = 18t$,将 $t = 4\text{s}$ 代入,可得:$x = 198\text{m}, v = 145\text{m/s}, a = 72\text{m/s}^2$。

答案:B

二、刚体的基本运动

刚体的基本运动包括刚体的平行移动和刚体绕定轴转动这两种简单的运动形式。

(一)刚体的平行移动

1.定义

刚体运动时,其上任意直线始终平行于其初始位置,刚体的这种运动称为平行移动,简称平移。

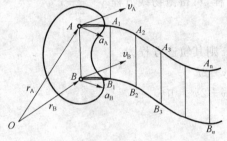

图 4-33 平移刚体的运动分析

2.平移刚体的运动分析

若在平移刚体内任选两点 A、B(见图 4-33),其矢径分别为 r_A 和 r_B,则两条矢端曲线就是这两点的轨迹。根据图中的几何关系,有:$r_A = r_B + r_{BA}$,且 r_{BA} 为常矢量,则类似地,有

$$\dot{r}_A = \dot{r}_B, \text{即 } v_A = v_B \qquad (4-12)$$

$$\dot{v}_A = \dot{v}_B, \text{即 } a_A = a_B \qquad (4-13)$$

式(4-12)和式(4-13)表明:<u>刚体平移时,其上各点的运动轨迹形状相同;同一瞬时,刚体上各点的速度、加速度均相同</u>。因此平移时,可以用刚体上任一点(如质心)的运动表示刚体的运动。于是,研究平移刚体的运动可归结为研究点的运动。

(二)刚体绕定轴转动

1.定义

刚体运动时,若其上(或其扩展部分)有一条直线始终保持不动,则称这种运动为绕定轴转动,简称转动。这条固定的直线称为转轴(见图 4-34)。轴线上各点的速度和加速度均恒为零,其他各点均围绕轴线做圆周运动。

2.转动刚体的运动分析

(1)转动方程

如图 4-34 所示绕定轴 z 转动的刚体,设通过转轴 z 所作的平面 I 固定不动(称为定平面),平面 II 与刚体固连随刚体一起转动(称为动平面)。任一瞬时刚体的位置,可由动平面 II 与定平面 I 的夹角 φ 确定。角 φ 称为转角,单位是弧度(rad),为代数量。当刚体转动时,转角 φ 随时间 t 变化,它是时间的单值连续函数,即

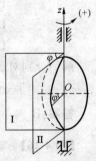

图 4-34 刚体绕定轴转动

$$\varphi = f(t) \qquad (4-14)$$

上式称为刚体的转动方程,它反映了刚体绕定轴转动的规律。

(2)角速度

刚体的转角对时间的一阶导数,称为角速度,用于度量刚体转动的快慢和转动方向,用字母 ω 表示。即

$$\omega = \frac{d\varphi}{dt} = \dot{\varphi} \tag{4-15}$$

角速度的单位是弧度/秒(rad/s)。在工程中很多情况还用转速 n(转/分)来表示刚体转动的快慢。此时,ω 与 n 之间的换算关系为

$$\omega = \frac{2n\pi}{60} = \frac{n\pi}{30} \tag{4-16}$$

(3)角加速度

刚体的角速度对时间的一阶导数,称为角加速度,用于度量角速度的快慢和转动方向,用字母 α 表示。即

$$\alpha = \frac{d\omega}{dt} = \dot{\omega} = \ddot{\varphi} \tag{4-17}$$

角加速度的单位为弧度/秒²(rad/s²)。角速度和角加速度都是描述刚体整体运动的物理量。

3. 定轴转动刚体上各点的速度和加速度

在转动刚体上任取一点 M,设其到转轴 O 的垂直距离为 r 称为转动半径,如图 4-35 所示。显然,M 点的运动是以 O 为圆心、r 为半径的圆周运动。若转动刚体的角速度为 ω,角加速度为 α,弧坐标原点为 O',则当刚体转过角度 φ 时,点 M 的弧坐标为

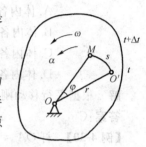

图 4-35 转动刚体上 M 点的运动分析

$$s = r\varphi \tag{4-18}$$

点 M 速度的大小为

$$v = \frac{ds}{dt} = \frac{d}{dt}(r\varphi) = r\frac{d\varphi}{dt} = r \cdot \omega \tag{4-19}$$

点 M 的切向加速度和法向加速度的大小分别为

$$a_\tau = \frac{dv}{dt} = \frac{d}{dt}(r\omega) = r\frac{d\omega}{dt} = r \cdot \alpha \tag{4-20}$$

$$a_n = \frac{v^2}{\rho} = \frac{(r\omega)^2}{\rho} = r \cdot \omega^2 \tag{4-21}$$

所以刚体上任一 M 点的加速度大小为

$$\left. \begin{array}{l} a = \sqrt{a_\tau^2 + a_n^2} = r\sqrt{\alpha^2 + \omega^4} \\ \tan\theta = \frac{|a_\tau|}{a_n} = \frac{|\alpha|}{\omega^2} \end{array} \right\} \tag{4-22}$$

方向

式中:θ——加速度 a 与法向加速度的夹角。

由公式(4-19)与式(4-22)可得以下结论:

①在任意瞬时,转动刚体内各点的速度、切向加速度、法向加速度和全加速度的大小与各点的转动半径成正比。

②在任意瞬时,转动刚体内各点的速度方向与各点的转动半径垂直,各点的全加速度的方向与各点转动半径的夹角全部相同。所以,刚体内任一条通过且垂直于轴的直线上各点的速度和加速度呈线性分布,如图 4-36 所示。

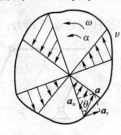

图 4-36 转动刚体上各点速度、加速度分布

【例 4-28】 二摩擦轮如图 4-37 所示。则两轮的角速度与半径关系的表达式为：

A. $\dfrac{\omega_1}{\omega_2}=\dfrac{R_1}{R_2}$ B. $\dfrac{\omega_1}{\omega_2}=\dfrac{R_2}{R_1^2}$

C. $\dfrac{\omega_1}{\omega_2}=\dfrac{R_1}{R_2^2}$ D. $\dfrac{\omega_1}{\omega_2}=\dfrac{R_2}{R_1}$

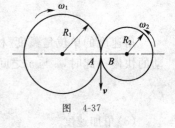

图 4-37

解 两轮啮合点 A、B 的速度相同，且 $v_A=R_1\omega_1=v_B=R_2\omega_2$。所以有 $\dfrac{\omega_1}{\omega_2}=\dfrac{R_2}{R_1}$。

答案：D

【例 4-29】 刚体作平动时，某瞬时体内各点的速度与加速度为：

A. 体内各点速度不相同，加速度相同
B. 体内各点速度相同，加速度不相同
C. 体内各点速度相同，加速度也相同
D. 体内各点速度不相同，加速度也不相同

解 根据平行移动刚体的定义，平行移动刚体内各点速度和加速度均相同。

答案：C

【例 4-30】 杆 $OA=l$，绕固定轴 O 转动，某瞬时杆端 A 点的加速度 a 如图 4-38 所示，则该瞬时杆 OA 的角速度及角加速度为：

A. $0,\dfrac{a}{l}$ B. $\sqrt{\dfrac{a\cos\alpha}{l}},\dfrac{a\sin\alpha}{l}$

C. $\sqrt{\dfrac{a}{l}},0$ D. $0,\sqrt{\dfrac{a}{l}}$

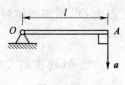

图 4-38

解 根据定轴转动刚体上一点加速度与转动角速度、角加速度的关系：$a_n=\omega^2 l$，$a_\tau=\alpha l$，而题中 $a_n=0=\omega^2 l$，$a_\tau=a=\alpha l$，所以有杆的角速度 $\omega=0$，角加速度 $\alpha=\dfrac{a}{l}$。

答案：A

【例 4-31】 一定轴转动刚体，其运动方程为 $\varphi=a-\dfrac{1}{2}bt^2$，其中 a、b 均为常数，则知该刚体作：

A. 匀加速转动   B. 匀减速转动   C. 匀速转动   D. 减速转动

解 根据角速度和角加速度的定义，$\omega=\dot\varphi=-bt$，$\alpha=\dot\omega=\ddot\varphi=-b$，因为角加速度与角速度同为负号，且为常量，所以刚体作匀加速转动。

答案：A

注：分析此题时很容易因为角加速度为负，错判 B 为正确答案。刚体作定轴转动时，只要角速度与角加速度同符号，则刚体加速转动；反之，ω 与 α 异号时，刚体减速转动。

【例 4-32】 图 4-39 示机构中，三杆长度相同，且 $AC//BD$，则 AB 杆的运动形式为：

A. 绕点 C 的定轴转动   B. 平行移动
C. 绕点 O 的定轴转动   D. 圆周运动

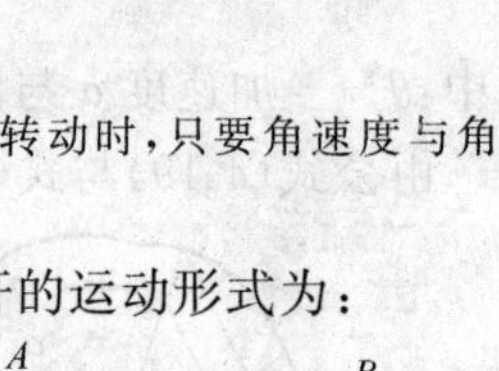

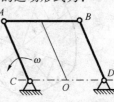

解 因为 A、B 两点的速度方向相同，大小相等，根据刚体作平行移动时的特性，可作判断。

答案：B

图 4-39

习 题

4-24 点 M 沿半径为 R 的圆周运动,其速度的大小为 $v=kt$,k 是有量纲的常数,则点 M 的全加速度的大小为( )。

A. $(k^2t^2/R)+k^2$ B. $[(k^2t^2/R^2)+k^2]^{1/2}$
C. $[(k^4t^4/R^2)+k^2]^{1/2}$ D. $[(k^4t^2/R^2)+k^2]^{1/2}$

4-25 已知点 P 在 Oxy 平面内的运动方程为 $\begin{cases} x=4\sin\dfrac{\pi}{3}t \\ y=4\cos\dfrac{\pi}{3}t \end{cases}$,则点的运动轨迹为( )。

A. 直线运动   B. 圆周运动   C. 椭圆运动   D. 不能确定

4-26 圆轮绕固定轴 O 转动,某瞬时轮缘上一点的速度 v 和加速度 a 如图所示,试问( )情况是不可能的。

A. 图 a)、图 b)的运动是不可能的   B. 图 a)、图 c)的运动是不可能的
C. 图 b)、图 c)的运动是不可能的   D. 均不可能

4-27 直角刚杆 OAB 在如图所示瞬时有 $\omega=2\text{rad/s}$,$\alpha=5\text{rad/s}^2$,若 $OA=40\text{cm}$,$AB=30\text{cm}$,则 B 点的速度大小为( )cm/s。

A. 100   B. 160   C. 200   D. 250

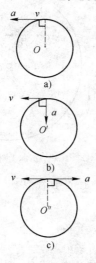

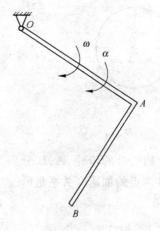

题 4-26 图   题 4-27 图

4-28 直角刚杆 $AO=2\text{m}$,$BO=3\text{m}$,已知某瞬时 A 点速度的大小 $v_A=6\text{m/s}$,而 B 点的加速度与 BO 成 $\theta=60°$ 角,如图所示,则该瞬时刚杆的角加速度 α 为( )rad/s²。

A. 3   B. $\sqrt{3}$ C. $5\sqrt{3}$ D. $9\sqrt{3}$

4-29 直角刚杆 OAB 可绕固定轴 O 在图示平面内转动,已知 $OA=40\text{cm}$,$AB=30\text{cm}$,$\omega=2\text{rad/s}$,$\alpha=1\text{rad/s}^2$,则如图所示瞬时,B 点加速度在 y 方向的投影为( )cm/s²。

A. 40   B. 200   C. 50   D. -200

4-30 绳子的一端绕在滑轮上,另一端与置于水平面上的物块 B 相连,如图所示,若物 B 的运动方程为 $x=kt^2$,其中 k 为常数,轮子半径为 R,则轮缘上 A 点的加速度的大小为( )。

A. $2k$ B. $(4k^2t^2/R)^{\frac{1}{2}}$
C. $(4k^2+16k^4t^4/R^2)^{\frac{1}{2}}$ D. $2k+4k^2t^2/R$

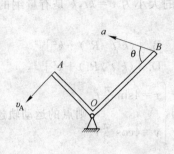

题 4-28 图

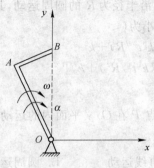

题 4-29 图

4-31 圆盘某瞬时以角速度 ω,角加速度 α 绕 O 轴转动,其上 A、B 两点的加速度分别为 a_A 和 a_B,与半径的夹角分别为 θ 和 φ,如图所示,若 $OA=R$,$OB=R/2$,则( )。

A. $a_A=a_B,\theta=\varphi$ B. $a_A=a_B,\theta=2\varphi$
C. $a_A=2a_B,\theta=\varphi$ D. $a_A=2a_B,\theta=2\varphi$

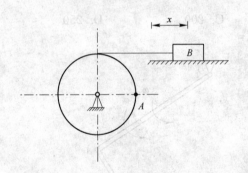

题 4-30 图

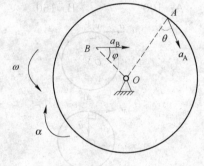

题 4-31 图

4-32 两个相啮合的齿轮,A、B 分别为齿轮 O_1、O_2 上的啮合点(见图),则 A、B 两点的加速度关系是( )。

A. $a_{A\tau}=a_{B\tau},a_{An}=a_{Bn}$ B. $a_{A\tau}=a_{B\tau},a_{An}\neq a_{Bn}$
C. $a_{A\tau}\neq a_{B\tau},a_{An}=a_{Bn}$ D. $a_{A\tau}\neq a_{B\tau},a_{An}\neq a_{Bn}$

4-33 单摆由长 l 的摆杆与摆锤 A 组成(见图),其运动规律 $\varphi=\varphi_0\sin\omega t$。锤 A 在 $t=\dfrac{\pi}{4\omega}$ 秒时的速度、切向加速度与法向加速度的大小分别为( )。

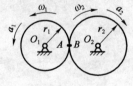

题 4-32 图

A. $v=\dfrac{1}{2}l\varphi_0\omega, a_\tau=-\dfrac{1}{2}l\varphi_0\omega^2, a_n=\dfrac{\sqrt{2}}{2}l\varphi_0^2\omega^2$

B. $v=\dfrac{1}{2}l\varphi_0\omega, a_\tau=\dfrac{1}{2}l\varphi_0\omega^2, a_n=-\dfrac{\sqrt{2}}{2}l\varphi_0^2\omega^2$

C. $v=\dfrac{\sqrt{2}}{2}l\varphi_0\omega, a_\tau=-\dfrac{\sqrt{2}}{2}l\varphi_0\omega^2, a_n=\dfrac{1}{2}l\varphi_0^2\omega^2$

D. $v=\dfrac{\sqrt{2}}{2}l\varphi_0\omega$, $a_\tau=\dfrac{\sqrt{2}}{2}l\varphi_0\omega^2$, $a_n=-\dfrac{1}{2}l\varphi_0^2\omega^2$

4-34 每段长度相等的直角折杆在图示的平面内绕 O 轴转动,角速度 ω 为顺时针转向,M 点的速度方向应是图中的(　　)。

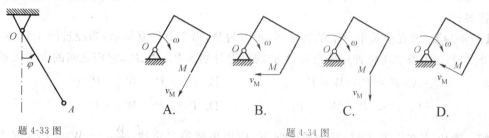

题 4-33 图　　　　　　　　　　　　　　　　题 4-34 图

第三节　动　力　学

动力学所研究的是物体的运动与其所受力之间的关系。

一、动力学基本定律及质点运动微分方程

(一)动力学基本定律

动力学的全部理论都是建立在动力学基本定律基础之上的。而动力学基本定律就是牛顿运动定律,或曰牛顿三定律。其中最重要的是牛顿第二定律,即质量为 m 的质点在合力 $\boldsymbol{F}_R$ 的作用下所产生的加速度 $\boldsymbol{a}$ 满足下列关系式

$$\boldsymbol{F}_R = m\boldsymbol{a} \tag{4-23}$$

式(4-23)称为动力学基本方程。

(二)质点运动微分方程

若将式(4-23)中的加速度表示为矢径对时间的二阶导数,便得质点运动微分方程为

$$m\dfrac{\mathrm{d}^2\boldsymbol{r}}{\mathrm{d}t^2} = \boldsymbol{F}_R \quad \text{或} \quad m\ddot{\boldsymbol{r}} = \boldsymbol{F}_R \tag{4-24}$$

将式(4-24)投影到固定的直角坐标轴上,得到直角坐标形式的质点运动微分方程为

$$m\ddot{x} = F_{Rx}, m\ddot{y} = F_{Ry}, m\ddot{z} = F_{Rz} \tag{4-25}$$

将式(4-24)投影到质点轨迹的自然轴系上,得到质点自然形式的运动微分方程为

$$m\ddot{s} = F_{R\tau}, m\dfrac{\dot{s}^2}{\rho} = F_{Rn}, 0 = F_{Rb} \tag{4-26}$$

应用式(4-25)和式(4-26)可求解质点动力学的两类问题。第一类问题是:已知质点的运动,求作用于该质点的力;第二类问题是:已知作用于质点的力,求该质点的运动。由式(4-24)可知,第一类问题只需进行微分运算,而第二类问题则需要解微分方程(进行积分运算),借已知的运动初始条件确定积分常数后,才能完全确定质点的运动。

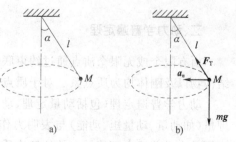

图 4-40

【例 4-33】　在如图 4-40a)所示圆锥摆中,球 M 的质量为 m,绳长 l,若 α 角保持不变,则小球的法向

加速度为：

  A. $g\sin\alpha$ B. $g\cos\alpha$ C. $g\tan\alpha$ D. $g\cot\alpha$

解 小球受力如图 4-40b)所示。在铅垂平面内垂直于绳的方向列质点运动微分方程（牛顿第二定律），有：$ma_n\cos\alpha = mg\sin\alpha$，所以，$a_n = g\tan\alpha$。

答案：C

【例 4-34】 放在弹簧平台上的物块 A，重力为 W，做上下往复运动，当经过图 4-41 示位置的 1、0、2 时（0 为静平衡位置），平台对 A 的约束力分别为 P_1、P_2、P_3，它们之间的大小关系为：

  A. $P_1 = P_2 = W = P_3$ B. $P_1 > P_2 = W > P_3$

  C. $P_1 < P_2 = W < P_3$ D. $P_1 < P_3 = W > P_2$

解 物块 A 在位置 1 时，其加速度向下，应用牛顿第二定律，$\dfrac{W}{g}a = W - P_1$，则 $P_1 = W\left(1 - \dfrac{a}{g}\right)$；而在静平衡位置 0 时，物块 A 的加速度为零，即 $P_2 = W$；同理，物块 A 在位置 2 时，其加速度向上，故 $P_3 = W\left(1 + \dfrac{a}{g}\right)$。

答案：C

【例 4-35】 质量为 m 的物块 A，置于与水平面成 θ 角的斜面 B 上，如图 4-42a)所示，A 与 B 间的摩擦系数为 f，为保持 A 与 B 一起以加速度 **a** 水平向右运动，则所需的加速度 **a** 至少是：

  A. $a = \dfrac{g(f\cos\theta + \sin\theta)}{\cos\theta + f\sin\theta}$ B. $a = \dfrac{gf\cos\theta}{\cos\theta + f\sin\theta}$

  C. $a = \dfrac{g(f\cos\theta - \sin\theta)}{\cos\theta + f\sin\theta}$ D. $a = \dfrac{gf\sin\theta}{\cos\theta + f\sin\theta}$

解 物块 A 的受力如图 4-42b)所示，应用牛顿第二定律，沿斜面方向有：$ma\cos\theta = F - mg\sin\theta$，垂直于斜面方向有：$ma\sin\theta = mg\cos\theta - F_N$；所以当摩擦力 $F = ma\cos\theta + mg\sin\theta \leqslant F_N f$ 时可保证 A 与 B 一起以加速度 **a** 水平向右运动。式中 $F_N = mg\cos\theta - ma\sin\theta$，代入后可求：$a = \dfrac{g(f\cos\theta - \sin\theta)}{\cos\theta + f\sin\theta}$。

答案：C

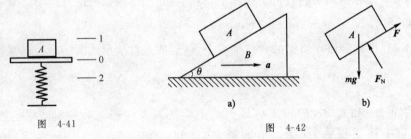

图 4-41   图 4-42

二、动力学普遍定理

由有限个或无限个质点通过约束联系在一起的系统，称为质点系。工程实际中的机械和结构物以及刚体均为质点系。对于质点系，没有必要研究其中每个质点的运动。

动力学普遍定理（包括动量定理、动量矩定理、动能定理）建立了表明质点系整体运动的物理量（如动量、动量矩、动能）与表明力作用效果的量（如冲量、力、力矩、力的功）之间的关系。应用动力学普遍定理能够有效地解决质点系的动力学问题。

(一)动力学普遍定理中各物理量的概念及定义

1. 质心

质心为质点系的质量中心,其位置可通过下列公式确定

$$x_C = \frac{\sum m_i x_i}{\sum m_i} = \frac{\sum m_i x_i}{m}, \quad y_C = \frac{\sum m_i y_i}{\sum m_i} = \frac{\sum m_i y_i}{m}, \quad z_C = \frac{\sum m_i z_i}{\sum m_i} = \frac{\sum m_i z_i}{m} \tag{4-27}$$

若令质点系质心的矢径为 $r_C = x_C\mathbf{i} + y_C\mathbf{j} + z_C\mathbf{k}$,第 i 个质点的矢径为 $r_i = x_i\mathbf{i} + y_i\mathbf{j} + z_i\mathbf{k}$;则质点系质心坐标的公式还可表示为

$$r_C = \frac{\sum m_i r_i}{\sum m_i} = \frac{\sum m_i r_i}{m} \tag{4-28}$$

2. 转动惯量

转动惯量的定义、计算公式及常用简单形体的转动惯量见表 4-8 及表 4-9。

转动惯量的定义及计算公式　　　　　　　　　　　　　　　表 4-8

	定　义	计算公式
转动惯量	刚体内各质点的质量与质点到轴的垂直距离平方的乘积之和,是刚体转动惯性的度量	$J_z = \sum_{i=1}^{n} m_i r_i^2$
	刚体的质量与回转半径平方的乘积	$J_z = m\rho_z^2$
平行移轴定理	刚体对任一轴的转动惯量等于其对通过质心并与该轴平行的轴的转动惯量,加上刚体质量与两轴间距平方的乘积	$J_z = J_{Cz} + md^2$

常用简单均质物体的转动惯量及回转半径　　　　　　　　表 4-9

物体形状	简　图	转动惯量	回转半径
细直杆	(图:沿 x 轴,两端各 $l/2$)	$J_y = \frac{1}{12}ml^2$	$\rho_y = \frac{1}{\sqrt{12}}l$
细圆环	(图:圆环,半径 r)	$J_x = J_y = \frac{1}{2}mr^2$ $J_z = J_O = mr^2$	$\rho_x = \rho_y = \frac{1}{\sqrt{2}}r$ $\rho_z = r$
薄圆盘	(图:圆盘,半径 r)	$J_x = J_y = \frac{1}{4}mr^2$ $J_z = J_O = \frac{1}{2}mr^2$	$\rho_x = \rho_y = \frac{1}{2}r$ $\rho_z = \frac{1}{\sqrt{2}}r$

3. 其他基本物理量

动力学普遍定理中各基本物理量(如动量、动量矩、动能、冲量、功、势能等)的概念、定义及

表达式见表 4-10。

动力学普遍定理中各物理量的概念、定义及表达式　　　　表 4-10

物理量		概念及定义	表达式 质点	表达式 质点系	量纲及单位
动量		物体的质量与其速度的乘积,是物体机械运动强弱的一种度量	mv	$\boldsymbol{p}=\sum m_i\boldsymbol{v}_i=m\boldsymbol{v}_C$	$[M][L][T]^{-1}$ kg·m/s
冲量		力与其作用时间的乘积,用以度量作用于物体的力在一段时间内对其运动所产生的累积效应	$\boldsymbol{I}=\int_{t_1}^{t_2}\boldsymbol{F}dt$	$\boldsymbol{I}=\sum\int_{t_1}^{t_2}\boldsymbol{F}_i dt=\sum\boldsymbol{I}^i$	$[M][L][T]^{-1}$ kg·m/s
动量矩	质点	质点的动量对任选固定点 O 之矩,用以度量质点绕该点运动的强弱	$\boldsymbol{M}_O(m\boldsymbol{v})=\boldsymbol{r}\times m\boldsymbol{v}$ $[\boldsymbol{M}_O(m\boldsymbol{v})]_z=M_z(m\boldsymbol{v})$		$[M][L]^2[T]^{-1}$ kg·m²/s 或 N·m·s
动量矩	质系	质点系中所有各质点的动量对于任选固定点 O 之矩的矢量和	$\boldsymbol{L}_O=\sum\boldsymbol{M}_O(m_i\boldsymbol{v}_i)=\sum\boldsymbol{r}_i\times m_i\boldsymbol{v}_i$		
动量矩	平移刚体	刚体的动量对于任选固定点 O 之矩	$\boldsymbol{L}_O=\boldsymbol{M}_O(m\boldsymbol{v}_C)=\boldsymbol{r}_C\times m\boldsymbol{v}_C$		
动量矩	转动刚体	刚体的转动惯量与角速度的乘积	$L_z=J_z\omega$		
动能	质点	质点的质量与速度平方的乘积之半,是由于物体的运动而具有的能量	$T=\dfrac{1}{2}mv^2$		$[M][L]^2[T]^{-2}$ J 或 N·m 或 kg·m²/s²
动能	质系	质点系中所有各质点动能之和	$T=\sum\dfrac{1}{2}m_i v_i^2$		
动能	平移刚体	刚体的质量与质心速度的平方之半	$T=\dfrac{1}{2}mv_C^2$		
动能	转动刚体	刚体的转动惯量与角速度的平方之半	$T=\dfrac{1}{2}J_z\cdot\omega^2$		
动能	平面运动刚体	随质心平移的动能与绕质心转动的动能之和	$T=\dfrac{1}{2}mv_C^2+\dfrac{1}{2}J_C\omega^2$		
功		力在其作用点的运动路程中对物体作用的累积效应,功是能量变化的度量	$W_{12}=\int_{M_1}^{M_2}\boldsymbol{F}\cdot d\boldsymbol{r}$ $=\int_{M_1}^{M_2}(\boldsymbol{F}_x dx+\boldsymbol{F}_y dy+\boldsymbol{F}_z dz)$		$[M][L]^2[T]^{-2}$ J 或 N·m 或 kg·m²/s²
功		重力的功只与质点起、止位置有关	$W_{12}=mg(z_1-z_2)$		
功		弹性力的功只与质点起、止位置的变形量有关	$W_{12}=\dfrac{k}{2}(\delta_1^2-\delta_2^2)$		
功		定轴转动刚体上作用力的功 若 $m_z(\boldsymbol{F})=$ 常量,则表达式表示如右栏	$W_{12}=\int_{\varphi_1}^{\varphi_2}m_z(\boldsymbol{F})d\varphi$ $W_{12}=m_z(\boldsymbol{F})(\varphi_2-\varphi_1)$		
势能		质点从某位置至零势点有势力所做的功	$V=\int_M^{M_0}\boldsymbol{F}\cdot d\boldsymbol{r}$		$[M][L]^2[T]^{-2}$ J 或 N·m 或 kg·m²/s²
势能		重力势能:空间直角坐标系原点为零势点	$V=mgz_C$		
势能		弹性势能:弹簧原长为零势点	$V=\dfrac{1}{2}k\delta^2$		

(二)动力学三大普遍定理

动力学普遍定理(包括动量定理、质心运动定理,对固定点和相对质心的动量矩定理、动能定理)及相应的守恒定理的表达式及适用范围见表 4-11。

动力学普遍定理的表达式及适用范围 表 4-11

定理		表 达 式	守 恒 情 况	说 明
动量定理	质点	$\dfrac{\mathrm{d}}{\mathrm{d}t}(m\boldsymbol{v}) = \boldsymbol{F}$	若 $\sum \boldsymbol{F}^{(\mathrm{e})} = 0$,则 $\boldsymbol{p}$ = 恒量 若 $\sum F_x^{(\mathrm{e})} = 0$,则 p_x = 恒量	主要阐明了刚体作平动或质系随质心平动部分的运动规律,常用于研究平动部分、质心的运动及约束力的求解
	质系	$\dfrac{\mathrm{d}}{\mathrm{d}t}\boldsymbol{p} = \sum \boldsymbol{F}^{(\mathrm{e})}$	若 $\sum \boldsymbol{F}^{(\mathrm{e})} = 0$,则 $\boldsymbol{v}_C$ = 恒量;当 $\boldsymbol{v}_{C0} = 0$ 时,$\boldsymbol{r}_C$ = 恒量,即质心位置不变	
	质心运动定理	$m\boldsymbol{a}_C = \sum \boldsymbol{F}^{(\mathrm{e})}$	若 $\sum F_x^{(\mathrm{e})} = 0$,则 v_{Cx} = 恒量;当 $v_{Cx0} = 0$ 时,x_C = 恒量,即质心 x 坐标不变	
动量矩定理	质点	$\dfrac{\mathrm{d}}{\mathrm{d}t}\boldsymbol{M}_O(m\boldsymbol{v}) = \boldsymbol{M}_O(\boldsymbol{F})$ $\dfrac{\mathrm{d}}{\mathrm{d}t}M_z(m\boldsymbol{v}) = M_z(\boldsymbol{F})$	若 $\boldsymbol{M}_O(\boldsymbol{F}) = 0$,则 $\boldsymbol{M}_O(m\boldsymbol{v})$ = 恒量 若 $M_z(\boldsymbol{F}) = 0$,则 $M_z(m\boldsymbol{v})$ = 恒量	主要阐明了刚体作定轴转动或质系绕质心转动部分的运动规律,常用于研究定轴转动及绕质心转动部分的运动
	质系	$\dfrac{\mathrm{d}\boldsymbol{L}_O}{\mathrm{d}t} = \boldsymbol{M}_O^{(\mathrm{e})} = \sum \boldsymbol{M}_O(\boldsymbol{F}^{(\mathrm{e})})$ $\dfrac{\mathrm{d}L_z}{\mathrm{d}t} = M_z^{(\mathrm{e})} = \sum M_z(\boldsymbol{F}^{(\mathrm{e})})$ 注:矩心 O 可以是任意固定点,亦可是质心	若 $\sum \boldsymbol{M}_O(\boldsymbol{F}^{(\mathrm{e})}) = 0$,则 $\boldsymbol{L}_O$ = 恒量 若 $\sum M_z(\boldsymbol{F}^{(\mathrm{e})}) = 0$,则 L_z = 恒量	
	定轴转动刚体	$J_z \alpha = \sum M_z(\boldsymbol{F}^{(\mathrm{e})})$	若 $\sum M_z(\boldsymbol{F}^{(\mathrm{e})}) = 0$,则 $\alpha = 0$,ω = 恒量,刚体绕 z 轴作匀角速度转动	
	平面运动刚体	$m\boldsymbol{a}_C = \sum \boldsymbol{F}^{(\mathrm{e})}$ $J_C \alpha = \sum M_C(\boldsymbol{F}^{(\mathrm{e})})$	若 $\sum M_z(\boldsymbol{F}^{(\mathrm{e})})$ = 恒量,则 α = 恒量,刚体绕 z 轴作匀变速度转动	
动能定理		微分形式	积分形式	若质点或质系只在有势力作用下运动,则机械能守恒 $E = T + V$ = 常值	由于能量的概念更为广泛,所以此定理能阐明平动、转动、平面运动等运动规律,故常用于解各物体有关的运动量(v、a、ω、α)
	质点	$\mathrm{d}\left(\dfrac{1}{2}mv^2\right) = \delta W$	$\dfrac{1}{2}mv_2^2 - \dfrac{1}{2}mv_1^2 = W_{12}$		
	质系	$\mathrm{d}T = \sum \delta W_i$	$T_2 - T_1 = \sum W_{12i}$		

【例 4-36】 如图 4-43 所示丁字杆 $OABD$ 的 OA 及 BD 段质量均为 m,且 $AD = AB = OA/2 = l/2$,已知丁字杆在图示位置的角速度为 ω,求此瞬时丁字杆的动量,对 O 轴的动量矩及动能。

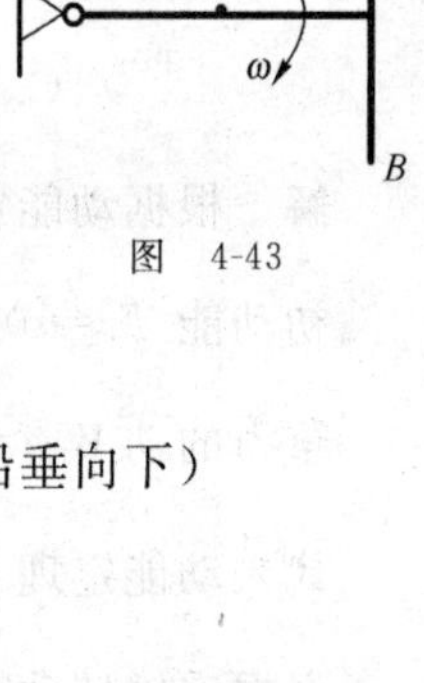

解 丁字杆作定轴转动,按照定义可求如下物理量。

(1) 动量

根据公式 $\boldsymbol{p} = \sum m_i \boldsymbol{v}_i = \sum \boldsymbol{p}_i = m\boldsymbol{v}_C$,可将丁字杆分为 OA 和 BD 两部分,则整体的动量大小为

$$p = p_{OA} + p_{BD} = mv_E + mv_A = m\dfrac{l}{2}\omega + ml\omega = \dfrac{3}{2}ml\omega \text{(方向铅垂向下)}$$

图 4-43

亦可求出丁字杆质心 C 的位置,即

$$x_C = \frac{m\frac{l}{2}+ml}{2m} = \frac{3}{4}l$$

丁字杆的动量为

$$p = 2mv_C = 2m \cdot \frac{3}{4}l\omega = \frac{3}{2}ml\omega$$

(2) 对 O 轴的动量矩

$$L_O = J_O\omega$$

其中转动惯量 J_O 为

$$J_O = \frac{1}{3}ml^2 + \frac{1}{12}ml^2 + ml^2 = \frac{17}{12}ml^2$$

所以对 O 轴的动量矩为

$$L_O = \frac{17}{12}ml^2\omega$$

(3) 动能

$$T = \frac{1}{2}J_O\omega^2 = \frac{17}{24}ml^2\omega^2$$

注：求解刚体的动量时，主要是求出刚体质心的速度；而求解刚体的动量矩和动能时，则首先需要判断刚体的运动形式，再应用相应的公式求解。

【例 4-37】 A 块与 B 块叠放如图 4-44 所示，各接触面处均考虑摩擦。当 B 块受力 F 作用沿水平面运动时，A 块仍静止于 B 块上，于是：

A. 各接触面处的摩擦力均做负功
B. 各接触面处的摩擦力均做正功
C. A 块上的摩擦力做正功
D. B 块上的摩擦力做正功

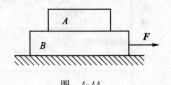

图 4-44

解 作用在物块 B 上下两面的摩擦力均水平向左，而物块 B 向右运动，其摩擦力做负功；而作用在物块 A 上的摩擦力水平向右，使其向右运动，做正功。

答案：C

【例 4-38】 质量为 m，长为 $2l$ 的均质细杆初始位于水平位置，如图 4-45a) 所示。A 端脱落后，杆绕轴 B 转动，当杆转到铅垂位置时，AB 杆 B 处的约束力大小为：

A. $F_{Bx}=0; F_{By}=0$ B. $F_{Bx}=0, F_{By}=\frac{mg}{4}$

C. $F_{Bx}=l, F_{By}=mg$ D. $F_{Bx}=0, F_{By}=\frac{5mg}{2}$

解 根据动能定理，当杆从水平位置转动到铅垂位置时（图 4-45b），

初动能 $T_1 = 0$；末动能 $T_2 = \frac{1}{2}J_B\omega^2 = \frac{1}{2}\cdot\frac{1}{3}m(2l)^2\omega^2 = \frac{2}{3}ml^2\omega^2$；

重力的功 $W_{12} = mgl$。

代入动能定理 $T_2 - T_1 = W_{12}$，得 $\omega^2 = \frac{3g}{2l}, \omega = \sqrt{\frac{3g}{2l}}$。

根据定轴转动微分方程：$J_B\alpha = M_B(F) = 0, \alpha = 0$。

杆质心的加速度 $a_{Cr}=l\alpha=0, a_{Cn}=l\omega^2=\dfrac{3g}{2}$;

由质心运动定理：$ma_C=\sum F$,

可得：$ml\omega^2=F_{By}-mg$,则 $F_{By}=\dfrac{5}{2}mg, F_{Bx}=0$。

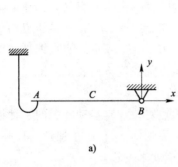

图 4-45

答案：D

【**例 4-39**】 如图 4-46 所示均质链条传动机构的大齿轮以角速度 ω 转动，已知大齿轮半径为 R，质量为 m_1，小齿轮半径为 r，质量为 m_2，链条质量不计，则此系统的动量为：

A. $(m_1+2m_2)v\rightarrow$
B. $(m_1+m_2)v\rightarrow$
C. $(2m_2-m_1)v\rightarrow$
D. 0

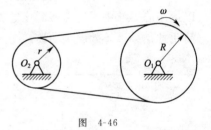

图 4-46

解 根据动量的定义，系统的动量 $p=m_i v_i$，而两轮质心的速度均为零，故动量为零，链条不计质量，所以此系统的动量为零。

答案：D

【**例 4-40**】 均质圆柱体半径为 R，质量为 m，绕关于对纸面垂直的固定水平轴自由转动，初瞬时静止（质心 G 在 O 轴的铅垂线上，$\theta=0$），如图 4-47 所示。则圆柱体在位置 $\theta=90°$ 时的角速度是：

A. $\sqrt{\dfrac{g}{3R}}$ B. $\sqrt{\dfrac{2g}{3R}}$

C. $\sqrt{\dfrac{4g}{3R}}$ D. $\sqrt{\dfrac{g}{2R}}$

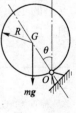

图 4-47

解 根据动能定理：$T_2-T_1=W_{12}$，其中 $T_1=0$（初瞬时静止），$T_2=\dfrac{1}{2}\cdot\dfrac{3}{2}mR^2\omega^2$，$W_{12}=mgR$，代入动能定理：$\dfrac{3}{4}mR^2\omega^2-0=mgR$，可得 $\omega=\sqrt{\dfrac{4g}{3R}}$。

答案：C

315

三、达朗贝尔原理

达朗贝尔原理提供了研究非自由质点系动力学问题的一种普遍方法,即通过引入惯性力,将动力学问题在形式上转化为静力学问题,用静力学中求解平衡问题的方法求解动力学问题,故亦称动静法。

(一)惯性力的概念

当质点受到力的作用而要其改变运动状态时,由于质点具有保持其原有运动状态不变的惯性,将会体现出一种抵抗能力,这种抵抗力,就是质点给予施力物体的反作用力,而这个反作用力称为惯性力,用 F_I 表示。质点惯性力的大小等于质点的质量与加速度的乘积,方向与质点加速度方向相反。即

$$F_I = -ma \tag{4-29}$$

需要特别指出的是,质点的惯性力是质点对改变其运动状态的一种抵抗,它并不作用于质点上,而是作用在使质点改变运动状态的施力物体上,但由于惯性力反映了质点本身的惯性特征,所以其大小、方向又由质点的质量和加速度来度量。

(二)刚体惯性力系的简化

对于刚体,可以将其细分而作为无穷多个质点的集合。如果我们研究刚体整体的运动,可以运用静力学中所述力系简化的方法,将刚体无穷多质点上虚加的惯性力向一点简化,并利用简化的结果来等效原来的惯性力系。其简化结果见表4-12。

刚体惯性力系的简化结果　　　　　　　表4-12

刚体的运动形式	表 达 式	备 注	
平移刚体	$F_I = -ma_C, M_{IC} = 0$	惯性力合力的作用点在质心,适用于任意形状的刚体	
定轴转动刚体	$F_I = -ma_C, M_{IO} = -J_O\alpha$	惯性力的作用点在转动轴O处	只适用于转动轴垂直于质量对称平面的刚体
	$F_I = -ma_C, M_{IC} = -J_C\alpha$	惯性力的作用点在质心C处	
平面运动刚体	$F_I = -ma_C, M_{IC} = -J_C\alpha$	惯性力的作用点在质心C处	

(三)达朗贝尔原理的含义

当质点(系)上施加了恰当的惯性力后,从形式上看,质点(系)运动的任一瞬时,作用于质点上的主动力、约束力,以及质点的惯性力构成一平衡力系。这就是质点(系)的达朗贝尔原理。应用该原理求解动力学问题的方法,称为动静法。达朗贝尔原理的方程见表4-13。

达朗贝尔原理基本方程　　　　　　　　表4-13

方法	方 程	备 注
质点的达朗贝尔原理	$F + F_N + F_I = 0$	由牛顿第二定律推出,只具有平衡方程的形式,而没有平衡的实质。特别适用于已知质点(系)的运动求约束力的情形。对质点系的动静法,只需考虑外力的作用
质点系的达朗贝尔原理	$\sum_{i=1}^{n} F_i + \sum_{i=1}^{n} F_{Ni} + \sum_{i=1}^{n} F_{Ii} = 0$ $\sum_{i=1}^{n} M_O(F_i) + \sum_{i=1}^{n} M_O(F_{Ni}) + \sum_{i=1}^{n} M_O(F_{Ii}) = 0$	

【例4-41】 图4-48所示均质圆盘作定轴转动,其中图a)、图c)的转动角速度为常量,而图b)、图d)的角速度不为常量。则(　　)的惯性力系简化结果为平衡力系。

　　　A. 图a)　　　　B. 图b)　　　　C. 图c)　　　　D. 图d)

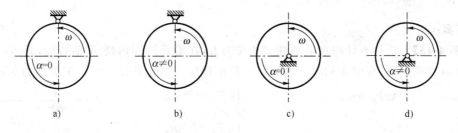

图 4-48

解 根据定轴转动刚体惯性力系的简化结果,上述圆盘的惯性力系均可简化为作用于质心的一个力 F_I 和一力偶矩为 M_{IC} 的力偶,且

$$F_I = -ma_C, M_{IC} = -J_C\alpha$$

在图 4-48c)中,$a_C=0$,$\alpha=0$,故 $F_I=0$,$M_{IC}=0$,惯性力系成为平衡力系。

答案:C

【例 4-42】 质量为 m 的物体 M 在地面附近自由降落,它所受的空气阻力的大小为 $F_R = Kv^2$,其中 K 为阻力系数,v 为物体速度,该物体所能达到的最大速度为:

A. $v = \sqrt{\dfrac{mg}{K}}$ B. $v = \sqrt{mgK}$ C. $v = \sqrt{\dfrac{g}{K}}$ D. $v = \sqrt{gK}$

解 按照牛顿第二定律,在铅垂方向有 $ma = F_R - mg = Kv^2 - mg$,当 $a = 0$(速度 v 的导数为零)时有速度最大,为 $v = \sqrt{\dfrac{mg}{K}}$。

答案:A

【例 4-43】 质量为 m,半径为 R 的均质圆盘,绕垂直于图面的水平轴 O 转动,其角速度为 ω,在图 4-49 示瞬时,角加速度为零,盘心 C 在其最低位置,此时将圆盘的惯性力系向 O 点简化,其惯性力主矢和惯性力主矩的大小分别为:

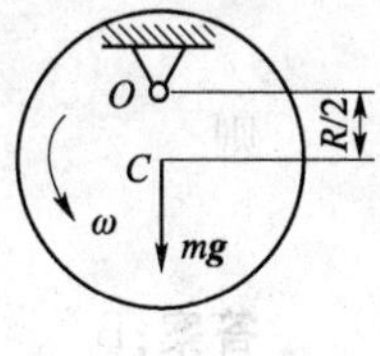

A. $m\dfrac{R}{2}\omega^2$;0   B. $mR\omega^2$;0

C. 0;0   D. 0;$\dfrac{1}{2}mR^2\omega^2$

图 4-49

解 根据定轴转动刚体惯性力系的简化结果,求惯性力主矢和主矩大小的公式分别为 $F_I = ma_C$,$M_{IO} = J_O\alpha$,此题中:$a_C = \dfrac{1}{2}R\omega^2$,$\alpha=0$,代入公式可得:$F_I = m\dfrac{R}{2}\omega^2$,$M_I = 0$。

答案:A

【例 4-44】 质点受弹簧力作用而运动,l_0 为弹簧自然长度,$k = 1960\text{N/m}$ 为弹簧刚度系数,质点由位置 1 到位置 2 和由位置 3 到位置 2(见图 4-50)弹簧力所做的功为:

A. $W_{12} = -1.96\text{J}$,$W_{32} = 1.176\text{J}$
B. $W_{12} = 1.96\text{J}$,$W_{32} = 1.176\text{J}$
C. $W_{12} = 1.96\text{J}$,$W_{32} = -1.176\text{J}$
D. $W_{12} = -1.96\text{J}$,$W_{32} = -1.176\text{J}$

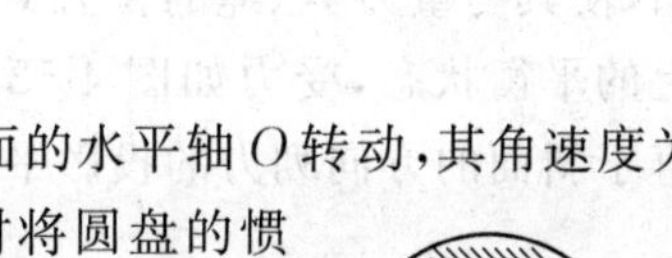

图 4-50

解 根据弹簧力做功公式:$W_{12} = \dfrac{k}{2}(0.06^2 - 0.04^2) =$

1.96J，$W_{32} = \frac{k}{2}(0.02^2 - 0.04^2) = -1.176$J。

答案：C

【**例 4-45**】 质量不计的水平细杆 AB 长为 L，在沿垂直面内绕 A 轴转动，其另一端固连质量为 m 的质点 B，在图 4-51a)示水平位置静止释放。则此瞬时质点 B 的惯性力为：

A. $F_g = mg$ 　　　　　B. $F_g = \sqrt{2}mg$

C. 0 　　　　　D. $F_g = \frac{\sqrt{2}}{2}mg$

解 杆水平瞬时，其角速度为零，加在物块上的惯性力铅垂向上（图 4-51b)，列平衡方程 $\sum M_O(\boldsymbol{F}) = 0$，则有 $(F_g - mg)l = 0$，所以 $F_g = mg$。

答案：A

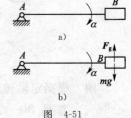

图 4-51

【**例 4-46**】 三角形物块沿水平地面运动的加速度为 a，方向如图 4-52a)所示。物块倾斜角为 θ。重力大小为 W 的小球在斜面上用细绳拉住，绳另一端固定在斜面上。设物块运动中绳不松软，则小球对斜面的压力 F_N 的大小为：

A. $F_N < W\cos\theta$

B. $F_N > W\cos\theta$

C. $F_N = W\cos\theta$

D. 只根据所给条件则不能确定

解 应用达朗贝尔原理，在小球上加一水平向右的惯性力 $\boldsymbol{F}_I$，使其与重力 $\boldsymbol{W}$、绳的拉力 $\boldsymbol{F}_T$ 及斜面的约束力 $\boldsymbol{F}_N'$ 形成形式上的平衡状态，受力如图 4-52b)所示。将小球所受之力沿垂直于斜面的方向列力的投影平衡方程，有

$$F_N' - F_I\sin\theta - W\cos\theta = 0$$

则

$$F_N' = F_N = F_I\sin\theta + W\cos\theta$$

答案：B

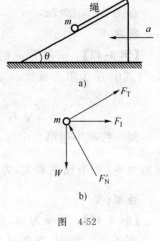

图 4-52

【**例 4-47**】 如图 4-53 所示圆环以角速度 ω 绕铅直轴 AC 自由转动，圆环的半径为 R，对转轴 z 的转动惯量为 I。在圆环中的 A 点放一质量为 m 的小球，设由于微小的干扰，小球离开 A 点。忽略一切摩擦，则当小球达到 B 点时，圆环的角速度为：

A. $\frac{mR^2\omega}{I + mR^2}$ 　　　　　B. $\frac{I\omega}{I + mR^2}$

C. ω 　　　　　D. $\frac{2I\omega}{I + mR^2}$

解 系统在转动中对转动轴 z 的动量矩守恒，即：$I\omega = (I + mR^2)\omega_t$（设 ω_t 为小球达到 B 点时圆环的角速度），则 $\omega_t = \frac{I\omega}{I + mR^2}$。

答案：B

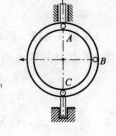

图 4-53

四、质点的直线振动

物体在某一位置附近作往复运动,这种运动称为振动。常见的振动有钟摆的运动、汽缸中活塞的运动等。

(一)自由振动微分方程

质量块受初始扰动,仅在恢复力作用下产生的振动称为自由振动。考察如图 4-54 所示之弹簧振子,设物块的质量为 m,弹簧的刚度为 k,由牛顿定律

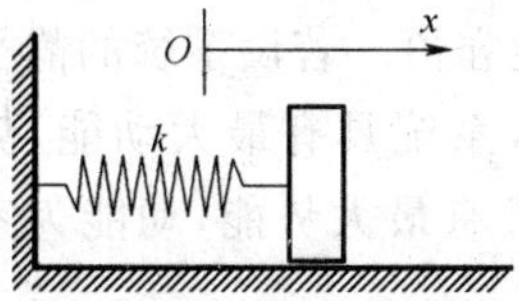

$$m\frac{d^2 x}{dt^2} = -kx$$

令 $\omega_0^2 = \dfrac{k}{m}$,则有

$$\frac{d^2 x}{dt^2} + \omega_0^2 x = 0 \tag{4-30}$$

图 4-54 单自由度系统自由振动模型

此式称为无阻尼自由振动微分方程的标准形式。其解为

$$x = A\sin(\omega_0 t + \varphi) \tag{4-31}$$

(二)振动周期、固有频率和振幅

若初始 $t=0$ 时,$x=x_0$,$v=v_0$,则式(4-31)中各参数的物理意义及计算公式列于表 4-14 中。

自由振动的参数　　　　　　　　　　　　　　　　　表 4-14

	振　幅	初　相　角	固有圆频率	周　期
公式	$A = \sqrt{x_0^2 + \dfrac{v_0^2}{\omega_0^2}}$	$\varphi = \arctan\dfrac{\omega_0 x_0}{v_0}$	$\omega_0 = \sqrt{\dfrac{k}{m}}$	$T = \dfrac{2\pi}{\omega_0}$
定义	相对于振动中心的最大位移	初相角决定质点运动的起始位置	2π 秒内的振动次数	振动一次所需要的时间

(三)求固有频率的方法

1. 列微分方程

化振动微分方程为标准形式(4-30)后,取位移坐标 x 前的系数,即为固有频率 ω_0 的平方。

2. 利用弹簧的静变形 δ_{st}

在静平衡位置,刚度为 k 的弹簧产生的弹性力与物块的重力 mg 相等,即 $k\delta_{st} = mg$,将其代入表 4-18 中固有圆频率的表达式,有

$$\omega_0 = \sqrt{\frac{k}{m}} = \sqrt{\frac{mg}{m\delta_{st}}} = \sqrt{\frac{g}{\delta_{st}}} \tag{4-32}$$

3. 等效弹簧刚度

图 4-55a)为两个弹簧并联的模型,图 4-55b)为弹簧串联模型,这两种模型均可简化为如图 4-55c)所示弹簧-质量系统。

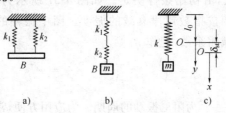

图 4-55 弹簧的并联和串联模型

| 弹簧并联 | $k = k_1 + k_2$ | (4-33) |

系统的固有频率 $\omega_0 = \sqrt{\dfrac{k}{m}} = \sqrt{\dfrac{k_1 + k_2}{m}}$

| 弹簧串联 | $k = \dfrac{k_1 k_2}{k_1 + k_2}$ | (4-34) |

系统的固有频率 $\omega_0 = \sqrt{\dfrac{k}{m}} = \sqrt{\dfrac{k_1 k_2}{m(k_1 + k_2)}}$

4. 能量法

因为自由振动系统为保守系统，故运动过程中，系统的机械能守恒。若设系统的静平衡位置（振动中心）为零势能位置，则在此位置，物块的速度达到最大，系统具有最大动能，势能为零；当物块偏离振动中心极端位置时，位移最大，速度为零，系统具有最大势能，动能为零。因此在这两个位置机械能守恒，有

$$T_{\max} = V_{\max} \tag{4-35}$$

根据式(4-31)，可得

$$T_{\max} = \frac{1}{2} m \dot{x}_{\max}^2 = \frac{1}{2} m A^2 \omega_0^2, \quad V_{\max} = \frac{1}{2} k x_{\max}^2 = \frac{1}{2} k A^2$$

则有

$$\omega_0 = \sqrt{\frac{k}{m}}$$

所得结果与表 4-14 中固有频率的公式相同。

（四）衰减振动

振动中的阻力，习惯上称为阻尼。这里仅考虑阻力的大小与运动速度成正比，阻力的方向与速度矢量的方向相反这种类型的阻力，即

$$\boldsymbol{F}_d = -c\boldsymbol{v} \tag{4-36}$$

如图 4-56 所示为弹簧振子的有阻尼自由振动的力学模型，根据牛顿定律

$$m \frac{\mathrm{d}^2 x}{\mathrm{d} t^2} = -kx - c \frac{\mathrm{d} x}{\mathrm{d} t}$$

令 $n = \dfrac{c}{2m}$，上述方程可以整理成

$$\frac{\mathrm{d}^2 x}{\mathrm{d} t^2} + 2n \frac{\mathrm{d} x}{\mathrm{d} t} + \omega_0^2 x = 0 \tag{4-37}$$

对于不同的 n 值，上述方程的解有以下三种不同形式。

1. 弱阻尼状态（或欠阻尼状态）

此时，$n < \omega_0$，方程(4-37)的解为

$$x = A e^{-nt} \sin(\sqrt{\omega_0^2 - n^2} \, t + \varphi) \tag{4-38}$$

式中，A、φ 为积分常数，由初始条件决定。如图 4-57 所示为振子的位移与时间的关系。此时振子的运动是一种振幅按指数规律衰减的振动。图中振幅的包络线的表达式为 Ae^{-nt}，相邻的两个振幅之比称为减缩系数，记作 η。

$$\eta = \frac{A_m}{A_{m+1}} = \frac{A e^{-n t_m}}{A e^{-n(t_m + T_d)}} = e^{n T_d} \tag{4-39}$$

其中 $T_d = \dfrac{2\pi}{\omega_d} = \dfrac{2\pi}{\sqrt{\omega_0^2 - n^2}}$ 为阻尼振动的周期。为应用方便，常引入对数减缩率，记作 Λ。

$$\Lambda = \ln\left(\frac{A_m}{A_{m+1}}\right) = nT_d \tag{4-40}$$

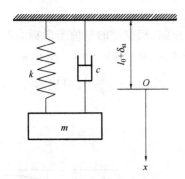

图 4-56 弹簧振子的有阻尼自由振动模型

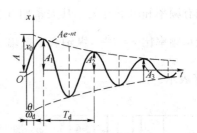

图 4-57 弱阻尼状态振子的位移与时间的关系

2. 过阻尼状态

此时 $n > \omega_n$，方程(4-37)的解为

$$x = C_1 e^{\lambda_1 t} + C_2 e^{\lambda_2 t} \tag{4-41}$$

式中 C_1、C_2 为积分常数，由初始条件决定。此时已不能振动，系统缓慢回到平衡状态。

3. 临界阻尼状态

此时 $n = \omega_n$，方程(4-37)的解为

$$x = e^{-nt}(C_1 + C_2 t) \tag{4-42}$$

系统也不能振动，较快地回到平衡位置。

(五) 受迫振动

受迫振动是系统在外界激励下所产生的振动，如图 4-58 所示为强迫振动的力学模型，系统在激振力 F 作用下发生振动。

外激振力一般为时间的函数，最简单的形式是简谐激振力

$$F = H\sin\omega t \tag{4-43}$$

对质点应用牛顿第二定律，有

$$m\frac{d^2 x}{dt^2} = -kx - c\frac{dx}{dt} + H\sin\omega t$$

令 $h = \dfrac{H}{m}$，上述方程变为

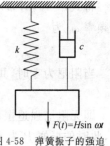

图 4-58 弹簧振子的强迫振动模型

$$\frac{d^2 x}{dt^2} + 2n\frac{dx}{dt} + \omega_0^2 x = h\sin\omega t \tag{4-44}$$

这一方程称为有阻尼受迫振动微分方程的标准形式，若其中第二项(即阻尼项)为零，则为无阻尼受迫振动。方程(4-44)的通解为

$$x = Ae^{-nt}\sin(\sqrt{\omega_0^2 - n^2}\, t + \varphi) + B\sin(\omega t - \varepsilon) \tag{4-45}$$

其中 A 和 φ 为积分常数，由运动初始条件确定；B 为受迫振动的振幅，ε 为受迫振动的相位差，可由下列公式表示

$$B = \frac{h}{\sqrt{(\omega_0^2 - \omega^2)^2 + 4n^2\omega^2}} \tag{4-46}$$

$$\tan\varepsilon = \frac{2n\omega}{\omega_0^2 - \omega^2} \tag{4-47}$$

可见有阻尼受迫振动的解由两部分组成,第一部分是衰减振动,第二部分是受迫振动。通常将第一部分称为瞬态过程,第二部分称为稳态过程,稳态过程是研究的重点。

受迫振动的振幅达到极大值的现象称为共振。

在稳态过程中,受迫振动的一个重要特征是:振幅、相位差的取值与激振力的频率、系统的自由振动固有频率和阻尼有关。其关系曲线如图 4-59、图 4-60 所示。采用量纲为 1 的形式,图中横轴表示频率比 $s = \dfrac{\omega}{\omega_0}$,纵轴表示振幅比 $\beta = \dfrac{B}{B_0}\left(B_0 = \dfrac{H}{k}\right)$,阻尼的改变用阻尼比 $\zeta = \dfrac{n}{\omega_0}$ 的改变来表示。

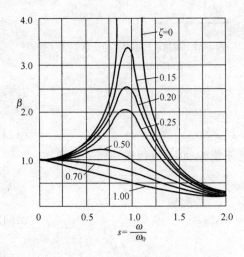

图 4-59　幅频特性曲线

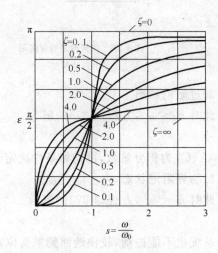

图 4-60　相频特性曲线

将式(4-46)对 ω 求一次导数并令其等于零,可以发现,此时振幅 B 有极大值,即共振固有圆频率 ω_r 为

$$\omega_r = \sqrt{\omega_0^2 - 2n^2} \tag{4-48}$$

当阻尼为零时,共振固有圆频率为

$$\omega_r = \omega_0 \tag{4-49}$$

即无阻尼强迫振动时,只要激振力频率与自由振动频率相等,便发生共振,由式(4-42)可知,此时的振幅 B 为无穷大。

共振是受迫振动中常见的现象,共振时,振幅随时间的增加不断增大,有时会引起系统的破坏,应设法避免;利用共振也可制造各种设备,如超声波发生器、核磁共振仪等,造福于人类。实际问题中,由于阻尼的存在,振幅不会无限增大。

【例 4-48】　弹簧-物块直线振动系统位于铅垂面内(见图 4-61)。弹簧刚度系数为 k,物块质量为 m。若已知物块的运动微分方程为 $m\ddot{x} + kx = 0$,则描述运动坐标 Ox 的坐标原点应为:

A. 弹簧悬挂处之点 O_1

B. 弹簧原长 l_0 处之点 O_2

C. 弹簧由物块重力引起静伸长 δ_{st} 之点 O_3

D. 任意点皆可

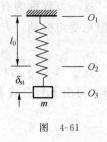

图 4-61

解 列振动微分方程时,把坐标原点设在物体静平衡的位置处,列出的方程才是齐次微分方程。

答案:C

【例 4-49】 单摆作微幅摆动的周期与质量 m 和摆长 l 的关系是:

A. $\dfrac{1}{2\pi}\sqrt{\dfrac{g}{l}}$ B. $\dfrac{1}{2\pi}\sqrt{\dfrac{l}{g}}$

C. $2\pi\sqrt{\dfrac{g}{l}}$ D. $2\pi\sqrt{\dfrac{l}{g}}$

解 单摆的运动微分方程为

$$ml\ddot{\varphi} = -mg\sin\varphi$$

因为是微幅摆动,$\sin\varphi \approx \varphi$,则有

$$\ddot{\varphi} + \dfrac{g}{l}\varphi = 0$$

所以,单摆的圆频率 $\omega = \sqrt{\dfrac{g}{l}}$,而周期 $T = \dfrac{2\pi}{\omega} = 2\pi\sqrt{\dfrac{l}{g}}$。

答案:D

【例 4-50】 图 4-64 示振动系统中 $m = 200$ kg,弹簧刚度 $k = 10\,000$ N/m,设地面振动可表示为 $y = 0.1\sin(10t)$(y 以 cm、t 以 s 计)。则:

A. 装置 a 振幅最大
B. 装置 b 振幅最大
C. 装置 c 振幅最大
D. 三种装置振动情况一样

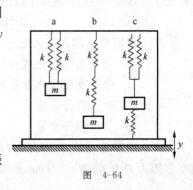

图 4-64

解 此系统为无阻尼受迫振动,装置 a、b、c 的自由振动频率分别为

$$\omega_{0a} = \sqrt{\dfrac{2k}{m}} = \sqrt{\dfrac{20\,000}{200}} = 10 \text{ rad/s}$$

$$\omega_{0b} = \sqrt{\dfrac{k}{2m}} = \sqrt{\dfrac{10\,000}{400}} = 5 \text{ rad/s}$$

$$\omega_{0c} = \sqrt{\dfrac{3k}{m}} = \sqrt{\dfrac{30\,000}{200}} = 12.25 \text{ rad/s}$$

由于外加激振 y 的频率为 10 rad/s,与 ω_{0a} 相等,故装置 a 会发生共振,从理论上讲振幅将无穷大。

答案:A

【例 4-51】 质量为 110 kg 的机器固定在刚度为 2×10^6 N/m 的弹性基础上,当系统发生共振时,机器的工作频率为:

A. 66.7 rad/s B. 95.3 rad/s
C. 42.6 rad/s D. 134.8 rad/s

解 发生共振时,系统的工作频率与其固有频率相等,为 $\sqrt{\dfrac{k}{m}} = \sqrt{\dfrac{2\times10^6}{110}} = 134.8$ rad/s

答案:D

【例 4-52】 如图 4-65 所示系统中,当物块振动的频率比为 1.27 时,k 的值是:

A. $1×10^5$ N/m
B. $2×10^5$ N/m
C. $1×10^4$ N/m
D. $1.5×10^5$ N/m

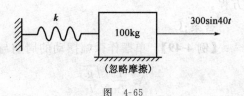

图 4-65

解 已知频率比 $\dfrac{\omega}{\omega_0}=1.27$,且 $\omega=40\mathrm{rad/s}$,$\omega_0=\sqrt{\dfrac{k}{m}}$ $(m=100\mathrm{kg})$,所以,$k=\left(\dfrac{40}{1.27}\right)^2×100=9.9×10^4≈1×10^5$ N/m。

答案: A

习　　题

4-35　已知 A 物重力的大小 $P=20$N,B 物重力的大小 $Q=30$N,滑轮 C、滑轮 D 不计质量,并略去各处摩擦,如图所示,则绳水平段的拉力为(　　)。

A. 30N　　　　B. 20N　　　　C. 16N　　　　D. 24N

4-36　求解质点动力学问题时,质点的初条件是用来(　　)。

A. 分析力的变化规律
B. 建立质点运动微分方程
C. 确定积分常数
D. 分离积分变量

4-37　质量为 m 的物体自高 H 处水平抛出,如图所示,运动中受到与速度一次方成正比的空气阻力 $\boldsymbol{R}$ 作用,$\boldsymbol{R}=-km\boldsymbol{v}$,$k$ 为常数。则其运动微分方程为(　　)。

A. $m\ddot{x}=-km\dot{x},m\ddot{y}=-km\dot{y}-mg$
B. $m\ddot{x}=km\dot{x},m\ddot{y}=km\dot{y}-mg$
C. $m\ddot{x}=-km\dot{x},m\ddot{y}=km\dot{y}-mg$
D. $m\ddot{x}=-km\dot{x},m\ddot{y}=-km\dot{y}+mg$

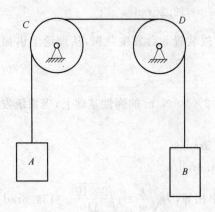

题 4-35 图

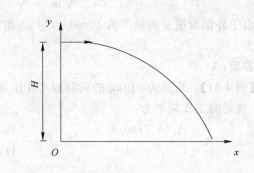

题 4-37 图

4-38 汽车以匀速率 v 在不平的道路上行驶,如图所示,当汽车通过 A、B、C 三个位置时,汽车对路面的压力分别为 N_A、N_B、N_C,则下述关系式( )成立。

A. $N_A = N_B = N_C$
B. $N_A < N_B < N_C$
C. $N_A > N_B > N_C$
D. $N_A = N_B > N_C$

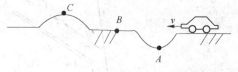

题 4-38 图

4-39 质量分别为 $m_1 = m$, $m_2 = 2m$ 的两个小球 M_1、M_2 用长为 L 而重量不计的刚杆相连,现将 M_1 置于光滑水平面上,且 M_1M_2 与水平面成 $60°$ 角,如图所示,则当无初速释放、M_2 球落地时,M_1 球移动的水平距离为( )。

A. $L/3$ B. $L/4$
C. $L/6$ D. 0

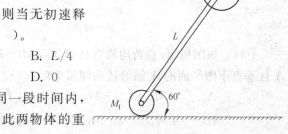

题 4-39 图

4-40 设有质量相等的两物体 A、B,在同一段时间内,A 物发生水平移动,而 B 物发生铅直移动,则此两物体的重力在这段时间内的冲量( )。

A. 不同   B. 相同
C. A 物重力的冲量大   D. B 物重力的冲量大

4-41 匀质杆质量为 m,长 $OA = l$,在铅垂面内绕定轴 O 转动。杆质心 C 处连接刚度系数 k 较大的弹簧,弹簧另端固定。图示位置为弹簧原长,当杆由此位置逆时针方向转动时,杆上 A 点的速度为 v_A,若杆落至水平位置的角速度为零,则 v_A 的大小应为( )。

A. $\sqrt{\dfrac{1}{2}(2-\sqrt{2})^2 \dfrac{k}{m}l^2 - 2gl}$

B. $\sqrt{\dfrac{1}{4}(2-\sqrt{2})^2 \dfrac{k}{m}l^2 - gl}$

C. $\sqrt{\dfrac{1}{2}(2-\sqrt{2})^2 \dfrac{k}{m}l^2 - 8gl}$

D. $\sqrt{\dfrac{3}{4}(2-\sqrt{2})^2 \dfrac{k}{m}l^2 - 3gl}$

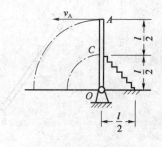

题 4-41 图

4-42 在光滑的水平面上,放置一静止的均质直杆 AB,当 AB 上受一力偶 m 作用时,如图所示,AB 将绕( )点转动。

A. A 点   B. B 点
C. C 点   D. 先绕 A 点转动,然后绕 C 点转动

4-43 如图所示,两种不同材料的均质细长杆焊接成直杆 ABC,AB 段为一种材料,长度为 a,质量为 m_1,BC 段为另一种材料,长度为 b,质量为 m_2,杆 ABC 以匀角速度 ω 转动,则其对 A 轴的动量矩大小为( )。

A. $L_A = (m_1 + m_2)(a+b)^2 \omega / 3$

B. $L_A = [m_1 a^2/3 + m_2 b^2/12 + m_2(b/2+a)^2]\omega$

C. $L_A = [m_1 a^2/3 + m_2 b^2/3 + m_2 a^2]\omega$

D. $L_A = m_1 a^2 \omega / 3 + m_2 b^2 \omega / 3$

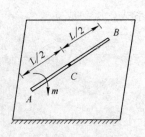
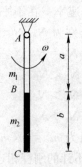

题 4-42 图   题 4-43 图

4-44 如图所示，直角均质弯杆 ABC，$AB=BC=L$，每段质量记作 M_{AB}、M_{BC}，则弯杆对过 A 且垂直于图平面的 A 轴的转动惯量为（   ）。

A. $J_A = M_{AB}L^2/3 + M_{BC}L^2/3 + M_{BC}L^2$

B. $J_A = M_{AB}L^2/3 + M_{BC}L^2/3 + M_{BC}\sqrt{2}L^2$

C. $J_A = M_{AB}L^2/3 + M_{BC}L^2/12 + M_{BC}L^2/4$

D. $J_A = M_{AB}L^2/3 + M_{BC}L^2/12 + 5M_{BC}L^2/4$

4-45 如图所示，刚体的质量 m，质心为 C，对定轴 O 的转动惯量为 J_O，对质心的转动惯量为 J_C，若转动角速度为 ω，则刚体对 O 轴的动量矩 H_O 为（   ）。

A. $mv_C \cdot OC$ B. $J_O \omega$ C. $J_C \omega$ D. $J_O \omega^2$

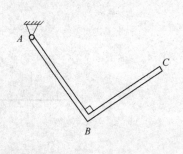
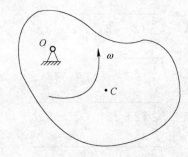

题 4-44 图   题 4-45 图

4-46 一端固结于 O 点的弹簧，如图所示，另一端可自由运动，弹簧的原长 $L_0 = 2b/3$，弹簧的弹性系数为 k，若以 B 点处为零势能面，则 A 处的弹性势能为（   ）。

A. $kb^2/24$ B. $5kb^2/18$

C. $3kb^2/8$ D. $-3kb^2/8$

4-47 某弹簧的弹性系数为 k，在Ⅰ位置弹簧的变形为 δ_1，在Ⅱ位置弹簧的变形为 δ_2。若取Ⅱ位置为零势能位置，则在Ⅰ位置弹性力的势能为（   ）。

A. $k(\delta_1^2 - \delta_2^2)$ B. $k(\delta_2^2 - \delta_1^2)$

C. $\dfrac{1}{2}k(\delta_1^2 - \delta_2^2)$ D. $\dfrac{1}{2}k(\delta_2^2 - \delta_1^2)$

4-48 半径为 R，质量为 m 的均质圆盘在其自身平面内作平面运动。在如图所示位置时，若已知图形上 A、B 两点的速度方向如图所示，$\alpha = 45°$，且知 B 点速度大小为 v_B。则圆轮的动能为( )。

A. $mv_B^2/16$ B. $3mv_B^2/16$

C. $mv_B^2/4$ D. $3mv_B^2/4$

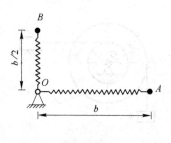
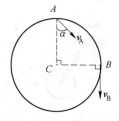

题 4-46 图　　　　　　　　　题 4-48 图

4-49　已知曲柄 OA 长 r,以角速度 ω 转动,均质圆盘半径为 R,质量为 m,在固定水平面上作纯滚动,则如图所示瞬时圆盘的动能为( )。

A. $2mr^2\omega^2/3$ B. $mr^2\omega^2/3$

C. $4mr^2\omega^2/3$ D. $mr^2\omega^2$

4-50　如图所示,一弹簧常数为 k 的弹簧下挂一质量为 m 的物体,若物体从静平衡位置（设静伸长为 δ）下降 Δ 距离,则弹性力所做的功为( )。

A. $\frac{1}{2}k\Delta^2$ B. $\frac{1}{2}k(\delta+\Delta)^2$

C. $\frac{1}{2}k[(\Delta+\delta)^2-\delta^2]$ D. $\frac{1}{2}k[\delta^2-(\Delta+\delta)^2]$

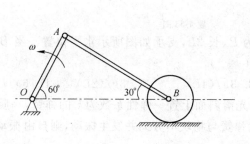
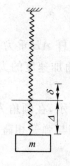

题 4-49 图　　　　　　　　　题 4-50 图

4-51　如图所示,忽略质量的细杆 $OC=l$,其端部固结均质圆盘,杆上点 C 为圆盘圆心,盘质量为 m,半径为 r,系统以角速度 ω 绕轴 O 转动,系统的动能是( )。

A. $T=\frac{1}{2}m(l\omega)^2$ B. $T=\frac{1}{2}m[(l+r)\omega^2]$

C. $T=\frac{1}{2}(\frac{1}{2}mr^2)\omega^2$ D. $T=\frac{1}{2}(\frac{1}{2}mr^2+ml^2)\omega^2$

4-52　两重物的质量均为 m,分别系在两软绳上（见图）。此两绳又分别绕在半径各为 r 与 $2r$ 并固结一起的两圆轮上。两圆轮构成之鼓轮的质量亦为 m,对轴 O 的回转半径为 ρ_0。两重物中一铅垂悬挂,一置于光滑平面上。当系统在左重物重力作用下运动时,鼓轮的角加速度

α 为(　　)

A. $\alpha = \dfrac{2gr}{5r^2+\rho_0^2}$　　　　B. $\alpha = \dfrac{2gr}{3r^2+\rho_0^2}$

C. $\alpha = \dfrac{2gr}{\rho_0^2}$　　　　D. $\alpha = \dfrac{gr}{5r^2+\rho_0^2}$

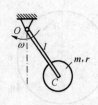

题 4-51 图

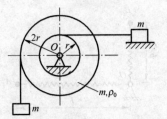

题 4-52 图

4-53　如图所示,均质圆盘作定轴转动,其中图 a)、图 c)的转动角速度为常数($\omega=C$),而图 b)、图 d)的角速度不为常数($\omega\neq C$),则(　　)的惯性力系简化的结果为平衡力系。

A. 图 a)　　　　B. 图 b)　　　　C. 图 c)　　　　D. 图 d)

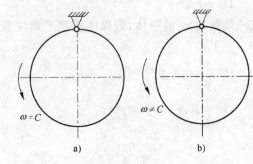

题 4-53 图

4-54　均质细杆 AB 重力大小为 P、长 $2L$,支承如图所示水平位置。当 B 端细绳突然剪断瞬时,AB 杆的角加速度的大小为(　　)。

A. 0　　　　B. $3g/(4L)$　　　　C. $3g/(2L)$　　　　D. $6g/L$

4-55　如图所示,在倾角为 α 的光滑斜面上置一弹性系数为 k 的弹簧,一质量为 m 的物块沿斜面下滑 s 距离与弹簧相碰,碰后弹簧与物块不分离并发生振动,则自由振动的固有圆频率为(　　)。

A. $(k/m)^{1/2}$　　　　B. $[k/(ms)]^{1/2}$

C. $[k/(m\sin\alpha)]^{1/2}$　　　　D. $(k\sin\alpha/m)^{1/2}$

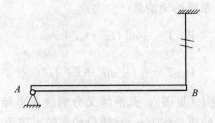

题 4-54 图

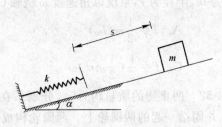

题 4-55 图

4-56 设如图所示 a)、b)、c)三个质量弹簧系统的固有频率分别为 ω_1、ω_2、ω_3,则它们之间的关系是( )。

A. $\omega_1 < \omega_2 = \omega_3$
B. $\omega_2 < \omega_3 = \omega_1$
C. $\omega_3 < \omega_1 = \omega_2$
D. $\omega_1 = \omega_2 = \omega_3$

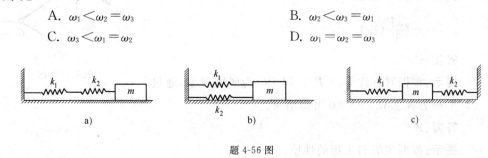

题 4-56 图

习题提示及参考答案

4-1　提示:根据力多边形法则。
　　　答案:D

4-2　提示:作用力与反作用力不作用在同一刚体上。
　　　答案:B

4-3　提示:AC 与 BC 均为二力构件,分析铰链 C 的受力即可。
　　　答案:B

4-4　提示:平面汇交力系平衡的几何条件是力的多边形自行封闭。
　　　答案:D

4-5　提示:因为 F 与 x 轴平行,故 F 除在与 x 轴垂直的轴上投影为零外,在其他轴上的投影均不为零。
　　　答案:B

4-6　提示:分析节点 C 的平衡,列平衡方程即可。
　　　答案:C

4-7　提示:向某点简化的结果是主矢为零,主矩不为零。
　　　答案:C

4-8　提示:力偶作用在 AC 杆时,BC 杆是二力杆;力偶作用在 BC 杆时,AC 杆是二力杆。
　　　答案:C

4-9　提示:BE 杆可用三力平衡汇交定理得到 B 处约束力过 G 点;对结构整体,根据力偶的性质,A、B 处约束力应组成一力偶与 (P,P') 平衡。
　　　答案:B

4-10　提示:根据空间力偶的性质。
　　　答案:D

4-11　提示:根据平面任意力系的简化结果分析,主矢为零时,力系简化的最后结果为一合力偶,合力偶矩与简化中心的位置无关。
　　　答案:C

4-12　提示:截面法(见题解图):设 y 轴与 BC 垂直,则

$$\sum F_y = 0$$
$$P_C\cos 60° + F_{DB}\cos 30° = 0$$
$$F_{DB} = -\frac{\sqrt{3}P}{3}(\text{压})$$

答案：C

4-13 提示：根据对称性 $F_B = P/2$，以 BC 为研究对象，通过平衡方程 $\sum M_C(F) = 0$ 可得结果。

答案：B

4-14 提示：根据主矢和主矩的性质。

答案：B

4-15 提示：根据力的平移定理，若主矢 F_R' 向 O 点左边某点 O' 平移后，将附加一顺时针转向的力偶。

答案：C

4-16 提示：应用零杆的判断方法。

答案：D

4-17 提示：BEC 为二力构件。对结构整体，根据力偶的性质，A、B 处约束力应组成一力偶。

答案：C

4-18 提示：A、B 处的约束力均垂直于槽壁，不能组成一力偶。

答案：B

4-19 提示：此时物体处于平衡状态，可用平衡方程计算摩擦力。

答案：B

4-20 提示：主动力（重力与 P 力）合力的作用线与接触面法线的夹角为 $30°$，小于摩擦角。

答案：A

4-21 提示：在铅垂方向主动力合力为零，物块无滑动趋势。

答案：C

4-22 提示：摩擦角 $\varphi_m = \arctan f = 23.4° < 30°$（斜面的倾角），故物块滑动，摩擦力为 $F = W\cos 30° f'$。

答案：C

4-23 提示：$F_N = 100 - 25 \times \frac{4}{5} = 80\text{kN}$，$F_{\max} = 16\text{kN}$，而水平方向的主动力为 15kN，故物体处于平衡状态，摩擦力按平衡方程来计算。

答案：C

4-24 提示：因为 $a_\tau = k$，$a_n = (kt)^2/R$，所以 $a = \sqrt{a_\tau^2 + a_n^2}$。

答案：C

4-25 提示：将两个运动方程平方相加。

答案：B

4-26　提示：轮缘上一点做圆周运动，必有法向加速度。

　　　答案：B

4-27　提示：$v_B = OB \cdot \omega$。

　　　答案：A

4-28　提示：由 $v_A = \omega \cdot OA$，求出角速度；再由 $\tan\theta = \dfrac{\alpha}{\omega^2}$ 求出 α。

　　　答案：D

4-29　提示：曲杆 OAB 为定轴转动刚体，点 B 的转动半径为 OB。

　　　答案：D

4-30　提示：轮缘点 A 的速度与物块 B 的速度相同，轮缘点 A 的切向加速度与物块 B 的加速度相同。

　　　答案：C

4-31　提示：定轴转动刚体内各点加速度的分布为 $a = r\sqrt{\alpha^2 + \omega^4}$，其中 r 为点到转动轴的距离。$\tan\theta = \tan\varphi = \dfrac{\alpha}{\omega^2}$。

　　　答案：C

4-32　提示：两轮啮合点的速度和切向加速度应相等，而两轮半径不同，故法向加速度不同。

　　　答案：B

4-33　提示：根据定轴转动刚体的转动方程、角速度、角加速度以及刚体上一点的速度、加速度公式。

　　　答案：C

4-34　提示：根据定轴转动刚体上点的速度分析。

　　　答案：A

4-35　提示：对 A、B 物块分别使用牛顿第二定律计算。

　　　答案：D

4-36　提示：初始条件反映的是质点某一时刻的运动，只能用来确定解质点运动微分方程时出现的积分常数。

　　　答案：C

4-37　提示：应用直角坐标形式的质点运动微分方程。

　　　答案：A

4-38　提示：汽车在 A、B、C 三点的法向加速度分别为向上、零、向下，按牛顿第二定律计算。

　　　答案：C

4-39　提示：系统在水平方向受力为零，且初始为静止，故质心在水平方向守恒，其运动为铅垂直线。

　　　答案：A

4-40　提示：同样力的冲量只取决于作用时间，与位移无关。

答案:B

4-41 提示:应用动能定理且末动能为零。
答案:D

4-42 提示:根据质心运动定理,在水平面上直杆受力为零,故质心不运动,且动量矩定理 $J_C\alpha=m$。
答案:C

4-43 提示:$L_A=J_A\omega$。$J_A=J_{(AB)A}+J_{(BC)A}$,求 $J_{(BC)A}$ 时要使用平行移轴定理。
答案:B

4-44 提示:$J_A=J_{(AB)A}+J_{(BC)A}$,求 $J_{(BC)A}$ 时要使用平行移轴定理。
答案:D

4-45 提示:根据定轴转动刚体动量矩的定义。
答案:B

4-46 提示:根据势能的定义 $U=\dfrac{k}{2}(\delta_A^2-\delta_B^2)$,式中 δ_A、δ_B 分别为 A、B 位置弹簧的变形量。
答案:A

4-47 提示:根据势能的定义,弹性力从 I 位置到 II 位置所做的功即为弹性力在 I 位置的势能。
答案:C

4-48 提示:根据 v_A、v_B 求出圆盘的瞬时速度中心,进而求出角速度和质心的速度,再由动能的定义 $T=\dfrac{1}{2}mv_C^2+\dfrac{1}{2}J_C\omega^2$ 求解。
答案:B

4-49 提示:应用速度投影定理通过 A 点速度求出 B 点速度,进而求出圆轮的角速度,并由 $T=\dfrac{1}{2}mv_B^2+\dfrac{1}{2}J_B\omega^2$ 求动能。
答案:D

4-50 提示:弹性力的功 $W_{12}=\dfrac{k}{2}(\delta_1^2-\delta_2^2)$。
答案:D

4-51 提示:圆盘绕轴 O 作定轴转动,其动能为 $T=\dfrac{1}{2}J_O\omega^2$。
答案:D

4-52 提示:应用动能定理:$T_2-T_1=W_{12}$。若设重物 A 下降 h 时鼓轮的角速度为 ω_O,则系统的动能为 $T_2=\dfrac{1}{2}mv_A^2+\dfrac{1}{2}mv_B^2+\dfrac{1}{2}J_O\omega_O^2$,$T_1=$ 常量。其中 $v_A=2r\omega_O$,$v_B=r\omega_O$,$J_O=m\rho_O^2$。力所做的功为 $W_{12}=mgh$。
答案:A

4-53 提示:因为质心的加速度和轮的角加速度均为零,故惯性力系的主矢和主矩皆为零。

答案：C

4-54　**提示**：将惯性力系向 A 点简化，通过平衡方程 $\sum M_A(F)=0$ 可求出角加速度。

　　　答案：B

4-55　**提示**：固有圆频率的计算公式。

　　　答案：A

4-56　**提示**：按弹簧的串、并联计算其等效的弹簧刚度。

　　　答案：A

第五章 材料力学

复习指导

一、考试大纲

5.1 材料在拉伸、压缩时的力学性能

低碳钢、铸铁拉伸、压缩试验的应力-应变曲线;力学性能指标。

5.2 拉伸和压缩

轴力和轴力图;杆件横截面和斜截面上的应力;强度条件;虎克定律;变形计算。

5.3 剪切和挤压

剪切和挤压的实用计算;剪切面;挤压面;剪切强度;挤压强度;剪切虎克定律。

5.4 扭转

扭矩和扭矩图;圆轴扭转切应力;切应力互等定理;圆轴扭转的强度条件;扭转角计算及刚度条件。

5.5 截面几何性质

静矩和形心;惯性矩和惯性积;平行轴公式;形心主轴及形心主惯性矩概念。

5.6 弯曲

梁的内力方程;剪力图和弯矩图;分布荷载、剪力、弯矩之间的微分关系;正应力强度条件;切应力强度条件;梁的合理截面;弯曲中心概念;求梁变形的积分法、叠加法。

5.7 应力状态

平面应力状态分析的解析法和应力圆法;主应力和最大切应力;广义虎克定律;四个常用的强度理论。

5.8 组合变形

拉/压-弯组合、弯-扭组合情况下杆件的强度校核;斜弯曲。

5.9 压杆稳定

压杆的临界荷载;欧拉公式;柔度;临界应力总图;压杆的稳定校核。

二、复习指导

根据"考试大纲"的要求,结合以往的考试,考生在复习材料力学部分时,应注意以下几点。

(1)轴向拉伸和压缩部分的内容重点考察基本概念,考试题以概念类、记忆类、简单计算类为主。

(2)剪切和挤压实用计算部分,受力分析和破坏形式是重点,剪切面和挤压面的区分是难点,挤压面面积的计算容易混淆,考试题以概念题、比较判别题和简单计算题为主。

(3)扭转部分考试题以概念、记忆和一般计算为主,对于实心圆截面和空心圆截面两种情形,截面上剪应力的分布、极惯性矩与抗扭截面系数计算要严格区分。

(4)截面的几何性质部分的考试题,侧重于平行移轴公式的应用,形心主轴概念的理解和有一对称轴的组合截面惯性矩的计算步骤与计算方法。

(5)弯曲内力部分考试题主要考察作 Q、M 图的熟练程度,熟练掌握用简便法计算指定截面的 Q、M 和用简便法作 Q、M 图是这部分的关键所在。

(6)弯曲应力部分考试题重点考察:①正应力最大的危险截面,剪应力最大的危险截面的确定;②梁受拉侧、受压侧的判断,对于 U 形、T 形等截面中性轴为非对称轴的情形尤其重要;③焊接工字形截面梁三类危险点的确定,即除了正应力危险点,剪应力危险点外,还有一类危险点,即在 M、Q 均较大的截面上腹板与翼缘交界处的点,但该类危险点处于复杂应力状态,需要用强度理论进行强度计算。题型以分析、计算为主。

(7)弯曲变形部分考试题重点考察给定梁的边界条件和连续条件的正确写法和用叠加法求梁的位移的灵活应用。叠加法有三方面的应用:①荷载分解,变形或位移叠加,这是叠加法的直接应用;②计算梁不变形部分的位移的叠加法,就是变形部分的位移叠加上不变形部分的位移;③逐段刚化法,是上面两种方法的进一步延拓。

(8)应力状态与强度理论部分考试题重点测试:①应力状态的有关概念;②主应力、最大剪应力的计算;③主应力、最大剪应力计算与强度理论的综合应用;④在各种应力状态下尤其是单向应力状态、纯剪切应力状态下材料的破坏原因分析。考试题多属于概念理解、分析计算类。

(9)组合变形部分考试题重点考察:①各种基本变形组合时的分析方法;②对于有两根对称轴、四个角点的截面杆,在斜弯曲、拉(压)-弯曲、偏心拉(压)时最大正应力计算;③用强度理论解决弯-扭组合变形的强度计算问题。

(10)压杆稳定部分考试题重点测试:①压杆稳定性的概念。压杆的极限应力不但与材料有关,而且与 λ 有关,而 λ 又与长度、支承情况、截面形状和尺寸有关;②压杆临界应力的计算思路,即先计算压杆在两个形心主惯性平面内的柔度,取其中最大的一个作为依据,再根据该最大柔度的范围选择适当的临界应力计算公式计算临界应力。考试题多属概念类和比较判别类。

本章的重点是弯曲内力、弯曲应力、应力状态与强度理论,其他各部分均有考题,覆盖了全部内容。

材料力学本身概念性很强,基本内容要求相当熟练,少部分内容如应力状态分析和压杆稳定则还要求能深入进行分析,一般来说,计算都不复杂。尤其是注册结构工程师基础考试,题量大,时间紧,更不会涉及很复杂的计算。

第一节 概 论

材料力学是研究各种类型构件(主要是杆)的强度、刚度和稳定性的学科,它提供了有关的基本理论、计算方法和试验技术,使我们能合理地确定构件的材料、尺寸和形状,以达到安全与经济的设计要求。

一、材料力学的基本思路

(一)理论公式的建立

理论公式的建立思路如图 5-1 所示。

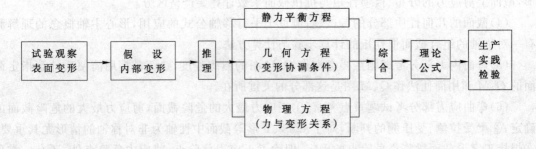

图 5-1

（二）分析问题和解决问题

分析问题和解决问题思路如图 5-2 所示。

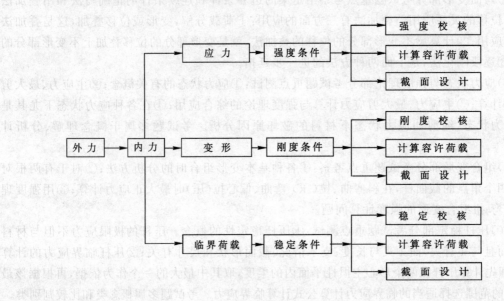

图 5-2

二、杆的四种基本变形

杆的四种基本变形见表 5-1。

杆的四种基本变形　　　　　　　　表 5-1

类型	轴向拉伸（压缩）	剪切	扭转	平面弯曲	
外力特点	$P \leftarrow\!\!\Box\!\!\rightarrow P$ $P \rightarrow\!\!\Box\!\!\leftarrow P$	$P \rightarrow\!\!\Box\!\!\leftarrow P$	m 〇—————〇 m	q 分布载荷梁 A、C、B	
横截面内力	轴力 N 等于截面一侧所有轴向外力代数和	剪力 Q 等于 P	扭矩 T 等于截面一侧对 x 轴外力偶矩代数和	弯矩 M 等于截面一侧外力对截面形心力矩代数和	剪力 Q 等于截面一侧所有竖向外力代数和

续上表

类型	轴向拉伸（压缩）	剪切	扭转	平面弯曲	
应力分布情况	均布	假设均布	线性分布	线性分布	抛物线分布
应力公式	$\sigma=\dfrac{N}{A}$	$\tau=\dfrac{Q}{A_s}$ $\sigma_{bs}=\dfrac{P_{bs}}{A_{bs}}$	$\tau_\rho=\dfrac{T}{I_p}\rho$	$\sigma=\dfrac{M}{I_z}y$	$\tau=\dfrac{QS_z^*}{bI_z}$
强度条件	$\sigma_{max}=\dfrac{N_{max}}{A}\leqslant[\sigma]$	$\tau=\dfrac{Q}{A_s}\leqslant[\tau]$ $\sigma_{bs}=\dfrac{P_{bs}}{A_{bs}}\leqslant[\sigma_{bs}]$	$\tau_{max}=\dfrac{T_{max}}{W_p}\leqslant[\tau]$	$\sigma_{max}=\dfrac{M_{max}}{W_z}\leqslant[\sigma]$	$\tau_{max}=\dfrac{Q_{max}S_{zmax}^*}{bI_z}\leqslant[\tau]$
变形公式	$\Delta l=\dfrac{Nl}{EA}$		$\Phi=\dfrac{Tl}{GI_p}$	$f_c=\dfrac{5ql^4}{384EI_z}$	$\theta_A=\dfrac{ql^3}{24EI_z}$
刚度条件			$\varphi_{max}=\dfrac{T_{max}}{GI_p}\leqslant[\varphi]$	$\dfrac{f_{max}}{l}\leqslant\left[\dfrac{f}{l}\right]$	$\theta_{max}\leqslant[\theta]$
应变能	$U=\dfrac{N^2l}{2EA}$		$U=\dfrac{T^2l}{2GI_p}$	纯弯 $U=\dfrac{M^2l}{2EI_z}$	非纯弯 $U=\int_l\dfrac{M^2(x)}{2EI_z}dx$

三、材料的力学性质

在表 5-1 所列的强度条件中，为确保构件不致因强度不足而破坏，应使其最大工作应力 σ_{max} 不超过材料的某个限值。显然，该限值应小于材料的极限应力 σ_u，可规定为极限应力 σ_u 的若干分之一，并称之为材料的许用应力，以 $[\sigma]$（或 $[\tau]$）表示，即

$$[\sigma]=\dfrac{\sigma_u}{n} \tag{5-1}$$

式中，n 是一个大于 1 的系数，称为安全系数，其数值通常由设计规范规定；而极限应力 σ_u 则要通过材料的力学性能试验才能确定。这里主要介绍典型的塑性材料——低碳钢和典型的脆性材料——铸铁在常温、静载下的力学性能。

（一）低碳钢材料拉伸和压缩时的力学性质

低碳钢（通常将含碳量在 0.3% 以下的钢称为低碳钢，也叫软钢）材料拉伸和压缩时的 $\sigma\varepsilon$ 曲

线如图 5-3 所示。

从图 5-3 中拉伸时的 $\sigma\varepsilon$ 曲线可看出,整个拉伸过程可分为以下四个阶段。

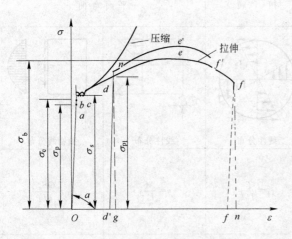

图 5-3 低碳钢拉伸、压缩的力学性质

1. 弹性阶段（Ob 段）

在该段中的直线段（Oa）称线弹性段,其斜率即为弹性模量 E,对应的最高应力值 σ_p 为比例极限。在该段应力范围（即 $\sigma \leqslant \sigma_p$）内,虎克定律 $\sigma = E\varepsilon$ 成立。而 ab 段,即为非线性弹性段,在该段内所产生的应变仍是弹性的,但它与应力已不成正比。b 点相对应的应力 σ_e 称为弹性极限。

2. 屈服阶段（bc 段）

该段内应力基本上不变,但应变却在迅速增长,而且在该段内所产生的应变成分,除弹性应变外,还包含了明显的塑性变形,该段的应力最低点 σ_s 称为屈服极限。这时,试件上原光滑表面将会出现与轴线大致成 45°的滑移线,这是由于试件材料在 45°的斜截面上存在着最大剪应力而引起的。对于塑性材料来说,由于屈服时所产生的显著的塑性变形将会严重地影响其正常工作,故 σ_s 是衡量塑性材料强度的一个重要指标。对于无明显屈服阶段的其他塑性材料,工程上将产生 0.2% 塑性应变时的应力作为名义屈服极限,并用 $\sigma_{0.2}$ 表示。

3. 强化阶段（ce 段）

在该段,应力又随应变增大而增大,故称强化。该段中的最高点 e 所对应的应力乃材料所能承受的最大应力 σ_b,称为强度极限,它是衡量材料强度（特别是脆性材料）的另一重要指标。在强化阶段中,绝大部分的变形是塑性变形,并发生"冷作硬化"的现象。

4. 局部变形阶段（ef 段）

在应力到达 e 点之前,试件标距内的变形是均匀的;但当到达 e 点后,试件的变形就开始集中于某一较弱的局部范围内进行,该处截面纵向急剧伸长,横向显著收缩,形成"颈缩";最后至 f 点试件被拉断。

试件拉断后,可测得以下两个反映材料塑性性能的指标。

（1）延伸率

$$\delta = \frac{l_1 - l_0}{l_0} \times 100\% \tag{5-2}$$

式中:l_0——试件原长;

l_1——试件拉断后的长度。

工程上规定 $\delta \geqslant 5\%$ 的材料称为塑性材料,$\delta < 5\%$ 的称为脆性材料。

（2）截面收缩率

$$\psi = \frac{A_0 - A_1}{A_0} \times 100\% \tag{5-3}$$

式中:A_0——变形前的试件横截面面积;

A_1——试件拉断后的最小截面积。

对比低碳钢压缩时与拉伸时的 $\sigma\varepsilon$ 曲线可知,低碳钢压缩时的弹性模量 E、比例极限 σ_p 和

屈服极限 σ_s 与拉伸时大致相同。

(二)铸铁拉伸与压缩时的力学性质

铸铁拉伸与压缩时的 $\sigma\varepsilon$ 曲线如图 5-4 所示。

从铸铁拉伸时的 $\sigma\varepsilon$ 曲线中可以看出,它没有明显的直线部分。因其拉断前的应变很小,因此工程上通常取其 $\sigma\varepsilon$ 曲线的一条割线的斜率,作为其弹性模量。它没有屈服阶段,也没有颈缩现象(故衡量铸铁拉伸强度的唯一指标就是它被拉断时的最大应力 σ_b),在较小的拉应力作用下即被拉断,且其延伸率很小,故铸铁是一种典型的脆性材料。

铸铁压缩时的 $\sigma\varepsilon$ 曲线与拉伸相比,可看出这类材料的抗压能力要比抗拉能力强得多,其塑性变形也较为明显。破坏断口为斜断面,这表明试件是因 τ_{max} 的作用而剪坏的。

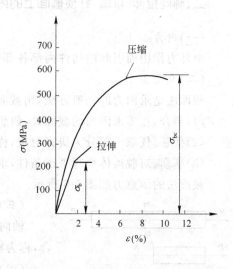

图 5-4

综上所述,对于塑性材料制成的杆,通常取屈服极限 σ_s(或名义屈服极限 $\sigma_{0.2}$)作为极限应力 σ_u 的值;而对脆性材料制成的杆,应该取强度极限 σ_b 作为极限应力 σ_u 的值。

习　题

5-1　在低碳钢拉伸实验中,冷作硬化现象发生在(　　)。

A. 弹性阶段
B. 屈服阶段
C. 强化阶段
D. 局部变形阶段

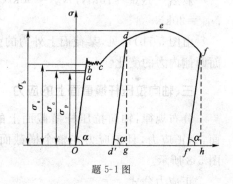

题 5-1 图

第二节　轴向拉伸与压缩

一、轴向拉伸与压缩的概念

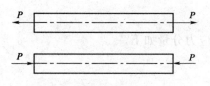

图 5-5　轴向拉压杆的力学模型
P-轴向拉力或压力

(一)力学模型

轴向拉压杆的力学模型如图 5-5 所示。

(二)受力特征

作用于杆两端外力的合力,大小相等、方向相反,并沿杆件轴线作用。

(三)变形特征

杆件主要产生轴线方向的均匀伸长(缩短)。

二、轴向拉伸(压缩)杆横截面上的内力

(一)内力
由外力作用而引起的构件内部各部分之间的相互作用力。

(二)截面法
截面法是求内力的一般方法,用截面法求内力的步骤如下。
(1)截开。在需求内力的截面处,假想地沿该截面将构件截分为二。
(2)代替。任取一部分为研究对象,称为脱离体。用内力代替弃去部分对脱离体的作用。
(3)平衡。对脱离体列写平衡条件,求解未知内力。
截面法的示意力如图 5-6 所示。

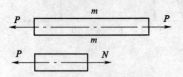

图 5-6 截面法的示意图

(三)轴力
轴向拉压杆横截面上的内力,其作用线必定与杆轴线相重合,称为轴力,以 N 表示。轴力 N 规定以拉力为正,压力为负。

(四)轴力图
轴力图表示沿杆件轴线各横截面上轴力变化规律的图线。

【例 5-1】 试作如图 5-7a)所示等直杆的轴力图。

解 先考虑外力平衡,求出支反力 $R=10$ kN
显然 $N_{AB}=10$ kN,$N_{BC}=50$ kN,$N_{CD}=-5$ kN,$N_{DE}=20$ kN

由图 5-7b)可见,某截面上外力的大小等于该截面两侧内力的变化。

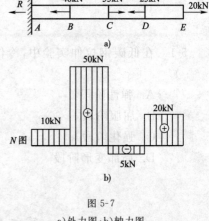

图 5-7
a)外力图;b)轴力图

三、轴向拉压杆横截面上的应力

分布规律:轴向拉压杆横截面上的应力垂直于截面,为正应力,且正应力在整个横截面上均匀分布,如图 5-8 所示。

正应力公式

$$\sigma = \frac{N}{A} \tag{5-4}$$

式中:N——轴力(N);

A——横截面面积(m^2)。

应力单位为 N/m^2,即 Pa,也常用 MPa,$1\text{MPa}=10^6\text{Pa}=1\text{N/mm}^2$。

四、轴向拉压杆斜截面上的应力

斜截面上的应力均匀分布,如图 5-9 所示,其总应力及应力分量如下。

总应力

$$p_\alpha = \frac{N}{A_\alpha} = \sigma_0 \cos\alpha \tag{5-5}$$

正应力

$$\sigma = p_\alpha \cos\alpha = \sigma_0 \cos^2\alpha \tag{5-6}$$

剪应力

$$\tau_\alpha = p_\alpha \sin\alpha = \frac{\sigma_0}{2}\sin 2\alpha \tag{5-7}$$

上述式中：α——由横截面外法线转至斜截面外法线的夹角，以逆时针转动为正；
A_α——斜截面 $m-m$ 的截面积；
σ_0——横截面上的正应力。

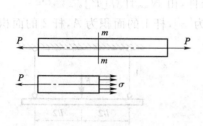
图 5-8 正应力在整个横截面上均匀分布

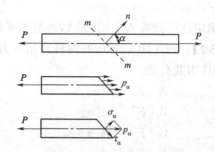
图 5-9 斜截面上的应力均匀分布

σ_α 拉应力为正，压应力为负。τ_α 以其对截面内一点产生顺时针力矩时为正，反之为负。

轴向拉压杆中最大正应力发生在 $\alpha=0°$ 的横截面上，最小正应力发生在 $\alpha=90°$ 的纵截面上，其值分别为

$$\sigma_{\alpha max} = \sigma_0$$
$$\sigma_{\alpha min} = 0$$

最大剪应力发生在 $\alpha=\pm 45°$ 的斜截面上，最小剪应力发生在 $\alpha=0°$ 的横截面和 $\alpha=90°$ 的纵截面上，其值分别为

$$|\tau_\alpha|_{max} = \frac{\sigma_0}{2}$$
$$|\tau_\alpha|_{min} = 0$$

五、强度条件

（一）许用应力

材料正常工作容许采用的最高应力，由极限应力除以安全系数求得。

1. 塑性材料

$$[\sigma] = \frac{\sigma_s}{n_s} \tag{5-8}$$

2. 脆性材料

$$[\sigma] = \frac{\sigma_b}{n_b} \tag{5-9}$$

上两式中：σ_s——屈服极限；
σ_b——抗拉强度；
n_s、n_b——安全系数。

（二）强度条件

构件的最大工作应力不得超过材料的许用应力。轴向拉压杆的强度条件为

$$\sigma_{max} = \frac{N_{max}}{A} \leqslant [\sigma] \tag{5-10}$$

强度计算的三类问题：
(1)强度校核：
$$\sigma_{\max} = \frac{N_{\max}}{A} \leqslant [\sigma]$$

(2)截面设计：
$$A \geqslant \frac{N_{\max}}{[\sigma]}$$

(3)确定许可荷载 $N_{\max} \leqslant [\sigma]A$，再根据平衡条件，由 $N_{\max}$ 计算 $[P]$。

【例 5-2】 图 5-10 示结构的两杆许用应力均为 $[\sigma]$，杆 1 的面积为 A，杆 2 的面积为 $2A$，则该结构的许用载荷是：

A. $[F] = A[\sigma]$
B. $[F] = 2A[\sigma]$
C. $[F] = 3A[\sigma]$
D. $[F] = 4A[\sigma]$

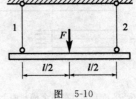

图 5-10

解 此题受力是对称的，故 $F_1 = F_2 = \dfrac{F}{2}$

由杆 1，得 $\sigma_1 = \dfrac{F_1}{A_1} = \dfrac{\frac{F}{2}}{A} = \dfrac{F}{2A} \leqslant [\sigma]$，故 $F \leqslant 2A[\sigma]$

由杆 2，得 $\sigma_2 = \dfrac{F_2}{A_2} = \dfrac{\frac{F}{2}}{2A} = \dfrac{F}{4A} \leqslant [\sigma]$，故 $F \leqslant 4A[\sigma]$

从两者取最小的，所以 $[F] = 2A[\sigma]$。

答案：B

六、轴向拉压杆的变形——虎克定律

(一)轴向拉压杆的变形

杆件在轴向拉伸时，轴向伸长，横向缩短，见图 5-11；而在轴向压缩时，轴向缩短，横向伸长。

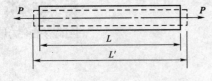

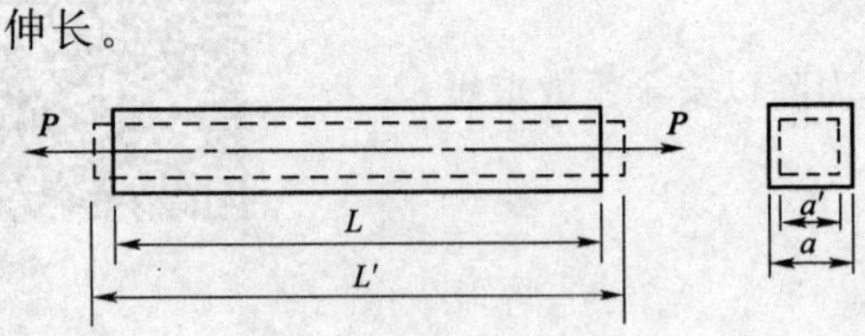

图 5-11 轴向拉杆的变形

轴向变形
$$\Delta L = L' - L \tag{5-11}$$

轴向线应变
$$\varepsilon = \frac{\Delta L}{L} \tag{5-12}$$

横向变形
$$\Delta a = a' - a \tag{5-13}$$

横向线应变
$$\varepsilon' = \frac{\Delta a}{a} \tag{5-14}$$

(二)虎克定律

当应力不超过材料比例极限时，应力与应变成正比，即
$$\sigma = E\varepsilon \tag{5-15}$$

式中：E——材料的弹性模量。

或用轴力及杆件变形量表示为

$$\Delta L = \frac{NL}{EA} \tag{5-16}$$

式中：EA——杆的抗拉（压）刚度，表示杆件抵抗拉、压弹性变形的能力。

（三）泊松比

当应力不超过材料的比例极限时，横向线应变 ε' 与纵向线应变 ε 之比的绝对值，即为泊松比，即

$$\mu = \left|\frac{\varepsilon'}{\varepsilon}\right| = -\frac{\varepsilon'}{\varepsilon} \tag{5-17}$$

泊松比 μ 是材料的弹性常数之一，无量纲。

习　题

5-2　等截面杆轴向受力如图所示。杆的最大轴力是（　　）kN。

A. 8　　　　　　B. 5　　　　　　C. 3　　　　　　D. 13

5-3　如图所示，拉杆承受轴向拉力 P 的作用，设斜截面 $m-m$ 的面积为 A，则 $\sigma = P/A$ 为（　　）。

　　A. 横截面上的正应力　　　　　　B. 斜截面上的正应力
　　C. 斜截面上的应力　　　　　　　D. 斜截面上的剪应力

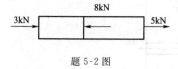
题 5-2 图

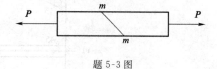
题 5-3 图

5-4　两拉杆的材料和所受拉力都相同，且均处在弹性范围内，若两杆长度相等，横截面面积 $A_1 > A_2$，则（　　）。

　　A. $\Delta l_1 < \Delta l_2, \varepsilon_1 = \varepsilon_3$　　　　　　B. $\Delta l_1 = \Delta l_2, \varepsilon_1 < \varepsilon_3$
　　C. $\Delta l_1 < \Delta l_2, \varepsilon_1 < \varepsilon_3$　　　　　　D. $\Delta l_1 = \Delta l_2, \varepsilon_1 = \varepsilon_3$

5-5　等直杆的受力情况如图所示，则杆内最大轴力 N_{max} 和最小轴力 N_{min} 分别为（　　）。

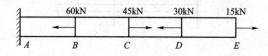
题 5-5 图

　　A. $N_{max} = 60\text{kN}, N_{min} = 15\text{kN}$　　　　B. $N_{max} = 60\text{kN}, N_{min} = -15\text{kN}$
　　C. $N_{max} = 30\text{kN}, N_{min} = -30\text{kN}$　　　D. $N_{max} = 90\text{kN}, N_{min} = -60\text{kN}$

5-6　如图所示，刚梁 AB 由杆 1 和杆 2 支承。已知两杆的材料相同，长度不等，横截面面积分别为 A_1 和 A_2，若荷载 P 使刚梁平行下移，则其截面面积为（　　）。

　　A. $A_1 < A_2$　　　　　　　　　　B. $A_1 = A_2$
　　C. $A_1 > A_2$　　　　　　　　　　D. A_1、A_2 为任意

5-7　如图所示变截面杆中，AB 段、BC 段的轴力为（　　）。

　　A. $N_{AB} = -10\text{kN}, N_{BC} = 4\text{kN}$

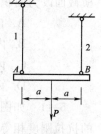
题 5-6 图

B. $N_{AB}=6kN, N_{BC}=4kN$

C. $N_{AB}=-6kN, N_{BC}=4kN$

D. $N_{AB}=10kN, N_{BC}=4kN$

5-8 变形杆如图所示,其中在 BC 段内( )。

A. 有位移,无变形   B. 有变形,无位移

C. 既有位移,又有变形   D. 既无位移,又无变形

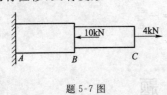
题 5-7 图

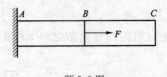
题 5-8 图

5-9 已知如图所示等直杆的轴力图(N 图),则该杆相应的荷载图如( )所示。(图中集中荷载单位均为 kN,分布荷载单位均为 kN/m)

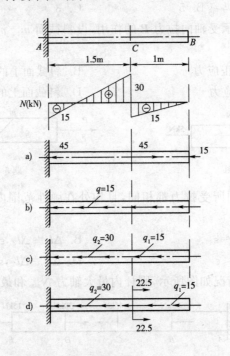

题 5-9 图

A. 图 a)   B. 图 b)   C. 图 c)   D. 图 d)

5-10 有一横截面面积为 A 的圆截面杆件受轴向拉力作用,在其他条件不变时,若将其横截面改为面积仍为 A 的空心圆,则杆为( )。

A. 内力、应力、轴向变形均增大

B. 内力、应力、轴向变形均减少

C. 内力、应力、轴向变形均不变

D. 内力、应力不变,轴向变形增大

5-11 如图所示桁架,在结点 C 沿水平方向受 P 力作用。各杆的抗拉刚度相等。若结点 C 的铅垂位移以 V_C 表示,BC 杆的轴力

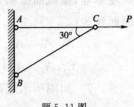
题 5-11 图

344

N_{BC} 表示,则( )。

　　A. $N_{BC}=0, V_C=0$　　B. $N_{BC}=0, V_C\neq 0$
　　C. $N_{BC}\neq 0, V_C=0$　　D. $N_{BC}\neq 0, V_C\neq 0$

第三节　剪切和挤压

一、剪切的实用计算

(一)剪切的概念

力学模型如图 5-12 所示。

(1)受力特征。构件上受到一对大小相等、方向相反,作用线相距很近,且与构件轴线垂直的力作用。

(2)变形特征。构件沿两力的分界面有发生相对错动的趋势。

(3)剪切面。构件将发生相对错动的面。

(4)剪力 Q。剪切面上的内力,其作用线与剪切面平行。

(二)剪切实用计算

(1)名义剪应力。假定剪应力沿剪切面是均匀分布的,若 A_Q 为剪切面面积,Q 为剪力,则

$$\tau = \frac{Q}{A_Q} \qquad (5-18)$$

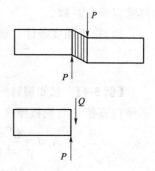

图 5-12　剪切的力学模型

(2)许用剪应力。按实际构件的受力方式,用试验的方法求得名义剪切极限应力 τ^0,再除以安全系数 n。

(3)剪切强度条件。剪切面上的工作剪应力不得超过材料的许用剪应力

$$\tau = \frac{Q}{A_Q} \leqslant [\tau] \qquad (5-19)$$

【例 5-3】　冲床在钢板上冲一圆孔,圆孔直径 $d=100$mm,钢板的厚度 $t=10$mm 钢板的剪切强度极限 $\tau_b=300$MPa,需要的冲压力 F 是:

　　A. $F=300\pi$ kN
　　B. $F=3\,000\pi$ kN
　　C. $F=2\,500\pi$ kN
　　D. $F=7\,500\pi$ kN

解　被冲断的钢板的剪切面是一个圆柱面,其面积 $A_Q=\pi dt$,根据钢板破坏的条件:

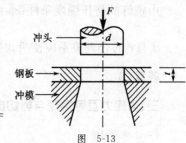

图 5-13

$$\tau_Q = \frac{Q}{A_Q} = \frac{F}{\pi dt} = \tau_b$$

可得 $F=\pi dt\tau_b = \pi\times 100\text{mm}\times 10\text{mm}\times 300\text{MPa}=300\pi\times 10^3\text{N}=300\pi$ kN

答案:A

二、挤压的实用计算

(一)挤压的概念

(1)挤压。两构件相互接触的局部承压作用。

(2)挤压面。两构件间相互接触的面。

(3)挤压力 P_{bs}。承压接触面上的总压力。

(二)挤压实用计算

(1)名义挤压应力。假设挤压力在名义挤压面上均匀分布,即

$$\sigma_{bs}=\frac{P_{bs}}{A_{bs}} \tag{5-20}$$

式中:A_{bs}——名义挤压面面积。

当挤压面为平面时,名义挤压面面积等于实际的承压接触面面积;当挤压面为曲面时,则名义挤压面面积取为实际承压接触面在垂直挤压力方向的投影面积。

(2)许用挤压应力。根据直接试验结果,按照名义挤压应力公式计算名义极限挤压应力,再除以安全系数。

(3)挤压强度条件。挤压面上的工作挤压应力不得超过材料的许用挤压应力,即

$$\sigma_{bs}=\frac{P_{bs}}{A_{bs}}\leqslant[\sigma_{bs}] \tag{5-21}$$

【例 5-4】 已知铆钉的许用切应力为$[\tau]$,许用挤压应力为$[\sigma_{bs}]$,钢板的厚度为t,则图 5-14 示铆钉直径d与钢板厚度t的合理关系是:

A. $d=\dfrac{8t[\sigma_{bs}]}{\pi[\tau]}$

B. $d=\dfrac{4t[\sigma_{bs}]}{\pi[\tau]}$

C. $d=\dfrac{\pi[\tau]}{8t[\sigma_{bs}]}$

D. $d=\dfrac{\pi[\tau]}{4t[\sigma_{bs}]}$

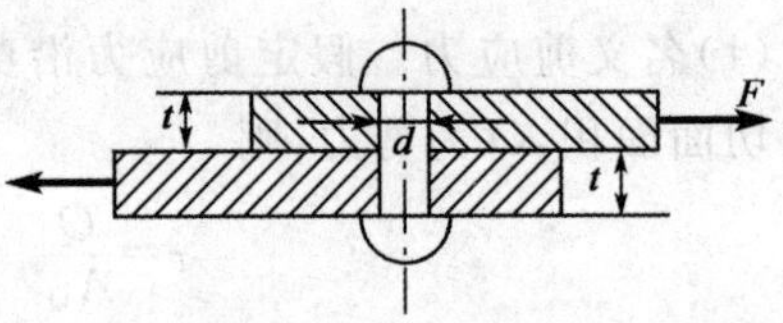

图 5-14

解 由铆钉的剪切强度条件:$\tau=\dfrac{F_s}{A_s}=\dfrac{F}{\dfrac{\pi}{4}d^2}=[\tau]$,可得:$\dfrac{4F}{\pi d^2}=[\tau]$ ①

由铆钉的挤压强度条件:$\sigma_{bs}=\dfrac{F_{bs}}{A_{bs}}=\dfrac{F}{dt}=[\sigma_{bs}]$,可得:$\dfrac{F}{dt}=[\sigma_{bs}]$ ②

d与t的合理关系应使两式同时成立,②式除以①式,得到$\dfrac{\pi d}{4t}=\dfrac{[\sigma_{bs}]}{[\tau]}$,即$d=\dfrac{4t[\sigma_{bs}]}{\pi[\tau]}$。

答案:B

三、剪应力互等定理与剪切虎克定律

(一)纯剪切

若单元体各个侧面上只有剪应力而无正应力,称为纯剪切。

纯剪切引起剪应变γ,即相互垂直的两线段间角度的改变。

图 5-15 纯剪切单元体

(二)剪应力互等定理

在互相垂直的两个平面上,垂直于两平面交线的剪应力,总是大小相等,且共同指向或背离这一交线(见图 5-15),即

$$\tau=-\tau' \tag{5-22}$$

(三)剪切虎克定律

当剪应力不超过材料的剪切比例极限时,剪应力τ与剪应

变 γ 成正比,即

$$\tau = G\gamma \tag{5-23}$$

式中：G——材料的剪切弹性模量。

对各向同性材料，E、G、μ 间只有两个独立常数,即

$$G = \frac{E}{2(1+\mu)} \tag{5-24}$$

习　题

5-12　钢板用两个铆钉固定在支座上,铆钉直径为 d,在图示荷载下,铆钉的最大切应力是(　　)。

A. $\tau_{max} = \dfrac{4F}{\pi d^2}$　　B. $\tau_{max} = \dfrac{8F}{\pi d^2}$　　C. $\tau_{max} = \dfrac{12F}{\pi d^2}$　　D. $\tau_{max} = \dfrac{2F}{\pi d^2}$

5-13　螺钉受力如图所示,一直螺钉和钢板的材料相同,拉伸许用应力 $[\sigma]$ 是剪切许可应力 $[\tau]$ 的 2 倍,即 $[\sigma] = 2[\tau]$,钢板厚度 t 是螺钉头高度 h 的 1.5 倍,则螺钉直径 d 的合理值为(　　)。

A. $d = 2h$　　　　　　　　　　　B. $d = 0.5h$

C. $d^2 = 2Dt$　　　　　　　　　　D. $d^2 = Dt$

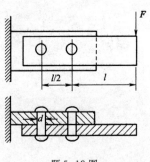
题 5-12 图

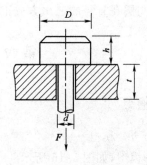
题 5-13 图

5-14　图示连接件,两端受拉力 P 作用,接头的挤压面积为(　　)。

A. ab　　　B. cb　　　C. lb　　　D. lc

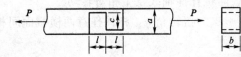
题 5-14 图

5-15　如图所示,在平板和受拉螺栓之间垫上一个垫圈,可以提高(　　)。

A. 螺栓的拉伸强度　　　　　　　　B. 螺栓的剪切强度

C. 螺栓的挤压强度　　　　　　　　D. 平板的挤压强度

5-16　图示铆接件,设钢板和铝铆钉的挤压应力分别为 $\sigma_{jy,1}$、$\sigma_{jy,2}$,则两者的大小关系是(　　)。

A. $\sigma_{jy,1} < \sigma_{jy,2}$　　B. $\sigma_{jy,1} = \sigma_{jy,2}$　　C. $\sigma_{jy,1} > \sigma_{jy,2}$　　D. 不确定的

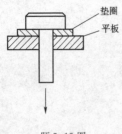
题 5-15 图

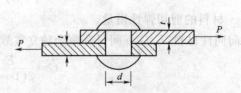
题 5-16 图

5-17 如图所示,插销穿过水平放置平板上的圆孔,在其下端受有一拉力 **P**,该插销的剪切面积和挤压面积分别为( )。

A. $\pi dh, \dfrac{1}{4}\pi D^2$ B. $\pi dh, \dfrac{1}{4}\pi(D^2-d^2)$

C. $\pi Dh, \dfrac{1}{4}\pi D^2$ D. $\pi Dh, \dfrac{1}{4}\pi(D^2-d^2)$

5-18 要用冲床在厚度为 t 的钢板上冲出一圆孔,则冲力大小( )。

A. 与圆孔直径的平方成正比
B. 与圆孔直径的平方根成正比
C. 与圆孔直径成正比
D. 与圆孔直径的三次方成正比

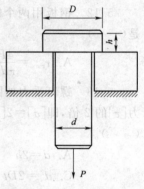
题 5-17 图

第四节 扭 转

一、扭转的概念

(一)扭转的力学模型

扭转的力学模型,如图 5-16 所示。

图 5-16 扭转力学模型

(1)受力特征。杆两端受到一对力偶矩相等,转向相反,作用平面与杆件轴线相垂直的外力偶作用。

(2)变形特征。杆件表面纵向线变成螺旋线,即杆件任意两横截面绕杆件轴线发生相对转动。

(3)扭转角 φ。杆件任意两横截面间相对转动的角度。

(二)外力偶矩的计算

轴所传递的功率、转速与外力偶矩(kN·m)间有如下关系

$$m = 9.55 \dfrac{P}{n} \tag{5-25}$$

式中:P——传递功率(kW);

n——转速(r/min)。

二、扭矩及扭矩图

(1)扭矩。受扭杆件横截面上的内力是一个在截面平面内的力偶,其力偶矩称为扭矩,用

T 表示,如图 5-17 所示,其值用截面法求得。

(2)扭矩符号。扭矩 T 的正负号规定,以右手法则表示扭矩矢量,若矢量的指向与截面外向法线的指向一致时扭矩为正,反之为负。如图 5-17 所示,扭矩均为正号。

(3)扭矩图。表示沿杆件轴线各横截面上扭矩变化规律的图线。扭矩图实例见本节后习题 5-24。

三、圆杆扭转时的剪应力与强度条件

(一)横截面上的剪应力

(1)剪应力分布规律。横截面上任一点的剪应力,其方向垂直于该点所在的半径,其值与该点到圆心的距离成正比,如图 5-18 所示。

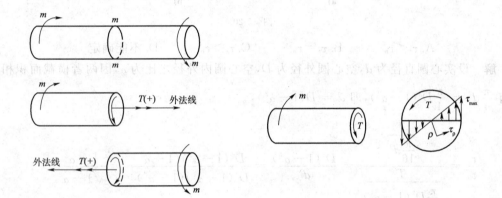

图 5-17　扭矩及其正负号规定　　　图 5-18　圆杆扭转时横截面上的剪应力

(2)剪应力计算公式。横截面上距圆心为 ρ 的任一点的剪应力 τ_ρ 为

$$\tau_\rho = \frac{T}{I_p}\rho \tag{5-26}$$

横截面上的最大剪应力发生在横截面周边各点处,其值为

$$\tau_{max} = \frac{T}{I_p}R = \frac{T}{W_p} \tag{5-27}$$

(3)剪应力公式的讨论:

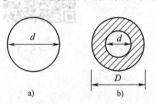

图 5-19　圆截面
a)实心;b)空心

①公式适用于线弹性范围($\tau_{max} \leq \tau_p$),小变形条件下的等截面实心或空心圆直杆。

②T 为所求截面上的扭矩。

③I_p 称为极惯性矩,W_p 称为抗扭截面系数,其值与截面尺寸有关。

实心圆截面(图 5-19a)

$$\left.\begin{array}{l} I_p = \dfrac{\pi d^4}{32} \\ W_p = \dfrac{\pi d^3}{16} \end{array}\right\} \tag{5-28}$$

空心圆截面(图 5-19b)

$$I_p = \frac{\pi D^4}{32}(1-\alpha^4) \\ W_p = \frac{\pi D^3}{16}(1-\alpha^4)\Bigg\} \quad (5-29)$$

其中

$$\alpha = \frac{d}{D}$$

【例 5-5】 图 5-20 示两根圆轴,横截面积相同,但分别为实心圆和空心圆。在相同的扭矩 T 作用下,两轴最大切应力的关系是:

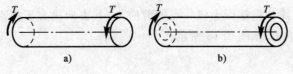

图 5-20

A. $\tau_a < \tau_b$ B. $\tau_a = \tau_b$ C. $\tau_a > \tau_b$ D. 不能确定

解 设实心圆直径为 d,空心圆外径为 D,空心圆内外径之比为 α,因两者横截面积相同,故有 $\frac{\pi}{4}d^2 = \frac{\pi}{4}D^2(1-\alpha^2)$,即 $d = D(1-\alpha^2)^{\frac{1}{2}}$。

$$\frac{\tau_a}{\tau_b} = \frac{\dfrac{T}{\frac{\pi}{16}d^3}}{\dfrac{T}{\frac{\pi}{16}D^3(1-\alpha^4)}} = \frac{D^3(1-\alpha^4)}{d^3} = \frac{D^3(1-\alpha^2)(1+\alpha^2)}{D^3(1-\alpha^2)(1-\alpha^2)^{\frac{1}{2}}} = \frac{1+\alpha^2}{\sqrt{1-\alpha^2}} > 1$$

答案:C

(二)圆杆扭转时的强度条件

强度条件:圆杆扭转时横截面上的最大剪应力不得超过材料的许用剪应力,即

$$\tau_{max} = \frac{T_{max}}{W_p} \leqslant [\tau] \quad (5-30)$$

由强度条件可对受扭杆进行强度校核、截面设计和确定许可荷载三类问题的计算。

四、圆杆扭转时的变形及刚度条件

(一)圆杆的扭转变形计算

单位长度扭转角 θ(rad/m)

$$\theta = \frac{d\varphi}{dx} = \frac{T}{GI_p} \quad (5-31)$$

扭转角 φ(rad)

$$\varphi = \int_L \frac{T}{GI_p} dx \quad (5-32)$$

若在长度 L 内,T、G、I_p 均为常量时

$$\varphi = \frac{TL}{GI_p} \quad (5-33)$$

式(5-33)适用于线弹性范围,小变形下的等直圆杆。GI_p 表示圆杆抵抗扭转弹性变形的能力,称为抗扭刚度。

（二）圆杆扭转时的刚度条件

即刚度条件：圆杆扭转时的最大单位长度扭转角不得超过规定的许可值$[\theta]$(°/m)，即

$$\theta_{max}=\frac{T_{max}}{GI_p}\times\frac{180°}{\pi}\leq[\theta] \tag{5-34}$$

由刚度条件，同样可对受扭圆杆进行刚度校核、截面设计和确定许可荷载三类问题的计算。

习　　题

5-19　直径为 d 的实心圆轴受扭，为使扭转最大切应力减少一半，圆轴的直径应改为（　　）。

　　A. $2d$　　　　B. $0.5d$　　　　C. $\sqrt{2}d$　　　　D. $\sqrt[3]{2}d$

5-20　圆轴直径为 d，剪切弹性模量为 G，在外力作用下发生扭转变形，现测得单位长度扭转角为 θ，圆轴的最大切应力是（　　）。

　　A. $\tau=\dfrac{16\theta G}{\pi d^3}$　　　　　　　　B. $\tau=\theta G\dfrac{\pi d^3}{16}$

　　C. $\tau=\theta G d$　　　　　　　　D. $\tau=\dfrac{\theta G d}{2}$

5-21　图 a)所示圆轴抗扭截面模量为 W_p，切变模量为 G，扭转变形后，圆轴表面 A 点处截取的单元体互相垂直的相邻边线改变了 γ 角，如图 b)所示。圆轴承受的扭矩 T 为（　　）。

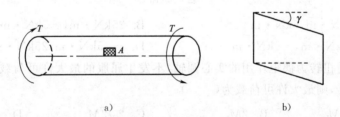

题 5-21 图

　　A. $T=G\gamma W_p$　　　　　　　　B. $T=\dfrac{G\gamma}{W_p}$

　　C. $T=\dfrac{\gamma}{G}W_p$　　　　　　　　D. $T=\dfrac{W_p}{G\gamma}$

5-22　直径为 d 的实心圆轴受扭，若使扭转角减小一半，圆轴的直径需变为（　　）。

　　A. $\sqrt[4]{2}d$　　　B. $\sqrt[3]{\sqrt{2}}d$　　　C. $0.5d$　　　D. $2d$

5-23　如图所示，左端固定的直杆受扭转力偶作用，在截面 1-1 和 1-2 处的扭矩为（　　）。

　　A. $12.5 kN·m, -3 kN·m$　　　　B. $-2.5 kN·m, -3 kN·m$

　　C. $-2.5 kN·m, 3 kN·m$　　　　D. $2.5 kN·m, -3 kN·m$

5-24　如图所示，圆轴的扭矩图为（　　）。

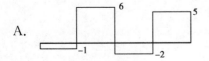
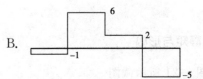

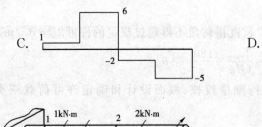
C.

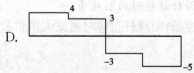
D.

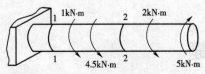
题 5-23 图

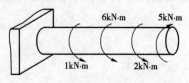
题 5-24 图

5-25 直径为 D 的实心圆轴,两端受扭转力矩作用,轴内最大剪应力为 τ。若轴的直径改为 $D/2$,则轴内的最大剪应力应为(　　)。

A. 2τ　　　　B. 4τ　　　　C. 8τ　　　　D. 16τ

5-26 如图所示,直杆受扭转力偶作用,在截面 1-1 和 2-2 处的扭矩为(　　)。

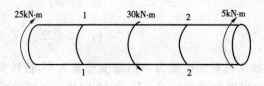

题 5-26 图

A. $5kN \cdot m, 5kN \cdot m$　　　　B. $25kN \cdot m, -5kN \cdot m$
C. $35kN \cdot m, -5kN \cdot m$　　　　D. $-25kN \cdot m, 25kN \cdot m$

5-27 两端受扭转力偶矩作用的实心圆轴,不发生屈服的最大许可荷载为 M_0,若将其横截面面积增加 1 倍,则最大许可荷载为(　　)。

A. $\sqrt{2}M_0$　　　　B. $2M_0$　　　　C. $2\sqrt{2}M_0$　　　　D. $4M_0$

5-28 空心圆轴和实心圆轴的外径相同时,截面的抗扭截面模量较大的是(　　)。

A. 空心轴　　　B. 实心轴　　　C. 一样大　　　D. 不能确定

5-29 受扭实心等直圆轴,当直径增大 1 倍时,其最大剪应力 τ_{2max} 和两端相对扭转角 φ_2 与原来的 τ_{1max} 和 φ_1 的比值为(　　)。

A. $\tau_{2max} : \tau_{1max} = 1:2, \varphi_2 : \varphi_1 = 1:4$
B. $\tau_{2max} : \tau_{1max} = 1:4, \varphi_2 : \varphi_1 = 1:8$
C. $\tau_{2max} : \tau_{1max} = 1:8, \varphi_2 : \varphi_1 = 1:16$
D. $\tau_{2max} : \tau_{1max} = 1:4, \varphi_2 : \varphi_1 = 1:16$

第五节　截面图形的几何性质

一、静矩与形心

对图 5-21 所示截图

$$S_z = \int_A y\,dA \\ S_y = \int_A z\,dA \Bigg\} \quad (5-35)$$

静矩的量纲为长度的三次方。

对于由几个简单图形组成的组合截面

$$S_z = A_1 y_1 + A_2 y_2 + A_3 y_3 + \cdots = A \cdot y_c \\ S_y = A_1 z_1 + A_2 z_2 + A_3 z_3 + \cdots = A \cdot z_c \Bigg\} \quad (5-36)$$

形心坐标

$$y_c = \frac{A_1 y_1 + A_2 y_2 + A_3 y_3 + \cdots}{A_1 + A_2 + A_3 + \cdots} = \frac{S_z}{A} \\ z_c = \frac{A_1 z_1 + A_2 z_2 + A_3 z_3 + \cdots}{A_1 + A_2 + A_3 + \cdots} = \frac{S_y}{A} \Bigg\} \quad (5-37)$$

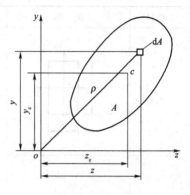

图 5-21 截面图形

显然，若 z 轴过形心，$y_c = 0$，则有 $S_z = 0$，反之亦然；若 y 轴过形心，$z_c = 0$，则有 $S_y = 0$，反之亦然。

二、惯性矩、惯性半径、极惯性矩、惯性积

对图 5-17 所示截面，对 z 轴和 y 轴的**惯性矩**为

$$I_z = \int_A y^2\,dA \\ I_y = \int_A z^2\,dA \Bigg\} \quad (5-38)$$

惯性矩总是正值，其量纲为长度的四次方，亦可写成

$$I_z = A i_z^2 \\ I_y = A i_y^2 \Bigg\} \quad (5-39)$$

$$i_z = \sqrt{\frac{I_z}{A}} \\ i_y = \sqrt{\frac{I_y}{A}} \Bigg\} \quad (5-40)$$

i_z、i_y 称为截面对 z、y 轴的惯性半径，其量纲为长度的一次方。

截面对 o 点的**极惯性矩**为

$$I_p = \int_A \rho^2\,dA \quad (5-41)$$

因 $\rho^2 = y^2 + z^2$，故有 $I_p = I_z + I_y$，显然 I_p 也恒为正值，其量纲为长度的四次方。

截面对 y、z 轴的**惯性积**为

$$I_{yz} = \int_A yz\,dA \quad (5-42)$$

I_{yz} 可以为正值，也可以为负值，也可以是零，其量纲为长度的四次方。若 y、z 两坐标轴中有一个为截面的对称轴，则其惯性积 I_{yz} 恒等于零。

常用截面的几何性质见表 5-2。

常用截面的几何性质　　　　表5-2

项目	矩形	圆形	空心圆	箱形
截面图形	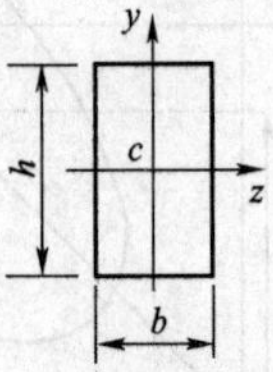	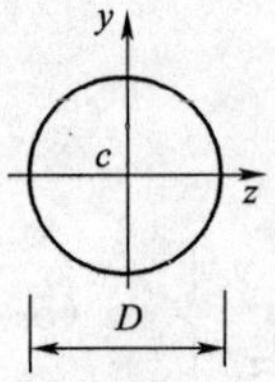	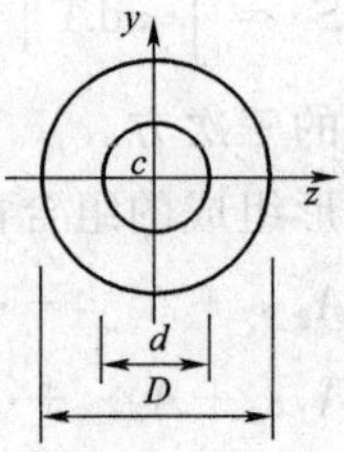	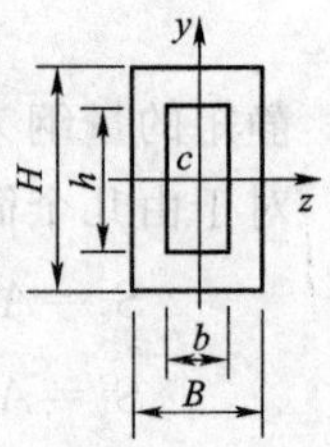
截面的几何性质	$A=bh$ $I_z=\dfrac{bh^3}{12}$ $I_y=\dfrac{hb^3}{12}$ $I_{yz}=0$ $i_z=\dfrac{h}{2\sqrt{3}}$ $i_y=\dfrac{b}{2\sqrt{3}}$ $W_z=\dfrac{bh^2}{6},W_y=\dfrac{hb^2}{6}$	$A=\dfrac{\pi}{4}D^2$ $I_z=I_y=\dfrac{\pi}{64}D^4$ $I_p=\dfrac{\pi}{32}D^4$ $I_{yz}=0$ $i_z=i_y=\dfrac{D}{4}$ $W_z=W_y=\dfrac{\pi}{32}D^3$ $W_p=\dfrac{\pi}{16}D^3$	$A=\dfrac{\pi}{4}D^2(1-\alpha^2)$ $I_z=I_y=\dfrac{\pi}{64}D^4(1-\alpha^4)$ $I_p=\dfrac{\pi}{32}D^4(1-\alpha^4)$ $I_{yz}=0,\alpha=\dfrac{d}{D}$ $i_z=i_y=\dfrac{\sqrt{D^2+d^2}}{4}$ $W_z=W_y=\dfrac{\pi}{32}D^3(1-\alpha^4)$ $W_p=\dfrac{\pi}{16}D^3(1-\alpha^4)$	$A=BH-bh$ $I_z=\dfrac{BH^3-bh^3}{12}$ $I_y=\dfrac{HB^3-hb^3}{12}$ $I_{yz}=0$

注：图形中的 c 为截面形心；公式中 W_z、W_y 为抗弯截面系数，W_p 为抗扭截面系数。

三、平行移轴公式

若已知任一截面图形（图5-22）形心为 c，面积为 A，对形心轴 z_c 和 y_c 的惯性矩为 I_{zc} 和 I_{yc}、惯性积为 I_{yczc}，则该图形对于与 z_c 轴平行且相距为 a 的 z 轴，及与 y_c 轴平行且相距为 b 的 y 轴的惯性矩和惯性积分别为

$$\left.\begin{array}{l}I_z=I_{zc}+a^2 A\\ I_y=I_{yc}+b^2 A\\ I_{yz}=I_{yczc}+abA\end{array}\right\} \quad (5\text{-}43)$$

显然，在图形对所有互相平行的惯性矩中，以形心轴的惯性矩为最小。

四、主惯性轴和主惯性矩、形心主(惯性)轴和形心主(惯形)矩

若截面图形对通过某点的某一对正交坐轴的惯性积为零，则称这对坐标轴为图形在该点的主惯性轴，简称主轴。图形对主惯性轴的惯性矩称为主惯性矩。显然，当任意一对正交坐标轴中之一轴为图形的对称轴时，图形对该两轴的惯性积必为零，故这对轴必为主轴。

过截面形心的主惯性轴，称为形心主轴。截面对形心主轴的惯性矩称为形心主矩。杆件的轴线与横截面形心主轴所组成的平面，称为形心主惯性平面。

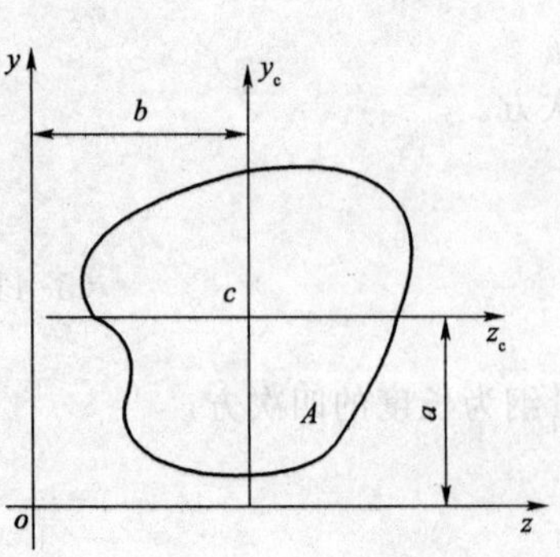

图5-22　具有平行轴的截面图形

习 题

5-30 图示矩形截面对 z_1 轴的惯性矩 I_{z_1} 为( )。

A. $I_{z_1}=\dfrac{bh^3}{12}$ B. $I_{z_1}=\dfrac{bh^3}{3}$ C. $I_{z_1}=\dfrac{7bh^3}{6}$ D. $I_{z_1}=\dfrac{13bh^3}{12}$

5-31 矩形截面挖去一个边长为 a 的正方形,如图所示,该截面对 z 轴的惯性矩 I_z 为( )。

A. $I_z=\dfrac{bh^3}{12}-\dfrac{a^4}{12}$ B. $I_z=\dfrac{bh^3}{12}-\dfrac{13a^4}{12}$ C. $I_z=\dfrac{bh^3}{12}-\dfrac{a^4}{3}$ D. $I_z=\dfrac{bh^3}{12}-\dfrac{7a^4}{12}$

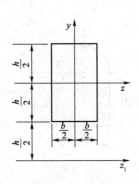
题 5-30 图

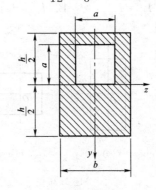
题 5-31 图

5-32 面积相等的两个图形分别如图所示。它们与对称轴 y、z 的惯性矩之间的关系为( )。

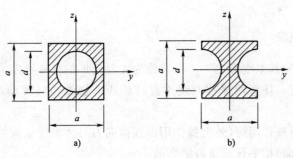
题 5-32 图

A. $I_z^a<I_z^b, I_y^a=I_y^b$ B. $I_z^a>I_z^b, I_y^a=I_y^b$ C. $I_z^a=I_z^b, I_y^a=I_y^b$ D. $I_z^a=I_z^b, I_y^a>I_y^b$

5-33 在 yoz 正交坐标系中,设图形对 y、z 轴的惯性矩分别为 I_y 和 I_z,则图形对坐标原点极惯性矩为( )。

A. $I_p=0$ B. $I_p=I_z+I_y$ C. $I_p=\sqrt{I_z^2+I_y^2}$ D. $I_p=I_z^2+I_y^2$

5-34 图示矩形截面,$m-m$ 线以上部分和以下部分对形心轴 z 的两个静矩( )。

A. 绝对值相等,正负号相同
B. 绝对值相等,正负号不同
C. 绝对值不等,正负号相同
D. 绝对值不等,正负号不同

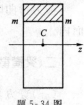
题 5-34 图

5-35 直径为 d 的圆形对其形心轴的惯性半径 i 等于( )。

    A. $d/2$ B. $d/4$ C. $d/6$ D. $d/8$

5-36 图示的矩形截面和正方形截面具有相同的面积。设它们对对称轴 y 的惯性矩分别为 I_y^a、I_y^b，对对称轴 z 的惯性分别为 I_z^a、I_z^b，则( )。

    A. $I_z^a > I_z^b, I_y^a < I_y^b$ B. $I_z^a > I_z^b, I_y^a > I_y^b$

    C. $I_z^a < I_z^b, I_y^a > I_y^b$ D. $I_z^a < I_z^b, I_y^a < I_y^b$

5-37 在图形对通过某点的所有轴的惯性矩中，图形对主惯性轴的惯性矩一定( )。

    A. 最大   B. 最小   C. 最大或最小   D. 为零

5-38 如图所示的截面，其轴惯性矩的关系为( )。

    A. $I_{z_1} = I_{z_2}$ B. $I_{z_1} > I_{z_2}$ C. $I_{z_1} < I_{z_2}$ D. 不能确定

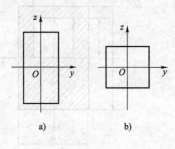

题 5-36 图

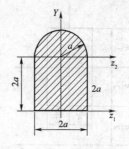

题 5-38 图

第六节 弯曲梁的内力、应力和变形

一、平面弯曲的概念

弯曲变形是杆件的基本变形之一。以弯曲为主要变形的杆件通常为梁。

(1)弯曲变形特征。任意两横截面绕垂直杆轴线的轴做相对转动，同时杆的轴线也弯成曲线。

(2)平面弯曲。荷载作用面(外力偶作用面或横向力与梁轴线组成的平面)与弯曲平面(即梁轴线弯曲后所在平面)相平行或重合的弯曲。

产生平面弯曲的条件：

(1)梁具有纵对称面时，只要外力(横向力或外力偶)都作用在此纵对称面内。

(2)非对称截面梁。

纯弯曲时，只要外力偶作用在与梁的形心主惯平面(即梁的轴线与其横截面的形心主惯性轴所构成的平面)平行的平面内。

横力弯曲时，横向力必须通过截面的弯曲中心，并在与梁的形心主惯性平面平行的平面内。

二、梁横截面上的内力分量——剪力与弯矩

(一)剪力与弯矩

(1)剪力。梁横截面上切向分布内力的合力，称为剪力，以 Q 表示。

(2)弯矩。梁横截面上法向分布内力形成的合力偶矩,称为弯矩,以 M 表示。

(3)剪力与弯矩的符号。考虑梁微段 dx,使右侧截面对左侧截面产生向下相对错动的剪力为正,反之为负;使微段产生凹向上的弯曲变形的弯矩为正,反之为负,如图 5-23 所示。

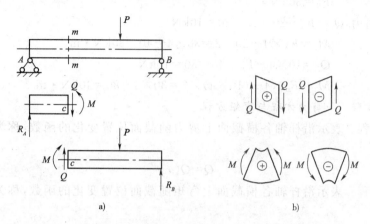

图 5-23 梁的内力
a)截面法求梁的内力;b)剪力和弯矩正负号的规定

(4)剪力与弯矩的计算。由截面法可知,梁的内力可用直接法求出:

①横截面上的剪力,其值等于该截面左侧(或右侧)梁上所有外力在横截面方向的投影代数和,且左侧梁上向上的外力或右侧梁上向下的外力引起正剪力,反之则引起负剪力。

②横截面上的弯矩,其值等于该截面左侧(或右侧)梁上所有外力对该截面形心的力矩代数和,且向上外力均引起正弯矩,左侧梁上顺时针转向的外力偶及右侧梁上逆时针转向的外力偶引起正弯矩,反之则产生负弯矩,如图 5-24 所示。

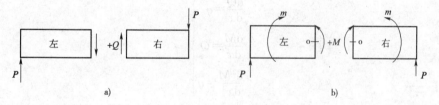

图 5-24 直接法求梁的内力
a)产生正号剪力的外力;b)产生正号弯矩的外力和外力矩

【例 5-6】 如图 5-25 所示,求 1-1 截面和 2-2 截面的内力。

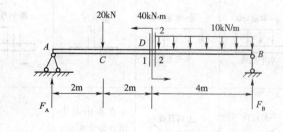

图 5-25

解 先求支反力,$\sum M_B = 0$

$$F_A \times (2+2+4) = 20 \times 6 + 40 + (10 \times 4) \times 2$$
$$F_A = 30 \text{kN}$$
$$\sum F_y = 0, F_A + F_B = 20 + 10 \times 4$$
$$F_B = 30 \text{kN}$$

直接法求内力,$Q_1 = F_A - 20 = 30 - 20 = 10 \text{kN}$
$$M_1 = F_A \times 4 - 20 \times 2 = 30 \times 4 - 40 = 80 \text{kN} \cdot \text{m}$$
$$Q_2 = 10 \times 4 - F_B = 40 - 30 = 10 \text{kN}$$
$$M_2 = F_B \times 4 - (10 \times 4) \times 2 = 30 \times 4 - 80 = 40 \text{kN} \cdot \text{m}$$

(二)内力方程——剪力方程与弯矩方程

(1)剪力方程。表示沿杆轴各横截面上剪力随截面位置变化的函数,称为剪力方程,表示为

$$Q = Q(x)$$

(2)弯矩方程。表示沿杆轴各横截面上弯矩随截面位置变化的函数,称为弯矩方程,表示为

$$M = M(x)$$

(三)剪力图与弯矩图

(1)剪力图。表示沿杆轴和横截面上剪力随截面位置变化的图线,称为剪力图。
(2)弯矩图。表示沿杆轴各横截面上弯矩随截面位置变化的图线,称为弯矩图。

三、荷载集度与剪力、弯矩间的关系及应用

(一)微分关系

若规定荷载集度 q 向上为正,则梁任一横截面上的剪力、弯矩与荷载集度间的微分关系

$$\left. \begin{array}{r} \dfrac{dQ}{dx} = q \\ \dfrac{dM}{dx} = Q \\ \dfrac{d^2 M}{dx^2} = q \end{array} \right\} \tag{5-44}$$

当以梁的左端为 x 轴原点,且以向右为 x 正轴,并规定剪力图以向上为正轴,而弯矩图则取向下为正轴时,可将工程上常见的外力与剪力图和弯矩图之间的关系列在表 5-3 中。

几种常见外力与剪力图和弯矩图间的关系　　表5-3

梁上外力情况	$q=0$（无外力段）	$q=$ 常量<0	$q=$ 常量>0	集中力 P	集中力偶 m	特殊点
剪力图 Q	$Q=$ 常量 水平直线	下斜直线 $Q=0$	上斜直线 $Q=0$	在集中力作用处发生突变,突变方向、大小与 P 相同	无影响	无集中力作用的端点 $Q=0$

续上表

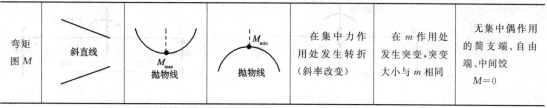

| 弯矩图 M | 斜直线 | M_{max} 抛物线 | M_{min} 抛物线 | 在集中力作用处发生转折（斜率改变） | 在 m 作用处发生突变，突变大小与 m 相同 | 无集中偶作用的简支端、自由端、中间铰 $M=0$ |

利用表 5-3 可以快速地作出剪力图和弯矩图。

（二）快速作图法

(1) 求支反力，并校核。

(2) 根据外力不连续点分段。

(3) 定形：根据各段梁上的外力，确定其 Q、M 图的形状。

(4) 定量：用直接法计算各分段点、极值点的 Q、M 值。

【例 5-7】 作图 5-26a)所示悬臂梁的剪力图、弯矩图。

解 见图 5-26b)、c)。

【例 5-8】 由图 5-27b)所示梁的剪力图，画出梁的荷载图和弯矩图。（梁上无集中力偶作用）

解 见图 5-27a)、c)。

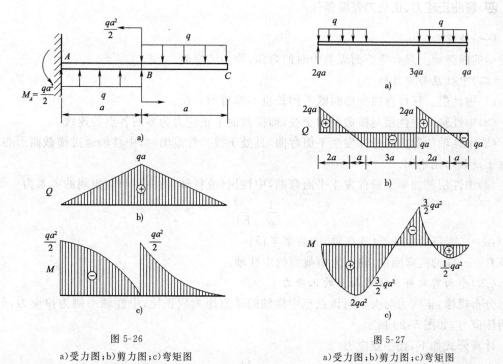

图 5-26
a)受力图；b)剪力图；c)弯矩图

图 5-27
a)受力图；b)剪力图；c)弯矩图

【例 5-9】 简支梁 AB 的剪力图和弯矩图如图 5-28 所示。该梁正确的受力图是：

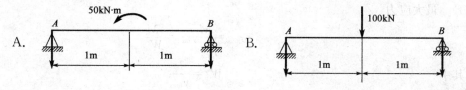

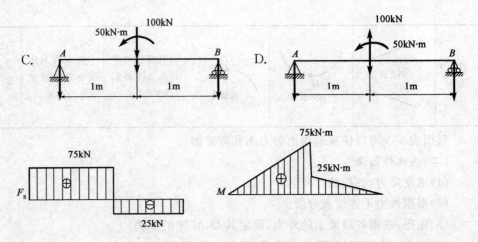

图 5-28

解 从剪力图看梁跨中有一个向下的突变,对应于一个向下的集中力,其值等于突变值 100kN;从弯矩图看梁的跨中有一个突变值 50kN·m,对应于一个外力偶矩 50kN·m,所以只能选 C 图。

答案:C

四、弯曲正应力、正应力强度条件

(一)纯弯曲

梁的横截面上只有弯矩而无剪力时的弯曲,称为纯弯曲。

(二)中性层与中性轴

(1)中性层。杆件弯曲变形时既不伸长也不缩短的一层。

(2)中性轴。中性层与横截面的交线,即横截面上正应力为零的各点的连线。

(3)中性轴位置。当杆件发生平面弯曲,且处于线弹性范围时,中性轴通过横截面形心,且垂直于荷载作用平面。

(4)中性层的曲率。杆件发生平面弯曲,中性层(或杆轴)的曲率与弯矩间的关系为

$$\frac{1}{\rho}=\frac{M}{EI_z} \tag{5-45}$$

式中:ρ——变形后中性层(或杆轴)的曲率半径;

EI_z——杆的抗弯刚度,轴 z 为横截面的中性轴。

(三)平面弯曲杆件横截面上的正应力

分布规律:正应力与大小与该点至中性轴的垂直距离成正比,中性轴一侧为拉应力,另一侧为压应力,如图 5-29 所示。

计算公式如下,任一点应力

$$\sigma=\frac{M}{I_z}y \tag{5-46}$$

最大应力

$$\sigma_{max}=\frac{M}{I_z}y_{max}=\frac{M}{W_z} \tag{5-47}$$

其中

$$W_z=\frac{I_z}{y_{max}} \tag{5-48}$$

上述式中：M——截面上的弯矩；

I_z——截面对其中性轴的惯性矩；

W_z——抗弯截面系数,其量纲为长度的三次方,常用截面 W_z 的计算公式,见表 5-2；

y——计算点与中性轴间的距离。

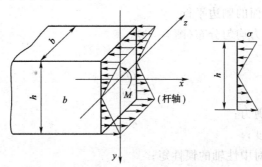

图 5-29 弯曲梁横截面上正应力分布

【例 5-10】 图 5-30 示矩形截面简支梁中点承受集中力 $F=100\text{kN}$。若 $h=200\text{mm}$, $b=100\text{mm}$, 梁的最大弯曲正应力是：

   A. 75MPa   B. 150MPa   C. 300MPa   D. 50MPa

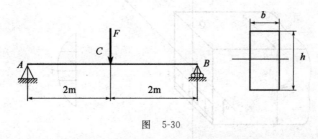

图 5-30

解 梁两端的支座反力为 $\dfrac{F}{2}=50\text{kN}$，梁中点最大弯矩 $M_{\max}=50\times 2=100\text{kN}\cdot\text{m}$

最大弯曲正应力 $\sigma_{\max}=\dfrac{M_{\max}}{W_z}=\dfrac{M_{\max}}{\dfrac{bh^2}{6}}=\dfrac{100\times 10^6\text{N}\cdot\text{mm}}{\dfrac{1}{6}\times 100\times 200^2\text{mm}^3}=150\text{MPa}$

答案：B

(四) 梁的正应力强度条件

在危险截面上

$$\sigma_{\max}=\frac{M}{W_z}\leqslant [\sigma] \tag{5-49}$$

或

$$\left.\begin{array}{l} \sigma_{\max}^{+}=\dfrac{M}{I_z}y_{\max}^{+}\leqslant [\sigma_t] \\ \sigma_{\max}^{-}=\dfrac{M}{I_z}y_{\max}^{-}\leqslant [\sigma_c] \end{array}\right\} \tag{5-50}$$

式中：$[\sigma]$——材料的许用弯曲正应力；

$[\sigma_t]$——材料的许用拉应力；

$[\sigma_c]$——材料的许用压应力；

$y_{\max}^{+}$、$y_{\max}^{-}$——分别为最大拉应力 $\sigma_{\max}^{+}$ 和最大压应力 $\sigma_{\max}^{-}$ 所在的截面边缘到中性轴 z 的距离。

五、弯曲剪应力与剪应力强度条件

(一)矩形截面梁的剪应力

两个假设：

(1)剪应力方向与截面的侧边平行。

(2)沿截面宽度剪应力均匀分布(图 5-31)。

计算公式

$$\tau = \frac{QS_z^*}{bI_z} \tag{5-51}$$

式中：Q——横截面上的剪力；

b——横截面的宽度；

I_z——整个横截面对中性轴的惯性矩；

S_z^*——横截面上距中性轴为 y 处横线一侧的部分截面对中性轴的静矩。

最大剪应力发生在中性轴处

$$\tau_{max} = \frac{3}{2}\frac{Q}{bh} = \frac{3}{2}\frac{Q}{A} \tag{5-52}$$

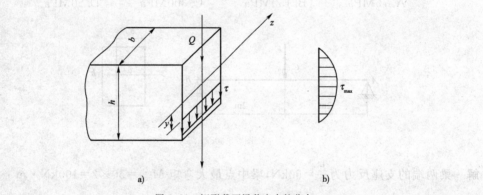

图 5-31 矩形截面梁剪应力的分布

a)沿截面宽度剪应力均匀分布；b)沿截面高度剪应力抛物线分布

(二)其他常用截面梁的最大剪应力

工字形截面

$$\tau_{max} = \frac{QS_{zmax}^*}{I_z d} \tag{5-53}$$

其中，d 为腹板厚度，工字型钢中，I_z/S_{zmax}^* 可查型钢表。

圆形截面

$$\tau_{max} = \frac{4}{3}\frac{Q}{A} \tag{5-54}$$

环形截面

$$\tau_{max} = 2\frac{Q}{A} \tag{5-55}$$

最大剪应力均发生在中性轴上。

(三)剪应力强度条件

梁的最大工作剪应力不得超过材料的许用剪应力，即

$$\tau_{max} = \frac{Q_{max} S_{zmax}^*}{bI_z} \leqslant [\tau] \tag{5-56}$$

式中:Q_{max}——全梁的最大剪力;

S_{zmax}^*——中性轴一边的横截面面积对中性轴的静矩;

b——横截面在中性轴处的宽度;

I_z——整个横截面对中性轴的惯矩。

六、梁的合理截面

梁的强度通常是由横截面上的正应力控制的。由弯曲正应力强度条件 $\sigma_{max}=\dfrac{M_{max}}{W_z}\leqslant[\sigma]$ 可知,在截面积 A 一定的条件下,截面图形的抗弯截面系数越大,梁的承载能力就越大,故截面就越合理。因此就 W_z/A 而言,对工字形、矩形和圆形三种形状的截面,工字形最为合理,矩形次之,圆形最差。此外对于$[\sigma_t]=[\sigma_c]$的塑性材料,一般采用对称于中性轴的截面,使截面上、下边缘的最大拉应力和最大压应力同时达到许用应力。对于$[\sigma_t]\neq[\sigma_c]$的脆性材料,一般采用不对称于中性轴的截面,如 T 形、⌷形等,使最大拉应力 σ_{tmax} 和最大压应力 σ_{cmax} 同时达到 $[\sigma_t]$ 和 $[\sigma_c]$,如图 5-32 所示。

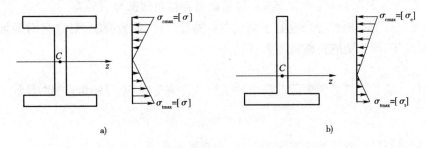

图 5-32 横截面上正应力的分布
a)工字形;b)T 形

七、弯曲中心的概念

在横向力作用下,梁分别在两个形心主惯性平面 xy 和 xz 的内弯曲时,横截面上剪力 Q_y 和 Q_z 作用线的交点,称为截面的**弯曲中心**,也称为**剪切中心**。

当梁上的横向力不能过截面的弯曲中心时,梁除了发生弯曲变形外还要发生扭转变形。

弯曲中心的位置仅取决于截面的几何形状和大小,它与外力的大小和材料的力学性质无关。弯曲中心实际上是截面上弯曲剪应力的合力作用点,见表 5-4。

几种薄壁截面的弯心位置 表 5-4

项次	1	2	3	4	5	6	7
截面形状	工字形 O,A z y	槽形 b_1 h_1 O z e y	圆环 r_0 A O z y	T形 A O z y	角形 A O z y	角形 A O z y	Z形 O,A z y
弯心 A 的位置	与形心重合	$e=\dfrac{b_1^2 h_1^2}{4I_z}<2t$	$e=r_0$	在两个狭长矩形中线的交点			与形心重合

因此,弯曲中心的位置有以下特点。
(1)具有两个对称或反对称轴的截面,其弯曲中心与形心重合。
(2)有一个对称轴的截面,其弯曲中心必在此对称轴上。
(3)若薄壁截面的中心线是由相交于一点的若干直线段所组成,则此交点就是截面的弯曲中心。

八、梁的变形——挠度与转角

(一)挠曲线

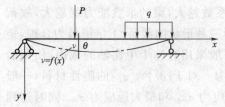

图 5-33 梁的挠度与转角

在外力作用下,梁的轴线由直线变为光滑的弹性曲线,梁弯曲后的轴线称为挠曲线。在平面弯曲下,挠曲线为梁形心主惯性平面内的一条平面曲线 $\nu=f(x)$,如图 5-33 所示。

(二)挠度与转角

梁弯曲变形后,梁的每一个横截面都要产生位移,它包括挠度和转角两部分。

(1)挠度。梁横截面形心在垂直于轴线方向的线位移,称为挠度,记作 ν。沿梁轴各横截面挠度的变化规律,即为梁的挠曲线方程,即

$$\nu=f(x)$$

(2)转角。横截面相对原来位置绕中性轴所转过的角度,称为转角,记作 θ。小变形情况下

$$\theta \approx \tan\theta = \frac{d\nu}{dx} = \nu'$$

此外,横截面形心沿梁轴线方向的位移,小变形条件下可忽略不计。

(三)挠曲线近似微分方程

在线弹性范围、小变形条件下,挠曲线近似微分方程为

$$\frac{d^2\nu}{dx^2} = -\frac{M(x)}{EI_z} \tag{5-57}$$

式(5-57)是在如图 5-27 所示坐标系下建立的。挠度 ν 向下为正,转角 θ 顺时针转为正。

九、积分法计算梁的变形

根据挠曲线近似微分方程(5-57),积分两次,即得梁的转角方程和挠度方程

$$\theta = \frac{d\nu}{dx} = -\int \frac{M(x)}{EI_z} dx + C$$

$$\nu = -\iint \frac{M(x)}{EI_z} dx dx + Cx + D$$

其中,积分常数 C、D 可由梁的边界条件来确定。当梁的弯矩方程需分段列出时,挠曲线微分方程也需分段建立、分段积分。于是全梁的积分常数数目将为分段数目的两倍。为了确定全部积分常数,除利用边界条件外,还需利用分段处挠曲线的连续条件(在分界点处左、右两段梁的转角和挠度均应相等)。

十、用叠加法求梁的变形

(一)叠加原理

几个荷载同时作用下梁的任一截面的挠度或转角,等于各个荷载单独作用下同一截面挠

度或转角的总和。

（二）叠加原理的适用条件

叠加原理仅适用于线性函数。要求挠度、转角为梁上荷载的线性函数,必须满足以下条件：

(1)材料为线弹性材料。

(2)梁的变形为小变形。

(3)结构为几何线性。

（三）叠加法的特征

(1)各荷载同时作用下的挠度、转角等于各荷载单独作用下挠度、转角的总和,应该是几何和,同一方向的几何和即为代数和。

(2)梁的简单荷载作用下的挠度、转角应为已知或可查手册,见表5-5。

(3)叠加法适宜于求梁某一指定截面的挠度和转角。

几种常用梁在简单荷载作用下的变形　　　　　　　　　　　表5-5

序号	支承和荷载作用情况	梁端转角	最大挠度
1	悬臂梁端部受力偶 m	$\theta_B = \dfrac{ml}{EI}$	$f_B = \dfrac{ml^2}{2EI}$
2	悬臂梁端部受集中力 P	$\theta_B = \dfrac{Pl^2}{2EI}$	$f_B = \dfrac{Pl^3}{3EI}$
3	悬臂梁受均布荷载 q	$\theta_B = \dfrac{ql^3}{6EI}$	$f_B = \dfrac{ql^4}{8EI}$
4	简支梁端部受力偶 M	$\theta_A = \dfrac{Ml}{3EI}$ $\theta_B = -\dfrac{Ml}{6EI}$	$x = \dfrac{l}{2}$ 处 $f_C = \dfrac{Ml^2}{16EI}$
5	简支梁跨中受集中力 P	$\theta_A = -\theta_B = \dfrac{Pl^2}{16EI}$	$x = \dfrac{l}{2}$ 处 $f_C = \dfrac{Pl^3}{48EI}$

续上表

序号	支承和荷载作用情况	梁端转角	最大挠度
6		$\theta_A = -\theta_B = \dfrac{ql^3}{24EI}$	$x = \dfrac{l}{2}$ 处 $f_C = \dfrac{5ql^4}{384EI}$

习 题

5-39 图示外伸梁,在 C、D 处作用相同的集中力 F,截面 A 的剪力和截面 C 的弯矩分别是( )。

A. $F_{SA}=0, M_C=0$
B. $F_{SA}=F, M_C=Fl$
C. $F_{SA}=\dfrac{F}{2}, M_C=\dfrac{Fl}{2}$
D. $F_{SA}=0, M_C=2Fl$

5-40 图示悬臂梁自由端承受集中力偶 M_e,若梁的长度减少一半,梁的最大挠度是原来的( )。

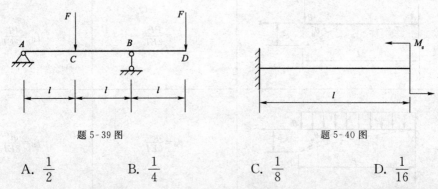

题 5-39 图 　　　题 5-40 图

A. $\dfrac{1}{2}$ 　　B. $\dfrac{1}{4}$ 　　C. $\dfrac{1}{8}$ 　　D. $\dfrac{1}{16}$

5-41 如图所示,悬臂梁 AB 由两根相同的矩形截面梁胶合而成。若胶合面全部开裂,假设开裂后两杆的弯曲变形相同,接触面之间无摩擦力,则开裂后梁的最大挠度是原来的( )。

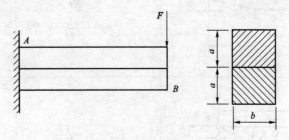

题 5-41 图

A. 两者相同 　　B. 2 倍 　　C. 4 倍 　　D. 8 倍

5-42 图示外伸梁,A 截面的剪力为( )。

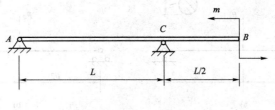

题 5-42 图

A. 0　　B. $\dfrac{3m}{2L}$　　C. $\dfrac{m}{L}$　　D. $-\dfrac{m}{L}$

5-43 两根梁长度、截面形状和约束条件完全相同,一根材料为钢,另一根为铝。在相同的外力作用下发生弯曲形变,两者不同之处为( )。

A. 弯曲内力　　B. 弯曲正应力
C. 弯曲切应力　　D. 挠曲线

5-44 图示四个悬臂梁中挠曲线是圆弧的( )。

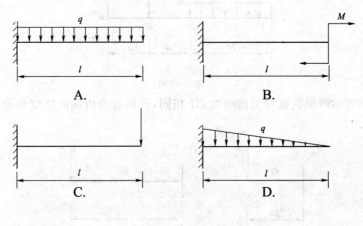

题 5-44 图

5-45 带有中间铰的静定梁受载情况如图所示,则( )。

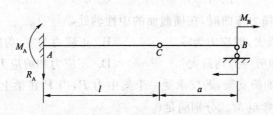

题 5-45 图

A. a 越大,则 M_A 越大　　B. l 越大,M_A 则越大
C. a 越大,则 R_A 越大　　D. l 越大,R_A 则越大

5-46 设图示两根圆截面梁的直径分别为 d 和 $2d$,许可荷载分别为 $[P_1]$ 和 $[P_2]$。若两梁的材料相同,则 $[P_2]/[P_1]$ 等于( )。

A. 2　　B. 4　　C. 8　　D. 16

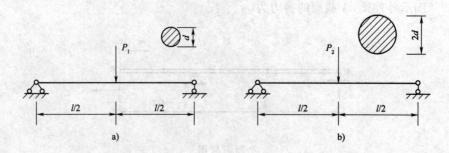

题 5-46 图

5-47 悬臂梁受载情况如图所示,在截面 C 上( )。

A. 剪力为零,弯矩不为零

B. 剪力不为零,弯矩为零

C. 剪力和弯矩均为零

D. 剪力和弯矩不为零

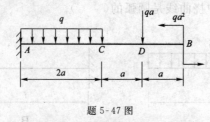

题 5-47 图

5-48 已知图示两梁的抗弯截面刚度 EI 相同,若两者自由端的挠度相等,则 P_1/P_2 等于( )。

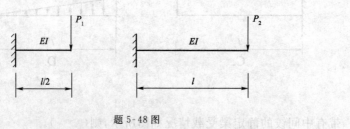

题 5-48 图

A. 2　　　　B. 4　　　　C. 8　　　　D. 16

5-49 矩形截面梁横力弯曲时,在横截面的中性轴处( )。

A. 正应力最大,剪应力为零　　B. 正应力为零,剪应力最大

C. 正应力和剪应力均最大　　　D. 正应力和剪应力均为零

5-50 一跨度为 l 的简支架,若仅承受一个集中力 P,当 P 在梁上任意移动时,梁内产生的最大剪力 Q_{max} 和最大弯矩 M_{max} 分别满足( )。

A. $Q_{max} \leqslant P, M_{max} = Pl/4$　　B. $Q_{max} \leqslant P/2, M_{max} \leqslant Pl/4$

C. $Q_{max} \leqslant P, M_{max} \leqslant Pl/4$　　D. $Q_{max} \leqslant P/2, M_{max} = Pl/2$

5-51 图示梁的剪力等于零的截面位置 x 之值为( )

A. $\dfrac{5a}{6}$　　　B. $\dfrac{6a}{5}$　　　C. $\dfrac{6a}{7}$　　　D. $\dfrac{7a}{6}$

5-52 梁的横截面形状如图所示,则截面对 z 轴的抗弯截面模量 W_z 为( )。

A. $\frac{1}{12}(BH^3-bh^3)$ B. $\frac{1}{6}(BH^2-bh^2)$

C. $\frac{1}{6H}(BH^3-bh^3)$ D. $\frac{1}{6h}(BH^3-bh^3)$

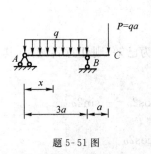
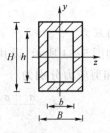

题 5-51 图   题 5-52 图

5-53 就正应力强度而言,题图所示的梁,以下列哪个图所示的加载方式最好?(   )

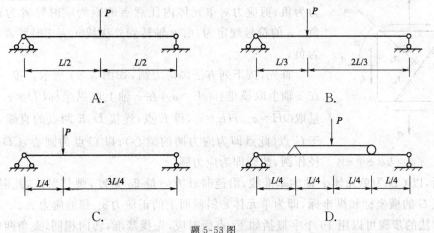

题 5-53 图

5-54 在等直梁平面弯曲的挠曲线上,曲率最大值发生在(   )的截面上。

A. 挠度最大 B. 转角最大 C. 弯矩最大 D. 剪力最大

第七节 应力状态与强度理论

一、点的应力状态及其分类

(1)定义:受力后构件上任一点沿各个不同方向上应力情况的集合,称为一点的应力状态。

(2)单元体选取方法:

①分析构件的外力和支座反力;

②过研究点取横截面,分析其内力;

③确定横截面上该点的 σ、τ 的大小和方向。

(3)主平面:过某点的无数多个截面中,最大(或最小)正应力所在的平面称为主平面,主平面上剪应力必为零。

(4)主应力:主平面上的最大(或最小)正应力。

(5)点的应力状态分类:对任一点总可找到三对互相垂直的主平面,相应地存在三个互相垂直的主应力,按代数值大小排列为 $\sigma_1 \geqslant \sigma_2 \geqslant \sigma_3$。若这三个主应力中,仅一个不为零,则该应力状态称为单向应力状态;如有两个不为零,称为二向应力状态;当三个主应力均不为零时,称为三向应力状态。

二、二向应力状态

(一)斜截面上的应力

平面应力状态如图 5-34 所示,设其 σ_x、σ_y、τ_x 为已知,则任意斜截面(其外法线 n 与 x 轴夹角为 α)上的正应力和剪应力分别为

$$\left.\begin{array}{l}\sigma_\alpha=\dfrac{\sigma_x+\sigma_y}{2}+\dfrac{\sigma_x-\sigma_y}{2}\cos2\alpha-\tau_x\sin2\alpha\\[2mm]\tau_\alpha=\dfrac{\sigma_x-\sigma_y}{2}\sin2\alpha+\tau_x\cos2\alpha\end{array}\right\} \quad (5\text{-}58)$$

式(5-58)中应力的符号规定为:正应力以拉应力为正,压应力为负;剪应力对单元体内任意点的矩为顺时针者为正,反之为负。α 的符号规定为:由 x 轴转到外法线 n 为逆时针者为正,反之为负。

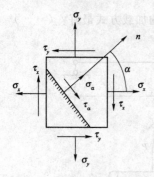

图 5-34 平面应力状态单元体

首先,按下列方法画应力圆,如图 5-35 所示。按一定比例尺在 σ 轴上取横坐标 $\overline{OF}=\sigma_x$,在 τ 轴上取纵坐标 $\overline{FD}=\tau_x$,得 D 点;量取 $\overline{OH}=\sigma_y$,$\overline{HE}=\tau_y$,得 E 点;连接 D、E 两点的直线,与 x 轴交于 C 点(此点即为应力圆的圆心);以 C 点为圆心,$\overline{CD}$ 或 $\overline{CE}$ 为半径作圆,此圆即为应力圆。

然后,以 CD 为单元体 x 轴的基准线,沿逆时针方向量 2α 角度,画其射线,此射线与应力圆的交点 G 的横坐标和纵坐标,即为单元体 α 斜截面上的正应力 σ_α 和剪应力 τ_α。

图解法的步骤可以用 16 个字概括如下:点面对应,先找基准,转向相同,夹角两倍。

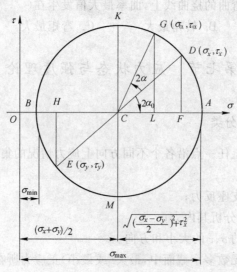

图 5-35 应力圆

(二)主应力、主平面

根据理论推导,平面应力状态(见图 5-35)的主应力计算公式为

$$\genfrac{}{}{0pt}{}{\sigma_{\max}}{\sigma_{\min}} = \frac{\sigma_x + \sigma_y}{2} \pm \sqrt{\left(\frac{\sigma_x - \sigma_y}{2}\right)^2 + \tau_x^2} \tag{5-59}$$

主平面所在截面的方位 α_0 可由下式确定

$$\tan 2\alpha_0 = \frac{-2\tau_x}{\sigma_x - \sigma_y} \tag{5-60}$$

同时满足该式的两个角度 α_1 和 α_3 相差 $90°$，其中 α_1 和 α_3 分别对应于主应力 σ_1 和 σ_3（设 $\sigma_2 = 0$，则 $\sigma_1 = \sigma_{\max}$，$\sigma_3 = \sigma_{\min}$，否则按代数值排列）。若式(5-60)中的负号放在分子上，按 $\tan 2\alpha_0$ 的定义确定 $2\alpha_0$ 的象限，即设 $\theta = \arctan\left(\frac{-2\tau_x}{\sigma_x - \sigma_y}\right)$，则 $2\alpha_0$ 分别为 θ（第 I 象限），$180° - \theta$（第 II 象限），$180° + \theta$（第 III 象限）和 $-\theta$（第 IV 象限），这样得到的 α_0 即为 α_1 的值。

在图 5-35 中 $\overline{OA} = \sigma_{\max}$，$\overline{OB} = \sigma_{\min}$，由图可见，在应力圆上 D 点（代表法线为 x 轴的平面）到 A 点所对的圆心角为 $2\alpha_0$（顺时针方向），相应地，在单元体上由 x 轴顺时针方向量取 α_0，就是 $\sigma_{\max}$ 所在平面的法线位置。

（三）最大（最小）剪应力

图 5-35 中应力圆上 K、M 点的纵坐标即分别为 $\tau_{\max}$ 和 $\tau_{\min}$

$$\genfrac{}{}{0pt}{}{\sigma_{\max}}{\sigma_{\min}} = \pm \sqrt{\left(\frac{\sigma_x - \sigma_y}{2}\right)^2 + \tau_x^2} \tag{5-61}$$

显然，最大（最小）剪应力所在平面与主平面夹角为 $45°$。

三、三向应力状态、广义虎克定律

（一）斜截面上应力、最大剪应力

在 $\sigma\tau$ 直角坐标系下，代表单元体任何截面上应力的点，必定在由 σ_1 和 σ_2、σ_2 和 σ_3、σ_3 和 σ_1 所组成的三个应力圆（图 5-36）的圆周上，或由它们所围成的阴影范围内。

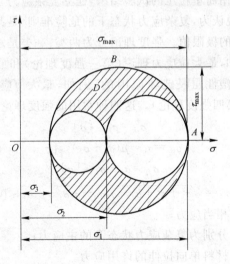

图 5-36 三向应力状态的应力圆

理论分析证明了在三向应力状态中，最大剪应力的作用面与最大主应力 σ_1 和最小主应力 σ_3 所在平面成 $45°$，而与 σ_2 所在平面垂直，其值为

$$\tau_{\max} = \frac{\sigma_1 - \sigma_3}{2} \tag{5-62}$$

（二）广义虎克定律

对各向同性材料，在线弹性范围内，复杂应力状态下的应力与应变之间存在着如下的关系，这种关系称为广义虎克定律，即

$$\left.\begin{array}{l}\varepsilon_x=\dfrac{1}{E}[\sigma_x-\mu(\sigma_y+\sigma_z)]\\ \varepsilon_y=\dfrac{1}{E}[\sigma_y-\mu(\sigma_z+\sigma_x)]\\ \varepsilon_z=\dfrac{1}{E}[\sigma_z-\mu(\sigma_x+\sigma_y)]\end{array}\right\} \quad (5\text{-}63)$$

以及 $\quad \tau_{xy}=G\gamma_{xy} \quad \tau_{yz}=G\gamma_{yz} \quad \tau_{zx}=G\gamma_{zx}$ （5-64）

在平面应力状态下，$\sigma_z=0$，式(5-63)成为

$$\left.\begin{array}{l}\varepsilon_x=\dfrac{1}{E}(\sigma_x-\mu\sigma_y)\\ \varepsilon_y=\dfrac{1}{E}(\sigma_y-\mu\sigma_x)\\ \varepsilon_z=-\dfrac{\mu}{E}(\sigma_x+\sigma_y)\end{array}\right\} \quad (5\text{-}65)$$

由式(5-65)可以反解出

$$\left.\begin{array}{l}\sigma_x=\dfrac{E}{1-\mu^2}(\varepsilon_x+\mu\varepsilon_y)\\ \sigma_y=\dfrac{E}{1-\mu^2}(\varepsilon_y+\mu\varepsilon_x)\end{array}\right\} \quad (5\text{-}66)$$

四、强度理论

强度理论实质上是利用简单拉压的试验结果，建立复杂应力状态下的强度条件的一些假说。这些假说认为，复杂应力状态下的危险准则，是某种决定因素达到单向拉伸时同一因素的极限值。强度理论分为两类：一类是解释材料发生脆性断裂破坏原因的，例如，最大拉应力理论（第一强度理论）和最大伸长线应变理论（第二强度理论）；另一类是解释塑性屈服破坏原因的，例如，最大剪应力理论（第三强度理论）和最大形状改变比能理论（第四强度理论）。这四种常用的强度理论的强度条件为

$$\sigma_{r1}=\sigma_1\leqslant[\sigma] \quad (5\text{-}67)$$

$$\sigma_{r2}=\sigma_1-\mu(\sigma_2+\sigma_3)\leqslant[\sigma] \quad (5\text{-}68)$$

$$\sigma_{r3}=\sigma_1-\sigma_3\leqslant[\sigma] \quad (5\text{-}69)$$

$$\sigma_{r4}=\sqrt{\sigma_1^2+\sigma_2^2+\sigma_3^2-\sigma_1\sigma_2-\sigma_2\sigma_3-\sigma_3\sigma_1}\leqslant[\sigma] \quad (5\text{-}70)$$

式中：$\sigma_{ri}(i=1,2,3,4)$——相当应力；

σ_1、σ_2、σ_3——分别为复杂应力状态下的主应力；

$[\sigma]$——材料单向拉伸的许用应力。

在平面应力状态下（如 $\sigma_2=0$），第四强度理论可简化为

$$\sigma_{r4}=\sqrt{\sigma_1^2+\sigma_3^2-\sigma_1\sigma_3}\leqslant[\sigma] \quad (5\text{-}71)$$

若平面应力状态如图 5-37 所示，即 $\sigma_x=\sigma,\sigma_y=0,\tau_x=\tau_y=\tau$ 时

$$\sigma_{r3}=\sqrt{\sigma^2+4\tau^2}\leqslant[\sigma] \quad (5\text{-}72)$$

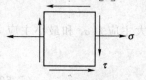

图 5-37　$\sigma_y=0$ 时的平面应力状态

$$\sigma_{r4} = \sqrt{\sigma^2 + 3\tau^2} \leqslant [\sigma] \tag{5-73}$$

梁中任一点的应力状态,以及弯扭组合或拉扭组合变形时危险点的应力状态都可以归结为上述情况。

此外,对于抗拉和抗压强度不等的材料,还有根据综合试验结果建立的莫尔强度理论,其强度条件为

$$\sigma_m = \sigma_1 - \frac{[\sigma_t]}{[\sigma_c]} \sigma_3 \leqslant [\sigma_t] \tag{5-74}$$

式中: σ_m——莫尔强度理论的相当应力;

$[\sigma_t]$、$[\sigma_c]$——分别为材料的单向拉伸和单向压缩时的许用拉应力和许用压应力。

【例 5-11】 已知某点的应力状态如图 5-38a)所示,求该点的主应力大小及方位。

解

$$\begin{aligned}\sigma_{\max}\\\sigma_{\min}\end{aligned} = \frac{\sigma_x + \sigma_y}{2} \pm \sqrt{\left(\frac{\sigma_x - \sigma_y}{2}\right)^2 + \tau_x^2}$$

$$= \frac{-120 + 0}{2} \pm \sqrt{\left(\frac{-120 - 0}{2}\right)^2 + 60^2}$$

$$= \begin{aligned}24.85\text{MPa}\\-144.85\text{MPa}\end{aligned}$$

$\sigma_1 = 24.85\text{MPa}, \sigma_2 = 0\text{MPa}, \sigma_3 = -144.85\text{MPa}$

$$\tan 2\alpha_1 = \frac{-2\tau_x}{\sigma_x - \sigma_y} = \frac{-2 \times 60}{-120 - 0} = 1$$

$$2\alpha_1 = 180° + 45° = 225°$$

$$\alpha_1 = 112.5°, \alpha_3 = 112.5° - 90° = 22.5°$$

主应力方位如图 5-38b)所示。

思考:主应力方向位能否用观察法确定。

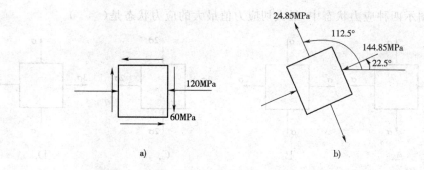

图 5-38
a)应力状态;b)主应力方位

【例 5-12】 按照第三强度理论,图 5-39 示两种应力状态的危险程度是:

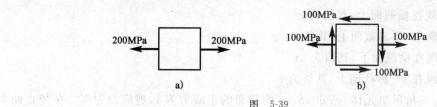

图 5-39

A. 无法判断　　　　B. 两者相同　　　　C. a)更危险　　　　D. b)更危险

解 图 5-39a)中 $\sigma_1=200\text{MPa}, \sigma_2=0, \sigma_3=0$

$\sigma_{r3}^a = \sigma_1 - \sigma_3 = 200\text{MPa}$

图 5-39b)中 $\sigma_1 = \dfrac{100}{2} + \sqrt{(\dfrac{100}{2})^2 + 100^2} = 161.8\text{MPa}, \sigma_2 = 0$

$\sigma_3 = \dfrac{100}{2} - \sqrt{(\dfrac{100}{2})^2 + 100^2} = -61.8\text{MPa}$

$\sigma_{r3}^b = \sigma_1 - \sigma_3 = 223.6\text{MPa}$

故图 b)更危险。

答案：D

【例 5-13】 在图 5-40 示 xy 坐标系下,单元体的最大主应力 σ_1 大致指向:

A. 第一象限,靠近 x 轴
B. 第一象限,靠近 y 轴
C. 第二象限,靠近 x 轴
D. 第二象限,靠近 y 轴

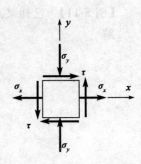

图 5-40

解 图 5-40 示单元体的最大主应力 σ_1 的方向,可以看作是 σ_x 的方向(沿 x 轴)和纯剪切单元体的最大拉应力的主方向(在第一象限沿 45°向上),叠加后的合应力的指向。

答案：A

习　题

5-55　在图示四种应力状态中,最大切应力值最大的应力状态是(　　)。

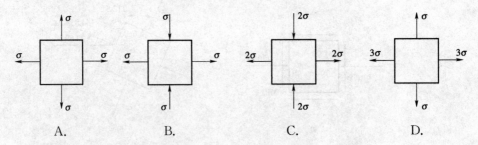

A.　　　　　　B.　　　　　　C.　　　　　　D.

5-56　受力体一点处的应力状态如图所示,该点的最大主应力 σ_1 为(　　)MPa。

A. 70　　　　B. 10　　　　C. 40　　　　D. 50

5-57　设受扭圆轴中的最大剪应力为 τ,则最大正应力(　　)。

A. 出现在横截面上,其值为 τ

B. 出现在 45°斜截面上,其值为 2τ

C. 出现在横截面上,其值为 2τ

D. 出现在 45°斜截面上,其值为 τ

5-58　图示为三角形单元体,已知 ab、ca 两斜布的正应力为 σ,剪应力为零。在竖直面 bc 上有(　　)。

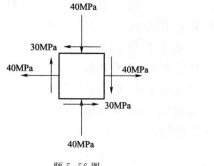
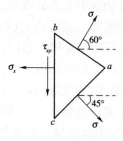

题 5-56 图　　　　　　　　题 5-58 图

A. $\sigma_x=\sigma, \tau_{xy}=0$

B. $\sigma_x=\sigma, \tau_{xy}=\sigma\sin60°-\sigma\sin45°$

C. $\sigma_x=\sigma\cos60°+\sigma\cos45°, \tau_{xy}=0$

D. $\sigma_x=\sigma\cos60°+\sigma\cos45°, \tau_{xy}=\sigma\sin60°-\sigma\sin45°$

5-59　四种应力状态分别如图所示，按照第三强度理论，其相当应力最大的是(　　)。

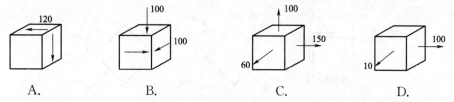

A.　　　　　　　B.　　　　　　　C.　　　　　　　D.

5-60　图示为等腰直角三角形单元体，已知两直角边表示的截面上只有剪应力，且等于 τ_0，则底边表示的截面上的正应力 σ 和剪应力 τ 分别为(　　)。

A. $\sigma=\tau_0, \tau=\tau_0$　　　　　　　B. $\sigma=\tau_0, \tau=0$

C. $\sigma=\sqrt{2}\tau_0, \tau=\tau_0$　　　　　　D. $\sigma=\sqrt{2}\tau_0, \tau=0$

5-61　单元体的应力状态如图所示，若已知其中一个主应力为 5MPa，则另一个主应力为(　　)MPa。

A. -85　　　　B. 85　　　　C. -75　　　　D. 75

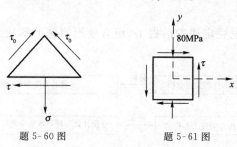

题 5-60 图　　　　　　　题 5-61 图

5-62　如图所示悬臂梁，给出了 1、2、3、4 点处的应力状态如图所示，其中应力状态错误的位置点是(　　)。

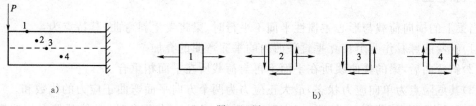

题 5-62 图

A. 1 点   B. 2 点   C. 3 点   D. 4 点

5-63 单元体的应力状态如图所示,其 σ_1 的方向(　　)。

 A. 在第一、三象限内,且与 x 轴成小于 45°的夹角

 B. 在第一、三象限内,且与 y 轴成小于 45°的夹角

 C. 在第二、四象限内,且与 x 轴成小于 45°的夹角

 D. 在第二、四象限内,且与 y 轴成小于 45°的夹角

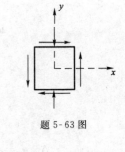

题 5-63 图

5-64 对于平面应力状态,以下说法正确的是(　　)。

 A. 主应力就是最大正应力

 B. 主平面上无剪应力

 C. 最大剪应力作用的平面上正应力必为零

 D. 主应力必不为零

5-65 三种平面应力状态如图所示(图中用 n 和 s 分别表示正应力和剪应力),它们之间的关系是(　　)。

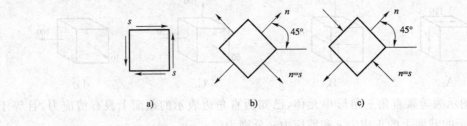

题 5-65 图

 A. 全部等价   B. a)与 b)等价

 C. a)与 c)等价   D. 都不等价

第八节　组 合 变 形

在小变形和材料服从虎克定律的前提下,组合变形问题的解法思路如图 5-41 所示。

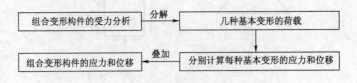

图 5-41　组合变形问题的解法思路

一、斜弯曲

当梁上的横向荷载与形心主惯性平面不平行时,梁将发生斜弯曲,其特点为:

(1)斜弯曲可看作两个相互垂直平面内的平面弯曲的叠加。

(2)斜弯曲后,梁的挠曲线所在平面不再与荷载所在平面相重合。

(3)其危险点为单向应力状态,最大正应力为两个方向平面弯曲正应力的代数和。

①对于有棱角的截面,如矩形、工字形、槽形等,危险点在凸角处,具体位置可用观察法确

定。其强度条件为

$$\sigma_{max} = \frac{M_{ymax}}{W_y} + \frac{M_{zmax}}{W_z} \leqslant [\sigma] \tag{5-75}$$

式中：M_{ymax}、M_{zmax}——分别为危险截面上两个表心主惯性平面内的弯矩；

W_y、W_z——分别为截面对 y 轴、z 轴的抗弯截面模量。

②对没有凸角的截面，则必须先确定中性轴的位置，斜弯曲梁的中性轴是一条过截面形心的斜线，其与 z 轴的夹角 α 可根据下式确定

$$\tan\alpha = \frac{I_z M_y}{I_y M_z} \tag{5-76}$$

式中：M_y、M_z——分别为梁危险截面上两个形心主惯性平面内的弯矩；

I_y、I_z——分别为危险截面对 y 轴、z 轴的惯性矩。

设截面上距中性轴最远的危险点 a 的坐标为 y_a、z_a，则其强度条件为

$$\sigma_{max} = \frac{M_{ymax}}{I_y} z_a + \frac{M_{zmax}}{I_z} y_a \leqslant [\sigma] \tag{5-77}$$

③对圆轴截面（或正多边形截面），因为任一形心轴均为形心主轴，所以最大弯矩的方向即为最大应力的方向，其强度条件为

$$\sigma_{max} = \frac{M_{max}}{W} = \frac{32\sqrt{M_y^2 + M_z^2}}{\pi d^3} \leqslant [\sigma] \tag{5-78}$$

二、拉（压）弯组合变形

当构件同时受到轴向力和横向力作用，或构件上仅作用有轴向力，但其作用线未与轴线重合，即偏心拉伸（压缩）时，都会产生拉（压）弯组合变形。其强度条件都可用式(5-79)表示

$$\begin{matrix}\sigma_{tmax}\\\sigma_{cmax}\end{matrix} = \frac{N}{A} \pm \frac{M_y}{W_y} \pm \frac{M_z}{W_z} \leqslant \begin{matrix}[\sigma_t]\\[\sigma_c]\end{matrix} \tag{5-79}$$

式中：N、M_y、M_z——分别为危险截面上的轴力、弯矩；

$[\sigma_t]$、$[\sigma_c]$——分别为材料的许用拉应力、许用压应力。

其危险点在危险截面的上、下边缘，为单向应力状态，最大拉应力和最大压应力为轴向拉压正应力和两个方向平面弯曲正应力的代数和。式(5-79)中各项的正负号可由观察法确定。

对于有棱角的截面，危险点在凸角处；对没有凸角的截面，则必须先确定中性轴的位置。偏心压缩构件危险截面上的中性轴是一条不通过截面形心的斜直线，它在 y 轴、z 轴上的截距分别为

$$a_y = -\frac{i_z^2}{y_P} \quad a_z = -\frac{i_y^2}{z_P} \tag{5-80}$$

式中：i_z、i_y——分别为截面对 z 轴、y 轴的惯性半径；

z_P、y_P——分别为轴向力 P 的作用点距 y 轴、z 轴的偏心距。

【例 5-14】 如图 5-42a)所示正方形截面杆中间开有 $\frac{a}{2}$ 宽的槽，求杆中的 σ_{max}^+ 和 σ_{max}^-，并在危险截面上标明其所在位置。

解 显然，在开槽部位的横截面为危险截面，其剖面图如图 5-42b)所示，角点 A、B、C、D 的应力情况用观察法，见表 5-6，其中 A 点为 σ_{max}^+，C 点为最大压应力 σ_{max}^-，其值分别为

$$\begin{matrix}\sigma_{max}^+\\ \sigma_{max}^-\end{matrix} = \frac{P}{A} \pm \frac{M_z}{W_z} \pm \frac{M_y}{W_y} = \frac{P}{\frac{a^2}{2}} + \frac{P\frac{a}{2}}{\frac{1}{6}\left(\frac{a}{2}\right)a^2} \pm \frac{P\frac{3}{4}a}{\frac{a}{6}\left(\frac{a}{2}\right)^2}$$

$$= 2\frac{P}{a^2} \pm 6\frac{P}{a^2} \pm 18\frac{P}{a^2} = \begin{matrix} 26\frac{P}{a^2} \\ -22\frac{P}{a^2}\end{matrix}$$

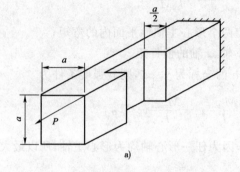
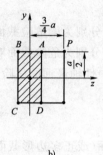

图 5-42
a)开槽的正方形截面杆；b)危险截面的剖面图

图 5-42 中各点的应用情况　　　　　　　　　　　　　　　　　　　　　　　表 5-6

点	P	M_y	M_z	应力	点	P	M_y	M_z	应力
A	+	+	+	σ_{max}^+	C	+	−	−	σ_{max}^-
B	+	−	+		D	+	+	−	

【**例 5-15**】 正方形截面杆 AB，力 F 作用在 xOy 平面内，与 x 轴夹角 α，杆距离 B 端为 a 的横截面上最大正应力在 $\alpha=45°$ 时的值是 $\alpha=0$ 时值的：

A. $\dfrac{7\sqrt{2}}{2}$ 倍

B. $3\sqrt{2}$ 倍

C. $\dfrac{5\sqrt{2}}{2}$ 倍

D. $\sqrt{2}$ 倍

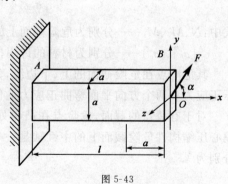

图 5-43

解 当 $\alpha=0°$ 时，杆是轴向受位：

$$\sigma_{max}^{0°} = \frac{F_N}{A} = \frac{F}{a^2}$$

当 $\alpha=45°$ 时，杆是轴向受拉与弯曲组合变形：

$$\sigma_{max}^{45°} = \frac{F_N}{A} + \frac{M_g}{W_g} = \frac{\frac{\sqrt{2}}{2}F}{a^2} + \frac{\frac{\sqrt{2}}{2}F \cdot a}{\frac{a^3}{6}} = \frac{7\sqrt{2}}{2}\frac{F}{a^2}$$

可得 $\dfrac{\sigma_{\max}^{45°}}{\sigma_{\max}^{0°}} = \dfrac{\dfrac{7\sqrt{2}}{2}\dfrac{F}{a^2}}{\dfrac{F}{a^2}} = \dfrac{7\sqrt{2}}{2}$。

答案：A

三、弯扭组合变形

弯扭组合变形（或拉压、弯、扭组合变形）时的危险截面是最大弯矩 $M_{\max}$（或最大轴力 $N_{\max}$）与最大扭矩同时作用的截面，危险点是 $\sigma_{\max}$（弯曲正应力或拉压应力）和 $\tau_{\max}$（扭转剪应力）同时作用的点。该点属复杂应力状态，因此其第三和第四强度理论的强度条件仍可由式(5-72)、式(5-73)来表示

$$\sigma_{r3} = \sqrt{\sigma^2 + 4\tau^2}$$
$$\sigma_{r4} = \sqrt{\sigma^2 + 3\tau^2}$$

式中：σ、τ——分别在危险点处的最大弯曲（或拉压）正应力、最大扭转剪应力。

对于圆截面杆，在弯扭组合变形时，可以用下式计算

$$\sigma_{r3} = \dfrac{\sqrt{M^2 + T^2}}{W} \leqslant [\sigma] \tag{5-81}$$

其中 $$W = \dfrac{\pi d^3}{32};\quad \sigma_{r4} = \dfrac{\sqrt{M^2 + 0.75T^2}}{W} \leqslant [\sigma] \tag{5-82}$$

式中：M——危险截面上的弯矩或合成弯矩，$M = \sqrt{M_y^2 + M_z^2}$；

　　　T——危险截面上的扭矩；

　　　W——抗弯截面系数。

习　题

5-66 矩形截面杆 AB，A 端固定，B 端自由，B 端右下角处承受力与轴线平行的集中力 F（见图），杆的最大正应力是（　　）。

A. $\sigma = \dfrac{3F}{bh}$　　B. $\sigma = \dfrac{4F}{bh}$　　C. $\sigma = \dfrac{7F}{bh}$　　D. $\sigma = \dfrac{13F}{bh}$

5-67 图示圆轴固定端最上缘 A 点的单元体的应力状态是（　　）。

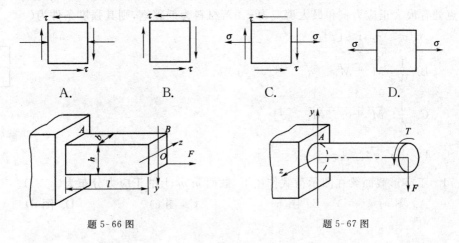

题 5-66 图　　　　　题 5-67 图

5-68 图示为 T 形截面杆,一端固定、一端自由,自由端的集中力 F 作用在截面的左下角点,并与杆件的轴线平行。该杆发生的变形为(　　)。

A. 绕 y 和 z 轴的双向弯曲
B. 轴向拉伸和绕 y、z 轴的双向弯曲
C. 轴向拉伸和绕 z 轴弯曲
D. 轴向拉伸和绕 y 轴弯曲

5-69 图示圆轴,在自由端圆周边界承受竖直向下的集中力 F,按第三强度理论,危险截面的相当力 σ_{r3} 为(　　)。

A. $\sigma_{r3}=\dfrac{16}{\pi d^3}\sqrt{(FL)^2+4\left(\dfrac{Fd}{2}\right)^2}$

B. $\sigma_{r3}=\dfrac{16}{\pi d^3}\sqrt{(FL)^2+\left(\dfrac{Fd}{2}\right)^2}$

C. $\sigma_{r3}=\dfrac{32}{\pi d^3}\sqrt{(FL)^2+4\left(\dfrac{Fd}{2}\right)^2}$

D. $\sigma_{r3}=\dfrac{32}{\pi d^3}\sqrt{(FL)^2+\left(\dfrac{Fd}{2}\right)^2}$

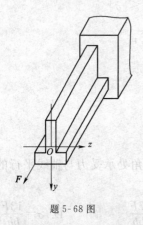

题 5-68 图 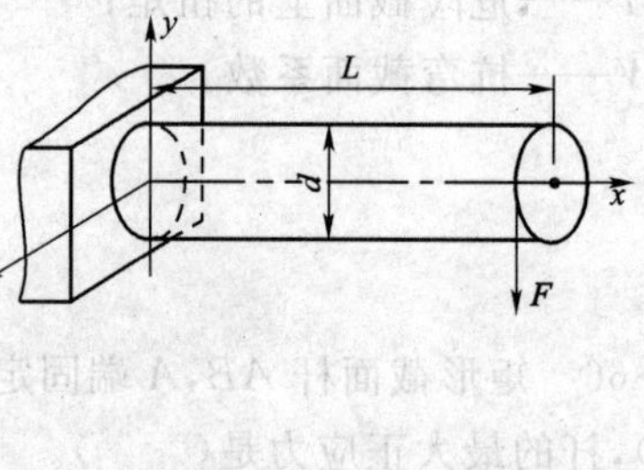　　　　题 5-69 图

5-70 图示为正方形截面等直杆,抗弯截面模量为 W,在危险截面上,弯矩为 M,扭矩为 M_n,A 点处有最大正应力 σ 和最大剪应力 τ。若材料为低碳钢,则其强度条件为(　　)。

A. $\sigma\leqslant[\sigma],\tau\leqslant[\tau]$
B. $\dfrac{1}{W}\sqrt{M^2+M_n^2}\leqslant[\sigma]$
C. $\dfrac{1}{W}\sqrt{M^2+0.75M_n^2}\leqslant[\sigma]$
D. $\sqrt{\sigma^2+4\tau^2}\leqslant[\sigma]$

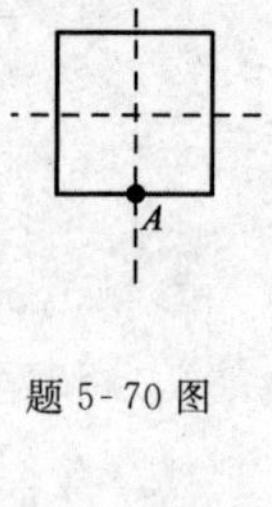

题 5-70 图

5-71 工字形截面梁在图示荷载作用下,截面 m-m 上的正应力分布为(　　)。

A. 图 a)　　B. 图 b)　　C. 图 c)　　D. 图 d)

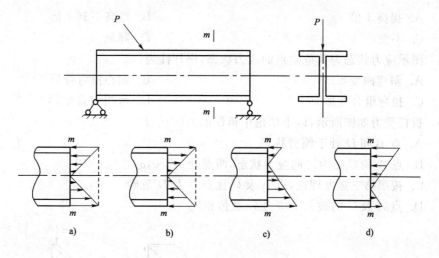

题 5-71 图

5-72 矩形截面杆的截面宽度沿杆长不变,杆的中段高度为 $2a$,左、右段高度为 $3a$,在图示三角形分布荷载作用下,杆的截面 m-m 和截面 n-n 分别发生(　　)。

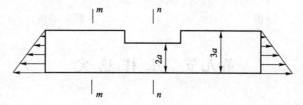

题 5-72 图

A. 单向拉伸、拉弯组合变形　　B. 单向拉伸、单向拉伸变形
C. 拉弯组合、单向拉伸变形　　D. 拉弯组合、拉弯组合变形

5-73 一正方形截面短粗立柱(图 a),若将其底面加宽 1 倍(图 b),原厚度不变,则该立柱的强度(　　)。

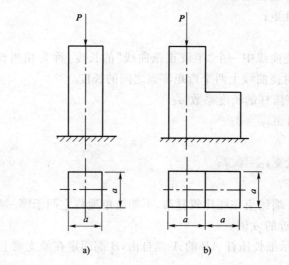

题 5-73 图

A. 提高 1 倍   B. 提高不到 1 倍
C. 不变   D. 降低

5-74 图示应力状态为其危险点的应力状态,则杆件为( )。
A. 斜弯曲变形   B. 偏心拉弯变形
C. 拉弯组合变形   D. 弯扭组合变形

5-75 折杆受力如图所示,以下结论中错误的为( )。
A. 点 B 和 D 处于纯剪状态
B. 点 A 和 C 处为二向应力状态,两点处 $\sigma_1>0$,$\sigma_2=0$,$\sigma_3<0$
C. 按照第三强度理论,点 A 及 C 比点 B 及 D 危险
D. 点 A 及 C 的最大主应力 σ_1 数值相同

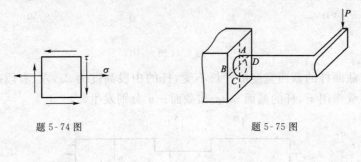

题 5-74 图   题 5-75 图

第九节 压杆稳定

一、细长压杆的临界力——欧拉公式

欧拉公式如下

$$P_{cr}=\frac{\pi^2 EI}{(\mu l)^2} \tag{5-83}$$

式中:E——压杆材料的弹性模量;
I——截面的主惯性矩;
μ——长度系数;
μl——压杆失稳时挠曲线中一个"半波正弦曲线"的长度,称为相当长度,此相当长度等于压杆失稳时挠曲线上两个弯矩零点之间的长度。

常用的四种杆端约束压杆的长度系数 μ:
(1)一端固定、一端自由,$\mu=2$;
(2)两端铰支,$\mu=1$;
(3)一端固定、一端铰支,$\mu=0.7$;
(4)两端固定,$\mu=0.5$。

工程实际中压杆的杆端约束往往比较复杂,不能简单地将它归于哪一类,要对其作具体分析,从而定出与实际较接近的 μ 值。

【例 5-16】 图 5-44 示细长压杆 AB 的 A 端自由,B 端固定在简支梁上。该压杆的长度系数 μ 是:

A. $\mu>2$ B. $2>\mu>1$

C.$1>\mu>0.7$ D.$0.7>\mu>0.5$

解 杆端约束越弱,μ越大,在两端固定($\mu=0.5$),一端固定、一端铰支($\mu=0.7$),两端铰支($\mu=1$)和一端固定、一端自由($\mu=2$)这四种杆端约束中,一端固定、一端自由的约束最弱,μ最大。而图5-44示细长压杆AB一端自由、一端固定在简支梁上,其杆端约束比一端固定、一端自由($\mu=2$)时更弱,故μ比2更大。

答案:A

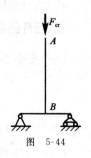

图 5-44

二、临界应力、柔度、欧拉公式的适用范围

(一)临界应力、柔度

$$\sigma_{cr}=\frac{P_{cr}}{A}=\frac{\pi EI}{(\mu l)^2 A}=\frac{\pi^2 E i^2}{(\mu l)^2}=\frac{\pi^2 E}{\left(\frac{\mu l}{i}\right)^2}=\frac{\pi^2 E}{\lambda^2} \tag{5-84}$$

其中

$$i=\sqrt{\frac{I}{A}},\lambda=\frac{\mu l}{i}$$

式中:i——惯性半径,它是反映截面形状和尺寸的一个几何量;

λ——压杆的柔度,又称为长细比,它是一个无量纲量,综合地反映了杆长、杆端约束以及截面形状和尺寸对临界应力的影响。

可见,柔度λ是一个极其重要的量。

(二)临界应力总图、欧拉公式的适用范围

根据压杆的柔度值可将所有压杆分为三类:$\lambda \geqslant \lambda_p$的压杆为细长杆或大柔度杆,其临界应力可按欧拉公式计算;$\lambda_s<\lambda<\lambda_p$的压杆为中长杆或中柔度杆,其临界应力可按经验公式$\sigma_{cr}=a-b\lambda$计算;$\lambda \leqslant \lambda_s$的压杆则为短杆或小柔度杆,应按强度问题处理,用$\sigma_{cr}=\sigma_s$来计算其临界应力。图5-45表示出这三种压杆的临界应力σ_{cr}随柔度λ的变化关系,称为临界应力总图,由图5-45中可以看到欧拉公式的使用条件是$\sigma_{cr}=\frac{\pi^2 E}{\lambda^2} \leqslant \sigma_p$,亦即

$$\lambda \geqslant \sqrt{\frac{\pi^2 E}{\sigma_p}}=\lambda_p \tag{5-85}$$

中长杆与短杆的柔度分界值为(a、b是由试验得到的材料常数)

$$\lambda_s=\frac{a-\sigma_s}{b} \tag{5-86}$$

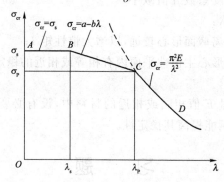

图 5-45 压杆临界应力总图

三、压杆的稳定计算

（一）安全系数法

$$P \leqslant \frac{P_{cr}}{[n_{st}]} \quad \text{或} \quad n_{st} = \frac{P_{cr}}{P} \geqslant [n_{st}] \tag{5-87}$$

式中：P——压杆所受的实际轴向压力；
　　　P_{cr}——压杆的临界力；
　　　n_{st}——压杆的工作稳定安全系数；
　　　$[n_{st}]$——规定的稳定安全系数。

（二）折减系数法（土建结构规范中常用）

$$\sigma = \frac{P}{A} \leqslant [\sigma_{st}] = \varphi[\sigma] \quad \text{或} \quad \frac{P}{\varphi A} \leqslant [\sigma] \tag{5-88}$$

式中：$[\sigma]$——强度许用应力；
　　　A——压杆横截面面积；
　　　$[\sigma_{st}]$——稳定许用应力；
　　　φ——$[\sigma_{st}]$ 与 $[\sigma]$ 的比值，称为折减系数，是一个小于 1 的系数，其值可根据有关材料的 $\varphi-\lambda$ 关系曲线或折减系数表查得，或由经验公式算得。

对折减系数表中没有的非整数 λ 所对应值的 φ 值，可用线性插值公式计算

$$\varphi = \varphi_1 - \frac{\lambda - \lambda_1}{\lambda_2 - \lambda_1}(\varphi_1 - \varphi_2) \tag{5-89}$$

式中：λ_1、λ_2——整数的柔度；
　　　φ_1、φ_2——分别为 λ_1、λ_2 所对应的折减系数。

利用式(5-87)、式(5-88)两个稳定条件，除了可用来对压杆的稳定性进行校核，确定压杆的允许荷载外，还可用试算法确定压杆的截面尺寸。

若压杆横截面上两个形心主惯性轴方向 μ 和 i 各不相同，则应用公式 $\lambda = \frac{\mu l}{i}$ 分别计算 λ_y 和 λ_z，求出最大柔度 λ_{max} 作为计算的依据。

四、提高压杆稳定性的措施

(1)减小压杆长度 l，或在压杆的中间增加支承。
(2)改善杆端约束，使长度系数 μ 值减小。
(3)选择合理的截面形状：
①尽可能将材料分布的离截面形心较远，以增大惯性矩 I；
②尽可能使压杆在两个形心主惯性平面内有相等或相近的稳定性，即 $\lambda_z \approx \lambda_y$。
(4)合理选用材料。

对大柔度杆，在弹性模量 E 值相同或相近的材料中，没有必要选用高强度钢。对中柔度杆和小柔度杆，选用高强度钢能提高其稳定性。

习　题

5-76　图示三根压杆均为细长（大柔度），且弯曲刚度均为 EI。三根压杆的临界载荷 F_{cr}

的关系为(　　)。

A. $F_{cra} > F_{crb} > F_{crc}$　　B. $F_{crb} > F_{cra} > F_{crc}$

C. $F_{crc} > F_{cra} > F_{crb}$　　D. $F_{crb} > F_{crc} > F_{cra}$

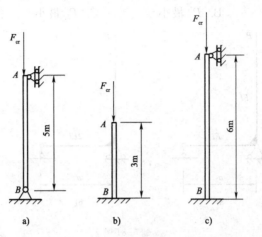

题 5-76 图

5-77　两根安全相同的细长(大柔度)压杆 AB 和 CD 如图所示，杆的下端为固定铰链约束，上端与刚性水平杆固结。两杆的弯曲刚度均为 EI，其临界载荷 F_a 为(　　)。

A. $2.04 \times \dfrac{\pi^2 EI}{L^2}$　　B. $4.08 \times \dfrac{\pi^2 EI}{L^2}$　　C. $8 \times \dfrac{\pi^2 EI}{L^2}$　　D. $2 \times \dfrac{\pi^2 EI}{L^2}$

5-78　圆截面细长压杆的材料和杆端约束保持不变，若将其直径缩小一半，则压杆的临界压力的原压杆的(　　)。

A. 1/2　　B. 1/4　　C. 1/8　　D. 1/16

5-79　压杆下端固定，上端与水平弹簧相连，如图所示，该杆长度系数 μ 值为(　　)。

A. $\mu < 0.5$　　B. $0.5 < \mu < 0.7$　　C. $0.7 < \mu < 2$　　D. $\mu > 2$

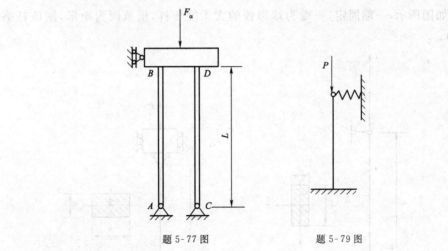

题 5-77 图　　题 5-79 图

5-80　压杆失稳是指压杆在轴向压力作用下(　　)。

A. 局部横截面的面积迅速变化

B. 危险截面发生屈服或断裂

C. 不能维持平衡状态而突然发生运动

D. 不能维持直线平衡状态而突然变弯

5-81 假设图示三个受压结构失稳时临界压力分别为 P_{cr}^a、P_{cr}^b、P_{cr}^c，比较三者的大小，则（　）。

A. P_{cr}^a 最小　　B. P_{cr}^b 最小　　C. P_{cr}^c 最小　　D. $P_{cr}^a = P_{cr}^b = P_{cr}^c$

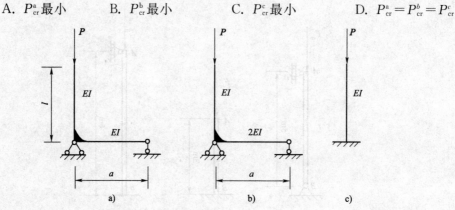

题 5-81 图

5-82 图示两端铰支压杆的截面为矩形，当其失稳时，（　）。

A. 临界压力 $P_{cr} = \pi^2 E I_y / l^2$，挠曲线位于 xy 面内
B. 临界压力 $P_{cr} = \pi^2 E I_y / l^2$，挠曲线位于 xz 面内
C. 临界压力 $P_{cr} = \pi^2 E I_z / l^2$，挠曲线位于 xy 面内
D. 临界压力 $P_{cr} = \pi^2 E I_z / l^2$，挠曲线位于 xz 面内

5-83 在材料相同的条件下，随着柔度的增大（　）。

A. 细长杆的临界应力是减小的，中长杆不是
B. 中长杆的临界应力是减小的，细长杆不是
C. 细长杆和中长杆的临界应力均是减小的
D. 细长杆和中长杆的临界应力均不是减小的

5-84 如图所示，一端固定，一端为球形铰的大柔度压杆，横截面为矩形，则该杆临界力 P_{cr} 为（　）。

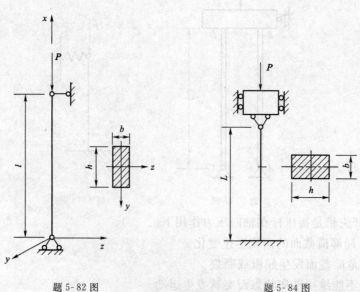

题 5-82 图　　　　　　题 5-84 图

A. $1.68\dfrac{Ebh^3}{L^2}$ B. $3.29\dfrac{Ebh^3}{L^2}$ C. $1.68\dfrac{Eb^3h}{L^2}$ D. $0.82\dfrac{Eb^3h}{L^2}$

习题提示及参考答案

5-1 **提示**：低碳钢拉伸试验时的应力-应变曲线如图 5-1 所示。当材料拉伸到强化阶段（ce 段）后，卸除荷载时，应力和应变按直线规律变化，如图 5-1 中直线 dd'。当再次加载时，沿 $d'd$ 直线上升，材料的比例极限提高到 d 而塑性减少，此现象称为冷作硬化。
答案：C

5-2 **提示**：用直接法求轴力，可得左段轴力为 -3kN，而右段轴力为 5kN。
答案：B

5-3 **提示**：由于 A 是斜截面 $m-m$ 的面积，轴向拉力 P 沿斜截面是均匀分布的，所以 $\sigma=\dfrac{P}{A}$ 应为斜截面上沿轴线方向的总应力，而不是垂直于斜截面的正应力。
答案：C

5-4 **提示**：$\Delta l_1=\dfrac{F_N l}{EA_1}$，$\Delta l_2=\dfrac{F_N l}{EA_2}$，因为 $A_1>A_2$，所以 $\Delta l_1<\Delta l_2$。又 $\varepsilon_1=\dfrac{\Delta l_1}{l}$，$\varepsilon_2=\dfrac{\Delta l_2}{l}$，故 $\varepsilon_1<\varepsilon_2$。
答案：C

5-5 **提示**：用直接法求轴力，可得 $N_{AB}=-30$kN，$N_{BC}=30$kN，$N_{CD}=-15$kN，$N_{DE}=15$kN。
答案：C

5-6 **提示**：$N_1=N_2=\dfrac{P}{2}$，若使刚梁平行下移，则应使两杆位移相同，即 $\Delta l_2=\dfrac{\frac{P}{2}l_1}{EA_1}=\dfrac{\frac{P}{2}l_2}{EA_2}$，则 $\dfrac{A_1}{A_2}=\dfrac{l_1}{l_2}>1$。
答案：C

5-7 **提示**：用直接法求轴力，可得 $N_{AB}=-6$kN，$N_{BC}=4$kN。
答案：C

5-8 **提示**：用直接法求内力，可得 AB 段轴力为 F，既有变形，又有位移；BC 段没有轴力，所以没有变形，但是由于 AB 段的位移使 BC 段有一个向右的位移。
答案：A

5-9 **提示**：由轴力图（N 图）可见，轴力沿轴线是线性渐变的，所以杆上必有沿轴线分布的均布荷载，同时在 C 截面两侧轴力的突变值是 45kN，故在 C 截面上一定对应有集中力 45kN。
答案：D

5-10 **提示**：受轴向拉力作用杆件的内力 $F_N=\sum F_x$（截面一侧轴向外力代数和），应力 $\sigma=\dfrac{F_N}{A}$，轴向变形 $\Delta l=\dfrac{F_N l}{EA}$，若横截面面积 A 和其他条件不变，则内力、应力、轴向变形均不变。

答案：C

5-11 **提示**：由零杆判别法可知 BC 杆为零杆，$N_{BC}=0$。但是 AC 杆受拉伸长后与 BC 杆仍然相连，由杆的小变形的威利沃特法（williot）可知变形后 C 点移到 C' 点，如图所示。

答案：B

5-12 **提示**：把 F 平移到铆钉群中心 O 点，并加一个附加力偶 m，如图所示。

$$\sum M_O = 0: Q_1 \cdot \frac{1}{2} = F \cdot \frac{5}{4}l = m, Q_1 = \frac{5}{2}F$$

$$\sum M_y = 0: Q_2 = \frac{F}{2}$$

式中，Q_1 为力偶 m 产生的剪力，Q_2 为平移后的 F 力产生的剪力。显然铆钉 B 比铆钉 A 受的剪力大，$F_{smax} = Q_1 + Q_2 = 3F$，$\tau_{max} = \frac{F_{smax}}{A_S} = \frac{3F}{\frac{\pi}{4}d^2} = \frac{12F}{\pi d^2}$。

答案：C

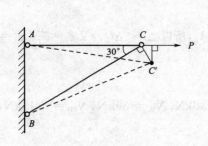
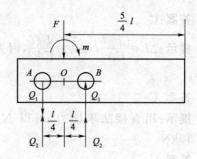

题 5-11 解图　　　　　　题 5-12 解图

5-13 **提示**：由螺杆的拉伸强度条件，得

$$\sigma = \frac{F_N}{A} = \frac{F}{\frac{\pi}{4}d^2} = \frac{4F}{\pi d^2} = [\sigma]$$

由螺母的剪切强度条件，得

$$\tau = \frac{F_s}{A_s} = \frac{F}{\pi d h} = [\tau]$$

把以上两式代入 $[\sigma] = 2\tau$，得 $\frac{4F}{\pi d^2} = 2\frac{F}{\pi d h}$，即 $d = 2h$。

答案：A

5-14 **提示**：当挤压的接触面为平面时，接触面面积 cb 就是挤压面积。

答案：B

5-15 **提示**：加垫圈后，螺栓的剪切面、挤压面、拉伸面积都无改变，只有平板的挤压面积增加了，平板的挤压强度提高了。

答案：D

5-16 **提示**：挤压应力等于挤压力除以挤压面积。钢板和铝铆钉的挤压力互为作用力和反作用力，大小相等、方向相反；而挤压面积就是相互接触面的正投影面积，也相同。

答案:B

5-17 提示:插销中心部分有向下的趋势,插销帽周边部分受平板支撑有向上的趋势,故插销的剪切面积是一个圆柱面积 πdh,而插销帽与平板的接触面积就是挤压面积,为一个圆环面积 $\frac{\pi}{4}(D^2-d^2)$。

答案:B

5-18 提示:在钢板上冲断的圆孔板,如图所示。设冲力为 F,剪力为 Q,钢板的剪切强度极限为 τ_b,圆孔直径为 d。则有 $\tau=\frac{Q}{\pi dt}=\tau_b$,故冲力 $F=Q=\tau dt\tau_b$。

答案:C

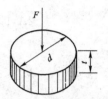

题 5-18 解图

5-19 提示:为使 $\tau_1=\frac{1}{2}\tau$,应使 $\frac{T}{\frac{\pi}{16}d_1^3}=\frac{1}{2}\frac{T}{\frac{\pi}{16}d^3}$,即 $d_1^3=2d^3$,$d_1=\sqrt[3]{2}d$。

答案:D

5-20 提示:由 $\theta=\frac{T}{GI_p}$,得 $\frac{T}{I_p}=\theta G$,故 $\tau_{max}=\frac{T}{I_p}\frac{d}{2}=\frac{\theta Gd}{2}$。

答案:D

5-21 提示:根据剪应力计算公式 $\tau=\frac{T}{W_p}$,可得 $T=\tau W_p$,又由剪切胡克定律 $\tau=G\gamma$,有 $T=G\gamma W_p$。

答案:A

5-22 提示:设圆轴的直径变为 d_1,则有 $\phi_1=\frac{\phi}{2}$,即 $\frac{Tl}{GI_{p1}}=\frac{1}{2}\frac{Tl}{GI_p}$,所以 $I_{p1}=2I_p$,则 $\frac{\pi}{64}d_1^4=2\cdot\frac{\pi}{64}d^4$,得到 $d_1=\sqrt[4]{2}d$。

答案:A

5-23 提示:首先考虑整体平衡,设左端反力偶 m 由外向里转,则有 $\sum M_x=0$:$m-1-4.5-2+5=0$,所以 $m=2.5$ kN·m。再由截面法平衡求出:$T_1=m=2.5$ kN·m,$T_2=2-5=-3$ kN·m。

答案:D

5-24 提示:首先考虑整体平衡,设左端反力偶 m 在外表面由外向里转,则有 $\sum M_x=0$:$m-1-6-2+5=0$,所以 $m=4$ kN·m。

再由直接法求出各段扭矩,从左至右各段扭矩分别为 4 kN·m、3 kN·m、-3 kN·m、-5 kN·m,在各集中力偶两侧截面上扭矩的变化量就等于集中力偶矩的大小。显然符合这些规律的扭矩图只有 D 图。

答案:D

5-25 提示:设直径为 D 的实心圆轴最大剪应力 $\tau=\frac{T}{\frac{\pi}{16}D^3}$,则直径为 $\frac{D}{2}$ 的实心圆轴最大剪应力 $\tau_1=\frac{T}{\frac{\pi}{16}\left(\frac{D}{2}\right)^3}=8\frac{T}{\frac{\pi}{16}D^3}=8\tau$。

答案：C

5-26 **提示**：用截面法(或直接法)可求出截面 1-1 处的扭矩为 $25\text{kN}\cdot\text{m}$，截面 2-2 处的扭矩为 $-5\text{kN}\cdot\text{m}$。

答案：B

5-27 **提示**：设实心圆原来横截面面积为 $A=\dfrac{\pi}{4}d^2$，增大后面积 $A_1=\dfrac{\pi}{4}d_1^2$，则有：$A_1=2A$，即 $\dfrac{\pi}{4}d_1^2=2\dfrac{\pi}{4}d^2$，所以 $d_1=\sqrt{2}d$。原面积不发生屈服时，$\tau_{\max}=\dfrac{M_0}{W_p}=\dfrac{M_0}{\dfrac{\pi}{16}d^3}\leqslant\tau_s$，

$M_0\leqslant\dfrac{\pi}{16}d^3\tau_s$，将面积增大后，$\tau_{\max 1}=\dfrac{M_1}{W_{p1}}=\dfrac{M_1}{\dfrac{\pi}{16}d_1^3}\leqslant\tau_s$，最大许可荷载 $M_1\leqslant\dfrac{\pi}{16}d_1^3\tau_s=$

$2\sqrt{2}\dfrac{\pi}{16}d^3\tau_s=2\sqrt{2}M_0$。

答案：C

5-28 **提示**：实心圆轴截面的抗扭截面模量 $W_{p1}=\dfrac{\pi}{16}D^3$，空心圆轴截面的抗扭截面模量 $W_{p2}=\dfrac{\pi}{16}D^3\left(1-\dfrac{d^4}{D^4}\right)$，当外径 D 相同时，显然 $W_{p1}>W_{p2}$。

答案：B

5-29 **提示**：$\tau_{2\max}=\dfrac{T}{\dfrac{\pi}{16}(2d)^3}=\dfrac{1}{8}\dfrac{T}{\dfrac{\pi}{16}d^3}=\dfrac{1}{8}\tau_{1\max}$

$\phi_2=\dfrac{Tl}{G\dfrac{\pi}{32}(2d)^4}=\dfrac{1}{16}\dfrac{Tl}{G\dfrac{\pi}{32}d^4}=\dfrac{1}{16}\phi_1$

答案：C

5-30 **提示**：图示矩形截面形心轴为 z 轴，z_1 轴到 z 轴距离是 h，由移轴定理可得
$$I_{z1}=I_z+a^2A=\dfrac{bh^3}{12}+h^2\cdot bh=\dfrac{13}{12}bh^3$$

答案：D

5-31 **提示**：正方形的形心轴距 z 轴的距离是 $\dfrac{a}{2}$，如图所示。用移轴定理得 $I_z^{方}=I_{zc}+\left(\dfrac{a}{2}\right)^2A=\dfrac{a^4}{12}+\dfrac{a^2}{4}\cdot a^2=\dfrac{a^4}{3}$，整个组合截面的惯性矩为

$$I_z=I_z^{矩}-I_z^{方}=\dfrac{bh^3}{12}-\dfrac{a^4}{3}$$

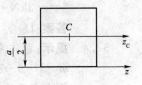

题 5-31 解图

答案：C

5-32 **提示**：由定义 $I_z=\int_A y^2\,\mathrm{d}A$ 和 $I_y=\int_A z^2\,\mathrm{d}A$，可知 a)、b) 两图图形面积相同，但图 a) 中的面积距离 z 轴较远，因此 $I_z^a>I_z^b$；而两图面积距离 y 轴远近相同，故 $I_y^a=I_y^b$。

答案：B

5-33　提示：由定义 $I_p = \int_A \rho^2 dA$, $I_z = \int_A y^2 dA$, $I_y = \int_A z^2 dA$, 以及勾股定理 $\rho^2 = y^2 + z^2$, 两边积分就可得 $I_p = I_z + I_y$。

答案：B

5-34　提示：根据静矩定义 $S_z = \int_A y dA$, 图示矩形截面的静矩等于 $m-m$ 线以上部分和以下部分静矩之和，即 $S_z = S_z^{上} + S_z^{下}$, 又由于 z 轴是形心轴，$S_z = 0$, 故 $S_z^{上} + S_z^{下} = 0$, $S_z^{上} = -S_z^{下}$。

答案：B

5-35　提示：$i = i_y = i_z = \sqrt{\dfrac{I_z}{A}} = \sqrt{\dfrac{\frac{\pi}{64}d^4}{\frac{\pi}{4}d^2}} = \dfrac{d}{4}$。

答案：B

5-36　提示：根据惯性矩的定义 $I_z = \int_A y^2 dA$, $I_y = \int_A z^2 dA$, 可知惯性矩的大小与面积到轴的距离有关。面积分布离轴越远，其惯性矩越大；面积分布离轴越近，其惯性矩越小。可见 I_y^a 最大，I_z^a 最小。

答案：C

5-37　提示：图形对主惯性轴的惯性积为零，对主惯性轴的惯性矩是对通过某点的所有轴的惯性矩中的极值，也就是最大或最小的惯性矩。

答案：C

5-38　提示：由移轴定理 $I_z = I_{zc} + a^2 A$ 可知，在所有与形心轴平行的轴中，距离形心轴越远，其惯性矩越大。图示截面为一个正方形与一半圆形的组合截面，其形心轴应在正方形形心和半圆形形心之间。所以 z_1 轴距离截面形心轴较远，其惯性矩较大。

答案：B

5-39　提示：对 B 点取力矩：$\sum M_B = 0$, $F_A = 0$。应用直接法求剪力和弯矩，得 $F_{SA} = 0$, $M_C = 0$。

答案：A

5-40　提示：原来 $f = \dfrac{Ml^2}{2EI}$

梁长减半后 $f_1 = \dfrac{M\left(\dfrac{l}{2}\right)^2}{2EI} = \dfrac{1}{4}f$

答案：B

5-41　提示：开裂前 $f = \dfrac{Fl^3}{3EI}$, 其中 $I = \dfrac{b(2a)^3}{12} = 8\dfrac{ba^3}{12} = 8I_1$

开裂后 $f_1 = \dfrac{\frac{F}{2}l^3}{3EI_1} = \dfrac{\frac{1}{2}Fl^3}{3E \cdot \dfrac{I}{8}} = 4\dfrac{Fl^3}{3EI} = 4f$

答案：C

5-42　提示：设 F_A 向上，取整体平衡：$\sum M_C = 0$, $m - F_A L = 0$, 所以 $F_A = \dfrac{m}{l}$。用直接法求

A 截面剪力 $F_{SA}=F_A=\dfrac{m}{l}$。

答案：C

5-43 **提示**：因为钢和铝的弹性模量不同,而只有挠度涉及弹性模量,所以选挠曲线。

答案：D

5-44 **提示**：由挠曲线方程 $v=\dfrac{Mx^2}{2EI}$ 可以得到正确答案。

答案：B

5-45 **提示**：由中间铰链 C 处断开,分别画出 AC 和 BC 的受力图(见图)。

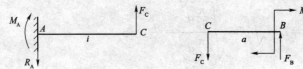

题 5-45 解图

先取 BC 杆, $\sum M_B=0$: $F_C a=M_O$, $F_C=\dfrac{M_O}{a}$

再取 AC 杆, $\sum M_y=0$: $R_A=F_C=\dfrac{M_O}{a}$

$$\sum M_A=0: M_A=F_C l=\dfrac{M_O}{a}l$$

可见只有选项 B 是正确的。

答案：B

5-46 **提示**：从题图 a)可知, $M_{\max}=\dfrac{P_1 l}{4}$, $\sigma_{\max}=\dfrac{M_{\max}}{W_z}=\dfrac{\dfrac{P_1 l}{4}}{\dfrac{\pi}{32}d^3}=\dfrac{8P_1 l}{\pi d^3}\leqslant [\sigma]$,所以 $P_1\leqslant \dfrac{\pi d^3 [\sigma]}{8l}$。

从题图 b)可知, $M_{\max}=\dfrac{P_2 l}{4}$,同理, $P_2\leqslant \dfrac{\pi(2d)^3[\sigma]}{8l}$,可见 $\dfrac{P_2}{P_1}=\dfrac{(2d)^3}{d^3}=8$。

答案：C

5-47 **提示**：用直接法,取截面 C 右侧计算比较简单: $F_{SC}=qa$, $M_C=qa^2-qa\cdot a=0$。

答案：B

5-48 **提示**：设 $f_1=\dfrac{P_1\left(\dfrac{l}{2}\right)^3}{3EI}$, $f_2=\dfrac{P_2 l^3}{3EI}$,令 $f_1=f_2$,则有 $P_1\left(\dfrac{l}{2}\right)^3=P_2 l^3$, $\dfrac{P_1}{P_2}=8$。

答案：C

5-49 **提示**：矩形截面梁横力弯曲时,横截面上的正应力 σ 沿截面高度线性分布,如图 a)所示,在上下边缘 σ 最大,在中性轴上正应力为零。横截面上的剪应力 τ 沿截面高度呈抛物线分布,如图 b)所示,在上下边缘 τ 为零,在中性轴处剪应力最大。

答案：B

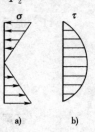

题 5-49 解图

5-50 **提示**：经分析可知，移动荷载作用在跨中 $\frac{l}{2}$ 处时，有最大弯矩 $M_{max}=\frac{Pl}{4}$，支反力和弯矩图如图 a) 所示。当移动荷载作用在支座附近、无限接近支座时，见图 b) 有最大剪力 Q_{max} 趋近于 P 值。

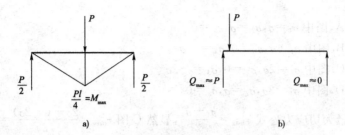

题 5-50 解图

答案：A

5-51 **提示**：首先求支反力，设 F_A 向上，取整体平衡：

$\sum M_B=0, F_A \cdot 3a+qa \cdot a=3qa \cdot \frac{3}{2}a$，所以 $F_A=\frac{7}{6}qa$

由 $F_S(x)=F_A-qx=0$，得 $x=\frac{F_A}{q}=\frac{7}{6}a$

答案：D

5-52 **提示**：根据定义，$W_z=\frac{I_z}{y_{max}}=\frac{\frac{BH^3}{12}-\frac{bh^3}{12}}{\frac{H}{2}}=\frac{BH^3-bh^3}{6H}$。

答案：C

5-53 **提示**：题图所示四个梁，其支反力和弯矩图如图所示。

就梁的正应力强度条件而言，$\sigma_{max}=\frac{M_{max}}{W_z}\leqslant[\sigma]$，$M_{max}$ 越小，σ_{max} 越小，梁就越安全。上述四个弯矩图中显然 D 图的 M_{max} 最小。

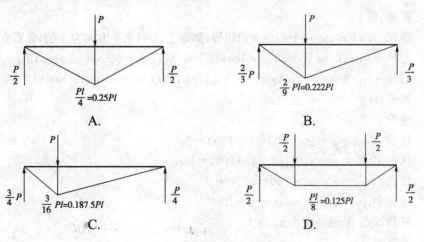

题 5-53 解图

答案：D

5-54 提示：根据公式梁的弯曲曲率 $\dfrac{1}{\rho}=\dfrac{M}{EI}$ 与弯矩成正比，故曲率的最大值发生在弯矩最大的截面上。

答案：C

5-55 提示：

选项 A，图中 $\sigma_1=\sigma,\sigma_2=\sigma,\sigma_3=0$

选项 B，图中 $\sigma_1=\sigma,\sigma_2=0,\sigma_3=-\sigma$

选项 C，图中 $\sigma_1=2\sigma,\sigma_2=0,\sigma_3=-2\sigma$

选项 D，图中 $\sigma_1=3\sigma,\sigma_2=\sigma,\sigma_3=0$

根据最大切应力公式 $\tau_{\max}=\dfrac{\sigma_1-\sigma_3}{2}$，显然 C 图 $\tau_{\max}=\dfrac{2\sigma-(-2\sigma)}{2}=2\sigma$ 最大。

答案：C

5-56 提示：图中，$\sigma_x=40\text{MPa},\sigma_y=-40\text{MPa},\tau_x=30\text{MPa}$，由公式 $\sigma_{\max}=\dfrac{\sigma_x+\sigma_y}{2}+\sqrt{\left(\dfrac{\sigma_x-\sigma_y}{2}\right)^2+\tau_x^2}=\dfrac{40+(-40)}{2}+\sqrt{\left[\dfrac{40-(-40)}{2}\right]^2+30^2}=50\text{MPa}$，故 $\sigma_1=50\text{MPa}$。

答案：D

5-57 提示：受扭圆轴最大剪应力 τ 发生在圆轴表面，是纯剪切应力状态（图 a），而其主应力 $\sigma_1=\tau$ 出现在 $45°$ 斜截面上（图 b），其值为 τ。

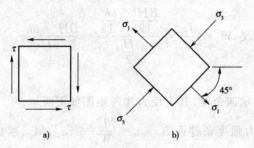

题 5-57 解图

答案：D

5-58 提示：设 $ab、bc、ac$ 三个面的面积相等，都等于 A，且水平方向为 x 轴，竖直方向为 y 轴。

$\sum F_x=0:\sigma_x A-\sigma A\cos60°-\sigma A\cos45°=0$，所以 $\sigma_x=\sigma\cos60°+\sigma\cos45°$；

$\sum F_x=0:\sigma A\sin60°-\sigma A\sin45°-\tau_{xy}A=0$，所以 $\tau_{xy}=\sigma\sin60°-\sigma\sin45°$。

答案：D

5-59 提示：

状态 A，$\sigma_{r3}=\sigma_1-\sigma_3=120-(-120)=240$

状态 B，$\sigma_{r3}=\sigma_1-\sigma_3=100-(-100)=200$

状态 C，$\sigma_{r3}=\sigma_1-\sigma_3=150-60=90$

状态 D，$\sigma_{r1}=\sigma_1-\sigma_3=100-0=100$

显然状态 A 相当应力 σ_{r3} 最大。

答案：A

5-60 提示：该题有两种解法。

方法 1：对比法

把图示等腰三角形单元体与纯剪切应力状态对比。把两上直角边看作是纯剪切应力状态中单元体的两个边,则 σ 和 τ 所在截面就相当于纯剪切单元体的主平面,故 $\sigma = \tau_0$, $\tau = 0$。

方法 2:小块平衡法

设两个直角边截面面积为 A,则底边截面面积为 $\sqrt{2}A$。由平衡方程

$\sum F_y = 0 : \sigma \cdot \sqrt{2}A = 2\tau_0 A \cdot \sin 45°$,所以 $\sigma = \tau_0$;

$\sum F_x = 0 : \tau \cdot \sqrt{2}A + \tau_0 A \cos 45° = \tau_0 A \cdot \cos 45°$,所以 $\tau = 0$。

答案:B

5-61 **提示**:图示单元体应力状态类同于梁的应力状态:$\sigma_z = 0$ 且 $\sigma_x = 0$(或 $\sigma_y = 0$),故其主应力的特点与梁相同,即有如下规律

$$\sigma_1 = \frac{\sigma}{2} + \sqrt{\left(\frac{\sigma}{2}\right)^2 + \tau^2} > 0$$

$$\sigma_3 = \frac{\sigma}{2} - \sqrt{\left(\frac{\sigma}{2}\right)^2 + \tau^2} < 0$$

已知其中一个主应力为 5MPa>0,即 $\sigma_1 = \frac{-80}{2} + \sqrt{\left(\frac{-80}{2}\right)^2 + \tau^2} = 5\text{MPa}$,所以

$\sqrt{\left(\frac{-80}{2}\right)^2 + \tau^2} = 45\text{MPa}$,则另一个主应力必为 $\sigma_3 = \frac{-80}{2} - \sqrt{\left(\frac{-80}{2}\right)^2 + \tau^2} = -85\text{MPa}$。

答案:A

5-62 **提示**:首先分析各横截面上的内力——剪力 Q 和弯矩 M,如图 a)所示。再分析各横截面上的正应力 σ 和剪应力 τ 沿高度的分布,如图 b)和图 c)所示。可见 4 点的剪应力方向不对。

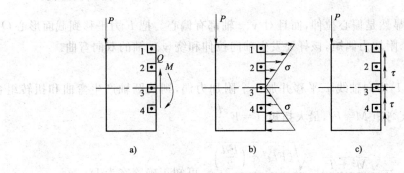

题 5-62 解图

答案:D

5-63 **提示**:题图单元体的主方向可用叠加法判断。把图中单元体看成是单向压缩和纯剪切两种应力状态的叠加,如图 a)、b)所示。

其中图 a)主压应力 σ_3' 的方向即为 σ_y 的方向(沿 y 轴),而图 b)与图 c)等价,其主压应力 σ_3'' 的方向沿与 y 轴成 $45°$ 的方向。因此题中单元体主压应力 σ_3 的方向应为 σ_3' 和 σ_3'' 的合力方向。根据求合力的平行四边形法则,σ_3 与 y 轴的夹角 α 必小于 $45°$,而 σ_1 与 σ_3 相互垂直,故 σ_1 与 x 轴夹角也是 $\alpha < 45°$,如图 d)所示。

答案:A

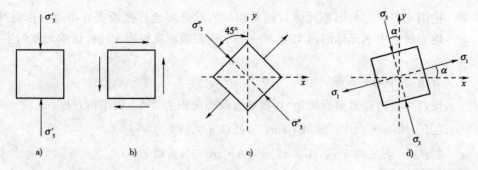

题 5-63 解图

5-64 **提示**：根据定义，剪应力等于零的平面为主平面，主平面上的正应力为主应力。可以证明，主应力为该点各平面中的最大或最小正应力。主应力可以是零。

答案：B

5-65 **提示**：图 a)为纯剪切应力状态，经分析可知其主应力为 $\sigma_1=s,\sigma_2=0,\sigma_3=-s$，方向如图 c)所示。

答案：C

5-66 **提示**：把力 F 平移到截面形心，加两个附加力偶 M_y 和 M_z，AB 杆的变形为轴向拉伸和对 y、z 轴双向弯曲。最大拉应力

$$\sigma_{max}^{+}=\frac{F_N}{A}+\frac{M_z}{W_z}+\frac{M_y}{W_y}=\frac{F}{bh}+\frac{F\frac{h}{2}}{\frac{bh^2}{6}}+\frac{F\frac{b}{2}}{\frac{hb^2}{6}}=7\frac{F}{bh}$$

答案：C

5-67 **提示**：图示圆轴为弯扭组合变形。力 F 产生的弯矩引起 A 点的拉应力 σ，力偶 T 产生的扭矩引起 A 点的切应力 τ。

答案：C

5-68 **提示**：这显然是偏心拉伸，而且对 y、z 轴都有偏心。把 F 力平移到截面形心 O 点，要加两个附加力偶矩，该杆要发生轴向拉伸和绕 y、z 轴的双向弯曲。

答案：B

5-69 **提示**：把 F 力向轴线 x 平移并加一个附加力偶，则使圆轴产生弯曲和扭转组合变形。最大弯矩 $M=Fl$，最大扭矩 $T=F\dfrac{d}{2}$。

由公式 $\sigma_{r3}=\dfrac{\sqrt{M^2+T^2}}{W_z}=\dfrac{\sqrt{(Fl)^2+\left(\dfrac{Fd}{2}\right)^2}}{\dfrac{\pi}{32}d^3}$，可知正确答案为 D。

答案：D

5-70 **提示**：在弯扭组合变形情况下，A 点属于复杂应力状态，既有最大正应力，又有最大剪应 τ（见图）。和梁的应力状态相同：$\sigma_y=0$，$\sigma_2=0$，$\sigma_1=\dfrac{\sigma}{2}+\sqrt{\left(\dfrac{\sigma}{2}\right)^2+\tau^2}$，$\sigma_3=\dfrac{\sigma}{2}-\sqrt{\left(\dfrac{\sigma}{2}\right)^2+\tau^2}$，$\sigma_{r3}=\sigma_1-\sigma_3=\sqrt{\sigma^2+4\tau^2}$。

题 5-70 解图

选项中 A 为单向应力状态，B、C 只适用于圆截面。
答案：D

5-71 **提示**：从截面 m-m 截开后取右侧部分分析可知，右边只有一个铅垂的反力，只能在 m-m 截面上产生图 a)所示的弯曲正应力。
答案：A

5-72 **提示**：图中三角形分布荷载可简化为一个合力，其作用线距离杆的截面下边缘的距离为 $\frac{3a}{3}=a$，所以这个合力对 m-m 截面是一个偏心拉力，m-m 截面要发生拉弯组合变形，而这个合力作用线正好通过 n-n 截面发生单向拉伸变形。
答案：C

5-73 **提示**：题图 a)是轴向受压变形，最大压应力 $\sigma_{max}^{a}=-\frac{P}{a^2}$；题图 b)底部是偏心受压变形，偏心矩为 $\frac{a}{2}$，最大压应力 $\sigma_{max}^{b}=\frac{F_N}{A}-\frac{M_z}{W_z}=-\frac{P}{2a^2}-\frac{P\cdot\frac{a}{2}}{\frac{a}{6}(2a)^2}=-\frac{5P}{4a^2}$。

显然题图 b)最大压应力大于题图 a)，该立柱的强度降低了。
答案：D

5-74 **提示**：斜弯曲、偏心拉弯和拉弯组合变形中单元体上只有正应力没有剪应力，只有弯扭组合变形中才既有正应力 σ，又有剪应力 τ。
答案：D

5-75 **提示**：把力 P 平移到圆轴轴线上，再加一个附加力偶，可见圆轴为弯扭组合变形。其中 A 点的应力状态如图 a)所示，C 点的应力状态如图 b)所示。A、C 两点的应力状态与梁中各点相同，而 B、D 两点位于中性轴上，为纯剪切应力状态。但由于 A 点的正应力为拉应力，而 C 点的正应力为压应力，所以最大拉力 $\sigma_1=\frac{\sigma}{2}+\sqrt{\left(\frac{\sigma}{2}\right)^2+\tau^2}$ 计算中，σ 的正负号不同，σ_1 的数值也不相同。

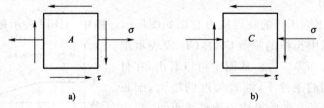

题 5-75 解图

答案：D

5-76 **提示**：题图 a)：$\mu l=1\times 5=5\text{m}$
题图 b)：$\mu l=2\times 3=6\text{m}$
题图 c)：$\mu l=0.7\times 6=4.2\text{m}$

由公式 $F_{cr}=\frac{\pi^2 EI}{(\mu l)^2}$，可知题图 b)中 F_{crb} 最小，题图 c)中 F_{crc} 最大。
答案：C

5-77 **提示**：题图所示结构的临界荷载应该是使压杆 AB 和 CD 同时到达临界荷载，也就

是压杆 AB(或 CD)临界荷载的 2 倍,故有

$$F_a = 3F_{cr} = 2 \times \frac{\pi^2 EI}{(0.7l)^2} = 4.08 \times \frac{\pi^2 EI}{l^2}$$

答案:B

5-78 **提示**:细长压杆临界力 $P_{cr} = \frac{\pi^2 EI}{(\mu l)^2}$,对圆截面 $I = \frac{\pi}{64}d^4$,当直径 d 缩小一半,变为 $\frac{d}{2}$ 时,压杆的临界力 P_{cr} 为压杆的 $\left(\frac{1}{2}\right)^4 = \frac{1}{16}$。

答案:D

5-79 **提示**:从常用的四种杆端约束压杆的长度系数 μ 的值变化规律中可看出,杆端约束越强,μ 值越小(压杆的临界力越大)。图示压杆的杆端约束一端固定、一端弹性支承,比一端固定、一端自由时($\mu=2$)强,但又比一端固定、一端铰支时($\mu=0.7$)弱,故 $0.7<\mu<2$,即为选项 C 的范围内。

答案:C

5-80 **提示**:根据压杆稳定的概念,压杆稳定是指压杆直线平衡的状态在微小外力干扰去除后自我恢复的能力,因此只有选项 D 是正确的。

答案:D

5-81 **提示**:根据压杆临界压力的公式 $P_{cr} = \frac{\pi^2 EI}{(\mu l)^2}$ 可知,当 EI 相同时,杆端约束越强,μ 值越小,压杆的临界压力越大。题图 a)中压杆下边杆端约束最弱(刚度为 EI),题图 c)中杆端约束最强(刚度为无穷大),故 P_{cr}^a 最小。

答案:A

5-82 **提示**:临界压力是指压杆由稳定开始转化为不稳定的最小轴向压力。由公式 $P_{cr} = \frac{\pi^2 EI}{(\mu l)^2}$ 可知,当压杆截面对某轴惯性矩最小时,则压杆截面绕该轴转动并发生弯曲最省力,即这时的轴向压力最小。显然图示矩形截面中 I_y 是最小惯性矩,而挠曲线应位于 xz 面内。

答案:B

5-83 **提示**:不同压杆的临界应力总图如图所示。图中 AB 段表示短杆的临界应力,BC 段表示中长杆的临界应力,CD 段表示细长杆的临界应力。从图中可以看出,在材料相同的条件下,随着柔度的增大,细长杆和中长杆的临界应力均是减小的。

答案:C

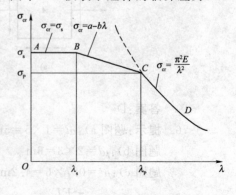

题 5-83 解图

5-84 **提示**:压杆临界力公式中的惯性矩应取压杆横截面上的最小惯性矩 I_{max},故 $P_{cr} = \frac{\pi^2 EI_{min}}{(\mu l)^2} = \frac{\pi^2 E \frac{1}{12}hb^3}{(0.7L)^2} = 1.68 \frac{Eb^3 h}{L^2}$。

答案:C

第六章 流体力学

复习指导

一、考试大纲

6.1 流体的主要物性与流体静力学

流体的压缩性与膨胀性；流体的黏性与牛顿内摩擦定律；流体静压强及其特性；重力作用下静水压强的分布规律；作用于平面的液体总压力的计算。

6.2 流体动力学基础

以流场为对象描述流动的概念；流体运动的总流分析；恒定总流连续性方程、能量方程和动量方程的运用。

6.3 流动阻力和能量损失

沿程阻力损失和局部阻力损失；实际流体的两种流态——层流和紊流；圆管中层流运动；紊流运动的特征；减小阻力的措施。

6.4 孔口、管嘴管道流动

孔口自由出流、孔口淹没出流；管嘴出流；有压管道恒定流；管道的串联和并联。

6.5 明渠恒定流

明渠均匀水流特性；产生均匀流的条件；明渠恒定非均匀流的流动状态；明渠恒定均匀流的水力计算。

6.6 渗流、井和集水廊道

土壤的渗流特性；达西定律；井和集水廊道。

6.7 相似原理和量纲分析

力学相似原理；相似准数；量纲分析法。

二、复习指导

注册工程师基础课程考试的特点是题型固定（均为单项选择题），每题做题时间短（平均每2分钟应做完一道题），知识覆盖面宽且侧重于基本概念、基本理论、基本公式的应用，较少涉及艰深复杂的理论和数量大的计算。根据以上特点，在复习时应注意对基本概念的准确理解，以提高分析判断能力。例如，下面节后习题6-2，其中的B项中有"剪切变形"，而D项中有"剪切变形速度"，两者只差"速度"两字，如果对牛顿内摩擦定律有准确的理解，可立刻判断出D项为正确答案。在单选题中有一部分是数字答案供选择，这部分题是需要经过计算后确定的，所以在复习时应记住重要的基本公式，并掌握其运用方法，结合第四节提供的复习题灵活运用，勤加练习，例如习题6-5，就是应用静水压强基本方程和压强的三种表示方法解答的。在单选题中有一部分题是要靠记住一些基本结论去回答的，例如习题6-20、习题6-22，是要记住层流与紊流核心区的流速分布图才能正确选择。所以复习时对一些重要结论应该加强记忆。在单选题中，还有一部分题是要用基本原理或基本方程去分析的题，例如圆柱形外管嘴流量增加的原因，就是要用能量方程去分析，证明管内收缩断面处存在真空值，产生吸力，增加了作用水头，从而使流量增加。如果理解了能量方程的物理意义，就能解释在位能不变的条件下，流速增加的地方，压强将减小。所以在复习基本方程时，不仅要记住其表达式，更重要的是应理解其物理意义，并学会应用这些方程分析问题。

下面按考试大纲的顺序列出一部分需要准确理解、熟练掌握、灵活运用的基本概念、基本理论和基本方程，供复习时参考。

连续介质，流体的黏性及牛顿内摩擦定律，$\tau = \mu \dfrac{du}{dy}$。

静水压强及其特性；静水压强的基本方程：$p = p_0 + \rho g h$；压强分布图；测管水头 $z + \dfrac{p}{\rho g}$ 的物理意义；等压面的性质和画法以及运用等压面求解压力计算题的方法；平面总压力的大小、方向和作用点（公式 $P = \gamma h_c A$，$y_D = y_c + \dfrac{J_c}{y_c A}$，或图解法公式 $P = \Omega b$）；曲面总压力水平分力和垂直分力的计算公式 $P_x = \gamma h_c A_z$，$P_z = \gamma V$，$\theta = \arctan \dfrac{P_z}{P_x}$。

流线、元流、总流的性质，过流断面及水力要素；流量、平均流速关系式：$Q = VA$；连续性方程：$v_1 A_1 = v_2 A_2$；能量方程：$z_1 + \dfrac{p_1}{\gamma} + \dfrac{\alpha_1 v_1^2}{2g} = z_2 + \dfrac{p_2}{\gamma} + \dfrac{\alpha_2 v_2^2}{2g} + h_w$ 的物理意义，应用范围，应用方法（选断面、基准面、选点）；动量方程 $\sum F = \rho Q (\alpha_{02} v_2 - \alpha_{01} v_1)$ 的物理意义，应用范围和应用方法（选控制体、选坐标），总水头线、测压管水头线的画法和变化规律。

层流与紊流的判别标准，圆管层流的流速分布和沿程损失的基本公式（$h_f = \lambda \dfrac{L}{d} \dfrac{v^2}{2g}$）；紊流的流速分布和紊流沿程阻力系数的变化规律（尼古拉兹图）；局部水头损失产生的原因及计算公式（$h_m = \zeta \dfrac{v^2}{2g}$），突然放大局部阻力系数公式；边界层及边界层的分离现象，绕流阻力。

孔口及管嘴出流的流速、流量公式（$v = \phi \sqrt{2gH_0}$，$Q = \mu A \sqrt{2gH_0}$）；流速系数、收缩系数、流量系数之间的相互关系；原柱形外管嘴流量增加的原因；串联管路总水头；并联管路水头损失相等、流量与阻抗平方根成反比等概念。

明渠均匀流水力坡度、水面坡度、渠底坡度相等的概念，发生明渠均匀流的条件；谢才公式 $v = C \sqrt{Ri}$ 与曼宁公式 $C = \dfrac{1}{n} R^{1/6}$ 公式的联合运用；梯形断面水力要素的计算，水力最佳断面概念。

渗流模型必须遵循的条件；达西定律（$v = KJ$，$Q = KAJ$）的物理意义，应用范围；潜水井、承压井、廊道的流量计算。

基本量纲与导出量纲，量纲和谐原理的应用，无量纲量的组合方法，π 定理；两个流动力学相似的条件；重力、黏性力、压力相似准则的物理意义；在何种情况下选用何种相似准则。

流速、压强、流量的量测仪器和量测方法。

第一节　流体力学定义及连续介质假设

流体力学是研究流体宏观机械运动规律及其在工程上应用方法的科学。本章所研究的流体仅限于不可压缩流体,即以水为代表的液体和密度变化较小的低流速气体。

流体力学原理在水利、土木、环保、航天、化工、机械等工程上均有广泛的应用,是土木工程师、结构工程师所应具有的基础理论知识。

流体是由大量的分子所组成,分子间具有一定的空隙,每个分子都在不断地作不规则运动,因此流体的微观结构和运动,在空间和时间上都是不连续的。由于流体力学是研究流体的宏观运动,没有必要对流体进行以分子为单元的微观研究,因而假设流体为连续介质,即认为流体是由微观上充分大而宏观上充分小的质点所组成,质点之间没有空隙,连续地充满流体所占有的空间。将流体运动作为由无数个流体质点所组成的连续介质的运动,它们的物理量在空间和时间上都是连续的。这样就可以摆脱研究分子运动的复杂性,运用数学分析中的连续函数这一有力工具。根据连续介质假设所得的理论结果,在很多情况下与相应的实验结果很符合,因此这一假设已普遍地被采用,只是在某些特殊情况,例如高空的稀薄气体不能作为连续介质来处理。此外,在深入探讨流体黏滞性产生机理时,仍不能不考虑到流体实际存在着分子运动。

习　题

6-1　连续介质假设既可摆脱研究流体分子运动的复杂性,又可(　　)。
　　A. 不考虑流体的压缩性
　　B. 不考虑流体的黏性
　　C. 运用数学分析中的连续函数理论分析流体运动
　　D. 不计及流体的内摩擦力

第二节　流体的主要物理性质

流体运动的外因是流体所受到的外力和外部边界的作用,流体运动的内因则是流体自身的物理性质。为了研究流体的运动规律,必须对两方面有所探讨,本节首先介绍流体所具有的主要的物理性质。

一、易流动性

固体在静止时,可以承受切应力,流体在静止时不能承受切应力,只要在微小切应力作用下,就发生流动而变形。流体在静止时不能承受切应力、抵抗剪切变形的性质称为易流动性。这是因为流体分子之间距离远大于固体,流体也被认为不能承受拉力,而只能承受压力。

二、质量、密度

物体中所含物质数量,称为质量,单位体积流体中所含流体的质量称为密度,以 ρ 表示。对于均质流体,设体积为 V 的流体具有的质量为 m,则其密度为

$$\rho = \frac{m}{V} \tag{6-1}$$

对于非均质流体,由连续介质假设可得

$$\rho = \lim_{\Delta V \to 0} \frac{\Delta m}{\Delta V} \tag{6-2}$$

密度的国际单位为 kg/m^3。

流体密度随温度与压强而变,但变化甚微,对液体和低流速气体,可认为密度是一个常数。在一个标准大气压下,不同温度的水和空气的物理性质分别见表6-1及表6-2。4℃左右水的密度 $\rho=1\,000kg/m^3$,可以作为标准状态下水的密度,一般的冷水也可采用此值,温度较高的热水要考虑密度的变化。

水的物理特性(在一个标准大气压下) 表6-1

温度 (℃)	重度 γ (kN/m^3)	密度 ρ (kg/m^3)	黏度 $\mu \times 10^3$ ($N \cdot s/m^2$)	运动黏度 $\nu \times 10^6$ (m^2/s)	表面张力 σ (N/m)	汽化压强 p_v (kN/m^2),绝对	体积模量 $K \times 10^{-6}$ (kN/m^2)
0	9.805	999.8	1.781	1.785	0.075 6	0.61	2.02
5	9.807	1000.0	1.518	1.519	0.074 9	0.87	2.06
10	9.804	999.7	1.307	1.396	0.074 2	1.23	2.10
15	9.798	999.1	1.139	1.139	0.073 5	1.70	2.15
20	9.789	998.2	1.002	1.003	0.072 8	2.34	2.18
25	9.777	997.0	0.890	0.893	0.072 0	3.17	2.22
30	9.764	995.7	0.798	0.800	0.071 2	4.24	2.25
40	9.730	992.2	0.653	0.658	0.069 6	7.38	2.28
50	9.689	988.0	0.547	0.553	0.067 9	12.33	2.29
60	9.642	983.2	0.466	0.474	0.066 2	19.92	2.28
70	9.589	977.8	0.404	0.413	0.064 4	31.16	2.25
80	9.530	971.8	0.354	0.364	0.062 6	46.34	2.20
90	9.466	965.3	0.315	0.326	0.060 8	70.10	2.14
100	9.399	958.4	0.282	0.294	0.058 9	101.33	2.07

空气的物理特性(在一个标准大气压下) 表6-2

温度 (℃)	密度 ρ (kg/m^3)	重度 γ (N/m^3)	黏度 $\mu \times 10^5$ ($N \cdot s/m^2$)	运动黏度 $\nu \times 10^5$ (m^2/s)
-40	1.515	14.86	1.49	0.98
-20	1.395	13.68	1.61	1.15
0	1.293	12.68	1.71	1.32
10	1.248	12.24	1.76	1.41
20	1.205	11.82	1.81	1.50
30	1.165	11.43	1.86	1.60
40	1.128	11.06	1.90	1.68
60	1.060	10.40	2.00	1.87
80	1.000	9.81	2.09	2.09
100	0.946	9.28	2.18	2.31
200	0.747	7.33	2.58	3.45

三、重力、重度

地球对流体的引力,即为重力,单位体积流体内所具有的重力称为容重或重度,以 γ 表示。

对于均质流体,设体积为 V 的流体具有的重力为 G,则重度

$$\gamma = \frac{G}{V} \tag{6-3}$$

对于非均质流体,由连续介质假设可得

$$\gamma = \lim_{\Delta V \to 0} \frac{\Delta G}{\Delta V} \tag{6-4}$$

由牛顿运动定律知:$G=mg$,g 为重力加速度,一般采用 $g=9.8\text{m/s}^2$,由式(6-3)可得

$$\gamma = \rho g \tag{6-5}$$

重度亦随压力和温度而变,在一个标准大气压下水的重度随温度而变化的值见表 6-1。一般冷水的重度可视为常数,可用 $\gamma=9\,800\text{N/m}^3$(重度 γ 均可用 ρg 代替)。

四、黏性

流体在运动时,具有抵抗剪切变形速度的性质,称为黏性,它是由于流体内部分子的黏聚力及分子运动的动量输运所引起。当某流层对其邻流层发生相对位移而引起剪切变形时,在流层间产生的切力(即流层间内摩擦力)就是黏性的表现。由实验知,在二维平行直线流动中,流层间切力(即内摩擦力)T 的大小与流体的黏性有关,并与速度梯度 $\dfrac{\mathrm{d}u}{\mathrm{d}y}$(即剪切变形速度)和接触面积 A 成正比,而与接触面上压力无关,即

$$T = \mu A \frac{\mathrm{d}u}{\mathrm{d}y} \tag{6-6}$$

单位面积上的切力称为切应力,以 τ 表示,有

$$\tau = \mu \frac{\mathrm{d}u}{\mathrm{d}y} \tag{6-7}$$

上式为牛顿内摩擦定律的表达式,式中 μ 称为动力黏度(或动力黏滞系数),单位为 Pa·s(帕·秒)或 $\dfrac{\text{N}\cdot\text{s}}{\text{m}^2}$,动力黏度与密度的比值称为运动黏度,以 ν 表示,即

$$\nu = \frac{\mu}{\rho} \tag{6-8}$$

ν 的单位为 m^2/s,或 cm^2/s,动力黏度 μ 与运动黏度 ν 的值均随温度 t 和流体种类而变,水、空气的 μ 及 ν 值随温度 t 的变化可查表 6-1 和表 6-2。水的运动黏度 ν 可用下列经验公式求得

$$\nu = \frac{0.017\,75}{1 + 0.033\,7t + 0.000\,221t^2} \tag{6-9}$$

式中:ν——运动黏度(cm^2/s);

t——水温(℃)。

由上式可知水的运动黏度随温度升高而减少,而空气的运动黏度随温度升高而增加。

式(6-6)中的速度梯度 $\dfrac{\mathrm{d}u}{\mathrm{d}y}$ 也就是剪切变形速度 $\dfrac{\mathrm{d}\alpha}{\mathrm{d}t}$,可证明如下:

从图 6-1 可看出,原为正方形的微元体,由于速度梯度的存在,上边运动快于下边,经时间 $\mathrm{d}t$ 后,正方形变为平行四边形,直角变形为锐角,产生一剪切变形角 $\mathrm{d}\alpha$,当 $\mathrm{d}\alpha$ 角度很小时,$\mathrm{d}\alpha \approx \tan\mathrm{d}\alpha = \dfrac{\mathrm{d}u\mathrm{d}t}{\mathrm{d}y}$。

即

$$\frac{du}{dy} = \frac{d\alpha}{dt}$$

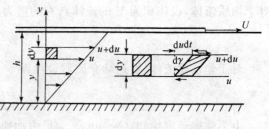

图 6-1

$\frac{d\alpha}{dt}$ 为单位时间内的剪切变形角度,故称为剪切变形速度,或剪切变形率。

凡是符合牛顿内摩擦定律的流体称为牛顿流体,例如水、酒精和一般气体。凡 τ 与 $\frac{du}{dy}$ 不成线性关系的流体称为非牛顿流体,例如泥浆、血液、胶溶液、聚合物液体等。本章主要讨论牛顿流体。

【例 6-1】 某固定不动平板水平放置,其上有一层厚度为 10mm 的油层,油的黏度 $\mu=9.81\times10^{-2}$Pa·s,油层液面上漂浮一水平滑移平板,已知其水平移动速度 $u=1$m/s,试求作用在移动平板上单位面积的切应力 τ;又若油层厚度增加至 80mm,且沿铅直方向油层断面上的流速分布式为:$u=4y-y^2$,式中 y 为从固定平板起算的铅直坐标,此时平板移动速度改变,再求移动平板单位面积切应力 τ(参见图 6-1)。

解 (1)当油层厚度为 10mm 时,由于厚度小流速分布可近似为直线分布,此时沿铅直方向的流速梯度

$$\frac{du}{dy} \approx \frac{u}{y} = \frac{1\text{m/s}}{0.01\text{m}} = 100\text{s}^{-1}$$

切应力

$$\tau = \mu \frac{du}{dy} = 9.81\times10^{-2}\times100 = 9.81\text{Pa}$$

(2)当厚度增至 80mm,流速分布为 $u=4y-y^2$,则有

$$\tau = \mu \frac{du}{dy} = \mu(4-2y) = 9.81\times10^{-2}\times(4-2\times0.08) = 0.3767\text{Pa}$$

五、压缩性与热胀性

当作用在流体上的压力增大时,流体的体积减小;压力减小时,体积增大的性质称为流体的压缩性或流体的弹性。液体的压缩性一般以体积压缩系数 β 或弹性系数 K 来量度,设液体体积为 V,压强增加 dp 后,体积减少 dV,则压缩系数

$$\beta = -\frac{\dfrac{dV}{V}}{dp} \tag{6-10}$$

式中,负号表示压强增大,体积减小;β 的单位为 m^2/N。

压缩系数的倒数称为体积弹性模量 K,即

$$K = \frac{1}{\beta} = -V\frac{dp}{dV} \tag{6-11}$$

体积弹性模量的单位为 N/m^2 或 Pa。不同的液体有不同的 β 及 K 值,水的体积弹性模量 K 可近似地取为 2×10^9Pa。若压强增量 dp 为一个大气压,则体积的相对变化 $\frac{\Delta V}{V}$ 约为 1/20 000,因此在 dp 不大时,水的体积压缩性可忽略不计,此种液体称为不可压缩流体。

气体的压缩性较大,对于理想气体体积与压强、温度的关系,一般遵循理想气体的状态方程式

$$\frac{p}{\rho} = RT \tag{6-12}$$

式中:p——压强;

ρ——密度;

T——流体温度(K);

R——气体常数[m·N/(kg·K)],与气体的分子量有关,对空气 $R=287$m·N/(kg·K)。

当气体的流速小于 50m/s 时,密度变化为 1‰,可作为未压缩气体来处理。

流体温度升高体积膨胀的性质称为热胀性,可用热胀系数 α 来量度,$\alpha = \frac{dV}{VdT}$。

六、表面张力特性

在流体自由液面的分子作用半径范围内,由于分子的引力大于斥力,在表层沿表面产生张力,称为表面张力。其大小可用表面张力系数 σ 来量度,σ 是自由液面单位长度上所受到的张力,单位为 N/m。

由于表面张力的作用,如果把细管竖立在液体中,液体就会在细管中上升(如水)或下降(如水银),这种现象称为毛细管现象。毛细管内外液面高差 h 与液体的种类及毛细管直径 d 有关。对于水,由于黏聚力小于水与管壁的附着力,因此毛细管内液面上升,实验得知

$$h = \frac{29.8}{d} \tag{6-13}$$

式中,d 以 mm 计。

对于水银,黏聚力大于附着力,管中水面下降,其液面差

$$h = \frac{10.15}{d} \tag{6-14}$$

后文将要介绍的玻璃测压管,为了避免表面张力毛细现象的影响,其管径 d 应大于 10mm。

七、汽化压强与空蚀现象

液体分子逸出液面,向空间扩散的过程称汽化,液体汽化为蒸气;汽化的逆过程为凝结,蒸气凝结为液体。在液体中,汽化与凝结同时存在,当这两个过程达到平衡时,宏观的汽化现象停止,此时液面压强称为饱和蒸气压强或汽化压强,水的汽化压强列于表 6-3。当液体某处的压强低于汽化压时,该处即产生汽化。液体汽化处,将发生空泡,当空泡流入高压区时,会突然破裂溃灭,周围水则以极高速度充填其间并产生很高的冲击压力。如空泡在固壁处溃灭,则使壁面承受很高的冲压,使壁面受到破坏,同时汽化时逸出的活泼气体,也有化学腐蚀的作用,因此液体在汽化时易引起固壁的所谓空蚀现象。水泵或建筑物中发生空蚀时,往往伴有振动、噪声、断流等现象,应尽量避免。

水 的 汽 化 压 强　　　　　表 6-3

水温(℃)	0	5	10	15	20	25	30
汽化压强(kN/m²)	0.61	0.87	1.23	1.70	2.34	3.17	4.21
水温(℃)	40	50	60	70	80	90	100
汽化压强(kN/m²)	7.38	12.33	19.92	31.16	47.34	70.10	101.33

【例 6-2】 半径为 R 的圆管中,横截面上流速分布为 $u=2\left(1-\dfrac{r^2}{R^2}\right)$,其中 r 表示到圆管轴线的距离,则在 $r_1=0.2R$ 处的黏性切应力与 $r_2=R$ 处的黏性切应力大小之比为:

    A. 5   B. 25   C. 1/5   D. 1/25

解 切应力 $\tau=\mu\dfrac{\mathrm{d}u}{\mathrm{d}y}$,而 $y=R-r$, $\mathrm{d}y=-\mathrm{d}r$,故 $\dfrac{\mathrm{d}u}{\mathrm{d}y}=-\dfrac{\mathrm{d}u}{\mathrm{d}r}$。

题设流速 $u=2\left(1-\dfrac{r^2}{R^2}\right)$,故 $\dfrac{\mathrm{d}u}{\mathrm{d}y}=-\dfrac{\mathrm{d}u}{\mathrm{d}r}=\dfrac{2\times 2r}{R^2}=\dfrac{4r}{R^2}$

题设 $r_1=0.2R$,故切应力 $\tau_1=\mu\left(\dfrac{4\times 0.2R}{R^2}\right)=\mu\left(\dfrac{0.8}{R}\right)$

题设 $r_2=R$,则切应力 $\tau_2=\mu\left(\dfrac{4R}{R^2}\right)=\mu\left(\dfrac{4}{R}\right)$

切应力大小之比 $\dfrac{\tau_1}{\tau_2}=\dfrac{\mu\left(\dfrac{0.8}{R}\right)}{\mu\left(\dfrac{4}{R}\right)}=\dfrac{0.8}{4}=\dfrac{1}{5}$

答案:C

习 题

6-2 与牛顿内摩擦定律直接有关的因素是(   )。
    A. 压强、速度和黏度
    B. 压强、黏度、剪切变形
    C. 切应力、温度和速度
    D. 黏度、切应力与剪切变形速度

6-3 水的动力黏度随温度的升高而(   )。
    A. 增大   B. 减小   C. 不变   D. 不定

第三节 流体静力学

一、作用在流体上的力

作用在流体上的力可分为两大类。

(一)质量力

作用于每一个流体质点上与流体质量成正比的力,称质量力;在均质流体中它与体积成正比,又称为体积力。常见的质量力有重力和惯性力,重力等于质量 m 与重力加速度 g 的乘积,惯性力则等于质量与加速度的乘积,方向与加速度方向相反。在分析流体运动时,常引用单位质量流体所受质量力,称为单位质量力,以 $\dfrac{F}{m}$ 表示,具有加速度 a 的量纲。设单位质量在直角坐标系三个轴上的分量,以 X、Y、Z 表示,则仅受重力作用的流体,其单位质量力在三个轴上的分量分别为

$$X = 0 \quad Y = 0 \quad Z = -g$$

(二)表面力

作用于流体的表面,与作用的面积成比例的力称表面力。表面力又可以分为垂直于作用面的压力和沿作用面切线方向的切力;表面力既可以是作用于流体边界面上的压力、切力,例如大气压力、活塞压力,也可以是一部分流体质点作用于另一部分流体质点上的压力和切力;表面力的单位为 N。

作用在单位面积上的表面力称为表面应力,例如压应力和切应力,在连续介质中可用下式表示

$$p = \lim_{\Delta A \to 0} \frac{\Delta p}{\Delta A} \tag{6-15}$$

$$\tau = \lim_{\Delta A \to 0} \frac{\Delta T}{\Delta A} \tag{6-16}$$

式中:p——压应力或压强(Pa);

τ——切应力(Pa)。

在静止流体中,没有切应力,只有压强。静水压强有两个特性:垂直于作用面,且同一点上的静水压强在各个方向上相等,与作用面的方位无关。

二、欧拉平衡微分方程

1755 年,欧拉(Euler)以平衡流体中取出的正六面体作为隔离体,经过微元分析,在外力平衡条件下得出了欧拉平衡微分方程

$$\begin{cases} X - \dfrac{1}{\rho} \dfrac{\partial p}{\partial x} = 0 \\ Y - \dfrac{1}{\rho} \dfrac{\partial p}{\partial y} = 0 \\ Z - \dfrac{1}{\rho} \dfrac{\partial p}{\partial z} = 0 \end{cases} \tag{6-17}$$

式中: X、Y、Z——分别代表 x、y、z 方向上流体所受的单位质量力;

ρ——流体密度;

$\dfrac{1}{\rho}\dfrac{\partial p}{\partial x}$、$\dfrac{1}{\rho}\dfrac{\partial p}{\partial y}$、$\dfrac{1}{\rho}\dfrac{\partial p}{\partial z}$——分别为 x、y、z 三个方向上的单位质量表面力,$\dfrac{\partial p}{\partial x}$、$\dfrac{\partial p}{\partial y}$、$\dfrac{\partial p}{\partial z}$ 分别为三个轴向的压强变化率。

改写欧拉平衡微分方程可得

$$\begin{cases} X = \dfrac{1}{\rho} \dfrac{\partial p}{\partial x} \\ Y = \dfrac{1}{\rho} \dfrac{\partial p}{\partial y} \\ Z = \dfrac{1}{\rho} \dfrac{\partial p}{\partial z} \end{cases}$$

对于不可压缩流体,其密度 ρ 为常数,上式表明质量力与压强变化率同号,即质量力作用的方向即为压强增加的方向。仅受重力作用的静水中,压强沿地心引力的方向增加,所以静水中越往下,水深越大压强也越大。上式还表明,如果任两个轴向的单位质量力为零,则此两轴构成的面为等压面;等压面上压强不变。例如仅受重力作用的静水,$X=0$、$Y=0$,则 X、Y 轴构

成的面为等压面,即仅受重力作用的静水中,等压面是与重力垂直的面,在小范围内是水平面。

将欧拉平衡方程(6-17)各式分别乘以 dx、dy、dz 相加后可得

$$dp = \rho(Xdx + Ydy + Zdz) \tag{6-18}$$

式中:dp——压强的全微分;

其余符号意义同前。

上式是欧拉平衡微分方程的又一形式。

三、仅受重力作用时静水压强基本方程

将欧拉平衡微分方程(6-18)对仅受重力作用的静水积分即可得静水压强基本方程。

以 $X=Y=0,Z=-g$ 代入上式得

$$dp = -\rho g dz = -\gamma dz$$

两边作不定积分得

$$p = -\gamma z + C$$

或

$$z + \frac{p}{\gamma} = C \tag{6-19}$$

式中:C——积分常数,可根据边界条件定出。

以如图 6-2 所示静水容器中表面压强为 p_0,自液面向下计算的水深为 $h = z_0 - z$,则由式(6-19)

$$z + \frac{p}{\gamma} = z_0 + \frac{p_0}{\gamma}$$

则有

$$p = p_0 + \gamma(z_0 - z)$$

或

$$p = p_0 + \gamma h = p_0 + \rho g h \tag{6-20}$$

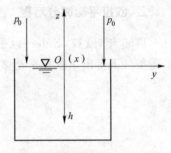

图 6-2

式(6-20)称为静水压强基本方程,可用来计算液面下某一水深处的流体静压强 p。

式中表面压强 p_0 在敞口容器中为大气压强 p_a,大气压强 p_a 的值与海拔标高有关,通常海拔高度不大处,一般采用 $p_a = 98\text{kPa}$,即为一个工程大气压(用 at 表示),$1\text{at} = 98\text{kPa}$。这不同于海平面处的标准大气压,一个标准大气压为 101.325kPa(以 atm 表示)。

式(6-20)表明水下任一点静压强由表面压强 p_0 与水柱重力所构成的压强 γh 两部分组成,且水面压强 p_0 均匀传播到水中所有各点,与水深无关,这正是读者熟知的帕斯卡原理。

四、压强的两种基准和三种表示方法

(一)两种基准

压强的基准是指压强的起算点,如以绝对真空为零点起算的压强称为绝对压强 p';绝对压强最小为零,无负压强。

如以当地大气压为零起算则称为相对压强 p,它与绝对压强 p' 只相差一当地大气压 p_a,即

$$p = p' - p_a \tag{6-21}$$

相对压强可正可负,当相对压强小于当地大气压时则出现负压,此时称为出现部分真空现

象,真空值用 p_v 表示,其大小可用下式求出

$$p_v = p_a - p' \tag{6-22}$$

或

$$p_v = -p \tag{6-23}$$

真空值所对应的液柱高度为 h_v,称真空度,即

$$h_v = \frac{p_v}{\gamma} \tag{6-24}$$

(二)压强的三种表示方法❶

第一种表示压强的方法是从压强的基本定义出发,以单位面积上的压力来表示,在国际单位制中为 N/m^2 或 Pa,$1N/m^2=1Pa$。第二种表示方法是用工程大气压的倍数表示,$1at=9.8×10^4Pa=98kPa$。第三种表示方法是用液柱高度 h 来表示,常用水柱高度或水银柱高度来表示,其单位是 mH_2O 或 $mmHg$。与压强 p 的关系可用 $h=\frac{p}{\gamma}$ 确定,例如一个工程大气压所对应的水柱高度 h 应为

$$h = \frac{p}{\gamma} = \frac{9.8 \times 10^4}{9.8 \times 10^3} = 10 mH_2O$$

记住下面一组数据,有助于以心算法进行压强单位的换算,即 $1mH_2O=0.1$ 个工程大气压$=9.8kPa$。

五、静水压强基本方程的物理意义

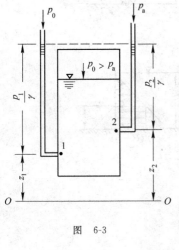

图 6-3

(一)几何意义

z——位置高度,即计算点距基准面的铅直高度,以 m 计;

$\frac{p}{\gamma}$——压强高度或测压管高度,即计算点至测压管中液面的铅直高度,以 m 计,见图 6-3;

$z+\frac{p}{\gamma}$——测压管水头,即从基准面到测压管中液面的高度,以 m 计。在静止液体中 $z+\frac{p}{\gamma}=C$,即静水中各点的测压管水头相等,各点测压管水头上端构成的线或面称为测压管水头线(或面)。静水中测压管水头线是一水平线。

(二)能量意义

z——单位重量流体的位能,因为 $z=\frac{mg \cdot z}{mg}$,简称单位位能;

$\frac{p}{\gamma}$——单位重量流体的压能,简称单位压能,因为 $\frac{p}{\gamma}=\frac{mg \cdot \frac{p}{\gamma}}{mg}$;

---

❶《中华人民共和国法定计量单位》中规定,标准大气压和毫米汞(水)柱两种压强的表示方法(即本款所述的第二、第三种方法),属于废除单位。但在目前工程实用上,仍有大量资料应用后两种单位,故此处仍编入。

$z+\dfrac{p}{\gamma}$——单位重量流体的势能,简称单位势能。在静水中 $z+\dfrac{p}{\gamma}=C$,表明静水中各点单位势能相等,为能量守恒定律的一种反映。

此外,在水力学中习惯上将高度称为水头,所以 z 又可称为位置水头,$\dfrac{p}{\gamma}$ 称为压强水头。

六、压强分布图

在实际工程中常把静压强的分布用作图法表示出来,便于形象直观地分析问题。从静压强基本方程 $p=p_0+\gamma h$ 可知,当容器为敞口时,表面压强 $p_0=p_a$,容器外壁同时作用着大气压强 p_a,两者抵消后,容器所受到的有效压强为相对压强。此外 $p=\gamma h$,即与水深 h 为一线性关系,所以压强沿水深的变化为一直线,在液面处 $\gamma h=0$,在水深为 H 处为 γH,此两点连一直线,即为压强分布图。作图时应注意力矢的方向要与作用面成直角,因为静水压强的特性之一是与作用面垂直,各种情况下的压强分布如图 6-4 所示。如在密闭容器中 $p_0 \neq p_a$ 时,则要计及 p_0 的作用,但因 p_0 在传递时是等值的,与 h 无关,所以只要几何地叠加即可。

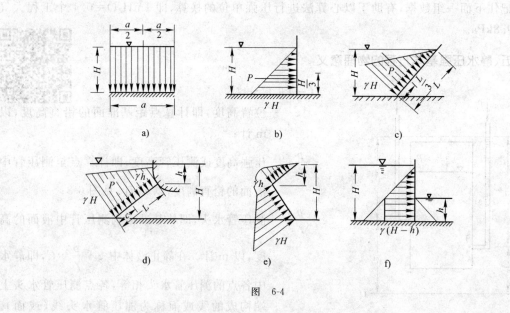

图 6-4

七、测压计

测量流体静压强的方法、仪器种类很多,并日趋现代化。下面介绍常用的液柱式测压计及其原理,其余将在流体参数的量测一节中再讲。

(一)玻璃测压管

测压管是一根两端开口的玻璃管,一端与所测流体连通,另一端与大气连通,管内液体在压强作用下上升至某一高度 h_A,见图 6-5a),则被测点流体压强 $p_A=\gamma h_A$。当压强较大时,测压管太长,使用不便,可采用 U 形水银压力计测压。

(二)U 形水银压力计

此种压力计如图 6-5b)所示,在 U 形玻璃管中盛以与水不相混掺的某种液体,例如水银。

在测量气体压强时,可盛水或酒精。被测点压强 $p_A = \gamma_{Hg} h_p - \gamma h_2$,液面压强 $p_0 = \gamma_{Hg} h_p - \gamma(h_1+h_2)$。

(三)压差计

水银压差计如图 6-5c)所示,可测出液体中两点的压差 Δp 或两点测压管水头差。仅受重力作用的等压面为水平面如图 6-5 中的 MN 平面,等压面上压强处处相等。利用等压面原理可导出图中 A、B 两点压差为

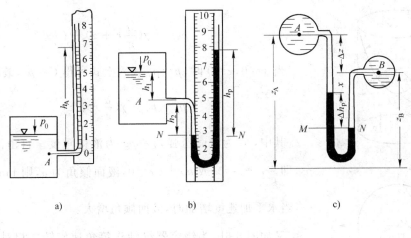

图 6-5

$$p_B - p_A = \Delta p = \gamma \Delta z + \left(\frac{\gamma_{Hg}}{\gamma} - 1\right) \gamma \Delta h_p$$

两点测压管水头差为

$$\left(z_B + \frac{p_B}{\gamma}\right) - \left(z_A + \frac{p_A}{\gamma}\right) = \left(\frac{\gamma_{Hg}}{\gamma} - 1\right) \Delta h_p$$

若水的重度 $\gamma = 9.8 \text{kN/m}^3$,水银的重度 $\gamma_{Hg} = 133.28 \text{kN/m}^3$,则压差为

$$\Delta p = \gamma \Delta z + 12.6 \gamma \Delta h_p$$

两点测压管水头差为

$$\left(z_B + \frac{p_B}{\gamma}\right) - \left(z_A + \frac{p_A}{\gamma}\right) = 12.6 \Delta h_p$$

八、液体的相对平衡

液体相对于地球运动,但液体质点之间及液体与容器壁之间无相对运动时,称为液体的相对平衡或相对静止状态。例如相对于地面作等加速直线运动的洒水车和容器中的液体绕中心轴作等角速旋转运动,在运动经历一定时间后就会达到这种相对平衡状态。

现来用达伦伯原理,把坐标系取在运动容器上,液体相对于这一坐标系是静止的,这样便使这种运动问题作为静止问题来处理。如图 6-6a)所示为一水平等加速运动的洒水车,取直角坐标系 x、y、z 在自由液面上,此时车中液体在重力及水平惯性力共同作用处于相对平衡状态,作用在液体质点上的单位质量力在各个轴向的分量分别为

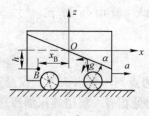

$$X = -a \quad Y = 0 \quad Z = -g$$

代入 Euler 平衡方程 $dp = \rho(Xdx + Ydy + Zdz)$,有

$$dp = \rho(-adx - gdz)$$

积分后得

$$p = -(\rho ax - \rho gz) + C$$

或

$$p = -\gamma(\frac{a}{g}x + z) + C$$

当 $x=0, z=0$ 时,$p=p_0$ 代入上式可得 $C=p_0$,最后得

$$p = p_0 - \gamma(\frac{a}{g}x + z)$$

其中,p_0 为液面压强,$\gamma = \rho g$ 为液体重度。自由液面上 $p = p_0$,即 $\frac{a}{g}x + z = 0$,或 $ax + gz = 0$,液面倾角为 α,则 $\tan\alpha = -\frac{z}{x} = \frac{a}{g}$,当水平加速度增加时,液面倾角增大。

又如图 6-6b)为绕容器纵轴作等角速旋转之相对平衡,此时各轴向的单位质量力分别为

$$X = \omega^2 x \quad Y = \omega^2 y \quad Z = -g$$

代入 Euler 平衡方程后积分得

$$p = p_0 + \gamma(\frac{\omega^2 r^2}{2g} - z)$$

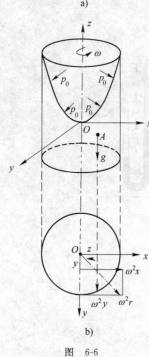

图 6-6

式中:ω——旋转角速度;
r——质点距轴心的旋转半径。

自由液面上 $p = p_0$,由上式可得自由液面方程为

$$z = \frac{\omega^2 r^2}{2g}$$

所以自由液面为一旋转抛物面,旋转越快,液面上高度越大。在同一转速下,边壁处液面上升最高。

九、作用在平面上的液体总压力

(一)平面静水总压力的大小

如图 6-7 所示一倾斜置于水下的任意形状平面,总面积为 A,与水平线的交角为 α,围绕面上 M 点取一微小面积 dA,淹没深度为 h,作用在 dA 上的静水总压力为 dP,则

$$dP = pdA = \gamma h dA$$

而全面积 A 上的静水总压为 P,则

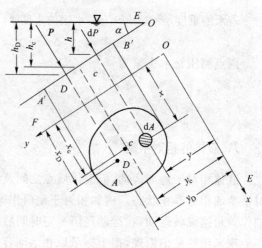

图 6-7

$$P = \int_A dP = \int_A \gamma h \, dA$$
$$= \int_A \gamma y \sin\alpha \, dA = \gamma \sin\alpha \int_A y \, dA$$
$$= \gamma \sin\alpha \, y_c A = \gamma h_c A = p_c A$$

即
$$P = \gamma h_c A = p_c A \tag{6-25}$$

式中：h_c——面积 A 形心点 c 处的水深；

p_c——形心点 c 处的静压强。

上式表明平面总压力的大小等于形心点压强乘以平面受压面积。

（二）平面总压力的方向和作用点

由静水压强特性知，总压力垂直于受压平面，总压力作用点可根据合力对某一轴的力矩等于各分力对同一轴力矩之和求得。设总压力对 x 轴的力矩为 $P \cdot y_D$，y_D 为总压力作用点 D 至 x 轴的距离，则有

$$P \cdot y_D = \int y \, dP = \int_A y \gamma y \sin\alpha \, dA = \gamma \sin\alpha \int_A y^2 \, dA$$
$$= \gamma \sin\alpha \, J_x = \gamma \sin\alpha (J_c + y_c^2 A)$$

又因为 $P = \gamma y \sin\alpha A$，代入上式后求得 y_D

$$y_D = y_c + \frac{J_c}{y_c A} \tag{6-26}$$

式中：y_c——面积形心 c 点至 x 轴的距离；

J_c——过形心 c 轴的受压面积 A 的惯性矩，可查有关表格，例如矩形面积 $J_c = \dfrac{b h^3}{12}$，圆形面积 $J_c = \dfrac{\pi r^4}{4}$。

（三）平面总压力的图解法

对于垂直置于水中的矩形平面，见图 6-4b），总压力可应用图解法求得，其大小等于压强分布图的面积 S 乘以受压面的宽度 b，即 $p = b \cdot s$。总压力的作用线通过压强分布图的形心，作用线与受压面的交点，即为总压力的作用点。

十、作用在曲面上的液体总压力

如图 6-8 所示一受压曲面，取曲面上一点 M 并绕 M 取微小面积 dA，作用在微小面积 dA 上的总压力为 $dP = p \, dA = \gamma h \, dA$，$dP$ 垂直于 dA，与水平方向成 θ 角，将 dP 分解为水平分力 dP_x 及铅垂分力 dP_z，分别为

$$dP_x = dP \cos\theta = \gamma h \, dA \cos\theta = \gamma h \, dA_x$$
$$dP_z = dP \sin\theta = \gamma h \, dA \sin\theta = \gamma h \, dA_z$$

作用在全部曲面上的水平总分力为

$$P_x = \int dP_x = \int_A \gamma h \, dA \cos\theta$$
$$= \int_{A_x} \gamma h \, dA_x = \gamma h_c A_x$$

即
$$P_x = \gamma h_c A_x \tag{6-27}$$

式中：h_c——曲面在铅垂面上投影面积 A_x 的形心点水深。

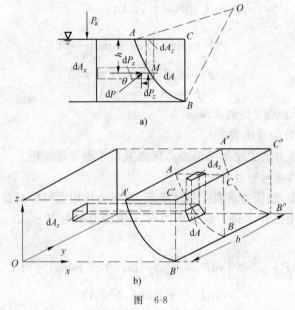

图 6-8

作用在全部曲面上的铅垂总分力为

$$P_z = \int dP_z = \int_A \gamma h \, dA \sin\theta = \int_{A_z} \gamma h \, dA_z = \gamma \int_{A_z} h \, dA_z$$

积分式 $\int_{A_z} h \, dA_z$ 为曲面以上与自由液面（或其延长面）以下铅垂柱体的体积，称为压力体的体积 V，如图 6-8 所示 $A'B'C'A''B''C''$ 的体积，所以曲面总压力的铅垂分力为

$$P_z = \gamma V \tag{6-28}$$

即铅垂分力 P_z 等于压力体内液体的重力 γV。若压力体内有液体压力体与液体在曲面同一侧则为实压力体，P_z 方向向下，若压力体内无液体，液体在曲面的另一侧，则为虚压力体，此时 P_z 的方向向上，称为浮力。曲面总压力的合力 P 可用 P_x 及 P_z 求得

$$P = \sqrt{P_x^2 + P_z^2} \tag{6-29}$$

曲面总压力与水平线的夹角 θ

$$\theta = \arctan\frac{P_z}{P_x} \tag{6-30}$$

对于对称的几何图形，总压力作用点均应在水平对称轴上。

【**例 6-3**】 设有一弧形闸门，如图 6-9 所示，已知闸门宽度 $b=3$m，半径 $r=2.828$m，$\varphi=45°$，闸门转动轴 O 点距底面高度 $H=2$m，门轴 O 在水面延长线上，试求当闸门前水深 $h=2$m 时，作用在闸门上的静水总压力。

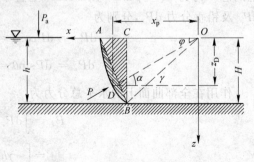

解 水平分力

$$P_x = \gamma h_c A_x = 9.8 \times 10^3 \times \frac{1}{2} \times 2 \times 2 \times 3$$

$$= 58.8 \times 10^3 \text{N} = 58.8 \text{kN}$$

图 6-9

铅直分力

$$P_z = \gamma V = \gamma (\frac{\varphi}{360°} \times \pi \times r^2 - \frac{1}{2} h \times r\cos\varphi) \times b$$

V 是图 6-9 中阴影线部分体积,为虚压力体,P_z 方向向上,为浮力。

$$P_z = 9.8 \times 10^3 (\frac{45°}{360°} \times \pi \times 2.828^2 - \frac{1}{2} \times 2 \times 2.828 \times \cos 45°) \times 2$$
$$= 33.52 \times 10^3 \text{N} = 33.52 \text{kN}$$

合力 $\quad P = \sqrt{P_x^2 + P_z^2} = \sqrt{(58.8 \times 10^3)^2 + (33.52 \times 10^3)^2}$
$$= 67.68 \times 10^3 \text{N} = 67.68 \text{kN}$$

与水平线夹角为

$$\theta = \arctan \frac{P_z}{P_x} = \arctan \frac{33.52 \times 10^3}{58.8 \times 10^3} = 30°$$

十一、浮力和潜体及浮体的稳定性

浸没于液体中的物体称为潜体,漂浮在液体自由表面的物体称为浮体。无论是潜体还是浮体,也无论物体表面形状是如何的复杂多变,它们均受到液体对其施加的铅直向上的托举力的作用,此力称为浮力或浮托力。浮力的大小可用上述曲面总压力铅垂分力计算法计算。如图 6-10 所示一浸没于水中的潜体沿潜体表面作铅直切线 AA'、BB'……,这些切线组成切于潜体表面的垂直向上的柱状体,该柱面与潜体表面的交线,把潜体表面分为 AFB、AHB 上下两部分,上半部分 AFB 表面所受到静水总压力铅垂分力 P_z,应等于曲面 AFB 上压力体内液体的重力,方向向下,下半部分 AHB 表面所受到的静水总压力铅垂分力 P_{z2} 等于曲面 AHB 以上压力体的重力,方向向上为浮力。作用在整个潜体表面上的铅垂分力

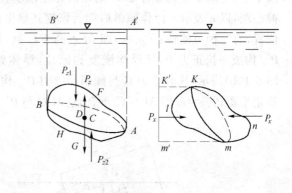

图 6-10

$P_z = P_{z2} - P_{z1}$,亦即等于潜体自身体积大小的液体重力,所以潜体所受浮力应等于潜体所排开的同体积的液体重力。潜体所受的水平分力 P_x,左右前后均大小相等方向相反,水平分力的合力 $P_x = 0$,故潜体所受总压力的合力,只有铅垂向上的浮力。计算潜体浮力的原理就是人们熟知的阿基米德(Archimeds)原理,此原理对浮体也同样适用。

浮力的作用点称为浮心,浮心显然与所排开液体体积的形心重合。

潜体除了浮力作用外,还同时受到重力的作用,当潜体重力 G 大于浮力 P_z 时,物体下沉;当 $G = P_z$ 时,物体可在液体中任意深度保持平衡。当 $G < P_z$ 时,物体上升,减少在液体中浸没体积,从而减小浮力,直至浮力与重力相等时为止,此时潜体就变为浮体了。

现探讨潜体的稳定性。潜体在倾斜后恢复其原来平衡位置的能力,称为潜体的稳定性。按照重心 C 与浮心 D 在同一铅垂线上的相对位置,有三种可能性:①重心 C 位于浮心 D 之下,如图 6-11a)所示,潜体如有倾斜,重力 G 与浮力 P_z 形成一个使潜体恢复原来平衡位置的转动力矩,使潜体能恢复原位,称为稳定平衡。②重心 C 位于浮心 D 之上,如图 6-11b)所示,潜体如有倾斜,重力 G 与浮力 P_z 将产生一个使潜体继续倾斜的转动力矩,潜体不能恢复其原

位,称为不稳定平衡。③重心 C 与浮心 D 相重合,如图 6-11c)所示,潜体如有倾斜,重力 G 与浮力 P_z 不产生转动力矩,潜体处于随遇平衡状态。即潜体在任意位置均可随意平衡,不需恢复原有状态。

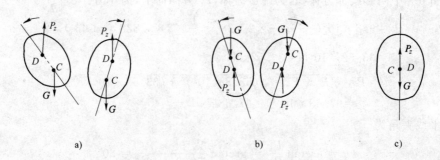

图 6-11

浮体平衡的稳定性要求与潜体有所不同,浮体重心 C 在浮心 D 之上时,其平衡仍有可能是稳定的。设有两浮体如图 6-12 所示,浮体处于平衡位置时重心 C 与浮心 D 的连线垂直于浮面(浮体在平衡位置时与自由液面交线),称为浮轴,浮心与重心均在浮轴上;倾斜后重心 C 位置一般不改变,但浮心及浮力和浮轴不重合,改变了位置。设浮力与浮轴的交点为 M,称定倾中心,定倾中心到原浮心 D 的距离称定倾半径,以 ρ 表示。重心 C 和原浮心 D 的距离称为偏心距,以 e 表示。浮体倾斜后能否恢复其原平衡位置,取决于重心 C 与定倾中心 M 的相对位置,有三种可能性:①$\rho > e$,即 M 点高于 C 点,如图 6-12a)所示,这时重力 G 与倾斜后的浮力 P'_z 构成一扶正力矩,使浮体恢复到原位,浮体处于稳定平衡;②$\rho < e$,即 M 点低于 C 点,如图 6-12b)所示,这时重力 G 与倾斜后浮力 P'_z 构成一倾覆力矩,使浮体继续倾斜,浮体处于不稳定平衡;③$\rho = e$,即 M 与 C 重合,这时 G 与 P'_z 不产生力矩,浮体处于随遇平衡。

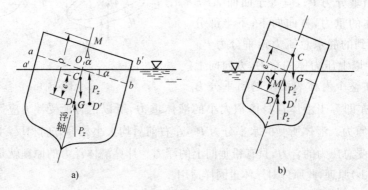

图 6-12

【例 6-4】 密闭水箱如图 6-13 所示,已知水深 $h = 2\text{m}$,自由面上的压强 $p_0 = 88\text{kN/m}^2$,当地大气压强 $p_a = 101\text{kN/m}^2$,则水箱底部 A 点的绝对压强与相对压强分别为:

    A. 107.6kN/m^2 和 -6.6kN/m^2
    B. 107.6kN/m^2 和 6.6kN/m^2
    C. 120.6kN/m^2 和 -6.6kN/m^2
    D. 120.6kN/m^2 和 6.6kN/m^2

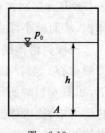

图 6-13

解 A 点绝对压强 $p'_A = p_0 + \rho g h = 88 + 1 \times 9.8 \times 2 = 107.6 \text{kPa}$

A 点相对压强 $p_A = p'_A - p_a = 107.6 - 101 = 6.6 \text{kPa}$。

答案：B

习 题

6-4 单位质量力的国际单位是(　　)。

　　A. 牛(N)　　B. 帕(Pa)　　C. 牛/千克(N/kg)　　D. 米/秒²(m/s²)

6-5 与大气相连通的自由水面下 5m 处的相对压强为(　　)。

　　A. 5at　　B. 0.5at　　C. 98kPa　　D. 40kPa

6-6 某点的相对压强为 -39.2kPa，则该点的真空值与真空高度分别为(　　)。

　　A. $39.2\text{kPa},4\text{mH}_2\text{O}$　　B. $58.8\text{kPa},6\text{mH}_2\text{O}$

　　C. $34.3\text{kPa},3.5\text{mH}_2\text{O}$　　D. $19.6\text{kPa},2\text{mH}_2\text{O}$

6-7 密闭容器内自由表面压强 $p_0 = 9.8\text{kPa}$ 液面下水深 2m 处的绝对压强为(　　)。

　　A. 19.6kPa　　B. 29.4kPa　　C. 205.8kPa　　D. 117.6kPa

6-8 用 U 形水银压力计测容器中某点水的相对压强，如已知水和水银的重度分别为 γ 及 γ'，压力计中液面差为 Δh，被测点至内侧低水银液面的高差为 h_1，则被测点的相对压强为(　　)。

　　A. $\gamma' \times \Delta h$　　B. $(\gamma' - \gamma)\Delta h$　　C. $\gamma'(h_1 + \Delta h)$　　D. $\gamma' \Delta h - \gamma h_1$

6-9 圆形木桶，顶部与底部用环箍紧，桶内盛满液体，顶箍与底箍所受张力之比为(　　)。

　　A. 2　　B. 1/2　　C. 2/3　　D. 1/4

6-10 一垂直立于水中的矩形平板闸门，门宽 4m，门前水深 2m，该闸门所受静水总压强为(　　)，压力中心距自由液面的铅直距离为(　　)。

　　A. 60kPa,1m　　B. 78.4kN,$\frac{4}{3}$m

　　C. 85kN,1.2m　　D. 70kN,1m

第四节　流体动力学

一、流体运动学基本概念

表征流体运动的各种物理量，如速度、加速度、压强、密度、动量、能量等，称为运动要素。流体运动学就是要研究流体运动要素随时间、空间而变化的规律。由于描述流体运动的方法不同，运动要素的表示式也有不同。在流体力学中，有两种描述流体运动方法，即拉格朗日(Largange)法和欧拉(Euler)法。

拉格朗日是从分析流体质点的运动着手，设法描述出每一个流体质点自始至终的运动过程，即它们的位置随时间变化的规律。如所有流体质点的运动轨迹均知道了，则整个流体运动的状况也就清楚了。为了区分不同的流体质点，拉格朗日采用起始时刻 $t = t_0$ 时每个质点的空间坐标 (a,b,c) 作为标志，然后表达出每一流体质点在任意时刻 t 在空间的坐标位置，在直角坐标系它们皆是拉格朗日变量 a、b、c 和时间 t 的连续函数，即

$$\begin{cases} x = x(a,b,c,t) \\ y = y(a,b,c,t) \\ z = z(a,b,c,t) \end{cases}$$

由上式可知,若 a,b,c 为常数,t 为变数,可得某个指定质点运动轨迹方程;如果 t 为常数,a、b、c 为变数,可得某一瞬时不同质点在空间分布位置。如 a、b、c、t 全都是变量时,则方程所表达的是任意质点的运动轨迹。流体质点在任何时刻的速度,可从上式对时间取偏导数得到,即

$$u_x = \frac{\partial x}{\partial t} = \frac{\partial x(a,b,c,t)}{\partial t}$$

$$u_y = \frac{\partial y}{\partial t} = \frac{\partial y(a,b,c,t)}{\partial y}$$

$$u_z = \frac{\partial z}{\partial t} = \frac{\partial z(a,b,c,t)}{\partial z}$$

任意流体质点在任何时刻的加速度,可从上式对时间取偏导数得到,即

$$a_x = \frac{\partial u_x}{\partial t} = \frac{\partial^2 x(a,b,c,t)}{\partial t^2}$$

$$a_y = \frac{\partial u_y}{\partial t} = \frac{\partial^2 y(a,b,c,t)}{\partial t^2}$$

$$a_z = \frac{\partial u_z}{\partial t} = \frac{\partial^2 z(a,b,c,t)}{\partial t^2}$$

当加速度确定后,可通过牛顿第二定律,建立运动和作用于该点上力的关系,反之亦然。

由于流体不同于固体,流体微团运动中有线变形、角变形,互相间位置不固定,因此运动轨迹极其复杂多变,要想求出这些函数,常导致数学上的困难;其次,在实际工程上,多数情况下并不需要知道每一质点的运动轨迹及其速度等要素的变化;再次,测量流体运动要素,要跟着流体质点移动测量仪器,以测出不同瞬时的数值,这种测量方法是很难实现的。因此不常采用拉格朗日方法,而多采用欧拉方法。

欧拉方法是从分析通过流场中某固定空间点上流体质点的运动着手,设法描述出每一个空间点上流体质点的运动随时间变化的规律。如果知道了所有空间点上质点的运动规律,那么整个流动情况也就清楚了。至于流体质点在到达某空间点之前是从哪里来的,到达某空间点后又将到那里去,则不予研究。在直角坐标系中,选取坐标 (x,y,z) 将每一空间点区分开来。在一般情况下,同一时刻,不同空间点上流体质点的速度也是不同的,所以任意时刻任意空间点在流体质点的速度 u 将是空间坐标和时间的函数,写成向量形式为

$$u = u(x,y,z,t)$$

投影到 x,y,z 各个轴向的速度分量为

$$u_x = u_x(x,y,z,t)$$
$$u_y = u_y(x,y,z,t)$$
$$u_z = u_z(x,y,z,t)$$

同样,其他运动要素如压强 p 和密度 ρ 可写为

$$p = p(x,y,z,t)$$
$$\rho = \rho(x,y,z,t)$$

由上式可知,当 t 为常数,(x,y,z) 为变数,则可得同一瞬时,通过不同空间点各流体质点速度分布情况,是某瞬时空间的流速向量场。若 (x,y,z) 为常数,t 为变量,则可得不同瞬时,通过

空间某固定点流体质点速度变化的情况。

现讨论流体质点加速度的表达式。从欧拉法的观点来看,在流动中不仅处于不同空间点上的质点可以具有不同的速度,就是同一空间点上的质点,也因时间先后的不同可以有不同的速度。所以流体质点的加速度由两部分组成,一是由于时间过程而使空间点上的质点速度发生变化的加速度,称当地加速度(或时变加速度),另一是流动中质点位置移动而引起的速度变化所形成的加速度,称为迁移加速度(或位变加速度)。以欧拉法求加速度时,x,y,z,t 均看成是自变量,以复合函数求导法则,求流速 u 的全导数,各轴加速度的分量为

$$a_x = \frac{du_x}{dt} = \frac{\partial u_x}{\partial t} + \frac{\partial u_x}{\partial x}\frac{dx}{dt} + \frac{\partial u_x}{\partial y}\frac{dy}{dt} + \frac{\partial u_x}{\partial z}\frac{dz}{dt}$$

$$a_y = \frac{du_y}{dt} = \frac{\partial u_y}{\partial t} + \frac{\partial u_y}{\partial x}\frac{dx}{dt} + \frac{\partial u_y}{\partial y}\frac{dy}{dt} + \frac{\partial u_y}{\partial z}\frac{dz}{dt}$$

$$a_z = \frac{du_z}{dt} = \frac{\partial u_z}{\partial t} + \frac{\partial u_z}{\partial x}\frac{dx}{dt} + \frac{\partial u_z}{\partial y}\frac{dy}{dt} + \frac{\partial u_z}{\partial z}\frac{dz}{dt}$$

上式中 dx、dy、dz 是流体质点在 dt 时段内在空间的位移在各个轴的投影,因此

$$\frac{dx}{dt} = u_x \qquad \frac{dy}{dt} = u_y \qquad \frac{dz}{dt} = u_z$$

代入上式得欧拉法流体质点加速度的表达式

$$\left. \begin{aligned} a_x &= \frac{\partial u_x}{\partial t} + u_x \frac{\partial u_x}{\partial x} + u_y \frac{\partial u_x}{\partial y} + u_z \frac{\partial u_z}{\partial z} \\ a_y &= \frac{\partial u_y}{\partial t} + u_x \frac{\partial u_y}{\partial x} + u_y \frac{\partial u_y}{\partial y} + u_z \frac{\partial u_y}{\partial z} \\ a_z &= \frac{\partial u_z}{\partial t} + u_x \frac{\partial u_z}{\partial x} + u_y \frac{\partial u_z}{\partial y} + u_z \frac{\partial u_z}{\partial z} \end{aligned} \right\} \tag{6-31}$$

工程上大多采用欧拉法,因多数情况下,感兴趣的只是某些固定位置上流体质点的运动情况,并不一定要知道流体质点运动情况的历史演变。其次,测量流体的运动要素,用欧拉法时可将测试仪表固定在指定的空间点上即可,较易进行量测。

二、迹线、流线、元流、总流等基本概念

(一)迹线

迹线是一个流体质点在一段连续时间内在空间运动的轨迹线,它是拉格朗日法研究流体的几何表示。

(二)流线

流线是这样的曲线,对于某一固定时刻而言,曲线上任一点的速度方向与曲线在该点的切线方向重合;流线描绘出同一时刻不同位置上流体质点的速度方向。可以把流体运动想象为流线族构成的几何图像,如图 6-14 所示。这是欧拉法研究流体运动的几何表示方式。

由流线的定义可知,流线有这样一些性质:过空间某点在同一时刻只能作一根流线;流线不能转折,因为折点处会有两个流速向量,流线只能是光滑的连续曲线;对流速不随时间变化的恒定流动,流线形状不随时间改变,与迹线重合,对非恒定流流线形状随时间而改变;流线密处流速快,流线疏处流速慢。

由于流速向量与切线向量重合,两向量方向余弦相同,方向平行,所以两向量的向量积

$$u \times ds = 0$$

图 6-14

从而可得

$$\frac{\mathrm{d}x}{u_x} = \frac{\mathrm{d}y}{u_y} = \frac{\mathrm{d}z}{u_z} = \frac{\mathrm{d}s}{u} \tag{6-32}$$

上式称为流线微分方程,式中,$\mathrm{d}x$、$\mathrm{d}y$、$\mathrm{d}z$ 为流线上微小长度 $\mathrm{d}s$ 在三个坐标轴上的投影,u_x、u_y、u_z 为相应的流速分量,解上式可得到流线方程。

(三)流管、流束、过流断面、元流、总流

在流场中,任意取一非流线且不自相交的封闭曲线,从这封闭曲线上各点绘出流线,组成管状曲面,称为流管,如图 6-15 所示的虚线所示流管内的流体称为流束。在流束上取一横断面,使它与流线正交,这一断面称为过流断面,当流体为水时称为过水断面。过流断面为无限小的流束称为元流,元流同一断面上各点的运动要素如流速,压强等可以认为是相等的。过流断面面积有一定大小的流束称为总流,总流可以看成是由无限多个元流所组成,总流断面上各点的流速、压强不一定相等。

(四)流量、断面平均流速

单位时间内流过过流断面的流体数量称为流量,它可以用体积流量 Q、质量流量 Q_m、重力流量 Q_G 表示,单位分别为 m^3/s、$\mathrm{kg/s}$、$\mathrm{N/s}$ 等。对不可压缩流体,一般均用体积流量 Q 表示;对于元流而言,流速为 u,断面上各点相等,断面积为 $\mathrm{d}A$,则体积流量为

$$\mathrm{d}Q = u\mathrm{d}A \tag{6-33}$$

对于总流而言,通过断面积为 A 的体积流量为

$$Q = \int_A \mathrm{d}Q = \int_A u\mathrm{d}A \tag{6-34}$$

当点流速 u 在断面上的分布函数已知时,可用上式直接积分求出流量。当总流断面各点流速 u 的变化未知时,需利用断面平均流速 v 来计算总流量。断面平均流速 v 是假想的,在断面上均匀分布的流速,以此流速计算的流量,应与各点以实际流速通过的流量相等。如图 6-16 所示。

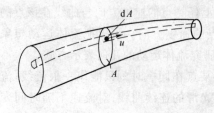

图 6-15

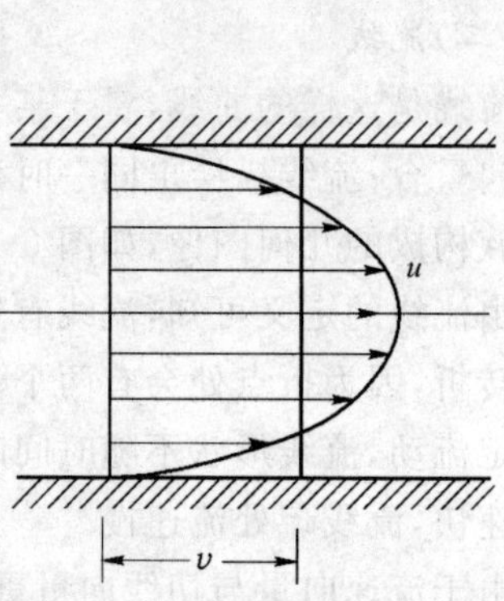

图 6-16

将平均流速代入式(6-34)中可求得总流的流量 Q,即

$$Q = \int_A \mathrm{d}Q = \int_A u\,\mathrm{d}A = \int_A v\,\mathrm{d}A = v\int_A \mathrm{d}A = vA$$

即
$$Q = vA \qquad (6\text{-}35)$$

或
$$v = \frac{Q}{A} \qquad (6\text{-}36)$$

已知体积流量 Q,可以用下面式子求出质量流量 Q_m 和重力流量 Q_G

$$Q_\mathrm{m} = \rho Q \qquad (6\text{-}37)$$
$$Q_\mathrm{G} = \gamma Q \qquad (6\text{-}38)$$

式中:ρ、γ——分别为流体的密度和重度。

(五)流体运动的分类

按各点运动要素(流速、压强等)是否随时间而变化,可将流体运动分为恒定流和非恒定流。各点运动要素不随时间而变化的流体运动称为恒定流,例如常水头孔口出流即是恒定流的一种。各点运动要素随时间而变化的流体运动称为非恒定流,变水头孔口出流即是一例。

按各点运动要素是否随位置而变化,可将流体运动分成均匀流和非均匀流。在给定的某一时刻,各点流速都不随位置而变的流动称为均匀流;反之,则称为非均匀流。按此严格定义的均匀流,工程上甚少出现。在经常使用的管道渠道中,一般定义均匀流是按各断面相应点流速相等为均匀流,或流线为平行直线的流动为均匀流,例如直径不变的长直管道内离进口较远处的流动,即是实际均匀流的一种。反之如流线不平行或相应点流速不相等的流动为非均匀流。

按流线是否接近于平行直线,又可将非均匀流分成渐变流和急变流。各流线之间的夹角很小,即各流线几乎是平行的,且各流线曲率半径很大,即各流线几乎是直线的流体运动称为渐变流;反之,则称为急变流。顶角很小的渐变圆锥形管道中的流动,可视为渐变流。

按限制总流的边界情况,可将流体运动分为有压流、无压流和射流。边界全部为固体所限没有自由液面的流动称为有压流,例如水泵的压水管道中的流动。边界部分为固体、部分为大气,具有自由液面的流体运动称为无压流,例如河流、引水明渠中的流动。流体经由孔口或管嘴喷射到某一空间,在充满气体或其他流体的空间继续喷射流动,其边界不受固体限制而与其他流体接触,这种流动称为射流,例如消防水枪的喷射流动即是射流的一种。

按决定流体的运动要素所需空间坐标的维数,可将流动分为一维、二维、三维流动,或称一元、二元、三元流动。长管、明渠以断面平均运动要素而言,主流方向只有一个,故可视为平均意义上的一维流动。

三、恒定流连续方程

连续性方程是根据质量守恒定理与连续介质假设推导而得。取一元流如图 6-17 所示,设为恒定流,流管形状不变,在 $\mathrm{d}t$ 时间内由 $\mathrm{d}A_1$ 流入的质量为 $\rho_1 u_1 \mathrm{d}A_1 \mathrm{d}t$,从 $\mathrm{d}A_2$ 流出的质量为 $\rho_2 u_2 \mathrm{d}A_2 \mathrm{d}t$,由于流体为连续介质,流管内充满无空隙的流体,根据质量守恒原理,流入的质量必与流出的质量相等,可得

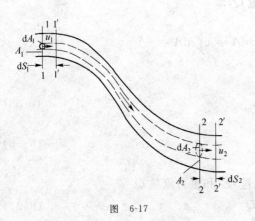

图 6-17

$$\rho_1 u_1 dA_1 dt = \rho_2 u_2 dA_2 dt$$

消去 dt 得

$$\rho_1 u_1 dA_1 = \rho_2 u_2 dA_2 \tag{6-39}$$

对于不可压缩流体 $\rho_1 = \rho_2 = \rho$，有

$$u_1 dA_1 = u_2 dA_2 \tag{6-40}$$

式(6-39)、式(6-40)为元流连续性方程。将式(6-40)积分，可得不可压缩流体总流连续性方程。即

$$\int_{A_1} u_1 dA_1 = \int_{A_2} u_2 dA_2$$

$$Q_1 = Q_2$$

$$v_1 A_1 = v_2 A_2 \tag{6-41}$$

将式(6-39)对总流积分可得

$$\rho_1 v_1 A_1 = \rho_2 v_2 A_2 \tag{6-42}$$

由式(6-41)可写出

$$\frac{v_1}{v_2} = \frac{A_2}{A_1}$$

上式表明在同一总流上，各断面的断面平均流速 v 与断面面积成反比，即断面增大时流速减少，反之亦然。

四、欧拉运动微分方程

由牛顿第二运动定律：$F = ma$，两边除以质量 m，对单位质量而言，有

$$\frac{F}{m} = a$$

即单位质量的外力合力等于加速度，比拟欧拉平衡方程的形式，将上式写成应用于流体微元的三维表达式

$$\left. \begin{array}{l} X - \dfrac{1}{\rho} \dfrac{\partial p}{\partial x} = \dfrac{du_x}{dt} \\[4pt] Y - \dfrac{1}{\rho} \dfrac{\partial p}{\partial y} = \dfrac{du_y}{dt} \\[4pt] Z - \dfrac{1}{\rho} \dfrac{\partial p}{\partial z} = \dfrac{du_z}{dt} \end{array} \right\} \tag{6-43}$$

上式即为欧拉运动微分方程，仅适用于理想流体，因为没有计及流体的黏性切应力。

欧拉方程有四个未知数 u_x、u_y、u_z、p，它与连续性微分方程一起有四个方程式，所以从原则上讲欧拉方程是可解的，但因为它是一阶非线性偏微分方程，至今仍未找到一般解，只是在几种特殊情况下得到了它的解，水力学中最常见的是在重力场中的伯努里(Bernoulli)积分。

五、恒定流能量方程(或伯努利方程)

(一)理想流体元流的能量方程

理想流体，即无黏性流体，无内摩擦力和能量损失。

将欧拉方程在下列条件下积分：

恒定流：$\frac{\partial u}{\partial t}=0, \frac{\partial p}{\partial t}=0$，则

$$dp=\frac{\partial p}{\partial x}dx+\frac{\partial p}{\partial y}dy+\frac{\partial p}{\partial z}dz$$

不可压缩流体：ρ＝常数

仅受重力作用：$X=Y=0, Z=-g$

沿流线积分：$dx=u_x dt, dy=u_y dt, dz=u_z dt$

将式(6-43)分别乘以 dx, dy, dz，相加后得

$$(Xdx+Ydy+Zdz)-\frac{1}{\rho}(\frac{\partial p}{\partial x}dx+\frac{\partial p}{\partial y}dy+\frac{\partial p}{\partial x}dz)$$

$$=\frac{du_x}{dt}dx+\frac{du_y}{dt}dy+\frac{du_z}{dt}dz$$

利用上述积分条件可得

$$-gdz-\frac{1}{\rho}dp=u_x du_x+u_y du_y+u_z du_z$$

$$=\frac{1}{2}d(u_x^2+u_y^2+u_z^2)=d(\frac{u^2}{2})$$

因为 ρ＝常数，上式变为

$$d(gz+\frac{p}{\rho}+\frac{u^2}{2})=0$$

积分得

$$gz+\frac{p}{\rho}+\frac{u^2}{2}=\text{常数}$$

两边除以重力加速度 g，并且因 $\rho g=\gamma$ 得

$$z+\frac{p}{\gamma}+\frac{u^2}{2g}=\text{常数} \tag{6-44}$$

上式即为伯诺里积分或理想流体元流伯诺里方程，对同一元流的任意二断面可将式(6-44)写成

$$z_1+\frac{p_1}{\gamma}+\frac{u_1^2}{2g}=z_2+\frac{p_2}{\gamma}+\frac{u_2^2}{2g} \tag{6-45a}$$

上式以 $\gamma=\rho g$ 代入，可写成

$$z_1+\frac{p_1}{\rho g}+\frac{u_1^2}{2g}=z_2+\frac{p_2}{\rho g}+\frac{u_2^2}{2g} \tag{6-45b}$$

(二) 理想流体元流能量方程的物理意义

z——位置高度或位置水头，单位位能；

$\dfrac{p}{\gamma}$——压强高度或压强水头,单位压能;

$\dfrac{u^2}{2g}$——流速水头,单位动能,因为单位动能等于动能 $\dfrac{1}{2}mu^2$ 除以流体重力 mg,即单位动能 $=\dfrac{\frac{1}{2}mu^2}{mg}=\dfrac{u^2}{2g}$;

$z+\dfrac{p}{\gamma}$——测压管水头,单位势能,各断面测压管水头的连线称测管水头线,如图 6-18 所示,测压管水头线沿流向可升、可降、可水平;

$z+\dfrac{p}{\gamma}+\dfrac{u^2}{2g}$——总水头,单位重力流体的总机械能,简称单位能,沿流各断面总水头的连线为总水头线,理想流体的总水头线是一水平线,反映了理想流体运动时各断面单位能守恒,是能量守恒定律在流体运动中的一种体现。因任一断面三种单位能之和为一常数,如果其中某一种单位能发生变化,则另两种必定也会跟着转变。例如对一水平管道,单位位能 z 各断面相同,当管道断面变小处,该处流速加快(连续性方程),单位动能 $\dfrac{u^2}{2g}$ 加大,则该处压强水头或单位压能 $\dfrac{p}{\gamma}$ 必然降低,当动能加大到一定程度,该处将出现负压,可将气体或其他流体吸入,这就是喷射器(或射流泵)能抽水的原因。这也表明流体运动过程中,不仅遵循能量守恒原理,同时能量也可从一种形式转化为另一种形式,体现了能量转化原理。

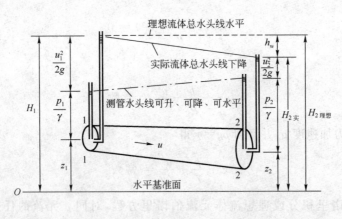

图 6-18

人们利用元流能量方程原理,制造出简便的测量流体某处流速 u 的仪器,这就是工程上常用的毕托(Pitot)管,毕托管构造示意于图 6-19。毕托管是一有 90°弯曲的细管,其顶端开孔截面正对迎面液流,放在测定点 A 处,在来流势能、动能共同作用下,流体沿弯管上升至一定高度 $\dfrac{p'}{\gamma}$ 后保持稳定,此时 A 点的运动质点由于受到测速管的阻滞,流速变为零。测压管置于和 A 同一断面的壁上,其液柱高度为 $\dfrac{p}{\gamma}$。未放测速毕托管前 A 处的总单位能为 $z+\dfrac{p}{\gamma}+\dfrac{u^2}{2g}$,放入测速毕托管后,动能全部转化为压能,故总单位能为 $z+\dfrac{p'}{\gamma}$。

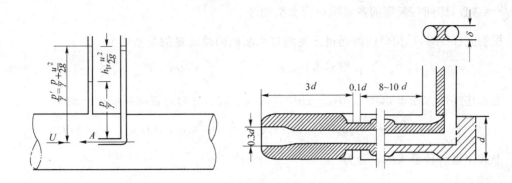

图 6-19

对于恒定流,当测管很少影响流场时,A 点的单位能应保持不变,故

$$z + \frac{p}{\gamma} + \frac{u^2}{2g} = z + \frac{p'}{\gamma}$$

$$\frac{u^2}{2g} = \frac{p'}{\gamma} - \frac{p}{\gamma} = h_u$$

式中,h_u 为测速管与测压管二者水头差,反映了被测点的流速水头大小,而流速 u 可按下式求得

$$u = \sqrt{2gh_u} = \sqrt{2g(\frac{p'-p}{\gamma})} \tag{6-46}$$

毕托管细部构造亦示意于图 6-18 中,由于放入毕托管后流场受到干扰,而实际流体的黏性亦有影响,所以使用式(6-46)时需加一修正系数 C,称毕托管修正系数。由实验确定,$C=1$~1.04,近似可取 $C=1.0$。此时流速为

$$u = C\sqrt{2g(\frac{p'-p}{\gamma})} \tag{6-47}$$

(三)实际流体元流能量方程

对于实际流体,黏性切应力阻碍流体运动,为克服阻力将损失机械能,单位重量流体损失的机械能称为单位能损失,所对应的水柱高度称为水头损失。令元流断面 1 至断面 2 的水头损失为 $h'_{w_{1-2}}$,则实际流体元流的能量方程为

$$z_1 + \frac{p_1}{\gamma} + \frac{u_1^2}{2g} = z_2 + \frac{p_2}{\gamma} + \frac{u_2^2}{2g} + h'_{w_{1-2}} \tag{6-48}$$

实际流体元流的总水头线是一条沿流下降的斜坡线,又称为水力坡度线。总水头线的坡度称为水力坡度 J,水力坡度可用单位长度上的水头损失计算,对线性变化的水力坡度

$$J = \frac{h'_w}{L} \tag{6-49}$$

L 为发生水头损失流段的流长,当非线性变化时,水力坡度为

$$J = \frac{dh'_w}{dL} \tag{6-50}$$

(四)实际流体总流的能量方程

根据实际流体元流的能量方程(6-48)对总流过水断面积分,即可得到实际流体总流的能量方程。在积分时需作一些假设,除了要满足伯诺里积分时的四个假设之外,还需满足无能量输入或输出总流之中和所取过水断面处满足渐变流条件。由于渐变流中加速度很小,加速度形成的惯性力可不计,质量力仅为重力,因而同一过水断面上动压按静压分布,即同一断面上的

$z+\dfrac{p}{\gamma}=$ 常数，即同一断面的各点测压管水头相等。

根据式(6-48)，单位时间内通过元流两过水断面的总能量的关系式为

$$(z_1+\frac{p_1}{\gamma}+\frac{u_1^2}{2g})\gamma\mathrm{d}Q=(z_2+\frac{p_2}{\gamma}+\frac{u_2^2}{2g})\gamma\mathrm{d}Q+h'_{w_{1-2}}\gamma\mathrm{d}Q$$

而由连续性方程知 $\mathrm{d}Q=u_1\mathrm{d}A_1=u_2\mathrm{d}A_2$，代入上式后并对总流两断面进行积分

$$\int_{A_1}(z_1+\frac{p_1}{\gamma}+\frac{u_1^2}{2g})\gamma u_1\mathrm{d}A_1=\int_{A_2}(z_2+\frac{p_2}{\gamma}+\frac{u_2^2}{2g})\gamma u_2\mathrm{d}A_2+\int_Q h'_{w_{1-2}}\gamma\mathrm{d}Q$$

上式中第一种形式的积分为

$$\int_A (z+\frac{p}{\gamma})\gamma\mathrm{d}Q=\gamma(z+\frac{p}{\gamma})\int_A\mathrm{d}Q=\gamma Q(z+\frac{p}{\gamma})$$

第二种形式的积分为

$$\int_A\gamma\frac{u^3}{2g}\mathrm{d}A=\frac{\gamma}{2g}\int_A u^3\mathrm{d}A=\frac{\gamma}{2g}\int_A(v+\Delta u)^3\mathrm{d}A$$

$$=\frac{\gamma}{2g}\int_A(v^3+3v^2\Delta u+3v\Delta u^2+\Delta u^3)\mathrm{d}A$$

$$=\frac{\gamma}{2g}(v^3 A+3v^2\int_A\Delta u\mathrm{d}A+3v\int_A\Delta u^2\mathrm{d}A+\int_A\Delta u^3\mathrm{d}A)$$

$$=\frac{\gamma}{2g}(v^3 A+3v\int\Delta u^2\mathrm{d}A)=\frac{\gamma}{2g}(\alpha v^3 A)=\gamma Q\frac{\alpha v^2}{2g}$$

因为 $\int_A\Delta u\mathrm{d}A=0$，而 $\int_A\Delta u^3\mathrm{d}A$ 可略去，括号内 $3v\int\Delta u^2\mathrm{d}A$ 项为正值，故 $\int_A u^3\mathrm{d}A>v^3 A$。

令 $\alpha=\dfrac{\int u^3\mathrm{d}A}{v^3 A}$，则知 $\alpha>1$，称为动能改正系数，由试验知 $\alpha=1.0\sim 1.1$，通常取 $\alpha=1.0$。第三种积分为 $\int_Q h'_w\gamma\mathrm{d}Q$，若令 h_w 为单位质量流体从断面1流至断面2能量损失的平均值，上积分可写成

$$\int_Q h'_w\gamma\mathrm{d}Q=\gamma Q h_w$$

将上述三种积分结果汇总化简后可得

$$(z_1+\frac{p_1}{\gamma})\gamma Q+\frac{\alpha_1 v_1^2}{2g}\gamma Q=(z_2+\frac{p_2}{\gamma})\gamma Q+\frac{\alpha_2 v_2^2}{2g}\gamma Q+h_w\gamma Q$$

以重量流量 γQ 除以各项，得到以单位重量流体表示的总流能量方程

$$z_1+\frac{p_1}{\gamma}+\frac{\alpha_1 v_1^2}{2g}=z_2+\frac{p_2}{\gamma}+\frac{\alpha_2 v_2^2}{2g}+h_{w_{1-2}} \tag{6-51a}$$

以 $\gamma=\rho g$ 代入，上式亦可写为

$$z_1+\frac{p_1}{\rho g}+\frac{\alpha_1 v_1^2}{2g}=z_2+\frac{p_2}{\rho g}+\frac{\alpha_2 v_2^2}{2g}+h_{w_{1-2}} \tag{6-51b}$$

与元流能量方程比较可见，以平均流速流速水头与动能改正系数乘积 $\dfrac{\alpha v^2}{2g}$ 代替了 $\dfrac{u^2}{2g}$，又以总流的水头损失 h_w 代替了元流的水头损失 h'_w，其余各项不变。

(五) 总流能量方程的应用范围和应用举例

由能量方程推导过程可知，能量方程必须满足这些条件方可应用，即恒定流、不可压缩流体、仅受重力作用、所取断面必须是渐变流、两断面间无机械能的输入或输出、也无流量的汇入或分出。

如果欲用于有机械能的输入或输出，则可修正如下

$$z_1 + \frac{p_1}{\gamma} + \frac{\alpha_1 v_1^2}{2g} \pm H = z_2 + \frac{p_2}{\gamma} + \frac{\alpha_2 v_2^2}{2g} + h_w \tag{6-52}$$

上式中 H 为输入或输出的单位机械能以液柱高度表示的水头，输入时用正号，输出时用负号。如果欲用于有流量分出或汇入的情况，则按单位能的意义作如下处理，对于如图 6-20a) 所示的情况有

$$\left. \begin{aligned} z_1 + \frac{p_1}{\gamma} + \frac{\alpha_1 v_1^2}{2g} &= z_2 + \frac{p_2}{\gamma} + \frac{\alpha_2 v_2^2}{2g} + h_{w1\text{-}2} \\ z_1 + \frac{p_1}{\gamma} + \frac{\alpha_1 v_1^2}{2g} &= z_3 + \frac{p_3}{\gamma} + \frac{\alpha_3 v_3^2}{2g} + h_{w1\text{-}3} \\ Q_1 &= Q_2 + Q_3 \end{aligned} \right\} \tag{6-53}$$

对于如图 6-20b) 所示的情况有

$$\left. \begin{aligned} z_1 + \frac{p_1}{\gamma} + \frac{\alpha_1 v_1^2}{2g} &= z_3 + \frac{p_3}{\gamma} + \frac{\alpha_3 v_3^3}{2g} + h_{w1\text{-}3} \\ z_2 + \frac{p_2}{\gamma} + \frac{\alpha_2 v_2^2}{2g} &= z_3 + \frac{p_3}{\gamma} + \frac{\alpha_3 v_3^2}{2g} + h_{w2\text{-}3} \\ Q_1 + Q_2 &= Q_3 \end{aligned} \right\} \tag{6-54}$$

在使用能量方程时，应注意配合应用连续方程。

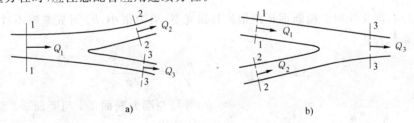

图 6-20

【例 6-5】 用一根直径 d 为 100mm 的管道从恒定水位的水箱引水，如图 6-21 所示。若所需引水流量 Q 为 30L/s，水箱至管道出口的总水头损失 $h_w = 3\text{m}$，水箱水面流速很小可忽略不计，试求水面至出口中心点的水头 H。

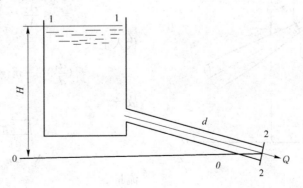

图 6-21

解 选水箱水面为断面 1-1,管道出口断面为断面 2-2,过断面 2-2 中点取一水平面为基准面 0-0,对此二断面写能量方程

$$z_1 + \frac{p_1}{\gamma} + \frac{\alpha_1 v_1^2}{2g} = z_2 + \frac{p_2}{\gamma} + \frac{\alpha_2 v_2^2}{2g} + h_{w1-2}$$

$$H + 0 + 0 = 0 + 0 + \frac{\alpha_2 v_2^2}{2g} + h_{w1-2}$$

因两断面均与大气相连,压强为当地大气压,所以 $p_1 = p_2 = 0$,水面流速 $v_1 \approx 0$,现取 $\alpha_2 = 1.0$,则有

$$H = \frac{v_2^2}{2g} + h_{w1-2}$$

管道出口流速 $v_2 = \dfrac{Q}{A_2} = \dfrac{Q}{\frac{\pi}{4}d^2} = 3.82 \text{m/s}$,所以水头 H 为

$$H = \frac{3.82^2}{2 \times 9.8} + 3 = 3.74 \text{m}$$

【**例 6-6**】 试导出如图 6-22 所示的文丘里(Venturi)流量计的流量公式,若已测出测压管水头差 $\Delta h = 0.5 \text{mH}_2\text{O}$,流量系数 $\mu = 0.98$;管道直径 $d_1 = 100 \text{mm}$,文丘里管的喉管直径 $d_2 = 50 \text{mm}$,求此时管内通过的流量 Q。

解 如图在测压管所在位置选取与流线垂直的断面 1-1 及 2-2,基准面选在管道下方任一位置。对断面 1-1 及 2-2 写能量方程,则

$$z_1 + \frac{p_1}{\gamma} + \frac{\alpha_1 v_1^2}{2g} = z_2 + \frac{p_2}{\gamma} + \frac{\alpha_2 v_2^2}{2g} + h_{w1-2}$$

令 $\alpha_1 = \alpha_2 \approx 1.0$,因文丘里管两断面相距很近且很光滑,阻力很小,$h_w$ 可先忽略不计,再用实验得到的流量系数校正。

$$(z_1 + \frac{p_1}{\gamma}) - (z_2 + \frac{p_2}{\gamma}) = \frac{v_2^2 - v_1^2}{2g}$$

等号左端为断面 1-1 与断面 2-2 测压管水头差 Δh,所以

$$v_2^2 - v_1^2 = 2g\Delta h$$

利用连续方程 $v_1 A_1 = v_2 A_2$ 可将 v_2 换算成 v_1

$$v_2 = v_1 \frac{A_1}{A_2} = v_1 (\frac{d_1}{d_2})^2$$

代入上式

$$v_1^2 (\frac{d_1}{d_2})^4 - v_1^2 = 2g\Delta h$$

故

$$v_1 = \sqrt{\frac{2g\Delta h}{(\frac{d_1}{d_2})^4 - 1}}$$

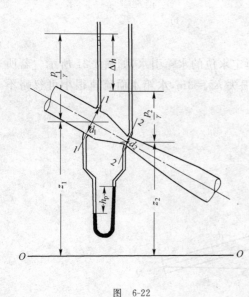

图 6-22

流量

$$Q = v_1 A_1 = \frac{\pi}{4} d_1^2 \sqrt{\frac{2g\Delta h}{(\frac{d_1}{d_2})^4 - 1}} \tag{6-55}$$

对某一已知的文丘里流量计,直径 d_1 及 d_2 为已定常数,$g = 9.8 \text{m/s}^2$ 也是常数,所以 $\frac{\pi}{4} d_1^2 \times \sqrt{\frac{2g}{(\frac{d_1}{d_2})^4 - 1}}$ 也是一常数,令 $K = \frac{\pi}{4} d_1^2 \sqrt{\frac{2g}{(\frac{d_1}{d_2})^4 - 1}}$,则有

$$Q = K\sqrt{\Delta h} \tag{6-56}$$

代入本题数据得

$$K = \frac{\pi}{4}(0.1)^2 \sqrt{\frac{2 \times 9.8}{(\frac{0.1}{0.05})^4 - 1}} \approx 0.008\,97 \text{m}^{\frac{5}{2}}/\text{s}$$

$$Q = \mu K \sqrt{\Delta h} = 0.98 \times 0.008\,97 \times \sqrt{0.5} = 0.006\,22 \text{m}^3/\text{s}$$

【例 6-7】 设在供水管路中有一水泵,如图 6-23 所示,已知吸水池水面与水塔水面高差 $z = 30\text{m}$,从断面 1-1 流至断面 2-2 的总水头损失 $h_{w_{1-2}}$ 为 5m。求水泵所需要的水头或水泵扬程需要多少。

解 因为在流程中有水泵的机械能输入,所以采用式(6-51),选断面 1 及 2 写能量方程

$$z_1 + \frac{p_1}{\gamma} + \frac{\alpha_1 v_1^2}{2g} + H = z_2 + \frac{p_2}{\gamma} + \frac{\alpha_2 v_2^2}{2g} + h_{w_{1-2}}$$

水泵扬程 H 为

$$H = (z_2 - z_1) + (\frac{p_2 - p_1}{\gamma}) + \frac{\alpha_2 v_2^2 - \alpha_1 v_1^2}{2g} + h_{w_{1-2}}$$

$z_2 - z_1 = z$ 为两水面高差,1-1 及 2-2 液面均为当地大气压,相对压强为零,$p_1 = p_2 = 0$,令 $\alpha_1 = \alpha_2 = 1.0$,且因水面流速很小可不计,$v_1 = v_2 \approx 0$,所以

$$H = z + h_{w_{1-2}}$$

代入本题数据后得

$$H = 30 + 5 = 35\text{m}$$

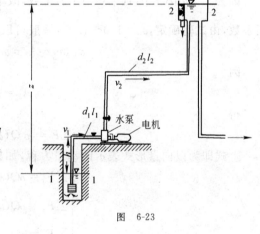

图 6-23

六、恒定流动量方程

流体像其他物体一样遵循动量定律,即动量对于时间的变化率 $\frac{dK}{dt}$ 等于作用于物体上各外力的合力 $\boldsymbol{F}$。现将此定理运用于如图 6-24 所示的元流和总流推导出恒定流动量方程,取过流断面 1-1 及 2-2,作为控制面,流体由 1-1 向 2-2 流动,先取一条元流(图中虚线所示)分析。经过时间 dt 后断面从 1-1 移至 $1'-1'$,2-2 移至 $2'-2'$,元流的动量增量应为 1-$1'$ 段和 2-$2'$ 段的动量

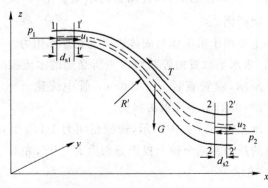

图 6-24

之差,即等于流出控制面的动量减去流入控制面的动量,因为中间一段 $1'$-2 动量无变化,所以

$$d\boldsymbol{K} = \rho dS_2 dA_2 \boldsymbol{u}_2 - \rho dS_1 dA_1 \boldsymbol{u}_1$$

$$= \rho dQ dt(\boldsymbol{u}_2 - \boldsymbol{u}_1)$$

动量的变化率 $\dfrac{d\boldsymbol{K}}{dt} = \rho dQ(\boldsymbol{u}_2 - \boldsymbol{u}_1)$,按动量定律

$$\rho dQ(\boldsymbol{u}_2 - \boldsymbol{u}_1) = \boldsymbol{F}$$

将上式对总流积分,即可得总流动量方程 $\int_{A_2} \rho \boldsymbol{u}_2 u_2 dA_2 - \int_{A_1} \rho \boldsymbol{u}_1 u_1 dA_1 = \sum \boldsymbol{F}$

现分析 $\int_A u^2 dA$ 积分形式

$$\int_A u^2 dA = \int_A (v + \Delta u)^2 dA$$
$$= \int_A (v^2 + 2v\Delta u + \Delta u^2) dA$$
$$= v^2 A + \int_A \Delta u^2 dA = \alpha_0 v^2 A$$

因为 $\int_A \Delta u dA = 0$,且 $\int \Delta u^2 dA$ 为正数,故 $\int_A u^2 dA > v^2 A$,$\alpha_0 > 1$,$\alpha_0 = \dfrac{\int_A u^2 dA}{v^2 A}$ 称动量改正系数,由试验确定,$\alpha_0 = 1.0 \sim 1.05$,一般可取 $\alpha_0 \approx 1.0$。将此代入原积分式后有

$$\alpha_{02} \rho v_2 v_2 A_2 - \alpha_{01} \rho v_1 v_1 A_1 = \sum F$$

因

$$v_2 A_2 = v_1 A_1 = Q$$

得

$$\sum F = \rho Q (\alpha_{02} v_2 - \alpha_{01} v_1) \tag{6-57}$$

上式即为以向量形式表示的动量方程,如果投影到三个坐标轴上分别计算则有

$$\begin{cases} \sum F_x = \rho Q(\alpha_{02} v_{2x} - \alpha_{01} v_{1x}) \\ \sum F_y = \rho Q(\alpha_{02} v_{2y} - \alpha_{01} v_{1y}) \\ \sum F_z = \rho Q(\alpha_{02} v_{2z} - \alpha_{01} v_{1z}) \end{cases} \tag{6-58}$$

动量方程中的力 F 和速度 v 均是向量,即使应用式(6-57),应注意方向和正负号。并且牢记脚标"2"代表流出控制体的断面,脚标"1"代表流入控制体的断面,且动量的增量要用"2"减去"1",次序不能颠倒。

动量方程主要用于求流体与固体边界的相互作用力。

【例 6-8】 求水平放置的等截面弯头所受到的水流推力,如图 6-25 所示,弯管直径 $d=200$mm,管中流速 $v=4$m/s,压强为 $p=98$kPa,不计水头损失。

解 取二维坐标 x,y 如图所示,选控制面为 1-1、2-2,令管壁对水流的反力在两个轴上投影分别为 R'_x、R'_y,先对 x 轴应用式(6-58)

$$\sum F_x = \rho Q(\alpha_{02} v_{2x} - \alpha_{01} v_{1x})$$

图 6-25

设 $\alpha_{02}=\alpha_{01}=1.0$
$$-R'_x - p_2 A_2 \cos\theta + p_1 A_1 = \rho Q (v_2 \cos\theta - v_1)$$

由于是等截面，所以 $A_1=A_2=A$，得
$$R'_x = A(p_1 - p_2\cos\theta) - \rho Q(v_2\cos\theta - v_1)$$

由于等截面，又不计水头损失，所 $v_1=v_2=v=4\text{m/s}$，$p_1=p_2=p=98\text{kPa}$，$Q=\frac{\pi}{4}d^2 v = \frac{\pi}{4}(0.2)^2 \times 4 = 0.126 \text{m}^3/\text{s}$。将数字代入求得

$$R'_x = \frac{\pi}{4}(0.2)^2 \times (98\times 10^3 - 98\times 10^3 \cos 45°) - 1\,000 \times 0.126 \times (4\times\cos 45° - 4)$$
$$= 1\,049.7\text{N}$$

再对 y 轴应用式(6-58)
$$\sum F_y = \rho Q(\alpha_{02} v_{2y} - \alpha_{01} v_{1y})$$
$$R'_y - p_2 A_2 \sin\theta = \rho Q(v_2 \sin\theta - 0)$$
$$R'_y = p_2 A_2 \sin\theta + \rho Q v_2 \sin 45°$$
$$= 98\times 10^3 \times \frac{\pi}{4}(0.2)^2 \times \sin 45° + 1\,000 \times 0.126 \times 4\sin 45° = 2\,533\text{N}$$

合力 $R = \sqrt{R'^2_x + R'^2_y} = \sqrt{1\,049.7^2 + 2\,533^2} = 2\,741.9\text{N}$

管道所受推力 $\boldsymbol{P}$ 与此大小相等方向相反，$\boldsymbol{P}=-\boldsymbol{R}$。

习　题

6-11　理想流体是指(　　)的流体。
　　A. 密度为常数　　　　　　　　B. 黏度不变
　　C. 不可压缩　　　　　　　　　D. 无黏性

6-12　恒定流是指(　　)。
　　A. 当地加速度 $\frac{\partial \boldsymbol{u}}{\partial t}=0$　　　　B. 迁移加速度 $\frac{\partial \boldsymbol{u}}{\partial S}=0$
　　C. 当地加速度 $\frac{\partial \boldsymbol{u}}{\partial t}\neq 0$　　　　D. 迁移加速度 $\frac{\partial \boldsymbol{u}}{\partial S}\neq 0$

6-13　均匀流是指(　　)。
　　A. 当地加速度为零　　　　　　B. 合加速度为零
　　C. 流线为平行直线　　　　　　D. 流线为平行曲线

6-14　伯努利方程中 $z+\frac{p}{\gamma}+\frac{\alpha v^3}{2g}$ 表示(　　)。
　　A. 单位重量流体的势能　　　　B. 单位重量流体的动能
　　C. 单位重量流体的机械能　　　D. 单位质量流体的机械能

6-15　毕托管测速比压计中的水头差是(　　)。
　　A. 单位动能与单位压能之差
　　B. 单位动能与单位势能之差
　　C. 测压管水头与流速水头之差
　　D. 总水头与测压管水头之差

6-16 黏性流体测压管水头线的沿程变化是（　　）。
 A. 沿程下降　　　　　　　　B. 沿程上升
 C. 保持水平　　　　　　　　D. 前三种情况都有可能

6-17 变直径有压圆管流动，上游断面 1 的直径 $d_1=150\text{mm}$，下游断面 2 的直径 $d_2=300\text{mm}$，断面 1 的平均流速 $v_1=6\text{m/s}$，断面 2 的平均流速 v_2 为（　　）。
 A. 3m/s　　　　B. 2m/s　　　　C. 1.5m/s　　　　D. 1m/s

6-18 已知倾斜放置的文丘里流量计的测压管水头差 $\Delta h=0.6\text{mH}_2\text{O}$，如图 6-21 所示，收缩前粗管直径 $d_1=100\text{mm}$，喉管直径 $d_2=50\text{mm}$，流量校正系数 $\mu=0.98$，流量 Q 为（　　）。
 A. 0.008m³/s　　B. 0.006 51m³/s　　C. 0.007 5m³/s　　D. 0.006 81m³/s

第五节　流动阻力和能量损失

本节主要研究由于流体黏性的作用而产生的流动阻力和由于克服阻力而消耗的能量损失。对于液体，常用单位重量液体的能量损失即水头损失 h_w 来表示；对于气体，常用单位体积的能量损失即压强损失 $p_w=\gamma h_w$ 来表示。

水头损失可分为沿程水头损失和局部水头损失两种类型。当流体作流线平行的均匀流动时，水流阻力只有沿程不变的切应力，称为沿程阻力，由于克服沿程阻力消耗能量而产生的水头损失称为沿程水头损失 h_f，如图 6-26 所示直管段部分的水头损失即是此种水头损失；当限制流体的固体边界急剧改变，从而引起流体流速分布、内部结构变化、形成漩涡等一系列现象，因此产生的阻力称为局部阻力，由于克服局部阻力消耗能量而产生的水头损失称为局部水头损失 h_m，如图 6-26 所示流经"弯头"、"缩小"、"放大"及"闸门"等处的水头损失即为局部损失。

图 6-26 流段两断面间的全部水头损失 h_w 可以表示为两断面间所有沿程损失和所有局部损失的总和，即

$$h_w=\sum h_f+\sum h_m$$

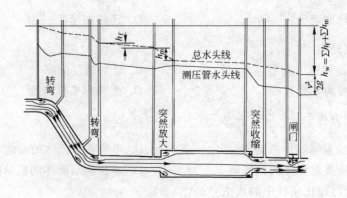

图 6-26

一、两种流态——层流和紊流

1883 年英国物理学家奥斯本·雷诺（Osborne Reynotds）经实验研究发

现,水头损失和流体流动状态有关,而流动状态又可分为层流和紊流两种类型。

(一)层流

流体呈层状流动,各层的质点互不混掺;层流时水头损失 h_f 与平均流速的一次方成比例,即 $h_f = k_1 v$;层流一般发生在低流速、细管径、高黏性的流体流动中。

(二)紊流

流体的质点互相混掺,迹线紊乱的流动;紊流时水头损失与平均流速的 1.75~2 次方成比例,即 $h_f = K_2 v^{1.75 \sim 2}$;紊流发生在流速较快、断面较大、黏性小的流体流动中。

(三)层流与紊流的判别标准

雷诺经大量实验研究后提出用一个无量纲数 $\dfrac{vd}{\nu}$ 来区别流态。后人为纪念他,称之为下临界雷诺数,并以雷诺名字的头两个字母表示,即

$$\mathrm{Re}_k = \frac{v_k d}{\nu} = 2\,300 \tag{6-59}$$

若管道中实际的雷诺数 $\mathrm{Re} = \dfrac{vd}{\nu} < 2\,300$ 为层流,$\mathrm{Re} > 2\,300$ 为紊流。

【例 6-9】 直径为 20mm 的管流,平均流速为 9m/s,已知水的运动黏性系数 $\nu = 0.011\,4\,\mathrm{cm}^2/\mathrm{s}$,则管中水流的流态和水流流态转变的层流流速分别是:

A. 层流,19cm/s B. 层流,13cm/s
C. 紊流,19cm/s D. 紊流,13cm/s

解 管中雷诺数 $\mathrm{Re} = \dfrac{v \cdot d}{\nu} = \dfrac{2 \times 900}{0.011\,4} = 157894.74 \gg \mathrm{Re}_k$,为紊流。

欲使流态转变为层流时的流速 $v_k = \dfrac{\mathrm{Re}_k \cdot \nu}{d} = \dfrac{2\,300 \times 0.011\,4}{2} = 13.1\,\mathrm{cm/s}$。

答案: D

二、均匀流基本方程

在均匀流条件下可导出切应力 τ 与水力坡度 J 的关系式

$$\tau = \rho g R J = \rho g \frac{r}{2} J$$

上式表明圆管中切应力与半径 r 成正比,为线性分布,如图 6-27a)所示。

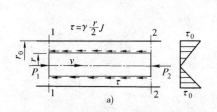 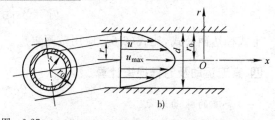

图 6-27

三、圆管中的层流运动及沿程损失计算

当圆管中的流态为层流时,断面上各点的流速 u 可用下式计算

$$u = \frac{\gamma J}{4\mu}(r_0^2 - r^2) \tag{6-60}$$

式中：γ——重度；

J——水力坡度；

μ——动力黏度；

r_0——水管内半径；

r——断面上任一点半径。

由上式可知，层流时圆管断面流速分布为二次抛物线，如图 6-27b)所示。最大流速 u_{max} 发生在 $r=0$ 的管轴心处，$u_{max}=\frac{\gamma J}{4\mu}r_0^2$；断面平均流速 $v=\frac{Q}{A}=\frac{\int_A u dA}{A}$ 经积分计算后可得 $v=\frac{\gamma J}{8\mu}r_0^2$，所以 $v=\frac{1}{2}u_{max}$，即平均流速是最大流速的一半。而动能改正系数 $\alpha=2$，动量改正系数 $\alpha_0=1.33$。

若以 $u_m=\frac{\gamma J}{4\mu}r_0^2$ 代入式(6-60)中可得：$u=u_m\left[1-\left(\frac{r}{r_0}\right)^2\right]$。

圆管层流时水头损失 h_f 的计算公式可导出为

$$h_f = \lambda \frac{L}{d} \frac{v^2}{2g} \tag{6-61}$$

上式称达西-魏斯巴赫(Darcy-Weisbach)，公式中 L 为流长，d 为管内径，v 为断面平均流速，g 为重力加速度，λ 为沿程阻力系数，在圆管层流时可按下式计算

$$\lambda = \frac{64}{Re} \tag{6-62}$$

上式只能在 $Re<2\ 300$ 时应用。

对于非圆断面的管道，可以用水力半径 R 来代替式中的管径 d，水力半径为断面面积 A 与湿周 x 之比，即

$$R = \frac{A}{x} \tag{6-63}$$

对有压圆管其水力半径按式(6-63)可求得为

$$R = \frac{\frac{\pi}{4}d^2}{\pi d} = \frac{d}{4}$$

将此关系代入式(6-61)可得

$$h_f = \lambda \frac{L}{4R} \frac{v^2}{2g} \tag{6-64}$$

上式称达西公式，比式(6-61)应用范围更广。

四、紊流运动及沿程损失计算

(一) 紊流的脉动现象

在紊流中由于质点的混掺及旋涡的转移，使紊流中某点的流速、压强均随时间 t 而围绕某一时间平均值上下跳动，此现象称为脉动现象。图 6-28a)表示紊流流速 u_x 随时间 t 而脉动的情况，由于紊流脉动是一个随机过程，从瞬时来看没有规律，给研究带来困难。但从较长的时间过程来看，它又有一定规律，它可以看成是一个时间平均流动和脉动的叠加，而时均流动是恒定的。例如时均流速 $\bar{u}_x = \frac{1}{T}\int u_x dt$，在图 6-28 中 $\bar{u}_x$ 是一条水平线。

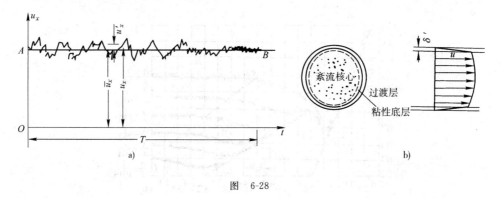

图 6-28

(二) 紊流的阻力

紊流除由于黏性而产生的黏性切应力之外，更主要的是由于质点混掺、动量交换而形成的惯性切应力 $\tau_2 = -\rho \overline{u'_x u'_y}$。根据普朗德(Prandtl)混掺长度半经验理论，惯性切应力

$$\tau_2 = \rho l^2 \left(\frac{du_x}{dy}\right)^2$$

式中，l 为混掺长度。据卡门(Kazman)的研究：$l = ky$，$k = 0.36 \sim 0.435$，平均值取 $k = 0.4$。所以紊流阻力由两部分叠加，得

$$\tau = \mu \frac{du_x}{dy} + \rho l^2 \left(\frac{du_x}{dy}\right)^2$$

根据上述紊流阻力公式，可导出紊流核心区紊流速分布公式为

$$u = \frac{1}{k} v^* \cdot \ln y + C \tag{6-65}$$

由上式知紊流核心区流速分布为对数分布，远较层流均匀，如图 6-28b)所示，式中 $v_* = \sqrt{\frac{\tau_0}{\rho}}$ 称为切应力流速，y 为距壁面的距离。式中积分常数与固壁壁面的粗糙度 Δ 高低有关，所以紊流的阻力、流速分布、水头损失，不仅与黏性有关，与雷诺数 Re 有关，而且还与边壁粗糙度 Δ 和相对粗糙度 $\frac{\Delta}{d}$ 有关。

在壁面附近的黏性底层中，紊流流速分布为直线分布。

(三) 紊流的沿程阻力系数

紊流与层流一样，计算沿程损失的公式仍可用达西公式(6-61)或公式(6-64)，但沿程阻力系数随流态不同及所在流区不同而用不同公式计算。根据尼柯拉兹(Nikuradse)在人工粗糙(黏沙粒)管中的试验，流区可划分如下：

1. 层流区

Re<2 000，$\lambda = \frac{64}{Re}$，参见图 6-29。

2. 紊流光滑区

$4\,000 < Re < 10^5$，管壁绝对粗糙度 $\Delta < 0.4\delta$，而黏性底层厚度 $\delta = \frac{32.8d}{Re\sqrt{\lambda}}$，此时黏性底层厚度遮盖了边壁粗糙度，沿程阻力系数仅随雷诺数而变，$\lambda = \lambda(Re)$，可用伯拉休斯(Blasince)公式计算

$$\lambda = \frac{0.316\,4}{Re^{0.25}} \tag{6-66}$$

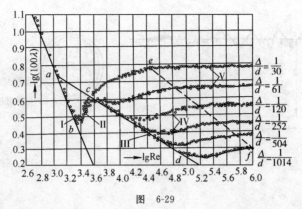

图 6-29

也可用尼柯拉兹光滑管公式计算

$$\frac{1}{\sqrt{\lambda}} = 2\lg(\text{Re}\sqrt{\lambda}) - 0.8 \tag{6-67}$$

3. 紊流过渡区

由水力光滑区向水力粗糙区的过渡,此时 $0.4\delta < \Delta < 6\delta$,沿程阻力系数 λ 可按柯列布洛克(Colebrook)公式计算,此时 λ 与 Re、$\frac{\Delta}{d}$ 均有关,即

$$\frac{1}{\sqrt{\lambda}} = -2\lg\left(\frac{\Delta}{3.7d} + \frac{2.51}{\text{Re}\sqrt{\lambda}}\right) \tag{6-68}$$

本流区的沿程阻力系数也可用阿尔特苏尔经验公式计算:$\lambda = 0.11\left(\frac{\Delta}{d} + \frac{68}{\text{Re}}\right)^{0.25}$。

4. 紊流粗糙区(或称阻力平方区)

因为此时阻力系数 λ 只与相对粗糙度 $\frac{\Delta}{d}$ 有关,与 Re 无关,h_f 与 v^2 成正比。阻力系数有多种计算公式,最著名的有尼柯拉兹粗糙区公式和谢才(Chegy)公式。尼氏公式如下

$$\lambda = \frac{1}{(2\lg 3.7 \frac{d}{\Delta})^2} \tag{6-69}$$

应用范围为 $\Delta > 6\delta$。

谢才公式如下

$$v = C\sqrt{RJ} \tag{6-70}$$

式中:v——平均流速;
C——谢才系数;
R——水力半径,$R = \frac{A}{x}$;
J——水力坡度 $J = h_f/L$,或者 $h_f = LJ$。

谢才系数有多种计算公式,其中工程上常用的有曼宁(Manning)公式

$$C = \frac{1}{n}R^{\frac{1}{6}} \tag{6-71}$$

式中：n——边壁粗糙系数，可查表6-4。

粗 糙 系 数 n 值　　　　　　　　　　　表6-4

序号	壁面性质及状况	n
1	特别光滑的黄铜管、玻璃管	0.009
2	精致水泥浆抹面，安装及连接良好的新制的清洁铸铁管及钢管，精刨木板	0.011
3	正常情况下无显著水锈的给水管，非常清洁的排水管，最光滑的混凝土面	0.012
4	正常情况的排水管，略有积污的给水管，良好的砖砌体	0.013
5	积污的给水管和排水管，中等情况下渠道的混凝土砌面	0.014
6	良好的块石圬工，旧的砖砌体，比较粗制的混凝土砌面，特别光滑、仔细开挖的岩石面	0.017
7	坚实黏土的渠道，不密实淤泥层（有的地方是中断的）覆盖的黄土、砾石及泥土的渠道，良好养护情况下的大土渠	0.0225
8	良好的干砌圬工，中等养护情况的土渠，情况极良好的河道（河床清洁、顺直、水流畅通、无塌岸深潭）	0.025
9	养护情况中等标准以下的土渠	0.0275
10	情况较坏的土渠（如部分渠底有杂草、卵石或砾石、部分岸坡崩塌等），情况良好的天然河道	0.030
11	情况很坏的土渠（如断面不规则，有杂草、块石、水流不畅等），情况较良好的天然河道，但有不多的块石和野草	0.035
12	情况特别坏的土渠（如有不少深潭及塌岸，杂草丛生，渠底有大石块等），情况不大良好的天然河道（如杂草、块石较多，河床不甚规则而有弯曲，有不少深潭和塌岸）	0.040

比较达西公式与谢才公式，可得

$$\left.\begin{array}{c} C=\sqrt{\dfrac{8g}{\lambda}} \\ \lambda=\dfrac{8g}{C^2} \end{array}\right\} \quad (6\text{-}72)$$

和

谢才公式对水力粗糙区的明渠、管道均可用，对明渠应用尤为方便。

5. 第一过渡区（流态过渡区）

由层流向紊流过渡，该区域很窄，且 λ 无定量公式。

此后，柯列布洛克（Co Lebrook）等人，对工业上实用管道进行研究，得出了计算紊流过渡区的阻力系数公式[式(6-68)]，式中 Δ 为实用管道的当量粗糙度，所谓当量粗糙度，就是指和实用管道紊流粗糙区 λ 值相等的、管径相同的尼古拉兹人工粗糙管的砂粒粒径高度。见表6-5。

1944年莫迪（Moody L. F）在式(6-68)的基础上绘制了实用管道的 λ 与 Re、$\dfrac{\Delta}{d}$ 之间关系图，称莫迪图，如图6-30所示。根据已知的 Re 与 $\dfrac{\Delta}{d}$ 可由莫迪图查出沿程阻力系数 λ 值。

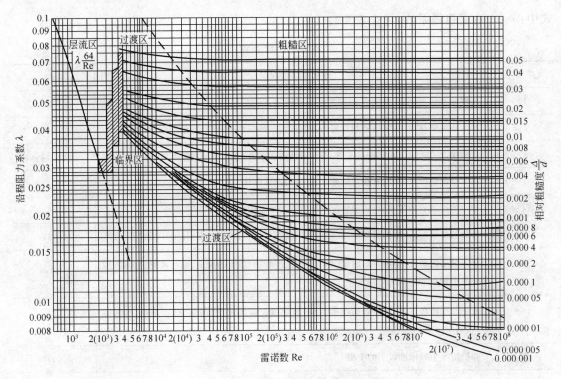

图 6-30

实用管道当量粗糙度 Δ 值　　　　　表 6-5

序号	边界种类	当量粗糙度 Δ 值(mm)
1	钢板制风管	0.15(引自全国通用通风管道计算表)
2	塑料板制风管	0.10(引自全国通用通风管道计算表)
3	表面光滑砖风道	4.0(引自采暖通风设计手册)
4	矿渣混凝土板风道	1.5(引自采暖通风设计手册)
5	钢丝网抹灰风道	10~15(引自采暖通风设计手册)
6	胶合板风道	1.0(引自采暖通风设计手册)
7	铅管、铜管、玻璃管	0.01(引自莫迪当量粗糙度图等)
8	镀锌钢管	0.15(引自莫迪当量粗糙度图等)
9	铸铁管	0.25(引自莫迪当量粗糙度图等)
10	混凝土管	0.3~3(引自莫迪当量粗糙度图等)
11	旧的生锈金属管	0.60(引自莫迪当量粗糙度图等)
12	污秽的金属管	0.75~0.97(引自莫迪当量粗糙度图等)

五、局部水头损失

局部水头损失计算的普遍公式为

$$h_\mathrm{m} = \zeta \frac{v^2}{2g} \tag{6-73}$$

式中：ζ——局部阻力系数，视局部阻力形式而定，其数值由试验确定，可查局部阻力系数图表。

但对突然放大的局部损失(见图6-31),可用理论导出局部阻力系数。

$$\zeta_1 = (1-\frac{A_1}{A_2})^2, h_m = \zeta_1 \frac{v_1^2}{2g}$$

相应于放大前流速 v_1。

$$\zeta_2 = (\frac{A_2}{A_1}-1)^2, h_m = \zeta_2 \frac{v_2^2}{2g}$$

相应于放大后流速 v_2。

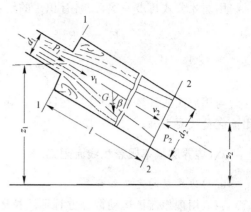

图 6-31

【**例 6-10**】 设有一恒定均匀有压管流,管径 $d=200$mm,绝对粗糙度 $\Delta=0.2$mm,水的运动黏度 $\nu=0.15\times10^{-5}$m²/s,流量 $Q=5$L/s,试求该管的沿程阻力系数 λ 及每米管长沿程损失 h_f。

解 为判别流态,先求断面平均流速 v

$$v=\frac{Q}{A}=\frac{4Q}{\pi d^2}=\frac{4\times0.005}{\pi\times(0.2)^2}=0.16\text{m/s}$$

雷诺数 $\text{Re}=\frac{vd}{\nu}=\frac{0.16\times0.2}{0.15\times10^{-5}}=21\ 333>2\ 000$ 紊流,但 $\text{Re}<10^5$。

设紊流处于水力光滑区,按伯拉休斯公式求沿程阻力的系数 $\lambda=\frac{0.316\ 4}{\text{Re}^{0.25}}=\frac{0.316\ 4}{21\ 333^{0.25}}=0.026$。验证是否在水力光滑区,为此先求黏性底层厚度

$$\delta=\frac{32.8d}{\text{Re}\sqrt{\lambda}}=\frac{32.8\times0.2}{21\ 333\ \sqrt{0.026}}=1.95\text{mm}$$

$$0.4\delta=0.4\times1.95=0.78\text{mm}>0.2\text{mm}$$

是光滑区,假设正确。

$$h_f=\lambda\frac{L}{d}\cdot\frac{v^2}{2g}=0.026\times\frac{1}{0.2}\times\frac{0.16^2}{19.6}=1.7\times10^{-4}\text{m}$$

【**例 6-11**】 略有积污的给水管,管径 d 为600mm,通过流量 Q 为352L/s,管长7.5km,绝对粗糙度 $\Delta=1.5$mm,平均水温10℃,求沿程损失 h_f。

解 流速 $$v=\frac{4Q}{\pi d^2}=\frac{4\times0.352}{\pi(0.6)^2}=1.245\text{m/s}$$

雷诺数 $$\text{Re}=\frac{vd}{\nu}=\frac{1.245\times0.6}{1.306\times10^{-6}}=571\ 950>2\ 000$$

因 Re 较大且粗糙度较大,设在水力粗糙区用尼氏粗糙公式(6-69)求沿程阻力系数 λ

$$\lambda=\frac{1}{(2\lg3.7\frac{d}{\Delta})^2}=\frac{1}{(2\lg3.7\times\frac{600}{1.5})^2}=0.024\ 9$$

验证是否在水力粗糙区,求黏性底层厚度

$$\delta=\frac{32.8d}{\text{Re}\sqrt{\lambda}}=\frac{32.8\times0.6}{571\ 950\times\sqrt{0.024\ 9}}=0.218\text{mm}$$

$$6\delta=6\times0.218=1.308\text{mm}$$

$\Delta=1.5$mm$>6\delta$,是在水力粗糙区。

$$h_f=\lambda\frac{L}{d}\frac{v^2}{2g}=0.024\ 9\times\frac{7\ 500}{0.6}\times\frac{1.245^2}{2\times9.8}=24.61\text{m}$$

用谢才公式再求一次,按略有积污的给水管查表 6-4 得粗糙系数 $n=0.013$,代入曼宁公式

$$C = \frac{1}{n}R^{1/6} = \frac{1}{0.013}(\frac{0.6}{4})^{1/6} = 56.071 \sqrt{m}/s$$

$$\lambda = \frac{8g}{C^2} = \frac{8 \times 9.8}{56.071^2} = 0.02494$$

与用尼氏式计算基本相同,在以上计算中关键是要把粗糙系数及绝对粗糙度选好,其次选用流区公式要正确。

六、边界层基本概念和线流阻力

(一)边界层的定义和分类

当应用理想流体运动微分方程即欧拉运动方程来求解低黏性大雷诺数的实际流动时与实验结果出现有较大的差别,在圆柱绕流问题上甚至出现谬误,但完全应用黏性流体运动方程,即纳维-斯托克司(Navier-Stokes)方程求解整个流场时又有数学上的困难。直到 1904 年普朗德(L. Prandtl)提出了边界层理论,为解决实际流体的流动开拓了新的境界,现以如图 6-32 所示的平板边界层为例加以说明。当实际流体以某一速

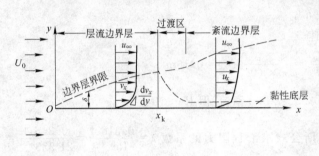

图 6-32

度 u_0 流向平板时,不论其雷诺数多么大,由于黏性作用紧贴固定边界上的流速必为零,但沿边界法线方向(图中 y 方向)流速迅速增大,这样,在边界附近的流区存在着相当大的流速梯度,此区内的黏性切应力就不能忽略,边界附近的这一流体层就称为边界层。边界层外的流区,流速梯度小,黏性作用可略去,按理想流体处理。普朗德又根据边界层内流动的具体条件,运用量级对比法,把实际流体运动微分方程(N-S)方程加以简化,成为边界层方程,为解决边界层内的流动创造了条件。

边界层的厚度 δ 从理论上讲,应该是由平板的表面流速为零处沿平板外法线方向一直到流速达到来流流速 u_0 的地方,这样厚度 δ 将是无穷大。实际观察发现,在离平板法向很小距离内流速就恢复到接近来流的速度。因此,一般规定当 $u_x=0.99U_0$ 时的地方,即是边界层的外边界,所以边界层的厚度 δ 是随距平板前端 O 点处的水平距离 x 而变的,在 $x=0$ 即平板前端处 $\delta=0$,然后随 x 之增大 δ 也随之增大;在 $x=x_k$ 以前为层流边界层,在 $x>x_k$ 以后经一很短的过渡段就发展为紊流边界层。层流边界层转变为紊流边界层的转变点称为转捩点,转捩点的雷诺数为 $\text{Re}_k=u_0x_k/\nu$,对于光滑平板 Re_k 的范围为 $3\times10^5<\text{Re}_k<3\times10^6$。在紊流边界层内紧靠壁面处,流速较小,黏性仍起作用,近于层流运动,这一极薄层称为黏性底层(或近壁层流层)。

伯拉休斯(Blasiuce)于 1908 年求得边界层方程在层流边界时的精确解,边界层厚度 δ 与 x 坐标的关系如下

$$\delta = 5\sqrt{\frac{Lx}{\text{Re}_L}} = 5\frac{x}{\sqrt{\text{Re}_x}} \qquad (6\text{-}74)$$

式中:L——平板长度;

x——水平距离；

Re_L——平板末端断面的雷诺数，$\mathrm{Re}_L = \dfrac{u_0 L}{\nu}$；

Re_x——距起点 x 距离断面的雷诺数，$\mathrm{Re}_x = \dfrac{u_0 x}{\nu}$。

由式(6-74)可知平板末端层流边界层的厚度

$$\delta = 5 \frac{L}{\sqrt{\mathrm{Re}_L}} \tag{6-75}$$

当平板边界层已发展为紊流边界层时，则需用冯·卡门(V. Kazman)动量积分方程求近似解。

(二) 边界层的分离现象

当流体不是流经平板，而是流向曲面物体时，可能产生边界层分离现象。现以圆柱绕流为例加以分析，如图 6-33a)所示一圆柱绕流的平面图。流体由 A 至 B 流动时，断面收缩，流速加快，压强减少($\dfrac{\partial P}{\partial x} < 0$)是加速减压段，此顺流的压差足以克服边界层内的阻力和主流动能的增加，边界层内流速不会减至零。但在流过 B 点以后，由于断面扩大，流体处于减速增压段($\dfrac{\partial p}{\partial x} > 0$)，这时动能部分恢复为压能，为克服边界层内的阻力，也消耗了动能，此双重原因，使边界层内质点流速迅速降低，到一定地点，如图 6-33b)所示的贴近柱面的 C 点流速降到了零，流体质点将在 C 点停滞下来，继续流来的流体质点被迫脱离原来的流线，沿 CE 方向流去，从而使边界层脱离了柱面，这种现象即为边界层分离现象。C 点称为分离点，它不是指柱面上流速为零的点而是指贴近柱面流速为零的点。由于分离点下游的逆流向压差，使边界层分离后的液体反向回流，形成旋涡区。绕流物体边界层分离后的旋涡区称为绕流物体的尾流区，尾流区是充斥旋涡体的负压力，这使绕流体上下游形成"压差阻力"。尾流区的大小取决于边界层分离点的位置，而分离点的位置又取决于绕流物体的形状、粗糙度、雷诺数等。如流体遇到绕流体的锐缘时，分离点就在锐缘，如遇到流线形状的绕流体，则尾流区大大减小，所以"压差阻力"又称为"形状阻力"。

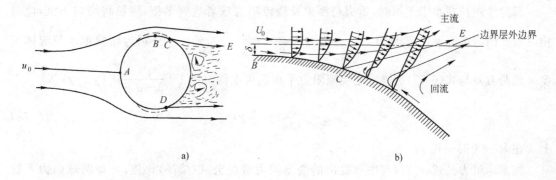

图 6-33

(三) 绕流阻力

绕流阻力是指物体受到的绕其流过的流体所给予的阻力，绕流阻力由摩擦阻力和压差阻力(或称形状阻力)两部分所组成。1726 年牛顿提出绕流阻力计算公式为

$$D = C_D A \frac{\rho u_0^2}{2} \tag{6-76}$$

式中：D——绕流阻力；

ρ——流体密度；

u_0——来流流体未受物体影响前相对于物体的流速；

A——绕流物体与流体流向正交的断面投影面积；

C_D——绕流阻力系数，主要取决于被绕流体的形状、流体雷诺数、物面粗糙度及来流紊流强度，依靠试验来确定（参见图 6-34）。

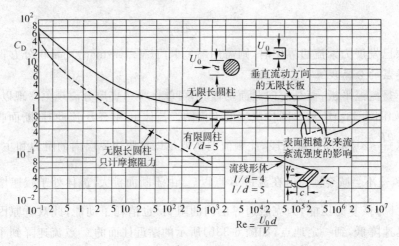

图 6-34

1851 年斯托克司（Stokes）研究了微小圆球形颗粒在流体中极慢流动（蠕动）时的阻力，它利用黏性流体运动微分方程（N-S 方程）忽略了惯性项，进行理论分析，得到了绕流阻力公式

$$D = 3\pi\mu v d \tag{6-77}$$

式中：D——圆球绕流阻力；

μ——流体动力黏度；

d——圆球颗粒直径；

v——颗粒与流体的相对流速。

当泥沙颗粒在水中下沉时，重力与浮力及绕流阻力三者达到平衡，颗粒将均匀下沉，此时相对速度即为沉降速度 v，重力与浮力之差为 $\frac{\pi}{6}d^3(\gamma'-\gamma)$，$\gamma'$ 与 γ 分别为颗粒重度与流体重度。此两力差与式（6-77）所表示之绕流阻力平衡后可求得沉速 $v = \frac{1}{3\pi\mu d}\frac{\pi}{6}d^3(\gamma'-\gamma)$，即

$$v = \frac{d^2}{18\mu}(\gamma'-\gamma) \tag{6-78}$$

上式在 Re＜1 时适用。

将圆球阻力公式（6-77）与牛顿提出的绕流阻力普遍公式（6-76）比较，可得圆球阻力系数 C_D 的理论公式为

$$C_D A \frac{\rho u_0^2}{2} = 3\pi\mu u_0 d$$

$$C_D \times \frac{\pi}{4}d^2 \frac{\rho u_0^2}{2} = 3\pi\mu u_0 d$$

化简后得

$$C_D = \frac{24}{Re} \tag{6-79}$$

式中：$Re = \frac{u_0 d}{\nu}$——雷诺数。

上式在 $Re<1$ 时与实验符合很好。在 $Re=10\sim10^3$ 时，$C_D \approx \frac{13}{\sqrt{Re}}$，当 $Re=10^3\sim2\times10^5$ 时，可采用平均值 $C_D=0.45$。而且当 $Re>1$ 时，沉降速度用下式计算

$$v = \sqrt{\frac{4}{3C_D}(\frac{\gamma'-\gamma}{\gamma})gd} \tag{6-80}$$

为了减小绕流阻力可将物体设计成流线型使边界层分离点后移，尾流区缩小，减少形状阻力；使物体表面光滑平顺及吸走边界层停滞点处的流体，也可达到减阻的目的。

七、减小阻力的措施

长期以来，减小阻力就是工程流体力学中的一个重要的研究课题。这方面的研究成果，对国民经济和国防建设的很多部门都有十分重大的意义。例如，对于在流体中航行的各种运载工具（飞机、轮船等），减小阻力就意味着减小发动机的功率和节省燃料消耗，或者在可能提供的动力条件下提高航行速度。这一点在军事上具有更大的意义。长距离输送像原油这类黏性很大的液体，需要消耗巨大的能量，如能将原油的管输摩阻大幅度降低，会给国民经济带来很大好处。对于经常运转的其他管道系统，减阻在节约能源上的意义也是不容忽视的。因此近年来减阻问题的研究，日益引起各有关领域的重视。

减小管中流体运动的阻力有两条完全不同的途径：一是改进流体外部的边界，改善边壁对流动的影响；另一是在流体内部投加极少量的添加剂，使其影响流体运动的内部结构来实现减阻。

添加剂减阻是近二十年来才迅速发展起来的减阻技术。虽然到目前为止，它在工业技术中还没有得到广泛的应用，但就当前了解的试验研究成果和少数生产使用情况来看，它的减阻效果是很突出的。此外，添加剂减阻又和紊流机理这个流体力学中的基本理论问题密切相关。通过对添加剂减阻机理的研究，必将推动紊流理论的进一步发展。添加剂减阻已成为流体力学中一项富有生命力的研究课题。

下面介绍改善边壁的减阻措施。

要降低粗糙区或过渡区内的紊流沿程阻力，最容易想到的减阻措施是减小管壁的粗糙度。此外，用柔性边壁代替刚性边壁也可能减少沿程阻力。水槽中的拖曳试验表明，高雷诺数下的柔性平板的摩擦阻力比刚性平板小50%。对安放在另一管道中间的弹性软管进行过阻力试验，两管间的环形空间充满液体，结果比同样条件的刚性管道的沿程阻力小35%。环形空间内液体的黏性愈大，软管的管壁愈薄，减阻效果愈好。

减小紊流局部阻力的着眼点在于防止或推迟流体与壁面的分离，避免旋涡区的产生或减小旋涡区的大小和强度。下面选几种典型的常用配件为例来说明这个问题。

（一）管道进口

图6-35表明，平顺的管道进口可以减小局部损失系数90%以上。

（二）渐扩管和突扩管

扩散角大的渐扩管阻力系数较大，如制成图6-36a)示的形式，阻力系数约减小一半。突扩

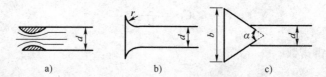

图 6-35 几种进口阻力系数

a)$\xi=1$；b)$\frac{r}{d}=0.2,\xi=0.03$；c)$\alpha=40°\sim80°,\frac{b}{d}=0.25\sim1.0,\xi=0.1\sim0.2$

管如制成图 6-36b)示的台阶式，阻力系数也可能有所减小。

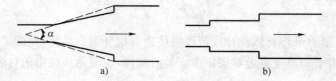

图 6-36 复合式渐扩管和台阶式突扩管

(三) 弯管

弯管的阻力系数在一定范围内随曲率半径 R 的增大而减小。表 6-6 给出了 90°弯管在不同 R/d 时的 ξ 值。

不同 R/d 时 90°弯管的 ξ 值（$Re=10^6$） 表 6-6

R/d	0	0.5	1	2	3	4	6	10
ξ	1.14	1.00	0.246	0.159	0.145	0.167	0.20	0.24

由表可知，如 $R/d<1$，ξ 值随 R/d 的减小而急剧增加，这与旋涡区的出现和增大有关。如 $R/d>3$，ξ 值又随 R/d 的加大而增加，这是由于弯管加长后，摩阻增大造成的。因此弯管的 R 最好在 $(1\sim4)d$ 的范围内。

断面大的弯管，往往只能采用较小的 R/d，可在弯管内部布置一组导流叶片，以减小旋涡区和二次流，降低弯管的阻力系数。愈接近内侧，导流叶片应布置得愈密些。如图 6-37 所示的弯管，装上圆弧形导流叶片后，阻力系数由 1.0 减小到 0.3 左右。

(四) 三通

尽可能地减小支管与合流管之间的夹角，或将支管与合流管连接处的折角改缓，都能改进三通的工作，减小局部阻力系数。例如将 90°T 形三通的折角切割成如图 6-38 所示的 45°斜角，则合流时的 ξ_{1-3} 和 ξ_{2-3} 减小 30%～50%，分流时的 ξ_{3-1} 减小 20%～30%。但对分流的 ξ_{3-2} 影响不大。如将切割的三角形加大，阻力系数还能显著下降。

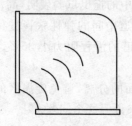

图 6-37 装有导叶的弯管

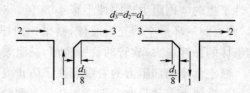

图 6-38 切割折角的 T 形三通

配件之间的不合理衔接，也会使局部阻力加大。例如在既要转 90°，又要扩大断面的流动中，如均选用 $R/d=1$ 的弯管和 $A_2/A_1=2.28$、$l_d/r_1=4.1$ 的渐扩管，在直接连接（$l_s=0$）的情况下，先弯后扩的水头损失为先扩后弯的水头损失的 4 倍。即使中间都插入一段 $l_0=4d$ 的短管，也仍然大 2.4 倍。因此，如果没有其他原因，先弯后扩是不合理的。

习 题

6-19 有压圆管均匀流切应力 τ 沿断面的分布为（　　）。
  A. 断面上各点 τ 相等   B. 管壁处是零，向管轴线性增大
  C. 管轴处是零，与半径成正比   D. 按抛物线分布

6-20 圆管层流运动的流速分布图是（　　）。
  A. 直线分布   B. 对数曲线分布
  C. 抛物线分布   D. 双曲线分布

6-21 圆管层流运动，轴心处最大流速与断面平均流速的比值是（　　）。
  A. 1   B. 2   C. 3/2   D. 3

6-22 圆管紊流核心区的流速分布是（　　）。
  A. 直线分布   B. 抛物线分布   C. 对数曲线分布   D. 双曲线分布

6-23 有压圆管流动，若断面 1 的直径是其下游断面 2 直径的 2 倍，则断面 1 与断面 2 雷诺数的关系是（　　）。
  A. $Re_1=0.5Re_2$ B. $Re_1=Re_2$ C. $Re_1=1.5Re_2$ D. $Re_1=2Re_2$

6-24 有压圆管层流的沿程阻力系数 λ 在莫迪图上随着雷诺数 Re 的增加而（　　）。
  A. 增加   B. 线性的减少
  C. 不变   D. 以上答案均不对

6-25 层流的沿程损失与平均流速的（　　）成正比。
  A. 二次方   B. 1.75 次方   C. 一次方   D. 1.85 次方

6-26 有压圆管流动，紊流粗糙区的沿程阻力系数 λ（　　）。
  A. 与相对粗糙度有关   B. 与雷诺数有关
  C. 与相对粗糙度及雷诺数均有关   D. 与雷诺数及管长有关

6-27 谢才公式仅适用于（　　）。
  A. 水力光滑区   B. 水力粗糙区或阻力平方区
  C. 紊流过渡区   D. 第一过渡区

6-28 若一管道的绝对粗糙度 Δ 不改变，只要改变管中流动参数，也能使其由水力粗糙管变成水力光滑管，这是（　　）。
  A. 因为加大流速后，黏性底层变厚了
  B. 减小管中雷诺数，黏性底层变厚遮住了绝对粗糙度
  C. 流速加大后，把管壁冲得光滑了
  D. 其他原因

6-29 流体绕固体流动时所形成的绕流阻力，除了黏性摩擦力外，更主要的是因为（　　）形成的形状阻力。
  A. 流速和密度的加大
  B. 固体表面粗糙
  C. 雷诺数加大，表面积加大

D. 有尖锐边缘的非流线形物体,产生边界层的分离和漩涡区

6-30 如图 6-23 所示的水泵供水管路,水池与水塔液面高差 $z=15\text{m}$,两液面间吸水管及压水管系统总阻力系数 $\zeta_s=\sum\lambda\dfrac{L}{d}+\sum\zeta=65$,管中流速 $v=1\text{m/s}$,水泵所需的最小扬程 H 为( )。

A. $16\text{mH}_2\text{O}$ B. $20\text{mH}_2\text{O}$ C. $17.31\text{mH}_2\text{O}$ D. $18.32\text{mH}_2\text{O}$

第六节 孔口、管嘴及有压管流

一、孔口出流

(一)孔口出流的分类

容器壁上开一孔口有液体流出称孔口出流。如壁厚对出流现象无影响,孔壁与液流仅在一条周线上接触,这种孔口称为薄壁孔口,反之称为非薄壁孔口。当孔口高度 $e<\dfrac{H}{10}$ 时称为小孔口,式中 H 为孔口形心上的水头,小孔口断面上各点水头近似相等可用形心点水头代表。若孔口高度 $e\geqslant\dfrac{H}{10}$ 就称为大孔口。孔口前水头 H 恒定不变时,称为常水头孔口,如孔口前水头随时间而改变时称为变水头孔口出流。液体经孔口流入大气称自由出流孔口,液体经孔口流入液面以下称为淹没出流孔口。

(二)常水头薄壁小孔口自由出流

如图 6-39 所示,取基准面 0-0 过孔口中心,并取上游自由液面为断面 1-1,孔口外收缩断面(距壁 $e/2$ 处) c-c 为下游断面,写能量方程

$$H+0+\frac{\alpha_1 v_0^2}{2g}=0+0+\frac{\alpha_2 v_c^2}{2g}+h_w$$

令 $H_0=H+\dfrac{\alpha_1 v_0^2}{2g}$,$v_0$ 为上游水面流速,H_0 称自由出流小孔口水头。当 v_0 很小时 $H_0\approx H$,孔口水头损失 $h_w=\zeta_c\dfrac{v_c^2}{2g}$,$\zeta_c$ 为小孔口阻力系数由试验确定。代入上式后得 $H=(\alpha_c+\zeta_c)\dfrac{v_c^2}{2g}$,故收缩断面平均流速

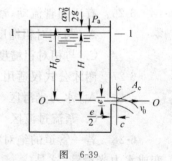

图 6-39

$$v_c=\frac{1}{\sqrt{\alpha_c+\zeta_c}}\sqrt{2gH_0}=\varphi\sqrt{2gH_0} \qquad (6\text{-}81)$$

式中,$\varphi=\dfrac{1}{\sqrt{\alpha_c+\zeta_c}}$ 为小孔口流速系数,可用试验确定,据前人研究 $\varphi=0.97$,$\zeta_c=0.06$,$\alpha_c=1.0$。

设收缩断面面积与孔口断面面积比值为 $\varepsilon=\dfrac{A_c}{A}$,称为收缩系数,小孔口的收缩系数 $\varepsilon=0.64$(当收缩为充分、完善圆形时),故小孔口的出流流量

$$Q=V_c A_c=\varphi\sqrt{2gH_0}\times\varepsilon A=\varepsilon\varphi A\sqrt{2gH_0}$$

令 $\mu=\varepsilon\varphi$,称小孔口流量系数,则有

$$Q = \mu A \sqrt{2gH_0} \tag{6-82}$$

对充分收缩的圆形小孔口,$\mu=0.97\times0.64\approx0.62$,收缩是否充分和完善与孔口至容器壁的距离有关,当孔口距壁的距离大于相应的孔口边长的 3 倍时,为充分完善收缩,否则为不充分完善收缩。

(三)常水头薄壁小孔口淹没出流

如图 6-40 所示,取上游自由液面为断面 1-1,下游过水断面 2-2,能量方程为

$$H_1 + 0 + \frac{\alpha_1 v_0^2}{2g} = H_2 + 0 + \frac{\alpha_2 v_2^2}{2g} + h_w$$

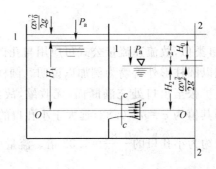

图 6-40

水头损失包括水流经孔口的局部损失及经收缩面后放大的损失两项,即 $h_w=(\zeta_1+\zeta_2)\dfrac{v_c^2}{2g}$。

令 $H_0=(H_1-H_2)+\dfrac{\alpha_1 v_0^2}{2g}-\dfrac{\alpha_2 v_2^2}{2g}$,代入上式可得

$$H_0 = (\zeta_1 + \zeta_2)\frac{v_c^2}{2g}$$

因 A_2 远大于 A_c,故 $\zeta_2=1$,所以流速

$$v_c = \frac{1}{\sqrt{1+\zeta_1}}\sqrt{2gH_0} = \varphi\sqrt{2gH_0}$$

孔口流量

$$Q = \varepsilon\varphi A \sqrt{2gH_0} = \mu A \sqrt{2gH_0}$$

上式与小孔口自由出流形式完全相同,但应注意孔口的水头 H_0 的意义有所不同,此处的 H_0 是孔口上下游断面总水头之差,当上下游断面流速水头可不计时,即为上下游液面高差 Z。

(四)薄壁大孔口出流

上述关于小孔口出流的公式可以用于大孔口,只是流量系数 μ 值要大于小孔口,随孔口型式而变,大约为 $\mu=0.65\sim 0.9$,详见水力学手册有关表格。

二、管嘴出流

管嘴出流是在孔口处连接长为 3～4 倍孔口直径的短管后形成的液体出流,与孔口类似可以分为常水头、变水头、自由出流、淹没出流等,并根据外形可以将管嘴分为如图 6-41 所示的圆柱形、圆锥形和流线型管嘴等类型。

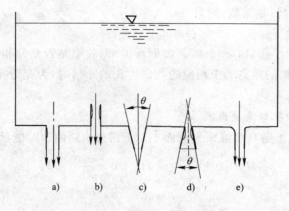

图 6-41

管嘴出流很多地方与孔口类似,故流速流量公式可应用与孔口相同的公式,但流速系数 φ 及流量系数 μ 与孔口不同,现以圆柱形外管嘴为例加以说明。圆柱形管嘴进口处先收缩,形成一收缩断面,收缩断面后流线扩张至出口处充满断面,无收缩,故出口断面的收缩系数 $\varepsilon=1$,流速系数 φ 与流量系数相等,其值为 $\varphi=\mu=0.82$,远大于小孔口的流量系数。与相同直径、水头的小孔口相比较,其出流量约为小孔口的 $\frac{0.82}{0.62}=1.32$ 倍。流量增加的原因是在收缩断面处存在真空,其真空度 $\frac{p_v}{\gamma}=0.75H_0$,这就使管嘴比孔口的作用总水头加大,从而加大了出流量。圆柱形管嘴必须满足的工作条件是:$H<9mH_2O$,管嘴长度 $L=3\sim 4d$。

其余各种管嘴的 φ、μ、ε 值均可查有关水力计算手册确定。

三、有压管流

(一)有压管流的分类及简单短管水力计算

按水头损失所占比例不同可将有压管分为长管和短管。长管是指该管流中的能量损失以沿程损失为主,局部损失和流速水头所占比重很小,可以忽略不计的管道;短管是指局部损失和流速水头所占比重较大,计算时不能忽略的管道。根据管道布置与连接情况又可将有压管道分为简单管道与复杂管道两类,前者指没有分支的等直径管道,后者指由两条以上的管道组成的管系。复杂管又可分为串联、并联管道和枝状、环状管网,如图6-42所示。

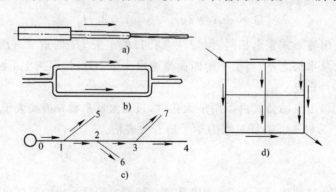

图 6-42

1. 短管自由出流

若短管中的液体经出口流入大气中，称为自由出流，如图 6-43 所示。

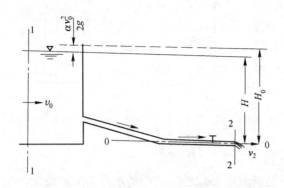

图 6-43

选上游过流断面 1-1 和管道出口过流断面 2-2，其能量方程为

$$H + 0 + \frac{\alpha_1 v_0^2}{2g} = 0 + 0 + \frac{\alpha_2 v_0^2}{2g} + h_{w1\text{-}2}$$

令 $H_0 = H + \frac{\alpha_1 v_0^2}{2g}$，称作用水头，则

$$H_0 = \frac{\alpha v^2}{2g} + h_w \tag{6-83}$$

水头损失 $h_w = \sum h_f + \sum h_m = \sum \lambda \frac{L}{d} \frac{v^2}{2g} + \sum \zeta \frac{v^2}{2g} = \zeta_c \frac{v^2}{2g}$，$\zeta_c = \sum \lambda \frac{L}{d} + \sum \zeta$ 为短管的总阻力系数，代入式(6-83)中得

$$H_0 = (\alpha + \zeta_c) \frac{v^2}{2g} \tag{6-84}$$

取 $\alpha = 1$ 得

$$v = \frac{1}{\sqrt{1+\zeta_c}} \sqrt{2gH_0} = \varphi_c \sqrt{2gH_0} \tag{6-85}$$

$\varphi_c = \frac{1}{\sqrt{1+\zeta_c}}$ 称为短管的流速系数。

短管的流量为

$$Q = vA = \varphi_c A \sqrt{2gH_0} = \mu_c A \sqrt{2gH_0} \tag{6-86}$$

式中：A——短管过流断面积；

$\varphi_c = \mu_c$——短管流量系数。

2. 短管淹没出流

若短管中流体经出口流入下游自由液面之下的液体中，则称为淹没出流，如图 6-44 所示。以下游自由液面为基准面，对断面 1-1 及 2-2 写能量方程，即

$$H + 0 + \frac{\alpha_0 v_0^2}{2g} = 0 + 0 + \frac{\alpha_2 v_2^2}{2g} + h_w$$

令 $H_0 = z + \frac{\alpha_0 v_0^2}{2g} - \frac{\alpha_2 v_2^2}{2g}$，则得

449

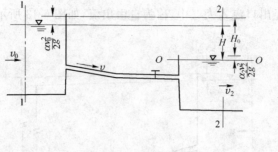

图 6-44

$$H_0 = h_w = h_f + h_m \tag{6-87}$$

H_0 为淹没出流短管上下游断面总水头之差,式中的水头损失可按 $h_w = \zeta_c \dfrac{v^2}{2g}$ 计算,$\zeta_c = \Sigma\lambda \dfrac{L}{d} + \Sigma\zeta$,式中$\Sigma\zeta$比自由出流多一出口,损失 $\zeta_{出口}=1.0$ 代入式(6-87)中,有

$$H_0 = \zeta_c \frac{v^2}{2g}$$

或

$$v = \frac{1}{\sqrt{\zeta_c}}\sqrt{2gH_0} = \varphi_c\sqrt{2gH_0} \tag{6-88}$$

短管的流量

$$Q = vA = \varphi_c A\sqrt{2gH_0} = \mu_c A\sqrt{2gH_0} \tag{6-89}$$

式中,$\mu_c = \varphi_c = \dfrac{1}{\sqrt{\zeta_c}}$。比较与自由出流短管的差别主要在于总水头不同,淹没出流用的是总水头之差。当上下游水面流速很小时,$H_0 = H$,即可用液面高差代替总水头之差。

3.简单短管水力计算几类问题

应用简单短管基本公式于工程实际的水力计算,一般有以下几类问题。

(1)已知水头、管径、管长、管道壁面性质和局部阻力的组成,求流量和流速。这类问题多属校核性质,可直接代入短管的流量、流速公式求解。

(2)已知流量、管径、管长、管壁性质及局部阻力组成,求作用水头。

(3)已知流量、水头、管长、管壁性质及局部阻力组成,求管径。这类问题直接用前述各短管公式求解有一定困难,因为式中阻力系数及断面面积中均包含有管径,所以一般用试算法求解。解得的管径尺寸,与标准管径的规格可能不一致,要选用相近的且稍大的标准管径。

(4)计算各过流断面的压强。对于位置固定的管道,绘制测压管水头线,便可解决此类问题。有时为了防止短管最高点处,由于真空而产生汽蚀、汽化,需求出短管最高点允许的安装高度。

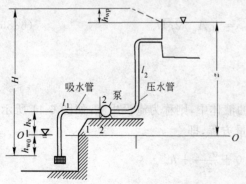

图 6-45

【例 6-12】 离心泵管道系统如图 6-45 所示。已知水泵流量 $Q = 25\text{m}^3/\text{h}$,吸水管长 $L_1 = 5\text{m}$,压水管长 $L_2 = 20\text{m}$,水泵提水高度 $z =$

18m,最大允许的真空度不超过 $\frac{p_v}{\gamma}=6\text{mH}_2\text{O}$。试确定吸水管直径 d_a、压水管直径 d_p 和水泵允许的安装高度 h_s 以及水泵的总扬程 H。

解 由给排水设计手册查得水泵吸水管允许的经济流速 $v_a=1\sim1.6\text{m/s}$,现采用 $v_a=1.6\text{m/s}$,则吸水管径 $d_a=\frac{4Q}{\pi v_a}=\frac{4\times25}{\pi\times1.6\times3\,600}=0.074\text{m}=74\text{mm}$。选取标准管径 $d_a=75\text{mm}$,相应的 v_a 为

$$v_a=\frac{4\times25}{\pi\times0.075^2\times3\,600}=1.57\text{m/s}$$

对吸水池液面 1-1 及水泵吸入口断面 2-2 写能量方程,得水泵吸水管最高点安装高度(水泵轴线高度),即

$$h_s=\frac{p_v}{\gamma}-\frac{\alpha_2 v_2^2}{2g}-h_{w_{1\text{-}2}}$$

给水管粗糙系数 $n=0.012\,5$,用曼宁公式求谢才系数 $C=\frac{1}{n}R^{\frac{1}{6}}=\frac{1}{0.012\,5}\times\left(\frac{0.075}{4}\right)^{\frac{1}{6}}=41.23\sqrt{\text{m}}/\text{s}$,沿程阻力系数 $\lambda=\frac{8g}{C^2}=\frac{8\times9.8}{41.23^2}=0.046\,1$。吸水管的局部阻力系数有滤水网底阀 $\zeta_1=8.5$,弯头 $\zeta_2=0.29$。水泵入口前的渐缩管 $\zeta_3=0.1$,将数据代入求安装高度,即

$$h_s=6-\frac{1.57^2}{2\times9.8}-\left(0.046\,1\times\frac{5}{0.075}+8.5+0.29+0.1\right)\times\frac{1.57^2}{2\times9.8}=4.37\text{m}$$

如压水管选取相同的经济流速,可得相同的管径,即 $d_p=0.075\text{m}=75\text{mm}$,$v_p=1.57\text{m/s}$,$\lambda=0.046\,1$。压水管的局部阻力系数有两个弯头,一个出口即 $\zeta_{弯头}=0.29$,$\zeta_{出口}=1.0$。压水管水头损失

$$h_{wp}=\left(0.046\times\frac{20}{0.075}+2\times0.29+1\right)\times\frac{1.57^2}{2\times9.8}=1.74\text{m}$$

吸水管水头损失

$$h_{wa}=\left(0.046\,1\times\frac{5}{0.075}+8.5+0.29+0.1\right)\times\frac{1.57^2}{2\times9.8}=1.5\text{m}$$

水泵总扬程

$$H=z+h_w=z+h_{wp}+h_{wa}=18+1.74+1.5=21.24\text{m}$$

(二)有压长管中的恒定流

1. 简单长管

图 6-46 为一简单长管示意图。由于不考虑流速水头,总水头线与测管水头线重合。又因不计局部损失,对断面 1-1 及 2-2 写能量方程可得

$$H=h_f=\lambda\frac{L}{d}\frac{v^2}{2g}=\lambda\frac{L}{d}\frac{\left(\frac{4Q}{\pi d^2}\right)^2}{2g}$$
$$=\frac{8\lambda}{\pi^2 gd^5}LQ^2$$

令 $S_0=\frac{8\lambda}{\pi^2 gd^5}$,称为管道的比阻,为单位流量通过单位长度管道所损失的水头。S_0 的单位为 s^2/m^6,$S_0=f(\lambda,d)$,当管壁性质已知时,S_0 仅与 d 有关,可制成表格备查。将比阻代入长管公式可得

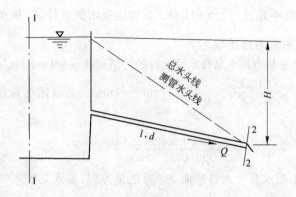

图 6-46

$$H = h_f = S_0 L Q^2 = S Q^2 \tag{6-90}$$

上式即为简单长管的基本公式,它可解 Q、H、d 各类问题,式中 $S = S_0 L$ 称为管道的阻抗。S 的单位为 s^2/m^5。

【例 6-13】 如图 6-47 所示由大体积水箱供水,且水位恒定,水箱顶部压力表读数 19 600Pa,水深 $H = 2m$,水平管道长 $l = 100m$,直径 $d = 200mm$,沿程损失系数 0.02,忽略局部损失,则管道通过流量是:

A. 83.8L/s   B. 196.5L/s
C. 59.3L/s   D. 47.4L/s

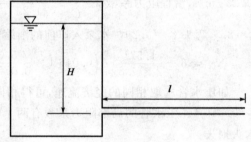

图 6-47

解 对水箱自由液面与管道出口写能量方程:

$$H + \frac{p}{\rho g} = \frac{v^2}{2g} + h_f = \frac{v^2}{2g}\left(1 + \lambda \frac{L}{d}\right)$$

代入题设数据并化简:

$$2 + \frac{19\,600}{9\,800} = \frac{v^2}{2g}\left(1 + 0.02 \times \frac{100}{0.2}\right)$$

计算得流速 $v = 2.67 \text{m/s}$

流量 $Q = v \times \frac{\pi}{4} d^2 = 2.67 \times \frac{\pi}{4}(0.2)^2 = 0.083\,84 \text{m}^3/\text{s} = 83.84 \text{L/s}$

答案:A

2. 串联管道

由不同直径的管段顺次联结而成的管道系统称为串联管系,如图 6-48 所示。
各管段流量关系,由连续性方程可得

$$Q_i = Q_{i+1} + q_i \tag{6-91}$$

总水头

$$H = \sum h_f = \sum_{i=1}^{n} S_{0i} L_i Q_i^2 = \sum_{i=1}^{n} S_i Q^2 \tag{6-92}$$

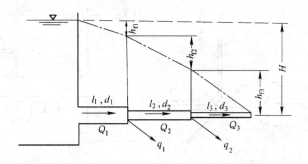

图 6-48

将上两式联立可解 Q、H、d 等问题。

3. 并联管道

两条以上的管道在一处分流,以后又在另一处汇流,这样组成的管系称为并联管系,如图 6-49 所示。

并联管道分流点与汇流点之间各管段水头损失皆相等,即

$$h_{f1} = h_{f2} = h_{f3} = \cdots = h_f$$

或

$$h_f = S_1 Q_1^2 = S_2 Q_2^2 = S_3 Q_3^2 = \cdots = S_i Q_i^2 \tag{6-93}$$

而每一并联管段中的流量

$$Q_i = \sqrt{\frac{h_f}{S_i}} \tag{6-94}$$

分流点 A 之前的总流量

$$Q = Q_1 + Q_2 + Q_3 + \cdots + Q_n + q_A$$

或

$$Q = \sum_{i=1}^{n} Q_i + q_A \tag{6-95}$$

当已知总流量 Q,欲求各并联管流量时可用下式

$$Q_i = (Q - q_A)\sqrt{\frac{S_p}{S_i}} \tag{6-96}$$

式中,S_p 可按下式求解

$$\frac{1}{\sqrt{S_p}} = \frac{1}{\sqrt{S_1}} + \frac{1}{\sqrt{S_2}} + \cdots + \frac{1}{\sqrt{S_n}}$$

由式(6-93)可看出**任两分路流量之比,等于该两管段阻抗反比之平方根**,即

$$\frac{Q_1}{Q_2} = \sqrt{\frac{S_2}{S_1}}$$

(三)沿程均匀泄流长管

沿程均匀泄流管道如图 6-50 所示。

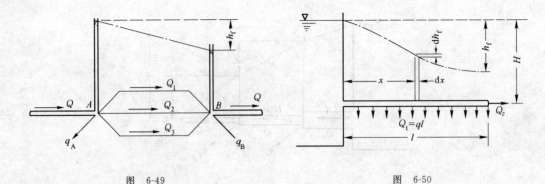

图 6-49　　　　　　　　图 6-50

距进口 x 距离处的通过流量 Q_x 与转输流 Q_z 及途泄流量 Q_t 的关系如下

$$Q_x = Q_z + Q_t - \frac{Q_t}{L}x$$

在 dx 长度上的沿程损失为 $dh_f = Sdx Q_x^2$，即 $dh_f = S_0(Q_z + Q_t - \frac{Q_t}{L}x)^2 dx$，全长水头损失

$$h_f = \int_0^L dh_f = S_0 L(Q_z^2 + Q_z Q_t + \frac{1}{3}Q_t^2) \tag{6-97}$$

当转输流量 $Q_z = 0$，即仅有途泄流量时，则

$$h_f = \frac{1}{3}S_0 L Q_t^2 \tag{6-98}$$

表明当全程均匀泄流时的水头损失，等于全部流量在末端泄出时的水头损失的 $\frac{1}{3}$。式(6-97)还可用下列近似公式代替

$$h_f = S_0 L(Q_z + 0.55Q_t)^2 = S_0 L Q_c^2 \tag{6-99}$$

Q_c 称为计算流量，而

$$Q_c = Q_z + 0.55Q_t \tag{6-100}$$

(四) 枝状管网

枝状管网是由多条管段串联而成的干管和与干管相连的多条支管组成，如图 6-51 所示。

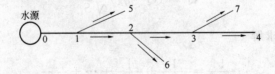

图 6-51

枝状管网水力计算主要是求干管起点水头及管径。计算顺序是先由经济流速求干管管径，再求干线起点水头和各节点水头，最后由各节点水头和支管流量求支管管径。经济流速可查设计手册求得，在初步计算时，可参考下列数值：管径 $d = 100 \sim 200 \text{mm}$，流速 $v = 0.6 \sim 1.0 \text{m/s}$，管径 $d = 200 \sim 400 \text{mm}$，流速 $v = 1.0 \sim 1.4 \text{m/s}$。

干管是指从水源开始到供水条件最不利点的管道，其余则为支线。供水条件最不利点一般是指距水源远、地形高、建筑物层数多、需用流量大的供水点。为克服沿途阻力和满足供水的其他要求,在水流到达最不利点之后,应保留一定的剩余水头(或称自由水头),由图 6-52 可推得干管起点水塔水面距地面的总水头 H 为

$$H = \sum h_f + H_z + z - z_0 \qquad (6\text{-}101)$$

式中：H_z——供水条件最不利点所需自由水头,由用户提出需要,对于楼房建筑可参考表 6-7；

　　　z——最不利点高程；

　　　z_0——起点地面高程。

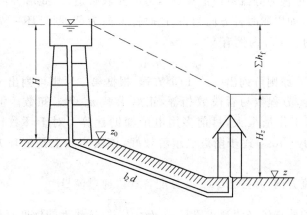

图 6-52

表 6-7

建筑物层数	1	2	3	4	5	6	7	8
自由水头(m)	10	12	16	20	24	28	32	36

(五)环状管网

环状管网是由多条管段互相连接成为闭合形状的管道系统,其优点是增加了供水的可靠性,缺点是增加了管长从而也增加了造价。将有两个环的管网示意于图 6-53。

根据工程要求先进行管线布置,管长和各节点流量均是已知的。环网计算主要求各管段通过流量、管径和管段水头损失,管径当通过流量已知时可用选定的经济流速求出,与管段数相等的通过流量是待求的未知数,管段数、节点数与环数有下列关系

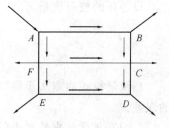

图 6-53

$$n_p = n_j + n_c - 1 \qquad (6\text{-}102)$$

式中：n_p——管段总数；

　　　n_j——节点数；

　　　n_c——环数。

如图 6-45 所示两个环网的管段数

$$n_p = 6 + 2 - 1 = 7$$

下面探讨一下是否能列 n_p 个方程求解 n_p 个未知流量。由环网特性,必须满足下列两个水力计算原则。

(1)节点流量的代数和为零,即

$$\sum Q_{节点} = 0 \tag{6-103}$$

因为流入某一节点的流量必须等于同时流出该节点的流量（连续性要求）。如以流入为正流出为负,则节点流量正负相消代数和为零。

(2)沿任一闭合环路水头损失的代数和为零,即

$$\sum h_{沿环} = 0 \tag{6-104}$$

任一闭合环路均可视为分流点与汇流点两边的并联管道,因此沿分流点两个方向至汇流点的水头损失应相等,如以顺时针方向为正,逆时针方向为负,则沿环一周水头损失代数和为零。就以图 6-45 中的上一环为例有

$$h_{fABC} - h_{fAFC} = 0$$

根据水力计算第一原则可列出 $(n_j - 1)$ 个方程,根据第二原则可列出 n_c 个方程,共可列出 $n_j + n_c - 1 = n_p$ 个方程,方程数与管段数相等,正好求解 n_p 个未知数。但当环数增多,方程个数很多时手工计算工作量很大,目前多用电脑辅助计算。对于环数较少的简单环网,可用哈代-克罗斯(Hardy-Cross)逐步渐近法求解较好,该法实质上是解环方程方法,其计算步骤如下:

(1)初步拟定水流方向,并按 $\sum Q_节 = 0$ 分配各管段通过流量。

(2)按初分流量和所选经济流速求管径 d, $d = \sqrt{\dfrac{4Q}{\pi v}}$,选接近的标准直径。

(3)根据 d、n 或 λ 求比阻 S_0,再求出各段水头损失 $h_f = S_0 L Q^2 = SQ^2$,S 为阻抗。

(4)求每一环的水头损失代数和 $\sum h_{沿环}$,视其是否满足 $\sum h_{沿环} = 0$,如不满足,则其值 $\sum h_{沿环} = \Delta h$ 为闭合差；然后看 $|\Delta h|$ 是否小于允许的误差 ε,如 $|\Delta h| > \varepsilon$,则需校正初步分配的流量。

(5)求各环的校正流量。

设各环的校正流量为 ΔQ,则

$$\Delta Q = -\frac{\sum h_f}{2\sum \dfrac{h_f}{Q}} = \frac{-\Delta h}{2\sum \dfrac{h_f}{Q}} \tag{6-105}$$

当流量校正后需从步骤(3)开始重复计算,直到每一环的闭合差 Δh 均趋于零或小于允许的误差。

(六)有压管路中的水击(水锤)

1.水击现象

在有压管道中,由于某种原因(如迅速关闭或开启阀门、水泵机组突然停机等)使得管中水流速度发生突然变化,从而引起管内压强急剧升高和降低的交替变化及水体、管壁压缩与膨胀的交替变化,并以波的形式在管中往返传播的现象称为水击(或水锤),因其声音犹如用锤锤击管道的声音一样。水击可能导致强烈的振动、噪声和气穴,有时甚至引起管道的变形、爆裂或阀门的损坏。因此水击问题,影响工程的安全与经济,应给予足够的重视。

水击现象产生的外因是边界条件的突然变化,内因则是水流运动的惯性和水体的压缩性以及管壁的弹性。

2.水击波的发展过程

水击波的发展过程如图 6-54 所示,约为四个过程,现以关闭阀门水击为例加以说明。

(1)升压波向上游传播

如图 6-54a)所示,在 $0 < t < \dfrac{L}{c}$ 时间段,水击压力升高水头 $\Delta H = \dfrac{\Delta p}{\gamma}$,以很高波速 c(钢管中

约1 000m/s)从阀门处开始逆流而上,在$t=\frac{L}{c}$时传到水箱处。

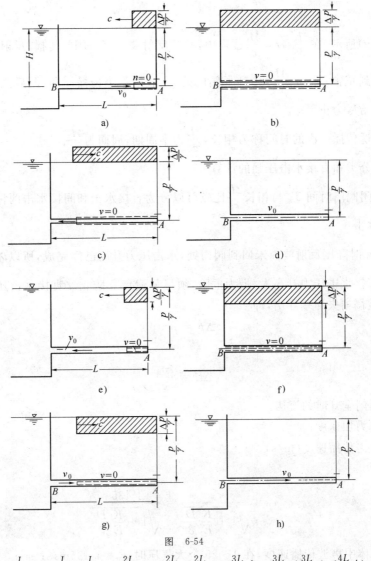

图 6-54

a)$0<t<\frac{L}{c}$;b)$t=\frac{L}{c}$;c)$\frac{L}{c}<t<\frac{2L}{c}$;d)$t=\frac{2L}{c}$;e)$\frac{2L}{c}<t<\frac{3L}{c}$;f)$t=\frac{3L}{c}$;g)$\frac{3L}{c}<t<\frac{4L}{c}$;h)$t=\frac{4L}{c}$

(2) 降压反射波向下游传播

如图 6-54c) 所示,当 $t=\frac{L}{c}$ 时,升压波到达水箱,由于水箱水位不变,管中压力大于水箱水位,使高压水向水箱流去产生一反向流速 v,即产生一降压反射波使管中压力恢复正常;在 $\frac{2L}{c}<t<\frac{3L}{c}$ 时段一直持续着;当 $t=\frac{2L}{c}$ 时到达阀门。

(3) 降压波向上游传播

如图 6-54e) 所示,当 $t=\frac{2L}{c}$ 时,降压反射波到达阀门后,因惯性使阀门处水流反向流动,在阀门处形成一降压波向上游传播;在 $\frac{2L}{c}<t<\frac{3L}{c}$ 时段一直持续着;当 $t=\frac{3L}{c}$ 时,降压波到达水

箱,并且压力低于水箱中水位,这使水箱中水向阀门流动,流速由零变为 v,这就开始了第四过程。

(4) 升压反射波向下游传播

如图 6-54g)所示,在 $\frac{3L}{c}<t<\frac{4L}{c}$ 过程中,升压反射波一直向阀门传播,反射波传到处,压强即由负压恢复到正常;在 $t=\frac{4L}{c}$,传到了阀门处,完成了一个传播周期,此后又重复上述过程,直到能量消耗殆尽为止。

水击波往返传播一次的时间称为相长,$\frac{2L}{c}$ 为半周期,周期为 $\frac{4L}{c}$。

3. 水击的分类和直接水击压强的计算

水击按关闭阀门时间 T_s 与相长 $\frac{2L}{c}$ 比较可以分为直接水击和间接水击两种。

(1) 直接水击

$T_s<\frac{2L}{c}$,此时降压反射波尚未回到阀门处,水击压力升高已经完成,所以未受到降压的抵消作用,因此直接水击压力升高大,最为危险,须尽量避免和防止。直接水击压力升高计算式已于1898年被儒柯夫斯基导出,即

$$\Delta p = \rho c v_0 \tag{6-106}$$

或以水头表示

$$\Delta H = \frac{c v_0}{g} \tag{6-107}$$

式中：v_0——阀门全开时的流速;
　　　g——重力加速度;
　　　c——水击传播速度(m/s)。

而

$$c = \frac{c_0}{\sqrt{1+\frac{K}{E}\frac{D}{\delta}}} = \frac{1\,435}{\sqrt{1+\frac{K}{E}\frac{D}{\delta}}} \tag{6-108}$$

式中：c_0——液体中声波传播速度,在 1~25 个大气压时,$c_0=1\,435$ m/s;
　　　K——水的弹性模量,在水温 10℃,1 个标准大气压时,$K=2.10\times10^5$ N/cm²;
　　　E——管壁材料的弹性模量,钢管的 $E=2.06\times10^7$ N/cm²;
　　　D——管内直径;
　　　δ——壁厚。

对于一般钢管 $\frac{D}{\delta}\approx100$,$\frac{K}{E}\approx0.01$,代入式(6-107),得 $c\approx1\,000$ m/s。如管内关阀前流速 $v_0=1$ m/s,则直接水击压力升高水头 $\Delta H=\frac{cv_0}{g}=\frac{1\,000\times1}{9.8}=102$ mH$_2$O。

(2) 间接水击

$T_s\geq\frac{2L}{c}$,此时降压反射波已回到阀门处,抵消了部分压力升高值,此种水击称间接水击,间接水击压力小于直接水击。间接水击压力的精确计算,涉及水击波的叠加,较为复杂,但可

按下式作近似的估算

$$\Delta p = \rho c v_0 \frac{T}{T_s} \tag{6-109}$$

$$\Delta H = \frac{c v_0}{g} \frac{T}{T_s} \tag{6-110}$$

式中：T——水击波相长，$T = \frac{2L}{c}$；

T_s——阀门关闭的时间；

其余符号意义同前。

4. 水击危害的预防

一般来说，可从延长关闭阀门时间，缩短水击波传播长度，减小管内流速，以及在管路上设置减压、缓冲装置等方面着手。

【例 6-14】 主干管在 A、B 间是由两条支管组成的一个并联管路，两支管的长度和管径分别为 $l_1 = 1800\text{m}$，$d_1 = 150\text{mm}$，$l_2 = 3000\text{m}$，$d_2 = 200\text{mm}$，两支管的沿程阻力系数 λ 均为 0.01，若主干管流量 $Q = 39\text{L/s}$，则两支管流量分别为：

A. $Q_1 = 12\text{L/s}, Q_2 = 27\text{L/s}$　　B. $Q_1 = 15\text{L/s}, Q_2 = 24\text{L/s}$

C. $Q_1 = 24\text{L/s}, Q_2 = 15\text{L/s}$　　D. $Q_1 = 27\text{L/s}, Q_2 = 12\text{L/s}$

解 $Q_1 + Q_2 = 39\text{L/s}$

$$\frac{Q_1}{Q_2} = \sqrt{\frac{S_2}{S_1}} = \sqrt{\frac{8\lambda L_2}{\pi^2 g d_2^5} \Big/ \frac{8\lambda L_1}{\pi^2 g d_1^5}} = \sqrt{\frac{L_2 \cdot d_1^5}{L_1 \cdot d_2^5}} = \sqrt{\frac{3000}{1800} \times \left(\frac{0.15}{0.20}\right)^5} = 0.629$$

即 $0.629 Q_2 + Q_2 = 39\text{L/s}$，得 $Q_2 = 24\text{L/s}, Q_1 = 15\text{L/s}$

答案：B

习　题

6-31　环状管网水力计算的原则是（　　）。

　　A. 各节点的流量与各管段流量代数和为零，水头损失相等

　　B. 各管段水头损失代数和为零，流量相等

　　C. 流入为正、流出为负，每一节点流量的代数和为零；顺时针为正，逆时针为负，沿环一周水头损失的代数和为零

　　D. 其他

6-32　水头与直径均相同的圆柱形外管嘴和小孔口，前者的通过流量是后者的（　　）倍，原因是（　　）。

　　A. 1.75，前者收缩断面处有真空存在

　　B. 0.75，后者的阻力比前者小

　　C. 1.82，前者过流面积大

　　D. 1.32，前者收缩断面处有真空存在

6-33　某常水头薄壁小孔口的水头 $H_0 = 5\text{m}$，孔口直径 $d = 10\text{mm}$，流量系数 $\mu = 0.62$，该小孔口的出流量 Q 为（　　）。

　　A. 0.61L/s　　　　　　　　　　B. $7.82 \times 10^{-4} \text{m}^3/\text{s}$

　　C. 0.58L/s　　　　　　　　　　D. $4.82 \times 10^{-4} \text{m}^3/\text{s}$

第七节 明渠恒定流

一、明渠均匀流特性及其发生条件

明渠均匀流是水深、断面平均流速、断面流速分布均沿流程不变的具有自由液面的明渠流,如图6-55所示。

由于河底坡度线与水面线及水力坡度线三条线平行,所以三线的坡度相等,即

$$J = J_z = i \quad (6-111)$$

式中：J——水力坡度 $J = \dfrac{h_f}{L}$；

J_z——水面坡度，$J_z = \dfrac{(z_1+h_1)-(z_2+h_2)}{L}$；

i——河底坡度，$i = \dfrac{z_1-z_2}{L}$，$i = \sin\theta$，当 $\theta < 6°$ 时，$\sin\theta \approx \tan\theta$，$i = \dfrac{\Delta z}{Lx}$。

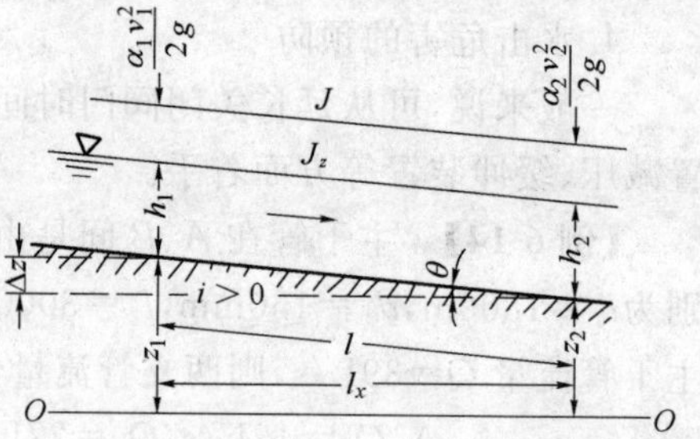

图 6-55

水力坡度＝水面坡度＝河底坡度,是明渠均匀流的特性。产生明渠均匀流必须满足以下这些条件：渠中流量保持不变；渠道为长直棱柱体；顺坡渠道（即河底高程沿水流方向降低）；渠壁粗糙系数沿程不变,没有局部损失,以及底坡不变、断面形状与面积不变等。所以均匀流多在人工明渠中产生,天然河流的顺直渠段,可近似作为均匀流来处理。

二、明渠均匀流基本公式及断面水力要素

明渠流断面尺寸大,流速快,壁面粗糙,一般均属于大雷诺数的水力粗糙区,其水力计算的基本公式用谢才公式

$$v = C\sqrt{RJ}$$

但在均匀流时由明渠均匀流特性知 $J=i$，可用渠底坡度 i 代替 J，应用更加方便,此时

$$\left. \begin{array}{l} v = C\sqrt{Ri} \\ Q = CA\sqrt{Ri} = K\sqrt{i} \\ K = CA\sqrt{R} \end{array} \right\} \quad (6-112)$$

式中,K 称为流量模数,单位为 m^3/s,与流量同。为了使用谢才公式,必须配合断面水力要素的计算公式和谢才系数 C 的计算公式,例如前面介绍的 $C = \dfrac{1}{n}R^{\frac{1}{6}}$ 的曼宁公式。

断面水力要素的计算公式常用的有矩形、梯形和未充满的圆形断面以及复式断面几种,如图6-56所示,现分别介绍。

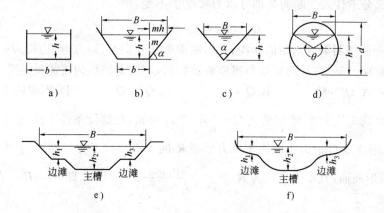

图 6-56

（一）矩形断面水力要素

$$\left.\begin{array}{l} A = bh \\ x = b + 2h \\ R = \dfrac{A}{x} \end{array}\right\} \tag{6-113}$$

（二）梯形断面水力要素

$$\left.\begin{array}{l} A = (b + mh)h \\ x = b + 2h\sqrt{1+m^2} \\ R = \dfrac{A}{x} \\ B = b + 2mh \end{array}\right\} \tag{6-114}$$

上式中 $m = \cot\alpha$，称为边坡系数，α 为边坡角，见图 6-56b），当 $\alpha = 90°$ 时，$m = 0$，梯形变为矩形，式(6-113)是式(6-114)的一个特例。

（三）未充满的圆形断面水力要素

$$\left.\begin{array}{l} A = \dfrac{d^2}{8}(\theta - \sin\theta) \\ x = \dfrac{d}{2}\theta \\ R = \dfrac{d}{4}\left(1 - \dfrac{\sin\theta}{\theta}\right) \\ B = d\sin\dfrac{\theta}{2} \end{array}\right\} \tag{6-115}$$

上式中 θ 为圆心角，与管内液体的充满度 $\dfrac{h}{d}$ 有关，h 为充水深度，见图 6-56d）。因此

$$\dfrac{h}{d} = \sin^2\dfrac{\theta}{4} \tag{6-116}$$

当已知充满度 h/d 后可用上式求出 θ，再由直径 d 和 θ 用式(6-115)求各种水力要素。

（四）复式断面水力要素

可将其分解为几个简单的几何图形叠加求解，注意湿周只计入固体与液体接触的边长，液

体与液体接触部分不计入。断面各部分水力坡度 J 不变,则

$$Q=(K_1+K_2+\cdots)\sqrt{J}$$

【例 6-15】 两条明渠过水断面面积相等,断面形状分别为(1)方形,边长为 a;(2)矩形,底边宽为 $2a$,水深为 $0.5a$,它们的底坡与粗糙系数相同,则两者的均匀流流量关系式为:

   A. $Q_1>Q_2$ B. $Q_1=Q_2$ C. $Q_1<Q_2$ D. 不能确定

解 由明渠均匀流谢才-曼宁公式 $Q=\dfrac{1}{n}R^{\frac{2}{3}}i^{\frac{1}{2}}A$ 可知:在题设条件下面积 A,粗糙系数 n,底坡 i 均相同,则流量 Q 的大小取决于水力半径 R 的大小。对于方形断面,其水力半径 $R_1=\dfrac{a^2}{3a}=\dfrac{a}{3}$,对于矩形断面,其水力半径为 $R_2=\dfrac{2a\times0.5a}{2a+2\times0.5a}=\dfrac{a^2}{3a}=\dfrac{a}{3}$,即 $R_1=R_2$。故 $Q_1=Q_2$。

答案: B

三、明渠的水力最佳断面和允许流速

（一）水力最佳断面

当过水断面积 A、粗糙系数 n、底坡 i 一定时,通过流量 Q 或过水能力最大时的断面形状,称为水力最佳断面。由谢才公式和曼宁公式可得

$$Q=CA\sqrt{Ri}=\frac{1}{n}R^{1/6}AR^{1/2}i^{1/2}=\frac{1}{n}\left(\frac{A}{\chi}\right)^{2/3}Ai^{1/2}=\frac{1}{n}R^{2/3}Ai^{1/2}$$

即

$$Q=\frac{i^{1/2}}{n}A^{5/3}\chi^{-2/3} \tag{6-117}$$

由式(6-117)可知,当 A、n、i 一定时,湿周 χ 最小,Q 才最大,故圆形是最佳的形状。但在明渠中,圆形施工不便,往往用梯形。梯形的边坡系数取决于土壤的性质,当边坡系数 m 按土壤性质已确定时,梯形的水力最佳断面条件,可由 $\dfrac{d\chi}{dh}=0$ 求 χ 极小值的办法求出。

$$\chi=\frac{A}{h}-mh+2h\sqrt{1+m^2}$$

$$\frac{d\chi}{dh}=-\frac{A}{h^2}-m+2\sqrt{1+m^2}=0$$

以 $A=(b+mh)h$ 代入上式并整理后可得

$$\beta=\frac{b}{h}=2(\sqrt{1+m^2}-m) \tag{6-118}$$

式中,$\beta=\dfrac{b}{h}$ 为水力最佳宽深比。将式(6-118)依次代入 A 及 χ 公式,最后求得水力最佳的水力半径为

$$R=\frac{h}{2} \tag{6-119}$$

对于矩形断面 $m=0$,代入式(6-118)得水力最佳矩形断面宽深比为 $\beta=2$,即 $b=2h$ 的扁矩形。对于小型土渠,工程造价主要取决于土方量,因此水力最佳断面,可能是经济实用的。对于大型渠道,按水力最佳梯形决定的断面,往往是太过窄而深,深挖高填式施工,未必是经济合理的,就不一定采用水力最佳断面。

(二)明渠的允许流速

明渠中流速过大会引起渠道的冲刷,过小又会导致水中悬浮泥沙在渠中淤积,且易使河滩上滋生杂草,从而影响渠道的输水能力。因此,在设计渠道时,应使其断面平均流速 v 在允许范围内,即

$$v_{\max} > v > v_{\min}$$

式中:$v_{\max}$——渠道最大不冲刷流速,或最大允许流速;

$v_{\min}$——渠道的最小不淤积流速或最小允许流速。

最大允许流速取决于渠道土壤或加固材料性质,最小允许流速取决于悬浮泥沙颗粒大小,可查有关手册或用经验公式计算。

四、明渠均匀流水力计算的几类问题

(一)已知 b、h、m、n、i,要求渠道的通过流量 Q

这类问题往往是对已建成渠道进行的校核验算,可直接代入谢才公式求解。

(二)已知 Q、b、h、m、i,求粗糙系数 n

可联合用谢才、曼宁两式解出 n

$$n = \frac{A}{Q} R^{2/3} i^{1/2}$$

直接代入数据即可。

(三)已知 Q、b、h、m、n,设计渠道底坡 i

先求出流量模数 $K = AC\sqrt{R}$,之后再代入谢才公式求底坡 $i = \frac{Q^2}{K^2}$,或求出流速再用 $i = \frac{v^2}{C^2 R}$ 求底坡。在实际工程中,由此计算而得的底坡数值,只是一个参考值,还要综合考虑地形、地质、施工等因素后才能确定。

(四)已知 Q、m、n、i,设计渠道过水断面的尺寸 b 和 h

此时,在基本公式中出现两个未知数,解答不确定。为了使问题有唯一确定的解,须结合工程要求和经济条件,先定出其中的一个 b 或 h 值,或是宽深比 β 值,再行设计,现分述如下。

1. 设定渠道底宽 b,求均匀流水深 h_0

首先由已知的流量 Q 及底坡 i,算出所设计的渠道断面应具有的流量模数 $K_0 = \frac{Q}{\sqrt{i}}$;然后根据 $K = AC\sqrt{R} = (b+mh)h \frac{1}{n} \left[\frac{(b+mh)h}{b+2h\sqrt{1+m^2}} \right]^{2/3} = f(h)$ 公式,用试算法或图解法求解。以试算为例,就要多次设定一系列的 h,求对应的 K,当此 K 值恰好等于 K_0 时,此时的 h 就是所要求的水深 h_0。如以所设定的一系列的水深 h 为纵标,以所对应的 K 作为横标,可绘出 $K = f(h)$ 曲线;再以 $K_0 = \frac{Q}{\sqrt{i}}$ 为横坐标,作垂线交 $K = f(h)$ 曲线于一点,由交点引水平线截取纵坐标于一点,此点的 h 值即为所求的均匀流水深 h_0。

2. 设定渠道水深 h_0,求相应的渠道底宽 b

这种情况与上面的相似,可用试算法或图解法求解。设定一系列 b,求对应的 K,作出

$K=f(b)$ 曲线;再求出 $K_0=\dfrac{Q}{\sqrt{i}}$,在 $K=f(b)$ 曲线上找出对应于此 K_0 的 b 值,即为所求的底宽 b。

3. 设定渠道宽深比 β,求相应的 h_0 和 b 值

由于补充了一个条件,设定了 β,使 h_0 和 b 转变成互相依赖的一个变量,使方程有确定的解。按上面介绍的方法,求得 h_0 或 b 后,即可由 $\beta=\dfrac{b}{h_0}$ 求得另一个。

4. 根据允许流速求断面尺寸

先求面积 $A=\dfrac{Q}{v_{\max}}$,再求水力半径 $R=\left(\dfrac{nv_{\max}}{\sqrt{i}}\right)^{3/2}$。

五、圆形断面无压排水管水力计算

现行《室外排水设计规范》(GB 50014—2006)规定,雨水管道与合流管道,可按满流设计。而污水管道应按不满流设计,其最大设计充满度 $\alpha=\dfrac{h}{d}$ 按表 6-8 规定采用。

最大设计充满度　　　　　　　　　　　表 6-8

管径 d(mm)	最大设计充满度 $\alpha\left(\dfrac{h}{d}\right)$	管径 d(mm)	最大设计充满度 $\alpha\left(\dfrac{h}{d}\right)$
150～300	0.60	500～900	0.75
350～450	0.70	≥1 000	0.80

在进行排水管水力计算时,首先确定其充满度 $\alpha=\dfrac{h}{d}$ 值,然后由 $\dfrac{h}{d}=\sin^2\dfrac{\theta}{4}$,解出圆心角 θ,再由 d 及 θ 用式(6-115)求出水力要素,最后由谢才公式求解所要解的问题。

排水管水力计算问题的类型,与明渠均匀流相似,也是求流量 Q、粗糙系数 n、底坡 i 和管径 d 或水深 h。现举例说明。

【例 6-16】 某圆形污水管管径 $d=600$mm,管壁粗糙系数 $n=0.014$,管道底坡 $i=0.0024$,求最大设计充满度时的流速和流量。

解 由表 6-6 查出当 $d=600$ 时最大设计充满度 $\alpha=\dfrac{h}{d}=0.75$,代入式(6-116),解出

$$\theta=\dfrac{4}{3}\pi$$

由式(6-115)可得

面积　　　　$A=\dfrac{d^2}{8}(\theta-\sin\theta)=\dfrac{0.6^2}{8}\times\left(\dfrac{4}{3}\pi-\sin\dfrac{4}{3}\pi\right)=0.2275\text{m}^2$

湿周　　　　$\chi=\dfrac{d}{2}\theta=\dfrac{0.6}{2}\times\dfrac{4}{3}\pi=1.2566\text{m}$

水力半径　　$R=\dfrac{A}{\chi}=\dfrac{0.2275}{1.2566}=0.1810\text{m}$

谢才系数　　$C=\dfrac{1}{n}R^{\frac{1}{6}}=\dfrac{1}{0.014}\times(0.181)^{1/6}=53.722\sqrt{\text{m/s}}$

流速　　　　$v=C\sqrt{Ri}=53.722\times\sqrt{0.181\times0.0024}=1.12\text{m/s}$

流量　　　　$Q=vA=1.12\times0.2275=0.2548\text{m}^3/\text{s}$

在实际工作中,为了简便,还制定了各种图表,载于各种手册中,此处就省略了。

排水管水力最优充满度为 $h/d=0.95, \theta=308°$,此时流量最大;当 $h/d=0.81$ 时,流速最快。但这两个充满度均大于最大设计充满度,不宜作为设计充满度采用。

六、明渠非均匀流基本概念

(一) 明渠非均匀流发生的条件

无论是天然河流或人工渠道,由于地形、地质情况复杂多变,河槽本身的边界条件是不断变化的,而且在河渠上往往有各种形式的水工建筑物(如闸、坝、跌水、桥、涵等)。在河槽边界发生变化的地方和有水工建筑物的地方,破坏了均匀流形成的条件,就会产生非均匀流的水流现象。例如闸、坝挡水后使上游水位壅高,水深增加,流速变小;而在陡坡或跌水的上游则水位降低,水深逐渐减小,流速变大。

对非均匀流现象进行研究具有重要的实际意义,如计算壅水曲线,可正确估计闸、坝壅水对上游淹没影响的范围;对水跃现象的研究,有助于正确设计下游消能防冲措施。

(二) 明渠非均流的特点和几类现象

明渠非均匀流的特点是水深、流速不断地沿程变化,而在此变化中又可分为渐变流和急变流。

属于渐变流的有以下两类水力现象:

1. 壅水现象

如在河流或渠道中的水流遇到闸、坝等挡水建筑物时,上游水位壅高,水深沿流增加,流速逐渐减少,这种现象称为壅水现象,其水面曲线称为壅水曲线,如图 6-57 所示。

2. 降水现象

如在河底坡度突然变陡的陡坡上游或河底高程突然下降的跌水上游,水深沿流不断减小,水面高程逐渐下降的现象称为降水现象,其水面曲线,如图 6-58 所示。

属于急变流的有以下两类水力现象:

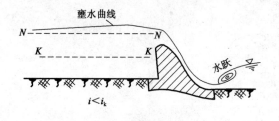

图 6-57 壅水曲线　　　　　图 6-58 降水曲线与跌水

1. 水跃现象

当水流由水深小、流速大的急流状态急剧转变为水深大、流速小的缓流时,将发生强烈的旋滚和消耗巨大的能量,这就是水跃现象,如图 6-59 所示。

2. 跌水现象

在底坡突然下降或由缓坡变陡处,水面骤然下降,流速剧增的现象称为跌水现象,如图 6-58 所示。

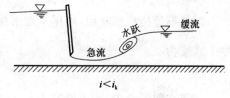

图 6-59 水跃现象

(三) 明渠非均匀流的流态(急流、缓流、临界流)

本段所讨论的是以微弱扰动波在水中传播的速度为判别标准的一种流动分类。这种流态的划分,对明渠非均匀流运动规律的分析,很有帮助。

1. 明渠中弱扰动波传播速度

由于明渠的自由液面没有固体边界的限制,受扰动后可改变水面标高以适应扰动,因而能在水面形成一微微隆起的波(简称微幅波),此波形成后将以某一速度向四周传播,称为微幅波的传播波速 c,它的快慢与水流深度有关。现在我们对矩形断面渠道中静止水中的波速 c 的计算方法进行分析(见图 6-60)。

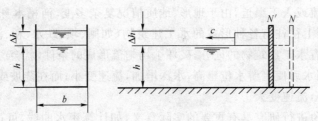

图 6-60 微幅波的传播

将平板 N 向左拨动到 N' 时,水面将产生一隆起的微幅波,并以波速 c 向左传播。设波高 Δh 很小,与水深相比可以忽略不计,波移动时的摩擦阻力也可忽略不计,呈非恒定流。现取移动坐标,以速度 c 与波一起向左移动,此时波就固定不动,而渠中的水则有了向右的速度 c,呈恒定流。由伯努利方程可知

$$h + \frac{c^2}{2g} = 常数$$

另一方面,对单位宽度而言,连续性方程可写成

$$ch = 常数$$

将上两式微分后为

$$\begin{cases} dh + \frac{cdc}{g} = 0 \\ cdh + hdc = 0 \end{cases}$$

将上述方程组联立求解,得

$$\frac{c^2 dc}{g} - hdc = 0$$

$$\left(\frac{c^2}{g} - h\right)dc = 0$$

$$\frac{c^2}{g} = h$$

故
$$c = \pm\sqrt{gh} \tag{6-120}$$

对梯形等棱柱形断面,可用平均水深 $\bar{h} = \dfrac{A}{B}$ 代入,式中 A 为过水断面面积,B 为水面宽度,则上式变为

$$c = \pm\sqrt{g\bar{h}}$$

如果在明渠流中,水流流速为 v,则波的传递速度与水流流速叠加后即为波的实际传播速度 c',即

$$c' = v \pm \sqrt{g\bar{h}}$$

当微波顺水流方向传播时,上式右端第二项取正号;逆水流方向传播时,取负号。

2. 急流、缓流、临界流

我们以波速 c 与流速 v 的相互关系来区分明渠中水流的缓急。

当明渠中水流流速较大而波速较小,满足不等式 $v>c$ 或 $v>\sqrt{g\bar{h}}$ 时,则微幅波速与流速叠加后的波速为正值,说明干扰只能顺水流方向向下游传播,不能逆水流方向朝上游传播,这种流动称为急流。

当明渠中水流流速较小而波速较大,满足不等式 $v<c$ 或 $v<\sqrt{g\bar{h}}$ 时,则叠加后的波速值可能有正有负。说明干扰既能向下游传播,也能向上游传播,这种流动称为缓流。

当明渠中水流流速 v 正好等于波速 c 时,即满足等式 $v=c$ 时,干扰向上游传播的速度为零,正是急流与缓流的分界,称为临界流。此时的水流流速称为临界流速 $v_c=\sqrt{g\bar{h}}$,可用来判别流态的缓急。$v>v_c$ 为急流,$v<v_c$ 为缓流,$v=v_c$ 为临界流。

3. 弗劳德数

如果把流态判别式的等号两边都除以 $\sqrt{g\bar{h}}$ 可得

$$\left.\begin{array}{ll} \dfrac{v}{\sqrt{g\bar{h}}}>1 & 急流 \\[4pt] \dfrac{v}{\sqrt{g\bar{h}}}=1 & 临界流 \\[4pt] \dfrac{v}{\sqrt{g\bar{h}}}<1 & 缓流 \end{array}\right\} \tag{6-121}$$

等号左边为无量纲数,称为弗劳德数,以符号 Fr 表示,Fr 可作为判断流态缓急的判别准则。

$$\left.\begin{array}{ll} Fr>1 & 急流 \\ Fr=1 & 临界流 \\ Fr<1 & 缓流 \end{array}\right\} \tag{6-122}$$

4. 临界水深和临界底坡

为了区别渠中流态的缓、急,还可以运用临界水深和临界底坡的概念。

(1)临界水深 h_k 是断面比能 $\left(h+\dfrac{\alpha v^2}{2g}\right)$ 最小时的水深,对矩形断面可用下式计算

$$h_k = \sqrt[3]{\dfrac{\alpha q^2}{g}} \tag{6-123}$$

式中,q 为单宽流量;α 为动能改正系数,一般取 $1\sim1.1$。

设明渠中产生均匀流的水深为正常水深 h_0,则有

$$\left.\begin{array}{ll} h_0<h_k & 急流 \\ h_0=h_k & 临界流 \\ h_0>h_k & 缓流 \end{array}\right\} \tag{6-124}$$

(2)临界底坡 i_k,当通过一定流量时的正常水深恰好等于临界水深,此时的底坡称为临界底坡。临界底坡可用下式计算

$$i_k = \dfrac{Q^2}{K_k^2} \tag{6-125}$$

式中,Q 为通过流量;K_k 为临界流时的流量模数,$K_k=C_k A_k \sqrt{R_k}$。

设明渠中形成均匀流时的底坡为 i,则有

$$\left.\begin{array}{ll} i > i_k & 急流 \\ i = i_k & 临界流 \\ i < i_k & 缓流 \end{array}\right\} \tag{6-126}$$

习 题

6-34 明渠均匀流的特征是（　　）。
　　A. 断面面积、壁面粗糙度沿流程不变
　　B. 流量不变的长直渠道
　　C. 底坡不变、粗糙度不变的长渠
　　D. 水力坡度、水面坡度、河底坡度皆相等

6-35 某梯形断面明渠均匀流，渠底宽度 $b=2.0\mathrm{m}$，水深 $h=1.2\mathrm{m}$，边坡系数 $m=1.0$，渠道底坡 $i=0.0008$，粗糙系数 $n=0.025$，则渠中的通过流量 Q 应为（　　）。
　　A. $5.25\mathrm{m}^3/\mathrm{s}$　　　B. $3.43\mathrm{m}^3/\mathrm{s}$　　　C. $2.52\mathrm{m}^3/\mathrm{s}$　　　D. $1.95\mathrm{m}^3/\mathrm{s}$

第八节　渗流定律、井和集水廊道

一、渗流及渗流模型

流体在孔隙介质中的流动称为渗流，水在土壤孔隙中的流动是渗流典型的例子。工程中水源井、集水廊道出水量的计算，以滤池为代表的各种过滤设备中流经多孔介质的渗流速度、渗流系数的确定，地下水资源、油气资源的开发利用等方面，均需应用渗流理论的有关知识。在土木工程上，主要是研究以水为代表的液体，在土壤孔隙中的流动。水在土壤孔隙中的流动，是极不规则的迂回曲折运动，要详细考察每一孔隙中的流动状况是非常困难的，一般也无此必要。工程中所关心的主要是宏观的平均效果，为了研究方便，常用简化的渗流模型来代替实际的渗流运动。所谓渗流模型，是设想流体作为连续介质连续地充满渗流区的全部空间，包括土壤颗粒骨架所占据的空间；渗流的运动要素可作为渗流区全部空间的连续函数来研究。以渗流模型取代实际渗流，必须要遵循这几个原则：①通过渗流模型某一断面的流量必须与实际渗流通过该断面的流量相等；②渗流模型某一确定作用面上的压力，要与实际渗流在该作用面上的真实压力相等；③渗流模型的阻力与实际渗流的阻力相等，即能量损失相等。

渗流模型中的渗流流速 u 为渗流模型中微小过流断面面积 ΔA 除通过该面积的真实渗流量 ΔQ，即

$$u = \frac{\Delta Q}{\Delta A}$$

因为上式中 ΔA 内有一部分面积为土粒所占据，所以孔隙的过流断面面积 $\Delta A'$ 要比 ΔA 小，$\Delta A' = n\Delta A$，n 为土壤孔隙率（为孔隙体积与土壤总体积之比）。因此孔隙中真实渗流速度为

$$u' = \frac{\Delta Q}{\Delta A'} = \frac{\Delta Q}{n\Delta A} = \frac{u}{n}$$

由于孔隙率 $n<1$，所以 $u'>u$。引入渗流模型之后，把渗流视为连续介质运动，前面各章关于分析连续介质空间场运动要素的各种方法和概念就可直接应用于渗流中。例如按运动要素是否随时间变化，可分为恒定渗流和非恒定渗流；按运动要素是否沿流程变化，可分为均匀渗流和非均匀渗流等。非均匀渗流又可分为渐变渗流和急变渗流；从有无地下水自由浸润面可分为无压渗流和有压渗流等。

二、渗流基本定律——达西定律

1852～1855 年，达西对均质沙土中的渗流，做了大量的试验研究，总结得出了渗流能量损失与渗流流速、流量之间的关系式为

$$Q = kAJ \tag{6-127}$$

式中：Q——渗流流量；

　　　k——渗透系数，表示土壤在透水方面的物理性质，具有速度的量纲；

　　　J——水力坡度，$J = \dfrac{h_w}{L} \approx \dfrac{H_1 - H_2}{L}$；

　　　H_1、H_2——分别为渗流上、下游断面的测压管水头。

因渗流速极小，流速水头可忽略不计，测压管水头差就可代替总水头差。$J = -\dfrac{dH}{dL}$，所以用负号是因 H 沿 L 减少。

渗流断面平均流速为

$$v = \frac{Q}{A} = kJ \tag{6-128}$$

上式表明渗流速度与水力坡度一次方成正比，亦即与水头损失一次方成正比，并与土壤的透水性有关。由此得知渗流遵循层流运动的规律，所以达西渗流定律也称为渗流线性定律。

对于均质土壤试样，其中产生的是均匀渗流，可认为各点的流动状态相同，点流速 u 与断面平均流速 v 相同，所以达西定律也可写为

$$u = kJ \tag{6-129}$$

对于非均质土壤，u 与 J 均与位置有关，u 与 v 不一定相同，达西定律只能以式(6-129)的形式表示。

对于渐变渗流，裘皮幼(Dupuit)认为流线曲率很小，两断面间任一流线长度近似相等，水力坡度相同，断面上各点流速均匀分布，即

$$u = v = kJ = -k\frac{dH}{dS}$$

也可以应用达西定律。

达西定律的适用范围为线性渗流，其雷诺数 $\text{Re} = \dfrac{vd}{\nu} < 1 \sim 10$。式中，$d$ 为土壤颗粒有效粒径，可用 d_{10} 代表，d_{10} 表示筛分后占 10% 质量的土粒所能通过的筛孔直径。

三、集水廊道

集水廊道既是采集地下水作水源的给水建筑物，又是排泄地下水降低附近地下水位的排水建筑物。如图 6-61 所示一水平底的集水廊道，底部为不透水层，侧面为透水性均质土壤，上为地面，在廊道未取水前土壤中天然无压地下水水面（称浸润面），为一水平线，如图中虚线所

示,取水后水面降落为曲率极小的缓降曲线,为一渐变渗流,可以用达西定律。

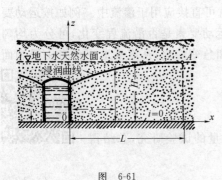

图 6-61

集水廊道主要要解决两类问题:一是求出每一侧面单位长度的出流量 q、总流量 Q;另一是求出地下水降落曲面的坐标 x 及 z 的关系式,以便确定取水后各处的水位 z 值。x 为距廊道侧壁的水平距离,z 为从廊道底部算起的水面铅垂高度,即地下水水位。设 h 为廊道内水深,根据达西定律,$Q=kAJ$,单位长流量

$$q = kz \frac{dz}{dx}$$

$$\frac{q}{k}\int_0^x dx = \int_h^z z dz$$

$$\frac{q}{k}x = \frac{1}{2}(z^2 - h^2)$$

或
$$z^2 - h^2 = \frac{2q}{k}x \tag{6-130}$$

上式为地下廊道采水后地下水浸润线方程,若 q 及 h 已知,k 是渗流系数,为常数,则任一距离 x 处的水位 z 可求得,并可绘出水面曲线。

为了求单长流量 q,可利用其边界条件,当水平距离 $x \to L$ 时,地下水位 $z \to H$,H 为取水前地下水天然水平面到不透水层的高度,亦称含水层厚度,代入式(6-130)可得

$$q = \frac{k(H^2 - h^2)}{2L} \tag{6-131}$$

式中,L 称为集水廊道的影响长度(沿 x 方向),即在 L 之外水面不再降落,恢复天然地下水位,不受取水的影响。

集水廊道两侧的总流量为 Q,则

$$Q = 2qL_0 \tag{6-132}$$

式中:L_0——垂直于纸面的廊道纵向长度。

四、管井涌水量的计算

(一)潜水井(普通完全井)

具有自由液面的无压地下水称潜水。潜水井用来汲取无压地下水,井的断面通常为圆形,水由透水的井壁渗入井中。潜水井又可分为完全井与不完全井两类,井底深达不透水层的称为完全井,如图 6-62 所示,按达西定律其流量为

$$Q = kAJ$$
$$= k2\pi rz \frac{dz}{dr}$$

分离变量后积分上式,得

$$\int z dz = \frac{Q}{2\pi k} \int \frac{dr}{r}$$

$$z^2 = \frac{Q}{\pi k}\ln r + c$$

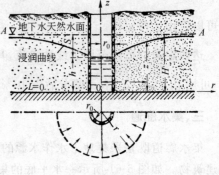

图 6-62

式中：c——积分常数。

当 $r=r_0$ 时，$z=h$，代入上式得积分常数 $c=h^2-\dfrac{Q}{\pi k}\ln r_0$，将积分常数 c 再代回原式有

$$z^2-h^2=\frac{Q}{\pi k}\ln\frac{r}{r_0} \tag{6-133}$$

换成常用对数后得

$$z^2-h^2=\frac{0.73Q}{k}\lg\frac{r}{r_0} \tag{6-134}$$

式中：h——井中水深；
r_0——井的半径。

上式表明潜水井取水时井外地下水浸润线方程，即 r 与 z 的关系式。从理论上说，当某井取水，四周形成漏斗状浸润面后，水面降落的影响应该延伸到无穷远处。但从工程实用观点来看，当水面降落的浸润线延伸到某一距离 R 之后，水面即接近含水层原有的厚度。即当 $r\rightarrow R$ 后，$z\rightarrow H$，R 称为井的影响半径，将此边界条件代入式(6-134)中，可求出潜水井涌水量公式

$$Q=1.366\frac{k(H^2-h^2)}{\lg\dfrac{R}{r_0}} \tag{6-135}$$

式中的影响半径 R 可由试验方法求得。当无试验资料，初步计算时可用经验公式估算

$$R=3\,000S\sqrt{k} \tag{6-136}$$

式中，$S=H-h$，为抽水稳定后，井中水面降落深度以米(m)计。k 为渗流系数，以 m/s 计。

（二）自流井（承压井）

如 含水层位于两不透水层之间，其中渗流所受的压强大于大气压强，这样的含水层称为自流层，由自流层供水的井为自流井。设一井底直至不透水层的完全自流井如图 6-63 所示。在未抽水时，井中水位将升至 H 高度处，此 H 值即为天然状态下含水层的测压管水头，它大于含水层的厚度 t，有时甚至高出地面，使水从井口中自动流出。当抽水经过相当长的时间后，井四周的测管水头线，将形成一稳定的轴对称的漏斗状曲线，如图 6-63 所示。取距井中心轴为 r 处的渗流过水断面，该面面积 $A=2\pi rt$，它与测管水头无关，该处水力坡度 $J=\dfrac{dz}{dr}$，为该处测管水头线的坡度，则该断面渗流流量 Q 按达西公式，有

$$Q=k2\pi rt\frac{dz}{dr}$$

分离变量并积分得

$$z=\frac{Q}{2\pi kt}\ln r+c$$

式中，c 为积分常数，由边界条件确定。当 $r=r_0$ 时，$z=h$，代入上式得 $c=h-\dfrac{Q}{2\pi kt}\ln r_0$，将 c 代入原式有

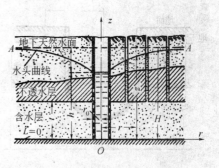

图 6-63

$$z - h = \frac{Q}{2\pi kt} \ln \frac{r}{r_0} \quad (6-137)$$

或转换成常用对数

$$z - h = 0.366 \frac{Q}{kt} \lg \frac{r}{r_0} \quad (6-138)$$

此即自流井水头曲线方程。引入井的影响半径概念，令上式中的 $r = R$ 时，$z = H$，就可得到自流井的涌水量公式

$$Q = 2.73 \frac{kt(H-h)}{\lg \frac{R}{r_0}} \quad (6-139)$$

井中水面降落深度 $S = H - h$，上式可写成

$$Q = 2.73 \frac{ktS}{\lg \frac{R}{r_0}} \quad (6-140)$$

五、大口井涌水量

大口井是汲取浅层地下水的一种井，井径较大，大致为 2~10m 或更大些。大口井一般是不完全井，下接含水量丰富的透水层，底部进水成为涌水量的重要部分。如图 6-64 所示一底部为半球形，井壁四周为不透水层，主要由底部进水的大口井，利用达西公式可推得其流量 Q 的计算公式

$$Q = \frac{2\pi kS}{\frac{1}{r_0} - \frac{1}{R}} \quad (6-141)$$

因 $R \gg r_0$，所以上式近似为

$$Q = 2\pi k r_0 S \quad (6-142)$$

对于平底大口井，福希海梅认为过流断面是半椭球面，渗流流线是双曲线，如图 6-65 所示。其涌水量 Q 的公式为

$$Q = 4 k r_0 S \quad (6-143)$$

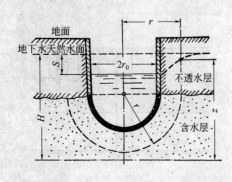

图 6-64

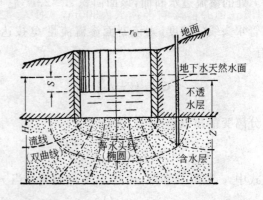

图 6-65

六、井群的涌水量

(一)潜水井井群

如图 6-66 所示一潜水井井群平面图,在水平不透水层上有 n 个完全潜水井,由于各井之间距离较近,因此各井的出水量和浸润曲线的形状均相互影响,所以井群计算与单井不同,需应用势流叠加原理。经分析推导得潜水井群的浸润线方程为

$$z^2 = H^2 - 0.732 \frac{Q}{k}\left[\lg R - \frac{1}{n}\lg(r_1 r_2 r_3 \cdots r_n)\right] \quad (6\text{-}144)$$

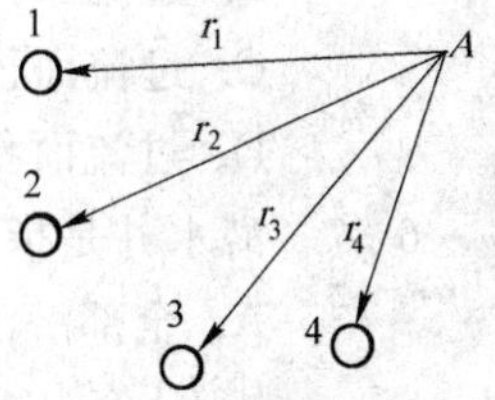

式中: z——潜水井井群影响范围内某点的浸润线水头;

H——未抽水时含水层水位;

Q——井群总流量;

n——井的总数;

$r_1 、 r_2 、 r_3 、 \cdots 、 r_n$——各个井到计算点的半径;

R——井群的影响半径可用经验公式(6-145)计算或做抽水试验确定。

$$R = 575 S \sqrt{Hk} \quad (6\text{-}145)$$

图 6-66

井群的总流量公式为

$$Q = 1.366 \frac{k(H^2 - z^2)}{\lg R - \frac{1}{n}\lg(r_1 r_2 r_3 \cdots r_n)} \quad (6\text{-}146)$$

(二)自流井井群

与潜水井类似,用势流叠加原理可导出自流井井群的水头线方程和流量公式。水头线方程为

$$z = H - \frac{0.366 Q}{kt}\left[\lg R - \frac{1}{n}(r_1 r_2 r_3 \cdots r_n)\right] \quad (6\text{-}147)$$

自流井井群的流量为

$$Q = 2.73 \frac{kt(H-z)}{\lg R - \frac{1}{n}\lg(r_1 r_2 r_3 \cdots r_n)} \quad (6\text{-}148)$$

【例 6-17】 设某圆形基坑,其周围布置了六个潜水完全井,如图 6-67 所示。各井距基坑中心点距离 r 为 30m,含水层厚度 H 为 15m,渗流系数 $k = 0.0008$ m/s,井群影响半径 $R = 300$m,欲使基坑中心点水位下降 $S = 5$m,求各井的抽水量。

解 $r_1 = r_2 = r_3 = \cdots = r_n = 30$m,代入式(6-142)得总流

$$Q = 1.366 \frac{0.0008 \times (15^2 - 10^2)}{\lg 300 - \frac{1}{6}\lg(30^6)} = 0.136 \text{m}^3/\text{s}$$

每口井抽出量为

$$\frac{Q}{n} = \frac{0.136}{6} = 0.0227 \text{m}^3/\text{s} = 22.7 \text{L/s}$$

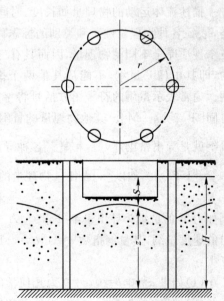

图 6-67

习　题

6-36　达西渗透定律表明渗流量与(　　)成正比,与(　　)有关。
　　A. 过流面积、流速,介质颗粒大小
　　B. 过流面积、水力坡度,水的黏性
　　C. 过流面积、水头损失,土壤均匀程度
　　D. 过流面积、水力坡度一次方,渗透系数

6-37　潜水井是指(　　)。
　　A. 全部潜没在地下水中的井
　　B. 从有自由表面潜水含水层中开凿的井
　　C. 井底直达不透水层的井
　　D. 从两不透水层之间汲取有压地下水的井

6-38　某一井底直达不透水层的潜水井,井的半径 $r_0=0.2$ m,含水层的水头 $H=10$ m,渗透系数 $k=0.0006$ m/s,影响半径 $R=294$ m,抽水稳定后井中水深为 $h=6$ m,此时该井的出水流量 Q 为(　　)。
　　A. 20.51L/s　　　　B. 18.5L/s　　　　C. 16.56L/s　　　　D. 14.55L/s

第九节　量纲分析和相似原理

一、量纲分析

(一)量纲和单位

描述流体运动的物理量如长度、时间、质量、速度、加速度等,都可按其性质不同而加以分类,表征各种物理量性质和类别的标志称为物理量的量纲(或因次)。例如长度、时间、质量是三个性质完全不同的物理量,因而具有三种不同的量纲。我们注意到这三种量纲是互不依赖的,即其中任一量纲,不能从其他两个推导出来,这种互不依赖,互相独立的量纲称为基本量纲。通常表示量纲的符号用方括号将字母括起来,这三个基本量纲可分别表示为:长度[L]、时间[T]、质量[M]。其他物理量的量纲,均可用基本量纲推导出来,称为导出量纲,例如速度量纲就是导出量纲,$[v]=\dfrac{[L]}{[T]}$。各种导出量纲,一般可用基本量纲指数乘积的形式来表示,$[v]=[LT^{-1}]$。如以[x]表任一物理量的导出量纲,则

$$[x]=[L^a T^b M^c] \tag{6-149}$$

例如力 F 的量纲为导出量纲$[F]=[LT^{-2}M]$,则其量纲指数 $a=1,b=-2,c=1$;又如前面导出的速度量纲,其量纲指数 $a=1,b=-1,c=0$。导出量纲按照其基本量纲的指数可分成以下三类:

(1)如果 $a\neq 0,b=0,c=0$ 为几何学的量;

(2)如果 $a\neq 0,b\neq 0,c=0$ 为运动学的量;

(3)如果 $c\neq 0$ 为动力学的量。

除现在所选择的三种基本量纲[L]、[T]、[M](国际单位制 SI)之外,以往在工程上曾广泛

使用过工程单位制,其基本量纲的选择为[L]、[T]、[F],质量反而成为导出量纲。

为了比较同一类物理量的大小,可以选择与其同类的标准量加以比较,此标准量称为单位。例如要比较长度的大小,可以选择 m、cm 或市尺为单位。但由于选择的单位不同,同一长度可以用不同的数值表示,可以是 1(以 m 为单位),也可以是 100(以 cm 为单位),也可以是 3(以市尺为单位)。可见有量纲量的数值大小是不确定的,随所选用单位不同而变化的。当基本量纲指数 $a=b=c=0$ 时,则

$$[x] = [L^0 T^0 M^0] = [1]$$

[x]为无量纲纯数,或量纲为 1 的量,它的数值大小,与所选用单位无关。使实验成果无量纲化,往往更具普遍意义。例如要反映沿程机械能减少情况,用水力坡度 $J=hw/L$ 这一无量纲值 ($[J]=[LL^{-1}]=[1]$)要比用水头损失值更能反映其普遍性。因为后者随所选单位不同而变化,而前者不论所选择的是何种长度单位,只要形成该水力坡度的物理条件不变,则 J 的值也不会变。又如判别流态的雷诺数 $Re=\dfrac{vd}{\nu}$,其量纲式为

$$[Re] = \frac{[LT^{-1}][L]}{[L^2 T^{-1}]} = [L^0 T^0 M^0] = [1]$$

为无量纲数。

前已指出下临界雷诺数 $Re_k=2\,000$,就是判别流态的普适性常数,不论单位是英制还是国际单位制 $Re_k=2\,000$ 不变,均是判别流态是层流还是紊流的标准数值。

(二)量纲和谐原理

一个正确的、完整的反映客观规律的物理方程中,各项的量纲是一致的,这就是量纲一致性原理,或称量纲和谐原理。

量纲和谐原理用途广泛,是量纲分析的基础,它首先可以判断物理方程是否正确。人们熟知水动力学三大方程是正确的,这三个方程的量纲每一个均是和谐的。连续方程等号前后是流量的量纲,能量方程每一项皆为长度量纲,动量方程每一项皆为力的量纲。

量纲和谐原理还可用来确定方程式中系数的量纲以及分析经验公式的结构是否合理。

量纲和谐原理还表明,量纲相同的量才可以相加减;量纲不同的量不能相加减,也不能相等,但可以相乘除。

量纲和谐原理最主要的用途还在于将各有关的物理量的函数关系,以各物理量指数乘积的形式表达出来,并确定其指数,以便将实验结果建立起一个结构合理、正确反映客观规律的力学方程或物理方程,此种分析方法称为量纲分析法。

(三)量纲分析法

量纲分析法有两种:一种适用于影响因素间的关系为单项指数形式的场合,称瑞利(Rayleigh)法;另一种为具有普遍性的方法,称 π 定理。下面分别介绍。

1. 瑞利法

首先列出影响该物理过程的主要因素 $x_1, x_2, x_3, \cdots, x_n$ 之间待定的函数关系

$$y = f(x_1, x_2, x_3, \cdots, x_n)$$

由于各因素的量纲只能由基本量纲的积和商导出而不能相加减,因此函数关系式可写成指数乘积的形式为

$$y = k x_1^{a_1} x_2^{a_2} x_3^{a_3} \cdots x_n^{a_n}$$

式中:　　k——无量纲系数;

x_1、x_2、$\cdots$、x_n——待定指数。

再将上式用基本量纲表示为

$$[L^a T^b M^c] = [L^{a_1} T^{b_1} M^{c_1}]a_1 [L^{a_2} T^{b_2} M^{c_2}]a_2 \cdots [L^{a_n} T^{b_n} M^{c_n}]a_n$$

由量纲和谐原理可得

[L] $\quad a = a_1 \alpha_1 + a_2 \alpha_2 + \cdots a_n \alpha_n$

[T] $\quad b = b_1 \alpha_1 + b_2 \alpha_2 + \cdots b_n \alpha_n$

[M] $\quad c = c_1 \alpha_1 + c_2 \alpha_2 + \cdots c_n \alpha_n$

解上述联立方程组,可求出待定 α_1、α_2、$\cdots$、α_n,从而确定函数关系。但因方程组中的方程数只有三个,当待定指数个数 $n>3$ 时,则有 $(n-3)$ 个指数需用其他指数的函数来表示。

【例 6-18】 实验指出判别层流、紊流的下临界流速 v_k 与管径 d、流体密度 ρ、流体黏度 μ 有关,试用量纲分析法求出它们间的函数关系。

解 $\qquad\qquad\qquad v_k = f(d, \rho, \mu)$

或 $\qquad\qquad\qquad v_k = k d^{a_1} \rho^{a_2} \mu^{a_3}$

再写成量纲式

$$[LT^{-1}M^0] = [L T^0 M^0]a_1 [L^{-3} T^0 M]a_2 [L^{-1} T^{-1} M]a_3$$

由量纲和谐得

[L] $\quad 1 = \alpha_1 - 3\alpha_2 - \alpha_3$

[T] $\quad -1 = -\alpha_3 \qquad$ 解得 $\alpha_3 = 1, \alpha_2 = -1, \alpha_1 = -1$

[M] $\quad 0 = \alpha_2 + \alpha_3$

将指数 α_1、α_2、α_3 回代入指数乘积函数关系式,有

$$v_k = k \frac{\mu}{\rho d} = k \frac{v}{d}$$

上式化为无量纲形式后有

$$k = \frac{v_k d}{\nu}$$

此无量纲数 k 即为下临界雷诺数

$$\text{Re}_k = \frac{v_k d}{\nu}$$

2. π 定理

π 定理在 1915 年由布金汉(E. Buckingham)首先提出,所以又称为布金汉原理。

设有 n 个变量的物理方程式

$$f(x_1, x_2, x_3, \cdots, x_n) = 0$$

其中可选出 m 个变量在量纲上是互相独立的,那么此方程式必然可以表示为 $(n-m)$ 个无量纲数(以 π 表示)的物理方程,即

$$F(\pi_1, \pi_2, \pi_3, \cdots, \pi_{n-m}) = 0$$

在应用 π 定理时,要注意所选取的 m 个量纲独立的物理量,应使它们不能组成一个无量纲数。设所选择的物理量为 x_1、x_2、x_3,它们的量纲式可用基本量纲表示为

$$\left. \begin{aligned} [x_1] &= [L^{a_1} T^{b_1} M^{c_1}] \\ [x_2] &= [L^{a_2} T^{b_2} M^{c_2}] \\ [x_3] &= [L^{a_3} T^{b_3} M^{c_3}] \end{aligned} \right\} \qquad (6\text{-}150)$$

为使 x_1、x_2、x_3 互相独立、不能组合成无量纲数,就要使它们的指数乘积不能为零,也就要求式(6-150)中的指数行列式不等于零(证明略去),即

$$\begin{vmatrix} a_1 & b_1 & c_1 \\ a_2 & b_2 & c_2 \\ a_3 & b_3 & c_3 \end{vmatrix} \neq 0 \tag{6-151}$$

现以 x_1 为长度,x_2 为时间,x_3 为质量,即 $a_1=1, b_2=1, c_3=1$,其余均为零代入式(6-151)

$$\begin{vmatrix} 1 & 0 & 0 \\ 0 & 1 & 0 \\ 0 & 0 & 1 \end{vmatrix} = 1 \neq 0$$

所以上述三个基本物理量的量纲是互相独立的。如果我们所选择的物理量分别属于此三种类型,则容易满足相互独立的条件。在实践中常分别选几何学的量(管径 d,水头 H 等)、运动学的量(速度 v,加速度 g 等)和动力学的量(密度 ρ,黏度 μ 等)各一个,作为独立的变量。

无量纲的 π 项的组成,可以从所选用的独立变量之外的其余变量中,每次轮取一个,与所选的独立变量组合而成,即

$$\left.\begin{aligned} \pi_1 &= x_1^{\alpha_1} x_2^{\beta_1} x_3^{\gamma_1} x_4 \\ \pi_2 &= x_1^{\alpha_2} x_2^{\beta_2} x_3^{\gamma_2} x_5 \\ &\cdots\cdots \\ \pi_{n-m} &= x_1^{\alpha_{(n-m)}} x_2^{\beta_{(n-m)}} x_3^{\gamma_{(n-m)}} x_n \end{aligned}\right\} \tag{6-152}$$

式中:α_i、β_i、γ_i——待定指数。

根据量纲和谐原理,可以求出式(6-145)中的指数 α_i、β_i、γ_i,因左端各 π 项的指数为零(π 为无量纲数)。

二、流动相似的概念

为了能用模型试验的结果去预测原型流将要发生的情况,必须使模型流动与原型流动满足力学相似条件,所谓力学相似包括几何相似、运动相似、动力相似、初始条件与边界条件相似几个方面。在下面的讨论中,原型中的物理量标以下标 p,模型中的物理量标以下标 m。

(一)几何相似

几何相似是指两个流动的对应线段长度成比例,对应角度相等,对应的边界性质相同或边界条件相似(指固体边界的粗糙度和自由液面等),亦即原型和模型两个流动的几何形状相似。两个流动的长度比尺、面积比尺、体积比尺可分别表示为

$$\left.\begin{aligned} \lambda_L &= \frac{L_p}{L_m} \\ \lambda_A &= \frac{A_p}{A_m} = \lambda_L^2 \\ \lambda_V &= \frac{V_p}{V_m} = \lambda_L^3 \end{aligned}\right\} \tag{6-153}$$

长度比尺视试验场地大小,试验要求不同而取不同的值,通常水工模型 $\lambda_L=10\sim100$。当长、宽、高三个方向长度比尺相同时称为正态模型,否则称为变态模型。几何相似是力学相似的前提。

(二)运动相似

运动相似是指两个流场对应点上同名的运动学的量成比例,主要是流速场、加速度场相似。时间比尺、速度比尺、加速度比尺可分别表示为

$$\left. \begin{array}{l} \lambda_t = \dfrac{t_p}{t_m} \\[4pt] \lambda_v = \dfrac{v_p}{v_m} \\[4pt] \lambda_a = \dfrac{a_p}{a_m} \end{array} \right\} \tag{6-154}$$

作为特例,重力加速度比尺 $\lambda_g = \dfrac{g_p}{g_m}$,如果原型与模型均在同一星球上,$\lambda_g \approx 1$。

(三)动力相似

动力相似是指两个流场对应点上同名的动力学的量成比例,即力场相似。密度比尺、动力黏度比尺、作用力比尺可分别表示为

$$\left. \begin{array}{l} \lambda_\rho = \dfrac{\rho_p}{\rho_m} \\[4pt] \lambda_\mu = \dfrac{\mu_p}{\mu_m} \\[4pt] \lambda_F = \dfrac{F_p}{F_m} \end{array} \right\} \tag{6-155}$$

作用在流体上的外力通常有重力 G、黏性切力 T、压力 P、弹性力 E、表面张力 S 等,其比尺为

$$\lambda_F = \dfrac{G_p}{G_m} = \dfrac{T_p}{T_m} = \dfrac{P_p}{P_m} = \dfrac{E_p}{E_m} = \dfrac{S_p}{S_m}$$

对非恒定流还应满足初始条件相似。

(四)边界条件与初始条件相似

(五)牛顿一般相似原理

设作用在流体上的外力合力 F,使流体产生的加速度为 a,流体的质量为 m,则由牛顿第二定律惯性力 $F = ma$ 可知,力的比尺 λ_F 也可表示为

$$\lambda_F = \dfrac{F_p}{F_m} = \dfrac{M_p a_p}{M_m a_m} = \dfrac{\rho_p L_p^2 v_p^2}{\rho_m L_m^2 v_m^2} \tag{6-156}$$

或

$$\dfrac{F_p}{\rho_p L_p^2 v_p^2} = \dfrac{F_m}{\rho_m L_m^2 v_m^2} \tag{6-157}$$

式中,$\dfrac{F}{\rho L^2 v^2}$ 为一无量纲数,以 Ne 表示有

$$\mathrm{Ne} = \dfrac{F}{\rho L^2 v^2} \tag{6-158}$$

Ne 称为牛顿数。式(6-158)可表示为

$$(\mathrm{Ne})_p = (\mathrm{Ne})_m$$

两流动动力相似,归结为牛顿数相等。以比尺表示可得

$$\dfrac{\lambda_F}{\lambda_\rho \lambda_L^2 \lambda_v^2} = 1 \tag{6-159}$$

三、相似准则

要使流动完全满足牛顿相似准则,牛顿数相等,就要求相应点上所有的同名力均有同一比尺,实际上很难做到。在某一具体流动中,占主导地位的作用力往往只有一种,因此在做模型试验时,只要让主要作用力满足相似条件即可。下面介绍只考虑一种主要作用力的相似准则。

(一)重力相似准则

当外力只有重力 G 时,则牛顿数中的外力合力 $F=G$,考虑式(6-156)有

$$\lambda_F = \frac{G_p}{G_m} = \frac{\rho_p L_p^3 g_p}{\rho_m L_m^3 g_m} = \frac{\rho_p L_p^2 v_p^2}{\rho_m L_m^2 v_m^2}$$

化简后得

$$\frac{v_p^2}{g_p L_p} = \frac{v_m^2}{g_m L_m} \tag{6-160}$$

上式中 $\frac{v^2}{gL}$ 为一无量纲数,称为弗劳德(Fraude)数,以 Fr 表示,则重力相似,归结为弗劳德数相等,即

$$(Fr)_p = (Fr)_m \tag{6-161}$$

以相似比尺表示

$$\frac{\lambda_v^2}{\lambda_g \lambda_L} = 1 \tag{6-162}$$

一般 $\lambda_g=1$,所以在重力相似时,流速比尺与长度比尺的关系为

$$\lambda_v = \lambda_L^{\frac{1}{2}} \tag{6-163}$$

据此,可推得流量比尺 λ_Q

$$\lambda_Q = \lambda_v \lambda_A = \lambda_L^{\frac{1}{2}} \lambda_L^2$$

所以

$$\lambda_Q = \lambda_L^{\frac{5}{2}} \tag{6-164}$$

同理可导出

$$\lambda_t = \frac{\lambda_L}{\lambda_v} = \lambda_L^{\frac{1}{2}} \tag{6-165}$$

弗劳德数的物理意义为惯性力与重力之比。

(二)黏性切力相似准则

当主要作用力为黏性切力 T 时,$F=T$ 代入式(6-166)有

$$\lambda_F = \frac{T_p}{T_m} = \frac{\mu_p L_p v_p}{\mu_m L_m v_m} = \frac{\rho_p L_p^2 v_p^2}{\rho_m L_m^2 v_m^2}$$

化简后得

$$\frac{v_p L_p}{\nu_p} = \frac{v_m L_m}{\nu_m} \tag{6-166}$$

式中 $\frac{vL}{\nu}$ 为一无量纲数,为雷诺数,以 Re 表示,则黏性切力相似准则归结为雷诺数相等,即

$$(Re)_p = (Re)_m \tag{6-167}$$

以比尺表示为

$$\frac{\lambda_v \lambda_L}{\lambda_\nu} = 1 \tag{6-168}$$

如原型与模型均用同一种流体且温度也相近，则黏度比尺 $\lambda_\nu = 1$，所以黏性力相似时，速度比尺与长度比尺有以下关系

$$\left.\begin{aligned}\lambda_v &= \frac{1}{\lambda_L} \\ \lambda_Q &= \lambda_L \\ \lambda_t &= \lambda_L^2\end{aligned}\right\} \tag{6-169}$$

雷诺数的物理意义为惯性力与黏性力之比。

一般来说，当影响流速的主要因素是黏滞力时，就可用雷诺准则设计模型，例如有压管流，当其阻力处于层流区、水力光滑区，主要考虑使原型与模型的雷诺数相等，在紊流过渡区，既要雷诺数相等，又要相对粗糙度 $\frac{\Delta}{d}$ 相似。但在紊流粗糙区或称阻力平方区时，阻力主要取决于相对粗糙度 $\frac{\Delta}{d}$，而与黏性关系很少，故只要保持原型与模型几何相似、相对糙度相似即可达到力学相似，而不需要雷诺数相等，这一区域称为自动模型区。在阻力平方区的明渠也只要考虑重力相似准则和几何相似准则，而不必考虑雷诺准则。

若要同时满足弗劳德准则和雷诺准则是很困难的，因为必须使这两个准则等价，即

$$\frac{\lambda_v^2}{\lambda_g \lambda_L} = \frac{\lambda_v \lambda_L}{\lambda_\nu}$$

$\lambda_g = 1$，代入上式有

$$\lambda_\nu = \frac{\lambda_L^2}{\lambda_v} = \frac{\lambda_L^2}{\lambda_L^{1/2}} = \lambda_L^{3/2}$$

要使流体的黏度正好满足上式很难做到。

(三)压力相似准则

$$\lambda_F = \frac{P_p}{P_m} = \frac{p_p L_p^2}{p_m L_m^2} = \frac{\rho_p L_p^2 v_p^2}{\rho_m L_m^2 v_m^2}$$

化简后得

$$\frac{p_p}{\rho_p v_p^2} = \frac{p_m}{\rho_m v_m^2} \tag{6-170}$$

式中：$\frac{p}{\rho v^2}$——无量纲数，称欧拉(Euler)数，以 Eu 表示，则压力相似归结为欧拉数相等。

$$(Eu)_p = (Eu)_m \tag{6-171}$$

写成比尺形式

$$\frac{\lambda_p}{\lambda_\rho \lambda_v^2} = 1 \tag{6-172}$$

欧拉准则不是独立准则，当佛劳德准则与雷诺准则满足时，欧拉准则自动满足。Eu 也可用压差形式表示为

$$Eu = \frac{\Delta p}{\rho v^2} \tag{6-173}$$

(四) 其他各种准则

除上述三种主要的相似准数外,尚有柯西(Canchy)数、马赫(Mach)数、韦伯(Weber)数和斯特鲁哈(Strohae)数等准数,分别表示弹性力、高速气流弹性力、表面张力、惯性力(非恒定性)等起的作用。土木工程上较少应用,此处不再详述。

【例 6-19】 烟气在加热炉回热装置中流动,拟用空气介质进行实验。已知空气黏度 $\nu_{空气}=15\times10^{-6}\mathrm{m^2/s}$,烟气运动黏度 $\nu_{烟气}=60\times10^{-6}\mathrm{m^2/s}$,烟气流速 $v_{烟气}=3\mathrm{m/s}$,如若实际长度与模型长度的比尺 $\lambda_L=5$,则模型空气的流速应为:

　　　A. 3.75m/s　　　　B. 0.15m/s　　　　C. 2.4m/s　　　　D. 60m/s

解 按雷诺模型,$\dfrac{\lambda_v \lambda_L}{\lambda_\nu}=1$,流速比尺 $\lambda_v=\dfrac{\lambda_\nu}{\lambda_L}$

按题设 $\lambda_\nu=\dfrac{60\times10^{-6}}{15\times10^{-6}}=4$,长度比尺 $\lambda_L=5$,因此流速比尺 $\lambda_v=\dfrac{4}{5}=0.8$

$\lambda_v=\dfrac{v_{烟气}}{v_{空气}}$,$v_{空气}=\dfrac{v_{烟气}}{\lambda_v}=\dfrac{3\mathrm{m/s}}{0.8}=3.75\mathrm{m/s}$

答案: A

习　　题

6-39　量纲和谐原理用途很多,其中最重要的一种是(　　)。
　　A. 判断物理方程是否正确
　　B. 确定经验公式中系数的量纲
　　C. 分析经验公式结构是否合理
　　D. 作为量纲分析原理探求物理量间的函数关系

6-40　模型设计中的自动模型区是指(　　)。
　　A. 只要原型与模型雷诺数相等,即自动相似的区域
　　B. 只要模型与原型弗劳德数相等,即自动相似的区域
　　C. 处于水力光滑区时,两个流场雷诺数不需要相等即自动相似
　　D. 在紊流粗糙区,只要满足几何相似,即可自动满足力学相似

习题提示及参考答案

6-1　**提示:** 参看连续介质假设相关内容。
　　答案: C

6-2　**提示:** 参看牛顿内摩擦定律。
　　答案: D

6-3　**提示:** 水的黏度随温度升高而减小。
　　答案: B

6-4　**提示:** 单位质量具有加速度的量纲。
　　答案: D

6-5　**提示:** 根据静水压基本方程 $p=p_0+\gamma h$ 及相关压强定义可得。

答案:B

6-6　提示:根据真空值 $p_v = -p$ 及压强的表示方法可得。
　　　答案:A

6-7　提示:根据静水压基本方程及绝对压强定义可得。
　　　答案:B

6-8　提示:按等压面原理可解得。
　　　答案:D

6-9　提示:此题静水压分布图为直角三角形,总压力通过分布图的形心(液面下 $\frac{2}{3}h$ 处)。
　　　答案:B

6-10　提示:平面总压力 $p = \gamma h_c A$。压力中心在液面下 $\frac{2}{3}h$ 处。
　　　答案:B

6-11　提示:理想流体为假设的无黏性流体。
　　　答案:D

6-12　提示:根据恒定流定义:当地加速度为零可得。
　　　答案:A

6-13　提示:均匀流的流线为平行直线。
　　　答案:C

6-14　提示:由伯努利方程的物理意义知。
　　　答案:C

6-15　提示:由毕托管测速原理知。
　　　答案:D

6-16　提示:测管水头线沿程变化取决于流速水头的变化,故可知、可降、可水平。
　　　答案:D

6-17　提示:根据连续方程 $v_1 A_1 = v_2 A_2$ 可解出。
　　　答案:C

6-18　提示:文丘里流量计流量公式: $Q = \mu \frac{\pi}{4} d_1^2 \sqrt{\frac{2g\Delta h}{\left(\frac{d_1}{d_2}\right)^4 - 1}}$。
　　　答案:D

6-19　提示:由均匀流基本方程 $\tau = \gamma \frac{r}{2} J$,可知轴心($r=0$)为零,直线分布。
　　　答案:C

6-20　提示:圆管层流流速分布为抛物线分布。
　　　答案:C

6-21　提示:圆管层流的最大流速是断面平均流速的 2 倍。
　　　答案:B

6-22　提示:圆管紊流核心区的流速分布为对数分布。
　　　答案:C

6-23　提示:由雷诺数公式 $\frac{vd}{\nu}$ 及连续方程 $v_1 A_1 = v_2 A_2$ 联立求解。

答案：A

6-24　提示：有压圆层流的阻力系数：$\lambda = \dfrac{64}{Re}$。

答案：B

6-25　提示：由沿程损失 $h_f = \lambda \dfrac{L}{d} \dfrac{v^2}{2g}$ 及 $\lambda = \dfrac{64}{Re}$ 两式联立可解。

答案：C

6-26　提示：根据尼古拉兹对阻力系数的试验结果可知。

答案：A

6-27　提示：谢才公式仅适用于水力粗糙区。

答案：B

6-28　提示：黏性底层的厚度，随雷诺数的减少而增加。

答案：B

6-29　提示：有尖锐边缘的物体，易产生边界层分离和漩涡区。

答案：D

6-30　提示：用有能量输入的能方程求解可得：$H = z + h_w$。

答案：D

6-31　提示：$\Sigma Q_{节点} = 0$，$\Sigma h_{f 沿环} = 0$。

答案：C

6-32　提示：管嘴与孔口流量系数之比为 $\dfrac{0.82}{0.62} \approx 1.32$。

答案：D

6-33　提示：孔口流量公式：$Q = \mu A \sqrt{2gh}$。

答案：D

6-34　提示：明渠均匀流的特征是：水力坡度＝水面坡度＝渠底坡度。

答案：D

6-35　提示：明渠均匀流流量 $Q = CA\sqrt{Ri}$，$C = \dfrac{1}{n} R^{\frac{1}{6}}$。

答案：B

6-36　提示：达西定律表达式 $Q = kAJ$。

答案：D

6-37　提示：由潜水井的定义可知。

答案：B

6-38　提示：$Q = 1.366 \dfrac{k(H^2 - h^2)}{\lg \dfrac{R}{r_0}}$。

答案：C

6-39　提示：为了探求物理量的函数关系。

答案：D

6-40　提示：紊流粗糙区为自动模型区。

答案：D

第七章 电工电子技术

复习指导

一、考试大纲

7.1 电磁学概念

电荷与电场；库仑定律；高斯定理；电流与磁场；安培环路定律；电磁感应定律；洛仑兹力。

7.2 电路知识

电路组成；电路的基本物理过程；理想电路元件及其约束关系；电路模型；欧姆定律；基尔霍夫定律；支路电流法；等效电源定理；叠加原理；正弦交流电的时间函数描述；阻抗；正弦交流电的相量描述；复数阻抗；交流电路稳态分析的相量法；交流电路功率；功率因数；三相配电电路及用电安全；电路暂态；R-C、R-L 电路暂态特性；电路频率特性；R-C、R-L 电路频率特性。

7.3 电动机与变压器

理想变压器；变压器的电压变换、电流变换和阻抗变换原理；三相异步电动机接线、起动、反转及调速方法；三相异步电动机运行特性；简单继电-接触控制电路。

7.5 模拟电子技术

晶体二极管；极型晶体三极管；共射极放大电路；输入阻抗与输出阻抗；射极跟随器与阻抗变换；运算放大器；反相运算放大电路；同相运算放大电路；基于运算放大器的比较器电路；二极管单相半波整流电路；二极管单相桥式整流电路。

7.6 数字电子技术

与、或、非门的逻辑功能；简单组合逻辑电路；D 触发器；JK 触发器数字寄存器；脉冲计数器。

二、复习指导

本章内容可以分为电场与磁场、电路分析方法、电机及拖动基础、模拟电子技术和数字电子技术五个部分。复习重点及要点如下。

（一）电场与磁场

该部分属于物理学中电学部分的内容，是分析电学现象的基础，主要包括库仑定律、高斯定律、安培环路定律、电磁感应定律。利用这些定理分析电磁场问题时物理概念一定要清楚，要注意所用公式、定律的使用条件和公式中各物理量的意义。

（二）电路分析方法

1. 直流电路重点

重点内容包括电路的基本元件、欧姆定律、基尔霍夫定律、叠加原理、戴维南定理。

电路分析的任务是分析线性电路的电压、电流及功率关系。重点是要弄清有源源件（电压源和电流源)和无源元件(电阻、电感和电容)在电路中的作用;电路中电压、电流受克希霍夫电压定律和电流定律约束,欧姆定律控制了电路元件中电压电流关系;使用公式时必须注意电路图中电压、电流正方向和实际方向的关系。叠加原理和戴维南定理是分析线性电路重要定理,必须通过大量的练习灵活地处理电路问题。

2. 正弦交流电路重点

重点内容包括正弦量的表示方法、单相和三相电路计算、功率及功率因数、串联与并联谐振的概念。

交流电路与直流电路的分析方法相同,关键是建立正弦交流电路大小、相位和频率的概念和正确地表示正弦量的最大值、有效值、初相位、相位差和角频率,熟悉各种表示方法间的关系并进行转换;能用相量法和复数法计算正弦交流电路。

交流电路的无功功率反映电路中储能元件与电源进行能量交换的规模,有功功率才是电路中真正消耗掉的功率,它不仅与电路中电压和电流的大小有关,还与功率因数 $\cos\phi$ 有关。

谐振是交流电路中电压的相位与电流的相位相同时的特殊现象。此时电路对外呈电阻性质,注意掌握串联谐振和并联谐振的条件和电压电流特征。

三相电路中负载连接的原则是保证负载上得到额定电压,分清对称性负载和非对称性负载的条件,并会计算对称性负载三相电路中电压电流和有功功率的大小;注意星形接法中中线的作用。

3. 一阶电路的暂态过程

理解暂态过程出现的条件和物理意义。含有储能元件 C、L 的电路中,电容电压和电感电流不会发生跃变。电路换路(如开关动作)时必须经过一段时间,各物理量才会从旧的稳态过渡到新的稳态。重点是建立电路暂态的概念,用一阶电路三要素法分析电路换路时,电路的电压电流的变化规律。关键在于确定电压电流的初始值、稳态值和时间常数,并用典型公式计算。

(三)电机及拖动基础

主要内容:变压器、三相异步电动机的基本工作原理和使用方法、常用继电器-接触器控制电路、安全用电常识。

了解变压器的基本结构、工作原理,单相变压器原副边电压、电流、阻抗关系及变压器额定值的意义,经济运行条件。了解三相交流异步电动机中转速、转矩、功率关系、名牌数据的意义,特别是电动机的常规使用方法。例如,对三相交流异步电动机启动进行控制的目的是为了限制电动机的起动电流。正常运行为三角形接法的电动机,起动时采用星型接法,起动电流减少的程度可根据三相电路理论,将三相电动机视为一个三相对称形负载便可确定。

掌握常用低压电气控制电路的绘图方法,必须明确,控制电路图中控制电器符号是按照电器未动作的状态表示的。阅读继电接触器控制电路图时要特别注意自锁、联锁的作用,了解过载,短路和失压保护的方法。

安全用电属于基本用电知识,重点是了解接零、接地的区别和应用场合。

(四)模拟电子技术

主要内容:二极管及二极管整流电路、电容电感滤波原理、稳压电路的基本结构;三极管及单管电压放大电路,能够确定三极管电压放大电器的主要技术指标。

了解半导体器件结构、原理、伏安特性、主要参数及使用方法。学习半导体器件的重点是要掌握 PN 结的单向导电性,难点是正确理解和应用二极管的非线性、三极管的电流控制关系。

能正确计算二极管整流电路中输入电压的有效值和整流输出电压平均值的大小关系,理解电容滤波电路的滤波原理和稳压管稳压电路的原理和对电路输出电压的影响。

分析分离元件放大电路的基础在于正确读懂放大电路图（静态偏置、交流耦合、反馈环节的主要特点），正确计算放大电路的静态参数，并会用微变等效电路分析放大器的动态指标（放大倍数、输入电阻、输出电阻）。

分析理想运算放大器组成的线性运算电路（比例、加法、减法和积分运算电路）的基础是正确理解应用运算放大器的理想条件（虚短路——同相输入端和反向输入端的电位相同，虚断路——运放的输入电流为零，输出电阻很小——恒压输出），然后根据线性电路理论分析输出电压（电流）与输入电压（电流）的关系。

(五)数字电子技术

数字电路是利用晶体管的开关特性工作的，分析数字电路时要注意输入和输出信号的逻辑关系，而不是大小关系。复习要点是正确对电路进行化简，并会用波形图和逻辑代数式表示电路输出和输入逻辑关系。基础元件是与门、或门、与非门和异或门电路。学员必需熟练地应用这些器件的逻辑功能，组合逻辑电路就是这些元件的逻辑组合，组合电路没有记忆功能，输出只与当前的输入逻辑有关。

时序逻辑电路有保持、记忆和计数功能，这种触发器主要有三种：R-S、D、J-K 型触发器。分析时序电路时必须注意时钟作用时刻，复习时必须记住这三种触发器的逻辑状态表，会分析时序电路输入、输出信号的时序关系。

第一节 电场与磁场

(一)库仑定律

库仑定律是研究两个静止的点电荷在真空中相互作用规律的，内容如下：

在真空中两个静止点电荷间的相互作用力，方向沿两个点电荷的连线，同种电荷相斥，异种电荷相吸；大小正比于两点电荷电量大小的乘积，反比于两点电荷间距离的平方。

该定律可用矢量公式表示为

$$\boldsymbol{F}_{21} = -\boldsymbol{F}_{12} = \frac{1}{4\pi\varepsilon_0} \frac{q_1 q_2}{r_{12}^3} \boldsymbol{r}_{12} \tag{7-1}$$

式中：$\boldsymbol{F}_{12}$——点电荷 2 作用于点电荷 1 上的力(N)；

$\boldsymbol{F}_{21}$——点电荷 1 作用于点电荷 2 上的力(N)；

r_{12}——点电荷 1 和 2 之间的距离(m)；

$\boldsymbol{r}_{12}$——点电荷 1 指向点电荷 2 的矢量(m)；

q_1、q_2——分别为点电荷 1 和 2 的电量(C)，含正负；

ε_0——真空的介电常数，大小为 $8.85 \times 10^{-12} C^2/(N \cdot m^2)$。

(二)电场强度

传递电力的中介物质是电场。置于电场中某点的试验电荷 q_0 将受到源电荷作用的电力 $\boldsymbol{F}$，定义该点电场强度(简称场强)

$$\boldsymbol{E} = \frac{\boldsymbol{F}}{q_0} (N/C) \tag{7-2}$$

作为描写电场的场量。$\boldsymbol{E}$ 是矢量，可以叠加。

若场源是电量为 q(含正负)的点电荷,由计算可知,在观察点 P 的电场强度为

$$E = \frac{q}{4\pi\varepsilon_0 r^3} r \tag{7-3}$$

式中：E——点电荷 q 产生的电场强度(N/C);

r——点电荷 q 至观察点 P 的距离(m);

r——点电荷 q 指向 P 的矢径(m)。

【例 7-1】 真空中,点电荷 q_1 和 q_2 的空间位置如图 7-1 所示,q_1 为正电荷,且 $q_2 = -q_1$,则 A 点的电场强度的方向是：

A. 从 A 点指向 q_1

B. 从 A 点指向 q_2

C. 垂直于 q_1q_2 连线,方向向上

D. 垂直于 q_1q_2 连线,方向向下

图 7-1

解 点电荷 q_1、q_2 电场作用的方向分布为：始于正电荷(q_1),终止于负电荷(q_2)。

答案：A

【例 7-2】 两个等量异号的点电荷 $+q$ 和 $-q$,间隔为 l,求如图 7-2 所示考察点 P 在两点电荷连线的中垂线上时,P 点的电场强度。

解 正负电荷单独在 P 点产生的电场的场强分别为

$$E_+ = \frac{1}{4\pi\varepsilon_0} \frac{q}{r^2 + \left(\frac{l}{2}\right)^2}$$

$$E_- = \frac{1}{4\pi\varepsilon_0} \frac{q}{r^2 + \left(\frac{l}{2}\right)^2}$$

方向如图所示,故 P 点总场强大小为 $E_p = E_{+\cos\alpha} + E_{-\cos\alpha} = 2E_{+\cos\alpha}$,而 $\cos\alpha = \dfrac{l}{2\sqrt{r^2 + \left(\frac{l}{2}\right)^2}}$,当 $r \gg l$ 时,注意到强场方向,有 $E_p = -\dfrac{1}{4\pi\varepsilon_0} \dfrac{ql}{r^3}$(其中,

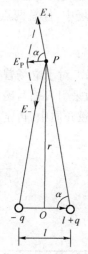

图 7-2

l 为负电荷指向正电荷的矢量)。

(三)高斯定理

高斯定理指出了电场强度的分布与场源之间的关系：静电场对任意封闭曲面的电通量只决定于被包围在该曲面内部的电量,且等于被包围在该曲面内的电量代数和除以 ε_0,即

$$\oint_A \mathbf{E} \cdot d\mathbf{A} = \frac{1}{\varepsilon_0} \sum q \tag{7-4}$$

式中：E——电场强度(N/C);

dA——面积元矢量,大小等于 dA(A 为封闭曲面),方向是 dA 的正法线方向(由内指向外);

ε_0——真空介电常数;

$\sum q$——封闭曲面内电量代数和(C)。

【例 7-3】 用高斯定理计算场强。如图 7-3 所示,无限长带电直导线,电荷密度为 η,求其电场。

解 任取一考察点 P,到导线距离为 R,过 P 作一封闭圆柱面,柱面高 l,底面半径 R,轴线

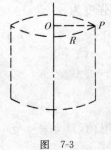

图 7-3

与导线重合。由对称性知，P 点场强方向沿半径方向，设其大小为 E，按高斯定理，有

$$2\pi R l \cdot E = \frac{1}{\varepsilon_0} \eta \cdot l$$

所以

$$E = \frac{1}{\varepsilon_0} \eta \cdot \frac{1}{2\pi R}$$

考虑方向，有 $\boldsymbol{E} = \frac{1}{2\pi\varepsilon_0} \frac{\eta}{R} \boldsymbol{R}^0$（$\boldsymbol{R}^0$ 为由 O 点指向 P 的单位矢量）。

(四) 电场力做功

电荷从 a 点移至 b 点，电场力做功

$$A_{ab} = \int_a^b \boldsymbol{F} \cdot \mathrm{d}\boldsymbol{l} \tag{7-5}$$

式中：$\boldsymbol{F}$——电场对电荷的作用力。

可以证明，A_{ab} 的大小仅与试验电荷电量以及 a、b 点的位置有关，而与路径无关，即静电场力是保守力。

基于静电场是保守力场，可以定义电场空间位置的标量函数：电势，其量值等于单位正电荷从该点经任意路径到无穷远处时电场力所做的功，单位为伏特（V）。静电场中，任意两点 a 和 b 的电势之差叫电势差，也叫电压。

(五) 磁感应强度，磁场强度，磁通

(1) 静止的电荷产生静电场；而运动电荷周围不仅存在电场，也存在磁场。对于电场曾以作用在试验电荷上的电力定义了场强 $\boldsymbol{E}$，仿此，研究作用在运动电荷上的磁力来引入描写磁场的物理量：磁感应强度（又称磁通密度）$\boldsymbol{B}$，单位为特斯拉（T）。在各向同性的磁介质中，再定义辅助量磁场强度 $\boldsymbol{H}$（A/m），即

$$\boldsymbol{H} = \frac{\boldsymbol{B}}{\mu} \tag{7-6}$$

式中：μ——磁介质的相对磁导率，在空气中 $\mu = \mu_0 = 4\pi \times 10^{-7}$ H/m。

举例来说，如图 7-4 所示无限长直导线电流强度大小为 I，方向向上，则距导线 a 处磁感应强度大小为 $\frac{I\mu}{2\pi a}$，磁场强度大小为 $H = \frac{I}{2\pi a}$，两者方向皆垂直半径，与电流方向成右手螺旋。

(2) 定义通过有限曲面 S 的磁通量（Wb）为

$$\Phi_m = \int_S \boldsymbol{B} \cdot \mathrm{d}\boldsymbol{S} \tag{7-7}$$

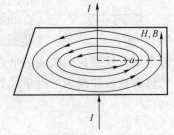

图 7-4 无限长直导线的磁感应强度与磁场强度

(六) 安培力

磁场中的载流导体会受到磁场力的作用，称为安培力，考察电流元所受安培力，有

$$\mathrm{d}\boldsymbol{F} = I\mathrm{d}\boldsymbol{l} \times \boldsymbol{B} \tag{7-8}$$

式中：$I\mathrm{d}\boldsymbol{l}$——电流元；

$\boldsymbol{B}$——磁感应强度。

至于任意形状载流导体在磁场中所受安培力,应等于各电流元所受安培力之和(矢量和)

$$F=\int_L dF=\int Idl\times B \tag{7-9}$$

显然,长为 l 的直线电流在匀强磁场 B 中所受安培力为

$$F=Il\times B \tag{7-10}$$

【例7-4】 一载流直导线 AB 如图 7-5 所示放置,电流大小为 i_0,方向从 A 至 B,磁感应强度 B_0 方向沿 x 轴正向,大小为 B_0,求 AB 导线受力。

解 $F=i_0\overrightarrow{AB}\times B_0$

$$|F|=i_0B_0\sin\theta=i_0B_0\frac{1}{\sqrt{5}}$$

F 方向垂直纸面向内。

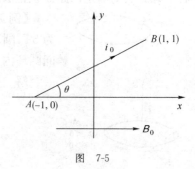

图 7-5

(七)安培环路定理

在稳恒电流产生的磁场中,不管载流回路形状如何,对任意闭合路径,磁感应强度的线积分(即环流)仅决定于被闭合路径所圈围的电流的代数和

$$\oint_L B\cdot dl=\mu_0\sum I \tag{7-11}$$

式中: B——磁感应强度(T);

μ_0——真空磁导率(H/m);

$\sum I$——被闭合路径圈围的电流代数和(A)。

亦可表示成

$$\oint_L H\cdot dl=\sum I \tag{7-12}$$

式中: H——磁场强度。

电流的正负,由积分时在闭合曲线上所取绕行方向按右手螺旋法则决定。

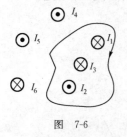

图 7-6

【例7-5】 磁场由若干互相平行的无限长载流直导线产生,各导线电流分别记为 I_1、I_2、I_3、I_4、I_5、I_6,大小分别为 i_1、i_2、i_3、i_4、i_5、i_6,方向如图7-5所示,求磁感应强度 B 对闭合回路 C 的线积分,绕行方向见图7-6。

解 根据安培环路定理

$$\oint_C B\cdot dl=\mu_0(i_1-i_2+i_3)$$

(八)电磁感应定律

当空间磁场随时间发生变化时,就在周围空间激起感应电场,这个感应电场作用于导体回路,在导体回路中产生感应电动势,并形成感应电流。

法拉第电磁感应定律指出:不论任何原因,使通过回路面积的磁通量发生变化时,回路中产生的感应电动势与磁通量对时间的变化率成正比,即

$$\varepsilon = -\frac{d\Phi}{dt} \tag{7-13}$$

如果感应回路不止一匝,而是 N 匝,则有:

任意规定回路"绕行正方向"如下

$$\varepsilon = -N\frac{d\Phi}{dt} \tag{7-14}$$

使用式(7-13)及式(7-14)时,要先在回路上任意规定一个绕行方向作为回路正方向,再用右手螺旋法则确定回路面积正法线方向。

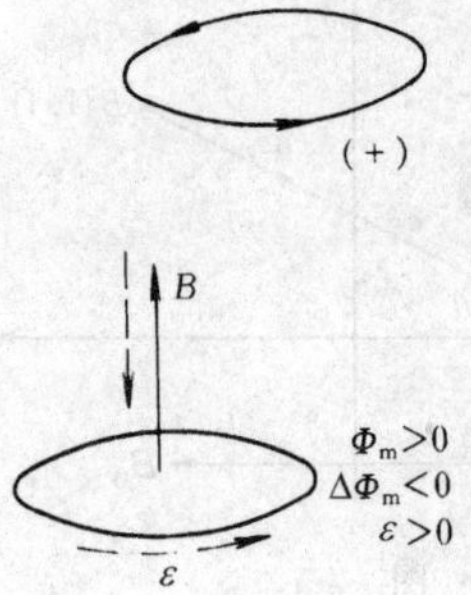

【例 7-6】 如图 7-7 所示,均匀磁场中,磁感应强度方向向上,大小为 5T,圆环半径 0.5m,电阻 5Ω,现磁感应强度以 1T/s 速度均匀减小,问圆环内电流的大小及方向。

解 确定绕行方向如图所示,则

$$\Phi = \int_S \boldsymbol{B} \cdot d\boldsymbol{S} = B \cdot \pi r^2$$

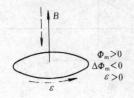

$$\varepsilon = -\frac{d\Phi}{dt} = -\frac{dB}{dt} \cdot \pi r^2 = \frac{\pi}{4}$$

图 7-7

所以圆环内电流大小 $i = \frac{\varepsilon}{R} = \frac{\pi}{20}$,方向与绕行方向一致。

习 题

7-1 无限大平行板电容器,两极板相隔 5cm,板上均匀带电,$\sigma = 3 \times 10^{-6} c/m^2$,若将负极板接地,则正极板的电势为( )。

A. $\frac{7.5}{\varepsilon_0} \times 10^{-8} V$ B. $\frac{15}{\varepsilon_0} \times 10^{-8} V$ C. $\frac{30}{\varepsilon_0} \times 10^{-6} V$ D. $\frac{7.5}{\varepsilon_0} \times 10^{-6} V$

7-2 如图所示导体回路处在一均匀磁场中,$B = 0.5T, R = 2\Omega, ab$ 边长 $L = 0.5m$,可以滑动,$\alpha = 60°$,现以速度 $v = 4m/s$ 将 ab 边向右匀速平行移动,通过 R 的感应电流为( )。

A. 0.5A   B. $-1A$ C. $-0.86A$ D. 0.43A

7-3 如图所示电路中,磁性材料上绕有两个导电线圈,若上方线圈加的是 100V 的直流电压,则( )。

A. 下方线圈两端不会产生磁感应电动势

B. 下方线圈两端产生方向为左"$-$"右"$+$"的磁感应电动势

C. 下方线圈两端产生方向为左"$+$"右"$-$"的磁感应电动势

D. 磁性材料内部的磁通取逆时针方向

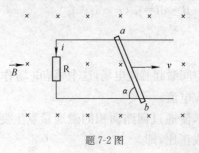

题 7-2 图

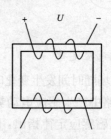

题 7-3 图

7-4 在图中,线圈 a 的电阻为 R_a,线圈 b 的电阻为 R_b,两者彼此靠近如图示,若外加激励 $u=U_M\sin\omega t$,则:

A. $i_a = \dfrac{u}{R_a}, i_b = 0$ B. $i_a \neq \dfrac{u}{R_a}, i_b \neq 0$

C. $i_a = \dfrac{u}{R_a}, i_b \neq 0$ D. $i_a \neq \dfrac{u}{R_a}, i_b = 0$

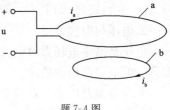

题 7-4 图

第二节 电路的基本概念和基本定律

一、电路的作用和基本物理量

(一)电路的作用

电路是电流流通的路径。它是人们为实现某种要求,将必要的元件、设备按一定的方式组合起来的物理系统。

电路的作用大体上可以分为两类:实现能量的传输与分配和传递并处理信息。但无论电路的作用属于前者或是后者,从电路的具体结构中都可以分为电源、负载和中间环节这三部分。

电源:将非电能转变为电能的物理装置(如发电机、电池、传感器等),作用是为电路提供电能或信号。

负载:将电能转变为非电能的物理装置(如电炉、电动机、扬声器等)。

中间环节:对电能量进行传输,分配和控制的部分(如开关等)。

为便于对实际电路进行分析,可以用数学语言来说明电路现象,根据问题要求,突出电路的电、磁性质,用电路符号和连线组合起来的图形就是电路模型,如图 7-8 所示。

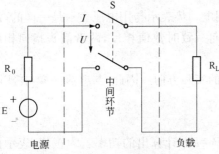

图 7-8 电路模型

(二)电路的基本物理量

1. 电流

反映电荷定向流动的物理现象。

(1)电流的大小用**电流强度**表示,简称**电流**,单位是安培(A)。

电流用公式表示为:

$$i = \dfrac{\mathrm{d}q}{\mathrm{d}t} \tag{7-15}$$

当 $i=I$(常数)时,称为直流电流。

(2)电流的实际方向定义为正电荷移动的方向,在电工理论中为解题方便常常采用"正方向"的概念。

即:在解题中先人为假定正方向,用箭头标在电路图中,然后根据假定的正方向求解,最后根据电流数值的正负号判定电流的真实方向。

如图 7-9 所示电路中,求解电流为 $I=3\text{A}>0$,说明假定电流正方向与电流实

图 7-9 电路图

际方向一致；反之，如果 $I=-3A<0$，说明假设的电流正方向与实际的电流方向是相反的。

2. 电压与电位差

电压是衡量电场力对电荷做功的物理量，其大小用电场力将单位正电荷从高电位点移动到另一低电位点所做的功。

电位是电路中某一点对于参考点之间的电压，电路中由 a 点到 b 点之间的电压 U_{ab} 可以表示为：

$$U_{ab}=U_a-U_b \tag{7-16}$$

式中，U_a，U_b 分别表示电路中 a，b 两点的电位。

电压、电位的基本单位是伏特(V)。

3. 电动势

电动势是反映电源内部非电力做功的物理量，在数值上等于非静电力将单位正电荷从低电位点推向高电位点所做的功。

从低电位指向高电位，如图 7-10 所示。

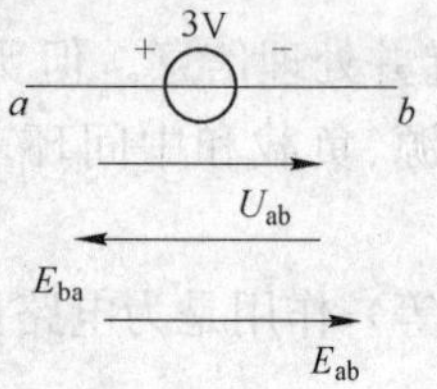

图 7-10 电压与电动势方向

$$\left.\begin{array}{l}E_{ba}=3V\\U_{ab}=3V\end{array}\right\}U_{ab}=E_{ba}$$
$$\left.\begin{array}{l}U_{ab}=3V\\E_{ab}=-3V\end{array}\right\}U_{ab}=-E_{ab}$$

在分析电源问题时用电动势表示与用电压表示是一样的，注意的是 E 与 U 的箭头指向一致时数值相反，两者箭头指向相反时数值相同。

同样，在解题过程人们很难事先确定电压、电动势的实际方向。因此，与电流一样，在实际电路中也是用“正方向”的概念求解电压和电动势的。

4. 电功率

当电路中某部分的电压电流正方向一致时，根据 $P=UI$ 计算出的功率若为正值，表示该电路在吸收功率；若计算出的功率为负值，则认为该电路是发出功率的，起电源的作用。

【例 7-7】 分析如图 7-11 所示电路的功率分配情况。

解 根据

$$I=\frac{U}{R}=\frac{10}{2}=5A$$

且

$$P_R=RI^2=2\times5^2=50W>0$$

可见负载 R 消耗功率。

10V 电源功率为：

$$P_s=-UI=-10\times5=-50W<0$$

可见，该电压源发出功率。

全部电路的功率关系：

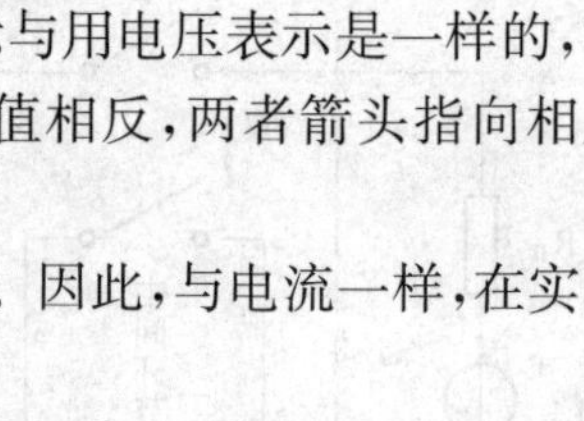

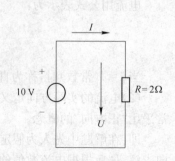

图 7-11

$$\sum P = P_R + P_s$$
$$= 50 + (-50) = 0$$

说明该电路的功率平衡。

【例 7-8】 图 7-12 示电路消耗电功率 2W,则下列表达式中正确的是:

  A. $(8+R)I^2 = 2, (8+R)I = 10$
  B. $(8+R)I^2 = 2, -(8+R)I = 10$
  C. $-(8+R)I^2 = 2, -(8+R)I = 10$
  D. $-(8+R)I = 10, (8+R)I = 10$

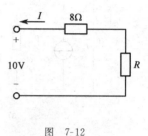

图 7-12

解 电路的功率关系 $P = UI = I^2R$ 以及欧姆定律 $U = RI$,是在电路的电压、电流的正方向一致时成立;当方向不一致时,前面增加"一"号。

答案:B

二、基本电路元件

电路中的元件必须能正确反映电路的两种性质:电源性质和负载性质。

(一)电源元件

电源的作用是满足负载要求的电压、电流和功率。电源的外特性(电压、电流关系)称为电源的"V-A 特性",它可以表示电源的端电压和端电流关系。实际电源的物理结构可以不同,但是对外电路的作用都可以用电压源模型或者是电流源模型来表示。

1. 电压源模型

电动势(U_s)与电阻(R_0)串联组成如图 7-13a)所示,电压源端电压可用下式计算

$$U = U_s - R_0 I \tag{7-17}$$

可以得出如图 7-13b)所示的"V-A 特性"。可见,负载电流增加时电源端电压减少的过程,并且电压减少的程度与 R_0 的大小有关。为减少电源内部的能量消耗,我们希望实际电压源的内阻 R_0 越小越好。

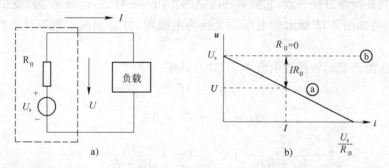

图 7-13 电源模型与 V-A 特性

$R_0 = 0$ 的电压源称为理想电压源,如图 7-13b)所示曲线ⓑ,理想电压源的特点是:$U = E_s = $ 常数,与负载电流的大小无关,理想电压源供出电流大小是由负载控制的:$I = U_s/R$。

2. 电流源模型

电流源(I_s)与电源内阻(R_0)并联组成。如图 7-14a)所示,电流源输出电流的大小可以用下式表示:

$$I = I_s - \frac{U}{R_0} \tag{7-18}$$

"V-A 特性"如图 7-14b)所示,可见实际电流源的电流随负载电压的增加而减少,为减少电流源内部损耗,我们希望电流源内阻 R_0 越大越好。

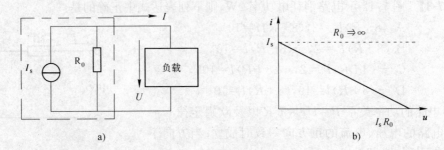

图 7-14 电流源模型及外特性

$R_0 = \infty$ 的电流源称为理想电流源,如图 7-14b)所示曲线。

理想电流源的特点是 $I = I_s = $ 常数,即输出电流与负载的大小无关;而理想电流源两端的电压大小由负载电阻决定:$U = R \cdot I_s$。

3. 两种电源的等效变换

在实际中,用电压源或电流源符号表示电源的作用没有本质的区别,因为两种电源模型对外部(负载)作用是完全等效的。

电压源与电流源的变换方法:电压源和电流源中电阻 R_0 的数值相同。

且 $U_s = R_0 I_s$,则公式(7-17)可改写为

$$U = R_0 I_s - R_0 I \tag{7-19}$$

进而可改写为

$$I = I_s - \frac{U}{R_0}$$

与式(7-18)一致。

两种电源的外特性方程一致,它们对外电路的作用是一样的,这就是等效变换的概念。

【例 7-9】 将如图 7-15 所示的电压源变换为电流源,并证明两个电源对负载 R_L 的作用相同。

解 将电压源 7-15a)转换为电流源 7-15b),其中

$$R_0 = 1\Omega$$

$$I_s = \frac{U_s}{R_0} = \frac{5}{1} = 5A$$

$$I = \frac{U_s}{R_0 + R_L} = 1A \qquad I = I_s \frac{R_0}{R_0 + R_L} = 1A$$

$$U = R_L I = 4V \qquad U = R_L I = 4V$$

可见两个电源在电阻 R_L 上产生的电压、电流相同,$P_R = UI = 4 \times 1 = 4W$。

这里有三点需要注意:

(1)理想电压源与理想电流源不能等效变换;

(2)所谓等效变换是指端电压 U、端电流 I 的等效,即对外部负载等效,不对内部电路等效;

(3)变换以后电流源 I_s 正方向与电源 U_s 的方向相反。

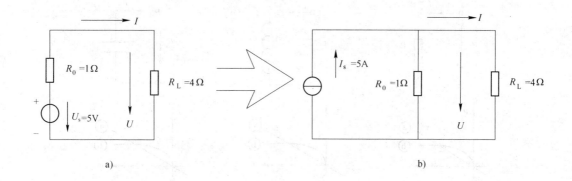

图 7-15 电压源转变为电流源

(二)负载元件

1. 电阻元件

电阻元件是反映电路中消耗电能多少的元件,其端电压 u 的大小与流过该电阻电流 i 的大小成比例。

线性电阻:$\frac{u}{i}=r=R=$ 常数(见图 7-16 中曲线 ⓐ);非线性电阻:$\frac{u}{i}=r\neq$ 常数(见图 7-16 中曲线 ⓑ)。

2. 电感元件

电感元件是反映储存磁场能量多少的元件,由物理学中电磁感应定律(Ψ 为电感元件中的磁通量),即

$$e_l=-\frac{d\Psi}{dt}=-\left(\frac{d\Psi}{di}\right)\frac{di}{dt}$$

当 $\frac{d\Psi}{dt}=$ 常数 $=L$,称为线性电感(见图 7-17 中曲线ⓐ),可写出电压电流关系式

$$u=-e=L\frac{di}{dt}\left(\text{或 } i=\frac{1}{L}\int u dt\right)$$

当 $\frac{d\Psi}{dt}\neq$ 常数,称为非线性电感(见图 7-17 中曲线ⓑ)。

3. 电容元件

电容元件是反映储存电场能量多少的元件。

根据 $i=dq/dt=\frac{dq}{du}\cdot\frac{du}{dt}$,当 $\frac{dq}{du}=C=$ 常数时,为线性电容,见图 7-18 中曲线 ⓐ,即

$$i=C\frac{du}{dt} \quad \text{或} \quad u=\frac{1}{C}\int i dt$$

当 $\frac{dq}{du}\neq$(常数)时,为非线性电容,见图 7-18 中曲线ⓑ。

电路基础部分是以分析线性电路为主。

线性电路是由独立电源和线性元件构成的。即使在后边遇到非线性元件(二极管、三极管……),也是将非线性元件线性化以后,用线性电路的解题方法处理。

独立电源——电压源 E_s、电流源 I_s 的数值为常数,与其供出的电流和电压无关。

线性元件——R、L、C 线性元件。

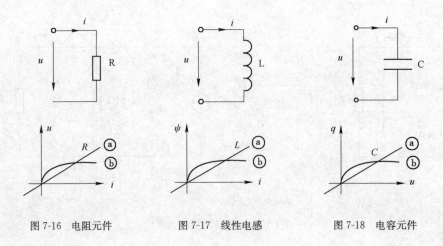

图 7-16 电阻元件　　　　图 7-17 线性电感　　　　图 7-18 电容元件

三、电路的工作状态

如图 7-19 所示为最简单的电源向负载供电路:通过开关 S_1、S_2 的适当组合,电路将工作于三种状态(有载工作状态、开路和短路工作状态)。

电源端电压关系　　　　$U = U_s - R_0 I$ [得图 7-19b)中曲线①]　　　　(7-20)

负载电压关系　　　　$U = R_L I$ [得图 7-19b)中曲线②]　　　　(7-21)

图 7-19b)中①、②曲线交点 I_Q、U_Q 是实际电路的工作电压和工作电流。

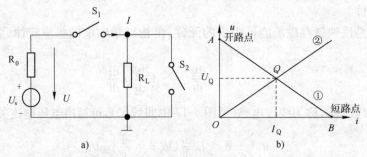

图 7-19 工作电路

(一)有载工作状态(S_1 合,S_2 分)

这时电源与负载接通向负载供电,供电的多少与负载电阻 R_L 有关。

由式(7-20)和式(7-21)可知　　　　$U_s - R_0 I = R_L I$

变为功率方程　　　　$U_s I - R_0 I^2 = R_L I^2$

即　　　　$P_s - \Delta P = P_L$　　　　(7-22)

电源电动势发出的功率 P_s 减去电源内阻 R_0 上消耗的功率 ΔP 以后,才是负载上实际得到的功率 P_L。

当电源或负载电压、电流、功率都达到规定值(生产厂家规定的标称值)时,我们称电源或负载运行为额定工作状态。

(二)开路状态

指电源与负载断开(S_1 分),即

$$I = 0, U = U_s, P_L = 0$$

此时称电路的开路状态,电源不向负载供电(空载)。

(三)短路状态

指电源电流不流经负载,直接由导线返回电源的情况。对电压源来说短路时,$U=0$,$I=\dfrac{U_s}{R_0}$,$P_L=0$(图7-19中B点)。但电源电动势产生的功率很大($P_s=IU_s$),该功率全部消耗在电源内阻R_0上,使电源严重发热。电压源短路是一种事故状态,实际中必须避免。

四、电路的基本定律

电路一旦构成,应注意如何分析电路中的电压、电流和功率的大小。分析电路的依据有两个:一是元件本身的规律;二是这些元件组成电路以后,电路中电压、电流的规律(即基尔霍夫电压、电流定律)。

(一)基尔霍夫电流定律

根据电流连续性质,基尔霍夫电流定律是用来处理节点(三条或三条以上通电导线汇合点)电流关系的定律。

定义:任一电路,任何时刻,任一节点电流的代数和为0,即

$$\sum i = 0 \tag{7-23}$$

一般流入节点电流为正,流出节点电流为负。

如图7-20所示电路中,节点a的电流关系为

$$I_1 + I_2 - I_3 = 0$$

基尔霍夫电流定律也可以用来分析闭合曲面的电流关系,如图7-21所示电路,$I'=I$。当S打开时,$I=0$。

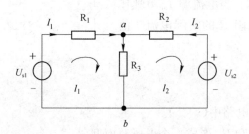

图 7-20

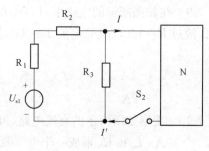

图 7-21

(二)基尔霍夫电压定律

根据能量守衡性质,基尔霍夫电压定律可以确定回路中各部分电压关系。

定义:任一电路,任何时刻,任一回路电压降的代数和为0,即

$$\sum u = 0 \tag{7-24}$$

如图7-20所示电路l_1、l_2回路(取顺时针方向),有

$$l_1: \quad -U_{s1} + I_1 R_1 + I_3 R_3 = 0$$
$$l_2: \quad -I_3 R_3 - I_2 R_2 + U_{s2} = 0$$

同样基尔霍夫定律也可以从闭合回路推广应用于开路的情况。

习　　题

7-5 如图所示电阻电路中a、b端的等效电阻为(　　)。

A. 6Ω B. 12Ω C. 3Ω D. 9Ω

7-6 某电热器的额定功率为2W,额定电压为100V。拟将它串联一电阻后接在额定电压为200V的直流电源上使用,则该串联电阻R的阻值和额定功率P_N分别应为( )。

A. $R=5\text{k}\Omega, P_N=1\text{W}$
B. $R=5\text{k}\Omega, P_N=2\text{W}$
C. $R=10\text{k}\Omega, P_N=2\text{W}$
D. $R=10\text{k}\Omega, P_N=1\text{W}$

7-7 在如图所示的电路中,用量程为10V、内阻为20kΩ/V级的直流电压表,测得A、B两点间的电压U_{AB}为( )。

A. 6V B. 5V C. 4V D. 3V

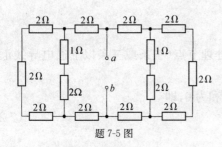

题7-5图

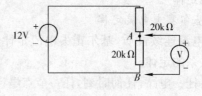

题7-7图

7-8 如图所示电路中,已知:$U_1=U_2=12\text{V}, R_1=R_2=4\text{k}\Omega, R_3=16\text{k}\Omega$。S断开后A点电位$U_{AO}$和S闭合后A点电位$U_{AS}$分别是( )。

A. $-4\text{V}, 3.6\text{V}$
B. $6\text{V}, 0\text{V}$
C. $4\text{V}, -2.4\text{V}$
D. $-4\text{V}, 2.4\text{V}$

7-9 在如图所示的电路中,$I_{s1}=3\text{A}, I_{s2}=6\text{A}$。当电流源$I_{s1}$单独作用时,流过$R=1\Omega$电阻的电流$I'=1\text{A}$,则流过电阻R的实际电流I值为( )。

A. -1A B. $+1\text{A}$
C. -2A D. $+2\text{A}$

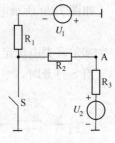

题7-8图

7-10 观察如图所示的直流电路,可知,在该电路中( )。

A. I_s和R_1形成一个电流源模型,U_s和R_2形成一个电压源模型
B. 理想电流源I_s的端电压为0
C. 理想电流源I_s的端电压由U_1和U_2共同决定
D. 流过理想电压源的电流与I_s无关

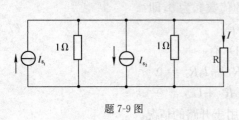

题7-9图

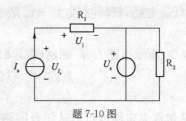

题7-10图

第三节 直流电路的解题方法

电路分析的目的是找出电路中U、I、P的关系。在线性电路中解决问题的常用方法是叠

加原理和戴维南定理。

对于不能用简单串并联方法求解的复杂电路,要根据电路的特点去寻找更合适的求解方法。本部分总结几种最常用的电路分析方法:电源变换法、支路电流法、叠加原理和戴维南定理。

一、电源等效变换法

由上节电源元件的介绍,可知电压源模型的外特性和电流源模型的外特性是相同的。因此,电源的两种模型互相等效,可以进行等效变换。但是,电压源模型和电流源模型的等效关系只是对外电路而言的,对电源内部则不等效。

例如在图 7-22a)中,当电压源开路时,$I=0$,电源内阻 R_0 上不损耗功率;但在图 7-22b)中电流源开路时,电源内部仍有电流,内阻 R_0 上有功率损耗。

电源等效电阻不限于电源内部内阻 R_0,只要一个电动势为 E 的理想电压源和某个电阻 R 串联的电路,都可以化为一个电流为 I_s 的理想电流源和这个电阻并联的电路图 7-23,两者是等效的。

其中 $$I_s = \frac{E}{R} \quad \text{或} \quad E = RI_s \tag{7-25}$$

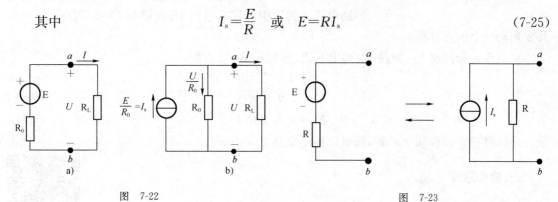

图 7-22 图 7-23

在分析复杂电路时,也可以用电源等效变换的方法。

【例 7-10】 用电源变换法求如图 7-24 所示电路中的电流。

解 电源变换过程如图 7-24b)、c)、d)所示,由图 7-24d)得出

$$I = \frac{9-4}{1+2+7} = 0.5\text{A}$$

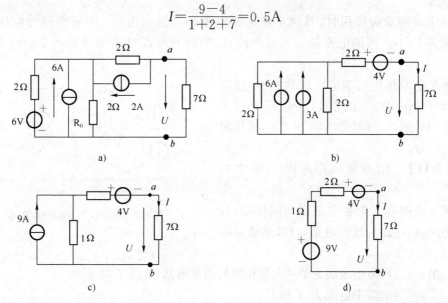

图 7-24

二、支路电流法

在计算复杂电路的各种方法中,支路电流法是最基本的。它是应用基尔霍夫电流定律和电压定律分别对结点和回路列出所需要的方程组,而后解出各未知支路电流。

支路电流法的解题步骤:

(1)选定支路并标出各支路电流的参考方向,并对选定的回路标出回路循行方向。

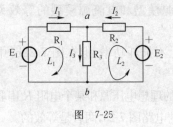

图 7-25

(2)应用 KCL 列出 $(n-1)$ 个独立的结点电流方程。

(3)应用 KVL 列出 $b-(n-1)$ 个独立的回路电压方程。

(4)联立求解 b 个方程,求出各支路电流。

今以如图 7-25 所示的两个电源并联的电路为例说明支路电流法的应用。在本电路中,支路数 $b=3$,结点数 $n=2$,共要列出三个独立方程。

对结点 a 和回路 L_1、回路 L_2 列出 KCL 方程及 KVL 方程

$$\begin{aligned} I_1+I_2-I_3&=0 \\ E_1&=R_1I_1+R_3I_3 \\ E_2&=R_2I_2+R_3I_3 \end{aligned} \tag{7-26}$$

最后对三个方程联立求解,就可以得出支路电流 I_1、I_2、I_3。

三、叠加原理

1. 内容

在有多个电源共同作用的线性电路中,各支路电流(或元件的端电压)等于各个电源单独作用时,在该支路中产生电流(或电压)的代数和。

2. 方法

当一个电源单独作用时,其他不作用的电源令其数值为 0。即不作用的电压源电压 $E_s=0$(短路),不作用的电流源 $I_s=0$(断路)。电路其他部分结构参数不变的情况下求其响应。

对单个电源作用的响应求代数和时,要注意各电源单独作用时支路电流(或电压)的方向是否与原图一致,一致时此项取"+"号,相反时该项为"-"号。

【例 7-11】 用叠加原理求图 7-26 中的电流 I。

分析 该图有三个独立电源共同作用,且为线性电阻,该电路为线性电路,可以用叠加原理求。

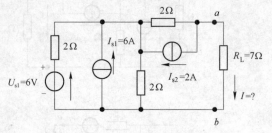

图 7-26 例 7-11 电路图(叠加原理)

解 第一步:将原图改画为单一电源作用的简单电路,如图 7-27 所示。

第二步:求分电路中电流 I'、I'' 和 I'''。

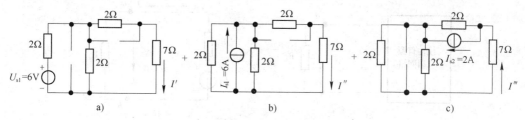

图 7-27 例 7-11 简单电路图
a)U_{s1} 作用;b)I_{s1} 作用;c)I_{s2} 作用

$$I' = \frac{U_{s1}}{2+2 /\!/ (2+7)} \cdot \frac{2}{2+(7+2)}$$

$$= \frac{6}{2+(2 /\!/ 9)} \cdot \frac{2}{11} = 0.3\text{A}$$

$$I'' = I_{s1} \frac{2}{2+2 /\!/ (2+7)} \cdot \frac{2}{2+(7+2)}$$

$$= \frac{6 \times 2}{2+(2 /\!/ 9)} \cdot \frac{2}{2+9} = 0.6\text{A}$$

$$I''' = I_{s2} \frac{2}{[(2 /\!/ 2)+7]+2}$$

$$= 2 \times \frac{2}{1+7+2} = 0.4\text{A}$$

（这里"$/\!/$"为电阻并联符号，如 $2 /\!/ 9 = \frac{2\times 9}{2+9}$）

第三步：求各电源单独作用时响应的代数和。

$$I = I' + I'' - I''' = 0.3 + 0.6 - 0.4 = 0.5\text{A}$$

【例 7-12】 已知电路如图 7-28a)所示，其中，响应电流 I 在电压源单独作用时的分量为：
A. 0.375A B. 0.25A
C. 0.125A D. 0.1875A

解 根据叠加原理，写出电压源单独作用时的电路模型，如图 7-28b)所示。

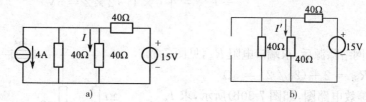

图 7-28

$$I' = \frac{15}{40+20} \times \frac{40}{40+40} = 0.125\text{A}$$

答案：C

四、戴维南定理

1. 内容

<u>任何一个线性有源二端网络，对外部电路来说总可以用一个电压为 U_s 的理想电压源和一个电阻 R_0 串联的电路表示</u>，如图 7-29 所示。

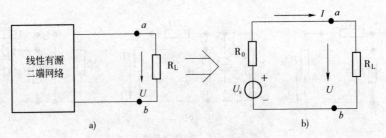

图 7-29 线性有源二端网络简化

2. 方法

理想电压源电压为原来电路在图 7-29a)中 a、b 点断开的开路电压

$$U_s = U_{oc}$$

等效电阻 R_0 的数值:由电路开路端口(图 7-29 中 a、b 点)向线性有源二端网络内部看过去的除源电阻(除源——去除电源作用,将电压源短路、电流源断路即可)。

【**例 7-13**】 用戴维南定理求图 7-30 中 7Ω 电阻中的电流 I。

解 第一步:移去待求电流支路,将图 7-30 中 a、b 点断开,构成线性有源二端网络。

第二步:求等效电压源电压 U_s 和内阻 R_0。

(1) 用叠加原理求 U_{oc}(见图 7-30a)

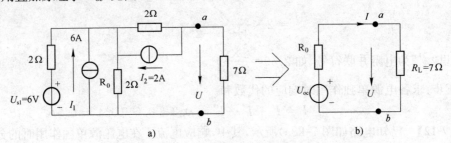

图 7-30 电路图(戴维南定理)

$$U_{oc} = U_{s1}\frac{2}{2+2} + I_1(2 \mathbin{/\mkern-6mu/} 2) - I_2 \cdot 2$$

$$= 6 \times \frac{2}{4} + 6 \times 1 - 2 \times 2 = 5\text{V}$$

(2) 求 R_0

将有源二端网络除源后,求端口电阻 R_{ab},见图 7-31。

$$R_{ab} = 2 + (2 \mathbin{/\mkern-6mu/} 2) = 3\Omega$$

第三步:画等效电路图,如图 7-30b)所示,求 I。

$R_0 = R_{ab} = 3\Omega$

$U_s = U_{oc} = 5\text{V}$

$$I = \frac{U_s}{R_0 + R_L} = \frac{5}{3+7} = 0.5\text{A}$$

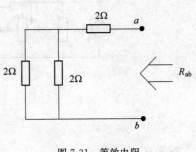

图 7-31 等效电阻

习 题

7-11 在如图 a)所示电路中的电流为 I 时,可将图 a)等效为图 b),其中等效电压源电动

势 E_s 和等效电源内阻 R_0 分别为(   )。

    A. $-1V, 5.143\Omega$ B. $1V, 5\Omega$ C. $-1V, 5\Omega$ D. $1V, 5.143\Omega$

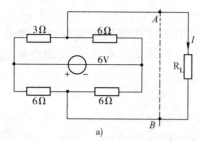
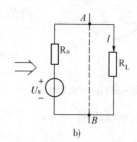

题 7-11 图

7-12 如图所示电路中,已知:$U_{s1}=100V$,$U_{s2}=80V$,$R_2=2\Omega$,$I=4A$,$I_2=2A$,则可用基尔霍夫定律求得电阻 R_1 和供给负载 N 的功率分别为(   )。

    A. $16\Omega, 304W$ B. $16\Omega, 272W$ C. $12\Omega, 304W$ D. $12\Omega, 0W$

7-13 电路如图所示,用叠加定理求得电阻 R_L 消耗的功率为(   )。

    A. $1/24W$ B. $3/8W$ C. $1/8W$ D. $12W$

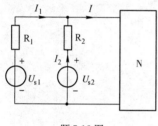
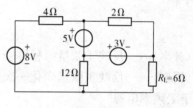

题 7-12 图   题 7-13 图

7-14 如图所示电路中,电压源 U_{s2} 单独作用时,电流源端电压分量 U'_{I_s} 为(   )。

    A. $U_{s2}-I_sR_2$ B. U_{s2}
    C. 0 D. I_sR_2

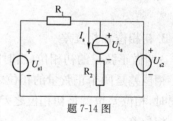

题 7-14 图

第四节   正弦交流电路的解题方法

如果电路中的电压、电流随时间按正弦规律变化,该电路便称为"正弦交流电路",电网上输送的电能都是以正弦交流形式工作的。

一、正弦交流电的三要素表示法

(一)正弦交流电的三要素

已知正弦电流随时间的变化规律如图 7-32 所示,写成瞬时值表达式为

$$i(t) = I_m \sin(\omega t + \psi_i) \quad (A)$$

其中,I_m、ω 和 ψ_i 分别表示正弦电流的大小、变化速度和在时间轴上的位置,称为正弦交流电的三要素。

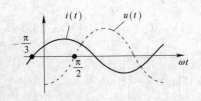

图 7-32 正弦电流电压随时间变化规律

1. 幅值与有效值

幅值 I_m 表示正弦量在变化的过程中可能出现的最高峰值。

有效值 I 是从交流电流与直流电流在同一元件上产生的热效应相等条件考虑的,交流电的有效值为

$$I = \sqrt{\frac{1}{T}\int_0^T i^2(t)\mathrm{d}t}$$

当 $i(t)$ 是正弦交流电时

$$i(t) = I_m\sin(\omega t + \psi_i)$$

则
$$I = I_m/\sqrt{2} = 0.707 I_m \tag{7-27}$$

此结论也适用于正弦交流电压,电动势的有效值计算。

2. 频率与周期

角频率

$$\omega = \frac{2\pi}{T}(\mathrm{rad/s})$$

其中

$$T = \frac{1}{f} \tag{7-28}$$

式中:f(频率)——反映正弦量每秒钟变化的次数(Hz);

T(周期)——反映正弦量变化一次所用的时间(s)。

对于工频率电源
$$f = 50\mathrm{Hz}$$
$$T = 1/f = 0.02\mathrm{s}$$
$$\omega = 2\pi f = 314\mathrm{rad/s}$$

3. 初相位和相位差

ψ 叫做正弦量的初相位(当时间 $t=0$ 时正弦量的相位)。

相位差是两个正弦量的相位之差,反映正弦量在时间上的先后关系,当两个正弦量的频率相同时,相位差也就是初相位之差。

相位差
$$\varphi = (\omega t + \psi_u) - (\omega t + \psi_i) = \psi_u - \psi_i \tag{7-29}$$

如图 7-32 所示
$$i(t) = I_m\sin\left(\omega t + \frac{\pi}{3}\right)$$
$$u(t) = U_m\sin\left(\omega t - \frac{\pi}{2}\right)$$
$$\varphi = \left(-\frac{\pi}{2}\right) - \frac{\pi}{3} = -\frac{5}{6}\pi$$

$\varphi < 0$ 说明电压 $u(t)$ 滞后于 $i(t)\frac{5}{6}\pi$。正弦量的初相位 ψ 与计时点有关,而相位差 φ 与计时起点无关;并且只有同频率的正弦量才有相位差可言。

(二)正弦量的表示法

有四种方法可以表示正弦量:

(1)三角函数,$i(t) = I_m\sin(\omega t + \psi_i)$;

(2)波形图,如图 7-32 所示;
(3)相量表示法;
(4)复数表示法。

前面两种方法都直观地表示了正弦量的三要素,但是对电路进行定量分析时很不方便,后面两种方法是定量求解正弦交流电路的常用方法。

可以证明,线性电路中各部分电压电流的频率与电源频率相同。因此在计算时,只要解出各正弦量的大小关系(幅值或有效值)和相对位置(初相位或相位差)即可。

1. 相量表示法

相量是一个特殊矢量,与空间矢量不同的是相量表示的是在特定时刻正弦量的大小和位置,即幅值(或有效值)与初相位关系。线性电路中的 u,i 频率已由电源频率确定,利用相量法求解线性交流电路将使计算大大简化。

当 $t=0$ 时
$$i(t)=I_m\sin\psi_i$$

写成相量式为
$$\dot{I}_m=I_m\angle\psi_i$$

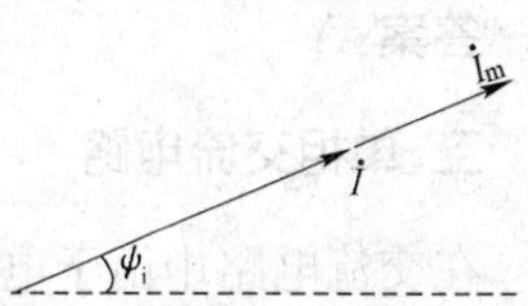

相量图如图 7-33 所示。

图 7-33 相量图

频率相同的正弦量可以画在同一张相量图上,这样可以直观地反映多个正弦量之间的大小及其相位关系。

相量也可用有效值表示
$$\dot{I}=I\angle\psi_i$$

即
$$\dot{I}=\dot{I}_m/\sqrt{2}$$

2. 复数表示法

在数学中,可以用复数来表示矢量,既然正弦量表示为特殊矢量(相量),那么正弦相量就可用复数表示。

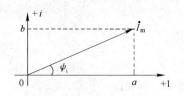

图 7-34 复数图

对于如图 7-33 所示的电流相量用复数坐标表示后,如图 7-34 所示,可以写为三种对应的复数表达式。

代数式
$$\dot{I}_m=a+jb \tag{7-30}$$

极坐标式
$$\dot{I}_m=I_m\angle\psi_i \tag{7-31}$$

指数式
$$\dot{I}_m=I_m e^{j\psi_i} \tag{7-32}$$

变换公式如下
$$\left.\begin{array}{l}I_m=\sqrt{a^2+b^2}\\ \psi_i=\arctan\dfrac{b}{a}\end{array}\right\} \tag{7-33}$$

$$\left.\begin{array}{l}a=I_m\cos\psi_i\\ b=I_m\sin\psi_i\end{array}\right\} \tag{7-34}$$

【例 7-14】 已知有效值为 10V 的正弦交流电压的相量图如图 7-35 所示,则它的时间函数形式是：

A. $u(t) = 10\sqrt{2}\sin(\omega t - 30°)$ V
B. $u(t) = 10\sin(\omega t - 30°)$ V
C. $u(t) = 10\sqrt{2}\sin(-30°)$ V
D. $u(t) = 10\cos(-30°) + 10\sin(-30°)$ V

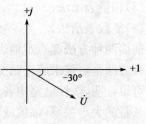

图 7-35

解 本题注意正弦交流电的三个特征（大小、相位、速度）和描述方法。

由相量图可分析，电压最大值为 $10\sqrt{2}$ V，初相位为 $-30°$，角频率用 ω 表示，正确描述为：

$$u(t) = 10\sqrt{2}\sin(\omega t - 30°) \text{ V}$$

答案：A

二、单相交流电路

在交流电路中由于电压、电流随时间变化，那么电路中储存的电磁场能量也都是随时间变化的，因此交流电路分析时不仅要分析电阻（R）元件的消耗电能情况，还要注意电感（L）元件和电容（C）元件对电场磁场储能的变化情况。

（一）纯电阻电路（图 7-36）

图 7-36 纯电阻电路

1. u_R-i 关系

由 　　　　　　　$u_R = Ri$
设 　　　　　　　$i(t) = I_m \sin(\omega t + \psi_i)$
　　　　　　　　$u_R = RI_m \sin(\omega t + \psi_i)$
　　　　　　　　$\quad = U_{Rm} \sin(\omega t + \psi_u)$

大小关系
$$U_{Rm} = RI_m \text{（或 } U_R = RI)$$

相位关系
$$\psi_u = \psi_i, \varphi = \psi_u - \psi_i = 0$$

纯电阻元件中电压电流的相位相同。

复数表达式
$$\dot{I}_m = I_m \angle \psi_i$$
$$\dot{U}_{Rm} = U_{Rm} \angle \psi_u = RI_m \angle \psi_i = R\dot{I}_m$$

即
$$\dot{U}_{Rm} = R\dot{I}_m \text{（或 } \dot{U}_R = R\dot{I})$$

相量图（设 $\psi_i = 0$）如图 7-37a) 所示，波形图如图 7-37b) 所示。

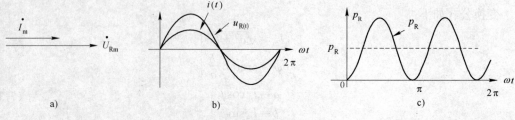

图 7-37 纯电阻电路中 u_R-i 关系

2. 功率关系

瞬时功率

$$p_R = u_R i = U_{Rm}\sin(\omega t + \psi_u) I_m \sin(\omega t + \psi_i)$$

令

$$\psi_i = 0$$

则

$$\psi_u = 0$$

$$p_R = U_{Rm} I (1 - \cos 2\omega t)$$

图7-37c)表示瞬时功率波形图,$p_R > 0$ 电阻元件任何瞬时都在消耗功率。

瞬时功率形象反映任意时刻电阻消耗功率情况,但我们平时用功率表测量的功率是电路中平均消耗功率的多少,定为平均功率(有功功率)。

平均功率

$$P_R = \frac{1}{T}\int_0^T p_R \mathrm{d}t = U_R I = RI^2 = U_R^2/R \tag{7-35}$$

(二)纯电感电路(图7-38)

1. u_L-i 关系

$$u_L = L \frac{\mathrm{d}}{\mathrm{d}t} i(t) \tag{7-36}$$

设

$$i(t) = I_m \sin(\omega t + \psi_i)$$

$$u_L = L \frac{\mathrm{d}}{\mathrm{d}t}[I_m \sin(\omega t + \psi_i)]$$

$$= (\omega L) I_m \sin(\omega t + 90° + \psi_i)$$

$$= U_{Lm} \sin(\omega t + \psi_u)$$

大小关系 $\qquad U_{Lm} = (\omega L) I_m$

定义 $\qquad X_L = \omega L = 2\pi f L [\Omega]$

称 X_L 为电路的感抗。

相位关系(图7-39) $\qquad \psi_u = \psi_i + 90°$

$$\varphi = \psi_u - \psi_i = 90°$$

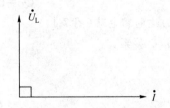

图7-38 纯电感电路 　　　　　图7-39 纯电感电路相量图

电感元件两端电压 u_L 比通过电感元件的电流 $i(t)$ 在相位上超前 $90°$。

复数表达式

$$\dot{U}_{Lm} = U_{Lm} \underline{/\psi_u} = X_L I_m \underline{/\psi_u + 90°}$$

$$= (X_L e^{j90°})(I_m e^{j\psi_i}) = jX_L \cdot \dot{I}_m \tag{7-37}$$

相量图(设 $\psi_i = 0°$)如图7-39所示。

电感元件的电压 $u_L(t)$ 和电流 $i(t)$ 波形图如图 7-40a)所示。

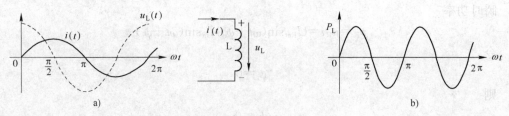

图 7-40 纯电感电路中各电量关系

2. 功率关系

瞬时功率
$$p_L = u_L i = U_{Lm}\sin(\omega t + 90°)I_m\sin(\omega t)$$
$$= U_L I \sin(2\omega t)$$

得到波形如图 7-40b)所示。

下面分析电感元件中磁场能量转化情况。

在图 7-40a)中 $0 \sim \dfrac{\pi}{2}$：$u_L(t) > 0$，且 $i(t) > 0$，说明此时间内电感元件的实际电压、电流方向就是假定的正方向。

$$p_L(t) = u_L(t)i(t) > 0$$

电感元件的作用相当于负载，它将电源能量吸收后变成磁场能量储存。

$\dfrac{\pi}{2} \sim \pi$：$u_L(t) < 0$，但 $i(t) > 0$

$$p_L(t) = u_L(t) \cdot i(t) < 0$$

电感元件的作用相当于电源，它是把已经储存的磁场能量还给电源。

在 $0 \sim \pi$ 内，纯电感元件吸收的能量与发出的能量相等。

平均功率
$$P_L = \frac{1}{T}\int_0^T p_L(t)\mathrm{d}t = 0 \tag{7-38}$$

可见，理想电感元件不消耗能量。

为了衡量电感元件与电源之间进行能量交换的规模，定义无功功率用符号"Q_L"表示，单位为"乏"，记为 var，即

$$Q_L = U_L I = I^2 X_L = U_L^2 / X_L (\text{var}) \tag{7-39}$$

（三）纯电容电路（图 7-41）

1. u_C-i 关系

$$i = C\frac{\mathrm{d}u_C}{\mathrm{d}t}$$

设
$$u_C = U_{Cm}\sin(\omega t + \psi_u)$$

则
$$i = C\frac{\mathrm{d}}{\mathrm{d}t}[U_{Cm}\sin(\omega t + \psi_u)]$$
$$= (\omega C)U_{Cm}\sin(\omega t + \psi_u + 90°)$$
$$= I_m\sin(\omega t + \psi_i)$$

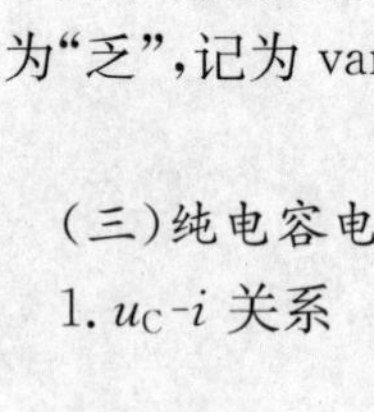

大小关系
$$I_m = U_{Cm} \bigg/ \left(\frac{1}{\omega C}\right)$$

图 7-41 纯电容电路

定义 "$X_C = \dfrac{1}{\omega C}$" 为电路的"容抗"，单位为 Ω。

则 $I_m = U_{Cm}/X_C$

或 $I = U_C/X_C$

相位关系 $\psi_i = \psi_u + 90°$

$\varphi = \psi_u - \psi_i = -90°$

即:电容元件中的电流 $i(t)$ 比电压 u_C 超前 $90°$[或元件的端电压 $u_C(t)$ 滞后电流 $i(t) 90°$]。

用复数表示电容元件电压、电流的大小和相位关系。

$$\dot{I}_m = I_m \underline{/\psi_i} = \frac{U_{Cm}}{X_C} \underline{/\psi_u + 90°}$$

$$= \left(\frac{1}{X_C} e^{j90°}\right) \cdot U_{Cm}$$

$$= \frac{1}{-jX_C} \dot{U}_{Cm}$$

$\dot{U}_{Cm} = -jX_C \dot{I}_m$(或 $\dot{U}_C = -jX_C \dot{I}$)

相量图和波形图如图 7-42 所示,其中 $\psi_u = 0°$。

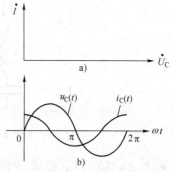

图 7-42 纯电容电路的相量图和波形图

2. 功率关系

瞬时功率

$$p_C(t) = u_C(t) i(t)$$
$$= U_{Cm} \sin(\omega t) I_m \sin(\omega t + 90°)$$
$$= U_C I \sin 2(\omega t)$$

平均功率

$$P_C = \frac{1}{T} \int_0^T p_C(t) dt$$
$$= 0$$

无功功率

$$Q_C = U_C I = I^2 X_C$$
$$= U_C^2/X_C$$

为将 P 与 Q 对应,平均功率 P 又称为电路的"有功功率"。

(四)RLC 串联的正弦交流电路

1. u-i 关系

RLC 串联交流电路如图 7-43 所示。

设

$i = I_m \sin\omega t$

由克希荷夫电压定律可知

$$u = u_R + u_L + u_C$$
$$= Ri + L\frac{di}{dt} + \frac{1}{C}\int i dt$$
$$= RI_m \sin\omega t + L\omega I_m \sin(\omega t + 90°) + \frac{I_m}{\omega C}\sin(\omega t - 90°)$$
$$= U_m \sin(\omega t + \psi_u) \tag{7-40}$$

相量关系

$$\dot{U} = \dot{U}_R + \dot{U}_L + \dot{U}_C$$

$$= R\dot{I} + jX_L\dot{I} - jX_C\dot{I}$$
$$= [R + j(X_L - X_C)]\dot{I} = Z\dot{I} \qquad (7-41)$$

假设：$X_L > X_C$，作出相量图如图 7-44 所示。

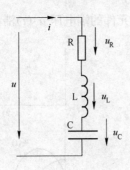

图 7-43 RLC 串联电路

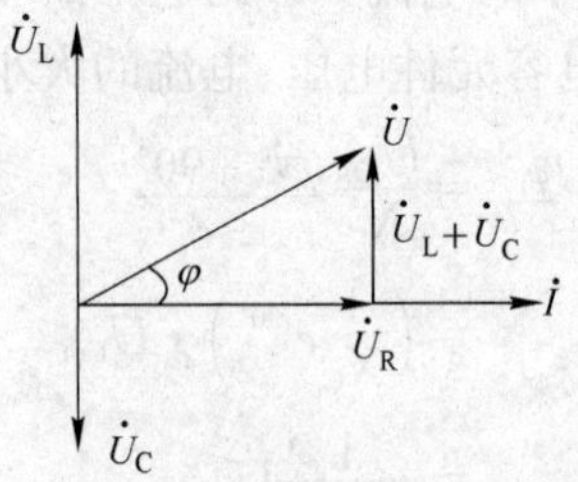

图 7-44 RLC 串联电路的相量图

可见，$\dot{U}$、$\dot{U}_R$、$\dot{U}_L + \dot{U}_C$ 组成一个直角三角形，称为电压三角形，利用它可知 $\dot{U}$ 的大小和相位关系

$$U = \sqrt{U_R^2 + (U_L - U_C)^2}$$
$$= \sqrt{(IR)^2 + (IX_L - IX_C)^2}$$
$$= I\sqrt{R^2 + (X_L - X_C)^2}$$

$\dfrac{U}{I} = \sqrt{R^2 + (X_L - X_C)^2}$ 为"欧姆"单位，称为电路的阻抗，用 $|Z|$ 表示。

相位差 φ 可以用下式分析

$$\varphi = \arctan\frac{U_L - U_C}{U_R} = \arctan\frac{X_L - X_C}{R}$$

已知 X_L、X_C、R 参数后，完全可以确定 u、i 的大小和相位关系，即可以将 $\dot{U}$、$\dot{I}$ 表示如下

$$\frac{\dot{U}}{\dot{I}} = Z = |Z| \angle\varphi = \sqrt{R^2 + (X_L - X_C)^2} \qquad (7-42)$$

定义：$Z = |Z| \angle\varphi$ 为电路的复阻抗，由此作出的三角形称为**阻抗三角形**，如图 7-45a) 所示（注意：Z 并不是表示正弦量的相量，阻抗三角形各边只能用直线段表示不要画"箭头"）。

交流电路中欧姆定律的复数表达式为

$$\dot{U} = Z\dot{I} \qquad (7-43)$$
$$\varphi = \psi_u - \psi_i$$

φ 表示电压超前电流的角度。

当 $X_L > X_C$ 时，$\varphi > 0$ 电压超前于电流，该电路具有感性性质，称**感性电路**。

当 $X_L < X_C$ 时，$\varphi < 0$ 电压滞后于电流，该电路具有容性

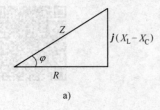

a)

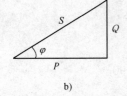

b)

图 7-45 阻抗三角形和功率三角形

质,称**容性电路**。

当 $X_L = X_C$ 时,$\varphi = 0$ 电压与电流同相位,该电路具有阻性性质,称**阻性电路**。

2. 功率关系

在 RLC 串联的交流电路中,有耗能元件 R 又有储能元件 L 和 C,即在消耗能量的过程中又与电源不断进行能量交换,既有有功功率,又有无功功率。

有功功率(平均功率)

$$P = U_R I = UI \cos\varphi (\text{W}) \tag{7-44}$$

无功功率

$$Q = (U_L - U_C)I = Q_L - Q_C = UI \sin\varphi (\text{var}) \tag{7-45}$$

视在功率

$$S = UI = UI\sqrt{\cos^2\varphi + \sin^2\varphi}$$
$$= \sqrt{(UI\cos\varphi)^2 + (UI\sin\varphi)^2}$$
$$S = \sqrt{P^2 + Q^2} \tag{7-46}$$

由此形成的功率关系用功率三角形表示(图 7-45b),其中 $S = UI$ 表示电源做功能力,消耗的功率为 $P = S\cos\varphi$,这里 $\cos\varphi$ 称为电路的功率因数,在交流电路中是个重要概念。

(五)交流电路的计算

计算交流电路的方法与直流电路的计算方法相同,以叠加原理和戴维南定理为主要解题方法。注意的是由于交流电路中电压电流相位不同,我们不仅要注意电压电流的大小关系,也同样要注意它们之间的相位关系,所以交流电路的计算是采用相量图和复数运算相结合的办法。

简单地说,在计算交流电路时只要把直流电路中的 R,U,I,P 参数分别改写为相应的 Z,$\dot{U},\dot{I},S$ 即可。

欧姆定律

$$\dot{U} = \dot{Z}\dot{I} \tag{7-47}$$

基尔霍夫电压定律

$$\Sigma\dot{U} = 0$$

基尔霍夫电流定律

$$\Sigma\dot{I} = 0$$

视在功率

$$S = UI \tag{7-48}$$

有功功率

$$P = UI\cos\varphi \tag{7-49}$$

无功功率

$$Q = UI\sin\varphi \tag{7-50}$$

【**例 7-15**】 电路如图 7-46 所示,已知:$u(t) = 220\sqrt{2}\sin 314t (\text{V})$,求 i, i_1, i_2,并分析功率关系。

解 (1)相量分析

i_1 支路为感性，i_1 滞后 u，i_2 支路为容性，i_2 超前 u，将 u 写为复数 $\dot{U}=220\angle 0°$ (V)。定性作相量图如图 7-47 所示。

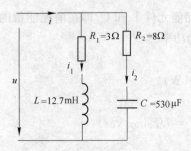

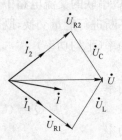

图 7-46　例 7-15 电路图　　　　　　　　　图 7-47　例 7-15 相量图

(2) 复数计算

$$Z_1 = R_1 + jX_{L1} = 3 + j(314 \times 1.27 \times 10^{-3})$$
$$= 3 + j4 = 5\angle 53.1° \text{ Ω}$$

$$Z_2 = R_2 - jX_{C1} = 8 - j\frac{10^6}{314 \times 530} = 8 - j6 = 10\angle -36.9° \text{ Ω}$$

$$\dot{I}_1 = \dot{U}/Z_1 = 220\angle 0° / 5\angle 53.1° = 44\angle -53.1° \text{ A}$$

$$\dot{I}_2 = \dot{U}/Z_2 = 220\angle 0° / 10\angle -36.9° = 22\angle 36.9° \text{ A}$$

$$\dot{I} = \dot{I}_1 + \dot{I}_2 = 44\angle -53.1° + 22\angle 36.9°$$
$$= 44\cos(-53.1°) + j44\sin(-53.1°) + 22\cos 36.9° + j22\sin 36.9°$$
$$= 49.2\angle -26.5°$$

电流计算结果可见与相量图的分析是一致的。

【例 7-16】 一交流电路由 R、L、C 串联而成，其中，$R=10\text{Ω}$，$X_L=8\text{Ω}$，$X_C=6\text{Ω}$。通过该电路的电流为 10A，则该电路的有功功率、无功功率和视在功率分别为：

A. 1kW，1.6kvar，2.6kV·A
B. 1kW，200var，1.2kV·A
C. 100W，200var，223.6V·A
D. 1kW，200var，1.02kV·A

解　交流电路的功率关系为：

$$S^2 = P^2 + Q^2$$

式中：S——视在功率反映设备容量；
　　　P——耗能元件消耗的有功功率；
　　　Q——储能元件交换的无功功率。

本题中：$P=I^2R=1000\text{W}$，$Q=I^2(X_L-X_C)=200\text{var}$

$$S=\sqrt{P^2+Q^2}=1019\approx 1020\text{V·A}$$

答案：D

(六) 交流电路的谐振

在有 R、L、C 三种元件存在的交流电路中，电压电流的大小和相位关系除了与这三个参数

有关以外,还与电源频率有关,即

$$\frac{\dot{U}}{\dot{I}} = Z = F(R, L, C, W)$$

如果调节电路参数使 $\varphi=0$(电路出现纯电阻性质),我们就说该电路出现**谐振**。这是交流电的特殊现象,在电子技术中非常有用,而在强电系统中要防止电路中出现过高电压,过大电流必须避免电路出现谐振。因此我们必须充分认识电路的谐振现象,对它进行合理的应用和控制。

1. 串联谐振(图 7-48)

(1)串联谐振条件

根据 $Z = R + j(X_L - X_C) = \sqrt{R^2 + (X_L - X_C)^2} \underline{/\arctan\dfrac{X_L - X_C}{R}}$

可知:当 $X_L = X_C$ 时 $\varphi=0$ 电路出现纯电阻性质,即

$$\omega_0 L = (\omega_0 C)^{-1}$$

$$\omega_0 = \frac{1}{\sqrt{LC}} \quad \text{或} \quad f_0 = \frac{1}{2\pi\sqrt{LC}} \tag{7-51}$$

(2)串联电路谐振特点

阻抗最小

$$Z_0 = R = Z_{\min}$$

电流最大

$$I_0 = \frac{U}{|Z_0|} = \frac{U}{Z_{\min}} = I_{\max}$$

电压谐振

因

$$U_C = I_0 X_C = \frac{U}{R} X_C = \left(\frac{X_C}{R}\right) \cdot U$$

定义品质因数

$$Q = \frac{X_C}{R}$$

所以

$$U_C = QU$$

$$U_L = U_C = QU \tag{7-52}$$

当 $Q \gg 1$ 时,分电压(U_L 或 U_C)可能比总电压大许多倍,故称为电压谐振。

2. 并联谐振(图 7-49)

这里主要分析电感线圈与电容器并联的实际情况,一般电容器的漏电流很小,可以设电容器为纯电容元件,得如图 7-49 所示电路图。

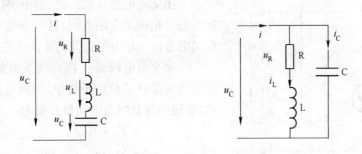

图 7-48　RLC 串联电路　　图 7-49　LC 并联电路

同样，当 $u(t)$ 和 $i(t)$ 的相位相同时（$\varphi=0$），电路谐振。

(1) 并联谐振条件

根据

$$\frac{\dot{I}}{\dot{U}}=\frac{1}{Z}=\frac{1}{R+jX_L}+\frac{1}{-jX_C}=\frac{R-jX_L}{R^2+X_L^2}+j\frac{1}{X_C}$$

$$=\frac{R}{R^2+X_L^2}+j\left(\frac{1}{X_C}-\frac{X_2}{R^2+X_L^2}\right)$$

令：上式的虚部为 0，则可实现 $\varphi=0$ 的要求（且设电感线圈的电阻 R 比其感抗 X_L 小许多）。

$$\frac{1}{X_C}=\frac{X_L}{R^2+X_L^2}\approx\frac{1}{X_L}$$

可得并联电路谐振条件为：

$$\omega_0 C=\frac{1}{\omega_0 L}$$

$$\omega_0=\frac{1}{\sqrt{LC}} \quad \text{或} \quad f_0=\frac{1}{2\pi\sqrt{LC}}$$

(2) 并联电路谐振特点

阻抗最大

$$Z_0=\frac{R^2+X_L^2}{R}=Z_{\max}$$

电流最小

$$I_0=\frac{U}{|Z_0|}=\frac{U}{|Z_{\max}|}=I_{\min}$$

电流谐振

$$I_0=\frac{U}{(Z_0)}=\frac{UR}{R^2+X_L^2}\approx\frac{UR}{X_L^2}=\frac{U}{X_C}\cdot\frac{R}{X_L}=\frac{I_C}{Q}$$

$$I_C=QI_0$$

当 $Q=\dfrac{X_C}{R}\gg 1$ 时，电路中电容支路的分电流 I_C 可能会比总电流大许多，这就是"电流谐振"的含义。

三、三相交流电路

(一) 三相交流电源（图 7-50）

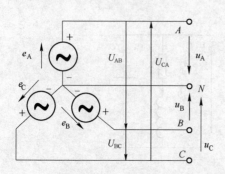

图 7-50 三相交流电源

三相交流电是目前广泛使用的输、配电方式，其原因是三相电源应用方便，且经济性能也比较理想。在用电方面三相电的负载主要是三相交流电动机。

三相交流电源是三相交流发电机产生的，三相发电机内部有三相定子绕组，等效电路如图 7-46 所示，电机中每套绕组电动势分别为

$$\left.\begin{aligned} e_A &= E_m\sin(\omega t) \\ e_B &= E_m\sin(\omega t-120°) \\ e_C &= E_m\sin(\omega t+120°) \end{aligned}\right\} \quad (7\text{-}53)$$

这种具有有效值(或幅值)相等,频率相等,相位上互差120°的三相电动势称为对称三相电动势,具有这一性质的电源就是我们常说的三相电源。

1. 两种端线

(1)火线:各电动势的正向(绕组首端)引出线(A,B,C);

(2)中线:各相电动势的尾端公共线(N)。

2. 两种端电压

(1)相电压:火线与中线之间的电压(U_A, U_B, U_C),简记为"U_P";

(2)线电压:火线与火线间的电压(U_{AB}, U_{BC}, U_{CA}),简记为"U_L"。

一般相电压的有效值可以用U_P表示。两种电压之间的关系分析如下

$$\left.\begin{array}{l}\dot{U}_A=\dot{E}_A=U_P\underline{/0°}\\ \dot{U}_B=U_P\underline{/-120°}\\ \dot{U}_C=U_P\underline{/120°}\end{array}\right\} \quad (7-54)$$

同理

$$\left.\begin{array}{l}\dot{U}_{AB}=\dot{U}_A-\dot{U}_B=(\sqrt{3}U_P\underline{/30°})\\ \dot{U}_{BC}=(\sqrt{3}\underline{/30°})\dot{U}_B\\ \dot{U}_{BA}=(\sqrt{3}\underline{/30°})\dot{U}_C\end{array}\right\} \quad (7-55)$$

通常,三相交流电器的电压标称值是线电压U_L。

(二)三相交流负载

负载与电源之间的接线原则是:使负载上得到额定电压,具体接法分为两种。

(1)星形接法:负载上得到电源的相电压。

(2)三角形接法:负载上得到电源的线电压。

就负载本身性质分析,又可以将负载划分为两类,对称性负载($Z_A=Z_B=Z_C$)和不对称负载(不符合对称关系的负载)。三相电动机和三相变压器是属于三相对称性负载,使用时必须接在三相电源上方能工作。而白炽灯、日光灯及普通家用电器为单相用电器,使用时是接在三相源的其中一相上,在分析三相电路时,这类负载对三相电源的关系为不对称负载。

1. 三相负载的星形(Y)连接

由图7-51可知,星形连接时负载上得到的电压是电源的相电压,数值为$U_{Load}=U_P=U_L/\sqrt{3}$,流过负载的电流$i_a、i_b、i_c$叫做相电流,用$I_P$表示相电流的有效值;在输电线流过的电流$i_A、i_B、i_C$叫做线电流,用$I_L$表示线电流的有效值。

在负载为星形接法的三相电路中,各个相电流与线电流相等,即

$$I_P = I_L \quad (7-56)$$

如果是三相对称性电路,则只取一相计算即可,如

$$I_L=I_P=I_A=\frac{U_A}{|Z_A|}$$

可以证明:采用三相四线制(有中线)星形连接的三相

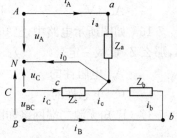

图7-51 三相负载星形连接

对称性负载,中线电流 $I_N=0$;此时使中线断开,负载的相电压仍旧保持三相对称关系,也就是说星形接法的对称性三相电路中,可以采用三相三线制(无中线)供电体系。但是当负载不对称时中线电流不为零($I_N\neq 0$),为了保证负载的电压对称,中线不允许断开,所以在不对称负载、星形接法的三相电路中,中线上不许接熔断器或刀闸开关,并且中线应选用强度较好的钢线。

2. 三相负载的三角形(△)连接

当三相负载采用三角形接法时,负载上得到的电压是电源的线电压:

$$U_{\text{Load}}=U_L \tag{7-57}$$

如果负载是对称的,三角形接法的线电流是相电流的$\sqrt{3}$倍:

$$I_L=\sqrt{3}I_P=\sqrt{3}\frac{U_{AB}}{|Z_{AB}|} \tag{7-58}$$

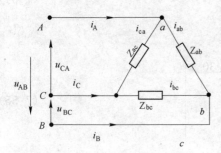

图 7-52　三相负载三角形连接

三角形接法(图 7-52)的负载不能引中线,因此,它只有一种三相三线制供电体系。

在实际中应采用何种方法将负载与三相电源连接,主要取决于负载额定电压的大小。例如:三个额定电压为 220V 的负载,接入 380V 的三相电源中,必须以星形连接方式与电源接通,并且应使三个负载分别接在电源的三相中,以便保证三相电源平衡分配。

三相电路的有功功率 P 和无功功率 Q 可以分相计算,对称式三相电路的功率关系为

有功功率

$$P=3U_P I_P \cos\varphi=\sqrt{3}U_L I_L \cos\varphi$$

无功功率

$$Q=3U_P I_P \sin\varphi=\sqrt{3}U_L I_L \sin\varphi$$

视在功率

$$S=3U_P I_P=\sqrt{3}U_L I_L$$

习　题

7-15　如图所示正弦交流电路中,各电压表读数均为有效值。已知电压表 V、V_1 和 V_2 的读数分别为 10V、6V 和 3V,则电压表 V_3 读数为(　　)。

　　　　A. 1V　　　　　　B. 5V　　　　　　C. 4V　　　　　　D. 11V

7-16　如图所示电路中,已知 Z_1 是纯电阻负载,电流表 A、A_1、A_2 的读数分别为 5A、4A、3A,那么 Z_2 负载一定是(　　)。

　　　　A. 电阻性的　　　　　　　　　　　B. 纯电感性或纯电容性质
　　　　C. 电感性的　　　　　　　　　　　D. 电容性的

7-17　已知无源二端网络如图所示,输入电压和电流按下式计算

$$u(t)=220\sqrt{2}\sin(314t+30°)(\text{V})$$

$$i(t)=4\sqrt{2}\sin(314t-25°)(\text{V})$$

则该网络消耗的电功率为(   )。

  A. 721W   B. 880W   C. 505W   D. 850W

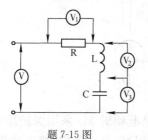

题 7-15 图

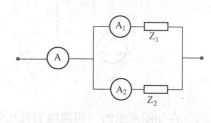

题 7-16 图

7-18 如图所示正弦交流电路中,已知 $u=100\sin(10t+45°)$V, $i_1=i=10\sin(10t+45°)$A, $i_2=20\sin(10t+135°)$A,元件 1、2、3 的等效参数值分别为(   )。

  A. $R=5\Omega, L=0.5H, C=0.02F$ B. $L=0.5H, C=0.02F, R=20\Omega$

  C. $R_1=10\Omega, R_2=10H, C=5F$ D. $R=10\Omega, C=0.02F, L=0.5H$

题 7-17 图

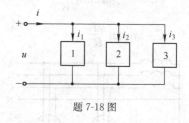

题 7-18 图

7-19 某三相电路中,三个线电流分别为

$$i_A=18\sin(314t+23°)(A)$$
$$i_B=18\sin(314t-97°)(A)$$
$$i_C=18\sin(314t+143°)(A)$$

当 $t=10$s 时,三个电流之和为(   )。

  A. 18A   B. 0A   C. $18\sqrt{2}$A   D. $18\sqrt{3}$A

7-20 如图所示 RLC 串联电路原处于感性状态,今保持频率不变欲调节可变电容使其进入谐振状态,则电容 C 值(   )。

  A. 必须增大   B. 必须减小

  C. 不能预知其增减   D. 先增大后减小

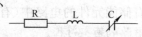

题 7-20 图

7-21 在三相对称电路中,负载每相的复阻抗为 Z,且电源电压保持不变。若负载接成 Y 形时消耗的有功功率为 P_Y,接成△形时消耗的有功功率为 $P_\triangle$,则两种连接法的有功功率关系为(   )。

  A. $P_\triangle=3P_Y$ B. $P_\triangle=1/3P_Y$ C. $P_\triangle=P_Y$ D. $P_\triangle=1/2P_Y$

7-22 有三个 100Ω 的线性电阻接成△形三相对称负载,然后挂接在电压为 220V 的三相对称电源上,这时供电线路上的电流应为(   )A。

  A. 6.6   B. 3.8   C. 2.2   D. 1.3

7-23 中性点接地的三相五线制电路中,所有单相电气设备电源插座的正确接线是图中的(   )。

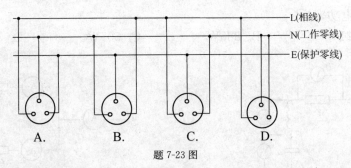

题 7-23 图

7-24 在如图所示的三相四线制低压供电系统中,如果电动机 M_1 采用保护接中线,电动机 M_2 采用保护接地。当电动机 M_2 的一相绕组的绝缘破坏导致外壳带电,则电动机 1 的外壳与地的电位( )。

  A. 相等或不等 B. 不相等 C. 不能确定 D. 相等

7-25 当如图所示电路的激励电压 $u_i=\sqrt{2}U_i\sin(\omega t+\varphi)$ 时,电感元件上的响应电压 u_L 的初相位为( )。

  A. $90°-\arctan\dfrac{\omega L}{R}$ B. $90°-\arctan\dfrac{\omega L}{R}+\varphi$

  C. $\arctan\dfrac{\omega L}{R}$ D. $\varphi-\arctan\dfrac{\omega L}{R}$

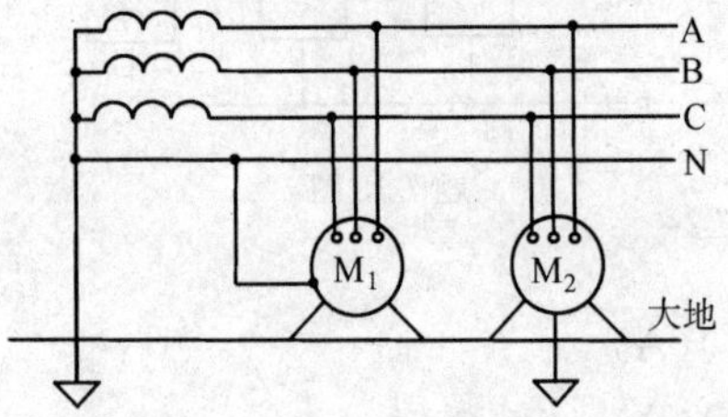

题 7-24 图 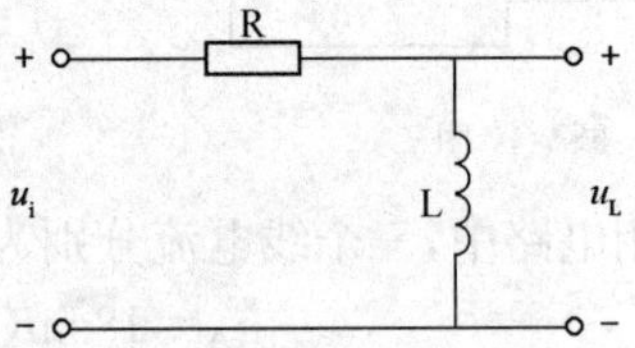   题 7-25 图

第五节 电路的暂态过程

电路的结构发生变化(如开关动作),电路就要从一种稳定状态向另一种稳定状态过渡。在有储能元件的电路中(有 L、C 元件),转换需要有一定的时间才能完成,这种物理过程就是电路的暂态过程。

如果电路中只有一个储能元件(L 或 C),而元件的伏安关系为积分或微分关系,那么描述这一电路的方程就是一阶微分方程,我们将这种电路的暂态过程称为"一阶电路的暂态过程"。

(一)电路的响应

电路中的电源(电压源或电流源)称为电路的激励,它推动电路工作;由激励作用在电路中各部分产生的电压和电流称为电路的响应。

根据电路储能元件的不同分为 RC 电路响应和 RL 电路响应,同时每种响应都可以化分为三种基本响应方式。

1.零输入响应

电路换路以后,无外加激励,暂态过程仅由初始能量产生。

2.零状态响应

电路的初始能量为零,仅由外加激励产生响应。

3. 全响应

电路的响应由储能元件(L、C)的初始能量和外加激励共同产生。

(二)换路定则

换路定则用来确定电路暂态过程的电压、电流的初始值。根据能量不跃变原则，能量的积累和衰减都要经过一段时间，否则相应的电功率 $p=\dfrac{dw}{dt}$ 就趋向无限大(即 $dt\to 0$，而 $dw\neq 0$)一般电路是做不到功率无限大的。

已知

磁场能量　　　　$W_L=\dfrac{1}{2}Li_L^2$

电场能量　　　　$W_C=\dfrac{1}{2}Cu_C^2$

既然能量(W_L、W_C)不会跃变，i_L 和 u_C 也不能出现跃变，由此可得出换路定则的两个公式

$$I_{L(t_0+)}=I_{L(t_0-)} \tag{7-59}$$

$$U_{C(t_0+)}=U_{C(t_0-)} \tag{7-60}$$

(三)求解一阶电路的三要素法

对于一阶电路(RL 或 RC)，响应不论是电压还是电流都由稳态分量和暂态分量两部分合成，即

$$f(t)=f(\infty)+[f(t_0+)-f(\infty)]e^{-t/\tau} \tag{7-61}$$

式中：　　　　　　$f(t)$——电压、电流的全响应；

$f(\infty)$——电压、电流的稳分量；

$[f(t_0+)-f(\infty)]e^{-t/\tau}$——电压、电流的暂态分量。

τ——暂态过程的时间常数。

可见，只要能解出 $f(\infty)$、$f(t_0+)$ 和 τ 这三个要素，就可以求出暂态过程中的电压或电流响应。下面通过一个具体例子加以说明。

【例 7-17】　如图 7-53 所示电路中已知 $U_s=4V, R_1=2k\Omega, R_2=2k\Omega, R_3=1k\Omega, C=1\mu F$。开关 S 在 t_0 时刻突然闭合，电容电压的初始值为 $U_{C(0-)}=1V$，试求 $i_2(t), u_C(t)$，并画出 $U_C(t)$ 的暂态过程曲线。

解　(1)确定初始值 $f(0+)$

根据换路定则　　　　$U_{C(0+)}=U_{C(0-)}=1V$

将 $t=0+$ 的电路表示为如图 7-54 所示，这时 $U_{C(0+)}$ 的作用与独立电源的作用相同(其数值与当前电路结构无关，仅由 $U_{C(0-)}$ 决定)。

求 $I_{2(0+)}$ 时可以用戴维南定理，具体做法是：将 R_2 电阻两端 a、b 点分开，求除去 R_2 以后，a、b 两端除源电阻 R_0，即

$$R_0=R_1/\!/R_3=\dfrac{1\times 2}{1+2}=\dfrac{2}{3}k\Omega$$

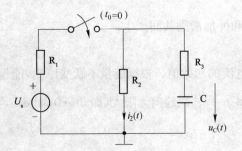
图 7-53 电路图

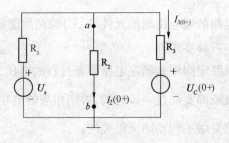
图 7-54 $t=0+$ 时的电路图

求 ab 端的开路电压 U_{ab0}，即

$$U_{ab0}=U_{C(0+)}+I_{3(0+)}R_3=U_{C(0+)}+\frac{U_s-U_{C(0+)}}{R_1+R_3}\cdot R_3$$

$$=1+\frac{4-1}{2+1}\times 1=2\text{V}$$

R_2 电阻与等效电压源接通以后（图 7-55），求实际 R_2 电阻中通过的电流 $I_{2(0+)}$，即：

$$I_{2(0+)}=\frac{U_{2ab0}}{R_0+R_2}=\frac{2}{\frac{2}{3}+2}=0.75\text{mA}$$

(2) 确定稳态值 $f(\infty)$

在稳态时，电容元件相当于开路，电路如图 7-56 所示。

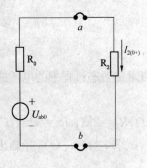
图 7-55 R_2 等效电路

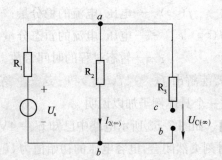
图 7-56 $t\rightarrow\infty$ 稳态电路

$$I_{2(\infty)}=\frac{U_s}{R_1+R_2}=\frac{4}{2+2}=1\text{mA}$$

$$U_{2(\infty)}=R_2 I_{2(\infty)}=2\times 1=2\text{V}$$

$$U_{C(\infty)}=U_{2(\infty)}=2\text{V}$$

(3) 确定时间常数 τ

$$\tau=R\cdot C \tag{7-62}$$

R 是由电容 C 两端向电路其他部分看的除源等效电阻，如图 7-57 所示。

$$R = R_3 + (R_1 /\!/ R_2)$$
$$= 1 + (2 /\!/ 2) = 2\text{k}\Omega$$
$$\tau = R \cdot C = 2 \times 1 \times 10^{-3} = 2\text{ms}$$

(4) 将三要素参数代入公式

$$u_C(t) = U_{C(\infty)} + (U_{C(0+)} - U_{C(\infty)})e^{-t/\tau}$$
$$= 2 + (1-2)e^{-t/2 \times 10^{-3}} \text{ (V)}$$
$$i_2(t) = I_{2(\infty)} + (I_{2(0+)} - I_{2(\infty)})e^{-t/\tau}$$
$$= 1 + (0.75-1)e^{-t/2 \times 10^{-3}} \text{ (mA)}$$

(5) 绘制 $u_C(t)$ 的暂态过程曲线(图 7-58)

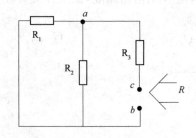

图 7-57 等效电阻

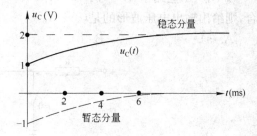

图 7-58 电容电压 $u_C(t)$ 的波形图

这里,我们只分析了 RC 电路,RL 电路的暂态过程分析方法不变,但有如表 7-1 所示三点区别。

表 7-1

序号	区　别	RC 电　路	RL 电　路
1	时间常数	$\tau = RC$	$\tau = L/R$
2	在稳态电路中	电容元件开路	电感元件短路
3	在 t_0+ 电路中	$U_{C(t_0+)} = U_{C(t_0-)}$ 电容初始电压按理想电压源处理	$I_{L(t_0+)} = I_{L(t_0-)}$ 电感初始电流按理想电流源处理

习　题

7-26 在开关 S 闭合瞬间,如图所示电路中的 i_R、i_L、i_C 和 i 这四个量中,发生跃变的量是(　　)。

　　A. i_R 和 i_C 　　B. i_C 和 i
　　C. i_C 和 i_L 　　D. i_R 和 i

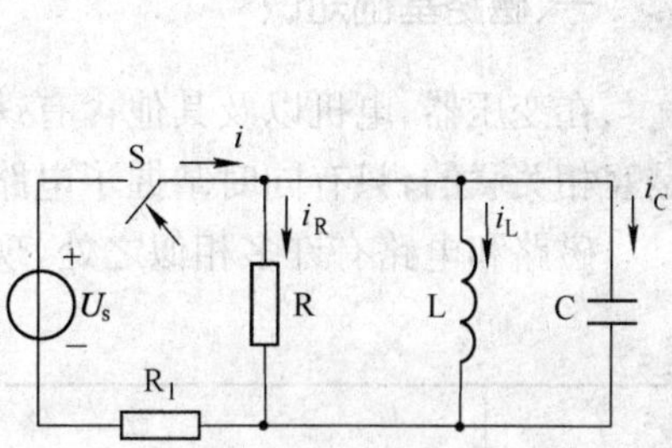

7-27 如图所示电路在开关 S 闭合后的时间常数 τ 值为(　　)。

　　A. 0.1s 　　B. 0.2s
　　C. 0.3s 　　D. 0.5s

题 7-26 图

7-28 如图所示电路当开关 S 在位置"1"时已达稳定状态。在 $t=0$ 时将开关 S 瞬间合到位置"2",则在 $t>0$ 后电流 i_e 应(　　)。

A. 与图示方向相同且逐渐增大 B. 与图示方向相反且逐渐衰减到零
C. 与图示方向相同且逐渐减少 D. 与图示方向相同且逐渐衰减到零

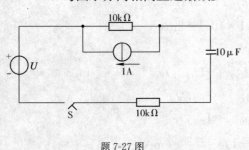
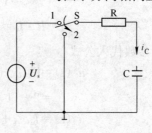

题 7-27 图　　　　　　　　　题 7-28 图

7-29　如图所示电路中，$R=1\text{k}\Omega$，$C=1\mu\text{F}$，$U_1=1\text{V}$，电容无初始储能，如果开关 S 在 $t=0$ 时刻闭合，则给出输出电压波形的是（　　）。

A. a)　　　　　B. b)　　　　　C. c)　　　　　D. d)

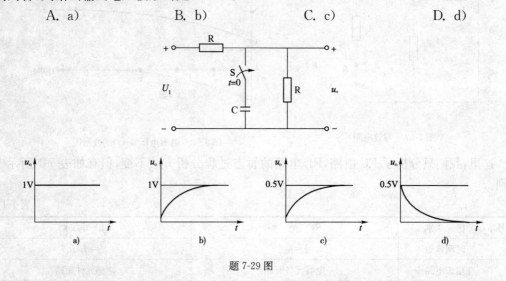

题 7-29 图

第六节　变压器、电动机及继电接触控制

一、磁路基础知识

在变压器、电机以及其他含有铁磁元件的电路中，不仅有电路问题，而且有磁路问题，两者是互相关联的，只有同时掌握了电路和磁路的基本知识，才能对这些元件或电路进行分析。

磁路和电路有许多相似之处，现在将两者的情况对照于表 7-2。

磁路与电路对照图　　表 7-2

	磁　　路	电　　路
物理量	磁动势 $F=NI$ 磁通 Φ 磁感应强度 $B=\Phi/S$ 磁阻 $R_m=\dfrac{l}{\mu S}$	电动势 E 电流 I 电流密度 J 电阻 $R=\dfrac{l}{\rho S}$

续上表

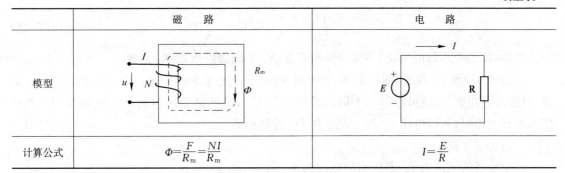

	磁 路	电 路
模型		
计算公式	$\Phi = \dfrac{F}{R_m} = \dfrac{NI}{R_m}$	$I = \dfrac{E}{R}$

分析磁路的一般做法是将磁路关系转化为电路关系，这就要用到磁场电流定律——安培环路定律

$$\oint \boldsymbol{H} \mathrm{d}l = \sum I \tag{7-63}$$

由此可以得出两个关系式

$$\Phi = \dfrac{NI}{\dfrac{l}{\mu s}} = \dfrac{F}{R_m} \tag{7-64}$$

该式在形式上与电路的欧姆定律相似，称为"磁路欧姆定律"。由于磁导率 μ 不是常数（与电流 I 有关），则该公式不作为定量公式，只能用来定性分析。

$$\sum I = NI = H_1 l_1 + H_2 l_2 + \cdots = \sum (Hl)$$

式中，$H_1 l_1, H_2 l_2, \cdots$ 是磁路各段的磁压降，从形式看，它可以称为磁路的克希荷夫定律，可以直接计算磁路。

本课程的重点在于用磁路基础分析电动机和变压器的性质。

二、变压器

变压器是一种常用的交流电气设备，在电力系统和电子线路中应用广泛。

变压器的一般构造包括闭合铁芯和高压、低压绕组等主要部分，其中绕组是变压器的电路部分，铁芯是变压器的磁路部分。对于绕组来说，与电源相连的称为原绕组（或称初级绕组、一次绕组），与负载相连的称为副绕组（或称次级绕组、二次绕组）。变压器的工作基于电磁感应原理，图 7-59 为变压器的原理示意图。

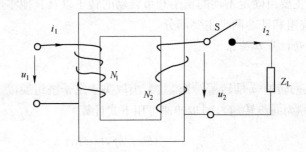

图 7-59 变压器原理示意图

（一）电压变换

若原绕组接交流电源，电压有效值为 U_1，则副绕组空载电压为 U_{20}。

则：

$$\frac{U_1}{U_{2o}} = \frac{N_1}{N_2} = K \tag{7-65}$$

式中，K 为变压器的变化，亦即原绕组匝数 N_1 与副绕组匝数 N_2 的比。

式(7-65)说明，空载时，变压器原、副绕组的电压之比等于匝数比。当电源电压 U_1 一定时，只要改变匝数比，就可以得到不同的输出电压 U_{2o}，这就是变压器的电压变换作用。当变压器有载工作时，负载电压 U_2 与空载电压 U_{2o} 近似相等。

(二)电流变换

若原绕组的电流为 I_1，副绕组的电流为 I_2，则

$$\frac{I_1}{I_2} = \frac{N_2}{N_1} = \frac{1}{K} \tag{7-66}$$

式(7-66)说明，变压器原、副绕组电流有效值之比近似等于它们匝数比的倒数，这就是变压器的电流变换作用。

(三)阻抗变换

当把阻抗为 Z_L 的负载接到变压器副边，则

$$|Z_L| = \frac{U_2}{I_2}$$

对电源来说，它所接的负载等效阻抗为

$$|Z_L'| = \frac{U_1}{I_1} = \frac{KU_2}{I_2/K} = K^2 \frac{U_2}{I_2} = K^2 |Z_L| \tag{7-67}$$

式(7-67)说明，当把阻抗为 $|Z_L|$ 的负载接到变压器副边，对电源来说，相当于接上一个阻抗为 $|Z_L'| = K^2 |Z_L|$ 的负载。这就是变压器的阻抗变换作用，在电子电路中就可以根据这一功能实现阻抗"匹配"。

三、电动机

电动机是一种能将电能转化为机械能的旋转机械，电动机按照电源的种类不同，可分为交流电动机和直流电动机。交流电动机又分为异步电动机(或称感应电动机)和同步电动机。异步电动机按结构又分为鼠笼式异步电动机和绕线异式步电动机。三相异步电动机是在工农业生产、科研和国防等部门得到最广泛应用的一种电动机。

三相异步电动机主要由固定不动的定子和可转动的转子以及其他零部件组成。无论是定子还是转子，都包括绕组和铁芯两个主要部分。

(一)三相异步电动机基本关系

1.转速和转向

三相异步电动机的转速 n 是转子转速，其大小取决于定子绕组通以三相交流电后产生的旋转磁场的转速 n_0(称为同步转速)，同步转速可用下式计算

$$n_0 = \frac{60 f_1}{P} \quad (\text{转}/\text{分}, \text{r/min}) \tag{7-68}$$

式中：f_1——电源频率；

P——电动机的磁极对数。

异步电动机的转速 $n < n_0$，转差率 s 是用来表示 n 与 n_0 相差程度的量，即

$$s = \frac{n_0 - n}{n_0} \tag{7-69}$$

一般异步电动机在额定负载时的转差率为 1%～9%，而在起动开始瞬间由于 $n=0$ 而 $s=1$ 为最大，式(7-69)也可写成

$$n = (1-s)n_0 \tag{7-70}$$

表 7-3 为三相异步电动机的磁极对数 P 与同步转速 n_0 以及电动机转速 n（当 $s=3\%$）之间的数量关系。

表 7-3　P 与 n_0 及 n 的关系

P	1	2	3	4	5	6
n_0(r/min)	3 000	1 500	1 000	750	600	500
n(r/min)	2 910	1 455	970	728	582	485

三相异步电动机的型号中，最后一位数字是表示磁极数的，例如 Y132-4 型号说明了该电动机为 4 极（即 $P=2$）电机。根据这个数字就可以判断电动机的转速，反过来也可以根据转速确定磁极数。

异步机的转向与旋转磁场的转向相同。要改变电动机转向，只要任意对调两根定子绕组连接电源的导线即可。

2. 机械特性曲线和电磁转矩

(1) 机械特性曲线

在一定的电源电压和转子电阻下，转速与电磁转矩的关系曲线 $n=f(T)$ 称为电动机的机械特性曲线。如图 7-60 所示。

机械特性曲线上的 AB 段是电动机的稳定工作段。在 AB 段，当负载有所变动，电动机能自动调节转速和转矩来适应负载的变化。例如当负载增大，电动机会沿着 AB 段下行，降低转速（仍高于临界转速）而发出更大的电磁转矩来满足负载，电动机仍能稳定工作。AB 段较平坦，电动机从空载到额定负载转速下降很少，也就是说异步电动机的机械特性是硬特性。

BC 段则是不稳定段。假如负载转矩增大到超过电动机的最大转矩，那么电动机的转速下降超过临界转速，于是它发出的电磁转矩也减小，直至电动停转发生堵转（闷车），时间一长则电动机烧毁。

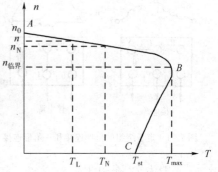

图 7-60　电动机的机械特性曲线和电磁转矩

(2) 电磁转矩

异步电动机的电磁转矩是由旋转磁场的每极磁通与转子电流相互作用而产生的。转矩与定子电压的平方成正比，并与转子回路的电阻和感抗、转差率以及电动机的结构有关。

① 额定转矩 T_N

电动机在额定负载时的转矩

$$T_N = 9\,550 \frac{P_{2N}}{n_N} \quad (\text{牛·米}, \text{N·m}) \tag{7-71}$$

式中：P_{2N}——电动机的额定输出功率(kW)；

n_N——电动机的额定转速(r/min)。

② 负载转矩 T_L

电动机在实际负载下发出的实际转矩

$$T_L = 9\,550 \frac{P_2}{n} \quad (\text{N·m}) \tag{7-72}$$

式中：P_2——电动机的实际输出功率(kW)；

n——电动机的实际转速(rad/min)。

③ 最大转矩 T_{max}

电动机能发出的最大转矩

$$T_{max} = \lambda T_N \tag{7-73}$$

式中，λ 为电动机的过载系数，一般为 1.8～2.2。电动机发出最大转矩时对应的转速为临界转速 $n_{临界}$。

④ 起动转矩 T_{st}

电动机刚起动时发出的转矩，一般有

$$T_{st} = (1.0 \sim 2.2) T_N \tag{7-74}$$

3. 星形接法和三角形接法

鼠笼式异步电动机接线盒内有 6 根引出线，分别标以 U_1、U_2、V_1、V_2、W_1 和 W_2。其中 U_1 和 U_2 是定子第一相绕组的首末端，V_1 和 V_2、W_1 和 W_2 分别是第二相和第三相绕组的首末端。定子三相绕组的连接法有星形和三角形两种，见图 7-61。

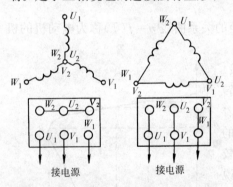

图 7-61 定子绕组的星形连接和三角形连接

4. 功率、效率和功率因数

电动机的输入功率

$$P_1 = \sqrt{3} U_L I_L \cos\varphi \tag{7-75}$$

式中：U_L、I_L——分别为线电压、线电流；

$\cos\varphi$——电动机的功率因数。

电动机的输出功率 $P_2 < P_1$，其差值为电动机本身的功率损耗，包括铜损、铁损以及机械损耗，电动机的效率

$$\eta = \frac{P_2}{P_1} \tag{7-76}$$

一般为 72%～93%。

电动机的功率因数在额定负载时为 0.7～0.9，轻载和空载时为 0.2～0.3。故应适当选用电动机容量，避免"大马拉小车"，更要缩短空载运行时间。

(二) 三相异步电动机的应用

1. 起动

将三相异步电动机接到三相电源上，它的转速从零开始，直到匀速转动的过程为起动。三相异步电动机起动转矩的大小与定子电压 U_1 和转子电阻 R_2 有关，当定子电压减小时起动转矩减小，在一定条件下转子电阻 R_2 增加时起动转矩增加。

三相异步电动机起动时的电流很大，定子边的起动电流为额定电流的 5～7 倍，但起动转矩却较小。因此，为了减小异步电动机的起动电流(有时也为了提高起动转矩)必须采用适当的起动方法。

(1) 直接起动

直接起动(也称全压起动)是得用闸刀开关或接触器,将电动机直接接到具有额定电压的电源上,这种起动方法最为简单经济。电动机能否直接起动,应按各地区电业部门的规定执行,30kW以下的异步电动机一般都可以采用直接起动。

(2)降压起动

在不允许直接起动的场合,可以采用降低定子绕组电压的方法来减小起动电流称为降压起动,主要有以下几种方法。

①星形-三角形换接起动

正常工作时采用三角形接法的异步电动机,起动时先接成星形,待转速上升到接近额定转速时,再换接成三角形,这种方法叫星-角(Y-△)换接起动。

由于电动机的转矩与电压的平方成正比,所以采用Y-△换接起动时,起动电流、起动转矩都减小到直接起动时的$(1/\sqrt{3})^2 = 1/3$。

这种方法虽然使起动电流受到控制,但也使起动转矩减小很多,故只适应于空载或轻载起动的电动机。

②自耦变压器降压起动

对于容量较大,且正常运行时做星形连接的鼠笼式异步电动机,可利用三相自耦变压器来降压起动,称为自耦变压器降压起动。

这种方法适用于起动不频繁的场合。由于起动设备较笨重且费用高,故本方法仅适用于较大容量的鼠笼式异步电动机。

自耦变压器起动时电动机的起动电流和起动转矩均为直接起动时的$1/K^2$,其中K为自耦变压器的变比。

③转子串电阻起动

由于绕线式异步电动机的结构特点,绕线式异步电动机可采用在转子电路中串入附加电阻的方法来起动。

起动时,转子电路串入附加电阻,起动完毕后,将附加电阻短接。这种方法不仅可以减小起动电流,还可以使起动转矩提高,因此,广泛应用于要求起动转矩较大的生产机械,如起重机、卷扬机等。

2. 调速

调速就是在同一负载下得到不同转速,以满足生产过程的要求。改变电动机的转速有三种可能,即改变电源的频率调速,改变电动机极对数调速,以及改变电动机转差率调速,前两者是鼠笼式异步电动机的调速方法,后者是绕线式异步电动机的调速方法。随着近年来电子技术的迅速发展,变频调速技术发展很快。

3. 制动

因为电动机的转动部分有惯性,所以把电源切断后,电动机还继续转动一定时间,然后停止。为了缩短辅助工时,提高生产机械的生产率,并为了安全起见,往往要求电动机能够迅速停车,这就需要对电动机制动。电动机制动,也就是要求它产生一个与转子转动方向相反的制动转矩。

异步电动机的制动常用下列几种方法。

(1)能耗制动

这种制动方法就是在切断三相电源的同时,接通直流电源,使直流通入定子绕组从而生产制动转矩。

因为这种方法是用消耗转子的动能来进行制动的,所以称为能耗制动。这种制动能量消耗小,制动平稳,但需要直流电源。

(2)反接制动

在电动机停车时,可将定子绕组接到电源的三根导线中的任意两根对调位置,从而产生制动转矩的制动方法。

这种制动比较简单,效果较好,但能量消耗较大,且当转速接近零时,应利用某种控制电器将电源自动切断,否则电动机将反转。

(3)发电反馈制动

当转子的转速超过旋转磁场的转速时,这时的转矩也是制动的。例如,当起重机快速下放重物时,就会发生这种情况。实际上这时电动机已转入发电机运行,将重物的位能转换为电能而反馈到电网里去,所以称为发电反馈制动。

四、电动机的继电接触器控制

采用继电器、接触器及按钮等控制电器来实现对电动机的自动控制称为电动机的继电器、接触器控制。

(一)常用控制电器

1. 组合开关

组合开关有单极、双极、三极和四极几种,额定持续电流有 10A、25A、60A 和 100A 等多种。可以用作电源的引入开关,也可以用它来直接起动和停止小容量的电动机或使电动机正反转等。

2. 按钮

按钮通常用来接通或断开控制电路,从而控制电动机的运行。

按钮的特点是靠外力(手按)动作(常闭断开或常开闭合),但当外力消失时可以自己复位,按钮结构原理图及符号如图 7-62 所示。

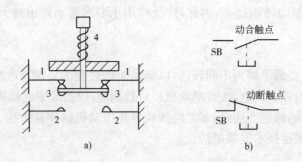

图 7-62 按钮结构原理及符号

3. 行程开关

行程开关(即限位开关)是利用生产机械的某些运动部件碰撞而使其动作,从而接通或断开控制电路的一种电器,行程开关结构及符号如图 7-63 所示。

4. 交流接触器

交流接触器常用来接通或断开电动机的主电路。

接触器是利用电磁吸力来工作的,主要由电磁铁和触点两部分组成,其结构原理图及电器符号如图 7-64 所示。当线圈 1 得电产生电磁吸力使触点 2、3 动作(常开闭合,或常闭断开);

当线圈失电,触点靠弹簧4拉力而复位。图7-64b)为交流接触器的电器符号。

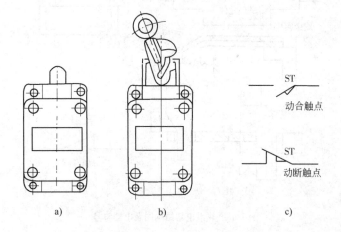

图 7-63 行程开关结构及符号
a)直线式;b)单滚式;c)符号

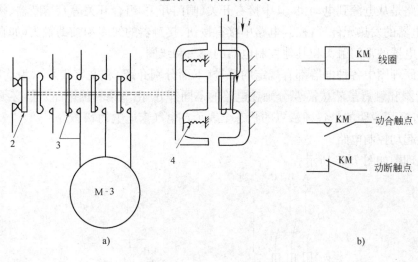

图 7-64 接触器结构图及电器符号

5. 热继电器

热继电器是用于电动机过载保护的一种电器,它的动作原理基于电流的热效应,其结构图及符号如图7-65所示。发热元件串接在电动机的主电路中,当电动机长期过载时,发热元件通过电流大于容许值,其热量使双金属片受热弯曲,从而脱扣,使动断(常闭)触点断开,切断电路达到保护电器的目的。

由于热惯性,热继电器不能立即动作,因此不能作短路保护。

6. 熔断器

熔断器(常说的"保险丝")是最常用的简便有效的保护电器,熔断器的熔体用电阻率较高的易熔合金制成。

7. 自动空气断路器

自动空气断路器又名自动空气开关。它兼有刀开关和熔断器的功能,其特点是动作后不要更换元件,动作电流可整定,切断电流大,断开时间短,工作安全可靠。

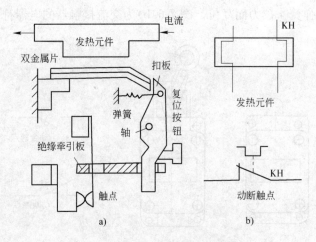

图 7-65　热继电器结构图及电器符号

(二)三相异步电动机的基本控制电路

这里主要分析的是鼠笼电机的控制电路。在看电气控制原理图时,要分清主电路和控制电路。主电路是从电源到电动机,其中接有开关(闸门开关、组合开关等)、熔断器、接触器的主触头、热断电器的发热元件等;控制电路中接有按钮、接触器的线圈和辅助触头(如自锁和互锁触头)、热继电器的常闭触头和其他控制电器的触头和线圈。

在电气原理图中各种电器都有规定的符号(下面分别介绍)和文字表示。为读图方便,同一电器的线圈和触点虽然按需要分画在电路的不同部分(主电路和辅电路),但必须用同一符号说明;另外还要说明的是各种触点的状态全表示在电气未通电的状态。

1. 直接起动控制电路

控制原理图如图 7-66 所示。

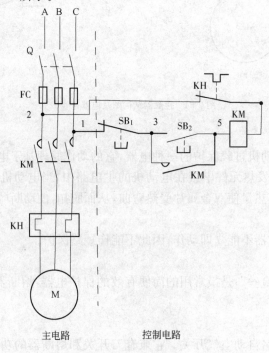

图 7-66　直接起动控制电路

电路的工作过程：先将组合开关 Q 闭合，为电动机起动作准备。当按下起动钮 SB_2 时，交流接触器 KM 的线圈得电，动铁心被吸合而将三个主触点闭合，电动机 M 起动。当松开 SB_2 时，起动按钮复位，但是由于与起动按钮并联的辅助触点和主触点同时闭合，因此接触器线圈的电路仍然接通，而使接触器触点保持在闭合的位置，这个辅助触点称为自锁触点。如将停止按钮 SB_1 按下，则将线圈的电路切断，动铁心和触点恢复到断开的位置而使电动机停机。

上述控制线路中，熔断器 FU 起短路保护，热继电器 KH 起过载保护，交流接触器 KM 起零压和失压保护作用。

2. 正反转控制电路

控制电路原理图如图 7-67 所示。

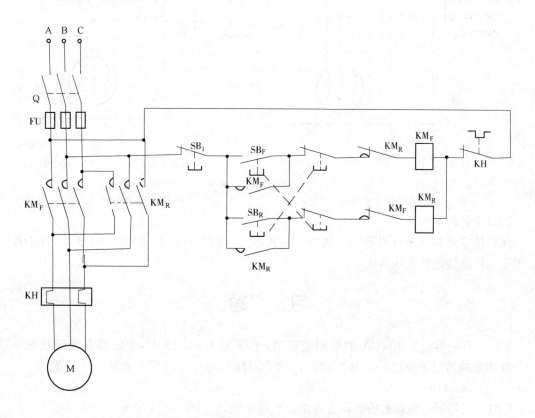

图 7-67 鼠笼式电动机正反转的控制电路

按下正转起动按钮 SB_F，正转接触器 KM_F 通电，电动机 M 正转；按下反转起动按钮 SB_R，反转接触器 KM_R 通电，电动机 M 反转。按下停机按钮 SB_1，正反转接触器 KM_F 和 KM_R 均失电，电动机停止运行。

上述控制电路中，正转接触器 KM_F 的一个常闭辅助触点串接在反转接触器 KM_R 的线圈电路中，而反转接触器的一个常闭辅助触点串接在正转接触器的线圈电路中，这两个常闭触点称为联锁触点。联锁触点可防止正反转两个接触器同时闭合，以免造成电源短路。

五、安全用电

为了人身安全和电力系统工作的需要，要求电气设备采取接地措施。

(一)工作接地

将电力系统的中性点接地,如图 7-68 所示,这种接地方式称为工作接地。

工作接地有下列目的:

(1)降低触电电压;

(2)迅速切断故障设备;

(3)降低电气设备对地的绝缘水平。

(二)保护接地

保护接地就是将电气设备正常情况下不带电的金属外壳接地,如图 7-69 所示,保护接地适用于中性点不接地的低压系统。

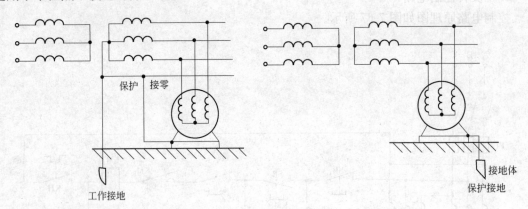

图 7-68 工作接地、保护接零　　　　图 7-69 保护接地

(三)保护接零

保护接零就是将电气设备的金属外壳接到零线(或称中线)上,如图 7-69 所示,保护接零宜用于中性点接地的低压系统中。

习　　题

7-30　有一容量为 10kVA 的单相变压器,电压为 3 300/220V,变压器在额定状态下运行。在理想的情况下副边可接 40W、220V、功率因数 $\cos\varphi=0.44$ 的日光灯(　　)盏。

　　　A. 110　　　　　　B. 200　　　　　　C. 250　　　　　　D. 50

7-31　三相异步电动机的转动方向由(　　)决定。

　　　A. 电源电压的大小　　　　　　　　B. 电源频率

　　　C. 定子电流相序　　　　　　　　　D. 起动瞬间定转子相对位置

7-32　三相异步电动机空载起动与满载起动时的起动转矩关系是(　　)。

　　　A. 二者相等　　　　　　　　　　　B. 满载起动转矩大

　　　C. 空载起动转矩大　　　　　　　　D. 无法估计

7-33　针对三相异步电动机起动的特点,采用 Y-△ 换接起动可减小起动电流和起动转矩,以下说法中正确的是(　　)。

　　　A. Y 连接的电动机采用 Y-△ 换接起动,起动电流和起动转矩都是直接起动的 $\frac{1}{3}$

　　　B. Y 连接的电动机采用 Y-△ 换接起动,起动电流是直接起动的 $\frac{1}{3}$,起动转矩是直

接起动的 $\frac{1}{\sqrt{3}}$

C. △连接的电动机采用 Y-△换接起动,起动电流是直接起动的 $\frac{1}{\sqrt{3}}$,起动转矩是直接起动的 $\frac{1}{\sqrt{3}}$

D. △连接的电动机采用 Y-△换接起动,起动电流和起动转矩都是直接起动的 $\frac{1}{3}$

7-34 三相异步电动机在额定负载下,欠压运行,定子电流将(　　)。

　　A. 小于额定电流　　B. 大于额定电流　　C. 等于额定电流　　D. 不变

7-35 如图所示的控制电路中,SB 为按钮,KM 为接触器,若按动 SB_2,试判断下述哪个结论正确?(　　)

　　A. 接触器 KM_2 通电动作后 KM_1 跟着动作

　　B. 只有接触器 KM_2 动作

　　C. 只有接触器 KM_1 动作

　　D. 以上答案都不对

7-36 如图所示为两台电动机 M_1、M_2 的控制电路,两个交流接触器 KM_1、KM_2 的主常开触头分别接入 M_1、M_2 的主电路,该控制电路所起的作用是(　　)。

　　A. 必须 M_1 先起动,M_2 才能起动,然后两机连续运转

　　B. M_1、M_2 可同时起动,必须 M_1 先停机,M_2 才能停机

　　C. 必须 M_1 先起动、M_2 才能起动,M_2 起动后,M_1 自动停机

　　D. 必须 M_2 先起动,M_1 才能起动,M_1 起动后,M_2 自动停机

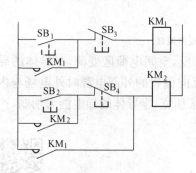

题 7-35 图

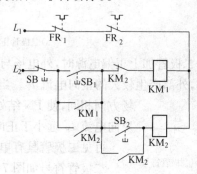

题 7-36 图

7-37 额定转速为 1 450r/min 的三相异步电动机,空载运行时转差率为(　　)。

　　A. $s=\frac{1\,500-1\,450}{1\,500}=0.033$　　　　B. $s=\frac{1\,500-1\,450}{1\,450}=0.035$

　　C. $0.033<s<0.035$　　　　　　　　D. $s<0.033$

7-38 在电动机的继电接触控制电路中,具有短路保护、过载保护、欠压保护和行程保护,其中,需要同时接在主电路和控制电路中的保护电器是(　　)。

　　A. 热继电器和行程开关　　　　　　B. 熔断器和行程开关

　　C. 接触器和行程开关　　　　　　　D. 接触器和热继电器

第七节 二极管及其应用

半导体材料与导体、绝缘体最大的不同之处在于它的导电能力在一定条件下可以转化,当温度变化或掺入杂质以后它的导电能力会发生明显的改变。

常用的半导体材料是硅(Si)和锗(Ge),它们都是四价元素,我们称纯净的半导体材料为本征半导体。如果我们在本征半导体的一侧掺入五价元素(如磷)将生成大量的自由电子,构成 N 型半导体;在另一侧掺入三价元素(如硼)就会产生大量的空穴。这样在 P 型区和 N 型区的交界处就形成 PN 结,PN 结是构成各种半导体器件的基础。

当不加电源时,在半导体内部由于 P 型区和 N 型区的浓度差别出现扩散过程。扩散的结果在 PN 结交界处形成"空间电荷区",这个空间电荷区产生一个内电场,内电场的方向由 N 区指向 P 区。

二极管的核心就是 PN 结,由 P 区引出的电极叫做阳极,N 区引出的电极叫做阴极。我们把阳极电位高于阴极电位的情况叫做二极管的正向偏置状态,简称"正偏",如图 7-70a)所示,而把阳极电位低于阴极电位的状态叫做二极管的反向偏置状态,如图 7-70b)所示。

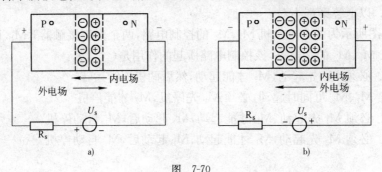

图 7-70
a)二极管正向偏置;b)二极管反向偏置

当二极管加上正偏电源时,外电场与内电场方向相反,空间电荷区变薄,半导体的导电能力增加,外部产生较大的正向电流 I_F。当二极管加上反向偏置的外部电源时外电场与内部电场方向相同,使 PN 结处的空间电荷区加宽,半导体的导电能力削弱,产生的反向电流 I_R 远小于正向电流 I_F。

可见二极管具有单向导电性。

二极管符号如图 7-71 所示。

图 7-71 二极管符号

一、二极管

二极管的伏安特性如图 7-72 所示。

由图可见,当外加正向电压很低时,正向电流很小,几乎为零。当正向电压超过一定数值后,电流增长很快,这个一定数值的正向电压称为死区电压,死区电压 U_T 的大小与材料及环境温度有关。通常,硅管的死区电压约为 0.5V,锗管约为 0.2V;二极管正常工作电压 U_F 硅管为 0.6~1V,锗管工作电压为 0.2~0.3V。

当外加反向电压时,只有很小的反向电流。反向电流随温度的上升增长很快;在反向电压不超过某一范围时基本恒定,而与反向电压的高低无关,故通常称它为反向饱和电流。当外加反向电压过高时,反向电流将突然增加,二极管失去单向导电性,这种现象称为击穿,二极管被击穿后,一般不能恢复原来的性能而损坏。

二、稳压管

稳压管是一种特殊的面接触型半导体硅二极管,由于它在电路中与适当数值的电阻配合后能起稳定电压的作用,故称为稳压管。

稳压管的伏安特性曲线与普通二极管类似,如图 7-73 所示。其差异是稳压管的反向特性曲线比较陡,且电压较低。

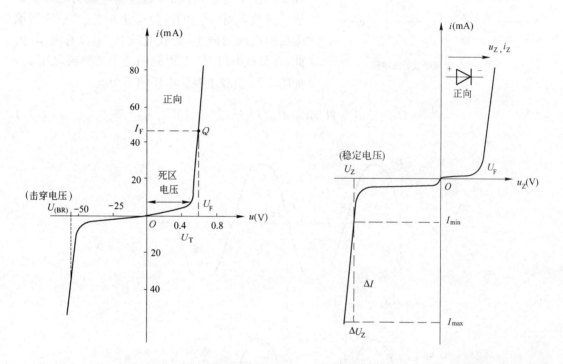

图 7-72　2CP10 硅二极管的伏安特性曲线　　　　图 7-73　稳压管的伏安特性曲线

稳压管工作于反向击穿区,从反向特性曲线上可见,在反向击穿区,虽然电流在很大范围内变化,但稳压管两端的电压变化很小,正是利用这一特性实现稳压。稳压管与普通二极管不同的是反向击穿是可逆的,去掉反向电压之后,稳压管可恢复正常。当然,如果反向电流超过允许范围,稳压管也将会发生热击穿而损坏。

三、二极管应用电路

(一)整流电路

整流电路的作用是将交流电变为单方向变化的直流电,目前主要采用单相半波整流电路和桥式整流电路。

1. 单相半波整流电路

如图 7-74 所示为单相半波整流电路,由整流变压器 T_r、整流元件 D(二极管)及负载电阻 R_L 组成。

设整流变压器副边的电压为

$$u = \sqrt{2}U\sin\omega t$$

其波形如图 7-76a)所示。

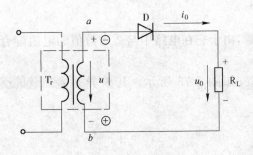

图 7-74 单相半波整流电路

由于二极管具有单向导电性,只有当它的阳极电位高于阴极电位时才能导通。在变压器副边电压 u 的正半周,a 点的电位高于 b 点,二极管因承受正向电压而导通,二极管的正向压降可以忽略不计,这时负载电阻 R_L 上的电压 u_0 的正半波和 u 的正半波是相同的,通过的电流为 i_0。在电压 u 的负半周,a 点的电位低于 b 点,二极管因承受反向电压而截止,负载电阻 R_L 上没有电压,因此,在负载电阻 R_L 上得到的是半波整流电压 u_0,如图 7-75 负载上整流电压的平均值

$$U_0 = \frac{1}{2\pi}\int_0^\pi \sqrt{2}U\sin\omega t \, d(\omega t) = \frac{\sqrt{2}}{\pi}U = 0.45U \tag{7-77}$$

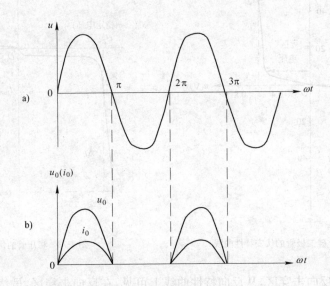

图 7-75 单相半波整流电路的电压与电流的波形

负载上整流电流平均值

$$I_0 = \frac{U_0}{R_L} = 0.45\frac{U}{R_L} \tag{7-78}$$

二极管不导通时,承受的最高反向电压和平均电流为

$$\left. \begin{array}{l} U_{DRM} = U_m = \sqrt{2}U \\ I_D = I_0 = 0.45\dfrac{U}{R_L} \end{array} \right\} \tag{7-79}$$

这样,根据 U_0、I_0 和 U_{DRM}、I_D 就可确定整流电路输出电压、电流的大小,并可以选择合适的整流元件。

2. 单相桥式整流电路

单相桥式整流电路如图 7-76 所示。

在变压器副边电压 u 的正半周,a 点的电位高于 b 点,二极管 D_1 和 D_3 导通,D_2 和 D_4 截止;电流 i_1 的通路是 $a \longrightarrow D_1 \longrightarrow R_L \longrightarrow D_3 \longrightarrow b$。这时,负载电阻 R_L 上得到一个半波电

压,如图7-77b)所示的 0～π 段所示。

在电压 u 的负半周,b 点的电位高于 a 点;因此,D_1 和 D_3 截止,D_2 和 D_4 导通,电流 i_2 的通路是 $b \longrightarrow D_2 \longrightarrow R_L \longrightarrow D_4 \longrightarrow a$;同样,在负载电阻上得到一个半波电压,如图7-77b)所示的 π～2π 段所示。

因此,单相桥式整流电路的整流电压的平均值 U_o 比半波整流时增加了 1 倍,即

$$U_o = 2 \times 0.45U = 0.9U \qquad (7\text{-}80)$$

负载电阻中的直流电流为:

$$I_o = \frac{U_o}{R_L} = 0.9 \frac{U}{R_L} \qquad (7\text{-}81)$$

由于四个二极管是交替导通的,故每个二极管中流过的平均电流只有负载电流的一半,即

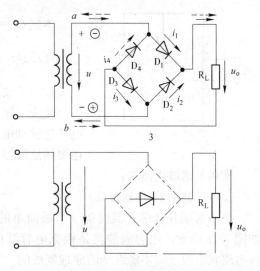

图 7-76 单相桥式整流电路

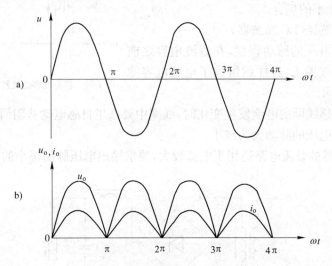

图 7-77 单相桥式整流电路的电压与电流的波形

$$I_D = \frac{1}{2} I_o = 0.45 \frac{U}{R_L} \qquad (7\text{-}82)$$

二极管截止时所承受的最高反向电压就是电源电压的最大值,即

$$U_{DRM} = \sqrt{2} U \qquad (7\text{-}83)$$

【例 7-18】 二极管应用电路如 7-78 图所示,设二极管为理想器件,当 $u_1 = 10\sin\omega t\,\text{V}$ 时,输出电压 u_o 的平均值 U_o 等于:

A. 10V 　　　　　　　　　　　　B. $0.9 \times 10 = 9\text{V}$

C. $0.9 \times \frac{10}{\sqrt{2}} = 6.36\text{V}$ 　　　　　D. $-0.9 \times \frac{10}{\sqrt{2}} = -6.36\text{V}$

解 本题采用全波整流电路结合二极管连接方式分析。

输出直流电压 U_o 与输入交流有效值 U_i 的关系为:

$$U_o = -0.9 U_i$$

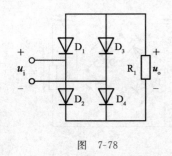

图 7-78

本题 $U_i=\dfrac{10}{\sqrt{2}}$V，代入上式得 $U_o=-0.9\times\dfrac{10}{\sqrt{2}}=-6.36$V。

答案：D

(二)滤波电路

整流电路虽然可以把交流电转换为直流电,但是这种直流电压是脉动电压。为了改善输出电压的脉动程度,整流电路中还要接滤波器。

常用的滤波电路有：

1. 电容滤波器(C 滤波器)

负载两端并联电容器就是一个最简单的滤波器,如图 7-79 所示。电容滤波器是根据电容器的端电压在电路状态改变时不能跃变的原理制成的。

电容滤波器电路简单,一般用于输出电压 U_o 较高,并且负载变化较小的场合。

2. 电感电容滤波器(LC 滤波器)

为了减小输出电压的脉动程度,在滤波电容之前串接一个铁芯电感线圈 L,这样就组成了电感电容滤波器,如图 7-80 所示。

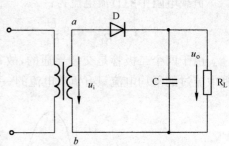

图 7-79　接有电容滤波器的单相半波整流电路

由于当通过电感线圈的电流发生变化时,线圈中要产生自感电动势阻碍电流的变化,因而使负载电流和负载电压的脉动大为减小。

具有 LC 滤波器的整流电路适用于电流较大,要求输出电压脉动很小的场合。

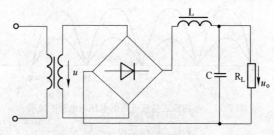

图 7-80　电感电容滤波电路

3. π 形滤波器

如果要求输出电压的脉动更小,可以在 LC 滤波器的前面再并联一滤波电容,这样便构成 π 形 LC 滤波器。它的滤波效果比 LC 滤波器更好,但整流二极管冲击电流较大。

π 形滤波电路主要适用于负载电流较小而又要求输出电压脉动很小的场合。

(三)稳压电路

经整流和滤波后的电压往往会随交流电源电压的波动和负载的变化而变化,因此需要设置稳压电路。最简单的直流稳压电路是采用稳压管的稳压电路,如图 7-81 所示。

引起电压不稳定的原因是交流电源电压的波动和负载电流的变化。通过稳压管与电阻 R 的调整作用,可以维持输出电压的稳定。

稳压管稳压电路的稳压效果不够理想,它一般适用于稳压性能要求不高,并且负载电流较小的场合。串联型晶体管稳压电路是性能较好的一种稳压电路,目前广泛采用的集成稳压电路也都是以晶体管串联稳压电路为基础的。

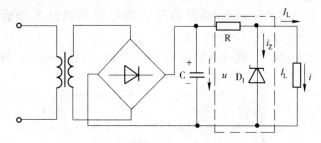

图 7-81 稳压管稳压电路

习　　题

7-39　如果把一个小功率二极管直接同一个电源电压为 1.5V、内阻为零的电池实行正向连接,电路如图所示,则后果是该管(　　)。

　　A. 击穿　　　　　　　　　　B. 电流为零
　　C. 电流正常　　　　　　　　D. 电流过大使管子烧坏

7-40　在如图所示的二极管电路中,设二极管 D 是理想的(正向电压为 0V,反向电流为 0A),且电压表内阻为无限大,则电压表的读数为(　　)。

　　A. 15V　　　B. 3V　　　C. −18V　　　D. −15V

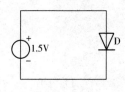

题 7-39 图

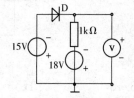

题 7-40 图

7-41　如图所示电路中,A 点和 B 点的电位分别是(　　)。

　　A. 2V,−1V　　　B. −2V,1V　　　C. 2V,1V　　　D. 1V,2V

7-42　单相桥式整流电路如图 a)所示,变压器副边电压 u_2 的波形如图 b)所示,设四个二极管均为理想元件,则二极管 D_1 两端的电压 u_{D_1} 的波形为图 c)中的(　　)图。

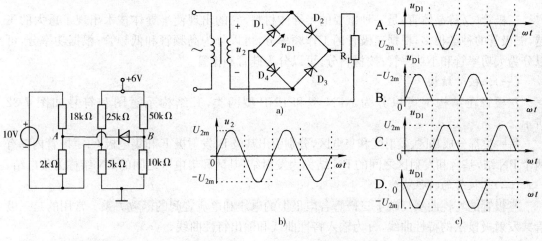

题 7-41 图　　　　　　　　　　　　　　　题 7-42 图

7-43 整流滤波电路如图所示,已知 $U_1=30V$,$U_0=12V$,$R=2k\Omega$,$R_L=4k\Omega$,稳压管的稳定电流 $I_{zmin}=5mA$ 与 $I_{zmax}=18mA$,通过稳压管的电流和通过二极管的平均电流分别是( )。

  A. 5mA,2.5mA   B. 8mA,8mA   C. 6mA,2.5mA   D. 6mA,4.5mA

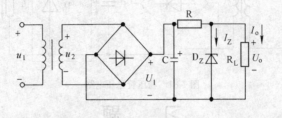

题 7-43 图

7-44 如图所示电路中,若输入电压 $U_i=10\sin(\omega t+30°)V$,则输出电压的平均值 U_L 为( )V。

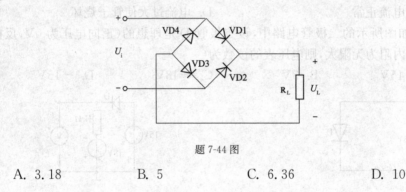

题 7-44 图

  A. 3.18   B. 5   C. 6.36   D. 10

第八节 三极管及其基本放大电路

一、晶体三极管

三极管(又称晶体管)是一种重要的半导体材料,它的出现使半导体技术出现了重大的飞越,三极管的种类很多,根据三极管的工作频率分,可以分为高频管和低频管;根据功率分,可以分为大功率管和小功率管;按材料分,可以分为硅管和锗管。

(一)三极管结构

三极管在结构上可以分为 NPN 型和 PNP 型两类,其结构示意图和符号如图 7-82 所示。

每一类都分成基区、发射区和集电区,分别引出基极 B、发射极 E 和集电极 C;三极管内部有两个 PN 结,基区和发射区之间的 PN 结称为发射结,基区和集电区之间的 PN 结称为集电结。

(二)三极管的特性曲线

三极管的特性曲线反映了三极管各电极上的电压和电流之间的函数关系。常用的是三极管共发射极接法的特性曲线,分为输入特性曲线和输出特性曲线。

NPN 管的特性曲线分析如下,见图 7-83 的晶体管试验电路。

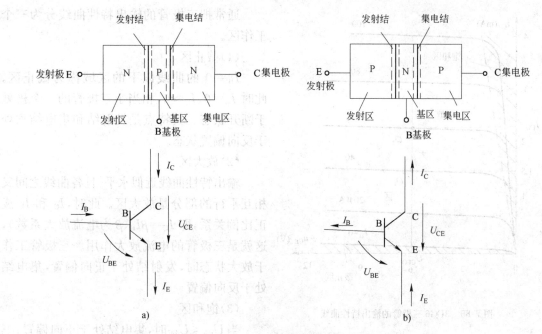

图 7-82 三极管的结构示意图和表示符号
a)NPN 型晶体管；b)PNP 型晶体管

1. 输入特性曲线

三极管的输入特性曲线是指当集-射极电压 U_{CE} 为常数时，输入电路中基极电流 i_B 与基-射极电压 u_{BE} 之间的关系曲线，其表达式为

$$i_B = f(u_{BE})|U_{CE=\text{常数}} \tag{7-84}$$

如图 7-84 所示，三极管输入特性曲线与二极管的伏安特性一样。

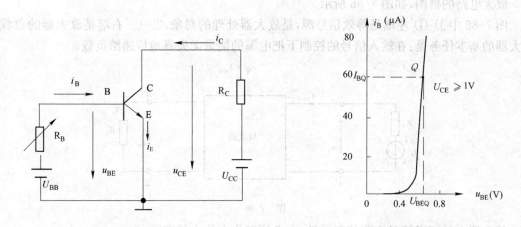

图 7-83 晶体管实验电路　　　　　　　图 7-84 3DG6 三极管的输入特性曲线

2. 输出特性曲线

输出特性曲线是指基极电流 I_B 为常数时，集电极电流 i_C 与集-射极电压 u_{CE} 之间的关系曲线，其表达式为

$$i_C = f(u_{CE})|I_B = \text{常数} \tag{7-85}$$

如图 7-85 所示，不同的 I_B 下，可得出不同的曲线，所以三极管的输出特性曲线是一族曲线。

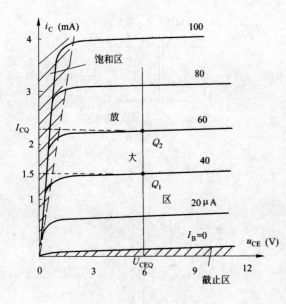

图 7-85 3DG6 三极管的输出特性曲线

通常把三极管的输出特性曲线分为三个工作区。

(1) 截止区

$I_B=0$ 的曲线以下的区域称为截止区。此时 $I_B=0$、$I_C \approx 0$，相当于三极管的三个极处于断开状态。其特点是发射结和集电结均处于反向偏置状态。

(2) 放大区

输出特性曲线近似水平，且各曲线之间又相互平行的部分是放大区。此时，I_C 和 I_B 成正比例关系，即 $I_C=\beta I_B$（β 为电流放大系数），这就是三极管的电流放大作用。三极管工作于放大状态时，发射结处于正向偏置，集电结处于反向偏置。

(3) 饱和区

当 $U_{CE}<U_{BE}$ 时，集电结处于正向偏置，三极管工作于饱和区，此时 I_B 的变化对 I_C 的影响较小。其特点是发射结和集电结均处于正向偏置状态。

二、基本放大电路

三极管放大电路是将模拟信号进行放大的电路系统，对放大电路的基本要求是能够不失真地放大信号。

放大电路的框图，如图 7-86 所示。

图 7-86 中①-①′左端是等效信号源，是放大器处理的对象，②-②′右端是放大器的负载。放大器的基本任务是：在输入信号的控制下把电源的能量无失真地传递给负载。

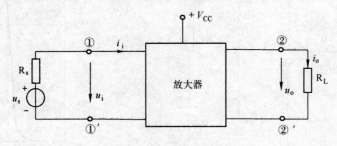

图 7-86

放大器内的三极管是主要控制元件，它必须工作在放大状态。

这部分内容的复习要求是能确定放大器在没有信号输入时三极管的静态工作点（I_{BQ}，I_{CQ}，V_{CEQ}），并能正确估算放大器的动态指标（电压放大倍数 A_u，输入电阻 r_i，输出电阻 r_0）。

(一) 放大电路的组成

利用三极管的电流放大作用，可以组成多种类型的放大电路，常见的有共射极接法的单管电压放大电路，如图 7-87 所示。

需要放大的输入电压 u_i 接在三极管的基极和发射极之间，负载电阻 R_L 接在三极管的集电极和发射极之间,被放大的输出电压 u_o 从 R_L 两端取出。

(二)放大电路的静态分析

静态是指放大电路输入信号为零时的工作状态。静态分析是要确定放大电路的静态值(直流值)I_B、I_C、U_{BE} 和 U_{CE},以保证三极管工作在放大区。

因为静态值是直流,故用放大电路的直流通路分析计算。绘制放大电路直流通路的原则是电路中的电容视为开路,图 7-87 电路的直流通路如图 7-88 所示。

由图 7-88 的直流通路,可得出

$$I_B = \frac{U_{CC} - U_{BE}}{R_B} \approx \frac{U_{CC}}{R_B} \tag{7-86}$$

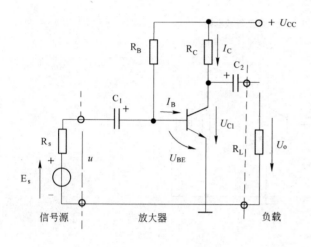

图 7-87 基本交流放大电路

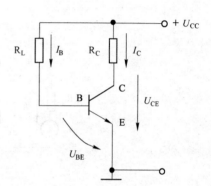

图 7-88 图 7-86 示交流放大器的直流通路

硅管的 U_{BE} 为 0.6～0.7V,相对于 U_{CC} 较小,计算时可以将 U_{BE} 忽略。

$$I_C = \beta I_B \tag{7-87}$$

$$U_{CE} = U_{CC} - I_C R_C \tag{7-88}$$

(三)放大电路的动态分析

动态是放大电路有输入信号时的工作状态,动态分析要确定放大电路的电压放大倍数 A_u、输入电阻 r_i 和输出电阻 r_o 等。它是在静态值确定后分析动态信号的传输情况,考虑的只是电流和电压的动态信号分量,常用的分析方法是微变等效电路法。

1. 微变等效电路

所谓放大电路的微变等效电路,是把非线性电路等效为一个线性电路,即把三极管线性化,图 7-89a)示三极管的微变等效电路如图 7-89b)所示。

其中输入电阻 r_{be} 的估算公式为

$$r_{be} = 300(\Omega) + (\beta + 1)\frac{26(mV)}{I_E(mA)} \tag{7-89}$$

将三极管用微变等效电路代替后可得出放大电路的微变等效电路。画放大器的微变等效电路时要把电路中的电容及直流电源视为短路,如图 7-90b)所示。

2. 电压放大倍数 A_u

根据图 7-90b),当放大电路输入正弦交流信号时,可将电压和电流用相量表示,分析如下

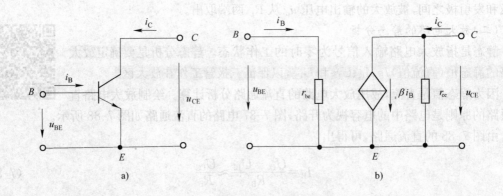

图 7-89 三极管及其微变等效电路

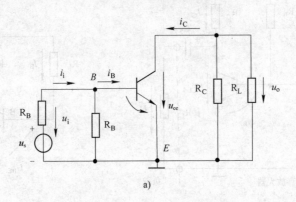

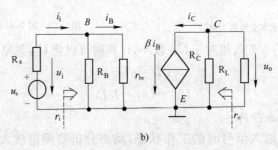

图 7-90
a)图 7-86 所示放大器的交流通路；b)微变等效电路

$$\dot{U}_i = \dot{I}_B r_{be}$$

$$\dot{U}_o = -\dot{I}_C R_L' = -\beta \dot{I}_B R_L'$$

式中

$$R_L' = R_C \mathbin{/\mkern-6mu/} R_L$$

整理后可知放大电路的电压放大倍数

$$\dot{A}_u = \frac{\dot{U}_o}{\dot{U}_i} = -\beta \frac{R_L'}{r_{be}} \tag{7-90}$$

3. 输入电阻 r_i

放大电路的输入电阻 r_i 是从信号源 u_i 向放大器看进去的电阻

$$r_i = \frac{\dot{U}_i}{\dot{I}_i} = R_B // r_{be} \approx r_{be} \qquad (7\text{-}91)$$

通常放大器的基极电阻 R_B 远大于三极管输入电阻 r_{be}（约 $1k\Omega$），分析时可认为放大器的输入电阻就是 r_{be} 的数值。

r_i 是对交流而言的动态电阻，通常希望电压放大电路的输入电阻能高一些。

4. 输出电阻 r_o

放大电路的输出电阻就是放大电路的输出端向左看的等效电阻

$$r_o \approx R_C \qquad (7\text{-}92)$$

通常，希望放大电路的输出电阻 r_o 越小越好。

（四）静态工作点和静态工作点稳定的放大电路

放大电路应有合适的静态工作点，以保证有较好的放大效果，否则将引起非线性失真。在图 7-87 的基本交流放大电路中

$$I_B = \frac{U_{CC} - U_{BE}}{R_B} \approx \frac{U_{CC}}{R_B}$$

当 R_B 一经选定后，I_B 也就固定下来，故该电路称为固定偏置电路。

固定偏置电路虽然简单和容易调整，但在外部因素的影响下，将引起静态工作点的变动，严重时使放大电路不能正常工作，其中影响最大的是温度变化。

为使静态工作点稳定，常采用图 7-91 所示的分压偏置式放大电路。

分压偏置放大电路的特点有两个：第一是在输入端用 R_{B1}、R_{B2} 两分压电阻使 B 点电位 U_B 不变；第二是用了 R_E 电阻使温度发生变化时，U_E 电位变化，从而 U_{BE} 改变，调节 I_B 后，使 I_C 稳定。

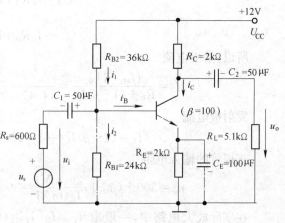

图 7-91 分压式偏置放大电路

当温度变化时，导致放大电路的 I_C 变化，只要稳定了 I_C，也就稳定了静态工作点。分压式偏置电路稳定静态工作点的物理过程如下

$$T(°C) \uparrow \rightarrow I_C \uparrow \rightarrow I_E \uparrow \xrightarrow{R_E} U_E \uparrow \xrightarrow{U_B \text{不变}} U_{BE} \downarrow$$
$$I_C \downarrow \leftarrow I_B \downarrow \leftarrow$$

【例 7-19】 设如图 7-91 所示放大电路的输入信号 u_i 为正弦信号，可见，该电路具有稳定 I_C 的作用。电路参数如图上所注。试求：(1)放大电路的输入电阻和输出电阻；(2)放大电路的电压放大倍数。

解 因放大器的动态参数与静态工作点有关，故应先分析放大器的静态工作点，先画出放大电路的直流通路，如图 7-92a)所示。从三极管基极端与接地端往左看，R_{B1}、R_{B2} 和电源 U_{CC} 组成一个有源两端网络。应用戴维南定理，此有源两端网络可用一个等效电压源表示，如图 7-92b)所示。其中 U_0 为有源两端网络的开路电压，即

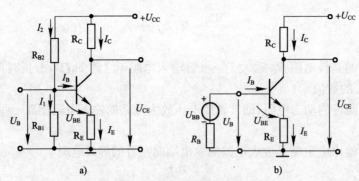

图 7-92 放大电路的直流通路

$$U_B = \frac{R_{B1}}{R_{B1}+R_{B2}}U_{CC} = \frac{24\times 10^3}{(24+36)\times 10^3}\times 12 = 4.8\text{V}$$

R_0 为除源网络的等效电阻,将电压源短路(除源)得

$$R_B = \frac{R_{B1}R_{B2}}{R_{B1}+R_{B2}} = \frac{24\times 10^3 \times 36\times 10^3}{(24+36)\times 10^3} = 14.4\text{k}\Omega$$

由此,列出基极回路的 KVL 方程

$$U_B = I_B R_B + U_{BE} + I_E R_E$$

$$= I_B R_B + U_{BE} + (1+\beta)I_B R_E$$

所以,基极电流

$$I_B = \frac{U_{BB}-U_{BE}}{R_B+(1+\beta)R_E} = \frac{4.8-0.7}{14.4\times 10^3+(1+100)\times 2\times 10^3} = 19\mu\text{A}$$

发射极电流

$$I_E = (1+\beta)I_B = (1+100)\times 19\times 10^{-6} = 1.92\text{mA}$$

三极管的输入电阻

$$r_{be} = 300+(\beta+1)\frac{26(\text{mV})}{I_E(\text{mA})} = 300+(100+1)\times \frac{26}{1.92} = 1.668\text{k}\Omega$$

在实际放大电路中,一般取 $I_1 \gg I_B [I_1 \geqslant (5\sim 10)I_B]$,用以保证 U_B 不随 I_B 而变,所以 $I_1 \approx I_2$。在近似估算时,可认为基极对地电压

$$U_B \approx \frac{R_{B1}}{R_{B1}+R_{B2}}U_{CC} = 4.8\text{V}$$

发射极电流

$$I_E = \frac{U_B-U_{BE}}{R_E} = \frac{4.8-0.7}{2\times 10^3} = 2\text{mA}$$

三极管的输入电阻

$$r_{be} = 300+(\beta+1)\times \frac{26(\text{mV})}{I_E(\text{mA})} = 300+(100+1)\times \frac{26}{2} = 1.6\text{k}\Omega$$

从上可见,应用估算法与应用戴维南定理的精确计算法相比,r_{be} 稍小些(本例小于 4%),这在工程计算中是允许的。

(1) 为了求出放大电路的输入电阻和输出电阻,画出其微变等效电路如图 7-93 所示。可以看出,放大电路的输入电阻 r_i 是 R_{B1}、R_{B2} 和 r_{be} 三者的并联,即

$$r_i = R_{B1}//R_{B2}//r_{be} = 24//36//1.6 = 1.44\text{k}\Omega$$

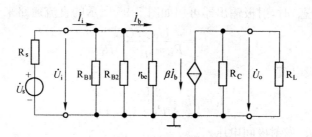

图 7-93 微变等效电路图

由图 7-93 可知，输出电阻 r_o 等于集电极负载电阻 R_C，即

$$r_o = R_C = 2\text{k}\Omega$$

(2) 如果考虑信号源内阻 R_s 的影响时，放大电路的电压放大倍数应该是

$$\dot{A}_{us} = \frac{\dot{U}_o}{\dot{U}_s} = \frac{\dot{U}_o}{\dot{U}_i} \times \frac{\dot{U}_i}{\dot{U}_s} = -\beta \frac{R'_L}{r_{be}} \times \frac{r_i}{R_s + r_i} \tag{7-93}$$

从上式可见，当 $r_i \gg R_s$ 时，R_s 对电压放大倍数的影响就很小。因此，一般要求电压放大电路的输入电阻 r_i 值较大。

对于本例题，电压放大倍数

$$\dot{A}_{us} = -100 \times \frac{1.44 \times 10^3}{1.6 \times 10^3} \times \frac{1.44 \times 10^3}{(0.6+1.44) \times 10^3}$$

$$= -89 \times 0.71 = -63$$

式(7-93)中 $R'_L = R_C // R_L = 2 // 5.1 = 1.44\text{k}\Omega$

(五) 射极输出器

1. 射极输出器的工作原理

共发射极电路能获得较高的电压放大倍数，但其输入电阻较小，输出电阻较大。因此，共发射极电路常用作多级放大电路的中间级，用来获得较高的电压放大倍数。射极输出器具有较高的输入电阻和较低的输出电阻，可用作多级放大电路的输入级或输出级，以适应信号源或负载对放大电路的要求。

如图 7-94 所示是射极输出器的电路，从图可见，这种电路的负载电阻 R_L 经过耦合电容 C_2 接在三极管的发射极上，即输出电压 u_o 从三极管的发射极取出，所以称为射极输出器。它的直流和交流通路如图 7-95、图 7-96 所示，由交流通路可见，这种电路以三极管的集电极作为输入回路和输出回路的公共端，所以是属共集电极电路。

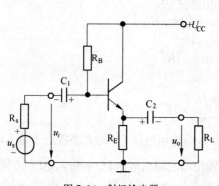

图 7-94 射极输出器

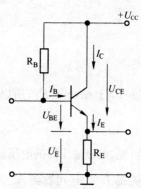

图 7-95 射极输出器的直流通路

当没有输入信号(静态)时,射极输出器可用如图 7-95 所示的直流通路来分析,此时基极电流

$$I_B = \frac{U_{CC} - U_{BE}}{R_B + (\beta+1)R_E}$$

静态时的集电极电流

$$I_C = \beta I_B = \frac{\beta(U_{CC} - U_{BE})}{R_B + (\beta+1)R_E}$$

静态时的集电极-发射极间电压

$$U_{CE} = U_{CC} - I_E R_E \approx U_{CC} - I_C R_E$$

2. 射极输出器的电压放大倍数

为了分析射极输出器的电压放大倍数,图 7-97 中画出射极输出器的微变等效电路。图中假设输入为正弦信号,放大电路没有非线性失真,即电压和电流的交流分量也是正弦信号,所以均用相量表示。

从图 7-97 可列出输入回路的电压方程

$$\begin{aligned}\dot{U}_i &= \dot{I}_b r_{be} + \dot{I}_e (R_E // R_L) \\ &= \dot{I}_b r_{be} + (\beta+1)\dot{I}_b (R_E // R_L) \\ &= \dot{I}_b [r_{be} + (\beta+1)R_L']\end{aligned}$$

式中,$R_L' = R_E // R_L$ 为等效负载电阻。

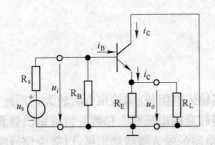

图 7-96 射极输出器的交流通路　　　图 7-97 射极输出器的微变等效电路

输出电压

$$\dot{U}_o = \dot{I}_e (R_E // R_L) = (\beta+1)\dot{I}_b R_L'$$

所以,电压放大倍数

$$\begin{aligned}\dot{A}_u = \frac{\dot{U}_o}{\dot{U}_i} &= \frac{(\beta+1)\dot{I}_b R_L'}{\dot{I}_b [r_{be} + (\beta+1)R_L']} \\ &= \frac{(\beta+1)R_L'}{r_{be} + (\beta+1)R_L'}\end{aligned} \quad (7-94)$$

一般 $\beta \gg 1$,且 r_{be} 小于 R_L',所以

$$\dot{A}_u \approx \frac{\beta R_L'}{r_{be} + \beta R_L'} \leqslant 1 \quad (7-95)$$

从上式可见,射极输出器的电压放大倍数小于 1,即输出电压 U_o 的大小接近于输入电压 U_i 的大小。同时从式(7-92)还可看到 $\dot{A}_u$ 为正,即射极输出器的输出电压 $\dot{U}_o$ 和输入电压 $\dot{U}_i$ 同相位。

综上所述,射极输出器不但输出电压 U_o 的大小与输入电压 U_i 的大小相等,而且两者的相

位相同。也就是说,输出电压 U_o 总是跟随输入电压 U_i 作相应变化,因此,射极输出器又称为电压跟随器。

应该指出,虽然射极输出器没有电压放大作用,但是,由于射极输出器的发射极电流 I_e 比基极电流 I_b 要大($\beta+1$)倍,所以它具有一定的电流放大和功率放大作用。

3. 射极输出器的输入电阻和输出电阻

射极输出器的输入电阻可以从如图 7-97 所示的微变等效电路中求得,同时可以看出,输入电流

$$\dot{I}_i = \dot{I}_{RB} + \dot{I}_b = \frac{\dot{U}_i}{R_B} + \frac{\dot{U}_i}{r_{be}+(\beta+1)R_L'}$$

$$= \left[\frac{1}{R_B} + \frac{1}{r_{be}+(\beta+1)R_L'}\right]\dot{U}_i$$

所以,射极输出器的输入电阻

$$r_i = \frac{\dot{U}_i}{\dot{I}_i} = \frac{1}{\frac{1}{R_B} + \frac{1}{r_{be}+(\beta+1)R_L'}}$$

$$= R_B // [r_{be}+(\beta+1)R_L'] \tag{7-96}$$

可见,射极输出器的输入电阻 r_i 由两部分电阻并联而成:一个是偏置电阻 R_B;另一个是基极回路电阻 $[r_{be}+(\beta+1)R_L']$。在一般情况下,R_B 的阻值很大(几十千欧到几百千欧),并且基极回路电阻 $[r_{be}+(\beta+1)R_L']$ 要比共发射极放大电路的输入电阻大得多。所以,射极输出器的输入电阻比共发射极放大电路的输入电阻提高几十倍到几百倍。

射极输出器的输出电阻,按定义可用求等效电源内电阻的方法求得。其方法之一是除源法,即将信号源 u_s 短路(除独立源),在输出端(断开负载电阻 R_L)加一交流电压 $\dot{U}_o$,如图 7-98 所示。

按输出电阻的定义

$$r_0 = \frac{\dot{U}_o}{\dot{I}_o}\bigg|_{\substack{R_L=\infty \\ u_s=0}}$$

由图 7-98 可得

$$\dot{I}_o = \dot{I}_{RE} + \beta \dot{I}_b + \dot{I}_b = \dot{I}_{RE} + (\beta+1)\dot{I}_b$$

$$= \frac{\dot{U}_o}{R_E} + (\beta+1)\frac{\dot{U}_o}{r_{be}+(R_s // R_B)}$$

$$= \left(\frac{1}{R_E} + \frac{\beta+1}{r_{be}+R_s'}\right)\dot{U}_o$$

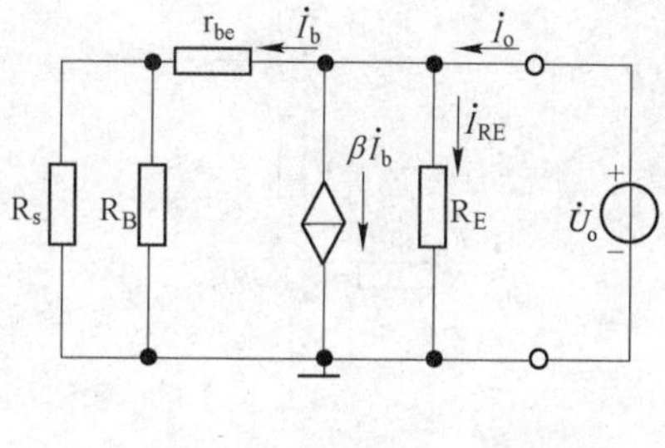

图 7-98 求射极输出器的输出电阻

式中,$R_s' = R_s // R_B$。

所以,输出电阻

$$r_o = \frac{\dot{U}_o}{\dot{I}_o} = \frac{1}{\frac{1}{R_E} + \frac{\beta+1}{r_{be}+R_s'}}$$

$$= R_E // \frac{r_{be}+R_s'}{\beta+1} \tag{7-97}$$

上式说明,射极输出器的输出电阻 r_o 是 R_E 和 $\frac{r_{be}+R_s'}{\beta+1}$ 两部分电阻并联的结果。在一般情况下,$(r_{be}+R_s')$ 较小,$\beta \gg 1$,而 R_E 通常为几千欧,因此射极输出器的输出电阻 r_o 很低。

习 题

7-45 如图所示电路,能实现交流放大的是图( )。

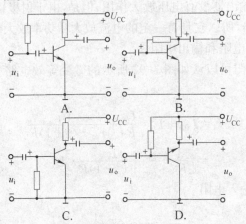

题 7-45 图

7-46 如图所示电路中的晶体管,当输入信号为 3V 时,工作状态是( )。
   A. 饱和　　　　B. 截止　　　　C. 放大　　　　D. 不确定

7-47 如图所示为共发射极单管电压放大电路,估算静态点 I_B、I_C、V_{CE} 分别为( )。
   A. $57\mu A$, $2.8mA$, $3.5V$　　　　B. $57\mu A$, $2.8mA$, $8V$
   C. $57\mu A$, $4mA$, $0V$　　　　D. $30\mu A$, $2.8mA$, $3.5V$

7-48 如图所示放大器的输入电阻 r_i、输出电阻 r_o 和电压放大倍数 A_u 分别为( )。
   A. $200k\Omega$, $3k\Omega$, 47.5 倍　　　　B. $1.25k\Omega$, $3k\Omega$, 47.5 倍
   C. $1.25k\Omega$, $3k\Omega$, -47.5 倍　　　　D. $1.25k\Omega$, $1.5k\Omega$, -47.5 倍

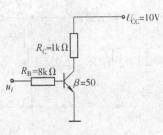

题 7-46 图

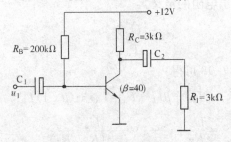

题 7-47、题 7-48 图

7-49 某晶体管放大电路的空载放大倍数 $A_k=-80$、输入电阻 $r_i=1k\Omega$ 和输出电阻 $r_o=3k\Omega$,将信号源($u_s=10\sin\omega t$ mV,$R_s=1k\Omega$)和负载($R=5k\Omega$)接于该放大电路之后(见图),负载电压 u_o 将为( )。
   A. $-0.8\sin\omega t$ V　　B. $-0.5\sin\omega t$ V　　C. $-0.4\sin\omega t$ V　　D. $-0.25\sin\omega t$ V

题 7-49 图

7-50 将放大倍数为1,输入电阻为100Ω,输出电阻为50Ω的射级输出器插接在信号源(u_s,R_s)与负载(R_L)之间,形成图 b)电路,与图 a)电路相比,负载电压的有效值(   )。

A. $U_{L2} > U_{L1}$　　　　　　　　B. $U_{L2} = U_{L1}$
C. $U_{L2} < U_{L1}$　　　　　　　　D. 因为 U_2 未知,不能确定 U_{L1} 和 U_{L2} 之间的关系

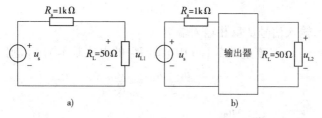

题 7-50 图

第九节　集成运算放大器

一、集成运算放大器简介

集成运算放大器是具有高开环放大倍数并带有深度负反馈的多级直接耦合放大电路,它不仅可以放大直流信号,也可以放大交流信号。集成运算放大器具有开环放大倍数高、输入电阻高、输出电阻低、可靠性高、体积小等主要特点。

为了使集成运算放大器(简称运算放大器)电路分析得以简化,一般将实际运算放大器进行理想化,理想化的条件是:

开环电压放大倍数　　　$A_u \longrightarrow \infty$
输入电阻　　　　　　　$r_i \longrightarrow \infty$
输出电阻　　　　　　　$r_o \longrightarrow 0$

如图 7-99 所示是理想运算放大器的图形符号,它有两个输入端和一个输出端。反相输入端标上"−"号,同相输入端和输出端标上"+"号。它们对"地"的电位分别用 u_-、u_+ 和 u_o 表示反相输入信号 u_- 的电位变化极性与输出信号 u_o 的极性相反;同反相输入信号 u_+ 的电位变化极性与输出信号 u_o 的极性相同。当运算放大器工作在线性区时,u_o、u_+ 和 u_- 之间关系为

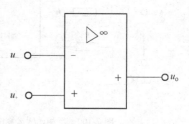

图 7-99　运算放大器的图形符号

$$u_o = A_u(u_+ - u_-) \quad (7\text{-}98)$$

由于 $r_i = \infty$,故可认为两个输入端的输入电流为零;由于运算放大器的开环电压放大倍数 $A_u \longrightarrow \infty$,而输出电压 u_o 是一个有限值,则

$$u_+ - u_- = \frac{u_o}{A_u} \approx 0$$

即

$$u_+ \approx u_- \quad (7\text{-}99)$$

如果反相端有输入时,同相端接"地",即 $u_+ = 0$,则 $u_- \approx 0$。这就是说反相输入端的电位接近于"地"电位,通常称为"虚地"。

由于 $r_o \Rightarrow 0$,可以认为输出端电压恒定,仅受输入信号控制,与负载 R_L 的变化无关:

$$u_o = A_u(u_+ - u_-)$$

二、基本运算电路

(一) 比例运算

1. 反相输入

如图 7-100 所示，输入信号从反相输入端引入。

由于 $i_1 \approx i_f$，$u_- \approx u_+ = 0$（流过图 7-100 中电阻 R_2 的电流基本为 0），则

$$i_1 = \frac{u_i - u_-}{R_1} = \frac{u_i}{R_1}$$

$$i_f = \frac{u_- - u_o}{R_F} = -\frac{u_o}{R_F}$$

由此得出

$$u_o = -\frac{R_F}{R_1} u_i \tag{7-100}$$

闭环电压放大倍数为

$$A_{uf} = \frac{u_o}{u_i} = -\frac{R_F}{R_1} \tag{7-101}$$

上式表明，输出电压与输入电压是反相比例运算关系。

2. 同相输入

如图 7-101 所示，输入信号从同相输入端引入。

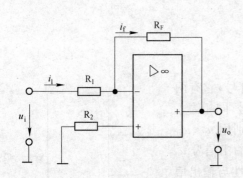

图 7-100 反相比例运算电路　　　　图 7-101 同相比例运算电路

由于

$$u_- \approx u_+ = u_i$$

则

$$i_1 = \frac{0 - u_-}{R_1} = \frac{-u_i}{R_1}$$

$$i_f = \frac{u_- - u_o}{R_F} = \frac{u_i - u_o}{R_F}$$

由于 $i_1 = i_f$，可得出

$$-\frac{u_i}{R_1} = \frac{u_i - u_o}{R_F}$$

则

$$u_o = \left(1 + \frac{R_F}{R_1}\right) u_i \tag{7-102}$$

闭环电压放大倍数则为

$$A_{uf} = \frac{u_o}{u_i} = 1 + \frac{R_F}{R_1} \tag{7-103}$$

可见,输出电压与输入电压是同相比例运算关系。

【例 7-20】 运算放大器应用电路如 7-102 图所示,设运算放大器输出电压的极限值为 ±11V。如果将 -2.5V 电压接入"A"端,而"B"端接地后,测得输出电压为 10V,如果将 -2.5V 电压接入"B"端,而"A"端接地,则该电路的输出电压 u_o 等于:

A. 10V
B. -10V
C. -11V
D. -12.5V

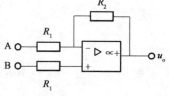

图 7-102

解 将电路"A"端接入 -2.5V 的信号电压,"B"端接地,则构成反相比例运算电路。输出电压与输入的信号电压关系为:

$$u_o = -\frac{R_2}{R_1} u_i$$

可知:

$$\frac{R_2}{R_1} = -\frac{u_o}{u_i} = 4$$

当"A"端接地,"B"端接信号电压,就构成同相比例电路,则输出 u_o 与输入电压 u_i 的关系为:

$$u_o = \left(1 + \frac{R_2}{R_1}\right) u_i = -12.5\text{V}$$

考虑到运算放大器输出电压在 $-11\sim 11$V 之间,可以确定放大器已经工作在负饱和状态,输出电压为负的极限值 -11V。

答案:C

(二)加法运算

如果在反相输入端增加若干输入电路,则构成反相加法运算电路,如图 7-103 所示。

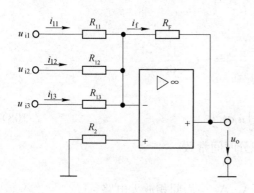

图 7-103 反相加法运算电路

由图可列出

$$i_{11} = \frac{u_{i1}}{R_{11}} \quad i_{12} = \frac{u_{i2}}{R_{12}} \quad i_{13} = \frac{u_{i3}}{R_{13}} \quad i_f = \frac{-u_o}{R_F}$$

$$i_f = i_{11} + i_{12} + i_{13}$$

整理可得

$$u_o = -\left(\frac{R_F}{R_{11}} u_{i1} + \frac{R_F}{R_{12}} u_{i2} + \frac{R_F}{R_{13}} u_{i3}\right)$$

$$\tag{7-104}$$

当 $R_{11} = R_{12} = R_{13} = R_F$ 时,则上式为

$$u_o = -(u_{i1} + u_{i2} + u_{i3}) \tag{7-105}$$

（三）减法电路

减法运算电路如图 7-104 所示。两个输入端都有信号输入，为差动输入方式。

由图 7-104 可列出

$$u_- = u_{i1} - i_1 R_1 = u_{i1} - \frac{u_{i1} - u_o}{R_1 + R_F} R_1$$

$$u_+ = \frac{u_{i2}}{R_2 + R_3} R_3$$

因为

$$u_- \approx u_+$$

整理可得

$$u_o = \left(1 + \frac{R_F}{R_1}\right) \frac{R_3}{R_2 + R_3} u_{i2} - \frac{R_F}{R_1} u_{i1} \tag{7-106}$$

当 $R_1 = R_2 = R_3 = R_F$，则

$$u_o = u_{i2} - u_{i1} \tag{7-107}$$

可见，输出电压 u_o 是两个输入电压的差值，实现了减法运算。

（四）积分运算

积分运算电路如图 7-105 所示。

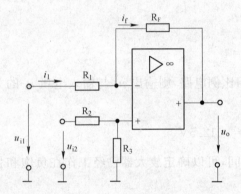

图 7-104 减法运算电路

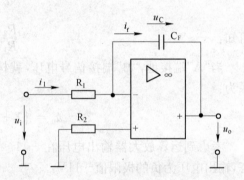

图 7-105 积分运算电路

由于反相输入 $u_- = u_+ \approx 0$，故

$$i_1 = \frac{u_i}{R_1}$$

$$i_f = C_F \frac{du_C}{dt} = C_F \frac{d(u_- - u_o)}{dt} = -C_F \frac{du_o}{dt}$$

则

$$u_o = -\frac{1}{R_1 C_F} \int u_i \, dt \tag{7-108}$$

上式表明 u_o 与 u_i 的积分成比例，$R_1 C_F$ 称为积分时间常数。

实例：仪表测量电路

如图 7-106 所示为三运放构成的仪用放大器，A_1，A_2 均为同相放大电路。

其中

$$u_a = \left(1 + \frac{R_1}{\frac{R_P}{2}}\right) u_{i1}$$

$$u_b = (1 + \frac{R_1}{\frac{R_P}{2}})u_{i2}$$

$$u_{ab} = u_a - u_b$$
$$= (1 + \frac{2R_1}{R_P})(u_{i1} - u_{i2})$$

A_3 为差动放大电路,输出电压

$$u_o = -\frac{R_3}{R_2}u_{ab} = \frac{R_3}{R_2}(1 + \frac{2R_1}{R_P})(u_{i2} - u_{i1})$$

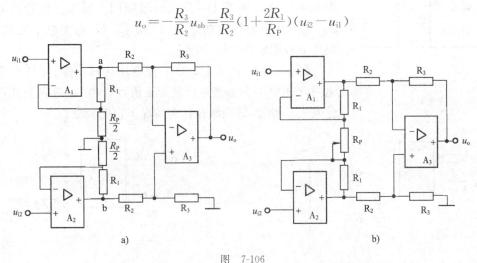

图 7-106

a)三运放组成的仪表放大电路;b)实用的仪表放大电路

当输出电压需要调节时可以采用图 7-106b)所示电路,调节可变电阻 R_P 即可改变电路的电压放大倍数。该电路的特点为电压放大倍数容易调整,输入电阻较大。在 LH0036 系列仪表中电路的输入电阻可达到 300MΩ 以上。

三、电压比较器电路

电压比较器的作用是用来比较输入电压和参考电压,图 7-107a)是一种基本电压比较器电路和输入、输出电压的传输特性。

该电路的参考电压 U_R 加在同相输入端,输入电压 u_i 加在反相输入端,运算放大器工作于开环状态。由于运算放大器的开环电压放大倍数很高,即使输入端有一个非常微小的差值信号,也会使输出电压饱和。因此,用作比较器时,运算放大器工作在饱和区(即非线性区)。当 $u_i < U_R$ 时,$U_o = +U_{o(sat)}$;当 $u_i > U_R$ 时,$U_o = -U_{o(sat)}$。当参考电压 $U_R = 0$ 时,电压比较器又叫做过零比较器,图 7-108b)是过零比较器的电压传输特性。

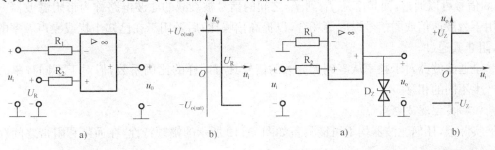

图 7-107 电压比较器

图 7-108 过零比较器电路和电压传输特性

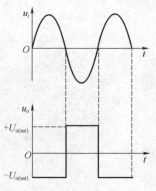

图 7-109 过零比较器将正弦波电压转变为矩形波电压

图 7-109 为过零比较器将正弦波电压转变为矩形波电压。当电压比较器的输入端进行模拟信号大小的比较时,在输出端则以高电平或低电平[即为数字信号(1 或 0)]来反映比较结果。当 $U_R=0$ 时,输入电压 u_i 与零电平比较,成为过零比较器。

有时为了将输出电压限制在某一特定值,与接在输出端的数字电路的电平配合,可在比较器的输出端与"地"之间跨接一个双向稳压二极管 D_Z,作双向限幅用。稳压二极管的电压为 U_Z,电路和传输特性如图 7-110 所示。U_i 与零电平比较,输出电压 u 被限制在 $+U_Z$ 或 $-U_Z$。

【例 7-21】 图 7-111 是一种电压比较电路,用作电平检测电路,图中 U_R 为参考电压且为正值,D_R 和 D_G 分别为红色和绿色发光二极管,试判断在什么情况下它们会亮?

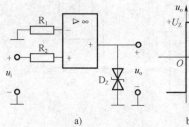

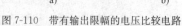

图 7-110 带有输出限幅的电压比较电路

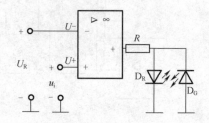

图 7-111 电压比较电路用作电平检测电路

分析 当 $u_i<U_R$ 时($U_+<U_-$),$u_o=-U_{o(sat)}$,二极管 D_G 导通,D_R 截止,绿灯亮;
当 $u_i>U_R$ 时($U_+<U_-$),$u_o=+U_{o(sat)}$,二极管 D_G 截止,D_R 导通,红灯亮。

四、滤波电路的基础知识

(一)滤波电路分类

通常,按照滤波电路的工作频带为其命名,分为低通滤波器(LPF)、高通滤波器(HPF)、带通滤波器(BPF)、带阻滤波器(BEF)和全通滤波器(AF)。设截止频率为 f_p,频率低于 f_p 的信号可以通过,高于 f_p 的信号被衰减的滤波电路称为低通滤波器;反之,频率高于 f_p 的信号可以通过,而频率低于 f_p 的信号被衰减的滤波电路称为高通滤波器。前者可以作为直流电源整流后的滤波电路,以便得到平滑的直流电压;后者可以作为交流放大电路的耦合电路,隔离直流成分,削弱低频信号,只放大频率高于 f_p 的信号。

设低频段的截止频率为 f_{p1},高频段的截止频率为 f_{p2},频率为 f_{p1} 到 f_{p2} 之间的信号可以通过,低于 f_{p1} 或高于 f_{p2} 的信号被衰减的滤波电路称为带通滤波器;反之,频率低于 f_{p1} 和高于 f_{p2} 的信号可以通过,而频率是 f_{p1} 到 f_{p2} 之间的信号被衰减的滤波电路称为带阻滤波器。前者常用于载波通信或弱信号提取等场合,以提高信噪比;后者用于在已知干扰或噪声频率的情况下,阻止其通过。

全通滤波器对于频率从零到无穷大的信号具有同样的比例系数,但对于不同频率的信号将产生不同的相移。

(二)典型滤波电路

实际上,任何滤波器均不可能具备如图 7-112 所示的幅频特性,在通带和阻带之间存在着过渡带。称通带中输出电压与输入电压之比 $\dot{A}_{up}$ 为通带放大倍数。如图 7-113 所示为低通滤波器电路和幅频特性。

使$|\dot{A}_u|\approx 0.707|\dot{A}_{up}|$的频率为通带截止频率$f_p$。从$f_p$到$|\dot{A}_u|$接近零的频段称为过渡带。使$|\dot{A}_u|$趋近于零的频段称为阻带。过渡带愈窄,电路的选择性愈好,滤波特性愈理想。

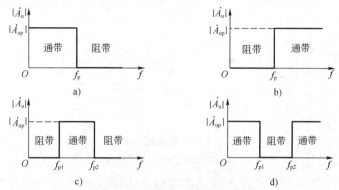

图 7-112 理想滤波电路的幅频特性

a)LPF 的幅频特性;b)HF 的幅频特性;c)BPF 的幅频特性;d)BEF 的幅频特性

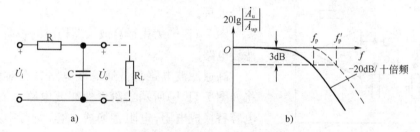

图 7-113 低通滤波器电路和幅频特性

分析滤波电路,就是求解电路的频率特性。若滤波电路仅由无源元件(电阻、电容、电感)组成,则称为无源滤波电路。若滤波电路不仅有无源元件,还有有源元件(双极型管、单极型管、集成运放)组成,则称为有源滤波电路。

1. 无源低通滤波器

如图 7-113 所示为 RC 低通滤波器,当信号频率趋于零时,电容的容抗趋于无穷大,通带放大倍数计算如下

$$\dot{A}_u = \frac{\dot{U}_o}{\dot{U}_i} = \frac{R_L // \frac{1}{j\omega C}}{R + R_L // \frac{1}{j\omega C}} = \frac{\frac{R_L}{R+R_L}}{1+j\omega(R//R_L)C}$$

$$\dot{A}_u = \frac{\dot{U}_o}{\dot{U}_i} = \frac{\dot{A}_{up}}{1+j\dfrac{f}{f'_p}}$$

$$f'_p = \frac{1}{2\pi(R//R_L)C}$$

结果表明负载电阻R_L对放大倍数的影响:负载电阻R_L减小,通带放大倍数的数值减小,通带截止频率升高。可见,无源滤波电路的通带放大倍数及其截止频率都随负载而变化,这一缺点不符合信号处理的要求,因而产生有源滤波电路。

2. 有源滤波电路

为了使负载不影响滤波特性,可在无源滤波电路和负载之间加一个高输入电阻低输出电阻

的隔离电路,最简单的方法是加一个电压跟随器,即构成一阶有源低通滤波电路,如图 7-114a)所示,这样就构成了有源滤波电路。在理想运放的条件下,由于电压跟随器的输入电阻为无穷大,输出电阻为零,电路的负载能力提高。负载变化,放大倍数的表达式不变,因此频率特性不变。

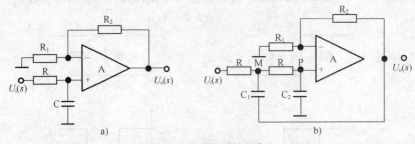

图 7-114 低通滤波电路
a)一阶低通滤波电路;b)二阶低通滤波电路

有源滤波电路一般由 RC 网络和集成运放组成,因而必须在合适的直流电源供电的情况下才能起滤波作用,与此同时,还可以进行放大。组成电路时,应选用带宽合适的集成运放。

有源滤波电路不适于高电压、大电流的负载,只适用于信号处理。

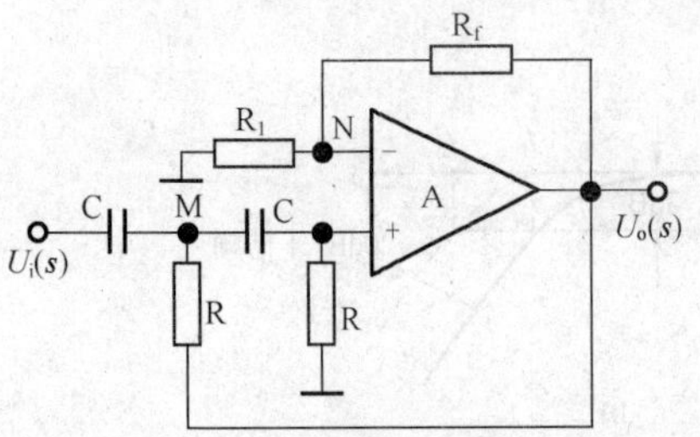

图 7-114b)为用运算放大器构成的一阶、二阶低通滤波电路。

高通滤波电路与低通滤波电路具有对偶性,如果将如图 7-114b)所示二阶低通滤波电路中滤波环节的电容替换成电阻,电阻替换成电容,就可得如图 7-115 所示的高通滤波电路。

图 7-115 二阶高通滤波电路

习 题

7-51 如图所示电路中,输出电压的表达式是( )。

A. $-\dfrac{R_{F2}}{R_2}u_{i1}+\left(1+\dfrac{R_{F2}}{R_2}\right)u_{i2}$ B. $-\dfrac{R_{F1}}{R_2}u_{i1}+\left(1+\dfrac{R_{F2}}{R_2}\right)u_{i2}$

C. $u_{i1}\dfrac{R_{F1}\cdot R_{F2}}{R_1R_2}+u_{i2}\dfrac{R_2+R_{F2}}{R_2}$ D. $u_{i1}\dfrac{R_{F1}\cdot R_{F2}}{R_1R_2}-u_{i2}\dfrac{R_2+R_{F2}}{R_2}$

7-52 电路如图所示,负载电流 i_L 与负载电阻 R_L 的关系为( )。

A. R_L 增加,i_L 减小   B. i_L 的大小与 R_L 的阻值无关

C. i_L 随 R_L 增加而增大   D. R_L 减小,i_L 减小

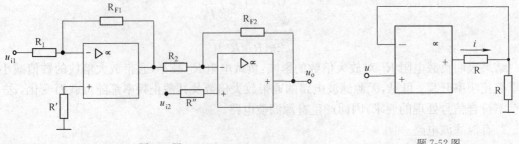

题 7-51 图   题 7-52 图

7-53 如图所示为可变电压放大器,当输入 $u_i = \frac{1}{2}$V 时,调节范围为(   )。

A. $-5.5 \sim 5.5$V
B. $-1 \sim +1$V
C. $-0.5 \sim -1$V
D. $-0.5 \sim +0.5$V

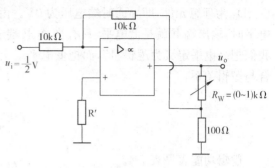

题 7-53 图

7-54 将运算放大器直接用于两信号的比较,如图 a)所示,其中:$u_{i2} = -1$V,u_{i1} 的波形由图 b)给出,则输出电压 u_o 等于(   )。

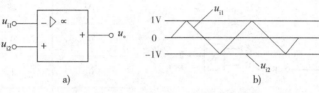

题 7-54 图

A. u_{i1}
B. $-u_{i2}$
C. 正的饱和值
D. 负的饱和值

7-55 运算放大器应用电路如图所示,在运算放大器线性工作区,输出电压与输入电压之间的运算关系是(   )。

A. $u_o = -\dfrac{1}{R_1 C} \int u_i dt$

B. $u_o = \dfrac{1}{R_1 C} \int u_i dt$

C. $u_o = -\dfrac{1}{(R_1+R_2)C} \int u_i dt$

D. $u_o = \dfrac{1}{(R_1+R_2)C} \int u_i dt$

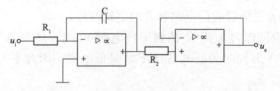

题 7-55 图

第十节 数字电路

一、门电路

(一)门电路的基本概念

在数字电路中,门电路是组合逻辑电路的最基本逻辑元件,它的应用极为广泛。所谓门,就是一个开关,在一定的条件下允许信号通过,条件不满足,信号就不能通过。门电路的输入信号与输出信号之间存在一定的逻辑关系,所以门电路又称为逻辑门电路。基本逻辑门电路有与门、或门和非门电路。

(二)基本门电路

1. 与门电路

如图 7-116a)所示为二极管与门电路,其中 A、B 为输入逻辑变量,F 为输出端。设二极管

D_A、D_B 为理想元件,即导通时端电压为 0V。由图 7-116 可见,在 A、B 中只要有一个输入为低电平时,输出端 F 就是低电平,只有当 A、B 端全为高电平时,F 端才有可能出现高电平。现在我们把高电平定义为逻辑"1",而把低电平定义为逻辑"0",则 F 与输入端 A、B 的逻辑关系符合与逻辑关系。

$$F = A \cdot B \tag{7-109}$$

逻辑功能表见表 7-4。

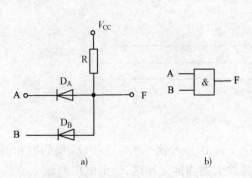

与门逻辑状态表		表 7-4
A	B	F
0	0	0
0	1	0
1	0	0
1	1	1

图 7-116 二极管与门电路及符号

通常在进行逻辑电路的分析时,人们只关心输出和输入之间的逻辑关系,而不关心其内部结构,因此可以把与门用图 7-116b)的逻辑符号表示。

2. 或门电路

如图 7-117a)所示为二极管或门电路和它的逻辑符号。

两个二极管的负极同时经电阻 R 接到了负电源 V_{EE} 上,只要 A、B 中有一个是高电平;F 就是高电平;只有在 A、B 同时为低电平时,F 才是低电平。因此 F 与 A、B 之间为或的逻辑关系,逻辑状态表见表 7-5。

$$F = A + B \tag{7-110}$$

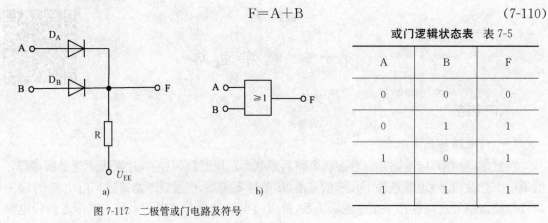

或门逻辑状态表		表 7-5
A	B	F
0	0	0
0	1	1
1	0	1
1	1	1

图 7-117 二极管或门电路及符号

3. 三极管非门电路

(1) 半导体三极管的开关特性

三极管有截止、饱和、放大三个工作区,在如图 7-118 所示的三极管电路中,$U_i \leqslant 0$ 时,

$V_{BE} \leq 0$,因而三极管工作在截止区。截止区的工作特点是 $i_B \approx 0$,集电极电流 $i_C = i_{CEO} \approx 0$,所以三极管的集射极之间如同一个断开的开关一样,这时输出电压 $u_o \approx V_{CC}$。

当 u_i 为正,并且使 $i_B \geq i_{Bs} = \dfrac{V_{CC}}{\beta R_C}$ 时,V_{BE} 和 V_{BC} 同时为正向偏置,三极管工作在饱和区。饱和区的工作特点是 C-E 间的饱和压降 $V_{CES} \approx 0$,而 i_C 不再随 i_B 的增加而增加,此时 C-E 间如同开关短路一样,故三极重集电极电位 $V_C = 0$。

可见,只要用 u_i 的高低电平控制三极管分别工作在饱和导通和截止状态,就可控制它的开关状态,并在输出端得到对应的高、低电平。而与之相反的电平,即符合"非"的逻辑关系。

电路中通常满足 $V_{CC} \gg V_{CES}$, $i_{CEO} \approx 0$,所以在分析三极管开关电路时经常使用图 7-119 给出的三极管开关等效电路。

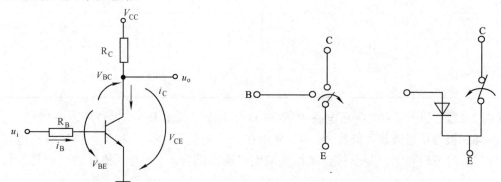

图 7-118 三极管非门电路 　　　　　　图 7-119 三极管开关等效电路

(2)非门

从以上分析的三极管开关特性可以发现,当输入 u_i 为低电平时,输出 u_o 为高电平;而输入 u_i 为高电平时输出 u_o 为低电平,因此输入与输出之间具有反相关系,即非逻辑,因此我们可以把它当作非门使用。

在实用的非门电路中,为保证输入为低电平时三极管能可靠截止,通常将电路接成如图 7-120 所示的形式。由于增加了电阻 R_a 和负电源 V_{EE},当输入低电平信号为 0V 时三极管的基极电位为负电位,发射结处于反向偏置,从而可以保证三极管可靠截止。

图 7-120b)是非门的逻辑符号,其中 F 与 A 的逻辑关系式为

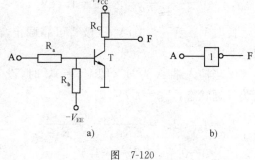

图 7-120

$$F = \overline{A} \tag{7-111}$$

表 7-6 是非门逻辑状态表。

以上三种是基本逻辑门电路,有时还可以把它们组合成为组合门电路,以丰富逻辑功能。常用的一种是与非门电路,其图形符号如图 7-121 所示。

与非门的逻辑功能是:当输入端全为 1 时,输出为 0;当输入端有一个或几个为 0 时,输出为 1。与非逻辑关系可用下式表示

$$F = \overline{A \cdot B \cdot C} \tag{7-112}$$

非门逻辑状态表　　表 7-6

A	F
0	1
1	0

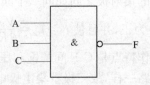

图 7-121　与非门电路的图形符号

表 7-7 是与非门逻辑状态表。

与非门逻辑状态　　表 7-7

A	B	C	F	A	B	C	F
0	0	0	1	1	0	0	1
0	0	1	1	1	0	1	1
0	1	0	1	1	1	0	1
0	1	1	1	1	1	1	0

【例 7-22】　如图 7-122 所示电路中 $R_C=1\text{k}\Omega, R_1=12\text{k}\Omega, R_2=12\text{k}\Omega, V_{CC}=12\text{V}, V_{EE}=12\text{V}$,晶体三极管的电流放大倍数 $\beta=30$。分析在输入电位 $V_A=0\text{V}$ 和 $V_A=3\text{V}$ 时此电路是否符合"非"门逻辑要求？如不符合应如何调整？输出端与 +3V 电源相连的二极管起什么作用？

解　① 当输入端 A 为"0"时，$V_A=0\text{V}$，此时 V_B 电位可按下式计算(此时晶体三极管设为截止状态，$I_B=0\text{A}$)

$$V_B = V_A - \frac{V_A-(-V_{EE})}{R_1+R_2}R_1$$

$$= 0 - \frac{0-(-12)}{12+2}\times 2 = -1.71\text{V}$$

此时 $V_B=V_{BE}<0.5\text{V}$，三极管可靠截止，输出状态为"1"。

② 当输入端 A 为"1"，即 $V_A=3\text{V}$ 时，设三极管为导通状态，$V_{BE}=0.7\text{V}$，则

$$I_B = I_{R1} - I_{R2} = \frac{V_A-V_B}{R_1} - \frac{V_B-V_{EE}}{R_2}$$

$$= \frac{3-0.7}{2} - \frac{0.7-(-12)}{12}$$

$$= 1.15 - 1.06 = 0.09\text{mA}$$

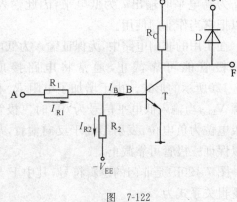

图 7-122

$$I_{BS} = \frac{I_{CS}}{\beta} \approx \frac{V_{CC}/R_C}{\beta} = \frac{12/1}{30} = 0.4\text{mA}(I_{CS} \text{为三极管集电极最大允许电流})$$

故　　　　　　　　　　　　　$I_B \leqslant I_{BS}$

I_B 不足以使三极管饱和，必须调整。若使 $R_1=1.5\text{k}\Omega, R_2=18\text{k}\Omega$，则

$$I_B = \frac{3-0.7}{1.5} - \frac{0.7-(-12)}{18} = 0.83\text{mA} > I_{BS}$$

此时 $I_B > I_{BS}$，三极管处于饱和状态，$V_{CE}=V_{CES}=0.3\text{V}$，即为逻辑"0"。通常逻辑电路中的

电平高于 2.4V 时,设为逻辑"1"状态;逻辑"0"的电平小于 0.4V,此电路接入二极管是使输出高电平时二极管导通,使输出电位不超过 3V 太多(实际为 3.3V 左右)。符合"1"电平要求。

【例 7-23】 试分析图 7-123 逻辑电路的逻辑功能。

解 根据逻辑图,可写出其逻辑表达式为

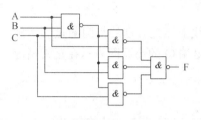

$$F = \overline{\overline{ABC} \cdot A \cdot \overline{ABC} \cdot B \cdot \overline{ABC} \cdot C}$$

利用逻辑代数的反演定理,上式可化简为

$$F = \overline{ABC} \cdot A + \overline{ABC} \cdot B + \overline{ABC} \cdot C$$
$$= \overline{ABC}(A + B + C)$$
$$= \overline{ABC} \cdot \overline{\overline{A} \cdot \overline{B} \cdot \overline{C}}$$
$$= \overline{ABC + \overline{A} \cdot \overline{B} \cdot \overline{C}}$$

图 7-123 例 7-23 的逻辑电路

其逻辑状态表如表 7-8 所示。由表可知,该电路的逻辑功能是:当三个输入端的电平一致时(A、B、C 均为"1"或均为"0"),输出为"0";当三个输入电平不一致时,输出为"1"。因此有时把它称为"不一致"电路,可以用这个逻辑电路来识别输入电平是否一致。

例题 7-23 的逻辑状态表　　　　　　　表 7-8

A	B	C	F	A	B	C	F
0	0	0	0	1	0	0	1
0	0	1	1	1	0	1	1
0	1	0	1	1	1	0	1
0	1	1	1	1	1	1	0

【例 7-24】 已知数字信号 A 和数字信号 B 的波形如图 7-124 所示,则数字信号 $F = \overline{AB}$ 的波形为:

解 "与非门"电路遵循输入有"0"输出则"1"的原则,利用输入信号 A、B 的对应波形分析即可。

答案:D

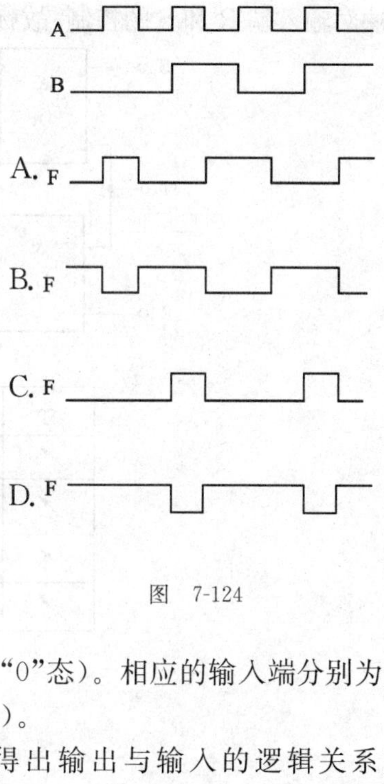

二、触发器

触发器是时序逻辑电路的基本单元,常见的 RS 触发器、D 触发器和 JK 触发器都是具有两个稳定状态的双稳态触发器。

(一)RS 触发器

RS 触发器又分基本 RS 触发器和可控 R-S 触发器。

1. 基本 RS 触发器

基本 RS 触发器可由两个与非门交叉连接而成,如图 7-125a)所示。

Q 与 $\overline{Q}$ 是基本 RS 触发器的输出端,两者的逻辑状态在正常条件下保持相反。这种触发器有两种稳定状态:Q=1、$\overline{Q}$=0,称为置位状态("1"态);Q=0、$\overline{Q}$=1,称为复位状态("0"态)。相应的输入端分别为直接置位端或直接置 1 端(S_D)和直接复位端或直接置 0 端(R_D)。

基本 RS 触发器输入对应有四种不同的状态,可以得出输出与输入的逻辑关系如

图 7-124

图 7-125c)所示状态表。从而可知,基本 RS 触发器有两个稳定的状态,它可以直接置位或复位。在直接置位端加负脉冲($S_D=0$)即可置位,在直接复位端加负脉冲($R_D=0$)即可复位。负脉冲除去以后,直接置位端和直接复位端都处于"1"态高电平(平时固定接高电平),此时触发器保持原状态不变,实现存储或记忆功能。但是,负脉冲不可同时加直接置位端和直接复位端。

图 7-125b)是基本 RS 触发器的图形符号,图中输入端引线上靠近方框的小圆圈是表示触发器用负脉冲(0 电平)来置位或复位,即代表低电平有效;输出端 $\overline{Q}$ 的小圆圈表示在正常情况下 $\overline{Q}$ 与 Q 的状态相反。

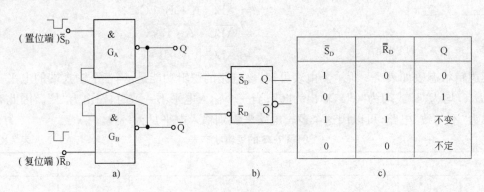

图 7-125 基本 RS 触发器
a)逻辑图;b)图形符号;c)状态表

2. 可控 RS 触发器

图 7-126a)是可控 RS 触发器的逻辑图。其中,与非门 G_A 和 G_B 构成基本触发器,与非门 G_C 和 G_D 构引导电路,R 和 S 是信号输入端。cp 是时钟脉冲输入端,通过引导电路来实现脉冲对输入端 R 和 S 的控制,故称为可控 RS 触发器。

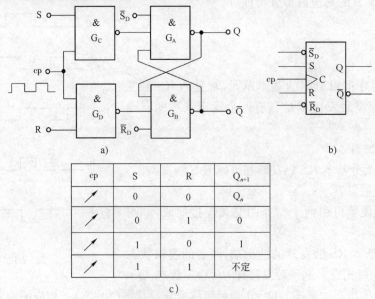

图 7-126 可控 RS 触发器
a)逻辑图;b)图形符号;c)状态表

当时钟脉冲来到之前,即 cp=0 时,不论 R 和 S 端的电平如何变化,G_C 门和 G_D 门的输出均为 1,基本触发器保持原状态不变。只有 cp=1 时,触发器才按 R、S 端的输入状态来决定其输出状态。时钟脉冲过去后,CP 恢复为"0"状态,输出状态不变。

R_D 和 S_D 是直接复位端和直接置位端,即不经过时钟脉冲 cp 的控制可以直接使基本触发器置 0 或置 1。一般用在工作之初,预先使触发器处于某一给定状态,在不用时让它们处于高电平。触发器的输出状态与 R,S 输入状态的关系如图 7-126c)所示的状态表。Q_n 表示时钟脉冲来到之前触发器的输出状态,Q_{n+1} 表示时钟脉冲来到之后的状态。

(二) JK 触发器

如图 7-127a)所示是 JK 触发器的逻辑图,它由两个可控 RS 触发器组成,分别称为主触发器和从触发器。此外,还通过一个非门将两个触发器联系起来。这就是触发器的主从器结构,时钟脉冲先使主触发器翻转,然后使从触发器翻转,"主从"之名由此而来。

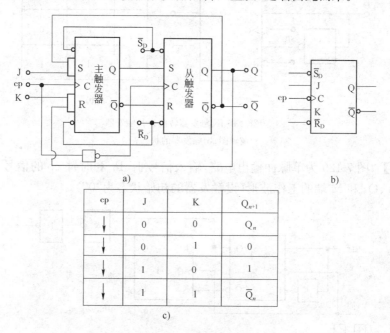

图 7-127 主从型 JK 触发器
a)逻辑图;b)图形符号;c)状态表

当时钟脉冲来到后,即 cp=1 时,非门的输出为 0,从触发器的状态不变;至于这时主触发器是否翻转,要看触发器当前输出的状态以及 J、K 输入端所处状态而定($S=J\overline{Q}$、$R=KQ$)。当 cp 从 1 变为 0 时,主触发器的状态保持;由于这时非门的输出为 1,从触发器打开,主触发器就可以将信号送到从触发器,使两者状态一致。

可见,在时钟脉冲来到之前(即 cp=0 时),触发器的状态(即从触发器的状态)与主触发器的状态是一致的。

由于 JK 触发器在 cp=1 时,把输入信号暂时存储在主触发器中,为从触发器翻转或保持原态做好准备;到 cp 下跳为 0 时,存储的信号起作用,或者触发从触发器使之翻转,或者使之保持原态。此外,主从型触发器具有在 cp 下跳为 0 时翻转的特点,也就是具有在时钟脉冲后沿触发的特点。后沿触发在图形符号中 cp 输入端靠近方框处用小圆圈表示,如图 7-128b)所示。

JK 触发器的状态表如图 7-128c)所示。

(三)D 触发器

D 触发器的逻辑功能是:它的输出端 Q 的状态随输入端 D 的状态而变化,但总比输入端状态的变化晚一步。

即
$$Q_{n+1} = D_n \tag{7-113}$$

如图 7-128a)所示为 JK 触发器转换为 D 触发器的逻辑电路图。

D 触发器和 JK 触发器都是常用的寄存器和计数器等时序逻辑电路的逻辑部件。

D 触发器的状态表如图 7-128b)所示。

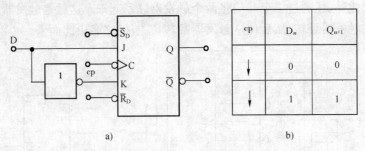

图 7-128 将 JK 触发器转换为 D 触发器
a)逻辑图;b)触发器的状态表

【例 7-25】 图 7-129 为单脉冲输出电路,输入信号 J_1、P_1 和时钟 cp 的信号如图 7-130 所示,试画出 Q_1、Q_2 和 M 端的工作波形(设触发器的初始状态为"0")。

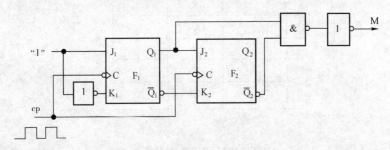

图 7-129 例 7-25 的单脉冲输出电路

解 触发器 F_1 和 F_2 在同一时钟脉冲作用下,为同步触发方式。分析时,应先确定 Q_1、Q_2 的波形;输出端 M 与 Q_1、Q_2 的输出为组合逻辑关系,$M = Q_1 \cdot \overline{Q_2}$。绘制的 Q_1、Q_2 和 M 的波形如图 7-130 所示。

触发器具有时序逻辑的特征,可以由它组成各种时序逻辑电路。其中,寄存器和计数器是最典型的时序逻辑电路。

【例 7-26】 如图 7-131a)所示电路中,复位信号、数据输入及时钟脉冲信号如图 7-131b)所示,经分析可知,在第一个和第二个时钟脉冲的下降沿过后,输出 Q 先后等于:

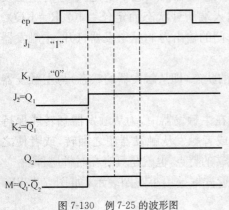

图 7-130 例 7-25 的波形图

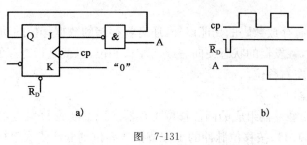

图 7-131

    A. 0,0   B. 0,1   C. 1,0   D. 1,1

解 图示为 JK 触发器和与非门的组合,触发时刻为 cp 脉冲的下降沿,触发器输入信号为:$J=\overline{Q \cdot A}$,$K=$ "0"。

输出波形为图 7-132Q 所示。两个脉冲的下降沿后 Q 为高电平。

答案: D

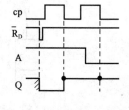

图 7-132

三、寄存器

寄存器用来暂时存放参与运算的数据和运算结果。一个触发器只能寄存一位二进制数,要存多位数时就得用多个触发器。

寄存器存放数码的方式有并行和串行两种。并行方式就是数码各位从各对应位输入端同时输入到寄存器中,串行方式就是数码从一个输入端逐位输入到寄存器中。

寄存器取出数码的方式也有并行和串行两种。在并行方式中,被取出的数码各位在对应于各位的输出端上同时出现;而在串行方式中,被取出的数码仅在一个输出端逐位出现。

寄存器常分为数码寄存器和移位寄存器两种,其区别在于有无移位的功能。

(一) 数码寄存器

这种寄存器只有寄存数码和清除原有数码的功能。图 7-133 是一种四位数码寄存器。输入端是四个与门,如果要输入四位二进制数 $d_3 \sim d_0$ 时,可使与门的寄存控制信号 IE=1,把与非打开 $d_3 \sim d_0$ 便输入。当时钟脉冲 CP=1 时,$d_3 \sim d_0$ 以反量形式寄存在四个 D 触发器 $FF_3 \sim FF_0$ 的 Q 端。输出端是四个三态非门(当取出信号 OE=0 时 $Q_3 \sim Q_0$ 端悬空,当 OE=1 时 $Q_3 \sim Q_0$ 取触发器 $FF_3 \sim FF_0$ 端悬空输出的反量)。这样,如果要取出时,可使三态门的输出控制信号 OE=1,$d_3 \sim d_0$ 便可从三态门的 $Q_3 \sim Q_0$ 端输出。

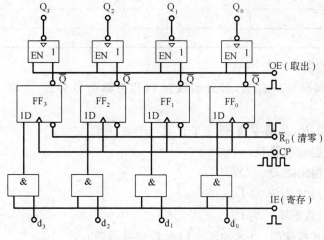

图 7-133   四位数码寄存器

(二)移位寄存器

移位寄存器除了有存放数码的功能以外,还有将存储的数据移位的功能,即每当来一个移位正脉冲(时钟脉冲),触发器的状态便向右或向左移一位,也就是指寄存的数码可以在移位脉冲的控制下依次进行左右移位。

1. 单向移位寄存器

图 7-134 是由 JK 触发器组成的四位移位寄存器。FF_0 接成 D 触发器,数码由 D 端输入。设寄存的二进制数为 1011,按移位脉冲的工作节拍从高位到低位依次串行送到 D 端。

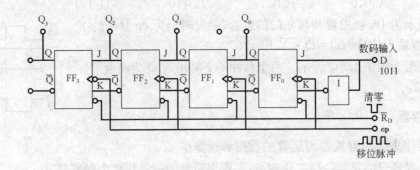

图 7-134 四位移位寄存器

工作之初各触发器清零。

首先 D=1,第一个移位脉冲的下降沿来到时使触发器 FF_0 翻转 $Q_0=1$,其他仍保持 0 态。接着 D=0,第二个移位脉冲的下降沿来到时使 FF_0 和 FF_1 同时翻转,由于 FF_1 的 J 端为 1,FF_0 的 J 端为 0,所以 $Q_1=1$,$Q_0=0$,Q_2 和 Q_3 仍为 0。

以后的过程见表 7-9,移位一次存入一个新的数码。直到第四个脉冲的下降沿来到时,存数结束,这时可以在四个触发器的输出端得到并行的数码输出。

移位寄存器状态表 表 7-9

移位脉冲数	寄存器中的数码				移动过程
	Q_3	Q_2	Q_1	Q_0	
0	0	0	0	0	清零
1	0	0	0	1	左移一位
2	0	0	1	0	左移二位
3	0	1	0	1	左移三位
4	1	0	1	1	左移四位

2. 双向移位寄存器

74LS194 是双向移位寄存器,其外引线排列和逻辑符号如图 7-135 所示,各引线说明如下:

1 为数据清零端,R_D 是清零线,低电平有效。

3~6 为并行数据输入端 $D_3 \sim D_0$。

12~15 位数据输出端 $Q_3 \sim Q_0$。

2 为右移的串行数据输入端 D_{SR}。

7 为左移的串行数据输入端 D_{SL}。

9、10 位工作方式控制端:当 $S_1=S_0=1$ 时,数据并行输入;

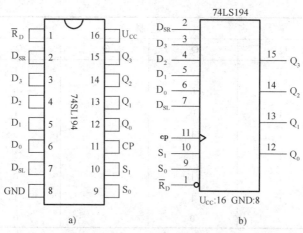

图 7-135 74LS194 引线排列和逻辑符号

$S_1=0,S_0=1$ 时,右移数据输入;

$S_1=1,S_0=0$ 时,左移数据输入;

$S_1=S_0=0$ 时,寄存器处于保持状态。

11 为时钟脉冲输入端 cp,上升沿有效(cp↑)。

可见,74LS194 型移位寄存器具有清零、并行输入、串行输入、数据右移和左移的移位功能。

四、计数器

在数字逻辑系统中,计数器是基本部件之一,它能累计输入脉冲的数目,最后给出累计的总数。计数器可以进行加法计数,也可以进行减法计数,或者可以进行两者兼有的可逆计数。若从进位制来分,有二进制计数器、十进制计数器等多种。

(一)二进制计数器

二进制只有 0 和 1 两个数码。当本位是 1,再加 1 时,本位变为 0,而向高位进位。由于双稳态触发器有 1 和 0 两个状态,所以一个触发器可以表示一位二进制数。如果要表示 n 位二进制数,就得用 n 个触发器。

根据上述,我们可以列出四位二进制加法计数器的状态表 7-10,表中还列出对应的十进制数。要实现四位二进制加法计数,必须用四个双稳态触发器。

四位二进制加法计数器的状态   表 7-10

计数脉冲数	二 进 制 数				十 进 制 数
	Q_3	Q_2	Q_1	Q_0	
0	0	0	0	0	0
1	0	0	0	1	1
2	0	0	1	0	2
3	0	0	1	1	3
4	0	1	0	0	4
5	0	1	0	1	5
6	0	1	1	0	6
7	0	1	1	1	7
8	1	0	0	0	8

续上表

计数脉冲数	二 进 制 数				十 进 制 数
	Q_3	Q_2	Q_1	Q_0	
9	1	0	0	1	9
10	1	0	1	0	10
11	1	0	1	1	11
12	1	1	0	0	12
13	1	1	0	1	13
14	1	1	1	0	14
15	1	1	1	1	15
16	0	0	0	0	0

1. 异步二进制计数器

由表 7-10 可见，每来一个计数脉冲，最低位触发器翻转一次；而高位触发器是在相邻的低位触发器从 1 变为 0 进位时翻转。因此，可用四个主从型 JK 触发器来组成四位异步二进制加法计数器图 7-136 所示，触发器的 J、K 端悬空相当于 1，有计数功能。触发器的进位脉冲从 Q 端输出送到相邻高位触发器的 CP 端，这符合主从型触发器在输入正脉冲的下降沿触发的特点。

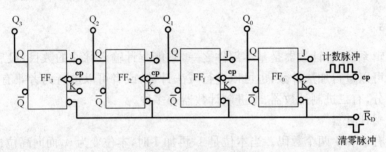

图 7-136　四位异步二进制加法计数器

图 7-137 是四位异步二进制加法计数器的波形图。

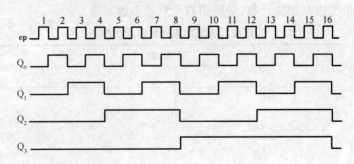

图 7-137　四位异步二进制加法计数器波形图

2. 同步二进制计数器

如果计数器还是用四个主从型 JK 触发器组成，根据表 7-10 可得出各位触发器的 J、K 端的逻辑关系式：

(1)第一位触发器 FF_0,每来一个计数脉冲就翻转一次,故 $J_0=K_0=1$;
(2)第二位触发器 FF_1,在 $Q_0=1$ 时再来一个脉冲才翻转,故 $J_1=K_1=Q_0$;
(3)第三位触发器 FF_2,在 $Q_1=Q_0=1$ 时再来一个脉冲才翻转,故 $J_2=K_2=Q_1Q_0$;
(4)第四位触发器 FF_3,在 $Q_2=Q_1=Q_0=1$ 时再来一个脉冲才翻转,故 $J_3=K_3=Q_2Q_1Q_0$。

由上述逻辑关系式可得出如图 7-138 所示的四位同步二进制加法计数器的逻辑电路图。由于计数脉冲同时加到各位触发器的 cp 端,各触发器输出端的状态变换和计数脉冲同步,这是"同步"名称的由来,并与"异步"相区别。同步计数器的计数速度较异步为快。

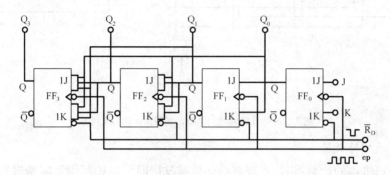

图 7-138 四位同步二进制加法计数器

四位二进制加法计数器,能记的最大十进制数为 $2^4-1=15$。n 位二进制加法计数器,能记的最大十进制数为 2^n-1。

(二)十进制计数器

二进制计数器结构简单,但是读数不习惯,所以在有些场合采用十进制计数器较为方便。

十进制计数器是在二进制计数器的基础上得出的,用四位二进制数来代表十进制的每一位数所以也称为二-十进制计数器。如采用最常用的 8421 编码方式,是取四位二进制数前面的 0000～1001 来表示十进制的 0～9 十个数码,而去掉后面的 1010～1111 六个数。也就是计数器计到第九个脉冲时再来一个脉冲,即由 1001 变为 0000,经过十个脉冲循环一次。同步十进制计数器与二进制加法计数器相比,同步十进制计数器来第十个脉冲不是由 1001 变为 1010,而是恢复 0000,即要求第二位触发器 FF_1 不得翻转,保持 0 态,第四位触发器 FF_3 应翻转为 0。图 7-139 是十进制加法计数器的波形图。

图 7-140 是 74LS290 型异步二-五-十进制计数器的逻辑图和外引线列图。

$R_{0(1)}$ 和 $R_{0(2)}$ 是清零输入端,当两端全为 1 时,将四个触发器清零;$S_{9(1)}$ 和 $S_{9(2)}$ 是置"9"输入端。同样,当两端全为 1 时,$Q_3Q_2Q_1Q_0=1001$,即表示十进制数 9。清零时,$S_{9(1)}$ 和 $S_{9(2)}$ 中至少有一端为 0,不使置 1,以保证清零可靠进行。它有两个时钟脉冲输入端 cp_0 和 cp_1。

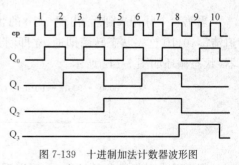

图 7-139 十进制加法计数器波形图

(1)只输入计数脉冲 cp_0,由 Q_0 输出,FF_1～FF_3 三位触发器不用,为二进制计数器。

(2) 只输入计数脉冲 cp_1，由 $Q_3Q_2Q_1$ 输出，为五进制计数器。

(3) 将 Q_0 端与 FF_1 的 cp_1 端连接，输入计数脉冲 cp_0。

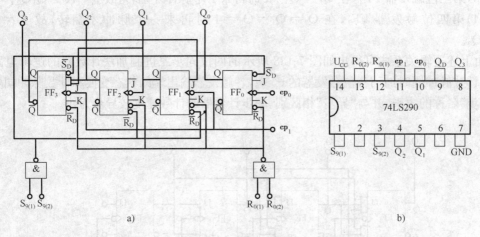

图 7-140　74LS290 型计数器的逻辑图和外引线列图

(三) 任意进制计数器

当需要任意进制的计数器时，将现有的计数器改接即可。如利用清零端进行反馈置 0，可得出小于原进制的多种进制的计数器。将图 7-141a) 中的 74LS290 型十进制计数器改接成图 7-141 示的两个电路，就分别成为六进制计数器和九进制计数器。以图 7-141 为例，它从 0000 开始计数，来五个脉冲 cp，后变为 0101。

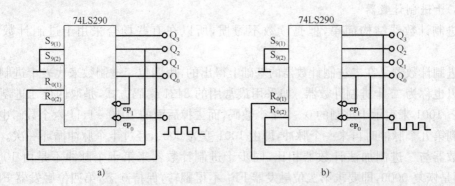

图 7-141　六进制计数器和九进制计数器

当第六个脉冲来到后，出现 0110 的状态，由于 Q_0 和 Q_1 端分别接到 $R_{0(1)}$ 和 $R_{0(2)}$ 清零端强迫清零，0110 这一状态转瞬即逝，立即回到 0000。它经过六个脉冲循环一次，故为六进制计数器，状态循环如图 7-142 所示。

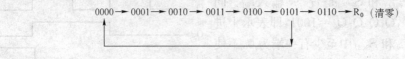

图 7-142　进制计数器状态循环图

当需要十以上进制的计数时，可以采用多片 74LS290 来实现。

习 题

7-56 由三个二极管和电阻 R 组成一个基本逻辑门电路,如图所示,输入二极管的高电平和低电平分别是 3V 和 0V,电路的逻辑关系式是( )。

  A. Y=ABC   B. Y=A+B+C
  C. Y=AB+C   D. Y=C·(A+B)

题 7-56 图

7-57 现有一个三输入端与非门,需要把它用作反相器(非门),请问如图所示电路中哪种接法正确( )。

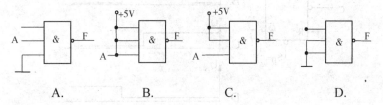

  A.   B.   C.   D.

7-58 如图所示电路的逻辑式是( )。

  A. $Y=AB(\overline{A}+\overline{B})$ B. $Y=A\overline{B}+B\overline{A}$
  C. $Y=(A+B)\overline{AB}$ D. $Y=AB+\overline{A}\,\overline{B}$

7-59 逻辑电路如图所示,A="1"时,C 脉冲来到后 D 触发器( )。

  A. 具有计数器功能   B. 置"0"   C. 置"1"   D. 无法确定

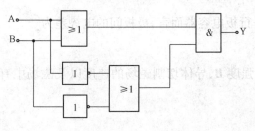

题 7-58 图

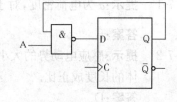

题 7-59 图

7-60 由两个主从型 JK 触发器组成的逻辑电路如图 a)所示,设 Q_1、Q_2 的初始态是 00,已知输入信号 A 和脉冲信号 cp 的波形如图 b)所示,当第二个 cp 脉冲作用后,Q_1Q_2 将变为( )。

  A. 11   B. 10   C. 01   D. 保持 00 不变

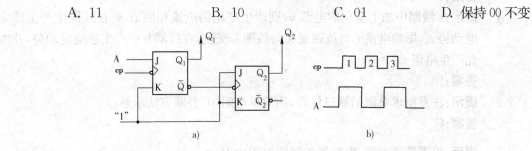

题 7-60 图

7-61 已知 RS 触发器,R、S、C 端的信号如图所示,请问输出端 Q 的几种波形中,正确的是( )(设触发器初始状态为"0")。

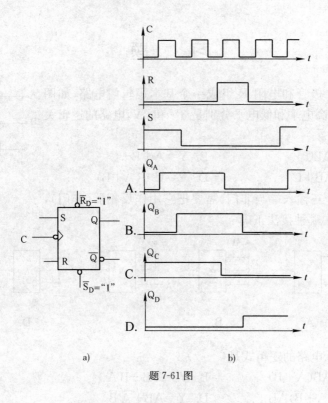

题 7-61 图

习题提示及参考答案

7-1 **提示**：σ 为电荷密度，对于无限大平行板电容器而言，极板间的电势差为 $\dfrac{\sigma l}{\varepsilon_0}$。

答案：B

7-2 **提示**：感应电动势的大小与磁感应强度 $\boldsymbol{B}$、导体切割磁场的速度以及磁场中有效导体的长度成正比。

答案：D

7-3 **提示**：根据电磁感应定律 $e=-\dfrac{\mathrm{d}\varphi}{\mathrm{d}t}$，当外加电压为直流量时，$\dfrac{\mathrm{d}\varphi}{\mathrm{d}t}=0$，则 $e=0$，则下方线圈中无感应电动势。

答案：A

7-4 **提示**：a 线圈中加上变化的电源 u，则产生变化的电流和磁通 ϕ（在线圈中产生感应电动势 e_a，影响电流 i_a）；该磁通又与线圈 b 交链，在线圈 b 中产生感应电动势，并由此产生电流 i_b。

答案：B

7-5 **提示**：注意所求电阻的端口位置，用简单电阻串、并联方法求解。

答案：C

7-6 **提示**：根据题意可知，电热器的额定电阻为 $R_\mathrm{N}=\dfrac{U_\mathrm{N}^2}{P_\mathrm{N}}=\dfrac{100^2}{2}=5\mathrm{k}\Omega$。

答案：B

7-7 **提示**：电压表内阻与 $20\mathrm{k}\Omega$ 电阻为并联法。

答案：C

7-8 提示：当开关 S 开时，电阻 R_1、R_2、R_3 为串联，当开关 S 闭合时，电位可以 R_1、R_2 电阻分压决定。

答案：D

7-9 提示：用线性电路的叠加原理分析。

答案：A

7-10 提示：理想电流源 I_s 两端的电压由其以外电路决定。$U_{I_s}=U_1+U_s$。

答案：C

7-11 提示：用戴维南定理。U_s 为原电路的负载 R_L 开路电压，R_0 为除源(6V 电压源短路)的电阻。

答案：B

7-12 提示：根据节点电流关系求出电流 I_1 后，确定网络 N 的端口电压。

答案：C

7-13 提示：用叠加原理求出 R_L 上的电压 U_L 后，再用公式 $P_L=\dfrac{U_L^2}{R_L}$ 计算功率。

答案：A

7-14 提示：直接用 KVL 写回路电压方程，注意物理量方向。

答案：A

7-15 提示：交流电压表读数为交流电压的有效值，回路电压关系为相量关系：$\dot U=\dot U_1+\dot U_2+\dot U_3$。

答案：D

7-16 提示：交流电路中电流为相量关系：$\dot I=\dot I_1+\dot I_2$。

答案：B

7-17 提示：电路中消耗的功率为：$P=UI\cos\varphi$，$\varphi=\varphi_u-\varphi_i$。

答案：C

7-18 提示：由给定条件 $i_1=i$ 可见该电路为谐振电路，1 为电阻性电路，2、3 分别为纯电容电路和纯电感电路(或反之)。

答案：D

7-19 提示：三相对称电路中三相电流之和为 0，即：
$$i_A+i_B+i_C=0$$

答案：B

7-20 提示：串联电路中 $z=R+j(w_L-\dfrac{1}{w_C})$，感性电路中 $w_L>\dfrac{1}{w_C}$，而处于谐振状态的电路 $w_L=\dfrac{1}{w_C}$。

答案：B

7-21 提示：三相对称电路中负载消耗的功率与每相负载电压有关，当电源线电压一定时，三角形连接负载电压是星形连接负载电压的 $\sqrt{3}$ 倍。

答案：A

7-22 提示：三角形连接的对称三相电路中，线电流是相电流的 $\sqrt{3}$ 倍。

答案:B

7-23 提示:三相供电系统中对于单相供电的负载一般要用到火线 L(相线),电源的中性点线 N(或工作零线),以及保护零线 E。电源插座对这三根线位置有明确的规定。
答案:B

7-24 提示:此题分析时应考虑接地电阻对电路的影响。
答案:B

7-25 提示:用交流电路的复数符号法分析。

$$\text{电感上的电压相量：}\dot{U}_L = \frac{jwL}{R+jwL}\dot{U}_i。$$

答案:B

7-26 提示:根据储能元件的换路关系,电容电压不跃变,电感元件的电流不跃变。
答案:B

7-27 提示:一阶 R-C 电路的暂态过程中,时间常数 $\tau=RC$,其中 R 的数值是在电容 C 两端等效的电阻。
答案:B

7-28 提示:开关动作以后,电容进入放电过程。电流是由电容电压释放形成的,应与图示电流 i 的参考方向相反。
答案:B

7-29 提示:根据一阶电路暂态过程的三要素公式:$u_{0(t)}=U_{c(\infty)}+[U_{c(0+)}-U_{c(\infty)}]e^{-t/\tau}$。
答案:C

7-30 提示:变压器的容量为视在功率 $S=10\text{kV}\cdot\text{A}$,理想情况下负载上得到的总的有功功率 $P=S\cos\varphi=N\times 40$,"N"为所求日光灯数量。
答案:A

7-31 提示:电动机转子的转向与旋转磁场转向一致,旋转磁场的转向由定子电流的相序决定。
答案:C

7-32 提示:三相异步电动机的起动转矩由定子电压和转子电阻决定,与负载无关。
答案:A

7-33 提示:Y-△换接起动方法仅用于正常运行时△连接的电机,起动时由于绕组电压降低,使得电流和起动转矩都是直接起动的 $\frac{1}{3}$。
答案:D

7-34 提示:根据电动机的功率平衡关系即可分析。
答案:B

7-35 提示:控制电路中电器符号均为设有动作的状态,且同电器采用同标号。读图时一般采用自上而下的顺序。
答案:B

7-36 提示:同上题。
答案:C

7-37 提示:由三相交流异步电动机的转差率关系 $S_N = \frac{n_0-n_N}{n_0}\times 100\% = 0.033$,可以判

断电动机为 4 极电机,旋转磁场的转速 $n_0=1500\text{r/min}$,电机空载时转差率应小于额定转差率。

答案:D

7-38 提示:根据继电器工作原理分析,其线圈在控制电路中,接触点分别在主辅电路中。

答案:D

7-39 提示:二极管为非线性元件。当它正向偏置时,电流-电压关系成指数关系,正向电压一般为 0.3V 或 0.7V 左右。

答案:D

7-40 提示:由电路分析可见,该图中的二极管工作于正向偏置,处于导通状态。

答案:D

7-41 提示:首先设二极管处于截止状态,判断二极管的偏置状态。

答案:C

7-42 提示:该电路为桥式的全波整流电路,当 u_2 的瞬时电压为负时,D_1 二极管正向偏置;当 u_2 的瞬时电压为正时,二极管反向偏置。

答案:B

7-43 提示:该电路为全波整流、稳压电路,其中电容 C 上的电压为直流量,可以认为电容电流为零;整流二极管中的电流为电阻 R 中电流的 1/2。

答案:D

7-44 提示:该电路为二极管桥式全波整流电路,电压关系为 $U_L=0.9U_i$。

答案:C

7-45 提示:图示电路中三极管发射极电压反偏时为截止状态,$i_B=0$。集电结反偏时为放大状态,$i_C=\beta i_B$;集电结正偏($V_C<V_B$)时,放大器工作在饱和状态。

答案:A

7-46 提示:分为放大电路的静态和动态两部分电路分析。静态时,要求工作点合适(在线性工作区)。动态时,信号能正常输出。

答案:B

7-47 提示:画放大器的直流通道分析。

答案:A

7-48 提示:画放大器的交流微变等效电路图分析。

答案:C

7-49 提示:考虑放大器输入、输出电阻影响时,可以将电路等效为:

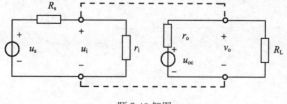

题 7-49 解图

答案:D

7-50 提示:图 b)的等效电路与上题的提示电路相仿。R_s 与输入电阻 r_i 串联,输出电阻

r_o 与负载电阻串联。

答案：C

7-51 提示：两极的运算放大电路分析，可以拆成两个单级放大电路分析，负载电阻的大小不影响各级的放大倍数。

答案：C

7-52 提示：用线性运算电路的三个理想条件分析。题中电阻 R 的电流与 R_L 中的电流相同，R 上的电压就是输入电压 u_i。

答案：B

7-53 提示：结合运算放大器的理想化条件，列方程分析即可。

答案：D

7-54 提示：图示为电压比较电路。当 $u_+>u_-$ 时，输出正饱和值；当 $u_+<u_-$ 时，输出为负饱和值。

答案：D

7-55 提示：电路为集成运算放大器构成的二级线性放大电路，第一级为积分电路，第二级是电压跟随电路。

答案：A

7-56 提示：输出信号 y 与输入信号按逻辑分析，当某点电压 $u \geq 2.4V$ 时，为逻辑"1"；当某点电压 $u \leq 0.4V$ 时，为逻辑"0"。分析时可以设二极管为理想二极管。

答案：A

7-57 提示：当与非门的输入端接 5V 为逻辑"1"，接地为逻辑"0"，悬空为逻辑"1"处理。

答案：C

7-58 提示：用逻辑代数公式计算。

答案：B

7-59 提示：D 触发器的逻辑关系式为 $Q_{n+1}=D$，$Q_{n+1}=\overline{Q}_n$ 时为计数功能。

答案：A

7-60 提示：根据触发器符号可见输出信号在 CP 脉冲的下降沿动作。

答案：C

7-61 提示：利用 R-S 触发器的功能表分析，输出信号在脉冲 C 的下降沿动作。

答案：B

第八章 信号与信息技术

复习指导

一、考试大纲

7.4 信号与信息

信号;信息;信号的分类;模拟信号与信息;模拟信号描述方法;模拟信号的频谱;模拟信号增强;模拟信号滤波;模拟信号变换;数字信号与信息;数字信号的逻辑编码与逻辑演算;数字信号的数值编码与数值运算。

二、复习指导

目前,信号与信息技术正处于快速发展阶段,内容涉及面广,主要包括:计算机基础知识、电路电子技术、信息通信技术等。但是,就其具体内容来讲,该部分内容正是目前工程技术人员在工作中经常用到的问题。复习的重点是信息技术应用的系统化、规范化。

根据考试大纲的要求,本次复习应该注意以下几项内容:

(一)信息、消息与信号的概念

信息、消息和信号关系是借助于信号形式,传送消息,使受信者从所得到的消息中的获取信息。

(二)信号的分类

要搞清楚信号的概念:什么是确定性信号、随机信号、连续信号和离散信号,特别要搞清楚模拟信号和数字信号形式上的不同,并区别它们的不同表示方法。

(三)模拟信号的描述

在信号分析中不仅可以从时域考虑,而且可以从频域考虑问题。在复习本部分内容时,一般是以正弦函数为基本信号,分析常用的周期和非周期信号的一些基本特性以及信号在系统中的传输问题。抓住基本概念,即周期信号频谱的离散性、谐波性和收敛性。

频谱分析是模拟信号分析的重要方法,也是模拟信号处理的基础,在工程上有着重要的应用。

要了解模拟信号滤波、模拟信号变换、模拟信号识别的知识。

数字电子信号的处理采用了与模拟信号不同的方式,电子器件的工作状态也不同。数字电路的工作信号是二值信号,要用它来表示数并进行数的运算,就必须采取二进制形式表示。复习内容主要包括:

(1)了解数字信号的数制和代码,掌握几种常用进制表示,数制转换、数字信号的常用代码。

(2)搞清楚算术运算和逻辑运算的特点和区别,逻辑函数化简处理后能凸显其内在的逻辑关系,通常还可以使硬件电路结构简单。

(3) 了解数字信号的符号信息处理方法,数字信号的存储技术,模拟信号与数字信号的互换知识。

数字信号是信息的编码形式,可以用电子电路或电子计算机方便、快速地对它进行传输、存储和处理。因此,将模拟信号转换为数字信号,或者说用数字信号对模拟信号进行编码,从而将模拟信号问题转化为数字信号问题加以处理,是现代信息技术中的重要内容。

第一节 基本概念

一、信息、消息与信号

信息、消息和信号三者的关系是借助于某种信号形式,传送消息,使受信者从所得到的消息中获取信息。具体可以概括为:

信息(information)——受信者预先不知道的新内容。一般是指人的大脑通过感官直接或间接接收的关于客观事物的存在形式和变化情况。

消息(message)——信息的物理形式(如声音、文字、图像等),一般是指传递信息的媒体。

信号(signal)——消息的表现形式。信号是运载消息的工具,是可以直接观测到的物理现象(如电、光、声、电磁波等)。通常说"信号是信息的表现形式"。

在现代技术中信息表现为有特点的数据。数据是一种符号代码,用来描述信息。广义地讲,数据包括一切可以用来描述信息的符号体系,如文字、数字、图表、曲线等。在信息工程中,数据是一种以二进制数数字"0"和"1"为代码的符号体系。应当指出,任何符号本身都不具有特定的含义,只有当它们按照确定的编码规则,被用来表示特定的信息时才可以称为数据。因此,正是由此在信息技术中通常认为数据就是信息。信号是具体的,可以对它进行加工、处理和传输;信息和数据都是抽象的,它们都必须借助信号才能得以加工、处理和传送。有些教材中把信息、消息和信号比喻成货物、道路(媒体)和交通工具(车)的关系,即信息是货,媒体是路,信号是车。"货"是利用"车"通过"路"来传送的。

除了人的大脑,任何物理系统都不能直接处理抽象的信息或数据,因此在以计算机为核心的信息系统中以数字信号来表示、存储、处理、传送信息或数据。从这个意义上讲,数字信号是信息的物理代码,亦可称为代码信号。

人们通过两个渠道从信号获取信息:一个是直接观测对象;另一个是通过人与人之间的交流。前者是借助对象发出的真实信号直接获取信息。例如,观测化学反应器中的温度、压力、流量、浓度等信号随时间变化的情况,获取化工过程的信息,观测机械零件和建筑结构中的应力、变形等信号,获取机械或建筑物的状态信息等;后者则用符号对信息进行编码后再以信号的形式传送出去,人们在收到这种编码信号并对它进行必要的翻译处理(译码)之后,间接获取信息,例如书籍、报刊用的是文字符号编码,口头报告、演讲用的是语音信号编码,数字通信系统中使用的是数字信号编码等,它们传递的都是预先编制好的信息。

二、信号的分类

直接观测对象所获取的信号是在现实世界的时间域里进行的,是随时间变化的,称为时间信号;人为生成并按照既定的编码规则对信息进行编码的信号是代码信号。时间信号可以用时间函数、时间曲线或时间序列来描述,在波形图上时间信号是按照时间的变化反映的。但是代码信号与时间信号不同,只能用它的序列式波形图或自身所代表的符号代码序列表示。

图 8-1a)表示的是实际观测到的时间信号-压力信号 $p(t)$ 的时间曲线描述形式,它的时间函数描述形式为 $p=f(t)$;

图 8-1b)是一个二进制数代码信号的波形表示形式,它的符号代码序列描述形式是 0101100。

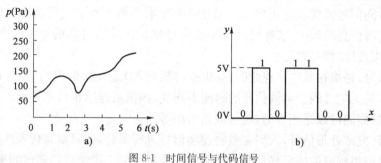

图 8-1 时间信号与代码信号

文字、图像、语言、数据等消息的复杂性,导致传送的信号也是多种多样的,但无论信号多么复杂,终归可以表示成时间的函数,因此"信号"与"函数"常常相互通用。信号随时间变化的规律是多种多样的,可以大致分类如下:

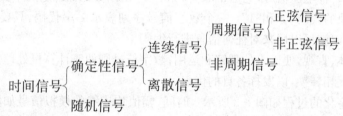

1. 确定性信号和随机信号

按信号是否可以预知划分,可以将其分为确定性信号和随机信号。

(1)确定性信号,是可以表示成确定时间函数的信号,即对于给定的时刻,信号都有一个确定的函数值与之对应,如 $f(t)=2\cos2\pi t$ 等。

(2)随机信号,是只能知道在某时刻取某一数值的概率,不能表示成确定时间函数的信号。由于随机信号带有"不确定性"和"不可预知性",通常使用概率统计的方法进行研究。

例如电力系统的运行中难免受到其他信号的干扰,这些干扰信号是不可预知的,是随机出现的,那么该系统中负荷变化的信号属于随机信号。

严格来讲,除了实验室专用设备发出的有规律的信号外,电子信息系统中传输的信号都是随机信号。

2. 连续信号和离散信号

按信号是否是时间连续的函数划分,可以将其分为连续时间信号和离散时间信号,简称连续信号和离散信号。

(1)连续信号,是指在某一时间范围内,对于一切时间值除了有限个间断点外都有确定的函数值的信号 $f(t)$。连续时间信号的时间一定是连续的,但是幅值不一定是连续的(存在有限个间断点)。

连续信号与通常所说的模拟信号不同,模拟信号是幅值随时间连续变化的连续时间信号。由观测所得到的各种原始形态的时间信号(光的、热的、机械的、化学的,等等)都必须转换成电信号(电压或电流信号)之后才能加以处理。通常,由原始时间信号转换而来的电信号就称为模拟信号。

为了保证模拟转换不丢信息，模拟信号的变化规律必须与原始信号相同；而为了便于处理，模拟信号的幅值变化区间又必须控制在一定的范围之内，在电气与信息工程中，模拟信号的幅值范围为 0～5V（电压信号）或 0～20mA（电流信号）。

从技术上讲，由于"模拟"转换在观测过程中就已实际完成，所以通常指时间信号为模拟信号；而离散的时间信号通常是运用模-数（AD）转换技术变换为数字代码信号之后再加以处理的，所以在电气与信息工程中，实际处理的模拟信号都是连续的时间信号。因此，"模拟信号"一词实际上是指连续时间信号。

（2）离散信号，是指在某些不连续时间（也称离散时刻）定义函数值的信号，在离散时刻以外的时间，信号是无定义的。离散信号的时间不连续，幅值可连续也可不连续。在离散信号中相邻离散时刻的间隔可以是相等的，也可以是不相等的。

为了方便研究或处理信号，人们常常将连续信号进行采样，即只取有代表性的离散时刻的信号数值，抽样后得到离散的采样信号。将幅值量化后并以二进制代码表示的离散信号（也就是时间和幅值均离散的信号）称为数字信号。

数字信号通常是指以二进制数字符号"0"和"1"为代码对信息进行编码的信号。在实际应用中，数字信号是一种电压信号，它通常取 0V 和 +5V 两个离散值，这两个具体的离散值分别用来表示两个抽象的代码"0"和"1"。一个数字信号序列表示一串代码，只要确定某种编码规则，这种数字代码串就可以用来对任何信息进行编码。

模拟信号具体、直观，便于人的理解和运用；数字信号则便于计算机处理。所以，在实际应用中经常将两者互相转换，以发挥各自的优点。

模拟信号数字化的过程如图 8-2 所示。时间、幅值均连续的模拟信号如图 8-2a)所示，经过等间距采样变成时间离散、幅值连续的抽样信号如图 8-2b)所示，再经过量化后的离散信号如图 8-2c)所示，以二进制对量化的幅度编码得到的数字信号如图 8-2d)所示。

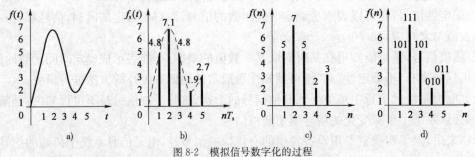

图 8-2 模拟信号数字化的过程
a)模拟信号；b)抽样信号；c)量化信号；d)数字信号

3. 周期信号和非周期信号

按信号是否具有重复性，可以将其划分为周期信号和非周期信号。

（1）周期信号，是按一定时间间隔 T 或 N 重复着某一变化规律的连续或离散信号。最典型的连续周期信号是正弦函数的信号。除正弦函数信号以外的连续周期函数信号称为非正弦周期信号。

连续周期信号 $f(t)$ 满足

$$f(t) = f(t+mT) \qquad m = 0, \pm 1, \pm 2, \cdots \tag{8-1}$$

时间间隔 T 称为最小正周期，简称连续周期信号的周期。

离散周期信号 $f(k)$ 满足

$$f(k) = f(k+mN) \qquad m = 0, \pm 1, \pm 2, \cdots \tag{8-2}$$

时间间隔 N 称为最小正周期,简称离散周期信号的周期。

(2)非周期信号,是不满足周期信号特性的、不具有重复性的连续或离散信号。当周期信号的周期为无穷大时,周期信号就变成了非周期信号。

4. 采样信号

按等时间间隔读取连续信号某一时刻的数值叫做采样(或抽样),采样所得到的信号称为采样(抽样)信号。显然,采样信号是一种离散信号,它是连续信号的离散化形式。或者说,通过采样,连续信号被转换为离散信号。

采样的更深一层意义在于通过模拟-数字转换装置,可以将采样信号进一步转换为数字描述形式,并进而采用数值分析与计算方法高效地处理模拟信号,例如,采用数值运算方法实现模拟信号的放大、变换、滤波等(见图 8-3)。

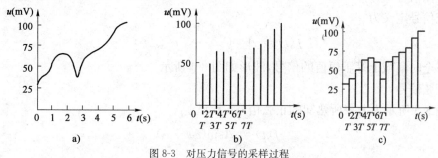

图 8-3 对压力信号的采样过程
a)模拟压力信号;b)对压力信号采样;c)采样保持信号

图 8-3b)的电压信号是图 8-3a)压力信号的采样信号。不难看出,在每个采样点上,采样信号的值与连续信号在该点上的瞬间值相等,而在整个采样区间里,采样信号的变化规律与连续信号相同。

由于如图 8-3b)所示的离散时间信号是如图 8-3a)所示的连续时间信号的采样信号,所以,若连续时间信号的连续时间函数描述为

$$u = f(t)$$

则该离散时间信号的离散时间序列描述形式为

$$u^* = \{f(0), f(T), f(2T), f(3T), \cdots, f(nT), f[(n+1)T], \cdots\} \tag{8-3}$$

所谓离散时间信号是指只在特定的时间点上才出现的信号。例如图 8-3b)所示的信号,它只在时间点 $0, T, 2T, 3T, 4T, \cdots$ 上出现,而在这些时间点之间的任何瞬间,信号的值是没有定义的。所以,在离散时间信号的描述中,时间轴上是不能连续取值的。

令采样的时间间隔为采样周期 T,每秒采样次数为采样频率 f,那么采样频率越高,采样信号越接近原来的连续信号。但是过于频繁的采样,势必会降低系统的整体工作效率。按照著名的采样定理,取采样频率为信号中最高谐波频率的 2 倍以上时,采样信号即可保留原始信号的全部信息。在实际应用中,往往将采样得到的每一个瞬间信号在其采样周期内予以保持,生成所谓的采样保持信号如图 8-3c)所示。采样保持信号是一种特殊信号形式,它兼有离散和连续的双重性质,在数字控制系统中有着广泛应用。

三、模拟信号与信息

模拟信号是通过观测,直接从对象获取的信号。模拟信号是连续的时间信号,它提供对象

原始形态的信息。

在时间域里,它的瞬间量值表示对象的状态信息,比如某一时刻对象中的温度有多高,压力是多强;它随时间变化的情况提供对象的过程信息,比如对象中的温度或压力是在增加还是在减小,它们以什么样的规律在变化等。通过时间函数的描述,可以借助相关的数学运算对模拟信号进行各种处理和变换,实现信息分析、综合、评价等各种复杂的处理。

在频率域里,模拟信号是由诸多频率不同、大小不同、相位不同的信号叠加组成的,具有自身特定的频谱结构。所以从频域的角度看,信息被装载于模拟信号的频谱结构之中,通过频域分析可以从中提取更加丰富、更加细微的信息,进行更为简洁、更为精细的信息分析和处理。

(一)常用模拟信号的描述

在信号分析中,常用一些基本函数表示复杂信号。

1. 直流信号

直流信号定义为

$$f(t) = A \quad (-\infty < t < \infty) \tag{8-4}$$

即在全时间域上等于恒值的信号,波形如图8-4所示。

2. 正弦信号

如图8-5所示为大家所熟知的正弦信号,表示为

$$f(t) = A\sin(\omega t + \varphi) \tag{8-5}$$

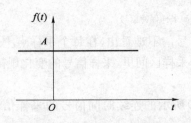

图8-4 直流信号

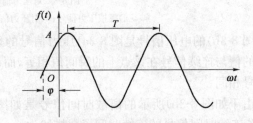

图8-5 正弦信号

3. 单位阶跃信号

单位阶跃信号用 $\varepsilon(t)$ 表示,其定义为

$$\varepsilon(t) = \begin{cases} 1 & (t > 0) \\ 0 & (t < 0) \end{cases} \tag{8-6}$$

该函数在 $t=0$ 处发生跃变,数值1为阶跃的幅度,若阶跃幅度为 A,则可记为 $A\varepsilon(t)$。延迟 t_0 后发生跃变的单位阶跃函数可表示为

$$\varepsilon(t - t_0) = \begin{cases} 1 & (t > t_0) \\ 0 & (t < t_0) \end{cases} \tag{8-7}$$

在负时间域幅值恒定为1,而在 $t=0$ 发生跃变到零的阶跃信号可表示为

$$\varepsilon(-t) = \begin{cases} 1 & (t < 0) \\ 0 & (t > 0) \end{cases} \tag{8-8}$$

$\varepsilon(t)$、$\varepsilon(t-t_0)$ 和 $\varepsilon(-t)$ 的波形分别如图8-6所示。

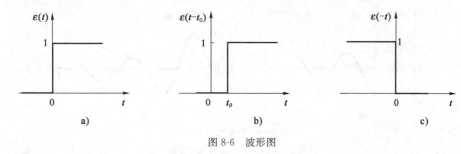

图 8-6 波形图

4. 斜坡信号

斜坡信号常用 $r(t)$ 表示,其定义为

$$r(t) = \begin{cases} t & (t \geq 0) \\ 0 & (t < 0) \end{cases} \quad (8-9)$$

也可以借助阶跃信号简洁地表示为

$$r(t) = t\varepsilon(t) \quad (8-10)$$

斜坡信号的波形如图 8-7 所示。

5. 实指数信号

常用的实指数信号是单边的,其定义为

$$f(t) = Ae^{-\alpha t} \quad (\alpha > 0, t > 0) \quad (8-11)$$

实指数信号的波形如图 8-8 所示。

要注意的是,引入单位阶跃函数后,信号 $f(t)$ 和 $f(t)\varepsilon(t)$ 的波形有时是不同的。例如,信号 e^{-t} 和 $e^{-t}\varepsilon(t)$ 的波形如图 8-9 所示,图 8-9a)在整个时间域均按 e^{-t} 规律变化,而图 8-9b)仅在正时间域按规律 e^{-t} 变化,它在负时间域全为零。

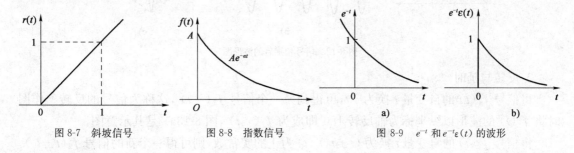

图 8-7 斜坡信号　　图 8-8 指数信号　　图 8-9 e^{-t} 和 $e^{-t}\varepsilon(t)$ 的波形

6. 复指数信号

设 α 为任意实数,则复指数信号可表示为

$$f(t) = Ae^{(\alpha+j\omega)t} \quad (8-12)$$

式中,若 $\alpha = 0$,则 $f(t)$ 成为虚指数信号;若 $\omega = 0$,则 $f(t)$ 成为实指数信号。根据欧拉公式,复指数信号可以表示为

$$f(t) = Ae^{\alpha t}(\cos\omega t + j\sin\omega t) \quad (8-13)$$

$\alpha < 0$, $t \geq 0$ 时,实部和虚部波形如图 8-10 所示。

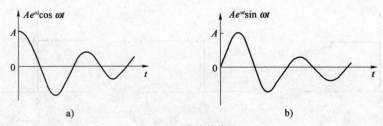

图 8-10 复指数信号
a) 复信号的实部；b) 复信号的虚部

(二) 模拟信号的时域处理

在信号的时域分析中,复杂信号可以通过对简单信号进行加(减)、延时、反转、尺度展缩、微分、积分等运算获得。

1. 相加与相乘

设有信号 $f_1(t) = \varepsilon(t), f_2(t) = -\varepsilon(t-t_0)$,则两者之和为 $f(t) = \varepsilon(t) - \varepsilon(t-t_0)$。$f(t)$ 在任意时刻的值是两信号在该时刻值的和,$f(t)$ 的波形如图 8-11 所示。

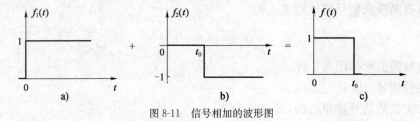

图 8-11 信号相加的波形图

信号 $f_1(t)$ 和 $f_2(t)$ 相乘所得的新函数 $f(t) = f_1(t)f_2(t)$ 在任意时刻的值等于两个信号在该时刻的值之积,图 8-12 为信号相乘的波形。

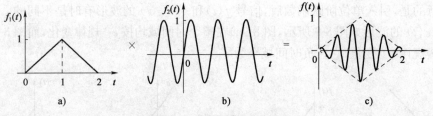

图 8-12 信号相乘后的波形图

2. 反转与延时

将信号 $f_1(t)$ 的自变量 t 换为 $-t$,可得到另一个信号 $f_1(-t)$,这称为信号的反转。作图时将 $f_1(t)$ 的波形以纵坐标为轴反转 180°即成为 $f_1(-t)$,图 8-13a) 是其示意图。

将信号 $f_2(t)$ 的自变量 t 换为 $(t \pm t_0)$,t_0 为正的实常数,则可得一个新的信号 $f_2(t \pm t_0)$。这就意味着把 $f(t)$ 的波形沿时间轴整体平移(延时)t_0 个单位,$f_2(t+t_0)$ 表示向右平移 t_0 个单位,$f(t-t_0)$ 表示向左平移 t_0 个单位。图 8-13b) 为其示意图。

3. 压缩与扩展

若将信号 $f(t)$ 的自变量 t 换为 at(a 为正实数),则信号 $f(at)$ 将在时间尺度上压缩或扩展,这称为信号的尺度变换。若 $0 < a < 1$,就意味着原信号从原点沿 t 轴扩展;若 $a > 1$,就意味着原信号沿 t 轴压缩(幅值不变)。如图 8-14 中 $f(t)$ 和 $x(t)$ 所示。

信号的尺度展缩应用在信息的存储、压缩和解压缩技术方面。如 $f(t)$ 是已录制好的音乐信号磁带,则 $f(2t)$ 是以原声的 2 倍速度播放,$f\left(\dfrac{t}{2}\right)$ 是将原声降低一半速度播放。

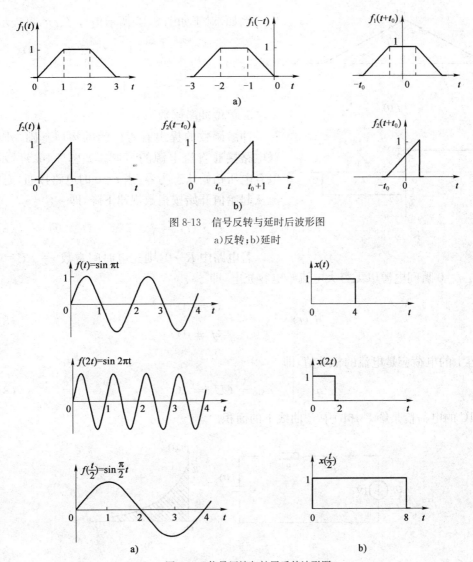

图 8-13　信号反转与延时后波形图
a)反转；b)延时

图 8-14　信号压缩与扩展后的波形图

4. 微分与积分

设信号 $f(t)$ 的微分表示为

$$y(t) = \frac{df(t)}{dt} = f'(t) = f^{(1)}(t) \tag{8-14}$$

$f(t)$ 的积分表示为

$$y(t) = \int_{-\infty}^{t} f(\tau)d\tau = f^{(-1)}(t) \tag{8-15}$$

式中 τ 为积分变量,以区别于积分上限 t。

对于斜坡函数,其导数为阶跃函数,即 $r'(t)=\varepsilon(t)$；反之,单位阶跃函数的积分为斜坡函数,即

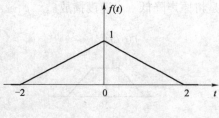

$$r(t) = \int_{-\infty}^{t} \varepsilon(\tau)d\tau = t\varepsilon(t) \qquad (8\text{-}16)$$

例如,对于如图 8-15 所示信号 $f(t)$,可表示为

$$f(t) = \begin{cases} \dfrac{1}{2}t + 1 & (-2 \leqslant t \leqslant 0) \\ -\dfrac{1}{2}t + 1 & (0 \leqslant t \leqslant 2) \end{cases} \qquad (8\text{-}17)$$

5. 单位冲激函数

冲激函数的提出有着广泛的物理基础。RC 串联电路接通直流电源的情形。如图 8-16a)所示,设电容电压初始状态为零,当 $t=0$ 时电路接通,充电电流从起始值开始按指数规律下降,即

$$i_c(t) = \dfrac{1}{R} e^{-\frac{t}{RC}} \qquad (t > 0) \qquad (8\text{-}18)$$

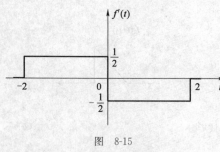

图 8-15

若电路中 $R \to 0$,则充电时间常数 $\tau = RC = 0$,这意味着在 $t=0$ 瞬间电源以无穷大电流给电容充电,即

$$i_c(t) = \begin{cases} \infty & (t = 0) \\ 0 & (t \neq 0) \end{cases} \qquad (8\text{-}19)$$

电容上的电荷应是电流的积分值,即

$$q = \int_{-\infty}^{\infty} i_c dt = CU_s = 1C \qquad (8\text{-}20)$$

这 1C 的电荷恰是图 8-16b)中 i_c 曲线下的面积。

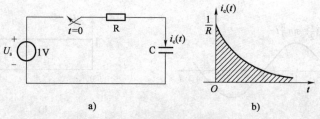

图 8-16 电容充电波形

再观察图 8-17 中的函数 $f(t)$,当其缓升宽度 $\tau \to 0$ 时,它就变成了阶跃信号 $\varepsilon(t)$;而对 $f(t)$ 求导后,则变为高度为 $\dfrac{1}{\tau}$、宽度为 τ 的矩形脉冲,即 $f'(t) = f_\tau(t)$,注意 $f_\tau(t)$ 的面积为 1。当 $\tau \to 0$ 时 $f_\tau(t)$ 的高度变为无穷大,但此面积仍为 1,此时变为冲激函数,用 $\delta(t)$ 表示。对应来看,即有 $\varepsilon'(t) = \delta(t)$。可见,$\delta(t)$ 只在 $t=0$ 出现,其余时间均为零。

由上可知,单位冲激函数 $\delta(t)$ 可以看作是一个宽度为无穷小,高度为无穷大,但面积为 1 的极窄矩形脉冲。该函数是一个不同于一般信号的奇异函数,其定义为

$$\begin{cases} \delta(t) = 0 & (t \neq 0) \\ \displaystyle\int_{-\infty}^{0} \delta(t)dt = 1 \end{cases} \qquad (8\text{-}21)$$

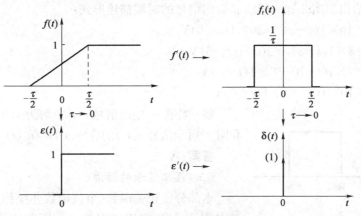

图 8-17 冲激函数的概念

上述定义表明，$\delta(t)$ 是在 $t=0$ 瞬间出现又立即消失的信号，且幅值为无限大；在 $t \neq 0$ 处，它始终为零，而积分 $\int_{-\infty}^{\infty} \delta(t)\mathrm{d}t = 1$ 是该函数的面积，通常称为 $\delta(t)$ 的强度。强度为 A 的冲激信号可记为 $A\delta(t)$，延迟 t_0 出现的冲激信号可记为 $A\delta(t-t_0)$，它们的波形如图 8-18 所示，符号 (A) 表示其强度。

根据 $\delta(t)$ 的定义，可以建立单位阶跃函数与单位冲击函数的确切关系，由于 $\delta(t)$ 只在 $t=0$ 时刻存在，所以

$$\int_{-\infty}^{\infty} \delta(t)\mathrm{d}t = \int_{0-}^{0+} \delta(t)\mathrm{d}t = 1 \quad (8-22)$$

则 $\int_{-\infty}^{\infty} \delta(t)\mathrm{d}t = \begin{cases} 1 & (t>0) \\ 0 & (t<0) \end{cases} \quad (8-23)$

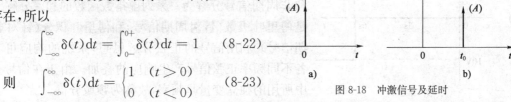

图 8-18 冲激信号及延时

上式表明：单位冲激信号的积分为单位阶跃信号；反过来，单位阶跃信号的导数应为单位冲激信号，即

$$\delta(t) = \frac{\mathrm{d}\varepsilon(t)}{\mathrm{d}t} \quad (8-24)$$

在引入 $\delta(t)$ 的前提下，函数在不连续点处也有导数值。

【例 8-1】 已知 $f(t)$ 的波形如图 8-19a)所示，试求其一阶导数并画出波形。

解 首先用 $\varepsilon(t)$ 的组合表示 $f(t)$，即 $f(t) = \varepsilon(t) + \varepsilon(t-t_1) - 2\varepsilon(t-t_2)$

对上式求导，得 $f'(t) = \delta(t) + \delta(t-t_1) - 2\delta(t-t_2)$

其波形如图 8-19b)所示。

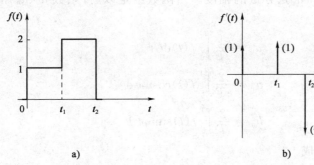

图 8-19

【例8-2】 给出如图8-20a)所示非周期信号的时域描述形式：

A. $u(t)=10\times1(t-3)-10\times1(t-6)$ V
B. $u(t)=3\times1(t-3)-10\times1(t-6)$ V
C. $u(t)=3\times1(t-3)-6\times1(t-6)$ V
D. $u(t)=10\times1(t-3)-1(t-6)$ V

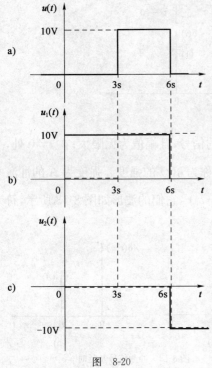

图 8-20

解 将图a)中的信号 $u(t)$ 分解为图b)所示信号 $u_1(t)$ 和图c)所示信号 $u_2(t)$ 的叠加 $u(t)=u_1(t)+u_2(t)$。

答案：A

(三) 模拟信号的频谱

本部分以正弦函数(余弦函数亦统称为正弦函数)为基本信号，分析常用的周期和非周期信号的一些基本特性以及信号在系统中的传输问题。由数学上的欧拉公式可知

$$\sin\omega t = \frac{1}{2j}(e^{j\omega t}-e^{-j\omega t})$$
$$\cos\omega t = \frac{1}{2}(e^{j\omega t}+e^{-j\omega t})$$
(8-25)

可把虚指数函数 $e^{j\omega t}$ 作为基本信号，将任意周期信号和非周期信号分解为一系列虚指数函数的和。分解工具是傅里叶级数(针对周期信号)和傅里叶积分(针对非周期信号)。利用信号的正弦分解思想，系统的响应可看作各不同频率正弦信号产生响应的叠加。由于在信号分析中所用的独立变量是频率，故称为频域分析。

1. 周期信号的频谱

周期信号是定义在 $(-\infty,\infty)$ 区间内，每隔一定周期 T 按相同规律重复变化的信号，它们一般可表示为

$$f(t)=f(t+mT) \quad m=0,\pm1,\pm2,\cdots$$ (8-26)

当周期信号 $f(t)$ 满足狄里赫利条件时，则可用傅里叶级数表示为三角函数

$$f(t)=a_0+\sum_{n=1}^{\infty}(a_n\cos n\omega_1 t+b_n\sin n\omega_1 t)$$ (8-27)

式中，$\omega_1=\frac{2\pi}{T}$ 称为 $f(t)$ 的基波角频率，$n\omega_1$ 称为 n 次谐波的频率；a_0 为 $f(t)$ 的直流分量，a_n 和 b_n 分别为各余弦分量和正弦分量的幅度。当函数给定以后，系数 a_0、a_n 和 b_n 可以由下式确定

$$a_0=\frac{1}{T}\int_0^T f(t)\mathrm{d}t$$
$$a_n=\frac{2}{T}\int_0^T f(t)\cos n\omega t\mathrm{d}t$$
$$b_n=\frac{2}{T}\int_0^T f(t)\sin n\omega t\mathrm{d}t$$
(8-28)

傅里叶级数还可以写成

$$f(t)=A_0+\sum_{n=1}^{\infty}A_n\cos(n\omega_1 t+\varphi_n) \tag{8-29}$$

这里

$$A_n=\sqrt{a_n^2+b_n^2} \qquad \varphi_n=-\arctan\frac{b_n}{a_n} \tag{8-30}$$

可见，模拟信号为一个直流信号和一系列正弦信号的叠加。由于直流信号可表示为 0 次谐波信号，$A_n\cos(n\omega_1 t+\varphi_n)$ 称为函数 $f(t)$ 的第 n 次谐波分量，这种将一个周期函数展开成一系列谐波之和的傅里叶级数的方法叫做谐波分析。谐波分析中，我们认为模拟信号是由一系列谐波信号叠加而成的。我们用典型模拟信号分析：不同周期信号的谐波构成情况是不相同的，例如如图 8-21 所示的几种常见周期信号经过傅里叶级数分解后的谐波分量描述形式分别为

$$u_1(t)=\frac{4U_{1m}}{\pi}\left(\frac{1}{2}-\frac{1}{3}\cos 2\omega t-\frac{1}{15}\cos 4\omega t-\cdots\right) \tag{8-31}$$

$$u_2(t)=\frac{4U_{2m}}{\pi}\left(\sin\omega t+\frac{1}{3}\sin 3\omega t+\frac{1}{5}\sin 5\omega t+\cdots\right) \tag{8-32}$$

$$u_3(t)=U_{3m}\left[\frac{1}{2}-\frac{1}{\pi}\left(\sin\omega t+\frac{1}{2}\sin 2\omega t+\frac{1}{3}\sin 3\omega t+\cdots\right)\right] \tag{8-33}$$

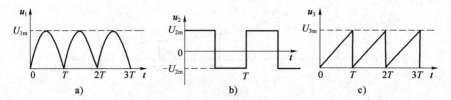

图 8-21 典型非正弦信号的时域波形图

显然，周期信号的波形不同，其谐波组成的成分情况也不同。信号的谐波组成情况通常用频谱的形式来表示。

(1) 周期信号波形的谐波叠加

图 8-22 表示了图 8-21b)信号谐波叠加的情况。其中，图 8-22b)、c)表示的是 1、3 次谐波叠加的波形与原始方波波形的比较；图 8-22c)表示的是 1、3、5 次谐波叠加后的波形与原始方波的比较。不难看出，随着更多谐波成分的加入，叠加后的波形将越来越趋近于原始的方波波形。

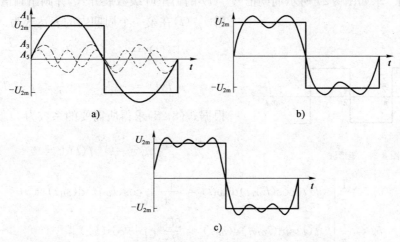

图 8-22 方波信号的谐波叠加

(2)周期信号的频谱

仔细考察式(8-32)可以发现:随着谐波次数 k 的增加,方波信号各个谐波的幅值按照 $\frac{4}{k\pi}$ 的规律衰减(其中,$k=1,3,5,7,\cdots$),而它们的初相位却保持 $0°$ 不变。将方波信号谐波成分的这种特性用图形的形式表达出来,就形成了如图 8-23 所示的谱线形式。这种表示方波信号性质的谱线称为频谱。图 8-23a)所表示的谐波幅值谱线随频率的分布状况称为幅度频谱;图 8-23b)则称为相位频谱,它表示谐波的初相与频率的关系。谱线顶点的连线称为频谱的包络线(图中以虚线表示),它形象地表示了频谱的分布状况。借助数学工具分析可知,周期信号频谱的谱线只出现在周期信号频率 ω 整数倍的地方,是离散的频谱。周期信号的幅度频谱随着谐波次数的增高而迅速减小。

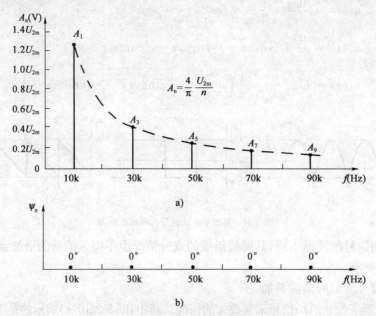

图 8-23 方波信号的频谱
a)幅值频谱;b)相位频谱

【例 8-3】 求如图 8-24 所示周期信号 $f(t)$ 的傅里叶级数展开式,并画出频谱图。

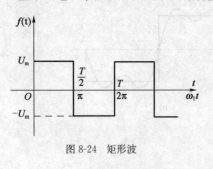

图 8-24 矩形波

解 $f(t)$ 在第一个周期内的表达式为

$$\begin{cases} f(t) = U_m & 0 \leqslant t \leqslant \dfrac{T}{2} \\ f(t) = -U_m & \dfrac{T}{2} \leqslant t \leqslant T \end{cases}$$

根据式(8-28)求得所需要的系数为

$$a_n = \frac{1}{T} \int_0^T f(t) \mathrm{d}t = 0$$

$$a_k = \frac{1}{\pi} \int_0^{2\pi} f(t) \cos(k\omega_1 t) \mathrm{d}(\omega_1 t) = \frac{2U_m}{\pi} \int_0^\pi \cos(k\omega_1 t) \mathrm{d}(\omega_1 t) = 0$$

$$b_k = \frac{1}{\pi} \int_0^{2\pi} f(t) \sin(k\omega_1 t) \mathrm{d}(\omega_1 t) = \frac{2U_m}{k\pi}[1 - \cos(k\pi)]$$

当 k 为偶数时,$\cos(k\pi)=1$,$b_k=0$

当 k 为奇数时，$\cos(k\pi)=-1$，$b_k=\dfrac{4U_\mathrm{m}}{k\pi}$

由此求得
$$f(t)=\dfrac{4U_\mathrm{m}}{\pi}\left[\sin(\omega_1 t)+\dfrac{1}{3}\sin(3\omega_1 t)+\dfrac{1}{5}\sin(5\omega_1 t)+\cdots\right]$$

图 8-25 是矩形波函数的频谱图，由上例方波信号的频谱图中，每根垂直线称为谱线，其所在频率位置 $n\omega_1$ 为该次谐波的角频率。每根谱线的高度为该次谐波的振幅值。观察可知，周期信号的振幅谱具有下列特点：

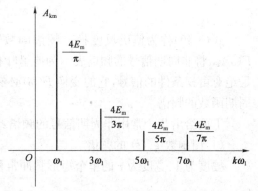

图 8-25 矩形波函数的频谱图

①离散性。频谱图由频率离散的谱线组成，每一根谱线代表一个谐波分量。这样的频谱称为不连续频谱或离散频谱。

②谐波性。谱中的谱线只能在基波频率 ω_1 的整数倍频率上出现。

③收敛性。频谱中各谱线的高度，随谐波次数的增高而逐渐减小。当谐波次数无限增多时，谐波分量的振幅趋于无穷小。

这些特点虽然是从具体的信号得出的，但除了少数特例外，许多信号的频谱都具有这些特点。

2. 非周期信号的频谱

非周期信号是模拟信号的普遍形式，所以本节所讨论的非周期信号描述问题实质上是模拟信号描述的一般性问题。

从直观的角度看，非周期信号可以定义为周期 $T\to\infty$（或频率 $f=0$）的周期信号，即：当周期信号的周期趋向无穷大时，这个周期信号就转化成了非周期信号。当周期 T 趋向无穷大时，各次谐波之间的谱线距离趋于消失，信号的频谱也从离散形式变成了连续形式。因此在非周期信号的分析中，可以先把这种非周期函数看作一种周期函数，在周期趋于无限大的条件下，求出其极限形式的傅氏级数展开式，就得到了表示这种非周期函数的傅氏积分公式。得到

$$f(t)=\sum_{k=-\infty}^{\infty}c_k e^{jk\omega_1 t} \tag{8-34}$$

其中
$$c_k=\dfrac{1}{T}\int_{-\frac{T}{2}}^{\frac{T}{2}}f(t)e^{-jk\omega_1 t}\mathrm{d}t \qquad (k=0,\pm 1,\pm 2\cdots) \tag{8-35}$$

c_k 的频谱是 $k\omega_1$ 的函数，且为线状的，其相邻间隔（频率差）为

$$\Delta\omega_k=(k+1)\omega_1-k\omega_1=\omega_1=\dfrac{2\pi}{T} \tag{8-36}$$

当 T 越来越大时，c_k 的值及相邻谱线的间隔就越来越小，谱线就变成连续的，而其幅度 $|k\omega_1|$ 将趋于无限小，这样我们可以定义一个新的函数

$$F(jk\omega_1)=Tc_k=\dfrac{2\pi\hat{c}_k}{\Delta\omega_k}=\int_{-\frac{T}{2}}^{\frac{T}{2}}f(t)e^{-jk\omega_1 t}\mathrm{d}t \tag{8-37}$$

当 $T\to\infty$ 时，$\omega_1=\dfrac{2\pi}{T}\to\mathrm{d}\omega$，而相邻谐波之间的频率差也越来越小，这时可以把 $k\omega_1$ 看作是一个连续变量 ω 并取极限时，式(8-37)可以写成

$$F(j\omega)=\int_{-\infty}^{\infty}f(t)e^{-jk\omega t}\mathrm{d}t \tag{8-38}$$

上式称为傅里叶积分或傅里叶变换。它把一个时间函数变成了一个频率函数。另外，由

式(8-37)知

$$c_k = \frac{F(jk\omega_1)}{T} = \frac{\Delta\omega_k F(jk\omega_1)}{2\pi} \quad (8-39)$$

将 c_k 代入式(8-34)，当 $T \to \infty$ 时，上式的求和变成积分，可以将式(8-34)改写成

$$f(t) = \frac{1}{2\pi} \int_{-\infty}^{\infty} F(j\omega) e^{jk\omega t} d\omega \quad (8-40)$$

式(8-40)称为傅氏反变换。频谱函数 $F(j\omega)$ 一般为 ω 的复函数，有时把 $F(j\omega)$ 简记为 $F(\omega)$。将非周期信号的频谱表示为傅里叶积分，当然，时域信号 $f(t)$ 要满足绝对可积。凡满足绝对可积条件的信号，它的变换 $F(\omega)$ 必然存在。对非周期函数进行傅氏变换就可以得到非周期函数的频谱。

下面给出几个常用非周期信号的频谱：
(1)门函数 $g_\tau(t)$ 的频谱

幅度为1、宽度为 τ 的单个矩形脉冲常称为门函数，记为 $g_\tau(t)$，它可表示

$$g_\tau(t) = \begin{cases} 1 & \left(|t| < \dfrac{\tau}{2}\right) \\ 0 & \left(|t| > \dfrac{\tau}{2}\right) \end{cases} \quad (8-41)$$

其波形如图 8-26a)所示。

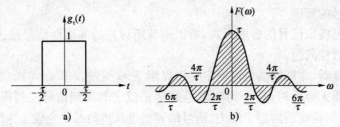

图 8-26 门函数的频谱图

(2)冲击函数 $\delta(t)$ 的频谱

由定义式(8-38)，并应用 $\delta(t)$ 的取样性质，得

$$F(\omega) = \int_{-\infty}^{\infty} \delta(t) e^{-j\omega t} dt = 1 \quad (8-42)$$

即有变换对

$$\delta(t) \leftrightarrow 1 \quad (8-43)$$

图 8-27 为它们的图示。可见，冲激信号的频谱是均匀谱。

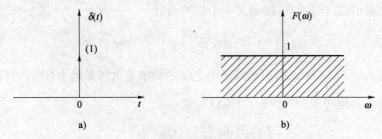

图 8-27 冲击函数的频谱图

(3) 直流信号的频谱

设直流信号

$$f(t) = 1 \quad (-\infty,\infty) \tag{8-44}$$

经傅氏反变换,且 $\delta(t)$ 为 t 的偶函数,则 $\delta(t)$ 可表示为

$$\delta(t) = \delta(-t) = \frac{1}{2\pi}\int_{-\infty}^{\infty} 1 \cdot e^{-j\omega t} d\omega \tag{8-45}$$

将上式中 ω 换为 t,t 换为 ω,有

$$2\pi\delta(\omega) = \int_{-\infty}^{\infty} 1 \cdot e^{-j\omega t} dt \tag{8-46}$$

上式表明单位直流信号的傅里叶变换(频谱)为 $2\pi\delta(\omega)$,即

$$1 \leftrightarrow 2\pi\delta(\omega) \tag{8-47}$$

它们的图形如图 8-28 所示。这表明,直流仅由 $\omega=0$ 的分量组成。

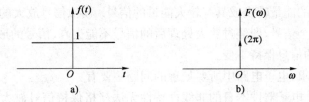

图 8-28 直流信号的频谱图

归纳以上分析,对于非周期信号可以得到如下重要结论:

① 非周期信号的频谱是连续频谱;

② 若信号在时域中持续时间有限,则其频谱在频域将延伸到无限,这可简单地称为时间有限,频域无限。

③ 信号的脉冲宽度越窄,则信号的带宽越宽。

频谱分析是模拟信号分析的重要方法,也是模拟信号处理的基础,在工程上有着重要的应用。这种分析方法实质上是对信号特征的更为细致的提取,在信号处理中,根据频谱的特征可以进行信号的识别和信息的提取。

在实际运用中,根据问题性质和分析目标的不同,可以采用不同方式来描述模拟信号。例如,在电路稳态分析中采用时域描述方式以求分析过程直观并便于理解;在电路动态过程分析中,则采用频域描述方式以求分析简便和透彻。

【例 8-4】 周期信号中的谐波信号是:

A. 离散时间信号　　　　　　　　B. 数字信号

C. 采样信号　　　　　　　　　　D. 连续时间信号

解 周期信号中的谐波信号是从傅里叶级数分解中得到的,它是正弦交流信号,是连续时间信号。

答案:D

【例 8-5】 周期信号的频谱是:

A. 离散的

B. 连续的

C. 高频谐波部分是离散的,低频谐波部分是连续的

D. 有离散的,也有连续的,无规律可循

解 周期信号的谐波是按照级数形式分解出来的,所以频谱是离散的频谱。

答案:A

四、模拟信号的处理

信号是信息的载体。在电子系统中,信号的处理服从于信息处理的需要,如信号的放大处理为的是信息的增强,信号之间的算术运算、微分积分运算等是信息的变换,信号的滤波、整形等则通常是为了信息的识别和提取。

(一)模拟信号增强

将微弱的信号放大到可以方便观测和利用是模拟信号最基本的一种处理方式。信号的放大包含信号幅度的放大和信号带载能力的增强两个目标,前者称为电压放大,后者称为功率放大,这是模拟电子电路的重点内容。实际上,电压放大和功率放大都涉及信号本身能量的增强,所以,信号的放大过程可以理解为一种能量转换过程,电子电路的放大理论就是在较微弱的信号控制下把电源的能量转换成具有较大能量的信号。模拟信号放大的核心问题是保证放大前后的信号是同一个信号,即经过放大处理后的信号不能失真、信号的形状或频谱结构保持不变,即信号所携带的信息保持不变。

针对这些基本要求,电子电路中所要处理的问题主要有:

(1)非线性问题。电子器件本身的非线性特性无法严格保持信号放大过程的线性变换关系,这导致信号放大之后出现波形的畸变。

(2)频率特性问题。由于电路中储能元件(电容、电感)的影响,电子电路不能保证信号中的各次谐波成分获得同等比例的放大效果,这导致放大后信号的谐波组分或频谱结构发生改变。

(3)噪声与干扰问题。放大电路内部的电子噪声和外部的干扰信号导致放大后的信号中夹杂着其他的信号,在情况严重时,这些夹杂信号会淹没放大信号本身,导致无法对信号进行识别和应用。

(二)模拟信号滤波

从信号中滤除部分谐波信号叫做滤波。滤波是从模拟信号中去除伪信息,提取有用信息的一种重要技术手段。

滤波电路通常是按照滤波电路的工作频带命名的,分为低通滤波器(LPF)、高通滤波器(HPF)、带通滤波器(BPF)、带阻滤波器(BEF)等。

各种滤波器的理想幅频特性如图 8-29 所示。允许通过的频段称为通带,将信号的幅值衰减到零的频段称为阻带。

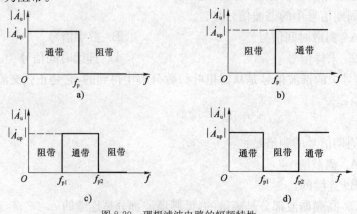

图 8-29 理想滤波电路的幅频特性

a)LPF;b)HPF;c)BPF;d)BEF

幅频特性通常用来描述放大器的电压放大倍数与频率变化之间的关系,如图 8-29 描述了典型滤波器的幅频特性。在图 8-29a)中,设截止频率为 f_p,低于频率 f_p 的信号可以通过,高于 f_p 的信号被衰减的滤波电路称为低通滤波器;反之,频率高于 f_p 的信号可以通过,而频率低于 f_p 的信号被衰减的滤波电路称为高通滤波器。低通和高通滤波器的理想频率特性分别如图 8-29a)、b)所示。

对于带通电路,设低频段的截止频率为 f_{p1},高频段的截止频率为 f_{p2},频率在 f_{p1} 到 f_{p2} 之间的信号可以通过,低于 f_{p1} 或高于 f_{p2} 的信号被衰减的滤波电路称为带通滤波器,如图 8-29c)所示;对于频率低于 f_{p1} 和高于 f_{p2} 的信号可以通过,频率是 f_{p1} 到 f_{p2} 之间的信号被衰减的滤波电路称为带阻滤波器,如图 8-29d)所示。

滤波是模拟信号处理的一项核心技术,在信号识别和信息提取中有着重要应用,通常信号在传输和处理过程中会受到干扰信号的影响,干扰信号的谐波与有用信号的谐波往往分布在频谱不同的频段上,所以通常采用滤波手段来排除或削弱干扰信号。例如,在观测到的大型汽轮发电机组的振动信号中,包含有正常运转的振动信号和因机械故障所引起的附加振动信号,这通常用信号和干扰信号谐波组分分布在频谱中的不同区间里,利用适当的滤波手段即可从总的振动信号中识别出故障信号,借以判断系统有无故障、故障类型及故障程度等信息;另外,各个广播电台和电视台采用不同的载波频率播送节目,它们分布在天线所接收到的信号频谱中的不同频段上,利用带通滤波即可将它们提取出来收听或观看。

(三)模拟信号变换

将一种信号变换为另一种信号是模拟信号处理的一项主要内容。在模拟系统中,信号的相加、相减、比例、微分及积分变换是常见的几种信号变换。从信息处理的角度看,信号变换是从信号中提取信息的重要手段,例如通过信号相加提取求和信息,从相减提取差异信息,通过比例变换提取增强后的信息,从微分变换提取信号时间变化率信息,从积分变换提取信号对时间的累积信息等。

信号变换的主要问题是:由于难以找到一种理想的运算装置,所以,信号变换都只能近似地实现,这为信息的提取带来不便。实际上,在模拟系统中,为了准确提取信息,往往还要增加许多额外的处理过程,如反馈技术。

图 8-30 给出一个模拟信号微分-积分变换的理想波形图。从图中可知,一个三角波模拟信号描述函数为 $f_1(t)$,经过微分变换

$$f_2(t) = \frac{\mathrm{d}f_1(t)}{\mathrm{d}t} \tag{8-48}$$

被变换为一个方波信号 $f_2(t)$,这个方波信号承载的是三角波信号的时间变化率信息;反之,一个方波信号 $f_2(t)$ 经过积分变换

$$f_1(t) = \int f_2(t)\mathrm{d}t \tag{8-49}$$

被变换为一个三角波 $f_1(t)$ 信号,它承载的是方波信号时间累积信息。

(四)模拟信号识别

从一种不干净的、夹杂着许多无用信号的混合信号中把所需要的信号提取出来,这是信号识别问题。从信息的角度讲,信号识别是信息提取的一种前期处理过程,它剔除夹杂在信号中的各种伪信息,并保留原来的信息。利用频率的差异,采用滤波器滤除夹杂信号是信号识别的

主要方法,但是,由于各种滤波器的特性都是非理想的,所以对于与信号频率相近的夹杂信号,滤波方法是无能为力的。增强有用信号自身的强度,也是一种信号识别的常用方法。但是,对于微弱信号,由于电子噪声信号也随着信号的增强而增强,这种方法的效果是有限的。

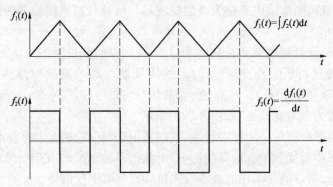

图 8-30　模拟信号微分-积分变换波形

图 8-31 表示的是从调幅信号中识别出一个正弦波信号的过程。图 8-31a)表示原始的调幅信号 $u_1(t)$,图 8-31b)表示经过单向导电器件处理后的调幅信号 $u_2(t)$,图 8-31c)表示采用滤波器滤除高频载波信号后的信号 $u_3(t)$,图 8-31d)表示滤除直流信号后所提取出来的真实信号 $u_4(t)$。

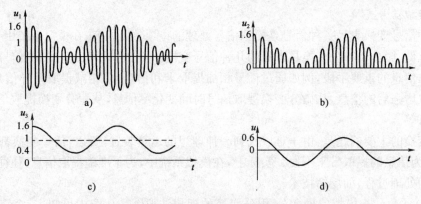

图 8-31　从调制信号中识别出模拟信号的过程

第二节　数字信号与信息

对电子信号的处理,针对数字信号与模拟信号的不同采用了不同的处理方式,电子器件的工作状态也不同。数字电路的工作信号是二值信号,要用它来表示数并进行数的运算,就必须采取二进制形式表示。在电子电路中,信号往往表现为突变的电压或电流,并且只有两个可能的状态。正如我们所知,数字电路中的二极管和三极管工作在开关状态。利用导通和截止两种不同的工作状态,代表不同的数字信息,完成信号的传递和处理任务。由于一个 n 位的二进制数字代码序列可以有多种不同的排列方式,所以数字代码具有极强的表达能力。采用适当长度的数字脉冲序列数字信号就可以用来对各种复杂信息进行编码,并借助数字计算机的强大处理能力实现信息的处理,这就是数字信号得以广泛应用的根本所在。

数字信号可以用来对"数"进行编码,实现数值信息的表示、运算、传送和处理;号也可以用来对文字和其他符号进行编码,实现符号信息的表达、传送和处理;数字信号可以用来表示逻辑关系,实现逻辑演算、逻辑控制等。因此,在数字电路中,重点研究的是输入信号与输出信号之间的逻辑关系。为了分析这些逻辑关系,必须了解信号的编码规则,使用一套科学的代码和数学工具来处理数字信号,即逻辑代码和逻辑代数。

一、数字信号的数制和代码

(一) 几种常用进制

1. 十进制

十进制是我们所熟悉的计数体制,它用 0～9 十个数字符号,按照一定的规律排列起来,表示数值的大小。

例如,$123.45 = 1\times 10^2 + 2\times 10^1 + 3\times 10^0 + 4\times 10^{-1} + 5\times 10^{-2}$

十进制数的特点:它的基数是 10,其中低位和相邻高位之间的关系是"逢十进一",故称为十进制。任意一个十进制数 D 均可展开为

$$D = \sum k_i \times 10^i \tag{8-50}$$

式中,k_i 是第 i 位的系数,它可以是 0～9 这十个数码中的任何一个。

若整数部分的位数是 n,小数部分的位数是 m,则 i 包含从 $n-1$ 到 0 的所有正整数和从 -1 到 $-m$ 的所有负整数。

若以 N 取代式(8-50)中的 10,即可得到任意进制(N 进制)数展开式的普遍形式

$$D = \sum k_i \times N^i \tag{8-51}$$

式中 i 的取值与式(8-50)的规定相同,N 称为计数的基数,k_i 为第 i 位的系数,N^i 为第 i 位的权。

2. 二进制

目前在数字电路中应用最广的是二进制。在二进制数中,每一位仅有 0 和 1 两个可能的数字符号,所以计数的基数为 2。低位和相邻高位间的进位关系是"逢二进一",故称为二进制。

根据式(8-51),任何一个二进制数均可展开为

$$D = \sum k_i \times 2^i \tag{8-52}$$

并由此计可算出它表示的十进制数的数值。

例如,$(101.11)_2 = 1\times 2^2 + 0\times 2^1 + 1\times 2^0 + 1\times 2^{-1} + 1\times 2^{-2} = (5.75)_{10}$

上式中分别使用下脚注的 2 和 10 表示括号里的数是二进制和十进制数。有时也用 B(Binary)和 D(Decimal)代替 2 和 10 这两个脚注。

3. 十六进制

十六进制数用 0～9、A、B、C、D、E、F 等 16 个符号表示。任意一个十六进制数均可表示为

$$D = \sum k_i \times 16^i \tag{8-53}$$

例如,$(2B.6F)_{16} = 2\times 16^1 + 11\times 16^0 + 6\times 16^{-1} + 15\times 16^{-2} = (43.43359)_{10}$

式中的下脚注 16 表示括号里的数是十六进制,有时也用 H(Hexadecimal)标注。

由于目前在微型计算机中普遍采用 8 位、16 位和 32 位二进制并行运算,而 8 位、16 位和 32 位的二进制数可以用 2 位、4 位和 8 位的十六进制数表示。为了应用方便,通常用十六进制符号书写程序。

(二) 数制转换

1. 二～十转换

把二进制数转换为等值的十进制数称为二～十转换。转换时只要将二进制数按式(8-52)展开，然后把所有各项的数值按十进制数相加，就可以得到等值的十进制数了。

例如，$(1101.01)_2 = 1\times 2^3 + 1\times 2^2 + 0\times 2^1 + 1\times 2^0 + 0\times 2^{-1} + 1\times 2^{-2} = (13.25)_{10}$

2. 十～二转换

把十进制数转换为二进制数，整数部分用"除2取余法"，小数部分用"乘2取整法"，具体操作举例如下。

【例 8-6】 分别将 $(25)_{10}$ 和 $(0.8125)_{10}$ 转换为二进制数。

解

因此　　　　$(25)_{10} = (11001)_2$　　　　　　$(0.8125)_{10} = (0.1101)_2$

3. 二～十六转换

把二进制数转换为等值的十六进制数，称为二～十六转换。

由于4位二进制数恰好有16个状态，而把这4位二进制数看作一个整体时，它的进位输出又正好是逢十六进一，所以只要从低位到高位将每4位二进制数分为一组，并代之以等值的十六进制数，即可得到对应的十六进制数。

例如，将 $(01101010.11010010)_2$ 化为十六进制数时可得

$$(0110,1010.1101,0010)_2$$
$$= (6\quad A\ .\ D\quad 2)_{16}$$

4. 十六～二转换

十六～二转换是指把十六进制数转换成等值的二进制数。转换时只需将十六进制数的每一位用等值的4位二进制数代替就行了。

例如，将 $(8FB.C5)_{16}$ 化为二进制数时可得

$$(8\quad F\quad B\ .\ C\quad 5)_{16}$$
$$= (1000\quad 1111\quad 1011\ .\ 1100\ 0101)_2$$

5. 十六进制数与十进制数的转换

在将十六进制数转换为十进制数时，可根据式(8-53)将各位数按权展开后相加求得。在将十进制数转换为十六进制数时，可以先转换成二进制数，然后再将得到的二进制数转换为等值的十六进制数。

(三) 代码

不同的数码不仅可以表示不同的数量大小，而且还能用来表示不同的事物。在后一种情况下，这些数码已没有表示数量大小的含义，只是表示不同事物的代号而已。这些数码称为代码。为了便于记忆和处理，在编制代码时总要遵循一定的规则，这些规则就叫做"码制"。

例如，在用4位二进制数码表示1位十进制数的0～9这十个状态时，就有多种不同的码

制。通常将这些代码称为二～十进制代码,简称 BCD(Binary Coded Decimal)代码。表 8-1 列出了几种常见的 BCD 代码,它们的码制规则各不相同。

几种常见的 BCD 代码　　　　　　　　　　表 8-1

编码种类 十进制数	8421 码	余 3 码	2421 码	5211 码	余 3 循环码
0	0000	0011	0000	0000	0010
1	0001	0100	0001	0001	0110
2	0010	0101	0010	0100	0111
3	0011	0110	0011	0101	0101
4	0100	0111	0100	0111	0100
5	0101	1000	1011	1000	1100
6	0110	1001	1100	1001	1101
7	0111	1010	1101	1100	1111
8	1000	1011	1110	1101	1110
9	1001	1100	1111	1111	1010
权	8421		2421	5211	

下面分别介绍不同码制的特点:

(1) 8421 码是 BCD 代码中最常用的一种。在这种编码方式中,每一位二值代码的 1 都代表一个固定的数值,把每一位的 1 代表的十进制数加起来,得到的结果就是它所代表的十进制数码。由于代码中从左到右每一位的 1 分别表示 8、4、2、1,所以把这种代码叫做 8421 码。每一位的 1 代表的十进制数称为这一位的权。8421 码中每一位的权是固定不变的,它属于恒权代码。

(2) 余 3 码的编码规则与 8421 码不同,如果把每一个余 3 码看作 4 位二进制数,则它的数值要比它所表示的十进制数码多 3,故而将这种代码叫做余 3 码。

如果将两个余 3 码相加,所得的和将比十进制数和所对应的二进制数多 6。因此,在用余 3 码作十进制加法运算时,若两数之和为 10,则余 3 码正好等于二进制数的 16,便从高位自动产生进位信号。

此外,从表 8-1 还可以看出,0 和 9、1 和 8、2 和 7、3 和 6、4 和 5 的余 3 码互为反码,这对于求取对 10 的补码是很方便的。

余 3 码不是恒权代码。如果试图把每个代码视为二进制数,并使它所等效的十进制数与所表示的代码相等,那么代码中每一位的 1 所代表的十进制数在各个代码中不是固定的。

(3) 2421 码是一种恒权代码。它的 0 和 9、1 和 8、2 和 7、3 和 6、4 和 5 也互为反码,这个特点和余 3 码相仿。

(4) 5211 码是另一种恒权代码。学了计数器的分频作用后可以发现,如果按 8421 码接成十进制计数器,则连续输入计数脉冲的 4 个触发器输出脉冲对于计数脉冲的分频比从低位到高位依次为 5:2:1:1。可见,5211 码每一位的权正好与 8421 码十进制计数器 4 个触发器输出脉冲的分频比相对应。这种对应关系在构成某些数字系统时很有用。

(5) 余 3 循环码是一种变权码,每一位的 1 在不同代码中并不代表固定的数值。它的主要特点是相邻的两个代码之间仅有一位的状态不同。因此,按余 3 循环码接成计数器时,每次状态转换过程中只有一个触发器翻转,译码时不会发生竞争冒险现象。

实际上,包括文字在内的任何抽象的符号,以及诸如图像、语音等任何具体的物理符号都可以用"0"和"1"代码进行编码,并以数字信号的形式进行信息的传输和处理。为此,诞生了许多国际通用的编码标准或协议,以便于信息的交流和应用。通用的符号为美国标准信息代码 ASCII(America Standard Code for Information Interchange)的一些基本的示例,它规范了全球抽象符号的编码形式。相应地,还有图像编码标准、语音编码标准等。按照这些标准进行编码的信息都可以用数字信号来描述,从而可以实现诸如文字信息、图像信息、语音信息等复杂的数字处理,并且可以在世界范围内自由地通信和交流。

【例 8-7】 十进制数 65 的八位二进制代码是:

    A. 01100101   B. 01000001   C. 10000000   D. 10000001

解 根据二进制数规则,数 65 需要用 7 位二进制数表示,最高位的权重是 $2^6=64$,习惯上可以用八位二进制数表示,所以它的二进制代码是 01 000 001。

答案:B

【例 8-8】 十进制数 65 的 BCD 码是:

    A. 01100101   B. 01000001   C. 10000000   D. 10000001

解 BCD 码用 4bit 二进制代码表示十进制数的 1 个位,所以 BCD 码是 $6_{10}=0110_2$ 和 $5_{10}=0101_2$ 的组合,即 $65_{10}=01100101_2$。

答案:A

二、算术运算

(一)基本算术运算

在数字电路中,1 位二进制数码的 0 和 1 不仅可以表示数量的大小,而且可以表示两种不同的逻辑状态。例如,可以用 1 和 0 分别表示一件事情的是和非、真和伪、有和无、好和坏,或者表示电路的通和断、电灯的亮和暗等。这种只有两种对立逻辑状态的逻辑关系称为二值逻辑。当两个二进制数码表示两个数量的大小时,它们之间可以进行数值运算,这种运算称为算术。二进制的算术运算和十进制的算术运算的规则基本相同,唯一区别是二进制运算是逢二进一,而十进制数的加法逢十进一;当然,结合信号处理上的一些硬件电路的特殊要求,还要了解二进制运算中的特殊方法。事实上,二进制数的运算都是用代码的"移位"和"相加"(相减也转换为补码相加)两种操作来实现。

1. 加减运算

(1)加法。和十进制加法规则一样,二进制的加法也是从低位开始加,逢二进一。

(2)减法。为简化逻辑运算过程,在数字电路中减法的运算是用它们的补码来完成的。

二进制的补码定义:最高位是符号位(正数为 0,负数为 1);正数的补码与原码相同;负数的补码可以通过将原码的数值逐位求反,然后将结果加 1 实现的(即求反加一)。

例如,数 1010 的反码是 0101,而它的补码就是它的反码加 1:

$$(1010)_{补码}=0101+0001=0110$$

【例 8-9】 十进制数字 32 的 BCD 码为:

    A. 00110010   B. 00100000
    C. 100000   D. 00100011

解 BCD 码是用二进制数表示的十进制数,属于无权码,此题的 BCD 码是用四位二进制数表示的。

答案：A

【例 8-10】 计算$(+1001)_2-(0101)_2$

解 根据二进制的运算规则可知

$$(+1001-0101)_\text{补}=(+1001)_\text{补}+(-0101)_\text{补}$$

```
    0 1 0 0 1
  + 1 1 0 1 1
  ─────────────
  1 0 0 1 0 0
  ↑   ↑   ↑
 溢出 符号位 真值
```

因此，$+1001-0101=00100$（正数），真值为$(4)_{10}$。

说明：在采取补码运算时，首先求出$(+1001)_2$和$(-0101)_2$的补码，它们是：

$$[+1001]_\text{补}=\boxed{0}1001 \quad \text{正数，符号位为0}$$

$$[-1001]_\text{补}=\boxed{1}1001 \quad \text{负数，符号位为1}$$

然后两个补码相加并舍去进位，则得到与前面一样的结果。这样就把减法运算转化成了加法运算。

2. 乘除运算

(1)乘法。与十进制数的乘法相同，二进制数的乘法也是从右向左逐位操作的，下面是二进制数乘法操作的示例。

【例 8-11】

$$(7\times6)_{10}=(111)_2\times(110)_2$$
$$=(101010)_2=(42)_{10}$$

因

```
      1 1 1
    × 1 1 0
    ─────────
      0 0 0
    1 1 1
  1 1 1
  ─────────
  1 0 1 0 1 0
```

所以$(111)_2\times(110)_2=(101010)_2$。

仔细考查例题中的乘法运算可以发现，它实际上是由一系列"移位"和"相加"操作组成的，即被乘数逐步左移并逐步相加即可完成乘法运算。被乘数左移的位数与乘数中取值"1"所处的位数相同，而在乘数取值"0"的位置上则不进行任何操作。这样，示例中的乘法运算步骤转变成：

①乘数第0位为"0"，不做任何操作；

②乘数第1位为"1"，乘数左移1位，得数1110；

③乘数第2位为"1"，乘数左移2位，得数11100；

④将前面两数相加：1110+11100＝101010。

乘法的原义是被乘数自身相加若干次（乘数规定了相加的次数），一个数与自身每相加一次，其值加倍，对二进制数而言，这意味着这个数向左移动一位。从这个角度看，二进制数的乘法运算等价为"移位加"的操作就不难理解了。

(2)除法。与十进制数相同，二进制数除法运算也是从左向右操作的，下面是二进制数除法运算的一个示例。

【例 8-12】

$$42 \div 6 = (42)_{10} \div (6)_{10}$$
$$= (101010)_2 \div (110)_2 = (111)_2$$
$$= (7)_{10}$$

```
         0111
    110 )101010
         110
         1001
          110
           110
           110
             0
```

分析可知,二进制的除法运算实际上是由一系列"移位"和"相减"操作组成的,即以被除数逐步右移并逐步和被除数相减的方式完成除法运算的。当被除数大于除数时,进行相减,完成一次比较,该位的商置 1,接着除数右移一位(减半)再和前面相减的余数比较,这样逐位进行,若被除数小于除数,则不操作,相应位的商置 0,则接着将除数减半(右移 1 位)再行比较,如此逐位进行。因为除法的本意是"求解一数(被除数)是另一数(除数)的多少倍",这实质上是一个两个数的比较问题。上述"移位减"操作的含义是这样的:

① 将除数倍增到和被除数相同的位数,先进行大数比较,求得商的高位值(0 或 1);
② 然后将除数减半(右移 1 位),再和前面的余数比较,求得低一位的商值(0 或 1);
③ 如此进行,直到除尽为止。

不难发现,乘法运算可以用加法和移位两种操作实现,而除法运算可以用减法和移位操作实现。因此,二进制数的加、减、乘、除运算都可以用加法运算电路完成,这就大大简化了运算电路的结构。

3. 微分与积分运算

在数值计算中,微分运算被转换为差分运算,积分运算则被转换为数值的逐步累积即所谓的数值积分运算,它们都可以用上述基本的算术运算来实现。

这为通过数字信号处理来实现数值信息处理提供了方便。当然,还有二进制小数的表示及运算等其他问题,这里不再作进一步介绍,读者可参阅相关计算机课程的教材。

(二)用数字电路实现数值运算

在数字系统中,数字信号的"移位"操作由移位寄存器电路来实现;数字信号的"相加"则由相应的逻辑电路即所谓的加法器电路来完成。数字电子电路加法器就是根据"异或"原理设计的。图 8-32 是实现两个三位数(101 和 110)相加的数字系统原理图。图 8-32 中的数字信号分别表示这两个数以及这两个数之"和"。M_2、M_1、M_0 分别表示三个加法器。C_2、C_1、C_0 表示各位相加后的进位值,在电路的接法上是与前级串联,表示进位。S_2、S_1、S_0 是每一位相加后的输出值,显然,这个系统的输出信号是两个输入信号之和信号的移位由数字移位寄存器来完成。

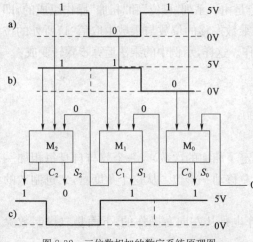

图 8-32 三位数相加的数字系统原理图

三、逻辑运算

当两个二进制数码表示不同的逻辑状态时,它们之间可以按照指定的某种因果关系进行逻辑运算。这种逻辑运算和算术运算有着本质的不同。下面介绍逻辑运算的各种规律。

(一)逻辑变量与逻辑函数

事物的发展和变化通常是按照一定的因果关系进行的。例如,照明电路中电灯是否能亮取决于电源是否接通和灯泡的好坏。后两者是因,前者是果。这种因果关系一般称为逻辑关系。逻辑代数正是反映这种逻辑关系的数学工具。

为了描述事物两种对立的逻辑状态,采用的是仅有两个取值的变量。这种变量称为逻辑变量。和普通代数变量一样,逻辑变量都是用字母表示。但是,它又和普通代数变量有着本质区别,研究的逻辑变量的取值只有 0 和 1 两种可能,而且这里的 0 和 1 不是表示数值大小,而是代表逻辑变量的两种对立状态。

如果以逻辑变量作为输入,以运算结果作为输出,那么当输入变量的取值确定之后,输出的取值便随之而定。因此,输出与输入之间乃是一种函数关系,这种函数关系称为逻辑函数,其逻辑关系用逻辑代数(布尔代数)讨论。下面就逻辑代数体系作一简要介绍:

1. 符号

(1)变量。逻辑变量用大写英文字母(ABC⋯XYZ)表示。

(2)数值。"0"和"1"表示逻辑变量的取值,"0"表示"假"(F),"1"表示"真"(T)。

(3)运算符。"+"、"×"分别表示由逻辑连接词"或"和"与"所定义的逻辑"或"和逻辑"与"运算,称为逻辑"加"和逻辑"乘";逻辑求反运算用变量上方加一横杆表示,如 $\overline{A}$、$\overline{B}$ 等。符号"="是逻辑演绎推理的演算符。和代数运算一样,逻辑"乘"运算符"×"通常不写出来。

2. 函数(表达式)

如前所述,逻辑变量表示事物或事件的状态,逻辑函数或逻辑表达式表示事物或事件之间的关系,即事物运动演化的规律性描述。逻辑函数是由逻辑变量符和运算符组成,它表述变量之间的逻辑关系,例如,C=A+B、D=(A+B)+AB 等。

3. 逻辑函数化简

直接由逻辑变量写出的逻辑函数表达式往往不是简洁的表达式,简化处理后逼近能凸显其内在的逻辑关系,通常还可以使硬件电路结构简单。表 8-2 中列出了逻辑代数运算中的基本公式。

逻辑代数运算中的基本公式 表 8-2

范围	名称	逻辑与	逻辑或
变量与常量的关系	01 律	(1) $A \cdot 1 = A$ (3) $A \cdot 0 = 0$	(2) $A + 0 = A$ (4) $A + 1 = 1$
和普通代数相似的定律	交通律 结合律 分配律	(5) $A \cdot B = B \cdot A$ (7) $A \cdot (B \cdot C) = (A \cdot B) \cdot C$ (9) $A \cdot (B+C) = A \cdot B + A \cdot C$	(6) $A + B = B + A$ (8) $A + (B+C) = (A+B) + C$ (10) $A + (B \cdot C) = (A+B) \cdot (A+C)$
逻辑代数特殊规律	互补律 重叠律 反演律 (摩根定理)对合律	(11) $A \cdot \overline{A} = 0$ (13) $A \cdot A = A$ (15) $\overline{A \cdot B} = \overline{A} + \overline{B}$ (17) $\overline{\overline{A}} = A$	(12) $A + \overline{A} = 1$ (14) $A + A = A$ (16) $\overline{A + B} = \overline{A} \cdot \overline{B}$

【例 8-13】 逻辑表达式(A+B)(A+C)的化简结果是：
A. A B. $A^2+AB+AC+BC$
C. A+BC D. (A+B)(A+C)

解 根据逻辑代数公式分析如下：
(A+B)(A+C)=A·A+A·B+A·C+B·C=A(1+B+C)+BC=A+BC

答案：C

这是常用的逻辑电路分析方法，需要熟练掌握和灵活运用。从工程的角度看，逻辑函数的运算是借助数字逻辑系统完成的。逻辑器件按照逻辑表达式的要求组合起来构成数字逻辑系统，因此，逻辑表达式的简化形式还需要考虑数字逻辑系统组建的技术因素，这种化简并不意味着"越简越好"。经验丰富的电气工程师能够恰当地处理这个问题。

4. 数字信号的逻辑演算

用数字信号表示逻辑变量的取值情况，逻辑函数的演算即可以用数字信号处理的方法来实现。

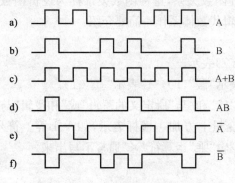

图 8-33 数字信号的基本逻辑运算

图 8-33 说明用数字信号表示逻辑变量、逻辑函数以及实现基本逻辑演算的情况。其中的数字信号 a 和 b 分别表示逻辑变量 A 和 B 的输入情况，信号中的高位 5V 代表"真"（逻辑"1"状态），低位 0V 代表"假"（逻辑"0"状态）；而数字信号 c、d、e、f 分别表示 A+B、AB、$\overline{A}$、$\overline{B}$ 则表示"或"、"与"、"非"三种简单逻辑函数的演算结果。

在数字系统中使用专门制作的各种逻辑门电路来自动、快速地完成数字信号之间按位的逻辑"与"、"或"、"非"演算操作，将这些基本的演算逻辑门电路组合起来组成所谓的组合逻辑系统，就可以完成任意复杂的逻辑函数的演算。有关技术细节请参阅本书第 7 章关于数字电路问题的讨论。

（二）数字信号的符号信息处理

符号的处理主要体现为符号代码转换。在数字技术中，各种符号信息都是按照 ASCII 标准编码的。当符号被具体应用时，这些符号的标准代码往往需要转换为便于处理的其他形式，如在汉字处理中，以拼音方式从键盘输入计算机的是 ASCII 代码，在计算机内部，这个代码要转换为汉字编码（即所谓的汉字内码）才能进一步进行汉字处理。又如，在符号显示中，数字的、文字的或其他符号的 ASCII 代码都必须转换为显示装置所要求的代码形式才能在显示器中显示这些符号。

四、数字信号的存储

数字电路处理数字信号的存储问题，简单来说，就是只要将 0V 或 5V 信号电压按原来的顺序保持在一个电路中即可，这在电子电路中是容易实现的。如图 8-34 所示的原理电路可以确切地表示数字信号存储的方法，它由双位置开关和 5V 电源组成。开关合到电源侧，对应位置给出的是 5V 电压；开关投到接地侧，对应位置则给出 0V 电压。只要开关位置不变，信号就被永久保存。图中的开关所处的位置表示存储的是数字信号 110（即 5V、5V、0V 信号），开关链的长度和数字信号的位数相同。数字信号中的每一位电压被用来触发对应位置上的开关动作,完成信号的存储。

显然,图 8-34 电路是一种通用的存储器设计方案,它可以存储任何数字信号。当前数字系统中普遍采用的信息存储器正是根据这种简单的方案设计制作的。便于存储是数字信号得到广泛应用的一个重要原因。相比之下,模拟信号由于是连续取值的信号,它的存储在技术上十分困难,这个问题尚未得到理想的解决方法。

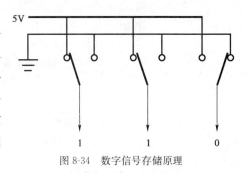

图 8-34 数字信号存储原理

五、模拟信号与数字信号的相互转换

我们已经知道模拟信号真实反映原始形式的物理信号,是人类感知外部世界的主要信息来源,也是信息处理的主要对象,而数字信号是信息的编码形式,可以用电子电路或电子计算机方便、快速地对它进行传输、存储和处理。因此,将模拟信号转换为数字信号,或者说用数字信号对模拟信号进行编码,从而将模拟信号问题转化为数字信号问题加以处理,是现代信息技术中的一项重要内容。

图 8-35 表示的是现代数字化信息系统的基本组成。模拟信号通过采样和模拟/数字(Analog to Digital,简记为 A/D)转换完成数字编码,数字编码信号经过处理、存储、传输后,再由数字/模拟(Digital to Analog,简记为 D/A)转换为模拟信号的形式输出。例如,在数字化的广播系统中,连续的声音信号经过采样、A/D 变换后,以数字信号的形式发送和传输,在接收端经过 D/A 变换将数字信号还原成连续的声音信号。在控制系统中,对象状态和过程的连续信号经过采样和 A/D 变换被转换为数字信号,数字信号经过控制系统模型的运算和处理后输出数字控制信号,再经过 D/A 变换,将数字控制信号转换成模拟控制信号,完成对象的控制和调节等。

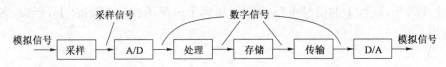

图 8-35 现代数字信息系统组成

(一)信号的采样与采样定理

对模拟信号进行采样可获得采样信号,采样信号是一种可连续取值的离散时间信号。采样过程在采样脉冲的控制下进行,它的基本原理如图 8-36a)所示。采样脉冲控制开关 k 的通断,从而将连续的模拟信号(图 8-36b)转换成离散的采样信号,如图 8-36c)所示。采样脉冲的频率称为采样频率。从直观上看,采样频率越高,采样信号就越接近模拟信号,采样所造成的信息损失也就越小。但是,这种采样方法将占用大量的系统有效工作时间,降低系统的运行速度。从理论上讲,只要采样频率保持在被采样信号带宽(最高谐波频率)的 2 倍以上,就可以保证采样处理不会丢失原来的信息。这就是著名的采样定理。

当然,在采样之前需要对模拟信号进行预处理,包括滤波、放大等,以消除经过传感器变换或其他系统噪声带来的干扰,并增强模拟信号的幅值;在采样之后还要对离散的采样信号进行滤波处理,以保证采样后的信号不丢失有用的信息。

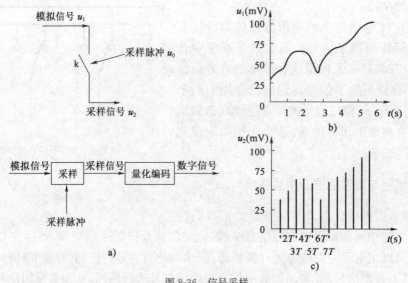

图 8-36 信号采样
a)采样原理;b)模拟信号;c)采样信号

(二)数字/模拟转换(D/A)

D/A 转换过程和 A/D 相反,它将数字信号转换为模拟信号。从信息处理的角度讲,A/D 转换是对模拟信号进行编码,D/A 转换则是对数字信号进行解码。从技术的角度看,D/A 转换只要用简单的电阻网络即可实现,这要比 A/D 转换容易得多。

图 8-37 表示的是一种 4 位 D/A 转换器的原理图,它是一个由 4 个电阻构成的网络,每个电阻转换一位数字信号。电阻的阻值按二进制设置,其中 D_3 位电阻为 R、D_2 位电阻为 $2R$、D_1 位电阻为 $4R$、D_0 位电阻为 $8R$。电流/电压转换器通常用运算放放大器电路实现,它将输入电流转换为电压输出,其传递特性为 $U_A=R_A I$。电压/电流转换器输入端保持在零电位,因此,$D_3,\cdots,D_0$ 端上的信号电压就分别加到了电阻 R、$2R$、$4R$、$8R$ 上,所以,各个电阻上的电流为

$I_3 = D_3/R$

$I_2 = D_2/2R$

$I_1 = D_1/4R$

$I_0 = D_0/8R$

$I = I_3 + I_2 + I_1 + I_0$

$U_A = IR$

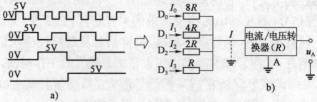

图 8-37 D/A 转换原理图
a)输入数字电压信号;b)D/A 转换器电路

表 8-3 给出该 4 位 D/A 转换器按图 8-37b)的顺序输入数字信号时的转换关系。从表 8-3 中可以看出,D/A 转换过程将数字信号转换成逐级增长的阶梯形模拟信号,信号代码不同,阶

梯高度也就不同。在前面关于 A/D 转换问题的讨论中,我们已经利用了 D/A 转换器作为阶梯信号发生器来产生模拟比较电压。图 8-38 表示的是一个 4 应数字信号的所有代码从 0000 开始,以逐 1 增长的顺序转换成模拟信号的情况。不同的代码对应不同的阶梯电压高度。

D/A 转换器中主要数据关系　　　　　表 8-3

数字信号(V)				数字代码				各电阻电流				电　流	模拟信号
D_3	D_2	D_1	D_0	D_3	D_2	D_1	D_0	I_3	I_2	I_1	I_0	$I=I_3+I_2+I_1+I_0$	u_A
0	0	0	0	0	0	0	0	0	0	0	0	0	0
0	0	0	5	0	0	0	1	0	0	0	$5/8R$	I_0	I_0R_A
0	0	5	0	0	0	1	0	0	0	$5/4R$	0	$2I_0$	$2I_0R_A$
0	0	5	5	0	0	1	1	0	0	$5/4R$	$5/8R$	$3I_0$	$3I_0R_A$
0	5	0	0	0	1	0	0	0	$5/2R$	0	0	$4I_0$	$4I_0R_A$
0	5	0	5	0	1	0	1	0	$5/2R$	0	$5/8R$	$5I_0$	$5I_0R_A$
0	5	5	0	0	1	1	0	0	$5/2R$	$5/4R$	0	$6I_0$	$6I_0R_A$
0	5	5	5	0	1	1	1	0	$5/2R$	$5/4R$	$5/8R$	$7I_0$	$7I_0R_A$
5	0	0	0	1	0	0	0	$5/R$	0	0	0	$8I_0$	$8I_0R_A$
5	0	0	5	1	0	0	1	$5/R$	0	0	$5/8R$	$9I_0$	$9I_0R_A$
5	0	5	0	1	0	1	0	$5/R$	0	$5/4R$	0	$10I_0$	$10I_0R_A$
5	0	5	5	1	0	1	1	$5/R$	0	$5/4R$	$5/8R$	$11I_0$	$11I_0R_A$
5	5	0	0	1	1	0	0	$5/R$	$5/2R$	0	0	$12I_0$	$12I_0R_A$
5	5	0	5	1	1	0	1	$5/R$	$5/2R$	0	$5/8R$	$13I_0$	$13I_0R_A$
5	5	5	0	1	1	1	0	$5/R$	$5/2R$	$5/4R$	0	$14I_0$	$14I_0R_A$
5	5	5	5	1	1	1	1	$5/R$	$5/2R$	$5/4R$	$5/8R$	$15I_0$	$15I_0R_A$

(三) 模拟/数字转换(A/D)

采样信号在离散的采样点上或采样期间(采样脉冲宽度)里表示模拟信号的值。而 A/D 转换则对采样信号进行幅值量化处理,即用二进制代码来表示采样瞬间信号的值,或者说,用"0"、"1"代码对采样信号的值进行编码,从而将采样信号进一步转换为数字信号。

有多种方法可以用来将模拟信号转换为数字信号,图 8-39a)是数字电路中典型的基于逐次比较原理的 8 位 AD 转换原理图。图中的阶梯信号发生器在一个 8 位的数字信号(D_0,…,D_7,代码形式

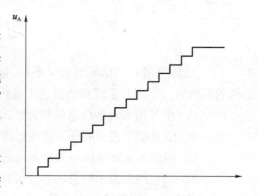

图 8-38　D/A 转换器输出电压波形

是从 0000 0000 到 1111 1111)驱动下工作,它从 0000000 开始,以每次加 1 的顺序产生 $2^8=256$ 个数字信号。相应地,阶梯波发生器从 0 开始,以每次增加一个台阶的顺序生成阶梯形式的模拟输出电压。对 8 位 A/D 转换器而言,阶梯信号发生器最多可以产生 255 个阶梯的模拟电压。不难看出,阶梯信号发生器将数字信号转换成了模拟信号,所以它实质上是一个 D/A 转换器。

A/D 转换的主要过程叙述如下(见图 8-39a):数字发生器发出信号 D_0,…,D_7 按二进制计数方式从 0 开始逐次加 1 生成数字信号序列,并驱动阶梯信号发生器输出电压逐次上升一个阶梯,同时将驱动数字信号送入寄存器中暂存;阶梯信号发生器输出电压 u 在比较器上与待转换的模拟信号电压 u_x 进行比较,当 $u \geqslant u_x$ 时,比较器送出一个脉冲信号 u_0,并控制寄存器将此时的数字信号输出,变换过程至此结束。

在实际测量中,阶梯信号电压与被测电压的逐次比较过程不可能正好以整数次结束。由于系统误差和外界干扰的影响,在被测值附近会发生一个阶梯电压的差异,即有时多一个字,有时少一个字的测量误差。数字电压表在使用中所发生的最后一位数字跳动的现象也是来源于此。所以,通常以字误差表示数字电压表的测量误差。本例中一个字误差等于

$$\Delta u = \frac{5v}{2^8 - 1} = 19.61\text{mV} \approx 20\text{mV}$$

即电压表的误差字约为 20mV,所以 8 位转换器组成的 5V 量程数字电压表只能用 3 位数来表示测量值,即整数 1 位,小数 2 位。显然,由于该表无法分辨 20mV 以下的电压,所以更长位数的显示对他是没有意义的。

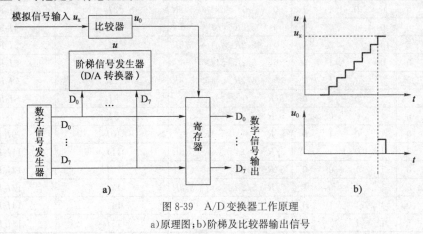

图 8-39 A/D 变换器工作原理
a)原理图;b)阶梯及比较器输出信号

习 题

8-1 信息与消息和信号的意义不同,但三者又是互相关联的概念,信息指受信者预先不知道的新内容。下列对于信息的描述正确的是(　　)。

　　A. 信号用来表示信息的物理形式,消息是运载消息的工具
　　B. 信息用来表示消息的物理形式,信号是运载消息的工具
　　C. 消息用来表示信号的物理形式,信息是运载消息的工具
　　D. 消息用来表示信息的物理形式,信号是运载消息的工具

8-2 信息可以以编码的方式载入(　　)。

　　A. 数字信号之中　　　　　　　　　B. 模拟信号这中
　　C. 离散信号之中　　　　　　　　　D. 采样保持信号之中

8-3 下述信号中哪一种属于时间信号(　　)。

　　A. 数字信号　　　　　　　　　　　B. 模拟信号
　　C. 数字信号和模拟信号　　　　　　D. 数字信号和采样信号

8-4 模拟信号是(　　)。

　　A. 从对象发出的原始信号
　　B. 从对象发出并由人的感官所接收的信号
　　C. 从对象发出的原始信号的采样信号
　　D. 从对象发出的原始信号的电模拟信号

8-5 下列信号中哪一种是代码信号(　　)。
　　A. 模拟信号　　　　　　　　　B. 模拟信号的采样信号
　　C. 采样保持信号　　　　　　　D. 数字信号

8-6 下述哪种说法是错误的(　　)。
　　A. 在时间域中,模拟信号是信息的表现形式,信息装载于模拟信号的大小和变化之中
　　B. 在频率域中,信息装载于模拟信号特定的频谱结构之中
　　C. 模拟信号可描述为时间的函数,在一定条件下也可以用频率函数表示
　　D. 信高级息装载于模拟信号的传输媒体之中

8-7 用传感器对某管道中流动的液体流量 $x(t)$ 进行测量,测量结果为 $u(t)$,用采样器对 $u(t)$ 采样后得到信号 $u^*(t)$,那么(　　)。
　　A. $x(t)$ 和 $u(t)$ 均随时间连续变化,因此均是模拟信号
　　B. $u^*(t)$ 仅在采样点上有定义,因此是离散信号
　　C. $u^*(t)$ 仅在采样点上有定义,因此是数字信号
　　D. $u^*(t)$ 是 $x(t)$ 的模拟信号

8-8 模拟信号 $u(t)$ 的波形图如图所示,它的时间域描述形式是(　　)。
　　A. $u(t)=2(1-e^{-10t}) \cdot l(t)$
　　B. $u(t)=2(1-e^{-0.1t}) \cdot l(t)$
　　C. $u(t)=[2(1-e^{-10t})-2] \cdot l(t)$
　　D. $u(t)=2(1-e^{-10t}) \cdot l(t)-2 \cdot l(t-2)$

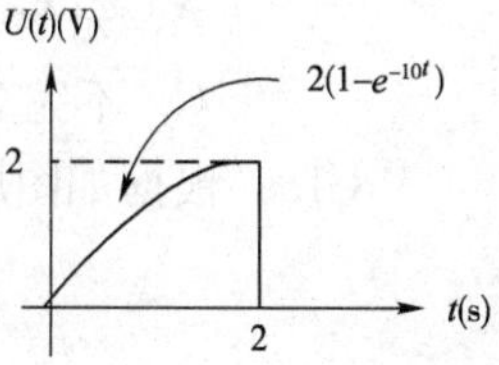

题 8-8 图

8-9 周期信号中的谐波信号频率是(　　)。
　　A. 固定不变的　　　　　　　　B. 连续变化的
　　C. 按周期信号频率的整倍数变化　D. 按指数规律变化

8-10 非周期信号的频谱是(　　)。
　　A. 离散的
　　B. 连续的
　　C. 高频谐波部分是离散的,低频谐波部分是连续的
　　D. 有离散的有连续的,无规律可循

8-11 如图所示为电报信号、温度信号、触发脉冲信号和高频脉冲信号的波形,其中是连续信号的是(　　)。

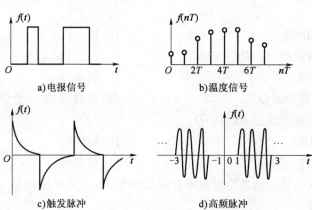

题 8-11 图

A. a)c)d)　　　　B. b)c)d)　　　　C. a)b)c)　　　　D. a)b)d)

8-12 图 a)所示电压信号波形经电路 A 变换成图 b)波形,在经电路 B 变换成图 c)波形,那么,电路 A 和电路 B 应依次选用:

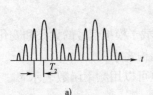
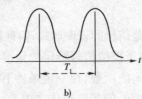
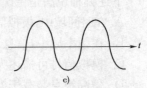

题 8-12 图

A. 低通滤波器和高通滤波器　　　　B. 高通滤波器和低通滤波器
C. 低通滤波器和带通滤波器　　　　D. 高通滤波器和带通滤波器

8-13 模拟信号经过(　　),才能转化为数字信号。
A. 信号幅度的量化　　　　B. 信号时间上的量化
C. 幅度和时间的量化　　　　D. 抽样

8-14 连续时间信号与通常所说的模拟信号的关系(　　)。
A. 完全不同　　　　B. 是同一个概念
C. 不完全相同　　　　D. 无法回答

8-15 根据如图所示信号 $f(t)$ 画出的 $f(2t)$ 波形是(　　)。

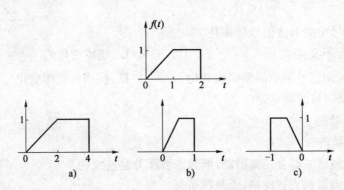

题 8-15 图

A. a)　　　　B. c)
C. 均不正确　　　　D. b)

8-16 单位冲激信号 $\delta(t)$ 是(　　)。
A. 奇函数　　　　B. 偶函数
C. 非奇非偶函数　　　　D. 奇异函数,无奇偶性

8-17 单位阶跃函数信号 $\varepsilon(t)$ 具有(　　)。
A. 周期性　　　　B. 抽样性
C. 单边性　　　　D. 截断性

8-18 单位阶跃信号 $\varepsilon(t)$ 是物理量单位跃变现象,而单位冲激信号 $\delta(t)$ 是物理量产生单位跃变(　　)的现象。
A. 速度　　　　B. 幅度

C. 加速度　　　　　　　　　　　D. 高度

8-19 如图所示的周期为 T 的三角波信号,在用傅氏级数分析周期信号时,系数 a_0、a_n 和 b_n 判断正确的是(　　)。

　　A. 该信号是奇函数且在一个周期的平均值为零,所以傅里叶系数 a_0 和 b_n 是零
　　B. 该信号是偶函数且在一个周期的平均值不为零,所以傅里叶系数 a_0 和 a_n 不是零
　　C. 该信号是奇函数且在一个周期的平均值不为零,所以傅里叶系数 a_0 和 b_n 不是零
　　D. 该信号是偶函数且在一个周期的平均值为零,所以傅里叶系数 a_0 和 b_n 是零

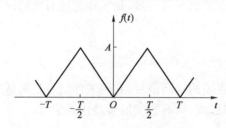

题 8-19 图

8-20 $(70)_{10}$ 的二进制数是(　　)。

　　A. $(0011100)_2$　　　　　　　　B. $(1000110)_2$
　　C. $(1110000)_2$　　　　　　　　D. $(0111001)_2$

8-21 将 $(10010.0101)_2$ 转换成十进制数是(　　)。

　　A. 36.1875　　　　　　　　　　B. 18.1875
　　C. 18.3125　　　　　　　　　　D. 36.3125

8-22 将 $(11010010.01010100)_2$ 表示成十六进制数是(　　)。

　　A. $(D2.54)_H$　　　　　　　　　B. D2.54
　　C. $(D2.A8)_H$　　　　　　　　　D. $(D2.54)_B$

8-23 数字信号如图所示,如果用其表示数值,那么,该数字信号表示的数量是(　　)。

　　A. 3 个 0 和 3 个 1　　　　　　　B. 一万零一十一
　　C. 3　　　　　　　　　　　　　D. 19

8-24 某逻辑问题的真值表见表,由此可以得到,该逻辑问题的输入输出之间的关系为(　　)。

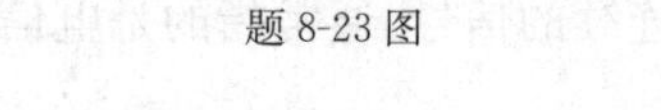

题 8-24 表

C A B	F
1 0 0	1
1 0 1	0
1 1 0	0
1 1 1	1

题 8-23 图

　　A. F=0+1=1　　　　　　　　　B. F=$\overline{AB}$C+ABC
　　C. F=A$\overline{B}$C+ABC　　　　　　　D. F=$\overline{AB}$+AB

习题提示及参考答案

8-1 **提示**：信息、消息与信号的关系是借助某种信号的形式传送消息，受信者可以从所得到的消息中提取信息。
答案：D

8-2 **提示**：信息是以编码方式载入数字信号中的。
答案：A

8-3 **提示**：模拟信号是连续的时间信号，是实际物理对象随时间变化的真实过程。
答案：B

8-4 **提示**：同上题。
答案：D

8-5 **提示**：模拟信号是连续的时间信号，它的采样信号是离散的时间信号，采样保持信号是采样信号的特殊形式，只有数字信号是代码信号。
答案：D

8-6 **提示**：传输媒体是一种介质，它可以传送信号但不表示信息。
答案：D

8-7 **提示**：由原始形态(光、热等物理量)转换而来的连续时间信号，通常是指电信号，称作模拟信号。
答案：B

8-8 **提示**：本题可以用信号的叠加关系分析。将原图分解为指数函数和阶跃函数，将结果求和即可。
答案：D

8-9 **提示**：周期信号中的谐波信号是由傅里叶级数分解得到的，它的频率是同期信号频率的整数倍。
答案：C

8-10 **提示**：非周期信号的傅里叶变换形式是频率的连续函数，它的频谱是连续频谱。
答案：B

8-11 **提示**：图示中的温度信号是采样以后的信号，$f(nt)$只是在n为整数点上有值，因此它是个离散信号。
答案：A

8-12 **提示**：该电路是通过频率选择器，根据信号频率的不同来处理信号的。
答案：A

8-13 **提示**：模拟信号不仅要经过抽样过程，还要在信号的幅度上进行量化才能成为数字信号。
答案：C

8-14 **提示**：模拟信号定义为在时间和数值都连续的信号，通常指的是电信号。
答案：C

8-15 **提示**：图 b)所示的信号是原图信号的压缩信号。
答案：D

8-16 **提示**：单位中激信号符合偶数特性，关于y轴对称，同时又属于奇异函数。

答案：B

8-17 提示：单位阶跃信号有单边性质。$\varepsilon(t)=\begin{cases} 0 & t<0 \\ 1 & t>0 \end{cases}$

答案：C

8-18 提示：单位中激函数和单位阶跃信号的关系为 $\delta(t)=\dfrac{\mathrm{d}}{\mathrm{d}t}[\varepsilon(t)]$。

答案：A

8-19 提示：当函数在一个周期里的正、负面积相等时，a_0 等于零；函数关于 $f(t)$ 轴对称，为偶函数，$a_n=0$；如果函数对称于原点时，$b_n=0$。

答案：B

8-20 提示：根据 $D=\sum k_i \times N^i$ 展开，进制中 $k_i=0,1$。

答案：B

8-21 提示：将十进制转换为二进制数时，整数部分用除法，小数部分用乘法。

答案：C

8-22 提示：将二进制转换为十六进制数时，以小数点为界，将二进制 4 位一组，左右两边分开写。注意只有十进制数的脚标才能省去。

答案：A

8-23 提示：通常数字信号是二进制数。数字电路中的高电位表示"1"，低电位表示"0"。

答案：D

8-24 提示：本题为数字信号中的编码问题，输入信号 CAB 相互之间是与逻辑关系，输出 F 的对应关系是或逻辑关系。

答案：B

第九章 计算机应用基础

复习指导

一、考试大纲

7.7 计算机系统

计算机系统组成;计算机的发展;计算机的分类;计算机系统特点;计算机硬件系统组成;CPU;存储器;输入/输出设备及控制系统;总线;数模/模数转换;计算机软件系统组成;系统软件;操作系统;操作系统定义;操作系统特征;操作系统功能;操作系统分类;支撑软件;应用软件;计算机程序设计语言。

7.8 信息表示

信息在计算机内的表示;二进制编码;数据单位;计算机内数值数据的表示;计算机内非数值数据的表示;信息及其主要特征。

7.9 常用操作系统

Windows发展;进程和处理器管理;存储管理;文件管理;输入/输出管理;设备管理;网络服务。

7.10 计算机网络

计算机与计算机网络;网络概念;网络功能;网络组成;网络分类;局域网;广域网;因特网;网络管理;网络安全;Windows系统中的网络应用;信息安全;信息保密。

二、复习指导

在计算机系统这一章中要求掌握以下几部分内容。

(一)计算机基础知识

计算机的分类、计算机系统的组成(硬件和软件的组成及功能)、操作系统,在这部分中重点掌握以下内容:

(1)计算机按年代的分类;

(2)CPU的组成及功能、存储器的种类、输入/输出设备;

(3)软件的组成;

(4)操作系统的功能。

(二)计算机程序设计语言

计算机语言的分类,发展趋势及计算机常用的高级程序设计语言。

(三)信息表示

数制、二进制、数值转换、信息的表示及存储,并要求重点掌握以下内容:

(1)信息的表示方法;

(2)数制的定义;

(3)二进制;

(4)数制的转换；
(5)非数值数据在计算机内的表示；
(6)多媒体数据在计算机内的表示。

(四)常用操作系统

Windows 的发展、操作系统管理，并要求重点掌握以下内容：
(1)进程和处理器管理；
(2)存储资源管理；
(3)文件管理；
(4)输入/输出管理；
(5)设备管理；
(6)网络服务。

(五)计算机网络

网络的功能、组成及分类、网络安全、网络应用，并要求重点掌握以下内容：
(1)网络的概念；
(2)网络的功能；
(3)网络的组成；
(4)网络的分类；
(5)TCP/IP 协议的作用；
(6)IP 地址和域名的作用；
(7)如何防止病毒的攻击；
(8)网络应用；
(9)网络管理。

第一节　计算机基础知识

一、计算机的发展

1946 年 2 月，人类历史上第一台数字电子计算机 ENIAC 诞生了，它标志着人类社会计算机时代的开始。ENIAC 由 18 000 多个电子管和 1 500 多个继电器组成，占地达 170m^2，重 30t，每秒钟可执行 5 000 次加法运算，应用于当时军事指挥中的弹道计算。它的严重缺陷在于不能存储程序。

为了解决存储程序问题，1946 年 6 月，著名数学家冯·诺依曼提出了"存储程序"和"程序控制"的概念，为现代计算机的体系结构奠定了理论基础。它的主要思想是：

(1)采用二进制形式表示数据和指令。
(2)计算机应包括运算器、控制器、存储器、输入设备和输出设备等五大基本部件。
(3)采用存储程序和程序控制的工作方式。

存储程序是指把解决问题的程序和需要加工处理的原始数据存入存储器中，这是计算机能够自动、连续工作的先决条件。

程序控制是指由控制器从存储器中逐条地读出指令，并发出各条指令相应的控制信号，指挥和控制计算机的各个组成部件自动、协调地执行指令所规定的操作，直至得到最终的结果，即整个信息处理过程是在程序的控制下自动实现的。因此，计算机的工作过程实际上是周而复始地取指令,执行指令的过程。

半个多世纪以来,尽管计算机技术的发展速度是惊人的,但至今广泛使用的绝大部分计算机,就其基本组成而言,仍遵循冯·诺依曼提出的这种设计思想,均属于冯·诺依曼体系的计算机。

计算机与信息处理技术的广泛应用,推动了集成电路技术与制造工艺的迅猛发展。自 ENIAC 诞生以来直至多年后的今天,微型计算机上使用的 Pentium(奔腾)CPU 芯片,集成了上亿个晶体管,而面积只有几个平方毫米,时钟工作频率可达 3G 以上,总功率几十瓦。1981 年美国 IBM 公司推出的个人计算机(PC,Personal Computer),最终导致了计算机应用的社会化与家庭化。

【例 9-1】 当前计算机的发展趋势是向多个方向发展,下面四个选项中不正确的一项是:
A. 高性能、人性化、网络化　　　　B. 多极化、多媒体、智能化
C. 高性能、多媒体、智能化　　　　D. 高集成、低噪声、低成本

答案:D

二、现代计算机的分类

(一)按年代分类

1. 大型主机阶段

20 世纪 40~50 年代,是第一代电子管计算机。经历了电子管数字计算机、晶体管数字计算机、集成电路数字计算机和大规模集成电路数字计算机的发展历程,计算机技术逐渐走向成熟。

2. 小型计算机阶段

20 世纪 60~70 年代,是对大型主机进行的第一次"缩小化",可以满足中小企业事业单位的信息处理要求,成本较低,价格可被接受。

3. 微型计算机阶段

20 世纪 70~80 年代,是对大型主机进行的第二次"缩小化",1976 年美国苹果公司成立,1977 年就推出了 Apple II 计算机,大获成功。1981 年 IBM 推出 IBM-PC,此后它经历了若干代的演进,占领了个人计算机市场,使得个人计算机得到了很大的普及。

4. 客户机/服务器阶段

该阶段即 C/S 阶段。随着 1964 年 IBM 与美国航空公司建立了第一个全球联机订票系统,把美国当时 2 000 多个订票的终端用电话线连接在了一起,标志着计算机进入了客户机/服务器阶段,这种模式至今仍在大量使用。在客户机/服务器网络中,服务器是网络的核心,而客户机是网络的基础,客户机依靠服务器获得所需要的网络资源,而服务器为客户机提供网络必需的资源。C/S 结构的优点是能充分发挥客户端 PC 的处理能力,很多工作可以在客户端处理后再提交给服务器,大大减轻了服务器的压力。

5. Internet 阶段

Internet 阶段也称互联网、因特网、网际网阶段。互联网即广域网、局域网及单机按照一定的通信协议组成的国际计算机网络。互联网始于 1969 年,是在 ARPA(美国国防部研究计划署)将美国西南部的大学[UCLA(加利福尼亚大学洛杉矶分校)、StanfordResearchInstitute(史坦福大学研究学院)、UCSB(加利福尼亚大学)和 University of Utah(犹他州大学)]的四台主要的计算机连接起来。此后经历了文本到图片,到现在语音、视频等阶段,带宽越来越快,功能越来越强。互联网的特征是:全球性,交互性,成长性,即时性,多媒体性。

6. 云计算时代

从 2008 年起,云计算(Cloud Computing)概念逐渐流行起来,它正在成为一个通俗和大众化

(Popular)的词语。云计算被视为"革命性的计算模型",因为它使得超级计算能力通过互联网自由流通成为可能。企业与个人用户无需再投入昂贵的硬件购置成本,只需要通过互联网来购买或租赁计算力,用户只需为自己需要的功能付钱,同时消除传统软件在硬件、软件、专业技能方面的花费。云计算让用户脱离技术与部署上的复杂性而获得应用。云计算囊括了开发、架构、负载平衡和商业模式等,是软件业的未来模式。它基于 Web 的服务,以互联网为中心。

(二)按硬件分类

将计算机按硬件分类,分为服务器、工作站、台式机、笔记本计算机、手持设备五大类。

1. 服务器

服务器的英文名为 Server,专指某些高性能计算机,能通过网络对外提供服务。相对于普通电脑来说,稳定性、安全性、性能等方面都要求更高,因此在 CPU、芯片组、内存、磁盘系统、网络等硬件上和普通电脑有所不同。服务器是网络的节点,存储、处理网络上 80% 的数据、信息,在网络中起到举足轻重的作用。它们是为客户端计算机提供各种服务的高性能的计算机,其高性能主要表现在高速度的运算能力,长时间的可靠运行,强大的外部数据吞吐能力等方面。服务器的构成与普通电脑类似,也有处理器、硬盘、内存、系统总线等,但因为它是针对具体的网络应用特别制定的,因而服务器与微机在处理能力、稳定性、可靠性、安全性、可扩展性、可管理性等方面差异很大。

2. 工作站

工作站的英文名为 Workstation,是一种以个人计算机和分布式网络计算为基础,主要面向专业应用领域,具备强大的数据运算与图形、图像处理能力,为满足工程设计、动画制作、科学研究、软件开发、金融管理、信息服务、模拟仿真等专业领域而设计开发的高性能计算机。它属于一种高档的电脑,一般拥有较大屏幕显示器和大容量的内存和硬盘,也拥有较强的信息处理功能和高性能的图形、图像处理功能以及联网功能。

3. 台式机

台式机的英文名为 Desktop,也叫桌面机,为现在非常流行的微型计算机,多数家用和办公用的机器都是台式机。台式机的性能相对较笔记本电脑要强。

4. 笔记本电脑

笔记本电脑的英文名为 Notebook Computer(简称 NB),也称手提电脑或膝上型电脑,笔记本电脑可以大体分为 4 类:

(1)商务型。商务型笔记本电脑一般可以概括为移动性强、电池续航时间长、商务软件多。

(2)时尚型。时尚型外观主要针对时尚女性。

(3)多媒体应用型。多媒体应用型笔记本电脑则有较强的图形、图像处理功能和多媒体功能,尤其是播放功能。

(4)特殊用途。

5. 手持设备

手持设备英文名为 Handhold,种类较多,如 PDA,SmartPhone,智能手机,3G 手机,Netbook,EeePC 等,它们的特点是体积小。随着 3G 时代的到来,手持设备将会获得更大的发展,其功能也会越来越强。

三、计算机系统的特点及组成(硬件和软件部分)

(一)计算机系统的特点

(1)使用单一的处理部件来完成计算、存储以及通信的工作;

(2)存储单元是定长的线性组织；

(3)存储空间的单元是直接寻址的；

(4)使用低级机器语言，指令通过操作码来完成简单的操作；

(5)对计算进行集中的顺序控制；

(6)计算机硬件系统由运算器、存储器、控制器、输入设备、输出设备五大部件组成并规定了它们的基本功能；

(7)采用二进制形式表示数据和指令；

(8)在执行程序和处理数据时必须将程序和数据从外存储器装入主存储器中，然后才能使计算机在工作时能够自动地从存储器中取出指令并加以执行。

【例9-2】 计算机系统拥有非常突出的特点，在下面有关计算机系统特点的四个选项中不正确的一项是：

    A. 计算能力、判断能力、存储能力 B. 精确计算能力、通俗易用

    C. 价格低廉、操作方便、界面友好 D. 联网功能、快速操作能力、通用性

解 选项C属于没有抓住重点，表述不当。

答案：C

(二)计算机系统的组成

计算机系统由硬件和软件两大部分组成。其中，硬件是指构成计算机系统的物理实体(或物理装置)，如主板、机箱、键盘、显示器和打印机等。软件是指为运行、维护、管理和应用计算机所编制的所有程序的集合。图9-1给出了计算机硬件系统组成框图。

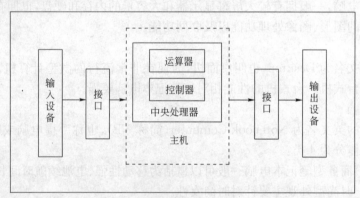

图9-1 计算机硬件系统组成

1. 硬件部分

(1)输入装置。将程序和数据的信息转换成相应的电信号，让计算机能接收的装置，如键盘、鼠标、光笔、扫描仪、图形板、外存储器等。

(2)输出装置。能将计算机内部处理后的信息传递出来的设备，如显示器、打印机、绘图仪、外存储器等。

(3)存储器。计算机在处理数据的过程中或在处理数据之后把程序和数据存储起来的装置。存储器分为主存储器和辅助存储器。主存储器与中央处理器组装在一起构成主机，直接受CPU控制，因此也被称为内存储器，简称内存。存储器由内存、高速缓存、外存和管理这些存储器的软件组成，以字节为单位，是用来存放正在执行的程序、待处理数据及运算结果的部件。内存分为只读存储器(ROM)、随机存储器(RAM)、高速缓冲存储器(Cache)。

①只读存储器(ROM):是一种只能读不能写入的存储器,最大特点是电源断电后信息不会丢失,经常用来存放监控和诊断程序。

②随机存储器(RAM):可随机读出和写入信息,用来存放用户的程序和数据,关机后RAM中的内容自动消失,并不可恢复。

③高速缓冲存储器(Cache):在逻辑上位于CPU和内存之间,其运算速度高于内存而低于CPU,其作用是减少CPU的等待时间,提高CPU的读写速度,而不会改变内存的容量。辅助存储器也称外存储器,存储容量大,外存分为磁表面存储器和光存储器两大类。

(4)运算器。它是计算机的核心部件,对信息或数据进行加工和处理,主要由逻辑运算单元(ALU)组成,在控制器的指挥下可以完成各种算术运算、逻辑运算和其他操作。

(5)控制器。它是计算机的神经中枢和指挥中心,计算机的硬件系统由控制器控制其全部动作。运算器和控制器一起称为中央处理器。主存、运算器和控制器统称为主机。输入装置和输出装置统称为输入、输出装置。通常把输入、输出装置和外存一起称为外围设备。外存既是输入设备又是输出设备。

(6)中央处理器(CPU)。CPU主要由运算器、控制器、寄存器等组成。运算器按控制器发出的命令来完成各种操作。控制器规定计算机执行指令的顺序,并根据指令的信息控制计算机各部分协同动作。

(7)计算机总线。在计算机系统中,各个部件之间传送信息的公共通路叫总线。总线是一种内部结构,它是CPU、内存、输入、输出设备传递信息的公用通道,主机的各个部件通过总线相连接,外部设备通过相应的接口电路再与总线相连接,从而形成了计算机硬件系统。微型计算机是以总线结构来连接各个功能部件的。总线分为主板总线、硬盘总线及其他总线。

(8)数模/模数转换。数模转换器是将数字信号转换为模拟信号的系统,一般用低通滤波即可以实现。模数转换器是将模拟信号转换成数字信号的系统,是一个滤波、采样保持和编码的过程。模拟信号经带限滤波、采样保持电路,变为阶梯形状信号,然后通过编码器,使得阶梯状信号中的各个电平变为二进制码。

【例9-3】 总线中的控制总线传输的是:
A. 程序和数据 B. 主存储器的地址码
C. 控制信息 D. 用户输入的数据

解 计算机的总线可以划分为数据总线、地址总线和控制总线。数据总线用来传输数据,地址总线用来传输数据地址,控制总线用来传输控制信息。

答案:C

2. 软件部分(图9-2)

(1)系统软件。它是生成、准备和执行其他软件所需要的一组程序,通常负责管理、监督和维护计算机各种软硬件资源。给用户提供一个友好的操作界面。

系统软件主要有操作系统、程序设计语言[机器语言、汇编语言、高级语言、非过程语言(不必关心问题的解法和处理过程的描述,只要说明所要完成的加工和条件,指明输入数据以及输出形式,就能得到所要的结果。如Visual C++、Java语言等)、智能性语言(应用于抽象问题求解、数据逻辑、公式处理、自然语言理解、专家

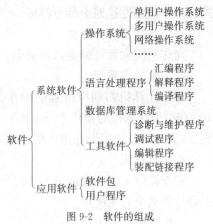

图9-2 软件的组成

系统和人工智能的许多领域)]。

(2)应用软件。它是用户为了解决某些特定具体问题而开发或外购的各种程序,如Word,Excel等。

【例9-4】 目前常用的计算机辅助设计软件是:
   A. Microsoft Word   B. Auto CAD
   C. Visual BASIC   D. Microsoft Access

解 Microsoft Word是文字处理软件。Visual BASIC简称VB,是Microsoft公司推出的一种Windows应用程序开发工具。Microsoft Access是小型数据库管理软件。Auto CAD是专业绘图软件,主要用于工业设计中,被广泛用于民用、军事等各个领域。CAD是Computer Aided Design的缩写,意思为计算机辅助设计。加上Auto,指它可以应用于几乎所有跟绘图有关的行业,比如建筑、机械、电子、天文、物理、化工等。

答案:B

【例9-5】 根据软件的功能和特点,计算机软件一般分为:
   A. 系统软件和非系统软件   B. 应用软件和非应用软件
   C. 系统软件和应用软件   D. 系统软件和管理软件

答案:C

四、操作系统

(一)操作系统定义

操作系统是控制其他程序运行,管理系统资源并为用户提供操作界面的系统软件的集合。

(二)操作系统功能及特征

操作系统(Operating System,简称OS)是一种管理电脑硬件与软件资源的程序,同时也是计算机系统的内核与基石。操作系统身负诸如管理与配置内存,决定系统资源供需的优先次序,控制输入与输出设备,操作网络与管理文件系统等基本事务。操作系统管理计算机系统的全部硬件资源,包括软件资源及数据资源,控制程序运行,改善人机界面,为其他应用软件提供支持等,使计算机系统所有资源最大限度地发挥作用,为用户提供方便的、有效的、友善的服务界面。操作系统是一个庞大的管理控制程序,大致包括五个方面的管理功能:进程与处理机管理,作业管理,存储管理,设备管理,文件管理。目前微机上常见的操作系统有DOS、OS/2、UNIX、XENIX、LINUX、Windows、Netware等。但所有的操作系统都具有并发性、共享性、虚拟性和不确定性这四个基本特征。

(三)操作系统的分类

操作系统大致可分为六种类型。

1. 简单操作系统

它是计算机初期所配置的操作系统,如IBM公司的磁盘操作系统DOS/360和微型计算机的操作系统CP/M等。这类操作系统的功能主要是操作命令的执行,文件服务,支持高级程序设计语言编译程序和控制外部设备等。

2. 分时系统

它支持位于不同终端的多个用户同时使用一台计算机,彼此独立互不干扰,用户感到好像一台计算机全为他所用。

3. 实时操作系统

它是为实时计算机系统配置的操作系统。其主要特点是资源的分配和调度,首先要考虑实时性,然后才是效率。此外,实时操作系统应有较强的容错能力。

4. 网络操作系统

它是为计算机网络配置的操作系统。在其支持下,网络中的各台计算机能互相通信和共享资源。其主要特点是与网络的硬件相结合来完成网络的通信任务。

5. 分布操作系统

它是为分布计算系统配置的操作系统。它在资源管理、通信控制和操作系统的结构等方面都与其他操作系统有较大的区别。由于计算机系统的资源分布于系统的不同计算机上,操作系统对用户的资源需求不能像一般的操作系统那样等待有资源时直接分配的简单做法,而是要在系统的各台计算机上搜索,找到所需资源后才可进行分配。对于有些资源,如具有多个副本的文件,还必须考虑一致性。所谓一致性,是指若干个用户对同一个文件所同时读出的数据是一致的。为了保证一致性,操作系统须控制文件的读、写、操作,使得多个用户可同时读一个文件,而任一时刻最多只能有一个用户在修改文件。分布操作系统的通信功能类似于网络操作系统。由于分布计算机系统不像网络分布得很广,同时分布操作系统还要支持并行处理,因此它提供的通信机制和网络操作系统提供的有所不同,它要求通信速度高。分布操作系统的结构也不同于其他操作系统,它分布于系统的各台计算机上,能并行地处理用户的各种需求,有较强的容错能力。

6. 智能操作系统

现在很多智能操作系统应用在手机上,如 Symbian 操作系统在智能移动终端上拥有强大的应用程序以及通信能力,它有一个非常健全的核心——强大的对象导向系统、企业用标准通信传输协议以及完美的 sunjava 语言。Symbian 认为无线通信装置除了要提供声音沟通的功能外,同时也应具有其他多种沟通方式,如触笔、键盘等。在硬件设计上,它可以提供许多不同风格的外形,像使用真实或虚拟的键盘,在软件功能上可以容纳许多功能,包括和他人互相分享信息,浏览网页,传输、接收电子信件,传真以及个人生活行程管理等。此外,Symbian 操作系统在扩展性方面为制造商预留了多种接口,而且操作系统还可以细分成三种类型:Pearl、Quartz、Crystal,分别对应普通手机、智能手机、HandHeld PC 场合的应用。

习　　题

9-1　微型计算机的硬件包括(　　)。
　　A. 微处理器、存储器、外部设备、外围设备
　　B. 微处理器、RAM、MS 系统、FORTRAN 语言
　　C. ROM 和键盘、显示器
　　D. 软盘驱动器和微处理器、打印机

9-2　微型计算机的软件包括(　　)。
　　A. MS-DOS 系统、Super SAP　　　B. dBASE 数据库、FORTRAN 语言
　　C. 机器语言和通用软件　　　　　D. 系统软件、程序语言和通用软件

9-3　对磁盘写保护后,对磁盘(　　)。
　　A. 只能读取数据,不能写入数据　　B. 只能写入数据,不能读取数据
　　C. 不能读取数据,也不能写入数据　D. 既能读取数据,又能写入数据

9-4　既可做输入设备,又可做输出设备的是(　　)。

A. 显示器　　　　B. 打印机　　　　C. 硬盘　　　　D. 光盘

9-5 软件中（　　）是非系统软件。

A. DOS 系统　　B. FORTRAN 77　　C. BASIC　　　D. TBSA

9-6 计算机的中央处理器包括（　　）。

A. 整个计算机主板　　　　　　　B. CPU 的运算器部分

C. CPU 的控制器部分　　　　　　D. 运算器和控制器

9-7 计算机中 CPU 中央处理器的功能是（　　）。

A. 完成输入输出操作　　　　　　B. 进行数据处理

C. 协调计算机各种操作　　　　　D. 负责各种运算和控制工作

9-8 在工作中，若微型计算机的电源突然中断，则只有（　　）不会丢失。

A. RAM 和 ROM 中的信息　　　　B. ROM 中的信息

C. RAM 中的信息　　　　　　　　D. RAM 中部分信息

9-9 在"我的电脑"窗口中，如果要整理磁盘上的碎片，应选择磁盘"属性"对话框的（　　）选项卡。

A. 常规　　　　B. 硬件　　　　C. 共享　　　　D. 工具

第二节　计算机程序设计语言

一、计算机语言

计算机语言（Computer Language）指用于人与计算机之间通讯的语言。计算机语言是人与计算机之间传递信息的媒介。计算机系统的最大特征是指令通过一种语言传达给机器。为了使电子计算机进行各种工作，就需要有一套用以编写计算机程序的数字、字符和语法规则，由这些字符和语法规则组成对计算机的各种指令（或各种语句），就是计算机能接受的语言。

（一）计算机语言的分类

计算机语言的种类非常的多，总的来说可以分成机器语言、汇编语言、高级语言三大类。

1. 机器语言

机器语言是用二进制代码表示的计算机能直接识别和执行的一种机器指令的集合。它是计算机的设计者通过计算机的硬件结构赋予计算机的操作功能。机器语言具有灵活、直接执行和速度快等特点。

用机器语言编写程序，编程人员要首先熟记所用计算机的全部指令代码和代码的含义。手编程序时，程序员得自己处理每条指令和每一数据的存储分配和输入输出，还得记住编程过程中每步所使用的工作单元处在何种状态。这是一件十分繁琐的工作，编写程序花费的时间往往是实际运行时间的几十倍或几百倍。而且，编出的程序全是些 0 和 1 的指令代码。直观性差，还容易出错。除了计算机生产厂家的专业人员外，绝大多数程序员已经不再去学习机器语言了。

2. 汇编语言

为了克服机器语言难读、难编、难记和易出错的缺点，人们就用与代码指令实际含义相近的英文缩写词、字母和数字等符号来取代指令代码（如用 ADD 表示运算符号"＋"的机器代码），于是就产生了汇编语言。所以说，汇编语言是一种用助记符表示的仍然面向机器的计算机语言。汇编语言亦称符号语言。汇编语言由于是采用了助记符号来编写程序,比用机器语言的二进制代码编程要方便些,在一定程度上简化了编程过程。汇编语言的特点是用符号代替了机器指令代码。而且助记符与指令代码一一对应,基本保留了机器语言的灵活性。使用汇编语言能面向机器并较好地发挥机器的特性,得到质量较高的程序。

汇编语言中由于使用了助记符号,用汇编语言编制的程序送入计算机,计算机不能像用机器语言编写的程序一样直接识别和执行,必须通过预先放入计算机的"汇编程序"的加工和翻译,才能变成能够被计算机识别和处理的二进制代码程序。用汇编语言等非机器语言书写好的符号程序称源程序,运行时汇编程序要将源程序翻译成目标程序。目标程序是机器语言程序,它一经被安置在内存的预定位置上,就能被计算机的CPU处理和执行。

汇编语言像机器指令一样,是硬件操作的控制信息,因而仍然是面向机器的语言,使用起来还是比较繁琐费时,通用性也差。汇编语言是低级语言。但是,汇编语言用来编制系统软件和过程控制软件,其目标程序占用内存空间少,运行速度快,有着高级语言不可替代的用途。

3.高级语言

不论是机器语言还是汇编语言都是面向硬件具体操作的,语言对机器过分依赖,要求使用者必须对硬件结构及其工作原理都十分熟悉,这对非计算机专业人员是难以做到的,对于计算机的推广应用是不利的。计算机事业的发展,促使人们去寻求一些与人类自然语言相接近且能为计算机所接受的语意确定、规则明确、自然直观和通用易学的计算机语言。这种与自然语言相近并为计算机所接受和执行的计算机语言称高级语言。高级语言是面向用户的语言。无论何种机型的计算机,只要配备上相应的高级语言的编译或解释程序,则用该高级语言编写的程序就可以通用。

如今被广泛使用的高级语言有BASIC、PASCAL、C、COBOL、FORTRAN、LOGO以及VC、VB等。这些语言都是属于系统软件。

计算机并不能直接地接受和执行用高级语言编写的源程序,源程序在输入计算机时,通过"翻译程序"翻译成机器语言形式的目标程序,计算机才能识别和执行。这种"翻译"通常有两种方式,即编译方式和解释方式。编译方式是:事先编好一个称为编译程序的机器语言程序,作为系统软件存放在计算机内,当用户由高级语言编写的源程序输入计算机后,编译程序便把源程序整个地翻译成用机器语言表示的与之等价的目标程序,然后计算机再执行该目标程序,以完成源程序要处理的运算并取得结果。解释方式是:源程序进入计算机时,解释程序边扫描边解释并逐句输入逐句翻译,计算机一句句执行,并不产生目标程序。PASCAL、FORTRAN、COBOL等高级语言执行编译方式;BASIC语言则以执行解释方式为主;而PASCAL、C语言是能书写编译程序的高级程序设计语言。每一种高级(程序设计)语言,都有自己人为规定的专用符号、英文单词、语法规则和语句结构(书写格式)。高级语言与自然语言(英语)更接近,而与硬件功能相分离(彻底脱离了具体的指令系统),便于广大用户掌握和使用。高级语言的通用性强,兼容性好,便于移植。

(二)计算机语言的发展趋势

面向对象程序设计以及数据抽象在现代程序设计思想中占有很重要的地位,未来语言的发展将不再是一种单纯的语言标准,将会以一种完全面向对象,更易表达现实世界,更易为人编写,其使用将不再只是专业的编程人员,人们完全可以用订制真实生活中一项工作流程的简单方式来完成编程。

二、计算机程序设计语言

1. C 语言

C语言是 Dennis Ritchie 在 20 世纪 70 年代创建的,它功能更强大且与 ALGOL 保持更连续的继承性,而 ALGOL 则是 COBOL 和 FORTRAN 的结构化继承者。C语言被设计成一个比它的前辈更精巧、更简单的版本,它适于编写系统级的程序,比如操作系统。在此之前,操作系统是使用汇编语言编写的,而且不可移植。C语言是第一个使得系统级代码移植成为可能的编程语言。

2. C++

C++语言是具有面向对象特性的 C 语言的继承者。面向对象编程,或称 OOP(Object Oriented Programming)是结构化编程的下一步。OOP 程序由对象组成,其中的对象是数据和函数离散集合。有许多可用的对象库存在,这使得编程简单得只需要将一些程序堆在一起。比如说,有很多的 GUI(Graphical User Interface)和数据库的库实现为对象的集合。

3. 汇编语言

汇编是第一个计算机语言。汇编语言实际上是你对计算机处理器实际运行的指令的命令形式表示法。这意味着你将与处理器的底层打交道,比如寄存器和堆栈。如果你要找的是类英语且有相关的自我说明的语言,这不是你想要的。特别注意:语言的名字叫"汇编"。把汇编语言翻译成真实的机器码的工具叫"汇编程序"。把这门语言叫做"汇编程序"这种用词不当相当普遍,因此,请从这门语言的正确称呼作为起点出发。

4. Pascal 语言

Pascal 语言是由 NicolasWirth 在 20 世纪 70 年代早期设计的,Pascal 被设计来强行使用结构化编程。最初的 Pascal 被严格设计成教学之用,最终,大量的拥护者促使它闯入了商业编程中。当 Borland 发布 IBMPC 上的 TurboPascal 时,Pascal 辉煌一时。集成的编辑器,闪电般的编译器加上低廉的价格使之变得不可抵抗,Pascal 编程成为 MS-DOS 编写小程序的首选语言。然而时日不久,C 编译器变得更快,并具有优秀的内置编辑器和调试器。Pascal 在 1990 年 Windows 开始流行时走到了尽头,Borland 放弃了 Pascal 而把目光转向了为 Windows 编写程序的 C++。TurboPascal 很快被人遗忘。

5. Java

Java 是由 Sun 最初设计用于嵌入程序的可移植性"小 C++"。在网页上运行小程序的想法着实吸引了不少人的目光,于是,这门语言迅速崛起。事实证明,Java 不仅仅适于在网页上内嵌动画,它是一门极好的完全的软件编程的小语言。"虚拟机"机制、垃圾回收以及没有指针等使它很容易成为不易崩溃且不会泄漏资源的可靠程序。

虽然不是 C++ 的正式续篇,Java 从 C++ 中借用了大量的语法。它丢弃了很多 C++ 的复杂功能,从而形成一门紧凑而易学的语言。不像 C++,Java 强制面向对象编程,要在 Java 里写非面向对象的程序就像要在 Pascal 里写"空心粉式代码"一样困难。

6. C#

C#是一种精确、简单、类型安全、面向对象的语言。其是. Net 的代表性语言。什么是. Net 呢?按照微软总裁兼首席执行官 Steve Ballmer 把它定义为:. Net 代表一个集合,一个环境,它可以作为平台支持下一代 Internet 的可编程结构。

7. FORTRAN

FORTRAN 语言是世界上第一个被正式推广使用的高级语言。它是 1954 年被提出来的,1956 年开始正式使用,至今已有五十多年的历史,但仍历久不衰,它始终是数值计算领域所使用的主要语言。FORTRAN 语言是 Formula Translation 的缩写,意为"公式翻译"。它是为科学、工程问题或企事业管理中的那些能够用数学公式表达的问题而设计的,其数值计算的功能较强。

习 题

9-10 根据计算机语言的发展过程,它们出现的顺序为( )。
  A. 机器语言、汇编语言、高级语言
  B. 汇编语言、机器语言、高级语言
  C. 高级语言、汇编语言、机器语言
  D. 机器语言、高级语言、汇编语言

9-11 汇编语言是( )。
  A. 机器语言   B. 低级语言
  C. 高级语言   D. 自然语言

第三节 信 息 表 示

一、计算机中的信息表示方法

计算机采用二进制,用 0 和 1 存储信息。

数据的存储单位有位、字节和字等。

1. 位

比特,记为 bit,是计算机最小的存储信息单位,是用 0 或 1 来表示的一个二进制位数。

2. 字节

拜特,记为 Byte,是数据存储中最常用的基本单位。8 位二进制构成一个字节,从最小的 00000000 到最大的 11111111。

3. 字符

以一个字节表示的信息称为一个字符。一个英文字符占一个字节的位置,一个中文占两个字节的位置。

4. 字

由若干个字节组成一个存储单元,称为"字"(Word)。一个存储单元中存放一条指令或一个数据。

【例 9-6】 计算机存储器是按字节进行编址的,一个存储单元是:
  A. 8 个字节   B. 1 个字节
  C. 16 个二进制数位   D. 32 个二进制数位

解 计算机内的存储器是由一个个存储单元组成的,每一个存储单元的容量为 8 位二进制信息,称 1 个字节。

答案:B

二、信息的表示及存储

信息是人们表示一定意义的符号的集合,可以是数字、文字、图形、图像、动画、声音等。数据是信息在计算机内部的表现形式。数据本身就是一种信息。

(一)数制

1. 数制的定义

用一种固定的数字(数码符号)和一套统一的规则来表示数值的方法,即为数制。

(1)数制的种类,如十进制、二进制、八进制、十六进制、六十进制、十二进制等。

(2)数制的规则,如 R 进制的规则是逢 R 进 1。

2. 权

权是指指数位上的数字乘上一个固定的数值。

3. 基数

十进制的基数是十,二进制的基数是二,八进制的基数是八。

进位计数制中的三个要素:数位(数字在一个数中所处的位置)、权、基数。

4. 二进制数

二进制是"逢二进一"的计数方法,计算机中的数据如文字、数字、声音、图像、动画、色彩等信息都是用二进制数来表示的。

采用二进制记数的原因,主要是由于二进制数在技术操作上的可行性、可靠性、简易性及通用性。

(1)可行性。二进制数只有 0、1 两个数码,要表示这两个状态,在物理技术上很容易实现,如电灯的亮和灭、晶体管门电路的导通和截止等。

(2)可靠性。因二进制只有两个状态,数字转移和处理抗干扰能力强,不易出错。

(3)简易性。二进制数的运算法则简单,使计算机运算器结构大大简化。

(4)通用性。因为二进制数只有 0、1 两个数码,与逻辑代数中的"真"和"假"两个值对应,从而为计算机实现逻辑运算和逻辑判断提供了方便。

(二)数制的转换

日常生活中使用的进位制很多,如一年等于十二个月(十二进制),一斤等于十两(十进制),一分钟等于六十秒(六十进制)等。在计算机系统中经常使用十进制、八进制、十六进制、二进制。

1. 十进制数转换二进制数

十进制数转换为二进制数步骤:

(1)将十进制整数转换为二进制整数。

(2)将十进制小数转换为二进制小数。

(3)合成一个二进制数。

【例 9-7】 信息与数据之间存在着固有的内在联系,信息是:

    A. 由数据产生的　　　　　　　　B. 信息就是数据

    C. 没有加工过的数据　　　　　　D. 客观地记录事物的数据

解 数据是反映客观事物属性的原始事实。信息是由原始数据经过处理加工,按特定的方式组织起来的,对人们有价值的数据的集合。

答案:A

【例9-8】 把十进制数29.125转换为二进制数。

①先将十进制整数29转换成二进制(除2取余数法)

转换后结果：$(29)_{10} = (11101)_2$

②把十进制小数0.125转换成二进制(乘2取整法)

```
    0.125      取整数部分
  ×     2
    0.250      0··············转换结果的最高位
  ×     2
    0.50       0
  ×     2
    1.0        1··············转换结果的最低位
```

转换后结果：$(0.125)_{10} = (0.001)_2$

③将整数部分与小数部分合在一起。

$$(29)_{10} + (0.125)_{10} = (11101)_2 + (0.001)_2$$

$$(29.125)_{10} = (11101.001)_2$$

2. 二进制数转换成十进制数

【例9-9】 将二进制数$(11101.001)_2$转换成十进制数(按权展开法)

$$(11101.001)_2 = 1×2^4 + 1×2^3 + 1×2^2 + 0×2^1 + 1×2^0 + 0×2^{-1} + 0×2^{-2} + 1×2^{-3}$$

$$= 16 + 8 + 4 + 0 + 1 + 0.0 + 0.0 + 0.125$$

$$= (29.125)_{10}$$

3. 八进制数与十六进制数

计算机中经常使用八进制数与十六进制数，因为二进制数写起来太长，不便于比较和记忆。而八进制数、十六进制数与二进制数有简单的对应规则，可方便地写成二进制数的形式。它们的对应关系如表9-1、表9-2所示。

表9-1

十六进制数	0	1	2	3	...	8	9	A	B	...	E	F
二进制数	0000	0001	0010	0011	...	1000	1001	1010	1011	...	1110	1111

表9-2

八进制数	0	1	2	3	4	5	6	7
二进制数	000	001	010	011	100	101	110	111

例如，十进制数345可表示为表9-3所列的其他制数。

表9-3

八进制数	531	5		3		1	
二进制数	101011001	1 0 1		0 1 1		0 0 1	
十六进制数	159	1		5		9	

4. 十进制数转换为 R 进制数

对于十进制数转换为 R 进制数仍可采用除 R 取余法和乘 R 取整法。

5. R 进制数转换为十进制数

对于 R 进制数转换为十进制仍可采用按权(R^i)展开算法。

(三) 非数值数据在计算机内的表示

计算机中数据的概念是广义的。计算机内除了有数值的信息之外，还有数字、字母、通用符号、控制符号等字符信息，还有逻辑信息、图形、图像、语音等信息，这些信息进入计算机都转变成 0、1 表示的编码，所以称为非数值数据。

1. 字符的表示方法

字符主要是指数字、字母、通用符号等，在计算机内它们都被转换成计算机能够识别的十进制编码形式。这些字符编码方式有很多种，国际上广泛采用的是美国国家信息交换标准代码(American Standard Code for Information Interchange)，简称 ASCII 码，如表 9-4 所示。

ASCII 字符编码表　　　　　　　　　　　　　　　　　表 9-4

	000	001	010	011	100	101	110	111
0000	NUL	DLE	SP	0	@	P	`	p
0001	SOH	DC1	!	1	A	Q	a	q
0010	STX	DC2	"	2	B	R	b	r
0011	ETX	DC3	#	3	C	S	c	s
0100	EOT	DC4	$	4	D	T	d	t
0101	ENQ	NAK	%	5	E	U	e	u
0110	ACK	SYN	&	6	F	V	f	v
0111	BEL	ETB	'	7	G	W	g	w
1000	BS	CAN	(	8	H	X	h	x
1001	HT	EM	)	9	I	Y	i	y
1010	LF	SUB	*	:	J	Z	j	z
1011	VT	ESC	+	;	K	]	k	{
1100	FF	FS	,	<	L	\	l	|
1101	CR	GS	-	=	M	]	m	}
1110	SO	RS	.	>	N	↑	n	~
1111	SI	US	/	?	O	←	o	del

ASCII 规定每个字符用 7 位二进制编码表示，表中的横坐标是第 6、5、4 位的二进制编码值，纵坐标是第 3、2、1、0 位的十进制编码值，两坐标的交点则是指定的字符，7 位二进制可以给出 128 个编码，表示 128 个常用的字符。其中 95 个编码，对应着计算机终端能输入并可以显示的 95 个字符，打印机设备也能打印这 95 个字符，如大小写各 26 个英文字母，0～9 这 10 个数字符，通用的运算符和标点符号=、-、*、/、<、>、,、{、}等。

【例 9-10】 查表写出字母 A，字母 1 的 ASCII 码。

根据字母 A 在表中的位置，行指示了 ASCII 码第 3、2、1、0 位的状态，列指示第 6、5、4 位的状态，因此字母 A 的 ASCII 码是 1000001B = 41H。同理可以查到数字 1 的 ASCII 码是

0110001B＝31H。

2. 汉字编码

我国制定了《信息交换用汉字编码字符集——基本集》(GB 2312—80)。这种编码称为国标码。在国标码的字符集中共收录了汉字和图形符 7 445 个，其中一级汉字 3 755 个，二级汉字 3 008 个，图形符号 682 个。

国标 GB 2312—80 规定，全部国标汉字及符号组成 94×94 的矩阵。在这矩阵中，每一行称为一个"区"，每一列称为一个"位"。这样，就组成了 94 个区(01~94 区)，每个区内有 94 个位(01~94)的汉字字符集。区码和位码简单地组合在一起（即两位区码居高位，两位位码居低位）就形成了"区位码"。区位码可唯一确定某一个汉字或汉字符号，反之，一个汉字或汉字符号都对应唯一的区位码，如汉字"玻"的区位码为"1803"(即在 18 区的第 3 位)。

所有汉字及符号的 94 个区划分成如下四个组：

(1) 1~15 区为图形符号区，其中，1~9 区为标准区，10~15 区为自定义符号区。

(2) 16~55 区为一级常用汉字区，共有 3 755 个汉字，该区的汉字按拼音排序。

(3) 56~87 区为二级非常用汉字区，共有 3 008 个汉字，该区的汉字按部首排序。

(4) 88~94 区为用户自定义汉字区。

汉字的内码是从上述区位码的基础上演变而来的。它是在计算机内部进行存储、传输所使用的汉字代码。

区码和位码的范围都在 01~94 内，如果直接用它作为内码就会与基本 ASCII 码发生冲突，因此汉字的内码采用如下的运算规定：

高位内码＝区码＋20H＋80H

低位内码＝位码＋20H＋80H

在上述运算规则中加 20H 应理解为基本 ASCII 的控制码；加 80H 意在把最高二进制位置"1"与基本 ASCII 码相区别，或者说是识别是否汉字的标志位。

例：将汉字"玻"的区位码转换成机内码：

高位内码＝$(18)_{10}$＋$(20)_{16}$＋$(80)_{16}$

＝$(00010010)_2$＋$(00100000)_2$＋$(10000000)_2$

＝$(10110010)_2$

＝$(B2)_{16}$＝B2H

低位内码＝$(3)_{10}$＋$(20)_{16}$＋$(80)_{16}$

＝$(00000011)_2$＋$(00100000)_2$＋$(10000000)_2$

＝$(10100011)_2$

＝$(A3)_{16}$＝A3H

内码＝区码＋20H＋80H＋位码＋20H＋80H

＝$(1011001010100011)_2$＝B2A3H

(四) 多媒体数据在计算机内的表示

1. 多媒体技术

多媒体信息都是以数字形式而不是以模拟信号的形式存储和传输的。传播信息的媒体的种类很多，如文字、声音、图形、图像、动画等。多媒体技术是指能对多种载体（媒介）的信息和多种存储体（媒质）上的信息进行处理的技术，是一种将文字、图形、图像、视频、动画和声音等表现信息的媒体结合在一起，并通过计算机进行综合处理和控制，将多媒体各个要素进行有机组合,完成一系列随机性交互式操作的技术。

2. 媒体的分类

按照国际电联的定义,媒体分为五类:

(1)感觉媒体,如图形、图像、语言、音乐等。

(2)表示媒体,如图像编码、声音编码、电报码、条形码等。

(3)显示媒体,如显示器、打印机、鼠标、摄像机等。

(4)存储媒体,如软盘、硬盘、光盘等。

(5)传输媒体,如同轴电缆、光纤、无线链路等。

3. 多媒体的特性

(1)多样性。多媒体强调的是信息媒体的多样化和媒体处理方式的多样化,它将文字、声音、图形、图像甚至视频集成进入了计算机,使得信息的表现有声有色,图文并茂。

(2)交互性。其指任何计算机能对话,以便进行人工干预控制。交互性是多媒体技术的关键特征,也就是可与使用者作交互性沟通的特征,这也正是它与传统媒体的最大不同。

(3)集成性。将计算机、声像、通信技术合为一体,即把多种媒体如文本、声音、图形、图像、视频等信息有机地组织在一起,共同表达一个完整的多媒体信息。

(4)数字化。其指多媒体中各个多媒体信息都以数字形式存放在计算机中。

(5)实时性。声音、图像是与时间密切相关的,这就决定了多媒体技术必须要支持实时处理。

4. 矢量图形的表示

矢量图(vector),也叫向量图,简单地说,就是缩放不失真的图像格式。矢量图是通过多个对象的组合生成的,对其中每一个对象的记录方式,都是以数学函数来实现的,也就是说,矢量图实际上并不是相位图那样记录画面上每一点的信息,而是记录了元素形状及颜色的算法,当你打开一副矢量图的时候,软件对图像对应的函数进行运算,将运算结果(图形的形状和颜色)显示给你看。无论显示画面是大还是小,画面上的对象对应的算法是不变的,所以,即使对画面进行倍数相当大的缩放,其显示效果仍然相同(不失真)。举例来说,矢量图就好比画在质量非常好的橡胶膜上的图,不管对橡胶膜怎样的长宽等比成倍拉伸,画面依然清晰,不管你离得多么近去看,也不会看到图形的最小单位。

矢量图的好处是轮廓的形状更容易修改和控制,但是对于单独的对象,色彩上变化的实现不如位图来得方便直接。另外,支持矢量格式的应用程序也远远没有支持位图的多,很多矢量图形都需要专门设计的程序才能打开浏览和编辑。

常用的矢量绘制软件有adobe illustrator、coreldraw、freehand、flash等,对应的文件格式为".ai"、".eps"、".cdr"、".fh"等,另外还有".dwg"、".wmf"、".emf"等。

5. 位图的表示

位图(bitmap),也叫点阵图、删格图像、像素图,简单地说,就是最小单位由像素构成的图,缩放会失真。构成位图的最小单位是像素,位图就是由像素阵列的排列来实现其显示效果的,每个像素有自己的颜色信息,在对位图图像进行编辑操作的时候,可操作的对象是每个像素,可以改变图像的色相、饱和度、明度,从而改变图像的显示效果。举个例子,位图图像就好比在巨大的沙盘上画好的画,当你从远处看的时候,画面细腻多彩,但是当你靠得非常近的时候,你就能看到组成画面的每粒沙子以及每个沙粒单纯的不可变化的颜色。

位图的好处是色彩变化丰富,编辑上可以改变任何形状区域的色彩显示效果,相应的,要实现的效果越复杂,需要的像素数越多,图像文件的大小(长宽)和体积(存储空间)越大。

常用的位图绘制软件有 adobe photoshop、corel painter 等,对应的文件格式为".psd"、".tif"、".rif"等,另外还有".jpg"、".gif"、".png"、".bmp"等。

6.声音的表示

声音是一种连续变化的模拟量。我们可以通过"模/数"转换器对声音信号按固定的时间进行采样,把它变成数字量,一旦转变成数字形式,便可把声音存储在计算机中并进行处理了。声音是一种物理信号,计算机要对它进行处理,其前提是必须用二进制数字的编码形式来表示声音。最常用的声音信号数字化方法是取样—量化法,它分成如下三个步骤:

取样(Sampling)→量化→编码(Encoding)。

计算机中的数字声音有两种不同的表示方法。一种称为"波形声音",通过对实际声音的波形信号进行数字化(取样和量化)处理而获得,它可表示任何种类的声音。另一种是"合成声音",它使用符号(参数)对声音进行描述,然后通过合成(synthesize)的方法生成声音,合成语音(用声母、韵母或清音、浊音、基音频率等参数描述的语音)等。

计算机中使用最广泛的波形声音文件采用 wav 作为扩展名,称为波形文件格式(wave file format),wav 文件格式能支持多种取样频率和样本精度,并支持压缩的声音数据。

习 题

9-12 二进制数 10110101111 的八进制数和十进制数分别为(　　)。
　　A. 2657,1455　　B. 2657,1554　　C. 2657,1545　　D. 2567,1455

9-13 计算机能直接接收的数为(　　)。
　　A. 二进制　　B. 十六进制　　C. 十进制　　D. 其他进制

9-14 下列数据中,有可能是八进制数的是(　　)。
　　A. 488　　B. 317　　C. 597　　D. 189

9-15 信息与数据之间存在着固有的内在联系,信息是(　　)。
　　A. 由数据产生的　　　　　　B. 信息就是数据
　　C. 没有加工过的数据　　　　D. 客观地记录事物的数据

9-16 标准的 ASCII 编码采用(　　)。
　　A. 7 位编码,在存储时点用一个字节　　B. 8 位编码,在存储时占用一个字节
　　C. 16 位编码,在存储时占用二个字节　　D. 24 位编码,在存储时占用三个字节

9-17 由于计算机采用了多媒体技术,使计算机具有处理(　　)。
　　A. 文字与数据的能力　　　　B. 文字、图形、声音、视频和动画的能力
　　C. 照片与图形的能力　　　　D. 文互性的能力

第四节　常用操作系统

操作系统就是管理电脑硬件与软件的程序,所有的软件都是在基于操作系统程序的基础上去开发的。操作系统种类很多,有工业用的,商业用的,个人用的,涉及的范围很广,电脑常用的操作系统有以下几种。

一、常用操作系统

（一）Windows 操作系统

Windows 操作系统由微软公司开发，大多数用于我们平时的台式电脑和笔记本电脑。Windows 操作系统有着良好的用户界面和简单的操作。我们最熟悉的莫过于 Windows XP 和现在很流行的 Windows 7，还有比较新的 Windows 10。Windows 之所以取得成功，主要在于它具有以下优点：直观、高效的面向对象的图形用户界面，易学易用。Windows 是一个多任务的操作环境，它允许用户同时运行多个应用程序，或在一个程序中同时做几件事情。每个程序在屏幕上占据一块矩形区域，这个区域称为窗口，窗口是可以重叠的。用户可以移动这些窗口，或在不同的应用程序之间进行切换，并可以在程序之间进行手工和自动的数据交换和通信。虽然同一时刻计算机可以运行多个应用程序，但仅有一个是处于活动状态的，其标题栏呈现高亮颜色。一个活动的程序是指当前能够接收用户键盘输入的程序。

（二）UNIX 操作系统

UNIX 操作系统是一个强大的多用户、多任务操作系统，支持多种处理器架构，最早由 Ken Thompson、Dennis Ritchie 和 Douglas Mcllroy 于 1969 年在 AT&T 的贝尔实验室开发。经过长期的发展和完善，目前已成长为一种主流的操作系统技术和基于这种技术的产品大家族。由于 UNIX 具有技术成熟、可靠性高、网络和数据库功能强、伸缩性突出和开放性好等特色，可满足各行各业的实际需要，特别能满足企业重要业务的需要，已经成为主要的工作站平台和重要的企业操作平台。

（三）Lillux 操作系统

Linux 继承了 UNIX 的许多特性，还加入自己的一些新的功能。Linux 是开放源代码的，免费的。谁都可以拿去做修改，然后开发出有自己特色的操作系统。做的比较好的有红旗、Ubntu、Fedora、Debian 等。这些都可以装在台式机或笔记本上。

（四）苹果操作系统

Mac OS X 是全球领先的操作系统。基于 UNIX 基础，设计简单直观，让处处创新的 mac 安全易用，兼容 mac 软件，不支持其他软件。Mac OS X 以稳定可靠著称。由于系统不兼容任何非 mac 软件，因此在开发 Snow Leopard 的过程中，Apple 工程师们只能开发 mac 系列软件。所以他们可以不断寻找可供完善、优化和提速的地方，即从简单的卸载外部驱动到安装操作系统。只专注一样，所以品质非凡。

二、操作系统管理

（一）进程和处理器管理

进程和处理器管理或称处理器调度，是操作系统资源管理功能的另一个重要内容。在一个允许多道程序同时执行的系统里，操作系统会根据一定的策略将处理器交替地分配给系统内等待运行的程序。一道等待运行的程序只有在获得了处理器后才能运行。一道程序在运行中若遇到某个事件，如启动外部设备而暂时不能继续运行下去，或一个外部事件的发生等，操作系统就要来处理相应的事件，然后将处理器重新分配。

（二）存储管理

系统的设备资源和信息资源都是操作系统根据用户需求按一定的策略来进行分配和调度的。操作系统的存储管理就负责把内存单元分配给需要内存的程序以便让它执行，在程序执行结束后将它占用的内存单元收回以便再使用。对于提供虚拟存储的计算机系统,操作系统还要与硬件配合做好页面调度工作,根据执行程序的要求分配页面,在执行中将页面调入和调出内存以及回收页面等。

(三)文件管理

文件管理是操作系统的一个重要的功能,主要是向用户提供一个文件系统。一般来说,一个文件系统向用户提供创建文件、撤销文件、读写文件、打开和关闭文件等功能。有了文件系统后,用户可按文件名存取数据而无需知道这些数据存放在哪里。这种做法不仅便于用户使用而且还有利于用户共享公共数据。此外,由于文件建立时允许创建者规定使用权限,这就可以保证数据的安全性。

(四)输入/输出管理

操作系统的人机交互功能是决定计算机系统"友善性"的一个重要因素。人机交互功能主要靠可输入输出的外部设备和相应的软件来完成。可供人机交互使用的设备主要有键盘显示、鼠标、各种模式识别设备等。与这些设备相应的软件就是操作系统提供人机交互功能的部分。人机交互部分的主要作用是控制有关设备的运行和理解并执行通过人机交互设备传来的有关的各种命令和要求。早期的人机交互设施是键盘显示器。操作员通过键盘输入命令,操作系统接到命令后立即执行并将结果通过显示器显示。输入的命令可以有不同方式,但每一条命令的解释是清楚的、唯一的。随着计算机技术的发展,操作命令也越来越多,功能也越来越强。随着模式识别,如语音识别、汉字识别等输入设备的发展,操作员和计算机在类似于自然语言或受限制的自然语言这一级上进行交互成为可能。此外,通过图形进行人机交互也吸引着人们去进行研究。这些人机交互可称为智能化的人机交互。

(五)设备管理

操作系统的设备管理功能主要是分配和回收外部设备以及控制外部设备按用户程序的要求进行操作等。对于非存储型外部设备,如打印机、显示器等,它们可以直接作为一个设备分配给一个用户程序,在使用完毕后回收以便给另一个需求的用户使用。对于存储型的外部设备,如磁盘、磁带等,则是提供存储空间给用户,用来存放文件和数据。存储性外部设备的管理与信息管理是密切结合的。

(六)网络服务

网络服务(Web Services)是指一些在网络上运行的、面向服务的、基于分布式程序的软件模块,网络服务采用 HTTP 和 XML 等互联网通用标准,使人们可以在不同的地方通过不同的终端设备访问 WEB 上的数据,如网上订票、查看订座情况。网络服务在电子商务、电子政务、公司业务流程电子化等领域有广泛的应用,被业内人士奉为互联网的下一个重点,据估计,未来网络服务将占领软件行业的半壁江山,特别是在目前 IT 领域衰退的情况下,网络服务更被认为是软件行业的一个新的增长点。

【例9-11】 在下面四条有关进程特征的叙述中,其中正确的一条是:
  A. 静态性、并发性、共享性、同步性
  B. 动态性、并发性、共享性、异步性
  C. 静态性、并发性、独立性、同步性
  D. 动态性、并发性、独立性、异步性

解 进程与程序的概念是不同的,进程有以下四个特征。
动态性:进程是动态的,它由系统创建而产生,并由调度而执行。

并发性:用户程序和操作系统的管理程序等,在它们运行过程中,产生的进程在时间上是重叠的,它们同存在于内存储器中,并共同在系统中运行。

独立性:进程是一个能独立运行的基本单位,同时也是系统中独立获得资源和独立调度的基本单位,进程根据其获得的资源情况可独立地执行或暂停。

异步性:由于进程之间的相互制约,使进程具有执行的间断性。各进程按各自独立的、不可预知的速度向前推进。

答案:D

【例 9-12】 一幅图像的分辨率为 640×480 像素,这表示该图像中:
    A. 至少由 480 个像素组成
    B. 总共由 480 个像素组成
    C. 每行由 640×480 个像素组成
    D. 每列由 480 个像素组成

解 点阵中行数和列数的乘积称为图像的分辨率,若一个图像的点阵总共有 480 行,每行 640 个点,则该图像的分辨率为 640×480=307200 个像素。每一条水平线上包含 640 个像素点,共有 480 条线,即扫描列数为 640 列,行数为 480 行。

答案:D

【例 9-13】 操作系统的设备管理功能是对系统中的外围设备:
    A. 提供相应的设备驱动程序,初始化程序和设备控制程序等
    B. 直接进行操作
    C. 通过人和计算机的操作系统对外围设备直接进行操作
    D. 既可以由用户干预,也可以直接执行操作

解 操作系统的设备管理功能是负责分配、回收外部设备,并控制设备的运行,是人与外部设备之间的接口。

答案:C

【例 9-14】 操作系统中的进程与处理器管理的主要功能是:
    A. 实现程序的安装、卸载
    B. 提高主存储器的利用率
    C. 使计算机系统中的软硬件资源得以充分利用
    D. 优化外部设备的运行环境

解 进程与处理器调度负责把 CPU 的运行时间合理地分配给各个程序,以使处理器的软硬件资源得以充分的利用。

答案:C

习 题

9-18 Windows 2000 是一种( )操作系统。
    A. 单任务字符方式   B. 单任务图形方式
    C. 多任务图形方式   D. 多任务字符方式

9-19 运行中的 Windows 应用程序名,列在桌面任务栏的( )中。

A. 地址工具栏 B. 系统区
C. 活动任务区 D. 快捷启动工具栏

9-20 在"资源管理器"右窗口中,若希望显示文件的名称、类型、大小、修改时间等信息,则应该选择"查看"等菜单的( )命令。

A. 平铺 B. 详细信息 C. 图标 D. 列表

9-21 Windows XP 中,操作具有( )的特点。

A. 先选择操作命令,再选择操作对象
B. 先选择操作对象,再选择操作命令
C. 需同时选择操作命令和操作对象
D. 允许用户任意选择

9-22 操作系统的功能是( )。

A. 管理和控制计算机系统的所有资源 B. 管理存储器
C. 管理微处理机存储程序和数据 D. 管理输入/输出设备

9-23 Windows XP 的许多应用程序的"文件"菜单中,都有"保存"和"另存为"两个命令,下列说法中正确的是( )。

A. "保存"命令只能用原文件名存盘,"另存为"不能用原文件名
B. "保存"命令不能用原文件名存盘,"另存为"只能用原文件名
C. "保存"命令只能用原文件名存盘,"另存为"也能用原文件名
D. "保存"和"另存为"命令都能用任意文件名存盘

9-24 下列说法中不正确的是( )。

A. 在同一台 PC 机上可以安装多个操作系统
B. 在同一台 PC 机上可以安装多个网卡
C. 在 PC 机的一个网卡上可以同时绑定多个 IP 地址
D. 一个 IP 地址可以同时绑定到多个网卡上

9-25 操作系统功能不包括( )。

A. 提供用户操作界面 B. 管理系统资源
C. 提供应用程序接口 D. 提供 HTML

第五节 计算机网络

一、网络的概念

计算机发展到现在,已经不再是单机使用,而是进入了计算机网络时代。网络已是无处不在。数据通信就是将数据从某端传送到另一端,达到信息交换的目的。从计算机与计算机之间的数据传送,乃至于无线广播、卫星通信等,均属于数据通信的范畴。利用通信设备联结多台计算机及外设而成的系统,就称为计算机网络(Computer Network)。

二、计算机网络的功能

计算机网络的功能主要有硬件资源共享、软件资源共享和用户间信息交换。

(一)硬件资源共享

可以在全网范围内提供对处理资源、存储资源、输入输出资源等设备的共享,使用户节省

投资,也便于集中管理和均衡分担负荷。

(二)软件资源共享

允许互联网上的用户远程访问各类大型数据库,可以得到网络文件传送服务、远地进程管理服务和远程文件访问服务,从而避免软件研制上的重复劳动以及数据资源的重复存储,也便于集中管理。

(三)用户间信息交换

计算机网络为分布在各地的用户提供了强有力的通信手段。用户可以通过计算机网络传送电子邮件,发布新闻消息和进行电子商务活动。

【例9-15】 计算机网络的主要功能包括:
　　　　A. 软、硬件资源共享,数据通信,提高可靠性,增强系统处理功能
　　　　B. 计算机计算功能、通信功能和网络功能
　　　　C. 信息查询功能、快速通信功能、修复系统软件功能
　　　　D. 发送电报、拨打电话、进行微波通信等功能

答案:A

三、计算机网络的组成及分类

计算机网络,通俗地讲,就是将分散的多台计算机、终端和外部设备用通信线路互联起来,彼此间实现互相通信。总的来说,计算机网络的组成基本上包括计算机、网络操作系统、传输介质以及相应的应用软件四部分。按照地理范围划分,可以把各种网络类型划分为局域网、城域网、广域网和互联网四种。

(一)计算机网络的组成

网络硬件是计算机网络系统的物质基础。要构成一个计算机网络系统,首先要将计算机及其附属硬件设备与网络中的其他计算机系统连接起来。不同的计算机网络系统,在硬件方面是有差别的。随着计算机技术和网络技术的发展,网络硬件日趋多样化,功能更加强大,更加复杂。下面是一些常见的网络硬件。

(1)主机。在网络上提供资源和服务的主机被称为服务器,使用资源和接受服务的计算机被称为客户机。

(2)传输介质。传输介质是传输数据信号的物理通道,将网络中各种设备连接起来。常用的有线传输介质有双绞线、同轴电缆、光缆等。

(3)网络互联设备。用于连接计算机与传输介质、连接网络与网络的设备,如网卡、交换机、路由器、网关等。

网络软件是实现网络功能不可缺少的软件环境。在网络系统中,网络上的每个用户,都可享有系统中的各种资源,系统必须对用户进行控制。否则,就会造成系统混乱、信息数据的破坏和丢失。为了协调系统资源,系统需要通过软件工具对网络资源进行全面的管理、调度和分配,并采取一系列的安全保密措施,防止用户不合理的数据和信息访问,以防数据和信息的破坏与丢失。网络软件主要包括网络协议和网络操作系统。

(4)网络协议。网络协议是实现计算机之间、网络之间相互识别并正确进行通信的一组标准规则,它是计算机网络工作的基础。如TCP、IP、HTTP、FTP协议等。

(5)网络操作系统。网络操作系统是网络系统管理和通信控制软件的集合,它负责整个网络的软、硬件资源的管理以及网络通信和任务的调度,并提供用户与网络之间的接口。目前,

常用的网络操作系统有 Windows 2000 Server、Windows XP、UNIX 和 Linux 等。

从另一种角度来看,计算机网络可以分为资源子网和通信子网两个组成部分,如图 9-3 所示。

资源子网主要负责全网的信息处理,为网络用户提供网络服务和资源共享功能等。它主要包括网络中所有的主计算机、I/O 设备、终端、各种网络协议、网络软件和数据库等。

通信子网主要负责全网的数据通信,为网络用户提供数据传输、转接、加工和变换等通信处理工作。它主要包括通信线路(即传输介质)、网络连接设备(如网络接口设备、通信控制处理器、网桥、路由器、交换机、网关、调制解调器、卫星地面接收站等)、网络通信协议和通信控制软件等。

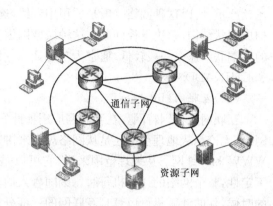

图 9-3　资源子网和通信子网

值得一提的是,资源子网和通信子网的概念是针对计算机广域网而言的,对局域网来讲,没有通信子网和资源子网之分。

(二)局域网(LAN)

LAN 就是指局域网,这是最常见、应用最广的一种网络。现在,随着整个计算机网络技术的发展和提高,局域网得到了充分的应用和普及,几乎每个单位都有自己的局域网,甚至有的家庭都有自己的小型局域网。很明显,所谓局域网,就是在局部地区范围内的网络,它所覆盖的地区范围较小。局域网在计算机数量配置上没有太多的限制,少的可以只有两台,多的可达几百台。一般来说,在企业局域网中,工作站的数量在几十到两百台左右。在网络所涉及的地理距离上,一般来说,可以是几米至 10km 以内。局域网一般位于一个建筑物或一个单位内,不存在寻径问题,不包括网络层的应用。这种网络的特点就是:联结范围窄,用户数少,配置容易,联结速率高。目前,局域网最快的速率要算现今的 10G 以太网了。IEEE 的 802 标准委员会定义了多种主要的 LAN 网:以太网(Ethernet)、令牌环网(Token Ring)、光纤分布式接口网络(FDDI)、异步传输模式网(ATM)以及最新的无线局域网(WLAN)。

(三)城域网(MAN)

这种网络的地理范围一般是一座城市,其联结距离在 10~100km 之间,采用的是 IEEE 802.6 标准。MAN 与 LAN 相比,扩展的距离更长,连接的计算机数量更多,在地理范围上可以说是 LAN 网络的延伸。在一个大型城市或都市地区,一个 MAN 网络通常联结着多个 LAN 网,如联结政府机构的 LAN、医院的 LAN、电信的 LAN、公司企业的 LAN 等。由于光纤联结的引入,使 MAN 中高速的 LAN 互联成为可能。

城域网多采用 ATM 技术做骨干网。ATM 是一个用于数据、语音、视频以及多媒体应用程序的高速网络传输方法。ATM 包括一个接口和一个协议,该协议能够在一个常规的传输信道上,在比特率不变及变化的通信量之间进行切换。ATM 也包括硬件、软件以及与 ATM 协议标准一致的介质。ATM 提供一个可伸缩的主干基础设施,以便能够适应不同规模、速度以及寻址技术的网络。ATM 的最大缺点就是成本太高,所以一般在政府城域网中应用,如邮政、银行、医院等。

(四)广域网(WAN)

这种网络也称为远程网,所覆盖的范围比城域网(MAN)更广,它一般是在不同城市之间的 LAN 或者 MAN 网络互联,地理范围可从几百公里到几千公里。因为距离较远,信息衰减比较严重,所以这种网络一般是要租用专线,通过 IMP(接口信息处理)协议和线路联结起来,构成网状结构,解决寻径问题。这种城域网因为所联结的用户多,总出口带宽有限,所以用户的终端联结速率一般较低,通常为 9.6Kb/s~45Mb/s,如邮电部的 CHINANET、CHINAPAC 和 CHINADDN 网。

(五)互联网(Internet)

互联网又称因特网。在互联网应用如此发展的今天,它已是我们每天都要打交道的一种网络,无论是从地理范围还是从网络规模来讲它都是最大的一种网络,就是我们常说的 Web、WWW 和万维网。从地理范围来说,它可以是全球计算机的互联,这种网络最大的特点就是不定性,整个网络的计算机每时每刻随着人们网络的接入在不变地变化。当你联在互联网上的时候,你的计算机可以算是互联网的一部分,但一旦断开与互联网的联结时,你的计算机就不属于互联网了。它的优点是信息量大,传播广,无论你身处何地,只要联上互联网,就可以对任何可以联网用户发出你的信函和广告。

【例 9-16】 一个典型的计算机网络系统主要是由:
A. 网络硬件系统和网络软件系统组成
B. 主机和网络软件系统组成
C. 网络操作系统和若干计算机组成
D. 网络协议和网络操作系统组成

解 一个典型的计算机网络系统主要是由网络硬件系统和网络软件系统组成。网络硬件是计算机网络系统的物质基础,网络软件是实现网络功能不可缺少的软件环境。

答案:A

(六)网络体系结构与协议

1. 网络协议概念

计算机网络是由多种计算机和各类终端,通过通信线路连接起来组成的一个复合系统,要实现资源共享、数据传输、均衡负载、分布处理等网络功能,都离不开信息交换(即通信),而通信双方交流什么,怎样交流,以及何时交流,都必须遵循某种互相都能接受的一组规则,这些规则的集合称为协议(Protocol),它可以定义为在两实体间控制数据交换的规则的集合。

一般来说,网络协议主要由语法、语义和同步(定时)三个要素组成。

(1)语法。即数据与控制信息的结构或格式。例如在某个协议中,第一个字节表示源地址,第二个字节表示目的地址,其余字节为要发送的数据等。

(2)语义。定义数据格式中每一个字段的含义。例如发出何种控制信息,完成何种动作以及做出何种应答等。

(3)同步。收发双方或多方在收发时间和速度上的严格匹配,即事件实现顺序的详细说明。

由此可见,网络协议是计算机网络不可缺少的组成部分。

2. 分层原则

由于不同系统中的实体间通信的任务十分复杂,很难想象制定一个完整的规则来描述所有的问题。为了简化计算机网络设计复杂程度,一般将网络功能分成若干层,每一层关注和解决通信中的某一方面的规则。

一般来说,层次划分应遵循以下原则。

(1)每层的功能应是明确的,并且是相互独立的。当某一层具体实现方法更新时,只要保持与上、下层的接口不变,那么就不会对邻层产生影响。

(2)同一节点相邻层之间通过接口通信,层间接口必须清晰,跨越接口的信息量应尽可能少。

(3)层数应适中。若层数太少,则层间功能的划分会不明确,多种功能混杂在一层中,造成每一层的协议太复杂。若层次太多,则体系过于复杂,各层组装时的任务要变得困难。

(4)每一层都使用下层的服务,并为上层提供服务。

(5)在需要不同的通信服务时,可在一层内再设置两个或更多的子层次,当不需要该服务时,也可绕过这些子层次。

3. 网络的体系结构

所谓网络的体系结构(Architecture),就是计算机网络各层次及其协议的集合。层次结构一般以垂直分层模型来表示。如果两个网络的体系结构不完全相同就称为异构网络。异构网络之间的通信需要相应的连接设备进行协议的转换。

网络的体系结构具有以下特点。

(1)以功能作为划分层次的基础。

(2)第 n 层的实体在实现自身定义的功能时,只能使用第 $n-1$ 层提供的服务。

(3)第 n 层向第 $n+1$ 层提供和服务不仅包含第 n 层本身的功能,还包含由下层服务提供的功能。

(4)仅在相邻层间有接口,且所提供的服务的具体实现细节对上一层完全屏蔽。

(5)不同层次根据本层数据单元格式对数据进行封装。

应该注意的是,网络体系结构中层次的划分是人为的,有多种划分的方法。每一层功能也可以有多种协议实现。因此伴随网络的发展产生了多种体系结构模型。

4. 接口和服务

接口和服务是分层体系结构中十分重要的概念。实际上,正是通过接口和服务将各个层次的协议连接为整体,完成网络通信的全部功能。

对于一个层次化的网络体系结构,每一层中活动的元素被称为实体(Entity)。实体可以是软件实体,如一个进程;也可以是硬件实体,如智能芯片等。不同系统的同一层实体称为对等实体。同一系统中的下层实体向上层实体提供服务。经常称下层实体为服务提供者,上层实体为服务用户。

服务是通过接口完成的。接口就是上层实体和下层实体交换数据的地方,被称为服务访问点(Service Access Point,SAP)。例如 n 层实体和 $n-1$ 层实体之间的接口就是 n 层实体和 $n-1$ 层实体之间交换数据的 SAP。为了找到这个 SAP,每一个 SAP 都有一个唯一的标志,称为端口(Port)或套接字(Socket)。

通过上述分析可以看出,协议和服务是两个不同的概念。协议好像是"水平方向"的,即协议是不同系统对等层实体之间的通信规则。而服务则是在"垂直方向"上的,即服务是同一系统中下层实体向上层实体通过层间的接口提供的。网络通信协议是实现不同系统对等层之间的逻辑连接,而服务则是通过接口实现同一个系统中不同层之间的物理连接,并最终通过物理介质实现不同系统之间的物理传输过程。

上下层实体之间交换的数据传输单位称为数据单元,数据单元分为三种:协议数据单元、接口数据单元和服务数据单元。

5. 开放系统互联参考模型 OSI/RM

从 20 世纪 70 年代起,世界许多著名计算机公司都纷纷推出自己的网络体系结构,如 IBM 公司的 SNA(System Network Architecture),Digital 公司的 DNA(Digital Network Architecture)等。有了网络体系结构,满足同一体系结构的计算机系统能够很容易地互连在一起。然而,已建立的网络系统结构很不一致,互不相容,难于相互连接。为了建立一个国际统一标准的网络体系结构,国际标准化组织(International Organization for Standardization,ISO)从 1978 年 2 月开始研究开放系统互联参考模型(Open Systems Interconnection Reference Model,OSI/RM),1982 年 4 月形成国际标准草案。

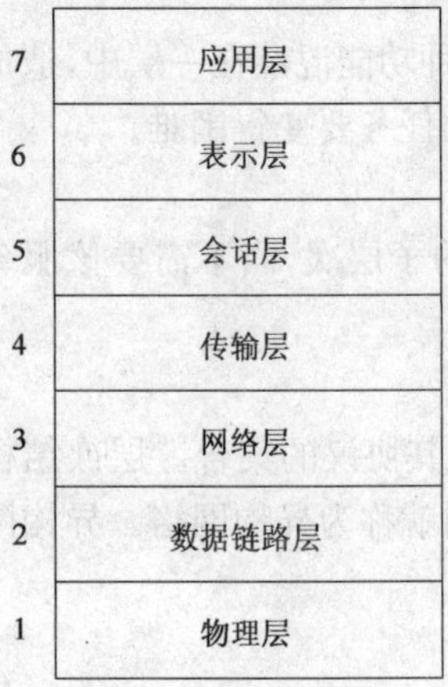

所谓开放系统,是指一个系统在它和其他系统进行通信时,能够遵循 OSI 标准的系统。按 OSI 标准研制的系统,均可实现互连。OSI/RM 采用分层描述的方法,将整个网络的通信功能划分为七个层次,每层各自完成一定的功能。由低层至高层分别称为物理、数据链路层、网络层、传输层、会话层、表示层和应用层。OSI 参考模型如图 9-4 所示。

7	应用层
6	表示层
5	会话层
4	传输层
3	网络层
2	数据链路层
1	物理层

图 9-4 OSI 参考模型

OSI 参考模型包括 7 层功能及其对应的协议,每完成一个明确定义的功能集合,并按协议相互通信。每层向上层提供所需的服务,在完成本层协议时使用下层提供的服务。各层的功能是相对独立的,层间的相互作用通过层接口实现。只要保证层接口不变,那么任何一层实现技术的变更均不影响其余各层。

下面简单介绍一下各层的主要功能。

(1)物理层(Physical Layer)。物理层的功能及其特性物理层是网络通信协议的最低层,它建立在通信媒体的基础上,规定通信双方相互连接的机械、电气、功能和规程特性。物理层提供在两个物理通信实体之间的透明的位流传输,过程中的传输状态进行检测,出现故障时,即通知相关的通信实体。

关于物理上互联的问题,国际上已有许多标准可用。其中主要有美国电子工业协会(EIA)的 RS-232-C、RS-366-A、RS-449,CCITT 建议的 X.21,IEEE 802 系列标准等。

(2)数据链路层(Data Link Layer)。数据链路层负责在数据链路上无差错地传送。数据链路层将传输的数据组织的数据链路协议数据单元(Protocol Data Unit,PDU),称为数据帧(Frame)。数据帧中包含地址、控制、数据及校验码等信息。这样,数据链路层就把一条有可能出差错的实际链路,转变成让其上一层(网络层)看起来好像是一条不出差错的链路。

数据链路层的主要作用是,确定目的节点的物理地址并实现接收方和发送方数据帧的时钟同步;通过校验、确认和重等手段,将不可靠的物理链路改造成对网络层来说是无差错的数据链路;数据链路层还要协调收发双方的数据传输速率,即进行流量控制,以防止接收方因来不及处理发送方来的高速数据而导致溢出或阻塞。

(3)网络层(Network Layer)。网络层的基本工作是接收来自源主机的报文,把它转换成报文分组或称数据包括(Packet),而后送到指定目标主机。报文分组在源主机与目标主机之间建立起的网络连接上传送,当它到达目标主机后再还原为报文。

网络层关心的是通信子网的运行控制,需要在通信子网中进行路由选择。如果同时在通信子网中出现过多的分组,会造成阻塞,因而要对其进行控制。当分组要跨越多个通信子网才能到达目的地时,还要解决网际互联的问题。此外,网络层因为要涉及不同网络之间的数据传送,所以如何表示和确定网络地址和主机地址也是网络层协议的重要内容之一。

(4)传输层(Transport Layer)。传输层为上一层(会话层)提供一个可靠的端到端的服务,实现端到端的透明数据传输服务。该层的目的是提供一种独立于通信子网的数据传输服务,即对高层隐藏通信子网的结构,使高层用户不必关心通信子网的存在。由此用统一的传输原语书写的高层软件便可运行于任何通信子网上。传输层传输信息的单位称为报文(Message)。当报文较长时,先分成几个分组(称为段),然后再交给下一层(网络层)进行传输。

传输层的具体工作是负责是建立和管理两个端点中应用程序(或进程)之间的连接,实现端到端的数据传输、差错控制和流量控制;服务访问点寻址;传输层数据在源端分段和在目的端重新装配;连接控制问题。

传输层是一个端对端,也就是主机到主机的层,负责端到端的通信。其上各层面向应用,是属于资源子网的问题;其下各层面向通信,主要解决通信子网的问题。显然,传输层是七层协议中很重要一个中间过渡层,实现了数据通信中由通信子网向资源子网的过渡,和两种不同类型问题的转换。

(5)会话层(Session Layer)。将进程之间的数据通信称为会话。会话层的主要功能是组织和同步不同的主机上各种进程间的通信,控制和管理会话过程的有效进行。会话层负责在两个会话层实体之间进行会话连接的建立和拆除。

会话层不参与具体的数据传输,但对数据传输的同步进行管理。会话层在两个不同系统互相通信的应用进程之间建立、组织和协调其交互。在会话层及以上更高层次中,数据传送的单位一般都称为报文。

(6)表示层(Presentation Layer)。表示层为上层用户提供共同需要的数据或信息语法表示变换。大多数用户间并非仅交换随机的比特数据,而是要交换诸如人名、日期、货币数量和商业凭证之类的信息。它们是通过字符、整型数、浮点数以及由简单类型组合成的各种数据结构来表示的。不同的机器采用不同的编码方法来表示这些数据类型和数据结构(如 ASCII 或 EBCDIC、反码或补码等)。为了让采用不同编码方法的计算机通信交换后能相互理解数据的值,可以采用抽象的标准方法来定义数据结构,并采用标准的编码表示形式。管理这些抽象的数据结构,并把计算机内部的表示形式,转换成网络通信中采用的标准表示形式,是由表示层来完成的。数据压缩和加密也是表示层可提供的表示变换功能。

(7)应用层(Application Layer)。应用层是开放系统互联环境中的最高层。不同的应用层为特定类型的网络应用提供访问 OSI 环境的手段。例如因特网中使用的支持 Web 应用的 HTTP 协议,支持收发电子邮件的 SMTP 协议等都属于应用层的范畴。

开放系统互联参考模型 OSI/RM 在网络技术发展中起了主导作用,促进了网络技术的发展和标准化。但是应该指出的是,OSI 参考模型只是定义了分层结构中每一层向其高层所提供的服务,并没有为准确地定义互连结构的服务和协议提供分的细节。OSI 参考模型并非具体实现的协议描述,它只是一个为制定标准而提供的概念性框架,仅仅是功能参考模型。对于学习者,通过 OSI 的七层参考模型比较容易对网络通信的功能和实现过程建立起具体形象的概念。

但是 OSI 参考模型是在其协议开发之前设计出来的。这就意味着 OSI 模型在协议实现方面存在某些不足。实际上，OSI 协议过于复杂，这也是 OSI 从未真正流行开来的原因所在。

虽然 OSI 模型和协议并未获得巨大的成功，但是 OSI 参考模型在计算机网络的发展过程中仍然起了非常重要的指导作用，作为一种参考模型和完整体系，它仍对今后计算机网络技术朝标准化、规范化方向发展具有指导意义。

【例 9-17】 在 OSI 参考模型中，处于数据链路层与传输层之间的是：
　　　　　　A. 物理层　　　　B. 表示层　　　　C. 会话层　　　　D. 网络层

答案：D

6. TCP/IP 体系结构

TCP/IP 是运行在 Internet 上的一个网络通信协议，实际上 TCP/IP 是一个协议集，目前已包含了 100 多个协议，TCP 和 IP 是其中的两个协议，也是最基本、最重要的两个协议，因此通常用 TCP/IP 来代表整个协议集。

TCP/IP 最早的起源可以追溯到 1969 年由美国国防部开发的 ARPANET，它是为该网络制定的网络体系结构和体系标准，其目的是为了能无缝隙地连接多个网络。TCP/IP 可用于任何互联网系统间的通信。它既能用于局域网中，也能用于广域网中。在 TCP/IP 协议出现之后，出现了 TCP/IP 参考模型。

TCP/IP 使各种单独的网络有了一个共同的可参考的网络协议，实现了不同设备间互操作。虽然 TCP/IP 不是 OSI 的标准，但由于 TCP/IP 能够用来连接异构机环境，得到了工业界很多公司的支持，而且 TCP/IP 已经成为 UNIX 实现的一部分，特别是 TCP/IP 是 Internet 的连接协议，使得它已被公认为当前的网络互联标准。

TCP/IP 协议之所以能够迅速发展，是因为它适应了世界范围内数据通信的需要。TCP/IP 协议具有以下几个特点。

(1) 协议标准具有开放性，它独立于特定的计算机硬件与操作系统，可以免费使用。
(2) 统一分配网络地址，使得整个 TCP/IP 设备在网络中都具有唯一的 IP 地址。
(3) 实现了高层协议的标准化，能为用户提供多种可靠的服务。

在 TCP/IP 参考模型的各层中定义了不同的协议，这些分层的协议形成了一组从上到下单项依赖关系的协议栈，也称为协议簇。TCP/IP 参考模型与 TCP/IP 协议簇之间的关系如图 9-5 所示。

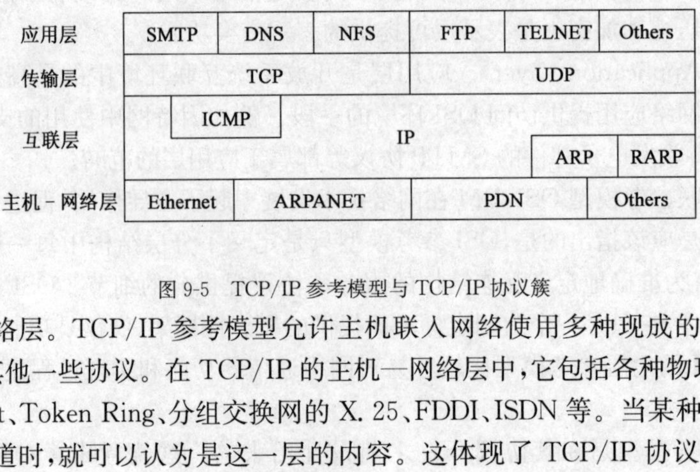

应用层	SMTP	DNS	NFS	FTP	TELNET	Others
传输层	TCP				UDP	
互联层		ICMP	IP		ARP	RARP
主机-网络层	Ethernet		ARPANET		PDN	Others

图 9-5　TCP/IP 参考模型与 TCP/IP 协议簇

(1) 主机网络层。TCP/IP 参考模型允许主机联入网络使用多种现成的、流行的协议，如局域网协议或其他一些协议。在 TCP/IP 的主机—网络层中，它包括各种物理网协议，例如局域网的 Ethernet、Token Ring、分组交换网的 X.25、FDDI、ISDN 等。当某种物理网被用作传送 IP 数据的通道时，就可以认为是这一层的内容。这体现了 TCP/IP 协议的兼容性与适应性。TCP/IP还用于多种传输介质,如在Ethernet中可以支持同轴电缆、双绞线和光纤等。

(2)互联层。

①IP协议。互联层的核心协议是互联网协议IP。IP协议的基本任务是通过互联网传输数据报,各个IP数据报之间是相互独立的。IP协议是提供无连接数据服务,这是Internet和Intranet上最主要的服务。IP并不保证正确的传递数据报。分组可能丢失、重复、延迟以及次序颠倒,系统既不能检测这些情况,也不通知发送者和接收者。一系统的IP数据报从一台计算机传送到另一台计算机可以通过不同的路径。

IP提供了三个基本功能:一是基本数据单元的传送,规定了通过TCP/IP网的数据的确切格式;二是IP软件执行路功能,选择传递数据的路径;三是IP包括了一些其他规则以确定主机和路由器如何处理分组、差错报文产生的处理等。

除IP协议之外,互联层还包括以下协议:互联网络控制报文协议ICMP、正向地址解析协议ARP、反向地址解析协议RARP。

②ICMP协议。ICMP协议是IP的一部分,随同IP一起使用。ICMP允许路由器向其他路由器或主机发送差错或控制报文,ICMP在两台机器上的Internet协议软件之间提供了通信。另外,ICMP还用来检测报文差错,根据ICMP协议数据单元格式规定的代码可确定差错类型。

③ARP协议。地址解析协议ARP是将IP地址转换成相应物理地址的协议。只需给出目的主机的互联网地址,它可以找出同一物理网络中任一主机的物理地址。这样,网络的物理编址可以对网络层服务透明。

④RARP协议。反向地址解析协议RARP是将物理地址转换成IP地址的协议。当节点只有自己的物理地址而没有IP地址时,则可能通过RARP协议发出广播请求,征寻自己的IP地址,这样,无IP地址的节点可通过RARP协议取得自己的IP地址。

(3)传输层。TCP/IP模型在传输层提供了两个协议,即传输控制协议TCP和用户数据报协议UDP。

①TCP协议。TCP是一种建立在IP协议之上的可靠的、面向连接的、端到端的通信协议,它保证将一台主机的字节流无差错地传送到目的主机。TCP协议将来自应用层的字节流分成多个字节段,然后将一个个的字节段传送到互联层,发送到目的主机。当互联层将接收到的字节段传送给传输层时,传输层再将多个字节还原成字节流传送到应用层。为了保障数据的可靠传输,TCP对从应用层传送来的数据进行监控管理,提供重发机制。TCP协议同时要完成流量控制功能,协调收发双方的发送与接收速度,达到正确传输的目的。

②UDP协议。UDP协议是建立在IP协议之上的不可靠的、无法连接的端到端的通信协议。它没有重发和纠错功能,不能保障数据传输的可靠性。因此UDP适用于不要求分组顺序到达的传输过程,分组传输顺序的检查与排序由应用层完成。UDP增加了多端口机制,发送方使用这种机制可以区分一台主机上的多个接收者的问题。

(4)应用层。TCP/IP模型的应用层包括了所有的高层协议,并且总是不断有新的协议加入。目前,应用层协议主要有以下几种:

①网络终端协议Telnet,用于实现互联网中的远程登录功能,它允许一台本地机器登录到远程服务器上作为服务器的终端,以共享远程服务器的所有资源和功能。

②文件传输协议FTP,用于实现互联网中交互式文件传输功能,它允许授权用户登录到文件服务器中,通过远程服务器传输文件,也可向远程服务器下载或上载文件。

③简单邮件传输协议 SMTP,用于实现互联网中电子邮件传送功能,它解决如何通过一条链路把电子邮件传送到接收者。

④域名系统 DNS,用于实现网络设备名到 IP 地址映射的网络服务,它采用层次结构的域名系统,为用户提供了高效、可靠的查询方式。

⑤简单网络管理协议 SNMP,用于管理与监视网络设备,它定义了一种在工作站或微机等典型的管理平台与设备之间使用 SNMP 命令进行网络设备管理的标准。

⑥超文本传输协议 HTTP,用于 WWW(World Wide Web)服务。通过它可以将 WWW 服务器中的用超文本标注语言 HTML 制作的网页传送到客户机中,用户便可以用浏览器浏览网页。

应用层协议可以分为三类:一类依赖于 TCP 协议,如网络终端协议 Telnet、简单电子邮件协议 SMTP、文件传输协议 FTP 等;另一类依赖于 UDP 协议,如简单网络管理协议 SNMP、简单文件传输协议 TFTP;再一类则既依赖于 TCP 协议,也依赖于 UDP 协议,如域名系统 DNS。

(七)IP 地址和域名

1. IP 地址

Internet 上有几百上万台主机,那么各主机是如何标志自己的呢?原来,Internet 中的每台主机都分配一个地址,叫 IP 地址。IP 地址相当于计算机主机在互联网上的门牌号码。网络上每台主机都必须拥有一个独一无二的 IP 地址,每一笔通过网络传送的信息都会清楚表明发出信息的主机及终点主机的地址,以确保传送无误。IP 地址的表示方法是以 4 组 0~255 的数字,中间用"."符号隔开,如 198.137.240.92 是美国白宫的 IP 地址,198.116.14.34 是美国太空总署的 IP 地址等。

IP 地址是由一个 32 位的二进制数组成的号码,并将 32 位的二进制数分为 4 段,每段 8 位。IP 地址的表示方法为:nnn.hhh.hhh.hhh。IP 地址由两部分组成,即网络地址和收信主机(收信主机指网络中的计算机主机或通信设备如路由器、网关等)地址。

Internet 网委员会定义了五类地址,即 A、B、C、D、E 类地址,以适应不同网络规模的要求。每类地址规定了网络地址、收信主机地址各使用多少位,也就定义了可能有的网络数目和每个网络中可能有的收信主机数,下面以 A、B、C 三类地址为例分别定义如下:

(1)A 类地址(表 9-5)

表 9-5

1 位	7 位	24 位
0	网络地址	主机地址

A 类地址有效网络数为 126 个,每个网络主机数为 16 777 214,这类地址一般分配给具有大量主机的网络使用。

(2)B 类地址(表 9-6)

表 9-6

2 位	14 位	16 位
10	网络地址	主机地址

B 类地址有效网络数为 16 348 个,每个网络主机数为 65 534,这类地址一般分配给具有中

等规模主机数的网络使用。

(3)C类地址(表9-7)

表9-7

3 位	21 位	8 位
110	网络地址	主机地址

C类地址有效网络数为2 097 154个,每个网络主机数为254,这类地址一般分配给小型的局域网络使用。

2.域名

域是指局域网或互联网所涵盖的范围中,某些计算机及网络设备的集合。而域名则是指某一区域的名称,它可以用来当作互联网上一台主机的代称,而且域名要比IP地址便于记忆。一般来说,域名可以分解为三部分,分别为:

(1)主机名称。主机名称通常是按照主机所提供的服务种类来命名,如提供WWW服务的主机,其主机名称为WWW,而提供FTP服务的主机,其主机名称就会是FTP。WWW是World Wide Web的缩写,中文意思是"全球网络信息查询系统",简称为"环球网"或"万维网",用户可以通过"IE"等浏览器查询WWW系统中的信息。

(2)机构名称及类别。机构名称通常是指公司、政府机构的英文名称或简称,如sina为新浪网络公司,sohu为搜狐网络公司等;而类别则是指机构的性质,如com为公司,gov为政府机关,edu为教育机构等。

(3)地理名称。地理名称用以指出服务器主机的所在地,一般只有在美国以外的地区才会使用地理名称,如中国cn,日本jp,英国uk等。

(八)URL

URL(Uniform Resource Locator)用来指示某一项资源(或信息)的所在位置及访问方法,URL的格式——访问方法://主机地址/路径文件名。例如,http://www.bta.net.cn/index.htm。

1.访问方法

它用来表示该URL所链接的网络服务性质,如"http"为www的访问方式,"ftp"为文件传输服务的访问方式等。

2.主机地址

它用来表示该项资源所在服务器主机的域名,如www.bta.net.cn及www.sohu.com等。

3.路径文件名

它用来表示该项资源所在服务器主机中的路径及文件名,如index.htm。

四、网络安全

目前计算机病毒及各类"黑客"软件多如牛毛,一台没有进行任何安全设置的Windows系统(不安装各种系统补丁、不安装病毒防火墙),在Internet中很快就会被攻陷,致使人们在使用网络提供的各种高效工作方式的同时,不得不时刻提防来自计算机病毒、黑客等诸多方面的潜在威胁。所以,掌握Windows系列产品的安全防范技术十分重要,可以说这是每个计算机用户必须掌握的基本技术。各种用于网络安全防范的设置方法和工具软件,可以在很大程度上帮助用户提高计算机抵抗外来侵害的能力,能方便地检查和堵塞可能存在的各种安全漏洞。

美国微软公司的 Windows 系列操作系统以其简便、易用的特点占据了较大的市场份额,自然也成为被攻击的主要对象。

(一)安装 Windows 系统补丁

对于一个新安装完毕的 Windows 操作系统,首先要做的事情就是立即安装系统补丁程序。微软公司为了方便用户使用,专门开设有"Windows Update"网站,随时发布各种新系统漏洞的补丁程序。一般情况下,能够及时安装补丁程序并进行安全设置的计算机不会受到病毒的侵袭。

(二)启用 Windows 防火墙

启用 Windows 防火墙可以有效地防止来自网络中其他计算机的访问,提高系统的安全性。

(三)用户账户安全设置

通过设置适当的用户账户,禁止不必要的用户账户来加强 Windows 的安全性。

(四)设置 TCP/IP 筛选

如果计算机在使用时有非常固定的用途,如某 Web 服务器工作时仅需要对外开放用户 HTTP 联结的 TCP80 端口和用户站点维护的 FTP 端口(默认为 TCP21 端口),此时可使用 Windows 的 TCP/IP 筛选器关闭所有其他端口。

(五)使用安全系数高的密码

提高安全性的最简单有效的方法之一就是使用一个不会轻易被暴力攻击所猜到的密码。暴力攻击就是攻击者使用一个自动化系统来尽可能快地猜测密码,以希望不久可以发现正确的密码。因此,设置密码时应使用包含特殊字符和空格,同时使用大小写字母,避免使用从字典中能找到的单词。每使你的密码长度增加一位,就会以倍数级别增加由你的密码字符所构成的组合。一般来说,小于 8 个字符的密码被认为是很容易被破解的。可以用 10 个、12 个字符作为密码,16 个当然更好了。在不会因为过长而难于键入的情况下,让你的密码尽可能的更长会更加安全。

(六)升级软件

在很多情况下,在安装部署生产性应用软件之前,对系统进行补丁测试工作是至关重要的,最终安全补丁必须安装到你的系统中。如果很长时间没有进行安全升级,可能会导致你使用的计算机非常容易成为不道德黑客的攻击目标。因此,不要把软件安装在长期没有进行安全补丁更新的计算机上。同样的情况也适用于任何基于特征码的恶意软件保护工具,诸如防病毒应用程序,如果不对它进行及时的更新,从而不能得到当前的恶意软件特征定义,防护效果会大打折扣。

(七)使用数据加密

对于那些有安全意识的计算机用户或系统管理员来说,有不同级别的数据加密范围可以使用,根据需要选择正确级别的加密通常是根据具体情况来决定的。数据加密的范围很广,从使用密码工具来逐一对文件进行加密,到文件系统加密,最后到整个磁盘加密。

(八)通过备份保护你的数据

备份数据是在面对灾难的时候把损失降到最低的重要方法之一。数据冗余策略既可以包括简单、基本的定期拷贝数据到 CD 上,也包括复杂的定期自动备份到一个服务器上。

【例 9-18】 在对网络安全问题的解决上,采用了多项技术,在下面四个叙述中不正确的是:

  A. 加密的目的是为防止信息的非授权泄漏

B. 鉴别的目的是验明用户或信息的正身

C. 访问控制的目的是防止非法访问

D. 防火墙的目的是防止火灾的发生

答案：D

【例 9-19】 现在全国都在开发三网合一的系统工程，即：

A. 将电信网、计算机网、通信网合为一体

B. 将电信网、计算机网、无线电视网合为一体

C. 将电信网、计算机网、有线电视网合为一体

D. 将电信网、计算机网、电话网合为一体

解 "三网合一"是指在未来的数字信息时代，当前的数据通信网（俗称数据网、计算机网）将与电视网（含有线电视网）以及电信网合三为一，并且合并的方向是传输、接收和处理全部实现数字化。

答案：C

【例 9-20】 下面四个选项中，不属于数字签名技术的是：

A. 权限管理

B. 接收者能够核实发送者对报文的签名

C. 发送者事后不能对报文的签名进行抵赖

D. 接收者不能伪造对报文的签名

解 数字签名机制提供了一种鉴别方法，以解决伪造、抵赖、冒充和篡改等安全问题。接收方能够鉴别发送方所宣称的身份，发送方事后不能否认他曾经发送过数据这一事实。

答案：A

五、网络服务与应用

(一) 网上订票、订旅馆

在网上订购飞机票、火车票及旅馆，既方便，又节省时间。例如，在 IE 浏览器的地址栏中，输入首铁在线的网址"http://www.036.com.cn"，打开网站首页，就可以在网上订票。

(二) 查询公交线路

有时出门不知道如何乘车到达目的地，利用 8684 公交网，可以方便地查到最佳乘车方案。例如，在 IE 浏览器的地址栏中，输入 8684 公交网的网址"http://www.8684.cn"，打开网站首页，而后选择城市即可查询。

(三) 利用 Outlook Express 进行邮件收发

Outlook Express 是 Office 组件之一，它是一个桌面信息管理系统，可以处理许多办公日常事务。使用它，可以收发电子邮件，管理邮件，安排约会，建立联系人和任务等，从而提高日常工作效率。

(四) IE 浏览器和搜索引擎

要获取网络信息，浏览器和搜索引擎是必不可少的。浏览器是用于显示网页信息的软件，目前最常用的是 Windows 自带的 Internet Explorer。搜索引擎运用特定的计算机程序搜索网络信息，并对信息进行组织和处理，为人们提供检索服务，常用的搜索引擎有百度、Google、Hao123 等。

(五)电子商务、电子政务

如利用网络购书、购物,还可以在网上查看政府的规章制度及网上申请注册填表等。

六、网络管理

(一)网络管理的概念

网络管理是指网络管理员通过网络管理程序对网络上的资源进行集中化管理的操作,包括配置管理、性能和记账管理、问题管理、操作管理和变化管理等。一台设备所支持的管理程度反映了该设备的可管理性及可操作性。

(二)网络管理软件的划分

网络管理技术是伴随着计算机、网络和通信技术的发展而发展的,两者相辅相成。从网络管理范畴来分类,可分为对网"路"的管理,即针对交换机、路由器等主干网络进行管理;对接入设备的管理,即对内部 PC、服务器、交换机等进行管理;对行为的管理,即针对用户的使用进行管理;对资产的管理,即统计 IT 软硬件的信息等。根据网管软件的发展历史,可以将其划分为三代:

第一代网管软件就是最常用的命令行方式,并结合一些简单的网络监测工具,它不仅要求使用者精通网络的原理及概念,还要求使用者了解不同厂商的不同网络设备的配置方法。

第二代网管软件有良好的图形化界面。用户无须过多了解设备的配置方法,就能图形化地对多台设备同时进行配置和监控,大大提高了工作效率。但仍然存在人为因素造成的设备功能使用不全面或不正确的问题,容易引发误操作。

第三代网管软件相对来说比较智能,是真正将网络和管理进行有机结合的软件系统,具有"自动配置"和"自动调整"功能。对网管人员来说,只要把用户情况、设备情况以及用户与网络资源之间的分配关系输入网管系统,系统就能自动地建立图形化的人员与网络的配置关系,并自动鉴别用户身份,分配用户所需的资源(如电子邮件、Web、文档服务等)。

(三)网络管理的五大功能

根据国际标准化组织定义的网络管理有五大功能:故障管理、配置管理、性能管理、安全管理、计费管理。依据网络管理软件产品功能的不同,又可细分为五类,即网络故障管理软件、网络配置管理软件、网络性能管理软件、网络服务/安全管理软件、网络计费管理软件。

1. 故障管理

故障管理是网络管理中最基本的功能之一。用户都希望有一个可靠的计算机网络。当网络中某个组成失效时,网络管理器必须迅速查找到故障并及时排除。通常不大可能迅速隔离某个故障,因为网络故障的产生原因往往相当复杂,特别是当故障由多个网络组成共同引起的。在此情况下,一般先将网络修复,然后再分析网络故障的原因。分析故障原因对于防止类似故障的再发生相当重要。网络故障管理包括故障检测、隔离和纠正三方面,应包括以下典型功能:

(1)故障监测。主动探测或被动接收网络上的各种事件信息,并识别出其中与网络和系统故障相关的内容,对其中的关键部分保持跟踪,生成网络故障事件记录。

(2)故障报警。接收故障监测模块传来的报警信息,根据报警策略驱动不同的报警程序,以报警窗口/振铃(通知一线网络管理人员)或电子邮件(通知决策管理人员)发出网络严重故障警报。

(3)故障信息管理。依靠对事件记录的分析,定义网络故障并生成故障卡片,记录排除故障的步骤和与故障相关的值班员日志,构造排错行动记录,将事件—故障—日志构成逻辑上相互关联的整体,以反映故障产生、变化、消除的整个过程的各个方面。

(4)排错支持工具。向管理人员提供一系列的实时检测工具,对被管设备的状况进行测试并记录下测试结果以供技术人员分析和排错。根据已有的排错经验和管理员对故障状态的描述给出对排错行动的提示。

(5)检索/分析故障信息。浏阅并且以关键字检索查询故障管理系统中所有的数据库记录,定期收集故障记录数据,在此基础上给出被管网络系统、被管线路设备的可靠性参数。

(6)对网络故障的检测是对网络组成部件状态监测的依据。不严重的简单故障通常被记录在?错误日志中,并不作特别处理;而严重一些的故障则需要通知网络管理器,即所谓的"警报"。一般网络管理器应根据有关信息对警报进行处理,排除故障。当故障比较复杂时,网络管理器应能执行一些诊断测试来辨别故障原因。

2. 计费管理

计费管理记录网络资源的使用,目的是控制和监测网络操作的费用和代价。它对一些公共商业网络尤为重要。它可以估算出用户使用网络资源可能需要的费用和代价,以及已经使用的资源。网络管理员还可规定用户可使用的最大费用,从而控制用户过多占用和使用网络资源。这也从另一方面提高了网络的效率。另外,当用户为了一个通信目的需要使用多个网络中的资源时,计费管理应可计算总计费用。

(1)计费数据采集。计费数据采集是整个计费系统的基础,但计费数据采集往往受到采集设备硬件与软件的制约,而且也与进行计费的网络资源有关。

(2)数据管理与数据维护。计费管理人工交互性很强,虽然有很多数据维护系统自动完成,但仍然需要人为管理,包括交纳费用的输入、联网单位信息维护,以及账单样式决定等。

(3)计费政策制定。由于计费政策经常灵活变化,因此实现用户自由制定输入计费政策尤其重要。这样需要一个制定计费政策的友好人机界面和完善的实现计费政策的数据模型。

(4)政策比较与决策支持。计费管理应该提供多套计费政策的数据比较,为政策制定提供决策依据。

(5)数据分析与费用计算。利用采集的网络资源使用数据,联网用户的详细信息以及计费政策计算网络用户资源的使用情况,并计算出应交纳的费用。

(6)数据查询。提供给每个网络用户关于自身使用网络资源情况的详细信息,网络用户根据这些信息可以计算、核对自己的收费情况。

3. 配置管理

配置管理同样相当重要。它初始化网络并配置网络,以使其提供网络服务。配置管理是一组对辨别、定义、控制和监视组成一个通信网络的对象所必要的相关功能,目的是为了实现某个特定功能或使网络性能达到最优。

(1)配置信息的自动获取。在一个大型网络中,需要管理的设备是比较多的,如果每个设备的配置信息都完全依靠管理人员的手工输入,工作量则相当大,而且还存在出错的可能性。对于不熟悉网络结构的人员来说,这项工作甚至无法完成,因此,一个先进的网络管理系统应该具有配置信息自动获取功能。即使在管理人员不是很熟悉网络结构和配置状况的情况下,也能通过有关的技术手段来完成对网络的配置和管理。在网络设备的配置信息中,根据获取手段大致可以分为三类:第一类是网络管理协议标准的 MIB 中定义的配置信息(包括 SNMP 和 CMIP 协议);第二类是不在网络管理协议标准中有定义,但是对设备运行比较重要的配置信息;第三类就是用于管理的一些辅助信息。

(2) 自动配置、自动备份及相关技术。配置信息自动获取功能相当于从网络设备中"读"信息,相应的,在网络管理应用中还有大量"写"信息的需求。同样,根据设置手段对网络配置信息进行分类:第一类是可以通过网络管理协议标准中定义的方法(如 SNMP 中的 set 服务)进行设置的配置信息;第二类是可以通过自动登录到设备进行配置的信息;第三类就是需要修改的管理性配置信息。

(3) 配置一致性检查。在一个大型网络中,由于网络设备众多,而且由于管理的原因,这些设备很可能不是由同一个管理人员进行配置的。实际上,即使是同一个管理员对设备进行的配置,也会由于各种原因导致发生配置一致性问题。因此,对整个网络的配置情况进行一致性检查是必需的。在网络的配置中,对网络正常运行影响最大的,主要是路由器端口配置和路由信息配置,因此,要进行一致性检查的也主要是这两类信息。

(4) 用户操作记录功能。配置系统的安全性是整个网络管理系统安全的核心。因此,必须对用户进行的每一配置操作进行记录。在配置管理中,需要对用户操作进行记录,并保存下来。管理人员可以随时查看特定用户在特定时间内进行的特定配置操作。

4. 性能管理

性能管理估价系统资源的运行状况及通信效率等系统性能。其能力包括监视和分析被管网络及其所提供服务的性能机制。性能分析的结果可能会触发某个诊断测试过程或重新配置网络以维持网络的性能。性能管理收集分析有关被管网络当前状况的数据信息,并维持和分析性能日志。一些典型的功能包括:

(1) 性能监控。由用户定义被管对象及其属性。被管对象类型包括线路和路由器,被管对象属性包括流量、延迟、丢包率、CPU 利用率、温度、内存余量。对于每个被管对象,定时采集性能数据,自动生成性能报告。

(2) 阈值控制。可对每一个被管对象的每一条属性设置阈值,对于特定被管对象的特定属性,可以针对不同的时间段和性能指标进行阈值设置。可通过设置阈值检查开关控制阈值检查和告警,提供相应的阈值管理和溢出告警机制。

(3) 性能分析。对历史数据进行分析、统计和整理,计算性能指标,对性能状况作出判断,为网络规划提供参考。

(4) 可视化的性能报告。对数据进行扫描和处理,生成性能趋势曲线,以直观的图形反映性能分析的结果。

(5) 实时性能监控。提供一系列实时数据采集、分析和可视化工具,用以对流量、负载、丢包、温度、内存、延迟等网络设备和线路的性能指标进行实时检测,可任意设置数据采集间隔。

(6) 网络对象性能查询。可通过列表或按关键字检索被管网络对象及其属性的性能记录。

5. 安全管理

安全性一直是网络的薄弱环节之一,而用户对网络安全的要求又相当高,因此网络安全管理非常重要。网络中主要有以下几大安全问题:

网络数据的私有性(保护网络数据不被侵入者非法获取),授权(防止侵入者在网络上发送错误信息),访问控制(控制对网络资源的访问)。

相应的,网络安全管理应包括对授权机制、访问控制、加密和加密关键字的管理,另外还要维护和检查安全日志,包括网络管理过程中,存储和传输的管理及控制信息对网络的运行和管理至关重要,一旦泄密、被篡改和伪造,将给网络造成灾难性的破坏。

(1) 网络管理本身的安全由以下机制来保证：

① 管理员身份认证，采用基于公开密钥的证书认证机制。为提高系统效率，对于信任域内（如局域网）的用户，可以使用简单口令认证。

② 管理信息存储和传输的加密与完整性。Web 浏览器和网络管理服务器之间采用安全套接字层（SSL）传输协议，对管理信息加密传输并保证其完整性；内部存储的机密信息，如登录口令等，也是经过加密的。

③ 网络管理用户分组管理与访问控制。网络管理系统的用户（即管理员）按任务的不同分成若干用户组，不同的用户组中有不同的权限范围，对用户的操作由访问控制检查，保证用户不能越权使用网络管理系统。

④ 系统日志分析、记录用户所有的操作，使系统的操作和对网络对象的修改有据可查，同时也有助于故障的跟踪与恢复。

(2) 网络对象的安全管理有以下功能：

① 网络资源的访问控制。通过管理路由器的访问控制链表，完成防火墙的管理功能，即从网络层和传输层控制对网络资源的访问，保护网络内部的设备和应用服务，防止外来的攻击。

② 告警事件分析。接收网络对象所发出的告警事件，分析与安全相关的信息（如路由器登录信息、SNMP 认证失败信息），实时地向管理员告警，并提供历史安全事件的检索与分析机制，及时地发现正在进行的攻击或可疑的攻击迹象。

③ 主机系统的安全漏洞检测。实时地监测主机系统的重要服务（如 WWW、DNS 等）的状态，提供安全监测工具，以搜索系统可能存在的安全漏洞或安全隐患，并给出弥补的措施。

（四）网络管理协议

随着网络的不断发展，规模增大，复杂性增加，简单的网络管理技术已不能适应网络迅速发展的要求。以往的网络管理系统往往是厂商在自己的网络系统中开发的专用系统，很难对其他厂商的网络系统、通信设备软件等进行管理，这种状况很不适应网络异构互联的发展趋势。20 世纪 80 年代初期 Internet 的出现和发展使人们进一步意识到了这一点。研究开发者们迅速展开了对网络管理的研究，并提出了多种网络管理方案，包括 HEMS、SGMP、CMIS/CMIP 等。

1. SNMP

简单网络管理协议 SNMP 的前身是 1987 年发布的简单网关监控协议 SGMP。SGMP 给出了监控网关 OSI 第三层路由器的直接手段，SNMP 则是在其基础上发展而来。最初，SNMP 是作为一种可提供最小网络管理功能的临时方法开发的，它具有以下两个优点：

(1) 与 SNMP 相关的管理信息结构（SMI）以及管理信息库（MIB）非常简单，从而能够迅速、简便地实现。

(2) SNMP 是建立在 SGMP 基础上的，而对于 SGMP 人们积累了大量的操作经验。SNMP 经历了两次版本升级，现在的最新版本是 SNMP－V3。在前两个版本中 SNMP 功能都得到了极大的增强，而在最新的版本中，SNMP 在安全性方面有了很大的改善，SNMP 缺乏安全性的弱点正逐渐得到克服。

2. CMIS/CMIP

公共管理信息服务/公共管理信息协议 CMIS/CMIP 是 OSI 提供的网络管理协议簇。CMIS 定义了每个网络组成部分提供的网络管理服务，这些服务在本质上是很普通的，CMIP

则是实现 CMIS 服务的协议。

OSI 网络协议旨在为所有设备在 ISO 参考模型的每一层提供一个公共网络结构,而 CMIS/CMIP 正是这样一个用于所有网络设备的完整网络管理协议簇。出于通用性的考虑,CMIS/CMIP 的功能与结构跟 SNMP 很不相同,SNMP 是按照简单和易于实现的原则设计的,而 CMIS/CMIP 则能够提供支持一个完整网络管理方案所需的功能。

3. CMOT

公共管理信息服务与协议 CMOT 是在 TCP/IP 协议簇上实现 CMIS 服务,这是一种过渡性的解决方案,直到 OSI 网络管理协议被广泛采用。

4. LMMP

局域网个人管理协议 LMMP 试图为 LAN 环境提供一个网络管理方案。LMMP 以前被称为 IEEE802 逻辑链路控制上的公共管理信息服务与协议 CMOL。由于该协议直接位于 IEEE802 逻辑链路层 LLC 上,它可以不依赖于任何特定的网络层协议进行网络传输。由于不要求任何网络层协议,LMMP 比 CMIS/CMIP 或 CMOT 都易于实现。然而没有网络层提供路由信息,LMMP 信息不能跨越路由器,从而限制了它只能在局域网中发展。但是,跨越局域网传输局限的 LMMP 信息转换代理可能会克服这一问题。

习 题

9-26 下列域名中,表示教育机构的是( )。
A. ftp.btu.net B. ftp.cnc.ac.cn
C. www.ioa.ac.cn D. www.nefu.edu.cn

9-27 用 IE 浏览上网时,要进入某一页,可在 IE 的 URL 栏中输入该网页的( )。
A. IP 地址或域名 B. 只能是域名
C. 实际的文件名称 D. 只能是 IP 地址

9-28 下列邮件地址格式中,正确的是( )。
A. 用户名@主机域名 B. 主机域名@用户名
C. 用户名.主机域名 D. 主机域名.用户名

9-29 建立计算机网线路和主要目的是( )。
A. 资源共享 B. 速度快
C. 内存增大 D. 可靠性高

9-30 合法的 IP 地址是( )。
A. 202;196;112;50 B. 202、196、112、50
C. 202,196,112,50 D. 202.196.112.50

9-31 校园网属于( )。
A. 远程网 B. 局域网
C. 广域网 D. 城域网

9-32 计算机系统安全与保护计算机系统的全部资源具有( )、完备性和可用性。
A. 秘密性 B. 公开性
C. 系统性 D. 先进性

9-33 计算机病毒主要是通过( )传播的。

A. 硬盘　　　　B. 键盘　　　　C. 软盘　　　　D. 显示器

9-34 目前计算机病毒对计算机造成的危害主要是通过(　　)实现的。
A. 腐蚀计算机的电源　　　　B. 破坏计算机程序和数据
C. 破坏计算机的硬件设备　　D. 破坏计算机的软件和硬件

9-35 下列哪一个不能防病毒(　　)。
A. KV300　　B. KILL　　C. WPS　　D. 防病毒卡

9-36 计算机病毒种类繁多,按计算机病毒的类型来分,下面四条有关病毒的表述中,不属于计算机病毒的一条叙述是(　　)。
A. 文件型计算机病毒、引导区型计算病毒、混合型计算机病毒
B. 引导区型计算机病毒、宏病毒、特洛伊木马病毒
C. 蠕虫病毒、混合型计算机病毒、时间炸弹和逻辑炸弹
D. 在人畜间流行的病毒、人畜混合型病毒

9-37 给信息实施保密可供选择的方法有两种(　　)。
A. 给计算机系统加密,给用户个人账户加密
B. 为计算机配置杀毒软件,每天进行杀毒操作
C. 计算机系统使用正版软件,不使用盗版软件
D. 给信息加密,把信息藏起来

9-38 用于解域名的协议是(　　)。
A. HTTP　　B. DNS　　C. FTP　　D. SMTP

9-39 TCP 协议称为(　　)。
A. 网际协议　　　　　　　　B. 传输控制协议
C. Network 内部协议　　　　D. 中转控制协议

9-40 IP 地址能唯一地确定 Internet 上每台计算机与每个用户的(　　)。
A. 距离　　　　B. 费用　　　　C. 位置　　　　D. 时间

习题提示及参考答案

9-1　**提示**:一个完整的计算机系统包括硬件与软件部分。硬件包括中央处理器、存储器、外部设备等。
答案:A

9-2　**提示**:计算机的软件系统包括系统软件和应用软件两个部分,如操作系统、程序语言及通用办公软件等。
答案:D

9-3　**提示**:在对磁盘进行保护后,可以读出数据,但不能写入数据。
答案:A

9-4　**提示**:可以从硬盘读出数据,也可以往硬盘上写入数据,因此它既可是输入设备,又可是输出设备。
答案:C

9-5　**提示**:DOS 属于操作系统软件,FORTRAN 77 和 BASIC 属于程序设计语言,而 TB-SA 是应用软件。

答案：D

9-6 　提示：从计算机硬件系统组成，我们可以看到中央处理器包括运算器和控制器。
答案：D

9-7 　提示：在中央处理器中，运算器按控制器发出的指令来完成各种操作。控制器规定计算机执行指令的顺序，并根据指令的信息控制计算机各部分协同动作。
答案：D

9-8 　提示：ROM是只读存储器，程序固化在芯片上，当电源断电时，上面的信息是不会丢失的。
答案：B

9-9 　提示：在"我的电脑"窗口中，可以实施驱动器、文件夹、文件等管理功能。当磁盘使用时间比较长，用户存放新文件、删除文件、修改文件时，都会使文件在磁盘上被分成多块不连续的碎片，碎片多了，系统读写文件的时间就会加长，降低系统性能。"属性"对话框有"常规"、"工具"、"共享"等选项卡。利用"常规"选项卡可设置或修改磁盘的卷标、查看磁盘容量、已使用字节和可用字节数以及清理磁盘；利用"共享"选项卡可以设置驱动器是否共享，如果选择了共享，还可以设置访问的类型："只读"、"完全"或"根据密码访问"；利用"工具"选项卡可以检查磁盘、做磁盘备份和整理磁盘碎片。
答案：D

9-10 提示：计算机语言发展经历了由最初的机器语言发展到使用符号表示的汇编语言，继而开发出人们使用方便的高级语言。
答案：A

9-11 提示：机器语言和汇编语言都属于计算机低级语言。
答案：B

9-12 提示：二进制最后一位为1，所对应的十进制数一定是个奇数，二进制数转为十进制数，按权展开法得到1455。将二进制从后往前每3位为一组，所对应的八进制为2657。
答案：A

9-13 提示：计算机能接收的语言为机器语言，而机器语言是由二进制编码组成的。
答案：A

9-14 提示：八进制数是由0、1、2、3、4、5、6、7八个数码组成，采用的是逢八进一的规则。
答案：B

9-15 提示：数据是信息的符号表示或称为载体，信息是数据的内涵，是对数据语义的解释。采用数据这种形势来表示信息，更加易于人们的理解和接受。
答案：A

9-16 提示：在ASCII编码中，每个字符用7位二进制数表示。一个字符的ASCII码通常占用一个字节，由7位二进制数编码组成，所以ASCII码最多可表示128个不同的字符。
答案：A

9-17 提示：计算机的多媒体技术，使计算机不仅具有处理文字与数字的能力，而且还有处理文字、图形、声音、视频和动画的能力，使计算机拥有了处理多媒体信息的能力。

答案：B

9-18　**提示**：Windows 2000 属于多用户、多任务、窗口图形界面的操作系统。

答案：C

9-19　**提示**：运行中的 Windows 应用程序名，是列在桌面任务栏的活动任务区，作用主要是方便程序打开和管理，比如可以把多个窗口最小化到任务栏中。

答案：C

9-20　**提示**：在资源管理器查看菜单下有缩略图、平铺、图标、列表、详细信息等子菜单，如果希望查看文件的名称、类型、大小、修改时间等信息，要进入详细信息子菜单。

答案：B

9-21　**提示**：在 Windows XP 中，要想进行操作，首先要选择操作对象。

答案：B

9-22　**提示**：操作系统(Operating System，简称 OS)的功能为：管理计算机系统的全部硬件资源，包括软件资源及数据资源；控制程序运行；改善人机界面；为其他应用软件提供支持等，使计算机系统所有资源最大限度地发挥作用，为用户提供方便的、有效的、友善的服务界面。

答案：A

9-23　**提示**：在 Windows 操作系统中，"保存"文件和"另存为"文件都可以使用原文件名。

答案：C

9-24　**提示**：操作系统是管理计算机系统的各种软、硬件资源，以及提供人机交互的界面。为了使用不同的操作系统，常常在同一台 PC 机上安装多个操作系统。若某一台 PC 机连接了两个网络，便需要为该计算机配置两个 IP 地址，这两个 IP 地址可以配置在同一个网卡上，也可以配置在不同的网卡上(前提条件为该 PC 机安装多个网卡)。但一个 IP 地址却不可以同时绑定到多个网卡上。

答案：D

9-25　**提示**：操作系统有两个重要的作用：

（1）通过资源管理，提高计算机系统的效率。操作系统是计算机系统的资源管理者，它含有对系统软、硬件资源实施管理的一组程序。其首要作用就是通过 CPU 管理、存储管理、设备管理和文件管理，对各种资源进行合理的分配，改善资源的共享和利用程度，最大限度地发挥计算机系统的工作效率，提高计算机系统在单位时间内处理工作的能力。

（2）改善人机界面，向用户提供友好的工作环境。操作系统不仅是计算机硬件和各种软件之间的接口，也是用户与计算机之间的接口。试想如果不安装操作系统，用户将要面对的是 01 代码和一些难懂的机器指令，通过按钮或开关来操作计算机，这样既笨拙又费时。安装操作系统后，用户面对的不再是笨拙的裸机，而是操作便利、服务周到的操作系统，从而明显改善了用户界面，提高了用户的工作效率。

HTML 代表的意义是超文本标记语言，它是全球广域网上描述网页内容和外观的标准。所以，HTML 不是由操作系统提供的。

答案：D

9-26 提示：域名(Domain Name)是由一串用点分隔的名字组成的 Internet 上某一台计算机或计算机组的名称，用于在数据传输时标记计算机的电子方位(有时也指地理位置)。education，教育机构，edu 是它的缩写。
答案：D

9-27 提示：当要浏览某一网页时，IP 地址就等于域名。
答案：A

9-28 提示：邮件地址格式，不允许把用户名放在@后面。
答案：A

9-29 提示：建立网络的目的主要是数据、信息、资源共享。
答案：A

9-30 提示：IP 地址在数据之间是用点来分割的。
答案：D

9-31 提示：局域网地域范围小，用于办公室、机关、学校、工厂等内部联网。其范围没有严格的定义，一般认为距离为 0.1~25km。
答案：B

9-32 提示：计算机系统安全与保护指计算机系统的全部资源具有系统性、完备性和可用性。
答案：C

9-33 提示：通过使用外界被感染的软盘，如不同渠道来的系统盘，来历不明的软件、游戏盘等是最普遍的传染途径。
答案：C

9-34 提示：大部分病毒在激发的时候直接破坏计算机的重要信息数据，所利用的手段有格式化磁盘、改写文件分配表和目录区、删除重要文件或者用无意义的"垃圾"数据改写文件等。引导型病毒的一般侵占方式是由病毒本身占据磁盘引导扇区，而把原来的引导区转移到其他扇区，也就是引导型病毒要覆盖一个磁盘扇区。被覆盖的扇区数据永久性丢失，无法恢复。
答案：D

9-35 提示：WPS 是一个应用软件，用于文档的编辑与处理。
答案：C

9-36 提示：计算机病毒是破坏计算机功能或者破坏数据，影响计算机使用的一组计算机指令或者程序代码，是一种功能比较特殊的、具有破坏性的计算机程序，并非真的是医学上的病毒。
答案：D

9-37 提示：给信息加密，即隐蔽信息的可读性，将可读的信息数据转换为不可读的信息数据，即密文，也称密码。这样就可以使非法者不能直接了解数据内容，从而达到给信息加密的目的。把信息藏起来，即隐蔽信息的存在性，将信息隐藏在一个容量更大的信息载体之中，形成隐秘载体，做到使非法者难于察觉出其中隐藏有某些数据，从而实现给信息加密的目的。
答案：D

9-38 提示：DNS 就是将各个网页的 IP 地址转换成人们常见的网址。

答案: B

9-39 **提示:** TCP 为 Transmission Control Protocol 的简写,译为传输控制协议,又名网络通信协议,是 Internet 最基本的协议。
答案: B

9-40 **提示:** IP 地址能唯一地确定 Internet 上每台计算机与每个用户的位置。
答案: C

第十章 工程经济

复习指导

一、考试大纲

9.1 资金的时间价值

资金时间价值的概念；利息及计算；实际利率和名义利率；现金流量及现金流量图；资金等值计算的常用公式及应用；复利系数表的应用。

9.2 财务效益与费用估算

项目的分类；项目计算期；财务效益与费用；营业收入；补贴收入；建设投资；建设期利息；流动资金；总成本费用；经营成本；项目评价涉及的税费；总投资形成的资产。

9.3 资金来源与融资方案

资金筹措的主要方式；资金成本；债务偿还的主要方式。

9.4 财务分析

财务评价的内容；盈利能力分析（财务净现值、财务内部收益率、项目投资回收期、总投资收益率、项目资本金净利润率）；偿债能力分析（利息备付率、偿债备付率、资产负债率）；财务生存能力分析；财务分析报表（项目投资现金流量表、项目资本金现金流量表、利润与利润分配表、财务计划现金流量表）；基准收益率。

9.5 经济费用效益分析

经济费用和效益；社会折现率；影子价格；影子汇率；影子工资；经济净现值；经济内部收益率；经济效益费用比。

9.6 不确定性分析

盈亏平衡分析（盈亏平衡点、盈亏平衡分析图）；敏感性分析（敏感度系数、临界点、敏感性分析图）。

9.7 方案经济比选

方案比选的类型；方案经济比选的方法（效益比选法、费用比选法、最低价格法）；计算期不同的互斥方案的比选。

9.8 改扩建项目的经济评价特点

改扩建项目的经济评价特点。

9.9 价值工程

价值工程原理；实施步骤。

二、复习指导

(一)资金的时间价值

复习本节时应注意掌握资金时间价值的概念，熟悉现金流量和现金流量图。重点掌握资金等值计算,应会利用公式和复利系数表进行计算,掌握实际利率和名义利率的概念及计算公式。

对于资金等值计算公式,应该注意等额系列计算公式中 F、P、A 发生的时点,应用时注意它的应用条件。

应会查复利系数表,掌握$(F/P,i,n)$、$(P/F,i,n)$、$(F/A,i,n)$、$(A/F,i,n)$、$(P/A,i,n)$、$(A/P,i,n)$几个符号的含义,如$(P/A,i,n)$是表示已知 A 求 P 的等额支付现值系数。

(二)财务效益与费用估算

本节应了解项目的分类和项目的计算期,熟悉财务效益与费用所包含的内容,重点掌握建设投资的构成、建设期利息的计算、经营成本的概念、项目评价涉及的税费以及总投资形成的资产。

(三)资金来源与融资方案

本节应了解资金筹措的主要方式,掌握资金成本的概念及计算,熟悉债务偿还的主要方式。

(四)财务分析

本节应了解财务评价的内容,熟练掌握盈利能力分析的相关指标的概念和计算,重点掌握净现值、内部收益率、净年值、费用现值、费用年值、投资回收期的含义和计算方法,熟悉利用这些指标评价方案盈利能力时的判别标准。如采用净现值、净年值指标时要根据其是否大于或等于零进行判断,采用内部收益率指标要根据其是否大于或等于基准收益率进行判断等。应用时注意它们的应用条件,如内部收益率可用于单个方案自身的经济性评价,两个方案比选时就要用差额内部收益率等。熟悉偿债能力分析、财务生存能力的概念,熟悉相关财务分析报表。

(五)经济费用效益分析

本节应理解社会折现率、影子价格、影子汇率、影子工资的概念,复习时应注意经济净现值、经济内部收益率指标与财务净现值、财务内部收益率的区别。了解效益费用比的概念。掌握经济净现值、经济内部收益率、效益费用比的判别标准。

(六)不确定性分析

对于盈亏平衡分析,应熟悉固定成本、可变成本的概念,熟练掌握盈亏平衡分析的计算,了解盈亏平衡点的含义。

对于单因素敏感性分析,应了解该方法的概念、敏感度系数和临界点的含义,看懂敏感性分析图。

(七)方案经济比选

本节应熟悉独立型方案与互斥型方案的区别,掌握互斥方案比选的效益比选法、费用比选法和判别标准,了解最低价格法的概念;熟悉计算期不同的互斥方案的比选可采用的方法和指标。

(八)改扩建项目的经济评价特点

对于改扩建项目,应了解其与新建项目在经济评价上的不同特点。

(九)价值工程

应掌握价值工程的基本概念,包括价值工程中价值、功能及成本的概念,掌握价值的公式,根据公式可知提高价值的途径。

了解价值工程的实施步骤,掌握价值系数、功能系数、成本系数的计算。应掌握价值工程的核心。

本章的复习,应注重掌握相关的基本概念、基本公式和计算方法。在复习的同时,应该通过做习题训练，进一步巩固考试大纲要求掌握的内容。做习题时，应注意掌握习题考核的知识点。

第一节 资金的时间价值

一、资金时间价值的概念

随着时间的推移，资金的价值是会发生变化的。通过资金运动可以使资金增值。不同时间发生的等额资金在价值上的差别称为资金的时间价值，也称为货币的时间价值。

应该指出，资金的时间价值不是资金本身或时间产生的，而是在资金运动中产生的。把资金作为生产要素，经过生产与交换，会给投资者带来资金的增值。当然，资金的增值也不可能没有资金和时间，资金是其增值的基础，而生产与交换，需要经历一定的时间过程。

二、利息与利率

（一）利息的计算

利息是在一定时期内占用资金所付出的代价，用下式表示

利息＝目前应付(收)总金额－原来借(贷)款金额

原来的借(贷)款金额称为本金。

计算利息的时间单位称为计息周期，通常为年、季、月、周或日。

利率是一个计息周期中单位资金所产生的利息（即单位时间里所得到的利息额）与本金之比，通常用百分数表示

$$i = \frac{I}{P} \times 100\% \tag{10-1}$$

式中：i——利率；
P——本金；
I——单位时间所得利息。

计算利息有单利计息和复利计息两种方法。

1. 单利计息

这种计息方法是指计算利息时，只考虑本金计算利息，而利息本身不再另外计算利息。

单利计息的计算公式为

$$I = P \cdot i \cdot n \tag{10-2}$$
$$F = P(1 + i \cdot n) \tag{10-3}$$

式中：I——利息；
P——本金；
i——利率；
n——计息周期；
F——本金与利息之和，简称本利和。

由于单利计息没有考虑利息本身的时间价值，在工程经济分析中的应用较少，一般只适合于不超过一年的短期投资或短期贷款。

2. 复利计息

复利计息是指在计算利息时，将上一计息期产生的利息，累加到本金中去，以本利和的总

额进行计息。即不仅本金要计算利息,而且上一期利息在下一计息期中仍然要计算利息。

复利计息公式为

$$F = P(1+i)^n \tag{10-4}$$

式中符号含义同前。应该注意,上式中的 i 和 n 所反映的时段应该是一致的,如 i 为年利率,则 n 为计息年数;如 i 为月利率,则 n 为计息月数。

（二）实际利率与名义利率

计息期通常以一年为计算单位,但有时借贷双方也可以商定每年分几次按复利计息,这时计息周期短于一年,如按月、按季或按半年计息等。比如,设月度为计息期,每月利率为1‰,则一年要计息12次,1‰×12=12‰称为名义利率,即名义利率是周期利率与每年计息周期数的乘积。这种计息方式习惯上表述为"年利率为12‰,按月计息"。

需要注意的是,名义利率为12‰时的实际利息额比年利率为12‰时的利息额要高,比如借款1 000元,年利率12‰,按月计息,则第1年年末的本利和为

$$F = 1\,000 \times \left(1 + \frac{12\%}{12}\right)^{12} = 1\,126.83 \text{ 元}$$

若按年利率12‰复利计息,则第1年年末本利和为

$$F = 1\,000 \times (1 + 12\%) = 1120 \text{ 元}$$

比按月计息少了6.83元。由此可见,一年内复利计息次数不同。其年末的本利和也不同。对于相同的名义利率,如果一年内计息次数增加,则年末的本利和也会增加。

实际利息多少可以用实际利率计算。为了避免不同语言表述方式不同可能造成的混乱,1973年通过的国际"借贷真实性法"规定:年实际利率是一年利息额与本金之比。

例如上面的例子,年名义利率都是12‰,计息期不同,则按年计息的实际利率为

$$\text{年实际利率} = \frac{F-P}{P} = \frac{1\,120 - 1\,000}{1\,000} = 12\%$$

按月计息的年实际利率为

$$\text{年实际利率} = \frac{F-P}{P} = \frac{1\,126.83 - 1\,000}{1\,000} = 12.68\%$$

这意味着"名义利率12‰,按月计息"与按年利率12.68‰计息,两者是一致的。

设名义利率为 r,一年中的计息周期数为 m,则一个计息周期的利率为 $\frac{r}{m}$,根据复利计息公式,由名义利率求年实际利率的公式为

$$i = \left(1 + \frac{r}{m}\right)^m - 1 \tag{10-5}$$

【例10-1】 某企业向银行借款,按季度计息,年名义利率为8‰,则年实际利率为:

A. 8‰   B. 8.16‰

C. 8.24‰   D. 8.3‰

解 利用由年名义利率求年实际利率的公式计算:

$$i = \left(1 + \frac{r}{m}\right)^m - 1 = \left(1 + \frac{8\%}{4}\right)^4 - 1 = 8.24\%$$

答案: C

三、现金流量及现金流量图

一个投资建设项目在其整个计算期内各个时间点上有货币的收入和支出，其中货币收入称现金流入（CI），记为"+"；货币支出称现金流出（CO），记为"−"。

现金流入和现金流出统称为现金流量。现金流入与现金流出之差称为净现金流量，记为 NCF 或（CI−CO），即

$$净现金流量 = 现金流入 - 现金流出$$

现金流量有三个要素：流向、大小、时间。现金流量可以用表格或图形表示。在工程经济分析中，经常用图形表示现金流量。用于表示现金流量与时间对应关系的图形称为现金流量图，如图 10-1 所示。

在现金流量图中，横轴是时间标度，每一格代表一个时间单位（如年、季、月等），即一期。0 点为计算期的起始时刻，也称为零期。横轴上任意一时点 t 表示第 t 期期末，同时也是第 $t+1$ 期的期初。

各时间点上箭头向上表示现金流入，向下表示现金流出，其箭线的长短与现金流入和现金流出的大小成比例，箭头处一般要标注出现金流量的数值。

在工程经济分析中，对投资与收益发生的时间点有两种处理方法。一种是年初投资年末收益法，即将投资计入发生年的年初，收益计入发生年的年末；一种是年（期）末习惯法，即将投资和收益均计入发生年的年（期）末。两种处理方法的计算结果稍有差别，但一般不会引起本质的变化。

当实际问题的现金流量发生的时点未说明是期末还是期初时，一般可将投资画在期初，经营费用和销售收入画在期末。

借方的现金流量就是贷方的现金流出，对于借贷双方，其财务活动的现金流量图正好相反。例如，张某现在从银行贷款 10 000 元，3 年后需还本付息共 11 500 元，其现金流量图如图 10-2a) 所示，而对于银行，该项财务活动的现金流量图如图 10-2b) 所示。

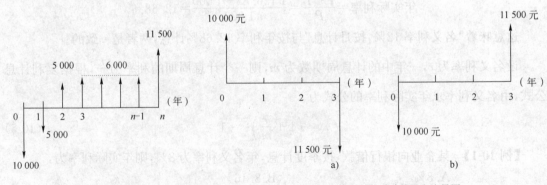

图 10-1 现金流量图

图 10-2 某项财务活动的现金流量图
a) 借方的现金流量图；b) 贷方的现金流量图

四、资金等值计算的常用公式及应用

在工程经济分析中，常常需要将发生在某一时点上的资金换算到另一时点，以便进行计算

分析和比较。

在不同时点上发生的资金,其绝对数额不等但价值可能相等。如果我们考虑反映资金时间价值的尺度复利率i,将某一时点发生的资金按利率i换算到另一时点,则二者绝对数额不等,但它们的价值相等,这就是资金的等值。这种资金金额的换算称为资金等值计算。

若把将来某一时点的资金金额换算成该时点之前某一时点的等值金额,称之为"贴现"或"折现",计算中所采用的反映资金时间价值尺度的参数i称为"贴现率"或"折现率",折现率一般采用银行利率进行计算。

(一)一次支付系列

一次支付系列是指在期初借款P,当借款到期时,将本利和F一次还清。一次支付的现金流量图如图10-3所示。

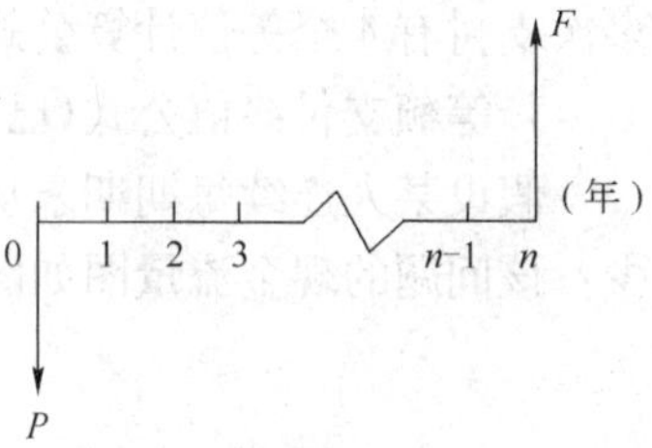

1.一次支付终值公式(已知P求F)

一次支付终值公式为

$$F = P(1+i)^n \tag{10-6}$$

上式称为一次支付终值公式,式中P称为本金或现值;F称为本利和,也称为终值或将来值;i为利率;n为计息期数;$(1+i)^n$称为一次支付终值系数(一次支付终值因子),可用$(F/P,i,n)$表示,含义为利率i、计息期数n,已知P求F。上式可写成

$$F = P(1+i)^n = P(F/P,i,n)$$

图10-3 一次支付现金流量图

为计算方便,可将$(F/P,i,n)$按不同的利率i和不同的计息期数n制成复利系数表格以便于应用。

应用上式时应注意,期数为n时,P发生在第一个计息期的期初,F发生在第n期的期末。如图10-2所示,借款10 000元发生在第一年年初(0年末),还款11 500元发生在第3年年末。

【例10-2】 某工程贷款1 000万元,合同规定3年后偿还,年利率为5%,问3年后应偿还贷款的本利和是多少?

解 绘出现金流量图如图10-4所示。

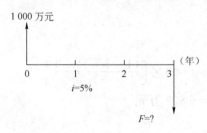

图10-4 某工程贷款现金流量图

查复利系数表(参见表10-1)可得$(F/P,5,3)=1.158$,3年后本利和为

$$F=P(F/P,5,3)=1\ 000 \times 1.158 = 1\ 158 \text{万元}$$

也可按一次支付终值公式计算,即

$$F = P(1+i)^n = 1\ 000 \times (1+5\%)^3 = 1\ 158 \text{万元}$$

也即3年后应偿还本利和1 158万元。

2.一次支付现值公式(已知F求P)

当需要将期末一次性偿还的本利和折算成现值时,即已知将来值F求现值P,可由一次支付终值公式得到

$$P = \frac{F}{(1+i)^n} = F(P/F,i,n) \tag{10-7}$$

式中,$\frac{1}{(1+i)^n}$称为一次支付现值系数,记为$(P/F,i,n)$。

【例10-3】 为了5年后得到500万元,年利率为8%,问现在应投资多少?

解 绘出现金流量图,如图 10-5 所示。
查表可得$(P/F,8,5)=0.6806$,现在应投资额为
$$P = F(P/F,8,5) = 500 \times 0.6806 = 340.3 \text{ 万元}$$
或
$$P = F/(1+i)^n = 500/(1+8\%)^5 = 340.3 \text{ 万元}$$

(二)等额多次支付系列

等额多次支付是指所分析系统中的现金流入或现金流出在多个时点上发生,其现金流量每期均发生,且数额相等。等额多次支付情况下,共有 4 个参数:i、n、A,再加上 F 或 P。等额多次支付有 4 个等值计算公式,在各个计算公式中,i、n 均为已知。

1. 等额支付终值公式(已知 A 求 F)

假设某人连续每期期末从银行贷款,数额均为 A,连续贷款 n 期,则 n 期后应一次还贷多少? 该问题的现金流量图如图 10-6 所示。

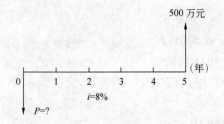

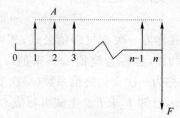

图 10-5　现金流量图　　　　图 10-6　多次支付现金流量图

如图 10-6 所示的现金流量图,等额资金为 A,利率 i,计息期数 n,将来值为 F,计算公式为

$$F = A\left[\frac{(1+i)^n - 1}{i}\right] = A(F/A, i, n) \tag{10-8}$$

上式称为等额支付终值公式,$\frac{(1+i)^n - 1}{i}$ 称为等额支付终值系数,记为 $(F/A, i, n)$。

【例 10-4】 若连续 6 年每年年末投资 1 000 万元,年复利利率 $i=5\%$,问 6 年后可得本利和多少?

解 绘出现金流量图,见图 10-7。

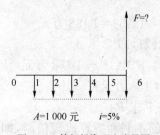

图 10-7　等额投资现金流量图

根据上式,可得
$$F = A\left[\frac{(1+i)^n - 1}{i}\right] = 1\,000 \times \left[\frac{(1+5\%)^6 - 1}{5\%}\right]$$
$$= 6\,802 \text{ 万元}$$

或利用复利系数表
$$F = A(F/A, i, n) = 1\,000 \times 6.802 = 6\,802 \text{ 万元}$$

即 6 年后可得本利和 6 802 万元。

2. 等额支付偿债基金公式(已知 F 求 A)

等额支付偿债基金是指为了未来偿还一笔债务 F,每期期末预先准备的年金。

由等额支付终值公式可得

$$A = F\left[\frac{i}{(1+i)^n - 1}\right] = F(A/F, i, n) \tag{10-9}$$

上式称为等额支付偿债基金公式,式中 $\frac{i}{(1+i)^n-1}$ 称为等额支付偿债基金系数,记为 $(A/F,i,n)$。

应用上面等额支付系列终值公式和等额支付偿债基金公式时应注意,等额支付的第一个 A 发生在第 1 期期末,最后一个 A 与 F 同时发生在第 n 期期末。

【例 10-5】 某企业预计 4 年后需要资金 100 万元,$i=5\%$,复利计息,问每年年末应存款多少?

解 绘出现金流量图,见图 10-8。

根据上面公式,可得

$$A = F\left[\frac{i}{(1+i)^n-1}\right] = 100 \times \left[\frac{5\%}{(1+5\%)^4-1}\right] = 23.20 \text{ 万元}$$

或利用复利系数表 $A = F(A/F,i,n) = 100 \times 0.23201 = 23.20$ 万元

即每年年末应存款 23.20 万元。

3. 等额支付资金回收公式(已知 P 求 A)

等额支付资金回收是指以利率 i 投入一笔资金,希望今后 n 期内以每期等额 A 的方式回收,其 A 值应为多少?这类问题的现金流量图如图 10-9 所示。

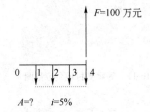

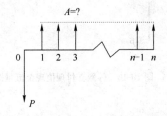

图 10-8 某企业等额支付现金流量图　　图 10-9 等额支付资金回收现金流量图

等额支付资金回收公式为

$$A = P\left[\frac{i(1+i)^n}{(1+i)^n-1}\right] = P(A/P,i,n) \tag{10-10}$$

式中,$\frac{i(1+i)^n}{(1+i)^n-1}$ 称为等额支付资金回收系数,记为 $(A/P,i,n)$。

【例 10-6】 如现在投资 100 万元,预计年利率为 10%,分 5 年等额回收,每年可回收:[已知:$(A/P,10\%,5)=0.2638$,$(A/F,10\%,5)=0.1638$]

　　A. 16.38 万元　　　　　　B. 26.38 万元
　　C. 62.09 万元　　　　　　D. 75.82 万元

解 根据等额支付资金回收公式,每年可回收:

$$A = P(A/P,10\%,5) = 100 \times 0.2638 = 26.38 \text{ 万元}$$

答案:B

4. 等额支付现值公式(已知 A 求 P)

每年收益(或支付)等额年金,求其现值,现金流量图如图 10-10 所示。

等额支付现值公式为

$$P = A\left[\frac{(1+i)^n - 1}{i(1+i)^n}\right] = A(P/A, i, n) \quad (10-11)$$

式中 $\frac{(1+i)^n - 1}{i(1+i)^n}$ 称为等额支付现值系数,记为 $(P/A, i, n)$。

应用等额支付资金回收公式和等额支付现值公式时应注意,P 发生在第 0 年年末,即第 1 期期初,A 发生在各期期末,P 和 A 不在同一时间发生。

【例 10-7】 某企业利用银行贷款建设,年复利率 8%,当年建成并投产,预计每年可获得净利润 100 万元,要求 10 年内收回全部贷款,问投资额应控制在多少以内?

解 绘出现金流量图,如图 10-11 所示。

根据上式,可得

$$P = A\left[\frac{(1+i)^n - 1}{i(1+i)^n}\right] = 100 \times \left[\frac{(1+8\%)^{10} - 1}{8\% \times (1+8\%)^{10}}\right] = 671.0 \text{ 万元}$$

或利用复利系数表 $P = A(P/A, i, n) = 100 \times 6.710 = 671.0$ 万元

即投资额应控制在 671.0 万元以内。

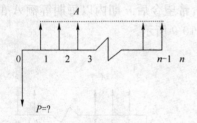

图 10-10 等额支付现值现金流量图

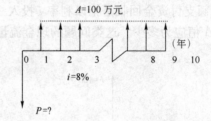

图 10-11 等额支付现金流量图

五、复利系数表的应用

资金等值计算时,可以利用相应的公式计算,也可以应用复利系数表进行计算。复利系数表的形式见表 10-1 所列。表 10-1 是利率为 5% 的复利系数表。

复利系数表(利率为 5%)　　　　　　　表 10-1

年份 n	一次支付		等额支付			
	终值系数 $(1+i)^n$ $(F/P,i,n)$	现值系数 $\frac{1}{(1+i)^n}$ $(P/F,i,n)$	终值系数 $\frac{(1+i)^n-1}{i}$ $(F/A,i,n)$	偿债基金系数 $\frac{i}{(1+i)^n-1}$ $(A/F,i,n)$	资金回收系数 $\frac{i(1+i)^n}{(1+i)^n-1}$ $(A/P,i,n)$	现值系数 $\frac{(1+i)^n-1}{i(1+i)^n}$ $(P/A,i,n)$
1	1.050	0.9524	1.000	1.00000	1.05000	0.952
2	1.103	0.9070	2.050	0.48780	0.53780	1.859
3	1.158	0.8688	3.153	0.31721	0.36721	2.723
4	1.216	0.8277	4.310	0.23201	0.28201	3.546
5	1.276	0.7835	5.526	0.18097	0.23097	4.329
6	1.340	0.7462	6.802	0.14702	0.19702	5.076
7	1.407	0.7107	8.142	0.12282	0.17282	5.788
8	1.477	0.6768	9.549	0.10472	0.15472	6.463
9	1.551	0.6446	11.027	0.09069	0.14069	7.108
10	1.629	0.6139	12.578	0.07950	0.12950	7.722

【例 10-8】 某项目建设期 2 年,前 2 年年初分别投资 1 000 万元和 800 万元,2 年建成并投产,从第 3 年开始每年净收益 300 万元,项目生产期为 10 年,年利率为 5%,试计算该项目的净现值(净现值:按设定的折现率,将项目计算期内各年的净现金流量折现到建设期初的现值之和)。

解 该项目的现金流量图如图 10-12 所示,净现值为

$$NPV = -1\,000 - 800(P/F,5,1) + 300(P/A,5,10)(P/F,5,2)$$
$$= -1\,000 - 800 \times 0.952\,4 + 300 \times 7.722 \times 0.907\,0$$
$$= 339.24 \text{ 万元}$$

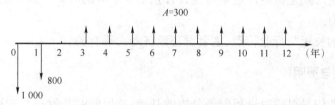

图 10-12 某投资项目的现金流量图

习 题

10-1 某公司购买设备,有三家银行可提供贷款,甲银行年利率 18%,半年计息一次;乙银行年利率 17%,每月计息一次;丙银行年利率 18.2%,每年计息一次。均按复利计息,若其他条件相同,公司应向( )。

    A. 向甲银行借款   B. 向乙银行借款
    C. 向丙银行借款   D. 向甲银行、丙银行借款都一样

10-2 某公司从银行贷款,年利率 11%,每年年末贷款金额 10 万元,按复利计息,到第 5 年年末需偿还本利和( )。

    A. 54.4 万元   B. 55.5 万元   C. 61.051 万元   D. 62.278 万元

10-3 某公司从银行贷款,年利率 8%,按复利计息,借贷期限 5 年,每年年末偿还等额本息 50 万元。到第 3 年年初,企业已经按期偿还 2 年本息,现在企业有较充裕资金,与银行协商,计划第 3 年年初一次偿还贷款,需还款金额为( )。

    A. 89.2 万元   B. 128.9 万元   C. 150 万元   D. 199.6 万元

10-4 某学生从银行贷款上学,贷款年利率 5%,上学期限 3 年,与银行约定从毕业工作的第 1 年年末开始,连续 5 年以等额本息还款方式还清全部贷款,预计该生每年还款能力为 6 000 元。该学生上学期间每年年初可从银行得到等额贷款是( )。

    A. 7 848 元   B. 8 240 元   C. 9 508 元   D. 9 539 元

第二节 财务效益与费用估算

一、项目的分类与项目计算期

对建设项目可以从不同的角度进行分类,通常有以下分类方法:

(1)按项目的目标,可分为经营性项目和非经营性项目;

(2)按项目的产出属性(产品或服务),可分为公共项目和非公共项目;
(3)按项目的投资管理形式,可分为政府投资项目和企业投资项目;
(4)按项目与企业原有资产的关系,可分为新建项目和改扩建项目;
(5)按项目的融资主体,可分为新设法人项目和既有法人项目。

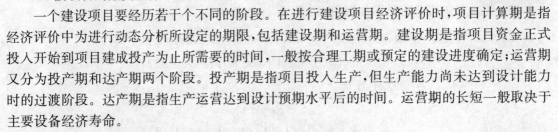

一个建设项目要经历若干个不同的阶段。在进行建设项目经济评价时,项目计算期是指经济评价中为进行动态分析所设定的期限,包括建设期和运营期。建设期是指项目资金正式投入开始到项目建成投产为止所需要的时间,一般按合理工期或预定的建设进度确定;运营期又分为投产期和达产期两个阶段。投产期是指项目投入生产,但生产能力尚未达到设计能力时的过渡阶段。达产期是指生产运营达到设计预期水平后的时间。运营期的长短一般取决于主要设备经济寿命。

项目计算期的长短与行业特点、主要设备经济寿命等有关。

二、财务效益与费用

财务效益与费用是对项目进行财务分析的基础,这里的财务效益与费用是指项目实施后所获得的收入和费用支出。

(一)收入

项目的收入包括营业收入和补贴收入。

1. 营业收入

营业收入是指销售产品或提供服务获得的收入。对于生产销售产品的项目,营业收入就是销售收入。销售收入是指企业向社会出售商品或提供劳务的货币收入。

$$销售收入 = 产品销售量 \times 产品单价$$

在项目经济评价中需要对营业收入进行估算,根据市场预测分析数据、产品或服务价格、各期的运营负荷(产品或服务的数量)等因素估算。

2. 补贴收入

补贴收入是企业从政府或某些国际组织得到的补贴。

对于适用增值税的经营性项目,除营业收入外,可得到的增值税返还也作为补贴收入计入财务效益;对于非经营性项目,财务效益包括可能获得的各种补贴收入。

3. 利润

利润是企业在一定期间的经营成果。

营业利润 = 营业收入 − 营业成本 − 营业税金及附加 − 销售费用 − 管理费用 − 财务费用 −
　　　　　资产减值损失 − 公允价值变动损失(+收益)+ 投资收益(−损失)

利润总额 = 营业利润 + 营业外收入 − 营业外支出

净利润 = 利润总额 − 所得税费用 = 利润总额 ×(1 − 所得税率)

(二)项目的费用支出

建设项目所支出的费用主要包括投资、成本费用和税金等。

1. 建设投资

建设投资是指项目筹建和建设期间所需的建设费用。建设投资由工程费用(包括建筑工程费、设备购置费、安装工程费)、工程建设其他费用和预备费(包括基本预备费和涨价预备费)所组成。

其中工程建设其他费用是指建设投资中除建筑工程费、设备购置费和安装工程费之外的,为保证项目顺利建成并交付使用的各项费用,包括建设用地费用、与项目建设有关的费用(如建设管理费、可行性研究费、勘察设计费等)及与项目运营有关的费用(如专利使用费、联合试运转费、生产准备费等)。

建设项目的总投资包括建设投资、建设期利息和流动资金之和。建设期利息包括银行借款和其他债务资金的利息,以及其他融资费用。流动资金是指项目运营期内长期占用并周转使用的营运资金。建设项目投资构成如图10-13所示。

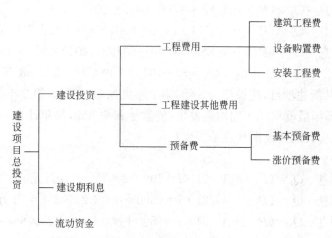

图 10-13　建设项目投资构成

【例 10-9】 在下列费用中,应列入项目建设投资的是:
　　A. 项目经营成本　　　　　　B. 流动资金
　　C. 预备费　　　　　　　　　D. 建设期利息

解　建设项目评价中的总投资包括建设投资、建设期利息和流动资金之和。建设投资由工程费用(建筑工程费、设备购置费、安装工程费)、工程建设其他费用和预备费(基本预备费和涨价预备费)组成。

答案:C

2. 建设期利息

建设期利息是指为建设项目所筹措的债务资金在建设期内发生并按规定允许在投产后计入固定资产原值的利息,即资本化利息。估算建设期利息一般按年计算。

根据借款是在建设期各年年初发生还是在各年年内均衡发生,估算建设期利息应采用不同的计算公式。

(1)借款在建设期各年年初发生,建设期利息为

$$Q=\sum[(P_{t-1}+A_t)\cdot i] \tag{10-12}$$

式中:Q——建设期利息;
　P_{t-1}——按单利计算时为建设期第 $t-1$ 年末借款累计,按复利计息时为建设期第 $t-1$ 年末借款本息累计;
　A_t——建设期第 t 年借款额;
　　i——借款年利率;
　　t——年份。

(2)借款在建设期各年年内均衡发生,建设期利息为

$$Q = \sum \left[\left(P_{t-1} + \frac{A_t}{2} \right) \cdot i \right] \tag{10-13}$$

【例 10-10】 某新建项目,建设期为 3 年,第 1 年年初借款 500 万元,第 2 年年初借款 800 万元,第 3 年年初借款 400 万元,借款年利率 8%,按年计息,建设期内不支付利息。试问该项目的建设期利息是多少?

解

第 1 年借款利息　　$Q_1 = (P_{1-1} + A_1) \times i = 500 \times 8\% = 40$ 万元

第 2 年借款利息　　$Q_2 = (P_{2-1} + A_2) \times i = (540 + 800) \times 8\% = 107.2$ 万元

第 3 年借款利息　　$Q_3 = (P_{3-1} + A_3) \times i = (540 + 907.2 + 400) \times 8\% = 147.78$ 万元

建设期利息为　　$Q = Q_1 + Q_2 + Q_3 = 40 + 107.2 + 147.78 = 294.98$ 万元

【例 10-11】 某新建项目,建设期为 3 年,第 1 年借款 500 万元,第 2 年借款 800 万元,第 3 年借款 400 万元,各年借款均在年内均衡发生,借款年利率 8%,每年计息一次,建设期内按期支付利息。试问该项目的建设期利息是多少?

解

第 1 年借款利息　　$Q_1 = (P_{1-1} + A_1/2) \times i = 500 \div 2 \times 8\% = 20$ 万元

第 2 年借款利息　　$Q_2 = (P_{2-1} + A_2/2) \times i = (500 + 800 \div 2) \times 8\% = 72$ 万元

第 3 年借款利息　　$Q_3 = (P_{3-1} + A_3/2) \times i = (500 + 800 + 400 \div 2) \times 8\% = 120$ 万元

建设期利息为　　$Q = Q_1 + Q_2 + Q_3 = 20 + 72 + 120 = 212$ 万元

3. 流动资金

流动资金是指运营期内长期占用并周转使用的营运资金,不包括运营中需要的临时性营运资金。流动资金估算的基础是营业收入、经营成本和商业信用等。在估算营业收入和经营成本后估算流动资金。按行业或前期研究阶段的不同,估算流动资金的方法可选用扩大指标法或分项详细估算法。

(1) 扩大指标法

扩大指标法是参照同类企业流动资金占营业收入或经营成本的比例,或者单位产品占用营运资金的数额估算流动资金,计算公式如下

流动资金 = 年营业收入额 × 营业收入资金率

或　　　　　流动资金 = 年经营成本 × 经营成本资金率

或　　　　　流动资金 = 单位产品占用流动资金额 × 年产量

(2) 分项详细估算法

分项详细估算法是利用流动资产与流动负债估算项目占用的流动资金。流动资产的构成要素一般包括存货、库存现金、应收账款和预付账款,流动负债的构成要素一般只考虑应付账款和预收账款。计算公式如下

流动资金 = 流动资产 − 流动负债

流动资产 = 存货 + 现金 + 应收账款 + 预付账款

流动负债 = 应付账款 + 预收账款

流动资金本年增加额 = 本年流动资金 − 上年流动资金

4. 总成本费用

费用是指企业在日常活动中发生的、会导致所有者权益减少的、与向所有者分配利润无关的经济利益的总流出。成本通常是指企业为生产产品或提供服务所进行经营活动的耗费。

总成本费用是指在运营期内为生产产品或提供服务所发生的全部费用,等于经营成本与折旧费、摊销费和财务费用之和。

总成本费用可按以下两种方法计算:
(1)生产成本加期间费用估算法

$$总成本费用＝生产成本＋期间费用$$

其中　生产成本＝直接材料费＋直接燃料和动力费＋直接工资＋其他直接支出＋制造费用

$$期间费用＝管理费用＋营业费用＋财务费用$$

生产成本是企业为生产产品或提供服务而发生的各项生产费用,包括各项直接支出和制造费用。其中,直接支出包括直接材料、直接燃料和动力、直接工资、其他直接支出(如福利费);制造费用是指企业内的车间为组织和管理生产所发生的各项费用,包括车间管理人员工资、折旧费、修理费及其他制造费用(办公费、差旅费、劳保费等)。

管理费用是指企业行政管理部门为组织和管理生产经营活动而发生的各项费用,包括企业管理人员的工资、福利费及公司一级的折旧费、修理费、无形资产摊销费、长期待摊费用、其他管理费用(如办公费、差旅费、技术转让费、咨询费等)。

营业费用是指企业在销售产品和提供服务等经营过程中发生的各项费用以及专设销售机构的各项经费。

财务费用是指企业在生产经营过程中为筹集资金而发生的各项费用,包括企业生产经营期间发生的利息支出、汇兑净损失、金融机构手续费等。在项目评价中一般只考虑其中的利息支出。

(2)生产要素估算法

总成本费用＝外购原材料、燃料和动力费＋工资及福利费＋折旧费＋摊销费＋
　　　　　　修理费＋财务费用(利息支出)＋其他费用

5.固定资产折旧

固定资产是指使用期限超过一年,单位价值在规定标准以上,并在使用过程中保持原有物质形态的资产。固定资产在使用过程中,其价值量会不断变化。

建设项目建成或者设备购置投入使用时发生并核定的固定资产完全原始价值总量,称为固定资产原值。固定资产在使用过程中会发生损耗,这种损耗称为固定资产损耗,产生的损耗,包括有形损耗和无形损耗。有形损耗也称为物理损耗,是由于使用或者自然力的作用而引起的固定资产物质上的损耗。无形损耗也称为精神损耗,是由于科学技术进步、社会劳动生产率提高而引起原来的固定资产贬值。

固定资产原值或者重置价值减去累计折旧额后的余额称为固定资产净值,它反映了固定资产现存的价值。

固定资产达到规定的使用期限或者报废清理时可以回收的价值称为固定资产残值。

固定资产折旧简称折旧,是指固定资产在使用过程中由于逐渐磨损和贬值而转移到产品中去的那部分价值。固定资产在使用过程中,虽然其实物形态不变,但是由于磨损和贬值其价值会发生变化。折旧是固定资产价值补偿的一种方式,通过从销售收入中提取折旧费对固定资产进行价值形态的补偿,提取的折旧费积累起来可以用作固定资产的更新。

在项目投产前一次性支付的无形资产的费用,如技术转让费(包括专利费、许可证费等),在项目投产后分次摊入成本的金额,称为摊销费。摊销费是无形资产转移到成本的那部分价值。同样,摊销费也在销售收入中回收,其性质与折旧费类似,所以也可以把它列入计算折旧的栏目中,一并计算现金流量。

折旧常用的方法有年限平均法、工作量法、双倍余额递减法、年数总和法等。其中,双倍余额递减法属于加速折旧法,对企业较为有利,一方面可以避免承担固定资产无形损耗带来的风险;另一方面可以冲减企业的利润,减少同期的纳税额。各种折旧方法计算公式如下:

(1)年限平均法

$$年折旧额 = \frac{固定资产原值 - 残值}{折旧年限} \tag{10-14}$$

残值与固定资产原值之比称为净残值率,将上式两边同除以固定资产原值,可以得到年折旧率,所以年折旧额也可以按以下两式计算

$$年折旧率 = \frac{1 - 预计净残值率}{折旧年限} \times 100\% \tag{10-15}$$

$$年折旧额 = 固定资产原值 \times 年折旧率 \tag{10-16}$$

按这种折旧方法计算,折旧率不变,每年折旧额也相等。

【例 10-12】 某企业以 15 万元购入一种测试仪器,按规定使用年限为 10 年,残值率为 3%,求各年的折旧额。

解 根据式(10-15)和式(10-16),可知

$$年折旧率 = \frac{1 - 3\%}{10} = 9.7\%$$

$$年折旧额 = 15 \times 9.7\% = 1.455 \text{ 万元}$$

(2)工作量法

这种方法根据固定资产实际完成的工作量计算折旧额。一些专业设备,如汽车、机床等一般用这种方法计提折旧。工作量法分为两种,一种是按照行驶里程计算折旧,另一种是按照工作小时计算折旧。

按行驶里程计算折旧的公式如下

$$单位里程折旧额 = \frac{原值 \times (1 - 预计净产值率)}{总行驶里程} \tag{10-17}$$

$$年折旧额 = 单位里程折旧额 \times 年行驶里程$$

按照工作小时计算折旧的公式为

$$每工作小时折旧额 = \frac{原值 \times (1 - 预计净产值率)}{总工作小时} \tag{10-18}$$

$$年折旧额 = 每工作小时折旧额 \times 年工作小时$$

采用工作量法折旧,若每年的工作量不同,则每年的折旧额不等。

【例 10-13】 同例 10-11,各年该测试仪器工作小时见表 10-2,用工作量法计算各年的折旧额。

某测试仪器各年的工作小时　　　　表 10-2

年　份	1	2	3	4	5	6	7	8	9	10	合计
工作小时	420	450	460	500	510	500	530	550	540	540	5 000

解 根据公式(10-18),可知

$$第 1 年折旧额 = (15 - 15 \times 3\%) \times \frac{420}{5\ 000} = 1.222 \text{ 万元}$$

$$第2年折旧额 = (15 - 15 \times 3\%) \times \frac{450}{5\,000} = 1.310 \text{ 万元}$$

同样,可求得其余各年折旧额。

(3) 双倍余额递减法

双倍余额递减法属于加速折旧法,是一种加快回收折旧金额的方法。此法初始年折旧额大,随着固定资产使用年数的增加,年折旧额逐年降低,但每年的折旧率是相同的。

$$年折旧率 = \frac{2}{折旧年限} \times 100\% \tag{10-19}$$

$$第 n 年折旧额 = 第 n 年固定资产净值 \times 年折旧率 \tag{10-20}$$

采用此法计算折旧额,应在固定资产折旧年限到期的前2年内,将固定资产净值扣除预计残值后的净额平均摊销。

【例 10-14】 同例 10-11,但用双倍余额递减法计算各年的折旧额。

解 根据公式(10-19)和公式(10-20)可得

$$年折旧率 = \frac{2}{10} \times 100\% = 20\%$$

第 1 年折旧额 $= 15 \times 20\% = 3$ 万元

第 2 年折旧额 $= (15 - 3) \times 20\% = 2.4$ 万元

第 3 年折旧额 $= 15 \times (1 - 20\%)^2 \times 20\% = 1.92$ 万元

……

第 8 年折旧额 $= 15 \times (1 - 20\%)^7 \times 20\% = 0.629$ 万元

第 9 年和第 10 年的折旧额

  (固定资产净值 − 预计残值) ÷ 2

  $= [15 \times (1 - 20\%)^8 - 15 \times 3\%] \div 2$

  $= 1.033$ 万元

(4) 年数总和法

$$年折旧率 = \frac{折旧年限 - 已使用年限}{折旧年限 \times (折旧年限 + 1) \div 2} \times 100\% \tag{10-21}$$

$$年折旧额 = (固定资产原值 - 残值) \times 年折旧率 \tag{10-22}$$

年数总和法也是一种加速折旧的方法,前几种方法每年的折旧率是不变的,而采用这种方法折旧,折旧额和折旧率都是逐年减小的。

【例 10-15】 同例 10-11,但用年数总和法计算各年的折旧额。

解 根据公式(10-21)和公式(10-22)可得

第 1 年折旧率 $= \dfrac{10 - 0}{10 \times (10 + 1) \div 2} \times 100\% = 18.18\%$

第 1 年折旧额 $= (15 - 15 \times 3\%) \times 18.18\% = 2.645$ 万元

第 2 年折旧率 $= \dfrac{10 - 1}{10 \times (10 + 1) \div 2} \times 100\% = 16.36\%$

第 2 年折旧额 $= (15 - 15 \times 3\%) \times 16.36\% = 2.380$ 万元

同理可计算出各年的折旧率及折旧额。

各年折旧额累计之和应等于固定资产原值减去残值。

6. 经营成本

经营成本是指建设项目总成本费用扣除折旧费、摊销费和财务费用以后的全部费用。

经营成本是项目评价中所使用的特定概念,是从投资方案本身考察的,在一定期间(一般为一年)内由于生产和销售产品或提供服务而实际发生的现金支出。经营成本不包括虽已经计入产品成本费用中但实际没有发生现金支出的费用项目。

经营成本与项目的融资方案无关,在完成建设投资和营业收入的估算后就可以估算经营成本,为项目融资之前的现金流量分析提供依据。

经营成本按下式计算

经营成本＝外购原材料、燃料和动力费＋工资及福利费＋修理费＋其他费用

经营成本与总成本费用之间的关系是

经营成本＝总成本费用－折旧费－摊销费－财务费用

7. 固定成本和可变成本

总成本费用按成本与产量的关系可分为固定成本和可变成本。

固定成本是指产品总成本中,在一定产量范围内不随产量变动而变动的费用,如固定资产折旧费、管理费用等。固定成本一般包括折旧费、摊销费、修理费、工资、福利费(计件工资除外)及其他费用等。通常把运营期间发生的全部利息也作为固定成本。

可变成本也称为变动成本,是指产品总成本中随产量变动而变动的费用,如产品外购原材料、燃料及动力费、计件工资等。

固定成本总额在一定时期和一定业务范围内不随产量的增加而变动。但在单位产品成本中,固定成本部分与产量的增加成反比,即产量增加,单位产品的固定成本减少。

变动成本总额随产量增加而增加,但单位产品成本中,产量增加,单位可变成本不变。

8. 机会成本和沉没成本

机会成本是指将有限资源投入某种经济活动时所放弃的投入到其他经济活动所能带来的最高收益。

沉没成本是指过去已经支出而现在已无法得到补偿的成本。

【例 10-16】 某项目投资中有部分资金源于银行贷款,该贷款在整个项目期间将等额偿还本息。项目预计年经营成本为 5 000 万元,年折旧费和摊销为 2 000 万元,则该项目的年总成本费用应:

  A. 等于 5 000 万元   B. 等于 7 000 万元
  C. 大于 7 000 万元   D. 在 5 000 万元与 7 000 万元之间

解 经营成本是指项目总成本费用扣除固定资产折旧费、摊销费和利息支出以后的全部费用。即,经营成本＝总成本费用－折旧费－摊销费－利息支出。本题经营成本与折旧费、摊销费之和为 7 000 万元,再加上利息支出,则该项目的年总成本费用大于 7 000 万元。

答案:C

(三)项目评价涉及的税费

项目评价涉及的税费主要包括关税、增值税、营业税、消费税、所得税、资源税、城市维护建设税和教育费附加等,有的行业还涉及土地增值税。

我国目前的工商税制分为流转税、资源税、收益税、财产税、特定行为税等几类。其中项目评价所涉及的主要税费有从销售收入中扣除的增值税、营业税及附加,计入总成本费用的房产税、土地使用税、车船使用税、印花税等,计入建设投资的引进技术、设备材料的关税和固定资

产投资方向调节税等,以及从利润中扣除的所得税等。以下简述几种主要的税种。

1. 增值税

增值税是就商品生产、商品流通和劳务服务各个环节的增值额征收的一种流转税(流转税是指以商品生产、商品流通和劳务服务的流转额为征税对象的各种税,包括增值税、消费税和营业税)。增值税设基本税率、低税率和零税率三档。计税公式为

$$应纳税额 = 当期销项税额 - 当期进项税额$$

其中　　　　　　销项税额 = 销售额×适用增值税率

销项税额是按照销售额和规定税率计算并向购买方收取的增值税额。进项税额是指纳税人购进货物或者应税劳务所支付或者负担的增值税额。准予从销项税额中抵扣的进项税额,是指从销售方取得增值税专用发票上注明的增值税额或从海关取得的完税凭证上注明的增值税额。

财务分析应按税法规定计算增值税。当采用含(增值)税价格计算销售收入和原材料、燃料动力成本时,利润和利润分配表以及现金流量表中应单列增值税科目;采用不含(增值)税价格计算时,利润表和利润分配表以及现金流量表中不包括增值税科目。

2. 营业税

营业税是对在我国境内提供应税劳务、转让无形资产、销售不动产的单位和个人,就其营业额征收的一种税。凡在我国境内从事交通运输、建筑业、金融保险业、邮电通信业、文化体育业、娱乐业、服务业、转让无形资产、销售不动产等业务,都属于营业税的征收范围。其计算公式为

$$应纳营业税税额 = 营业额×适用税率$$

营业税是价内税,包含在营业收入之内。

3. 资源税

资源税是对在我国境内从事开采特定矿产品和生产盐的单位和个人征收的税种,通常按矿产的产量计征。

4. 消费税

消费税是以特定消费品为纳税对象的税种。

5. 关税

关税是以进出口应税货物为纳税对象的税种。

6. 土地增值税

土地增值税是按照转让房地产所取得的增值额征收的一种税。房地产开发项目应按规定计算土地增值税。

7. 城乡维护建设税

城乡维护建设税是对一切有经营收入的单位和个人,就其经营收入征收的一种税。城市维护建设税是一种地方附加税,目前以流转税额(包括增值税、营业税和消费税)为计税依据。

8. 教育费附加

教育费附加是向缴纳增值税、消费税、营业税的单位和个人征收的一种专项费用。

9. 企业所得税

企业所得税是企业应纳税所得额征收的税种,其计算公式为

$$应纳所得税额 = 应纳税所得额×所得税税率$$

$$应纳税所得额 = 利润总额±税收项目调整项目金额$$

10. 固定资产投资方向调节税

固定资产投资方向调节税是以投资行为为征税对象的一种税。按国家规定，自2000年1月起新发生的投资额，暂停征收固定资产投资方向调节税。

在财务现金流量表中所列的"营业税及附加"，是指在项目运营期内各年销售产品或提供服务所发生的应从营业收入中缴纳的税金，包括营业税、资源税、消费税、土地增值税、城市维护建设税和教育费附加。

（四）总投资形成的资产

建设项目评价中的总投资，是指项目建设和投入运营所需要的全部投资，为建设投资、建设期利息和流动资金之和。应注意项目评价中的总投资区别于目前国家考核建设规模的总投资，后者包括建设投资和30％的流动资金（又称铺底流动资金）。

按现行财务会计制度的规定，固定资产是指为生产商品、提供劳务、出租或经营管理而持有的，使用寿命超过一个会计年度的有形资产。

无形资产是指企业拥有或控制的没有实物形态的可辨认非货币性资产。

其他资产，原称递延资产，是指除流动资产、长期投资、固定资产、无形资产以外的其他资产，如长期待摊费用。

项目评价中总投资形成的资产可划分为：

1. 固定资产

构成固定资产原值的费用包括：

(1) 工程费用，即建筑工程费、设备购置费和安装工程费；
(2) 工程建设其他费用；
(3) 预备费，可含基本预备费和涨价预备费；
(4) 建设期利息。

2. 无形资产

构成无形资产原值的费用，主要包括技术转让费或技术使用费（含专利权和非专利技术）、商标权和商誉等。

3. 其他资产

构成其他资产原值的费用，主要包括生产准备费、开办费、出国人员费、来华人员费、图纸资料翻译复制费、样品样机购置费和农业开荒费等。

建设项目经济评价中，应按有关规定将建设投资中的各分项分别形成固定资产原值、无形资产原值和其他资产原值。形成的固定资产原值可用于计算折旧费，形成的无形资产原值和其他资产原值可用于计算摊销费。建设期利息应计入固定资产原值。

总投资中的流动资金与流动负债共同构成流动资产。

习 题

10-5 构成建设项目的总投资的三部分费用是（　　）。

  A. 工程费用、预备费、流动资金

  B. 建设投资、建设期利息、流动资金

  C. 建设投资、建设期利息、预备费

  D. 建筑安装工程费、工程建设其他费用、预备费

10-6 建设项目总投资中,形成固定资产原值的费用包括( )。
　　A. 工程费用、工程建设其他费用、预备费、建设期利息
　　B. 工程费用、专利费、预备费、建设期利息
　　C. 建筑安装工程费、设备购置费、建设期利息、商标权
　　D. 建筑安装工程费、预备费、流动资金、技术转让费

10-7 某新建项目,建设期2年,第1年年初借款1500万元,第2年年初借款1000万元,借款按年计息,利率为7%,建设期内不支付利息,第2年借款利息为( )。
　　A. 70万元　　B. 77.35万元　　C. 175万元　　D. 182.35万元

10-8 某企业购置一台设备,固定资产原值为20万元,采用双倍余额递减法折旧,折旧年限为10年,则该设备第2年折旧额为( )。
　　A. 2万元　　B. 2.4万元　　C. 3.2万元　　D. 4.0万元

10-9 某工业企业预计今年销售收入可达8000万元,总成本费用为8200万元,则该企业今年可以不缴纳( )。
　　A. 企业所得税　　　　　　　　B. 营业税金及附加
　　C. 企业自有车辆的车船税　　　D. 企业自有房产的房产税

10-10 在建设项目总投资中,以下应计入固定资产原值的是( )。
　　A. 建设期利息　　　　　　　　B. 外购专利权
　　C. 土地使用权　　　　　　　　D. 开办费

第三节　资金来源与融资方案

一、资金筹措的主要方式

一个项目的建设,需要通过融资筹集建设项目所需的资金,资金筹措方式是指项目获得资金的具体方式。按照融资主体不同,项目的融资可分为既有法人融资和新设法人融资两种融资方式;按融资的性质,可以分为权益融资和债务融资。权益融资形成项目的资本金,债务融资形成项目的债务资金。

(一)资本金筹措

项目资本金是指在建设项目总投资中,由投资者认缴的出资额,对项目来说是非债务资金,投资者按出资比例依法享有所有者权益,可转让其出资,但不得抽回。项目法人不承担资本金的任何利息和债务,没有按期还本付息的压力。股利的支付依投产后的经营状况而定,项目法人的财务负担较小。由于股利从税后利润中支付,没有抵税作用,且发行费用较高,故资金成本较高。

项目资本金(即项目权益资金)的来源和筹措方式根据融资主体的特点有不同筹措方式。既有法人融资项目新增资本金,可通过原有股东增资扩股、吸收新股东投资、发行股票、政府投资等方式筹措;新设法人融资项目的资本金,可通过股东直接投资、发行股票、政府投资等方式筹措。

(二)债务资金筹措

债务资金是项目投资中以负债方式从金融机构、证券市场等资本市场取得的资金。债务资金的特点是:使用上有时间性限制,到期必须偿还;不管企业经营好坏,均得按期还本付息,

形成企业的财务负担;资金成本一般比权益资金低;不会分散投资者对企业的控制权。

目前,我国项目债务资金的来源和筹措方式有:

1. 商业银行贷款

国内商业银行贷款手续简单、成本较低,适用于有偿债能力的项目。

2. 政策性银行贷款

政策性银行贷款一般期限较长,利率较低。

3. 外国政府贷款

外国政府贷款在经济上有援助性质,期限长、利率低。

4. 国际金融组织贷款

国际金融组织贷款,如国际货币基金组织、世界银行、亚洲开发银行等。国际金融组织有自己的贷款政策,符合该组织认为应当支持的项目才能获得贷款。

5. 出口信贷

出口信贷是设备出口国政府为促进本国设备出口,鼓励本国银行向本国出口商或外国进口商(或进口方银行)提供的贷款。贷款的使用条件是购买贷款国的设备,其利率通常低于国际上商业银行的利率,但需要支付一定的附加费用(管理费、承诺费、信贷保险费等)。

6. 银团贷款

银团贷款是指多家银行组成一个集团,由一家或几家银行牵头,采用同一贷款协议,按照共同约定的贷款计划,向借款人提供贷款的贷款方式。它主要适用于资金需要量大、偿债能力较强的项目。

7. 企业债券

企业债券是企业以自身的财务状况和信用条件为基础,按有关法律、法规规定的条件和程序发行的、约定在一定期限内还本付息的债券。企业债券的特点是筹资对象广,但发债条件严格、手续复杂;其利率虽低于贷款利率,但发行费用较高。它适用于资金需求量大、偿债能力较强的项目。

8. 国际债券

国际债券是在国际金融市场上发行的、以外国货币为面值的债券。

9. 融资租赁

租赁筹资是指出租人以租赁方式将出租物租给承租人,承租人以交纳租金的方式取得租赁物的使用权,在租赁期间出租人仍保持出租物的所有权,并于租赁期满收回出租物的一种经济行为。

企业筹集资金除了受到宏观经济、法律、政策及行业特点等因素制约外,还受到企业或项目自身因素的影响,包括:拟建项目的规模、拟建项目的速度、控制权、资金结构、资金成本等因素的影响。

(三)准股本资金筹措

准股本资金是一种既具有资本金性质,又具有债务资金性质的资金。主要包括优先股股票和可转换债券。

(1)优先股股票:是一种兼具资本金和债务资金性质的有价证券。从普通股股东的立场看,优先股可视同一种负债;但从债权人的立场看,优先股可视同资本金。在项目评价中,优先股股票应视为项目资本金。

(2)可转换债券:兼有债券和股票的特性。有债权性、股权性和可转换性三个特点。在项目评价中,可转换债券应视为项目债务资金。

二、资金成本

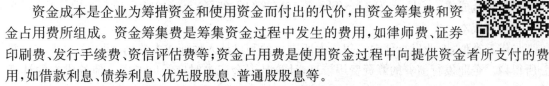

资金成本是企业为筹措资金和使用资金而付出的代价,由资金筹集费和资金占用费所组成。资金筹集费是筹集资金过程中发生的费用,如律师费、证券印刷费、发行手续费、资信评估费等;资金占用费是使用资金过程中向提供资金者所支付的费用,如借款利息、债券利息、优先股股息、普通股股息等。

资金成本一般用资金成本率表示。资金成本率是指筹集的资金与筹资发生的各种费用等值时的贴现率。考虑了资金时间价值的资金成本率的一般计算公式为

$$\sum_{t=0}^{n} \frac{F_t - C_t}{(1+K)^n} = 0 \tag{10-23}$$

式中:F_t——各年实际筹措资金流入额;

C_t——各年实际资金筹集费和资金占用费;

K——资金成本率;

n——资金占用期限。

若不考虑资金的时间价值,资金成本可按下式计算

$$K = \frac{D}{I-C} = \frac{D}{I(1-f)} \tag{10-24}$$

式中:K——资金成本;

D——资金占用费;

I——筹集资金总额;

C——资金筹集费;

f——筹资费率。

(一)各种资金来源的资金成本

1. 银行借款成本

借贷、债券等的融资费用和利息支出均在缴纳所得税之前支付,因此作为股权投资者可以获得所得税抵减的好处,所得税后资金成本可根据下式计算

所得税后资金成本=所得税前资金成本×(1-所得税税率)

借款成本主要是利息支出,在筹资的时候也有一些费用,但这些费用一般较少,进行财务评价时可以忽略不计。考虑到利息在所得税前支付,可少交一部分所得税。其资金成本计算公式为

$$K_e = R_e(1-T) \tag{10-25}$$

式中:K_e——借款成本;

R_e——借款利率;

T——所得税税率。

如果考虑筹资费用,计算公式为

$$K_e = R_e(1-T)/(1-f) \tag{10-26}$$

式中:f——筹资费率。

【例 10-17】 某项目从银行贷款 500 万元,年利率为 8%,在借款期间每年支付利息 2 次,所得税税率为 25%,手续费忽略不计,问该借款的资金成本是多少?

解 将名义利率折算为实际利率,即

$$R_\mathrm{e} = \left(1+\frac{r}{m}\right)^m - 1 = \left(1+\frac{8\%}{2}\right)^2 - 1 = 8.16\%$$

借款资金成本　　$K_\mathrm{e} = R_\mathrm{e}(1-T) = 8.16\% \times (1-25\%) = 6.12\%$

2. 债券成本

与借款类似,企业发行债券筹集成本所支付的利息计入税前成本费用,同样可以少交一部分所得税。企业发行债券的筹资费用较高,计算其资金成本时应予以考虑。债券成本的计算公式为

$$K_\mathrm{b} = R_\mathrm{b}(1-T)/[B(1-f_\mathrm{b})] \tag{10-27}$$

式中:K_b——债券成本;

　　R_b——债券每年实际利息;

　　B——债券每年发行总额;

　　f_b——债券筹资费用率。

3. 优先股资金成本

优先股是一种兼有资本金和债务资金特点的融资方式,优先股股东不参与公司经营管理,对公司无控制权。发行优先股通常不需要还本,但需要支付固定股息,股息一般高于银行贷款利息。从债权人的立场看,优先股可视为资本金;从普通股股东的立场看,优先股可视为一种负债。在项目评价中,优先股股票应视为资本金。优先股资金成本的计算公式为

优先股资金成本＝优先股股息/(优先股发行价格－发行成本)

【例 10-18】 某优先股面值 100 元,发行价格 99 元,发行成本为面值的 3%,每年支付利息 1 次,固定股息率为 8%,问该优先股的资金成本是多少?

解　　　　该优先股的资金成本＝$8/(99-3) \times 100\% = 8.33\%$

4. 普通股资金成本

普通股资金成本属于权益资金成本。其计算方法有资本资产定价模型法、税前债务成本加风险溢价法、股利增长模型法等。

(1) 资本资产定价模型法

资本资产定价模型法的计算公式为

$$K_\mathrm{c} = R_\mathrm{f} + \beta(R_\mathrm{m} - R_\mathrm{f}) \tag{10-28}$$

式中:K_c——普通股资金成本;

　　R_m——市场投资组合预期收益率;

　　R_f——无风险投资收益率;

　　β——项目的投资风险系数。

(2) 股利增长模型法

该模型是一种假定股票投资收益以固定的增长率递增的计算股票资金成本的方法,计算公式为

$$K_\mathrm{s} = D_1/P_0 + g \tag{10-29}$$

式中:K_s——普通股资金成本;

　　D_1——预期每年股利;

　　P_0——普通股市价;

　　g——期望股利增长率。

5. 保留盈余资金成本

保留盈余又称留存收益，是指企业从历年实现的利润中提取或形成的留存于企业内部的积累。保留盈余包括盈余公积和未分配利润。由于企业保留盈余资金不仅可以用来追加本企业的投资，也可把资金放入银行或者投资到别的企业。因此，使用保留盈余资金意味着要承受机会成本。

（二）扣除通货膨胀影响的资金成本

借贷资金利息等通常包含通货膨胀因素的影响，扣除通货膨胀因素影响的资金成本计算公式为

$$\text{扣除通货膨胀因素影响的资金成本} = \frac{1 + \text{未扣除通货膨胀因素影响的资金成本}}{1 + \text{通货膨胀率}} - 1 \quad (10\text{-}30)$$

如果需要计算扣除所得税和扣除通货膨胀因素影响的资金成本，应当先计算扣除所得税影响的资金成本，然后再计算扣除通货膨胀因素影响的资金成本。

【例 10-19】 如果通货膨胀率为 2%，试计算例 10-17 的借款资金成本。

解 例 10-17 的计算结果已扣除了所得税的影响，则扣除通货膨胀因素影响的借款资金成本为

$$(1 + 6.12\%) \div (1 + 2\%) - 1 = 4.04\%$$

（三）加权平均资金成本

项目的资金有不同来源，其成本一般是不同的。对项目进行评价时，需要计算整个融资方案的综合资金成本，一般是以各种资金所占全部资金的比重为权重，对个别资金成本进行加权计算，即加权平均资金成本，其计算公式为

$$K_w = \sum_{t=1}^{n} K_t W_t$$

式中：K_w——加权平均资金成本；

K_t——第 t 种融资的资金成本；

W_t——第 t 种融资金额占总融资金额的比重，有 $\sum W_t = 1$。

【例 10-20】 某项目资金来源包括普通股、长期借款和短期借款，其融资金额分别为 500 万元、400 万元和 200 万元，资金成本分别为 15%、6% 和 8%。试计算该项目融资的加权平均资金成本。

解 该项目融资总金额为 500+400+200=1 100 万元，其加权平均资金成本为

$$\frac{500}{1\,100} \times 15\% + \frac{400}{1\,100} \times 6\% + \frac{200}{1\,100} \times 8\% = 10.45\%$$

从以上例子可以看出，个别资金成本、税收、通货膨胀等因素会影响企业的平均资金成本。

三、债务偿还的主要方式

（一）等额利息法

等额利息法，即每期付息额相等，期中不还本金，最后一期归还本金和当期利息。

（二）等额本金法

等额本金法，即每期偿还相等的本金和相应的利息。

假定每年还款，等额本金法的计算公式为

$$A_t = \frac{I_c}{n} + I_c \cdot \left(1 - \frac{t-1}{n}\right) \cdot i \quad (10\text{-}31)$$

式中：A_t——第 t 期的还本付息额；

I_c——还款开始的期初借款余额；

$\dfrac{I_c}{n}$——每年偿还的本金；

n——约定的还款期；

i——借款的年利率。

(三) 等额本息法

等额本息法,即每期偿还本利额相等。

可利用等额支付资金回收公式(10-10)计算,即

$$A = P\left[\dfrac{i(1+i)^n}{(1+i)^n-1}\right] = P(A/P, i, n) \qquad (10\text{-}32)$$

(四)"气球法"（任意法）

"气球法"，即期中任意偿还本利，到期末全部还清。

(五)一次偿付法

一次偿付法，即最后一期偿还本利。

(六)偿债基金法

偿债基金法，即每期偿还贷款利息，同时向银行存入一笔等额现金，到期末存款正好偿付贷款本金。

习　题

10-11　某企业发行债券筹集资金，发行总额500万元，债券年利率为5%，发行时的筹资费用率1%，所得税税率25%，该债券筹资成本为（　　）。

　　A. 3%　　　　　B. 3.8%　　　　　C. 5%　　　　　D. 6%

10-12　某扩建项目总投资1 000万元，筹集资金的来源为：原有股东增资400万元，资金成本为15%；银行长期借款600万元，年实际利率为6%。该项目年初投资当年获利，所得税税率25%，该项目所得税后加权平均资金成本为（　　）。

　　A. 7.2%　　　　B. 8.7%　　　　　C. 9.6%　　　　D. 10.5%

10-13　某项目从银行贷款500万元，期限5年，年利率5%，采取等额还本利息照付方式还本付息，每年末还本付息一次，第2年应付利息是（　　）万元。

　　A. 5　　　　　B. 20　　　　　C. 23　　　　　D. 25

第四节　财务分析

建设项目经济评价包括财务评价（也称财务分析）和国民经济评价（也称经济分析）。

财务评价（财务分析）是在国家现行财税制度和价格体系的前提下，从项目的角度进行经济分析，评价项目的盈利能力和借款偿还能力，评价项目在财务上的可行性。对于经营性项目，应分析项目的盈利能力、偿债能力和财务生存能力，判断项目的财务可接受性；对于非经营性项目，财务分析主要分析项目的财务生存能力。

一、财务评价的内容

（1）根据项目的性质和目标选择适当的方法。

(2)收集、预测财务分析的数据,进行财务效益和费用的估算。

(3)进行财务分析。通过编制财务报表,计算财务指标,分析项目的盈利能力、偿债能力和财务生存能力。

(4)进行不确定性分析,估计项目可能承担的风险。

二、盈利能力分析

财务分析可分为融资前分析和融资后分析,一般先进行融资前分析,在满足条件的基础上,考虑融资方案进行融资后分析。

融资前分析应以动态分析(折现现金流量分析)为主,静态分析为辅。融资前动态分析,不考虑债务融资方案,通过编制项目投资现金流量表,计算项目投资内部收益率和净现值等指标,从项目投资总获利能力的角度,考察项目方案的合理性。

根据分析的角度不同,融资前分析可选择计算所得税前指标和(或)所得税后指标。

融资前分析也可计算静态投资回收期指标,以反映收回项目投资所需要的时间。

融资后的盈利能力分析包括动态分析和静态分析,其中动态分析包括项目资本金现金流量分析和投资各方现金流量分析。项目资本金现金流量分析考虑了融资方案的影响,通过编制项目资本金现金流量表,计算项目资本金财务内部收益率,考察项目资本金的收益水平。投资各方现金流量分析通过编制投资各方现金流量表,计算投资各方的财务内部收益率指标,考察投资各方的收益水平。静态分析不考虑资金的时间价值,依据利润和利润分配表计算项目资本金净利润率和总投资收益率指标。

按照是否考虑资金的时间价值,项目经济评价指标可分为静态评价指标和动态评价指标;按照指标的性质,项目经济评价指标可分为时间性指标、价值性指标和比率性指标;国家发改委、建设部发布的《建设项目经济评价方法与参数》(第三版)按照分析的角度不同,将项目经济评价分为财务分析和经济分析,对应的指标为财务分析指标和经济分析指标。

以下介绍常用的评价指标。

(一)净现值

净现值是考察项目在计算期内盈利能力的主要动态评价指标,是采用最为普遍的指标之一。

净现值是指按行业的基准收益率或设定的折现率,将项目计算期内各年的净现金流量折现到建设期初的现值之和。基准收益率也称基准折现率,是企业或行业或投资者以动态的观点所确定的、可接受的投资项目最低标准的受益水平。

净现值的计算公式为

$$\mathrm{NPV}=\sum_{t=0}^{n}(\mathrm{CI}-\mathrm{CO})_t(1+i_c)^{-t} \tag{10-33}$$

式中:NPV——净现值;

　　CI——现金流入量;

　　CO——现金流出量;

$(\mathrm{CI}-\mathrm{CO})_t$——第 t 年的净现金流量;

　　n——项目计算期;

　　i_c——基准收益率(折现率)。

确定基准收益率应考虑年资金费用率、机会成本、投资风险和通货膨胀等因素,一般可按下式确定：

$$i_c=(1+i_1)(1+i_2)(1+i_3)-1\approx i_1+i_2+i_3 \tag{10-34}$$

式中：i_1——资金费用率与机会成本中较高者；

i_2——风险贴补率；

i_3——通货膨胀率。

利用净现值指标时，首先确定一个基准收益率 i_c，然后确定计算现值的基准年，计算时将各年发生的净现金流量等值换算到基准年，最后根据计算结果进行评价。

根据净现值的计算结果进行评价，NPV≥0 表示项目的投资方案可以接受。

【例 10-21】 某项目寿命期为 5 年，各年投资额及收支情况见表 10-3，基准投资收益率为 10%，试用净现值指标判断该项目财务上的可行性。

某项目的现金流量表（单位：万元） 表 10-3

项目＼年末	0	1	2	3	4	5
投资支出	40	20				
收入			30	45	45	45
经营成本			15	20	20	20
净现金流量	−40	−20	15	25	25	25

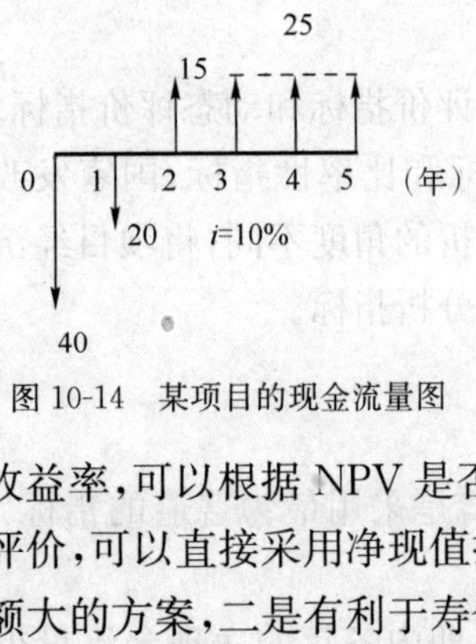

图 10-14 某项目的现金流量图

解 绘出该项目的现金流量图，见图 10-14。

项目方案的净现值为

$$\begin{aligned}NPV&=-40-20(P/F,10,1)+[15+25(P/A,10,3)](P/F,10,2)\\&=-40-20\times0.909\,1+(15+25\times2.486\,9)\times0.826\,4\\&=5.59\text{ 万元}>0\end{aligned}$$

由于 NPV>0，故从盈利的角度上看，该项目可取。

净现值指标是最常用的动态指标之一，其优点是只要设定了收益率，可以根据 NPV 是否大于零判断方案财务上的可行性，概念清晰。对于单方案的经济评价，可以直接采用净现值指标进行评价。其缺点在于多方案比较时，该指标一是有利于投资额大的方案，二是有利于寿命期长的方案。因此，当进行投资额相差较大的方案比较，或是寿命期不等的方案比较时，可采用其他评价指标作为净现值的辅助评价指标。

净现值用于项目的财务分析时，计算时采用设定的折现率一般为基准收益率，其结果称为财务净现值，记为 FNPV；净现值用于项目的经济分析时，设定的折现率为社会折现率，其结果称为经济净现值，记为 ENPV。

（二）净年度等值（净年值）

净年度等值也可以简称净年值 NAV、等额年值 AW。它是通过资金的等值计算，将项目净现值分摊到寿命期内各年年末的等额年值。其计算公式为

$$\begin{aligned}NAV&=NPV(A/P,i_c,n)\\&=\sum_{t=0}^{n}(CI-CO)_t(1+i_c)^{-t}(A/P,i_c,n)\end{aligned} \tag{10-35}$$

式中： NPV——净现值，$NPV=\sum_{t=0}^{n}(CI-CO)_t(1+i_c)^{-t}$；

$(A/P, i_c, n)$——等额支付资金回收系数，$(A/P, i_c, n) = \dfrac{i_c(1+i_c)^n}{(1+i_c)^n - 1}$；

其余符号含义同前。

对于单一方案，NAV≥0时，表示方案在经济上可行。从等值计算公式可知，由于等额支付资金回收系数$(A/P, i, n)$为正数，因此NAV与NPV符号相同，即若NPV≥0，则NAV也一定不小于0，采用NPV指标和NAV指标评价同一方案的经济性时，得出的结论是一致的。

在项目投资方案比选时，常用净年值指标作为净现值指标的补充。比如对一些寿命期不等的方案比选，采用净现值指标一般有利于寿命期长的方案，这时可采用净年值指标进行项目方案的经济评价，净年值大的方案较优。

当方案的收益相同或者收益难以直接计算时（如教育、环保、国防等项目），进行方案比较也可以用年度费用等值AC（费用年值）指标，其计算公式为

$$AC = NPV(A/P, i_c, n)$$
$$= \sum_{t=0}^{n} CO_t(1+i_c)^{-t}(A/P, i_c, n) \tag{10-36}$$

采用年度费用等值指标进行方案比选时，年度费用等值小的方案较优。

如果采用基准收益率计算费用的净现值，称为费用现值。费用现值小的方案较优。

【例10-22】 某项目的净现金流量见表10-4，已知设定的折现率为10%，试用净年值指标评价方案的可行性。

某项目的净现金流量（单位：万元）　　　　表10-4

年末	0	1~10
净现金流量	−400	80

解 该项目的净年度等值为

$$NAV = -400(A/P, 10\%, 10) + 80$$
$$= -400 \times 0.1627 + 80$$
$$= 14.92 \text{ 万元}$$

由于NAV>0，故该项目经济上可行。

（三）内部收益率IRR

内部收益率也是考查项目在计算期内盈利能力的主要动态评价指标。内部收益率是使项目净现值为零时的折现率，其表达式为

$$\sum_{t=0}^{n}(CI - CO)_t(1+IRR)^{-t} = 0$$

式中：IRR——内部收益率。

其余符号意义同前面公式。

前面介绍净现值指标时，需要事先给出基准收益率或者设定一个折现率i，对于一个具体的项目，采用不同的折现率i计算净现值NPV，可以得出不同的NPV值。NPV与i之间的函数关系称为净现值函数。图10-15为某项目的净现值

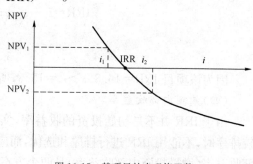

图10-15　某项目的净现值函数

函数,图中净现值曲线与横坐标的交点所对应的利率就是内部收益率 IRR。

内部收益率的经济内涵可以这样理解:资金投入项目后,通过项目各年的净收益回收投资,各年尚未回收的资金以内部收益率 IRR 为利率增值,则到项目寿命期末时,正好可以全部收回投资。

采用内部收益率指标评价项目方案时,其判定准则为:设基准收益率为 i_c,若 IRR$\geq i_c$,则方案在经济效果上可以接受;反之,则不能接受。内部收益率用于财务分析时,称为财务内部收益率,记为 FIRR;用于经济分析时,称为经济内部收益率,记为 EIRR。

可采用线性插值试算法求得 IRR 的近似解,其计算步骤为:

(1)作出方案的现金流量图或现金流量表,列出净现值计算公式。

(2)选择一个初始的收益率代入净现值计算公式,计算净现值。若 NPV>0,说明试算的收益率较小,应增大收益率;若 NPV<0,说明试算的收益率偏大,应减小。

(3)重复步骤(2)。

(4)当试算的两个净现值的绝对值较小,且符号相反时,可用线性插值公式求得内部收益率的近似解。其计算公式为

$$\text{IRR} = i_1 + \frac{\text{NPV}_1}{\text{NPV}_1 + |\text{NPV}_2|}(i_2 - i_1) \tag{10-37}$$

式中: i_1 ——试算较小的收益率;

i_2 ——试算较大的收益率;

NPV$_1$ ——用 i_1 计算的净现值,NPV$_1$>0;

NPV$_2$ ——用 i_2 计算的净现值,NPV$_2$<0。

【例 10-23】 某项目 A 的现金流量见表 10-5,已知基准收益率 i_c=15%,试用内部收益率指标判断该项目的经济性。

某项目 A 的现金流量表(单位:万元)   表 10-5

年 份	0	1	2	3	4	5
净现金流量	−120	30	40	40	40	40

解 项目 A 的净现值计算公式为

$$\text{NPV} = -120 + 30(P/F, i, 1) + 40(P/A, i, 4)(P/F, i, 1)$$

现在分别设 i_1=15%,i_2=18%,计算相应的净现值 NPV$_1$ 和 NPV$_2$ 如下。

NPV$_1$=−120+30×0.869 6+40×2.855 0×0.869 6=5.396 3 万元

NPV$_2$=−120+30×0.847 5+40×2.690 1×0.847 5=−3.380 6 万元

利用公式(10-36)可求得 IRR 的近似解

$$\text{IRR} = i_1 + \frac{\text{NPV}_1}{\text{NPV}_1 + |\text{NPV}_2|}(i_2 - i_1)$$

$$= 15\% + \frac{5.396\ 3}{5.396\ 3 + 3.380\ 6} \times (18\% - 15\%) = 16.8\%$$

因为该项目 IRR=16.8%>i_c=15%,所以该项目在经济效果上可以接受。

(四)差额内部收益率

由于 IRR 并不是初始投资的收益率,实际上是未收回投资的增值率,所以在互斥方案比较排序时,不能用 IRR 进行排序和选优,而应该用差额投资内部收益率指标。差额投资内部收益率(增量投资内部收益率)是两个方案各年净现金流量差额的现值之和等于零时的折现

率,其表达式为

$$\sum_{t=0}^{n}[(CI-CO)_2-(CI-CO)_1]_t(1+\Delta IRR)^{-t}=0 \tag{10-38}$$

式中：$(CI-CO)_1$——投资小的方案的年净现金流量；

$(CI-CO)_2$——投资大的方案的年净现金流量；

ΔIRR——差额投资内部收益率；

n——计算期。

采用 ΔIRR 进行方案比较时,应将 ΔIRR 与基准收益率 i_c 比较,其评价准则是：

若 $\Delta IRR > i_c$,投资大的方案为优；

若 $\Delta IRR < i_c$,投资小的方案为优。

(五)动态投资回收期

动态投资回收期 T^* 是指在给定的基准收益率(基准折现率)i_c 的条件下,用项目的净收益回收总投资所需要的时间。动态投资回收期的表达式为：

$$\sum_{t=0}^{T^*}(CI-CO)_t(1+i_c)^{-t}=0 \tag{10-39}$$

式中：T^*——动态投资回收期；

其余符号含义同前。

【例 10-24】某项目动态投资回收期刚好等于项目计算期,则以下说法中正确的是：

    A. 该项目动态回收期小于基准回收期

    B. 该项目净现值大于零

    C. 该项目净现值小于零

    D. 该项目内部收益率等于基准收益率

解 动态投资回收期 T^* 是指在给定的基准收益率(基准折现率)i_c 的条件下,用项目的净收益回收总投资所需要的时间。动态投资回收期的表达式为：

$$\sum_{t=0}^{T^*}(CI-CO)_t(1+i_c)^{-t}=0$$

式中,i_c 为基准收益率。

内部收益率 IRR 是使一个项目在整个计算期内各年净现金流量的现值累计为零时的利率,表达式为：

$$\sum_{t=0}^{n}(CI-CO)_t(1+IRR)^{-t}=0$$

式中,n 为项目计算期。如果项目的动态投资回收期正好等于计算期,则该项目的内部收益率 IRR 等于基准收益率 i_c。

答案：D

(六)静态投资回收期

静态投资回收期指在不考虑资金时间价值的条件下,以项目的净收益(包括利润和折旧)回收全部投资所需要的时间。投资回收期通常以"年"为单位,一般从建设年开始计算。其表达式为

$$\sum_{t=0}^{P_t}(CI-CO)_t=0 \tag{10-40}$$

式中：CI——现金流入量；

CO——现金流出量；

$(CI-CO)_t$——第 t 年的净现金流量；

P_t——投资回收期。

通常按下式计算

$$P_t = \frac{累计净现金流量开始}{出现正值的年份数} - 1 + \frac{上年累计净现金流量的绝对值}{当年净现金流量} \quad (10\text{-}41)$$

计算出投资回收期 P_t 后，应与部门或行业的基准投资回收期 P_c 进行比较，当 $P_t \leqslant P_c$ 时，表明项目投资在规定的时间内可以回收，该项目在投资回收能力上是可以接受的。

【**例 10-25**】某建设项目 A 的各年净现金流量见表 10-6，项目计算期 10 年，基准投资回收期 P_c 为 6 年。试使用投资回收期法评价项目经济上的可行性。

项目 A 的投资及各年纯收入表（单位：万元）　　　　　　　表 10-6

年 份	0	1	2	3	4～10
净现金流量	−100	−200	−500	175	275

解 该项目的累计净现金流量表见表 10-7。

项目 A 的累计净现金流量（单位：万元）　　　　　　　表 10-7

序 号	0	1	2	3	4	5	6	7	8	9	10
净现金流量	−100	−200	−500	175	275	275	275	275	275	275	275
累计净现金流量	−100	−300	−800	−625	−350	−75	200	475	750	1 025	1 300

根据上表和公式(10-40)，可得该项目的投资回收期为

$$P_t = 6 - 1 + \frac{|-75|}{275} = 5.3 \text{ 年}$$

由于 $P_t < P_c$，所以该项目的投资方案可以接受。

（六）总投资收益率(ROI)

总投资收益率表示总投资的盈利水平，是指项目达到设计能力后，正常年份的年息税前利润或运营期内年平均息税前利润(EBIT)与项目总投资(TI)的比率。其计算公式为

$$总投资收益率 = \frac{正常年份的年息税前利润或运营期内年平均息税前利润}{项目总投资} \times 100\%$$

息税前利润是指企业支付利息和缴纳所得税之前的利润。

总投资收益率高于同行业的收益率参考值，说明用总投资收益率表示的盈利能力满足要求。

（七）项目资本金利润率

项目资本金利润率表示项目资本金的盈利水平，是指项目达到设计能力后，正常年份的年净利润或运营期内年平均净利润与项目资本金的比率。其计算公式为

$$项目资本金利润率 = \frac{正常年份的年净利润或运营期内年平均净利润}{项目资本金} \times 100\% \quad (10\text{-}42)$$

如果项目资本金利润率高于同行业的资本金利润率参考值，说明用项目资本金利润率表示的盈利能力满足要求。

【**例 10-26**】某新建项目的资本金为 2 000 万元，建设投资为 4 000 万元，需要投入流动资金 700 万元，项目建设获得银行贷款 3 000 万元，年利率为 10%。项目一年建成并投产，预计达产期年利润总额为 800 万元，正常运营期每年支付银行利息 100 万元，所得税率为 25%，试计算该项目的总投资收益率和项目资本金净利润率。

解 该项目的总投资为

$$总投资 = 建设投资 + 建设期利息 + 流动资金$$
$$= 4\,000 + 3\,000 \times 10\% + 700 = 5\,000 \text{ 万元}$$
$$息税前利润 = 利润总额 + 利息支出 = 800 + 100 = 900 \text{ 万元}$$
$$总投资收益率 = 900 \div 5\,000 \times 100\% = 18\%$$
$$年净利润 = 利润总额 \times (1 - 所得税率) = 800 \times (1 - 25\%) = 600 \text{ 万元}$$
$$项目资本金净利润率 = 600 \div 2\,000 \times 100\% = 30\%$$

三、偿债能力分析和财务生存能力分析

（一）偿债能力分析

偿债能力分析是通过编制相关报表，计算利息备付率、偿债备付率和资产负债率等指标，考察财务主体的偿债能力。

1. 利息备付率

利息备付率是指在借款偿还期内的息税前利润与应付利息的比值。该指标从付息资金来源的充裕性角度，反映偿付债务利息的保障程度和支付能力。其计算公式为

$$利息备付率 = \frac{息税前利润}{应付利息} \tag{10-43}$$

利息备付率应分年计算。利息备付率越高，利息偿付的保障程度越高，利息备付率应大于1，一般不宜低于2，并结合债权人的要求确定。

2. 偿债备付率

偿债备付率是指在借款偿还期内，用于计算还本付息的资金与应还本付息金额之比。该指标从还本付息资金来源的充裕性角度，反映偿付债务本息的保障程度和支付能力。其计算公式为

$$偿债备付率 = \frac{用于计算还本付息的资金}{应还本付息金额} \tag{10-44}$$

式中用于还本付息的资金按下式计算

$$用于计算还本付息的资金 = 息税前利润 + 折旧和摊销 - 所得税$$

偿债备付率应分年计算。偿债备付率越高，可用于还本付息的资金保障程度越高，偿债备付率应大于1，一般不宜低于1.3，并结合债权人的要求确定。

3. 资产负债率

资产负债率是指各期末负债总额同资产总额的比率，按下式计算

$$资产负债率 = \frac{期末负债总额}{期末资产总额} \tag{10-45}$$

适度的资产负债率，表明企业经营安全、有较强的筹资能力，企业和债权人的风险较小。

（二）财务生存能力分析

财务生存能力分析是通过编制财务计划现金流量表，计算项目在计算期内的净现金流量和累计盈余资金，分析项目是否有足够的净现金流量维持正常经营，实现财务的可持续性，从而判断项目在财务上的生存能力。

可通过以下两个方面具体判断项目的财务生存能力：

(1) 拥有足够的经营净现金流量是财务可持续性的基本条件。

(2) 各年累计盈余资金不出现负值是财务生存的必要条件。

四、财务分析报表

进行财务分析需要编制相关的财务分析报表。财务分析报表主要包括项目投资现金流量表、项目资本金现金流量表、投资各方现金流量表、利润与利润分配表、财务计划现金流量表、资产负债表和借款还本付息计划表等。

(一)项目投资现金流量表

现金流量表是反映项目计算期内各年现金收支的报表,用以计算各项静态和动态指标,进行项目的财务盈利能力分析。

项目投资现金流量表原称为全部投资现金流量表,是以项目建设所需总投资为计算基础,不考虑融资方案的影响,反映计算期内各年的现金流入和流出的财务报表。该表用于项目投资现金流量分析,通过计算项目投资内部收益率和净现值等指标来评价项目在财务上的可行性。项目投资现金流量分析属于融资前分析,排除了融资方案的影响,从项目投资总的获利能力的角度,考察项目方案设计本身的合理性。项目投资现金流量表的构成见表10-8。

项目投资现金流量表 表10-8

序号	项 目	合计	计算期				
			1	2	3	…	n
1	现金流入						
1.1	营业收入						
1.2	补贴收入						
1.3	回收固定资产余值						
1.4	回收流动资金						
2	现金流出						
2.1	建设投资						
2.2	流动资金						
2.3	经营成本						
2.4	营业税金及附加						
2.5	维持运营投资						
3	所得税前净现金流量(1-2)						
4	累计所得税前净现金流量						
5	调整所得税						
6	所得税后净现金流量(3-5)						
7	累计所得税后净现金流量						

计算指标:项目投资财务内部收益率(%)(所得税前),项目投资财务内部收益率(%)(所得税后)
项目投资财务净现值(所得税前)($i_c=$ %),项目投资财务净现值(所得税后)($i_c=$ %)
项目投资回收期(所得税前),项目投资回收期(所得税后)

表中的调整所得税为以息税前利润为基数计算的所得税。

(二)项目资本金现金流量表

项目资本金现金流量表从项目资本金出资者整体的角度,以项目资本金为计算的基础,根据拟定的融资方案和项目其他数据,确定项目各年的现金流入和现金流出,用于进行项目资本金现金流量分析。项目资本金现金流量表考虑了融资,属于融资后分析。根据项目资本金现金流量表计算的指标,可以反映项目权益投资者整体在该投资项目上的盈利能力。项目资本金现金流量表见表10-9。

项目资本金现金流量表

表10-9

序号	项 目	合计	计算期			
			1	2	3	…	n
1	现金流入						
1.1	营业收入						
1.2	补贴收入						
1.3	回收固定资产余值						
1.4	回收流动资金						
2	现金流出						
2.1	项目资本金						
2.2	借款本金偿还						
2.3	借款利息支付						
2.4	经营成本						
2.5	营业税金及附加						
2.6	所得税						
2.7	维持运营投资						
3	净现金流量(1-2)						

计算指标:项目财务内部收益率(%)

项目资本金现金流量分析考察的是项目资本金整体的获利能力,有时为了考察投资各方的收益,还需要编制投资各方现金流量表。

(三)利润与利润分配表

利润与利润分配表反映项目计算期内各年利润总额、所得税及税后利润的分配情况,用以计算投资利润率、投资利税率和资本金利润率等指标。利润与利润分配表见表10-10。

利润与利润分配表

表10-10

序 号	项 目	合 计	计算期				
			1	2	3	…	n
1	营业收入						
2	营业税金及附加						
3	总成本费用						
4	补贴收入						
5	利润总额(1-2-3+4)						
6	弥补以前年度亏损						
7	应纳税所得额(5-6)						
8	所得税						
9	净利润(5-8)						
10	期初未分配利润						
11	可供分配利润(9+10)						
12	提取法定盈余公积金						

续上表

序号	项目	合计	计算期				
			1	2	3	…	n
13	可供投资者分配的利润(11—12)						
14	应付优先股股利						
15	提取任意盈余公积金						
16	应付普通股股利(13—14—15)						
17	各投资方利润分配 其中：××方 …						
18	未分配利润(13—14—15—17)						
19	息税前利润(利润总额＋利息支出)						
20	息税折旧摊销前利润(息税前利润＋折旧＋摊销)						

(四)财务计划现金流量表

财务计划现金流量表反映项目计算期内各年经营活动、投资活动和筹资活动的现金流入和流出，用于计算各年的累计盈余资金，分析项目是否有足够的净现金流量维持正常运营，即项目的财务生存能力。

(五)资产负债表

资产负债表反映项目计算期内各年年末资产、负债和所有者权益的增减变化及对应关系，用以考察项目的资产、负债、所有者权益的结构是否合理，通过计算资产负债率，进行偿债能力分析。

(六)借款还本付息计划表

借款还本付息计划表用于计算利息备付率和偿债备付率指标，用于偿债能力分析。

习 题

10-14 某项目第1、2年年初分别投资800万元、400万元，第3年开始每年年末净收益300万元，项目运营期8年，残值30万元。设折现率为10%，已知$(P/F,10\%,1)=0.9091$、$(P/F,10\%,2)=0.8264$、$(P/F,10\%,10)=0.3855$、$(P/A,10\%,8)=5.3349$。则该项目的财务净现值为( )。

  A. 158.99万元 B. 170.55万元 C. 448.40万元 D. 1230万元

10-15 已知某项目投资方案一次投资12 000元，预计每年净现金流量为4 300元，项目寿命5年，$(P/A,18\%,5)=3.127$，$(P/A,20\%,5)=2.991$，$(P/A,25\%,5)=2.689$，则该方案的内部收益率为( )。

  A. <18% B. 18%～20% C. 20%～25% D. >25%

10-16 某投资项目一次性投资200万元，当年投产并收益，评价该项目的财务盈利能力时，计算财务净现值选取的基准收益率为i_c，若财务内部收益率小于i_c，则有( )。

  A. i_c低于贷款利率   B. 内部收益率低于贷款利率

C. 净现值大于零　　　　　　　　D. 净现值小于零

10-17　某小区建设一块绿地，需一次性投资 20 万元，每年维护费用 5 万元，设基准折现率 10%，绿地使用 10 年，则费用年值为（　　）万元。

A. 4.750　　　　B. 5　　　　C. 7.250　　　　D. 8.255

10-18　某项目的净现金流量见题表，则该项目的静态投资回收期为（　　）。

题 10-18 表

年份	1	2	3	4	5	6	7
净现金流量（万元）	−400	−100	100	200	200	200	200

A. 4.5 年　　　　B. 5 年　　　　C. 5.5 年　　　　D. 6 年

10-19　某项目建设投资 400 万元，建设期贷款利息 40 万元，流动资金 60 万元。投产后正常运营期每年净利润为 60 万元，所得税为 20 万元，利息支出为 10 万元。则该项目的总投资收益率为（　　）。

A. 19.6%　　　　B. 18%　　　　C. 16%　　　　D. 12%

10-20　某项目总投资 16 000 万元，资本金 5 000 万元。预计项目运营期总投资收益率为 20%，年利息支出为 900 万元，所得税率为 25%，则该项目的资本金利润率为（　　）。

A. 30%　　　　B. 32.4%　　　　C. 34.5%　　　　D. 48%

10-21　某企业去年利润总额 300 万元，上缴所得税 75 万元，在成本中列支的利息 100 万元，折旧和摊销费 30 万元，还本金额 120 万元，该企业去年的偿债备付率为（　　）。

A. 1.34　　　　B. 1.55　　　　C. 1.61　　　　D. 2.02

10-22　下列关于现金流量表的表述中，正确的是（　　）。

A. 项目资本金现金流量表排除了融资方案的影响
B. 通过项目投资现金流量表计算的评价指标反映投资者各方权益投资的获利能力
C. 通过项目投资现金流量表可计算财务内部收益、财务净现值和投资回收期等评价指标
D. 通过项目资本金现金流量表进行的分析反映了项目投资总体的获利能力

10-23　为了从项目权益投资者整体角度考察盈利能力，应编制（　　）。

A. 项目资本金现金流量表　　　　B. 项目投资现金流量表
C. 借款还本付息计划表　　　　　D. 资产负债表

第五节　经济费用效益分析

经济费用效益分析是在合理配置社会资源的前提下，分析项目投资的经济效益和对社会福利所作出的贡献，评价项目的经济合理性。经济费用效益分析强调从资源配置效率的角度分析项目的外部效果，考察项目对国民经济的贡献。

对于以下类型的项目应作经济费用效益分析：①有垄断特征的项目；②产出有公共产品特征的项目；③外部效果显著的项目；④资源开发项目；⑤涉及国家经济安全的项目；⑥受过度行政干预的项目。

一、经济费用效益分析参数

进行项目的经济费用效益分析，首先需要对项目的经济效益和费用进行识别。项目对提

高社会福利和社会经济所作的贡献都记为项目的经济效益,包括项目的直接效益和间接效益;整个社会为项目所付出的代价记为项目的经济费用。经济效益的计算应遵循支付意愿原则和接受补偿意愿原则(项目产出物的正面效果的计算遵循支付意愿原则;项目产生物的负面效果的计算遵循接受补偿意愿原则),经济费用的计算(项目投入物的经济价值计算)应遵循机会成本的原则。计算经济费用效益指标采用的参数有社会折现率、影子价格、影子汇率和影子工资等。

经济费用效益分析应按照"有无对比,增量分析"的原则,不应考虑沉没成本和已实现的效益,"转移支付"不作为经济分析中的效益和费用。

(一)社会折现率

社会折现率是社会对资金时间价值的估量,是从整个国民经济角度所要求的资金投资收益率标准。社会折现率代表社会投资所应获得的最低收益率水平,在建设项目国民经济评价中是衡量经济内部收益率的基准值,也是计算项目经济净现值的折现率。目前我国推荐的社会折现率为8%。

(二)影子价格

影子价格是计算经济费用效益分析中投入物或产出物所使用的计算价格,是社会处于某种最优状态下,能够反映社会劳动消耗、资源稀缺程度和最终产品需求状况的一种计算价格。影子价格应能够反映项目投入物和产出物的真实经济价值。

对于市场定价货物的影子价格,可按下述公式计算:

(1)可外贸货物影子价格

直接进口投入物的影子价格(到厂价)=到岸价(CIF)×影子汇率+进口费用　　(10-46)

直接出口产出物的影子价格(出厂价)=离岸价(FOB)×影子汇率-出口费用　　(10-47)

(2)市场定价的非外贸货物影子价格

　　　　投入物影子价格(到厂价)=市场价格+国内运杂费　　　　(10-48)

　　　　产出物的影子价格(出厂价)=市场价格-国内运杂费　　　　(10-49)

(三)影子汇率

影子汇率是指单位外汇的经济价值,是能正确反映国家外汇经济价值的汇率,即外汇的影子价格。建设项目国民经济评价中,项目的进口投入物、出口产出物均应采用影子汇率以正确反映外汇的真实经济价值。影子汇率换算系数是影子汇率与外汇牌价的比值。影子汇率按下式计算

　　　　影子汇率=外汇牌价×影子汇率换算系数　　　　(10-50)

(四)影子工资

影子工资是指建设项目使用劳动力资源而使社会付出的代价,按下式计算

　　　　影子工资=劳动力机会成本×新增资源消耗　　　　(10-51)

式中,劳动力机会成本是指劳动力在本单位使用,而不能在其他项目中使用而被迫放弃的劳动收益;新增资源消耗是指劳动力在本项目新就业或由其他就业岗位转移来本项目而发生的社会资源消耗。影子工资与财务分析中的劳动力工资之间的比值称为影子工资换算系数,影子工资可按下式计算

　　　　影子工资=财务工资×影子工资换算系数　　　　(10-52)

【例10-27】 某项目要从国外进口一种原材料,原始材料的CIF(到岸价格)为150美元/吨,美元的影子汇率为6.5,进口费用为240元/吨,请问这种原材料的影子价格是:

A. 735 元人民币　　　　　　B. 975 元人民币
C. 1 215 元人民币　　　　　D. 1 710 元人民币

解　直接进口原材料的影子价格（到厂价）＝到岸价（CIF）×影子汇率＋进口费用
$$=150\times 6.5+240=1\ 215 \text{元人民币}/t$$

答案：C

二、经济费用效益指标

（一）经济净现值

经济净现值是指按社会折现率将项目计算期内各年的经济净效益折现到建设期初的现值之和，按下式计算

$$\text{ENPV}=\sum_{t=1}^{n}(B-C)_t(1+i_s)^{-t} \tag{10-53}$$

式中：ENPV——经济净现值；
　　　　B——经济效益流量；
　　　　C——经济费用流量；
　　$(B-C)_t$——第 t 年的经济净效益流量；
　　　　n——项目计算期；
　　　　i_s——社会折现率。

经济净现值是反映项目对社会经济贡献的绝对值，是经济效益分析的主要指标。如果经济净现值等于或大于 0，则表明项目可达到符合社会折现率的效率水平，从经济资源配置的角度可以接受该项目。

（二）经济内部收益率

经济内部收益率是指项目在计算期内经济净效益流量的现值累计等于 0 时的折现率。其表达式为

$$\sum_{t=1}^{n}(B-C)_t(1+\text{EIRR})^{-t}=0 \tag{10-54}$$

式中：EIRR——经济内部收益率。

其余符号意义同前面公式。

经济内部收益率是经济费用效益分析的辅助评价指标，如果经济内部收益率等于或者大于社会折现率，则表明项目资源配置的效率达到了可以被接受的水平。

（三）效益费用比

效益费用比是指项目在计算期内效益流量的现值与费用流量的现值之比，计算公式为

$$R_{\text{BC}}=\frac{\sum_{t=1}^{n}B_t(1+i_s)^{-t}}{\sum_{t=1}^{n}C_t(1+i_s)^{-t}} \tag{10-55}$$

式中：R_{BC}——效益费用比；
　　　　B_t——第 t 期的经济效益；
　　　　C_t——第 t 期的经济费用。

效益费用比也是经济费用效益分析的辅助评价指标，如果效益费用比大于 1，说明项目资源配置的经济效益达到了可以被接受的水平。

习 题

10-24 对建设项目进行经济费用效益分析所使用的影子价格的正确含义是（　　）。
　　A. 政府为保证国计民生为项目核定的指导价格
　　B. 使项目产出品具有竞争力的价格
　　C. 项目投入物和产出物的市场最低价格
　　D. 反映项目投入物和产出物真实经济价值的价格

10-25 计算经济效益净现值采用的折现率应是（　　）。
　　A. 企业设定的折现率　　　　　　B. 国债平均利率
　　C. 社会折现率　　　　　　　　　D. 银行贷款利率

10-26 从经济资源配置的角度判断建设项目可以被接受的条件是（　　）。
　　A. 经济内部收益率等于或大于社会折现率
　　B. 财务内部收益率等于或大于社会折现率
　　C. 经济内部收益率等于或大于银行利率
　　D. 财务内部收益率等于或大于银行利率

10-27 某地区为减少水灾损失，拟建水利工程。项目投资预计 500 万元，计算期按无限年考虑，年维护费 20 万元。项目建设前每年平均损失 300 万元。若利率 5%，则该项目的费用效益比为（　　）。
　　A. 6.11　　　　B. 6.67　　　　C. 7.11　　　　D. 7.22

第六节　不确定性分析

不确定性分析是对影响项目的不确定性因素进行分析，测算不确定性因素变化对经济评价指标的影响程度，从而判断项目可能承担的风险，为投资决策提供依据。不确定分析方法有盈亏平衡分析、敏感性分析等。

一、盈亏平衡分析

通过分析产品产量、成本和盈利之间的关系，找出项目方案在产量、单价、成本等方面的临界点，进而判断不确定因素对方案经济效果的影响程度。这个临界点称为盈亏平衡点（BEP）。盈亏平衡点是企业盈利与亏损的转折点，在该点上销售收入（扣除销售税金及附加）正好等于总成本费用，达到盈亏平衡。盈亏平衡分析就是通过计算项目达产年的盈亏平衡点，分析项目收入与成本费用的平衡关系，判断项目对产品数量变化的适应能力和抗风险能力。盈亏平衡分析只用于财务分析。

盈亏平衡分析可分为线性盈亏平衡分析和非线性盈亏平衡分析，对建设项目评价仅进行线性盈亏平衡分析。线性盈亏平衡分析的基本假定有：

(1) 产量等于销售量；
(2) 产量变化，单位可变成本不变，从而总成本费用是产量的线性函数；
(3) 产量变化，产品售价不变，从而销售收入是产量的线性函数；
(4) 按单一产品计算，生产多种产品的应换算成单一产品，不同产品的生产负荷率变化保持一致。

如果营业收入和成本费用都是按含税价格计算的，还应减去增值税。

为了便于进行盈亏平衡分析，可将项目投产后的总成本费用分为固定成本和可变成本（变动成本）两部分。固定成本指在一定生产规模限度内不随产量变动而变动的费用；可变成本是指随产品产量变动而变动的费用。总成本费用是固定成本与可变成本之和。对于线性盈亏平衡分析，收入与销售量、费用与销售量的关系可以在同一坐标图上表示出来，即盈亏平衡分析图，见图10-16。

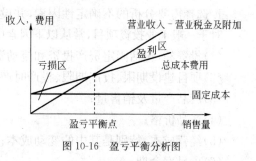

图10-16 盈亏平衡分析图

图中纵坐标为销售收入和成本费用，横坐标为产品销售量。销售收入线与总成本费用线的交点称作盈亏平衡点（BEP），该点是项目盈利与亏损的临界点。在BEP右边，销售收入大于总成本费用，项目盈利；在BEP左边，销售收入小于总成本费用，项目亏损；在BEP上，销售收入等于总成本费用，项目不盈不亏。盈亏平衡点对应的产量称为盈亏平衡产量。盈亏平衡点可以用产量、生产能力利用率或产品售价等表示。盈亏平衡点可采用以下公式计算

$$\mathrm{BEP}_{生产能力利用率}=\frac{年固定总成本}{年营业收入-年可变成本-年营业税金及附加}\times 100\% \quad (10\text{-}56)$$

生产能力利用率是盈亏平衡产量与设计生产能力的比率。

$$\mathrm{BEP}_{产量}=\frac{年固定总成本}{单位产品销售价格-单位产品可变成本-单位产品营业税金及附加}$$
$$=\mathrm{BEP}_{生产能力利用率}\times 设计生产能力 \quad (10\text{-}57)$$

在其他条件不变的前提下，盈亏平衡产量与年固定总成本成正比。

$$\mathrm{BEP}_{单位产品售价}=\frac{年固定总成本}{设计生产能力}+单位产品可变成本+单位产品营业税金及附加$$
$$(10\text{-}58)$$

盈亏平衡点越低，项目盈利可能性越大，抗风险能力越强。

【**例 10-28**】 某工业项目生产的产品年设计生产能力为200t，达产第一年销售收入为4 000万元，营业收入及附加为240万元，固定成本1 300万元，可变成本1 200万元。销售收入和成本费用均以不含税价格表示，求以生产能力利用率、产量及销售价格表示的盈亏平衡点。

解 首先计算单位产品变动成本

$$\mathrm{BEP}_{生产能力利用率}=1\,300\div(4\,000-1\,200-240)\times 100\%=50.78\%$$
$$\mathrm{BEP}_{产量}=1\,300\div(4\,000\div 200-1\,200\div 200-240\div 200)=101.56\mathrm{t}$$

或
$$\mathrm{BEP}_{产量}=200\times 50.78\%=101.56\mathrm{t}$$
$$\mathrm{BEP}_{产品售价}=1\,300\div 200+1\,200\div 200+240\div 200=13.7\,万元$$

计算结果表明，该项目的生产负荷达到设计能力的50.78%即可实现盈亏平衡，产量达到101.56t则可实现盈亏平衡，产品售价最低降至13.7万元/t即可维持盈亏平衡。

二、敏感性分析

敏感性分析是通过测定一个或者多个不确定因素的变化所导致财务或经济评价指标的变化幅度，了解各种因素变化对实现预期目标的影响程度，从而对外部因素发生变化时项目投资方案的承受能力作出判断。通常只进行单因素敏感性分析。单因素敏感性分析在计算敏感因

素对经济效果指标影响时,假定只有一个因素变动,其他因素不变。

(一)单因素敏感性分析的步骤和内容

1. 选择需要分析的不确定性因素,并设定这些因素的变动范围

对于一般工业投资项目,常从以下因素中选取需要作为敏感性分析的因素:

(1)投资额,包括固定资产投资和流动资金占用;

(2)项目建设期限、投产期限、投产时产出能力及达到设计能力所需时间;

(3)产品产量及销售量;

(4)产品价格;

(5)经营成本,特别是其中的变动成本;

(6)项目寿命期;

(7)项目寿命期的资产残值;

(8)折现率;

(9)外汇汇率。

选择需要分析的不确定因素时,应根据实际情况设定其可能的变动范围,一般选择不确定性因素变化的百分率为±5%、±10%、±15%、±20%等。

2. 确定分析指标

敏感性分析可选用前述各种评价指标,如内部收益率、净现值、投资回收期等。一般进行敏感性分析的指标应与确定性分析采用的指标一致。通常财务分析与评价中的敏感性分析必选的指标是项目投资财务内部收益率。

3. 计算各不确定性因素在不同幅度变化下,所导致的评价指标变动结果

建立起一一对应的关系,一般用图或表的形式表示。

4. 确定敏感因素,对方案的风险情况作出判断

通过计算敏感度系数和临界点,找出敏感因素,可粗略预测项目可能承担的风险。

敏感因素是指其数值变动能显著影响方案经济效果的因素。

(二)敏感性指标的计算

1. 敏感度系数

敏感度系数是指项目评价指标变化的百分率与不确定性因素变化的百分率之比。敏感度系数高,表示项目效益对该不确定性因素的敏感程度高。敏感度系数的计算公式为

$$S_{AF} = \frac{\Delta A/A}{\Delta F/F} \tag{10-59}$$

式中:S_{AF}——评价指标 A 对于不确定性因素 F 的敏感度系数;

$\Delta F/F$——不确定性因素 F 的变化率;

$\Delta A/A$——不确定性因素 F 发生 ΔF 变化率时,评价指标 A 的相应变化率。

$S_{AF} > 0$,表示评价指标与不确定性因素同方向变化;$S_{AF} < 0$,表示评价指标与不确定性因素反方向变化。S_{AF} 绝对值较大者敏感度系数高,$|S_{AF}|$ 越大,说明评价指标 A 对不确定性因素 F 越敏感。

2. 临界点(转换值)

临界点是指不确定性因素的变化使项目由可行变为不可行的临界数值。即当不确定性因素达到某一变化率时,正好使内部收益率等于基准收益率(或者使净现值等于零),该变化率就是临界点。

临界点的高低与计算临界点的指标的初始值有关,如果选取基准收益率为计算临界点的指标,则对于同一个项目,随着设定的基准收益率的提高,临界点就会变低;而在一定的基准收益率下,临界点越低,说明该因素对项目评价指标的影响就越大,项目对该因素就越敏感。敏感性分析的结果通常采用敏感性分析表和敏感性分析图表示。

【**例 10-29**】 某项目以内部收益率作为项目评价指标,选取投资额、产品价格和主要原材料成本作为敏感性因素对项目进行敏感性分析,计算基本方案的内部收益率为 17.5%,当投资额增加 10% 时,内部收益率降为 14.5%,试计算其敏感度系数。

解 投资额增加 10% 时,内部收益率的变化率为
$$\Delta A = (14.5\% - 17.5\%) \div 17.5\% = -0.171$$
敏感度系数 $\quad S_{AF} = -0.171 \div 0.1 = -1.71$

图 10-17 是单因素敏感性分析的一个例子,该例选取的分析指标为净现值 NPV,考虑投资额、产品价格、经营成本的变动(按一定百分比变动)对净现值指标的影响。

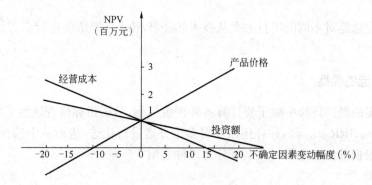

图 10-17 敏感性分析图

由图可以看出,本方案的净现值对产品价格最敏感,不确定性因素产品价格的临界点约为 10%,产品价格降低 10% 左右,净现值将为 0,项目对三个不确定性因素的敏感程度由高到低依次为产品价格、经营成本、投资额。

习 题

10-28 某项目设计生产能力为年产 5 000 台,每台销售价格 500 元,单位产品可变成本 350 元,每台产品税金 50 元,年固定成本 265 000 元,则该项目的盈亏平衡产量为( )。

  A. 2 650 台   B. 3 500 台   C. 4 500 台   D. 5 000 台

10-29 某企业拟投资生产一种产品,设计生产能力为 15 万件/年,单位产品可变成本 120 元,总固定成本 1 500 万元,达到设计生产能力时,保证企业不亏损的单位产品售价最低为( )。

  A. 150 元   B. 200 元   C. 220 元   D. 250 元

10-30 对某项目进行敏感性分析,采用的评价指标为内部收益,基本方案的内部收益率为 15%,当不确定性因素原材料价格增加 10% 时,内部收益率为 13%,则原材料的敏感度系数为( )。

  A. -1.54   B. -1.33   C. 1.33   D. 1.54

10-31 对某项目投资方案进行单因素敏感性分析,基准收益率 15%,采用内部收益率作

为评价指标,投资额、经营成本、销售收入为不确定性因素,计算其变化对 IRR 的影响见题表。

不确定性因素变化对 IRR 的影响　　　　　　　　　　题 10-31 表

不确定性因素 \ 变化幅度	−20%	0	+20%
投资额	22.4	18.2	14
经营成本	23.2	18.2	13.2
销售收入	4.6	18.2	31.8

则敏感性因素按对评价指标影响的程度从大到小排列依次为(　　)。

  A. 投资额、经营成本、销售收入　　B. 销售收入、经营成本、投资额
  C. 经营成本、投资额、销售收入　　D. 销售收入、投资额、经营成

第七节　方案经济比选

方案经济比选是对不同的项目方案从技术和经济相结合的角度进行多方面分析论证,比较、择优的过程。

一、方案比选的类型

对项目方案的经济评价中除了要计算各种评价指标,分析指标是否达到了标准的要求(如 $P_t \leqslant P_c$, NPV$\geqslant 0$, IRR$\geqslant i_c$ 等),往往还需要对多个方案进行比选,进而从中选择较优方案。项目的备选方案根据其相互之间的关系可分为三种类型:

(一)独立型

独立型是指各个方案的现金流量是独立的,不具有相关性,任一方案的采用与否不影响是否采用其他方案的决策。其特点是具有可加性。方案采用与否取决于方案自身的经济性。

(二)互斥型

互斥型是指方案具有排他性,选择了一个方案,就不能选择另外的方案。只能在不同方案中选择其一。对于同一地域土地的利用方案、厂址选择方案、建设规模方案等都是互斥方案。

(三)混合型

混合型是指独立方案和互斥方案混合的情况。

二、方案经济比选的方法

独立方案的采用与否,取决于方案自身的经济性,可用净现值、净年值或内部收益率作为方案的评价指标,当净现值 NPV$\geqslant 0$,或净年值 NAW$\geqslant 0$,或内部收益率 IRR$\geqslant i_c$ 时,则方案在财务上是可行的。

对于互斥型方案,在多个方案进行比较选择时,有方案的计算期相等和计算期不等两种情况。

(一)计算期相等的方案比较

方案比选可以采用效益比选法、费用比选法和最低价格法。

1. 效益比选法

比较备选方案的效益,从中择优,具体方法有净现值法、净年值法、差额内部收益率法等。

(1)净现值法

分别计算各方案的净现值,以净现值较大的方案为优。

(2)净年值法

比较各方案的净收益的等额年值,以净年值较大的方案为优。

(3)差额投资内部收益率法

对于若干个互斥方案,可两两比较,分别计算两个方案的差额内部收益率 ΔIRR_{A-B},若差额内部收益率 ΔIRR_{A-B} 大于基准收益率 i_c,则投资大的方案较优。

差额内部收益率只反映两方案增量现金流的经济性(相对经济性),不能反映各方案自身的经济效果。

注意:互斥方案的比较,不能直接用内部收益率 IRR 进行比较。

如果选取相同的基准收益率,对于计算期相同的互斥方案,采用净现值法或差额内部收益率法,其评价结果是一致的。

2. 费用比选法

通过比较备选方案的费用现值或年值,从中择优。费用比选法包括费用现值法和费用年值法。

(1)费用现值法

计算备选方案的费用现值并进行比较,费用现值较低的方案较优。

(2)费用年值法

计算备选方案的费用年值并进行比较,费用年值较低的方案较优。

3. 最低价格(服务收费标准)法

最低价格法是在相同产品方案比选中,按净现值为 0 推算备选方案的产品价格,以最低产品价格较低的方案为优。

(二)计算期不同的互斥方案的比选

当方案的计算期不同时,不能直接采用净现值法、净现值率法、差额内部收益率等方法进行方案比较,可采用年值法、最小公倍数法或研究期法等进行方案比较。

1. 年值法

计算备选方案的等额年值,以等额年值不小于 0 且等额年值最大者为最优方案。由此可见,年值法既可用于寿命期相等的方案比较,也可用于寿命期不等的方案比较。

2. 最小公倍数法

这种方法是先求出两个方案计算期的最小公倍数,然后以最小公倍数作为方案比较的计算期(寿命期),即假定方案重复实施,将计算期不等的方案转化为计算期相等的方案,然后可采用上述计算期相等的方案比较方法进行指标计算,从中择优。

3. 研究期法

研究期法是通过研究分析,直接选取一个适当的计算期作为备选方案共同的计算期,计算各个方案在该计算期内的净现值,以净现值较大的为优。通常选取各方案中最短的计算期作为共同的计算期。

【例 10-30】 已知甲、乙为两个寿命期相同的互斥项目,其中乙项目投资大于甲项目。通过测算得出甲、乙两项目的内部收益率分别为 17% 和 14%,增量内部收益 $\Delta IRR(乙-甲)=13\%$,基准收益率为 14%,以下说法中正确的是:

A. 应选择甲项目 B. 应选择乙项目
C. 应同时选择甲、乙两个项目 D. 甲、乙两项目均不应选择

解 两个寿命期相同的互斥项目的选优应采用增量内部收益率指标,$\Delta IRR(乙-甲)$为13%,小于基准收益率14%,应选择投资较小的方案。

答案:A

习 题

10-32 某项目有甲乙丙丁4个投资方案,寿命期都是8年,设定的折现率为8%,$(A/P,8\%,8)=0.174$,各方案各年的净现金流量见题表。

各方案各年的净现金流量表(单位:万元)　　　　　　　　题 10-32 表

方案 \ 年份	0	1~8
甲	−500	92
乙	−500	90
丙	−420	76
丁	−400	77

采用年值法应选用( )。

A. 甲方案　　　　B. 乙方案　　　　C. 丙方案　　　　D. 丁方案

10-33 有甲乙丙丁4个互斥方案,投资额分别为1 000万元、800万元、700万元、600万元,方案计算期均为10年,基准收益率为15%,计算差额内部收益率结果 $\Delta IRR_{甲-乙}$、$\Delta IRR_{乙-丙}$、$\Delta IRR_{丙-丁}$分别为14.2%、16%、15.1%,应选择( )。

A. 甲方案　　　　B. 乙方案　　　　C. 丙方案　　　　D. 丁方案

10-34 在几个产品相同的备选方案比选中,最低价格法是( )。

A. 按主要原材料推算成本,其中原材料价格较低的方案为优

B. 按净现值为0计算方案的产品价格,其中产品价格较低的方案为优

C. 按市场风险最低推算产品价格,其中产品价格较低的方案为优

D. 按市场需求推算产品价格,其中产品价格较低的方案为优

10-35 既可用于计算期相等的方案比较,也可用于计算期不等的方案比较方法是( )。

A. 年值法　　　　　　　　　　　B. 内部收益率法

C. 投资回收期法　　　　　　　　D. 净现值率法

第八节　改扩建项目的经济评价特点

改扩建项目是在企业原有基础上建设的。对于新建项目,所发生的费用和收益都可归于项目;而改扩建和技改项目的费用和收益既涉及新投资部分,又涉及原有基础部分,因此对项目经济效果的评价与新建项目有所不同。

一、改扩建项目的主要特点

(1)项目的活动与既有企业有联系但在一定程度上又有区别。

(2)项目的融资主体和还款主体都是既有企业。

(3)项目一般要利用既有企业的部分或全部资产、资源,但不发生产权转移。

(4)建设期内企业生产经营与项目建设一般同时进行。

二、改扩建项目的经济评价特点

由于改扩建项目的特点,其经济评价往往比较复杂。改扩建项目经济评价主要有以下特点:

(1)需要正确识别和估算"有项目"、"无项目"、"现状"、"新增"、"增量"等五种状态(五套数据)下的资产、资源、效益和费用,"无项目"和"有项目"的计算口径和范围要一致。应遵循"有无对比"的原则。

(2)应明确界定项目的效益和费用范围。

(3)财务分析采用一般建设项目财务分析的基本原理和分析指标。一般要按项目和企业两个层次进行财务分析。

(4)应分析项目对既有企业的贡献。

(5)改扩建项目的经济费用效益分析采用一般建设项目的经济费用效益分析原理。

(6)需要根据项目目的、项目和企业两个层次的财务分析结果和经济费用效益分析结果,结合不确定性分析、风险分析结果等进行多指标投融资决策。

(7)需要合理确定计算期、原有资产利用、停产损失和沉没成本等问题。

【例 10-31】 以下关于改扩建项目财务分析的说法中正确的是:
A. 应以财务生存能力分析为主
B. 应以项目清偿能力分析为主
C. 应以企业层次为主进行财务分析
D. 应遵循"有无对比"原则

解 改扩建项目财务分析要进行项目层次和企业层次两个层次的分析。项目层次应进行盈利能力分析、清偿能力分析和财务生存能力分析,应遵循"有无对比"的原则。

答案: D

习 题

10-36 对于改扩建项目的经济评价,以下表述中正确的是( )。
    A. 仅需要估算"有项目"、"无项目"、"增量"三种状态下的效益和费用
    B. 只对项目本身进行经济性评价,不考虑对既有企业的影响
    C. 财务分析一般只按项目一个层次进行财务分析
    D. 需要合理确定原有资产利用、停产损失和沉没成本

10-37 价值工程的"价值(V)"对于产品来说,可以表示为 $V=F/C$,式中 C 是指( )。
    A. 产品的寿命周期成本   B. 产品的开发成本
    C. 产品的制造成本   D. 产品的销售成本

第九节 价 值 工 程

一、价值工程的基本概念

(一)价值、功能和寿命周期成本

1. 功能

功能是指产品或作业的功用和效能。它实质上也是产品或作业的使用价值。

2. 寿命周期成本

寿命周期成本是指产品或服务在寿命期内所花费的全部费用。其费用不仅包括产品生产工程中的费用,也包括使用过程中的费用和残值。

3. 价值

价值工程中的"价值",是指产品或作业的功能与实现其功能的总成本的比值。它是对所研究的对象的功能和成本的综合评价。其表达式为

$$价值(V) = \frac{功能(F)}{成本(C)} \tag{10-60}$$

这里的成本是指实现产品或作业的寿命周期成本。

(二)价值工程的定义

价值工程,也可称为价值分析,是指以产品或作业的功能分析为核心,以提高产品或作业的价值为目的,力求以最低寿命周期成本实现产品或作业使用所要求的必要功能的一项有组织的创造性活动。

价值工程是一种以提高产品和作业价值为目标的管理技术。其主要特点是:

(1)价值工程着眼于寿命周期成本,把研究的重点放在对产品的功能研究上,核心是功能分析。

(2)价值工程将保证产品功能和降低成本作为一个整体考虑。

(3)价值工程强调创新。

(4)价值工程要求将功能定量化。

(5)价值工程是一种有计划、有组织的活动。

(三)提高价值的途径

从上面价值的表达式可知,在成本不变的情况下,价值与功能成正比;功能不变的情况下,价值与成本成反比。由此可以得出提高产品或作业的 5 种主要途径:

(1)成本不变,提高功能;

(2)功能不变,降低成本;

(3)成本略有增加,功能较大幅度提高;

(4)功能略有下降,成本大幅度降低;

(5)成本降低,功能提高,则价值更高。

二、价值工程的实施步骤

价值工程活动过程一般包括准备阶段、功能分析阶段、方案创造阶段和方案实施阶段。

(一)准备阶段

(1)对象选择;

(2)组成价值工程领导小组;

(3)制订工作计划。

(二)功能分析阶段

(1)收集整理信息资料;

(2)功能系统分析;

(3)功能评价。

(三)创新阶段

(1)方案创新;

(2)方案评价;
(3)提案编写。

(四)实施阶段
(1)审批;
(2)实施与检查;
(3)成果鉴定。

三、价值工程研究对象的选择

(一)选择研究对象的原则

研究对象的选择,应选择对国计民生影响大的、需要量大的、正在研制准备投放市场的、质量功能急需改进的、市场竞争激烈的、成本高利润低的、需提高市场占有率的、改善价值有较大潜力的产品等。

(二)选择研究对象的方法

常用方法有 ABC 分析法、价值系数法、百分比法、最合适区域法等。

1. ABC 分析法

应用数理统计分析的方法选择对象。按产品零部件成本大小由高到低排列,绘出费用累计曲线,一般规律如下。

A 类部件:占部件的 5%~10%,占总成本的 70%~75%(数量较少,但占总成本比重较大);
B 类部件:占部件的 20%左右,占总成本的 20%左右;
C 类部件:占部件的 70%~75%,占总成本的 5%~10%(数量较多,但占总成本比重不大)。

通常可以把 A 类部件作为分析对象。

2. 价值系数法

(1)价值系数法的步骤

①用 01 评分法(强制确定法)或其他评分法计算功能系数。即将零件排列起来,一一进行重要性对比,重要的得 1 分,不重要的得 0 分,求出各零件得分累计分数,其功能系数按下式计算

$$功能系数(f_i) = \frac{零件得分累计}{总分} \tag{10-61}$$

②求出每一零件成本与各零件成本总和之比,即成本系数

$$成本系数(C_i) = \frac{零部件成本}{各零部件成本总和} \tag{10-62}$$

③求出各零件的价值系数

$$价值系数(V_i) = \frac{功能系数}{成本系数} \tag{10-63}$$

(2)计算结果存在的三种情况

①价值系数小于 1,表明该零件相对不重要且费用偏高,应作为价值分析的对象;
②价值系数大于 1,即功能系数大于成本系数,表明该零件较重要而成本偏低,是否需要提高费用视具体情况而定;
③价值系数接近或等于 1,表明该零件重要性与成本适应,较为合理。

表 10-11 给出了价值系数计算的例子,显然,该表中 D 零件的价值系数远小于 1,为 0.463,可考虑作为价值分析的对象。

价值系数计算表　　　　　　　　　表 10-11

零部件代号	一对一比较结果				积分	成本（元）	功能系数 f_i	成本系数 C_i	价值系数 V_i
	A	B	C	D					
A	×	1	0	1	2	115	0.333	0.319	1.044
B	0	×	0	1	1	50	0.167	0.139	1.201
C	1	1	×	0	2	65	0.333	0.181	1.840
D	0	0	1	×	1	130	0.167	0.361	0.463
小计					6	360	1	1	

四、功能分析

功能分析是价值工程的核心。功能是某个产品或零件在整体中所担负的职能或所起的作用。功能分析的目的是用最少的成本实现同一功能。

功能分析一般有功能定义、功能整理、功能评价三个步骤。

(一)功能定义

功能定义就是用简明准确的语言表达功能的本质内容。

根据功能的不同特性，功能可以按以下标志分类：

(1)按功能的重要程度分为基本功能和辅助功能。基本功能是必不可少的功能，辅助功能属于次要功能。

(2)按功能的性质可分为使用功能和美学功能。使用功能有使用目的，如手机的通话功能；美学功能也称为外观功能，具有外观的艺术特征，如手机的造型、色彩款式等。

(3)按目的和手段功能可分为上位功能和下位功能。上位功能是目的性功能，下位功能是实现上位功能的手段性功能。这种上位与下位、目的与手段是相对的。

(4)按总体和局部，功能可分为总体功能和局部功能。总体功能体现出整体性的特征，是以局部功能为基础的。

(5)按功能的有用性可分为必要功能和不必要功能。使用功能、美学功能、基本功能、辅助功能等都是必要功能。多余功能、过剩功能都属于不必要功能。

(二)功能整理

功能整理就是要明确功能之间的逻辑关系，确定必要功能，剔除不必要功能。

功能整理有功能分析系统技术和功能卡片排列法两种方法。

功能分析系统技术的主要步骤：

(1)分析出基本功能，列在最左侧，称为上位功能，其余的是辅助功能。

(2)确定功能之间的关系，是并列关系还是上下位关系。

(3)绘出功能系统图。

(三)功能评价

功能评价主要解决功能的定量化问题，以便进行比较分析。功能评价的方法有 01 评分法、04 评分法、DARE 法等。

【例 10-32】 下面关于价值工程的论述中正确的是：
　　A. 价值工程中的价值是指成本与功能的比值
　　B. 价值工程中的价值是指产品消耗的必要劳动时间

C. 价值工程中的成本是指寿命周期成本,包括产品在寿命期内发生的全部费用

D. 价值工程中的成本就是产品的生产成本,它随着产品功能的增加而提高

解 根据价值工程中价值公式中成本的概念。

答案: C

习　题

10-38　价值工程的核心是(　　)。

　　A. 尽可能降低产品成本　　　　B. 降低成本提高产品价格

　　C. 功能分析　　　　　　　　　D. 有组织的活动

10-39　价值工程的工作目标是(　　)。

　　A. 尽可能提高产品的功能　　　B. 尽可能降低产品的成本

　　C. 提高产品价值　　　　　　　D. 延长产品的寿命周期

10-40　某企业原采用甲工艺生产某种产品,现采用新技术乙工艺生产,不仅达到甲工艺相同的质量,而且成本降低了15%。根据价值工程原理,该企业提高产品价值的途径是(　　)。

　　A. 功能不变,成本降低　　　　B. 功能和成本都降低,但成本降幅较大

　　C. 功能提高,成本降低　　　　D. 功能提高,成本不变

习题提示及参考答案

10-1　**提示:** 利用名义利率求实际利率公式计算、比较,或用一次支付终值公式计算、比较。

答案: C

10-2　**提示:** 已知 A,求 F,用等额支付系列终值公式计算。

答案: D

10-3　**提示:** 已知 A,求 P,用等额支付系列现值公式计算。第三年年初已经偿还 2 年等额本息,还有 3 年等额本息没有偿还。所以 $n=3$,$A=50$。

答案: B

10-4　**提示:** 可绘出现金流量图,利用资金等值计算公式,将借款和还款等值计算折算到同一年,求 A。

$A(P/A,5\%,3)(1+i) = 6\,000(P/A,5\%,5)(P/F,5\%,3)$

$A(P/A,5\%,3) \times 1.05 = 6\,000 \times 4.329\,5 \times 0.863\,8$

或: $A(P/A,5\%,3)(F/P,5\%,4) = 6\,000(P/A,5\%,5)$,$A \times 2.723\,2 \times 1.215\,5 = 6\,000 \times 4.329\,5$。

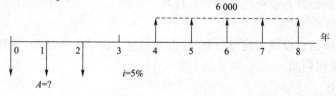

题 10-4 解图

解得：$A=7\,848$

答案：A

10-5 提示：建设项目总投资由建设投资、建设期利息、流动资金三部分构成。

答案：B

10-6 提示：总投资形成的资产包括工程费用、工程建设其他费用、预备费、建设期利息。

答案：A

10-7 提示：按借款在年初发生的建设利息计算公式计算。第一年借款利息：$1\,500\times 7\%=105$ 万元，第二年借款利息：$[(1\,500+105)+1\,000]\times 7\%=182.35$ 万元。

答案：D

10-8 提示：用双倍余额递减法公式计算，注意计算第二年折旧额时，要用固定资产净值计算。

答案：C

10-9 提示：无营业利润可以不缴纳所得税。

答案：A

10-10 提示：按规定，建设期利息应计入固定资产原值。

答案：A

10-11 提示：按债券筹资成本公式计算，即 $(500\times 5\%)\times(1-25\%)/[500\times(1-1\%)]=38\%$。

答案：B

10-12 提示：权益资金成本不能抵减所得税。$15\%\times(400/1\,000)+6\%\times(1-25\%)\times(600/1\,000)=8.7\%$

答案：B

10-13 提示：等额还本则每年还本 100 万元，次年以未还本金为基数计算利息。

答案：B

10-14 提示：可先绘出现金流量图再计算。$P=-800-400(P/F,10\%,1)+300(P/A,10\%,8)(P/F,10\%,2)+30(P/F,10\%,10)=170.55$。

答案：B

10-15 提示：用不同的等额支付系列现值系数计算净现值，根据净现值的正负判断内部收益率位于那个区间。

答案：C

10-16 提示：根据净现值函数曲线可判断。

答案：D

10-17 提示：费用年值 $AC=5+20(A/P,10\%,10)$。

答案：D

10-18 提示：根据静态投资回收期公式计算。

答案：B

10-19 提示：项目总投资为建设投资、建设期利息和流动资金之和，计算总投资收益率要用息税前利润。

答案：B

10-20 提示：先根据总投资收益率计算息税前利润，然后计算总利润、净利润，最后计算资本金利润率。项目总投资为建设投资、建设期利息和流动资金之和,计算总投资收益率要用息税前利润。息税前利润=16 000×20%=3 200万元,总利润=3 200-900=2 300万元,净利润=2 300×(1-25%)=1 725万元,资本金利润率=1 725÷5 000×100%=34.5%。

答案:C

10-21 **提示:**按偿债备付率公式计算。
答案:C

10-22 **提示:**项目投资现金流量表反映了项目投资总体的获利能力,主要用来计算财务内部收益、财务净现值和投资回收期等评价指标。
答案:C

10-23 **提示:**项目资本金现金流量表从项目权益投资者的整体角度考察盈利能力。
答案:A

10-24 **提示:**影子价格反映项目投入物和产出物的真实经济价值。
答案:D

10-25 **提示:**进行经济费用效益分析采用社会折现率。
答案:C

10-26 **提示:**从国民经济效率的角度看,经济内部收益率等于或大于社会折现率,表明项目的经济盈利性达到或超过了经济效益要求。
答案:A

10-27 **提示:**项目建成每年减少损失,视为经济效益。若 $n \to \infty$,则 $(P/A, i, n) = 1/i$。按效益费用比公式计算。
答案:B

10-28 **提示:**用盈亏平衡分析公式计算,考虑每台产品的税金。
答案:A

10-29 **提示:**用盈亏平衡分析公式计算。
答案:C

10-30 **提示:**按敏感度系数公式计算。$[(13\%-15\%)/15\%]/10\% = -1.33$。
答案:B

10-31 **提示:**变化幅度的绝对值相同时(如变化幅度为±20%),敏感性系数较大者对应的因素较敏感。
答案:B

10-32 **提示:**甲乙方案年投资相等,但甲方案年收益较大,所以淘汰乙方案;丙乙方案比较,丙方案投资大但年收益值较小,淘汰丙方案,比较甲丁方案净年值。
答案:D

10-33 **提示:**ΔIRR 大于基准收益率时,应选投资额较大的方案;反之,应选投资额较小的方案。
答案:B

10-34 **提示:**最低价格法是在相同产品方案比选中,按净现值为 0 推算备选方案的产品价格,以最低产品价格较低的方案为优。
答案:B

10-35 提示:计算期相等和计算期不等的方案比较均可以用年值法。
答案:A
10-36 提示:改扩建项目的经济评价应考虑原有资产的利用、停产损失和沉没成本等问题。
答案:D
10-37 提示:依据价值工程定义。
答案:A
10-38 提示:价值工程的核心是功能分析。
答案:C
10-39 提示:价值工程以提高价值为工作目标。
答案:C
10-40 提示:质量相同,功能上没有变化。
答案:A

第十一章 法律法规

本章包括上午段考试"法律法规"科目和下午段考试"职业法规"的内容。

复习指导

一、上午段"法律法规"考试大纲

8.1 中华人民共和国建筑法
总则；建筑许可；建筑工程发包与承包；建筑工程监理；建筑安全生产管理；建筑工程质量管理；法律责任。

8.2 中华人民共和国安全生产法
总则；生产经营单位的安全生产保障；从业人员的权利和义务；安全生产的监督管理；生产安全事故的应急救援与调查处理。

8.3 中华人民共和国招标投标法
总则；招标；投标；开标、评标和中标；法律责任。

8.4 中华人民共和国合同法
一般规定；合同的订立；合同的效力；合同的履行；合同的变更和转让；合同的权利义务终止；违约责任；其他规定。

8.5 中华人民共和国行政许可法
总则；行政许可的设定；行政许可的实施机关；行政许可的实施程序；行政许可的费用。

8.6 中华人民共和国节约能源法
总则；节能管理；合理使用与节约能源；节能技术进步；激励措施；法律责任。

8.7 中华人民共和国环境保护法
总则；环境监督管理；保护和改善环境；防治环境污染和其他公害；法律责任。

8.8 建设工程勘察设计管理条例
总则；资质资格管理；建设工程勘察设计发包与承包；建设工程勘察设计文件的编制与实施；监督管理。

8.9 建设工程质量管理条例
总则；建设单位的质量责任和义务；勘察设计单位的质量责任和义务；施工单位的质量责任和义务；工程监理单位的质量责任和义务；建设工程质量保修。

8.10 建设工程安全生产管理条例
总则；建设单位的安全责任；勘察设计工程监理及其他有关单位的安全责任；施工单位的安全责任；监督管理；生产安全事故的应急救援和调查处理。

二、下午段"职业法规"考试大纲

12.1 我国有关基本建设、建筑、房地产、城市规划、环保等方面的法律法规。

12.2 工程设计人员的职业道德与行为准则。

三、复习指导

与工程建设有关的法规应当是重点复习的内容,尤其是建筑法、招投标法中的内容。法规中与设计工作有关的规定要给予特别注意。

房地产开发、工程监理及职业道德准则等方面的内容可作一般了解。

第一节 我国法规的基本体系

按现行立法权限,我国的法规可分为五个层次。即:全国人大及其常委会通过的法律;国务院发布的行政规定;国务院各部委发布的规章制度;地方人大制定的地方法律;地方行政部门制定并发布的地方规章制度。

举例如下:

一、法律

中华人民共和国建筑法	1998年3月1日起实施,2011年4月22日修改
中华人民共和国安全生产法	2002年11月1日起实施,2014年8月31日修改
中华人民共和国招标投标法	2000年1月1日起实施
中华人民共和国合同法	1999年10月1日起实施
中华人民共和国行政许可法	2004年7月1日起实施
中华人民共和国节约能源法	1997年1月1日颁布,2007年10月修改,2008年4月1日起实施修订版
中华人民共和国环境保护法	1989年12月26日起实施,2014年4月24日修改,2015年1月1日起实施修订版

二、行政规定

建设工程勘察设计管理条例	2000年9月20日起实施,2015年6月12日修改
建设工程质量管理条例	2000年1月30日起实施
建设工程安全生产管理条例	2004年2月1日起实施

三、部门规章

建设工程勘察设计资质管理规定	2007年9月1日起实施
工程监理企业资质管理规定	2007年8月1日起实施
建筑企业资质管理规定	2007年9月1日起实施

地方法律、规章不再举例。

第二节 中华人民共和国建筑法(摘要)

第一章 总 则

第一条 为了加强对建筑活动的监督管理,维护建筑市场秩序,保证建筑工程的质量和安全,促进建筑业健康发展,制定本法。

第二条 在中华人民共和国境内从事建筑活动,实施对建筑活动的监督管理,应当遵守本法。本法所称建筑活动,是指各类房屋建筑及其附属设施的建造和与其配套的线路、管道、设备的安装活动。

第二章 建筑许可

第一节 建筑工程施工许可

第七条 建筑工程开工前,建设单位应当按照国家有关规定向工程所在地县级以上人民政府建设行政主管部门申请领取施工许可证;但是,国务院建设行政主管部门确定的限额以下的小型工程除外。

第八条 申请领取施工许可证,应当具备下列条件:

(一)已经办理该建筑工程用地批准手续;
(二)在城市规划区的建筑工程,已经取得规划许可证;
(三)需要拆迁的,其拆迁进度符合施工要求;
(四)已经确定建筑施工企业;
(五)有满足施工需要的施工图纸及技术资料;
(六)有保证工程质量和安全的具体措施;
(七)建设资金已经落实;
(八)法律、行政法规规定的其他条件。

建设行政主管部门应当自收到申请之日起十五日内,对符合条件的申请颁发施工许可证。

第九条 建设单位应当自领取施工许可证之日起三个月内开工。因故不能按期开工的,应当向发证机关申请延期;延期以两次为限,每次不超过三个月。既不开工又不申请延期或者超过延期时限的,施工许可证自行废止。

第二节 从业资格

第十三条 从事建筑活动的建筑施工企业、勘察单位、设计单位和工程监理单位,按照其拥有的注册资本、专业技术人员、技术装备和已完成的建筑工程业绩等资质条件,划分为不同的资质等级,经资质审查合格,取得相应等级的资质证书后,方可在其资质等级许可的范围内从事建筑活动。

第十四条 从事建筑活动的专业技术人员,应当依法取得相应的执业资格证书,并在执业资格证书许可的范围内从事建筑活动。

第三章 建筑工程发包与承包

第一节 一般规定(略)

第二节 发 包

第二十条 建筑工程实行公开招标的,发包单位应当依照法定程序和方式,发布招标公告,提供载有招标工程的主要技术要求、主要的合同条款、评标的标准和方法以及开标、评标、定标的程序等内容的招标文件。

第二十一条 建筑工程招标的开标、评标、定标由建设单位依法组织实施,并接受有关行政主管部门的监督。

第二十四条 提倡对建筑工程实行总承包,禁止将建筑工程肢解发包。

建筑工程的发包单位可以将建筑工程的勘察、设计、施工、设备采购一并发包给一个工程总承包单位,也可以将建筑工程勘察、设计、施工、设备采购的一项或者多项发包给一个工程总承包单位;但是,不得将应当由一个承包单位完成的建筑工程肢解成若干部分发包给几个承包单位。

第三节 承　　包

第二十六条 承包建筑工程的单位应当持有依法取得的资质证书,并在其资质等级许可的业务范围内承揽工程。禁止建筑施工企业超越本企业资质等级许可的业务范围或者以任何形式用其他建筑施工企业的名义承揽工程。

禁止建筑施工企业以任何形式允许其他单位或者个人使用本企业的资质证书、营业执照,以本企业的名义承揽工程。

第二十七条 大型建筑工程或者结构复杂的建筑工程,可以由两个以上的承包单位联合共同承包。共同承包的各方对承包合同的履行承担连带责任。

两个以上不同资质等级的单位实行联合共同承包的,应当按照资质等级低的单位的业务许可范围承揽工程。

第二十八条 禁止承包单位将其承包的全部建筑工程转包给他人,禁止承包单位将其承包的全部建筑工程肢解以后以分包的名义分别转包给他人。

第二十九条 建筑工程总承包单位可以将承包工程中的部分工程发包给具有相应资质条件的分包单位;但是,除总承包合同中约定的分包外,必须经建设单位认可。施工总承包的,建筑工程主体结构的施工必须由总承包单位自行完成。

建筑工程总承包单位按照总承包合同的约定对建设单位负责;分包单位按照分包合同的约定对总承包单位负责。总承包单位和分包单位就分包工程对建设单位承担连带责任。

禁止总承包单位将工程分包给不具备相应资质条件的单位。禁止分包单位将其承包的工程再分包。

第四章　建筑工程监理

第三十条 国家推行建筑工程监理制度。

国务院可以规定实行强制监理的建筑工程的范围。

第三十二条 建筑工程监理应当依照法律、行政法规及有关的技术标准、设计文件和建筑工程承包合同,对承包单位在施工质量、建设工期和建设资金使用等方面,代表建设单位实施监督。

工程监理人员认为工程施工不符合工程设计要求、施工技术标准和合同约定的,有权要求建筑施工企业改正。

工程监理人员发现工程设计不符合建筑工程质量标准或者合同约定的质量要求的,应当报告建设单位要求设计单位改正。

第三十四条 工程监理单位应当在其资质等级许可的监理范围内,承担工程监理业务。

工程监理单位应当根据建设单位的委托,客观、公正地执行监理任务。

工程监理单位与被监理工程的承包单位以及建筑材料、建筑构配件和设备供应单位不得有隶属关系或者其他利害关系。

工程监理单位不得转让工程监理业务。

第五章　建筑安全生产管理

(在《建筑安全生产管理条例》中另有详细介绍,此处省略。)

第六章　建筑工程质量管理

第五十四条 建设单位不得以任何理由,要求建筑设计单位或者建筑施工企业在工程设计或者施工作业中,违反法律、行政法规和建筑工程质量、安全标准,降低工程质量。

建筑设计单位和建筑施工企业对建设单位违反前款规定提出的降低工程质量的要求,应当予以拒绝。

第五十六条　建筑工程的勘察、设计单位必须对其勘察、设计的质量负责。勘察、设计文件应当符合有关法律、行政法规的规定和建筑工程质量、安全标准、建筑工程勘察、设计技术规范以及合同的约定。设计文件选用的建筑材料、建筑构配件和设备,应当注明其规格、型号、性能等技术指标,其质量要求必须符合国家规定的标准。

第五十七条　建筑设计单位对设计文件选用的建筑材料、建筑构配件和设备,不得指定生产厂、供应商。

第五十八条　建筑施工企业对工程的施工质量负责。

建筑施工企业必须按照工程设计图纸和施工技术标准施工,不得偷工减料。工程设计的修改由原设计单位负责,建筑施工企业不得擅自修改工程设计。

第六十二条　建筑工程实行质量保修制度。

建筑工程的保修范围应当包括地基基础工程、主体结构工程、屋面防水工程和其他土建工程,以及电气管线、上下水管线的安装工程,供热、供冷系统工程等项目;保修的期限应当按照保证建筑物合理寿命年限内正常使用,维护使用者合法权益的原则确定。具体的保修范围和最低保修期限由国务院规定。

第七章　法律责任

第六十四条　违反本法规定,未取得施工许可证或者开工报告未经批准擅自施工的,责令改正,对不符合开工条件的责令停止施工,可以处以罚款。

第六十五条　发包单位将工程发包给不具有相应资质条件的承包单位的,或者违反本法规定将建筑工程肢解发包的,责令改正,处以罚款。超越本单位资质等级承揽工程的,责令停止违法行为,处以罚款,可以责令停业整顿,降低资质等级;情节严重的,吊销资质证书;有违法所得的,予以没收。

未取得资质证书承揽工程的,予以取缔,并处罚款;有违法所得的,予以没收。

以欺骗手段取得资质证书的,吊销资质证书,处以罚款;构成犯罪的,依法追究刑事责任。

第六十六条　建筑施工企业转让、出借资质证书或者以其他方式允许他人以本企业的名义承揽工程的,责令改正,没收违法所得,并处罚款,可以责令停业整顿,降低资质等级;情节严重的,吊销资质证书。对因该项承揽工程不符合规定的质量标准造成的损失,建筑施工企业与使用本企业名义的单位或者个人承担连带赔偿责任。

第六十七条　承包单位将承包的工程转包的,或者违反本法规定进行分包的,责令改正,没收违法所得,并处罚款,可以责令停业整顿,降低资质等级;情节严重的,吊销资质证书。

承包单位有前款规定的违法行为的,对因转包工程或者违法分包的工程不符合规定的质量标准造成的损失,与接受转包或者分包的单位承担连带赔偿责任。

第六十八条　在工程发包与承包中索贿、受贿、行贿,构成犯罪的,依法追究刑事责任;不构成犯罪的,分别处以罚款,没收贿赂的财物,对直接负责的主管人员和其他直接责任人员给予处分。

对在工程承包中行贿的承包单位,除依照前款规定处罚外,可以责令停业整顿,降低资质等级或者吊销资质证书。

第六十九条　工程监理单位与建设单位或者建筑施工企业串通,弄虚作假、降低工程质量的,责令改正,处以罚款,降低资质等级或者吊销资质证书;有违法所得的,予以没收;造成损失的,承担连带赔偿责任;构成犯罪的,依法追究刑事责任。

工程监理单位转让监理业务的,责令改正,没收违法所得,可以责令停业整顿,降低资质等级;情节严重的,吊销资质证书。

第七十条 违反本法规定,涉及建筑主体或者承重结构变动的装修工程擅自施工的,责令改正,处以罚款;造成损失的,承担赔偿责任;构成犯罪的,依法追究刑事责任。

第七十一条 建筑施工企业违反本法规定,对建筑安全事故隐患不采取措施予以消除的,责令改正,可以处以罚款;情节严重的,责令停业整顿,降低资质等级或者吊销资质证书;构成犯罪的,依法追究刑事责任。

建筑施工企业的管理人员违章指挥、强令职工冒险作业,因而发生重大伤亡事故或者造成其他严重后果的,依法追究刑事责任。

第七十二条 建设单位违反本法规定,要求建筑设计单位或者建筑施工企业违反建筑工程质量、安全标准,降低工程质量的,责令改正,可以处以罚款;构成犯罪的,依法追究刑事责任。

第七十三条 建筑设计单位不按照建筑工程质量、安全标准进行设计的,责令改正,处以罚款;造成工程质量事故的,责令停业整顿,降低资质等级或者吊销资质证书,没收违法所得,并处罚款;造成损失的,承担赔偿责任;构成犯罪的,依法追究刑事责任。

第七十四条 建筑施工企业在施工中偷工减料的,使用不合格的建筑材料、建筑构配件和设备的,或者有其他不按照工程设计图纸或者施工技术标准施工的行为的,责令改正,处以罚款;情节严重的,责令停业整顿,降低资质等级或者吊销资质证书;造成建筑工程质量不符合规定的质量标准的,负责返工、修理,并赔偿因此造成的损失;构成犯罪的,依法追究刑事责任。

第七十五条 建筑施工企业违反本法规定,不履行保修义务或者拖延履行保修义务的,责令改正,可以处以罚款,并对在保修期内因屋顶、墙面渗漏、开裂等质量缺陷造成的损失,承担赔偿责任。

第七十六条 本法规定的责令停业整顿、降低资质等级和吊销资质证书的行政处罚,由颁发资质证书的机关决定;其他行政处罚,由建设行政主管部门或者有关部门依照法律和国务院规定的职权范围决定。

依照本法规定被吊销资质证书的,由工商行政管理部门吊销其营业执照。

第七十七条 违反本法规定,对不具备相应资质等级条件的单位颁发该等级资质证书的,由其上级机关责令收回所发的资质证书,对直接负责的主管人员和其他直接责任人员给予行政处分;构成犯罪的,依法追究刑事责任。

第七十八条 政府及其所属部门的工作人员违反本法规定,限定发包单位将招标发包的工程发包给指定的承包单位的,由上级机关责令改正;构成犯罪的,依法追究刑事责任。

第七十九条 负责颁发建筑工程施工许可证的部门及其工作人员对不符合施工条件的建筑工程颁发施工许可证的,负责工程质量监督检查或者竣工验收的部门及其工作人员对不合格的建筑工程出具质量合格文件或者按合格工程验收的,由上级机关责令改正,对责任人员给予行政处分;构成犯罪的,依法追究刑事责任;造成损失的,由该部门承担相应的赔偿责任。

第八十条 在建筑物的合理使用寿命内,因建筑工程质量不合格受到损害的,有权向责任者要求赔偿。

【例 11-1】 根据《中华人民共和国建筑法》的规定,有关工程发包的规定,下列理解错误的是:
  A. 关于对建筑工程进行肢解发包的规定,属于禁止性规定
  B. 可以将建筑工程的勘察、设计、施工、设备采购一并发包给一个工程总承包单位
  C. 建筑工程实行直接发包的,发包单位可以将建筑工程发包给具有资质证书的承包单位
  D. 提倡对建筑工程实行总承包

解 《中华人民共和国建筑法》第二十二条规定,发包单位应当将建筑工程发包给具有资质证书的承包单位。

答案:C

【例 11-2】 根据《中华人民共和国建筑法》规定,某建设单位领取了施工许可证,下列情节中,可能不导致施工许可证废止的是:

A. 领取施工许可证之日起三个月内因故不能按期开工,也未申请延期
B. 领取施工许可证之日起按期开工后又中止施工
C. 向发证机关申请延期开工一次,延期之日起三个月内,因故仍不能按期开工,也未申请延期
D. 向发证机关申请延期开工两次,超过六个月因故不能按期开工,继续申请延期

解 《中华人民共和国建筑法》第九条规定,建设单位应当自领取施工许可证之日起三个月内开工。因故不能按期开工的,应当向发证机关申请延期;延期以两次为限,每次不超过三个月。既不开工又不申请延期或者超过延期时限的,施工许可证自行废止。

答案:B

习 题

11-1 施工许可证的申请者是( )。
A. 监理单位　　B. 设计单位　　C. 施工单位　　D. 建设单位

11-2 建设单位在领取开工证之后,应当在( )个月内开工。
A. 3　　B. 6　　C. 10　　D. 12

11-3 违法分包是指以下哪几种情况?( )
①总承包单位将建设工程分包给不具备相应资质条件的单位　②总承包单位将建设工程主体分包给其他单位　③分包单位将其承包的工程再分包的　④分包单位多于3个以上的
A. ①　　B. ①②③④　　C. ①②③　　D. ②③④

11-4 《中华人民共和国建筑法》中所指的建筑活动是( )。
A. 各类房屋建筑
B. 各类房屋建筑其附属设施的建造和与其配套的线路、管道、设备的安装活动
C. 在国内的所有建筑工程
D. 国内所有工程包括中国企业在境外承包的工程。

11-5 我国推行建筑工程监理制度的项目范围应该是( )。
A. 由国务院规定实行强制监理的建筑工程的范围
B. 所有工程必须强制接受监理
C. 由业主自行决定是否聘请监理
D. 只有国家投资的项目才需要监理

11-6 《中华人民共和国建筑法》中规定了申领开工证的必备条件,下列条件中哪项不符合建筑法的要求?( )
A. 已办理用地手续材料　　B. 已确定施工企业
C. 已有了方案设计图　　D. 资金已落实

第三节　中华人民共和国安全生产法(摘要)

第一章　总　则

第二条　在中华人民共和国领域内从事生产经营活动的单位(以下统称生产经营单位)的安全生产,适用本法;有关法律、行政法规对消防安全和道路交通安全、铁路交通安全、水上交通安全、民用航空安全以及核与辐射安全、特种设备安全另有规定的,适用其规定。

第三条　安全生产工作应当以人为本,坚持安全发展,坚持安全第一、预防为主、综合治理的方针,强化和落实生产经营单位的主体责任,建立生产经营单位负责、职工参与、政府监管、行业自律和社会监督的机制。

第四条　生产经营单位必须遵守本法和其他有关安全生产的法律、法规,加强安全生产管理,建立、健全安全生产责任制和安全生产规章制度,改善安全生产条件,推进安全生产标准化建设,提高安全生产水平,确保安全生产。

第五条　生产经营单位的主要负责人对本单位的安全生产工作全面负责。

第九条　国务院安全生产监督管理部门依照本法,对全国安全生产工作实施综合监督管理;县级以上地方各级人民政府安全生产监督管理部门依照本法,对本行政区域内安全生产工作实施综合监督管理。

第十三条　依法设立的为安全生产提供技术、管理服务的机构,依照法律、行政法规和执业准则,接受生产经营单位的委托为其安全生产工作提供技术、管理服务。

生产经营单位委托前款规定的机构提供安全生产技术、管理服务的,保证安全生产的责任仍由本单位负责。

第十四条　国家实行生产安全事故责任追究制度,依照本法和有关法律、法规的规定,追究生产安全事故责任人员的法律责任。

第二章　生产经营单位的安全生产保障

第十七条　生产经营单位应当具备本法和有关法律、行政法规和国家标准或者行业标准规定的安全生产条件;不具备安全生产条件的,不得从事生产经营活动。

第十八条　生产经营单位的主要负责人对本单位安全生产工作负有下列职责:
(一)建立、健全本单位安全生产责任制;
(二)组织制定本单位安全生产规章制度和操作规程;
(三)组织制定并实施本单位安全生产教育和培训计划;
(四)保证本单位安全生产投入的有效实施;
(五)督促检查本单位的安全生产工作,及时消除生产安全事故隐患;
(六)组织制定并实施本单位的生产安全事故应急救援预案;
(七)及时、如实报告生产安全事故。

第十九条　生产经营单位的安全生产责任制应当明确各岗位的责任人员、责任范围和考核标准等内容。

生产经营单位应当建立相应的机制,加强对安全生产责任制落实情况的监督考核,保证安全生产责任制的落实。

第二十条　生产经营单位应当具备的安全生产条件所必需的资金投入,由生产经营单位的决策机构、主要负责人或者个人经营的投资人予以保证,并对由于安全生产所必需的资金投入不足导致的后果承担责任。

有关生产经营单位应当按照规定提取和使用安全生产费用,专门用于改善安全生产条件。安全生产费用在成本中据实列支。安全生产费用提取、使用和监督管理的具体办法由国务院财政部门会同国务院安全生产监督管理部门征求国务院有关部门意见后制定。

第二十一条　矿山、金属冶炼、建筑施工、道路运输单位和危险物品的生产、经营、储存单位,应当设置安全生产管理机构或者配备专职安全生产管理人员。

前款规定以外的其他生产经营单位,从业人员超过一百人的,应当设置安全生产管理机构或者配备专职安全生产管理人员;从业人员在一百人以下的,应当配备专职或者兼职的安全生产管理人员。

第二十二条　生产经营单位的安全生产管理机构以及安全生产管理人员履行下列职责:

(一)组织或者参与拟订本单位安全生产规章制度、操作规程和生产安全事故应急救援预案;

(二)组织或者参与本单位安全生产教育和培训,如实记录安全生产教育和培训情况;

(三)督促落实本单位重大危险源的安全管理措施;

(四)组织或者参与本单位应急救援演练;

(五)检查本单位的安全生产状况,及时排查生产安全事故隐患,提出改进安全生产管理的建议;

(六)制止和纠正违章指挥、强令冒险作业、违反操作规程的行为;

(七)督促落实本单位安全生产整改措施。

第二十四条　生产经营单位的主要负责人和安全生产管理人员必须具备与本单位所从事的生产经营活动相应的安全生产知识和管理能力。

危险物品的生产、经营、储存单位以及矿山、金属冶炼、建筑施工、道路运输单位的主要负责人和安全生产管理人员,应当由主管的负有安全生产监督管理职责的部门对其安全生产知识和管理能力考核合格。考核不得收费。

第二十七条　生产经营单位的特种作业人员必须按照国家有关规定经专门的安全作业培训,取得相应资格,方可上岗作业。

特种作业人员的范围由国务院安全生产监督管理部门会同国务院有关部门确定。

第三十条　建设项目安全设施的设计人、设计单位应当对安全设施设计负责。

矿山、金属冶炼建设项目和用于生产、储存、装卸危险物品的建设项目的安全设施设计应当按照国家有关规定报经有关部门审查,审查部门及其负责审查的人员对审查结果负责。

第三十四条　生产经营单位使用的危险物品的容器、运输工具,以及涉及人身安全、危险性较大的海洋石油开采特种设备和矿山井下特种设备,必须按照国家有关规定,由专业生产单位生产,并经具有专业资质的检测、检验机构检测、检验合格,取得安全使用证或者安全标志,方可投入使用。检测、检验机构对检测、检验结果负责。

第三十八条　生产经营单位应当建立健全生产安全事故隐患排查治理制度,采取技术、管理措施,及时发现并消除事故隐患。事故隐患排查治理情况应当如实记录,并向从业人员通报。

县级以上地方各级人民政府负有安全生产监督管理职责的部门应当建立健全重大事故隐患治理督办制度,督促生产经营单位消除重大事故隐患。

第三章 从业人员的权利和义务(略)
第四章 安全生产的监督管理

第五十九条 县级以上地方各级人民政府应当根据本行政区域内的安全生产状况,组织有关部门按照职责分工,对本行政区域内容易发生重大生产安全事故的生产经营单位进行严格检查。

安全生产监督管理部门应当按照分类分级监督管理的要求,制定安全生产年度监督检查计划,并按照年度监督检查计划进行监督检查,发现事故隐患,应当及时处理。

第六十二条 安全生产监督管理部门和其他负有安全生产监督管理职责的部门依法开展安全生产行政执法工作,对生产经营单位执行有关安全生产的法律、法规和国家标准或者行业标准的情况进行监督检查,行使以下职权:

(一)进入生产经营单位进行检查,调阅有关资料,向有关单位和人员了解情况;

(二)对检查中发现的安全生产违法行为,当场予以纠正或者要求限期改正;对依法应当给予行政处罚的行为,依照本法和其他有关法律、行政法规的规定作出行政处罚决定;

(三)对检查中发现的事故隐患,应当责令立即排除;重大事故隐患排除前或者排除过程中无法保证安全的,应当责令从危险区域内撤出作业人员,责令暂时停产停业或者停止使用相关设施、设备;重大事故隐患排除后,经审查同意,方可恢复生产经营和使用;

(四)对有根据认为不符合保障安全生产的国家标准或者行业标准的设施、设备、器材以及违法生产、储存、使用、经营、运输的危险物品予以查封或者扣押,对违法生产、储存、使用、经营危险物品的作业场所予以查封,并依法作出处理决定。

第六十三条 生产经营单位对负有安全生产监督管理职责的部门的监督检查人员(以下统称安全生产监督检查人员)依法履行监督检查职责,应当予以配合,不得拒绝、阻挠。

第七十一条 任何单位或者个人对事故隐患或者安全生产违法行为,均有权向负有安全生产监督管理职责的部门报告或者举报。

第五章 生产安全事故的应急救援与调查处理

第八十条 生产经营单位发生生产安全事故后,事故现场有关人员应当立即报告本单位负责人。

单位负责人接到事故报告后,应当迅速采取有效措施,组织抢救,防止事故扩大,减少人员伤亡和财产损失,并按照国家有关规定立即如实报告当地负有安全生产监督管理职责的部门,不得隐瞒不报、谎报或者迟报,不得故意破坏事故现场、毁灭有关证据。

第八十一条 负有安全生产监督管理职责的部门接到事故报告后,应当立即按照国家有关规定上报事故情况。负有安全生产监督管理职责的部门和有关地方人民政府对事故情况不得隐瞒不报、谎报或者迟报。

第六章 法律责任

第八十七条 负有安全生产监督管理职责的部门的工作人员,有下列行为之一的,给予降级或者撤职的处分;构成犯罪的,依照刑法有关规定追究刑事责任:

(一)对不符合法定安全生产条件的涉及安全生产的事项予以批准或者验收通过的;

(二)发现未依法取得批准、验收的单位擅自从事有关活动或者接到举报后不予取缔或者不依法予以处理的;

(三)对已经依法取得批准的单位不履行监督管理职责,发现其不再具备安全生产条件而不撤销原批准或者发现安全生产违法行为不予查处的;

（四）在监督检查中发现重大事故隐患，不依法及时处理的。

负有安全生产监督管理职责的部门的工作人员有前款规定以外的滥用职权、玩忽职守、徇私舞弊行为的，依法给予处分；构成犯罪的，依照刑法有关规定追究刑事责任。

第九十条　生产经营单位的决策机构、主要负责人或者个人经营的投资人不依照本法规定

保证安全生产所必需的资金投入，致使生产经营单位不具备安全生产条件的，责令限期改正，提供必需的资金；逾期未改正的，责令生产经营单位停产停业整顿。

有前款违法行为，导致发生生产安全事故的，对生产经营单位的主要负责人给予撤职处分，对个人经营的投资人处二万元以上二十万元以下的罚款；构成犯罪的，依照刑法有关规定追究刑事责任。

第九十一条　生产经营单位的主要负责人未履行本法规定的安全生产管理职责的，责令限期改正；逾期未改正的，处二万元以上五万元以下的罚款，责令生产经营单位停产停业整顿。

生产经营单位的主要负责人有前款违法行为，导致发生生产安全事故的，给予撤职处分；构成犯罪的，依照刑法有关规定追究刑事责任。

生产经营单位的主要负责人依照前款规定受刑事处罚或者撤职处分的，自刑罚执行完毕或者受处分之日起，五年内不得担任任何生产经营单位的主要负责人；对重大、特别重大生产安全事故负有责任的，终身不得担任本行业生产经营单位的主要负责人。

第九十二条　生产经营单位的主要负责人未履行本法规定的安全生产管理职责，导致发生生产安全事故的，由安全生产监督管理部门依照下列规定处以罚款：

（一）发生一般事故的，处上一年年收入百分之三十的罚款；

（二）发生较大事故的，处上一年年收入百分之四十的罚款；

（三）发生重大事故的，处上一年年收入百分之六十的罚款；

（四）发生特别重大事故的，处上一年年收入百分之八十的罚款。

第九十六条　生产经营单位有下列行为之一的，责令限期改正，可以处五万元以下的罚款；逾期未改正的，处五万元以上二十万元以下的罚款，对其直接负责的主管人员和其他直接责任人员处一万元以上二万元以下的罚款；情节严重的，责令停产停业整顿；构成犯罪的，依照刑法有关规定追究刑事责任：

（一）未在有较大危险因素的生产经营场所和有关设施、设备上设置明显的安全警示标志的；

（二）安全设备的安装、使用、检测、改造和报废不符合国家标准或者行业标准的；

（三）未对安全设备进行经常性维护、保养和定期检测的；

（四）未为从业人员提供符合国家标准或者行业标准的劳动防护用品的；

（五）危险物品的容器、运输工具，以及涉及人身安全、危险性较大的海洋石油开采特种设备和矿山井下特种设备未经具有专业资质的机构检测、检验合格，取得安全使用证或者安全标志，投入使用的；

（六）使用应当淘汰的危及生产安全的工艺、设备的。

第一百零九条　发生生产安全事故，对负有责任的生产经营单位除要求其依法承担相应的赔偿等责任外，由安全生产监督管理部门依照下列规定处以罚款：

（一）发生一般事故的，处二十万元以上五十万元以下的罚款；

（二）发生较大事故的，处五十万元以上一百万元以下的罚款；

（三）发生重大事故的，处一百万元以上五百万元以下的罚款；

(四)发生特别重大事故的,处五百万元以上一千万元以下的罚款;情节特别严重的,处一千万元以上二千万元以下的罚款。

第七章 附 则(略)

【例 11-3】 某生产经营单位使用危险性较大的特种设备,根据《中华人民共和国安全生产法》规定,该设备投入使用的条件不包括:

  A. 该设备应由专业生产单位生产
  B. 该设备应进行安全条件论证和安全评价
  C. 该设备须经取得专业资质的检测、检验机构检测、检验合格
  D. 该设备须取得安全使用证或者安全标志

解 《中华人民共和国安全生产法》第三十四条规定,生产经营单位使用的危险物品的容器、运输工具,以及涉及人身安全、危险性较大的海洋石油开采特种设备和矿山井下特种设备,必须按照国家有关规定,由专业生产单位生产,并经具有专业资质的检测、检验机构检测、检验合格,取得安全使用证或者安全标志,方可投入使用。检测、检验机构对检测、检验结果负责。

答案:B

【例 11-4】 国家规定的安全生产责任制度中,对单位主要负责人、施工项目经理、专职人员与从业人员的共同规定是:

  A. 报告生产安全事故
  B. 确保安全生产费用有效使用
  C. 进行工伤事故统计、分析和报告
  D. 由有关部门考试合格

解 《中华人民共和国安全生产法》第八十条规定,生产经营单位发生生产安全事故后,事故现场有关人员应当立即报告本单位负责人。

单位负责人接到事故报告后,应当迅速采取有效措施,组织抢救,防止事故扩大,减少人员伤亡和财产损失,并按照国家有关规定立即如实报告当地负有安全生产监督管理职责的部门,不得隐瞒不报、谎报或者迟报,不得故意破坏事故现场、毁灭有关证据。

答案:A

【例 11-5】 某超高层建筑施工中,一个塔吊分包商的施工人员因没有佩戴安全带加上作业疏忽而从高处坠落死亡。按我国《建筑工程安全生产管理条例》的规定,除工人本身的责任外,请问此意外的责任应:

  A. 由分包商承担所有责任,总包商无需负责
  B. 由总包商与分包商承担连带责任
  C. 由总包商承担所有责任,分包商无需负责
  D. 视分包合约的内容确定

解 《建设工程安全生产管理条例》第二十四条规定,建设工程实行施工总承包的,由总承包单位对施工现场的安全生产负总责。

总承包单位依法将建设工程分包给其他单位的,分包合同中应当明确各自的安全生产方面的权利、义务。总承包单位和分包单位对分包工程的安全生产承担连带责任。

分包单位应当服从总承包单位的安全生产管理,分包单位不服从管理导致生产安全事故的,由分包单位承担主要责任。

答案:B

习 题

11-7 重点工程建设项目应当坚持( )。
  A. 安全第一的原则　　　　　　B. 为保证工程质量不怕牺牲
  C. 确保进度不变的原则　　　　D. 投资不超过预算的原则
11-8 对本单位的安全生产工作全面负责的人员应当是( )。
  A. 生产经营单位的主要负责人　B. 主管安全生产工作的副手
  C. 项目经理　　　　　　　　　D. 专职安全员

第四节 中华人民共和国招标投标法(摘要)

第一章 总 则

第一条 为了规范招标投标活动,保护国家利益、社会公共利益和招标投标活动当事人的合法权益,提高经济效益,保证项目质量,制定本法。

第三条 在中华人民共和国境内进行下列工程建设项目包括项目的勘察、设计、施工、监理以及与工程建设有关的重要设备、材料等的采购,必须进行招标:

(一)大型基础设施、公用事业等关系社会公共利益、公众安全的项目;

(二)全部或者部分使用国有资金投资或者国家融资的项目;

(三)使用国际组织或者外国政府贷款、援助资金的项目。

前款所列项目的具体范围和规模标准,由国务院发展计划部门会同国务院有关部门制订,报国务院批准。

法律或者国务院对必须进行招标的其他项目的范围有规定的,依照其规定。

第四条 任何单位和个人不得将依法必须进行招标的项目化整为零或者以其他任何方式规避招标。

第六条 依法必须进行招标的项目,其招标投标活动不受地区或者部门的限制。任何单位和个人不得违法限制或者排斥本地区、本系统以外的法人或者其他组织参加投标,不得以任何方式非法干涉招标投标活动。

第二章 招 标

第八条 招标人是依照本法规定提出招标项目、进行招标的法人或者其他组织。

第十条 招标分为公开招标和邀请招标。

公开招标,是指招标人以招标公告的方式邀请不特定的法人或者其他组织投标。

邀请招标,是指招标人以投标邀请书的方式邀请特定的法人或者其他组织投标。

第十二条 招标人有权自行选择招标代理机构,委托其办理招标事宜。任何单位和个人不得以任何方式为招标人指定招标代理机构。

招标人具有编制招标文件和组织评标能力的,可以自行办理招标事宜。任何单位和个人不得强制其委托招标代理机构办理招标事宜。

依法必须进行招标的项目,招标人自行办理招标事宜的,应当向有关行政监督部门备案。

第十三条 招标代理机构是依法设立、从事招标代理业务并提供相关服务的社会中介组织。

招标代理机构应当具备下列条件:

（一）有从事招标代理业务的营业场所和相应资金；

（二）有能够编制招标文件和组织评标的相应专业力量；

（三）有符合本法第三十七条第三款规定条件、可以作为评标委员会成员人选的技术、经济等方面的专家库。

第十四条　从事工程建设项目招标代理业务的招标代理机构，其资格由国务院或者省、自治区、直辖市人民政府的建设行政主管部门认定。具体办法由国务院建设行政主管部门会同国务院有关部门制定。从事其他招标代理业务的招标代理机构，其资格认定的主管部门由国务院规定。

招标代理机构与行政机关和其他国家机关不得存在隶属关系或者其他利益关系。

第十七条　招标人采用邀请招标方式的，应当向三个以上具备承担招标项目的能力、资信良好的特定的法人或者其他组织发出投标邀请书。

投标邀请书应当载明本法第十六条第二款规定的事项。

第二十二条　招标人不得向他人透露已获取招标文件的潜在投标人的名称、数量以及可能影响公平竞争的有关招标投标的其他情况。

第三章　投　　标

第二十七条　投标人应当按照招标文件的要求编制投标文件。投标文件应当对招标文件提出的实质性要求和条件作出响应。

招标项目属于建设施工的，投标文件的内容应当包括拟派出的项目负责人与主要技术人员的简历、业绩和拟用于完成招标项目的机械设备等。

第二十八条　投标人应当在招标文件要求提交投标文件的截止时间前，将投标文件送达投标地点。招标人收到投标文件后，应当签收保存，不得开启。投标人少于三个的，招标人应当依照本法重新招标。

在招标文件要求提交投标文件的截止时间后送达的投标文件，招标人应当拒收。

第三十一条　两个以上法人或者其他组织可以组成一个联合体，以一个投标人的身份共同投标。

联合体各方均应当具备承担招标项目的相应能力；国家有关规定或者招标文件对投标人资格条件有规定的，联合体各方均应当具备规定的相应资格条件。由同一专业的单位组成的联合体，按照资质等级较低的单位确定资质等级。

联合体各方应当签订共同投标协议，明确约定各方拟承担的工作和责任，并将共同投标协议连同投标文件一并提交招标人。联合体中标的，联合体各方应当共同与招标人签订合同，就中标项目向招标人承担连带责任。

招标人不得强制投标人组成联合体共同投标，不得限制投标人之间的竞争。

第四章　开标、评标和中标

第三十四条　开标应当在招标文件确定的提交投标文件截止时间的同一时间公开进行；开标地点应当为招标文件中预先确定的地点。

第三十五条　开标由招标人主持，邀请所有投标人参加。

第三十六条　开标时，由投标人或者其推选的代表检查投标文件的密封情况，也可以由招标人委托的公证机构检查并公证；经确认无误后，由工作人员当众拆封，宣读投标人名称、投标价格和投标文件的其他主要内容。

招标人在招标文件要求提交投标文件的截止时间前收到的所有投标文件，开标时都应当当众予以拆封、宣读。

开标过程应当记录,并存档备查。

第三十七条　评标由招标人依法组建的评标委员会负责。

依法必须进行招标的项目,其评标委员会由招标人的代表和有关技术、经济等方面的专家组成,成员人数为五人以上单数,其中技术、经济等方面的专家不得少于成员总数的三分之二。

前款专家应当从事相关领域工作满八年并具有高级职称或者具有同等专业水平,由招标人从国务院有关部门或者省、自治区、直辖市人民政府有关部门提供的专家名册或者招标代理机构的专家库内的相关专业的专家名单中确定;一般招标项目可以采取随机抽取方式,特殊招标项目可以由招标人直接确定。

与投标人有利害关系的人不得进入相关项目的评标委员会;已经进入的应当更换。

评标委员会成员的名单在中标结果确定前应当保密。

第三十八条　招标人应当采取必要的措施,保证评标在严格保密的情况下进行。

任何单位和个人不得非法干预、影响评标的过程和结果。

第四十一条　中标人的投标应当符合下列条件之一:

(一)能够最大限度地满足招标文件中规定的各项综合评价标准;

(二)能够满足招标文件的实质性要求,并且经评审的投标价格最低;但是投标价格低于成本的除外。

第四十二条　评标委员会经评审,认为所有投标都不符合招标文件要求的,可以否决所有投标。

依法必须进行招标的项目的所有投标被否决的,招标人应当依照本法重新招标。

第四十三条　在确定中标人前,招标人不得与投标人就投标价格、投标方案等实质性内容进行谈判。

第四十六条　招标人和中标人应当自中标通知书发出之日起三十日内,按照招标文件和中标人的投标文件订立书面合同。招标人和中标人不得再行订立背离合同实质性内容的其他协议。

招标文件要求中标人提交履约保证金的,中标人应当提交。

第四十七条　依法必须进行招标的项目,招标人应当自确定中标人之日起十五日内,向有关行政监督部门提交招标投标情况的书面报告。

第五章　法　律　责　任

第四十九条　违反本法规定,必须进行招标的项目而不招标的,将必须进行招标的项目化整为零或者以其他任何方式规避招标的,责令限期改正,可以处项目合同金额千分之五以上千分之十以下的罚款;对全部或者部分使用国有资金的项目,可以暂停项目执行或者暂停资金拨付;对单位直接负责的主管人员和其他直接责任人员依法给予处分。

第五十八条　中标人将中标项目转让给他人的,将中标项目肢解后分别转让给他人的,违反本法规定将中标项目的部分主体、关键性工作分包给他人的,或者分包人再次分包的,转让、分包无效,处转让、分包项目金额千分之五以上千分之十以下的罚款;有违法所得的,并处没收违法所得;可以责令停业整顿;情节严重的,由工商行政管理机关吊销营业执照。

第五十九条　招标人与中标人不按照招标文件和中标人的投标文件订立合同的,或者招标人、中标人订立背离合同实质性内容的协议的,责令改正;可以处中标项目金额千分之五以上千分之十以下的罚款。

第六十二条　任何单位违反本法规定,限制或者排斥本地区、本系统以外的法人或者其他组织参加投标的,为招标人指定招标代理机构的,强制招标人委托招标代理机构办理招标事宜的,或者以其他方式干涉招标投标活动的,责令改正;对单位直接负责的主管人员和其他直接责任人员依法给予警告、记过、记大过的处分,情节较重的,依法给予降级、撤职、开除的处分。

第六章 附 则(略)

【例 11-6】 根据《中华人民共和国招标投标法》规定,某工程项目委托监理服务的招投标活动,应当遵循的原则是:

A. 公开、公平、公正、诚实信用　　　B. 公开、平等、自愿、公平、诚实信用
C. 公正、科学、独立、诚实信用　　　D. 全面、有效、合理、诚实信用

解 《中华人民共和国招标投标法》第五条规定,招标投标活动应当遵循公开、公平、公正和诚实信用的原则。

答案:A

【例 11-7】 下列属于《中华人民共和国招标投标法》规定的招标方式是:

A. 公开招标和直接招标　　　B. 公开招标和邀请招标
C. 公开招标和协议招标　　　D. 公开招标和公开招标

解 《中华人民共和国招标投标法》第十条规定,招标分为公开招标和邀请招标。

答案:B

【例 11-8】 有关我国招投标的一般规定,下列理解错误的是:

A. 采用书面合同　　　B. 禁止行贿受贿
C. 承包商必须有相应资质　　　D. 可肢解分包

解 《中华人民共和国建筑法》第二十四条规定,提倡对建筑工程实行总承包,禁止将建筑工程肢解发包。

答案:D

【例 11-9】 下列不属于招标人必须具备的条件是:

A. 招标人须有法可依的项目
B. 招标人有充足的专业人才
C. 招标人有与项目相应的资金来源
D. 招标人为法人或其他基本组织

解 《中华人民共和国招标投标法》第八条:招标人是依照本法规定提出招标项目、进行招标的法人或者其他组织。所以选项 A、D 对。

第九条:招标项目按照国家有关规定需要履行项目审批手续的,应当先履行审批手续,取得批准。招标人应当有进行招标项目的相应资金或者资金来源已经落实,并应当在招标文件中如实载明。所以选项 C 对。

第十二条:……招标人具有编制招标文件和组织评标能力的,可以自行办理招标事宜。

选项 B 中"充足人才"和《中华人民共和国招标投标法》的第十二条表述不一致,何为充足?很难界定,所以选项 B 的表述不合适。

答案:B

【例 11-10】 有关评标方法的描述,错误的是:

A. 最低投标价法适合没有特殊要求的招标项目
B. 综合评估法可用打分的方法或货币的方法评估各项标准

C. 最低投标价法通常用来恶性削价竞争,反而工程质量更为低落

D. 综合评估法适合没有特殊要求的招标项目

解 《评标委员会和评标方法暂行规定》第三十条:经评审的最低投标价法一般适用于具有通用技术、性能标准或者招标人对其技术、性能没有特殊要求的招标项目。所以选项 A 对。

第三十五条:根据综合评估法,最大限度地满足招标文件中规定的各项综合评价标准的投标,应当推荐为中标候选人。

衡量投标文件是否最大限度地满足招标文件中规定的各项评价标准,可以采取折算为货币的方法、打分的方法或者其他方法。需量化的因素及其权重应当在招标文件中明确规定。所以选项 B 也对。

选项 D 的说法和上述第三十条矛盾。

答案:D

【例 11-11】 有关招标的叙述,错误的是:

A. 邀请招标,又称优先性招标

B. 邀请招标中,招标人应向三个以上的潜在招标人发出邀请

C. 国家重点项目应公开招标

D. 公开招标适合专业性较强的项目

解 《中华人民共和国招标投标法》第十七条规定,招标人采用邀请招标方式的,应当向三个以上具备承担招标项目的能力、资信良好的特定的法人或者其他组织发出投标邀请书。所以选项 B 对。

《中华人民共和国招标投标法实施条例》第八条规定,国有资金占控股或者主导地位的依法必须进行招标的项目,应当公开招标;但有下列情形之一的,可以邀请招标:

(一)技术复杂、有特殊要求或者受自然环境限制,只有少量潜在投标人可供选择;

(二)采用公开招标方式的费用占项目合同金额的比例过大。

从上述条文可见:只有在特殊情况下才能邀请招标,一般情况下均应公开招标。所以选项 C 对。

答案:D

习 题

11-9 建设单位工程招标应具备下列哪些条件?( )

①有与招标工程相适应的经济技术管理人员 ②必须是一个经济实体,注册资金不少于一百万元人民币 ③有编制招标文件的能力 ④有审查投标单位资质的能力 ⑤具有组织开标、评标、定标的能力

    A. ①②③④⑤   B. ①②③④   C. ①②④⑤   D. ①③④⑤

11-10 施工招标的形式有以下哪几种?( )

①公开招标 ②邀请招标 ③议标 ④指定招标

    A. ①②   B. ①②④   C. ①④   D. ①②③

11-11 招标委员会的成员中,技术、经济等方面的专家不得少于( )。

    A. 3 人   B. 5 人

    C. 成员总数的 2/3   D. 成员总数的 1/2

11-12 建筑工程的评标活动应当由( )负责。

    A. 建设单位   B. 市招标办公室

C. 监理单位　　　　　　　　　　　　D. 评标委员会

11-13　在中华人民共和国境内进行下列工程建设项目必须要招标的条件,下面哪一条是不准确的说法?（　　）

　　A. 大型基础设施、公用事业等关系社会公共利益、公众安全的项目
　　B. 全部或者部分使用国有资金投资或者国家融资的项目
　　C. 使用国际组织或者外国政府贷款、援助资金的项目
　　D. 所有住宅项目

11-14　招标人和中标人应当自中标通知书发出之日起（　　）之内,按照招标文件和中标人的投标文件订立书面合同。

　　A. 15天　　　　B. 30天　　　　C. 60天　　　　D. 90天

第五节　中华人民共和国合同法（摘要）

总　则

第一章　一般规定

第三条　合同当事人的法律地位平等,一方不得将自己的意志强加给另一方。

第四条　当事人依法享有自愿订立合同的权利,任何单位和个人不得非法干预。

第五条　当事人应当遵循公平原则确定各方的权利和义务。

第六条　当事人行使权利、履行义务应当遵循诚实信用原则。

第七条　当事人订立、履行合同,应当遵守法律、行政法规,尊重社会公德,不得扰乱社会经济秩序,损害社会公共利益。

第二章　合同的订立

第十条　当事人订立合同,有书面形式、口头形式和其他形式。法律、行政法规规定采用书面形式的,应当采用书面形式。当事人约定采用书面形式的,应当采用书面形式。

第十三条　当事人订立合同,采取要约、承诺方式。

第十四条　要约是希望和他人订立合同的意思表示,该意思表示应当符合下列规定:
（一）内容具体确定;
（二）表明经受要约人承诺,要约人即受该意思表示约束。

第十五条　要约邀请是希望他人向自己发出要约的意思表示。寄送的价目表、拍卖公告、招标公告、招股说明书、商业广告等为要约邀请。商业广告的内容符合要约规定的,视为要约。

第二十五条　承诺生效时合同成立。

第二十六条　承诺通知到达要约人时生效。承诺不需要通知的,根据交易习惯或者要约的要求作出承诺的行为时生效。

第三十条　承诺的内容应当与要约的内容一致。受要约人对要约的内容作出实质性变更的,为新要约。有关合同标的、数量、质量、价款或者报酬、履行期限、履行地点和方式、违约责任和解决争议方法等的变更,是对要约内容的实质性变更。

第三十二条　当事人采用合同书形式订立合同的,自双方当事人签字或者盖章时合同成立。

第三十六条　法律、行政法规规定或者当事人约定采用书面形式订立合同,当事人未采用

书面形式但一方已经履行主要义务,对方接受的,该合同成立。

第三十七条 采用合同书形式订立合同,在签字或者盖章之前,当事人一方已经履行主要义务,对方接受的,该合同成立。

第四十一条 对格式条款的理解发生争议的,应当按照通常理解予以解释。对格式条款有两种以上解释的,应当作出不利于提供格式条款一方的解释。格式条款和非格式条款不一致的,应当采用非格式条款。

第三章 合同的效力

第五十二条 有下列情形之一的,合同无效:
(一)一方以欺诈、胁迫的手段订立合同,损害国家利益;
(二)恶意串通,损害国家、集体或者第三人利益;
(三)以合法形式掩盖非法目的;
(四)损害社会公共利益;
(五)违反法律、行政法规的强制性规定。

第五十四条 下列合同,当事人一方有权请求人民法院或者仲裁机构变更或者撤销:
(一)因重大误解订立的;
(二)在订立合同时显失公平的。
一方以欺诈、胁迫的手段或者乘人之危,使对方在违背真实意思的情况下订立的合同,受损害方有权请求人民法院或者仲裁机构变更或者撤销。当事人请求变更的,人民法院或者仲裁机构不得撤销。

第四章 合同的履行

第六十条 当事人应当按照约定全面履行自己的义务。
当事人应当遵循诚实信用原则,根据合同的性质、目的和交易习惯履行通知、协助、保密等义务。

第六十一条 合同生效后,当事人就质量、价款或者报酬、履行地点等内容没有约定或者约定不明确的,可以协议补充;不能达成补充协议的,按照合同有关条款或者交易习惯确定。

第六十二条 当事人就有关合同内容约定不明确,依照本法第六十一条的规定仍不能确定的,适用下列规定:
(一)质量要求不明确的,按照国家标准、行业标准履行;没有国家标准、行业标准的,按照通常标准或者符合合同目的的特定标准履行。
(二)价款或者报酬不明确的,按照订立合同时履行地的市场价格履行;依法应当执行政府定价或者政府指导价的,按照规定履行。
(三)履行地点不明确,给付货币的,在接受货币一方所在地履行;交付不动产的,在不动产所在地履行;其他标的,在履行义务一方所在地履行。
(四)履行期限不明确的,债务人可以随时履行,债权人也可以随时要求履行,但应当给对方必要的准备时间。
(五)履行方式不明确的,按照有利于实现合同目的的方式履行。
(六)履行费用的负担不明确的,由履行义务一方负担。

第六十三条 执行政府定价或者政府指导价的,在合同约定的交付期限内政府价格调整时,按照交付时的价格计价。逾期交付标的物的,遇价格上涨时,按照原价格执行;价格下降时,按照新价格执行。逾期提取标的物或者逾期付款的,遇价格上涨时,按照新价格执行;价格下降时,按照原价格执行。

第六十四条 当事人约定由债务人向第三人履行债务的,债务人未向第三人履行债务或者履行债务不符合约定,应当向债权人承担违约责任。

第六十五条 当事人约定由第三人向债权人履行债务的,第三人不履行债务或者履行债务不符合约定,债务人应当向债权人承担违约责任。

第六十六条 当事人互负债务,没有先后履行顺序的,应当同时履行。一方在对方履行之前有权拒绝其履行要求。一方在对方履行债务不符合约定时,有权拒绝其相应的履行要求。

第六十七条 当事人互负债务,有先后履行顺序,先履行一方未履行的,后履行一方有权拒绝其履行要求。先履行一方履行债务不符合约定的,后履行一方有权拒绝其相应的履行要求。

第六十八条 应当先履行债务的当事人,有确切证据证明对方有下列情形之一的,可以中止履行:

(一)经营状况严重恶化;
(二)转移财产、抽逃资金,以逃避债务;
(三)丧失商业信誉;
(四)有丧失或者可能丧失履行债务能力的其他情形。

当事人没有确切证据中止履行的,应当承担违约责任。

第六十九条 当事人依照本法第六十八条的规定中止履行的,应当及时通知对方。对方提供适当担保时,应当恢复履行。中止履行后,对方在合理期限内未恢复履行能力并且未提供适当担保的,中止履行的一方可以解除合同。

第七十条 债权人分立、合并或者变更住所没有通知债务人,致使履行债务发生困难的,债务人可以中止履行或者将标的物提存。

第七十一条 债权人可以拒绝债务人提前履行债务,但提前履行不损害债权人利益的除外。

债务人提前履行债务给债权人增加的费用,由债务人负担。

第七十二条 债权人可以拒绝债务人部分履行债务,但部分履行不损害债权人利益的除外。

债务人部分履行债务给债权人增加的费用,由债务人负担。

第七十三条 因债务人怠于行使其到期债权,对债权人造成损害的,债权人可以向人民法院请求以自己的名义代位行使债务人的债权,但该债权专属于债务人自身的除外。

代位权的行使范围以债权人的债权为限。债权人行使代位权的必要费用,由债务人负担。

第七十四条 因债务人放弃其到期债权或者无偿转让财产,对债权人造成损害的,债权人可以请求人民法院撤销债务人的行为。债务人以明显不合理的低价转让财产,对债权人造成损害,并且受让人知道该情形的,债权人也可以请求人民法院撤销债务人的行为。

撤销权的行使范围以债权人的债权为限。债权人行使撤销权的必要费用,由债务人负担。

第七十五条 撤销权自债权人知道或者应当知道撤销事由之日起一年内行使。自债务人的行为发生之日起五年内没有行使撤销权的,该撤销权消灭。

第七十六条 合同生效后,当事人不得因姓名、名称的变更或者法定代表人、负责人、承办人的变动而不履行合同义务。

第五章 合同的变更和转让

第七十七条 当事人协商一致,可以变更合同。

法律、行政法规规定变更合同应当办理批准、登记等手续的,依照其规定。

第七十八条 当事人对合同变更的内容约定不明确的,推定为未变更。

第七十九条 债权人可以将合同的权利全部或者部分转让给第三人，但有下列情形之一的除外：

（一）根据合同性质不得转让；

（二）按照当事人约定不得转让；

（三）依照法律规定不得转让。

第八十八条 当事人一方经对方同意，可以将自己在合同中的权利和义务一并转让给第三人。

第六章 合同的权利义务终止

第九十四条 有下列情形之一的，当事人可以解除合同：

（一）因不可抗力致使不能实现合同目的；

（二）在履行期限届满之前，当事人一方明确表示或者以自己的行为表明不履行主要债务；

（三）当事人一方迟延履行主要债务，经催告后在合理期限内仍未履行；

（四）当事人一方迟延履行债务或者有其他违约行为致使不能实现合同目的；

（五）法律规定的其他情形。

第七章 违约责任

第一百零七条 当事人一方不履行合同义务或者履行合同义务不符合约定的，应当承担继续履行、采取补救措施或者赔偿损失等违约责任。

第一百零八条 当事人一方明确表示或者以自己的行为表明不履行合同义务的，对方可以在履行期限届满之前要求其承担违约责任。

第一百零九条 当事人一方未支付价款或者报酬的，对方可以要求其支付价款或者报酬。

第一百一十一条 质量不符合约定的，应当按照当事人的约定承担违约责任。对违约责任没有约定或者约定不明确，依照本法第六十一条的规定仍不能确定的，受损害方根据标的的性质以及损失的大小，可以合理选择要求对方承担修理、更换、重作、退货、减少价款或者报酬等违约责任。

第一百一十二条 当事人一方不履行合同义务或者履行合同义务不符合约定的，在履行义务或者采取补救措施后，对方还有其他损失的，应当赔偿损失。

第一百一十三条 当事人一方不履行合同义务或者履行合同义务不符合约定，给对方造成损失的，损失赔偿额应当相当于因违约所造成的损失，包括合同履行后可以获得的利益，但不得超过违反合同一方订立合同时预见到或者应当预见到的因违反合同可能造成的损失。

第一百一十四条 当事人可以约定一方违约时应当根据违约情况向对方支付一定数额的违约金，也可以约定因违约产生的损失赔偿额的计算方法。

约定的违约金低于造成的损失的，当事人可以请求人民法院或者仲裁机构予以增加；约定的违约金过分高于造成的损失的，当事人可以请求人民法院或者仲裁机构予以适当减少。

当事人就迟延履行约定违约金的，违约方支付违约金后，还应当履行债务。

第一百一十五条 当事人可以依照《中华人民共和国担保法》约定一方向对方给付定金作为债权的担保。债务人履行债务后，定金应当抵作价款或者收回。给付定金的一方不履行约定的债务的，无权要求返还定金；收受定金的一方不履行约定的债务的，应当双倍返还定金。

第一百一十六条 当事人既约定违约金，又约定定金的，一方违约时，对方可以选择适用违约金或者定金条款。

第一百一十七条 因不可抗力不能履行合同的，根据不可抗力的影响，部分或者全部免除责任,但法律另有规定的除外。当事人迟延履行后发生不可抗力的,不能免除责任。

本法所称不可抗力,是指不能预见、不能避免并不能克服的客观情况。

第一百一十八条 当事人一方因不可抗力不能履行合同的,应当及时通知对方,以减轻可能给对方造成的损失,并应当在合理期限内提供证明。

第一百一十九条 当事人一方违约后,对方应当采取适当措施防止损失的扩大;没有采取适当措施致使损失扩大的,不得就扩大的损失要求赔偿。

当事人因防止损失扩大而支出的合理费用,由违约方承担。

第一百二十条 当事人双方都违反合同的,应当各自承担相应的责任。

第一百二十一条 当事人一方因第三人的原因造成违约的,应当向对方承担违约责任。当事人一方和第三人之间的纠纷,依照法律规定或者按照约定解决。

第一百二十二条 因当事人一方的违约行为,侵害对方人身、财产权益的,受损害方有权选择依照本法要求其承担违约责任或者依照其他法律要求其承担侵权责任。

第八章 其他规定

第一百二十八条 当事人可以通过和解或者调解解决合同争议。当事人不愿和解、调解或者和解、调解不成的,可以根据仲裁协议向仲裁机构申请仲裁。涉外合同的当事人可以根据仲裁协议向中国仲裁机构或者其他仲裁机构申请仲裁。当事人没有订立仲裁协议或者仲裁协议无效的,可以向人民法院起诉。当事人应当履行发生法律效力的判决、仲裁裁决、调解书;拒不履行的,对方可以请求人民法院执行。

分 则(略)

【例 11-12】 根据《中华人民共和国合同法》规定,要约可以撤回和撤销。下列要约,不得撤销的是:

A. 要约到达受要约人 B. 要约人确定了承诺期限
C. 受要约人未发出承诺通知 D. 受要约人即将发出承诺通知

解 《中华人民共和国合同法》第十九条规定,有下列情形之一的,要约不得撤销:(一)要约人确定了承诺期限或者以其他形式明示要约不可撤销。

答案:B

【例 11-13】 根据《中华人民共和国合同法》规定,下列行为不属于要约邀请的是:

A. 某建设单位发布招标公告 B. 某招标单位发出中标通知书
C. 某上市公司发出招标说明书 D. 某商场寄送的价目表

解 《中华人民共和国合同法》第十五条规定,要约邀请是希望他人向自己发出要约的意思表示。寄送的价目表、拍卖公告、招标公告、招股说明书、商业广告等为要约邀请。商业广告的内容符合要约规定的,视为要约。

答案:B

习 题

11-15 《中华人民共和国合同法》规定了无效合同的一些条件,下列中哪几种情况符合无效合同的条件?( )

①违反法律和行政法规的合同 ②采取欺诈、胁迫等手段签订的合同 ③代理人签订的合同 ④违反国家利益或社会公共利益的经济合同

A. ①②③ B. ②③④ C. ①②③④ D. ①②④

11-16 经济合同的无效与否由( )确认。
  A. 人民政府   B. 公安机关
  C. 人民检察院   D. 人民法院或仲裁机构

11-17 《中华人民共和国合同法》规定,当事人一方可向对方给付定金,给付定金的一方不履行合同的,无权请求返回定金,接受定金的一方不履行合同的应当返还定金的( )倍。
  A. 2   B. 5   C. 8   D. 10

11-18 当事人的( )即是要约邀请。
  A. 招标公告   B. 投标书   C. 投标担保书   D. 中标函

11-19 《中华人民共和国合同法》规定,签订合同的当事人应当是下列中的哪几种人?( )
①自然人、法人及其他组织 ②不包括自然人 ③只能是法人 ④只能是中国公民
  A. ①   B. ①②③④   C. ①②③   D. ②③④

11-20 撤销要约时,撤销要约的通知应当在受要约人发出承诺通知前后的什么时间到达受要约人?( )
  A. 之前   B. 当日   C. 后五日   D. 后十日

11-21 有关合同标的数量、质量、价款或者报酬、履行期限、履行地点和方式、违约责任和解决争议方法等的变更,是对要约内容什么性质的变更?( )
  A. 重要性   B. 必要性   C. 实质性   D. 一般性

11-22 签订建筑工程合同如何有效?( )
  A. 必须同时盖章和签字才有效   B. 签字或盖章均可有效
  C. 只有盖章才有效   D. 必须签字才有效

11-23 两个以上不同资质等级的单位如何联合共同承包工程?( )
  A. 应当按照资质等级低的单位的业务许可范围承揽工程
  B. 按任何一个单位的资质承包均可
  C. 应当按照资质等级高的单位的业务许可范围承揽工程
  D. 不允许联合承包

第六节 中华人民共和国行政许可法(摘要)

第一章 总 则

  第一条 为了规范行政许可的设定和实施,保护公民、法人和其他组织的合法权益,维护公共利益和社会秩序,保障和监督行政机关有效实施行政管理,根据宪法,制定本法。
  第二条 本法所称行政许可,是指行政机关根据公民、法人或者其他组织的申请,经依法审查,准予其从事特定活动的行为。
  第三条 行政许可的设定和实施,适用本法。
  有关行政机关对其他机关或者对其直接管理的事业单位的人事、财务、外事等事项的审批,不适用本法。
  第五条 设定和实施行政许可,应当遵循公开、公平、公正的原则。
  有关行政许可的规定应当公布;未经公布的,不得作为实施行政许可的依据。行政许可的实施和结果,除涉及国家秘密、商业秘密或者个人隐私的外,应当公开。
  第七条 公民、法人或者其他组织对行政机关实施行政许可,享有陈述权、申辩权;有权依

法申请行政复议或者提起行政诉讼;其合法权益因行政机关违法实施行政许可受到损害的,有权依法要求赔偿。

第二章 行政许可的设定

第十二条 下列事项可以设定行政许可:

(一)直接涉及国家安全、公共安全、经济宏观调控、生态环境保护以及直接关系人身健康、生命财产安全等特定活动,需要按照法定条件予以批准的事项;

(二)有限自然资源开发利用、公共资源配置以及直接关系公共利益的特定行业的市场准入等,需要赋予特定权利的事项;

(三)提供公众服务并且直接关系公共利益的职业、行业,需要确定具备特殊信誉、特殊条件或者特殊技能等资格、资质的事项;

(四)直接关系公共安全、人身健康、生命财产安全的重要设备、设施、产品、物品,需要按照技术标准、技术规范,通过检验、检测、检疫等方式进行审定的事项;

(五)企业或者其他组织的设立等,需要确定主体资格的事项;

(六)法律、行政法规规定可以设定行政许可的其他事项。

第三章 行政许可的实施机关

第二十二条 行政许可由具有行政许可权的行政机关在其法定职权范围内实施。

第二十三条 法律、法规授权的具有管理公共事务职能的组织,在法定授权范围内,以自己的名义实施行政许可。被授权的组织适用本法有关行政机关的规定。

第四章 行政许可的实施程序

第一节 申请与受理

第二十九条 公民、法人或者其他组织从事特定活动,依法需要取得行政许可的,应当向行政机关提出申请。申请书需要采用格式文本的,行政机关应当向申请人提供行政许可申请书格式文本。申请书格式文本中不得包含与申请行政许可事项没有直接关系的内容。

第二节 审查与决定

第三十九条 行政机关作出准予行政许可的决定,需要颁发行政许可证件的,应当向申请人颁发加盖本行政机关印章的下列行政许可证件:

(一)许可证、执照或者其他许可证书;

(二)资格证、资质证或者其他合格证书;

(三)行政机关的批准文件或者证明文件;

(四)法律、法规规定的其他行政许可证件。

第三节 期 限

第四十二条 除可以当场作出行政许可决定的外,行政机关应当自受理行政许可申请之日起二十日内作出行政许可决定。二十日内不能作出决定的,经本行政机关负责人批准,可以延长十日,并应当将延长期限的理由告知申请人。但是,法律、法规另有规定的,依照其规定。

依照本法第二十六条的规定,行政许可采取统一办理或者联合办理、集中办理的,办理的时间不得超过四十五日;四十五日内不能办结的,经本级人民政府负责人批准,可以延长十五日,并应当将延长期限的理由告知申请人。

第四十三条 依法应当先经下级行政机关审查后报上级行政机关决定的行政许可,下级行政机关应当自其受理行政许可申请之日起二十日内审查完毕。但是,法律、法规另有规定的,依照其规定。

第四十四条　行政机关作出准予行政许可的决定,应当自作出决定之日起十日内向申请人颁发、送达行政许可证件,或者加贴标签、加盖检验、检测、检疫印章。

第四十五条　行政机关作出行政许可决定,依法需要听证、招标、拍卖、检验、检测、检疫、鉴定和专家评审的,所需时间不计算在本节规定的期限内。行政机关应当将所需时间书面告知申请人。

第四节　听　证

第四十六条　法律、法规、规章规定实施行政许可应当听证的事项,或者行政机关认为需要听证的其他涉及公共利益的重大行政许可事项,行政机关应当向社会公告,并举行听证。

第四十七条　行政许可直接涉及申请人与他人之间重大利益关系的,行政机关在作出行政许可决定前,应当告知申请人、利害关系人享有要求听证的权利;申请人、利害关系人在被告知听证权利之日起五日内提出听证申请的,行政机关应当在二十日内组织听证。

申请人、利害关系人不承担行政机关组织听证的费用。

第四十八条　听证按照下列程序进行:

(一)行政机关应当于举行听证的七日前将举行听证的时间、地点通知申请人、利害关系人,必要时予以公告;

(二)听证应当公开举行;

(三)行政机关应当指定审查该行政许可申请的工作人员以外的人员为听证主持人,申请人、利害关系人认为主持人与该行政许可事项有直接利害关系的,有权申请回避;

(四)举行听证时,审查该行政许可申请的工作人员应当提供审查意见的证据、理由,申请人、利害关系人可以提出证据,并进行申辩和质证;

(五)听证应当制作笔录,听证笔录应当交听证参加人确认无误后签字或者盖章。

行政机关应当根据听证笔录,作出行政许可决定。

第五节　变更与延续(略)

第六节　特别规定

第五十四条　实施本法第十二条第三项所列事项的行政许可,赋予公民特定资格,依法应当举行国家考试的,行政机关根据考试成绩和其他法定条件作出行政许可决定;赋予法人或者其他组织特定的资格、资质的,行政机关根据申请人的专业人员构成、技术条件、经营业绩和管理水平等的考核结果作出行政许可决定。但是,法律、行政法规另有规定的,依照其规定。

公民特定资格的考试依法由行政机关或者行业组织实施,公开举行。行政机关或者行业组织应当事先公布资格考试的报名条件、报考办法、考试科目以及考试大纲。但是,不得组织强制性的资格考试的考前培训,不得指定教材或者其他助考材料。

第五章　行政许可的费用

第五十八条　行政机关实施行政许可和对行政许可事项进行监督检查,不得收取任何费用。但是,法律、行政法规另有规定的,依照其规定。

行政机关提供行政许可申请书格式文本,不得收费。

行政机关实施行政许可所需经费应当列入本行政机关的预算,由本级财政予以保障,按照批准的预算予以核拨。

第五十九条　行政机关实施行政许可,依照法律、行政法规收取费用的,应当按照公布的法定项目和标准收费;所收取的费用必须全部上缴国库,任何机关或者个人不得以任何形式截留、挪用、私分或者变相私分。财政部门不得以任何形式向行政机关返还或者变相返还实施行政许可所收取的费用。

第六章　监督检查(略)
第七章　法律责任(略)
第八章　附　　则(略)

【例11-14】 根据《中华人民共和国行政许可法》的规定,除可以当场作出行政许可决定的外,行政机关应当自受理行政可之日起作出行政许可决定的时限是:

  A.5日之内 B.7日之内 C.15日之内 D.20日之内

解 《中华人民共和国行政许可法》第四十二条规定,除可以当场作出行政许可决定的外,行政机关应当自受理行政许可申请之日起二十日内做出行政许可决定。二十日内不能做出决定的,经本行政机关负责人批准,可以延长十日,并应当将延长期限的理由告知申请人。但是,法律、法规另有规定的,依照其规定。

答案:D

习　　题

11-24　行政机关实施行政许可和对行政许可事项进行监督检查(　　)。
  A. 不得收取任何费用 B. 应当收取适当费用
  C. 收费必须上缴 D. 收费必须开收据

11-25　行政机关应当自受理行政许可申请之日起(　　)作出行政许可决定。
  A. 二十日内 B. 三十日内
  C. 十五日内 D. 四十五日之内

第七节　中华人民共和国节约能源法(摘要)

第一章　总　　则

第二条　本法所称能源,是指煤炭、石油、天然气、生物质能和电力、热力以及其他直接或者通过加工、转换而取得有用能的各种资源。

第七条　国家实行有利于节能和环境保护的产业政策,限制发展高耗能、高污染行业,发展节能环保型产业。

国务院和省、自治区、直辖市人民政府应当加强节能工作,合理调整产业结构、企业结构、产品结构和能源消费结构,推动企业降低单位产值能耗和单位产品能耗,淘汰落后的生产能力,改进能源的开发、加工、转换、输送、储存和供应,提高能源利用效率。

国家鼓励、支持开发和利用新能源、可再生能源。

第八条　国家鼓励、支持节能科学技术的研究、开发、示范和推广,促进节能技术创新与进步。

第二章　节能管理

第十一条　国务院和县级以上地方各级人民政府应当加强对节能工作的领导,部署、协调、监督、检查、推动节能工作。

第十五条　国家实行固定资产投资项目节能评估和审查制度。不符合强制性节能标准的项目,依法负责项目审批或者核准的机关不得批准或者核准建设;建设单位不得开工建设;已经建成的,不得投入生产、使用。具体办法由国务院管理节能工作的部门会同国务院有关部门制定。

第十六条　国家对落后的耗能过高的用能产品、设备和生产工艺实行淘汰制度。淘汰的用能产品、设备、生产工艺的目录和实施办法,由国务院管理节能工作的部门会同国务院有关部门制定并公布。

第十七条　禁止生产、进口、销售国家明令淘汰或者不符合强制性能源效率标准的用能产品、设备;禁止使用国家明令淘汰的用能设备、生产工艺。

第十八条　国家对家用电器等使用面广、耗能量大的用能产品,实行能源效率标志管理。实行能源效率标志管理的产品目录和实施办法,由国务院管理节能工作的部门会同国务院产品质量监督部门制定并公布。

第十九条　生产者和进口商应当对列入国家能源效率标志管理产品目录的用能产品标注能源效率标志,在产品包装物上或者说明书中予以说明,并按照规定报国务院产品质量监督部门和国务院管理节能工作的部门共同授权的机构备案。

生产者和进口商应当对其标注的能源效率标志及相关信息的准确性负责。禁止销售应当标注而未标注能源效率标志的产品。

禁止伪造、冒用能源效率标志或者利用能源效率标志进行虚假宣传。

第二十条　用能产品的生产者、销售者,可以根据自愿原则,按照国家有关节能产品认证的规定,向经国务院认证认可监督管理部门认可的从事节能产品认证的机构提出节能产品认证申请;经认证合格后,取得节能产品认证证书,可以在用能产品或者其包装物上使用节能产品认证标志。

禁止使用伪造的节能产品认证标志或者冒用节能产品认证标志。

第三章　合理使用与节约能源

第一节　一般规定

第二十七条　用能单位应当加强能源计量管理,按照规定配备和使用经依法检定合格的能源计量器具。

用能单位应当建立能源消费统计和能源利用状况分析制度,对各类能源的消费实行分类计量和统计,并确保能源消费统计数据真实、完整。

第二十八条　能源生产经营单位不得向本单位职工无偿提供能源。任何单位不得对能源消费实行包费制。

第二节　工业节能

第三十一条　国家鼓励工业企业采用高效、节能的电动机、锅炉、窑炉、风机、泵类等设备,采用热电联产、余热余压利用、洁净煤以及先进的用能监测和控制等技术。

第三十二条　电网企业应当按照国务院有关部门制定的节能发电调度管理的规定,安排清洁、高效和符合规定的热电联产、利用余热余压发电的机组以及其他符合资源综合利用规定的发电机组与电网并网运行,上网电价执行国家有关规定。

第三十三条　禁止新建不符合国家规定的燃煤发电机组、燃油发电机组和燃煤热电机组。

第三节　建筑节能

第三十五条　建筑工程的建设、设计、施工和监理单位应当遵守建筑节能标准。

不符合建筑节能标准的建筑工程,建设主管部门不得批准开工建设;已经开工建设的,应当责令停止施工、限期改正;已经建成的,不得销售或者使用。

建设主管部门应当加强对在建建筑工程执行建筑节能标准情况的监督检查。

第三十六条 房地产开发企业在销售房屋时,应当向购买人明示所售房屋的节能措施、保温工程保修期等信息,在房屋买卖合同、质量保证书和使用说明书中载明,并对其真实性、准确性负责。

第三十七条 使用空调采暖、制冷的公共建筑应当实行室内温度控制制度。具体办法由国务院建设主管部门制定。

第三十八条 国家采取措施,对实行集中供热的建筑分步骤实行供热分户计量、按照用热量收费的制度。新建建筑或者对既有建筑进行节能改造,应当按照规定安装用热计量装置、室内温度调控装置和供热系统调控装置。具体办法由国务院建设主管部门会同国务院有关部门制定。

第三十九条 县级以上地方各级人民政府有关部门应当加强城市节约用电管理,严格控制公用设施和大型建筑物装饰性景观照明的能耗。

第四十条 国家鼓励在新建建筑和既有建筑节能改造中使用新型墙体材料等节能建筑材料和节能设备,安装和使用太阳能等可再生能源利用系统。

第四节 交通运输节能(略)

第五节 公共机构节能

第四十七条 公共机构应当厉行节约,杜绝浪费,带头使用节能产品、设备,提高能源利用效率。

本法所称公共机构,是指全部或者部分使用财政性资金的国家机关、事业单位和团体组织。

第四十八条 国务院和县级以上地方各级人民政府管理机关事务工作的机构会同同级有关部门制定和组织实施本级公共机构节能规划。公共机构节能规划应当包括公共机构既有建筑节能改造计划。

第四十九条 公共机构应当制定年度节能目标和实施方案,加强能源消费计量和监测管理,向本级人民政府管理机关事务工作的机构报送上年度的能源消费状况报告。

国务院和县级以上地方各级人民政府管理机关事务工作的机构会同同级有关部门按照管理权限,制定本级公共机构的能源消耗定额,财政部门根据该定额制定能源消耗支出标准。

第五十条 公共机构应当加强本单位用能系统管理,保证用能系统的运行符合国家相关标准。

公共机构应当按照规定进行能源审计,并根据能源审计结果采取提高能源利用效率的措施。

第五十一条 公共机构采购用能产品、设备,应当优先采购列入节能产品、设备政府采购名录中的产品、设备。禁止采购国家明令淘汰的用能产品、设备。

节能产品、设备政府采购名录由省级以上人民政府的政府采购监督管理部门会同同级有关部门制定并公布。

第四章 节能技术进步

第五十六条 国务院管理节能工作的部门会同国务院科技主管部门发布节能技术政策大纲,指导节能技术研究、开发和推广应用。

第五十七条 县级以上各级人民政府应当把节能技术研究开发作为政府科技投入的重点

领域,支持科研单位和企业开展节能技术应用研究,制定节能标准,开发节能共性和关键技术,促进节能技术创新与成果转化。

第五十八条　国务院管理节能工作的部门会同国务院有关部门制定并公布节能技术、节能产品的推广目录,引导用能单位和个人使用先进的节能技术、节能产品。

国务院管理节能工作的部门会同国务院有关部门组织实施重大节能科研项目、节能示范项目、重点节能工程。

第五十九条　县级以上各级人民政府应当按照因地制宜、多能互补、综合利用、讲求效益的原则,加强农业和农村节能工作,增加对农业和农村节能技术、节能产品推广应用的资金投入。

农业、科技等有关主管部门应当支持、推广在农业生产、农产品加工储运等方面应用节能技术和节能产品,鼓励更新和淘汰高耗能的农业机械和渔业船舶。

国家鼓励、支持在农村大力发展沼气,推广生物质能、太阳能和风能等可再生能源利用技术,按照科学规划、有序开发的原则发展小型水力发电,推广节能型的农村住宅和炉灶等,鼓励利用非耕地种植能源植物,大力发展薪炭林等能源林。

第五章　激励措施

第六十条　中央财政和省级地方财政安排节能专项资金,支持节能技术研究开发、节能技术和产品的示范与推广、重点节能工程的实施、节能宣传培训、信息服务和表彰奖励等。

第六十一条　国家对生产、使用列入本法第五十八条规定的推广目录的需要支持的节能技术、节能产品,实行税收优惠等扶持政策。

国家通过财政补贴支持节能照明器具等节能产品的推广和使用。

第六十二条　国家实行有利于节约能源资源的税收政策,健全能源矿产资源有偿使用制度,促进能源资源的节约及其开采利用水平的提高。

第六十三条　国家运用税收等政策,鼓励先进节能技术、设备的进口,控制在生产过程中耗能高、污染重的产品的出口。

第六十六条　国家实行有利于节能的价格政策,引导用能单位和个人节能。

国家运用财税、价格等政策,支持推广电力需求侧管理、合同能源管理、节能自愿协议等节能办法。

国家实行峰谷分时电价、季节性电价、可中断负荷电价制度,鼓励电力用户合理调整用电负荷;对钢铁、有色金属、建材、化工和其他主要耗能行业的企业,分淘汰、限制、允许和鼓励类实行差别电价政策。

第六十七条　各级人民政府对在节能管理、节能科学技术研究和推广应用中有显著成绩以及检举严重浪费能源行为的单位和个人,给予表彰和奖励。

第六章　法律责任

第六十八条　负责审批或者核准固定资产投资项目的机关违反本法规定,对不符合强制性节能标准的项目予以批准或者核准建设的,对直接负责的主管人员和其他直接责任人员依法给予处分。

固定资产投资项目建设单位开工建设不符合强制性节能标准的项目或者将该项目投入生产、使用的,由管理节能工作的部门责令停止建设或者停止生产、使用,限期改造;不能改造或者逾期不改造的生产性项目,由管理节能工作的部门报请本级人民政府按照国务院规定的权限责令关闭。

第六十九条 生产、进口、销售国家明令淘汰的用能产品、设备的,使用伪造的节能产品认证标志或者冒用节能产品认证标志的,依照《中华人民共和国产品质量法》的规定处罚。

第七十条 生产、进口、销售不符合强制性能源效率标准的用能产品、设备的,由产品质量监督部门责令停止生产、进口、销售,没收违法生产、进口、销售的用能产品、设备和违法所得,并处违法所得一倍以上五倍以下罚款;情节严重的,由工商行政管理部门吊销营业执照。

第七十一条 使用国家明令淘汰的用能设备或者生产工艺的,由管理节能工作的部门责令停止使用,没收国家明令淘汰的用能设备;情节严重的,可以由管理节能工作的部门提出意见,报请本级人民政府按照国务院规定的权限责令停业整顿或者关闭。

第七十二条 生产单位超过单位产品能耗限额标准用能,情节严重,经限期治理逾期不治理或者没有达到治理要求的,可以由管理节能工作的部门提出意见,报请本级人民政府按照国务院规定的权限责令停业整顿或者关闭。

第七十三条 违反本法规定,应当标注能源效率标志而未标注的,由产品质量监督部门责令改正,处三万元以上五万元以下罚款。

违反本法规定,未办理能源效率标志备案,或者使用的能源效率标志不符合规定的,由产品质量监督部门责令限期改正;逾期不改正的,处一万元以上三万元以下罚款。

伪造、冒用能源效率标志或者利用能源效率标志进行虚假宣传的,由产品质量监督部门责令改正,处五万元以上十万元以下罚款;情节严重的,由工商行政管理部门吊销营业执照。

第七十四条 用能单位未按照规定配备、使用能源计量器具的,由产品质量监督部门责令限期改正;逾期不改正的,处一万元以上五万元以下罚款。

第七十七条 违反本法规定,无偿向本单位职工提供能源或者对能源消费实行包费制的,由管理节能工作的部门责令限期改正;逾期不改正的,处五万元以上二十万元以下罚款。

第七十九条 建设单位违反建筑节能标准的,由建设主管部门责令改正,处二十万元以上五十万元以下罚款。

设计单位、施工单位、监理单位违反建筑节能标准的,由建设主管部门责令改正,处十万元以上五十万元以下罚款;情节严重的,由颁发资质证书的部门降低资质等级或者吊销资质证书;造成损失的,依法承担赔偿责任。

第八十条 房地产开发企业违反本法规定,在销售房屋时未向购买人明示所售房屋的节能措施、保温工程保修期等信息的,由建设主管部门责令限期改正,逾期不改正的,处三万元以上五万元以下罚款;对以上信息作虚假宣传的,由建设主管部门责令改正,处五万元以上二十万元以下罚款。

第八十一条 公共机构采购用能产品、设备,未优先采购列入节能产品、设备政府采购名录中的产品、设备,或者采购国家明令淘汰的用能产品、设备的,由政府采购监督管理部门给予警告,可以并处罚款;对直接负责的主管人员和其他直接责任人员依法给予处分,并予通报。

第八十四条 重点用能单位未按照本法规定设立能源管理岗位,聘任能源管理负责人,并报管理节能工作的部门和有关部门备案的,由管理节能工作的部门责令改正;拒不改正的,处一万元以上三万元以下罚款。

第八十五条 违反本法规定,构成犯罪的,依法追究刑事责任。

第八十六条 国家工作人员在节能管理工作中滥用职权、玩忽职守、徇私舞弊,构成犯罪的,依法追究刑事责任;尚不构成犯罪的,依法给予处分。

第七章 附 则(略)

习 题

11-26 用能产品的生产者、销售者,提出节能产品认证申请( )。
  A. 可以根据自愿原则 B. 必须在产品上市前申请
  C. 不贴节能标志不能生产销售 D. 必须取得节能证书后销售

11-27 建筑工程的建设、设计、施工和监理单位应当遵守建筑节能标准,对于( )。
  A. 不符合建筑节能标准的建筑工程,建设主管部门不得批准开工建设
  B. 已经开工建设的除外
  C. 已经售出的房屋除外
  D. 不符合建筑节能标准的建筑工程必须降价出售

第八节 中华人民共和国环境保护法(摘要)

《中华人民共和国环境保护法》于1989年12月26日第七届全国人民代表大会常务委员会第十一次会议通过。2014年4月24日第十二届全国人民代表大会常务委员会第八次会议修订,2015年1月1日施行。

第一章 总 则

第一条 为保护和改善环境,防治污染和其他公害,保障公众健康,推进生态文明建设,促进经济社会可持续发展,制定本法。

第二条 本法所称环境,是指影响人类生存和发展的各种天然的和经过人工改造的自然因素的总体,包括大气、水、海洋、土地、矿藏、森林、草原、湿地、野生生物、自然遗迹、人文遗迹、自然保护区、风景名胜区、城市和乡村等。

第四条 保护环境是国家的基本国策。

国家采取有利于节约和循环利用资源、保护和改善环境、促进人与自然和谐的经济、技术政策和措施,使经济社会发展与环境保护相协调。

第五条 环境保护坚持保护优先、预防为主、综合治理、公众参与、损害担责的原则。

第十条 国务院环境保护主管部门,对全国环境保护工作实施统一监督管理;县级以上地方人民政府环境保护主管部门,对本行政区域环境保护工作实施统一监督管理。

第十一条 县级以上人民政府有关部门和军队环境保护部门,依照有关法律的规定对资源保护和污染防治等环境保护工作实施监督管理。

第十二条 每年6月5日为环境日。

第二章 监督管理

第十三条 县级以上人民政府应当将环境保护工作纳入国民经济和社会发展规划。

国务院环境保护主管部门会同有关部门,根据国民经济和社会发展规划编制国家环境保护规划,报国务院批准并公布实施。

县级以上地方人民政府环境保护主管部门会同有关部门,根据国家环境保护规划的要求,编制本行政区域的环境保护规划,报同级人民政府批准并公布实施。

环境保护规划的内容应当包括生态保护和污染防治的目标、任务、保障措施等,并与主体

功能区规划、土地利用总体规划和城乡规划等相衔接。

第十五条　国务院环境保护主管部门制定国家环境质量标准。

省、自治区、直辖市人民政府对国家环境质量标准中未作规定的项目,可以制定地方环境质量标准;对国家环境质量标准中已作规定的项目,可以制定严于国家环境质量标准的地方环境质量标准。地方环境质量标准应当报国务院环境保护主管部门备案。

国家鼓励开展环境基准研究。

第十六条　国务院环境保护主管部门根据国家环境质量标准和国家经济、技术条件,制定国家污染物排放标准。

省、自治区、直辖市人民政府对国家污染物排放标准中未作规定的项目,可以制定地方污染物排放标准;对国家污染物排放标准中已作规定的项目,可以制定严于国家污染物排放标准的地方污染物排放标准。地方污染物排放标准应当报国务院环境保护主管部门备案。

第十七条　国家建立、健全环境监测制度。国务院环境保护主管部门制定监测规范,会同有关部门组织监测网络,统一规划国家环境质量监测站(点)的设置,建立监测数据共享机制,加强对环境监测的管理。

有关行业、专业等各类环境质量监测站(点)的设置应当符合法律法规规定和监测规范的要求。

监测机构应当使用符合国家标准的监测设备,遵守监测规范。监测机构及其负责人对监测数据的真实性和准确性负责。

第十九条　编制有关开发利用规划,建设对环境有影响的项目,应当依法进行环境影响评价。

未依法进行环境影响评价的开发利用规划,不得组织实施;未依法进行环境影响评价的建设项目,不得开工建设。

第二十条　国家建立跨行政区域的重点区域、流域环境污染和生态破坏联合防治协调机制,实行统一规划、统一标准、统一监测、统一的防治措施。

前款规定以外的跨行政区域的环境污染和生态破坏的防治,由上级人民政府协调解决,或者由有关地方人民政府协商解决。

第二十四条　县级以上人民政府环境保护主管部门及其委托的环境监察机构和其他负有环境保护监督管理职责的部门,有权对排放污染物的企业事业单位和其他生产经营者进行现场检查。被检查者应当如实反映情况,提供必要的资料。实施现场检查的部门、机构及其工作人员应当为被检查者保守商业秘密。

第二十五条　企业事业单位和其他生产经营者违反法律法规规定排放污染物,造成或者可能造成严重污染的,县级以上人民政府环境保护主管部门和其他负有环境保护监督管理职责的部门,可以查封、扣押造成污染物排放的设施、设备。

第二十六条　国家实行环境保护目标责任制和考核评价制度。县级以上人民政府应当将环境保护目标完成情况纳入对本级人民政府负有环境保护监督管理职责的部门及其负责人和下级人民政府及其负责人的考核内容,作为对其考核评价的重要依据。考核结果应当向社会公开。

第三章　保护和改善环境

第二十八条　地方各级人民政府应当根据环境保护目标和治理任务,采取有效措施,改善环境质量。

未达到国家环境质量标准的重点区域、流域的有关地方人民政府,应当制定限期达标规划,并采取措施按期达标。

第三十条　开发利用自然资源,应当合理开发,保护生物多样性,保障生态安全,依法制定有关生态保护和恢复治理方案并予以实施。

引进外来物种以及研究、开发和利用生物技术,应当采取措施,防止对生物多样性的破坏。

第三十一条　国家建立、健全生态保护补偿制度。

国家加大对生态保护地区的财政转移支付力度。有关地方人民政府应当落实生态保护补偿资金,确保其用于生态保护补偿。

国家指导受益地区和生态保护地区人民政府通过协商或者按照市场规则进行生态保护补偿。

第三十二条　国家加强对大气、水、土壤等的保护,建立和完善相应的调查、监测、评估和修复制度。

第三十三条　各级人民政府应当加强对农业环境的保护,促进农业环境保护新技术的使用,加强对农业污染源的监测预警,统筹有关部门采取措施,防治土壤污染和土地沙化、盐渍化、贫瘠化、石漠化、地面沉降以及防治植被破坏、水土流失、水体富营养化、水源枯竭、种源灭绝等生态失调现象,推广植物病虫害的综合防治。

县级、乡级人民政府应当提高农村环境保护公共服务水平,推动农村环境综合整治。

第三十四条　国务院和沿海地方各级人民政府应当加强对海洋环境的保护。向海洋排放污染物、倾倒废弃物,进行海岸工程和海洋工程建设,应当符合法律法规规定和有关标准,防止和减少对海洋环境的污染损害。

第四章　防治污染和其他公害

第四十条　国家促进清洁生产和资源循环利用。

国务院有关部门和地方各级人民政府应当采取措施,推广清洁能源的生产和使用。

企业应当优先使用清洁能源,采用资源利用率高、污染物排放量少的工艺、设备以及废弃物综合利用技术和污染物无害化处理技术,减少污染物的产生。

第四十一条　建设项目中防治污染的设施,应当与主体工程同时设计、同时施工、同时投产使用。防治污染的设施应当符合经批准的环境影响评价文件的要求,不得擅自拆除或者闲置。

第四十二条　排放污染物的企业事业单位和其他生产经营者,应当采取措施,防治在生产建设或者其他活动中产生的废气、废水、废渣、医疗废物、粉尘、恶臭气体、放射性物质以及噪声、振动、光辐射、电磁辐射等对环境的污染和危害。

排放污染物的企业事业单位,应当建立环境保护责任制度,明确单位负责人和相关人员的责任。

重点排污单位应当按照国家有关规定和监测规范安装使用监测设备,保证监测设备正常运行,保存原始监测记录。

严禁通过暗管、渗井、渗坑、灌注或者篡改、伪造监测数据,或者不正常运行防治污染设施等逃避监管的方式违法排放污染物。

第四十三条　排放污染物的企业事业单位和其他生产经营者,应当按照国家有关规定缴纳排污费。排污费应当全部专项用于环境污染防治,任何单位和个人不得截留、挤占或者挪作他用。

依照法律规定征收环境保护税的,不再征收排污费。

第四十四条 国家实行重点污染物排放总量控制制度。重点污染物排放总量控制指标由国务院下达,省、自治区、直辖市人民政府分解落实。企业事业单位在执行国家和地方污染物排放标准的同时,应当遵守分解落实到本单位的重点污染物排放总量控制指标。

对超过国家重点污染物排放总量控制指标或者未完成国家确定的环境质量目标的地区,省级以上人民政府环境保护主管部门应当暂停审批其新增重点污染物排放总量的建设项目环境影响评价文件。

第四十五条 国家依照法律规定实行排污许可管理制度。

实行排污许可管理的企业事业单位和其他生产经营者应当按照排污许可证的要求排放污染物;未取得排污许可证的,不得排放污染物。

第四十八条 生产、储存、运输、销售、使用、处置化学物品和含有放射性物质的物品,应当遵守国家有关规定,防止污染环境。

第四十九条 各级人民政府及其农业等有关部门和机构应当指导农业生产经营者科学种植和养殖,科学合理施用农药、化肥等农业投入品,科学处置农用薄膜、农作物秸秆等农业废弃物,防止农业面源污染。

禁止将不符合农用标准和环境保护标准的固体废物、废水施入农田。施用农药、化肥等农业投入品及进行灌溉,应当采取措施,防止重金属和其他有毒有害物质污染环境。

畜禽养殖场、养殖小区、定点屠宰企业等的选址、建设和管理应当符合有关法律法规规定。从事畜禽养殖和屠宰的单位和个人应当采取措施,对畜禽粪便、尸体和污水等废弃物进行科学处置,防止污染环境。

县级人民政府负责组织农村生活废弃物的处置工作。

第五章 信息公开和公众参与

第五十三条 公民、法人和其他组织依法享有获取环境信息、参与和监督环境保护的权利。

各级人民政府环境保护主管部门和其他负有环境保护监督管理职责的部门,应当依法公开环境信息、完善公众参与程序,为公民、法人和其他组织参与和监督环境保护提供便利。

第五十四条 国务院环境保护主管部门统一发布国家环境质量、重点污染源监测信息及其他重大环境信息。省级以上人民政府环境保护主管部门定期发布环境状况公报。

县级以上人民政府环境保护主管部门和其他负有环境保护监督管理职责的部门,应当依法公开环境质量、环境监测、突发环境事件以及环境行政许可、行政处罚、排污费的征收和使用情况等信息。

县级以上地方人民政府环境保护主管部门和其他负有环境保护监督管理职责的部门,应当将企业事业单位和其他生产经营者的环境违法信息记入社会诚信档案,及时向社会公布违法者名单。

第五十五条 重点排污单位应当如实向社会公开其主要污染物的名称、排放方式、排放浓度和总量、超标排放情况,以及防治污染设施的建设和运行情况,接受社会监督。

第五十六条 对依法应当编制环境影响报告书的建设项目,建设单位应当在编制时向可能受影响的公众说明情况,充分征求意见。

负责审批建设项目环境影响评价文件的部门在收到建设项目环境影响报告书后,除涉及国家秘密和商业秘密的事项外,应当全文公开;发现建设项目未充分征求公众意见的,应当责成建设单位征求公众意见。

第五十七条　公民、法人和其他组织发现任何单位和个人有污染环境和破坏生态行为的,有权向环境保护主管部门或者其他负有环境保护监督管理职责的部门举报。

公民、法人和其他组织发现地方各级人民政府、县级以上人民政府环境保护主管部门和其他负有环境保护监督管理职责的部门不依法履行职责的,有权向其上级机关或者监察机关举报。

接受举报的机关应当对举报人的相关信息予以保密,保护举报人的合法权益。

第五十八条　对污染环境、破坏生态,损害社会公共利益的行为,符合下列条件的社会组织可以向人民法院提起诉讼:

(一)依法在设区的市级以上人民政府民政部门登记;

(二)专门从事环境保护公益活动连续五年以上且无违法记录。

符合前款规定的社会组织向人民法院提起诉讼,人民法院应当依法受理。

提起诉讼的社会组织不得通过诉讼牟取经济利益。

第六章　法律责任

第五十九条　企业事业单位和其他生产经营者违法排放污染物,受到罚款处罚,被责令改正,拒不改正的,依法作出处罚决定的行政机关可以自责令改正之日的次日起,按照原处罚数额按日连续处罚。

前款规定的罚款处罚,依照有关法律法规按照防治污染设施的运行成本、违法行为造成的直接损失或者违法所得等因素确定的规定执行。

地方性法规可以根据环境保护的实际需要,增加第一款规定的按日连续处罚的违法行为的种类。

第六十条　企业事业单位和其他生产经营者超过污染物排放标准或者超过重点污染物排放总量控制指标排放污染物的,县级以上人民政府环境保护主管部门可以责令其采取限制生产、停产整治等措施;情节严重的,报经有批准权的人民政府批准,责令停业、关闭。

第六十一条　建设单位未依法提交建设项目环境影响评价文件或者环境影响评价文件未经批准,擅自开工建设的,由负有环境保护监督管理职责的部门责令停止建设,处以罚款,并可以责令恢复原状。

第六十二条　违反本法规定,重点排污单位不公开或者不如实公开环境信息的,由县级以上地方人民政府环境保护主管部门责令公开,处以罚款,并予以公告。

第六十三条　企业事业单位和其他生产经营者有下列行为之一,尚不构成犯罪的,除依照有关法律法规规定予以处罚外,由县级以上人民政府环境保护主管部门或者其他有关部门将案件移送公安机关,对其直接负责的主管人员和其他直接责任人员,处十日以上十五日以下拘留;情节较轻的,处五日以上十日以下拘留:

(一)建设项目未依法进行环境影响评价,被责令停止建设,拒不执行的;

(二)违反法律规定,未取得排污许可证排放污染物,被责令停止排污,拒不执行的;

(三)通过暗管、渗井、渗坑、灌注或者篡改、伪造监测数据,或者不正常运行防治污染设施等逃避监管的方式违法排放污染物的;

(四)生产、使用国家明令禁止生产、使用的农药,被责令改正,拒不改正的。

第六十四条　因污染环境和破坏生态造成损害的,应当依照《中华人民共和国侵权责任法》的有关规定承担侵权责任。

第六十五条　环境影响评价机构、环境监测机构以及从事环境监测设备和防治污染设施维护、运营的机构，在有关环境服务活动中弄虚作假，对造成的环境污染和生态破坏负有责任的，除依照有关法律法规规定予以处罚外，还应当与造成环境污染和生态破坏的其他责任者承担连带责任。

第六十六条　提起环境损害赔偿诉讼的时效期间为三年，从当事人知道或者应当知道其受到损害时起计算。

第六十七条　上级人民政府及其环境保护主管部门应当加强对下级人民政府及其有关部门环境保护工作的监督。发现有关工作人员有违法行为，依法应当给予处分的，应当向其任免机关或者监察机关提出处分建议。

依法应当给予行政处罚，而有关环境保护主管部门不给予行政处罚的，上级人民政府环境保护主管部门可以直接作出行政处罚的决定。

第六十八条　地方各级人民政府、县级以上人民政府环境保护主管部门和其他负有环境保护监督管理职责的部门有下列行为之一的，对直接负责的主管人员和其他直接责任人员给予记过、记大过或者降级处分；造成严重后果的，给予撤职或者开除处分，其主要负责人应当引咎辞职：

（一）不符合行政许可条件准予行政许可的；
（二）对环境违法行为进行包庇的；
（三）依法应当作出责令停业、关闭的决定而未作出的；
（四）对超标排放污染物、采用逃避监管的方式排放污染物、造成环境事故以及不落实生态保护措施造成生态破坏等行为，发现或者接到举报未及时查处的；
（五）违反本法规定，查封、扣押企业事业单位和其他生产经营者的设施、设备的；
（六）篡改、伪造或者指使篡改、伪造监测数据的；
（七）应当依法公开环境信息而未公开的；
（八）将征收的排污费截留、挤占或者挪作他用的；
（九）法律法规规定的其他违法行为。

第六十九条　违反本法规定，构成犯罪的，依法追究刑事责任。

第七章　附　　则

第七十条　本法自2015年1月1日起施行。

【例11-15】根据《中华人民共和国环境保护法》的规定，下列关于建设项目中防治污染的设施的说法中，不正确的是：

　　A.防治污染的设施，必须与主体工程同时设计、同时施工、同时投入使用
　　B.防治污染的设施不得擅自拆除
　　C.防治污染的设施不得擅自闲置
　　D.防治污染的设施经建设行政主管部门验收合格后方可投入生产或者使用

解　选项D，应经环保部门验收，非建设行政主管部门验收，参见《中华人民共和国环境保护法》。

第十条　国务院环境保护主管部门，对全国环境保护工作实施统一监督管理；县级以上地方人民政府环境保护主管部门，对本行政区域环境保护工作实施统一监督管理。

县级以上人民政府有关部门和军队环境保护部门，依照有关法律的规定对资源保护和污染防治等环境保护工作实施监督管理。

第四十一条 建设项目中防治污染的设施,应当与主体工程同时设计、同时施工、同时投产使用。防治污染的设施应当符合经批准的环境影响评价文件的要求,不得擅自拆除或者闲置。

(旧《中华人民共和国环境保护法》第二十六条 建设项目中防治污染的措施,必须与主体工程同时设计、同时施工、同时投产使用。防治污染的设施必须经原审批环境影响报告书的环境保护行政主管部门验收合格后,该建设项目方可投入生产或者使用。)

答案:D

【例 11-16】 建设项目对环境可能造成轻度影响的,应当编制:
  A. 环境影响报告书   B. 环境影响报告表
  C. 环境影响分析表   D. 环境影响登记表

解 见《中华人民共和国环境影响评价法》第十六条。

国家根据建设项目对环境的影响程度,对建设项目的环境影响评价实行分类管理。

建设单位应当按照下列规定组织编制环境影响报告书、环境影响报告表或者填报环境影响登记表(以下统称环境影响评价文件):

(一)可能造成重大环境影响的,应当编制环境影响报告书,对产生的环境影响进行全面评价;

(二)可能造成轻度环境影响的,应当编制环境影响报告表,对产生的环境影响进行分析或者专项评价;

(三)对环境影响很小、不需要进行环境影响评价的,应当填报环境影响登记表。

建设项目的环境影响评价分类管理名录,由国务院环境保护行政主管部门制定并公布。

答案:B

习 题

11-28 按照新修订后的环境保护法的规定,下列说法正确的选项是( )。
  A. 排污单位必须事先取得排污许可证
  B. 排污单位应当事先在环保部门登记备案
  C. 污染物超出排放限量的必须交罚款后才能继续使用
  D. 罚款必须用于本单位的污染治理

11-29 建设项目防治污染的设施必须与主体工程做到几个同时,下列说法中哪个是不必要的?( )
  A. 同时设计   B. 同时施工
  C. 同时投产使用   D. 同时备案登记

11-30 建设项目未进行环境影响评价,被责令停止建设,拒不执行的( )。
  A. 可移交公安机关拘留直接负责的主管人员
  B. 交罚款后才能继续建设
  C. 经县级以上领导批准后可以继续建设
  D. 可向法院起诉直接责任人

第九节 建设工程勘察设计管理条例(摘要)

第一章 总 则

第四条 从事建设工程勘察、设计活动,应当坚持先勘察、后设计、再施工的原则。

第五条 县级以上人民政府建设行政主管部门和交通、水利等有关部门应当依照本条例的规定,加强对建设工程勘察、设计活动的监督管理。建设工程勘察、设计单位必须依法进行建设工程勘察、设计,严格执行工程建设强制性标准,并对建设工程勘察、设计的质量负责。

第六条 国家鼓励在建设工程勘察、设计活动中采用先进技术、先进工艺、先进设备、新型材料和现代管理方法。

第二章 资质资格管理

第七条 国家对从事建设工程勘察、设计活动的单位,实行资质管理制度。具体办法由国务院建设行政主管部门商国务院有关部门制定。

第八条 建设工程勘察、设计单位应当在其资质等级许可的范围内承揽建设工程勘察、设计业务。禁止建设工程勘察、设计单位超越其资质等级许可的范围或者以其他建设工程勘察、设计单位的名义承揽建设工程勘察、设计业务。禁止建设工程勘察、设计单位允许其他单位或者个人以本单位的名义承揽建设工程勘察、设计业务。

第九条 国家对从事建设工程勘察、设计活动的专业技术人员,实行执业资格注册管理制度。未经注册的建设工程勘察、设计人员,不得以注册执业人员的名义从事建设工程勘察、设计活动。

第十条 建设工程勘察、设计注册执业人员和其他专业技术人员只能受聘于一个建设工程勘察、设计单位;未受聘于建设工程勘察、设计单位的,不得从事建设工程的勘察、设计活动。

第十一条 建设工程勘察、设计单位资质证书和执业人员注册证书,由国务院建设行政主管部门统一制作。

第三章 建设工程勘察设计发包与承包

第十二条 建设工程勘察、设计发包依法实行招标发包或者直接发包。

第十三条 建设工程勘察、设计应当依照《中华人民共和国招标投标法》的规定,实行招标发包。

第十四条 建设工程勘察、设计方案评标,应当以投标人的业绩、信誉和勘察、设计人员的能力以及勘察、设计方案的优劣为依据,进行综合评定。

第十五条 建设工程勘察、设计的招标人应当在评标委员会推荐的候选方案中确定中标方案。但是,建设工程勘察、设计的招标人认为评标委员会推荐的候选方案不能最大限度满足招标文件规定的要求的,应当依法重新招标。

第十六条 下列建设工程的勘察、设计,经有关主管部门批准,可以直接发包:

(一)采用特定的专利或者专有技术的;

(二)建筑艺术造型有特殊要求的;

(三)国务院规定的其他建设工程的勘察、设计。

第十七条 发包方不得将建设工程勘察、设计业务发包给不具有相应勘察、设计资质等级的建设工程勘察、设计单位。

第十八条 发包方可以将整个建设工程的勘察、设计发包给一个勘察、设计单位;也可以将建设工程的勘察、设计分别发包给几个勘察、设计单位。

第十九条 除建设工程主体部分的勘察、设计外,经发包方书面同意,承包方可以将建设工程其他部分的勘察、设计再分包给其他具有相应资质等级的建设工程勘察、设计单位。

第二十条 建设工程勘察、设计单位不得将所承揽的建设工程勘察、设计转包。

第二十一条 承包方必须在建设工程勘察、设计资质证书规定的资质等级和业务范围内承揽建设工程的勘察、设计业务。

第四章 建设工程勘察设计文件的编制与实施

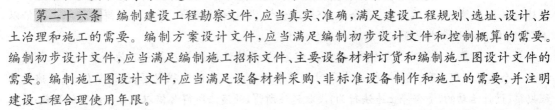

第二十五条 编制建设工程勘察、设计文件,应当以下列规定为依据:

(一)项目批准文件;

(二)城乡规划;

(三)工程建设强制性标准;

(四)国家规定的建设工程勘察、设计深度要求。

铁路、交通、水利等专业建设工程,还应当以专业规划的要求为依据。

第二十六条 编制建设工程勘察文件,应当真实、准确,满足建设工程规划、选址、设计、岩土治理和施工的需要。编制方案设计文件,应当满足编制初步设计文件和控制概算的需要。编制初步设计文件,应当满足编制施工招标文件、主要设备材料订货和编制施工图设计文件的需要。编制施工图设计文件,应当满足设备材料采购、非标准设备制作和施工的需要,并注明建设工程合理使用年限。

第二十七条 设计文件中选用的材料、构配件、设备,应当注明其规格、型号、性能等技术指标,其质量要求必须符合国家规定的标准。除有特殊要求的建筑材料、专用设备和工艺生产线等外,设计单位不得指定生产厂、供应商。

第二十八条 建设单位、施工单位、监理单位不得修改建设工程勘察、设计文件;确需修改建设工程勘察、设计文件的,应当由原建设工程勘察、设计单位修改。经原建设工程勘察、设计单位书面同意,建设单位也可以委托其他具有相应资质的建设工程勘察、设计单位修改。修改单位对修改的勘察、设计文件承担相应责任。施工单位、监理单位发现建设工程勘察、设计文件不符合工程建设强制性标准、合同约定的质量要求的,应当报告建设单位,建设单位有权要求建设工程勘察、设计单位对建设工程勘察、设计文件进行补充、修改。建设工程勘察、设计文件内容需要作重大修改的,建设单位应当报经原审批机关批准后,方可修改。

第二十九条 建设工程勘察、设计文件中规定采用的新技术、新材料,可能影响建设工程质量和安全,又没有国家技术标准的,应当由国家认可的检测机构进行试验、论证,出具检测报告,并经国务院有关部门或者省、自治区、直辖市人民政府有关部门组织的建设工程技术专家委员会审定后,方可使用。

第五章 监 督 管 理

第三十一条 国务院建设行政主管部门对全国的建设工程勘察、设计活动实施统一监督管理。国务院铁路、交通、水利等有关部门按照国务院规定的职责分工,负责对全国的有关专业建设工程勘察、设计活动的监督管理。县级以上地方人民政府建设行政主管部门对本行政区域内的建设工程勘察、设计活动实施监督管理。县级以上地方人民政府交通、水利等有关部门在各自的职责范围内,负责对本行政区域内的有关专业建设工程勘察、设计活动的监督管理。

第三十二条 建设工程勘察、设计单位在建设工程勘察、设计资质证书规定的业务范围内跨部门、跨地区承揽勘察、设计业务的,有关地方人民政府及其所属部门不得设置障碍,不得违反国家规定收取任何费用。

第三十三条　县级以上人民政府建设行政主管部门或者交通、水利等有关部门应当对施工图设计文件中涉及公共利益、公众安全、工程建设强制性标准的内容进行审查。施工图设计文件未经审查批准的,不得使用。

第三十四条　任何单位和个人对建设工程勘察、设计活动中的违法行为都有权检举、控告、投诉。

第六章　罚　　则

第三十五条　违反本条例第八条规定的,责令停止违法行为,处合同约定的勘察费、设计费1倍以上2倍以下的罚款,有违法所得的,予以没收;可以责令停业整顿,降低资质等级;情节严重的,吊销资质证书。未取得资质证书承揽工程的,予以取缔,依照前款规定处以罚款;有违法所得的,予以没收。以欺骗手段取得资质证书承揽工程的,吊销资质证书,依照本条第一款规定处以罚款;有违法所得的,予以没收。

第三十六条　违反本条例规定,未经注册,擅自以注册建设工程勘察、设计人员的名义从事建设工程勘察、设计活动的,责令停止违法行为,没收违法所得,处违法所得2倍以上5倍以下罚款;给他人造成损失的,依法承担赔偿责任。

第三十七条　违反本条例规定,建设工程勘察、设计注册执业人员和其他专业技术人员未受聘于一个建设工程勘察、设计单位或者同时受聘于两个以上建设工程勘察、设计单位,从事建设工程勘察、设计活动的,责令停止违法行为,没收违法所得,处违法所得2倍以上5倍以下的罚款;情节严重的,可以责令停止执行业务或者吊销资格证书;给他人造成损失的,依法承担赔偿责任。

第三十八条　违反本条例规定,发包方将建设工程勘察、设计业务发包给不具有相应资质等级的建设工程勘察、设计单位的,责令改正,处50万元以上100万元以下的罚款。

第三十九条　违反本条例规定,建设工程勘察、设计单位将所承揽的建设工程勘察、设计转包的,责令改正,没收违法所得,处合同约定的勘察费、设计费25%以上50%以下的罚款,可以责令停业整顿,降低资质等级;情节严重的,吊销资质证书。

第四十条　违反本条例规定,勘察、设计单位未依据项目批准文件,城乡规划及专业规划,国家规定的建设工程勘察、设计深度要求编制建设工程勘察、设计文件的,责令限期改正;逾期不改正的,处10万元以上30万元以下的罚款;造成工程质量事故或者环境污染和生态破坏的,责令停业整顿,降低资质等级;情节严重的,吊销资质证书;造成损失的,依法承担赔偿责任。

第四十一条　违反本条例规定,有下列行为之一的,依照《建设工程质量管理条例》第六十三条的规定给予处罚:

(一)勘察单位未按照工程建设强制性标准进行勘察的;
(二)设计单位未根据勘察成果文件进行工程设计的;
(三)设计单位指定建筑材料、建筑构配件的生产厂、供应商的;
(四)设计单位未按照工程建设强制性标准进行设计的。

第七章　附　　则(略)

第十节　建设工程质量管理条例(摘要)

第一章　总　　则

第二条　凡在中华人民共和国境内从事建设工程的新建、扩建、改建等有关活动及实施对建设工程质量监督管理的,必须遵守本条例。

本条例所称建设工程,是指土木工程、建筑工程、线路管道和设备安装工程及装修工程。

第三条 建设单位、勘察单位、设计单位、施工单位、工程监理单位依法对建设工程质量负责。

第四条 县级以上人民政府建设行政主管部门和其他有关部门应当加强对建设工程质量的监督管理。

第五条 从事建设工程活动,必须严格执行基本建设程序,坚持先勘察、后设计、再施工的原则。

县级以上人民政府及其有关部门不得超越权限审批建设项目或者擅自简化基本建设程序。

第二章 建设单位的质量责任和义务

第七条 建设单位应当将工程发包给具有相应资质等级的单位。

建设单位不得将建设工程肢解发包。

第八条 建设单位应当依法对工程建设项目的勘察、设计、施工、监理以及与工程建设有关的重要设备、材料等的采购进行招标。

第十条 建设工程发包单位,不得迫使承包方以低于成本的价格竞标,不得任意压缩合理工期。

建设单位不得明示或者暗示设计单位或者施工单位违反工程建设强制性标准,降低建设工程质量。

第十一条 建设单位应当将施工图设计文件报县级以上人民政府建设行政主管部门或者其他有关部门审查。施工图设计文件审查的具体办法,由国务院建设行政主管部门会同国务院其他有关部门制定。

施工图设计文件未经审查批准的,不得使用。

第十二条 实行监理的建设工程,建设单位应当委托具有相应资质等级的工程监理单位进行监理,也可以委托具有工程监理相应资质等级并与被监理工程的施工承包单位没有隶属关系或者其他利害关系的该工程的设计单位进行监理。

下列建设工程必须实行监理:

(一)国家重点建设工程;

(二)大中型公用事业工程;

(三)成片开发建设的住宅小区工程;

(四)利用外国政府或者国际组织贷款、援助资金的工程;

(五)国家规定必须实行监理的其他工程。

第十三条 建设单位在领取施工许可证或者开工报告前,应当按照国家有关规定办理工程质量监督手续。

第十六条 建设单位收到建设工程竣工报告后,应当组织设计、施工、工程监理等有关单位进行竣工验收。

建设工程竣工验收应当具备下列条件:

(一)完成建设工程设计和合同约定的各项内容;

(二)有完整的技术档案和施工管理资料;

(三)有工程使用的主要建筑材料、建筑构配件和设备的进场试验报告;

（四）有勘察、设计、施工、工程监理等单位分别签署的质量合格文件；

（五）有施工单位签署的工程保修书。

建设工程经验收合格的，方可交付使用。

第三章　勘察、设计单位的质量责任和义务

第十八条　从事建设工程勘察、设计的单位应当依法取得相应等级的资质证书，并在其资质等级许可的范围内承揽工程。

禁止勘察、设计单位超越其资质等级许可的范围或者以其他勘察、设计单位的名义承揽工程。禁止勘察、设计单位允许其他单位或者个人以本单位的名义承揽工程。

勘察、设计单位不得转包或者违法分包所承揽的工程。

第十九条　勘察、设计单位必须按照工程建设强制性标准进行勘察、设计，并对其勘察、设计的质量负责。

注册建筑师、注册结构工程师等注册执业人员应当在设计文件上签字，对设计文件负责。

第二十二条　设计单位在设计文件中选用的建筑材料、建筑构配件和设备，应当注明规格、型号、性能等技术指标，其质量要求必须符合国家规定的标准。

除有特殊要求的建筑材料、专用设备、工艺生产线等外，设计单位不得指定生产厂、供应商。

第四章　施工单位的质量责任和义务

第二十五条　施工单位应当依法取得相应等级的资质证书，并在其资质等级许可的范围内承揽工程。

禁止施工单位超越本单位资质等级许可的业务范围或者以其他施工单位的名义承揽工程。禁止施工单位允许其他单位或者个人以本单位的名义承揽工程。

施工单位不得转包或者违法分包工程。

第二十七条　总承包单位依法将建设工程分包给其他单位的，分包单位应当按照分包合同的约定对其分包工程的质量向总承包单位负责，总承包单位与分包单位对分包工程的质量承担连带责任。

第二十八条　施工单位必须按照工程设计图纸和施工技术标准施工，不得擅自修改工程设计，不得偷工减料。

施工单位在施工过程中发现设计文件和图纸有差错的，应当及时提出意见和建议。

第三十一条　施工人员对涉及结构安全的试块、试件以及有关材料，应当在建设单位或者工程监理单位监督下现场取样，并送具有相应资质等级的质量检测单位进行检测。

第五章　工程监理单位的质量责任和义务

第三十四条　工程监理单位应当依法取得相应等级的资质证书，并在其资质等级许可的范围内承担工程监理业务。

禁止工程监理单位超越本单位资质等级许可的范围或者以其他工程监理单位的名义承担工程监理业务。禁止工程监理单位允许其他单位或者个人以本单位的名义承担工程监理业务。

工程监理单位不得转让工程监理业务。

第三十五条　工程监理单位与被监理工程的施工承包单位以及建筑材料、建筑构配件和设备供应单位不得有隶属关系或者其他利害关系的，不得承担该项建设工程的监理业务。

第三十六条　工程监理单位应当依照法律、法规以及有关技术标准、设计文件和建设工程承包合同，代表建设单位对施工质量实施监理，并对施工质量承担监理责任。

第三十七条　工程监理单位应当选派具备相应资格的总监理工程师和监理工程师进驻施

工现场。

未经监理工程师签字,建筑材料、建筑构配件和设备不得在工程上使用或者安装,施工单位不得进行下一道工序的施工。未经总监理工程师签字,建设单位不拨付工程款,不进行竣工验收。

第六章 建设工程质量保修

第三十九条 建设工程实行质量保修制度。

建设工程承包单位在向建设单位提交工程竣工验收报告时,应当向建设单位出具质量保修书。质量保修书中应当明确建设工程的保修范围、保修期限和保修责任等。

第四十条 在正常使用条件下,建设工程的最低保修期限为:

(一)基础设施工程、房屋建筑的地基基础工程和主体结构工程,为设计文件规定的该工程的合理使用年限;

(二)屋面防水工程、有防水要求的卫生间、房间和外墙面的防渗漏,为5年;

(三)供热与供冷系统,为2个采暖期、供冷期;

(四)电气管线、给排水管道、设备安装和装修工程,为2年。

其他项目的保修期限由发包方与承包方约定。

建设工程的保修期,自竣工验收合格之日起计算。

第七章 监 督 管 理

第四十三条 国家实行建设工程质量监督管理制度。

第四十九条 建设单位应当自建设工程竣工验收合格之日起15日内,将建设工程竣工验收报告和规划、公安消防、环保等部门出具的认可文件或者准许使用文件报建设行政主管部门或者其他有关部门备案。

建设行政主管部门或者其他有关部门发现建设单位在竣工验收过程中有违反国家有关建设工程质量管理规定行为的,责令停止使用,重新组织竣工验收。

第五十一条 供水、供电、供气、公安消防等部门或者单位不得明示或者暗示建设单位、施工单位购买其指定的生产供应单位的建筑材料、建筑构配件和设备。

第八章 罚 则

第六十条 违反本条例规定,勘察、设计、施工、工程监理单位超越本单位资质等级承揽工程的,责令停止违法行为,对勘察、设计单位或者工程监理单位处合同约定的勘察费、设计费或者监理酬金1倍以上2倍以下的罚款;对施工单位处工程合同价款2%以上4%以下的罚款,可以责令停业整顿,降低资质等级;情节严重的,吊销资质证书;有违法所得的,予以没收。

未取得资质证书承揽工程的,予以取缔,依照前款规定处以罚款;有违法所得的,予以没收。

以欺骗手段取得资质证书承揽工程的,吊销资质证书,依照本条第一款规定处以罚款;有违法所得的,予以没收。

第六十一条 违反本条例规定,勘察、设计、施工、工程监理单位允许其他单位或者个人以本单位名义承揽工程的,责令改正,没收违法所得,对勘察、设计单位和工程监理单位处合同约定的勘察费、设计费和监理酬金1倍以上2倍以下的罚款;对施工单位处工程合同价款2%以上4%以下的罚款;可以责令停业整顿,降低资质等级;情节严重的,吊销资质证书。

第六十二条 违反本条例规定,承包单位将承包的工程转包或者违法分包的,责令改正,没收违法所得,对勘察、设计单位处合同约定的勘察费、设计费25%以上50%以下的罚款;对施工单位处工程合同价款0.5%以上1%以下的罚款;可以责令停业整顿,降低资质等级;情节严重的,吊销资质证书。

第六十三条　违反本条例规定,有下列行为之一的,责令改正,处10万元以上30万元以下的罚款:

(一)勘察单位未按照工程建设强制性标准进行勘察的;

(二)设计单位未根据勘察成果文件进行工程设计的;

(三)设计单位指定建筑材料、建筑构配件的生产厂、供应商的;

(四)设计单位未按照工程建设强制性标准进行设计的。

有前款所列行为,造成重大工程质量事故的,责令停业整顿,降低资质等级;情节严重的,吊销资质证书;造成损失的,依法承担赔偿责任。

第七十二条　违反本条例规定,注册建筑师、注册结构工程师、监理工程师等注册执业人员因过错造成质量事故的,责令停止执业1年;造成重大质量事故的,吊销执业资格证书,5年以内不予注册;情节特别恶劣的,终身不予注册。

第七十三条　依照本条例规定,给予单位罚款处罚的,对单位直接负责的主管人员和其他直接责任人员处单位罚款数额5%以上10%以下的罚款。

第七十四条　建设单位、设计单位、施工单位、工程监理单位违反国家规定,降低工程质量标准,造成重大安全事故,构成犯罪的,对直接责任人员依法追究刑事责任。

第七十五条　本条例规定的责令停业整顿,降低资质等级和吊销资质证书的行政处罚,由颁发资质证书的机关决定;其他行政处罚,由建设行政主管部门或者其他有关部门依照法定职权决定。

依照本条例规定被吊销资质证书的,由工商行政管理部门吊销其营业执照。

第七十七条　建设、勘察、设计、施工、工程监理单位的工作人员因调动工作、退休等原因离开该单位后,被发现在该单位工作期间违反国家有关建设工程质量管理规定,造成重大工程质量事故的,仍应当依法追究法律责任。

第九章　附　则(略)

【例11-17】根据《建设工程质量管理条例》的规定,监理单位代表建设单位对施工质量实施监理,并对施工质量承担监理责任,其监理的依据不包括:

　　　　A.有关技术标准　　　　　　B.设计文件
　　　　C.工程承包合同　　　　　　D.建设单位指令

解　《中华人民共和国建筑法》第三十二条规定,建筑工程监理应当依照法律、行政法规及有关的技术标准、设计文件和建筑工程承包合同,对承包单位在施工质量、建设工期和建设资金使用等方面,代表建设单位实施监督。

答案:D

【例11-18】有关建设单位的工程质量责任与义务,下列理解错误的是:

　　　　A.可将一个工程的各部位分包给不同的设计或施工单位
　　　　B.发包给具有相应资质登记的单位
　　　　C.领取施工许可证或者开工前,办理工程质量监督手续
　　　　D.委托具有相应资质等级的工程监理单位进行监理

解　《中华人民共和国建筑法》第二十四条规定,提倡对建筑工程实行总承包,禁止将建筑工程肢解发包。

答案:A

习 题

11-31 工程勘察设计单位超越其资质等级许可的范围承揽建设工程勘察设计业务的,将责令停止违法行为,处罚款额为合同约定的勘察费、设计费的多少倍?（　　）
  A. 1倍以下　　 B. 1倍以上,2倍以下
  C. 2倍以上,5倍以下　 D. 5倍以上,10倍以下

11-32 《建设工程质量管理条例》规定,建设单位拨付工程款必须经(　　)签字。
  A. 总经理　　 B. 总经济师
  C. 总工程师　　 D. 总监理工程师

第十一节　建设工程安全生产管理条例（摘要）

第一章　总　则

第一条　为了加强建设工程安全生产监督管理,保障人民群众生命和财产安全,根据《中华人民共和国建筑法》《中华人民共和国安全生产法》,制定本条例。

第二条　在中华人民共和国境内从事建设工程的新建、扩建、改建和拆除等有关活动及实施对建设工程安全生产的监督管理,必须遵守本条例。

本条例所称建设工程,是指土木工程、建筑工程、线路管道和设备安装工程及装修工程。

第三条　建设工程安全生产管理,坚持安全第一、预防为主的方针。

第四条　建设单位、勘察单位、设计单位、施工单位、工程监理单位及其他与建设工程安全生产有关的单位,必须遵守安全生产法律、法规的规定,保证建设工程安全生产,依法承担建设工程安全生产责任。

第五条　国家鼓励建设工程安全生产的科学技术研究和先进技术的推广应用,推进建设工程安全生产的科学管理。

第二章　建设单位的安全责任

第六条　建设单位应当向施工单位提供施工现场及毗邻区域内供水、排水、供电、供气、供热、通信、广播电视等地下管线资料,气象和水文观测资料,相邻建筑物和构筑物、地下工程的有关资料,并保证资料的真实、准确、完整。

建设单位因建设工程需要,向有关部门或者单位查询前款规定的资料时,有关部门或者单位应当及时提供。

第七条　建设单位不得对勘察、设计、施工、工程监理等单位提出不符合建设工程安全生产法律、法规和强制性标准规定的要求,不得压缩合同约定的工期。

第八条　建设单位在编制工程概算时,应当确定建设工程安全作业环境及安全施工措施所需费用。

第九条　建设单位不得明示或者暗示施工单位购买、租赁、使用不符合安全施工要求的安全防护用具、机械设备、施工机具及配件、消防设施和器材。

第十条　建设单位在申请领取施工许可证时,应当提供建设工程有关安全施工措施的资料。

依法批准开工报告的建设工程,建设单位应当自开工报告批准之日起15日内,将保证安全施工的措施报送建设工程所在地的县级以上地方人民政府建设行政主管部门或者其他有关

部门备案。

第十一条 建设单位应当将拆除工程发包给具有相应资质等级的施工单位。

建设单位应当在拆除工程施工15日前,将下列资料报送建设工程所在地的县级以上地方人民政府建设行政主管部门或者其他有关部门备案:

(一)施工单位资质等级证明;
(二)拟拆除建筑物、构筑物及可能危及毗邻建筑的说明;
(三)拆除施工组织方案;
(四)堆放、清除废弃物的措施。

实施爆破作业的,应当遵守国家有关民用爆炸物品管理的规定。

第三章 勘察、设计、工程监理及其他有关单位的安全责任

第十二条 勘察单位应当按照法律、法规和工程建设强制性标准进行勘察,提供的勘察文件应当真实、准确,满足建设工程安全生产的需要。

勘察单位在勘察作业时,应当严格执行操作规程,采取措施保证各类管线、设施和周边建筑物、构筑物的安全。

第十三条 设计单位应当按照法律、法规和工程建设强制性标准进行设计,防止因设计不合理导致生产安全事故的发生。

设计单位应当考虑施工安全操作和防护的需要,对涉及施工安全的重点部位和环节在设计文件中注明,并对防范生产安全事故提出指导意见。

采用新结构、新材料、新工艺的建设工程和特殊结构的建设工程,设计单位应当在设计中提出保障施工作业人员安全和预防生产安全事故的措施建议。

设计单位和注册建筑师等注册执业人员应当对其设计负责。

第十四条 工程监理单位应当审查施工组织设计中的安全技术措施或者专项施工方案是否符合工程建设强制性标准。

工程监理单位在实施监理过程中,发现存在安全事故隐患的,应当要求施工单位整改;情况严重的,应当要求施工单位暂时停止施工,并及时报告建设单位。施工单位拒不整改或者不停止施工的,工程监理单位应当及时向有关主管部门报告。

工程监理单位和监理工程师应当按照法律、法规和工程建设强制性标准实施监理,并对建设工程安全生产承担监理责任。

第十五条 为建设工程提供机械设备和配件的单位,应当按照安全施工的要求配备齐全有效的保险、限位等安全设施和装置。

第十六条 出租的机械设备和施工机具及配件,应当具有生产(制造)许可证、产品合格证。

出租单位应当对出租的机械设备和施工机具及配件的安全性能进行检测,在签订租赁协议时,应当出具检测合格证明。

禁止出租检测不合格的机械设备和施工机具及配件。

第十七条 在施工现场安装、拆卸施工起重机械和整体提升脚手架、模板等自升式架设设施,必须由具有相应资质的单位承担。

安装、拆卸施工起重机械和整体提升脚手架、模板等自升式架设设施,应当编制拆装方案、制定安全施工措施,并由专业技术人员现场监督。

施工起重机械和整体提升脚手架、模板等自升式架设设施安装完毕后,安装单位应当自

检,出具自检合格证明,并向施工单位进行安全使用说明,办理验收手续并签字。

第四章 施工单位的安全责任

第二十条 施工单位从事建设工程的新建、扩建、改建和拆除等活动,应当具备国家规定的注册资本、专业技术人员、技术装备和安全生产等条件,依法取得相应等级的资质证书,并在其资质等级许可的范围内承揽工程。

第二十一条 施工单位主要负责人依法对本单位的安全生产工作全面负责。施工单位应当建立健全安全生产责任制度和安全生产教育培训制度,制定安全生产规章制度和操作规程,保证本单位安全生产条件所需资金的投入,对所承担的建设工程进行定期和专项安全检查,并做好安全检查记录。

施工单位的项目负责人应当由取得相应执业资格的人员担任,对建设工程项目的安全施工负责,落实安全生产责任制度、安全生产规章制度和操作规程,确保安全生产费用的有效使用,并根据工程的特点组织制定安全施工措施,消除安全事故隐患,及时、如实报告生产安全事故。

第二十二条 施工单位对列入建设工程概算的安全作业环境及安全施工措施所需费用,应当用于施工安全防护用具及设施的采购和更新、安全施工措施的落实、安全生产条件的改善,不得挪作他用。

第二十三条 施工单位应当设立安全生产管理机构,配备专职安全生产管理人员。

第二十四条 建设工程实行施工总承包的,由总承包单位对施工现场的安全生产负总责。总承包单位应当自行完成建设工程主体结构的施工。

总承包单位依法将建设工程分包给其他单位的,分包合同中应当明确各自的安全生产方面的权利、义务。总承包单位和分包单位对分包工程的安全生产承担连带责任。

分包单位应当服从总承包单位的安全生产管理,分包单位不服从管理导致生产安全事故的,由分包单位承担主要责任。

第二十五条 垂直运输机械作业人员、安装拆卸工、爆破作业人员、起重信号工、登高架设作业人员等特种作业人员,必须按照国家有关规定经过专门的安全作业培训,并取得特种作业操作资格证书后,方可上岗作业。

第二十六条 施工单位应当在施工组织设计中编制安全技术措施和施工现场临时用电方案,对下列达到一定规模的危险性较大的分部分项工程编制专项施工方案,并附具安全验算结果,经施工单位技术负责人、总监理工程师签字后实施,由专职安全生产管理人员进行现场监督:

(一)基坑支护与降水工程;
(二)土方开挖工程;
(三)模板工程;
(四)起重吊装工程;
(五)脚手架工程;
(六)拆除、爆破工程;
(七)国务院建设行政主管部门或者其他有关部门规定的其他危险性较大的工程。

对前款所列工程中涉及深基坑、地下暗挖工程、高大模板工程的专项施工方案,施工单位还应当组织专家进行论证、审查。

第二十七条 建设工程施工前,施工单位负责项目管理的技术人员应当对有关安全施工的技术要求向施工作业班组、作业人员作出详细说明,并由双方签字确认。

第二十八条 施工单位应当在施工现场入口处、施工起重机械、临时用电设施、脚手架、出入通道口、楼梯口、电梯井口、孔洞口、桥梁口、隧道口、基坑边沿、爆破物及有害危险气体和液体存放处等危险部位,设置明显的安全警示标志。安全警示标志必须符合国家标准。

施工单位应当根据不同施工阶段和周围环境及季节、气候的变化,在施工现场采取相应的安全施工措施。施工现场暂时停止施工的,施工单位应当做好现场防护,所需费用由责任方承担,或者按照合同约定执行。

第二十九条 施工单位应当将施工现场的办公、生活区与作业区分开设置,并保持安全距离;办公、生活区的选址应当符合安全性要求。职工的膳食、饮水、休息场所等应当符合卫生标准。施工单位不得在尚未竣工的建筑物内设置员工集体宿舍。

施工现场临时搭建的建筑物应当符合安全使用要求。施工现场使用的装配式活动房屋应当具有产品合格证。

第三十条 施工单位对因建设工程施工可能造成损害的毗邻建筑物、构筑物和地下管线等,应当采取专项防护措施。

施工单位应当遵守有关环境保护法律、法规的规定,在施工现场采取措施,防止或者减少粉尘、废气、废水、固体废物、噪声、振动和施工照明对人和环境的危害和污染。

在城市市区内的建设工程,施工单位应当对施工现场实行封闭围挡。

第三十六条 施工单位的主要负责人、项目负责人、专职安全生产管理人员应当经建设行政主管部门或者其他有关部门考核合格后方可任职。

施工单位应当对管理人员和作业人员每年至少进行一次安全生产教育培训,其教育培训情况记入个人工作档案。安全生产教育培训考核不合格的人员,不得上岗。

第五章 监督管理

第四十三条 县级以上人民政府负有建设工程安全生产监督管理职责的部门在各自的职责范围内履行安全监督检查职责时,有权采取下列措施:

(一)要求被检查单位提供有关建设工程安全生产的文件和资料;

(二)进入被检查单位施工现场进行检查;

(三)纠正施工中违反安全生产要求的行为;

(四)对检查中发现的安全事故隐患,责令立即排除;重大安全事故隐患排除前或者排除过程中无法保证安全的,责令从危险区域内撤出作业人员或者暂时停止施工。

第六章 生产安全事故的应急救援和调查处理

第四十七条 县级以上地方人民政府建设行政主管部门应当根据本级人民政府的要求,制定本行政区域内建设工程特大生产安全事故应急救援预案。

第四十八条 施工单位应当制定本单位生产安全事故应急救援预案,建立应急救援组织或者配备应急救援人员,配备必要的应急救援器材、设备,并定期组织演练。

第四十九条 施工单位应当根据建设工程施工的特点、范围,对施工现场易发生重大事故的部位、环节进行监控,制定施工现场生产安全事故应急救援预案。实行施工总承包的,由总承包单位统一组织编制建设工程生产安全事故应急救援预案,工程总承包单位和分包单位按照应急救援预案,各自建立应急救援组织或者配备应急救援人员,配备救援器材、设备,并定期组织演练。

第五十条 施工单位发生生产安全事故,应当按照国家有关伤亡事故报告和调查处理的规定,及时、如实地向负责安全生产监督管理的部门、建设行政主管部门或者其他有关部门报告;特种设备发生事故的,还应当同时向特种设备安全监督管理部门报告。接到报告的部门应当按照国家有关规定,如实上报。

实行施工总承包的建设工程,由总承包单位负责上报事故。

第五十一条 发生生产安全事故后,施工单位应当采取措施防止事故扩大,保护事故现场。需要移动现场物品时,应当作出标记和书面记录,妥善保管有关证物。

第五十二条 建设工程生产安全事故的调查、对事故责任单位和责任人的处罚与处理,按照有关法律、法规的规定执行。

第七章 法律责任(略)
第八章 附 则(略)

【例 11-19】 根据《建设工程安全生产管理条例》的规定,施工单位实施爆破、起重吊装等施工时,应当安排现场的监督人员是:

  A. 项目管理技术人员   B. 应急救援人员
  C. 专职安全生产管理人员   D. 专职质量管理人员

解 《中华人民共和国安全法》第四十条规定,生产经营单位进行爆破、吊装以及国务院安全生产监督管理部门会同国务院有关部门规定的其他危险作业,应当安排专门人员进行现场安全管理,确保操作规程的遵守和安全措施的落实。

答案:C

习 题

11-33 深基坑支护与降水工程、模板工程、脚手架工程的施工专项方案必须经下列哪些人员签字后实施?( )

①经施工单位技术负责人 ②总监理工程师 ③结构设计人 ④施工方法人代表

  A. ①②   B. ①②③   C. ①②③④   D. ①④

11-34 施工现场及毗邻区域内的各种管线及地下工程的有关资料( )。

  A. 应由建设单位向施工单位提供   B. 施工单位必须在开工前自行查清
  C. 应由监理单位提供   D. 应由政府有关部门提供

习题提示及参考答案

11-1 **提示:**《中华人民共和国建筑法》第七条规定,建筑工程开工前,建设单位应当按照国家有关规定向工程所在地县级以上人民政府建设行政主管部门申请领取施工许可证;但是,国务院建设行政主管部门确定的限额以下的小型工程除外。按照国务院规定的权限和程序批准开工报告的建筑工程,不再领取施工许可证。

答案:D

11-2 **提示:**《中华人民共和国建筑法》第九条规定,建设单位应当自领取施工许可证之日起三个月内开工。因故不能按期开工的,应当向发证机关申请延期;延期以两次为限,每次不超过三个月。既不开工又不申请延期或者超过延期时限的,施工许可证自行废止。

答案:A

11-3 提示:《中华人民共和国建筑法》第三节。
答案:C

11-4 提示:《中华人民共和国建筑法》第二条规定,在中华人民共和国境内从事建筑活动,实施对建筑活动的监督管理,应当遵守本法。本法所称建筑活动,是指各类房屋建筑及其附属设施的建造和与其配套的线路、管道、设备的安装活动。
答案:B

11-5 提示:《中华人民共和国建筑法》第三十条规定,国家推行建筑工程监理制度。国务院可以规定实行强制监理的建筑工程的范围。
答案:A

11-6 提示:见《中华人民共和国建筑法》第八条第(一)、(四)、(七)款规定,可知 A、B、D 项符合要求。
答案:C

11-7 提示:《中华人民共和国安全生产法》第三条规定,安全生产工作,坚持安全第一、预防为主、综合治理的方针。
答案:A

11-8 提示:《中华人民共和国安全生产法》第五条规定,生产经营单位的主要负责人对本单位的安全生产工作全面负责。
答案:A

11-9 提示:《中华人民共和国招标投标法》第十二条规定,招标人具有编制招标文件和组织评标能力的,可以自行办理招标事宜。任何单位和个人不得强制其委托招标代理机构办理招标事宜。
答案:D

11-10 提示:见《中华人民共和国招标投标法》第十条。
答案:A

11-11 提示:见《中华人民共和国招标投标法》三十七条。
答案:C

11-12 提示:《中华人民共和国招标投标法》第三十七条规定,评标由招标人依法组建的评标委员会负责。依法必须进行招标的项目,其评标委员会由招标人的代表和有关技术、经济等方面的专家组成,成员人数为五人以上单数,其中技术、经济等方面的专家不得少于成员总数的三分之二。
答案:D

11-13 提示:《中华人民共和国招标投标法》第三条规定,不是所有住宅项目,都要监理。
答案:D

11-14 提示:《中华人民共和国招标投标法》第四十六条规定,招标人和中标人应当自中标通知书发出之日起三十日内,按照招标文件和中标人的投标文件订立书面合同。招标人和中标人不得再行订立背离合同实质性内容的其他协议。
答案:B

11-15 提示:《中华人民共和国合同法》第九条规定,可以委托代理人签订合同。
答案:D

11-16 提示:《中华人民共和国合同法》第五十四条规定,下列合同,当事人一方有权请求

人民法院或者仲裁机构变更或者撤销:

(一)因重大误解订立的;

(二)在订立合同时显失公平的。

一方以欺诈、胁迫的手段或者乘人之危,使对方在违背真实意思的情况下订立的合同,受损害方有权请求人民法院或者仲裁机构变更或者撤销。当事人请求变更的,人民法院或者仲裁机构不得撤销。

答案:D

11-17 **提示**:《中华人民共和国合同法》第一百一十五条规定,当事人可以依照《中华人民共和国担保法》约定一方向对方给付定金作为债权的担保。债务人履行债务后,定金应当抵作价款或者收回。给付定金的一方不履行约定的债务的,无权要求返还定金;收受定金的一方不履行约定的债务的,应当双倍返还定金。

答案:A

11-18 **提示**:《中华人民共和国合同法》第十五条规定,要约邀请是希望他人向自己发出要约的意思表示。寄送的价目表、拍卖公告、招标公告、招股说明书、商业广告等为要约邀请。

答案:A

11-19 **提示**:见《中华人民共和国合同法》第二条。

答案:A

11-20 **提示**:《中华人民共和国合同法》第十八条规定,要约可以撤销。撤销要约的通知应当在受要约人发出承诺通知之前到达受要约人。

答案:A

11-21 **提示**:《中华人民共和国合同法》第三十条规定,承诺的内容应当与要约的内容一致。受要约人对要约的内容作出实质性变更的,为新要约。有关合同标的、数量、质量、价款或者报酬、履行期限、履行地点和方式、违约责任和解决争议方法等的变更,是对要约内容的实质性变更。

答案:C

11-22 **提示**:《中华人民共和国合同法》第三十二条规定,当事人采用合同书形式订立合同的,自双方当事人签字或者盖章时合同成立。

答案:B

11-23 **提示**:《中华人民共和国建筑法》第二十七条规定,大型建筑工程或者结构复杂的建筑工程,可以由两个以上的承包单位联合共同承包。共同承包的各方对承包合同的履行承担连带责任。两个以上不同资质等级的单位实行联合共同承包的,应当按照资质等级低的单位的业务许可范围承揽工程。

答案:A

11-24 **提示**:《中华人民共和国行政许可法》第五十八条规定,行政机关实施行政许可和对行政许可事项进行监督检查,不得收取任何费用。但是法律、行政法规另有规定的,依照其规定。

答案:A

11-25 **提示**:《中华人民共和国行政许可法》第四十二条规定,除可以当场作出行政许可决定的外,行政机关应当自受理行政许可申请之日起二十日内作出行政许可决定。二十日内不能作出决定的,经本行政机关负责人批准,可以延长十日,并应当将延长期限的理由告知申请人。但是法律、法规另有规定的,依照其规定。

答案:A

11-26 **提示**:《中华人民共和国节约能源法》第二十条规定,用能产品的生产者、销售者,可以根据自愿原则,按照国家有关节能产品认证的规定,向经国务院认证认可监督管理部门认可的从事节能产品认证的机构提出节能产品认证申请;经认证合格后,取得节能产品认证证书,可以在用能产品或者其包装物上使用节能产品认证标志。

答案:A

11-27 **提示**:《中华人民共和国节约能源法》第三十五条规定,建筑工程的建设、设计、施工和监理单位应当遵守建筑节能标准。不符合建筑节能标准的建筑工程,建设主管部门不得批准开工建设;已经开工建设的,应当责令停止施工、限期改正;已经建成的,不得销售或者使用。

答案:A

11-28 **提示**:《中华人民共和国环境保护法》第四十五条规定,国家依照法律规定实行排污许可管理制度。实行排污许可管理的企业事业单位和其他生产经营者,应当按照排污许可证的要求排放污染物;未取得排污许可证的,不得排放污染物。

答案:A

11-29 **提示**:《中华人民共和国环境保护法》第四十一条规定,建设项目中防治污染的设施,应当与主体工程同时设计、同时施工、同时投产使用。防治污染的设施应当符合经批准的环境影响评价文件要求,不得擅自拆除或闲置。

答案:D

11-30 **提示**:《中华人民共和国环境保护法》第六十三条规定,企业事业单位和其他生产经营者有下列行为之一,尚不构成犯罪的,除依照有关法律法规规定予以处罚外,由县级以上人民政府环境保护主管部门或者其他有关部门将案件移送公安机关,对其直接负责的主管人员和其他直接责任人员,处十日以上十五日以下拘留;情节较轻的,处五日以上十日以下拘留:

(一)建设项目未依法进行环境影响评价,被责令停止建设,拒不执行的;

……

答案:A

11-31 **提示**:《建设工程质量管理条例》第六十条规定,违反本条例规定,勘察、设计、施工、工程监理单位超越本单位资质等级承揽工程的,责令停止违法行为,对勘察、设计单位或者监理单位处合同约定的勘察费、设计费或者监理酬金1倍以上2倍以下的罚款;对施工单位处工程合同价款2%以上4%以下的罚款,可以责令停业整顿,降低资质等级;情节严重的,吊销资质证书;有违法所得的,予以没收。未取得资质证书承揽工程的,予以取缔,依照前款规定处以罚款;有违法所得的,予以没收。

答案:B

11-32 **提示**:《建设工程质量管理条例》第三十七条规定,工程监理单位应当选派具备相应资格的总监理工程师和监理工程师进驻施工现场。未经监理工程师签字,建筑材料、建筑构配件和设备不得在工程上使用或者安装,施工单位不得进行下一道工序的施工。未经总监理工程师签字,建设单位不拨付工程款,不进行竣工验收。

答案:D

11-33 **提示**:《中华人民共和国安全生产法》第二十六条规定,施工单位应当在施工组织设计中编制安全技术措施和施工现场临时用电方案,对下列达到一定规模的危险性较大的分部分项工程编制专项施工方案,并附具安全验算结果,经施工单位技术负责人、总监理工程师签字后实施,由专职安全生产管理人员进行现场监督:

(一)基坑支护与降水工程;

(二)土方开挖工程;

(三)模板工程;

(四)起重吊装工程;

(五)脚手架工程;

(六)拆除、爆破工程。

答案:A

11-34 **提示**:《建设工程安全生产管理条例》第六条规定,建设单位应当向施工单位提供施工现场及毗邻区域内供水、排水、供电、供气、供热、通信、广播电视等地下管线资料,气象和水文观测资料,相邻建筑物和构筑物、地下工程的有关资料,并保证资料的真实、准确、完整。

答案:A

附录一

全国勘察设计注册工程师资格考试
公共基础考试大纲

I. 工程科学基础

一、数学

1.1 空间解析几何

向量的线性运算；向量的数量积、向量积及混合积；两向量垂直、平行的条件；直线方程；平面方程；平面与平面、直线与直线、平面与直线之间的位置关系；点到平面、直线的距离；球面、母线平行于坐标轴的柱面、旋转轴为坐标轴的旋转曲面的方程；常用的二次曲面方程；空间曲线在坐标面上的投影曲线方程。

1.2 微分学

函数的有界性、单调性、周期性和奇偶性；数列极限与函数极限的定义及其性质；无穷小和无穷大的概念及其关系；无穷小的性质及无穷小的比较极限的四则运算；函数连续的概念；函数间断点及其类型；导数与微分的概念；导数的几何意义和物理意义；平面曲线的切线和法线；导数和微分的四则运算；高阶导数；微分中值定理；洛必达法则；函数的切线及法平面和切平面及法线；函数单调性的判别；函数的极值；函数曲线的凹凸性、拐点；偏导数与全微分的概念；二阶偏导数；多元函数的极值和条件极值；多元函数的最大、最小值极其简单应用。

1.3 积分学

原函数与不定积分的概念；不定积分的基本性质；基本积分公式；定积分的基本概念和性质（包括定积分中值定理）；积分上限的函数及其导数；牛顿-莱布尼兹公式；不定积分和定积分的换元积分法与分部积分法；有理函数、三角函数的有理式和简单无理函数的积分；广义积分；二重积分与三重积分的概念、性质、计算和应用；两类曲线积分的概念、性质和计算；求平面图形的面积、平面曲线的弧长和旋转体的体积。

1.4 无穷级数

数项级数的敛散性概念；收敛级数的和；级数的基本性质与级数收敛的必要条件；几何级数与 p 级数及其收敛性；正项级数敛散性的判别法；任意项级数的绝对收敛与条件收敛；幂级数及其收敛半径、收敛区间和收敛域；幂级数的和函数；函数的泰勒级数展开；函数的傅里叶系数与傅里叶级数。

1.5 常微分方程

常微分方程的基本概念；变量可分离的微分方程；齐次微分方程；一阶线性微分方程；全微分方程；可降阶的高阶微分方程；线性微分方程解的性质及解的结构定理；

二阶常系数齐次线性微分方程。

1.6 线性代数

行列式的性质及计算；行列式按行展开定理的应用；矩阵的运算；逆矩阵的概念、性质及求法；矩阵的初等变换和初等矩阵；矩阵的秩；等价矩阵的概念和性质；向量的线性表示；向量组的线性相关和线性无关；线性方程组有解的判定；线性方程组求解；矩阵的特征值和特征向量的概念与性质；相似矩阵的概念和性质；矩阵的相似对角化；二次型及其矩阵表示；合同矩阵的概念和性质；二次型的秩；惯性定理；二次型及其矩阵的正定性。

1.7 概率与数理统计

随机事件与样本空间；事件的关系与运算；概率的基本性质；古典型概率；条件概率；概率的基本公式；事件的独立性；独立重复试验；随机变量；随机变量的分布函数；离散型随机变量的概率分布；连续型随机变量的概率密度；常见随机变量的分布；随机变量的数学期望、方差、标准差及其性质；随机变量函数的数学期望；矩、协方差、相关系数及其性质；总体；个体；简单随机样本；统计量；样本均值；样本方差和样本矩；χ^2 分布；t 分布；F 分布；点估计的概念；估计量与估计值；矩估计法；最大似然估计法；估计量的评选标准；区间估计的概念；单个正态总体的均值和方差的区间估计；两个正态总体的均值差和方差比的区间估计；显著性检验；单个正态总体的均值和方差的假设检验。

二、物理学

2.1 热学

气体状态参量；平衡态；理想气体状态方程；理想气体的压强和温度的统计解释；自由度；能量按自由度均分原理；理想气体内能；平均碰撞频率和平均自由程；麦克斯韦速率分布律；方均根速率；平均速率；最概然速率；功；热量；内能；热力学第一定律及其对理想气体等值过程的应用；绝热过程；气体的摩尔热容量；循环过程；卡诺循环；热机效率；净功；制冷系数；热力学第二定律及其统计意义；可逆过程和不可逆过程。

2.2 波动学

机械波的产生和传播；一维简谐波表达式；描述波的特征量；波面，波前，波线；波的能量、能流、能流密度；波的衍射；波的干涉；驻波；自由端反射与固定端反射；声波；声强级；多普勒效应。

2.3 光学

相干光的获得；杨氏双缝干涉；光程和光程差；薄膜干涉；光疏介质；光密介质；迈克尔逊干涉仪；惠更斯-菲涅尔原理；单缝衍射；光学仪器分辨本领；衍射光栅与光谱分析；X射线衍射；布拉格公式；自然光和偏振光；布儒斯特定律；马吕斯定律；双折射现象。

三、化学

3.1 物质的结构和物质状态

原子结构的近代概念；原子轨道和电子云；原子核外电子分布；原子和离子的电子结

构;原子结构和元素周期律;元素周期表;周期族;元素性质及氧化物及其酸碱性。离子键的特征;共价键的特征和类型;杂化轨道与分子空间构型;分子结构式;键的极性和分子的极性;分子间力与氢键;晶体与非晶体;晶体类型与物质性质。

3.2 溶液

溶液的浓度;非电解质稀溶液通性;渗透压;弱电解质溶液的解离平衡;分压定律;解离常数;同离子效应;缓冲溶液;水的离子积及溶液的pH值;盐类的水解及溶液的酸碱性;溶度积常数;溶度积规则。

3.3 化学反应速率及化学平衡

反应热与热化学方程式;化学反应速率;温度和反应物浓度对反应速率的影响;活化能的物理意义;催化剂;化学反应方向的判断;化学平衡的特征;化学平衡移动原理。

3.4 氧化还原反应与电化学

氧化还原的概念;氧化剂与还原剂;氧化还原电对;氧化还原反应方程式的配平;原电池的组成和符号;电极反应与电池反应;标准电极电势;电极电势的影响因素及应用;金属腐蚀与防护。

3.5 有机化学

有机物特点、分类及命名;官能团及分子构造式;同分异构;有机物的重要反应:加成、取代、消除、氧化、催化加氢、聚合反应、加聚与缩聚;基本有机物的结构、基本性质及用途:烷烃、烯烃、炔烃、芳烃、卤代烃、醇、苯酚、醛和酮、羧酸、酯;合成材料:高分子化合物、塑料、合成橡胶、合成纤维、工程塑料。

四、理论力学

4.1 静力学

平衡;刚体;力;约束及约束力;受力图;力矩;力偶及力偶矩;力系的等效和简化;力的平移定理;平面力系的简化;主矢;主矩;平面力系的平衡条件和平衡方程式;物体系统(含平面静定桁架)的平衡;摩擦力;摩擦定律;摩擦角;摩擦自锁。

4.2 运动学

点的运动方程;轨迹;速度;加速度;切向加速度和法向加速度;平动和绕定轴转动;角速度;角加速度;刚体内任一点的速度和加速度。

4.3 动力学

牛顿定律;质点的直线振动;自由振动微分方程;固有频率;周期;振幅;衰减振动;阻尼对自由振动振幅的影响——振幅衰减曲线;受迫振动;受迫振动频率;幅频特性;共振;动力学普遍定理;动量;质心;动量定理及质心运动定理;动量及质心运动守恒;动量矩;动量矩定理;动量矩守恒;刚体定轴转动微分方程;转动惯量;回转半径;平行轴定理;功;动能;势能;动能定理及机械能守恒;达朗贝尔原理;惯性力;刚体作平动和绕定轴转动(转轴垂直于刚体的对称面)时惯性力系的简化;动静法。

五、材料力学

5.1 材料在拉伸、压缩时的力学性能

低碳钢、铸铁拉伸、压缩试验的应力-应变曲线;力学性能指标。

5.2 拉伸和压缩

轴力和轴力图;杆件横截面和斜截面上的应力;强度条件;虎克定律;变形计算。

5.3 剪切和挤压

剪切和挤压的实用计算;剪切面;挤压面;剪切强度;挤压强度。

5.4 扭转

扭矩和扭矩图;圆轴扭转切应力;切应力互等定理;剪切虎克定律;圆轴扭转的强度条件;扭转角计算及刚度条件。

5.5 截面几何性质

静矩和形心;惯性矩和惯性积;平行轴公式;形心主轴及形心主惯性矩概念。

5.6 弯曲

梁的内力方程;剪力图和弯矩图;分布荷载、剪力、弯矩之间的微分关系;正应力强度条件;切应力强度条件;梁的合理截面;弯曲中心概念;求梁变形的积分法、叠加法。

5.7 应力状态

平面应力状态分析的解析法和应力圆法;主应力和最大切应力;广义虎克定律;四个常用的强度理论。

5.8 组合变形

拉/压-弯组合、弯-扭组合情况下杆件的强度校核;斜弯曲。

5.9 压杆稳定

压杆的临界荷载;欧拉公式;柔度;临界应力总图;压杆的稳定校核。

六、流体力学

6.1 流体的主要物性与流体静力学

流体的压缩性与膨胀性;流体的粘性与牛顿内摩擦定律;流体静压强及其特性;重力作用下静水压强的分布规律;作用于平面的液体总压力的计算。

6.2 流体动力学基础

以流场为对象描述流动的概念;流体运动的总流分析;恒定总流连续性方程、能量方程和动量方程的运用。

6.3 流动阻力和能量损失

沿程阻力损失和局部阻力损失;实际流体的两种流态——层流和紊流;圆管中层流运动;紊流运动的特征;减小阻力的措施。

6.4 孔口管嘴管道流动

孔口自由出流、孔口淹没出流;管嘴出流;有压管道恒定流;管道的串联和并联。

6.5 明渠恒定流

明渠均匀水流特性;产生均匀流的条件;明渠恒定非均匀流的流动状态;明渠恒定均匀流的水力计算。

6.6 渗流、井和集水廊道

土壤的渗流特性;达西定律;井和集水廊道。

6.7 相似原理和量纲分析

力学相似原理;相似准数;量纲分析法。

II. 现代技术基础

七、电气与信息

7.1 电磁学概念
电荷与电场；库仑定律；高斯定理；电流与磁场；安培环路定律；电磁感应定律；洛仑兹力。

7.2 电路知识
电路组成；电路的基本物理过程；理想电路元件及其约束关系；电路模型；欧姆定律；基尔霍夫定律；支路电流法；等效电源定理；叠加原理；正弦交流电的时间函数描述；阻抗；正弦交流电的相量描述；复数阻抗；交流电路稳态分析的相量法；交流电路功率；功率因数；三相配电电路及用电安全；电路暂态；R-C、R-L 电路暂态特性；电路频率特性；R-C、R-L 电路频率特性。

7.3 电动机与变压器
理想变压器；变压器的电压变换、电流变换和阻抗变换原理；三相异步电动机接线、启动、反转及调速方法；三相异步电动机运行特性；简单继电-接触控制电路。

7.4 信号与信息
信号；信息；信号的分类；模拟信号与信息；模拟信号描述方法；模拟信号的频谱；模拟信号增强；模拟信号滤波；模拟信号变换；数字信号与信息；数字信号的逻辑编码与逻辑演算；数字信号的数值编码与数值运算。

7.5 模拟电子技术
晶体二极管；极型晶体三极管；共射极放大电路；输入阻抗与输出阻抗；射极跟随器与阻抗变换；运算放大器；反相运算放大电路；同相运算放大电路；基于运算放大器的比较器电路；二极管单相半波整流电路；二极管单相桥式整流电路。

7.6 数字电子技术
与、或、非门的逻辑功能；简单组合逻辑电路；D 触发器；JK 触发器数字寄存器；脉冲计数器。

7.7 计算机系统
计算机系统组成；计算机的发展；计算机的分类；计算机系统特点；计算机硬件系统组成；CPU；存储器；输入/输出设备及控制系统；总线；数模/模数转换；计算机软件系统组成；系统软件；操作系统；操作系统定义；操作系统特征；操作系统功能；操作系统分类；支撑软件；应用软件；计算机程序设计语言。

7.8 信息表示
信息在计算机内的表示；二进制编码；数据单位；计算机内数值数据的表示；计算机内非数值数据的表示；信息及其主要特征。

7.9 常用操作系统
Windows 发展；进程和处理器管理；存储管理；文件管理；输入/输出管理；设备管理；网络服务。

7.10 计算机网络

计算机与计算机网络;网络概念;网络功能;网络组成;网络分类;局域网;广域网;因特网;网络管理;网络安全;Windows 系统中的网络应用;信息安全;信息保密。

III. 工程管理基础

八、法律法规

8.1 中华人民共和国建筑法

总则;建筑许可;建筑工程发包与承包;建筑工程监理;建筑安全生产管理;建筑工程质量管理;法律责任。

8.2 中华人民共和国安全生产法

总则;生产经营单位的安全生产保障;从业人员的权利和义务;安全生产的监督管理;生产安全事故的应急救援与调查处理。

8.3 中华人民共和国招标投标法

总则;招标;投标;开标;评标和中标;法律责任。

8.4 中华人民共和国合同法

一般规定;合同的订立;合同的效力;合同的履行;合同的变更和转让;合同的权利义务终止;违约责任;其他规定。

8.5 中华人民共和国行政许可法

总则;行政许可的设定;行政许可的实施机关;行政许可的实施程序;行政许可的费用。

8.6 中华人民共和国节约能源法

总则;节能管理;合理使用与节约能源;节能技术进步;激励措施;法律责任。

8.7 中华人民共和国环境保护法

总则;环境监督管理;保护和改善环境;防治环境污染和其他公害;法律责任。

8.8 建设工程勘察设计管理条例

总则;资质资格管理;建设工程勘察设计发包与承包;建设工程勘察设计文件的编制与实施;监督管理。

8.9 建设工程质量管理条例

总则;建设单位的质量责任和义务;勘察设计单位的质量责任和义务;施工单位的质量责任和义务;工程监理单位的质量责任和义务;建设工程质量保修。

8.10 建设工程安全生产管理条例

总则;建设单位的安全责任;勘察设计工程监理及其他有关单位的安全责任;施工单位的安全责任;监督管理;生产安全事故的应急救援和调查处理。

九、工程经济

9.1 资金的时间价值

资金时间价值的概念;利息及计算;实际利率和名义利率;现金流量及现金流量图;资金等值计算的常用公式及应用;复利系数表的应用。

9.2 财务效益与费用估算

项目的分类;项目计算期;财务效益与费用;营业收入;补贴收入;建设投资;建设期利息;流动资金;总成本费用;经营成本;项目评价涉及的税费;总投资形成的资产。

9.3 资金来源与融资方案

资金筹措的主要方式;资金成本;债务偿还的主要方式。

9.4 财务分析

财务评价的内容;盈利能力分析(财务净现值、财务内部收益率、项目投资回收期、总投资收益率、项目资本金净利润率);偿债能力分析(利息备付率、偿债备付率、资产负债率);财务生存能力分析;财务分析报表(项目投资现金流量表、项目资本金现金流量表、利润与利润分配表、财务计划现金流量表);基准收益率。

9.5 经济费用效益分析

经济费用和效益;社会折现率;影子价格;影子汇率;影子工资;经济净现值;经济内部收益率;经济效益费用比。

9.6 不确定性分析

盈亏平衡分析(盈亏平衡点、盈亏平衡分析图);敏感性分析(敏感度系数、临界点、敏感性分析图)。

9.7 方案经济比选

方案比选的类型;方案经济比选的方法(效益比选法、费用比选法、最低价格法);计算期不同的互斥方案的比选。

9.8 改扩建项目经济评价特点

改扩建项目经济评价特点。

9.9 价值工程

价值工程原理;实施步骤。

Zhuce Huanbao Gongchengshi Zhiye Zige Kaoshi
Jichu Kaoshi Fuxi Jiaocheng

注册环保工程师执业资格考试
基础考试复习教程

（下册）

注册工程师考试复习用书编委会 / 编
徐洪斌 曹纬浚 何新生 / 主编

人民交通出版社股份有限公司
China Communications Press Co.,Ltd.

内 容 提 要

本书根据2009年新版考试大纲及近几年考试真题编写,内容贴合考试实际,是考生复习必备的经典教材。

本书编写人员全部是多年从事注册环保工程师基础考试培训工作的专家、教授。书中内容紧扣现行考试大纲并覆盖了考试大纲的全部内容,着重于对概念的理解运用,重点突出。全书分"考试大纲""必备基础知识""经典练习"等模块。其中,"必备基础知识"除包含考试须知须会的内容以外,还配有"典型例题解析"。

本书由于篇幅较大,特分为上、下两册,上册为公共基础考试内容,下册为专业基础考试内容,以便于携带和翻阅。

本书可供参加注册环保工程师执业资格考试基础考试的考生复习使用。

图书在版编目(CIP)数据

2017注册环保工程师执业资格考试基础考试复习教程/徐洪斌,曹纬浚,何新生主编. —北京:人民交通出版社股份有限公司,2017.3

ISBN 978-7-114-13613-9

Ⅰ.①2… Ⅱ.①徐… ②曹… ③何… Ⅲ.①环境保护—资格考试—自学参考资料 Ⅳ.①X

中国版本图书馆 CIP 数据核字(2017)第 008780 号

书　　名:	2017注册环保工程师执业资格考试基础考试复习教程
著　作　者:	徐洪斌　曹纬浚　何新生
责任编辑:	刘彩云　谢海龙
出版发行:	人民交通出版社股份有限公司
地　　址:	(100011)北京市朝阳区安定门外外馆斜街3号
网　　址:	http://www.ccpress.com.cn
销售电话:	(010)59757973
总　经　销:	人民交通出版社股份有限公司发行部
经　　销:	各地新华书店
印　　刷:	北京鑫正大印刷有限公司
开　　本:	787×1092　1/16
印　　张:	69.75
字　　数:	1673 千
版　　次:	2017年3月　第1版
印　　次:	2017年3月　第1次印刷
书　　号:	ISBN 978-7-114-13613-9
定　　价:	138.00元(含上、下两册)

(有印刷、装订质量问题,由本公司负责调换)

前　言

住房和城乡建设部、环境保护部及人力资源和社会保障部从2005年起实施注册环保工程师执业资格考试制度。

本教程的编写老师都是本专业有较深造诣的教授和高级工程师，分别来自北京建筑大学、北京工业大学、北京交通大学、北京工商大学、郑州大学及北京市建筑设计研究院。为了帮助环保工程师们准备考试，教师们根据多年教学实践经验和考生的回馈意见，依据考试大纲和现行教材、规范，为学员们编写了这本教程。本教程的目的是为了指导复习，因此力求简明扼要，联系实际，着重对概念和规范的理解应用，并注意突出重点，是一套值得考生信赖的考前辅导和培训用书。

本教程严格按现行考试大纲编写，并在多年教学实践中不断加以改进。为方便考生复习，本教程分上、下册出版，上册第1～11章为上午段公共基础考试内容；下册第12～17章为下午段专业基础考试内容，所选例题及练习题大多来自真题，并注有年号，考生做题时，可对此部分题多加关注。本书还配有《2017注册环保工程师执业资格考试基础考试历年真题详解》（两册），考生可用此书多做练习。

（1）在结构设置上，首先对大纲要求的知识点进行精炼阐述，然后辅以典型例题并进行解析，每一小节后附经典练习，并在每一章后提供提示及参考答案。

（2）例题、练习题、模拟题等试题多来自历年真题，考生可在复习、练习过程中熟悉本考试的深度和广度。

（3）全书是对考试大纲内容的精炼，考生通过本书的复习和练习，可在较短时间内完成对考试大纲的理解和掌握。

特别提醒，《中华人民共和国大气污染防治法》（2015年修订版）、《中华人民共和国环境影响评价法》（2016年9月1日起施行），本书已作更新。

本书中的部分知识点和试题配有视频讲解，考生可扫描"二维码"在线学习，或者刮开封面"增值卡"，登录"注考网"（www.zhukaowang.com.cn）或扫描封面二维码，关注微信公众号"注考微课程"，观看更多精彩视频。

本书由徐洪斌、曹纬浚、何新生担任主编，参加编写的人员还有吴昌泽、范元玮、程学平、毛怀玲、谢亚勃、刘燕、钱民刚、李兆年、许怡生、许小重、陈向东、李魁元、马浩亮、董亚丽、孙震宇、周广远、雷达、高静、王靖雯、杨苗青、柳理芹、张秀金、程辉、贾玲华、毛怀珍、朋改非、吴景坤、吴扬、张翠兰、王彬、张超艳、张文娟、李平、邓华、冯嘉骝、钱程、李广秋、韩雪、陈启佳、翟平、郭虹、曹京、孙琳、李智民、赵思儒、吴越恺、许博超、张云龙、王坤、刘若禹、楼香林、莫培佳、段修谓、王蓓、宋方佳、杨守俊、王志刚、何承奎、葛宝金、李丹枫、王凯、王志伟、韩智铭、涂洪亮、孙玮、黄丽华、高璐、曹欣、阮文依、王金羽、康义荣、杨洪波、任东勇、曹铎、耿京、李铁柱、仲晓雯、冯存强、阮广青、赵欣然、霍新民、何玉章、颜志敏、曹一兰、周庄、张文革、张岩、周迎旭。

祝各位考生考试取得好成绩!

徐洪斌
2017 年 1 月

主编致考生

一、注册环保工程师在专业考试之前进行基础考试是和国外接轨的做法。通过基础考试并达到职业实践年限后就可以申请参加专业考试。基础考试是考大学中的基础课程,按考试大纲的安排,上午考试段考 11 科,120 道题,4 个小时,每题 1 分,共 120 分;下午考试段考 6 科,60 道题,4 个小时,每题 2 分,共 120 分;上、下午共 240 分。试题均为 4 选 1 的单选题,平均每题时间上午 2 分钟,下午 4 分钟,因此不会有复杂的论证和计算,主要是检验考生的基本概念和基本知识。考生在复习时不要偏重难度大或过于复杂的知识,而应将复习的注意力主要放在弄清基本概念和基本知识方面。

二、考生在复习本教程之前,应认真阅读"考试大纲",清楚地了解考试的内容和范围,以便合理制订自己的复习计划。复习时一定要紧扣"考试大纲"的内容,将全面复习与突出重点相结合。着重对"考试大纲"要求掌握的基本概念、基本理论、基本计算方法、计算公式和步骤,以及基本知识的应用等内容有系统、有条理地重点掌握,明白其中的道理和关系,掌握分析问题的方法。同时还应会使用为减少计算工作量或简化、方便计算所制作的表格等。本教程中每章前均有一节"复习指导",具体说明本章的复习重点、难点和复习中要注意的问题,建议考生认真阅读每章的"复习指导",参考"复习指导"的意见进行复习。在对基本概念、基本原理和基本知识有一个整体把握的基础上,对每章节的重点、难点进行重点复习和重点掌握。

三、注册环保工程师基础考试上、下午试卷共计 240 分,上、下午不分段计算成绩,这几年及格线都是 55%,也就是说,上、下午试卷总分达到 132 分就可以通过。因此,考生在准备考试时应注意扬长避短。从道理上讲,自己较弱的科目更应该努力复习,但毕竟时间和精力有限,如 2009 年新增加的"信号与信息技术",据了解,非信息专业的考生大多未学过,短时间内要掌握好比较困难,而"信号与信息技术"总共只有 6 道题,6 分,只占总分的 2.5%,也就是说,即使"信号与信息技术"1 分未得,其他科目也还有 234 分,从 234 分中考 132 分是完全可以做到的。因此考生可以根据考试分科题量、分数分配和自己的具体情况,计划自己的复习重点和主要得分科目。当然一些主要得分科目是不能放松的,如"高等数学"24 题(上午段)24 分,"工程流体力学与流体机械"10 题(下午段)20 分,"污染防治技术"22 题(下午段)44分,都是不能放松的;其他科目则可根据自己过去对课程的掌握情况有所侧重,争取在自己过去学得好的课程中多得分。

四、在考试拿到试卷时,建议考生不要顺着题序顺次往下做。因为有的题会比较难,有的题不很熟悉,耽误的时间会比较多,以致到最后时间不够,题做不完,有些题会做但时间来不及,这就太得不偿失了。建议考生将做题过程分为四遍:

(1)首先用15~20分钟将题从头到尾看一遍,一是首先解答出自己很熟悉很有把握的题;二是将那些需要稍加思考估计能在平均答题时间里做出的题做个记号。这里说的平均答题时间,是指上午段4个小时考120道题,平均每题2分钟;下午段4个小时考60道题,平均每题4分钟,这个2分钟(上午)、4分钟(下午)就是平均答题时间。将估计在这个时间里能做出来的题做上记号。

(2)第二遍做这些做了记号的题,这些题应该在考试时间里能做完,做完了这些题可以说就考出了考生的基本水平,不管考生基础如何,复习得怎么样,考得如何,至少不会因为题没做完而遗憾了。

(3)这些会做或基本会做的题做完以后,如果还有时间,就做那些需要稍多花费时间的题,能做几个算几个,并适当抽时间检查一下已答题的答案。

(4)考试时间将近结束时,比如还剩5分钟要收卷了,这时你就应看看还有多少道题没有答,这些题确实不会了,建议考生也不要放弃。既然是单选,那也不妨估个答案,答对了也是有分的。建议考生回头看看已答题目的答案,A、B、C、D各有多少,虽然整个卷子四种答案的数量并不一定是平均的,但还是可以这样考虑,看看已答的题A、B、C、D中哪个答案最少,然后将不会做没有答的题按这个前边最少的答案通填,这样其中会有1/4可能还会多于1/4的题能得分,如果考生前边答对的题离及格正好差几分,这样一补充就能及格了。

五、基础考试是不允许带书和资料的,2012年前,考试时会给每位考生发一本"考试手册",载有公式和一些数据,考后收回。但从2012年起,取消了"考试手册"的配发。据说原因是考生使用不多,事实上也没有更多时间去翻手册。因此一些重要的公式、规定,考生一定要自己记住。

六、本教程每节后均附有习题,并在每章后附有提示及参考答案。建议考生在复习好本教程内容的基础上,多做习题。多做习题能帮助巩固已学的概念、理论、方法和公式等,并能发现自己的不足,哪些地方理解得不正确,哪些地方没有掌握好;同时熟能生巧,提高解题速度。本教程在最后提供了两套模拟试题,建议考生在复习完本教程以后,集中时间,排除干扰,模拟考试气氛,将模拟试题全部做一遍,以接近实战地检验一下自己的复习效果。

复习中若遇到疑问,可根据上、下册不同,参考封底邮箱信息,发邮件至两位主编邮箱,我们会尽快回复解答。相信这本教程能帮助大家准备好考试。

最后,祝愿各位考生取得好成绩!

曹纬浚
2017 年 1 月

目录(下册)

12 工程流体力学与流体机械 ... 1
复习指导 ... 1
12.1 流体动力学 ... 1
12.2 流体阻力 ... 5
12.3 管道计算 ... 11
12.4 明渠均匀流和非均匀流 ... 15
12.5 紊流射流与紊流扩散 ... 20
12.6 气体动力学基础 ... 22
12.7 相似原理和模型实验方法 ... 24
12.8 泵与风机 ... 27
参考答案及提示 ... 34

13 环境工程微生物学 ... 37
复习指导 ... 37
13.1 微生物学基础 ... 37
13.2 微生物的生理 ... 44
13.3 微生物生态 ... 49
13.4 微生物与物质循环 ... 54
13.5 污染物质的生物处理 ... 61
参考答案及提示 ... 66

14 环境监测与分析 ... 68
复习指导 ... 68
14.1 环境监测过程的质量保证 ... 68
14.2 水和废水监测分析方法 ... 80
14.3 大气和废气监测与分析 ... 94
14.4 固体废弃物监测与分析 ... 101
14.5 噪声监测与测量 ... 105
参考答案及提示 ... 110

15 环境评价与环境规划 ... 113
复习指导 ... 113
15.1 环境与生态评价 ... 113
15.2 环境影响评价 ... 118
15.3 环境与生态规划 ... 130
参考答案及提示 ... 134

16 污染防治技术 ... 136
复习指导 ... 136

  16.1 水污染防治技术……………………………………………………………………136
  16.2 大气污染防治技术…………………………………………………………………178
  16.3 固体废物处理处置技术……………………………………………………………205
  16.4 物理污染防治技术…………………………………………………………………228
  参考答案及提示……………………………………………………………………………236
17 职业法规………………………………………………………………………………………240
  复习指导……………………………………………………………………………………240
  17.1 与基本建设相关的法规……………………………………………………………240
  17.2 环境质量与污染物排放标准………………………………………………………299
  17.3 工程技术人员的职业道德与行为准则……………………………………………311
  参考答案及提示……………………………………………………………………………312
  附录一 注册环保工程师执业资格考试专业基础考试大纲……………………………………313
  附录二 注册环保工程师执业资格考试专业基础试题配置说明……………………………316

12 工程流体力学与流体机械

```
考题配置     单选,10题
分数配置     每题2分,共20分
```

复习指导

流体力学中最基本、应用最广泛的三大方程——伯努利方程、连续性方程、动量方程需要透彻理解和掌握,掌握了这三个基本方程,诸多水力学计算可迎刃而解,需注意在计算中选取公式应用合适的边界条件。孔口出流、管嘴出流等的流量公式如能记忆更好,如果考试时忘记了,也可利用三大方程来计算导出。流体机械部分的知识点较多,且很多内容与实际结合较为紧密,有实际工作经验的考生在考试中较有优势,没有工作经验的考生则要仔细理解、掌握,如水泵、风机的构造、工作原理等内容。对知识点的理解要密切结合相关图件,如水泵、风机的工况点,水泵的串并联特性等。专业基础考试题量不大,考试时间足够,考试时不必紧张,可沉着做题,考出好成绩。(注:依据考试大纲,本章内容与"6 流体力学"的内容有少量重复,但侧重点不同,请读者了解。)

12.1 流体动力学

考试大纲☞：恒定流动与非恒定流动　理想流体的运动方程式　实际流体的运动方程式
伯努利方程式及其使用条件　总水头线和测压管水头线　总压线和全压线

必备基础知识

12.1.1 恒定流动与非恒定流动

流体流动时,流场中任一点的流速不随时间变化,由流速决定的压强、黏聚力和惯性力也不随时间变化,称为恒定流动。例如,一水池有一排水孔出水,水池内水位保持不变,则认为出水水流是恒定流。

若流场中任何空间点上有任何一个运动要素是随时间而变化的,则这种水流称为非恒定流。例如,随洪水涨落的天然河道水流就是非恒定流。

典型例题解析

【例12-1】(2008)如图12-1所示,水从水箱流经等径直管,并经过收缩管道泄出,若水箱中的水位保持不变,则AB段内的流动为:

    A.恒定流 B.非恒定流 C.非均匀流 D.急变流

解 水箱水面保持不变,水质点作恒定流动。选A。

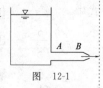

图 12-1

12.1.2 理想流体的运动方程式

理想流体是没有黏性的流体,即黏度为零。理想流体运动方程又称为欧拉方程,其表达式为

$$\left.\begin{array}{l} X-\dfrac{1}{\rho}\dfrac{\partial p}{\partial x}=\dfrac{\partial u_x}{\partial t}+u_x\dfrac{\partial u_x}{\partial x}+u_y\dfrac{\partial u_x}{\partial y}+u_z\dfrac{\partial u_x}{\partial z} \\ Y-\dfrac{1}{\rho}\dfrac{\partial p}{\partial y}=\dfrac{\partial u_y}{\partial t}+u_x\dfrac{\partial u_y}{\partial x}+u_y\dfrac{\partial u_y}{\partial y}+u_z\dfrac{\partial u_y}{\partial z} \\ Z-\dfrac{1}{\rho}\dfrac{\partial p}{\partial z}=\dfrac{\partial u_z}{\partial t}+u_x\dfrac{\partial u_z}{\partial x}+u_y\dfrac{\partial u_z}{\partial y}+u_z\dfrac{\partial u_z}{\partial z} \end{array}\right\} \tag{12-1}$$

用矢量表示为

$$f-\frac{1}{\rho}\nabla p=\frac{\partial u}{\partial t}+(u\cdot\nabla)u \tag{12-2}$$

式(12-1)即为理想流体运动微分方程,又称欧拉运动微分方程。式(12-1)对于恒定流或非恒定流,对于不可压缩流体或可压缩流体都适用。式(12-2)中,f 为总质量力;ρ 是流体密度;p 是压强;u 是速度,其中 u_x、u_y、u_z 为流体速度在 x、y、z 方向上的分量;∇ 是哈密顿算子。

12.1.3 实际流体的运动方程式

实际流体的运动方程式又称为纳维-斯托克斯方程(N-S 方程),其形式为

$$\left.\begin{array}{l} X-\dfrac{1}{\rho}\dfrac{\partial p}{\partial x}+\nu\nabla^2 u_x=\dfrac{\partial u_x}{\partial t}+u_x\dfrac{\partial u_x}{\partial x}+u_y\dfrac{\partial u_x}{\partial y}+u_z\dfrac{\partial u_x}{\partial z} \\ Y-\dfrac{1}{\rho}\dfrac{\partial p}{\partial y}+\nu\nabla^2 u_y=\dfrac{\partial u_y}{\partial t}+u_x\dfrac{\partial u_y}{\partial x}+u_y\dfrac{\partial u_y}{\partial y}+u_z\dfrac{\partial u_y}{\partial z} \\ Z-\dfrac{1}{\rho}\dfrac{\partial p}{\partial z}+\nu\nabla^2 u_z=\dfrac{\partial u_z}{\partial t}+u_x\dfrac{\partial u_z}{\partial x}+u_y\dfrac{\partial u_z}{\partial y}+u_z\dfrac{\partial u_z}{\partial z} \end{array}\right\} \tag{12-3}$$

用矢量表示为

$$f-\frac{1}{\rho}\nabla p+\nu\nabla^2 u=\frac{\partial u}{\partial t}+(u\cdot\nabla)u \tag{12-4}$$

式(12-4)中,f 为总质量力,ρ 是流体密度,p 是压强,u 是速度,∇^2 为拉普拉斯算子。

$$\nabla^2=\frac{\partial^2}{\partial x^2}+\frac{\partial^2}{\partial y^2}+\frac{\partial^2}{\partial z^2}$$

该式即为黏性流体运动微分方程。

12.1.4 伯努利方程式及其使用条件

1)理想流体的伯努利方程式

对于不可压缩理想流体沿流线的稳定流动,若流动在重力场中,作用在流体上的质量力只有重力,则欧拉方程积分后可得

$$z+\frac{p}{\rho g}+\frac{u^2}{2g}=C \tag{12-5}$$

式中: z——位置水头(m),又叫位置高度,是单位重量流体所具有的位置势能;

$\dfrac{p}{\rho g}$——压强水头(m),是测压管高度,是单位重量流体所具有的压强势能;

$z+\dfrac{p}{\rho g}$——测压管水头(m),是单位重量流体所具有的总势能;

$\dfrac{u^2}{2g}$——速度水头(m),是单位重量流体所具有的动能;

$z+\dfrac{p}{\rho g}+\dfrac{u^2}{2g}$——总水头(m),是单位重量流体所具有的机械能;

C——常数。

理想流体伯努利方程的应用条件是:无黏性流体、恒定流动、质量力中只有重力、不可压缩流体。在一水流中,已知过流断面 1 和过流断面 2 的速度水头、压强水头、位置水头,流体从 1 流向 2,则列出伯努利方程为

$$z_1+\dfrac{p_1}{\rho g}+\dfrac{u_1^2}{2g}=z_2+\dfrac{p_2}{\rho g}+\dfrac{u_2^2}{2g} \tag{12-6}$$

其中,字母表示含义与式(12-5)相同,字母下标表示相应断面。

2) 实际流体的伯努利方程式

实际流体具有黏性,运动时产生流动阻力,克服阻力做功后,流体的一部分机械能转化为热能散失掉,所以,黏性流体的伯努利方程为

$$z_1+\dfrac{p_1}{\rho g}+\dfrac{u_1^2}{2g}=z_2+\dfrac{p_2}{\rho g}+\dfrac{u_2^2}{2g}+h'_{1\text{-}2} \tag{12-7}$$

其中,$h'_{1\text{-}2}$ 是流体从断面 1 流到断面 2 过程中的水头损失(m),是单位重量流体所损失的机械能;其他字母含义与前文相同。

实际流体伯努利方程的适用条件是:恒定流动,质量力只有重力,不可压缩流体,过流断面为渐变流断面,两断面间无分流和汇流。

典型例题解析

【例 12-2】 (2007)应用恒定总流伯努利方程进行水力计算时,一般要取两个过流断面,这两个过流断面可以是:

A. 一个是急变流断面,另一个为均匀流断面

B. 一个是急变流断面,另一个为渐变流断面

C. 两个都是渐变流断面

D. 两个都是急变流断面

解 选取的过流断面必须符合渐变流或均匀流条件(两过流断面之间可以不是渐变流)。选 C。

12.1.5 总水头线和测压管水头线

1) 总水头线

总水头即位置水头 z、静压水头 $\dfrac{p}{\rho g}$ 和动压水头 $\dfrac{u^2}{2g}$ 之和。

总水头线是沿程各断面总水头的连线,在实际流体中总水头线沿程是单调下降的。总水头用公式表示为:

$$H=z+\dfrac{p}{\rho g}+\dfrac{u^2}{2g} \tag{12-8}$$

2) 测压管水头线

测压管水头即位置水头 z 和静压水头 $\dfrac{p}{\rho g}$ 之和。

测压管水头线是沿程各断面测压管水头的连线。该线沿程可升可降,也可不变。测压管水头用公式表示为:

$$H_p = z + \frac{p}{\rho g} \qquad (12\text{-}9)$$

如图 12-2 所示,结合水头的含义,仔细观察总水头线和测压管水头线,可以看出:实际流体流动过程中,总会有能量损失,水头线会一直下降,但若有泵输入能量,水头线会突然上升;测压管水头线比总水头线低,由两者的公式可知,差值是一个速度水头,并从图中可知,管道变细时,两线差距大,因为这时速度大;在管径不变时,流速不变,总水头线与测压管水头线平行;水静止时,速度水头为零,测压管水头线与总水头线重合,且与水面平齐;在管径变化或有阀门存在时,会造成局部水头损失,总水头线会下降,但测压管水头线可能上升或下降。

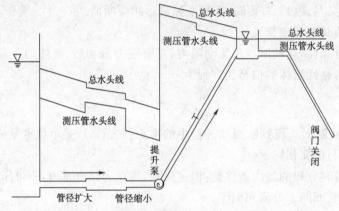

图 12-2 总水头线和测压管水头线

典型例题解析

【例 12-3】 (2014)理想液体流经管道突然放大断面时,其测压管水头线:
 A. 只可能上升 B. 只可能下降
 C. 只可能水平 D. 以上三种情况均有可能

解 理想流体,没有能量损失。管道突然放大,液体流速减小,动能转变为势能,势能增大。测压管水头即单位重量流体的势能(位能+压能),因此,测压管水头线上升。选 A。

12.1.6 总压线和全压线

总压线是在流体力学中,为了反映气流沿程的能量变化,而与总水头线相对应的图形。位能 $\rho g z$、静压 p 和动能 $\rho u^2/2$ 之和称为总压,即 $P = \rho g z + p + \rho u^2/2$,将各流通断面上的总压连成线就是总压线。位能 $\rho g z$ 和静压 p 之和称为势压,其相应连线称为势压线。静压 p 与动能 $\rho u^2/2$ 之和称为全压,其相应边线称为全压线。与液体相似,总压线沿程下降,势压线沿程变化与动能有关。

典型例题解析

【例 12-4】 对于气体流动,若不考虑气体的重度和高程差,要绘制全压线,下列说法正确的是:
 A. 全压线与液流的测压管水头线相对应
 B. 全压线与液流的总水头线相对应

C. 全压线与管道轴线相对应
D. 以上三种说法都不对

解 对于气体,要区分两种情况,绘出各种压强线:①不考虑容重差与高程差,须绘制全压线与静压线,静压线与液体流动的测压管水头线相对应。②考虑容重差与高程差,须绘制全压线、势压线和位压线,势压线与液体流动的测压管水头线相对应,位压线与液体管流轴线相对应。选B。

经典练习

12-1 在水箱上接出一条长直的渐变锥管管段,末端设有阀门以控制流量。若水箱内水面不随时间变化、阀门的开度固定,此时,管中水流为( )。

A. 恒定均匀流　　　　　　B. 恒定非均匀流
C. 非恒定均匀流　　　　　D. 非恒定非均匀流

12-2 (2010)从物理意义上看,能量方程表示的是( )。

A. 单位重量液体的位能守恒　　B. 单位重量液体的动能守恒
C. 单位重量液体的压能守恒　　D. 单位重量液体的机械能守恒

12-3 (2008)在矩形明渠中设置一薄壁堰,水流经堰顶溢流而过,如图所示,已知渠宽为4m,堰高为2m,堰上水头 H 为1m,堰后明渠中水深 h 为0.8m,流量 Q 为6.8m³/s。若能量损失不计,试求堰壁上所受水动力 R 的大小和方向。( )

A. $R=153$kN,方向向右
B. $R=10.6$kN,方向向右
C. $R=153$kN,方向向左
D. $R=10.6$kN,方向向左

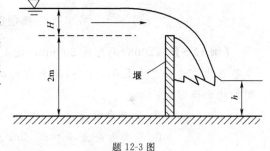

题 12-3 图

12-4 如图所示,从水面保持恒定不变的水池中引出一管路,管路由两段管道组成,在管路末端设有一阀门,当阀门开度一定时,试问左边管段的水流为何种流动?( )

A. 急变流　　　　　B. 非均匀流
C. 恒定流　　　　　D. 非恒定流

题 12-4 图

12-5 下列哪种流体的总水头线是水平线?( )

A. 黏性不可压缩流体　　B. 理想不可压缩流体
C. 恒定流　　　　　　　D. 非恒定流

12.2 流体阻力

考试大纲☞:层流与紊流　雷诺数　流动阻力分类　层流和紊流沿程阻力系数的计算
　　　　　　局部阻力产生的原因和计算方法　减少局部阻力的措施

必备基础知识

12.2.1 层流与紊流

层流与紊流是流体的两种不同流态。层流(laminar flow)又称为滞流,指各流体质点彼此平行地分层流动,互不干扰与混杂,流速一般很低。紊流(turbulent flow)又称为湍流,指各流体质点间强烈地混合与掺杂,不仅有沿着主流方向的运动,而且还有垂直于主流方向的运动。在试验中可以看到,紊流时不断有漩涡产生与消失。

12.2.2 雷诺数

雷诺数用 Re 表示,$Re=ud/\nu$,可以用它来判断流态。在圆形管道中的流体,Re<2 000 时为层流;Re=2 000～4 000 时为过渡流,也即该雷诺数范围内流动处于一种过渡状态,即可能是层流,也可能是紊流,或二者交替出现;Re>4 000 时为紊流。

雷诺数是一个无因次量,即没有单位的量。层流和紊流可以相互转化,由紊流转变为层流的流速(下临界流速)小于由层流转变为紊流的流速(上临界流速),与之对应的雷诺数称为下临界雷诺数和上临界雷诺数。试验表明,下临界雷诺数比较稳定,因此采用下临界雷诺数作为层流和紊流的判别标准。Re 大于下临界雷诺数时,流态为紊流,小于它时为层流。

典型例题解析

【例 12-5】 (2008)沿直径 200mm、长 4 000m 的油管输送石油,流量为 $2.8\times10^{-2}\mathrm{m}^3/\mathrm{s}$,冬季石油运动黏度为 $1.01\mathrm{cm}^2/\mathrm{s}$,夏季为 $0.36\mathrm{cm}^2/\mathrm{s}$,则冬、夏两季输油管道中的流态和沿程损失均正确的是:

A. 夏季为紊流,$h_f=29.4\mathrm{m}$ 油柱　　B. 夏季为层流,$h_f=30.5\mathrm{m}$ 油柱
C. 冬季为紊流,$h_f=30.5\mathrm{m}$ 油柱　　D. 冬季为紊流,$h_f=29.4\mathrm{m}$ 油柱

解 选 A。流速 $u=\dfrac{Q}{\dfrac{\pi d^2}{4}}=\dfrac{2.8\times10^{-2}}{\dfrac{\pi}{4}\times0.2^2}=0.891\mathrm{m/s}$,夏季雷诺数 $Re=\dfrac{ud}{\nu}=\dfrac{0.891\times0.2}{0.36\times10^{-4}}=4\,950>2\,300$,则夏季时为紊流;冬季雷诺数 $Re=\dfrac{ud}{\nu}=\dfrac{0.891\times0.2}{1.01\times10^{-4}}=1\,764<2\,300$,则冬季时为层流。

12.2.3 流动阻力分类

实际流体具有黏性,在管道内流动时,流体内部流层之间存在相对运动和流动阻力。流体克服阻力做功,使一部分机械能转化为热能散发掉。总流单位重量流体的平均机械能损失称为水头损失。按流体在流动中产生机械能损失的外在原因的不同,可将流动阻力分为沿程阻力和局部阻力。

1) 沿程阻力

在边壁沿程无变化的均匀流流段上,产生的流动阻力称为沿程阻力。流体克服沿程阻力做功引起的水头损失称为沿程水头损失。沿程水头损失均匀分布在整个流段上,与流段长度成比例。

在层流状态下,沿程阻力完全由黏性摩擦产生;在紊流状态下,沿程阻力由边界层黏性摩擦和流体质点的迁移与脉动产生。

2)局部阻力

在边壁沿程急剧变化,流速分布发生变化的局部区段上,集中产生的流动阻力称为局部阻力。因局部阻力引起的水头损失称为局部水头损失。在管径变化、弯管、阀门等处都有局部水头损失。

12.2.4 层流和紊流沿程阻力系数的计算

圆管沿程水头损失计算公式为

$$h_f = \lambda \cdot \frac{l}{d} \cdot \frac{u^2}{2g} \qquad (12-10)$$

式中：λ——沿程摩阻系数；

l——管长；

d——管径；

u——断面平均流速。

1)层流时的 λ

因为

$$h_f = \frac{64}{\text{Re}} \cdot \frac{l}{d} \cdot \frac{u^2}{2g} = \lambda \frac{l}{d} \frac{u^2}{2g}$$

故有

$$\lambda = \frac{64}{\text{Re}} \qquad (12-11)$$

式(12-11)表明,层流的沿程摩阻系数只是雷诺数的函数,与管壁粗糙度无关。

2)紊流时的 λ

由于紊流的复杂性,摩阻系数主要通过试验方法,查取经验图,或建立经验关联式来求解。

由图 12-3 可知,层流时,λ 是关于雷诺数的曲线,随 Re 的增大而减小；紊流时,λ 随 Re 增大而减小,当增大到某一值后,就基本不变了,此时沿程阻力与速度的平方成正比,该区域称为阻力平方区。

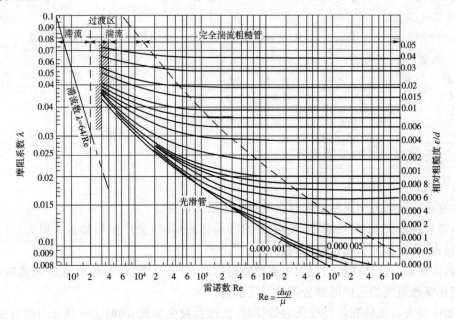

图 12-3 摩阻系数 λ 与雷诺数 Re 相对粗糙度 ε/d 的关系图

3)非圆管的沿程阻力

在工程上除了圆管之外,还有非圆管,如通风系统中的风管等矩形管道。这种情况下,需要把非圆管折算成圆管来计算。

水力半径公式为:

$$R = \frac{A}{\chi} \tag{12-12}$$

式中:R——水力半径;

　　A——过流断面面积;

　　χ——过流断面上流体与避免接触的周界,称为湿周。

圆管渠道,$R=d/4$;矩形渠道,$R=bh/(b+2h)$。

所以,对圆管来说,$d=4R$;对非圆管来说,把水力半径相等的圆管直径定义为非圆管的当量直径,即$d_e=4R$,当量直径是水力半径的4倍。在式(12-10)中,把d换为d_e即可。

典型例题解析

【例 12-6】(2007)某低速送风管,管道断面为矩形,长 $a=250\text{mm}$,宽 $b=200\text{mm}$,管中风速 $v=3.0\text{m/s}$,空气温度 $t=30℃$,空气的运动黏性系数 $\nu=16.6\times10^{-6}\text{m}^2/\text{s}$。试判别流态为:

　　A. 层流　　　B. 紊流　　　C. 急流　　　D. 缓流

解　对于非圆管的运动,雷诺数 $\text{Re}=\dfrac{vR}{\nu}$,其中 v 是风速,R 是水力半径,ν 是运动黏性系数。可知 $R=\dfrac{A}{\chi}=\dfrac{ab}{a+2b}=\dfrac{0.25\times0.2}{0.25+2\times0.2}=\dfrac{1}{13}\text{m}$,雷诺数 $\text{Re}=\dfrac{vR}{\nu}=\dfrac{3\times1/13}{16.6\times10^{-6}}=13\,902>575$(注意:用水力半径计算时,雷诺数标准为575),为紊流。选 B。

【例 12-7】(2014)管道直径 $d=200\text{mm}$,流量 $Q=90\text{L/s}$,水力坡度 $J=0.46$,管道的沿程阻力系数 λ 值为:

　　A. 0.0219　　　B. 0.00219　　　C. 0.219　　　D. 2.19

解　由以下公式可得:

$v\dfrac{\pi d^2}{4}=Q$,$v=2.866\text{m/s}$,$h_f=\lambda\dfrac{l}{d}\dfrac{v^2}{2g}$,$J=\dfrac{h_f}{l}=\lambda\dfrac{v^2}{d\,2g}$,$\dfrac{\lambda}{0.2}\times\dfrac{2.866^2}{2\times9.8}=0.46$,$\lambda=0.219$

选 C。

12.2.5 局部阻力产生的原因和计算方法

1)局部阻力产生的原因

流体流速或流动方向突然变化时会导致局部阻力产生。

流体流经突然扩大、突然缩小、转向、分岔等局部阻碍时,会产生局部水头损失,有涡流损失、加速损失、转向损失和撞击损失四种。

(1)涡流损失。流体在流动过程中遇到障碍物时,常会产生大量漩涡,这些涡流内部和壁面之间相互摩擦造成的机械能损失就是涡流损失。

(2)加速损失。流体在经过变化的管径时,流速会发生变化,同时会导致压力的改变,这个过程中发生的能量损失就是加速损失。

(3)转向损失。流体在弯管中流动,或遇到障碍物要改变流向时,会消耗掉一部分能量,就是转向损失。

(4)撞击损失。流体遇到障碍物时,往往会和固体壁面发生碰撞,其过程中会有能量损失,即撞击损失。

其实,主流脱离壁面,漩涡区的形成是造成局部水头损失的主要原因。

2)局部阻力的计算方法

局部损失机理很复杂,多由试验确定。局部阻力有两种近似算法,局部阻力系数法和当量长度法。

(1)局部阻力系数法

$$h_j = \zeta \frac{u^2}{2g} \tag{12-13}$$

其中,ζ 是局部阻力系数,由试验测定。常见的管件和阀门对应的 ζ 可查表得到。

(2)当量长度法

将局部阻力看做与某一长度为 l_e 的同径管道所产生的摩擦损失相当,此折算长度 l_e 称为当量长度。局部阻力计算公式为:

$$h_j = \lambda \frac{l_e}{d} \frac{u^2}{2g} \tag{12-14}$$

特殊突然扩大管(流入断面很大的容器)的管出口,其局部阻力系数 $\zeta=1$,对应流速是管径扩大前的流速。突然缩小管(由断面很大的容器流出)的管入口,其局部阻力系数 $\zeta=0.5$,对应流速是管径缩小后的流速。

典型例题解析

【例12-8】(2010)如图12-4所示,输水管道中设有阀门,已知管道直径为50mm,通过流量为3.34L/s,水银压差计读值 $\Delta h=150$mm,水的密度 $\rho=1\,000$kg/m³,水银的密度 $\rho=13\,600$kg/m³,沿程水头损失不计,阀门的局部水头损失系数 ζ 是:

A. 12.8   B. 1.28
C. 13.8   D. 1.38

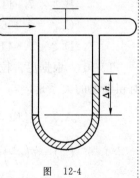

图 12-4

解 流量 $Q=\frac{\pi}{4}d^2 v$,得流速 $v=\frac{4Q}{\pi d^2}=1.702$m/s。列总流能量方程 $z+\frac{p_1}{\rho_{水}g}+\frac{v^2}{2g}=z+\frac{p_2}{\rho_{水}g}+\frac{v^2}{2g}+\zeta\frac{v^2}{2g}$,化简得 $\frac{p_1}{\rho_{水}g}=\frac{p_2}{\rho_{水}g}+\zeta\frac{v^2}{2g}$,又有 $p_1+\rho_{水}(\Delta h+h)=p_2+\rho_{水银}\Delta h+\rho_{水}h$,代入可得 $\frac{p_1-p_2}{\rho_{水}g}=\frac{\rho_{水银}-\rho_{水}}{\rho_{水}}\Delta h=\zeta\frac{v^2}{2g}$。故阀门的局部水头损失系数 $\zeta=\frac{\rho_{水银}-\rho_{水}}{v^2\rho_{水}}2g\Delta h=\frac{13\,600-1\,000}{1.702^2\times 1\,000}\times 2\times 9.8\times 0.15=12.789\approx 12.8$。选 A。

12.2.6 减少局部阻力的措施

可采用以下措施减少局部阻力:①减少局部组件个数;②改善局部组件形状;③进口采用圆弧光滑过渡;④改边界突变为渐变;⑤采用较大的转弯半径。

典型例题解析

【例 12-9】 下列措施不能减小局部阻力的是：
A. 改突然扩大为渐扩　　　　B. 减少组件个数
C. 采用小转弯半径　　　　　D. 进出口采用圆弧形过渡

解 选 C。

经典练习

12-6 (2007)等直径圆管中的层流，其过流断面平均流速是圆管中最大流速的（　　）。
A. 1.0 倍　　　B. 1/3　　　C. 1/4　　　D. 1/2

12-7 (2010)有两根管道，直径 d、长度 l 和绝对粗糙度 k 均相同，一根输送水，另一根输送油。当两管道中液流的流速 v 相等时，两者沿程水头损失 h_f 相等的流区是（　　）。
A. 层流区　　　　　　　　　B. 紊流光滑区
C. 紊流过渡区　　　　　　　D. 紊流粗糙区

12-8 (2008)实验用矩形明渠，底宽为 25cm，当通过流量为 $1.0×10^{-2}$ m³/s 时，渠中水深为 30cm，测知水温为 20℃（$\nu=0.010\ 1\text{cm}^2/\text{s}$），则渠中水流形态和判别的依据分别是（　　）。
A. 层流，$Re=11\ 588>575$　　　B. 层流，$Re=11\ 588>2\ 000$
C. 紊流，$Re=11\ 588>2\ 000$　　D. 紊流，$Re=11\ 588>575$

12-9 (2008)轴线水平的突然扩大管，直径 d_1 为 0.3m、d_2 为 0.6m，实测水流流量为 0.283m³/s，测压管水面高差 h 为 0.36m。求局部阻力系数 ζ，并说明测压管水面高差 h 与局部阻力系数 ζ 的关系。（　　）

A. $\zeta_1=0.496$（对应细管流速），h 值增大，ζ 值减小
B. $\zeta_1=7.944$（对应细管流速），h 值增大，ζ 值减小
C. $\zeta_2=0.496$（对应粗管流速），h 值增大，ζ 值增大
D. $\zeta_2=7.944$（对应粗管流速），h 值增大，ζ 值增大

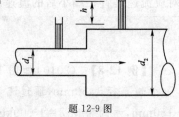

题 12-9 图

12-10 根据尼古拉兹试验判断，当水流处于紊流粗糙区时，沿程阻力系数与雷诺数、相对粗糙度的关系是（　　）。

A. $\lambda=f\left(Re,\dfrac{\Delta}{d}\right)$　　　　　B. $\lambda=f(Re)$

C. $\lambda=f\left(\dfrac{\Delta}{d}\right)$　　　　　　　D. 都不正确

12-11 如图所示，通过虹吸管由 A 池向 B 池供水，管路由 3 段组成，管径相同，$d=0.2$m，$l_1=5$m，$l_2=5$m，$l_3=8$m，沿程阻力系数 $\lambda_1=\lambda_2=\lambda_3=0.02$，进口局部损失系数 $\zeta_e=3$，中间有两个弯头，每个弯头的局部损失系数 $\zeta=0.3$。试求通过的流量。（　　）
A. $Q=0.065\ 1$m³/s　　　B. $Q=0.085\ 0$m³/s
C. $Q=0.097\ 3$m³/s　　　D. $Q=0.067\ 3$m³/s

12-12 15℃水在半径为 10mm 的钢管内流动，流速为 0.15m/s，该水密度为 999kg/m³，黏度为 0.001 14Pa·s，则该流动是（　　）。

A. 层流　　　B. 湍流　　　C. 过渡流　　　D. 无法判断

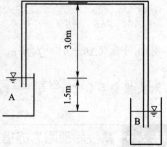

题 12-11 图

12.3 管道计算

考试大纲：孔口(或管嘴)的变水头出流　简单管路的计算　串联管路的计算　并联管路的计算

必备基础知识

12.3.1 孔口(或管嘴)的变水头出流

1) 薄壁小孔恒定出流

容器壁上开孔，流体经孔口流出的水力现象称为孔口出流。孔口出流时壁厚对出流无影响。水流仅在一条周线上接触的孔口称为薄壁孔口。

(1) 自由出流

水从孔口流出进入大气中叫做自由出流，如图12-5所示。恒定自由出流的基本公式为：

$$Q = \mu A \sqrt{2gH_0} \qquad (12\text{-}15)$$

式中：μ——孔口流量系数；
　　　A——孔口面积(m^2)；
　　　H_0——作用水头(m)，$H_0 \approx H$。

要保持恒定出流，需要保持容器内水面恒定，即流入量和流出量相等即可。

(2) 淹没出流

水由孔口流入另一水体中，称为淹没出流，如图12-6所示，其基本公式为：

$$Q = \mu A \sqrt{2gH_0} \qquad (12\text{-}16)$$

式中：μ——淹没孔口流量系数；
　　　A——孔口面积(m^2)；
　　　H_0——作用水头(m)，$H_0 \approx H$。

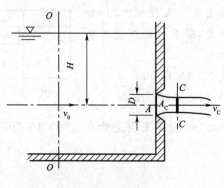

图12-5　孔口自由出流　　　　图12-6　淹没出流

2) 孔口的变水头出流

孔口出流过程中，若没有外来水补充，容器内水位随时间变化，导致孔口的流量随时间变化的流动，叫做孔口的变水头出流。其放空时间为：

$$t = \frac{2FH_1}{\mu A \sqrt{2gH_1}} = \frac{2V}{Q_{max}} \qquad (12\text{-}17)$$

11

式中：V——容器放空的体积(m^3)，$V=FH_1$，F 是容器底面积，H_1 是放空高度；

μ——自由出流孔口流量系数；

A——孔口面积(m^2)。

可以看出，变水头出流容器的放空时间等于在恒定水头 H_1 作用下，流出同体积水所需时间的 2 倍。

3) 管嘴出流

在孔口上接一个长度为 3～4 倍孔径的短管，水通过短管并在出口断面满管流出的水力现象称为管嘴出流。如图 12-7 所示，管嘴流量为：

$$Q=uA=\varphi_n A\sqrt{2gH_0}=\mu_n A\sqrt{2gH_0} \qquad (12\text{-}18)$$

式中：H_0——作用水头(m)，$H_0\approx H$；

φ_n——管嘴流速系数，取 0.82；

μ_n——管嘴流量系数，取 0.82。

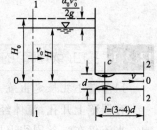

图 12-7 管嘴出流

对比式(12-18)和式(12-19)，可知它们在形式上相同，但流量系数不同，$\mu_n=1.32\mu$。可见在相同水头作用下，同样面积管嘴的过流能力是孔口的 1.32 倍。孔口外接短管，增加了阻力，但流量不减，反而增加，这是因为管嘴收缩断面处有真空作用，相当于把孔口出流的作用水头增加了。

以上这些公式都是以伯努利方程为基础推导而来的，流量系数都是根据沿程水头损失和局部水头损失求算的。例如，一般短管的流量公式为：

$$Q=uA=\dfrac{1}{\sqrt{1+\lambda\dfrac{l}{d}+\sum\zeta}}\sqrt{2gH}A=\mu A\sqrt{2gH} \qquad (12\text{-}19)$$

式中：$\sum\zeta$——局部损失系数和；

其他符号意义同前。

典型例题解析

【例 12-10】（2014）图 12-8 所示容器 A 中水面上压强 $p_1=9.8\times10^3 Pa$，容器 B 中水面压强 $p_2=19.6\times10^3 Pa$，两水面高差为 0.5m，隔板上有一直径 $d=20mm$ 的孔口。设两容器中的水位恒定，且水面上压强不变，若孔口的流量系数 $\mu=0.62$，流经孔口的流量为：

A. $2.66\times10^{-3} m^3/s$　　　　B. $2.73\times10^{-3} m^3/s$

C. $6.09\times10^{-4} m^3/s$　　　　D. $2.79\times10^{-3} m^3/s$

图 12-8

解 由 $Q=\mu A\sqrt{2gH}$，$H=\dfrac{p_2}{\rho g}-\left(0.5+\dfrac{p_1}{\rho g}\right)=0.5m$，计算可得流量为 $6.09\times10^{-4} m^3/s$。选 C。

12.3.2 简单管路的计算

长管是指水头损失以沿程损失为主，局部损失和流速水头都可忽略不计的管道，如城市给水管道。其中，沿程流量和直径都不变的管路称为简单管路。这种长管的全部作用水头都消耗在沿程水头损失上，总水头线为连续下降的直线，并与测压管水头线重合（流速水头忽略不计）。其计算公式为

$$H = h_f = \lambda \frac{l}{d} \frac{u^2}{2g} = \lambda \frac{l}{d} \left(\frac{4Q}{\pi d^2}\right)^2 \cdot \frac{1}{2g} = \frac{8\lambda}{\pi^2 g d^5} l Q^2 \quad (12\text{-}20)$$

令 $a = \frac{8\lambda}{\pi^2 g d^5}$，称为比阻，则

$$H = alQ^2 \quad (12\text{-}21)$$

其中，a 的单位是 s^2/m^6，它取决于沿程摩阻系数 λ 和管径 d，这些数据可以查找相关图表获取。该公式是长管流量的基本公式，是后面串联和并联管道计算的基础。

12.3.3 串联管路的计算

由直径不同的管段连接起来的管道，称为串联管道，如图 12-9 所示。其满足节点流量平衡，即

$$Q_i = Q_{i+1} + q_i \quad (12\text{-}22)$$

其中，q_i 表示第 i 段管道末尾与第 $i+1$ 段管路连接节点处泻流量大小。

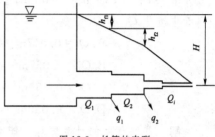

图 12-9 长管的串联

每一管段均为简单管道，水头损失按比阻计算

$$h_{fi} = a_i l_i Q_i^2 = S_i Q_i^2 \quad (12\text{-}23)$$

式中：S_i——管段阻抗，$S_i = a_i l_i$。

$$H = \sum_{i=1}^{n} h_{fi} = \sum_{i=1}^{n} S_i Q_i^2 \quad (12\text{-}24)$$

若中途无流量分出，则

$$H = Q^2 \sum (a_i l_i) \quad (12\text{-}25)$$

典型例题解析

【例 12-11】 一水塔供水系统，由三条管段串联组成。已知要求末端出水水头为 10m，$d_1 = 450mm$、$l_1 = 1\,500m$、$Q_1 = 0.23m^3/s$，$d_2 = 350mm$、$l_2 = 1\,000m$、$Q_2 = 0.13m^3/s$，$d_3 = 250mm$、$l_3 = 1\,000m$、$Q_3 = 0.05m^3/s$，管径改变处有出水。管道沿程阻力系数 $\lambda_1 = 0.012$、$\lambda_2 = 0.015$、$\lambda_3 = 0.018$，试求水塔高度：

A. 25.2m   B. 23.85m   C. 30.52m   D. 22.08m

解 由公式 $H = \frac{8\lambda}{\pi^2 g d^5} l Q^2$，得 $H = \sum_{i=1}^{3} \frac{8\lambda_i}{\pi^2 g d_i^5} l_i Q_i^2 = 12.08m$，则水塔高度 $H' = H + 10 = 22.08m$。选 D。

12.3.4 并联管路的计算

在两节点之间并接两根以上管段的管路称为并联管路。如图 12-10 所示，总流量是分管段流量之和，各个分管段的首端和末端是相同的，那么这几个管段的水头损失都相等，即

$$H = H_1 = H_2 = \cdots = H_i \quad (12\text{-}26)$$

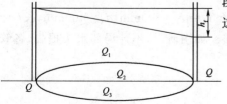

图 12-10 长管的并联

以阻抗和流量表示为：

$$S_1 Q_1^2 = S_2 Q_2^2 = \cdots = S_i Q_i^2 \quad (12\text{-}27)$$

可知，并联长管中阻抗大的流量小，阻抗小的流

量大。

若管路系统由总管部分和并联支管部分串联而成,则计算总阻力损失时只需计算并联部分中任一支管的阻力损失,而不需将并联部分各支管的阻力损失之和作为并联部分的总阻力损失。

典型例题解析

【例 12-12】(2007)有一管材、管径相同的并联管路(图 12-11),已知通过的总流量为 $0.08\text{m}^3/\text{s}$,管径 $d_1=d_2=200\text{mm}$,管长 $l_1=400\text{m}$,$l_2=800\text{m}$,沿程损失系数 $\lambda_1=\lambda_2=0.035$,则管中流量 Q_1 和 Q_2 分别为:

A. $Q_1=0.047\text{m}^3/\text{s}$,$Q_2=0.033\text{m}^3/\text{s}$
B. $Q_1=0.057\text{m}^3/\text{s}$,$Q_2=0.023\text{m}^3/\text{s}$
C. $Q_1=0.050\text{m}^3/\text{s}$,$Q_2=0.040\text{m}^3/\text{s}$
D. $Q_1=0.050\text{m}^3/\text{s}$,$Q_2=0.020\text{m}^3/\text{s}$

图 12-11 并联管路

解 并联管路的计算原理是能量方程和连续性方程,可知 $Q=Q_1+Q_2$,$h_{f1}=h_{f2}$,又 $h_f=SlQ^2$,$S=\dfrac{8\lambda}{g\pi^2 d^5}$,得 $h_f=\dfrac{8\lambda lQ^2}{g\pi^2 d^5}\approx\dfrac{\lambda lQ^2}{d^5}$,所以 $\dfrac{\lambda_1 l_1 Q_1^2}{d_1^5}=\dfrac{\lambda_2 l_2 Q_2^2}{d_2^5}$,得 $\dfrac{Q_1}{Q_2}=\sqrt{2}$,而 $Q=Q_1+Q_2=0.08\text{m}^3/\text{s}$,很容易解得 $Q_1=0.047\text{m}^3/\text{s}$,$Q_2=0.033\text{m}^3/\text{s}$。选 A。

经典练习

12-13 长管并联管道与各并联管段的( )。
    A. 水头损失相等   B. 总能量损失相等
    C. 水力坡度相等   D. 通过的流量相等

12-14 (2008)如图所示为一管径不同的有压弯管,细管直径 d_1 为 0.2m,粗管直径 d_2 为 0.4m,1-1 断面压强水头为 7.0m 水柱,2-2 断面压强水头为 4m 水柱,已知 v_2 为 1m/s,2-2 断面轴心点比 1-1 断面轴心点高 1.0m,则水流流向与 1-1、2-2 断面间的水头损失 h_w 为( )。

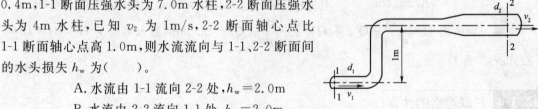

题 12-14 图

    A. 水流由 1-1 流向 2-2 处,$h_w=2.0\text{m}$
    B. 水流由 2-2 流向 1-1 处,$h_w=2.0\text{m}$
    C. 水流由 1-1 流向 2-2 处,$h_w=2.8\text{m}$
    D. 水流由 2-2 流向 1-1 处,$h_w=2.8\text{m}$

12-15 (2008)两水池水面高度差 $H=25\text{m}$,用直径 $d_1=d_2=300\text{mm}$、$d_3=400\text{mm}$,长 $l_1=400\text{m}$、$l_2=l_3=300\text{m}$,沿程阻力系数为 0.03 的管段连接。如图所示,不计局部水头损失,各管段流量应为( )。
    A. $Q_1=238\text{L/s}$,$Q_2=78\text{L/s}$,$Q_3=160\text{L/s}$
    B. $Q_1=230\text{L/s}$,$Q_2=75\text{L/s}$,$Q_3=154\text{L/s}$

C. $Q_1=228L/s, Q_2=114L/s, Q_3=114L/s$
D. 以上都不正确

12-16 如图所示,有两个水池,水位差为8m,先由内径为600mm、管长为3 000m的管道A将水自高位水池引出,然后由两根长为3 000m、内径为400mm的B、C管接到低位水池。若管内摩擦系数 $\lambda=0.03$,则总流量为( )。

A. $0.17m^3/s$ B. $195m^3/s$ C. $320m^3/s$ D. $612m^3/s$

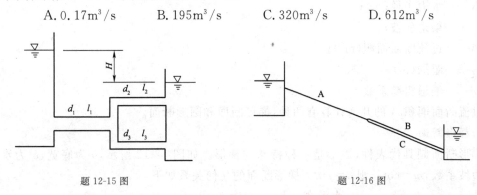

题 12-15 图　　　　　　　　　题 12-16 图

12.4 明渠均匀流和非均匀流

考试大纲：明渠均匀流的计算公式　明渠水力最优断面和允许流速　明渠均匀流水力计算的基本问题　断面单位能量和临界水深　缓流、急流、临界流及其判断准则　明渠恒定非均匀渐变流的基本微分方程

必备基础知识

12.4.1　明渠均匀流的计算公式

明渠流动具有自由表面,表面压力都是大气压,重力对流动起主导作用;底坡的改变对流速和水深有直接影响;明渠局部边界变化对水深在很长距离上都有影响;明渠均匀流是流线为平行直线的明渠水流,是明渠流动的最简单形式。

明渠均匀流条件是沿程减少的位能等于沿程水头损失。因此,明渠均匀流只能出现在底坡不变,断面形状尺寸、粗糙系数都不变的顺向坡长直渠道中。明渠均匀流是等深流,水面线即测压管水头线,与渠底平行。它又是等速流,总水头线与测压管水头线平行,所以,水力坡度 J = 渠底坡度 i。

明渠均匀流的基本计算公式为：

$$u=C\sqrt{RJ}=C\sqrt{Ri} \qquad (12\text{-}28)$$

$$Q=Au=AC\sqrt{Ri} \qquad (12\text{-}29)$$

$$R=\frac{A}{\chi} \qquad (12\text{-}30)$$

$$C=\frac{1}{n}R^{\frac{1}{6}} \qquad (12\text{-}31)$$

$$Q = \frac{1}{n}AR^{\frac{2}{3}}i^{\frac{1}{2}} = \frac{i^{\frac{1}{2}}}{n}\frac{A^{\frac{5}{3}}}{\chi^{\frac{2}{3}}} \tag{12-32}$$

式中：u——明渠的断面平均流速(m/s)；

C——谢才系数($m^{\frac{1}{2}}/s$)；

R——水力半径(m)；

i——渠道底坡；

A——过流断面面积(m^2)；

χ——湿周(m)；

n——渠道粗糙系数。

过流断面面积 A 的几何计算有两种：梯形断面和圆形断面。

1）梯形断面

梯形断面颇具代表性，矩形是一种特殊的梯形。如图 12-12 所示，b 为底宽，h 为水深，m 表示边坡系数，$m=\cot\alpha$，则 $a=mh$。梯形断面的几何关系如下：

$$\left.\begin{array}{ll} \text{水面宽} & B=b+2mh \\ \text{过流断面面积} & A=(b+mh)h \\ \text{湿周} & \chi=b+2h\sqrt{1+m^2} \\ \text{水力半径} & R=\dfrac{A}{\chi} \end{array}\right\} \tag{12-33}$$

2）圆形断面

无压圆管均匀流是明渠均匀流特定的断面形式，它的形成条件、水力特征及基本公式都和前面所述的一样。如图 12-13 所示，d 为直径，h 为水深，α 为充满度，$\alpha=h/d$，θ 是充满角。其几何要素关系如下：

$$\left.\begin{array}{ll} \text{充满度} & \alpha=\sin^2\dfrac{\theta}{4} \\ \text{过流断面面积} & A=\dfrac{d^2}{8}(\theta-\sin\theta) \\ \text{湿周} & \chi=\dfrac{d}{2}\theta \\ \text{水力半径} & R=\dfrac{d}{4}\left(1-\dfrac{\sin\theta}{\theta}\right) \end{array}\right\} \tag{12-34}$$

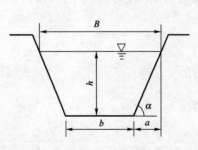

图 12-12 梯形断面

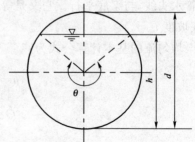

图 12-13 圆形断面

对于明渠均匀流的计算，首先要搞清楚过流断面的几何关系，求出过流断面面积、湿周、水力半径等，剩余的一些参数可通过查找图表得到。

典型例题解析

【例 12-13】 (2007)有一条长直的棱柱形渠道,梯形断面,底宽 $b=2.0$m,边坡系数 $m=1.5$,粗糙系数 $n=0.025$,底坡 $i=0.002$,设计水深 $h_0=1.5$m,则通过流量为:

    A. 16.40m³/s B. 10.31m³/s C. 18.00m³/s D. 20.10m³/s

解 流量 $Q=\dfrac{1}{n}AR^{\frac{2}{3}}i^{\frac{1}{2}}=\dfrac{A^{\frac{5}{3}}i^{\frac{1}{2}}}{n\chi^{\frac{2}{3}}}$,过水断面面积 $A=(b+mh_0)h_0=6.375$m²,湿周 $\chi=b+2h_0\sqrt{1+m^2}=7.41$m,代入公式得到 $Q=10.316$m/s。选 B。

12.4.2 明渠水力最优断面和允许流速

当过流断面面积 A、粗糙系数 n 及渠道底坡 i 一定时,使流量 Q 达到最大值的断面称为水力最优断面。由式(12-32)可知,湿周 χ 最小时,渠道断面最优,在计算上,其实就是求解一个函数的极值问题。

允许流速是一个范围值,即为确保渠道能长期稳定地通水,要将设计流速控制在既不冲刷渠底,又不致水中悬浮的泥沙沉降淤积的不冲不淤的范围之内。渠道设计流速的大小取决于土质和衬砌材料情况,渠道允许流速要大于不淤流速,小于不冲流速。

对于不同形状(如矩形、圆形、梯形)断面的渠道,过流断面面积 A 的相关计算不同。

(1)矩形断面宽深比为 2,即 $b=2h$ 时,水力最优。此时,最大允许流速 $v_{\max}=0.63\dfrac{\sqrt{i}}{n}(2\sqrt{1+m^2}-m)\cdot h^{\frac{2}{3}}$。

(2)梯形断面的水力半径为水深的一半,即 $R=h/2$ 时,水力最优。此时,最大允许流速 $v_{\max}=2^{\frac{1}{3}}\cdot\dfrac{\sqrt{i}}{n}h^{\frac{8}{3}}$。

注意:这里的断面是指过水断面,不是指渠道的边壁断面。但是,水力最优不一定经济最优,在设计时要综合考虑各方面因素。

典型例题解析

【例 12-14】 (2007)有一条长直的棱柱形渠道,梯形断面,按水力最优断面设计,底宽 $b=2.0$m,边坡系数 $m=1.5$,则在设计流量通过时,该渠道的正常水深(渠道设计深度)为:

    A. 3.8m B. 3.6m C. 3.3m D. 4.0m

解 梯形断面按水力最优断面设计时,水力半径等于水深的一半,即 $R=h/2$,梯形断面的水力半径 $R=\dfrac{h(b+mh)}{b+2h\sqrt{1+m^2}}$,计算公式为 $\dfrac{h(b+mh)}{b+2h\sqrt{1+m^2}}=\dfrac{h}{2}$,解得 $h=3.3$m。选 C。

12.4.3 明渠均匀流水力计算的基本问题

(1)验算渠道的输水能力。当渠道建成后,过流断面的形状、尺寸、壁面材料 n,底坡 i 都已知,根据公式(12-28)~公式(12-32)算出 A、R、C 值,再计算流量即可。

(2)决定渠道底坡。这种情况是过流断面的形状、尺寸、壁面材料 n,流量 Q 均已知,先用公式算出 $K=AC\sqrt{R}$,再带入明渠均匀流基本公式 $i=Q^2/K^2$。

(3)设计渠道断面。这时已知 Q、m、n、i,要设计出渠道的过流断面尺寸 b 和 h。有两个未知数,需列方程组求解,也可用试算法,但计算过程复杂,或在图中找点求解。

典型例题解析

【**例 12-15**】(2014)坡度、边壁材料相同的渠道,当过水断面积相等时,明渠均匀流过水断面的平均流速在哪种渠道中最大?

  A. 半圆形渠道   B. 正方形渠道
  C. 宽深比为 3 的矩形渠道   D. 等边三角形渠道

解 根据明渠均匀流的基本公式 $Q=A\dfrac{1}{n}R^{\frac{2}{3}}i^{\frac{1}{2}}$ 可知,当过水断面面积、粗糙系数及渠道底坡一定时,使流量达到最大值的断面称为水力最优断面。即湿周最小时,渠道断面最优,流量最大,平均流速最大。选 A。

12.4.4 断面单位能量和临界水深

明渠非均匀流是不等深、不等速流动,水深的变化同明渠的流动状态有关。设水深为 h,流量为 Q,过水断面面积为 A,断面动能修正系数为 α。以断面最低点为基准点,则总水头方程为

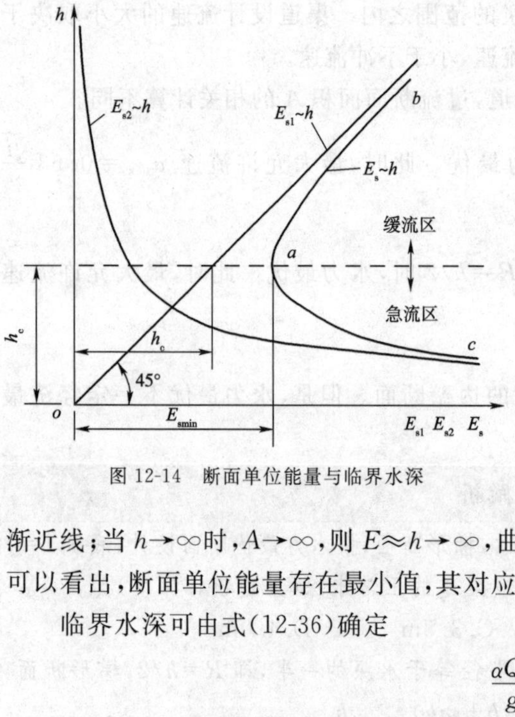

$$E=h+\frac{\alpha v^2}{2g}=h+\frac{\alpha Q^2}{2gA^2}=f(h) \quad (12\text{-}35)$$

E 称为断面单位能量(或断面比能),是单位重量液体相对于通过该断面最低点的基准面的机械能。单位重量流体的机械能是相对于沿程同一基准面的机械能,其值沿程减少。而断面单位能量 E 是以各个断面最低点为基准面来计算的,只和水深、流速有关,与该断面位置的高低无关。以水深为纵坐标,断面能量为横坐标,做曲线,如图 12-14 所示。

图 12-14 断面单位能量与临界水深

当 $h\to 0$ 时,$A\to 0$,则 $E\to\infty$,曲线以横轴为渐近线;当 $h\to\infty$ 时,$A\to\infty$,则 $E\approx h\to\infty$,曲线以通过原点与横轴呈 45°角的直线为渐近线。可以看出,断面单位能量存在最小值,其对应的水深 h_{cr} 为临界水深。

临界水深可由式(12-36)确定

$$\frac{\alpha Q^2}{g}=\frac{A_{cr}^3}{B_{cr}} \quad (12\text{-}36)$$

其中,A、B 表示临界水深时的过流断面面积和水面宽度,cr 表示在临界水深情况下。式(12-36)等号左边是已知量,右边是临界水深的函数,可解得 h_{cr}。

典型例题解析

【**例 12-16**】(2010)明渠流临界状态时,断面比能 e 与临界水深 h_k 的关系是:

  A. $e=h_k$ B. $e=\dfrac{2}{3}h_k$ C. $e=\dfrac{3}{2}h_k$ D. $e=2h_k$

解 本题属于记忆题。选 C。

12.4.5 缓流、急流、临界流及其判断准则

明渠中由于流速与波速的比值不同而出现两种不同性质的水流形态。流速小于波速,外界干扰引起的水面波动能逆流上传的水流称为缓流。缓流水势平稳,遇到底部障碍物时水面下跌。流速大于波速,外界干扰引起的水面波动不能上传的水流称为急流。急流水势湍急,遇到底部障碍物时水面隆起,一跃而过。临界流是介于急流与缓流之间的流态。急流与缓流可通过多种形式来判断,见表12-1。

明渠水流流态的各种判别方法 表 12-1

判别法 流态	按波速 v_c $v_c=\sqrt{gA/B}$	按佛罗德数 Fr $Fr=\sqrt{u^2/(gh)}$	按临界水深 h_c	均匀流时按底坡
缓流	$v<v_c$	$Fr<1$	$h>h_c$	$i<i_c, h_0>h_c$
临界流	$v=v_c$	$Fr=1$	$h=h_c$	$i=i_c, h_0=h_c$
急流	$v>v_c$	$Fr>1$	$h<h_c$	$i>i_c, h_0<h_c$

典型例题解析

【例 12-17】 (2014)明渠流动为缓流时,v_k、h_k分别表示临界流速和临界水深:

A. $v>v_k$ B. $h<h_k$ C. $Fr<1$ D. $\dfrac{de}{dh}<1$

解 当明渠流动为缓流时,$v<v_k$,$h>h_k$,$Fr<1$,$\dfrac{de}{dh}>1$。选 C。

12.4.6 明渠恒定非均匀渐变流的基本微分方程

明渠水流从急流状态过渡到缓流状态时,水面骤然跃起的急变流现象叫水跃,水面急剧上升。水跌是明渠水流从缓流过渡到急流,水面急剧降落的急变流现象。渐变流微分方程为:

$$\left. \begin{array}{l} -dz = d\left(\dfrac{\alpha v^2}{2g}\right) + dh_f \\[2mm] \dfrac{dE}{ds} = i - J \\[2mm] \dfrac{dh}{ds} = \dfrac{i-J}{1-Fr^2} \end{array} \right\} \quad (12-37)$$

式(12-37)中第一个表示的是能量的转化关系,即减小的势能一部分用于克服沿程损失,另一部分转化为动能,表现为动能的增加;第二个表示的是断面单位能量沿程的变化关系,如果 $i>J$,说明坡度大,断面单位能量沿程增加;第三个表示的是水深沿程的变化关系,是进行水面曲线分析和计算的基本公式。

经 典 练 习

12-17 (2010)在无压圆管均匀流中,其他条件不变,通过最大流量时的充满度 h/d 为(   )。
　　　A. 0.81   B. 0.87 流速最大   C. 0.95   D. 1.0

12-18 有两个断面形状、尺寸完全相同的棱柱形渠道,$n_1<n_2$,在通过相同流量的情况下,有(   )。
　　　A. $h_1<h_2$ B. $h_1=h_2$ C. $h_1>h_2$ D. 无法判断

12-19 发生水跃的水力条件是(   )。

A. 从急流过渡到急流   B. 从急流过渡到缓流
C. 从缓流过渡到缓流   D. 从缓流过渡到急流

12-20 有一排水渠道，边坡系数 $m=1$，粗糙系数 $n=0.020$，底坡 $i=0.003$，通过流量 $Q=1.2\mathrm{m}^3/\mathrm{s}$，排水断面为梯形，按水力最优断面设计，其断面尺寸为（   ）。
A. $b=0.577\mathrm{m}, h=0.70\mathrm{m}$ B. $b=2.12\mathrm{m}, h=1.25\mathrm{m}$
C. $b=1.50\mathrm{m}, h=1.50\mathrm{m}$ D. $b=1.0\mathrm{m}, h=1.5\mathrm{m}$

12-21 发生水跃和水跌的水利条件是（   ）。
A. 都是从急流过渡到缓流
B. 都是从缓流过渡到急流
C. 水跃是从急流过渡到缓流，水跌是从缓流过渡到急流
D. 水跃是从缓流过渡到急流，水跌是从急流过渡到缓流

12-22 下列哪项能作为判别明渠均匀流的指标？（   ）
A. 雷诺数   B. 断面单位能量   C. 水深   D. 流速

12-23 缓流和急流越过障碍物时水面分别如何变化？（   ）
A. 升高，跌落   B. 跌落，升高   C. 不变，升高   D. 不变，跌落

12.5 紊流射流与紊流扩散

考试大纲：紊流射流的基本特征   圆断面射流   平面射流

必备基础知识

12.5.1 紊流射流的基本特征

紊流射流是指流体自孔口、管嘴或条形缝向外界流体空间喷射所形成的流动，流动状态通常为紊流。其特征如下：

(1) 几何特征。射流按一定的扩散角向前扩散运动，射流外边界近似为直线。

(2) 运动特征。同一断面上，轴心速度最大，至边缘速度逐渐减小为零；各断面纵向流速分布具有相似性。

(3) 动力特征。出口横截面上动量等于任意横截面上动量（各截面动量守恒）。

典型例题解析

【例12-18】(2010) 喷口或喷嘴射入无限广阔的空间，并且射流出口的雷诺数较大，则称为紊流自由射流，其主要特征是：
A. 射流主体段各断面轴向流速分布不相似
B. 射流各断面的动量守恒
C. 射流起始段中流速的核心区为长方形
D. 射流各断面的流量守恒

解 各断面速度分布具有相似性，A错；射流核心区为圆锥形，C错；断面流量沿程逐渐增大，D错。选B。

【例 12-19】 (2014)在紊流射流中,射流扩散角 α 取决于:
　　　A.喷嘴出口流速
　　　B.紊流强度,但与喷嘴出口特性无关
　　　C.喷嘴出口特性,但与紊流强度无关
　　　D.紊流强度和喷嘴出口特性

解 紊流射流中,射流扩散角与紊流强度和喷嘴出口特性均有关。选 D。

12.5.2 圆断面射流

圆断面射流是指流体由孔口或喷嘴射出,进入无限空间的紊流淹没射流。射流流体和周围介质之间的掺混是在圆锥面上进行的。

12.5.3 平面射流

流体从狭长的缝隙中外射运动时,射流在条缝长度方向几乎无扩散运动,这种流动可视为平面运动,故称为平面射流。该流体与周围介质之间的掺混是在上下表面进行的。

经典练习

12-24　(2008)下列关于无限空间气体淹没紊流射流的说法中,正确的是(　　)。
　　A.不同形式的喷嘴,紊流系数确定后,射流边界层的外界边线也就被确定,并且按照一定的扩散角向前做扩散运动
　　B.气体射流中任意点上的压强周围气体的压强
　　C.在射流主体段的不断混掺,各射流各断面上的动量不断增加,也就是单位时间通过射流各断面的流体总动量不断增加
　　D.紊流射流横断面上流速分布规律是:轴心处速度最大,从轴心向边界层边缘速度逐渐减小至零,越靠近射流出口,各断面速度分布曲线的形状越扁平化

12-25　当喷嘴形状与出口流速一定时(　　)。
　　A.射流的边界层外边界线不能确定
　　B.射流的边界层外边界线不能确定,沿程不断变化
　　C.射流的边界层外边界线就确定了
　　D.以上说法都不对

12-26　下列关于无限空间紊流射流特征的说法中,正确的是(　　)。
　　A.紊流射流形成向周围扩散的圆柱形流场
　　B.在紊流射流各断面上动量是不守恒的
　　C.射流各断面的速度分布没有相似性
　　D.在射流中任意点的压强均等于周围的大气压强

12-27　下列哪项不是无限空间紊流射流所具有的特征?(　　)
　　A.射流各断面速度分布具有相似性
　　B.形成向周围扩散的圆锥形流场
　　C.离管嘴距离越远,轴心上速度越大,边界层厚度越大
　　D.各断面上的动量相等

21

12.6 气体动力学基础

考试大纲☞：压力波传播和音速概念　可压缩流体一元稳定流动的基本方程　渐缩喷管与拉伐管的特点　实际喷管的性能

必备基础知识

12.6.1 压力波传播和音速概念

快速的压强变化会产生压力波。气体与固体不同，很容易被压缩，当在气体中激起压力变动时，气体的密度将产生与压力相同形式的变动，压力波的传播过程实际上就是密度变化的传播过程。

音速也叫声速，是介质中微弱压强扰动的传播速度。其大小因媒质的性质和状态而异。空气中的音速在1个标准大气压和15℃的条件下约为340m/s。

一般来说，音速与介质的性质和状态有关。在压缩性小的介质中的音速大于在压缩性大的介质中的音速。介质状态不同，音速也不同。音速的数值在固体中比在液体中大，在液体中又比在气体中大。音速的大小还随大气温度的变化而变化。

可压缩性流体中的音速 c 还与气体的绝对温度有关，理想气体中的音速与绝对温度的平方根成正比，即

$$c = \sqrt{\gamma RT} \tag{12-38}$$

其中，γ 是绝热指数，R 是理想气体常数，T 是热力学温度。

典型例题解析

【例 12-20】（2010）常压下，空气温度为23℃时，绝热指数 $\gamma=1.4$，气体常数 $R=287\text{J}/(\text{kg} \cdot \text{K})$，声速为：

　　A. 330m/s　　　　B. 335m/s　　　　C. 340m/s　　　　D. 345m/s

解 $c = \sqrt{\gamma RT} = \sqrt{1.4 \times 287 \times (23+273)} = 345\text{m/s}$。选 D。

12.6.2 可压缩流体一元稳定流动的基本方程

1）连续性方程

连续性方程即质量守恒方程为

$$\rho_1 u_1 A_1 = \rho_2 u_2 A_2 = C \tag{12-39}$$

2）动量方程

对于理想气体，有

$$\frac{\mathrm{d}p}{\rho} + u\mathrm{d}u = 0 \tag{12-40}$$

这是伯努利方程的微分式。

3）机械能衡算方程

恒温流动时，有

$$p_1^2 - p_2^2 = \frac{2RTG^2}{M}\left(\ln\frac{p_1}{p_2} + \frac{\lambda l}{2d}\right) \tag{12-41}$$

其中，p 是截面压强，M 是气体分子摩尔质量，G 是质量流速（单位时间内流经单位垂直截面的流体质量）。

当管道很长，p_1、p_2 相差不大时，式(12-41)右端括号内，第一项比第二项小得多，可忽略不计，则有

$$\frac{p_1 - p_2}{\rho_m} = \lambda \frac{l}{d} \frac{G^2}{2\rho_m^2} = \lambda \frac{l}{d} \frac{u_m^2}{2} \tag{12-42}$$

平均密度为

$$\rho_m = \frac{p_m M}{RT} = \frac{(p_1 + p_2)M}{2RT} \tag{12-43}$$

4) 状态方程

理想气体状态方程为

$$\frac{p}{\rho} = RT \tag{12-44}$$

12.6.3 渐缩喷管与拉伐管的特点

当气流速度小于音速时，与液体运动规律相同，速度随断面增大而减小、随断面减小而增大。但是，气体流速大于音速时，速度会随断面增大而增大、随断面减小而减小。这是因为沿着流线方向，气体密度变化和速度变化是成正比的。在亚音速状态下，密度变化小于速度变化；在超音速状态下，密度变化大于速度变化。

所以，将亚音速气流加速到音速或小于音速，需采用渐缩喷管；将亚音速气流加速到超音速，需先经过收缩管加速到音速，再进入能使气流进一步增速到超音速的扩张管，这就是拉伐管。

典型例题解析

【例 12-21】（2007）根据可压缩流体一元恒定流动的连续性方程，亚音速气流的速度随流体过流断面面积的增大而：

A. 增大　　　B. 减小　　　C. 不变　　　D. 难以确定

解 $\rho_1 u_1 A_1 = \rho_2 u_2 A_2$，可知速度与过流断面面积成反比，故亚音速气流的速度随流体过流断面的增大而减小。选 B。

【例 12-22】（2014）可压缩流动中，欲使流速从超音速减小到音速，则断面必须：

A. 由大变到小　　　　　　B. 由大变到小再由小变到大
C. 由小变到大　　　　　　D. 由小变到大再由大变到小

解 当气流速度小于音速时，与液体运动规律相同，速度随断面增大而减小、随断面减小而增大。但是，当气流速度大于音速时，速度会随断面增大而增大、随断面减小而减小。所以，将亚音速气流加速到音速或小于音速，需采用渐缩管；将亚音速气流加速到超音速，需先收缩管加速到音速，再进入扩张管。欲将超音速减小到音速，需收缩管径使超音速减小到音速。选 D。

12.6.4 实际喷管的性能

实际喷管存在摩擦，不再是等熵流，需用喷管效率和流量系数加以校正。

经典练习

12-28 超音速气流速度随过流断面增大而（　　）。
　　　A．增大　　　　B．减小　　　　C．不变　　　　D．不确定

12-29 同一种气体声速值与温度的变化关系为（　　）。
　　　A．随温度的增加而减小　　　　B．随温度的增加而增大
　　　C．不随温度变化　　　　　　　D．不确定

12-30 在压力不变的情况下，空气的声速随温度的升高而（　　）。
　　　A．减小　　　　B．增大　　　　C．不变　　　　D．不一定

12-31 亚音速气流进入渐缩管和超音速气流进入渐扩管，其流速分别如何变化？（　　）
　　　A．变大，变小　　B．变小，变大　　C．均变大　　D．均变小

12.7　相似原理和模型试验方法

考试大纲：流动相似　相似准则　因次分析法　流体力学模型研究方法　试验数据处理方法

必备基础知识

12.7.1　流动相似

大多数工程试验都是在模型上进行的。模型和实物原型要有同样的运动规律，有相似的流动，运动参数也存在固定的比例关系。相似理论是模型试验的理论基础。

流体运动的相似包括：几何相似、运动相似、动力相似、边界条件和初始条件相似。

1）几何相似

几何相似是指两个流动流场的几何形状相似，即相应的线段长度成比例（长度比尺相同）、夹角相等。

2）运动相似

运动相似是指两个流动相应点速度大小成比例（比尺相同），方向相同。

3）动力相似

动力相似是指两个流动相应点处质点受同名力作用，力的大小成比例（比尺相同），方向相同。

4）边界条件和初始条件相似

边界条件和初始条件相似是保证流体相似的充分条件。如原型中的固体壁面，模型中相应部分也要设成固体壁面。

典型例题解析

【例12-23】（2016）下列关于流动相似的条件中可以不满足的是：
　　　A．几何相似　　B．运动相似　　C．动力相似　　D．同一种流体介质

解　流动相似是图形相似的推广。流动相似具有三个特征，或者说要满足三个条件，即几何相似、运动相似、动力相似。其中，几何相似是前提，动力相似是保证，才能实现运动相似这个目的。运动相似和动力相似是表示原型和模型两个流动对应的点速度、压强和所受的作用力都分别满足确定的比例关系。选 D。

12.7.2 相似准则

几何相似是运动相似和动力相似的前提条件。所以,首先要满足几何相似,其次是实现动力相似。要使两个流动动力相似,各项比尺须满足一定的约束关系,这种约束关系就称为相似准则。

对于两个液体流动,相似准则包括雷诺准则、弗劳德准则、欧拉准则和柯西准则。

1)雷诺准则

$$\frac{v_1 l_1}{\nu_1} = \frac{v_2 l_2}{\nu_2}$$
$$Re_1 = Re_2 \tag{12-45}$$

雷诺数 $Re = vl/\nu$,表征惯性力与黏滞力之比。雷诺数相等,黏滞力相似。

2)弗劳德准则

$$\frac{v_1}{\sqrt{g_1 l_1}} = \frac{v_2}{\sqrt{g_2 l_2}}$$
$$Fr_1 = Fr_2 \tag{12-46}$$

弗劳德数 $Fr = v/\sqrt{gl}$,表征惯性力与重力之比。弗劳德数相等,重力相似。

3)欧拉准则

$$\frac{p_1}{\rho_1 v_1^2} = \frac{p_2}{\rho_2 v_2^2}$$
$$Eu_1 = Eu_2 \tag{12-47}$$

欧拉数 $Eu = p/\rho v^2$,表征压力与惯性力之比。欧拉数相等,压力相似。

4)柯西准则

$$\frac{\rho_1 v_1^2}{K_1} = \frac{\rho_2 v_2^2}{K_2}$$
$$Ca_1 = Ca_2 \tag{12-48}$$

式中:K——流体的体积模量。

柯西数 $Ca = \rho v^2/K$,表征惯性力与弹性力之比。柯西数相等,弹性力相似。

典型例题解析

【例 12-24】 (2007)为了验证单孔小桥的过流能力,按重力相似准则(弗劳德准则)进行模型试验,小桥孔径 $b_p = 24m$,流量 $Q_p = 30 m^3/s$,长度比尺 $\lambda_L = 30$,介质为水,则模型中流量 Q_m 为:
 A. $7.09 \times 10^{-3} m^3/s$ B. $6.09 \times 10^{-3} m^3/s$ C. $10 m^3/s$ D. $1 m^3/s$

解 弗劳德准则即重力相似,可知弗劳德数相等,$Fr_p = Fr_m$,$\lambda_v = \sqrt{\lambda_L}$,$Q = Av$,则 $\lambda_Q = \lambda_L^2 \lambda_v = \lambda_L^{\frac{5}{2}}$,故模型中流量 $Q_m = Q_p/\lambda_Q = 30/30^{\frac{5}{2}} = 0.00609 m^3/s$。选 B。

【例 12-25】 (2014)要保证两个流动问题的力学相似,以下描述错误的是:
 A. 应同时满足几何、运动、动力相似
 B. 相应点的同名速度方向相同、大小成比例
 C. 相应线段长度和夹角均成同一比例
 D. 相应点的同名力方向相同、大小成比例

解 要保证两个流动问题的力学相似,必须是两个流动几何相似,运动相似,动力相似,以及两个流动的边界条件和起始条件相似。相应线段长度成比例,同名力、同名速度方向相同,故夹角相同。欲将超音速减小到音速,需收缩管径使超音速减小到音速。选 C。

12.7.3 因次分析法

流体力学的简单问题,可通过建立流体运动的基本方程来求解。但对于许多复杂的工程问题,求解基本方程在数学上存在困难或无法列出方程,这时就要采用因次分析法来进行研究。

因次分析法也叫量纲分析法,是在量纲和谐原理(凡正确反映客观规律的物理方程,其各项的量纲一定是一致的)基础上发展起来的。该分析法有两种:瑞利法和布金汉法。前者适用于较简单的问题,后者具有普遍性。

(1)瑞利法。某一物理过程与几个物理量有关,如 q_1、q_2、q_3、q_4,则其中一个物理量可表示为其他物理量的指数乘积形式,如 $q_1 = K q_2^a q_3^b q_4^c$,其中 K 为由试验确定的系数。根据量纲和谐原理求算各指数,再将指数代回到上式即可。

(2)布金汉法。该法是应用 π 定理(又称布金汉定理)进行量纲分析。π 定理指出:一个物理过程包含 n 个物理量,其中有 m 个基本量,则可以转化成包含 $n-m$ 个独立的无量纲项的关系式。如 $q_1, q_2, q_3, \cdots, q_n$,其中 q_1, q_2, q_3 为基本量,则 $\pi_1 = q_4/(q_1^{a_1} q_2^{b_1} q_3^{c_1})$,$\pi_2 = q_5/(q_1^{a_2} q_2^{b_2} q_3^{c_2})$,$\pi_3 = q_6/(q_1^{a_3} q_2^{b_3} q_3^{c_3})$,$\cdots$,$\pi_{n-3} = q_n/(q_1^{a_{n-3}} q_2^{b_{n-3}} q_3^{c_{n-3}})$。π 都是无量纲数,这样可以求出各指数,再整理方程式即可。

12.7.4 流体力学模型研究方法

运用数学分析来求解流体动力学问题是有限的,大量问题还要依靠试验研究方法来解决。试验研究方法分为直接试验方法和模型试验方法。直接试验方法有很大局限性:试验结果只能用于特定的试验条件;对于一些极端条件(温度、压力过高)下的试验难以进行;常常得出个别量之间的规律,难以抓住现象的全部实质;对于尚未建造的设备,也无法进行试验。

然而,模型试验能很好地解决这些问题。根据相似原理,进行模型试验。制成和原型相似的小尺寸模型进行试验研究,并以试验的结果预测出原型将会发生的情况。

模型试验要做到完全相似是比较困难的,一般只能达到近似相似,需要保证对流动起决定性作用的条件相似。如有压管流、潜体绕流,黏滞力起主要作用,按雷诺准则设计模型;明渠流动、堰顶溢流等,重力起主要作用,按弗劳德准则设计模型。

典型例题解析

【例 12-26】 在做模型试验时,采用同一介质,按雷诺准则,其流速比尺是:

A. $\lambda_v = \sqrt{\lambda_l}$ B. $\lambda_v = \lambda_l$

C. $\lambda_v = 1/\lambda_l$ D. $\lambda_v = \lambda_l^2$

解 考查雷诺准则。选 C。

12.7.5 试验数据处理方法

根据相似原理将试验数据整理成含有无量纲数的相似准则方程式,再根据前面所述方法将所有无量纲数之间的关系表示成指数函数形式,系数由试验确定。

经典练习

12-32 以 L、M、T 为基本量纲,试推出黏度 μ 的量纲( )。
A. L/T^2 B. L^2/T C. M/TL D. T/LM

12-33 在做模型试验时,采用同一介质,按弗劳德准则,其流量比尺为( )。
A. $\lambda_Q = \lambda_l$ B. $\lambda_Q = \sqrt{\lambda_l}$ C. $\lambda_Q = \lambda_l^2$ D. $\lambda_Q = \lambda_l^{2.5}$

12-34 闸门出流模型试验中,采用长度比尺 1:20,模型中流量为 45L/s,则原型流量为( )。
A. $0.9 m^3/s$ B. $80.5 m^3/s$ C. $36 m^3/s$ D. $180 m^3/s$

12-35 在做模型试验时,采用雷诺准则,同一介质,长度比尺为 10,模型中速度为 15m/s,则原型中速度为( )。
A. 1.5m/s B. 15m/s C. 0.5m/s D. 30m/s

12-36 下列哪项是重力的量纲(用质量 M、时间 T、长度 L 来表示)?( )
A. ML/T B. ML^2/T C. ML/T^2 D. ML^2/T^2

12.8 泵与风机

考试大纲:泵与风机的工作原理及性能参数 泵与风机的基本方程 泵与风机的特性曲线 管路系统特性曲线 管路系统中泵与风机的工作点 离心式泵或风机的工况调节 离心式泵或风机的选择 气蚀 安装要求

必备基础知识

12.8.1 泵与风机的工作原理及性能参数

1)泵与风机的工作原理

泵与风机可分为离心式、轴流式和混流式等,这里以离心式为例说明。

离心泵主要构件是叶轮与泵壳,启动之前泵内必须灌满所运输的液体。

离心式泵与风机的工作原理是,叶轮高速旋转时产生的离心力使流体获得能量,即流体通过叶轮后,压力能和动能都得到提高,从而能够被输送到高处或远处。图 12-15 所示为离心泵的结构形式。叶轮装在一个螺旋形的外壳内,当叶轮由电动机带动旋转时,流体轴向流入,之后转 90°进入叶轮流道并径向流出。叶轮连续旋转,在叶轮入口 1 处不断形成真空,从而使流体连续不断地被泵吸入和排出。

离心泵开动时如果泵壳内没有充满液体,便不能抽吸液体。这是因为空气密度比液体小得多,叶轮产生的离心力不足以使液体上吸。这种因泵壳内存在气体而导致吸不上液体的现象,称为"气缚"。为避免这种情况发生,常在泵的吸入管底部安装止逆阀。

离心风机与离心泵的工作原理相同。只是液体经过泵后,获得的机械能中静压能占绝大部分,动能占得少;而气

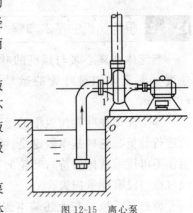

图 12-15 离心泵

经过风机后,动能和静压能所占比例相当。

2)泵与风机的性能参数

(1)流量:泵与风机在单位时间内所输送的流体量,可用体积流量 Q 或质量流量来表示,单位为 m^3/s。

(2)扬程:单位重力作用下的液体通过泵后获得的能量增加值,用 H 表示,单位为 m。

全(风)压:单位体积的气体通过风机获得的总能量增加值,用 p 表示,单位为 Pa。

(3)轴功率:泵与风机在一定工况下运行时原动机传递到泵或风机转轴上的功率,用 N 表示,单位为 kW。

有效功率:单位时间内通过泵或风机的流体获得的功率,用 N_e 来表示。

$$N_e = HQ\rho g \tag{12-49}$$

效率:有效功率与轴功率之比,用 η 表示。

$$\eta = \frac{N_e}{N} \tag{12-50}$$

(4)转速:泵与风机每分钟的转数,用 n 表示,单位为 r/min。

(5)气蚀余量:标志泵气蚀性能的重要参数,水泵叶轮进口处单位质量液体所必须具有的超过其汽化压力的富余能量,用 NPSH 表示。

泵内的机械能损失主要分为以下三类:

①水力损失,包括叶片间的环境损失、阻力损失和冲击损失。

②机械损失,包括轴承等机械部件的摩擦、叶轮盖板外表面与流体的摩擦所造成的机械损失。

③容积损失,即高压液体有少部分渗漏回中央入口所造成的能量损失。

泵与风机的铭牌上标出的都是额定工况下的参数。

典型例题解析

【例 12-27】(2014)离心泵装置的工况就是装置的工作状况,工况点就是水泵装置在以下哪项时的流量、扬程、轴功率、效率以及允许吸上真空度等?

A. 铭牌上的 B. 实际运行

C. 理论上最大 D. 启动

解 工况点就是水泵装置在实际运行时的流量、扬程、轴功率、效率以及允许吸上真空度等。铭牌上列出的是水泵在设计转速下的运转参数。选 B。

12.8.2 泵与风机的基本方程

当流体在离心泵与风机的叶轮中运动时,可认为流体相对外界系统的运动速度是绝对速度 v,而流体相对叶轮的运动速度是 w,叶轮相对外界的运动速度是 u(牵连速度),且 $v = w + u$。

鉴于流体在叶轮流道中的运动十分复杂,为了简便起见,可作一些假定来讨论,用流束理论进行分析。这些基本假定是:流动为恒定流;流体为不可压缩流体(进出流体密度视为不变,当作不可压缩流体看待);叶轮的叶片数目无限多,叶片厚度无限薄;流体在整个叶轮流道的流动过程中没有能量损失。

离心泵或风机在上述基本假定情况下所能产生的压头,称为理论压头,用 H_∞ 表示,即离

心泵或风机可能达到的最大压头,其计算公式为:

$$H_\infty = \frac{1}{g}\left[(\omega r_2)^2 - \frac{Q\omega\cot\beta_2}{2\pi b_2}\right] \quad (12\text{-}51)$$

式中:r_2——叶轮半径(m);
　　　ω——角速度(rad/s);
　　　Q——流量(m³/s);
　　　b_2——叶轮周边的宽度(m);
　　　β_2——叶片的装置角。

式(12-51)称为离心泵或风机的基本方程。

由式(12-51)可知,理论压头 H_∞ 与流量 Q 呈线性关系,变化率的正负取决于装置角 β_2。当 $\beta_2<90°$ 时,叶片后弯,H_∞ 随 Q 的增大而减小;当 $\beta_2>90°$ 时,叶片前弯,H_∞ 随 Q 的增大而增大;当 $\beta_2=90°$ 时,叶片径向,H_∞ 不随 Q 变化。由此看来,似乎对于前弯叶片,H_∞ 会达到最大值。但实际过程中,这样做会损失大量机械能,使效率降低。因此,离心泵多采用后弯叶片,装置角为 25°~30°。在大型风机中,几乎都采用后弯叶片,但对于中小型风机,因效率不是主要因素,为将叶轮和外壳做得较小,多采用前弯叶片。

典型例题解析

【例 12-28】 (2008)依据离心式水泵与风机的理论流量与理论扬程的方程式,下列选项中表达正确的是:

　　A. 理论流量增大,前向叶型的理论扬程减小,后向叶型的理论扬程增大
　　B. 理论流量增大,前向叶型的理论扬程增大,后向叶型的理论扬程减小
　　C. 理论流量增大,前向叶型的理论扬程增大,后向叶型的理论扬程增大
　　D. 理论流量增大,前向叶型的理论扬程减小,后向叶型的理论扬程减小

解 根据公式 $H_\infty = \frac{1}{g}\left[(\omega r_2)^2 - \frac{Q\omega\cot\beta_2}{2\pi b_2}\right]$,可知理论压头 H_∞ 与流量 Q 呈线性关系,变化率的正负取决于装置角 β_2,当 $\beta_2<90°$ 时,叶片后弯,H_∞ 随 Q 的增大而减小;当 $\beta_2>90°$ 时,叶片前弯,H_∞ 随 Q 的增大而增大;当 $\beta_2=90°$ 时,叶片径向,H_∞ 不随 Q 变化。选 B。

12.8.3 泵与风机的特性曲线

1)泵与风机的特性曲线

在转速 n 一定时,泵与风机的扬程 H(或压头 p)、流量 Q 以及所需的功率 N 等性能参数之间存在着一定的内在联系。这种关系用曲线表示出来,称为泵的特性曲线,如图 12-16 所示。

(1) $H\sim Q$ 曲线:泵或风机所提供的流量和扬程之间的关系,通常扬程随流量的增大而下降(流量较小时可能有例外)。

(2) $N\sim Q$ 曲线:泵或风机所提供的流量和所需外加轴功率之间的关系。功率随流量的增大而增大,一般在离心泵起动前应关闭出口阀,这样泵在启动时功率最小,减小了电动机的起动电流,也能避免水力冲击。

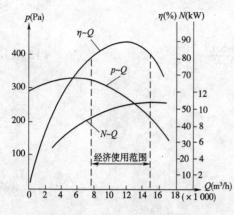

图 12-16 某离心式风机的性能曲线

(3)$\eta \sim Q$ 曲线：泵或风机所提供的流量和设备本身效率之间的关系。效率先随流量的增大而上升，达到最大值后再下降。在选用泵或风机时，应使工作点在最高效率附近。

2）泵与风机特性曲线的影响因素

(1)密度影响

输送不同密度的流体，流量不随密度改变，泵的扬程也不随密度改变，但风压与气体密度成正比。泵的功率与流体密度成正比，效率一般和流体密度无关。

(2)黏度影响

液体黏度小于 $2\times 10^{-5} \mathrm{m^2/s}$ 时，如汽油、煤油等，对离心泵的特性曲线影响可忽略不计；黏度较大时，需对离心泵的特性曲线进行修正，再选泵。

(3)转速与叶轮尺寸对离心泵特性的影响

同一台泵或风机，在不同的转速下，可视为效率不变，有

$$\frac{Q_1}{Q_2}=\frac{n_1}{n_2},\quad \frac{H_1}{H_2}=\frac{n_1^2}{n_2^2},\quad \frac{N_1}{N_2}=\frac{n_1^3}{n_2^3} \tag{12-52}$$

在切削叶轮情况下，若切削幅度在 20% 以内，泵效率可视为不变，有

$$\frac{Q_1}{Q_2}=\frac{D_1}{D_2},\quad \frac{H_1}{H_2}=\frac{D_1^2}{D_2^2},\quad \frac{N_1}{N_2}=\frac{D_1^3}{D_2^3} \tag{12-53}$$

典型例题解析

【例 12-29】（2007）某单吸单级离心泵，$Q=0.0735\mathrm{m^3/s}$，$H=14.65\mathrm{m}$，用电机由皮带拖动，测得 $n=1420\mathrm{r/min}$，$N=3.3\mathrm{kW}$，后因改为电机直接联动，n 增大为 $1450\mathrm{r/min}$，此时泵的工作参数为：

A. $Q=0.0750\mathrm{m^3/s}$，$H=15.28\mathrm{m}$，$N=3.50\mathrm{kW}$

B. $Q=0.0766\mathrm{m^3/s}$，$H=14.96\mathrm{m}$，$N=3.50\mathrm{kW}$

C. $Q=0.0750\mathrm{m^3/s}$，$H=14.96\mathrm{m}$，$N=3.47\mathrm{kW}$

D. $Q=0.0766\mathrm{m^3/s}$，$H=15.28\mathrm{m}$，$N=3.44\mathrm{kW}$

解 根据相似律，有 $\frac{Q'}{Q}=\frac{n'}{n}$，$\frac{H'}{H}=\left(\frac{n'}{n}\right)^2$，$\frac{N'}{N}=\left(\frac{n'}{n}\right)^3$，将数据带入，可得 $Q'=\frac{n'}{n}Q=0.0751\mathrm{m^3/s}$，$H'=\left(\frac{n'}{n}\right)^2 H=15.276\mathrm{m}$，$N'=\left(\frac{n'}{n}\right)^3 N=3.514\mathrm{kW}$，与选项 A 的结果最为接近。选 A。

12.8.4 管路系统特性曲线

所谓管路特性，是指当水流通过管路系统时所需要的扬程 H_e 与流量 Q 之间的关系，即

$$H_e=A+BQ^2 \tag{12-54}$$

式(12-54)为管路特性方程。其中，对于一定的管路系统，A 为净扬程，单位为 m；B 为管

路阻抗,单位为 s^2/m^5,是沿程阻力系数与局部阻力系数之和,和管径、管长、粗糙系数等有关。按式(12-54)绘出的曲线为管路特性曲线,如图12-17所示。

由图12-17可知,管路特性曲线是一条截距为 A,开口向上的抛物线。

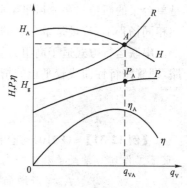

图12-17 离心泵的工况点

12.8.5 管路系统中泵与风机的工作点

根据能量守恒原理,在泵或风机的装置系统中,泵或风机供给流体的比能应和管路系统所需要的比能相等,即管路特性曲线与泵或风机的特性曲线交点就是两者的平衡点,也就是泵或风机的工作点(或工况点)。工作点表示一个特定的泵(或风机)安装在一特定管路上时,泵(风机)实际输送的流量和压头。

典型例题解析

【例 12-30】 下列说法正确的是:
A. 开大阀门,管路特性曲线会变得更陡
B. 泵的工作点是管路特性曲线与泵的特性曲线交点
C. 管路特性曲线与管壁粗糙度无关
D. 阀门开大或关小,泵的工作点不变

解 开大阀门,管路阻抗变小,管路特性曲线(抛物线)变得更平缓,A错;阻抗与管壁粗糙度有关,C错;阀门改变,管路特性曲线就会变化,泵的工作点也会改变,D错。选B。

12.8.6 离心式泵或风机的工况调节

前面已说明,泵或风机的工作点是建立在泵或风机与管路系统能量供需平衡之上的,两者之一发生变化,工作点就会改变。所以,要改变工作点来调节流量,既可以改变管路的特性,也可以改变泵的特性。

1)调节阀门

通过改变出水管路上的阀门开度,可以使局部阻力系数发生变化,从而改变管路特性曲线,进而改变流量。

阀门关小,式(12-54)中的 B 值会变大,管路特性曲线变陡,工作点左移,流量变小;完全关闭时,B 值无限大,流量 $Q=0$。

阀门调节是以增加阻力,消耗水泵的多余能量为代价的。其结果是比实际需要多消耗动力,并可能使泵低效率工作。但该调节方法方便、迅速、易于控制,是常用的一种方法。

2)改变转速或切割叶轮

根据比例律,若将泵或风机的转速降低,则泵或风机的特性曲线平行下移,工作点左移,流量下降,扬程(或压头)减小,功率也下降。反之,则情况相反。

切削叶轮后的泵或风机的特性曲线平行下移,工作点左移,流量下降,扬程(或压头)减小,功率也下降。

3)串联或并联

通过泵或风机的串、并联来调节流量时,双泵串联的特点为:在相同流量下,扬程(或压头)

是单台泵的两倍。泵或风机串联后工作点右移,流量变大,压头变大。双泵并联后的特点为:在相同扬程下,流量是单台泵的2倍。并联后工作点右移,流量变大,压头变大。

串联运行方式适于高阻力管路,即管路特性曲线较陡的情况;并联运行方式适于低阻力管路,即管路特性曲线较平坦的情况。

典型例题解析

【例 12-31】 (2010)两台同型号水泵在外界条件相同的情况下并联工作,并联时每台水泵工作点与单泵单独工作时工作点相比,出水量:

    A.有所增加   B.有所减少   C.相同   D.增加1倍

解 双泵串联:流量不变,扬程加倍;双泵并联:流量加倍,扬程不变。选C。

12.8.7 离心式泵或风机的选择

1) 选类型

根据输送流体的性质和现场条件来确定泵的类型:根据输送介质决定选用水泵、油泵等;根据流量、扬程及现场条件决定选用单吸、双吸泵,单级、多级泵,卧式、立式泵等。

2) 定型号

根据需要的流量与扬程确定泵的型号。无论是生活用水还是生产用水,水量都是经常变化的。例如,生活中夏季比冬季用水多,工业用水随气温和水温而变化。选泵时不仅要满足最大流量和最高水压,还要全面顾及用水量的变化。一般以最大流量作为所选泵的额定流量,没有最大流量时,则以正常流量的 1.1~1.15 倍作为额定流量。以最大流量所对应的压头的 1.05~1.1 倍作为泵的额定压头。为了节省动力费用,要根据水量和水压的变化,合理选择不同性能的水泵,做到在运行中可灵活调度。若没有一个型号的扬程和流量与所要求的刚好符合,就在临近型号中选用扬程和流量稍大的一个。如果几个型号都能满足要求,则考虑效率高的。

总之,选泵或风机要做到:大小兼顾,调配灵活;型号整齐,互为备用;合理多用各泵的高效段;考虑泵或风机的尺寸与泵房大小、布置、结构形式等的关系;节能。

典型例题解析

【例 12-32】 关于泵的选择,下列说法不正确的是:

  A.多台泵并联时,尽可能选用同型号、同性能的设备,互为备用
  B.尽量选用大泵
  C.选泵时,要查明泵的气蚀余量,确定安装高度与场地条件是否符合
  D.实际工程中,要选用小于设计计算得到的最大流量的泵

解 选项B,一般大泵效率高,尽量选用大泵;选项D,实际工程中,考虑到计算误差及管路泄漏等情况,选用流量和扬程偏大的泵。选D。

12.8.8 气蚀

当水泵运转时,由于某些原因使泵内局部位置液体的压力降到工作温度下的饱和蒸汽压时,水会大量汽化,原先溶解在水中的气体也会逸出。气泡被水流带入叶轮中高压区时,气泡

会被压碎,在此过程中,会产生很高的水锤压力,使泵的叶轮和泵壳受到侵蚀和破坏,这一过程称为气蚀。水泵发生气蚀后,泵内水利条件变差,水泵性能恶化,还会产生噪声和振动,对部件材料产生破坏,严重时会停止出水。

12.8.9 安装要求

离心泵所安装位置与液面之间的垂直距离称为安装高度。水泵安装高度过小,会造成泵房的土建费用增加;安装高度过大,可能引起气蚀。因此,合理确定水泵安装高度具有很重要的意义。

(1)为避免气蚀发生,要求泵的安装高度不得超过最大安装高度 H_{ss},即

$$H_{ss} = H_s - \frac{u_1^2}{2g} - \sum h_s \tag{12-55}$$

式中:H_s——允许吸上真空高度,即保证水泵运行时不发生气蚀的最大吸上真空高度(m);

u_1——水泵进口处断面的平均流速(m/s);

$\sum h_s$——吸水管进口至泵进口处的水头损失(m)。

要保证水泵在运行中不发生气蚀,其实际安装高度应小于等于 H_{ss}。

(2)在输送温度高或沸点低的液体时,由于其饱和蒸汽压高,允许安装高度会很小,甚至可能出现负值。在这种情况下,应将水泵安装在液面以下,使液体自灌入泵。

(3)为了减小吸入管道的压头损失,泵吸入管的直径应大于排出管直径,泵安装的位置尽可能靠近液源以减小吸入管长度,调节阀应装在排出管上。

典型例题解析

【例 12-33】 有一离心泵,吸入口径为 600mm,流量为 880L/s,允许吸上真空高度为 6m,吸入管道阻力为 2m,试求其安装高度:

    A. 大于 3.5m   B. 小于 3.5m   C. 小于 3m   D. 无法确定

解 流速 $u_1 = \frac{4Q}{\pi d^2} = 3.1 \text{m/s}$,$H_{ss} = 6 - \frac{u_1^2}{2g} - 2 = 3.5 \text{m}$,为避免气蚀发生,泵的安装高度不得超过最大安装高度 H_{ss},因此选 B。

经典练习

12-37 下列关于扬程的说法正确的是( )。
    A. 水泵提升水的几何高度   B. 水泵出口的压强水头
    C. 单位重量流体所获得的能量   D. 以上说法都不正确

12-38 下列做法不能改变泵或风机特性曲线的是( )。
    A. 改变进口处叶片的角度   B. 改变转速
    C. 切削叶轮改变直径   D. 改变阀门开度

12-39 某供水系统,水泵轴线标高 100m,吸水面标高 95m,上水池液面标高 135m,吸水管段水头损失 0.78m,压水管道水头损失 2m。那么泵所需扬程为( )。
    A. 7.78m   B. 42.78m   C. 37.22m   D. 39.22m

12-40 下列哪项不是泵的性能参数?( )
    A. 扬程   B. 轴功率   C. 有效功率   D. 效率

12-41 当离心泵的安装高度超过允许安装高度时,离心泵会发生什么现象?（　　）
　　　A. 爆炸　　　　　　　　　B. 气缚
　　　C. 气蚀　　　　　　　　　D. 无特殊现象发生

12-42 泵的工作点是（　　）。
　　　A. 效率最高点
　　　B. 最大流量点
　　　C. 泵的特性曲线与管路特性曲线的交点
　　　D. 由泵的特性曲线所决定

12-43 某单吸离心泵,流量为 $0.1\text{m}^3/\text{s}$,扬程为 16m,转速为 3 000r/min,为了改变其特性曲线,改转速为 3 600 r/min,那么改装后泵的工作参数为（　　）。
　　　A. 流量 $0.144\text{m}^3/\text{s}$,扬程 27.6m　　　B. 流量 $0.12\text{m}^3/\text{s}$,扬程 23m
　　　C. 流量 $0.173\text{m}^3/\text{s}$,扬程 27.6m　　　D. 流量 $0.144\text{m}^3/\text{s}$,扬程 23m

参考答案及提示

12-1　B　水箱内水面不随时间变化,判定为恒定流;如管径沿程缓慢均匀扩散或收缩的渐变管中的水流,流线虽为直线但不相互平行,属于非均匀流,因此管中水流为恒定非均匀流。

12-2　D　位能、动能、压能之和为机械能。能量方程的依据是机械能定恒。

12-3　B　取水平向右为正方向,水动力 $R=\rho Q(\beta_2 v_2-\beta_1 v_1)$,$\beta_1=\beta_2=1$,流速 $v_2=\dfrac{Q}{A_2}=\dfrac{6.8}{0.8\times 4}=2.125\text{m/s}$,流速 $v_1=\dfrac{Q}{A_1}=\dfrac{6.8}{(2+1)\times 4}=0.567\text{m/s}$,代入得 $R=\rho Q(\beta_2 v_2-\beta_1 v_1)=1\,000\times 6.8\times(2.125-0.567)=10.594\text{kN}$,方向向右。

12-4　C

12-5　B　理想流体的伯努利方程 $z+\dfrac{p}{\rho g}+\dfrac{u^2}{2g}=C$ 表明:总水头沿流程保持不变。其应用条件是:无黏性流体;恒定流动;质量力中只有重力;不可压缩流体。

12-6　D　过流断面上流速分布为 $u=\dfrac{\rho g J}{4\mu}(r_0^2-r^2)$;过流断面上最大流速在管轴处,即 $u_{\max}=\dfrac{\rho g J}{4\mu}r_0^2$,断面平均流速 $v=\dfrac{\int_A u\,\text{d}A}{A}=\dfrac{\int_0^{r_0}\dfrac{\rho g J}{4\mu}(r_0^2-r^2)2\pi r\,\text{d}r}{\pi r_0^2}=\dfrac{\rho g J}{8\mu}r_0^2$,可知 $v=\dfrac{u_{\max}}{2}$,所以圆管层流运动的断面平均流速为最大流速的一半。

12-7　D　该水头损失只与摩擦系数 λ 有关。在层流时,λ 是雷诺数的函数,因为水和油的运动黏度不同,雷诺数不等,水头损失也不等。在紊流光滑区和紊流过渡区时,λ 与雷诺数有关,雷诺数不等,水头损失也不等。在紊流粗糙区,λ 与雷诺数无关,与管壁粗糙情况有关,所以 D 选项正确。

12-8　D　水力半径 $R=\dfrac{A}{\chi}=\dfrac{0.25\times 0.3}{0.25+0.3\times 2}=0.088\text{m}$,流速 $u=\dfrac{Q}{A}=\dfrac{1.0\times 10^{-2}}{0.25\times 0.3}=0.133\text{m/s}$,雷诺数 $\text{Re}=\dfrac{uR}{\nu}=\dfrac{0.133\times 0.088}{0.010\,1\times 10^{-4}}=11\,588.1$。

注意:用水力半径计算时,雷诺数标准为 575。

12-9 A 流速 $u_1=\dfrac{Q}{\dfrac{\pi}{4}d_1^2}=\dfrac{0.283}{\dfrac{\pi}{4}\times 0.3^2}=4\text{m/s}, u_2=\dfrac{Q}{\dfrac{\pi}{4}d_2^2}=\dfrac{0.283}{\dfrac{\pi}{4}\times 0.6^2}=1\text{m/s}$；对于左边管道，$\dfrac{u_1^2}{2g}=h+\dfrac{u_2^2}{2g}+\zeta_1\dfrac{u_1^2}{2g}$，代入数据，有 $\dfrac{4^2}{2g}=0.36+\dfrac{1^2}{2g}+\zeta_1\dfrac{4^2}{2g}$，得局部阻力系数 $\zeta_1=0.496$。

对于右边管道，$\dfrac{u_1^2}{2g}=h+\dfrac{u_2^2}{2g}+\zeta_2\dfrac{u_2^2}{2g}$，代入数据，有 $\dfrac{4^2}{2g}=0.36+\dfrac{1^2}{2g}+\zeta_2\dfrac{1^2}{2g}$，得局部阻力系数 $\zeta_2=7.944$。故 h 值增大，ζ 值减小。

12-10 C 当水流处于紊流粗糙区时，沿程阻力系数 λ 与雷诺数 Re 无关，只与管壁相对粗糙度有关，因此 $\lambda=f\left(\dfrac{\Delta}{d}\right)$。

12-11 D 作用水头用于克服沿程阻力和局部阻力，突然扩大管的局部损失系数是 1。由 $\Delta H=\sum\left(\lambda\dfrac{l}{d}+\zeta\right)\dfrac{u^2}{2g}=0.02\times\dfrac{5+5+8}{0.2}\times\dfrac{u^2}{2g}+(3+0.3\times 2+1)\dfrac{u^2}{2g}$，计算得 $u=2.1433\text{m/s}$；$Q=uA=u\cdot\dfrac{\pi d^2}{4}=2.1433\times\dfrac{\pi\times 0.2^2}{4}=0.0673\text{m}^3/\text{s}$。

12-12 B 由 $\text{Re}=\dfrac{ud}{\nu}, \nu=\dfrac{\mu}{\rho}$，得 $\text{Re}=\dfrac{ud\rho}{\mu}=\dfrac{0.15\times 2\times 10\times 10^{-3}\times 999}{0.00114}=2\,629>2\,300$ 为紊流，又称湍流。

12-13 B 并联管路总的能量损失等于各支管的能量损失，总流量等于各支管流量之和。

12-14 C 由流量守恒，$Q_1=Q_2$，即 $v_1\dfrac{\pi}{4}d_1^2=v_2\dfrac{\pi}{4}d_2^2$，得 $v_1=4\text{m/s}$。对 1-1 和 2-2 断面列伯努利方程：$z_1+\dfrac{p_1}{\rho_\text{水}}+\dfrac{v_1^2}{2g}=z_2+\dfrac{p_2}{\rho_\text{水}}+\dfrac{v_2^2}{2g}+h_w$，代入数据可得 $h_w=2.766\text{m}$。

12-15 A 并联管路，各支管的能量损失相等。$h_{f2}=h_{f3}$，即 $S_2 l_2 Q_2^2=S_3 l_3 Q_3^2$，得 $\dfrac{Q_2}{Q_3}=\sqrt{\dfrac{l_3 S_3}{l_2 S_2}}$，又 $S=\dfrac{8\lambda}{g\pi^2 d^5}$，则 $\dfrac{S_3}{S_2}=\left(\dfrac{d_2}{d_3}\right)^5=\left(\dfrac{3}{4}\right)^5$，得 $\dfrac{Q_2}{Q_3}=\left(\dfrac{3}{4}\right)^{\frac{5}{2}}=0.487$；因为 $H=\lambda\dfrac{l_1}{d_1}\dfrac{v_1^2}{2g}+\lambda\dfrac{l_2}{d_2}\dfrac{v_2^2}{2g}=0.03\times\dfrac{400}{0.3}\dfrac{v_1^2}{2g}+0.03\times\dfrac{300}{0.3}\dfrac{v_2^2}{2g}=25$，即 $4v_1^2+3v_2^2=5g$，可得 $Q_2=78\text{L/s}$，$Q_3=160\text{L/s}$，$Q_1=Q_2+Q_3=238\text{L/s}$。

12-16 A 管段很长，局部损失忽略不计。B 管和 C 管水力条件相同，流量均是 A 管的一半。由 $H=\dfrac{8\lambda}{\pi^2 g d^5}lQ^2$，得 $H=\dfrac{8\lambda}{\pi^2 g d_A^5}l_A Q^2+\dfrac{8\lambda}{\pi^2 g d_B^5}l_B\left(\dfrac{Q}{2}\right)^2$，代入数据解得 $Q=0.17\text{m/s}$。

12-17 C 对于圆管无压流，当 $h/d=0.95$ 时，流量达到最大值；当 $h/d=0.81$ 时，流速达到最大值。

12-18 A 由 $Q=\dfrac{1}{n}AR^{\frac{2}{3}}i^{\frac{1}{2}}$ 可知。

12-19 B 考查水跃的定义。

12-20 A 梯形断面水力最优条件为水力半径是水深的一半，即 $\dfrac{h(b+mh)}{b+2h\sqrt{1+m^2}}=\dfrac{h}{2}$，得 $b=(2\sqrt{2}-2)h$；联合 $Q=\dfrac{1}{n}AR^{\frac{2}{3}}i^{\frac{1}{2}}$，求得 $b=0.577\text{m}, h=0.70\text{m}$。

12-21　C　考查水跃和水跌的定义。

12-22　B　考查明渠均匀流。

12-23　B　缓流水势平稳,遇到底部障碍物时水面下跌;急流水势湍急,遇到底部障碍物时水面隆起,一跃而过。

12-24　A　气体射流中任意点上的压强等于周围气体压强,B错;射流各断面上的动量是守恒的,C错;越远离射流出口,各断面速度分布曲线的形状越扁平化,D错。

12-25　C　紊流系数确定后,则射流边界层的外边界轮廓也被确定;而紊流系数 a 与出口断面上紊流强度有关,还与射流出口断面上速度分布的均匀性有关。

12-26　D　考查无限空间紊流射流特征。

12-27　C　距喷嘴越远,边界层厚度越大,轴心速度则越小,故C错误。

12-28　A　气体流速大于音速时,速度会随断面增大而增大、随断面减小而减小。

12-29　B　对同一种气体,温度越高,声速越大。

12-30　B　空气中音速与温度的关系式 $v=331\sqrt{1+T/273}$,因此空气中的声速随温度的升高而增大。

12-31　C　考查喷管中气流流动的性能。

12-32　C　$Re=\dfrac{du\rho}{\mu}$,雷诺数是无量纲的数,可知 μ 和 $du\rho$ 量纲一致。

12-33　D　$Fr=u/\sqrt{gl}$,按弗劳德准则,Fr 相等,则 $u\propto\sqrt{l}$,流量 $Q=uA$,所以流量比尺为长度比尺的 2.5 次方。

12-34　B　闸门出流,重力起主要作用,应按弗劳德准则,其余计算和上题类似。

12-35　A　采用雷诺准则,流速比尺 $\lambda_v=\dfrac{1}{\lambda_l}$,则流速比尺 $\lambda_v=\dfrac{1}{10}$,原型速度为 1.5m/s。

12-36　C

12-37　C　扬程是泵输送的单位重量流体从泵的入口至出口所获得的能量增量。

12-38　D　阀门开度改变的是管路特性曲线,不是泵或风机的特性曲线。

12-39　B　泵所需扬程为吸水扬程+压水扬程+水头损失,即(135−100)+(100−95)+0.78+2=42.78m。从水泵叶轮中心线至水源水面的垂直高度,即水泵能把水吸上来的高度,叫做吸水扬程,简称吸程;从水泵叶轮中心线至出水池水面的垂直高度,即水泵能把水压上去的高度,叫做压水扬程,简称压程。

12-40　C　泵的性能参数(6个基本参数):流量、扬程、轴功率、效率、转速、允许吸上真空高度。

12-41　C　考查气蚀。

12-42　C　考查泵的工作点。

12-43　B　根据相似定律 $\dfrac{Q_1}{Q_2}=\dfrac{n_1}{n_2}$,$\dfrac{H_1}{H_2}=\dfrac{n_1^2}{n_2^2}$,代入数据,得 $Q_2=\dfrac{n_2}{n_1}Q_1=\dfrac{3\,600}{3\,000}\times 0.1=0.12\text{m}^3/\text{s}$,

$H_2=\dfrac{n_2^2}{n_1^2}H_1=\left(\dfrac{3\,600}{3\,000}\right)^2\times 16=23.04\text{m}$。

13　环境工程微生物学

> 考题配置　单选,6题
> 分数配置　每题2分,共12分

复习指导

本章多为概念题,需要记忆。如细菌的结构、内部组成、不同消毒方式对细菌内部结构的破坏、自然界的物质循环过程等都需要理解、掌握并牢记。同时本章还需要掌握水处理技术方面的综合知识,如反硝化菌是异氧兼性菌、硝化菌是自养好氧菌、藻类属光能自养型、铁细菌及硫细菌属化能自养型等。

13.1　微生物学基础

考试大纲☞:微生物的分类、命名、特点　病毒的特点、分类和繁殖过程　病毒的去除　细菌的形态、细胞结构、生理功能和生长繁殖　原生动物及后生动物的分类、结构和生理功能

必备基础知识

13.1.1　微生物的分类、命名、特点

生物系统的六界:病毒界、原核动物界、原生生物界、真菌界、动物界和植物界。微生物分属前面四界,微生物的各级分类为界、门、纲、目、科、属、种。

微生物有俗名和学名,俗名具有通俗、简明、大众化的特点,如铜绿假单胞杆菌;学名=属名+种名+(首次定名人)+现定名人+现定名年份,如大肠埃希氏菌:*Escherichia coli* (Migula) Castellani et Chalmers 1919。可省略首次定名人、现定名人和年份,只用属名+种名构成,但不管省略与否,属名和种名必须采用拉丁化的词,斜体字。

微生物的特点:个体微小,结构简单;分布广泛,种类繁多;繁殖迅速,容易变异;代谢活跃,类型多样。

典型例题解析

【例 13-1】　(2010)下列各项中,不是微生物特点的是:
A. 个体微小　　　　　　　B. 不易变异
C. 种类繁多　　　　　　　D. 分布广泛

解　考查微生物的特点。选 B。

13.1.2 病毒的特点、分类和繁殖过程

1) 病毒的特点

病毒是一类没有细胞结构,专性寄生在活的宿主细胞内的超微小微生物。个体在 $0.2\mu m$ 以下,用电子显微镜才能看清楚,可通过细菌过滤器。其特点有:①非细胞生物(由核酸和蛋白质外壳组成);②具有化学大分子的属性(在细胞外,病毒如同化学大分子,不表现生命特征);③不具备独立代谢能力(病毒没有完整的酶系统和独立代谢系统,只能寄生在活的宿主内)。

2) 病毒的分类

根据病毒的宿主范围,可以将病毒分为细菌病毒(噬菌体)、放线菌病毒(噬放线菌体)、藻类病毒(噬藻体)、真菌病毒(噬真菌体)、动物病毒和植物病毒等。根据所含核酸的不同可分为 DNA 病毒和 RNA 病毒。根据其所致疾病科分为感冒病毒、乙肝病毒、烟草花叶病毒等。

3) 病毒的繁殖

病毒不是二分裂繁殖,而是以复制方式繁殖。以大肠杆菌 T 系偶数噬菌体为例,繁殖过程分为吸附、侵入、复制与合成、装配与释放,如图 13-1 所示。

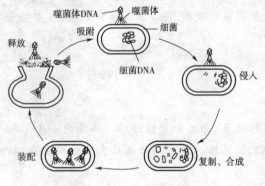

图 13-1 噬菌体侵染过程

(1) 吸附。病毒与易感细胞接触时,由于细胞膜表面有特异性受体,与病毒表面相互结合而使病毒吸附于细胞表面,非易感细胞没有这种受体,病毒不吸附。

(2) 侵入。噬菌体分泌一种能水解细胞壁的酶,使细菌细胞壁产生一个小孔,将噬菌体的 DNA 注入宿主细胞内,蛋白质外壳留在细胞外。

(3) 复制与合成。侵入宿主细胞的噬菌体 DNA,迅速支配宿主细胞代谢,大量复制与合成新噬菌体的 DNA 和蛋白质。

(4) 装配与释放。当 DNA 和蛋白质分子复制到一定数量后,装配成子代新的噬菌体,此时溶解宿主细胞壁的内溶菌酶迅速增加,使宿主细胞裂解,释放出许多新噬菌体。

典型例题解析

【例 13-2】 下列关于病毒的说法正确的是:

A. 病毒具有细胞结构

B. 病毒个体微小,在显微镜下才能看清楚

C. 病毒可通过细菌过滤器

D. 病毒可脱离宿主细胞,独立生活

解 考查病毒的相关知识,需记忆。选 C。

13.1.3 病毒的去除

在污水处理中,一级处理主要是物理过程,以过筛、除渣、沉淀等去除沙砾、塑料袋和固体废物等。在一级处理中病毒的去除效果差,最多去除 30%。

二级处理是生物处理,主要是生物吸附和降解的过程,以去除有机物和脱氮除磷为目的。在处理过程中,对污水中的病毒去除率较高,可达 90% 以上。病毒一般被吸附在活性污泥中,

浓缩后,逐渐由液相变为固相,但总体上对病毒的灭活率不高。

污水的三级处理是深度处理,有生物、化学和物理过程,包括絮凝、沉淀、过滤和消毒过程,进一步去除有机物,脱氮除磷。三级处理可对病毒灭活,去除率高。

13.1.4 细菌的形态、细胞结构、生理功能和生长繁殖

1) 细菌的形态

细菌按照其基本形态分为球菌、杆菌、螺旋菌(包括弧菌)和丝状菌四类。

(1) 球菌

根据球菌生长排列方式分为单球菌、双球菌、四球菌(四个叠在一起呈"田"字形)、八叠球菌、链球菌、葡萄球菌(不规则排列,呈葡萄状)。球菌大小以直径表示,一般为 $0.5 \sim 2\mu m$。

(2) 杆菌

各种杆菌的大小、长短、弯度、粗细差异较大,一般长 $1 \sim 5\mu m$,宽 $0.5 \sim 1\mu m$。大的杆菌如炭疽杆菌,小的如野兔热杆菌。菌体的形态多呈直杆状,也有的菌体微弯。杆菌细胞常沿一平面分裂,大多分散存在,也有的呈双杆状或链状。

(3) 螺旋菌

螺旋不足一周的称为弧菌,如霍乱弧菌、纤维弧菌等;螺旋超过一周的称为螺旋菌。螺旋菌大小以宽度及宽曲长度表示,一般为 $(0.25 \sim 1.7)\mu m \times (2 \sim 60)\mu m$。

(4) 丝状菌

丝状体是丝状菌分类的特征,有铁细菌(如浮游球衣菌、泉发菌属及纤发菌属)、丝状硫细菌(如发硫菌属、贝日阿托氏菌属、透明颤菌属、亮发菌属等)多种丝状菌。

细菌的形态和大小均受菌龄、培养条件等因素的影响,其形态特征是鉴别菌种的依据之一。

2) 细菌的细胞结构和生理功能

细菌细胞的结构可分为基本结构和特殊结构,特殊结构是某些细菌所特有的,如图13-2所示。基本结构包括细胞壁、细胞膜、细胞质、细胞核等;特殊结构包括鞭毛、荚膜、芽孢等。

(1) 细胞壁

细胞壁是包在细菌细胞外表,坚韧而富有弹性的一层结构,其主要成分是肽聚糖,细胞壁占菌体干重的 $10\% \sim 25\%$。根据革兰氏染色反应特征,将细菌分为两大类:G阳性(G^+)菌和G阴性(G^-)菌,前者经染色后呈蓝紫色,后者呈红色。这两类细菌在细胞壁结构和组成上有着显著差异,因而染色反应也不同。革兰氏染色法一般包括初染、媒染、脱色、复染等四个步骤,其原理是:细菌细胞经过初染和媒染后,在细胞壁内形成了不溶

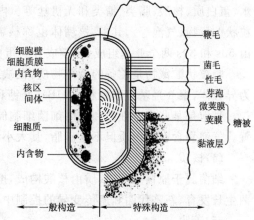

图 13-2 细菌细胞结构

于水的结晶紫与碘的复合物,G^+菌由于细胞壁较厚,肽聚糖网层次较多且交联致密,故乙醇脱色处理时,因失水反而使网孔缩小,再加上它不含类脂,故乙醇处理时,细胞壁上不会溶出缝隙,因此能把结晶紫与碘复合物牢牢留在壁内,使其呈现出蓝紫色;而G^-菌细胞壁薄,肽聚糖层薄且交联松散,外壁层类脂含量高,在遇乙醇后,细胞壁上会溶出较大的空洞或缝隙,薄而松

散的肽聚糖网不能阻挡结晶紫与碘复合物的溶出,因此通过乙醇脱色后仍呈无色,再经红色染料(如蕃红)复染,就使 G^- 菌呈红色。

革兰氏阳性菌细胞壁厚度为 20~80mm,结构简单,含有大量肽聚糖,含有磷壁酸,不含脂多糖,其细胞壁组成中肽聚糖占 40%~90%,蛋白质约占 20%,脂肪占 1%~4%。

革兰氏阴性菌细胞壁厚度为 10mm,结构复杂,分为外壁层及内壁层,外壁层又分 3 层,由上到下分别为脂多糖、磷脂层、蛋白质层,内壁层不含磷壁酸,其细胞壁组成中,肽聚糖约占 10%,蛋白质约占 60%,脂肪占 11%~22%。

细胞壁的主要功能有:①保持细胞形状和提高细胞机械强度;②保护原生质体免受渗透破裂(没有细胞壁的细菌细胞会因吸水过度而裂解,在自然界,细菌一般生长于低渗溶液中,如果没有细胞壁的保护,细菌难以生存);③作为鞭毛的支点,实现鞭毛的运动;④赋予细胞特定的抗原性以及对抗生素和噬菌体的敏感性;⑤细胞壁是多孔型分子筛,能阻挡某些分子进入和保留蛋白质在间质。

(2)细胞膜

细胞膜是一层紧贴细胞壁内侧,包围着细胞质的柔软而富有弹性的半透性薄膜,其组成包括蛋白质、脂类(30%~40%)、糖类(2%),主要成分是蛋白质(60%~70%),占菌体干重的 10%。

细胞膜的结构:磷脂双分子层组成膜的基本骨架,亲水基朝外,疏水基向内;磷脂分子和蛋白分子在细胞膜中不断运动,故膜具有流动性;膜蛋白以不同方式分布于膜的两侧或磷脂层中。

细胞膜的生理功能:选择性地控制细胞内外物质(营养物质和代谢产物)的运输和交换;维持细胞正常渗透压;膜内陷形成的中间体含有细胞色素,参与呼吸作用,中间体与染色体的分离和细胞分裂有关,还为 DNA 提供附着点;合成细胞壁组分和荚膜的场所;是细菌产能代谢的重要部位,膜上分布着呼吸酶及 ATP 合成酶;鞭毛的生长点和附着点。

(3)细胞质及其内含物

细胞质是细胞膜内除细胞核区外所有物质的统称,是一种透明黏稠的胶状物,其组成为水、蛋白质、核酸、脂类、糖类和无机盐等。内含物是细胞质内所含颗粒状物质,包括核糖体、颗粒状贮藏物、气泡等。其中,核糖体也称核糖核蛋白体,用于合成蛋白质,其沉降系数为 70s,由 50s 和 30s 两个亚基组成,化学成分为蛋白质与 RNA。

颗粒状贮藏物是贮备的营养物质,在缺乏营养时被细菌所分解利用。常见颗粒状贮藏物为异粒体、聚 β-羟基丁酸颗粒(PHB)、肝糖和淀粉、硫粒等。

气泡是某些光合细菌和水生细菌细胞储存气体的特殊结构,可以调节细菌在水体中的位置。气泡囊含有蛋白质但不含磷脂,其大小和数量随细菌种类而异。

(4)核质

细菌属于原核生物,核质由核酸构成,携带着遗传信息,无核膜、核仁,也称拟核。它是细菌生长发育、新陈代谢和遗传变异的控制中心。

(5)荚膜

在一定条件下,某些细菌在细胞壁外包绕的一层黏稠性物质,较厚时称为荚膜,厚度约为 200μm,比较薄时称为黏液层。荚膜含水率为 90%~98%,主要成分为多糖,少数含多肽与蛋白质,也有多糖与多肽混合型的。荚膜功能是:保护细胞免受干燥影响;增强某些病原菌的致病能力,有的荚膜本身有毒;储藏营养;表面附着作用。

有时多个细菌按一定的排列方式互相黏集在一起,被一个公共荚膜包围形成一定形状的细菌基团,称为菌胶团。菌胶团是污水处理中细菌的主要存在形式,在废水处理中有重要意义;有较强的吸附和氧化有机物的能力,可防止细菌被动物吞噬,可增强细菌对不良环境的抵抗。菌胶团具有指示作用:新生胶团颜色较浅,甚至无色透明,但有旺盛的生命力,氧化分解有机物的能力强;老化了的菌胶团,由于吸附了许多杂质,颜色较深,看不到细菌单体,而像一团烂泥似的,生命力较差。

(6) 鞭毛和菌毛

鞭毛是起源于细胞膜并穿过细胞壁伸出菌体外的蛋白性丝状物,其主要成分是蛋白质,直径约为 $0.02\mu m$,长度为 $15\sim 20\mu m$。通常一个细菌鞭毛为一根或多根,它是细菌的运动器官,执行运动功能。菌毛比鞭毛更细,且短而直,硬而多,须用电镜才能看到。菌毛可分为普通菌毛和性菌毛两类,前者遍布整个菌体表面,形短而直,数百根,与细菌黏附有关,是细菌的致病因素之一;后者比前者长而粗,仅有 $1\sim 10$ 根,中空呈管状。带性菌毛的细菌具有致育性,细菌的毒力质粒和耐药质粒都能通过性菌毛的接合方式转移,细菌的抗药性与某些细菌的毒力因子均可通过此种方式转移。

(7) 芽孢

芽孢是某些细菌在不利环境条件下,细胞内形成的圆形或椭圆形的休眠体。芽孢只是休眠体,不是繁殖体,在条件适宜时可以长成新的营养体。一个细菌只能形成1个芽孢,1个芽孢只能萌发1个菌体。芽孢的特点:壁厚而致密,不易透水;含水率低;芽孢皮层含大量吡啶二羧酸,具有耐热性;酶含量少,具有极强的抗热、抗辐射、抗化学药物等能力。

3) 细菌的生长繁殖

细菌繁殖的主要方式是裂殖,常见的是二分裂,即一个细胞分裂成两个细胞的过程。除裂殖外,少数细菌进行出芽繁殖,另有少数进行有性繁殖。

将单个或少量同种细菌细胞接种于固体培养基表面,在适当的培养条件下,该细胞会迅速生长繁殖,形成许多细胞聚集在一起且肉眼可见的细胞集合体,称为菌落。不同种的细菌菌落特征是不同的,包括其大小、形态、光泽、颜色、硬度、透明度等。菌落特征可以作为细菌的分类依据之一。主要从三方面看菌落的特征:表面特征(光滑、粗糙、干燥等)、边缘特征(圆形、锯齿状、花瓣状等)、纵剖面特征(平坦、扁平、凸起等)。

用含菌样品或菌种在平面或斜板上画线,经培养后长出密集的细菌群体称为菌苔。

以穿刺接种法将细菌接种到半固体培养基中,如果细菌不长鞭毛,就只能在穿刺线上生长;如果长鞭毛,则不但在穿刺线上生长,也在周围扩散生长。不同种细菌的生长扩散状况有所不同,该技术可以判断细胞能否运动。

在液体培养基中,细菌生长能使培养基浑浊。浑浊情况因细菌对氧气的要求不同而有区别:好氧菌仅使培养液上部浑浊;厌氧菌仅使培养液下部浑浊;兼性菌使培养液均匀浑浊。也有的细菌在培养液表面形成菌环或在底部产生絮状沉淀,有的产生气泡、色素等。细菌在液体培养基中的培养特征是菌种鉴定的依据之一。

典型例题解析

【例 13-3】 (2008)细菌菌落与菌苔有着本质区别,下列描述菌苔特征正确的是:
A. 在液体培养基上生长的,由1个菌落组成
B. 在固体培养基表面生长,由多个菌落组成

  C. 在固体培养基内部生长，由多个菌落组成

  D. 在液体培养基表面生长，由1个菌落组成

解 ①菌苔：细菌在斜面培养基接种线上有母细胞繁殖长成的一片密集的，具有一定形态结构特征的细菌群落，一般为大批菌落聚集而成。②菌落：单个微生物在适宜固体培养基表面或内部生长繁殖到一定程度，形成肉眼可见有一定形态结构的子细胞的群落。③菌种：保存着的，具有活性的菌株。④模式菌株：在给某细菌定名、分类作记载和发表时，为了使定名准确并作为分类概念的准则，以纯粹活菌（可繁殖）状态所保存的菌种。选B。

13.1.5 原生动物及后生动物的分类、结构和生理功能

1) 原生动物

(1) 原生动物是动物界最低等的单细胞动物

原生动物个体都很小，长度在 $100\sim300\mu m$ 之间。原生动物虽只有一个细胞，但在生理上却是一个完善的有机体，能和多细胞动物一样行使营养、呼吸、排泄、生殖等机能。根据原生动物的细胞器和特点，将原生动物分为四个纲，即鞭毛纲、肉足纲、孢子纲和纤毛纲。在污水生物处理中常见的有鞭毛纲、肉足纲和纤毛纲。

①鞭毛纲。这类原生动物具有一根或两根鞭毛，鞭毛长度与基体长相等或更长些，是运动器官。鞭毛虫可分为植物性鞭毛虫和动物性鞭毛虫。前者多数有叶绿体，能进行植物性营养，常见的绿眼虫是植物性营养型，有时进行植物式腐生性营养；后者体内无叶绿体，靠吞食细菌等微生物和其他固体食物生存，常见的有梨波豆虫和跳侧滴虫等。在自然水体中，鞭毛虫喜在多污带和 α-中污带生活，在活性污泥培养初期或污水处理效果差时大量出现，可作为污水处理的指示生物。

②肉足纲。体型小，无色透明，表面只有细胞质形成的一层薄膜，可伸缩变动而形成伪足，作为运动和摄食的细胞器，没有固定形态。肉足类原生动物没有专门的胞口，完全靠伪足摄食，大多数为全动性营养。可任意变形的肉足类叫变形虫。还有一些体型不变的肉足类，呈球形，如太阳虫和辐射变形虫等。肉足虫的繁殖方式以无性生殖为主，也有分裂与出芽生殖。变形虫喜在自然水体 α-中污带或 β-中污带中生活，在活性污泥培养中期出现。

③纤毛纲。纤毛类原生动物的特点是周身表面或部分表面具有纤毛，作为运动或摄食的工具。可分为游泳型和固着型两种，前者能自由游动，如草履虫；后者附着在其他物体上，如钟虫，有单个固着生活，也有群体生活。多数游泳型纤毛虫在 α-中污带或 β-中污带生活，在活性污泥培养中期或生物处理效果较差时出现。钟虫喜在寡污带生活，是水体自净程度高、污水处理效果好的指示生物。

(2) 细胞结构及功能

原生动物没有细胞壁，属真核微生物，大小多为 $100\sim300\mu m$。其运动胞器是鞭毛、纤毛、刚毛、伪足，消化与营养胞器是胞口、胞咽、食物泡、吸管，感觉胞器是眼点，排泄胞器是收集管、伸缩泡和胞肛。有的胞器具有多种功能，如波多虫的鞭毛既有运动功能，又有捕食功能。原生动物的繁殖方式有无性繁殖和有性繁殖。无性繁殖为二分裂繁殖，也有复分裂繁殖。绝大部分原生动物可以形成休眠体（即孢囊），以抵抗不良环境，到环境适宜时，再萌发长出新细胞。原生动物的营养类型有全动性营养、植物性营养及腐生性营养。

2) 后生动物

后生动物是除原生动物以外的多细胞动物的统称。其中，个体微小需要显微镜或放大镜才能看清的后生动物称为微型后生动物。在污水生物处理中常见的微型后生动物有轮虫、甲壳类动物、线虫和其他小动物等，可作为处理状况的指示生物。

(1) 轮虫

轮虫是多细胞动物中比较简单的一种，体型微小，长 0.004～4mm，大多在 0.5mm 左右，属担轮动物门(Trochel minthes)轮虫纲(Rotifera)。其头部上有一列、两列或多列纤毛形成的纤毛环，如图 13-3 所示。纤毛环经常摆动(如旋转的轮盘)，是轮虫的运动工具，也可以将细菌和有机颗粒等引入口部。轮虫有透明的壳，两侧对称，尾部有分叉的趾。轮虫以细菌、小的原生动物和有机颗粒为食，在污水处理中有一定的净化作用，轮虫生活在 pH6.8 左右的水体中，对溶解氧的要求较高，轮虫的出现是污水寡污带处理效果好的标志。

(2) 甲壳类动物

水处理中遇到的多为微型甲壳类动物，这类生物的特点是具有坚硬的甲壳。常见的有水蚤和剑水蚤，它们以细菌和藻类为食。氧化塘出水中往往含有较多的藻类，可以利用甲壳动物去净化。水蚤的血液含血红素，其含量随环境中溶解氧的高低而变化，水体中氧含量低，水蚤中的血红素含量高；水体中氧含量高时，水蚤的血红素含量低。可根据水蚤呈现的颜色不同来判断水体的清洁程度。

图 13-3　轮虫

(3) 线虫

线虫属于线型动物门(Nemathel minthes)线形纲(Nematoda)，体型微小，多在 1mm 以下，肉眼不易看到，在显微镜下清晰可见。线虫前端口上有感觉器官，体内有神经系统。线虫体两侧纵肌可交替收缩来运动。线虫的营养类型有腐食性、植食性和肉食性三种，有好氧和兼性厌氧之分。在污水处理中，线虫多独立生活。在缺氧时，兼性厌氧线虫大量繁殖，是污水净化程度差的指示生物。

(4) 其他小动物

水中有机淤泥和生物黏膜上常生活着一些其他小动物，如昆虫幼虫和蚯蚓等。在水中出现的小虫还有蜂蝇幼虫和摇蚊幼虫等，这些生物都可用作河川污染的指示生物。动物生活时需要氧气，微型后生动物在缺氧环境里也能生存数小时。若在无毒污水中没有动物生长，往往说明溶解氧不足。

典型例题解析

【例 13-4】　鞭毛是细菌的：
　　　　A. 摄食胞器　　　　　　　　B. 运动胞器
　　　　C. 代谢胞　　　　　　　　　D. 休眠体

解　鞭毛是细菌的运动器官，执行运动功能。选 B。

经典练习

13-1　微生物不属于下面哪一界？(　　)
　　　A. 动物界　　　　　　　　　B. 真菌界
　　　C. 病毒界　　　　　　　　　D. 原生生物界

43

13-2 (2010)细菌的核糖体游离于细胞质中,核糖体的化学成分是( )。
　　A. 蛋白质和脂肪　　B. 蛋白质和 RNA　　C. RNA　　D. 蛋白质
13-3 在污水生物处理中常见到的原生动物主要有三类,分别是( )。
　　A. 轮虫类、甲壳类、腐生类　　　　　　B. 甲壳类、肉食类、鞭毛类
　　C. 肉足类、轮虫类、腐生类　　　　　　D. 鞭毛类、肉足类、纤毛类
13-4 在原生动物的四个纲中,与废水生物处理无关的一个纲是( )。
　　A. 鞭毛纲　　　B. 肉足纲　　　C. 纤毛纲　　　D. 孢子纲
13-5 细菌细胞结构中,( )的功能是维持细胞体内渗透压的。
　　A. 细胞膜　　　B. 细胞壁　　　C. 细胞核　　　D. 核糖体
13-6 细菌细胞的基本结构包括细胞壁、细胞膜、细胞质和( )。
　　A. 荚膜　　　　B. 芽孢　　　　C. 拟核　　　　D. 纤毛
13-7 对细菌进行革兰氏染色,主要是根据它们的( )。
　　A. 细胞质组成成分不同　　　　　　　　B. 细胞内含物组成成分不同
　　C. 所含的质粒类型不同　　　　　　　　D. 细胞壁结构与化学组成不同

13.2　微生物的生理

考试大纲☞：酶的催化特征　影响酶活力的因素　营养类型的划分　呼吸类型　微生物的生长曲线

必备基础知识

13.2.1　酶的催化特征

　　酶是由生物活细胞产生的具有催化活性的生物催化剂。绝大多数酶都是具有特定催化功能的蛋白质,具有很大的分子量。其特性如下:
　　(1)只加快反应速度,而不改变反应平衡点,反应前后质量不变。
　　(2)反应的高度专一性。一种酶只作用于一种物质或一类物质的催化反应,产生一定的产物。专一性包括绝对专一性、相对专一性和立体异构专一性。
　　(3)反应条件温和。一般化学反应催化剂需要高温、高压、强酸或强碱等异常条件。酶反应只需常温、常压和接近中性的水溶液就可催化反应的进行。
　　(4)对环境极为敏感。高温、强酸和强碱能使酶丧失活性,重金属离子能钝化酶,使之失活。
　　(5)催化效率极高。比无机催化剂效率高几千倍至百亿倍。
　　(6)活力具有可调节性。很多因素都影响酶活力,这是无机催化剂所不具备的。

典型例题解析

【例 13-5】 下列关于酶的说法中,不正确的是:
　　A. 加快反应速度,同时改变反应平衡点
　　B. 具有高度的专一性
　　C. 反应条件温和
　　D. 对环境条件很敏感
　解　考查酶的催化特征。选 A。

13.2.2 影响酶活力的因素

影响酶活力的因素有温度、pH 值、抑制剂、激活剂、底物浓度和酶浓度。

(1)温度。如图 13-4 所示,在最适温度范围内,酶活性最强,酶促反应速度最快。不同微生物体内酶的最适温度不同,培养微生物应在最适温度下进行,以发挥酶的最大催化效率。

(2)pH 值。如图 13-5 所示,酶在最适 pH 值范围内表现出很好的活性,此时酶促反应速度最快,效率最高。大于或小于最适 pH 值,都会降低酶活性。

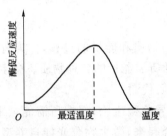
图 13-4 温度对酶活力的影响

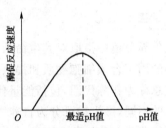
图 13-5 pH 对酶活力的影响

(3)抑制剂。能减弱、抑制甚至破坏酶活性的物质称为酶的抑制剂。一般分为可逆与不可逆两类,前者又有竞争性抑制和非竞争性抑制之分。竞争性抑制剂是与底物结构类似的物质,可争先与酶的活性中心结合,通过增加底物浓度最终可解除抑制,恢复酶的活性。非竞争性抑制剂与酶活性中心以外的位点结合后,底物仍可与活性中心结合,但酶不显活性,不能通过增加底物浓度解除抑制。

(4)激活剂。能激活酶的物质称为酶的激活剂。如一些无机阳离子(Na^+、K^+、Ca^{2+} 等)、无机阴离子(Cl^-、CN^-、SO_4^{2-} 等)、有机化合物等都可以作为激活剂。许多酶只有当某一种适当的激活剂存在时,才表现出催化活性或强化其催化活性。

(5)底物浓度。在酶催化反应中,若酶的浓度为定值,底物的浓度较低时,酶促反应速度与底物浓度成正比。当所有的酶与底物结合生成中间产物后,即使再增加底物浓度,中间产物浓度也不会增加,酶促反应速度也不增加,即此时酶达到饱和。若对底物浓度和酶促反应速度作一曲线,如图 13-6 所示,用米门公式表示该规律。

米门公式为:
$$v = \frac{v_{max}[S]}{K_m + [S]} \quad (13-1)$$

式中:v——反应速度;

$[S]$——底物(基质)浓度;

v_{max}——最大反应速度;

K_m——米氏常数,当酶促反应速度为 $0.5v_{max}$ 时的基质浓度。

K_m 是酶的特征常数,只与酶的种类和性质有关,与酶浓度无关,受 pH 值和温度的影响。

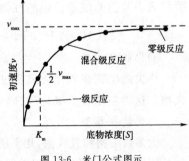
图 13-6 米门公式图示

(6)酶浓度。从米门公式和酶浓度与酶促反应速度的关系图解可以看出:当底物浓度较低时,酶促反应速度与酶分子的浓度成正比;当底物分子浓度足够时,酶分子越多,底物转化速度越快。但事实上,当酶浓度很高时,并不保持这种关系。根据分析,这可能是高浓度的底物夹带有许多抑制剂所致。

典型例题解析

【例 13-6】 影响酶活性的最重要因素是：
　　A. 温度和 pH 值　　　　　　　　　B. 底物浓度和反应活化能
　　C. 初始底物浓度和产物种类　　　　D. 酶的特性和种类

解 选 A。

13.2.3 营养类型的划分

微生物从外界环境中摄取对其生命活动必需的物质和能量的过程，称为营养。营养物质是微生物获得的用于合成细胞物质和提供生命活动所需能量的各种物质。微生物体内发生的所有生化反应总称为新陈代谢，包括能量代谢和物质代谢。

根据碳源的不同，微生物可分为自养微生物和异养微生物；根据所需能量来源的不同，微生物又分为光能营养和化能营养两类。将两者综合起来，微生物分光能自养型、光能异养型、化能自养型和化能异养型四种营养类型。

1）光能自养型

该类微生物都含有光合色素，以光为能源，CO_2 为碳源，水或还原态无机物（如 H_2S）作为供氢体来合成细胞所需的有机质。

藻类和蓝细菌可利用光能分解水产生氧气，并将 CO_2 合成为有机碳化物，称为产氧光合作用，其反应式为

$$CO_2 + H_2O \xrightarrow{\text{光能、叶绿体}} [CH_2O] + O_2 \tag{13-2}$$

紫色硫细菌的光合作用以 H_2S 为供氢体，不释放氧气，称为不产氧光合作用，其反应式为

$$CO_2 + 2H_2S \xrightarrow{\text{光能、菌绿素}} [CH_2O] + 2S + H_2O \tag{13-3}$$

2）光能异养型

该类微生物利用光能作为能源，以有机物（有机酸、醇等）作为供氢体，CO_2 或碳酸盐作为碳源。属于这一营养类型的微生物很少，主要包括紫色非硫细菌和绿色非硫细菌等微生物，典型代表为紫色非硫细菌中的红微菌，其反应式为

$$2(CH_3)_2CHOH + CO_2 \xrightarrow{\text{光能、光合色素}} [CH_2O] + 2CH_3COCH_3 + H_2O \tag{13-4}$$

3）化能自养型

该类微生物在氧化无机物过程中获取能源，同时无机物作为电子供体，使 CO_2 还原为有机物。这类细菌有氨氧化菌、硝化细菌、铁细菌、氢细菌和某些硫黄细菌等。

4）化能异养型

大多数细菌和放线菌，几乎所有真菌及原生动物，都以这种营养方式生活，利用有机物作为生长所需的碳源和能源。根据所利用的有机物质，可分为腐生性和寄生性两类。前者利用无生命的有机体（如动植物遗体），后者从活的有机体中获得营养，离开寄主便不能生长繁殖。在腐生和寄生之间，还有称为兼性腐生微生物，既能利用无生命的有机物质，也能利用活体中的有机物质。

在四种基本营养类型之间无特别的界限。一种微生物以一种营养方式生长，但在环境条件改变后，其营养类型也可能会改变。例如，在有光和无氧条件下，红螺菌进行光能自养；在黑暗和有氧条件下，则进行化能异养。

典型例题解析

【例 13-7】 根据微生物所需碳源和能源的不同,可将它们分为哪四种营养类型?
  A. 无机营养、有机营养、光能自养、光能异养
  B. 光能自养、光能异养、化能自养、化能异养
  C. 化能自养、化能异养、无机营养、有机营养
  D. 化能自养、光能异养、无机营养、有机营养

解 考查微生物的四种营养类型。选 B。

13.2.4 呼吸类型

呼吸作用是微生物在氧化分解基质的过程中,基质释放电子,生成水或其他代谢产物,并释放能量的过程。根据最终电子受体的不同,将微生物呼吸作用分为好氧呼吸、厌氧呼吸和发酵。

1) 好氧呼吸

好氧呼吸是一种最普遍而重要的产能方式,基质的氧化以分子氧作为最终电子受体。以葡萄糖为例,在代谢过程中,分两个阶段:第一阶段通过糖酵解(EMP)途径,由 1 个六碳糖变成 2 个含三碳的丙酮酸;第二阶段经三羧酸循环(TCA),丙酮酸彻底氧化分解成 CO_2 和 H_2O。好氧呼吸氧化彻底,产能最多。

2) 厌氧呼吸

厌氧呼吸是指有机物脱下的电子最终交给无机氧化物的生物氧化。这是在无氧条件下进行的,产能效率低的呼吸。其特点是基质按常规途径脱氢后,经部分呼吸链递氢,最终由氧化态无机物或有机物受氢,完成氧化磷酸化产能反应。某些特殊营养和代谢类型的微生物,由于它们具有特殊的氧化酶,在无氧时能使某些无机氧化物(如硝酸盐、亚硝酸盐等)中的氧活化而作为电子受体,接受基质中被脱下来的电子。反硝化细菌、硫酸盐还原菌等的呼吸作用都是这种类型。

3) 发酵

发酵是指在无氧条件下,基质脱氢后所产生的还原力[H]未经呼吸链传递而直接交给某内源中间代谢产物,以实现基质水平磷酸化(也叫底物水平磷酸化)产能的一类生物氧化反应。基质水平磷酸化的特点是基质(有机物)在氧化过程中脱下的电子不经电子传递链,而经酶促反应直接传递给另一有机物,同时将产生的能量交给 ADP,合成 ATP。发酵是不彻底的氧化作用,产能效率低。

典型例题解析

【例 13-8】 关于厌氧好氧处理下列说法错误的是:
  A. 好养条件下溶解氧要维持在 2~3mg/L
  B. 厌氧消化如果在好氧条件下,氧作为电子受体,使反硝化无法进行
  C. 好氧池内聚磷菌分解体内的 PHB,同时吸收磷
  D. 在厌氧条件下,微生物无法吸收磷

解 厌氧阶段聚磷菌释磷:在厌氧段,有机物通过微生物的发酵作用产生挥发性脂肪酸(VFAs),聚磷菌(PAO)通过分解体内的聚磷和糖原产生能量,将 VFAs 摄入细胞,转化为内贮物,如 PHB。但并非厌氧条件下就不会发生吸磷现象,研究发现,在厌氧—好氧周期循环反应器中,稳定运行阶段会出现规律性的与生物除磷理论相悖的厌氧磷酸盐吸收现象。选 D。

13.2.5 微生物的生长曲线

将少数细菌接种到一定量的液体培养基内封闭,在适宜温度下培养,在培养过程中不加入也不取出培养基和微生物,这就是间歇培养(分批培养)。在培养中,以培养时间为横坐标,以活微生物个数为纵坐标,来描述细菌生长规律的曲线,叫做生长曲线。

微生物生长曲线大致分为四个时期:延滞期(适应期)、对数期(指数期)、稳定期、衰亡期,如图 13-7 所示。

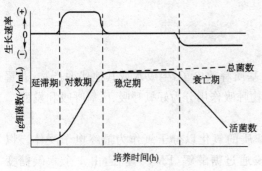

图 13-7 微生物生长曲线

1)延滞期

在该期细菌并不生长繁殖,数目不增加,但细胞生理活性很活跃,菌体体积增长很快。这是个适应时期,新接种的细菌一时缺乏分解底物的酶,需一定的时间来大量合成诱导酶、辅酶等,以适应环境变化。核糖体合成加快,RNA 含量升高。该期特点:细菌数目几乎没有变化;细菌生长速度为零。若要缩短延滞期,可采用适当菌龄的菌种,选用接近种子培养基的发酵培养基等。

2)对数期

细菌细胞分裂速度迅速增加,进入对数增长期。该期特点:细菌数呈指数增长,活性强,代谢旺盛,极少有细菌死亡;世代时间最短;生长速度最快。

3)稳定期

随着营养物质的消耗和有毒代谢产物的积累,部分细菌开始死亡,新生细菌数和死亡数基本相等。该期特点:个体数目达到最高,细菌新生数等于死亡数,生长速度为零,细菌活性下降,芽孢、荚膜形成,内含物如肝糖、脂肪、PHB 等开始储存等。

4)衰亡期

因营养严重不足,大部分细菌死亡,只有少数菌体繁殖,微生物进入内源呼吸期。该期特点:细菌进行内源呼吸,细菌死亡数远大于新生数,细菌数目不断减少,细菌呈畸形或多形态,细胞内产生液泡或空泡。

在污水生物处理过程中,如果利用对数期的微生物,整体处理效果并不好,因为微生物繁殖很快,活力很强大,不易凝聚和沉淀,并且对数期需要充分的食料,污水中的有机物须有较高的浓度,难以得到较好的出水。稳定期的污泥代谢活性和絮凝沉降性能均较好,该期常用于污水处理。衰亡期的微生物用于延时曝气、污泥消化等。

典型例题解析

【例 13-9】 (2007)细菌间歇培养的生产曲线可分为以下四个时期,细菌形成荚膜主要在哪个时期?

A. 延迟期　　　　　　　　B. 对数期
C. 稳定期　　　　　　　　D. 衰亡期

解 考查微生物生长曲线四个时期的特点。选 C。

经典练习

13-8 (2007)维持酶活性中心空间构型作用的物质为（　　）。
　　A. 结合基团　　B. 催化基团　　C. 多肽链　　D. 底物

13-9 (2007)若对数期某一时刻测得大肠杆菌数为 1.0×10^2 cfu/mL，当繁殖多少代后，大肠杆菌数可增至 1.0×10^9 cfu/mL？（　　）
　　A. 17　　B. 19　　C. 21　　D. 23

13-10 (2010)1个葡萄糖分子通过糖酵解途径，细菌可获得ATP分子的个数为（　　）。
　　A. 36个　　B. 8个　　C. 2个　　D. 32个

13-11 (2008)若在对数期50min时测得大肠杆菌数为 1.0×10^4 cfu/mL，培养到450min时大肠杆菌数为 1.0×10^{11} cfu/mL，则该菌的细菌生长繁殖速率为多少？（　　）
　　A. 1/17　　B. 1/19　　C. 1/21　　D. 1/23

13-12 (2010)在蛋白质的水解过程中，参与将蛋白质分解成小分子肽的酶属于（　　）。
　　A. 氧化酶　　B. 水解酶　　C. 裂解酶　　D. 转移酶

13-13 硝酸盐细菌从营养类型上看属于（　　）。
　　A. 光能自养菌　　B. 化能自养菌　　C. 光能异养菌　　D. 化能异养菌

13-14 酶的催化具有专一性，其专一性可分为绝对专一性、相对专一性和（　　）。
　　A. 产物专一性　　B. 结构专一性
　　C. 底物专一性　　D. 立体异构专一性

13-15 作为接种污泥，选用微生物哪个生长时期最为合适（　　）。
　　A. 停滞期　　B. 对数期　　C. 稳定期　　D. 衰亡期

13.3 微生物生态

考试大纲：土壤微生物生态　空气微生物生态　水体微生物生态　水体自净过程　污染水体的微生物生态

必备基础知识

13.3.1 土壤微生物生态

土壤是自然界微生物生长繁殖的良好环境，它具有绝大多数微生物生长繁殖所需的各种条件。

1）土壤的环境条件
(1)有机营养。土壤中含有丰富的动植物残体，可供微生物作为有机营养。
(2)无机元素。土壤中含有大量而全面的矿质元素，满足微生物生长需要。
(3)水分。土壤中的水分能满足微生物的需求。
(4)氧气。通气条件好时，为好氧微生物提供了良好条件；通气条件差时，又成了厌氧微生物的理想环境。土壤中各类微生物数量会因通气条件变化而有所改变。
(5)pH值。土壤pH值范围在3.5～8.5，多数在5.5～8.5，适合大多数微生物生长。
(6)温度。土壤温度变化幅度小而缓慢，一般维持在10～25℃，适宜多种微生物生长。

(7)渗透压。土壤渗透压在 0.3~0.6MPa 之间,对微生物而言是等渗环境或低渗环境,利于微生物摄取营养。

(8)保护层。土层可保护微生物免受阳光紫外线的辐射伤害。

土壤是微生物资源的巨大宝库,如人类使用的大多数抗生素都来自土壤中分离出的放线菌。

2) 土壤中微生物的种类、数量和分布

土壤微生物中细菌最多,作用强度和影响最大,大部分为 G^+ 菌,放线菌和真菌数量次之,藻类和原生动物等数量相对较少,影响也小。

在肥沃土壤中每克含几亿甚至更多个微生物,而在贫瘠土壤中每克仅含有几百万个微生物。在不同的土壤中,生长着各自的优势种群。例如,酸性土壤中真菌较多,潮湿土壤表层藻类较多。微生物的种类、数量和活动强度等特点也会随着季节变化而发生显著的周期性变化。

土壤中微生物的垂直分布与紫外线照射、营养、水分、温度等因素有关。由于日光照射、干燥等因素的影响,土壤表层不易生存微生物,离地表 10~30cm 的土层中微生物数量较多,更深的土层,由于有机营养缺乏、氧气少等因素,微生物数量越来越少。

3) 土壤自净

土壤自净是指土壤本身通过吸附、分解、迁移、转化等自然作用,使土壤中污染物的浓度降低直至消失的过程。

土壤具有自净功能,因土壤中含有各种各样的微生物,对外界进入土壤的污染物质可分解转化;土壤中存在复杂的有机和无机胶体体系,通过吸附、解吸、代换等过程使污染物发生形态变化;土壤是绿色植物生长的基地,通过植物的吸收作用,土壤中的污染物质起着转化和转移的作用。另外,其他性质不同的污染物在土体中可通过挥发、扩散、分解以及水循环等作用,逐步降低污染物的浓度,减少毒性或被分解成无害的物质。土壤自净能力还与土壤结构、通气状况等有关。

4) 土壤生物修复

土壤生物修复是利用土壤中天然的微生物或人为投加目的菌株,甚至用构建的特异降解菌投加到污染土壤中,将滞留的污染物迅速降解掉,使土壤恢复其天然功能的过程。

生物修复技术有原位处理、挖掘堆置处理和反应器处理三种。

(1)原位处理。这种方法是在受污染区钻井,分为两组:一组是注水井,用来将接种的微生物、水、营养物和电子受体等物质注入土壤中;另一组是抽水井,通过向地面上抽取地下水造成所需要的地下水在地层中流动,促进微生物的分布和营养等物质的运输,保持氧气供应。该工艺是较为简单的处理方法,费用较省,不过由于采用的工程强化措施较少,处理时间会有所增加,而且在长期的生物修复过程中,污染物可能会进一步扩散到深层土壤和地下水中,因而适用于处理污染时间较长、状况已基本稳定的地区或者受污染面积较大的地区。

生物通风是原位生物修复的一种方式。在这些受污染地区,土壤中的氧气浓度低,二氧化碳浓度高。为了提高土壤中的污染物降解效果,需要排出土壤中的二氧化碳和补充氧气,生物通风系统就是为改变土壤中气体成分而设计的。生物通风工艺主要是通过真空或加压进行土壤曝气,使土壤中的气体成分发生变化,通常用于由地下储油罐泄漏造成的轻度污染土壤的生物修复。

(2)挖掘堆置处理。就是将受污染的土壤从污染地区挖掘起来,防止污染物向地下水或更广大地域扩散,将土壤运输到一个经过各种工程准备的地点堆放,形成上升的斜坡,并在此进行生物修复的处理,处理后的土壤再运回原地。这种技术的优点是可以在土壤受污染之初限制污染物的扩散和迁移,减小污染范围。但用在挖土方和运输方面的费用显著高于原位处理方法,另外在运输过程中可能会造成污染物进一步暴露,还会由于挖掘而破坏原地点的土壤生态结构。

(3)反应器处理。这种方法是将受污染的土壤挖掘起来,和水混合后,在接种了微生物的反应器内进行处理,其工艺类似于污水生物处理方法。处理后的土壤与水分离后,经脱水处理再运回原地。处理后的出水视水质情况,直接排放或送入污水处理厂继续处理。反应装置不仅包括各种可以拖动的小型反应器,也有类似稳定塘和污水处理厂的大型设施。

和前两种处理方法相比,反应器处理的一个主要特征是以水相为处理介质,而前两种处理方法是以土壤为处理介质。由于以水相为主要处理介质,污染物、微生物、溶解氧和营养物的传质速度快,且避免了复杂而不利的自然环境变化,各种环境条件便于控制在最佳状态,因此反应器处理污染物的速度明显加快,但其工程复杂,处理费用高。

土壤生物修复的关键要素如下:

(1)微生物品种。从污染土壤中选取优势菌种,扩大培育后接种到污染土壤中;或用质粒育种、基因工程构建工程菌投加入污染土壤中。

(2)营养。污染土壤中的营养元素严重失衡,应确定适宜的营养元素比例,一般土壤中 C:N 为 25:1,污水好氧处理中,$BOD_5:N:P=100:5:1$。

(3)DO。为保证微生物旺盛生长,可用鼓风机向地下鼓风,使土壤内 DO 含量达到 $8\sim12mg/L$。并可投加适量($100\sim200mg/L$)的 H_2O_2,为微生物提供更多电子受体,并释放 O_2。

典型例题解析

【例 13-10】 (2010)土壤中微生物的数量从多到少依次为:
A. 细菌、真菌、放线菌、藻类、原生动物和微型动物
B. 细菌、放线菌、真菌、藻类、原生动物和微型动物
C. 真菌、放线菌、细菌、藻类、原生动物和微型动物
D. 真菌、细菌、放线菌、藻类、原生动物和微型动物

解 土壤中微生物的数量很大,但不同种类数量差别较大。一般细菌>放线菌>真菌>藻类和原生动物。选 B。

13.3.2 空气微生物生态

空气不是微生物生长繁殖的良好场所,因为空气中有紫外辐射(能杀菌),也不具备微生物生长所必需的营养物质。但空气中仍有细菌、放线菌、真菌、藻类、原生动物、病毒等多种微生物,主要来源于地面尘土、水面、动物体表、呼吸道分泌物或排泄物等,在空气中只是暂时停留。

空气中的细菌以能产生芽孢、色素的为多,真菌以孢子的形式为多。室外空气中的微生物多为真菌孢子。城市上空的微生物密度比农村大,陆地上空比海洋上空大,室内比室外大,无植被地表上空比有植被地表上空大。尘埃多的空气微生物数量也多。微生物在空气中的停留时间和气流流速、温度及附着粒子的大小有关,能在气流作用下传播到很远地方,在太空中也有微生物存在。

典型例题解析

【例 13-11】 关于空气中的微生物,下列说法正确的是:
  A. 空气中微生物数量较多,而且可以长期存在
  B. 城市上空的微生物比农村少
  C. 空气中的微生物主要来源于地面、水面、动物体表、排泄物等
  D. 一般情况,有植被的地表上空微生物比无植被的地表上空多

解 考查空气微生物生态。选 C。

13.3.3 水体微生物生态

水体中含有各种有机物和无机物,可满足微生物生命活动需要。但由于各种水体中的有机物和无机物的种类和数量以及温度、渗透压等存在差异,各水域中微生物的种类和数量也不相同。水体中微生物来自土壤、空气、动植物残体及工业废水、生活污水等。

在洁净的湖泊或水库中,有机物含量低,因此微生物主要是自养菌,且数量少,多倾向于生长在固体表面或颗粒物上,这样能吸收利用更多的营养物。在生活污水、工业有机废水大量排入腐败有机残体、有机废物多的水体中,有机物含量特别高,水体中微生物多为腐生型,且数量很多。

在垂直分布上,光线和氧气充足的浅层区分布着大量的藻类和好氧微生物,如假单胞菌、噬纤维素菌和生丝微菌等。深水区光线少,溶解氧含量低,多为紫色和绿色硫细菌及其他兼性厌氧菌。湖底区是厌氧的沉积物,分布着大量厌氧菌,如甲烷菌、芽孢杆菌等。

典型例题解析

【例 13-12】 下列水体中,微生物最少的是哪个:
  A. 池塘   B. 海洋
  C. 湖泊   D. 地下水

解 选 D。

13.3.4 水体自净过程

污染物进入水体后,对水体产生污染,但水体本身有一定的净化污水的能力,即经过水体的物理、化学和生物的作用,使污水中污染物的浓度得以降低,并在微生物的作用下进行降解,使水体由不洁恢复为清洁,水质恢复到污染前的水平和状态,这一过程称为水体的自净过程,如图 13-8 所示。

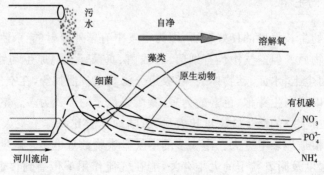

图 13-8 河流水体自净过程

水体自净过程的特征：①进入水体中的污染物，在连续的自净过程中，总的趋势是浓度逐渐下降；②大多数有毒污染物经各种物理、化学和生物作用，转变为低毒或无毒化合物；③重金属一类污染物，从溶解状态被吸附或转变为不溶性化合物，沉淀后进入底泥；④复杂的有机物被微生物逐渐分解掉；⑤不稳定的污染物在自净过程中转变为稳定的化合物，如氨转变为亚硝酸盐，再氧化为硝酸盐；⑥在自净过程的初期，水中溶解氧数量急剧下降，到达最低点后又缓慢上升，逐渐恢复到正常水平；⑦进入水体的大量污染物，如果是有毒的，水中生物就要大量死亡，生物种类和个体数量就要随之大量减少。随着自净过程的进行，有毒物质浓度或数量下降，生物种类和个体数量也逐渐随之回升，最终趋于正常的生物分布。进入水体的大量污染物中，如果有机物含量过高，那么微生物就可以利用丰富的有机物为食料而迅速的繁殖，溶解氧随之减少。随着自净过程的进行，纤毛虫类原生动物开始取食细菌，则细菌数量又减少；而纤毛虫又被轮虫、甲壳类吞食，使后者成为优势种群。有机物分解所生成的大量无机营养成分，如氮、磷等，使藻类生长旺盛，藻类旺盛又使鱼、贝类动物随之繁殖起来。

水体自净过程中的物理、化学和生物作用：物理作用包括对污染物的稀释和颗粒的下沉，化学作用包括氧化还原反应、酸碱中和等，生物作用包括各种生物对有机物的氧化分解。

典型例题解析

【例 13-13】 下列关于水体自净的过程，说法不正确的是：
A. 通过水的物理、化学、生物作用，使污染物浓度得以降低
B. 当进入水体的污染物含有大量有机物时，微生物会大量繁殖
C. 在自净过程中，有机碳量基本保持不变
D. 在连续的自净过程中，污染物浓度是逐渐降低的

解 考查水体自净。选 C。

13.3.5 污染水体的微生物生态

当有机污染物质进入河流后，在其下游河段中发生正常的自净过程，在自净中形成了一系列连续的污化带，分别是多污带、α-中污带、β-中污带和寡污带。污化指示生物有细菌、真菌、原生动物、藻类、鱼类等。污化带的划分及其特点如下：

(1) 多污带。此带在靠近污水出口的下游，水色暗灰，很浑浊，含有大量有机物，溶解氧极少，甚至没有。在有机物分解过程中，产生 H_2S、SO_2 和 CH_4 等气体。由于环境恶劣，水生生物很少。多污带有代表性的指示生物是细菌，种类很多，数量很大，每毫升几亿个，几乎都是异养(兼性)厌氧细菌。具有代表性的指示生物：贝日阿托式菌、球衣细菌、颤蚓蚓等。

(2) α-中污带。在多污带下游，水仍为灰色，溶解氧少，有氨和氨基酸等存在。BOD 下降，水面上有泡沫和浮泥。生物种类比多污带稍多，细菌含量仍高，每毫升几千万个。水中出现蓝藻、纤毛虫、轮虫，水底污泥中滋生大量颤蚓蚓。具有代表性的指示生物：天蓝喇叭虫、椎尾水轮虫、臂尾水轮虫、大颤藻、小球藻等。

(3) β-中污带。在 α-中污带之后，绿色植物大量出现，水中溶解氧升高，有机物质含量已很少。生物种类变得多种多样，细菌数量减少，每毫升几万个。有根的水生植物、鱼类也出现了。具有代表性的指示生物：梭裸藻、变异直链硅藻、腔轮虫、大型水溞、绿草履虫等。

(4) 寡污带。河流的自净作用已经完成，溶解氧已恢复到正常含量，无机化作用彻底，有机污染物质已完全分解，CO_2 含量很少，BOD 和悬浮物含量都很低。寡污带生物种类很多，但细

53

菌数量很少,有大量浮游植物,显花植物大量出现,鱼类种类也很多。具有代表性的指示生物:水花鱼腥藻、玫瑰旋轮虫、黄团藻、大变形虫等。

典型例题解析

【例13-14】 反映河流自净的污化带,哪个带中的溶解氧最低:
　　A. 多污带　　　B. α-中污带　　　C. β-中污带　　　D. 寡污带
　解　考查污化带。选A。

【例13-15】 (2012)排污口下游的污化带排序,正确的是:
　　A. 寡污带、α-中污带、β-中污带、多污带
　　B. 多污带、β-中污带、α-中污带、寡污带
　　C. 多污带、α-中污带、β-中污带、寡污带
　　D. 寡污带、β-中污带、α-中污带、多污带
　解　基础知识。选C。

经典练习

13-16　(2012)下列哪种环境最不适宜微生物的生长?(　　)
　　A. 湖泊　　　B. 空气　　　C. 土壤　　　D. 海洋

13-17　水体自净过程中形成的一系列污化带,按顺序出现分别是(　　)。
　　A. 排污带、稀释带、自净带　　　B. 排污带、净污带、寡污带
　　C. 多污带、中污带、寡污带　　　D. 多污带、自净带、无污带

13.4　微生物与物质循环

考试大纲☞:碳循环　氮循环　硫循环　磷循环

必备基础知识

13.4.1　碳循环

1) 碳循环的基本过程

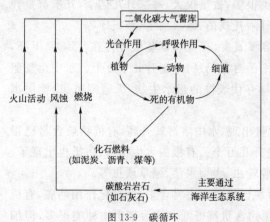

自然界碳循环的基本过程如下:大气中的 CO_2 被陆地和海洋中的植物吸收,然后通过生物或地质过程以及人类活动,又以 CO_2 的形式返回大气中,如图13-9所示。

绿色植物从空气中获得 CO_2,经过光合作用转化为葡萄糖,再综合成为植物体的碳化合物,经过食物链的传递,成为动物体的碳化合物。植物和动物的呼吸作用把摄入体内的一部分碳转化为 CO_2 释放入大气,另一部分则构成生物的机体或在机体内储存。动植物死后,残

图13-9　碳循环

体中的碳通过微生物的分解作用也成为CO_2而最终排入大气。大气中的CO_2就是如此循环。

动植物残体中一部分在被分解之前会被沉积物所掩埋而变成为有机沉积物。这些沉积物在热能和压力作用下经过几亿年后变成矿物燃料,如煤、石油和天然气等。当它们在风化过程中或作为燃料燃烧时,其中的碳氧化为CO_2排入大气。

生物体死亡以及其他各种含碳物质又不停地以沉积物的形式(如化石等)返回地壳中,对于沉积岩中的碳因自然和人为的各种化学作用分解后进入大气和海洋,由此构成了全球碳循环的一部分。总之,碳循环是以CO_2为中心,是以CO_2的固定和CO_2的再生为主的物质循环。

2)微生物在碳循环中的作用

光合作用是生态系统能量和有机物质的重要来源。生产者利用光能来将CO_2固定在有机物质中。光合产物沿着食物链传递,每经过一个营养级,能量损失90%,即上一营养级只有10%的能量传递给下一营养级。若直接传递给分解者,一次利用就可消耗掉全部能量。微生物对含碳有机物的分解是通过一系列生化反应,最终将含碳有机物分解成小分子有机物、无机物和CO_2的过程。生物分解可分为好氧分解和厌氧分解。好氧分解是在有氧的条件下,借好氧细菌(包括好氧菌和兼性菌)作用进行。厌氧分解是在无氧条件下,借厌氧菌(也包括兼性菌)作用进行的。在碳循环中,微生物承担着90%的任务,若没有分解者,大气中的CO_2会很快消耗尽。

3)有机物的分解

(1)有机物的好氧分解

在有氧条件下,微生物利用氧作为电子受体,通过呼吸作用分解有机质,形成最高氧化状态的产物CO_2,其好氧分解途径如图13-10所示。

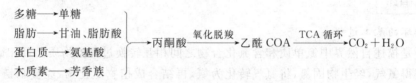

图13-10 有机物好氧分解途径

(2)有机物的厌氧分解

在无氧环境下,微生物以含氧化合物(硝酸盐、硫酸盐等)为电子受体,通过厌氧呼吸分解有机质,形成CO_2,或把代谢中间产物丙酮酸作为电子受体,通过发酵分解有机质,形成CO_2和CH_4,有机物厌氧分解的途径如图13-11所示。

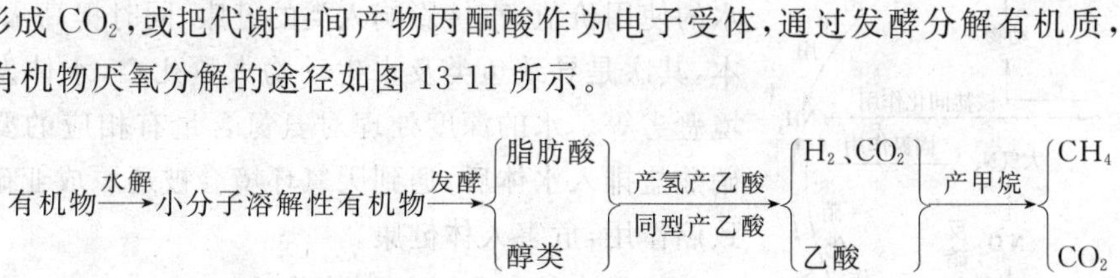

图13-11 有机物厌氧分解途径

(3)纤维素的分解

纤维素属于碳水化合物,主要来自食品、造纸、纺织、棉纺印染废水等。纤维素在细菌胞外酶的作用下水解成可溶性的简单物质如葡萄糖,再被微生物吸收分解掉,这里的微生物可以是分解纤维素的细菌,也可以是别的微生物。在有充分氧气条件下,葡萄糖就彻底氧化为二氧化碳和水;在缺氧条件下,葡萄糖就在厌氧菌作用下产生多种有机酸、醇类和甲烷等物质。大部分微生物都能分解葡萄糖,只有一些特殊微生物能分解纤维素,半纤维素存在于植物的细胞壁中,由聚戊糖、聚己糖和聚糖醛酸构成。能分解纤维素的微生物大多数能分解半纤维素,半纤维素在多种酶作用下水解成单糖和糖醛酸,单糖和糖醛酸在好氧条件下彻底分解,在厌氧条件下生成发酵产物,如 CO_2 和甲烷等。

(4) 淀粉的分解

淀粉在生活中很常见,在污水中一般来源于淀粉厂、纺织工业、酒厂、印染等工业废水。淀粉是植物的重要储能物质,可分为直链淀粉和支链淀粉,通过胞外淀粉酶水解,其过程为:淀粉→糊精→麦芽糖→葡萄糖。参与的微生物有曲霉、根霉等。对于葡萄糖的分解,也可由另一些细菌来完成。

(5) 脂肪的分解

脂肪由碳、氢、氧构成,洗毛、肉类加工厂等工业废水和生活污水中都含有油脂。脂肪先被水解为甘油和脂肪酸,甘油和脂肪酸在有氧环境中被彻底分解成水和 CO_2 或用于合成微生物的细胞物质;在厌氧条件下,脂肪酸被分解为简单的酸。参与分解的微生物有荧光杆菌、灵杆菌、绿脓杆菌、青霉、曲霉、乳霉等。

典型例题解析

【例 13-16】 能利用无机碳和光能进行生长的微生物,其营养类型属于:
A. 光能自养　　　　B. 光能异养
C. 化能自养　　　　D. 化能异养

解 选 A。

13.4.2 氮循环

1) 氮循环的基本过程

氮循环是描述自然界中氮单质和含氮化合物之间相互转换过程的物质循环。固氮微生物从空气中获得氮气,经生物固氮,将氮气转化为氨,再结合成植物氮化物,经食物链传递,成为动物氮化物。动植物死亡后,残体中的氮化物被微生物分解成氨,氨又会被硝化类细菌氧化为硝酸盐。硝酸盐则被反硝化微生物还原成氮气返回到大气中,如图 13-12 所示。

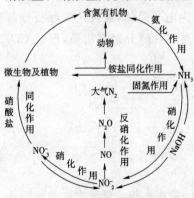

图 13-12　氮循环

水体中氮素过多会导致富营养化。破坏水资源,降低水的使用价值,直接影响人类的健康,同时提高水处理的成本,其次是导致鱼类及水生动物大量死亡,水体发臭,水环境恶劣等。水的深度处理对氨氮含量有相应的要求,因为硝酸盐排入水体后,遇到厌氧环境会被还原成亚硝酸盐,有致癌作用,危害人体健康。

2) 微生物在氮循环中的作用

微生物参与着氮循环过程,并起着重要作用。

(1) 固氮作用

分子态氮被还原成氨和其他氮化物的过程称为固氮作用。自然界氮的固定有两种方式:一是非生物固氮,即通过闪电、高温放电等方式固氮,这样形成的氮化物很少;二是生物固氮,即通过微生物的转化作用固氮。大气中的氮气固定主要是靠微生物的固氮作用。

生物固氮是指将氮气还原为 NH_3 的过程：

$$N_2 + 6e^- + 6H^+ \xrightarrow[\text{固氮酶}]{ATP} 2NH_3 + APP + P_i$$

在生物固氮过程中,必须有固氮酶且在无氧环境下。还原 1 分子 N_2 需要 6 个电子及质子,且需要大量能量。在固氮过程中,产生的 NH_3 需及时排除,否则将对固氮酶产生反馈阻遏作用。

生物固氮是固氮微生物的一种特殊的生理功能,有细菌、放线菌和蓝细菌（即蓝藻),它们的细胞内都具有固氮酶,而固氮酶必须在厌氧条件下才能催化反应。根据固氮微生物与高等植物的关系,可分为自生固氮菌（独立生活时就可以固氮）、共生固氮菌（只有与高等植物共生时才能固氮）以及联合固氮菌（介于前两者之间的类型)。

① 自生固氮。自生固氮菌是生活在土壤或水域中,以分子态氮为氮素营养,将其还原为 NH_3,再合成氨基酸、蛋白质。包括好氧性细菌,如固氮菌属、固氮螺菌属等;兼性厌氧菌,如克雷伯氏菌属;厌氧菌,如梭状芽孢杆菌属的一些种;还有光合细菌,如红螺菌属、绿菌属以及蓝细菌等。

② 共生固氮。固氮产物氨可直接为共生体提供氮源。共生固氮效率比自生固氮体系高数十倍。主要有根瘤菌属的细菌与豆科植物共生形成的根瘤共生体,某些蓝细菌与植物共生形成的共生体,如念珠藻或鱼腥藻与裸子植物苏铁共生形成苏铁共生体,红萍与鱼腥藻形成的红萍共生体等。

③ 联合固氮。固氮菌生活在某些植物根的黏质鞘套内或皮层细胞间,不形成根瘤,但有较强的专一性,如雀稗固氮菌与点状雀稗联合,生活在水稻、甘蔗及许多热带牧草的根际的微生物,由于与这些植物根系联合,因而都有很强的固氮作用。

(2) 氨化作用

将氨合成细胞物质的过程称为氨的同化（生物固定)。

微生物同化氨的途径主要是氨与 α-酮戊二酸合成谷氨酸及氨与谷氨酸结合生成谷氨酰胺。

有机态氮转化为氨的生化反应称为氨化作用（矿化作用)。产生的氨,一部分供微生物或植物同化,一部分被转变成硝酸盐。很多细菌、真菌和放线菌都能分泌蛋白酶,在细胞外将蛋白质分解为多肽、氨基酸和氨,其中分解能力强并释放出氨的微生物称为氨化微生物。氨化微生物广泛分布于自然界,在有氧或无氧条件下,均有不同的微生物分解蛋白质和各种含氮有机物。

细菌中氨化作用较强的有假单胞菌属、芽孢杆菌属、梭菌属、沙雷氏菌属及微球菌属中的一些种。真菌中分解有机含氮化合物能力强的有毛霉属、根霉属、曲霉属、青霉属及交链孢霉等属中的许多种。有不少放线菌能参与较难分解的有机含氮化合物的分解。一般来说,在土壤施肥过程中,施用 C/N<20 的有机肥时,矿化作用（氨化作用）强于生物固定（氨的同化),可释放部分 NH_3-N;施用 C/H>20 的有机肥时,生物固定强于矿化作用,对植物生长不利。

(3) 硝化作用

氨在有氧条件下,经硝化细菌作用先氧化成亚硝酸再氧化成硝酸,这种氨氧化成硝酸的过程为硝化作用。由两种细菌分工进行:亚硝酸菌氧化氨为亚硝酸,硝酸细菌氧化亚硝酸为硝酸。

$$2NH_3 + 3O_2 \longrightarrow 2HNO_2 + 2H_2O \tag{13-5}$$
$$\Delta G_0' = -260.2 \text{kJ/mol } NH_4^+$$

$$2HNO_2 + O_2 \longrightarrow 2HNO_3 \qquad (13-6)$$
$$\Delta G'_0 = -75.8 \text{kJ/mol } NO_2^-$$

亚硝酸细菌主要是亚硝化单胞菌属、亚硝化叶菌属、亚硝化球菌属和亚硝化螺菌属中的一些种类。硝酸盐细菌主要有硝化杆菌属、硝化螺菌属和硝化球菌属中的一些种类。参与硝化作用的细菌都是革兰氏阴性无芽孢杆菌,高度好氧,专性化能自养。

硝化作用对氧的需要量很大,这一点对污水处理很重要。若污水中的 BOD 较高,且含较多的含氮物质,其处理过程就需要大量的氧气。这类污水在处理开始阶段耗氧量少,后来逐渐增加,到达饱和点后可能为了除铵盐还要增加氧量。有时充氧不足,但耗氧量大,会采用投加硝酸盐,使一部分活性污泥微生物利用硝酸盐中的结合态氧,以弥补供氧的不足,起到一定的缓冲作用,来净化污水。

(4) 反硝化作用

硝酸盐在厌氧条件下被反硝化细菌还原成亚硝酸盐和氮气等,该过程叫反硝化。反硝化细菌多数为异养厌氧菌,反硝化过程中需要消耗有机物,即有机物作供氢体。

自养的反硝化细菌能利用硝酸盐中的氧,把硫氧化成硫酸,以取得能量来同化二氧化碳,如脱氮硫杆菌。异养反硝化细菌是利用硝酸盐中的氧来氧化有机物。该类细菌有好氧的如铜绿假单胞菌等,兼性厌氧的如地衣芽孢杆菌等。在天然水体中,由于水表层溶解氧较多,在该水层只会发生硝化作用。在水底部,由于缺氧而发生反硝化作用。

典型例题解析

【例 13-17】 (2008)在污染严重的水体中,常由于缺氧或厌氧导致微生物在氮素循环过程中的哪种过程受到遏制?

    A. 固氮作用 B. 硝化作用 C. 反硝化作用 D. 氨化作用

解 硝化作用是在有氧条件下进行的。选 B。

13.4.3 硫循环

1) 硫循环的基本过程

自然界中的硫循环基本过程是:陆地和海洋中的硫元素通过生物分解和火山爆发等进入大气,大气中的硫元素随降雨回到陆地和海洋;地表径流带着硫元素进入河流,汇入大海,沉积于海底。在人类开发利用含硫矿物燃料的过程中,硫元素被氧化成二氧化硫或被还原成硫化氢进入大气,也可随酸性雨水进入水体或土壤,如图 13-13 所示。

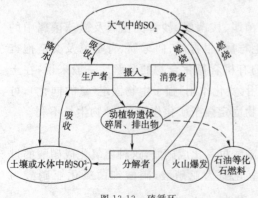

图 13-13 硫循环

硫是生物必需的大量营养元素之一。硫和硫化氢经微生物氧化形成硫酸盐,被植物或微生物吸收同化并组成其本身,经食物链传递给动物。当动植物死后,其残体被微生物分解,以硫化氢和硫的形式返回自然界。在水生环境中,以硫酸盐开始,被植物、藻类吸收后转化为含硫有机化合物。含硫有机化合物在厌氧条件下分解,产生硫化氢,硫化氢被硫细菌氧化为硫,并进一步氧化为硫酸盐。

人类活动干预自然界的硫循环,化石燃料大量燃烧,释放很多二氧化硫。在空气中最终会形成酸雨,腐蚀建筑和金属等。硫化氢带有臭鸡蛋气味,在水体中对混凝土和金属管渠有侵蚀破坏作用,其原因是管渠底部污泥厌氧环境产生了硫化氢,硫化氢挥发,溶于管顶部的液滴中,在有氧条件下被氧化成硫酸,腐蚀管道。学习后文的硫化与反硫化作用,将会有更深刻的理解。

2)微生物在硫循环中的作用

(1)脱硫作用

动植物和微生物残体中的有机硫化物,被微生物分解而释放出硫化氢的过程叫脱硫作用。在有氧环境中,硫化氢可以继续被氧化成硫酸盐,供植物和微生物利用;在厌氧环境中,蛋白质腐解产生硫化氢和硫醇,逸入大气,产生恶臭。一般能分解有机氮化物的微生物都能分解含硫蛋白质。环境中存在的含硫物质主要是含硫氨基酸,如半胱氨酸、谷氨酸和胱氨酸等。此外,动物排泄物也含有少量硫化物,被分解时会释放硫化氢。

(2)硫化作用

将硫化氢、单质硫或硫化亚铁等氧化成硫酸的生物过程,称为硫化作用。自然界氧化无机硫化物的微生物主要是硫细菌,可分为三类。

① 硫黄细菌。氧化硫化氢为硫,储存在菌体内,当环境中全是硫化氢时,储存的硫粒能被氧化成 SO_4^{2-}。主要有贝日阿托式菌和发硫菌,它们都是丝状菌,还有辫硫菌、亮发菌、球衣菌、透明颤菌等。丝状硫细菌在污水处理中常见,与活性污泥丝状膨胀有密切关系。

② 无色氧化硫细菌。该类细菌为专性或兼性化能自养型细菌,革兰氏阴性,无芽孢,均能氧化硫化氢。主要有氧化硫硫杆菌、氧化亚铁硫杆菌、脱氮硫杆菌和喜酸硫杆菌等。

③ 有色氧化硫细菌。这类细菌体内含有特殊的菌绿素和类胡萝卜素,从光中获取能量进行光合作用,分自养型和异养型两类。光能自养型氧化硫细菌以硫化物为电子供体,以 CO_2 为碳源,主要有着色菌属和绿菌属等,大都是厌氧菌。光能异养氧化硫细菌以简单有机酸类和醇类作为电子供体,以光为能源,包括红螺菌、红假单胞菌和绿丝菌等,它们进行光照厌氧或黑暗好氧呼吸。

(3)反硫化作用

微生物利用硫酸盐作为电子受体而还原成硫化氢的生物过程称为反硫化作用。参与反硫化作用的细菌叫硫酸盐还原菌(反硫化细菌),常见的有去硫弧菌。反硫化细菌在缺氧、有机物存在的条件下,进行反硫化作用。这类细菌呈革兰氏阴性,无芽孢。不同的去硫弧菌以乳酸盐、丙酮酸盐或苹果酸盐为基质,还原硫酸盐的反应不完全相同。

典型例题解析

【例 13-18】 (2014)下列有关硫循环的描述,错误的是:

A. 自然界中的硫有三态:单质硫、无机硫和有机硫化合物

B. 在好氧条件下,会发生反硫化作用

C. 参与硫化作用的微生物是硫化细菌和硫黄细菌

D. 在一定环境条件下,含硫有机物被微生物分解可产生硫化氢

解 在好氧条件下,发生硫化作用;氧气不足时,发生反硫化作用。选 B。

13.4.4 磷循环

1) 磷循环的基本过程

岩石和土壤中的磷酸盐由于风化和淋溶作用进入河流、土壤,植物可以直接从土壤或水中吸收可溶性磷酸盐,合成自身原生质,然后通过植食动物、肉食动物在食物链中传递,并借助于排泄物和动植物残体再分解成无机离子形式,又重新回到环境中,再被植物吸收。磷是有机体不可缺少的元素,生物的细胞内发生的一切生物化学反应中的能量转移都是通过高能磷酸键在 ADP 和 ATP 之间的可逆转化实现的,磷还是构成核酸的重要元素。磷在生物圈中的循环过程不同碳和氮,属于典型的沉积型循环。生态系统中的磷的来源是磷酸盐岩石和沉积物以及鸟粪层和动物化石。这些磷酸盐矿床经过天然侵蚀或人工开采,磷酸盐进入水体和土壤,供植物吸收利用,然后进入食物链。经短期循环后,这些磷的大部分随水流失到海洋的沉积层中。因此,在生物圈内,磷的大部分只是单向流动,形不成循环。磷酸盐资源也因而成为一种不能再生的资源。

2) 微生物在磷循环中的作用

(1) 有机磷的矿化作用

有机磷的矿化是随着有机物降解过程发生的,不具有专一性,一切能降解有机物的异养细菌都可以进行这一作用,包括细菌、真菌和放线菌。在农业生产上常用的菌种如解磷巨大芽孢杆菌等,促进有机物中磷素的释放,以磷酸盐的形式供作物利用。矿化有机磷的影响因素:含碳有机物的可降解程度,是否有合适氮源供应,微生物降解有机物的能力,pH 值和温度条件。例如在富营养化的湖泊中,当水温不适于藻类的生长时,藻类停止生长,并逐渐死亡。若 pH 值和温度适宜,湖泊中的微生物就能利用死亡的藻类作为碳源进行降解,同时释放无机氮素和磷化物。

(2) 不溶性磷酸盐的有效化

生活于沉积物中的自养细菌,在磷的有效化中起着重要作用。例如,硝化细菌产生的硝酸和硫化细菌产生的硫酸能溶解磷酸钙,生产可溶性的磷酸氢钙,不溶性磷酸盐的有效化就是这样进行的。能促进磷溶解的细菌有无色杆菌和胶质芽孢杆菌等。除了产酸细菌外,土壤中微生物和植物根系分泌的 CO_2 和有机酸类也可以使不溶性的磷酸钙溶解。

(3) 磷的同化作用

微生物从环境中吸收可溶性磷酸盐,并将其转化为有机磷化物。例如,细胞内的磷酸盐可与 ADP 反应产生 ATP。磷的同化作用受到很多因素的影响,如温度、光照、有机碳源、氮源等。由于磷酸很容易与其他盐类生成不溶性的磷酸盐,在许多天然环境中都缺乏可以为生物直接利用的磷素。在这种地区,可以释放磷肥以满足作物需要。

磷是水体富营养化的限制因子,可溶性磷酸盐的过量排入,可以引起藻类过度繁殖造成水体污染,水质严重恶化。因此,在污水深度处理中要进行脱氮除磷。有明显除磷能力的细菌统称为除磷菌(或聚磷菌),它能在厌氧环境中释放磷,在好氧环境中过量地吸收磷。除磷过程是先在厌氧条件下,聚磷菌分解聚磷酸盐,释放磷酸,产生 ATP,并利用 ATP 将污水中的脂肪等有机物摄入细胞以 PHB(聚-β 羟基丁酸盐)及糖原等形式存于细胞内。再进入好氧环境,PHB 分解释放能量,用于过量地吸收环境中的磷,合成聚磷酸盐存于细胞,沉淀后随污泥排走。

典型例题解析

【例 13-19】 与生物体内的能量转化密切相关的元素是：
A. C   B. N   C. S   D. P

解 磷存在于一些核苷酸结构中，ATP（即三磷腺苷）与生物体内的能量转化密切相关。选 D。

经典练习

13-18 （2008）利用微生物处理固体废弃物时，微生物都需要一定的电子受体才能进行代谢，下列不属于呼吸过程中电子受体的是（　　）。
A. NO_3^- B. SO_4^{2-} C. O_2 D. NH_4^+

13-19 生物除磷是利用聚磷菌在厌氧条件下和好氧条件下所发生的作用，最终通过排泥去除，这两个作用分别是（　　）。
A. 放磷和吸磷   B. 吸磷和放磷
C. 都是吸磷   D. 都是放磷

13-20 反硝化细菌的最终产物是（　　）。
A. 硝酸   B. 亚硝酸   C. 氮气   D. 氨气

13-21 在自然界碳素循环中，微生物主要参与（　　）。
A. 有机物的分解   B. 有机物的合成
C. 有机物的储存   D. 有机物的迁移

13.5 污染物质的生物处理

考试大纲：好氧活性污泥　好氧生物膜　厌氧消化　原生动物及微型后生动物在污水生物处理过程中的作用

必备基础知识

13.5.1 好氧活性污泥

好氧生物处理法，是在有氧气的条件下，利用好氧和兼性微生物的好氧呼吸作用，将废水中有机物分解为水和二氧化碳等。好氧生物处理工艺有好氧活性污泥法和生物膜法。好氧活性污泥法处理工艺很多，常见的有推流式活性污泥法、渐减曝气法、阶段曝气法、延时曝气法、吸附再生活性污泥法、完全混合式活性污泥法、深井曝气法等。

1）好氧活性污泥的组成、菌种以及运行中易出现的问题

好养活性污泥法是以污水中的有机污染物为培养基，在有氧条件下培养出充满各种微生物的活性污泥。活性污泥系统具有混合培养的，主要起氧化有机物作用的细菌和其他较高级的水生微生物，通过吸附、氧化、分解、沉淀等过程去除废水中的有机污染物。活性污泥含水率高达99%，密度与水接近，颗粒大小为0.02~0.2mm，比表面积为20~100cm²/mL，能自我增殖，正常运行的污泥具有良好的沉淀性能。

好氧活性污泥的主体是菌胶团，菌胶团上生长着酵母菌、霉菌、放线菌、藻类、原生动物等。活性污泥的实质即在合适的DO、pH、温度、营养条件下，由具有絮凝作用的细菌为中心，与其他微生物集居所组成的生态系统。

好氧活性污泥中的微生物浓度用MLSS（混合液悬浮固体浓度）表示，也即1L活性污泥中所含有的干固体的量，一般城市生活污水中，MLSS为2000～3000mg/L，好氧活性污泥中的细菌个数为10^7～10^8个/mL。

在传统活性污泥法过程中，曝气池里细菌多为异养菌，在二沉池的污泥部分主要是原生动物，且沉淀性能良好。完全混合曝气池内在空间上微生物种类没有什么差别。随着时间推移，污泥初步成熟，混合液中微生物种类由肉足类、鞭毛类优势动物开始，依次出现游泳型、爬行型、附着型纤毛虫。活性污泥中微生物主要有假单胞菌、无色杆菌、黄杆菌、硝化细菌、贝日阿托式菌、发硫菌等，还有钟虫、等枝虫、草履虫等原生动物以及轮虫等后生动物。

活性污泥法运行中常见的故障是二沉池中泥水的分离，即污泥沉降问题：①活性污泥不凝聚；②含微小絮体③起泡沫；④丝状菌引起的污泥膨胀：在活性污泥法运行过程中，有时会出现污泥结构松散，沉降性能不好，甚至溢出池外的现象，称为污泥膨胀。正常情况下絮体沉降性能好，丝状菌和絮体保持平衡，出水水质良好。如果丝状菌大量增殖，就会出现污泥膨胀。可采取一定方法来有效控制，如：控制污泥负荷[0.2～0.45kg/(kg·d)]，控制营养比例（BOD_5：N：P＝100：5：1），控制DO浓度，加氯、臭氧或过氧化氢，投加混凝剂（可增加絮体改善沉淀效果）；⑤非丝状菌引起的污泥膨胀，这种情况是由于细菌产生了过多菌胶团基质造成的。

2）菌胶团的作用

许多细菌的荚膜物质黏集成团块，内含很多细菌，称其为菌胶团。菌胶团是污水处理中细菌的主要存在形式，是活性污泥的结构和功能的中心。在废水处理中有重要意义：有较强的吸附和氧化有机物的能力；菌胶团为原生动物和微型后生动物提供了良好的生存环境；为原生动物和微型后生动物提供了附着的场所。菌胶团具有指示作用：新生胶团颜色较浅，甚至无色透明，但有旺盛的生命力，氧化分解有机物的能力强；老化了的菌胶团，由于吸附了许多杂质，颜色较深，看不到细菌单体，而像一团烂泥似的，生命力较差。

典型例题解析

【例13-20】 活性污泥的主体是：

    A.有机物 B.菌胶团 C.无机物 D.后生动物

解 菌胶团是活性污泥的结构和功能的中心。选B。

13.5.2　好氧生物膜

含有营养物质和接种微生物的污水在填料的表面流动一定时间后，微生物会附着在填料表面而增殖和生长，形成一层薄的生物膜，在该生物膜上由细菌及其他各种微生物组成生态系统，其对有机物有降解功能。用生物膜法处理废水的构筑物有生物滤池、生物转盘、生物流化床和生物接触氧化等。

1）好氧生物膜的结构

如图13-14所示，左侧为滤料，右侧为生物膜。生物膜附着在滤料表面，外部空气中的氧进入废水传递给生物膜上的微生物，再往里层，氧浓度更低，在靠近滤料表面处可能是厌氧层，上面富集着厌氧微生物。不同的膜层，微生物所得到的营养物质不同，致使微生物种类和数量的不同。最外层营养物质浓度高,生长的全都是细菌,少数鞭毛虫。生物膜中间层上微生物的种类比外层稍多,营养比外层低。内层有机物浓度很低,微生物种类更多,但数量少,有不少以钟虫为主的纤毛虫,也有轮虫等。

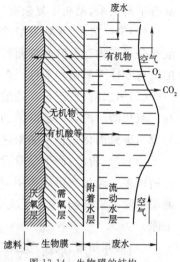

图 13-14 生物膜的结构

附着水层中的有机物被生物膜吸收、氧化分解时,附着水层中的有机物浓度会降低。流动水层中的高浓度有机物会不断转移到附着水层,并被生物膜上的微生物降解。氧气也是如此途径,从空气中进入流动水层,再进入附着水层,被好氧微生物利用。产生的二氧化碳等则是沿着相反的途径,最后进入空气中。

随着有机物的降解,生物膜厚度不断增加,氧气不能透入的内部深处将转变为厌氧状态。成熟的生物膜一般都由厌氧层膜和好氧层膜组成。厌氧层代谢的气体产物导致厌氧膜与好氧膜之间的平衡被破坏。气体产物不断地逸出,减弱了生物膜在填料上的附着能力。最后导致生物膜老化、脱落,开始新的生物膜形成。

2) 生物膜上的微生物

生物膜上生长着一个复杂的生物群体。丝状菌也可以大量生长,但无污泥膨胀之虞;线虫类、轮虫类等微型动物出现的频率较高;藻类甚至昆虫类也会出现;生物膜上的生物,类型广泛、种属繁多、食物链长且复杂。

在生物膜中存在好氧、兼性厌氧和厌氧的环境,在好氧层中以专性好氧的芽孢杆菌属占优势;在厌氧层,有专性厌氧的反硫化弧菌属。生物膜中数量最多的是兼性厌氧菌,主要有假单胞杆菌、黄杆菌、无色杆菌、微球菌等。常见的丝状菌有球衣细菌、贝氏硫细菌等。原生动物常见的有钟虫、草履虫和等枝虫等,当水质和环境发生变化时,原生动物的优势种群也会有所变化。微型后生动物有轮虫类、线虫类、寡毛类等,还有些小型动物如昆虫幼虫、灰蝇等。

典型例题解析

【例 13-21】 (2014)下列有关好氧活性污泥和生物膜的描述,正确的是:
A. 好氧活性污泥和生物膜的微生物组成完全不同
B. 好氧活性污泥和生物膜在构筑物内的存在状态不一样
C. 好氧活性污泥和生物膜所处理的污水性质不能一样
D. 好氧活性污泥和生物膜都会发生丝状膨胀现象

解 根据微生物在构筑物中处于悬浮状态或固着状态,分为活性污泥法和生物膜法,二者在构筑物内的存在状态不一样。选 B。

13.5.3 厌氧消化

1) 厌氧消化过程

厌氧消化(厌氧生物处理)是在无氧条件下,借厌氧微生物来处理废水的过程。厌氧反应器有接触消化池、厌氧生物滤池、厌氧流化床和升流式厌氧污泥床(UASB)等。厌氧消化有四阶段理论,揭示了厌氧发酵(消化)过程中不同代谢菌群之间相互功能、相互影响、相互制约的动态平衡关系,阐明了复杂有机物厌氧消化的微生物过程。

(1)第一阶段:水解发酵阶段。水解性细菌将大分子有机物(淀粉、蛋白质和脂肪等)水解成小分子产物。发酵性细菌将水解性细菌的水解产物发酵生成有机酸、醇等。水解和发酵性细菌有专性厌氧菌和兼性厌氧菌。

(2)第二阶段:产氢产乙酸阶段。产氢和产乙酸细菌将第一阶段的产物转化成乙酸、氢气和二氧化碳。产氢产乙酸菌的倍增时间为2~6天,比产甲烷菌慢得多,因此产氢产乙酸反应易成为厌氧消化过程中的限速阶段。

(3)第三阶段:产甲烷阶段。甲烷细菌利用氢气和二氧化碳或只用乙酸来生成甲烷,后者占的较多。经过产甲烷作用,各种基质上脱下的氢被汇入甲烷中,不仅为发酵细菌和产氢产乙酸菌解除了氢抑制,保证了反应的顺利进行,还通过对甲烷的分离实现了对有机污染物的彻底去除。

(4)第四阶段:同型产乙酸阶段。同型产乙酸细菌利用氢气和二氧化碳来合成乙酸。

2)厌氧消化的条件

(1)温度。代谢速度在35~38℃有一个高峰,中温性厌氧消化微生物在该温度下最适生长,叫中温发酵;53~54℃有另一高峰,在此温度下高温性厌氧消化微生物最适生长,叫高温发酵。一般厌氧发酵常控制在这两个温度内,以获得尽可能高的降解速度。低于20℃的称为常温发酵。

(2)pH值。厌氧消化微生物中,产甲烷菌对pH值敏感,pH值低于6.4或高于7.8,产甲烷菌就会受到抑制。最适pH值约在6.8~7.2之间。

(3)营养比。厌氧消化BOD_5:N:P控制在200:5:1,添加少量的K、Na、Mg、Zn、P等元素,有助于提高产气率。

(4)抑制物。重金属离子、S^{2-}等阴离子使酶发生变性、沉淀或有毒害作用,对甲烷消化产生抑制。

(5)厌氧环境。厌氧消化微生物对氧敏感,反应器内应保持厌氧环境。厌氧生物处理装置必需密封好,防止空气进入。通常高温厌氧发酵的氧化还原电势为-560~-600mV,中温发酵为-300~-350mV。

3)厌氧消化的特点及参与处理的微生物

(1)厌氧消化的特点:①资源化效果好,可以将潜在于废弃有机物中的生物能转化为可以直接利用的沼气;②与好氧处理相比,厌氧消化不需要通风动力,设施简单,运行成本低;③产物要再利用,经厌氧消化处理后的废物基本得到稳定,可以用于农肥、饲料或堆肥原料;④厌氧微生物对某些难降解和有毒有机物具有独特的转化降解能力,如氯仿、硝基苯类和氯代芳烃等;⑤厌氧消化过程中会产生H_2S等恶臭气体。其缺点主要是反应器起动时间长,对污水负荷、有毒物质及温度要求较高,对高浓度有机废水不能处理至达标。

对于高浓度有机污水,往往先采用厌氧生物处理,将有机污染降至一定浓度后,再采用好氧法处理至达标排放。

(2)参与消化处理的微生物。发酵细菌有梭菌属、杆菌属、乳杆菌属等,产氢产乙酸细菌有脱硫弧菌、沃尔夫互营单胞菌等,同型产乙酸菌有乙酸梭菌、甲酸乙酸化梭菌、乌氏梭菌伍迪乙酸杆菌等,产甲烷菌有产甲烷杆菌、甲烷短杆菌、甲烷球菌、甲烷微球菌等。除此之外,还有一些厌氧的原生动物。厌氧活性污泥颜色为灰色或黑色,颗粒直径在0.5mm以上。

典型例题解析

【例 13-22】（2007）厌氧产酸段将大分子有机物转化成有机酸的微生物类群为：
　　A. 发酵细菌群　　　　　　B. 产氢产乙酸细菌群
　　C. 同型产乙酸细菌群　　　D. 产甲烷细菌

解　在水解发酵阶段，水解性细菌将大分子有机物（淀粉、蛋白质和脂肪等）水解成小分子产物，发酵性细菌将水解性细菌的水解产物发酵生成有机酸、醇等。选 A。

13.5.4　原生动物及微型后生动物在污水生物处理过程中的作用

1）净化作用

动物性营养型原生动物（如鞭毛虫、纤毛虫等）和微型后生动物能直接利用水中的溶解性有机物质，对水中有机物的净化起一定作用；这些原生动物是以吞食细菌为主的，但它们的吞食量并不影响整体的净化效果。整体来说，它们对出水水质有较好的改善。

2）促进絮凝和沉淀作用

活性污泥絮凝沉淀得好，则出水水质也较好。小口钟虫、尾草履虫等纤毛虫能分泌一些促进絮凝的黏性物质，与细菌凝聚在一起，促进絮凝作用。

3）指示作用

由于不同种类的原生动物和微型后生动物对环境条件的要求不同，对环境变化的敏感程度不同，所以由它们的种群生长情况来判断生物处理运作情况及污水净化效果。

(1) 可以根据原生动物和微型后生动物的类群更替，判断水处理程度。运行初期以鞭毛虫和肉足虫为主，中期以动物性鞭毛虫和游泳型纤毛虫为主，后期以固着型纤毛虫为主。

(2) 可以根据原生动物的种类，判断水处理的好坏。若固着型纤毛虫减少，游泳型纤毛虫突然增加，表明处理效果将变坏。

(3) 可以根据原生动物形态变化，判断进水水质变化及运行中的问题。纤毛虫在环境适宜时，用裂殖方式进行繁殖；当食物不足，或溶解氧、温度、pH 值不适宜等情况时，就会变为接合繁殖，甚至形成孢囊以保卫其身体。

典型例题解析

【例 13-23】（2007）原生动物在污水生物处理中不具备下列哪项作用？
　　A. 指示生物　　　　　　B. 吞噬游离细菌
　　C. 增加溶解氧含量　　　D. 去除部分有机污染物

解　原生生物在污水生物处理中具有指示生物、净化和促进絮凝和沉淀作用。选 C。

经 典 练 习

13-22　（2007）水体自净过程中，水质转好的标志是（　　）。
　　A. COD 升高　　　　　　B. 细菌总数升高
　　C. 溶解氧降低　　　　　D. 轮虫出现

13-23　（2008）在活性污泥法污水处理中，可以根据污泥中微生物的种属判断处理水质的优劣，当污泥中出现较多轮虫时，一般表明水质（　　）。

A. 有机质较高,水质较差   B. 有机质较低,水质较差
C. 有机质较低,水质较好   D. 有机质较高,水质较好

13-24 (2010)在污水生物处理系统中,鞭毛虫大量出现的事情为( )。
     A. 活性污泥培养初期或在处理效果较差时
     B. 活性污泥培养中期或在处理效果较差时
     C. 活性污泥培养后期或在处理效果较差时
     D. 活性污泥内源呼吸期,生物处理效果较好时

13-25 好氧生物处理工艺可分为( )。
     A. 活性污泥法和延时曝气法   B. 曝气池法和二次沉淀法
     C. 活性污泥法和生物膜法   D. 延时曝气法和生物膜法

13-26 好氧活性污泥中,与污泥活性关系密切的微生物类群是( )。
     A. 放线菌类   B. 轮虫类   C. 菌胶团细菌   D. 藻类

参考答案及提示

13-1   A   微生物分属病毒界、原核动物界、原生生物界、真菌界。

13-2   B   核糖体主要由 RNA 和蛋白质构成。

13-3   D   在污水生物处理中常见的有鞭毛纲、肉足纲和纤毛纲。

13-4   D   同题 13-3。

13-5   A   考查细菌细胞结构的生理功能。

13-6   C   考查细菌细胞的基本结构。

13-7   D   考查革兰氏染色的原理。

13-8   C   酶活性中心包括结合部位和催化部位,结合部位的作用是识别并结合底物分子,催化部位的作用是打开和形成化学键。选项 A、B 错误。D 显然不对,和底物无关。通过肽链的盘绕,折叠在空间构象上相互靠近,维持空间构型的就是多肽链。

13-9   D $1.0\times 10^2 \times 2^n = 1.0\times 10^9, 2^n = 10^7, n = 23.25$

13-10   C   糖酵解(发酵)途径是 2,有氧呼吸是 32。

13-11   D $X = X_0 e^{\mu t}, \mu = \dfrac{\ln X - \ln X_0}{t} = \dfrac{\ln 10^{11} - \ln 10^4}{450 - 50} = 0.0403 \approx \dfrac{1}{23}$

13-12   B   蛋白质可在水解酶的作用下发生水解反应,形成小分子肽。

13-13   B   考查硝酸盐细菌的营养类型。

13-14   D   考查酶催化的专一性。

13-15   B   接种污泥中的微生物有个驯化过程,即停滞期,如果接种污泥中群体菌龄处于对数期,会缩短细菌的停滞期。

13-16   B   空气不是微生物生长繁殖的良好场所,因为空气中有紫外辐射(能杀菌),也不具备微生物生长所必需的营养物质,微生物在空气中只是暂时停留。

13-17   C   基础知识。

13-18   D   电子受体:O_2、NO_3^-、NO_2^-、NO^-、SO_4^{2-}、S^{2-}、CO_3^{2-} 等;电子供体:H_2、S、Fe^{2+}、NH_4^+、NO_2^-、G 及其他有机质等。

13-19   A   考查生物除磷。

13-20   C   反硝化细菌在厌氧条件下将硝酸盐还原成亚硝酸盐和氮气等(氮气是最终产物)。

13-21　A　考查微生物在碳循环中的作用。
13-22　D　当轮虫在水中大量繁殖时,对水体可以起净化作用,使水质变得澄清。
13-23　D　活性污泥实际上就是很多种类的微生物构成的。当污水水质变好有利于它的生长时,它们就会大量繁殖。
13-24　A　当活性污泥达到成熟期时,其原生动物发展到一定数量后,出水水质得到明显改善。新运行的曝气池或运行不好的曝气池,池中主要含鞭毛类原生动物和根足虫类,只有少量纤毛虫。相反,出水水质好的曝气池混合液中,主要含纤毛虫,只有少量鞭毛型原生动物。
13-25　C　好氧生物处理法有活性污泥法和生物膜法两大类。
13-26　C　好氧活性污泥中有活性的微生物主要由细菌、真菌组成,通常以菌胶团的形式存在,菌胶团是由细菌分泌的多糖类物质将细菌等包覆成的黏性团块,使细菌具有抵御外界不利因素的性能。

14 环境监测与分析

考题配置　　单选,8题
分数配置　　每题2分,共16分

复习指导

本章知识点较多、很多内容需要强化记忆,复习过程中需要花大力气,方能考出好成绩,如监测点的布设原则、水样的保存及预处理方法等都需要牢记,水样的COD、BOD_5、氨氮、磷酸盐等、气体SO_2、NO_x、烟尘等的检测方法、原理都需要掌握,其计算公式可根据理解在考试时推导出来,不用死记硬背,在推导公式过程中应注意量纲,否则容易出错。

14.1 环境监测过程的质量保证

考试大纲：监测方法的选择　监测项目的确定　监测点的设置　采样与样品保存　分析测试误差和监测结果表述　质量控制方法

必备基础知识

14.1.1 监测方法的选择

1)水和废水监测方法

目前常用的监测方法有国家标准分析方法、统一分析方法和等效分析方法。国家标准分析方法,即国家编制的60多项包括采样在内的标准分析方法,准确度较高,是评价其他分析方法的基准,也是环境污染纠纷法定的仲裁方法。统一分析方法,即在有些项目监测方法尚不成熟的情况下,经过研究将某一分析方法作为统一分析方法推广,并在使用中不断完善。等效分析方法,即灵敏度、准确度与国家标准分析方法及统一分析方法一致的检测方法。

监测方法的选择原则是:灵敏度满足定量要求;方法成熟、准确;操作简便,易于普及;抗干扰能力好。常用水质监测方法有化学法(包括重量法、滴定法、分光光度法)、电化学法、原子吸收分光光度法、离子色谱法、气相色谱法、等离子体发射光谱(ICP-AES)法等。

2)大气和废气监测方法

目前应用最多的方法是分光光度法和气相色谱法,其次是荧光光度法、液相色谱法、原子吸收法等。为获得准确和具有可比性的监测结果,监测方法应尽量统一和规范化。

典型例题解析

【例 14-1】 关于监测方法的选择原则,下列不正确的是:
A. 灵敏度满足定量要求　　　　　　B. 标准规范
C. 易于普及,抗干扰能力好　　　　　D. 方法成熟、准确,操作简便

解 监测方法的选择原则是:灵敏度满足定量要求;方法成熟、准确;操作简便,易于普及;抗干扰能力好。选 B。

14.1.2 监测项目的确定

1) 水质监测项目的确定

水质监测是监视和测定水体中污染物的种类、各类污染物的浓度及变化趋势,评价水质状况的过程。可分为环境水体监测和水污染源监测。环境水体包括地表水(江、河、湖、库、海水)和地下水,水污染源包括生活污水、医院污水及各种废水。

一般来说,对于地表水,常见监测项目有水温、pH、浊度(悬浮物)、总硬度、DO、BOD_5、COD、NH_3-N、硝态氮、亚硝态氮、TN、TP 等。对于工业废水,常见监测项目有 pH、SS、COD、BOD 及重金属类。对于生活污水,常见监测项目有 BOD、COD、SS、NH_3-N、TN、TP、阴离子洗涤剂、细菌总数、大肠菌群数等。对于医院污水,常见监测项目包括 pH、色度、浊度、SS、余氯、COD、BOD、细菌总数、大肠菌群数及致病菌等。

水质监测项目依据水体功能和污染源的类型不同而异,其数量繁多,但受人力、物力、经费等各种条件的限制,不可能也没有必要一一监测,而应根据实际情况,选择环境标准中要求控制的危害大、影响范围广,并已建立可靠分析测定方法的项目。

我国《水污染物排放总量监测技术规范》(HJ/T 92—2002)规定,COD、NH_3-N、石油类、TP 及砷、汞、铅等必须实施总量控制。

2) 大气和废气监测项目的确定

存在于大气中的污染物多种多样,应根据优先监测原则,选择那些危害大,涉及范围广,已建立成熟的测定方法,并有标准可比的项目进行监测。我国环境监测技术规范中规定的例行监测项目见表 14-1 和表 14-2。

连续采样实验室分析项目　　　　　　　　　　　　　　　　表 14-1

必测项目	选测项目
二氧化硫、氮氧化物、总悬浮颗粒物、硫酸盐化速率、灰尘自然降尘量	一氧化碳、可吸入颗粒物 PM10、光化学氧化剂、氟化物、铅、苯并(a)芘、总烃及非甲烷烃

大气环境自动监测系统监测项目　　　　　　　　　　　　　表 14-2

必测项目	选测项目
二氧化硫、二氧化氮、总悬浮颗粒物或可吸入颗粒物 PM10、一氧化碳	臭氧、总碳氢化合物

典型例题解析

【例 14-2】（2014）《水污染物排放总量监测技术规范》（HJ/T 92－2002）中规定实施总量控制的监测项目包括：

A. pH 值　　　B. 悬浮物　　　C. 氨氮　　　D. 总有机碳

解　实施总量控制的监测项目包括 COD、氨氮、石油类、总磷、氰化物、砷、汞、铅等。选 C。

14.1.3　监测点的设置

1）地面水采样点的布设

（1）监测断面

①应设置监测断面的水域位置：a. 有大量废（污）水排入江河的主要居民区、工业区的上游和下游，支流与干流汇合处，入海河流河口及受潮汐影响河段，国际河流出入国境线出入口，湖泊、水库出入口，应设置监测断面；b. 饮用水源地和流经主要风景游览区、自然保护区，以及与水质有关的地方病发病区、严重水土流失及地球化学异常区的水域或河段，应设置监测断面；c. 监测断面的位置要避开死水区、回水区、排污口处，尽量选择水流平稳、水面宽阔、无浅滩的顺直河段；d. 监测断面应尽可能与水文测量断面一致，要求有明显岸边标志。

②河流监测断面的布设：为评价完整江河水系的水质，需要设置背景断面、对照断面、控制断面和削减断面；对于某一河段，只需设置对照、控制和削减三种断面。

a. 背景断面：设在基本上未受人类活动影响的河段处，用于评价一完整水系污染程度。

b. 对照断面：为了解流入监测河段前的水体水质状况而设置。这种断面应设在河流进入城市或工业区以前的地方，避开各种废水、污水流入或回流处。一个河段一般只设一个对照断面，有主要支流时可酌情增加。

c. 控制断面：为评价监测河段两岸污染源对水体水质影响而设置。控制断面的数目应根据城市的工业布局和排污口分布情况而定，设在排污区（口）下游污水与河水基本混匀处。在流经特殊要求地区（如饮用水源地、风景游览区等）的河段上也应设置控制断面。

d. 削减断面：河流收纳废水和污水后，经稀释扩散和自净作用，使污染物浓度显著降低的断面，通常设在城市或工业区最后一个排污口下游 1500m 以外的河段上。

③湖泊、水库监测断面的布设：湖泊、水库通常只设监测垂线，如有特殊情况也可设置监测断面。布设时，首先判断湖、库是单一水体还是复杂水体；考虑汇入湖、库的河流数量，水体的径流量、季节变化及动态变化，沿岸污染源分布及污染物扩散与自净规律、生态环境特点等。然后按照以下原则确定监测垂线（或断面）的位置：a. 在进出湖泊、水库的河流汇合处分别设置监测断面；b. 以各功能区（城市和工厂的排污口、饮用水源、风景游览区、排灌站等）为中心，在其辐射线上设置弧形监测断面；c. 在湖库中心，深、浅水区，滞流区，不同鱼类的洄游产卵区，水生生物经济区等设置监测断面。

（2）采样点位的确定

设置监测断面后，应根据水面的宽度确定断面上的采样垂线，再根据采样垂线处水深确定采样点的数目和位置。

对于江、河水系，当水面宽小于或等于 50m 时，只设一条中泓垂线；水面宽 50～100m 时，在左右近岸有明显水流处各设一条垂线；水面宽大于 100m 时，设左、中、右三条垂线（中泓及左、右近岸有明显水流处),如证明断面水质均匀时,可仅设中泓垂线。

在一条垂线上,当水深小于或等于 5m 时,只在水面下 0.5m 处设一个采样点;水深不足 1m 时,在 1/2 水深处设采样点;水深 5～10m 时,在水面下 0.5m 处和河底以上 0.5m 处各设一个采样点;水深大于 10m 时,设三个采样点,即水面下 0.5m 处、河底以上 0.5m 处及 1/2 水深处各设一个采样点。

湖泊、水库监测垂线上采样点的布设与河流相同,但如果存在温度分层现象,应先测定不同水深处的水温、溶解氧等参数,确定分层情况后,再决定垂线上采样点位和数目,一般除在水面下 0.5m 处和水底以上 0.5m 处设点外,还要在每一斜温分层 1/2 处设点。

2)水污染源采样点的设置

水污染源包括工业废水源、生活污水源、医院污水源等。水污染源一般经管道或渠、沟排放,截面积比较小,不需设置监测断面,可直接确定采样点位。

(1)工业废水

①监测一类污染物:在车间或车间处理设施的废水排放口设置采样点。一类污染物主要包括汞、镉、砷、铅、铬的无机化合物、有机氯化合物、强致癌物等。

②监测二类污染物:在工厂废水总排放口布设采样点。二类污染物主要包括 SS、硫化物、挥发酚、氰化物、有机磷化合物等。

③已有废水处理设施的工厂,在处理设施的排放口布设采样点。为了解废水处理效果,可在进出口分别设置采样点。

④在排污管道上,采样点应设在渠道较直、水量稳定、上游无污水汇入的地方。

(2)生活污水和医院污水

采样点设在污水总排放口。对于污水处理厂,应在进、出口分别设置采样点进行采样监测。

3)大气和废气监测网点的布设

(1)布设采样点的原则和要求

①采样点应布设在整个监测区域的高、中、低三种不同污染物浓度的地方。

②在污染源比较集中、主导风向比较明显的情况下,应将污染源的下风向作为主要监测范围,布设较多的采样点;上风向布设少量点作为对照。

③工业较密集的城区和工矿区,人口密度大及污染物超标地区,要适当增设采样点;城市郊区和农村,人口密度小及污染物浓度低的地区,可酌情少设采样点。

④采样点周围应开阔,采样口水平线与周围建筑物高度的夹角应不大于 30°。测点周围无局地污染源,并应避开树木及吸附能力较强的建筑物。交通密集区的采样点应设在距人行道边缘至少 1.5m 远处。

⑤各采样点的设置条件要尽可能一致或标准化,使获得的监测数据具有可比性。

⑥采样高度根据监测目的而定。研究大气污染对人体的危害,采样口应在离地面 1.5～2m 处;研究大气污染对植物或器物的影响,采样口高度应与植物或器物高度相近。连续采样例行监测采样口高度应距地面 3～15m;若置于屋顶采样,采样口应与基础面有 1.5m 以上的相对高度,以减少扬尘的影响。特殊地形地区可视实际情况选择采样高度。

(2)采样点数目的确定

在一个监测区域内,采样点设置数目应根据监测范围大小、污染物的空间分布和地形地貌特征、人口分布情况及其密度、经济条件等因素综合考虑确定。

我国对大气环境污染规定的监测采样点数目见表 14-3。

监测采样点数目　　　　　　　　　　　表 14-3

市区人口(万)	SO_2、NO_x、TSP	灰尘自然降尘量	硫酸盐化速率
≤50	3	≥3	≥6
50～100	4	4～8	6～12
100～200	5	8～11	12～18
200～400	6	12～20	18～30
>400	7	20～30	30～40

(3)采样点布设方法

①功能区布点法:按功能区划分布点法多用于区域性常规监测。先将监测区域划分为工业区、商业区、居住区、工业和居住混合区、交通稠密区、清洁区等,再根据具体污染情况和人力、物力条件,在各功能区设置一定数量的采样点。各功能区的采样点数不要求平均,在污染源集中的工业区和人口较密集的居住区多设采样点。

②网格布点法:这种布点法是将监测区域地面划分成若干均匀网状方格,采样点设在两条直线的交点处或方格中心(图 14-1)。网格大小视污染源强度,人口分布及人力、物力条件等确定。若主导风向明显,下风向设点应多一些,一般约占采样点总数的60%。对于有多个污染源,且污染源分布较均匀的地区,常采用此法。

③同心圆布点法:这种方法主要用于多个污染源构成污染群,且大污染源较集中的地区。先找出污染群的中心,以此为圆心在地面上画若干个同心圆,再从圆心作若干条放射线,将放射线与圆周的交点作为采样点(图 14-2)。不同圆周上的采样点数目不一定相等或均匀分布,常年主导风向的下风向比上风向多设一些点。

④扇形布点法:该法适用于孤立的高架点源,且主导风向明显的地区。以点源所在位置为顶点,主导风向为轴线,在下风向地面上划出一个扇形区作为布点范围。扇形的角度一般为45°,也可更大些,但不能超过90°。采样点设在扇形平面内据点源不同距离的若干弧线上(见图 14-3)。每条弧线上设3～4个采样点,相邻两点与顶点连线的夹角一般取10°～20°。在上风向应设对照点。

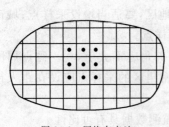 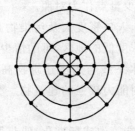 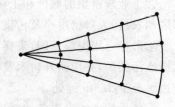

图 14-1　网格布点法　　　图 14-2　同心圆布点法　　　图 14-3　扇形布点法

典型例题解析

【例 14-3】 (2007)进行大气污染监测点布设时,对于面源或多个点源,在其分布较均匀的情况下,通常采用下列哪种监测点布设方法?

　　A.网格布点法　　　　　　B.扇形布点法
　　C.同心圆(放射式)布点法　　D.功能区布点法

解 对于有多个污染源且污染源分布较均匀的地区,常采用网格布点法。选 A。

14.1.4 采样与样品保存

1) 水样采集和保存

(1) 地面水样的采集

① 采样前的准备：采样前，要根据监测项目的性质和采样方法的要求，选择适宜材质的盛水容器和采样器，并清洗干净。此外，还需准备好交通工具。交通工具常使用船只。对采样器具的材质要求其化学性能稳定，大小和形状适宜，不吸附欲测组分，容易清洗并可反复使用。

② 采样方法和采样器（或采水器）：a. 在河流、湖泊、水库、海洋中采样，常乘船到采样点采集，也可涉水和在桥上采集；b. 采集表层水水样，可用适当的容器如塑料桶等直接采集；c. 采集深层水水样，可用简易采水器、深层采水器等；d. 对于工业废水，可用自动采样的方法采样，如自动分级采样式采样器或自动混合采样式采样器等。

③ 水样的类型：a. 瞬时水样是指在某一时间和地点从水体中随机采集的分散水样。当水体水质稳定，或其组分在相当长的时间或相当大的空间范围内变化不大时，瞬时水样具有很好的代表性；当水体组分及含量随时间和空间变化时，就应隔时、多点采集瞬时样，分别进行分析，摸清水质的变化规律。b. 混合水样是指在同一采样点于不同时间所采集的瞬时水样混合后的水样，又称"时间混合水样"。这种水样在观察平均浓度时非常有用，但不适用于被测组分在储存过程中发生明显变化的水样；如果水的流量随时间变化，必须采集流量比例混合水样，即在不同时间依照流量大小按比例采集混合样。c. 综合水样是指把不同采样点同时采集的各个瞬时水样混合后所得到的样品。这种水样在某些情况下更具有实际意义。例如，当为几条排污河、渠建立综合处理厂时，以综合水样取得的水质参数作为设计的依据更为合理。

④ 废水样类型：a. 瞬时废水样：对于生产工艺连续、废水水质稳定的工厂，或某些出水规律性波动的工厂，可间隔适当时间采集瞬时水样分别测定。b. 平均废水样：对于排放量及水质波动较大的工厂，通常采集平均混合水样或平均比例混合水样。

(2) 水样运输和保存

水样采集后，必须选用适当的运输方式，尽快送回实验室。水样的保存方法有冷藏或冷冻法、加入化学试剂保存法等。通常情况下，水样的最大允许运输时间为 24h，当 BOD、COD 值较低时，应尽量使用玻璃器皿保存。

(3) 水样的预处理

环境水样所含组分复杂，并且多数污染物组分含量低，存在形态各异，所以在分析测定之前，往往需要进行预处理，以得到欲测组分适合测定方法要求的形态、浓度并能消除共存组分干扰的试样体系。

① 水样的消解。当测定含有机物水样中的无机元素时，需进行消解处理。消解处理的目的是破坏有机物，溶解悬浮性固体，将各种价态的欲测元素氧化成单一高价态或转变成易于分离的无机化合物。消解后的水样应清澈、透明、无沉淀。消解的方法有湿式消解法和干式分解法。

常用湿式消解法见表 14-4。

常用湿式消解法 表 14-4

名称	适用处理水水质
硝酸消解法	较清洁水样
硝酸—高氯酸消解法	含难氧化有机物的水样

续上表

名　　称	适用处理水水质
硝酸—硫酸消解法	不含铅、钡、锶等易生成难溶硫酸盐的水样
硫酸—磷酸消解法	含 Fe^{3+} 的水样
硫酸—高锰酸钾消解法	测定含汞水样
多元消解法	测定总铬等

注意：干式分解法不适用于处理测定易挥发组分(如砷、汞、镉、硒、锡等)的水样。

②富集与分离。当水样中的欲测组分含量低于测定方法的测定下限时，就必须进行富集或浓集；当有共存干扰组分时，就必须采取分离或掩蔽措施。富集和分离过程往往是同时进行的，常用的方法有过滤、气提、顶空、蒸馏、溶剂萃取、离子交换、吸附、共沉淀、层析等，要根据具体情况选择使用。

2)大气样品的采集

大气污染物可分为一次污染物和二次污染物、分子状污染物及颗粒状污染物，其中：

(1)一次污染物：直接从排放源排入大气的污染物。

(2)二次污染物：一次污染物进入大气后，由于相互作用或与大气中某些组分发生反应所生成的污染物，粒径一般在 $1\mu m$ 以下，毒性较高。

(3)分子状污染物：常温常压下以气体分子形式存在，如 CO_2、SO_2、NO_2 等。

(4)颗粒状污染物：飘浮在大气中，由微小液滴或固体颗粒组成的非均匀体系污染物，粒径一般在 $0.01\sim 100\mu m$ 之间，按其重力沉降特性可分为降尘、总悬浮微粒(TSP)和可吸入颗粒物(飘尘)。其中，TSP 指粒径$<100\mu m$ 的颗粒状污染物，可吸入颗粒物(IP)指粒径$<10\mu m$ 的颗粒状污染物。

采集空气样品的方法可归纳为直接采样法和富集(浓缩)采样法两类。

当空气中的被测组分浓度较高，或者监测方法灵敏度高时，直接采集少量气样即可满足监测分析要求。该方法常用的采样容器有注射器、塑料袋、真空瓶等。

空气中的污染物质浓度一般都比较低，直接采样法往往不能满足分析方法检测限的要求，故需要用富集采样法对空气中的污染物进行浓缩。富集采样时间一般比较长，这类采样方法有溶液吸收法、固体阻留法、低温冷凝法、扩散(或渗透)法及自然沉降法等。

大气中污染物浓度的表示方法：

$$C_p = \frac{22.4}{M} \cdot C$$

式中：C_p——气体浓度(ppm)；

M——污染物的分子量；

22.4——标准状态下气体摩尔体积(L)；

C——气体浓度(mg/m^3)。

计算之前需将气体体积换算为标准状态下的气体体积：

$$V_0 = V_t \cdot \frac{273}{273+t} \times \frac{P}{101.325}$$

式中：V_0——标准状态下样品气体体积(m^3)；

V_t——现场样品气体体积(m^3)；

t——温度(℃)；

P——采样时的大气压(kPa)。

3)固体废物样品的采集和保存

(1)样品采集

固体废弃物的采样工具包括尖头钢锹、钢尖镐(腰斧)、采样铲(采样器)、具盖采样筒或内衬塑料的采样袋。采样方法有现场采样、运输车及容器采样、废渣堆采样法。

(2)样品的制备

制样工具有粉碎机(破碎机)、药碾、钢锤、标准套筛、十字分样板、机械缩分器。制样程序包括两步,即粉碎和缩分。

(3)样品的保存

制好的样品密封于容器中保存(容器应对样品不产生吸附、不使样品变质),贴上标签备用。

典型例题解析

【例 14-4】 常用的水样预处理方法有:
  A. 过滤、吸附、离子交换 B. 湿式消解法、干式分解法
  C. 过滤、挥发、蒸馏 D. 消解、富集、分离

解 常用的水样预处理方法是消解、富集、分离,湿式消解法和干式分解法是消解的方法;剩余选项是富集和分离的方法。选 D。

14.1.5 分析测试误差和监测结果表述

1)环境监测对数据质量的要求

高质量的监测数据应该具有代表性、完整性、准确性、精密性和可比性。

2)真值

在某一时刻和某一位置或状态下,某量的效应体现出客观值或实际值称为真值。真值包括理论真值、约定真值、标准器(包括标准物质)的相对真值。

3)误差及其分类

误差按其性质和产生原因,可分为系统误差、随机误差和过失误差。误差的表示方法分绝对误差和相对误差。

4)准确度和精密度

准确度是指在特定条件下获得的分析结果与真值之间的符合程度。

精密度是指在一特定条件下,重复分析同一样品所得测定值的一致程度。

5)数据修约原则

各种测量、计算的数据需要修约时,应遵守下列规则:四舍六入五考虑,五后非零则进一,五后皆零视奇偶,五前为偶应舍去,五前为奇则进一。

6)可疑数据的取舍

取舍原则:测量中发现明显的系统误差和过失错误,由此而产生的分析数据应随时剔除;可疑数据的取舍应采用统计学方法判别,即离群数据的统计检验。现介绍最常用的两种方法。

(1)狄克逊(Dixon)检验法。

此法适用于一组测量值的一致性检验和剔除离群值,本法中对最小可疑值和最大可疑值进行检验的公式因样本的容量 n 的不同而异,检验方法如下:

①将一组测量数据按从小到大顺序排列为 $x_1, x_2, \cdots, x_n$,其中 x_1 和 x_n 分别为最小可疑

值和最大可疑值。

②按表 14-5 计算公式求 Q 值。

③根据给定的显著性水平 α 和样本容量 n，从表 14-6 查得临界值 Q_α。

④若 $Q \leqslant Q_{0.05}$，则可疑值为正常值；

若 $Q_{0.05} < Q \leqslant Q_{0.01}$，则可疑值为偏离值；

若 $Q > Q_{0.01}$，则可疑值为离群值，应舍去。

狄克逊检验统计量 Q 计算公式　　　　　　　　　　　　表 14-5

n 值范围	可疑数据为最小值 x_1 时	可疑数据为最大值 x_n 时
3～7	$Q = \dfrac{x_2 - x_1}{x_n - x_1}$	$Q = \dfrac{x_n - x_{n-1}}{x_n - x_1}$
8～10	$Q = \dfrac{x_2 - x_1}{x_{n-1} - x_1}$	$Q = \dfrac{x_n - x_{n-1}}{x_n - x_2}$
11～13	$Q = \dfrac{x_3 - x_1}{x_{n-1} - x_1}$	$Q = \dfrac{x_n - x_{n-2}}{x_n - x_2}$
14～25	$Q = \dfrac{x_3 - x_1}{x_{n-2} - x_1}$	$Q = \dfrac{x_n - x_{n-2}}{x_n - x_3}$

狄克逊检验临界值 (Q_α) 表　　　　　　　　　　　　表 14-6

n	显著性水平 α		n	显著性水平 α	
	0.05	0.01		0.05	0.01
3	0.941	0.988	15	0.525	0.616
4	0.765	0.889	16	0.507	0.595
5	0.642	0.780	17	0.490	0.577
6	0.560	0.698	18	0.475	0.561
7	0.507	0.637	19	0.462	0.547
8	0.554	0.683	20	0.450	0.535
9	0.512	0.635	21	0.440	0.524
10	0.447	0.597	22	0.430	0.514
11	0.576	0.679	23	0.421	0.505
12	0.546	0.642	24	0.413	0.497
13	0.521	0.615	25	0.406	0.489
14	0.546	0.641			

(2) 格鲁勃斯 (Grubbs) 检验法

此法适用于检验多组测量值均值的一致性和剔除多组测量值中的离群均值，也可以用于检验一组测量值一致性和剔除一组测量值中的离群值。方法如下：

①有一组测定值，每组 n 个测定值的均值分别为 $\overline{X}_1, \overline{X}_2, \cdots, \overline{X}_i, \cdots, \overline{X}_l$，其中最大均值记为 $\overline{X}_{\max}$，最小均值记为 $\overline{X}_{\min}$。

②由 n 个均值计算总均值 ($\overline{\overline{X}}$) 和标准偏差 ($S_{\overline{X}}$)：

$$\overline{\overline{X}} = \frac{1}{l} \sum_{i=1}^{l} \overline{X}_i \tag{14-1}$$

$$S_{\overline{X}} = \sqrt{\frac{l}{l-1} \sum_{i=1}^{l} (\overline{X}_i - \overline{\overline{X}})^2} \tag{14-2}$$

③可疑均值为最大值($\overline{X}_{max}$)时,按下式计算统计量(T):

$$T = \frac{\overline{X} - \overline{X}_{min}}{S_{\overline{X}}} \qquad (14-3)$$

④根据测定值组数和给定的显著性水平α,从表14-7查得临界值T_α。

⑤若$T \leqslant T_{0.05}$,则可疑均值为正常均值;若$T_{0.05} < T \leqslant T_{0.01}$,则可疑均值为偏离均值;若$T > T_{0.01}$,则可疑均值为离群均值,应舍去。

格鲁勃斯检验临界值 T_α　　　　表14-7

n	显著性水平 α		n	显著性水平 α	
	0.05	0.01		0.05	0.01
3	1.153	1.155	15	2.409	2.705
4	1.463	1.492	16	2.443	2.747
5	1.672	1.749	17	2.475	2.785
6	1.822	1.944	18	2.504	2.821
7	1.938	2.097	19	2.532	2.854
8	2.032	2.221	20	2.557	2.884
9	2.110	2.322	21	2.580	2.912
10	2.176	2.410	22	2.603	2.939
11	2.234	2.485	23	2.624	2.963
12	2.285	2.050	24	2.644	2.987
13	2.331	2.607	25	2.663	3.009
14	2.371	2.695			

7) 监测结果的表述

对一个试样某一指标的测定,其结果表达方式一般有如下几种:①用算术均数$\overline{X}$代表集中趋势;②用算术均数和标准偏差($\overline{X} \pm S$)表示测定结果的精密度;③用($\overline{X} \pm S, C_v$)表示结果。

典型例题解析

【例14-5】 (2007)一组测定值由小到大顺序排列为:18.31、18.33、18.36、18.39、18.40、18.46,已知$n=6$时,狄克逊检验临界值$Q_{0.05}=0.560$,$Q_{0.01}=0.698$,根据狄克逊检验法检验最大值18.46为:

　　　　A.正常值　　　　B.偏离值　　　　C.离群值　　　　D.非正常值

解 本题考查狄克逊检验法,因为$n=6$,可疑数据为最大值,则$Q = \frac{x_n - x_{n-1}}{x_n - x_1} = \frac{18.46 - 18.40}{18.46 - 18.31} = 0.4 < Q_{0.05}$,最大值18.46为正常值。选A。

14.1.6 质量控制方法

1) 质量控制

环境监测质量控制包括实验室内部质量控制和外部质量控制两个部分。实验室内部质量控制是实验室自我控制质量的常规程序,它能反映质量的稳定性,以便及时发现分析中质量的异常情况,随时采取相应的校正措施,其内容包括空白试验、校准曲线核查、仪器设备的定期标定、平行样分析、加标样分析、密码样品分析和编制质量控制图等；外部质量控制通常是由常规监测以外的中心监测站或其他有经验人员来执行，以便对数据质量进行独立评价，各实验室可以从中发现所存在的系统误差等问题，以便及时校正，提高监测质量。常用的方法有分析标准样品以进行实验室之间的评价和分析测量系统的现场评价等。

2) 质量控制图

质量控制图的基本组成：

预期值——即图中的中心线；

目标值——图中上、下警告限之间区域；

实测值的可接受范围——图中上、下控制限之间的区域；

辅助线——上、下各一线，在中心线两侧与上、下警告限之间各一半处。

3) 均数($\overline{X}$)控制图

控制样品的浓度及组成尽量与环境样品相似，用同一方法短期多次（≥20次）测定某一控制样品，计算结果的均值 $\overline{X}$、总平均值 $\overline{\overline{X}}$ 和标准偏差 S，从而计算上、下控制线及上、下警告线。

中心线(CL)：$\overline{\overline{X}}$

上（下）控制线(UCL/LCL)：$\overline{\overline{X}}+(-)3S$

上（下）警告线(UWL/LWL)：$\overline{\overline{X}}+(-)2S$

上（下）辅助线(UAL/LAL)：$\overline{\overline{X}}+(-)S$

4) 绘图注意事项

Ⅰ：原始数据中超出控制线者应剔除，剔除后若数据<20个，则应补充新数据。

Ⅱ：在UAL/LAL之间的数据应占总数的68%左右，若<50%，则分布不合适。

Ⅲ：若连续7点位于中心线同一侧，则此图不合适。

5) 检验分析过程是否处于控制状态

①该点在UWL与LWL之间。

②超出UWL/LWL，但在UCL/LCL以内，则有失控倾向。

③超出UCL/LCL，失控。

④连续7点上升/下降，有失控倾向。

典型例题解析

【例14-6】 （2014）绘制质量控制图时，上、下辅助线以何值绘制？

  A. $\overline{\overline{X}}\pm S$ B. $\overline{\overline{X}}\pm 2S$ C. $\overline{\overline{X}}\pm 3S$ D. $\overline{\overline{X}}$

解 中心线按 $\overline{\overline{X}}$，上、下辅助线按 $\overline{\overline{X}}\pm S$，上、下警告线按 $\overline{\overline{X}}\pm 2S$，上、下控制线按 $\overline{\overline{X}}\pm 3S$。选A。

经 典 练 习

14-1 水体监测的对象有（　　）。

  A. 环境水体

  B. 地表水和地下水

  C. 环境水体和水污染物

  D. 生活污水、医院污水、工业废水

14-2 (2010)下列方法中,常用作有机物分析的方法是( )。
　　A.原子吸收法　　B.沉淀法　　　　C.电极法　　　　　D.气相色谱法

14-3 (2010)对于江、河水体,当水深为7m时,应该在( )布置采样点。
　　A.水的表面
　　B.1/2水深处
　　C.水面以下0.5m处、河底以上0.5m处各一点
　　D.水的上、中、下层各一点

14-4 (2008)采集工业企业排放的污水样品时,第一类污染物的采样点应设在( )。
　　A.企业的总排放口
　　B.车间或车间处理设施的排放口
　　C.接纳废水的市政排水管道或河渠的入口处
　　D.污水处理池中

14-5 大气采样点的布设方法中,同心圆布点法适用于( )。
　　A.有多个污染源,且污染源分布较均匀的地区
　　B.区域性常规监测
　　C.主导风向明显的地区或孤立的高架点源
　　D.多个污染源构成污染群,且大污染源较集中的地区

14-6 水体监测方法有( )。
　　A.国家标准分析方法、统一分析方法
　　B.国家标准分析方法、等效方法
　　C.国家标准分析方法、统一分析方法、等效方法
　　D.国家标准分析方法

14-7 对于某一河段,需要设置断面为( )。
　　A.背景断面、对照断面、控制断面和削减断面
　　B.控制断面、背景断面和削减断面
　　C.背景断面、对照断面和控制断面
　　D.对照断面、控制断面和削减断面

14-8 测定某工业废水样品的Cr^{6+}(mg/L),共6个数据,其值分别为20.06、20.09、20.10、20.08、20.09、20.01。已知$n=6$时,狄克逊(Dixon)检验临界值$Q_{0.05}=0.560$,$Q_{0.01}=0.698$,根据狄克逊检验法检验最小值20.01为( )。
　　A.正常值　　　　　　　　　　B.偏离值
　　C.离群值　　　　　　　　　　D.非正常值

14-9 对于某一河段,削减断面一般设置在( )。
　　A.城市或工业区最后一个排污口下游1 000m以外的河段上
　　B.城市或工业区最后一个排污口下游1 500m处的河段上
　　C.城市或工业区最后一个排污口下游1 500m以外的河段上
　　D.城市或工业区最后一个排污口下游1 000m处的河段上

14-10 在河流水深12m时,设置采样点数目为( )。
　　A.1　　　　　　B.2　　　　　　C.3　　　　　　D.4

14.2 水和废水监测分析方法

考试大纲：重点污染因子（悬浮物、溶解氧、化学需氧量、高锰酸盐指数、生化需氧量、氨氮、磷酸盐、石油类、挥发酚、重金属等）的监测与分析方法原理

必备基础知识

常规项目监测与分析方法见表14-8。

常规项目监测与分析方法　　　　　　　表14-8

监测项目	监测方法/仪器
水温	水温剂、颠倒温度计、热敏电阻温度计
色度	铂钴标准比色法、稀释倍数法、分光光度法
臭	定性描述法、臭阈值法
浊度	分光光度法、目视比浊法
透明度	铅字法、塞氏盘法、十字法
电导率	电导率仪

14.2.1 悬浮物的监测与分析方法原理

悬浮物是指悬浮在水中的固体物质，包括不溶于水的无机物、有机物及泥砂、黏土、微生物等。

1) 总残渣

定义：水和废水在一定的温度下蒸发、烘干后剩余的物质，包括总不可滤残渣和总可滤残渣。

测定方法：取适量（如50mL）振荡均匀的水样于称至恒重的蒸发皿中，在蒸汽浴或水浴上蒸干，移入103～105℃烘箱内烘至恒重，增加的质量即为总残渣。

计算式如下：

$$总残渣(mg/L) = \frac{(A-B) \times 1\,000 \times 1\,000}{V} \tag{14-4}$$

式中：A——总残渣和蒸发皿质量(g)；
　　　B——蒸发皿质量(g)；
　　　V——水样体积(mL)。

2) 总可滤残渣

定义：指能通过滤器并于103～105℃烘干至恒重的固体。

测定方法：把滤过的水样放入恒重的蒸发皿中蒸干，然后在103～105℃烘箱内烘至恒重，滤渣的质量表示过滤性残渣。

3) 总不可滤残渣（悬浮物）

定义：水样经过滤后留在过滤器上的固体物质，于103～105℃烘至恒重得到的物质称为总不可滤残渣量。

典型例题解析

【例 14-7】（2007）为测一水样中的悬浮物，称得滤膜和称量瓶的总质量为 56.512 8g，取水样 100.00mL，抽吸过滤水样，将载有悬浮物的滤膜放在经恒重过的称量瓶里，烘干、冷却后称重得 56.540 6g，则该水样中悬浮物的含量为：

A．278.0mg/L B．255.5mg/L C．287.0mg/L D．248.3mg/L

解 简单计算，该水样中悬浮物的含量 $\frac{56.540\,6 - 56.512\,8}{0.1} \times 1\,000\,mg/L = 278\,mg/L$。选 A。

【例 14-8】（2014）现测一水样的悬浮物，取水样 100mL，过滤前后滤膜和称量瓶称重分别为 55.627 5g 和 55.650 6g，该水样的悬浮物浓度为：

A．0.231mg/L B．2.31mg/L C．23.1mg/L D．231mg/L

解 $\frac{55.650\,6 - 55.627\,5}{0.1} \times 1000 = 231\,mg/L$。选 D。

14.2.2 溶解氧的监测与分析方法原理

溶解于水中的分子态氧称为溶解氧。测定水中溶解氧的方法有碘量法、修正的碘量法和氧电极法。清洁水可用碘量法；受污染的地面水和工业废水必须用修正的碘量法或氧电极法。

1）碘量法

在水样中加入硫酸锰和碱性碘化钾，水中的溶解氧将二价锰氧化成四价锰，并生成氢氧化物沉淀。加酸后，沉淀溶解，四价锰又可氧化碘离子而释放出与溶解氧量相当的游离碘。以淀粉为指示剂，用硫代硫酸钠标准溶液滴定释放出的碘，可计算出溶解氧量。反应式如下：

$$MnSO_4 + 2NaOH = Na_2SO_4 + Mn(OH)_2 \downarrow$$
$$2Mn(OH)_2 + O_2 = 2MnO(OH)_2 \downarrow (棕色沉淀)$$
$$MnO(OH)_2 + 2H_2SO_4 = Mn(SO_4)_2 + 3H_2O$$
$$Mn(SO_4)_2 + 2KI = MnSO_4 + K_2SO_4 + I_2$$
$$2Na_2S_2O_3 + I_2 = Na_2S_4O_6 + 2NaI$$

2）修正的碘量法

当水样中含有氧化性物质、还原性物质及有机物时，会干扰测定，应预先消除干扰物质，并根据不同的干扰物质采用修正的碘量法。

叠氮化钠修正法：水样中含有亚硝酸盐会干扰碘量法测定溶解氧，可用叠氮化钠将亚硝酸盐分解后再用碘量法测定。计算公式如下：

$$DO(O_2, mg/L) = \frac{MV \times 8 \times 1\,000}{V_水} \tag{14-5}$$

式中：M——硫代硫酸钠标准溶液浓度（mol/L）；

V——滴定消耗硫代硫酸钠标准溶液体积（mL）；

$V_水$——水样体积（mL）；

8——氧的摩尔质量（$\frac{1}{4}O_2$）（g/mol）。

$$溶解氧饱和度(\%) = \frac{水中溶解氧含量}{采样水温和气压下饱和溶解氧含量} \times 100\% \tag{14-6}$$

高锰酸钾修正法：该方法适用于含大量亚铁离子，不含其他还原剂及有机物的水样。用高锰酸钾氧化亚铁离子，消除干扰，过量的高锰酸钾用草酸钠溶液除去，生成的高价铁离子用氟化钾掩蔽。其他同碘量法。

3）氧电极法

广泛应用的溶解氧电极是聚四氟乙烯薄膜电极。测定时，首先用无氧水样校正零点，再用化学法校准仪器刻度值，最后测定水样，便可直接显示其溶解氧浓度。

典型例题解析

【例 14-9】 （2009）碘量法测定水中溶解氧时，加入叠氮化钠主要消除的干扰是：

A. 亚硝酸盐　　　　　　　　B. 亚铁离子

C. Fe^{3+}　　　　　　　　D. 碳酸盐

解　水样中含有亚硝酸盐会干扰碘量法测定溶解氧，可用叠氮化钠将亚硝酸盐分解后再用碘量法测定。选 A。

14.2.3 化学需氧量的监测与分析方法原理

化学需氧量是指在一定条件下，氧化 1L 水样中还原性物质所消耗的氧化剂的量，以氧的 mg/L 表示。化学需氧量反映了水中受还原性物质污染的程度。测定废（污）水的化学需氧量，我国规定用重铬酸钾法。其他方法有库仑滴定法、快速密闭催化消解法、氯气校正法等。

1）重铬酸钾法

在强酸溶液中，用一定量的重铬酸钾氧化水样中的还原性物质，过量的重铬酸钾以试铁灵作指示剂，用硫酸亚铁铵标准溶液回滴，根据其用量计算水样中还原性物质的需氧量。氧化水样中还原性物质使用带 250mL 锥形瓶的全玻璃回流装置。测定过程如下：

取水样 20mL（原样或经稀释）于锥形瓶中：

↓←$HgSO_4$ 0.4g（消除 Cl^- 干扰）

混匀

↓←0.25mol/L（$\frac{1}{6}K_2Cr_2O_7$）10mL

↓←沸石数粒

混匀，接上回流装置

↓←自冷凝管上口加入 Ag_2SO_4—H_2SO_4 溶液 30mL（催化剂）

混匀

↓

回流加热 2h

↓

冷却

↓←自冷凝管上口加入 80mL 水于反应液中

取下锥形瓶

↓←加试铁灵指示剂 3 滴

用 0.1mol/L $(NH_4)_2Fe(SO_4)_2$ 标准溶液滴定，终点由蓝绿色变成红棕色，记录标准溶液用量。

再以蒸馏水代替水样,按同法测定试剂空白溶液,记录硫酸亚铁铵标准溶液消耗量,按下式计算 COD_{Cr} 值。

$$COD_{Cr}(O_2, mg/L) = \frac{(V_0 - V_1)c \times 8 \times 1\,000}{V} \qquad (14-7)$$

式中:V_0——滴定空白时消耗硫酸亚铁铵标准溶液体积(mL);

V_1——滴定水样消耗硫酸亚铁铵标准溶液体积(mL);

V——水样体积(mL);

c——硫酸亚铁铵标准溶液浓度(mol/L);

8——氧的摩尔质量($\frac{1}{4}O_2$)(g/mol)。

2) 库仑滴定法

恒电流库仑滴定法是一种建立在电解基础上的分析方法。其原理为在试液中加入适当物质,以一定强度的恒定电流进行电解,使之在工作电极(阳极或阴极)上电解产生一种试剂(称滴定剂),该试剂与被测物质进行定量反应,反应终点可通过电化学等方法指示。

3) 快速密闭消解滴定法或光度法

该方法是在经典重铬酸钾—硫酸消解体系中加入助催化剂硫酸铝与钼酸铵,于具密封塞的加热管中,放在165℃的恒温加热器内快速消解,消解好的试液用硫酸亚铁铵标准溶液滴定,同时做空白试验。计算方法同重铬酸钾法。若消解后的试液清亮,可于600nm处用分光光度法测定。

4) 氯气校正法

本方法适用于氯离子含量大于1 000mg/L,小于2 000mg/L的高氯废水COD的测定,检出限为30mg/L。

典型例题解析

【例 14-10】 (2010)计算 100mg/L 苯酚水溶液的理论 COD 值是多少?

A. 308mg/L　　　B. 238mg/L　　　C. 34mg/L　　　D. 281mg/L

解 化学需氧量是指在一定条件下,氧化 1L 水样中还原性物质所消耗的氧化剂的量,以氧的 mg/L 表示。$C_6H_6O \sim (6 + \frac{6}{4} - \frac{1}{2})O_2$,则 COD=100/94×7×32=238.3mg/L。选 B。

14.2.4 高锰酸盐指数的监测与分析方法原理

以高锰酸钾溶液为氧化剂测得的化学需氧量,称为高锰酸盐指数,以氧的 mg/L 表示。按测定溶液的介质不同,分为酸性高锰酸钾法和碱性高锰酸钾法。

酸性高锰酸钾法适用于氯离子含量不超过 300mg/L 的水样。当高锰酸盐指数超过 10mg/L 时,应少取水样并经稀释后测定。

原理:水样在酸性条件下,加入高锰酸钾溶液,在沸水浴中加热 30min,使水中有机物被氧化,剩余的高锰酸钾以草酸回滴,然后根据实际消耗的高锰酸钾量计算出化学耗氧量。计算公式如下。

水样不稀释时:

$$高锰酸盐指数(O_2, mg/L) = \frac{[(10+V_1)K - 10]M \times 8 \times 1\,000}{100} \qquad (14-8)$$

式中：V_1——滴定水样消耗高锰酸钾标准溶液量(mL)；

K——校正系数(每毫升高锰酸钾标准溶液相当于草酸钠标准溶液的毫升数)；

M——草酸钠标准溶液($\frac{1}{5}Na_2C_2O_4$)浓度(mol/L)；

8——氧的摩尔质量($\frac{1}{4}O_2$)(g/mol)；

100——取水样体积。

水样经稀释时：

$$高锰酸盐指数(O_2, mg/L) = \frac{\{[(10+V_1)K-10]-[(10+V_0)K-10]f\}M \times 8 \times 1000}{V_2}$$

(14-9)

式中：V_0——空白试验中高锰酸钾标准溶液消耗量(mL)；

V_1——滴定水样消耗高锰酸钾标准溶液量(mL)；

V_2——取原水样体积(mL)；

f——稀释水样中含稀释水的比值(如10.0mL水样稀释至100mL，则$f=0.90$)；

其他项同水样不经稀释计算式。

化学需氧量和高锰酸盐指数是采用不同的氧化剂在各自的氧化条件下测定的，难以找出明显的相关关系。一般来说，重铬酸钾法的氧化率可达90%，而高锰酸钾法的氧化率为50%左右，两者均未将水样中还原性物质完全氧化，因而都只是一个相对参考数据。

典型例题解析

【例 14-11】 以下关于高锰酸盐指数的说法中，不正确的是：

A. 重铬酸钾法的氧化率可达90%

B. 重铬酸钾法未将水样中还原性物质完全氧化，只是一个相对参考数据

C. 酸性高锰酸钾法适用于氯离子含量不超过300mg/L的水样

D. 化学需氧量和高锰酸盐指数有明显的相关关系

解 化学需氧量和高锰酸盐指数是采用不同的氧化剂在各自的氧化条件下测定的，难以找出明显的相关关系。选D。

14.2.5 生化需氧量的监测与分析方法原理

生化需氧量是指在有溶解氧的条件下，好氧微生物在分解水中有机物的生物化学氧化过程中所消耗的溶解氧量。目前国内外广泛采用的是20℃下5d培养法，测定BOD的方法还有微生物电极法、库仑法、测压法等。

1) 5d培养法

5d培养法也称标准稀释法或稀释接种法。其测定原理是：水样经稀释后，在(20±1)℃条件下培养5d，求出培养前后水样中溶解氧含量，二者的差值为BOD_5。如果水样5d生化需氧量未超过7mg/L，则不必进行稀释，可直接测定。很多较清洁的河水就属于这一类水。溶解氧测定方法一般用叠氮化钠修正法。

对于不含或少含微生物的工业废水，如酸性废水、碱性废水、高温废水或经过氯化处理的废水，在测定BOD_5时应进行接种，以引入能降解废水中有机物的微生物。当废水中存在着难

被一般生活污水中的微生物以正常速度降解的有机物或有剧毒物质时,应将驯化后的微生物引入水样中。

对于污染的地面水和大多数工业废水,因含较多的有机物,需要稀释后再培养测定,以保证在培养过程中有充足的溶解氧。其稀释程度应使培养中所消耗的溶解氧大于 2mg/L,而剩余溶解氧在 1mg/L 以上。

稀释水一般用蒸馏水配制,先通入经活性炭吸附及水洗处理的空气,曝气 2~8h,使水中溶解氧接近饱和,然后再在 20℃下放置数小时。临用前加入少量氯化钙、氯化铁、硫酸镁等营养盐溶液及磷酸盐缓冲溶液,混匀备用。稀释水的 pH 值应为 7.2,BOD_5 应小于 0.2mg/L。

如水样中无微生物,则应于稀释水中接种微生物,即在每升稀释水中加入生活污水上层清液 1~10mL,或表层土壤浸出液 20~30mL,或河水、湖水 10~100mL。

水样稀释倍数可根据实践经验估算。对地表水,由高锰酸盐指数与一定系数乘积求得(见表 14-9)。工业废水的稀释倍数由 COD_{Cr} 值分别乘以系数 0.075、0.15、0.25 获得。通常同时作三个稀释比的水样。

由高锰酸盐指数估算稀释倍数乘以的系数 表 14-9

高锰酸钾指数(mg/L)	系　数	高锰酸钾指数(mg/L)	系　数
<5	—	10~20	0.4,0.6
5~10	0.2,0.3	>20	0.5,0.7,1.0

测定结果分别按以下两式计算。

对不经稀释直接培养的水样:

$$BOD_5(mg/L) = \rho_1 - \rho_2 \tag{14-10}$$

式中:ρ_1——水样在培养前溶解氧的浓度(mg/L);

ρ_2——水样经 5d 培养后剩余溶解氧浓度(mg/L)。

对稀释后培养的水样:

$$BOD_5(mg/L) = \frac{(\rho_1 - \rho_2) - (B_1 - B_2)f_1}{f_2} \tag{14-11}$$

式中:B_1——稀释水(或接种稀释水)在培养前的溶解氧的浓度(mg/L);

B_2——稀释水(或接种稀释水)在培养后的溶解氧的浓度(mg/L);

f_1——稀释水(或接种稀释水)在培养液中所占比例;

f_2——水样在培养液中所占比例。

2)微生物电极法

微生物电极是一种将微生物技术与电化学检测技术相结合的传感器。响应 BOD 物质的原理是:在适宜的 BOD 物质浓度范围内,电极输出电流降低值与 BOD 物质浓度之间呈线性关系,而 BOD 物质浓度又和 BOD 值之间有定量关系。

3)其他方法

测定 BOD 的方法还有库仑法、测压法、活性污泥曝气降解法等。

典型例题解析

【例 14-12】(2007)在测定某水样的 5d 生化需氧量(BOD_5)时,取水样 200mL,加稀释水 100mL,水样加稀释水培养前、后的溶解氧含量分别为 8.28mg/L 和 3.37mg/L。稀释水培养前后的溶解氧含量分别为 8.85mg/L 和 8.75mg/L。该水样的 BOD_5 值是:

A. 4.91mg/L　　　B. 9.50mg/L　　　C. 7.32mg/L　　　D. 4.81mg/L

解　参考本节知识,根据公式 $BOD_5(mg/L) = \dfrac{(\rho_1-\rho_2)-(B_1-B_2)f_1}{f_2}$ 计算,代入 $\rho_1 = 8.28mg/L$, $\rho_2 = 3.37mg/L$, $B_1 = 8.85mg/L$, $B_2 = 8.75mg/L$, $f_1 = \dfrac{100}{100+200} = \dfrac{1}{3}$, $f_2 = \dfrac{200}{100+200} = \dfrac{2}{3}$,得水样的 BOD_5 值为 7.315mg/L,即 7.32mg/L。选 C。

【例 14-13】 (2014)测定 BOD_5 时,以下哪种类型的水不适合作为接种用水?

A. 河水　　　　　　　　　　B. 表层土壤浸出液
C. 工业废水　　　　　　　　D. 生活污水

解　河水、表层土壤浸出液、生活污水均含有一定量微生物,可作为接种用水。工业废水不适合作为接种用水。选 C。

14.2.6 氨氮的监测与分析方法原理

水中的氨氮是指以游离氨(或称非离子氨,NH_3)和离子氨(NH_4^+)形式存在的氮,两者的组成比取决于水的 pH 值。测定水中氨氮的方法有纳氏试剂分光光度法、水杨酸—次氯酸盐分光光度法、气相分子吸收光谱法、电极法和滴定法。两种分光光度法具有灵敏、稳定等特点,但水样有色、浑浊和含钙、镁、铁等金属离子及硫化物、醛和酮类等均干扰测定,需作相应的预处理。

1) 纳氏试剂分光光度法

在经絮凝沉淀或蒸馏法预处理的水样中,加入碘化汞和碘化钾的强碱溶液(纳氏试剂),则与氨反应生成黄棕色胶态化合物,此颜色在较宽的波长范围内具有强烈吸收,通常使用 410~425nm 范围波长光比色定量。

本法最低检出浓度为 0.025mg/L,测定上限为 2mg/L。采用目视比色法,最低检出浓度为 0.02mg/L。本法适用于地表水、地下水和废(污)水中氨氮的测定。

2) 水杨酸—次氯酸盐分光光度法

在硝普钠存在下,氨与水杨酸和次氯酸反应生成蓝色化合物,于其最大吸收波长 697nm 处比色定量。该方法测定浓度范围为 0.01~1mg/L。

3) 相分子吸收光谱法

水样中加入次溴酸钠,将氨及铵盐氧化成亚硝酸盐,再加入盐酸和乙醇溶液,则亚硝酸盐迅速分解,生成二氧化氮,用空气载入气相分子吸收光谱仪的吸光管,测量该气体对锌空心阴极灯发射的 213.9nm 特征波长光的吸光度,以标准曲线法定量。专用气相分子吸收光谱仪安装有微型计算机,经用试剂空白溶液校零和用系列标准溶液绘制标准曲线后,即可根据水样吸光度值及水样体积,自动计算出分析结果。

本方法最低检出浓度为 0.005mg/L,测定上限为 100mg/L。可用于地表水、地下水、海水等水中氨氮的测定。

4) 滴定法

取一定体积水样,将其 pH 值调至 6.0~7.4,加入氯化镁使呈微碱性。加热蒸馏,释出的氨用硼酸溶液吸收。取全部吸收液,以甲基红—亚甲蓝为指示剂,用硫酸标准溶液滴定至绿色转变成淡紫色,根据硫酸标准溶液消耗量和水样体积计算氨氮含量。

典型例题解析

【例 14-14】 (2007)用纳氏试剂比色法测定水中氨氮,在测定前对一些干扰需做相应的预处理,在下列常见物质:①KI;②CO_2;③色度;④Fe^{3+};⑤氢氧化卤;⑥硫化物;⑦硫酸根;⑧醛;⑨酮;⑩浊度中,下列哪组是干扰项?

    A.①②④⑦⑧   B.①③⑤⑥⑧⑩
    C.②③⑤⑧⑨⑩   D.③④⑥⑧⑨⑩

解 纳氏试剂分光光度法具有灵敏、稳定等特点,但水样有色、浑浊和含钙、镁、铁等金属离子及硫化物、醛和酮类等均干扰测定,需作相应的预处理。选 D。

14.2.7 磷酸盐的监测与分析方法原理

在天然水和废(污)水中,磷主要以各种磷酸盐和有机磷(如磷脂等)形式存在,也存在于腐殖质粒子和水生物中。

1) 钼锑抗分光光度法

在酸性条件下,正磷酸盐与钼酸铵、酒石酸锑钾反应,生成磷钼杂多酸,被还原剂抗坏血酸还原,变成蓝色络合物,于 700nm 波长处测量吸光度。

该方法最低检出浓度为 0.001mg/L,测定上限为 0.6mg/L,适用于地表水和废水。

2) 孔雀绿—磷钼杂多酸分光光度法

在酸性条件下,利用碱性染料孔雀绿与磷钼杂多酸生成绿色离子缔合物,并以聚乙烯醇稳定显色液,直接在水相于 620nm 波长处测量吸光度。

该方法最低检出浓度为 1μg/L,适用浓度范围为 0~0.3mg/L,用于江河、湖泊等地表水及地下水中痕量磷的测定。

14.2.8 石油类的监测与分析方法原理

水中的石油类物质来自工业废水和生活污水的污染。测定水中石油类物质的方法有质量法(旧称"重量法")、红外分光光度法、非色散红外吸收法、紫外分光光度法、荧光法等。

1) 质量法

以硫酸酸化水样,用石油醚萃取矿物油,然后蒸发除去石油醚,称量残渣重,计算矿物油含量。

该方法是测定水中可被石油醚萃取的物质总量,石油的较重组分中可能含有不被石油醚萃取的物质。另外,蒸发除去溶剂时,使轻质油有明显损失。若废水中动、植物性油脂含量大,需用层析柱分离。该法适用于测定含油 10mg/L 以上的水样。

2) 红外分光光度法

用四氯化碳萃取水样中的油类物质,测定总萃取物,然后用硅酸镁吸附除去萃取液中的动、植物油等极性物质,测定吸附后滤出液中石油类物质。总萃取物和石油类物质的含量均由波数分别为 2 930 cm^{-1}(CH_2 基团中 C—H 键的伸缩振动)、2 960 cm^{-1}(CH_3 基团中 C—H 键的伸缩振动)和 3 030 cm^{-1}(芳香环中 C—H 键的伸缩振动)谱带处的吸光度 A_{2930}、A_{2960} 和 A_{3030} 进行计算。

本方法适用于各类水中石油类和动、植物油的测定。样品体积为 500mL,使用光程为

4cm 的比色皿时,检出限为 0.1mg/L。

3)非色散红外吸收法

测定时,先用硫酸将水样酸化,加氯化钠破乳化,再用四氯化碳萃取,萃取液经无水硫酸钠层过滤,滤液定容后测定。

所有含甲基、亚甲基的有机物质都将产生干扰。如水样中有动、植物性油脂以及脂肪酸物质应预先将其分离。此外,石油中有些较重的组分不溶于四氯化碳,致使测定结果偏低。

14.2.9 挥发酚的监测与分析方法原理

根据酚类物质能否与水蒸气一起蒸出,分为挥发酚与不挥发酚。通常认为沸点在 230℃ 以下的为挥发酚,而沸点在 230℃ 以上的为不挥发酚。

酚的主要分析方法有溴化滴定法、分光光度法、色谱法等。目前各国普遍采用的是 4-氨基安替吡林分光光度法;高浓度含酚废水可采用溴化滴定法。

1)4-氨基安替吡林分光光度法

酚类化合物于 pH 取 10.0 ± 0.2 的介质中,在铁氰化钾的存在下,与 4-氨基安替吡林(4-AAP)反应,生成橙红色的吲哚酚安替吡林燃料,在 510nm 波长处有最大吸收,用比色法定量。

用 20mm 比色皿测定,方法最低检出浓度为 0.1mg/L。如果显色后用三氯甲烷萃取,于 460nm 波长处测定,其最低检出浓度可达 0.002mg/L,测定上限为 0.12mg/L。此外,在直接光度法中,有色络合物不够稳定,应立即测定;氯仿萃取法有色络合物可稳定 3h。

2)溴化滴定法

在含过量溴(由溴酸钾和溴化钾产生)的溶液中,酚与溴反应生成三溴酚,并进一步生成溴代三溴酚。剩余的溴与碘化钾作用释放出游离碘。与此同时,溴代三溴酚也与碘化钾反应置换出游离碘。用硫代硫酸钠标准溶液滴定释放出的游离碘,并根据其消耗量,计算出以苯酚计的挥发酚含量。计算公式如下

$$\text{挥发酚(以苯酚计,mg/L)} = \frac{(V_1-V_2)c \times 15.68 \times 1\,000}{V} \quad (14-12)$$

式中:V_1——空白(以蒸馏水代替水样,加同体积溴酸钾—溴化钾溶液)试验滴定时硫代硫酸钠标准溶液用量(mL);

V_2——水样滴定时硫代硫酸钠标准溶液用量(mL);

c——硫代硫酸钠标准溶液得浓度(mol/L);

V——水样体积(mL);

15.68——苯酚($\frac{1}{6}C_6H_5OH$)摩尔质量(g/mol)。

典型例题解析

【例 14-15】(2008)采用 4-氨基安替吡林分光光度法测定水中的挥发酚,显色最佳的 pH 值范围是:

A.9.0~9.5　　　B.9.8~10.2　　　C.10.5~11.0　　　D.8.8~9.2

解 酚类化合物于 pH 值取 10.0 ± 0.2 的介质中,在铁氰化钾的存在下,与 4-氨基安替吡林(4-AAP)反应,生成橙红色的吲哚酚安替吡林燃料,在 510nm 波长处有最大吸收,用比色法定量。选 B。

> **【例 14-16】** (2014)通常认为挥发酚是指沸点在多少度以下的酚:
> A. 100℃ B. 180℃ C. 230℃ D. 550℃
>
> **解** 挥发酚是指沸点在 230℃ 以下的酚类。选 C。

> **【例 14-17】** (2014)《城镇污水处理厂污染物排放标准》规定污水中总磷测定方法采用:
> A. 钼酸铵分光光度法 B. 二硫腙分光光度法
> C. 亚甲基蓝分光光度法 D. 硝酸盐滴定法
>
> **解** 总磷测定采用钼酸铵分光光度法。选 A。

14.2.10 重金属的监测与分析方法原理

1) 铝

铝的测定方法有电感耦合等离子体原子发射光谱法(ICP-AES)、间接火焰原子吸收法和分光光度法等。

(1) 电感耦合等离子体原子发射光谱法

该方法是以电感耦合等离子矩为激光光源的光谱分析方法,具有准确度和精密度高、检出限低、测定快速、线性范围宽、可同时测定多种元素等优点。

测定要点:

① 水样预处理。测定溶解态元素,采样后立即用 $0.45\mu m$ 滤膜过滤,取所需体积滤液,加入硝酸消解。测定元素总量,取所需体积均匀水样,用硝酸消解。消解好后,均需定容至原取样体积,并使溶液保持 5% 的硝酸酸度。

② 配制标准溶液和试剂空白溶液。

③ 测量。调节好仪器工作参数,选两个标准溶液进行两点校正后,依次将试剂空白溶液、水样喷入 ICP 焰测定,扣除空白值后的元素测定值即为水样中该元素的浓度。

(2) 间接火焰原子吸收法

在 pH 值为 4.0~5.0 的乙酸-乙酸钠缓冲介质中及有 α-吡啶基-β-偶氮萘酚(PAN)存在的条件下,Al^{3+} 与 Cu(Ⅱ)-EDTA 发生定量交换,生成物 Cu(Ⅱ)-PAN 可被氯仿萃取,分离后,将水相喷入原子吸收分光光度计的空气—乙炔贫燃焰,测定剩余的铜,从而间接测定铝的含量。

该方法测定浓度范围为 $0.1~0.8mg/L$,可用于地表水、地下水、饮用水及污染较轻的废(污)水中铝的测定。

2) 汞

(1) 二硫腙分光光度法

水样在酸性介质中于 95℃ 用高锰酸钾和过硫酸钾消解,将无机汞和有机汞转化为二价汞后,用盐酸羟胺还原过剩的氧化剂,加入二硫腙溶液,与汞离子反应生成橙色螯合物,用三氯甲烷或四氯化碳萃取,再加入碱溶液洗去萃取液中过量的二硫腙,于 485nm 波长处测其吸光度,以标准工作曲线法定量。

该方法适用于工业废水和受汞污染的地表水中汞的测定,测定浓度范围为 $2~40\mu g/L$。

(2) 冷原子吸收法

水样经消解后,将各种形态的汞转变成二价汞,再用氯化亚锡将二价汞还原为元素汞。利用汞易挥发的特点，在室温下通入空气或氮气流将其气化，载入冷原子吸收测汞仪，测量对特征波长光的吸光度，与汞标准溶液的吸光度进行比较定量。汞原子蒸气对253.7nm的紫外光有强烈吸收，并在一定浓度范围内，吸光度与浓度成正比。

该方法适用于各种水体中汞的测定，在最佳条件下，最低检出浓度可达$0.05\mu g/L$。

(3)冷原子荧光法

该方法是将水样中的汞离子还原为基态汞原子蒸气，吸收253.7nm的紫外光后，被激发而发射特征共振荧光，在一定的测量条件下和较低的浓度范围内，荧光强度与汞浓度成正比。

该方法的最低检出浓度为$0.05\mu g/L$，测定上限可达$1\mu g/L$，且干扰因素少，适用于地面水、生活污水和工业废水。

3) 镉

测定镉的主要方法有原子吸收分光光度法、二硫腙分光光度法、阳极溶出伏安法和电感耦合等离子体原子发射光谱法(ICP-AES)。

(1)原子吸收分光光度法

该方法可测定七十多种元素，具有测定快速、准确、干扰少、可用同一试样分别测定多种元素等优点。测定废水和受污染的水中镉、铜、铅、锌等元素时，可采用直接吸入火焰原子吸收法；对于含量低的清洁地面水或地下水，用萃取或离子交换法富集后再用火焰原子吸收法测定，也可以用石墨炉原子吸收法测定，后者测定灵敏度高于前者，但基本干扰较火焰原子化法严重。

方法原理：将含待测元素的溶液通过原子化系统喷成细雾，随载气进入火焰，并在火焰中解离成基态原子。当空心阴极灯辐射出待测元素的特征波长光通过火焰时，因被火焰中待测元素的基态原子吸收而减弱。在一定实验条件下，特征波长光强的变化与火焰中待测元素基态原子的浓度有定量关系，从而与试样中待测元素的浓度(ρ)有定量关系，即

$$A = k'\rho \tag{14-13}$$

式中：A——待测元素的吸光度；

k'——与实验条件有关的系数，当实验条件一定时为常数。

可见，只要测得吸光度，就可以求出试样中待测元素的浓度。

(2)二硫腙分光光度法

在强碱性介质中，镉离子与二硫腙反应，生成红色螯合物，用三氯甲烷萃取分离后，于518nm处测其吸光度，用标准曲线法定量。其测定浓度范围为$1\sim 60\mu g/L$。

(3)阳极溶出伏安法

阳极溶出伏安法是在经典极谱分析法基础上发展起来的一种新方法，可用于多种金属元素的分析，具有灵敏、准确、快速、在同一试样中可连续测定几种元素等优点。

测定要点：

①水样预处理。对含有机质较多的地面水用硝酸—高氯酸消解，比较清洁的水直接取样测定。

②标准曲线绘制。分别取不同体积的镉、铜、铅、锌标准溶液，加入支持电解(高氯酸)，配制系列标准溶液，依次倾入电解池中，通氮气除氧，在$-1.30V$极化电压下于悬汞电极上富集3min，静置30s，使富集在悬汞电极表面的金属均匀化；将极化电压均匀地由负向正扫描(速度视浓度水平选择)，记录伏安曲线，对峰高分别作空白校正后，绘出峰高—浓度曲线。

③样品测定。取适量水样，在与标准系列溶液相同操作条件下，测量并绘制伏安曲线。根据经空白校正后各被测离子峰电流高度，从相应标准曲线上查知并计算其浓度。

当样品成分比较复杂时，可采用标准加入法。

4)铅

测定水体中铅的方法与测定镉的方法相同。广泛采用原子吸收分光光度法和二硫腙分光光度法,也可以用阳极溶出伏安法、示波极谱法和电感耦合等离子体发射光谱法(ICP-AES)。

二硫腙分光光度法基于在 pH 值为 8.5～9.5 的氨性柠檬酸盐—氰化物的还原介质中,铅与二硫腙反应生成红色螯合物,用三氯甲烷(或四氯化碳)萃取后于 510nm 波长处比色测定。

原子吸收法、阳极溶出伏安法测定铅的方法见镉的测定,ICP-AES 法测定铅见铝的测定。

5)铜

测定水中铜的方法主要有原子吸收分光光度法、二乙氨基二硫代甲酸钠萃取分光光度法和新亚铜灵萃取分光光度法,还可以用阳极溶出伏安法、示波极谱法、ICP-AES 法。

二乙氨基二硫代甲酸钠萃取分光光度法原理基于:在 pH 值为 9～10 的氨性溶液中,铜离子与二乙氨基二硫代甲酸钠(DDTC)作用,生成摩尔比为 1:2 的黄棕色胶体络合物,该络合物可被四氯化碳或三氯甲烷萃取,其最大吸收波长为 440nm。

该方法最低检出浓度为 0.01mg/L,测定上限可达 2.0mg/L,可用于地面水和工业废水中铜的测定。

原子吸收法、阳极溶出伏安法测定铜见镉的测定,ICP-AES 法测定铜见铝的测定。

6)锌

原子吸收分光光度法测定锌,灵敏度较高,干扰少,适用于各种水体。此外,还可选用二硫腙分光光度法、阳极溶出伏安法或示波极谱法、ICP-AES 法。

二硫腙分光光度法的原理基于:在 pH 值为 4～5 的乙酸缓冲介质中,锌离子与二硫腙反应生成红色螯合物,用四氯化碳或三氯甲烷萃取后,于其最大吸收波长 535nm 处,与四氯化碳作参比,测其经空白校正后的吸光度,用标准曲线法定量。

当使用 20mm 比色皿,试样体积 100mL 时,锌的最低检出浓度为 0.005mg/L,适用于测定天然水和轻度污染的地表水中的锌。

原子吸收法、阳极溶出伏安法测定锌见镉的测定,ICP-AES 法测定锌见铝的测定。

7)铬

铬的化合物常见价态有三价和六价。水中铬的测定方法主要有二苯碳酰二肼分光光度法、原子吸收分光光度法、等离子体发射光谱法和硫酸亚铁铵滴定法。分光光度法是国内外的标准方法;滴定法适用于含铬量较高的水样。

(1)二苯碳酰二肼分光光度法

六价铬的测定:在酸性介质中,六价铬与二苯碳酰二肼(DPC)反应,生成紫红色络合物,于 540nm 波长处进行比色测定。

总铬的测定:在酸性溶液中,首先将水样中的三价铬用高锰酸钾氧化成六价铬,过量的高锰酸钾用亚硝酸钠分解,过量的亚硝酸钠用尿素分解;然后加入二苯碳酰二肼显色,于 540nm 处进行分光光度测定。

(2)火焰原子吸收法测定总铬

将经消解处理的水样喷入空气-乙炔富燃(黄色)火焰,铬的化合物被原子化,于 357.9nm 波长处测其吸光度,用标准曲线法进行定量。

(3)硫酸亚铁铵滴定法

本法适用于总铬浓度大于 1mg/L 的废水。其原理为在酸性介质中,以银盐作催化剂,用过硫酸铵将三价铬氧化成六价铬。加少量氯化钠并煮沸,除去过量的过硫酸铵和反应中产生的氯气。以苯基代邻氨基苯甲酸作指示剂,用硫酸亚铁铵标准溶液滴定,至溶液呈亮绿色。根据硫酸亚铁铵溶液的浓度和进行试剂空白校正后的用量,可计算出水样中总铬的含量。

8) 砷

测定水体中砷的方法有新银盐分光光度法、二乙氨基二硫代甲酸银分光光度法、原子吸收分光光度法、原子荧光法、ICP-AES法。

(1) 新银盐分光光度法

该方法基于用硼氢化钾在酸性溶液中产生新生态氢,将水样中无机砷还原成砷化氢气体,用硝酸-硝酸银-聚乙烯醇-乙醇溶液吸收,则砷化氢将吸收液中的银离子还原成单质胶态银,使溶液呈黄色,其颜色强度与生成氢化物的量成正比。该黄色溶液对400nm光有最大吸收,且吸收峰形对称。以空白吸收液为参比测其吸光度,用标准曲线法测量。

(2) 二乙氨基二硫代甲酸银分光光度法

在碘化钾、酸性氯化亚锡作用下,五价砷被还原成三价砷,并与新生态氢反应,生成气态砷化氢,被吸收于二乙氨基二硫代甲酸银(AgDDC)—三乙醇胺的三氯甲烷溶液中,生成红色的胶体银,在510nm波长处,以三氯甲烷为参比测其经空白校正后的吸光度,用标准曲线法定量。

(3) 原子吸收分光光度法

硼氢化钾或硼氢化钠在酸性溶液中产生新生态氢,将水样中的无机砷还原成砷化氢,用N_2载入升温至900～1 000℃的电热石英管中,则砷化氢被分解,生成砷原子蒸气,对来自砷光源(常用无极放电灯)发射的特征光(193.7nm)产生吸收。将测得水样中砷的吸光度值与标准溶液的吸光度值比较,确定水样中砷的含量。

典型例题解析

【**例 14-18**】 (2010)日本历史上曾经发生的"骨痛病"与下列哪种金属对环境的污染有关?

    A. Pb   B. Cr   C. Hg   D. Cd

解 骨痛病与镉(Cd)有关。选 D。

14.2.11 总需氧量TOD的监测与分析方法原理

(1) 燃烧法测定TOD:将一定量的水样注入有铂催化剂的石英燃烧管,通过含已知氧浓度的载气(N_2)为原料气,水样中的还原物质在900℃下被燃烧氧化,测定前后原料气中氧气的减少量,即为水样的TOD值。

(2) 由TOD/TOC的值判断有机物种类:

TOD/TOC≈2.67,主要为含碳有机物。

TOD/TOC>4.0,主要为含S、P有机物。

TOD/TOC<2.6,含有大量硝酸盐、亚硝酸盐。

14.2.12 总有机碳TOC的监测与分析方法原理

燃烧氧化法——非色散红外吸收法测TOC:将一定量的水样注入高温炉内的石英管中,在900～950℃温度下,以铂和三氧化钴为催化剂,使有机物燃烧裂解为CO_2,然后用红外线气体

分析仪测定 CO_2 的含量,从而得知水样中总碳的含量。

经典练习

14-11 高锰酸钾修正法适用于含大量亚铁离子,不含其他还原剂及有机物的水样。用高锰酸钾氧化亚铁离子,消除干扰,但过量的高锰酸钾应用下列哪种物质除去（　　）。

  A. 过氧化氢（俗称双氧水） B. 草酸钾溶液
  C. 盐酸 D. 草酸钠溶液

14-12 重铬酸钾法测定化学需氧量时,回流时间为（　　）。

  A. 30min B. 2h C. 1h D. 1.5h

14-13 冷原子吸收法原理:汞原子对波长为 253.7nm 的紫外光有选择性吸收,在一定的浓度范围内,吸光度与汞浓度成（　　）。

  A. 正比 B. 反比
  C. 负相关关系 D. 线性关系

14-14 测定水样,水中有机物含量高时,应稀释水样测定,稀释水要求（　　）。

  A. pH 值为 7.2,BOD_5 应小于 0.5mg/L
  B. pH 值为 7.5,BOD_5 应小于 0.2mg/L
  C. pH 值为 7.2,BOD_5 应小于 0.2mg/L
  D. pH 值为 7.0,BOD_5 应小于 0.5mg/L

14-15 （2007）已知 $K_2Cr_2O_7$ 的分子量为 294.2,Cr 的分子量为 51.996,欲配制浓度为 400.0mg/L 的 Cr^{6+} 标准溶液 500.0mL,则应称取基准物质 $K_2Cr_2O_7$ 以克为单位的质量为（　　）。

  A. 0.200 0g B. 0.565 8g
  C. 1.131 6g D. 2.829 1g

14-16 欲配制理论 COD 值为 500mg/L 的葡萄糖溶液 1 升,需要称取葡萄糖的质量为（　　）。

  A. 450.38mg B. 325.78mg
  C. 468.75mg D. 514.80mg

14-17 测定水样 BOD_5 时,如水样中无微生物,则应于稀释水中接种微生物,可采用（　　）。

  A. 在每升稀释水中加入生活污水上层清液 1～10mL
  B. 在每升稀释水中加入河水、湖水 20～100mL
  C. 在每升稀释水中加入表层土壤浸出液 10～20mL
  D. 在每升稀释水中加入河水、湖水 50～100mL

14-18 测定某水样的生化需氧量时,培养液 300mL,其中原水 100mL。水样培养前、后的溶解氧含量分别为 8.39mg/L 和 1.41mg/L。稀释水培养前、后的溶解氧含量分别为 8.87mg/L 和 8.79mg/L。该水样的 BOD_5 值是（　　）。

  A. 10.4mg/L B. 20.8mg/L
  C. 15.4mg/L D. 18.6mg/L

14-19 日本历史上曾经发生的"水俣病"与下列哪种金属对环境的污染有关？（　　）

  A. Pb B. Cr C. Hg D. Cd

14.3 大气和废气监测与分析

考试大纲：气态和蒸汽态污染物质的监测　颗粒物的测定　固定污染源监测

必备基础知识

14.3.1 气态和蒸汽态污染物质的监测

1）SO_2 的测定

SO_2 是主要空气污染物之一，为例行监测的必测项目。测定空气中 SO_2 常用的方法有分光光度法、紫外荧光法、电导法、定电位电解法和气相色谱法。下面主要介绍分光光度法和定电位电解法。

（1）分光光度法

①四氯汞钾溶液吸收——盐酸副玫瑰苯胺分光光度法

原理：空气中的 SO_2 被四氯汞钾溶液吸收后，生成稳定的二氯亚硫酸盐络合物，该络合物再与甲醛及盐酸副玫瑰苯胺作用，生成紫色络合物，其颜色深浅与 SO_2 含量成正比。

测定要点：有两种操作方法。方法一所用盐酸副玫瑰苯胺显色溶液含磷酸量较方法二少，最终显色溶液 pH 值为 1.6 ± 0.1，呈红紫色，最大吸收波长在 548nm 处，试剂空白值较高，最低检出限为 $0.75\mu g/25mL$；当采样体积为 30L 时，最低检出浓度为 $0.025mg/m^3$。方法二最终显色溶液 pH 值为 1.2 ± 0.1，呈蓝紫色，最大吸收波长在 575nm 处，试剂空白值较低，最低检出限为 $0.40\mu g/7.5mL$；当采样体积为 10L 时，最低检出浓度为 $0.04mg/m^3$，灵敏度略低于方法一。

测定时，首先配制好所需试剂，用空气采样器采样，然后按照方法一或方法二要求的条件，用亚硫酸钠标准溶液配制标准色列、试剂空白溶液，并将样品吸收液显色、定容；最后，在最大吸收波长处以蒸馏水作参比，用分光光度计测定标准色列、试剂空白和样品试液的吸光度；以标准色列 SO_2 含量为横坐标，相应吸光度为纵坐标，绘制标准曲线，并计算出计算因子（标准曲线斜率的倒数），按下式计算空气中 SO_2 浓度：

$$\rho = \frac{(A-A_0)B_s}{V_0} \cdot \frac{V_t}{V_a} \tag{14-14}$$

式中：ρ——空气中 SO_2 浓度（mg/m^3）；
　A——样品试液的吸光度；
　A_0——试剂空白溶液的吸光度；
　B_s——计算因子（μg/吸光度）；
　V_0——换算成标准状况下的采样体积（L）；
　V_t——气样吸收液总体积（mL）；
　V_a——测定时所取气样吸收液体积（mL）。

②甲醛缓冲溶液吸收——盐酸副玫瑰苯胺分光光度法

原理：气样中的 SO_2 被甲醛缓冲溶液吸收后，生成稳定的羟基甲基磺酸加成化合物，加入氢氧化钠溶液使加成化合物分解，释放出 SO_2 与盐酸副玫瑰苯胺反应，生成紫红色络合物，其最大吸收波长为 577nm，用分光光度法测定。当用 10mL 吸收液采气 10L 时，最低检出浓度

为 $0.020mg/m^3$。

③钍试剂分光光度法

原理：空气中 SO_2 用过氧化氢溶液吸收并氧化成硫酸。硫酸根离子与定量加入的过量高氯酸钡反应，生成硫酸钡沉淀，剩余钡离子与钍试剂作用生成紫红色的钍试剂—钡络合物，据其颜色深浅，间接进行定量测定。有色络合物最大吸收波长为520nm。当用 50mL 吸收液采气 $2m^3$ 时，最低检出浓度为 $0.01mg/m^3$。

④紫外荧光法：在波长190～230mm紫外光照射下，SO_2 吸收紫外光转为激发态，激发态的 SO_2 不稳定，返回基态的同时释放出波峰 330nm 的荧光，荧光光强与 SO_2 的量成正比，使用充电倍增管及电子测量系统测定荧光强度，即可得 SO_2 浓度。

(2) 定电位电解法

定电位电解法是一种建立在电解基础上的监测方法，其传感器为一由工作电极、对电极、参比电极及电解液组成的电解池。定电位电解传感器将被测气体中 SO_2 浓度信号转变成电流信号，经信号处理系统进行 I/V 变换、放大等处理后，送入显示、记录系统指示测定结果。

2) 氮氧化物的测定

空气中的氮氧化物以 NO、NO_2、N_2O_3、N_2O_4、N_2O_5 等多种形态存在，其中 NO_2 和 NO 是主要存在形态。空气中 NO、NO_2 常用的测定方法为盐酸萘乙二胺分光光度法、化学发光法、原电池库仑法及定电位电解法。

(1) 盐酸萘乙二胺分光光度法

用冰乙酸、对氨基苯磺酸和盐酸萘乙二胺配成吸收液采样，空气中的 NO_2 被吸收转变成亚硝酸和硝酸。在冰乙酸存在条件下，亚硝酸与对胺基苯磺酸发生重氮化反应，然后再与盐酸萘乙二胺耦合，生成玫瑰红色偶氮染料，用分光光度法测定。

NO_x 的含量计算公式：

$$NO_x(NO_2) = \frac{(A-A_0) \cdot B_s}{0.76 \cdot V_n}(mg/m^3)$$

式中：A——试样的吸光度；

A_0——空白溶液的吸光度；

B_s——NO_x 微克数；

V_n——标准状态下采样体积。

(2) 原电池库仑法

该方法与常规库仑滴定法的不同之处是库仑池不施加直流电压，而依据原电池原理工作。缺点是 NO_2 在水溶液中发生副反应，造成电流损失。

3) CO 的测定

测定空气中 CO 的方法有非分散红外吸收法、气相色谱法、定电位电解法、汞置换法等。其中，非分散红外吸收法常用于自动监测。

(1) 非分散红外吸收法

CO 的红外吸收峰为 $4.5\mu m$，CO_2 为 $4.3\mu m$，水蒸气为 $3\mu m$ 和 $6\mu m$，后二者与 CO 红外吸收峰相近，因此测定前需除去水蒸气及 CO_2。当 CO 气态分子受到红外辐射时，将吸收各自特征波长的红外光，引起分子振动能级和转动能级的跃迁，产生振动—转动吸收光谱，即红外吸收光谱。在一定气态物质浓度范围内，吸收光谱的峰值（吸光度）与气态物质浓度之间的关系符合朗伯—比尔定律，因此，测定其吸光度即可确定气态物质浓度。

(2)气相色谱法

用该方法测定空气中CO的原理为:空气中的CO、CO_2和甲烷经TDX-01碳分子筛柱分离后,于氢气流中在镍催化剂(360℃±10℃)作用下,CO、CO_2皆能转化为CH_4,然后用氢火焰离子化检测器分别测定上述三种物质,其出峰顺序为:CO、CH_4、CO_2。

测定时,先在预定实验条件下用定量管加入各组分的标准气样,记录色谱峰,测其峰高,按下式计算定量校正值:

$$K=\frac{\rho_s}{h_s} \tag{14-15}$$

式中:K——定量校正值,表示每毫米峰高代表的CO(或CH_4、CO_2)浓度(mg/m^3);

ρ_s——标准气样中CO(或CH_4、CO_2)浓度(mg/m^3);

h_s——标准气样中CO(或CH_4、CO_2)峰高(mm)。

在测定标准气样相同的条件下测定气样,测量各组分的峰高(h_x),按下式计算CO(或CH_4、CO_2)的浓度ρ_x:

$$\rho_x=h_x K \tag{14-16}$$

为保证催化剂的活性,在测定之前,转化炉应在360℃下通气8h;氢气和氮气的纯度应高于99.9%。当进样量为1mL时,检出限为$0.2mg/m^3$。

(3)汞置换法

汞置换法即冷原子吸收法,该方法基于气样中的CO与活性氧化汞在180~200℃下反应,置换出汞蒸汽,带入冷原子吸收测汞仪测定汞的含量,再换算成CO浓度。

4)光化学氧化剂的测定

测定空气中光化学氧化剂常用硼酸-碘化钾分光光度法,其原理为:用硼酸-碘化钾吸收液吸收空气中的臭氧及其他氧化剂,碘离子被氧化析出碘分子的量与臭氧等氧化剂有定量关系,于352nm处测定游离碘的吸光度,与标准色列吸光度比较,可得总氧化剂浓度,扣除NO_x参加反应的部分后,即为光化学氧化剂的浓度。

5)O_3的测定

O_3是强氧化剂之一,它是空气中的氧在太阳紫外线的照射下或受雷击形成的。目前测定空气中臭氧广泛采用的方法有硼酸碘化钾分光光度法、靛蓝二磺酸钠分光光度法、化学发光法和紫外线吸收法。

(1)硼酸碘化钾分光光度法

该方法为用含有硫代硫酸钠的硼酸碘化钾溶液作吸收液采样,空气中的O_3等氧化剂氧化碘离子为碘分子,而碘分子又立即被硫代硫酸钠还原,剩余硫代硫酸钠加入过量碘标准溶液氧化,剩余碘于352nm处以水为参比测定吸光度。同时采集零气(除去的O_3空气),并准确加入与采集空气样品相同量的碘标准溶液,氧化剩余的硫代硫酸钠,于352nm测定剩余碘的吸光度,则气样中剩余碘的吸光度减去零气样剩余碘的吸光度即为气样中O_3氧化碘化钾生成碘的吸光度。根据标准曲线建立的回归方程式,按下式计算:

$$O_3(mg/L)=\frac{f[(A_1-A_2)-a]}{bV_N} \tag{14-17}$$

式中:A_1——总氧化剂样品溶液的吸光度;

A_2——零气样品溶液的吸光度;

f——样品溶液最后体积与系列标准溶液体积之比;

a——回归方程式的截距；

b——回归方程式的斜率(吸光度$/\mu gO_3$)；

V_N——标准状况下的采样体积(L)。

(2)靛蓝二磺酸钠分光光度法

用含有靛蓝二磺酸钠的磷酸盐缓冲溶液作吸收液采集空气样品,则空气中的O_3与蓝色的靛蓝二磺酸钠发生等摩尔反应,生成靛红二磺酸钠,使之褪色,于610nm波长处测其吸光度,用标准曲线法定量。

6) 氟化物的测定

空气中的气态氟化物主要是氟化氢,也可能有少量氟化硅和氟化碳。测定空气中氟化物的方法有分光光度法、离子选择电极法等。离子选择电极法具有简便、准确、灵敏和选择性好等优点,是目前广泛采用的方法。

7) 硫酸盐化速率的测定

污染源排放到空气中的SO_2、H_2S、H_2SO_4蒸气等含硫污染物,经过一系列氧化演变和反应,最终形成危害更大的硫酸雾和硫酸盐雾,这种演变过程的速度称为硫酸盐化速率。其测定方法有二氧化铅—质量法(旧称"重量法",下同)、碱片—质量法、碱片—离子色谱法和碱片—铬酸钡分光光度法等。

(1)二氧化铅—质量法

大气中的SO_2、硫酸雾、H_2S等与二氧化铅反应生成硫酸铅,用碳酸钠溶液处理,使硫酸铅转化为碳酸铅,释放出硫酸根离子,再加入$BaCl_2$溶液,生成$BaSO_4$沉淀,用质量法测定,结果以每日在$100cm^2$二氧化铅面积上所含SO_3的毫克数表示。最低检出浓度为$0.05mgSO_3/(100cm^2PbO_2 \cdot d)$。

测定要点:

①PbO_2采样管制备。在素瓷管上涂一层黄蓍胶乙醇溶液,将适当大小的湿纱布平整地绕贴在素瓷管上,再均匀地刷上一层黄蓍胶乙醇溶液,除去气泡,自然晾至近干后,将PbO_2与黄蓍胶乙醇溶液研磨制成的糊状物均匀地涂在纱布上,涂布面积约$100cm^2$,晾干,移入干燥器存放。

②采样。将PbO_2采样管固定在百叶箱中,在采样点上放置$(30±2)d$。注意不要靠近烟囱等污染源;收样时,将PbO_2采样管放入密闭容器中。

③准确测量PbO_2涂层的面积,将采样管放入烧杯中,用碳酸钠溶液淋洗涂层,洗涤液经搅拌放置后,加热并过滤;滤液加适量盐酸溶液,加热驱尽CO_2后,滴加$BaCl_2$溶液,至$BaSO_4$沉淀完全,用恒重的玻璃砂芯坩埚过滤,并洗涤至滤液中不含氯离子。沉淀于105℃下烘至恒重,同时,用空白采样管按同样操作测定试剂空白值,按下式计算:

$$硫酸盐化速率[mg/(100cm^2 \cdot d)] = \frac{m_s - m_0}{S \cdot n} \cdot \frac{M_{SO_3}}{M_{BaSO_4}} \times 100\% \quad (14-18)$$

式中:m_s——样品管测得$BaSO_4$的质量(mg);

m_0——空白管测得$BaSO_4$的质量(mg);

S——采样管上PbO_2涂层面积(cm^2);

n——采样天数,准确至0.1d;

$\dfrac{M_{SO_3}}{M_{BaSO_4}}$——$SO_3$与$BaSO_4$相对分子量之比值,0.343。

(2)碱片—质量法

将用碳酸钾溶液浸渍的玻璃纤维滤膜暴露于空气中,碳酸钾与空气中 SO_2 等反应生成硫酸盐,加入 $BaCl_2$ 溶液将其转化为 $BaSO_4$ 沉淀,用质量法测定,测定结果表示方法同二氧化铅法。该方法最低检出浓度为 $0.05mgSO_3/(100cm^2$ 碱片·d)。

(3)碱片—离子色谱法

该方法用碱片法采样,采样碱片经碳酸钠—碳酸氢钠稀溶液浸取后,获得样品溶液,注入离子色谱仪测定。

(4)碱片—铬酸钡分光光度法

在弱酸性溶液中,采样碱片中的 SO_4^{2-} 与铬酸钡发生置换反应,在氨—乙醇溶液中分离硫酸钡及过量铬酸钡后,反应释放的黄色铬酸根离子的浓度与硫酸根的浓度成正比,用分光光度法间接测定硫酸根浓度。

8)汞的测定

汞的测定方法有分光光度法、冷原子吸收法、冷原子荧光法等,其中,冷原子吸收法和冷原子荧光法应用比较广泛。

典型例题解析

【例 14-19】 (2010)用溶液吸收法测定大气中的 SO_2,吸收液体积为 10mL,采样流量为 0.5L/min,采样时间 1h,采样时气温为 30℃,大气压为 100.5kPa,将吸收液稀释至 20mL,测得的 SO_2 浓度为 0.2mg/L,求大气中 SO_2 在标准状态下的浓度。

  A.$0.15mg/m^3$ B.$0.075mg/m^3$
  C.$0.13mg/m^3$ D.$0.30mg/m^3$

解 采样体积 $0.5L/min×1h=30L=0.03m^3$,根据公式 $PV=nRT$(在标准状态下,$P=101.325kPa$,$T=273.15K$)换为标准状况下的体积,$\frac{V}{0.03m^3}=\frac{100.5kPa}{101.325kPa}×\frac{273.15K}{(273.15+30)K}$,即 $V=0.0268m^3$;将吸收液稀释至 20mL,测得的 SO_2 浓度为 0.2mg/L,则原来的浓度为 0.4 mg/L,得 $0.4×(10×10^{-3})/0.0268=0.15mg/m^3$。选 A。

14.3.2 颗粒物的测定

空气中颗粒物的测定项目有总悬浮颗粒物浓度、可吸入颗粒物浓度、自然降尘量、颗粒物中化学组分含量等。

1)总悬浮颗粒物(TSP)的测定

测定总悬浮颗粒物,国内外广泛采用滤膜捕集—质量法。原理为用抽气动力抽取一定体积的空气通过已恒重的滤膜,则空气中的悬浮颗粒物被阻留在滤膜上,根据采样前后滤膜质量之差及采样体积,即可计算 TSP 的浓度。

根据采样流量不同分为大流量、中流量和小流量采样法。大流量(1.1~1.7m^3/min)采样使用大流量采样器连续采样 24h,按下式计算:

$$TSP(mg/m^3)=\frac{m}{Q_N·t} \tag{14-19}$$

式中:m——阻留在滤膜上的 TSP 质量(mg);

   Q_N——标准状况下的采样流量(m^3/min);

  t——采样时间(min)。

2）可吸入颗粒物（PM_{10}）的测定

粒径小于$10\mu m$的颗粒物称为飘尘，表示为PM_{10}。测定PM_{10}的方法是：首先用切割粒径$D=(10\pm1)\mu m$、δ_g（几何标准差）$=1.5\pm0.1$的切割器将大颗粒物分离，然后用质量法或β射线吸收法、压电晶体差频法、光散射法测定。

（1）质量法

根据采样流量不同，分为大流量采样—质量法、中流量采样—质量法和小流量采样—质量法。

大流量采样—质量法使用安装有大粒子切割器的大流量采样器采样，将PM_{10}收集在已恒重的滤膜上，根据采样前后滤膜质量之差及采气体积，即可计算出PM_{10}的质量浓度。

中流量采样—质量法使用安装有大粒子切割器的中流量采样器采样，测定方法同大流量法。

小流量采样—质量法使用小流量采样，采样器流量计一般用皂膜流量计校准，其他同大流量法。

（2）压电晶体差频法

气体经大粒子切割器剔除大颗粒物，PM_{10}颗粒进入测量气室。当有气样进入仪器时，则测量石英谐振器因集尘而质量增加，使其振荡频率降低，两振荡器频率之差经信号处理系统转换成PM_{10}浓度并在数显屏幕上显示。

（3）光散射法

该方法测定原理基于悬浮颗粒物对光的散射作用，其散射光强度与颗粒物浓度成正比。

3）灰尘自然沉降量的测定

在空气环境条件下，单位时间靠重力自然沉降落在单位面积上的颗粒物量称为自然降尘量，简称降尘，其粒径一般$>10\mu m$。

在集尘器中注少量水，不使其被大风吹走，采样结束后，剔除集尘器中的树叶、小虫等异物，其余部分定量转移至1 000mL烧杯中，加热蒸发浓缩至10～20mL后，再转移至已恒重的磁坩埚中，蒸干后于(105 ± 5)℃恒重。按下式计算：

$$降尘量[t/(km^2·30d)]=\frac{m_1-m_0-m_a}{S·n}\times30\times10^4 \quad (14-20)$$

式中：m_1——降尘瓷坩埚和乙二醇水溶液蒸干并在(105 ± 5)℃恒重后的质量（g）；

m_0——在(105 ± 5)℃烘干至恒重的瓷坩埚的质量（g）；

m_a——加入的乙二醇水溶液经蒸发和烘干至恒重后的质量（g）；

S——集尘缸口的面积（cm^2）；

n——采样天数，准确至0.1d。

典型例题解析

【例14-20】（2008）采用重量法测定空气中可吸入颗粒物的浓度。采样时现场气温为18℃，大气压力为98.2kPa，采样流速为13L/min，连续采样24h。若采样前滤膜质量为0.352 6g，采样后滤膜质量为0.596 1g，试计算空气中可吸入颗粒物的浓度。

    A. 13.00mg/m^3 B. 13.51mg/m^3

    C. 14.30mg/m^3 D. 15.50mg/m^3

解 采样流量为13L/min×24h＝18.72m^3，空气中可吸入颗粒物的浓度为$\frac{0.596\ 1-0.352\ 6}{18.72}\times10^3$mg/$m^3$＝13.007mg/$m^3$。选A。

14.3.3 固定污染源监测

1) 采样点的布设

采样位置应选在气流分布均匀、稳定的平直管段上，避开弯头、变径管、三通管及阀门等易产生涡流的阻力构件。一般原则是按照废气流向，将采样断面设在阻力构件下游方向大于6倍管道直径处或上游方向大于3倍管道直径处。采样断面的气流流速应小于5m/s，采样位置最好选择在垂直管道上。

采样点的位置和数目主要根据烟道断面的形状、尺寸大小和流速分布情况确定。对圆形烟道，在选定的采样断面上设两个相互垂直的采样孔，将烟道断面分成一定数量的同心等面积圆环，沿着两个采样孔中心线设4个采样点；对矩形（或方形）烟道，将烟道断面分成一定数目的等面积矩形小块，各小块中心即为采样点位置，各小块面积一般不超过 $0.6m^2$。对拱形烟道，可将其上部圆形部分采用圆形烟道布点方式，下部矩形部分采用矩形烟道布点方式。

2) 基本状态参数的测量

烟道排气的体积、温度和压力是烟气的基本状态常数，也是计算烟气流速、烟尘及有害物质浓度的依据。其中，烟气体积由采样流量和采样时间的乘积求得，而采样流量由测点烟道断面乘以烟气流速得到，流速又由烟气压力和温度计算得知。

3) 含湿量的测定

与空气相比，烟气中的水蒸气含量较高，变化范围较大，为便于比较，监测方法规定以除去水蒸气后标准状态下的干烟气为基准表示烟气中的有害物质的测定结果。含湿量的测定方法有质量法、冷凝法、干湿球法等。

4) 烟尘浓度的测定

抽取一定体积烟气通过已知重量的捕尘装置，根据捕尘装置采样前后的质量差和采样体积，计算排气中烟尘浓度。测定排气烟尘浓度必须采用等速采样法，即烟气进入采样嘴的速度应与采样点烟气流速相等。

5) 烟气组分的测定

烟道排气组分包括主要气体组分和微量有害气体组分。主要气体组分为氮、氧、二氧化碳和水蒸气等。

烟气中的主要组分可采用奥式气体分析器吸收法和仪器分析法测定。

对于含量较低的有害组分，其测定方法原理大多与空气中气态有害组分相同；对于含量较高的组分，多选用化学分析法。

典型例题解析

【例 14-21】 烟气中的主要组分是：
A. 氮氧化物、硫氧化物、二氧化碳和水蒸气
B. 一氧化碳、氮氧化物、硫氧化物和硫化氢
C. 氮、氧、二氧化碳和水蒸气
D. 氮氧化物、硫氧化物和一氧化碳

解 烟道排气组分包括主要气体组分和微量有害气体组分。主要气体组分为氮、氧、二氧化碳和水蒸气等。选 C。

经典练习

14-20 在测试某水样氨氮时,取 10mL 水样于 50mL 比色管中,从校准曲线上查得氨氮为 0.018mg,水样中氨氮含量是(　　)。

  A. 1.8mg/L   B. 0.36mg/L   C. 9mg/L   D. 0.018mg/L

14-21 可吸入颗粒物的粒径为(　　)。

  A. 100μm 以下   B. 1μm 以下   C. 10μm 以下   D. 10μm~100μm

14-22 烟气的基本状态常数是(　　)。

  A. 烟气流速、温度和压力

  B. 烟气体积、温度和压力

  C. 烟气含湿量、体积和压力

  D. 烟气温度、含湿量、体积

14-23 在烟道气监测中,一般按照废气流向,将采样断面设在阻力构件下游方向(　　)。

  A. 小于 6 倍管道直径处或上游方向大于 3 倍管道直径处

  B. 大于 6 倍管道直径处或上游方向大于 3 倍管道直径处

  C. 大于 6 倍管道直径处或上游方向小于 3 倍管道直径处

  D. 小于 6 倍管道直径处或上游方向小于 3 倍管道直径处

14-24 某采样点温度为 27℃,大气压力为 100kPa,现用溶液吸收法测定 SO_2 的小时平均浓度,采样时间 1h,采样流量 0.5L/min,吸收液定容至 50.00mL,取 5.00mL 用分光光度法测知 SO_2 为 1.0μg,该采样点大气在标准状态下的 SO_2 小时平均浓度为(　　)。

  A. 1.00mg/m³   B. 0.60mg/m³   C. 0.25mg/m³   D. 0.37mg/m³

14-25 采用重量法测定空气中可吸入颗粒物的浓度。采样时现场气温为 18℃,大气压力为 98.2kPa,采样流速为 15L/min,连续采样 24h。若采样前滤膜质量为 0.3826g,采样后滤膜质量为 0.6241g,试计算空气中可吸入颗粒物的浓度(　　)。

  A. 10.21mg/m³   B. 10.54mg/m³   C. 11.09mg/m³   D. 11.18mg/m³

14.4 固体废弃物监测与分析

考试大纲:固体废弃物的有害特性监测　生活垃圾特性分析

必备基础知识

14.4.1 固体废弃物的有害特性监测

1) 急性毒性的初筛试验

以体重 18~24g 的小白鼠(或 200~300g 大白鼠)作为实验动物。称取制备好的样品 100g,置于 500mL 具磨口玻璃塞的三角瓶中,加入 100mL(pH 值为 5.8~6.3)水,振摇 3min 于室温下静止浸泡 24h,用中速定量滤纸过滤,滤液留待灌胃用。对 10 只小白鼠(或大白鼠)进行一次性灌胃,每只灌浸出液 0.50(或 4.80)mL,对灌胃后的小白鼠(或大白鼠)进行中毒症状观察,记录 48h 内动物死亡数。

2）易燃性的试验方法

鉴别易燃性的方法是测定闪点。测定步骤为：仪器采用闭口闪点测定仪，温度采用1号温度计(−30～170℃)或2号温度计(100～300℃)，按标准要求加热试样至一定温度，停止搅拌，每升高1℃点火一次，至试样上方刚出现蓝色火焰时，立即读出温度计上的温度值，该值即为测定结果，仪器采用闭口闪点测定仪。

3）腐蚀性的试验方法

腐蚀性指通过接触能损伤生物细胞组织或腐蚀物体而引起危害。测定方法有两种：一种是测定pH值，另一种是指在55.7℃以下对钢制品的腐蚀率。

现简单介绍一下pH值的测定。仪器采用pH计或酸度计，最小刻度单位在0.1pH单位以下。方法是用与待测样品pH值相近的标准溶液校正pH计，并加以温度补偿。

4）反应性的试验方法

测定方法包括：①撞击感度测定；②摩擦感度测定；③差热分析测定；④爆炸点测定；⑤火焰感度测定。

5）遇水反应性试验方法

遇水反应性包括：①固体废物与水发生剧烈反应而放出热量，使体系温度升高，可用温升实验测定；②与水反应释放出有害气体，如乙炔、硫化氢、砷化氢、氰化氢等。

6）浸出毒性试验

固体废物受到水的冲淋、浸泡，其中有害成分将会转移到水相而污染地面水、地下水，导致二次污染。

浸出试验采用规定办法浸出水溶液，然后对浸出液进行分析。我国规定的分析项目有汞、镉、砷、铬、铅、铜、锌、镍、锑、铍、氟化物、氰化物、硫化物、硝基苯类化合物。

典型例题解析

【例14-22】（2007）将固体废弃物浸出液按规定量给小白鼠（或大白鼠）进行灌胃，记录48h内的动物死亡率，此试验是用来鉴别固体废弃物的哪种有害特性？

    A. 浸出毒性   B. 急性毒性
    C. 口服毒性   D. 吸入毒性

解 考查急性毒性的初筛试验。选B。

【例14-23】（2014）用电位法测定废弃物浸出液的pH值，是为了鉴别其何种有害特性？

    A. 易燃性   B. 腐蚀性   C. 反应性   D. 毒性

解 腐食性测定方法有两种：一种是测定pH值，一种是在55.7℃以下对钢制品的腐蚀率。选B。

14.4.2 生活垃圾特性分析

1）垃圾采集和试样处理

从不同的垃圾产生地、储存场或堆放场采集有整体代表性的试样，是垃圾特性分析的第一步，也是保证数据准确的重要前提。为此，应充分研究垃圾产生地区的基本情况，还要考虑在收集、运输、储存过程等可能的变化，然后制订周密的采样计划。采样过程必须详细记录地点、时间、种类、表观特性等。在记录卡传递过程中,必须有专人签署便于查核。

2)采样量

采样量通常依据被分析的量、最大粒度和体积来确定各类垃圾试样的最低量。例如,国外曾按下式计算:

$$G = 0.06d \tag{14-21}$$

式中:G——试样质量(kg);

d——垃圾的最大粒度(mm)。

试样根据情况进行粉碎、干燥再储存。水分含量、pH值、垃圾的质量、体积、容量等应按要求测定、记录。

3)垃圾的粒度分级

粒度分级采用筛分法,按筛目排列,依次连续摇动15min,转到下一号筛子,然后计算每一粒度微粒所占的百分比。如果需要在试样干燥后再称量,则需在70℃的温度下烘干24h,然后再在干燥器中冷却后筛分。

4)淀粉的测定

垃圾在堆肥处理过程中,需借助淀粉量分析来鉴定堆肥的腐熟程度。堆肥颜色的变化过程是深蓝—浅蓝—灰—绿—黄。这种试样分析实验的步骤是:①将1g堆肥置于100mL烧杯中,滴入几滴酒精使其湿润,再加入20mL、36%的高氯酸;②用纹网滤纸过滤;③加入20mL碘反应剂到滤液中并搅动;④将几滴滤液滴到白色板上,观察其颜色变化。

5)生物降解度的测定

垃圾中含有大量天然的和人工合成的有机物质,有的容易生物降解,有的难以生物降解。通过试验已经寻找出一种可以在室温下对垃圾生物降解做出适当估计的COD试验方法,即:

(1)称取0.5g已烘干磨碎的试样于500mL锥形瓶中。

(2)准确量取20mL$[c\frac{1}{6}(K_2Cr_2O_7) = 2mol/L]$重铬酸钾溶液加入样品瓶中并充分混合。

(3)用另一支量筒量取20mL硫酸加到样品瓶中。

(4)在室温下将这一混合物放置12h且不断摇动。

(5)加入大约15mL蒸馏水。

(6)再依次加入10mL磷酸、0.2g氟化钠和30滴指示剂,每加入一种试剂后必须混合。

(7)用标准硫酸亚铁铵溶液滴定,在滴定过程中颜色的变化是棕绿→绿蓝→蓝→绿,在等当点时出现的是纯绿色。

(8)用同样的方法在不放试样的情况下做空白试验。

(9)如果加入指示剂时已出现绿色,则试验必须重做,必须再加30mL重铬酸钾溶液;

(10)生物降解物质的计算:

$$BDM = \frac{(V_2 - V_1) \cdot V \cdot c(1.28)}{V_2} \tag{14-22}$$

式中:BDM——生物降解度;

V_1——滴定体积(mL);

V_2——空白试验滴定体积(mL);

V——重铬酸钾的体积(mL);

c——重铬酸钾的浓度。

6)热值的测定

热值是废物焚烧处理的重要指标,分高热值(Ho)和低热值(Hu)。当垃圾的高热值测出后,应扣除水蒸发和燃烧时加热物质所需要的热量,低热值在实际工作中意义更大,由高热值换算成低热值。热值的测定可以用量热计法或热耗法。

7)垃圾渗滤液的测定

垃圾渗滤液具有以下特点:

(1)成分不稳定;

(2)浓度随填埋时间变化;

(3)几乎不含油类、氰化物、铬、汞等。

垃圾渗滤液的测定项目主要是 PH、COD、BOD、脂肪酸、NH_3—N、氯、钠、镁、钾、钙、铁、锌等。

典型例题解析

【例 14-24】 垃圾在堆肥处理过程中,需借助(　　)分析来鉴定堆肥的腐熟程度。

A. 堆肥颜色　　　　　　　　B. 温度

C. 淀粉量　　　　　　　　　D. 生物降解量

解 垃圾在堆肥处理过程中,需借助淀粉量分析来鉴定堆肥的腐熟程度。选 C。

经典练习

14-26 (2008)测定固体废物易燃性是测定固体废物的(　　)。

A. 燃烧点　　B. 闪点　　C. 熔点　　D. 燃点

14-27 采集的固体废物样品主要具有(　　)。

A. 追踪性　　B. 可比性　　C. 完整性　　D. 代表性

14-28 关于热值的测定,下列说法不正确的是(　　)。

A. 热值是废物焚烧处理的重要指标

B. 热值分高热值和低热值

C. 高热值在实际工作中意义更大

D. 热值的测定可以用量热计法或热耗法

14-29 固体废物有害特性监测方法主要有(　　)。

A. 急性毒性的初筛试验、易燃性的试验方法、腐蚀性的试验方法、反应性的试验方法、遇水反应性试验方法、浸出毒性试验

B. 急性毒性的初筛试验、腐蚀性的试验方法、反应性的试验方法、遇水反应性试验方法

C. 慢性毒性的初筛试验、易燃性的试验方法、腐蚀性的试验方法、反应性的试验方法、遇水反应性试验方法、浸出毒性试验

D. 急性毒性的初筛试验、慢性毒性的初筛试验、易燃性的试验方法、腐蚀性的试验方法、反应性的试验方法、遇水反应性试验方法、浸出毒性试验

14-30 急性毒性的初筛试验中,对灌胃后的小白鼠进行中毒症状观察时,记录(　　)。

A. 24h 内动物死亡数　　　　B. 48h 内动物死亡数

C. 36h 内动物死亡数　　　　D. 72h 内动物死亡数

14.5 噪声监测与测量

考试大纲☞：声源测量和声环境噪声测量

必备基础知识

14.5.1 声源测量

噪声是为人们生活和工作所不需要的声音。环境噪声的来源有四种：①交通噪声；②工厂噪声；③建筑施工噪声；④社会生活噪声。

1) 噪声的叠加和相减

（1）噪声的叠加

两个以上独立声源作用于某一点，产生噪声的叠加。

声能量是可以代数相加的，设两个声源的声功率分别为 W_1 和 W_2，那么总声功率 $W_总 = W_1 + W_2$。而两个声源在某点的声强为 I_1 和 I_2 时，叠加后的总声强 $I_总 = I_1 + I_2$。但声压不能直接相加。

总声压级：

$$L_p = 10\lg\frac{p_1^2 + p_2^2}{p_0^2} = 10\lg(10^{L_{p_1}/10} + 10^{L_{p_2}/10}) \tag{14-23}$$

如 $L_{p_1} = L_{p_2}$，即两个声源的声压级相等，则总声压级：

$$L_p = L_{p_1} + 10\lg 2 \approx L_{p_1} + 3 \text{(dB)} \tag{14-24}$$

也就是说，作用于某一点的两个声源声压级相等，其合成的总声压级比一个声源的声压级增加3dB。当声压级不相等时，按上式计算较麻烦。可以利用图14-4查曲线来计算。方法是：设 $L_{p_1} > L_{p_2}$，以差值按图查得 ΔL_p，则总声压级 $L_{p_总} = L_{p_1} + \Delta L_p$。

（2）噪声的相减

噪声测量中经常碰到如何扣除背景噪声问题，这就是噪声相减问题。通常是指噪声源的声级比背景噪声高，但由于后者的存在使测量读数增高，需要减去背景噪声。方法是：以 $L_p > L_{p_1}$，按图14-5查得 ΔL_p，则 $L_{p_2} = L_p - \Delta L_p$。

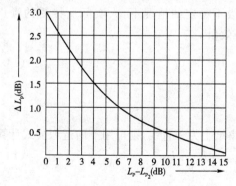

图14-4 两噪声源的叠加曲线

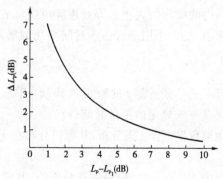

图14-5 背景噪声修正曲线

2) 噪声的物理量和主观听觉的关系

从噪声的定义可知，它包括客观的物理现象（声波）和主观感觉两个方面。但最后判别噪声的是人耳。所以确定噪声的物理量和主观听觉的关系十分重要。不过这种关系相当复杂,因为主观感觉牵涉复杂的生理机构和心理因素。这类工作是用统计方法在实验基础上进行研究的。

(1)响度和响度级

①响度(N)

响度是要耳判别声音由轻到响的强度等级概念,它不仅取决于声音的强度(如声压级),还与它的频率及波形有关。响度的单位叫"宋"(sone),1sone 的定义为声压级为 40dB,频率为 1 000Hz,且来自听者正前方的平面波形的强度。如果一个声音听起来比这个大 n 倍,即声音的响度为 n sone。

②响度级(L_N)

响度级的概念也是建立在两个声音的主观比较上的。定义 1 000Hz 纯音声压级的分贝值为响度级的数值,任何其他频率的声音,当调节 1 000Hz 纯音的强度使之与这声音一样响时,则这 1 000Hz 纯音的声压级分贝值就定为这一声音的响度级别。响度级的单位叫"方"(phon)。

响度与响度级的换算:

$$L_N = 40 + 33 \lg N$$

响度可以直接相加,响度级则不能。

(2)计权声级

为了能用仪器直接反映人的主观响度感觉的评价量,在噪声测量仪器——声级计中设计了一种特殊滤波器,叫计权网络。通过计权网络测得的声压级,已不再是客观物理量的声压级,而叫计权声压级或计权声级,简称声级。通用的有 A、B、C 和 D 计权声级。A 计权声级是模拟人耳对 55dB 以下低强度噪声的频率特性;B 计权声级是模拟 55~85dB 的中等强度噪声的频率特性;C 计权声级模拟高强度噪声的频率特性;D 计权声级是对噪声参量的模拟,专用于飞机噪声的测量。

(3)等效连续声级、噪声污染级和昼夜等效声级

①等效连续声级

A 计权声级能够较好地反映人耳对噪声的强度与频率的主观感觉,因此对一个连续的稳态噪声,它是一种较好的评价方法,但对一个起伏的或不连续的噪声,A 计权声级就显得不合适了。因此提出了一个用噪声能量按时间平均方法来评价噪声对人影响的问题,即等效连续声级,符号 L_{eq} 或 $L_{Aeq,T}$。它是用一个相同时间内声能与之相等的连续稳定的 A 声级来表示该段时间内的噪声的大小。等效连续声级反映在声级不稳定的情况下,人实际所接受的噪声能量的大小,是一个用来表达随时间变化的噪声的等效量。

$$L_{Aeq,T} = 10 \lg \left(\frac{1}{T} \int_0^T 10^{0.1 L_{PA}} dt \right) \tag{14-25}$$

式中:L_{PA}——某时刻 t 的瞬时 A 声级(dB);

T——规定的测量时间(s)。

如果数据符合正态分布,其累积分布在正态概率纸上为一直线,则可用下面近似公式计算:

$$L_{Aeq,T} \approx L_{50} + d^2/60, d = L_{10} - L_{90} \tag{14-26}$$

其中 L_{10}、L_{50}、L_{90} 为累积百分声级,其定义是:

L_{10}——测量时间内,10% 的时间超过的噪声级,相当于噪声的平均峰值;

L_{50}——测量时间内,50% 的时间超过的噪声级,相当于噪声的平均值;

L_{90}——测量时间内,90% 的时间超过的噪声级,相当于噪声的背景值。

累积百分声级 L_{10}、L_{50} 和 L_{90} 的计算方法有两种:其一是在正态概率纸上画出累积分布曲线,然后从图中求得;另一种简便方法是将测定的一组数据(如 100 个),从大到小排列,第 10 个数据即为 L_{10},第 50 个数据即为 L_{50},第 90 个数据即为 L_{90}。

②噪声污染级

许多非稳态噪声的实践表明,涨落的噪声所引起人的烦恼程度比等能量的稳态噪声要大,并且与噪声暴露的变化率和平均强度有关。经实验证明,在等效连续声级的基础上加上一项表示噪声变化幅度的量,更能反映实际污染程度。用这种噪声污染级评价航空或道路的交通噪声比较恰当。故噪声污染级(L_{NP})公式为:

$$L_{NP} = L_{eq} + K\sigma \tag{14-27}$$

式中:K——常数,对交通和飞机噪声取 2.56;

σ——测定过程中瞬时声级的标准偏差。

③昼夜等效声级

昼夜等效声级也称日夜平均声级,符号 L_{dn},用来表达社会噪声昼夜间的变化情况,表达式为:

$$L_{dn} = 10\lg\left[\frac{16 \times 10^{0.1L_d} + 8 \times 10^{0.1(L_n+10)}}{24}\right] \tag{14-28}$$

式中:L_d——白天的等效声级,时间为 6:00~22:00,共 16h;

L_n——夜间的等效声级,时间为 22:00 至第二天的 6:00,共 8h。

为表明夜间噪声对人的烦扰更大,故计算夜间等效声级这一项时应加上 10dB 的计权。

3)噪声测量仪器

噪声测量仪器主要有声级计、声频频谱仪、记录仪、录音机和实时分析仪器等。

(1)声级计

声级计又叫噪声计,是一种按照一定的频率计权和时间计权测量声音的声压级和声级的仪器,是声学测量中最常用的基本仪器。

声级计的工作原理:由传声器将声压信号转换成电信号,再由前置放大器变换阻抗,使传声器与衰减器匹配。放大器将输出信号加到计权网络,对信号进行频率计权(或外接滤波器),然后再经衰减器及放大器将信号放大到一定的幅值,送到有效值检波器(或外安电平记录仪),在指示表头上给出噪声声级的数值。

声级计的分类:按其精度将声级计分为 1 级和 2 级。

(2)其他噪声测量仪器

①声级频谱仪

噪声测量中如需进行频谱分析,通常在精密声级计配用倍频程滤波器。

②录音机

由于某些原因不能当场进行分析的噪声现场,需要录音机储备噪声信号,然后带回实验室分析。供测量用的录音机不同于家用录音机,其性能要求很高。

③记录仪

记录仪是将测量的噪声声频信号随时间变化记录下来,从而对环境噪声做出准确评价,记录仪能将交变的声谱电信号作对数转换,整流后将噪声的峰值、均方根值(有效值)和平均值表示出来。

④实时分析仪

实时分析仪是一种数字式谱线显示仪,能把测量范围的输入信号在短时间内同时反映在一系列信号通道示屏上,通常用于较高要求的研究、测量。目前使用还不普遍。

典型例题解析

【例 14-25】 (2007)某水泵距居民楼 16m,在距该水泵 2m 处测得的声压级为 80dB,某机器距同一居民楼 20m,在距该机器 5m 处测得的声压级为 74dB。在自由声场远场条件下,两机器对该居民楼产生的总声压级为:

    A. 124dB   B. 62dB   C. 65dB   D. 154dB

解 由点声源衰减公式 $\Delta L = 20\lg \frac{r_1}{r_2}$ 得:

对水泵 1,$\Delta L_1 = 20\lg \frac{r_1}{r_2} = 20\lg \frac{2}{16} = -18\text{dB}$,则水泵 1 在居民楼产生的声压是 $80-18=62\text{dB}$;

对水泵 2,$\Delta L_2 = 20\lg \frac{r_1}{r_2} = 20\lg \frac{5}{20} = -12\text{dB}$,则水泵 2 在居民楼产生的声压是 $74-12=62\text{dB}$。

两个声源的声压级相等,则总声压级 $L_p = L_{p_1} + 10\lg 2 \approx L_{p_1} + 3\text{dB} = 65\text{dB}$。选 C。

【例 14-26】 (2014)某城市白天平均等效声级为 60dB(A),夜间平均等效声级为 50dB(A),该城市昼夜平均等效声级为:

    A. 55dB(A)   B. 57dB(A)   C. 60dB(A)   D. 63dB(A)

解 考查昼夜等效声级的计算:

$$L_{dn} = 10\lg \left[\frac{16 \times 10^{0.1L_d} + 8 \times 10^{0.1(L_n+10)}}{24} \right] = 10\lg \left[\frac{16 \times 10^{0.1 \times 60} + 8 \times 10^{0.1(50+10)}}{24} \right] = 60\text{dB}$$

L_d——白天的等效声级,时间为 6:00~22:00,共 16h;

L_n——夜间的等效声级,时间为 22:00~6:00,共 8h。

为表明夜间噪声对人的烦扰更大,故计算夜间等效声级这一项时应加上 10dB 的计权。选 C。

14.5.2 声环境噪声测量

1)城市区域环境噪声监测

城市区域环境噪声普查方法适用于为了解某一类区域或整个城市的总体环境噪声水平、环境噪声污染的时间与空间分布规律而进行的测量。基本方法有网格测量法和定点测量法两种。

(1)网格测量法

将要普查测量的城市某一区域或整个城市划分成多个等大的正方格,有效网格总数应多于 100 个,测点布在每一个网格的中心,若网格中心不宜测量,将测量点移至离中心点最近的可测量位置。

应分别在昼间和夜间进行测量。将全部网格中心测点测得的 10min 的连续等效 A 声级做算术平均运算,所得到的平均值代表测量区域的噪声水平。根据结果绘制在网格上,表示测量区域的噪声污染分布情况。

(2)定点测量法

在标准规定的城市建城区中,优选一个或多个有代表性的测点,进行 24h 连续监测。测量

每小时的 L_{Aeq} 及昼间的 L_d 和夜间的 L_n,可按网格测量法测量。将每小时测得的连续等效 A 声级按时间排列,得到 24h 的声级变化图形,用于表示测量区域环境噪声的时间分布规律。

2)城市交通噪声监测

在每两个交通路口之间的交通线上选择一个测点,测点在马路边人行道上,离马路 20cm,这样的点可代表两个路口之间的该段道路的交通噪声。

在规定的测量时间段内,各测点每隔 5s 记一个瞬时 A 声级(慢响应),连续记录 200 个数据,同时记录车流量(辆/h)。

将 200 个数据从小到大排列,第 20 个数为 L_{90},第 100 个数为 L_{50},第 180 个数为 L_{10},并计算 L_{eq},因为交通噪声基本符合正态分布,故可用:

$$L_{eq} \approx L_{50} + \frac{d^2}{60}, d = L_{10} - L_{90} \tag{14-29}$$

城市交通噪声评价方法:

由全市测量结果可得出全市交通干线 L_{eq}、L_{10}、L_{50}、L_{90} 的均值 L 和最大值,以及标准偏差。

$$L = \frac{1}{L} \sum_{k=1}^{n} L_k l_k$$

式中:L——交通路线总长度(km);

L_k——所测 k 段干线的 $L_{eq}(L_{10})$;

l_k——所测 k 段干线的长度(km)。

3)工业企业噪声监测方法

测量工业企业噪声时,传声器的位置应在操作人员的耳朵位置,但人需离开。测点选择的原则是:若车间内各处 A 声级波动小于 3dB,则只需在车间内选择 1~3 个测点;若车间内各处声级波动大于 3dB,则应按声级大小,将车间分成若干区域,任意两区域的声级应大于或等于 3dB,而每个区域内的声级波动必须小于 3dB,每个区域取 1~3 个测点。

如为稳态噪声则测量 A 声级,记为 dB(A);如为不稳态噪声,测量等效连续 A 声级或测量不同 A 声级下的暴露时间,计算等效连续 A 声级。测量时使用慢挡,取平均读数。记录结果并计算。

工业企业一天的等效连续 A 声级计算公式为:

$$L_{eq} = 80 + 10\lg\left(\frac{\sum 10^{\frac{n-1}{2}} \cdot T_n}{480}\right)$$

式中:n——中心级对应段数,每段相差 5dB;

T_n——每段对应的暴露时间(min)。

典型例题解析

【例 14-27】 测量工业企业噪声时,若车间内各处 A 声级波动小于 3dB,则只需在车间内选择几个测点?

    A.1~3   B.2~4

    C.3~5   D.4~6

解 基础知识。选 A。

经典练习

14-31 噪声污染级是以等效连续声级为基础,加上( )。
A. 10dB B. 15d
C. 一项表示噪声变化幅度的量 D. 两项表示噪声变化幅度的量

14-32 (2008)下列关于累积百分声级的叙述中正确是( )。
A. L_{10}是测定时间内,90%的时间超过的噪声级
B. L_{90}是测定时间内,10%的时间超过的噪声级
C. 将测定的一组数据(例如100个数)从小到大排列第10个数据即为L_{10}
D. 将测定的一组数据(例如100个数)从大到小排列第10个数据即为L_{10}

14-33 (2010)哪一种计权声级是模拟55dB到85dB的中等强度噪声的频率特性?( )
A. A计权声级 B. B计权声级 C. C计权声级 D. D计权声级

14-34 三个声源作用于某一点的声压级分别为65dB、68dB和71dB,同时作用于这一点的总声压级为( )。
A. 73.4dB B. 68.0dB C. 75.3dB D. 70.0dB

14-35 为表明夜间噪声对人的烦扰更大,故计算夜间等效声级这一项时应加上( )的计权。
A. 10dB B. 15dB C. 20dB D. 25dB

参考答案及提示

14-1 C 水体监测主要监测环境水体的水质和水中的主要污染物质。

14-2 D 用于测定有机污染物的方法有气相色谱法、高效液相色谱法、气象色谱-质谱法;用于测定无机污染物的方法有原子吸收法、分光光度法、等离子发射光谱法、电化学法、离子色谱法。

14-3 C 水深5~10m时,在水面下0.5m处和河底以上0.5m处各设置一个采样点。

14-4 B 对工业废水,监测一类污染物:在车间或车间处理设施的废水排放口设置采样点。

14-5 D 同心圆布点法主要用于多个污染源构成污染群,且大污染源较集中的地区。

14-6 C 目前常用的监测方法有国家标准分析方法、统一分析方法、等效方法。

14-7 D 为评价完整江河水系的水质,需要设置背景断面、对照断面、控制断面和削减断面;对于某一河段,只需设置对照、控制和削减三种断面。

14-8 A 本题考查狄克逊检验法,因为$n=6$,可疑数据为最小值,则$Q=\dfrac{x_n-x_{n-1}}{x_n-x_1}=\dfrac{20.06-20.01}{20.10-20.01}=0.556<Q_{0.05}$,最大值20.01为正常值。

14-9 C 削减断面:是指河流受纳废水和污水后,经稀释扩散和自净作用,使污染物浓度显著降低的断面,通常设在城市或工业区最后一个排污口下游1 500m以外的河段上。

14-10 C 水深大于10m时,设三个采样点,即水面下0.5m处、河底以上0.5m以及时1/2水深处各设一个采样点。

14-11 D 考查高锰酸钾修正法,需记忆。

14-12 B 重铬酸钾法测定化学需氧量时 回流加热2h。

14-13	A	考查冷原子吸收法原理,需记忆。
14-14	C	稀释水的 pH 值应为 7.2,BOD_5 应小于 0.2mg/L。
14-15	B	500.0mL 浓度为 400.0mg/L 的 Cr^{6+} 标准溶液中 Cr 的质量为 400.0mg/L× 500.0mL=200mg=0.2g,则 n_{Cr}=0.2/51.996=3.846×10^{-3}mol,$K_2Cr_2O_7$ 的质量为(3.846×10^{-3})/2×294.2=0.56574g。
14-16	C	化学需氧量是指在一定条件下,氧化 1L 水样中还原性物质所消耗的氧化剂的量,以氧的 mg/L 表示。

$$C_6H_{12}O_6+6O_2=6CO_2+6H_2O$$
$$\phantom{C_6H_{12}O_6+}180192$$
$$\phantom{C_6H_{12}O_6+\;\;}x500$$
$$x=500×180/192=468.75mg$$

14-17	A	测定水样 BOD_5 时,如水样中无微生物,则应于稀释水中接种微生物,即在每升稀释水中加入生活污水上层清液 1~10mL,或表层土壤浸出液 20~30mL,或河水、湖水 10~100mL。
14-18	B	根据公式 $BOD_5(mg/L)=\dfrac{(\rho_1-\rho_2)-(B_1-B_2)f_1}{f_2}$ 计算,代入 ρ_1=8.39mg/L,ρ_2=1.41mg/L,B_1=8.87mg/L,B_2=8.79mg/L,$f_1=\dfrac{200}{100+200}=\dfrac{2}{3}$,$f_2=\dfrac{100}{100+200}=\dfrac{1}{3}$,得水样的 BOD_5 值为 20.78mg/L,即 20.8mg/L。
14-19	C	水俣病与 Hg 有关。
14-20	A	简单计算,水样中氨氮含量 0.018mg/10mL=1.8mg/L。
14-21	C	基础知识,需牢记。
14-22	B	烟道排气的体积、温度和压力是烟气的基本状态常数。
14-23	B	采样位置应选在气流分布均匀稳定的平直管段上,避开弯头、变径管、三通管及阀门等易产生涡流的阻力构件。一般原则是按照废气方向,将采样断面设在阻力构件下游方向大于 6 倍管道直径处或上游方向大于 3 倍管道直径处。
14-24	D	采样体积为 0.5L/min×1h=30L=0.03m³,根据公式 $pV=nRT$(在标准状态下,P=101.325kPa,T=273.15K)换为标准状况下的体积,$\dfrac{V}{0.03m^3}=\dfrac{100kPa}{101.325kPa}×\dfrac{273.15K}{(273.15+27)K}$,即 V=0.0269m³,则该采样点大气在标准状态下的 SO_2 小时平均浓度为 $\dfrac{\dfrac{1.0}{5}×50×10^{-3}}{0.0269}$ mg/m³=0.37mg/m³。
14-25	D	采样流量为 15L/min×24h=21.6m³,空气中可吸入颗粒物的浓度为 $\dfrac{0.624\ 1-0.382\ 6}{21.6}×10^3$ mg/m³=11.181mg/m³。
14-26	B	鉴别易燃性是测定闪点。
14-27	D	细节问题,需注意。
14-28	C	当垃圾的高热值测出后,应扣除水蒸发和燃烧时加热物质所需要的热量,低热值在实际工作中意义更大。

14-29　A

14-30　B　急性毒性的初筛试验记录 48h 内动物死亡。

14-31　C　由噪声污染级公式 $L_{NP}=L_{eq}+K\sigma$ 可知选 C。

14-32　D　累积百分声级的概念，需记忆。

14-33　B　A 计权声级是模拟人耳对 55dB 以下低强度噪声的频率特性；B 计权声级是模拟 55～85dB 的中等强度噪声的频率特性；C 计权声级模拟高强度噪声的频率特性；D 计权声级是对噪声参量的模拟，专用于飞机噪声的测量。

14-34　A　$L_p=10\lg(10^{\frac{65}{10}}+10^{\frac{68}{10}}+10^{\frac{71}{10}})=73.4\text{dB}$

14-35　A　为表明夜间噪声对人的烦扰更大，计算夜间等效声级这一项时应加上 10dB 的计权。

15 环境评价与环境规划

> 考题配置　　单选,8题
> 分数配置　　每题2分,共16分

复习指导

要对与环境相关的概念,环境管理的相关制度、法规、程序等有所了解;评价的工作程序在逻辑上要按照评价工作等级确定、环境现状调查、工程分析、环境影响预测与评价、污染防治措施提出等来进行;环境影响预测与评价中,要紧扣环境要素如水、气、噪声、固体废物等展开。理清思路后便于理解、记忆和掌握。

15.1 环境与生态评价

考试大纲：环境与环境系统　环境质量与环境价值　环境背景值　环境目标　环境容量　环境污染与生态破坏　环境质量指数

必备基础知识

15.1.1 环境与环境系统

1)环境

环境指人以外的事物的总和,包括自然因素和社会因素。《中华人民共和国环境保护法》所称环境,指影响人类生存和发展的各种天然的和经过人工改造的自然因素的总和,包括大气、水、海洋、土地、矿藏、森林、草原、野生动物、自然遗迹、人文遗迹、自然保护区、风景名胜区、城市和乡村等。

2)环境要素

环境要素也称作环境基质,是构成人类环境整体的各个独立的、性质不同的而又服从整体演化规律的基本物质组分。环境要素分为自然环境要素和社会环境要素。

3)环境的基本特性

(1)整体性与区域性

整体性是指环境的各个组成部分或要素构成一个完整的系统,也称系统性。区域性是指环境特性的区域差异,即不同区域的环境有不同的整体性。

(2)变动性与稳定性

变动性是指在自然和人类社会行为的共同作用下,环境的内部结构和外在状态始终处于不断变化之中。稳定性是指环境系统具有一定的自我调节功能的特性。

(3)资源性与价值性

环境的资源性是指环境为人类生存和发展提供必需的资源。环境价值源于环境的资源性。

4)环境系统

地球表面各种环境要素及其相互关系的总和称为环境系统。

典型例题解析

【例 15-1】 环境的基本特性不包括：
  A. 整体性与区域性　　　　B. 变动性与稳定性
  C. 资源性与价值性　　　　D. 自然性与社会性

解　考查环境的基本特性，需记忆。选 D。

15.1.2 环境质量与环境价值

1)环境质量

环境质量是环境系统客观存在的一种本质属性，并能用定性和定量的方法加以描述的环境系统所处的状态。环境质量包括环境结构和环境状态两部分。

2)环境价值

环境质量对人类的价值表现为：①人类健康生存的需要；②人类生活条件改善和提高的需要；③人类生产发展的需要；④维持自然生态系统良性循环的需要。

典型例题解析

【例 15-2】 (2014,2010)环境质量与环境价值的关系是：
  A. 环境质量好的地方环境价值一定高
  B. 环境质量等于环境价值
  C. 环境质量好的地方环境价值不一定高
  D. 环境质量的数值等于环境价值的数值

解　环境质量是环境系统客观存在的一种本质属性，可以用定性和定量的方法加以描述的环境系统所处状态。环境价值源于环境的资源性，对人类的价值表现为对人类生存、生产和发展的需要等。环境质量与环境价值不等价。选 C。

15.1.3 环境背景值

环境背景值亦称自然本底值，是指没有人为污染时，自然界各要素的有害物质浓度。环境背景值反映环境质量的原始状态。不同的地区有不同的背景值，该值对于开展区域环境质量评价，进行环境污染趋势预测预报，制定环境标准，合理布局工农业生产等，有着重要意义。

在对一个区域进行日常监测或以环境评价为目的进行系统监测调查时所获取的是该区域各个部分环境质量参数的现状实际值，这样取得的质量参数值称为现状基线值，也即作为该区域今后环境质量变化的参照系。在进行环境影响评价时，往往是将开发活动所增加的值叠加在基线上，再与相应的环境质量标准比较，评价该开发活动所产生的影响程度。

环境背景值和基线值在环境评价中具有重要的实际意义。一个区域的环境背景值和基线值的差别，反映该区域不同地方环境受污染和破坏程度的差异。环境背景值既可作为环境受污染的起始值，同时也可作为衡量污染程度的基准。

环境背景值和环境基线值是通过系统的监测和调查取得的。

典型例题解析

【例 15-3】 (2007)下列说法中不正确的是哪项?

A. 环境要素质量参数本底值的含义是指未受到人类活动影响的自然环境物质的组成量

B. 在进行环境影响评价时,往往是将开发活动所增加的值叠加到背景值上,再与相应的环境质量标准比较,评价该开发活动所产生的影响程度

C. 环境背景值既可作为环境受污染的起始值,同时也可作为衡量污染程度的基准

D. 环境背景值和环境基准值是通过系统的监测和调查取得的

解 在进行环境影响评价时,往往是将开发活动所增加的值叠加在基线上,再与相应的环境质量标准比较,评价该开发活动所产生的影响程度。选 B。

【例 15-4】 (2014)以下符合环境背景值定义的是:

A. 一个地区环境质量日常监测值

B. 一个地区环境质量历史监测值

C. 一个地区相对清洁区域环境质量监测值

D. 一个地区环境质量监测的平均值

解 环境背景值是指没有人为污染时,自然界各要素的有害物质浓度,反映环境质量的原始状态。对一个区域进行日常监测的环境质量参数值称为现状基线值。选 C。

15.1.4 环境目标

环境目标是依据环境方针制定,是环境组织管理部门为了改善、管理、保护环境而设定的,拟在一定期限内力求达到的环境质量水平。它必须与社会经济发展的目的相适应或相匹配。环境目标太高,环境保护投资多,超过经济负担能力,则环境目标无法实现;环境目标过低,不能满足人们对环境质量的要求,或造成严重的环境问题。

环境目标的确定原则:①选择恰当的环境保护目标要考虑规划区的环境特征、性质和功能;②选择环境目标要考虑经济效益、社会效益和环境效益的统一;③有利于环境质量的改善;④充分考虑人们生存发展的基本要求;⑤环境目标和经济发展目标要同步协调。

环境目标可分为总目标、单项目标和环境指标三个层次:①总目标是规划区域环境质量所要达到的要求和状况;②单项目标是根据环境因素、环境功能和环境特征所确定的环境目标;③环境指标是体现环境目标对单一因子的要求。

典型例题解析

【例 15-5】 关于环境目标,下列说法正确的是:

A. 环境目标越高越好

B. 环境目标可分为总目标、单项目标两个层次

C. 总目标是规划区域环境质量所要达到的要求和状况

D. 单项目标是体现环境目标对单一因子的要求

解 考查环境目标的相关知识点。选 C。

15.1.5 环境容量

环境容量是对一定地区(整体容量)或各环境要素,根据其自然净化能力,在特定的污染源布局和结构条件下,为达到环境目标值,所允许的污染物最大排放量。环境容量不是一个恒定值,因不同时间和空间而异。

典型例题解析

【例 15-6】(2010)环境容量是指:
A. 环境能够容纳的人口数
B. 环境能够承载的经济发展能力
C. 不损害环境功能的条件下能够容纳的污染数量
D. 环境能够净化的污染数量

解 考查环境容量的定义,需记忆。选 C。

15.1.6 环境污染与生态破坏

1) 环境污染

环境污染是指由于人类的生产、生活活动产生大量污染物排放环境,超过了环境的自净能力,引起环境质量下降以致不断恶化,从而危害人类及其他生物的正常生存和发展的现象。

2) 生态破坏

生态破坏是指由于自然灾害或者人类对自然资源的不合理利用以及工农业发展带来的环境污染等原因引起的生态平衡的破坏。

典型例题解析

【例 15-7】下列说法不正确的是:
A. 环境污染是大量污染物排放环境,超过了环境的自净能力,引起环境质量下降
B. 环境污染危害人类及其他生物的正常生存和发展
C. 生态破坏是由人类活动引起的
D. 生态破坏是生态系统的相对稳定受到破坏,使人类的生态环境质量下降

解 生态破坏是指由于自然灾害或者人类对自然资源的不合理利用以及工农业发展带来的环境污染等原因引起的生态平衡的破坏。不仅仅是由人类引起的,还有自然灾害。选 C。

15.1.7 环境质量指数

环境质量指数是一个有代表性的、综合性的数值,它表征着环境质量整体的优劣。具体有单因子指数评价、多因子指数评价和环境质量综合指数评价等方法,其中单因子指数分析评价是基础。环境质量现状评价通常采用单因子质量指数评价法,即

$$I_i = \frac{C_i}{C_{oi}} \tag{15-1}$$

式中：C_i——第 i 种污染物监测值（mg/m³）；

C_{oi}——第 i 种污染物评价质量标准限值（mg/m³）。

$I_i \leq 1$ 为清洁，$I_i > 1$ 为污染。对于超标，要分析超标原因。

环境质量分级：将指数值与环境质量状况联系起来，建立分级系统。一般按评价因子浓度超标倍数、超标因子个数、不同因子对环境影响的大小进行分级。一般的描述语言有：未污染、轻污染、中污染、重污染、严重污染；优、良、普通（轻度污染）、不佳（中度污染）、差（重度污染）。如表 15-1 所示。

环境指数法的一般分级原则 表 15-1

环境质量分级	污 染 描 述	划 分 依 据
一级	未污染	清洁区背景
二级	轻污染	1～2 个评价因子的 $I_i > 1$，但 <2；生物生长正常，人群健康无显著受损
三级	中污染	2～3 个评价因子的 $I_i > 1$，但有 1 个 ≤5；生物生长受影响，敏感生物严重受损，人群健康明显受损
四级	重污染	3～4 个评价因子的 $I_i > 1$，个别 $I_i \leq 20$；生物生长和人群健康受害严重，许多常见物种消失
五级	严重污染	（比四级污染更严重）

典型例题解析

【例 15-8】 关于环境质量指数，下列说法不正确的是：

A. 环境质量指数是一个有代表性的、综合性的数值

B. 环境质量指数表征着环境质量整体的优劣

C. 有单因子指数评价、多因子指数评价和环境质量综合指数评价等方法

D. 环境质量现状评价通常采用环境质量综合指数评价法

解 考查环境质量指数，环境质量现状评价通常采用单因子质量指数评价法。选 D。

经典练习

15-1 关于环境污染的定义，正确的是（　　）。

A. 排入环境的污染物使环境中该污染物的浓度发生变化

B. 排入环境的污染物破坏了环境功能

C. 排入环境的污染物超出了环境容量

D. 排入环境的污染物超出了环境的自净能力

15-2 下列关于环境系统的说法不正确的是（　　）。

A. 环境的整体性是环境系统最基本的特性

B. 环境系统所表现的功能是各环境要素功能的叠加

C. 环境系统变动是绝对的，稳定是相对的

D. 环境系统是环境资源的总和，这决定了环境系统的价值性

15-3 (2007)下列哪个值和基线值的差别能够反映区域内不同地方环境受污染和破坏程度的差异？（　）
　　A. 环境本底值　　　　　　　　B. 环境标准值
　　C. 环境背景值　　　　　　　　D. 现状监测值

15-4 下列关于环境系统的说法不正确的是（　）。
　　A. 环境的整体性是环境系统最基本的特性
　　B. 环境系统所表现的功能是各环境要素功能的叠加
　　C. 环境系统变动是绝对的,稳定是相对的
　　D. 环境系统是环境资源的总和,这决定了环境系统的价值性

15-5 关于环境背景值,下列说法不正确的是（　）。
　　A. 环境背景值是指没有人为污染时,自然界各要素的有害物质浓度
　　B. 环境背景值实际意义不大
　　C. 环境背景值反映环境质量的原始状态
　　D. 不同的地区有不同的背景值

15-6 下列关于环境质量的说法正确的是（　）。
　　A. 环境质量是指环境系统的内在结构和外部所表现的状态对人类及生物界的生存和繁衍的适宜性
　　B. 环境质量是因人对环境的具体要求而形成的评定环境的一种概念,因而环境质量是不能定量表达的
　　C. 环境质量是表述环境优劣的程度,只用于定量描述
　　D. 环境质量是表达总体环境的质量,与各环境要素无关

15-7 以下关于环境价值的说法正确的是（　）。
　　A. 不同地方和不同历史时期的不同人群对于同一环境条件的价值判断是一致的
　　B. 环境价值通常用物理、化学或生物等参数表达或描述
　　C. 环境价值是反映人们对环境质量（素质）的期望程度、效用要求、重视或重要程度的观念
　　D. 环境价值和环境质量的意义是一样的

15-8 对一个区域进行日常监测或以环境评价为目的进行系统监测调查时所获取的该区域的质量参数值为（　）。
　　A. 环境本底值　　　　　　　　B. 环境背景值
　　C. 环境标准值　　　　　　　　D. 环境基线值

15.2　环境影响评价

考试大纲☞：环境影响评价的程序和管理　环境影响识别和工程分析　环境影响预测与影响评价　环境影响报告书编制和审批原则

必备基础知识

(1) 环境影响评价的分类
① 按评价对象分,可分为规划环境影响评价和建设项目环境影响评价。

②按环境要素分,可分为大气环境影响评价、地表水环境影响评价、声环境影响评价、生态影响评价和固废环境影响评价。

③按时间顺序分,可分为环境现状评价、环境影响预测、环境影响后评价。

(2)环境影响评价的方法

主要有列表法、矩阵法、网格法、图形叠置法、指数法、环境影响预测模型、环境影响综合评价模型等。

15.2.1 环境影响评价的程序和管理

1)环境影响评价程序

环境影响评价程序是指按一定的顺序或步骤指导完成环境影响评价工作过程。其过程可分为管理程序和工作程序,前者主要用于指导环境影响评价的监督与管理,后者用于指导环境影响评价的工作内容和进程。

环境影响评价的根本目的是鼓励在规划和决策中考虑环境因素,最终达到更具环境相容性的人类活动,因此在进行环境影响评价时,必须遵循一些基本原则:①目的性原则;②整体性原则;③相关性原则;④主导性原则;⑤等衡性原则;⑥动态性原则;⑦随机性原则;⑧社会经济性原则;⑨公众参与原则。

2)环境影响评价的管理程序

管理程序是国家或地方政府的环保机构在环境影响评价过程中所遵循的程序。

(1)环境影响分类筛选

建设项目对环境可能造成重大影响的,应当编制环境影响报告书,对建设项目产生的污染和对环境的影响进行全面、详细的评价。

建设项目对环境可能造成轻度影响的,应当编制环境影响报告表,对建设项目产生的污染和对环境的影响进行分析或者专项评价。

建设项目对环境影响很小,不需要进行环境影响评价的,应当填报环境影响登记表。

(2)环境影响评价项目的监督管理

包括评价单位资格考核、人员培训和评价大纲的审查

(3)环境影响评价的质量管理

质量保证工作应贯穿于环境影响评价的全过程。

(4)环境影响评价报告书的审批

环境影响评价报告书的审查以技术审查为基础,审查方式是专家评审会还是其他形式,由负责审批的环境保护行政主管部门根据具体情况而定。

3)环境影响评价的工作程序

环境影响评价工作程序如图15-1所示。

环境影响评价工作大体分为三个阶段:

第一阶段为准备阶段,主要工作为研究有关文件,进行初步的工程分析和环境现状调查,筛选重点评价项目,确定各单项环境影响评价的工作等级,编制评价工作大纲;

第二阶段为正式工作阶段,其主要工作为工程分析和环境现状调查,并进行环境影响预测和评价环境影响;

第三阶段为报告书编制阶段,其主要工作为汇总、分析第二阶段工作所得到的各种资料、数据,得出结论,完成环境影响报告书的编制。

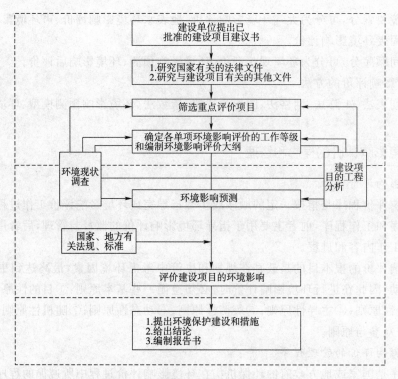

图 15-1 环境影响评价工作程序流程图

典型例题解析

【例 15-9】 (2008)环境影响评价的工作程序可以分为三个主要阶段,即准备阶段、正式工作阶段和环境影响报告书编制阶段,对于不同阶段和时期的具体工作内容,下列说法错误的是:

A. 编制环境影响报告表的建设项目无须在准备阶段编制环境影响评价大纲

B. 在准备阶段,环境影响评价应按环境要素划分评价等级

C. 对三级评价,正式工作阶段只须采用定性描述,无须采用定量计算

D. 在环境影响评价工作的最后一个阶段应进行环境影响预测工作

解 环境影响预测应该是正式工作阶段的任务。选 D。

15.2.2 环境影响识别和工程分析

1) 环境影响识别

环境影响识别就是要找出所有受影响(特别是不利影响)的环境因素,以使环境影响预测减少盲目性,环境影响综合分析增加可靠性,污染防治对策具有针对性。

环境影响识别的基本内容包括环境影响因子的识别和环境影响程度的识别。目前常用的环境影响识别方法是核查表法。

2) 工程分析

工程分析是分析建设项目环境影响的因素,其主要任务是通过工程全部组成、一般特征和污染特征全面分析,从项目总体上纵观开发建设活动与环境全局的关系,同时从微观上为环境影响评价工作提供评价所需基础数据。

工程分析的原则:①体现政策性;②具有针对性;③应为各专题评价提供定量而准确的基础资料;④应从环保角度为项目选址、工程设计提出优化建议。

工程分析的对象：①工艺过程；②资源、能源的储运；③交通运输情况；④场地的开发利用；⑤对建设项目生产运行阶段的开车、停车、检修、一般性事故和泄漏等情况时污染物的不正常排放进行分析，找出这类排放的来源、发生的可能性及发生的频率等。

工程分析应以工艺过程为重点，并且不可忽略污染物的不正常排放。对资源、能源的储运、交通运输及场地开发利用是否进行分析及对其分析的深度，应根据工程、环境的特点及评价工作等级决定。工程分析的内容主要包括三方面内容：工程概况、工艺路线与生产方法及产污环节、污染源强分析与核算。

典型例题解析

【例 15-10】（2007）在环境影响报告书的编制中，下列不属于工程分析主要内容的是：
A. 建设项目的名称、地点、建设性质及规模
B. 建设项目主要原料、燃料及其来源和储运情况
C. 废物的综合利用和处理、处置方案
D. 交通运输情况及产地的开发利用

解 考查工程分析。工程分析的具体内容：①主要原料、燃料及其来源和储运，物料平衡，水的用量与平衡，水的回用情况；②工艺过程（附工艺流程图）；③废水、废气、废渣、放射性废物等的种类、排放量和排放方式，以及其中所含污染物种类、性质、排放浓度；产生的噪声、振动的特性及数值等；④废弃物的回收利用、综合利用和处理、处置方案；⑤交通运输情况及厂地的开发利用。A 选项属于建设项目概况的具体内容之一。选 A。

【例 15-11】（2014）对于所有建设项目的环境影响评价，工程分析都必须包括的环境影响阶段是：
A. 项目准备阶段 B. 建设工程阶段
C. 生产运行阶段 D. 服役期满后阶段

解 工程分析的工作对象主要从以下几方面分析建设项目和环境情况：工艺过程、资源能源的储运、交通运输和场地的开发利用，最重要的是生产运行阶段。选 C。

15.2.3 环境影响预测与影响评价

1）定义

（1）环境影响预测

环境影响预测是在经过影响识别确定可能是重大的环境影响之后，预测各种活动对环境产生影响导致的环境质量或环境价值的变化量、空间变化范围、时间变化阶段等。

环境影响预测的原则：预测的范围、时段、内容及方法，应按相应评价工作等级、工程与环境的特性、当地的环境要求而定；应考虑预测范围内，规划的建设项目可能产生的环境影响。

（2）环境影响评价

环境影响评价是指对拟议中的建设项目、区域开发计划和国家政策实施后可能对环境产生的影响（后果）进行的系统性识别、预测和评估。环境影响评价分为：环境质量评价、环境影响预测与评价、环境影响后评价。其基本功能：判断功能、预测功能、选择功能和导向功能。

环境影响评价体现了我国"预防为主"的环境政策。

总量控制：指以控制一定时段内一定区域内排污单位排放污染物总量为核心的环境管理

方法体系。它包含了三个方面的内容：一是排放污染物的总量；二是排放污染物总量的地域范围；三是排放污染物的时间跨度。通常有三种类型：目标总量控制、容量总量控制和行业总量控制。目前我国的总量控制基本上是目标总量控制。

2）大气环境影响预测与影响评价

(1) 大气环境影响预测

①大气环境影响预测的目的：a.了解建设项目建成以后对大气环境质量影响的程度和范围；b.比较各种建设方案对大气环境质量的影响；c.给出各类或各个污染源对任一点污染物浓度的贡献（污染分担率）；d.优化城市或区域的污染源布局以及对其实行总量控制；e.从景观生态与人文生态的敏感对象上，预测和评估其可能发生的风险影响及出现的频率与风险程度，寻求最佳预防对策方案。

②大气环境影响预测的内容包括：a.代表气象条件下的最大落地浓度及距源距离；b.不利气象条件下的大气环境影响及浓度分布；c.对保护目标或敏感点的影响；d.对评价区域大气环境质量的变化及影响；e.对国家实施总量控制的因子，提出总量控制建议指标；f.进行无组织排放浓度影响预测，计算卫生防护距离。

一、二、三级均须预测小时平均和日平均的最大地面浓度和位置；不利气象条件下，评价区域内的浓度分布及其出现的频率；评价区域年长期平均浓度分布图。

一、二级评价除预测上述内容外，还应预测可能发生的非正常条件下的前述预测内容；一级评价项目还应预测施工期间的大气环境质量的影响情况。

③大气环境影响预测方法：主要有数学模型和模拟实验两种，三级评价项目采用正态模式进行预测，一、二级评价项目可采用正态模式（包括某些修正的正态模式）或平流扩散方程等数值模式预测，预测中应估计到地形的影响及气象平均场的时空变化规律，并尽可能估计污染物的迁移转化规律。

(2) 大气环境影响评价

①大气环境影响评价一般包括：a.建设项目概况及工程分析；b.建设项目周围地区的环境概况；c.边界层污染气象条件分析；d.大气环境质量现状监测与评价；e.大气环境影响预测与评价；f.环境经济损益分析；g.评价结论和对策。

②大气环境影响评价的基本任务：从保护环境的目的出发，通过调查、预测等手段，分析、判断建设项目在建设施工期和建成后生产期所排放的大气污染物对大气环境质量影响的程度和范围，为建设项目的厂址选择、污染源设置、大气污染防治措施制订以及其他有关的工程设计提供科学依据或指导性意见。

③大气环境影响评价的特点：a.大气流场的基本特征与规律，各种季节期间气候、气象的特征、规律以及主要气象参数与结构变化，其对环境污染影响的效应；b.自然净化能力比较大，可以采用高烟囱排放或尽可能将污染源设置在远离人口密集或环境敏感的地区；c.调查或探测大气的运动规律，必将增加评价工作的难度和周期；d.在最不利的气象条件下（如逆温层出现）大气污染物排放总量的控制限度，可能发生的大气污染风险事件及其影响程度与概率；e.不确定性因素可能导致的大气污染混沌状态及其临界风险与敏感区，则可适当缩小评价区的范围。

3）地表水环境影响预测与影响评价

(1) 地表水环境影响预测

①预测时期

地表水预测时期分丰水期、平水期和枯水期三个时期。一般说，枯水期河流自净能力为最小,平水期居中,丰水期自净能力最大;但个别水域因非点源污染严重可能使丰水期的稀释能力变小,水质不如枯、平水期。对一、二级评价项目应预测自净能力最小和一般的两个时期环境影响。三级评价或评价时间较短的二级评价可只预测自净能力最小时期的环境影响。

②预测方法的选择

预测建设项目对水环境的影响,应尽量利用成熟、简便并能满足评价精度和深度要求的方法。

a. 定性分析法:有专业判断法和类比调查法两种。

专业判断法是根据专家经验推断建设项目对水环境的影响;类比调查法是参照现有相似工程对水体的影响,来推测拟建项目对水环境的影响。

b. 定量预测法:指应用物理模型和数学模型预测。应用水质数学模型进行预测是最常用的。

水质预测数学模型有以下几种模式。

零维模式:可用于河流充分混合段的断面水质平均浓度预测、各级评价的pH值预测和小型湖泊(水库)平衡时的平均水质浓度预测。

$$C=\frac{C_P Q_P + C_h Q_h}{Q_h + Q_P}$$

式中:C_P——污染物排放浓度(mg/L);

C_h——上游污染物浓度(mg/L);

Q_P——废水排量(m^3/s);

Q_h——河流流量(m^3/s)。

一维模式:可用于各级评价的水温预测、三级评价稳定排放矩形河流混合过程段或二级评价污染范围很小的河流断面平均浓度预测。

$$C=C_0 e^{-kt}=C_0 e^{\left(-k \cdot \frac{x}{86\,400 \cdot \mu}\right)}$$

式中:C——预测断面污染物浓度;

k——消减系数;

t——流至下一断面的时间;

x——至下一断面距离;

μ——河流流速。

二维模式:可用于一级评价连续稳定排放矩形河流混合过程段或水深变化不大的湖泊(水库),持久性和非持久性污染物浓度的预测;二级评价矩形河流,排放口下游3~5km范围内有重点保护目标(如集中取水点),或混合段长$L>10km$,或污染负荷与河水容量比$ISE>0.08$时的水质预测。

$$C(x,y)=C_h+\frac{C_P Q_P}{H\sqrt{\pi m_y x u}}\left[e^{\frac{uy^2}{4m_y x}}+e^{\frac{u(2B-y)^2}{4m_y x}}\right]$$

$$m_y=(0.058H+0.065B)\sqrt{H_g I}$$

式中:H——水深(m);

m_y——横向混合系数(m^2/s);

x——纵向坐标(m);

y——横向坐标(m);

B——河宽(m);

C_h——背景断面污染物的监测浓度(mg/L)。

数值模式:除适用于上述情况外,还可用于非矩形河流或水深变化较大的湖泊(水库),其中稳态数值模式用于连续稳定排放,动态数值模式用于非连续稳定排放。

(2)地表水环境影响评价

水环境影响评价是在工程分析和影响预测基础上,以法规、标准为依据解释拟建项目引起水环境变化的重大性,同时辨识敏感对象对污染物排放的反应,对拟建项目的生产工艺、水污染防治与废水排放方案等提出意见,提出避免、消除和减少水体影响的措施和对策建议,最后提出评价结论。

地表水环境影响评价的方法

①一般水质因子:

$$S_{i,j}=\frac{C_{ij}}{C_{s,i}} \tag{15-2}$$

式中:$S_{i,j}$——标准指数;

　C_{ij}——评价因子 i 的实测浓度值(mg/L);

　$C_{s,i}$——评价因子 i 的评价标准限值(mg/L)。

②特殊水质因子:分以下两种情况。

a. 溶解氧(Dissolved Oxygen,DO)。

$DO_j \geqslant DO_s$ 时

$$S_{DO,j}=\frac{|DO_f-DO_j|}{|DO_f-DO_s|} \tag{15-3}$$

$DO_j < DO_s$ 时

$$S_{DO,j}=10-9\times\frac{DO_j}{DO_s} \tag{15-4}$$

式中:$S_{DO,j}$——DO 的标准指数;

　DO_f——某水温、气压条件下的饱和溶解氧浓度(mg/L),计算公式为 $DO_f=\dfrac{468}{31.6+T}$,T 为水温;

　DO_j——溶解氧实测值(mg/L);

　DO_s——溶解氧的评价标准限值(mg/L)。

b. 两端有限值,水质影响不同。

$pH_j \leqslant 7.0$ 时

$$S_{pH,j}=\frac{7.0-pH_j}{7.0-pH_{sd}} \tag{15-5}$$

$pH_j > 7.0$ 时

$$S_{pH,j}=\frac{pH_j-7.0}{pH_{su}-7.0} \tag{15-6}$$

式中:$S_{pH,j}$——pH 的标准指数;

　pH_j——pH 实测值;

　pH_{sd}——地面水质标准中规定的 pH 值下限;

　pH_{su}——地面水质标准中规定的 pH 值上限。

当水质参数的标准指数大于1时,表明该水质参数超过了规定的水质标准,已经不能满足使用要求。

4)环境噪声影响预测与影响评价

(1)环境噪声影响预测

①预测工作的准备

a.工程分析和噪声现状调查

分析拟建项目的声源资料:确定声源的种类(包括设备型号)与数量及其声学性能参数、源的布局及其空间位置、各声源的噪声级(声压级、A声级、A声功率级、倍频带声功率级,以及有效感觉噪声级)与发声持续时间、声源的作用时间段。

获取声源资料的途径:声源种类与数量、各声源的发声持续时间及空间位置的获得:由设计单位提供或从工程设计书中获得;噪声源数据的获得,优先考虑采用类比测量法(即测定类似项目的对应数据作为依据),其次引用已有的数据,包括国外的资料。

评价等级为一级,必须采用类比测量法。

b.环境噪声现状监测

对于工矿企业的改扩建项目可监测现有车间和厂区的噪声现状;新建项目则只调查厂界及评价区的噪声水平。

c.环境噪声现状评价

环境噪声现状评价的主要内容有以下方面。

评价范围:现有噪声敏感区、保护目标的分布情况、噪声功能区的划分情况等。

环境噪声现状的调查和测量方法:测量仪器、参照或参考的测量方法、测量标准、测量时段、读数方法等。

评价内容:现有噪声源种类、数量及相应的噪声级、噪声特性、主要噪声源分析等。

评价范围内环境噪声现状:各功能区噪声级、超标状况及主要噪声源,边界噪声级、超标状况及主要噪声源。

其他:受噪声影响的人口分布。

d.预测范围和预测点布置

噪声预测范围:一般与所确定的噪声评价等级所规定的范围相同,也可稍大于评价范围。

预测点布置原则:

• 所有的环境噪声现状测量点都应作为预测点,以便进行对照。

• 为了便于绘制等声级线图,可以用网格法确定预测点。对线状声源,平行于线状声源走向的网格间距可大些(如100~300m),垂直于线状声源走向的网格间距应小些(如20~60m);对点声源,网格一般为20m×20m~100m×100m范围。

• 评价范围内需要特别考虑的预测点,如一些敏感点。

②预测点噪声级计算和等声级图

a.预测点噪声级的计算

第一,选择坐标系,确定出各噪声源位置和预测点位置的坐标;并根据预测点与声源i之间的距离把噪声源简化为点声源或线状声源。

第二,根据已获得的噪声源声级数据和声波从各声源到预测点j的传播条件,计算出噪声从各声源传播到预测点的声衰减量,算出各声源单独作用时在预测点j产生的A声级L_{ij}。

第三,确定计算的时段T,并确定各声源发声持续时间t_i。

第四，计算预测点 j 在 T 时段内的等效连续声级，公式如下：

$$L_{eq}=10\lg\left[\frac{\sum_{i=1}^{n}t_i 10^{0.1L_{ij}}}{T}\right] \qquad (15-7)$$

在噪声环境影响评价中，由于声源较多，预测点数量也大，故应运用计算机完成预测。现在国内外已有不少成熟、定型的预测模型软件可以应用。

b.绘制等声级图

计算出各网格点上的噪声级后，采用数学方法（如双三次拟合法、按距离加权平均法、按距离加权最小二乘法）计算并绘制出等声级线。

等声级线的间隔不大于 5dB。对于 L_{eq}，最低可画到 35dB、最高可画到 75dB 的等声级线。

等声级图直观地表明了项目的噪声级分布，对分析功能区噪声超标状况提供了方便，同时为城市规划、城市环境噪声管理提供了依据。

(2)环境噪声影响评价

环境噪声影响评价就是解释和评估拟建项目造成的周围声环境预期变化的重大性，据此提出消减其影响的措施。

国内噪声影响评价的基本内容有六个方面。

①根据拟建项目多个方案的噪声预测结果和环境噪声标准，评述拟建项目各个方案在施工、运行阶段噪声的影响程度、影响范围和超标状况（以敏感区域或敏感点为主）。

②分析受噪声影响的人口分布。

③分析拟建项目的噪声源和引起超标的主要噪声源或主要原因。

④分析拟建项目的选址、设备位置和设备选型的合理性，分析拟建项目设计中已有的噪声防治对策的适应性和防治效果。

⑤为了使拟建项目的噪声达标，评价必须提出需要增加的、适用于该项目的噪声防治对策，并分析其经济、技术的可行性。

⑥提出针对该拟建项目的有关噪声污染管理、噪声监测和城市规划方面的建议。

环境噪声影响评价的一般步骤如下。

①开展现场勘察，了解环境法规和标准的规定，确定评价级别、评价范围和编制环境噪声评价工作大纲。

②开展工程分析，收集资料，现场监测，调查噪声的基线水平即噪声声源的数量、各声源噪声级与发声持续时间、声源空间位置等。

③预测噪声对敏感人群的影响，对影响的范围和重大性做出评价，削减影响的对策。

④编写环境噪声影响的专题报告。

各等级评价工作的基本要求如下。

①一级评价工作基本要求

a.环境噪声现状监测全部要求实测。

b.声环境预测要覆盖全部敏感目标，绘制工程运行期等声级线图并给出预测噪声级的误差范围。

c.给出项目建成后各噪声级范围内受影响的人口分布、噪声超标的范围和程度。

d.对工程项目噪声级变化应分阶段分析评价（如建设期和建成运行后的近、中、远期）。

e.对于项目建设可能引起的（非项目本身的）周边地域或时段声环境变化也应给予分析

（如城市通往机场的道路噪声可能因机场的建设而增高）。

f.对建设项目设计中或环评中提出的不同选址方案、选线方案、建设方案等，进行同等级的定量评价分析。

g.针对建设项目工程特点和环境特征提出噪声防治对策，并进行经济与技术可行性分析，给出降噪效果。

②二级评价工作基本要求

a.声环境现状以实测为主，可有针对性适当利用当地已有的环境噪声监测资料。

b.声环境预测要覆盖所有敏感目标，绘制项目建设对城镇规划区影响的声等值线图。

c.分析项目建成后各噪声级范围内受影响的人口分布、噪声超标范围和程度。

d.按工程不同阶段分析评价声环境影响情况（对噪声级变化可能出现的几个阶段，选择噪声级最高的阶段进行详细预测，并适当分析其他阶段的噪声级）。

e.针对建设工程特点和环境特征提出噪声防治措施，并分析其降噪效果。

③三级评价工作基本要求

a.声环境现状调查可利用当地已有环境监测资料，并给予说明。

b.针对重要敏感点进行预测评价，对项目建成后噪声级分布进行分析，并给出受影响的范围和程度。

c.针对建设工程特点提出噪声防治措施，并进行降噪效果分析。

5）固体废物环境影响预测与影响评价

（1）固体废物

在生产、生活和其他活动中产生的丧失原有价值或者虽未丧失利用价值但被抛弃或者放弃的固态、半固态和置于容器中的气态的物品、物质以及法律、行政法规规定纳入固体废物管理的物品、物质。

（2）固体废弃物的分类

按废物来源，固体废弃物分为城市固体废物、工业固体废物和农业固体废物。

按污染特性，固体废弃物分为一般固体废弃物和危险废弃物，一般固体废弃物分为生活垃圾和工业固体废弃物。

（3）固体废弃物的特点

①固体废弃物数量巨大、种类繁多、成分复杂。

②它具有资源和废物的相对性。

③其危害具有潜在性、长期性和灾难性。

④它是处理过程的终态，污染环境的源头。

（4）固体废弃物的环境影响评价分两大类型

第一类指对一般工程项目产生的固体废物，由产生、收集、运输、处理到最终处置的环境影响评价。主要内容包括：①污染源调查；②污染防治措施的论证；③提出最终处置措施方案。

第二类指对处理、处置固体废物设施建设项目的环境影响评价。主要内容包括：①根据处理处置工艺特点，根据导则并执行相应的污染控制标准进行环境影响评价；②污染控制标准中的场（厂）址选择；③污染控制项目；④污染物排放限制等。

（5）固体废弃物控制的主要原则

固体废物处理是通过物理、化学、生物等不同方法，使固体废物转化为适于运输、储存、资源化利用以及最终处置的一种过程。

①减量化:清洁生产。
②资源化:综合利用。
③无害化:安全处置。

典型例题解析

【例 15-12】 (2009)地表水环境影响预测中,对河流的三级评价,只需预测下列哪项的环境影响?

　　A. 枯水期　　　B. 冰封期　　　C. 丰水期　　　D. 平水期

解 考查知识点:地表水预测时期分丰水期、平水期和枯水期三个时期。一般来说,枯水期河流自净能力为最小,平水期居中,丰水期自净能力最大,但个别水域因非点源污染严重可能使丰水期的稀释能力变小,水质不如枯、平水期。对一、二级评价项目应预测自净能力最小和一般的两个时期环境影响。三级评价或评价时间较短的二级评价可只预测自净能力最小时期的环境影响。选 A。

15.2.4　环境影响报告书编制和审批原则

　　环境影响评价报告书是环境影响评价工作成果的集中体现,是环境影响评价承担单位向其委托单位——工程建设单位或其主管单位提交的工作文件。

　　编制环境影响报告书时应遵循的原则:①环境影响报告书应该全面、客观、公正,概括地反映环境影响评价的全部工作,评价内容较多的报告书,其重点评价项目另编分项报告书,主要的技术问题另编专题报告书;②文字应简洁、准确,图表要清晰,论点要明确。

　　建设项目环境影响报告书审批时应坚持的原则:①审查该项目是否符合国家产业政策;②审查该项目是否符合城市环境功能区划和城市总体发展规划,做到合理布局;③审查该项目的技术与装备政策是否符合清洁生产;④审查该项目是否做到了污染物达标排放;⑤审查该项目是否满足国家和地方规定的污染物总量控制指标;⑥审查该项目建成后是否能维持地区环境质量,是否符合功能区要求。

典型例题解析

【例 15-13】 (2007)下面关于环境影响报告书的总体要求不正确的是哪项?

　　A. 应全面、概括地反映环境影响评价的全部工作
　　B. 应尽量采用图表和照片
　　C. 应在报告书正文中尽量列出原始数据和全部计算过程
　　D. 评价内容较多的报告书,其重点评价项目应另编分析报告书

解 考查编制环境影响报告书时应遵循的原则,违背简洁的原则。选 C。

经典练习

15-9　运用数学模型预测河流水质时,充分混合段可采用(　　)预测断面平均水质。

　　A. 一维模式　　B. 二维模式　　C. 三维模式　　D. 零维模式

15-10　对地表水进行评价时,要求最详细的是(　　)评价。

　　A. 一级　　　　B. 二级　　　　C. 三级　　　　D. 四级

15-11 （　　）体现了我国"预防为主"的环境政策。
　　A. 排污收费制度　　　　　　　　B. 限期治理制度
　　C. 环境影响评价制度　　　　　　D. 城市环境综合整治定量考核制度

15-12 对于工矿企业的新建项目，要求（　　）。
　　A. 只监测车间和厂区的噪声现状
　　B. 只调查厂界及评价区的噪声水平
　　C. 既监测车间和厂区的噪声现状，又调查厂界及评价区的噪声水平
　　D. 依据实际情况选择性调查

15-13 固体废弃物控制的主要原则是（　　）。
　　A. 减量化、资源化、无害化　　　B. 减量化、资源化、严格化
　　C. 减量化、严格化、无害化　　　D. 资源化、无害化、严格化

15-14 （　　）不是环境影响评价的目的。
　　A. 保障和促进国家可持续发展战略的实施
　　B. 预防因建设项目实施对环境造成的不良影响
　　C. 提高建设项目的工程质量
　　D. 促进经济、社会和环境的协调发展

15-15 环境影响评价的基本功能是（　　）。
　　A. 判断功能、识别功能、选择功能和导向功能
　　B. 判断功能、识别功能、分析功能和导向功能
　　C. 判断功能、预测功能、分析功能和导向功能
　　D. 判断功能、预测功能、选择功能和导向功能

15-16 关于总量控制，下列说法不正确的是（　　）。
　　A. 总量控制是指以控制一定时段内一定区域内排污单位排放污染物总量为核心的环境管理方法体系
　　B. 总量控制包含了三个方面的内容：一是排放污染物的总量；二是排放污染物总量的地域范围；三是排放污染物的时间跨度
　　C. 目前我国的总量控制基本上是容量总量控制
　　D. 总量控制通常有三种类型：目标总量控制、容量总量控制和行业总量控制

15-17 关于环境预测，下列说法不正确的是（　　）。
　　A. 环境预测需要依据调查或监测的历史资料
　　B. 环境预测运用现代科学方法和手段给出未来的环境状况和发展趋势
　　C. 环境预测的内容不包括环境资源破坏和环境污染造成的经济损失预测
　　D. 环境预测是为提出防止环境进一步恶化和改善环境的对策提供依据

15-18 下列关于噪声预测的说法，不正确的是（　　）。
　　A. 噪声源数据的获得，优先考虑引用已有的数据，包括国外的资料，其次采用类比测量法
　　B. 噪声预测范围一般与所确定的噪声评价等级所规定的范围相同，也可稍大于评价范围
　　C. 等声级线的间隔不大于5dB
　　D. 等声级图直观地表明了项目的噪声级分布，对分析功能区噪声超标状况提供

了方便,同时为城市规划、城市环境噪声管理提供了依据

15-19 下列说法不正确的是( )。

A. 对一、二级评价项目应预测自净能力最小和一般的两个时期环境影响。三级评价或评价时间较短的二级评价可只预测自净能力最小时期的环境影响

B. 不确定性因素可能导致的大气污染混沌状态及其临界风险与敏感区,则可适当增大评价区的范围

C. 水质预测模型:稳态数值模式用于连续稳定排放,动态数值模式用于非连续稳定排放

D. 环境噪声影响评价就是解释和评估拟建项目造成的周围声环境预期变化的重大性,据此提出消减其影响的措施

15-20 下列选项中,( )并不是固体废物具有的一般特点。

A. 资源和废物的相对性　　　　　B. 处理过程的终态,污染环境的源头
C. 危害具有潜在性、长期性和灾难性　D. 固体废物扩散性大、呆滞性小

15-21 对于某公路建设项目,一般其两侧( )m满足一级评价要求。

A. 100　　　　B. 200　　　　C. 300　　　　D. 400

15.3 环境与生态规划

考试大纲☞:环境规划原则和规划方法　环境规划目标和指标体系　环境功能区划　环境预测内容、预测方法　环境规划制定的程序　我国环境管理的三大政策及八项制度

必备基础知识

15.3.1 环境规划原则和规划方法

环境规划是应用各种科学技术信息,在预测发展对环境的影响及环境质量变化趋势的基础上,为了达到预期的环境目标,进行综合分析做出的带有指令性的最佳方案,是环境决策在时间、空间上的具体安排。

1)环境规划的基本原则

环境规划的基本原则是以生态理论和经济发展规律为指导,正确处理资源开发利用、建设活动与环境保护之间的关系,以经济、社会和环境协调发展的战略思想为依据,明确制订环境目标、方案和措施,实施环境效益与社会效益、经济效益统一的工作原则。

2)环境规划方法

最优化方法是环境系统分析常用的环境规划技术,也是环境规划普遍采用的方法。环境的系统分析方法就是有目的、有步骤的搜索、分析和决策过程,即为了给决策者提供决策信息和资料,规划人员使用现代的科学方法、手段和工具对环境目标、环境功能、费用和效益等进行调研、分析,处理有关数据资料,据此建立系统模型或若干个替代方案,并进行优化、模拟、分析和评价,从而选出一个或几个最佳方案,供决策者选择,用来对环境系统进行最佳控制。

为了及时做出科学的环境规划,常用的环境规划决策方法有:①线性规划;②动态规划;③投入产出分析法;④多目标规划;⑤整数规划。

> **典型例题解析**
>
> 【例 15-14】 (2010)环境规划应遵循的原则之一是：
>   A. 经济建设、城乡建设和环境建设同步原则
>   B. 环境建设优先原则
>   C. 经济发展优先原则
>   D. 城市建设优先原则
>
> **解** 考查环境规划的基本原则。选 A。
>
> 【例 15-15】 (2014)以下哪种方法不适合规划方案选择？
>   A. 线性规划法   B. 费用效益分析法
>   C. 多目标决策分析法   D. 聚类分析法
>
> **解** 常用的环境规划决策方法有：线性规划、动态规划、投入产出分析法、多目标规划、整数规划。选 D。

15.3.2 环境规划目标和指标体系

1）环境规划目标

环境规划目标是指在一定条件下，决策者对环境质量所想要达到（或期望达到）的环境状况或标准。

2）环境规划指标体系

环境规划指标包含两方面的含义：一是表示规划指标的内涵和所属范围的部分，即规划指标的名称；二是表示规划指标数量和质量特征的数值，即经过调查登记、汇总整理而得到的数据。

建立环境规划指标体系的原则：整体性原则、科学性原则、规范性原则、可行性原则和适应性原则。

区域性环境指标体系分为指令性规划指标、指导性规划指标和相关性规划指标三大类。

> **典型例题解析**
>
> 【例 15-16】 下列哪项不是建立环境规划指标体系的原则：
>   A. 整体性原则、科学性原则   B. 规范性原则、可行性原则
>   C. 适应性原则   D. 资源化、无害化和减量化原则
>
> **解** 建立环境规划指标体系的原则：整体性原则、科学性原则、规范性原则、可行性原则和适应性原则。选 D。

15.3.3 环境功能区划

环境功能区划是从整体空间观点出发，根据自然环境特点和经济社会发展状况，把规划区分为不同功能的环境单元，以便具体研究各环境单元的环境承载力及环境质量的现状与发展变化趋势，提出不同功能环境单元的环境目标和环境管理对策。

我国现行环境功能区划有城市环境功能区、空气环境功能区、城市声学环境功能区和地表水环境功能区等。

典型例题解析

【例 15-17】（2014）以下哪条不属于环境规划中的环境功能区划的目的？
A. 为了合理布局　　　　　B. 为确定具体的环境目标
C. 便于目标的管理和执行　D. 便于城市行政分区

解 环境功能区划的目的：一是为了合理布局，二是为了确定具体的环境目标，三是为了便于目标的管理和执行。选 D。

15.3.4 环境预测内容、预测方法

环境预测是依据调查或监测的历史资料，运用现代科学方法和手段给出未来的环境状况和发展趋势，为提出防止环境进一步恶化和改善环境的对策提供依据。

环境预测的内容包括：①社会经济发展和经济发展预测；②污染产生与排放量预测；③环境质量预测；④生态环境预测；⑤环境资源破坏和环境污染造成的经济损失预测。

环境预测的方法有统计推断法、模式法、类比分析法、专家系统法和物理模拟法五类方法。

典型例题解析

【例 15-18】（2009）下列关于环境规划预测内容的说法，错误的是：
A. 预测区域内人们的道德、思想等各种社会意识的发展变化
B. 预测区域内各种资源的开采量、储备量以及开发利用效益
C. 预测各类污染物在大气、水体、土壤等环境要素中的总量、浓度以及分布变化，可不考虑新污染源的种类和数量
D. 预测规划期内环境保护总投资、投资比例、投资重点、投资期限和投资效益等

解 环境预测的内容包括：①社会经济发展和经济发展预测；②污染产生与排放量预测；③环境质量预测；④生态环境预测；⑤环境资源破坏和环境污染造成的经济损失预测。选 A。

15.3.5 环境规划制定的程序

环境规划编制的基本程序主要包括：编制环境规划的工作计划、环境现状调查和评价、环境预测分析、确定环境规划目标、进行环境规划方案的设计、环境规划方案的申报与审批、环境规划方案的实施。

环境规划制定程序为：①对象调查；②目标导向预测；③制订方案；④系统分析，优先决策。

15.3.6 我国环境管理的三大政策及八项制度

1）我国环境管理的三大政策

我国环境管理的三大基本政策是预防为主、谁污染谁治理和强化环境管理。

①预防为主政策的思想是：把消除污染、保护环境的措施实施在经济开发和建设过程之前或之中，从根本上消除环境问题产生的根源，减轻事后污染治理和生态保护所要付出的沉重代价。

②谁污染谁治理的政策思想是：治理污染、保护环境是生产者不可推卸的责任和义务，由

污染产生的损害以及治理污染所需要的费用,应该由污染者承担和补偿,从而使外部不经济性内化到企业的生产中去。

③强化环境管理是三大基本政策的核心,最具有中国特色,其主要内容是加强环境立法和执法、建立健全的环境管理机构和环境管理制度。

2)我国环境管理的八项制度

我国环境管理的八项制度主要包括"老三项"制度和"新五项"制度。"老三项"即环境影响评价制度、"三同时"制度和排污收费制度。"新五项"制度是城市环境综合整治定量考核制度、环境保护目标责任制、排污申报登记与排污许可证制度、污染集中控制制度、污染限期治理制度。

(1)"老三项"制度

环境影响评价制度是调整环境影响评价过程中所发生社会关系的一系列法律规范的总和,它是环境影响评价的原则、程序、内容、权利、义务以及管理措施的法定化。

"三同时"制度是中国特有的环境管理政策,是指建设项目中的环境保护设施必须与主体工程同时设计、同时施工、同时投产使用的制度。

排污收费制度是对污水、废气、固体废物、噪声等各类污染物和污染因子,收取一定排污费用的制度。

(2)"新五项"制度

城市环境综合整治定量考核制度是指通过实行定量考核,对城市政府在推行城市环境综合整治过程中的活动予以管理和调整的一项环境监督管理制度。

环境保护目标责任制是一种具体落实地方各级人民政府和有污染的单位对环境质量负责的行政管理制度。

排污申报登记与排污许可证制度:排污申报登记制度规定,凡是排放污染物的单位,须按规定向环境保护行政主管部门申报登记所拥有的污染物排放设施,污染物处理设施和正常作业条件下排放污染物的种类、数量和浓度;排污许可制度以改善环境质量为目标,以污染物总量控制为基础,规定排污单位许可排放什么污染物、许可污染物排放量、许可污染物排放去向等的制度。

污染集中控制制度:污染集中控制是指在一个特定的范围内,为保护环境所建立的集中治理设施和采用的管理措施。

污染限期治理制度:污染限期治理是以污染源调查、评价为基础,以环境保护规划为依据,突出重点,分期分批地对污染危害严重、群众反映强烈的污染物、污染源、污染区域采取的限定治理时间、治理内容及治理效果的强制性措施。

排污申报登记与排污许可证制度、污染集中控制制度都属于行政管理制度。

典型例题解析

【例15-19】 (2014)我国环境管理的"三大政策"不包括:
  A. 预防为主,防治结合   B. 环境可持续发展
  C. 强化环境管理   D. 谁污染谁治理

解 我国环境保护三大政策:预防为主,谁污染谁治理,强化环境管理。选B。

经典练习

15-22 (　　)是环境规划普遍采用的方法。

A. 最优化方法　　B. 统计推断法　　C. 专家系统法　　D. 类比分析法

15-23　区域性环境指标体系分为(　　)。

A. 相关性规划指标、强制性规划指标、统一性规划指标

B. 强制性规划指标、指导性规划指标、相关性规划指标

C. 统一性规划指标、指令性规划指标、指导性规划指标

D. 指令性规划指标、指导性规划指标、相关性规划指标

15-24　(　　)不是我国环境管理三大政策。

A. 预防为主　　B. 谁污染谁治理　　C. 排污申报登记　　D. 强化环境管理

15-25　我国环境管理的三大政策中,最具中国特色的环境政策是(　　)。

A. 强化环境管理　　B. 预防为主　　C. 谁污染谁治理　　D. 排污申报登记

15-26　关于环境规划指标包含的含义,下列说法不正确的是(　　)。

A. 环境规划指标包含环境规划指标体系

B. 环境规划指标包含规划指标的名称

C. 环境规划指标包含经过调查登记、汇总整理而得到的数据

D. 环境规划指标包含表示规划指标数量和质量特征的数值

15-27　(　　)是中国特有的环境管理政策。

A. "三同时"制度　　　　　　B. 环境影响评价制度

C. 排污收费制度　　　　　　D. 环境保护目标责任制

参考答案及提示

15-1　D　概念题,需记忆。

15-2　B　考查环境系统的相关内容。

15-3　C　一个区域的环境背景值和基线值的差别反映该区域不同地方环境受污染和破坏程度的差异。

15-4　B　考查环境系统的概念。

15-5　B　环境背景值对于开展区域环境质量评价,进行环境污染趋势预测预报,制定环境标准,工农业生产合理布局等,有着重要意义。

15-6　A　考查环境质量的概念,需记忆。

15-7　C　考查环境质量的概念,需记忆。

15-8　D　考查环境基线值的概念。

15-9　D　零维模式:可用于河流充分混合段的断面水质平均浓度预测、各级评价的 pH 值预测和小型湖泊(水库)平衡时的平均水质浓度预测。

15-10　A　基础知识,需记忆。

15-11　C　环境影响评价体现了我国"预防为主"的环境政策。

15-12　B　对于工矿企业的改扩建项目可监测现有车间和厂区的噪声现状;新建项目则只调查厂界及评价区的噪声水平。

15-13　A　固体废弃物控制的主要原则:减量化、资源化、无害化。

15-14　C　环境影响评价的根本目的是鼓励在规划和决算中考虑环境因素,最终达到更具环境相容性的人类活动。

15-15　D　环境影响评价的基本功能:判断功能、预测功能、选择功能和导向功能。

15-16	C	总量控制:指以控制一定时段内一定区域内排污单位排放污染物总量为核心的环境管理方法体系。它包含了三个方面的内容:一是排放污染物的总量;二是排放污染物总量的地域范围;三是排放污染物的时间跨度。通常有三种类型:目标总量控制、容量总量控制和行业总量控制。目前我国的总量控制基本上是目标总量控制。
15-17	C	考查环境预测。
15-18	A	噪声源数据的获得,优先考虑采用类比测量法(即测定类似项目的对应数据作为依据),其次引用已有的数据,包括国外的资料。
15-19	B	不确定性因素可能导致的大气污染混沌状态及其临界风险与敏感区,则可适当缩小评价区的范围。
15-20	D	固体废弃物的特点:数量巨大、种类繁多、成分复杂;资源和废物的相对性;危害具有潜在性、长期性和灾难性;处理过程的终态,污染环境的源头。
15-21	B	基础知识,需记忆。
15-22	A	最优化方法是环境系统分析常用的环境规划技术,也是环境规划普遍采用的方法。
15-23	D	区域性环境指标体系分为指令性规划指标、指导性规划指标和相关性规划指标三大类。
15-24	C	我国环境管理三大政策:预防为主、谁污染谁治理和强化环境管理。
15-25	A	强化环境管理是三大基本政策的核心,最具有中国特色,主要内容是加强环境立法和执法、建立健全的环境管理机构和环境管理制度。
15-26	A	环境规划指标包含两方面的含义:一是表示规划指标的内涵和所属范围的部分,即规划指标的名称;二是表示规划指标数量和质量特征的数值,即经过调查登记、汇总整理而得到的数据。
15-27	A	"三同时"制度是中国特有的环境管理政策,是指建设项目中的环境保护设施必须与主体工程同时设计、同时施工、同时投产使用制度。

16 污染防治技术

考题配置　　单选,22 题
分数配置　　每题 2 分,共 44 分

复习指导

　　本章是重点章节,考题 22 个,分数比例最高,涉及的内容也最多、最广泛,包含了水污染防治技术、大气污染防治技术、固体废弃物的处理处置技术和物理污染防治技术,涵盖了几乎全部的环境工程专业内容,要求考生对专业知识有全面系统的理解和掌握。

16.1 水污染防治技术

考试大纲：水质指标　水体与水体自净　水环境容量　物理化学处理方法　生物化学处理方法　水处理厂污泥处理方法　废水的深度处理方法

必备基础知识

16.1.1 水质指标

1)水质
水质指水和其中所含的杂质共同表现出来的物理学、化学和生物学的总和特征。
2)水质指标
水质指标指水中杂质的种类、成分和数量,是判断水质的具体衡量标准。
水质指标项目繁多,总共有数百种,一般分为物理性的、化学性的和生物学的三大类,具体见表 16-1。

水 质 指 标　　　　　　　　　　　　　　　　表 16-1

类　别	指标内容
物理性水质指标	水温、色度、臭味、固体含量、泡沫等,固体物质按存在形态的不同可分为悬浮的、胶体的和溶解的三种
化学性水质指标	①无机物指标,如 pH、碱度、植物营养素(N,P)、重金属离子、无机盐等; ②有机物指标,如总需氧量(TOD)、溶解氧(DO)、化学需氧量(COD)、生化需氧量(BOD)、总有机碳量(TOC)等
生物学水质指标	总大肠菌群数、病毒、细菌总数等

典型例题解析

【例 16-1】 （2007）关于污水水质指标类型的正确描述是：
A. 物理性指标、化学性指标
B. 物理性指标、化学性指标、生物学指标
C. 水温、色度、有机物
D. 水温、COD、BOD、SS

解 选 B。

16.1.2 水体与水体自净

1）水体与水污染

①水体：被水覆盖的自然综合体。水体不仅包括水，而且包括水中的悬浮物、底泥和水中生物等。

②水的自净能力：水体在一定程度下自身调节和降低污染的能力。

③水污染：当进入水体的外来杂质含量超过了水体自净能力时就会使水质恶化，对人类环境和水的利用产生不良影响。《中华人民共和国水污染防治法》中对水污染的定义为：水体因某种物质的介入，而导致其化学、物理、生物或者放射性等方面特性的改变，从而影响水的有效利用，危害人体健康或者破坏生态环境、造成水质恶化的现象。

水的污染根据污染成因的不同，分为点源污染和面源污染；根据污染杂质性质的不同，又可分为化学性污染、物理性污染和生物性污染。

2）水体自净的基本过程

水体自净：排入到水体中的污染物参与水中物质的循环过程，经过一系列的物理、化学和生物学变化，污染物质被分离或分解，水体基本上恢复到原来的状态。

(1) 水体自净过程受很多因素影响，按机理分为三类：

①物理净化作用：水体中的污染物通过稀释、混合、沉淀与挥发，使浓度降低，但总量不减；

②化学净化作用：污染物通过氧化还原、酸碱反应、分解合成、吸附凝聚等过程使存在形态发生变化，浓度降低，但总量不减；

③生物化学净化作用（主要原因）：污染物通过水生生物特别是微生物的生命活动，使其存在形态发生变化，有机物无机化、有害物无害化，从而使污染物的浓度降低、总量减少。

(2) 从水体污染的角度看，水体自净包括两个过程：

①废水在水体中的稀释和扩散：稀释实际上只是将废水中的污染物质扩散到水体中，从而降低这些物质的相对浓度；

②水体的生化自净：废水进入水体后，除得到稀释外，其中的有机物还会在水中微生物的作用下进行氧化分解，逐渐变成无机物质。

如图 16-1 所示，当废水排入河流后，排入口附近的溶解氧逐渐减少，原因是有机物的增多使河流的耗氧速率大于复氧速率，随着有机物的氧化分解，河流的耗氧速率逐渐降低，直至在河流排污口下游某点，河流的耗氧率与复氧率相同，此时溶解氧的含量最

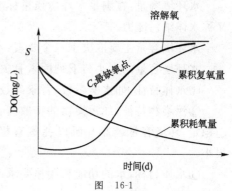

图 16-1

低,随后溶解氧浓度慢慢回升,该点即被称为最缺氧点。

典型例题解析

【例 16-2】(2008)某河流接纳某生活污水的排放,污水排入河流后在水体物理、化学和生物化学的自净作用下,污染物浓度得到降低。下列描述中错误的是:

  A. 污水排放口形式影响河流对污染物的自净速度
  B. 河流水流速度影响水中有机物的生物化学净化速率
  C. 排入的污水量越多,河流通过自净恢复到原有状态所需时间越长
  D. 生活污水排入河流以后,污水中的悬浮物快速沉淀到河底,这是使河流中污染物总量降低的重要过程

解 水体对废水的稀释、扩散以及生物化学降解作用是水体自净的主要过程。选 D。

【例 16-3】(2014)有机污染物的水体自净过程中氧垂曲线上最缺氧点发生在:

  A. 有机污染物浓度最高的地点
  B. 亏氧量最小的地点
  C. 耗氧速率和复氧速率相等的地点
  D. 水体刚好恢复清洁状态的地点

解 如图 16-2 所示,a 为有机物分解的耗氧曲线,b 为水体复氧曲线,c 为氧垂曲线,C_p 为最缺氧点,可知其位于耗氧速率和复氧速率相等的地点。选 C。

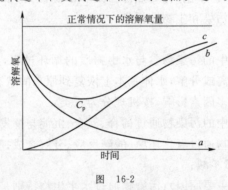

图 16-2

16.1.3 水环境容量

水环境容量:在满足水环境质量标准的前提下,水体所能接纳的最大允许污染物负荷量,又称水体纳污能力。

水环境容量主要取决于三个要素:水资源量、水环境功能区划和排污方式。

水环境容量的大小与下列因素有关:

①水体特征,如水文参数、背景参数、自净参数及工程因素等。

②污染物特征,如污染物的扩散性、持久性、生物降解性等。一般污染物的物理化学性质越稳定,环境容量越小。所以耗氧有机物的水环境容量最大,难降解有机物的水环境容量很小。

③水质目标,水的功能和用途要求不同,允许存在于水体的污染物量也不同。

典型例题解析

【例 16-4】（2008）在以下措施中,对提高水环境容量没有帮助的措施是:
A. 采用曝气设备对水体进行人工充氧
B. 降低水体功能对水质目标的要求
C. 将污水多点、分散排入水体
D. 提高污水的处理程度

解 水环境容量主要取决于三个要素:水资源量、水环境功能区划和排污方式。选 D。

16.1.4 水处理的基本方法

1）给水处理的基本方法

当以地面水作为饮用水水源时,处理工艺常包括混凝、沉淀、过滤和消毒;当以地下水作为饮用水水源时,一般只需消毒处理即可满足水质要求。

各种不同的工业用户对水质有特殊要求,因此还要根据不同的情况对水质进行软化、除盐、冷却、控制结垢与腐蚀等处理。

地面水处理流程：源水 → 混凝 → 沉淀 → 过滤 → 消毒 → 饮用水

2）污水处理的基本方法

① 污水处理技术按原理分为物理处理法、化学处理法和生物处理法,具体见表 16-2。
② 污水处理技术按处理程度划分为一级、二级和三级处理。

污水处理方法（按处理原理分类） 表 16-2

污水处理方法	处理原理	具体方法
物理处理法	利用物理作用来分离废水中呈悬浮状态的污染物质	方法有筛滤法、沉淀法、气浮法、蒸发浓缩法、离心法、超滤法、反渗透法等
化学处理法	利用化学反应的作用来处理水中溶解性的污染物或胶体物质	方法有中和法、氧化还原法、混凝法、电解法、吹脱法、萃取法、吸附法、离子交换法、电渗析法等
生物处理法	利用微生物的作用,使废水中呈溶解和胶体状态的有机污染物被分解和生物利用	主要分为好氧生物处理和厌氧生物处理两类。好氧生物处理又分为活性污泥法、生物膜法、生物氧化塘、湿地及土壤处理等

一级处理:也称预处理。只是去除污水中呈悬浮状态的固体污染物质。物理法大部分用于一级处理。

二级处理:去除水中呈溶解和胶体状态的有机污染物。生物法是常见的二级处理方法,经济有效,因此常被称为生物处理或生物化学处理。一般废水经二级处理可达到排放要求。

三级处理:也称为高级处理或深度处理。当出水水质要求较高时,为了进一步去除废水中的营养物质,生物难降解有机物和溶解盐,就要在二级处理后,再进行三级处理。

废水处理的原则:
① 废水减排;
② 废水利用;
③ 有价物质回收;
④ 废水末端处理。

污水处理典型流程如图 16-3 所示。

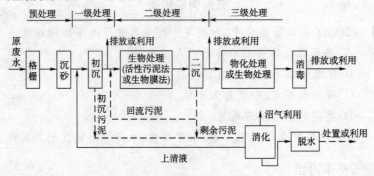

图 16-3　污水处理典型流程

16.1.5　物理化学处理方法

1) 筛滤截留法

筛滤的目的是去除废水中粗大的悬浮物和杂物,以保护后续处理设施并防止管道堵塞。通常设置在处理厂各处理构筑物之前。主要设备有格栅、筛网和微滤机等。

(1) 格栅

格栅由一组平行的金属栅条或筛网制成,安装在污水渠道、泵房集水井的进口处或污水处理厂的端部,用以截留较大的悬浮物或漂浮物。沉砂池或沉淀池前的格栅,栅隙一般为 15~30mm,最大不超过 40mm。格栅前渠道内的水流速度一般为 0.4~0.9m/s,过栅流速一般为 0.6~1.0m/s,格栅倾角一般为 45°~70°(机械格栅一般为 60°~70°,特殊类型可达 90°)。栅前水渠设计成渐扩,防止阻水回流。通过格栅的水头损失一般采用 0.08~0.15m。格栅的设计见图 16-4。

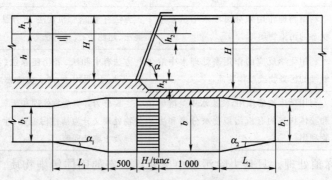

图 16-4　格栅设计示意图(尺寸单位:mm)

典型例题解析

【例 16-5】 (2010)污水处理系统中设置格栅的主要目的是:

A. 拦截污水中较大颗粒尺寸的悬浮物和漂浮物

B. 拦截污水中的无机颗粒

C. 拦截污水中的有机颗粒

D. 提高污水与空气的接触面积,让有害气体挥发

解　参考格栅的概念。选 A。

污水处理清渣方式分为人工清渣和机械清渣两种。同时,格栅栅条间隙应符合下列要求:人工清除为 25~40mm,机械清除为 16~25mm,最大间隙 40mm。机械清除格栅有履带式、钢丝绳牵引式和圆周回转式等。

(2)筛网

对于水中纤维、纸浆、藻类等微小杂物,可选用不同孔径的筛网来处理。筛网装置有转鼓式、旋转式、转盘式、水力筛网振动等。孔径小于 10mm 的筛网主要用于工业废水的预处理,孔径小于 0.1mm 的细筛网主要用于处理后出水的最终处理或作为回用水的处理。

(3)微滤机

微滤机是一种转鼓式筛网过滤装置。被处理的废水沿轴向进入鼓内,以径向辐射状经筛网流出,水中杂质(细小的悬浮物、纤维、纸浆等)即被截留于鼓筒上滤网内面。当截留在滤网上的杂质被转鼓带到上部时,被压力冲洗水反冲到排渣槽内流出。运行时,转鼓 2/5 的直径部分露出水面,转数为 1~4r/min,滤网过滤速度可采用 30~120m/h,冲洗水压力为 0.5~1.5kg/cm^2,冲洗水量为生产水量的 0.5%~1.0%,用于水库水处理时,除藻效率达 40%~70%,除浮游生物效率达 97%~100%。微滤机占地面积小,生产能力大(250~36 000m^3/d),操作管理方便,已成功地应用于给水及废水处理。

2)离心分离法

物体高速旋转时,产生离心力场。利用离心力分离废水中密度与水不同的悬浮物的处理方法,就是离心分离法。

按照离心力的产生方式,分为两类:①水力旋流器,其特点是器体固定不动,而由沿切向高速进入胎内的物料产生离心力,包括压力式水力旋流器和重力式水力旋流器两种;②离心机,其特点是由高速旋转的转鼓带动物料产生离心力,常速离心机多用于分离纤维类悬浮物和污泥脱水等液固分离,而高速离心机适用于分离乳化油和蛋白质等密度较小的细微悬浮物。

3)均质调节

调节池可调节水质和水量,为后续处理设备创造良好的工作条件。按功能可分为水量调节池、水质调节池、事故调节池等。

调节池应能够容纳水质水量变化一个周期所排放的全部废水量;应对沉淀物有所处理,以免减少调节池的有效容积;应经常巡查;事故调节池的阀门必须能够实现自动控制。当无流量变化资料时,调节池可按平均时流量的 6~8h 计算。

4)沉淀

沉淀是利用水中悬浮颗粒可沉降性能,在重力作用下下沉,达到固液分离的一种过程。不仅降低了废水中污染物的浓度,同时对保证整个废水处理系统的正常运行也起到了重要作用。几乎是所有水处理过程不可缺少的基本单元之一。

根据废水中可沉降物质颗粒的大小、凝聚性能的强弱及其浓度的高低,按观察到的现象可把沉淀分为四种类型:①自由沉淀,离散颗粒、沉速不变(沉砂池、初沉池前期);②絮凝沉淀,絮凝性颗粒、沉速增加(初沉池后期、二沉池前期、给水混凝沉淀);③拥挤沉淀,颗粒浓度大,相互间发生干扰、分层(高浊水、二沉池、污泥浓缩池);④压缩沉淀,颗粒间相互挤压,下层颗粒间的水在上层颗粒的重力下挤出,污泥得到浓缩。

(1)沉砂池

用于去除水中比重较大的无机颗粒杂质,一般设于泵站、倒虹管前,以减轻无机颗粒对水泵、管道的磨损,也可设于初沉池前,以减轻沉淀池负荷及改善污泥处理构筑物的处理条件。

沉砂池的工作是以重力沉降为基础的,即在沉降过程中颗粒杂质的尺寸、形状和比重不随时间而变化。自由沉降的沉砂池,其澄清流量与沉深无关,仅与池表面积和颗粒沉降速度相关。

$$Q = \frac{h}{t}A = uA \quad (16-1)$$

式中:Q——澄清流量(m^3/s);

h——颗粒在 t 时间内沉降的距离(m);

t——沉降时间(s);

A——与沉降方向垂直的矩形容器截面积(m^2);

u——颗粒沉降速度(m/s)。

颗粒在静水中沉降速度可用 Stokes 公式表示:

$$u = \frac{g(\rho_s - \rho)d^2}{18\mu} \quad (16-2)$$

式中:u——颗粒的沉降末速度(m/s);

ρ_s, ρ——分别表示颗粒及水的密度(kg/m^3);

g——重力加速度(m/s^2);

μ——水的黏度(Pa·s);

d——颗粒的粒径(m)。

常用的沉砂池有平流式沉砂池、曝气沉砂池、竖流式沉砂池等。

①平流沉砂池。平流沉砂池由入流渠、出流渠、闸板、水流部分及沉砂斗组成。具有截留无机颗粒效果较好、工作稳定、构造简单、排沉砂较方便等优点。去除的砂粒相对密度为 2.65,粒径为 0.2mm 以上。

a. 当废水以自流方式进入时,应取最大小时流量;当用泵送入时,应取工作水泵的最大组合流量。

b. 分格数:分格数一般不小于 2,并按并联方式运行。

c. 流速:应控制在最大流速 0.3m/s 和最小流速 0.15m/s 之间。

d. 停留时间:流量最大时,废水在池内的停留时间不小于 30s,一般为 30~60s。

e. 结构尺寸:有效水深一般为 0.25~1.0m,不大于 1.2m;超高不小于 0.3m;每格宽不小于 0.6m。

f. 沉砂量:依水质不同而异,对城市污水可按每 10 万 m^3 废水产生 $3m^3$ 沉砂考虑。

g. 储砂斗:容积一般按 2 日以内的沉砂量设计,斗壁倾角不小于 55°;池底以 0.01~0.02 的坡度倾向砂斗。

②曝气沉砂池。普通沉砂池的最大缺点是在其截留的沉砂中夹杂有一些有机物,对被少量有机物包裹的砂粒截留效果也不高。使用曝气沉砂池能够在一定程度上克服上述缺点。曝气沉砂池集曝气和除砂于一身,不但可使沉砂中的有机物降低至 5% 以下,而且还有预曝气、除臭、除油等多种功能。

③竖流式沉砂池。竖流式沉砂池是一个圆形池,污水由中心管进入池内后自下而上流动,砂粒借重力沉于池底。

(2)沉淀池

沉淀池按工艺布置的不同,可分为初沉池和二沉池。初沉池是一级污水厂的主体构筑物,或作为二级污水厂的预处理构筑物,设在生物处理构筑物之前,处理对象是 SS 以及部分 BOD_5;二沉池设在生物处理构筑物之后,用于沉淀、去除活性污泥或腐殖污泥。

沉淀池由四个功能区组成：流入区、沉降区、流出区、污泥区。

沉淀池主要有四种类型：平流式、竖流式、辐流式、斜板（管）式。

①平流式沉淀池。平流式沉淀池的废水从池一端流入，沿水平方向在池内流动，从另一端溢出，池的形状呈长方形，在进口处的底部设储泥斗。平流式沉淀池见图16-5。

②竖流式沉淀池。废水从池中央下部进入，由下向上流动。为了池内水流分布均匀，池径不宜太大，一般采用4～7m，不大于10m。沉淀区呈柱形，污泥斗呈截头倒锥形。圆形竖流式沉淀池见图16-6。

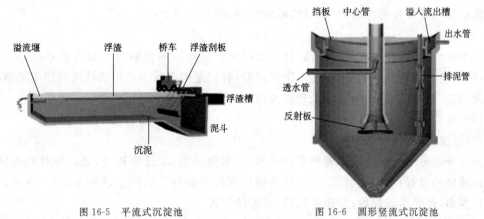

图16-5 平流式沉淀池　　　图16-6 圆形竖流式沉淀池

③辐流式沉淀池。一般的辐流式沉淀池，废水是从中心进入而在池四周出流，进口处流速很大，呈紊流状态，这时原废水中悬浮物质浓度亦高，紊流状态阻碍了它的下沉，影响沉淀池的分离效果。

而向心辐流式沉淀池与此恰恰相反，原废水从池周流入，澄清水则从池中心流出。也可以采取池周进水池周出水的方式。辐流式沉淀池直径一般为20～30m以上，最大可达100m，池深2.5～5m，适用于大型引水处理厂。

④斜板（管）沉淀池。浅池理论：通过降低沉淀池的深度可以提高沉淀池的效率。如果把沉淀池分成n层，理论上在不改变流量和处理效率的条件下，沉淀池的体积可以缩小为原来的$1/n$；在不改变沉淀池体积的条件下，可以把处理量提高到原来的n倍。

根据水流与泥流的相对方向，可将斜板（管）沉淀池划分为异向流、同向流、侧向流三种，最常用的为异向流斜（管）板沉淀池。

所以，工程上把水平隔层改为倾斜成一定角度的斜面，这就是斜板沉淀池，如果板间再加隔板则称为斜管沉淀池。

5）除油

除油方法宜采用重力分离法去除浮油和重油，采用气浮法、电解法、混凝沉淀法去除乳化油。

采用自然上浮法去除废水中浮油的方法称为隔油，使用的构筑物称为隔油池。隔油池常见类型有平流式隔油池、斜板式隔油池。

6）气浮

(1)原理

气浮是一种有效的固-液和液-液分离方法，常用于对那些颗粒密度接近或小于水的细小颗粒的分离。它通过某种方法产生大量的微气泡，使微小气泡与在水中悬浮的颗粒黏附，形成水-气-颗粒三相混合体系,颗粒黏附上气泡后,密度小于水即上浮水面,从水中分离出去,形成浮渣。

(2) 气浮分类

气浮按产生微气泡方式可分为溶气气浮法、散气气浮法、电解气浮法。其中,溶气气浮法应用最广。根据气泡在水中析出时所处压力的不同,溶气气浮又可分为加压溶气气浮和溶气真空气浮两种类型。

(3) 气浮设备

常用的汽浮设备有加压溶气气浮、叶轮气浮、曝气气浮和射流气浮。

(4) 应用

在水处理中,气浮法应用于石油、化工及机械制造业中的含油污水的油水分离,工业废水处理,污水中有用物质的回收,取代二次沉淀池,特别是用于易于产生活性污泥膨胀的情况,以及剩余活性污泥的浓缩。不适合处理高浊浓度的原水。

7) 过滤

(1) 过滤机理

滤池分离悬浮颗粒涉及多种因素和过程,一般分三类:①迁移机理,悬浮颗粒脱离流线而与滤料接触的过程;②附着机理,由上述迁移过程而与滤料接触的悬浮颗粒,附着在滤料表面上不再脱离,就是附着过程;③脱落机理,反冲洗过程。

过滤过程:废水由上到下通过一定厚度的由一定粒度的粒状介质组成的床层,由于粒状介质之间存在大小不同的孔隙,废水中的悬浮物被这些孔隙截留而除去。

反冲洗过程:到一定程度时过滤不能进行,需要进行反冲洗。反冲洗是通过上升水流的作用使滤料呈悬浮状态,滤料间的孔隙变大,污染物随水流带走,反冲洗完成后再进行过滤。所以过滤过程是间断进行的。

滤池主要构造有滤料层、承托层、配水系统和冲洗系统。

(2) 滤池分类

目前常用的滤池类型很多,按滤料的种类分,有单层滤池、双层滤池和多层滤池;按作用水头分,有重力式滤池和压力滤池;按进、出水及反冲洗水的供给与排除方式分,有普通快滤池、虹吸滤池和无阀滤池。

8) 中和法

中和法是利用碱性药剂或酸性药剂将废水从酸性或碱性调整到中性附近的一类处理方法。

酸性、碱性废水的中和处理主要有以下几种方法:

(1) 酸性、碱性废水的相互中和法

中和处理酸、碱性废水,首先考虑以废治废的原则,优先选择酸性废水与碱性废水相互中和法处理。

(2) 药剂中和法

酸性废水通常选用石灰、石灰石作为中和剂,碱性废水一般采用盐酸、硫酸和硝酸等中和剂。

(3) 过滤中和法

过滤中和法仅用于酸性废水的处理,它是利用碱性滤料形成的滤床来处理酸性废水,当酸性废水流过滤料时,发生中和反应,使废水中和。

主要的滤料有石灰石、大理石、白云石等矿物。中和滤池分为普通中和滤池、升流式膨胀中和滤池和滚筒式中和滤池三种。

9)化学沉淀法

向废水中投加某些化学药剂,使之与废水中的某些溶解物质发生化学反应,生成难溶的沉淀物的方法称为化学沉淀法。工业废水中常见危害性大的重金属(如 Hg、Zn、Cd、Pb、Cu 等离子)和某些非金属(如 As、F 等)都可以采用化学沉淀法去除。

根据使用沉淀剂不同,化学沉淀法可分为以下几种方法。

①氢氧化物沉淀法:水中金属离子很容易与碱反应生成各种氢氧化物,其中包括氢氧化物沉淀及各种羟基络合物。常用的沉淀剂有石灰、碳酸钠、苛性钠、石灰石、白云石等。

②硫化物沉淀法:金属硫化物的溶解度一般比其氢氧化物的溶解度小得多,因此,采用硫化物沉淀法可以比较完全地去除水中的重金属离子。硫化物沉淀法经常作为氢氧化物沉淀法的补充法。常用的沉淀剂有 H_2S、Na_2S、K_2S、$(NH_4)_2S$、$NaHS$ 等,其中前三种沉淀剂使用较多。

$$MS = M^{2+} + S^{2-} \tag{16-3}$$

$$[M^{2-}] = K_{MS}/[S^{2-}] \tag{16-4}$$

③碳酸盐沉淀法:投加难溶碳酸盐(如 $CaCO_3$)、投加可溶性碳酸盐(如 Na_2CO_3)、投加石灰(可去除水中的碳酸盐硬度)。

④其他沉淀法:钡盐沉淀法、卤化物沉淀法、磷酸盐沉淀法。

10)氧化还原法

废水中的溶解性物质可以通过化学氧化还原反应转化成无害的物质,或者转化成容易从水中分离排除的形态(气体、固体)从而达到处理的目的,称为氧化还原处理法。

(1)高级氧化

①臭氧氧化法:

a. 氧化无机物:臭氧能将水中的二价铁、锰氧化成三价铁及高价锰,使溶解性的铁、锰变成固态物质,以便通过沉淀和过滤除去。

b. 氧化有机物:臭氧能够氧化许多有机物,如蛋白质、氨基酸、有机胺、链型不饱和化合物、芳香族、木质素、腐殖质等。目前在水处理中,采用 COD_{Cr} 和 BOD_5 作为测定这些有机物的指标,臭氧在氧化这些有机物的过程中,将生成一系列中间产物,这些中间产物的 COD_{Cr} 和 BOD_5 值有的比原反应物更高。

c. 消毒:臭氧杀菌效果好、速度快,而且对消灭病毒也很有效。臭氧消毒的效果主要取决于接触设备出口处的剩余量和接触时间,其受 pH 值、水温及水中氨量的影响较小。但其也有一定的选择性,如绿霉菌、青霉菌之类对臭氧具有抗药性,需较长时间才能杀死它们。

②过氧化氢氧化法:

a. Fenton 试剂:Fenton 试剂是亚铁离子和过氧化氢的组合,该试剂作为强氧化剂的应用已有一百多年的历史,在精细化工、医药化工、医药卫生、环境污染治理等方面得到广泛的应用。

b. 过氧化氢单独氧化:特点有产品稳定,储存时每年活性氧的损失低于 1%;安全,没有腐蚀性,能较容易地处理液体;与水完全混溶,避免了溶解度的限制或排出泵产生气栓;无二次污染,能满足环保排放要求;氧化选择性高,特别是在适当条件下选择性更高。

③二氧化氯氧化法:有强氧化性,对 THM、酚类化合物等能起到破坏作用,同时可氧化水

中的铁离子和锰离子,使之形成沉淀而得到去除。

$$2ClO_2 + 5Mn^{2+} + 6H_2O \rightarrow 5MnO_2\downarrow + 12H^+ + 2Cl^- \tag{16-5}$$

$$ClO_2 + 5Fe(HCO_2)_2 + 13H_2O \rightarrow 5Fe(OH)_3\downarrow + 10CO_2\uparrow + 21H^+ + Cl^- \tag{16-6}$$

④湿式氧化法:湿式氧化法(Wet Air Oxidation,简称 WAO)是在高温、高压下,利用氧化剂将废水中的有机物氧化成二氧化碳和水,从而达到去除污染物的目的。与常规方法相比,具有适用范围广、处理效率高、极少有二次污染、氧化速率快、可回收能量及有用物料等特点。

⑤光化学氧化法:所谓光化学反应,就是在光的作用下进行的化学反应。光化学反应需要分子吸收特定波长的电磁辐射,受激产生分子激发态,之后才会发生化学变化到一个稳定的状态,或者变成引发热反应的中间化学产物。利用光化学反应治理污染,包括无催化剂和有催化剂参与的光化学氧化。

⑥超临界水氧化技术:超临界水氧化的主要原理是利用超临界水作为介质来氧化分解有机物。在超临界水氧化过程中,由于超临界水对于有机物和氧气都是极好的溶剂,因此有机物的氧化可以在富氧的均一相中进行,反应不会因相间转移而受限制。

由于超临界水具有溶解非极性有机化合物(包括多氯联苯等)的能力,在足够高的压力下,它与有机物和氧或空气完全互溶,因此这些化合物可以在超临界水中均相氧化,并通过降低压力或冷却选择性地从溶液中分离产物。

(2)高锰酸钾及其复合盐的氧化

高锰酸钾是常用的强氧化剂。高锰酸钾作为氧化剂时会出现各种不同的情况,它在不同的介质中出现不同的产物:在酸性介质中还原产物为 Mn^{2+},呈淡粉色;在中性介质中还原产物为 MnO_2,呈棕黑色沉淀;在碱性介质中还原产物为 MnO_4^{2-},呈绿色。这是由于在不同介质中,MnO_4^{2-} 都具有一定氧化性,都可与较强的还原剂作用。

高锰酸钾处理能有效地去除污水中的多种有机污染物,降低水的致突变性。此外,还能显著地控制氯化消毒副产物。

(3)其他氧化方法

①催化氧化:催化氧化过程主要有常温常压下的催化氧化和高温高压下的湿式催化氧化、光催化氧化等。通过催化途径产生氧化能力极强的 OH·羟基自由基。

②电化学处理技术:电化学水处理技术是使污染物在电极上直接发生电化学反应或利用电极表面产生的强氧化性活性物种使污染物发生氧化还原转变,后者被称为间接电化学转化。

③超声技术:超声辐射的降解途径主要是在空化效应作用下,有机物通过高温分解或自由基反应两种历程进行。超声空化是指液体中的微小气核在超声波的作用下被激活,它表现在泡核的振荡、生长、收缩、崩溃等一系列动力学过程。

11) 电解

(1)原理

电解槽内装有极板,一般用普通钢板制成。极板取适当间距,以保证电能消耗较少而又便于安装、运行和维修。通电后,在外电场作用下,阳极失去电子发生氧化反应,阴极获得电子发生还原反应。废水流经电解槽,作为电解液,在阳极和阴极分别发生氧化和还原反应,有害物质被去除。

(2)应用

电解法主要用于处理含铬废水和含氰废水。此外,还用于去除废水中的重金属离子、油以及悬浮物;也可以凝聚吸附废水中呈胶体状态或溶解状态的染料分子,而氧化还原作用可破坏生色基团,取得脱色效果。采用电解法处理含酚、含镉、含硫、含有机磷等废水以及食品工业废水的试验研究工作也在进行。

12) 混凝

混凝是水处理的一个重要方法,用以处理水中细小的悬浮物和胶体污染物质,还可用于除油和脱色。混凝可用于各种工业废水的预处理、中间处理或最终处理及城市污水的三级处理和污泥处理。

(1) 混凝机理

目前,一般认为混凝剂对水中胶体粒子的混凝作用有四种。

①压缩双电层:随着电解质加入,与反离子同电荷离子增多,产生压缩双电层作用,使 ξ 电位降低,从而胶体颗粒失去稳定性,产生凝聚作用。

②吸附电中和:这种现象在水处理中出现的较多,指胶核表面直接吸附带异号电荷的聚合离子、高分子物质、胶粒等,来降低 ξ 电位。其特点是:当药剂投加量过多时,ξ 电位可反号。

③吸附架桥:吸附架桥作用是指高分子物质与胶粒,以及胶粒与胶粒之间的架桥,形成"胶粒-高分子-胶粒"的絮凝体。

④网捕卷扫:是指金属氢氧化物在形成过程中对胶粒的网捕与卷扫。

(2) 混凝剂与助凝剂

无机盐类混凝剂:铁盐、铝盐等。

有机高分子类混凝剂:聚丙烯酰胺(PAM)等。

助凝剂:pH 调整剂、絮体结构改良剂、氧化剂等。

(3) 混凝设备

①投药方法:干投法和湿投法。

②混合设备:常用的混合设备分水泵混合、机械混合、管式混合三种。

③反应设备:隔板絮凝池、折板絮凝池、机械絮凝池、穿孔旋流絮凝池。往复式隔板絮凝池见图 16-7。

13) 吸附

(1) 原理

利用多孔性固体吸附废水中的一种或几种溶质,达到废水净化的目的或回收有用溶质的过程。具有吸附能力的多孔性固体物质称为吸附剂,废水中被吸附的物质称为吸附质。水处理中常用的吸附剂有活性炭、磺化煤、活化煤、沸石、硅藻土、焦炭等。

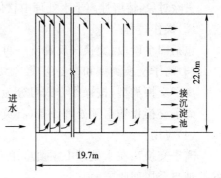

图 16-7 往复式隔板絮凝池

(2) 吸附分类

根据吸附剂表面吸附力的不同分为物理吸附和化学吸附。前者是通过分子间作用力产生吸附,后者是由化学键产生吸附。

(3) 吸附的影响因素

影响吸附的因素有吸附剂的性质、吸附质的性质、废水的 pH、温度、共存物的影响和接触时间。

(4) 吸附剂再生

吸附剂再生是在吸附剂本身结构不发生或很少发生变化的情况下,用某种方法把吸附质

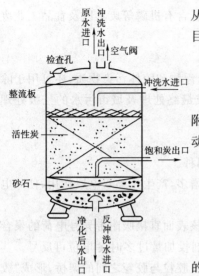

图 16-8 降流式固定床型吸附塔构造示意图

从吸附剂微孔中去除,恢复其吸附能力,以达到重复使用目的。

方法:加热再生、药剂再生、化学氧化法、生物再生法。

(5)操作与设备

在废水处理中,吸附操作分为静态和动态两种。动态吸附是在废水流动条件下进行的,常用吸附设备有固定床、移动床、流化床等。降流式固定床型吸附塔如图 16-8 所示。

(6)应用

吸附法主要应用于重金属废水、含油废水的处理。

14)离子交换

(1)原理

离子交换法是利用离子交换剂来分离废水中有害物质的方法,离子交换剂上可交换的离子(阳离子和阴离子)和水溶液中的同符号离子进行交换反应,而不溶性固体骨架在这一交换过程中不发生任何化学变化。它可以改变所处理液体的离子成分,但不改变交换前后废水中的总电荷数。

离子交换是可逆反应,其反应式可表示为:

$$RH + M^+ \rightleftharpoons RM + H^+ \qquad (16-7)$$

交换　　交换　　饱和
树脂　　离子　　树脂

其反应平衡常数:

$$K = \frac{[RM][H^+]}{[RH][M^+]}$$

实质:是一种特殊的吸附过程,是可逆性化学吸附。

去除对象:溶解性离子水处理中软化和除盐的主要方法之一,还可去除或回收重金属离子。

(2)操作过程

包括四个阶段:交换→反冲洗→再生→清洗。

(3)离子交换类型和设备组成

离子交换类型,按操作方式可分为:固定床、移动床、流动床三种。

离子交换设备由预处理设备(石英砂过滤等)、离子交换器和再生附属设备(再生液配制)。

(4)应用

离子交换法在水处理中主要应用方面是水质软化与除盐,亦可广泛应用于含重金属废水的处理与金属回收方面。

15)膜分离法

膜分离法是利用特殊的薄膜对液体中的成分进行选择性分离的技术。常用的有微滤、超滤、纳滤、反渗透、电渗析等。

(1)微滤

微滤膜孔径大致为 $0.1 \sim 10 \mu m$,其原理属于筛分作用,可视为用孔径较小的膜作为介质进行过滤的过程。主要应用于:制药过程的除菌过滤,电子工业集成电路生产用水、气、试剂的过滤和超纯水生产的终端过程,食品生产以及生物制品生产中悬浮物的分离等领域。

(2)超滤

超滤膜孔径为 0.001~0.1μm,可将大分子、细微粒子与溶液分离。与微滤相比,超滤的分离是分子级的,可截留溶液中溶解的大分子溶质,透过小分子溶质,分离机理也为筛分作用。

(3)纳滤

可截留相对分子质量为 200~1 000 的颗粒,更适合于水的净化、软化以及一些物质的浓缩。如脱除水中低分子有机物、农药、色素和易结垢的硫酸盐、碳酸盐、氟、硼、砷等有害物质,乳清的浓缩、脱盐,还可进行抗生素、多肽等的回收和浓缩。

(4)反渗透

反渗透是用一种半透膜将纯水(溶剂)与盐溶液隔开,渗透与反渗透的原理如图 16-9 所示。

溶剂分子会从溶剂侧经半透膜渗透到溶液侧,这种现象称为渗透。由于溶质分子不能通过半透膜向溶剂侧渗透,故溶液侧的压强上升。渗透一直进行到溶液侧的压强高到足以使溶剂分子不再渗透为止,此时即达平衡。平衡时,膜两侧的压差称为渗透压。如果溶液侧的压强大于

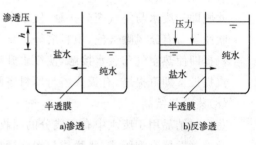

图 16-9 渗透和反渗透的原理

渗透压,则溶剂分子将从溶液侧向溶剂侧渗透,这一过程称为反渗透。

目前,反渗透过程主要应用于脱盐和浓缩两个方面。

(5)电渗析

电渗析是在直流电场作用下,以电位差为推动力,利用离子交换膜的选择透过性,把电解质从溶液中分离出来,从而实现溶液的淡化、浓缩、精制或纯化的目的。

①电渗析制取淡水的基本过程:利用离子交换膜的选择透过性,即阳膜理论上只允许阳离子通过,阴膜理论上只允许阴离子通过,在外加直流电场作用下,阴、阳离子分别往阳极和阴极移动,它们最终相会于离子交换膜,如果膜的固定电荷与离子的电荷相反,则离子可以通过,如果它们的电荷是相同的,则离子被排斥,从而可以制得淡水。电渗析运行时可能发生的过程见图 16-10。

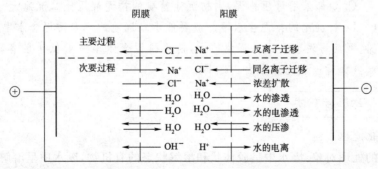

图 16-10 电渗析运行时可能发生的过程

②电渗析法脱盐的基本原理:把阳离子交换膜和阴离子交换膜交替排列于正负两个电极之间,并用特制的隔板将其隔开,组成脱盐(淡化)和浓缩两个系统。当向隔室通入盐水后,在直流电场作用下,阳离子向阴极迁移,阴离子向阳极迁移,但由于离子交换膜的选择透过性,而使淡室中的盐水淡化,浓室中盐水被浓缩,实现脱盐目的。

电渗析在水处理方面的应用:苦咸水及海水淡化、海水浓缩制盐、纯水的制备、工业废水的

处理(如电镀废水、造纸工业废水、重金属废水)等。

(6)萃取

萃取是将与水不互溶且密度小于水的特定有机溶剂与水接触,使原溶于水的某种组分转移至有机相的过程。常用于处理含高浓度重金属离子或高浓度有机工业废水的处理。

常用的萃取设备分为间歇型与连续型两种。

①间歇型:两相混合槽、澄清槽。

②连续型:连续逆流混合澄清器、脉冲筛板塔、转盘萃取塔。

(7)吹脱与汽提

吹脱即让废水与空气充分接触,使水中气体或易挥发组分向空气中扩散。

吹脱设备有鼓风曝气池、填料塔等。

汽提即使热空气与废水接触,使废水升温至沸点,以去除废水中挥发性溶解污染物。

汽提设备即汽提塔,有板式塔与填料塔两种。

(8)蒸发与结晶

蒸发与结晶用于废水中有用成分的回收。

常见蒸发器有列管式、薄膜式与螺旋拷板式等。

典型例题解析

【例 16-6】(2007)阴离子有机高分子絮凝剂对水中胶体颗粒的主要作用机理为:
  A. 压缩双电层   B. 吸附电中和
  C. 吸附架桥   D. 网捕卷扫

解 阳离子型有机高分子絮凝剂即具有电性中和又具有吸附架桥作用,阴离子型有机高分子絮凝剂具有吸附架桥作用。选 C。

【例 16-7】(2014)关于污水处理厂使用的沉淀池,下列哪种说法是错误的?
  A. 一般情况下初沉池的表面负荷率比二沉池高
  B. 规范规定二沉池的出水堰口负荷比初沉池的大
  C. 如都采用静压排泥,则初沉池需要的排泥静压比二沉池大
  D. 初沉池的排泥含水率一般要低于二沉池的剩余污泥含水率

解 初沉池沉淀污泥密度比二沉池的大,前者排泥含水率一般低于后者,排泥静压、表面负荷、出水堰口负荷一般比后者大。选 B。

16.1.6 生物化学处理方法

1)废水生化处理

①生化法的处理对象:废水中呈胶体状和溶解状态的有机物,废水中呈溶解状态的营养元素 N 和 P。

②微生物的代谢过程(图 16-11)。

③生物处理法分类(图 16-12)。

2)好氧生物处理法

好氧生物处理是在有分子氧存在的条件下,利用好氧微生物(包括兼性微生物)降解有机物,使其稳定、无害化的处理方法。好氧生物处理的目的:去除污水中的有机污染物,防止水体

亏氧;去除污水中胶体物及悬浮固体,防止其在水中沉淀,淤塞河道;减少病原微生物进入水体。

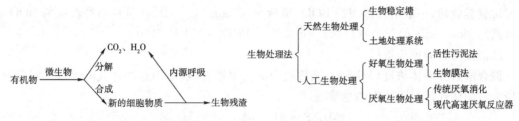

图 16-11　微生物代谢过程简图　　　　　图 16-12　生物处理法分类

污水二级处理工艺就是为了实现 BOD 和 TSS 的去除。目前常见处理有机污染物、胶体及悬浮物的好氧生物处理工艺有悬浮生长处理工艺(常称活性污泥法)和附着生长处理工艺(常称生物膜法)两类。

(1)活性污泥法

①原理

活性污泥法是以活性污泥为主体的污水生物处理技术。向生活污水注入空气进行曝气,每天保留沉淀物,更换新鲜污水。这样持续一段时间后,在污水中即将形成一种呈黄褐色的絮凝体。这种絮凝体主要是由大量繁殖的微生物群体所构成,它易于沉淀与水分离,并使污水得到净化、澄清。这种絮凝体就是称为"活性污泥"的生物污泥。图 16-13 为活性污泥法处理系统的基本流程。

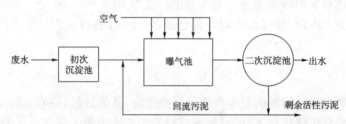

图 16-13　活性污泥法处理系统的基本流程

经初沉池或水解酸化装置处理后的污水从一端进入曝气池,与此同时,从二沉池连续回流的活性污泥,作为接种污泥,也与此同步进入曝气池。此外,从空压机站送来的压缩空气,通过干管和支管的管道系统和铺设在曝气池底部的空气扩散装置,以细小气泡的形式进入污水中,其作用除向污水充氧外,还使曝气池内的污水、活性污泥处于剧烈搅动的状态。活性污泥与污水相互混合、充分接触,使活性污泥反应得以正常进行。活性污泥反应的结果为,污水中的有机污染物得到降解、去除,污水得以净化,由于微生物的繁衍增殖,活性污泥本身也得到增长。

一般将这整个净化反应过程分为三个阶段:吸附阶段、氧化阶段、絮凝体形成与凝聚沉淀阶段。

a.吸附阶段:在活性污泥系统内,在污水开始与活性污泥接触后的较短时间(10~30min)内,由于活性污泥具有很大的表面积从而具有很强的吸附能力,因此在这很短的时间内,就能够去除废水中大量呈悬浮和胶体状态的有机污染物,使污水的 BOD_5 值(或 COD 值)大幅度下降。

b.氧化阶段:有氧条件下,微生物将吸附阶段吸附的有机物一部分氧化分解,一部分合成新细胞。

c.絮凝体形成与凝聚沉淀阶段:氧化阶段下形成的菌体有机絮凝成为絮凝体,在重力作用下沉降并与水分离。

②影响活性污泥增长的因素

a. DO:活性污泥混合液中 DO 应控制在 2mg/L 左右。

b. 营养物质:一般活性污泥的 BOD_5 负荷在 0.3kg/(kg·d),高负荷活性污泥的 BOD_5 负荷可高达 2kg/(kg·d)。除有机物外,还应控制 $BOD_5:N:P=100:5:1$。

③活性污泥的评价指标

混合液悬浮固体浓度(MLSS):又称混合液污泥浓度,表示的是在曝气池单位容积混合液内所含有的活性污泥固体物的总重量,即

$$MLSS = M_a + M_e + M_i + M_{ii} \tag{16-8}$$

式中:M_a——具有代谢功能的微生物群体;

M_e——微生物内源代谢、自身氧化的残留物;

M_i——由原污水挟入的难为细菌降解的惰性有机物质;

M_{ii}——由污水挟入的无机物质。

混合液挥发性悬浮固体浓度(MLVSS):表示混合液活性污泥中有机性固体物质部分的浓度,即

$$MLVSS = M_a + M_e + M_i \tag{16-9}$$

在条件一定时,MLVSS/MLSS 是较稳定的,对城市污水,一般在 0.75~0.85。

污泥沉降比(SV):是指将曝气池中的混合液在量筒中静置 30min,其沉淀污泥与原混合液的体积比,一般以%表示。能相对地反映污泥数量以及污泥的凝聚、沉降性能,可用以控制排泥量和及时发现早期的污泥膨胀。正常数值一般为 20%~30%。

污泥体积指数(SVI):曝气池出口处混合液经 30min 静沉后,1g 干污泥所形成的污泥体积,即

$$SVI = \frac{SV(mL/L)}{MLSS(g/L)} \tag{16-10}$$

SVI 能更准确地评价污泥的凝聚性能和沉降性能,其值过低,说明泥粒小、密实,无机成分多;其值过高,说明其沉降性能不好,将要或已经发生膨胀现象。城市污水的 SVI 一般为 50~150mL/g。

污泥龄:又称生物固体平均停留时间,即曝气池内活性污泥总量(VX)与每日排放污泥量(ΔX)之比,即

$$\theta_C = \frac{VX}{\Delta X}(d) \tag{16-11}$$

曝气池中有机污染物与活性污泥微生物比值的指标:

$$\begin{cases} N_s \text{——BOD-污泥负荷} \\ N_v \text{——BOD-容积负荷} \end{cases} \tag{16-12}$$

$$N_s = \frac{F}{N} = \frac{QS_a}{VX}[kgBOD_5/(kgMLSS \cdot d)] \tag{16-13}$$

式中:S_a——原污水中有机污染物(BOD)的浓度(mg/L)。

④活性污泥系统的主要运行方式

传统活性污泥法(传统推流法)。主要优点有:a.处理效果好,BOD_5 的去除率可达 90%~95%;b.对废水的处理程度比较灵活,可根据要求进行调节。主要问题:a.为了避免池首端形成厌氧状态,不宜采用过高的有机负荷,因而池容较大,占地面积较大;b.在池末端可能出现供氧速率高于需氧速率的现象,会浪费动力费用;c.对冲击负荷的适应性较弱。传统活性污

法系统如图16-14所示。

完全混合活性污泥法。主要特点:a.可以方便地通过对 F/M 的调节,使反应器内的有机物降解反应控制在最佳状态;b.污水一进入曝气池,就立即被大量混合液所稀释,所以对冲击负荷有一定的抵抗能力;c.适合于处理较高浓度的有机工业废水。主要问题:a.微生物对有机物的降解动力低,易产生污泥膨胀;b.处理水水质较差。主要结构形式:a.合建式(曝气沉淀池);b.分建式。

阶段曝气活性污泥法(分段进水活性污泥法或多点进水活性污泥法)。主要特点:a.废水沿池长分段注入曝气池,有机物负荷分布较均衡,改善了供氧速率与需氧速率间的矛盾,有利于降低能耗;b.废水分段注入,提高了曝气池对冲击负荷的适应能力;c.混合液中的活性污泥浓度沿池长逐步降低,出流混合液的污泥浓度较低,减轻二次沉淀池的负荷,有利于提高二次沉淀池固、液分离效果。阶段曝气活性污泥法系统如图16-15所示。

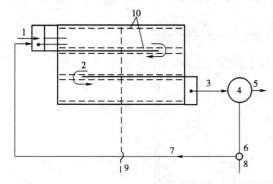

图16-14 传统活性污泥法系统
1-经预处理后的污水;2-活性污泥反应器(曝气池);3-从曝气池流出的混合液;4-二次沉淀池;5-处理后污水;6-污泥泵站;7-回流污泥系统;8-剩余污泥;9-来自空压机站的空气;10-曝气系统与空气扩散装置

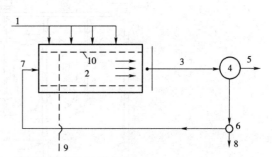

图16-15 阶段曝气活性污泥法系统
1-经预处理后的污水;2-活性污泥反应器(曝气池);3-从曝气池流出的混合液;4-二次沉淀池;5-处理后污水;6-污泥泵站;7-回流污泥系统;8-剩余污泥;9-来自空压机站的空气;10-曝气系统与空气扩散装置

吸附再生活性污泥法(生物吸附法或接触稳定法)。主要特点:将活性污泥法对有机污染物降解的两个过程——吸附、代谢稳定,分别在各自的反应器内进行。主要优点:a.废水与活性污泥在吸附池的接触时间较短,吸附池容积较小,再生池接纳的仅是浓度较高的回流污泥,因此再生池的容积也是小的,吸附池与再生池容积之和仍低于传统法曝气池的容积,建筑费用较低;b.具有一定的承受冲击负荷的能力,当吸附池的活性污泥遭到破坏时,可由再生池的污泥予以补充。主要缺点:对废水的处理效果低于传统法,对溶解性有机物含量较高的废水,处理效果更差。吸附—再生活性污泥法系统如图16-16所示。

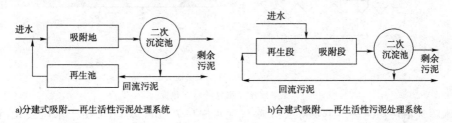

a)分建式吸附—再生活性污泥处理系统 b)合建式吸附—再生活性污泥处理系统

图16-16 吸附—再生活性污泥法系统

延时曝气活性污泥法(完全氧化活性污泥法)。主要特点:a.有机负荷率非常低,污泥持续处于内源代谢状态,剩余污泥少且稳定,无须再进行处理;b.处理出水水质稳定性较好,对废水冲击负荷有较强的适应性;c.在某些情况下,可以不设初次沉淀池。主要缺点:a.池容大、曝气时间长,建设费用和运行费用都较高,而且占地大;b.一般适用于处理水质要求高的小型城镇污水和工业污水,水量一般在1 000m³/d以下。

高负荷活性污泥法(短时曝气法或不完全曝气活性污泥法)。主要特点:有机负荷率高,曝气时间短,对废水的处理效果较低;在系统和曝气池的构造等方面与传统法相同。

纯氧曝气活性污泥法。主要优点:a.纯氧中氧的分压比空气约高5倍,纯氧曝气可大大提高氧的转移效率,氧的转移率可提高到80%~90%,而一般的鼓风曝气仅为10%左右;b.可使曝气池内活性污泥浓度高达4 000~7 000mg/L,能够大大提高曝气池的容积负荷;c.剩余污泥产量少,SVI值也低,一般无污泥膨胀之虑。纯氧曝气池构造如图16-17所示。

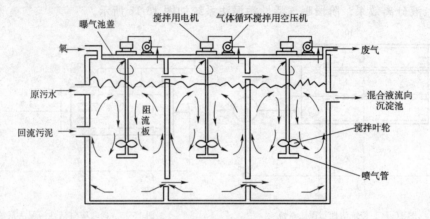

图16-17 纯氧曝气池构造图

浅层低压曝气法(Inka曝气法)。理论基础:只有在气泡形成和破碎的瞬间,氧的转移率最高,因此没有必要延长气泡在水中的上升距离;其曝气装置一般安装在水下0.8~0.9m处,因此可以采用风压在1m以下的低压风机,动力效率较高,可达1.80~2.60kgO₂/(kW·h);其氧转移率较低,一般只有2.5%;池中设有导流板,可使混合液呈循环流动状态。浅层曝气池见图16-18。

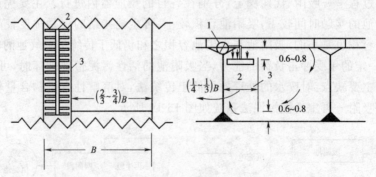

图16-18 浅层曝气池
1-空气管;2-曝气栅;3-导流板

深水曝气活性污泥法。主要特点:a.曝气池水深在7~8m以上;b.由于水压较大,氧的转移率可以提高,相应也能加快有机物的降解速率;c.占地面积较小。一般有两种形式:a.深水中层曝气法(空气扩散装置设在深4m左右处);b.深水深层曝气法(空气扩散装置仍设于池底部)。

深井曝气活性污泥法(超深水曝气法)。工艺流程:平面一般呈圆形,直径介于1~6m之间,深度一般为 50～150m。主要特点:a. 氧转移率高,约为常规法的 10 倍以上;b. 动力效率高,占地少,易于维护运行;c. 耐冲击负荷,产泥量少;d. 一般可以不建初次沉淀池;e. 受地质条件的限制。深井曝气装置如图 16-19 所示。

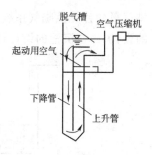

图 16-19 深井曝气装置

AB 两段活性污泥法。AB 两段活性污泥法是将活性污泥系统分为两个阶段,即 A 段和 B 段。它的工作原理是充分利用微生物种群的特性,为其创造适宜的环境而分为两个阶段,使不同的生物种群得到良性增殖,通过生化作用来处理污水。污水进入污水处理厂,经格栅和沉砂池去除粗大漂浮物和砂子、杂粒之后全进入 A 段曝气池。污水经 A 段曝气池后的中间沉淀池,泥水分离后,再进入 B 段曝气池。沉淀污泥部分回流至 A 段曝气池,剩余污泥排至污泥处理系统。污水经过 B 段曝气池进入二沉池,固液分离后排出,二沉池沉淀污泥部分回流至 B 段曝气池,剩余污泥排至污泥处理系统。AB 两段活性污泥法工艺流程如图 16-20 所示。

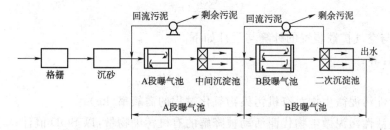

图 16-20 AB 两段活性污泥法工艺流程图

氧化沟。曝气池呈封闭的沟渠形,污水与活性污泥的混合液在其中进行不断的循环流动,因此又称为"环形曝气池"、"无终端的曝气系统"。特点:a. 简化了预处理。氧化沟水力停留时间和污泥龄比一般生物处理法长,悬浮有机物可与溶解性有机物同时得到较彻底的去除,排出的剩余污泥已得到高度稳定,因此氧化沟可以不设初次沉淀池,污泥也不需要进行厌氧消化;b. 占地面积少。因在流程中省略了初次沉淀池、污泥消化池,有时还可省略二次沉淀池和污泥回流装置,使污水处理厂总占地面积不仅没有增大,相反还可缩小;c. 从溶解氧的分布看,氧化沟具有推流特性,溶解氧浓度在沿池长方向形成浓度梯度,形成好氧、缺氧和厌氧条件。通过对系统合理的设计与控制,可以取得最好的除磷脱氮效果;d. 氧化沟的曝气设备和构造形式多样,运行灵活,根据不同的目的可以设计多种形式的氧化沟。氧化沟平面如图 16-21 所示。其形式有卡鲁塞尔氧化沟、奥贝尔氧化沟、三沟式氧化沟。

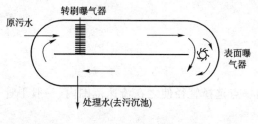

图 16-21 氧化沟平面图

序批式活性污泥法(SBR 法)。一个 SBR 反应器的运行周期包括了五个阶段的操作过程,即进水期、反应期、沉淀期、排水排泥期、闲置期。主要特点:a. 工艺简单、造价低;b. 时间上具有理想推流式反应器的特性;c. 运行方式灵活,脱氮除磷效果好;d. 污泥沉降性能好;e. 对进水水质水量的波动具有良好的适应性。SBR 运行操作 5 个工序如图 16-22 所示。

④活性污泥处理系统的工艺设计

工艺设计内容:a. 工艺流程选择;b. 曝气池容积的计算、曝气池工艺尺寸设计;c. 需氧量、供气量的计算及曝气系统设计;d.回流污泥量(RQ)、剩余污泥排放量(QW)与回流污泥系统的设计;e.二沉池的设计计算。

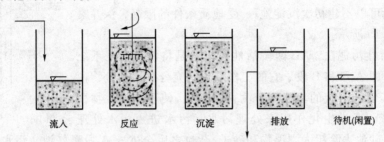

图 16-22　SBR 运行操作 5 个工序示意图

曝气池(区)容积计算:

$$N_S = \frac{QS_a}{VX}[\text{kgBOD}/(\text{kgMLSS} \cdot \text{d})] \tag{16-14}$$

$$V = \frac{QS_a}{N_S X}(\text{m}^3) \tag{16-15}$$

曝气系统与空气扩散装置的计算与设计如下。

a.需氧量计算:

$$R = O_2 = a'QS_r + b'VX_V \tag{16-16}$$

式中:a'——活性污泥微生物对有机污染物氧化过程的需氧率(kg);

S_r——经活性污泥微生物代谢活动被降解的有机污染物量,以 BOD 值计;

b'——活性污泥微生物通过内源代谢的自身氧化过程的需氧率(kg);

X_V——单位曝气池容积内的挥发性悬浮固体(MLSS)量(kg/m³)。

b.供气量(G_S)计算:

$$G_S = \frac{R_0}{0.3E_A} \times 100 (\text{m}^3/\text{h}) \tag{16-17}$$

c.污泥龄计算

$$Q_c = \frac{VX}{Q_w X_u + Q_e X_e}$$

式中:Q_w——剩余污泥流量(m³/d);

Q_e——出水流量(m³/d);

X_u——回流污泥浓度(g/L);

X_e——出水 SS 浓度(g/L)。

d.鼓风曝气系统的计算与设计:

根据空气量查附录求管径:空气量为直线上的一点选择管径使之在流速范围内(一般干管 10~15m/s,支管 3~5m/s)。

e.鼓风机选择:根据供气量和风压选择鼓风机。

风压=扩散装置水头损失+扩散装置的出口压力+管道水头损失(沿程和局部)+
　　　鼓风机进出管道水头损失+安全值

二沉池的设计:主要设计内容包括池型的选择、沉淀池(澄清区)面积、有效水深的计算、污泥区容积的计算、污泥排放量的计算等。

(2)生物膜法

又称固定膜法,是与活性污泥法并列的一类废水好氧生物处理技术。其实质是使细菌等好氧微生物和原生动物、后生动物附着在滤料或某些载体上生长繁育,并在其上形成膜状生物污泥——生物膜。

生物膜法是土壤自净过程的人工化和强化。主要去除废水中溶解性的和胶体状的有机污染物。主要类别有:生物滤池(包括普通生物滤池、高负荷生物滤池、塔式生物滤池等)、生物转盘、生物接触氧化法、好氧生物流化床等。

①原理:生物膜法处理废水就是使废水与生物膜接触,进行固、液相的物质交换,利用膜内微生物将有机物氧化,使废水获得净化,同时生物膜内微生物也不断生长与繁殖。生物膜在载体上的生长过程为,当有机废水或由活性污泥悬浮液培养而成的接种液流过载体时,水中的悬浮物及微生物吸附在固相表面上,其中的微生物利用有机底物而生长繁殖,逐渐在载体表面形成一层黏液状的生物膜。这层生物膜具有生物化学活性,又进一步吸附、分解废水中悬浮、胶体和溶解状态的污染物。

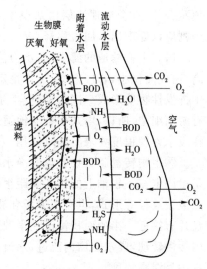

图 16-23 生物膜构造及物质传递示意图

生物膜中物质传递过程如图 16-23 所示。由于生物膜的吸附作用,在膜的表面存入一个很薄的水层(附着水层)。废水流过生物膜时,有机物经附着水层向膜内扩散。膜内微生物在氧的参加下对有机物进行分解和机体新陈代谢。代谢产物沿底物扩散相反的方向,从生物膜传递返回水相和空气中。

②生物滤池。生物滤池一般由钢筋混凝土或砖石砌筑而成,池平面有矩形、圆形或多边形,其中以圆形居多,主要组成部分是滤料、池壁、排水系统和布水系统(图 16-24)。

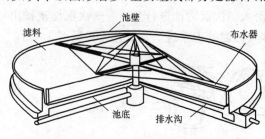

图 16-24 生物滤池的构造

生物滤池可根据设备形式不同分为普通生物滤池和塔式生物滤池。也可根据承受废水负荷大小分为低负荷生物滤池(普通生物滤池)和高负荷生物滤池。

a. 低负荷生物滤池承受的废水负荷低,占地面积大,水流冲刷能力小,容易引起滤层堵塞,影响滤池通风,有些滤池还出现池面积水,生长灰蝇。但是,这种滤池的处理效率高,出水常常已进入硝化阶段,出水夹带的固体物量小,无机化程度高,沉降性好。低负荷生物滤池一般适用于污水量小于 1 000m³/d 的小型污水处理厂。目前,这类滤池极少采用。

b. 高负荷生物滤池的构造基本上与低负荷生物滤池相同,但所采用的滤料粒径和厚度都较大。由于负荷较高,水力冲刷能力强,滤料表面积累的生物膜量不大,不易形成堵塞,工作过程中老化生物膜连续排出,无机化程度较低。这种滤池由于负荷大,处理程度较低,池内不出现硝化。由于它占地面积小,卫生条件较好,比较适宜于浓度和流量变化较大的废水处理。

高负荷生物滤池的进水 BOD_5 浓度需控制在 200mg/L 以下,否则应用处理出水回流稀释,且其处理出水效果不如低负荷生物滤池,出水 BOD_5 浓度在 30mg/L 以上。

当要求废水的处理程度较高时,可采用二级滤池串联流程。二级滤池串联时,出水浓度较低,处理效率可达90%以上。但是,二级滤池串联流程中,第一级滤池接触的废水浓度高,生物膜生长较快,而第二级滤池情况刚好相反,因此,往往第一级滤池生物膜过剩时,第二级滤池还未充分发挥作用。为了克服这种现象,可将两个滤池定期交替工作。

c. 塔式生物滤池是一种塔式结构的生物滤池。滤料采用孔隙率大的轻质塑料滤料,滤层厚度大,从而提高了抽风能力和废水处理能力。塔式生物滤池进水负荷特别大,水力负荷可达$80\sim200\,m^3/(m^3\cdot d)$,$BOD_5$负荷可达$2\,000\sim3\,000\,g/(m^2\cdot d)$。自动冲刷能力强,只要滤料填装合理,不会出现滤层堵塞现象。塔式生物滤池进水BOD_5浓度应控制在500mg/L以下,否则应以处理出水回流稀释。

塔式生物滤池的滤层厚,水力停留时间长,分解的有机物数量大,单位滤池面积处理能力高,占地面积小,管理方便,工作稳定性好,投资和运转费用低,还可采用密封塔结构,避免废水中挥发性物质形成二次污染,卫生条件好。但是,塔式生物滤池出水浓度较高,外观不清澈,常有游离细菌,所以,塔式生物滤池适宜于二级处理串联系统中作为第一级处理的设备,也可以在废水处理程度要求不高时使用。

③生物转盘。生物转盘的净水机理和生物滤池相同,但其构造却完全不一样。生物转盘是由固定在一根轴上的许多间距很小的圆盘或多角形盘片组成。盘片可以是平板,也可以是点波波纹板等形式,也有用平板和波纹板组合,因为点波波纹板盘片的表面积比平板大一倍。盘片有接近一半的面积浸没在半圆形、矩形或梯形的氧化槽内。在电机带动下,盘片组在水槽内缓慢转动,废水在槽内流过,水流方向与转轴垂直,槽底设有排泥管或放空管,以控制槽内废水中悬浮物浓度。

盘片作为生物膜的载体,当生物膜处于浸没状态时,废水有机物被生物膜吸附,而当它处于水面以上时,大气的氧向生物膜传递,生物膜内所吸附的有机物氧化分解,生物膜恢复活性。这样,生物转盘每转动一圈即完成一个吸附-氧化的周期。由于转盘旋转及水滴挟带氧气,所以氧化槽也被充氧,起一定的氧化作用。增厚的生物膜在盘面转动时形成的剪切力作用下,从盘面剥落下来,悬浮在氧化槽的液相中,并随废水流入二次沉淀池进行分离。二次沉淀池排出的上清液即为处理后的废水,沉泥作为剩余污泥排入污泥处理系统。其工艺流程见图16-25。

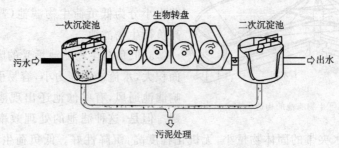

图16-25 生物转盘工艺流程

生物转盘在实际应用上有各种构造形式,最常见的是多级转盘串联,以延长处理时间、提高处理效果。但级数一般不超过四级,级数过多,处理效率提高不大。根据圆盘数量及平面位置,可以采用单轴多级或多轴多级形式。

④生物接触氧化法。生物接触氧化的早期形式为淹没式好气滤池,即在曝气池中填充块状填料,经曝气的废水流经填料层,使填料颗粒表面长满生物膜,废水和生物膜相接触,在生物膜的作用下,废水得到净化。接触氧化池内用鼓风或机械方法充氧,填料大多为蜂窝型硬性填料或纤维型软性填料,构造示意见图16-26。

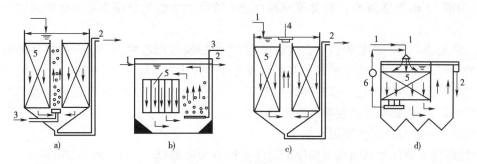

图 16-26 几种形式的接触氧化池
1-进水管；2-出水管；3-进气管；4-叶轮；5-填料；6-泵

生物接触氧化池的形式很多。从水流状态分为分流式(池内循环式)和直流式。分流式普遍用于国外,废水充氧和同生物膜接触是在不同的间格内进行的,废水充氧后在池内进行单向或双向循环。这种形式能使废水在池内反复充氧,废水同生物膜接触时间长,但是耗气量较大,穿过填料层的速度较小,冲刷力弱,易于造成填料层堵塞,尤其在处理高浓度废水时,这件情况更值得重视。直流式接触氧化池(又称全面曝气接触式接触氧化池)是直接从填料底部充氧的,填料内的水力冲刷依靠水流速度和气泡在池内碰撞、破碎形成的冲击力,只要水流及空气分布均匀,填料不易堵塞。这种形式的接触氧化池耗氧量小,充氧效率高,同时,在上升气流的作用下,液体出现强烈的搅拌,促进氧的溶解和生物膜的更新,也可以防止填料堵塞。目前国内大多采用直流式。生物接触氧化池的进水 BOD_5 浓度应维持在 100～300mg/L,水力停留时间一般为 2～4h,池内 DO 浓度控制在 2.5～3.5m/L,曝气量应按气水比(15～20):1 设计,每格生物接触氧化池的面积应在 $25m^2$ 以下。

⑤生物流化床。生物流化床是使废水通过流化的颗粒床,流化的颗粒表面生长有生物膜,废水在流化床内同分散十分均匀的生物膜相接触而获得净化。

生物流化床内载有生物膜的流化介质能均匀分布在全床,同上升水流接触条件好。因此,它兼有活性污泥法均匀接触条件所形成的高效率和生物膜法能承受负荷变动冲击的优点。根据供氧、脱膜与床体结构的不同,流化床分为液固两相流化床与凝固气三相流化床两种工艺。

液固两相流化床流程废水与回流水在充氧设备中与氧混合,使废水中的溶解氧达到 32～40mg/L(氧气源)或 9mg/L(空气源),然后进入流化床进行生物氧化反应,再由床顶排出。随着床的操作,生物粒子直径逐渐增大,定期用脱膜器对载体机械脱膜,脱膜后的载体返回流化床,脱除的生物膜则作为剩余污泥排出。对于一般浓度的废水,一次充氧不足以保证生物处理所需要的氧量,必须回流水循环充氧。

3)厌氧生物处理法

厌氧生物处理又称厌氧消化、厌氧发酵。实际上,是指在厌氧条件下由多种(厌氧或兼性)微生物的共同作用下,使有机物分解并产生 CH_4 和 CO_2 的过程。

厌氧消化三阶段理论如图 16-27 所示。

第一阶段为水解发酵阶段。在该阶段,复杂的有机物在厌氧菌胞外酶的作用下,首先被分解成简单的有机物。如纤维素经水解转化为简单的糖类;蛋白质转化为简单的氨基酸;脂肪转化为脂肪酸和甘油等。继而这些简单的有机物在产酸菌的作用下经过厌氧发酵和氧化转化

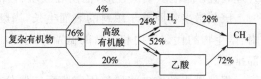

图 16-27 厌氧消化三阶段理论

成乙酸、丙酸、丁酸等脂肪酸和醇类等。参与这个阶段的水解发酵菌主要是厌氧菌和兼性厌氧菌。

第二阶段为产氢产乙酸阶段。在该阶段,产氢产乙酸菌把乙酸、甲酸、甲醇以外的第一阶段产生的中间产物,如丙酸、丁酸等脂肪酸以及醇类等转化为乙酸和氢,并有 CO_2 产生。

第三阶段为产甲烷阶段。通过两组生理上不同的产甲烷菌的作用,一组把氢和二氧化碳转化成甲烷,另一组是对乙酸脱羧产生甲烷。

影响厌氧生物处理的主要因素如下。

a. 温度:厌氧消化根据细菌对温度的适应范围分为低温(5~15℃)消化、中温(30~35℃)消化、高温(50~55℃)消化三类。

b. 酸碱度:应保持消化系统内的pH为6~8,碱度维持在2000~3000mg/L。

c. 负荷:中温消化的污泥投配率以6%~8%最佳。

投配率与产气量关系如下:

$$q = 32.2 P^{0.5}$$

式中:q——产生量(m^3/m^3);
P——污泥投配率(%)。

d. C/N:一般消化系统的C/N应为(10~20):1。

e. 有毒物质:主要的有毒物质为重金属及某些阴离子。

(1) 厌氧接触法

对于悬浮物较高的有机废水,可以采用厌氧接触法,它实际上是厌氧活性污泥法,消化池后设沉淀池。

在混合接触池中,要进行适当搅拌以使污泥保持悬浮状态。搅拌可以用机械方法,也可以用泵循环池水。工艺流程如图16-28所示。

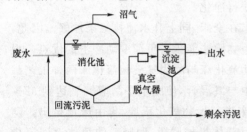

图16-28 厌氧接触法工艺流程

厌氧接触法的主要特征是,在消化池后设沉淀池,将沉淀污泥回流至消化池,使污泥停留时间与水力停留时间分开,厌氧反应器内能维持较高的污泥浓度,同时可大大降低水力停留时间。

厌氧接触法存在的问题是,从厌氧反应器排出的混合液中的污泥由于附着大量气泡,在沉淀池中易于上浮到水面而被出水带走;进入沉淀池的污泥仍有产甲烷菌在活动,产生沼气,使已沉下的污泥上翻,固液分离效果不佳。

(2) 厌氧生物滤池

厌氧生物滤池又称厌氧固定膜反应器(SFF),是20世纪60年代末开发的新型高效厌氧处理装置。滤池多呈圆柱形,池内装放填料,池底和池顶密封。

厌氧微生物附着于填料的表面生长,当废水通过填料层时,在填料表面的厌氧生物膜的吸附、微生物的代谢作用和滤料的截留作用下,废水中的有机物被降解,并产生沼气,沼气从池顶部排出。

根据进水的方向将厌氧固定膜反应器分为升流式(图16-29)、降流式和平流式三种;根据填料填充的程度分为全充填型和部分充填型。填料可采用拳状石质滤料,如碎石、卵石等,也可使用陶粒、塑料等填料。

特点:微生物的停留时间长,可超过100d,不易流失,耐冲击负荷;反应器内各种不同类群的微生物自然分层固定,易使各类微生物得到最佳的环境,保持其高的活性;厌氧固定膜反应器特别适用于处理低浓度的溶解性有机废水。

缺点:厌氧微生物总量沿池高度分布很不均匀,进水部位容易发生堵塞现象。

(3)升流式厌氧污泥床(UASB)

废水由池底进入反应器,通过反应区气液分离后,混合液进入沉淀区进行固液分离,反应器内微生物以自身聚集生长,为颗粒污泥状态存在,因而能达到高生物量和高效高负荷,污泥床反应器内没有填料,不设搅拌,上升的水流和产生的沼气可满足搅拌要求。

UASB 的构造见图 16-30。

图 16-29 升流式厌氧生物滤池　　16-30 升流式厌氧污泥床(UASB)构造

进水配水系统:将进水均匀分配到反应器整个横断面,起到水力搅拌的作用。

反应区:UASB 的核心,包括颗粒污泥区和悬浮污泥区。

三相分离器:由沉淀区、回流缝和气封组成,其功能是将沼气、污泥、废水等三相进行分离。

气室:也称集气罩,其功能是收集产生的沼气。

出水排水系统:将沉淀区的上清液均匀地加以收集,并将其排出反应器。

排泥系统:均匀排泥,可进行均布多点排泥,可选择每 $10m^2$ 设一个排泥点。

浮渣清除系统:浮渣清除可采用撇渣机或刮渣机清除,或采用人工清渣。

优点:UASB 内污泥浓度高,平均污泥浓度为 20~40gVSS/L;有机负荷高,水力停留时间短,采用中温发酵时,容积负荷一般为 $10kgCOD/(m^3 \cdot d)$ 左右;无混合搅拌设备,靠发酵过程中产生的沼气的上升运动,使污泥床上部的污泥处于悬浮状态,对下部的污泥层也有一定程度的搅动;污泥床不填载体,节省造价以及避免因填料发生堵塞问题;UASB 内设三相分离器,通常不设沉淀池,被沉淀区分离出来的污泥重新回到污泥床反应区内,通常可以不设污泥回流设备。

缺点:进水中悬浮物需要适当控制,不宜过高,一般控制在 100mg/L 以下;污泥床内有短流现象,影响处理能力;对水质和负荷突然变化较敏感,耐冲击力稍差。

(4)厌氧膨胀床和厌氧流化床

厌氧流化床是一种填有比表面积很大的惰性载体颗粒的反应器,它的一部分出水回流,与进水混合后,进入池内向上流动,使载体颗粒在整个反应器内均匀分布。

根据颗粒膨胀程度可分为膨胀床和流化床。膨胀床运行流速控制在略高于初始流化速度,相应膨胀率为 5%~20%。流化床一般按 20%~70% 的膨胀率运行,这样颗粒不致流失并且生物膜与废水又充分接触。厌氧膨胀床见图 16-31。

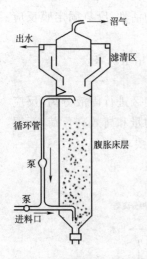

图 16-31 厌氧膨胀床反应器示意图

特点：细颗粒的载体为微生物的附着生长提供了较大的比表面积，使床内的微生物浓度很高（一般可达 30gVSS/L）；具有较高的有机容积负荷[10~40kgCOD/(m³·d)]，水力停留时间较短；具有较好的耐冲击负荷的能力，运行较稳定；载体处于膨胀或流化状态，可防止载体堵塞；床内生物固体停留时间较长，运行稳定，剩余污泥量较少；既可应用于高浓度有机废水的处理，也应用于低浓度城市废水的处理。

主要缺点：载体的流化耗能较大；系统的设计运行要求高。

（5）厌氧生物转盘

厌氧生物转盘和好氧法生物转盘相似，不同之处在于盘片大部分或全部浸没在处理水中。为保证厌氧条件和收集沼气，整个生物转盘设在密闭的容器内。

厌氧生物转盘法的特点：微生物浓度高，有机负荷高，水力停留时间短；废水沿水平方向流动，反应槽高度小，节省了提升高度；一般不需回流；不会发生堵塞，可处理含较高悬浮固体的有机废水；多采用多级串联，厌氧微生物在各级中分级，处理效果更好；运行管理方便；但盘片的造价较高。

（6）厌氧折流板反应器

该工艺使用一系列垂直放置的折流板使废水在反应器内沿折流板上下流动，但整个反应器内的水流则以较慢的速度做水平推流，由于污水在折流板的作用下，呈上下锯齿形绕流，水流所流经的总长度加大了，加上大小不等的折流板的阻挡及污泥自身沉降作用，生物固体被有效地截留在反应器内。

厌氧折流板反应器的特点：与厌氧生物转盘相比，可省去转动装置；与 UASB 相比，可不设三相分离器而截流污泥；反应器启动运行时间较短，运行较稳定；不需设置混合搅拌装置；不存在污泥堵塞问题。

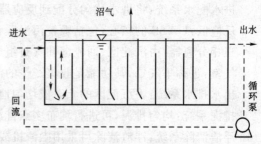

图 16-32 厌氧折流板反应器工艺流程

厌氧折流板反应器工艺流程如图 16-32 所示。

（7）两相厌氧法

两相厌氧法问世于 20 世纪 70 年代后期，基本设想是将有机物酸化和气化过程分别设在两个独立的反应器中进行。其反应流程图如图 16-33 所示。

两相厌氧法的特点：有机负荷比单相工艺明显提高；产甲烷相中的产甲烷菌活性得到提高，产气量增加；运行更加稳定，承受冲击负荷的能力较强；当废水中含有 SO_4^{2-} 等抑制物质时，其对产甲烷菌的影响由于相的分离而减弱；对于复杂有机物（如纤维素等），可以提高其水解反应速率，因而提高了其厌氧消化的效果。

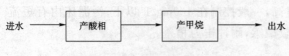

图 16-33 两相厌氧法反应流程图

（8）厌氧内循环反应器（IC）

IC 即内循环厌氧反应器，相当于两个 UASB 串联使用，主要由混合区、颗粒污泥膨化区、深处理区、内循环系统、出水区五部分组成，核心部分由布水器、下三相分离器、上三相分离器、提升管、泥水回流管、气液分离器、罐体及溢流系统组成。

基本原理如图 16-34 所示：两层三相分离器人为地将整个反应区分为上、下两个区域，下部为高负荷区域，上部为深处理区。废水在进入 IC 反应器底部时，与从下三相气液分离器回流的水混合，混合水在通过反应器下部的颗粒污泥层时，将废水中大部分的有机物分解，产生大量的沼气。通过下三相分离器的废水由于沼气的提升作用被提升到上部的气水分离装置，将沼气和废水分离，沼气通过管道排出，分离后的废水再回流到罐的底部，与进水混合，经过下三相分离器的废水继续进入上部的深处理区，进一步降解废水中的有机物。最后，废水通过上三相分离器进入分离区，将颗粒污泥、水、沼气进行分离，污泥则回流到反应器内以保持生物量，沼气由上部管道排出，处理后的水经溢流系统排出。

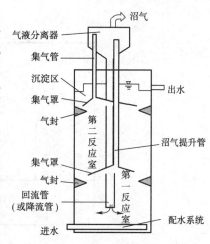

图 16-34 厌氧内循环反应器原理

4）天然条件下的生物处理

（1）稳定塘

稳定塘又称氧化塘或生物塘，是一种利用天然净化能力的生物处理工艺。多用于小型污水处理，可用作一级处理、二级处理，也可用作三级处理。

根据塘中微生物反应的类型，稳定塘分为好氧塘、兼性塘、厌氧塘、曝气塘、深度处理塘、综合生物塘等。

稳定塘的优点：基建投资低；运行管理简单经济；可进行综合利用；可养殖水生动物和植物，组成多级食物链的复合生态系统。

稳定塘的缺点：占地面积大；处理效果受气候影响；设计不当时，可能形成二次污染。

①好氧塘：好氧塘的深度较浅，阳光能透至塘底，全部塘水内都含有溶解氧，塘内菌藻共生，溶解氧主要是由藻类供给，好氧微生物起净化污水作用。塘内存在着菌、藻和原生动物的共生系统。塘内的藻类进行光合作用，释放出氧，塘表面的好氧型异氧细菌利用水中的氧，通过好氧代谢氧化分解有机污染物并合成本身的细胞质（细胞增殖），其代谢产物 CO_2 则是藻类光合作用的碳源。

好氧塘的分类：普通好氧塘、高负荷好氧塘和深度处理好氧塘。

a. 高负荷好氧塘：有机负荷较高，HRT 较短；出水中藻类含量高；运行技术较复杂，只适用于气候温暖且阳光充足的地区；处理废水的同时又产生藻类。

b. 普通好氧塘：有机负荷低，HRT 长；以处理废水为主要目的。

c. 深度处理好氧塘：有机负荷短，HRT 也短；目的是串联在二级处理系统之后，进行深度处理。

好氧塘的应用：好氧塘多应用于串联在其他稳定塘后作进一步处理，不用于单独处理。

②兼性塘：兼性塘的上层由于藻类的光合作用和大气复氧作用而含有较多溶解氧，为好氧区；中层溶解氧则逐渐减少，为过渡区或兼性区；塘水的下层则为厌氧层；塘的最底层则为厌氧污泥层。图 16-35 为兼性塘中的基本生物反应示意图。

好氧区对有机污染物的净化机理与好氧塘相同。

兼性区的塘水溶解氧较低。异氧型兼性细菌，既能利用水中的溶解氧氧化分解有机污染物，也能在无分子氧条件下，以 NO_3^-、CO_3^{2-} 作为电子受体进行无氧代谢。

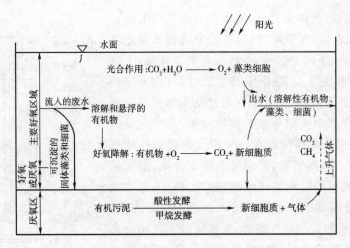

图 16-35 兼性塘中的基本生物反应示意图

厌氧区无溶解氧。污泥层中的有机质由厌氧微生物对其进行厌氧分解,其厌氧分解包括酸发酵和甲烷发酵两个过程。发酵过程中未被甲烷化的中间产物进入塘的上、中层,由好氧菌和兼性菌继续进行降解。而 CO_2、NH_3 等代谢产物进入好氧层,部分逸出水面,部分参与藻类的光合作用。

兼性塘不仅可去除一般的有机污染物,还可以有效地去除磷、氮等营养物质和某些难降解的有机污染物。

③厌氧塘:厌氧塘对有机污染物的降解,与所有的厌氧生物处理设备相同,是由两类厌氧菌通过产酸发酵和甲烷发酵两阶段来完成的。即先由兼性厌氧产酸菌将复杂的有机物水解,转化为简单的有机物(如有机酸、醇、醛等),再由绝对厌氧菌(甲烷菌)将有机酸转化为甲烷和二氧化碳等。

由于甲烷菌的世代时间长,增殖速度慢,且对溶解氧和 pH 敏感,因此厌氧塘的设计和运行,必须以甲烷发酵阶段的要求作为控制条件,控制有机污染物的投配率,以保持产酸菌和甲烷菌之间的动态平衡。

应控制塘内的有机酸浓度在 3 000mg/L 以下,pH 为 6.5~7.5,进水的 $BOD_5:N:P=200:5:1$,硫酸盐浓度应小于 500mg/L,以使厌氧塘能正常运行。

④曝气塘:曝气塘是在塘面上安装有人工曝气设备的稳定塘。曝气塘分两种类型:完全混合曝气塘和部分混合曝气塘。

完全混合曝气塘中,曝气装置的强度应能使塘内的全部固体呈悬浮状态,并使塘水有足够的溶解氧供微生物分解有机污染物。

部分混合曝气塘不要求保持全部固体呈悬浮状态,部分固体沉淀并进行厌氧消化。其塘内曝气机布置较完全混合曝气塘稀疏。

曝气塘工作示意见图 16-36。

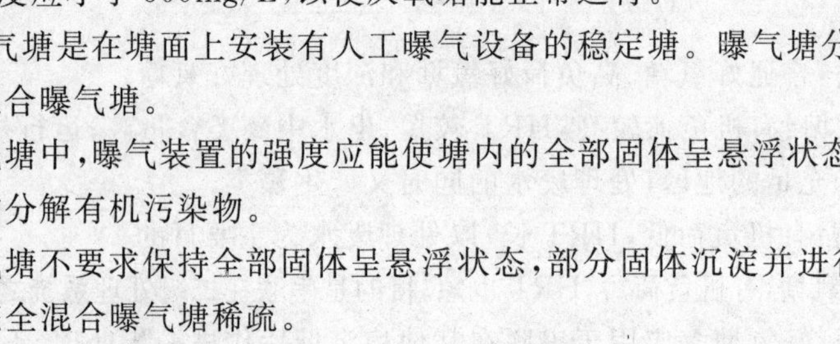

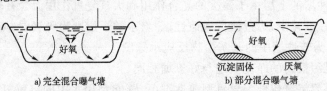

a) 完全混合曝气塘   b) 部分混合曝气塘

图 16-36 曝气塘工作示意图

(2)土地处理系统

在人工调控和系统自我调控的条件下,利用土壤-微生物-植物组成的生态系统对废水中的污染物进行一系列物理的、化学的和生物的净化过程,使废水水质得到净化和改善;并通过系统内营养物质和水分的循环利用,使绿色植物生长繁殖,从而实现废水的资源化、无害化和稳定化的生态系统工程,称为废水土地处理系统。

基本工艺类型有慢速渗滤、快速渗滤、地表漫流、湿地系统、地下渗滤系统。

①慢速渗滤:该系统适用于渗水性能良好的土壤、砂质土壤以及蒸发量小、气候湿润的地区;废水经石灌或喷灌后垂直向下缓慢渗滤,其上种有农作物;该系统可充分利用废水中的水分及营养成分,并藉土壤-微生物-农作物复合系统对污水进行净化,部分污水被蒸发和渗滤;使用寿命长。该系统可处理废水,利用水和营养物质生产农作物,节省优质清洁水,特别是干旱地区。

②快速渗滤:快速渗滤土地处理系统是一种高效、低耗、经济的污水处理与再生方法。适用于渗透性能良好的土壤,如砂土、砾石性砂土、砂质砂土等。污水灌至快速滤渗田表面后很快下渗进入地下,并最终进入地下水层。灌水与休灌反复循环进行,使滤田表面土壤处于厌氧—好氧交替运行状态,依靠土壤微生物将被土壤截留的溶解性和悬浮有机物进行分解,使污水得以净化。

快速渗滤法的主要目的是补给地下水和废水再生回用。进入快速渗滤系统的污水应进行适当预处理,以保证有较大的渗滤速率和硝化速率。

快速渗滤系统见图16-37。

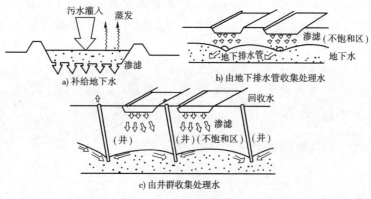

图16-37 快速渗滤系统

③地表漫流:地表漫流系统适用于渗透性的黏土或亚黏土,地面的最佳坡度为2%~8%。废水以喷灌法或漫灌法有控制地在地面上均匀地漫流,流向设在坡脚的集水渠,在流动过程中少量废水被植物摄取、蒸发和渗入地下。地面上种牧草或其他作物供微生物栖息并防止土壤流失,尾水收集后可回用或排放水体。采用何种方法灌溉取决于土壤性质、作物类型、气象和地形。

④湿地系统:湿地处理系统是一种利用低洼湿地和沼泽地处理污水的方法。污水有控制地投配到种有芦苇、香蒲等耐水性、沼泽性植物的湿地上,废水在沿一定方向流动过程中,在耐水性植物和土壤共同作用下得以净化。湿地系统可直接处理污水或深度处理。污水进入系统前需预处理。天然湿地系统如图16-38所示。

⑤地下渗滤:地下污水处理系统是将污水投配到距地面约0.5m深、有良好渗透性的底层中,藉毛管浸润和土壤渗透作用,使污水向四周扩散,通过过滤、沉淀、吸附和生物降解作用等过程使污水得到净化。

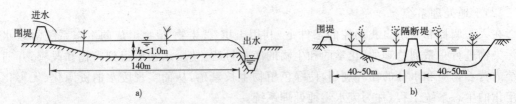

图 16-38 天然湿地系统纵剖面示意图

地下渗滤系统适用于无法接入城市排水管网的小水量污水处理。污水进入处理系统前需经化粪池或酸化池预处理。

典型例题解析

【例 16-8】(2007)为保证好氧生物膜工艺在处理废水时能够稳定运行,以下说法不正确的是:

  A. 应减缓生物膜的老化进程
  B. 应控制厌氧层的厚度,避免其过度生长
  C. 使整个反应器中的生物膜集中脱落
  D. 加快好氧生物膜的更新

解 为使生物膜工艺稳定运行,比较理想的情况是:减缓生物膜的老化进程,不使厌氧层过分增长,加快好氧膜的更新,并且尽量使生物膜不集中脱落。选 C。

【例 16-9】(2008)已知某污水 20℃时的 BOD_5 为 200mg/L,此时的耗氧速率关系式为 $\lg(L_t/L_a)=-k_1 t$,速率常数 $k_1=0.10d^{-1}$,耗氧速率常数与温度(T)的关系满足:$k_{1(T)}=k_{1(20)}(1.047)^{T-20}$;第一阶段生化需氧量($L_a$)与温度($T$)的关系为:$L_{a(T)}=k_{a(20)}(0.02T+0.6)$,试计算该污水 25℃时的 BOD_5 浓度:

  A. 249.7mg/L B. 220.0mg/L C. 227.0mg/L D. 200.0mg/L

解 本题较简单,直接代入公式计算即可。$L_{a(T)}=k_{a(20)}(0.02T+0.6)=200\times(0.02\times 25+0.6)=220$mg/L。选 B。

16.1.7 水处理厂污泥处理方法

1)概述

(1)污泥的来源

栅渣:格栅或滤网,呈垃圾状,量少,易处理和处置;

浮渣:上浮渣和气浮池,可能多含油脂等,量少;

沉砂池沉渣:沉砂池,比重较大的无机颗粒,量少;

初沉污泥:初沉池,以无机物为主,数量较大,易腐化发臭,可能含有虫卵和病变菌,是污泥处理的主要对象;

二沉污泥:二沉池,剩余的活性污泥,有机物质,含水率高,易腐化发臭,难脱水,是污泥处理的主要对象;

水源水在被净化的过程中也会产生各种污泥。

化学污泥:经化学处理后,除含有原废水中的悬浮物外,还含有化学药剂所产生的沉淀物,易于脱水与压实。

(2)表征污泥性质的主要指标

①含水率与含固率:含水率是污泥中含水量的百分数;含固率则是污泥中固体或干污泥含量的百分数。通常:含水率大于85%,污泥呈流状;含水率为65%～85%,污泥呈塑态;含水率小于65%,污泥呈固态。污泥的体积、质量及所含固体物浓度之间的关系为:

$$\frac{V_1}{V_2}=\frac{m_1}{m_2}=\frac{100-p_2}{100-p_1}=\frac{C_2}{C_1} \tag{16-18}$$

式中:V_1,m_1,C_1——污泥含水率为 w_1 时的污泥体积、质量与固体物浓度;

V_2,m_2,C_2——污泥含水率为 w_2 时的污泥体积、质量与固体物浓度。

②挥发性固体 VSS:通常用于表示污泥中的有机物的量,有机物含量越高,污泥的稳定性就更差。

③有毒有害物质:污泥含有一定量的 N(4%)、P(2.5%)和 K(0.5%),有一定肥效。但污泥含有病菌、病毒、寄生虫卵等,在施用之前应有必要的处理。

④脱水性能:污泥的脱水性能与污泥性质、调理方法及条件等有关,还与脱水机械种类有关。在污泥脱水前进行强处理,改变污泥粒子的物化性质,破坏其胶体结构,减少其与水的亲和力,从而改善脱水性能,这一过程称为污泥的调理或调质。常用污泥过滤比阻抗值(r)和污泥毛细管吸水时间(CST)两项指标来评价污泥的脱水性能。

(3)污泥中的水分及其影响

污泥中的水分:游离水、毛细水、内部水和附着水。

①游离水(又称间隙水):存在于污泥颗粒间隙中的水,约占污泥水分的70%,一般可借助重力或离心力分离;

②毛细水:存在于污泥颗粒间的毛细管中,约占20%,需要更大的外力分离;

③内部水:存在于污泥颗粒内部(包括细胞内的水);

④附着水:黏附于颗粒或细胞表面的水。

污泥处理方法的选择常取决于污泥的含水率和最终处理的方式。

2)污泥处理与处置方法

污泥处理与处置基本流程如图 16-39 所示。

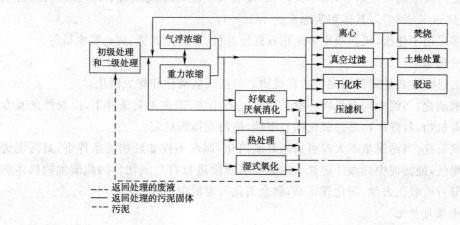

图 16-39 污泥处理与处置的基本流程

3)污泥浓缩

(1)浓缩的目的

它是降低污泥含水率,减容,降低后处理费用的有效方法。

浓缩的对象是70%的游离水,主要浓缩方法有重力浓缩法、气浮浓缩法和离心浓缩法。在选择方法时,还应考虑污泥的来源、性质以及最终的处置方法等。

(2)重力浓缩法

重力浓缩构筑物称重力浓缩池。根据运行方式不同,可分为连续式重力浓缩池、间歇式重力浓缩池两种。

(3)气浮浓缩法

在一定温度下,空气在液体中的溶解度与空气受到的压力成正比。当压力恢复到常压后,所溶空气即变成微细气泡从液体中释放出。大量微细气泡附着在污泥颗粒的周围,可使颗粒比重减少而被强制上浮,达到浓缩的目的。因此气浮法比较适用于污泥颗粒比重接近于1的活性污泥。气浮浓缩法有加压溶气气浮法与真空气浮法两种,浓缩后污泥的含水率可降到94%～96%。

(4)离心浓缩法

利用固、液有密度的不同,在高速旋转的离心机中具有不同的离心力而使二者分离;可连续工作,HRT仅为3min,出泥含固率可达4%以上。

(5)其他浓缩法

除上述浓缩法之外,还有微滤机浓缩法、超滤浓缩法、生物气浮浓缩法、振动筛浓缩法等。

4)污泥的调理

(1)无机调理

适用于真空过滤和板框压滤。最有效、最便宜的是铁盐:$FeCl_3 \cdot 6H_2O$,$Fe_2(SO_4) \cdot 4H_2O$,$FeSO_4 \cdot 7H_2O$,聚合硫酸铁(PFS);铝盐:$Al_2(SO_4)_2 \cdot 18H_2O$,$AlCl_3$,$Al(OH)_2 \cdot Cl$,聚合氯化铝(PAC);铁盐常和石灰联用:在pH＞12时,可提供$Ca(OH)_2$絮凝体。

(2)有机调理

阳粒子型聚丙烯酰胺等。

5)污泥的脱水与干化

目的是除去污泥中的大量水分,缩小其体积,减轻其重量;经过脱水、干化处理,污泥含水率从90%下降到60%～80%,其体积为原来的1/10～1/5。

自然干化多采用干化床,机械脱水多采用板框压滤机、带式压滤机、离心脱水机等。

6)污泥的消化稳定

污泥稳定的目的主要是降低污泥中的有机物。包括厌氧消化和好氧消化。

污泥的厌氧消化:污泥中的有机物一般采用厌氧消化法,即在无氧条件下,由兼性菌及专性厌氧菌降解有机物,最终产物是二氧化碳和甲烷,使污泥得到稳定。

污泥的好氧消化:当污泥量不大时可采用好氧消化,即在不投加底物的条件下,对污泥进行较长时间的曝气,使污泥中的微生物处于内源呼吸阶段进行自身氧化。因此微生物机体的可生物降解部分可被氧化去除,消化程度高,剩余消化污泥量少。

7)污泥的干燥与焚化

污泥的干燥是将脱水污泥通过处理,使污泥中的毛细水、吸附水和内部水得到大部分去除的方法,可以使污泥含水率从60%～80%降低至10%～30%;污泥焚化是将干燥的污泥中的吸附水和内部水以及有机物全部去除,使含水率降至零,污泥变成灰尘。两者都是非常可靠而有效的污泥处理方法,但其设备投资和运行费用都很昂贵。

8）污泥的利用与最终处置

污泥的利用与最终处置如图 16-40 所示。

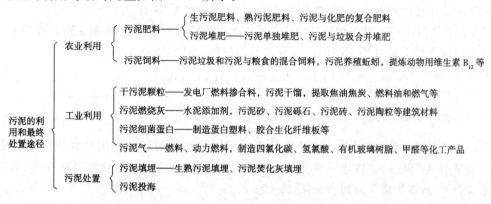

图 16-40　我国城市污泥利用和最终处置的可能途径

典型例题解析

【例 16-10】（2007）污泥进行机械脱水之前要进行预处理，其主要目的是改善和提高污泥的脱水性能，下列方法中哪种是最常用的污泥预处理方法：

　　A. 化学调理法　　　　　　B. 热处理法
　　C. 冷冻法　　　　　　　　D. 淘洗法

解　上述四个选项均为预处理的方法，其中 A 最常用，B 适用于初沉污泥、消化污泥、活性污泥、腐殖污泥及它们的混合污泥，D 适用于消化污泥的预处理。选 A。

【例 16-11】（2014）污泥处理过程中脱水的目的是：

　　A. 降低污泥比阻　　　　　B. 增加毛细吸水时间（CST）
　　C. 减少污泥体积　　　　　D. 降低污泥有机物含量以稳定污泥

解　污泥脱水是为了减少污泥体积，便于运输、储存和处置。选 C。

16.1.8　废水深度处理方法

1）污水深度处理的目标

①去除水中残存的悬浮物（包括活性污泥颗粒），脱色、除臭，使水得到进一步澄清；

②进一步降低 BOD_5、COD_{Cr}、TOC 等指标，使水进一步稳定；

③脱氮、除磷，消除能导致水体富营养化的因素；

④消毒除菌，去除水中有毒有害物质。

2）生物脱氮技术

（1）生物脱氮原理

①氨化反应（以氨基酸为例）：

$$RCHNH_2COOH + O_2 \rightarrow RCOOH + CO_2 + NH_3 \tag{16-19}$$

②硝化反应：第一步由亚硝酸菌将氨氮（NH_4^+ 和 NH_3）转化成亚硝酸盐（$NO_2^- - N$）；第二步再由硝酸菌将亚硝酸盐氧化成硝酸盐（$NO_3^- - N$）。具体反应如下：

$$NH_4^+ + \frac{3}{2}O_2 \rightarrow NO_2^- + H_2O + 2H^+ \tag{16-20}$$

$$NO_2^- + \frac{1}{2}O_2 \rightarrow NO_3^- \tag{16-21}$$

影响生物硝化的因素有温度、溶解氧、pH、有毒物质和 C/N 比。

③反硝化作用（脱氮反应）：生物反硝化是指污水中的硝态氮 NO_3^-—N 和亚硝态氮 NO_2^-—N，在无氧或低氧条件下被反硝化细菌还原成氮气的过程。具体反应如下：

$$NO_2^- + 3H \rightarrow \frac{1}{2}N_2 + H_2O + OH^- \tag{16-22}$$

$$NO_3^- + 5H \rightarrow \frac{1}{2}N_2 + 2H_2O + OH^- \tag{16-23}$$

反硝化过程中 NO_2^- 和 NO_3^- 的转化是通过反硝化细菌的同化作用和异化作用完成的。同化作用是 NO_2^- 和 NO_3^- 被还原成 NH_3—N，用于新细胞的合成。异化作用是 NO_2^- 和 NO_3^- 被还原成 N_2。具体生化反应过程见图 16-41。

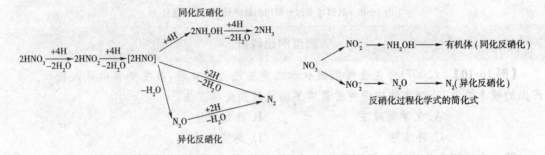

图 16-41　反硝化反应示意图

(2)生物脱氮工艺

①传统三级脱氮工艺（图 16-42）：

"一级"曝气池：去除 COD、BOD，BOD<15～20mg/L；有机氮转化为 NH_3、NH^{4+}；

"二级"硝化曝气池：NH_3、NH^{4+} 生成 NO_3—N，碱度下降；

"三级"反硝化池：厌氧、好氧交替运行。

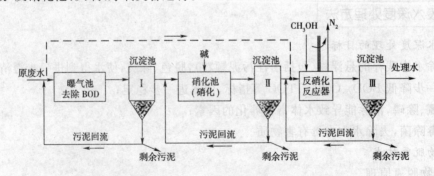

图 16-42　传统三级脱氮工艺

特点：去除效果好，各种菌类环境条件好，设备多，造价高，能耗大。

②二级后置脱氮工艺（倒置反硝化），如图 16-43 所示。

③前置反硝化（缺氧—好氧 A/O 工艺）：该工艺不需设中沉池和投加碳源，在反硝化段反硝化后回收部分碱度，同时降解部分有机物，对好氧段有利，减少供氧量，并有利于难降解有机物降解。

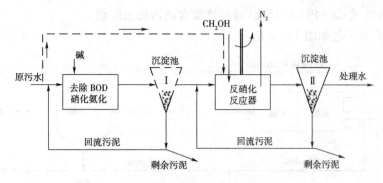

图 16-43 二级后置脱氮工艺(反硝化后置)

前置反硝化(缺氧-好氧 A/O 工艺)如图 16-44 所示。

图 16-44 前置反硝化(A/O 工艺)

3)生物除磷技术

生物除磷就是利用聚磷菌一类的微生物,能够过量的、在数量上超过其生理需要从外部摄取磷,并将磷以聚合形式储藏在菌体内,形成高磷污泥排出系统外,达到从废水中除磷的效果。

(1)生物除磷原理

①聚磷菌对磷的过量摄取:在好氧条件下,聚磷菌进行有氧呼吸,不断分解其细胞内储存的有机物,其释放的能量为 ADP 获得并结合正磷酸生成 ATP,而利用的 H_3PO_4 基本上是通过主动运输从外部环境摄入细胞内的,除用于合成 ATP 外,其余被用于合成聚磷酸盐,从而出现磷过量摄取的现象。

②聚磷菌释磷:在厌氧条件下,聚磷菌体内的 ATP 进行水解,放出 H_3PO_4 和能量,生成 ADP。

(2)生物除磷工艺

①厌氧—好氧除磷工艺(An/O 工艺):由厌氧池和好氧池组成的同时去除污水中有机污染物及磷的处理系统。如图 16-45 所示。

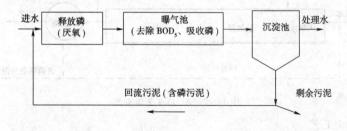

图 16-45 An/O 工艺

②Phostrip 除磷工艺:废水经曝气好氧池,去除 BOD_5 和 COD,并在好氧状态下过量地摄取磷。在二沉池中,含磷污泥与水分离,回流污泥一部分回流至缺氧池,另一部分回流至厌氧除磷池,而高磷剩余污泥被排出系统。在厌氧除磷池中,回流污泥在好氧状态时过量摄取的磷在此得到充分释放,释放磷的回流污泥回到缺氧池。而除磷池流出的富磷上清液进入混凝

沉淀池,投石灰形成 $Ca_3(PO_4)_2$ 沉淀,通过排放含磷污泥去除磷。

Phostrip 除磷工艺如图 16-46 所示。

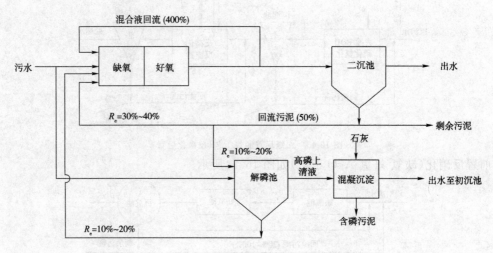

图 16-46 Phostrip 除磷工艺流程图

4）同步脱氮除磷技术

（1）A^2/O 工艺

在首段厌氧池进行磷的释放使污水中 P 的浓度升高,溶解性有机物被细胞吸收而使污水中 BOD 浓度下降,另外 $NH_3—N$ 因细胞合成而被去除一部分,使污水中 $NH_3—N$ 浓度下降,但 $NH_3—N$ 浓度没有变化。

在缺氧池中,反硝化菌利用污水中的有机物作碳源,将回流混合液中带入的大量 $NO_3^-—N$ 和 $NO_2^-—N$ 还原为 N_2 释放至空气,因此 BOD_5 浓度继续下降,$NO_3^-—N$ 浓度大幅度下降,但磷的变化很小。

在好氧池中,有机物被微生物生化降解,其浓度继续下降;有机氮被氨化继而被硝化,使 $NH_4^+—N$ 浓度显著下降,$NO_3^-—N$ 浓度显著增加;而磷随着聚磷菌的过量摄取也以较快的速率下降。

A^2/O 工艺流程如图 16-47 所示。

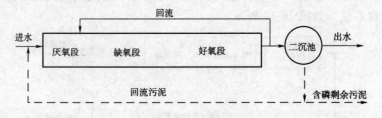

图 16-47 A^2/O 工艺流程图

（2）Bardenpho 工艺

Bardenpho 工艺是在 A_n/O 基础上又增设了一个缺氧段Ⅱ和好氧段Ⅱ,所以该工艺又称四段强化脱氮工艺。增设的缺氧段Ⅱ能对从好氧段Ⅰ流入的混合液中的 $NO_3^-—N$ 在反硝化菌作用下进行反硝化脱氮,该工艺的脱氮率高达 90%～95%;而增设的好氧段Ⅱ能提高出流混合液中的 DO 浓度,防止在沉淀池内因缺氧产生反硝化,干扰污泥的沉降,从而改善了沉淀池内污泥的沉降性能。Bardenpho 工艺如图 16-48 所示。

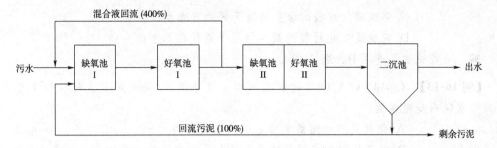

图 16-48　Bardenpho 工艺

(3) 改进的 Bardenpho 工艺

Bardenpho 工艺本身也具有同时脱氮除磷的功能，但是改进的 Bardenpho 工艺在缺氧池前增设了一个厌氧池，保证了磷的释放，从而保证了在好氧条件下有更强的吸收磷的能力，提高了除磷的效率。最终，好氧段Ⅱ为混合液提供短暂的曝气时间，也会降低二沉池出现厌氧状态和释放磷的可能性。改进的 Bardenpho 工艺如图 16-49 所示。

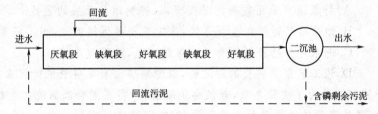

图 16-49　改进的 Bardenpho 工艺

(4) UCT 工艺

UCT 工艺与 A^2/O 工艺不同之处在于，沉淀池污泥回流到缺氧池而不是厌氧池，这样可以防止由于硝酸盐氮进入厌氧池，破坏厌氧池的厌氧状态而影响系统的除磷率。增加了从缺氧池到厌氧池的混合液回流，由缺氧池向厌氧池回流的混合液中含有较多的溶解性 BOD，而硝酸盐很少，为厌氧段内所进行的有机物水解反应提供了最优的条件。UCT 工艺如图 16-50 所示。

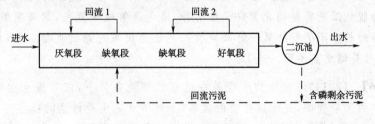

图 16-50　UCT 工艺

典型例题解析

【例 16-12】（2007）以下关于生物脱氮的基本原理的叙述，不正确的是：

A. 生物脱氮就是在好氧条件下利用微生物将废水中的氨氮直接氧化成氮气的过程

B. 生物脱氮过程一般包括将废水中的氨氮转化为亚硝酸盐或硝酸盐的硝化过程，以及使废水中的硝态氮转化为氮气的反硝化过程

C. 完成硝化过程的微生物属于好氧自养型微生物
D. 完成反硝化过程的微生物属于兼性异养型微生物

解 正确说法见选项 B。选 A。

【例 16-13】(2014)A/A/O 生物脱氮除磷处理系统中,关于好氧池曝气的主要作用,下列哪点说明是错误的:
A. 保证足够的溶解氧防止反硝化反应的发生
B. 保证足够的溶解氧便于好氧自养硝化菌的生存以进行氨氮硝化
C. 保证好氧环境,便于在厌氧环境中释放磷的聚磷菌在好氧环境中充分吸磷
D. 起到对反应混合液充分混合搅拌的作用

解 足够的溶解氧是为了维持好氧环境,便于硝化菌的硝化反应以及好氧吸磷,同时,曝气对混合液起到搅拌作用。选 A。

【例 16-14】(2014)关于厌氧—好氧生物除磷工艺,下列哪点说明是错误的:
A. 好氧池可采用较高污泥负荷,以控制硝化反应的进行
B. 如采用悬浮污泥生长方式,该工艺需要污泥回流,但不需要混合液回流
C. 进水可生物降解的有机碳源越充足,除磷效果越好
D. 该工艺需要较长的污泥龄,以便聚磷菌有足够长的时间来摄取磷

解 混合液回流是为了去除总氮,若仅为了除磷,不需要混合液回流。生物除磷是通过排泥达到目的,要提高除磷效果须加大排泥量,缩短污泥龄。选 D。

【例 16-15】(2014)缺氧—好氧生物脱氮工艺与厌氧—好氧生物除磷工艺相比较,下列哪点说明是错误的:
A. 前者污泥龄比后者长
B. 如采用悬浮生长活性污泥,前者需要混合液回流,而后者仅需要污泥回流
C. 前者水力停留时间比后者长
D. 前者只能脱氮,没有任何除磷作用,而后者只能除磷,没有任何脱氮作用

解 生物脱氮工艺需要硝化菌成优势菌种,硝化菌繁殖周期长,聚磷菌繁殖周期短,因此前者污泥龄较长。不管是缺氧—好氧生物工艺还是厌氧—好氧生物工艺,均有一定的脱氮除磷功能,只是侧重点不同。选 D。

【例 16-16】(2014)污水生物处理是在适宜的环境条件下,依靠微生物的呼吸和代谢来降解污水中的污染物质,关于微生物的营养,下列哪点说明是错误的:
A. 微生物的营养必须含有细胞组成的各种原料
B. 微生物的营养必须含有能够产生细胞生命活动能量的物质
C. 因为污水的组成复杂,所以各种污水中都含有微生物需要的营养物质
D. 微生物的营养元素必须满足一定的比例要求

解 不是各种污水中都含有微生物需要的营养物质,如工业废水,有时需要添加一些营养元素。选 C。

经典练习

16-1 (2010)污水中的有机污染物浓度可用 COD 和 BOD 来表示,如果以 COD_B 表示有

机污染物中可以生物降解的浓度，BOD_L 表示全部生化需氧量，则有（　　）。

A. 因为 COD_B 和 BOD_L 都表示有机污染物的生化降解部分，故有 $COD_B=BOD_L$
B. 因为即使进入内源呼吸阶段，微生物降解有机物时也只能利用 COD_B 的一部分，故 $COD_B>BOD_L$
C. 因为 COD_B 是部分的化学需氧量，而 BOD_L 为全部的生化需氧量，故 $COD_B<BOD_L$
D. 因为一个是化学需氧量，一个是生化需氧量，故不好确定

16-2 (2012)关于污水中的固体物质成分，下列说明正确的是（　　）。

A. 胶体物质可以通过絮凝沉淀去除
B. 溶解性固体中没有挥发性组分
C. 悬浮固体都可以通过沉淀去除
D. 总固体包括溶解性固体、胶体、悬浮固体和挥发性固体

16-3 (2010)河流的自净作用是指河水中的污染物质在向下流流动中浓度自然降低的现象，水体自净作用中的生物净化是指（　　）。

A. 污染物质因为稀释、沉淀、氧化还原、生物降解等作用，使污染物质浓度降低的过程
B. 污染物质因为水中的生物活动，特别是微生物的氧化分解使污染物质浓度降低的过程
C. 污染物质因为氧化、还原、分解等作用，而使污染物质浓度降低的过程
D. 污染物质由于稀释、扩散、沉淀或挥发等作用，而使污染物质浓度降低的过程

16-4 (2012)关于湖泊、水库等封闭水体的多污染源环境容量的计算，下列说明错误的是（　　）。

A. 以湖库的最枯月平均水位和容量来计算
B. 以湖库的主要功能水质作为评价的标准，并确定需要控制的污染物质
C. 以湖库水质标准和水体模型计算主要污染物的允许排放量
D. 计算所得的水环境容量如果大于实际排放量，则需削减排污量，并进行削减总量计算

16-5 (2008)下列关于水混凝处理的描述中错误的是（　　）。

A. 水中颗粒常带正电而相互排斥，投加无机混凝剂可使电荷中和，从而产生凝聚
B. 混凝剂投加后，应先快速搅拌使其与污水迅速混合并使胶体脱离，然后再慢速搅拌使细小矾花逐步长大
C. 混凝剂投加量不仅与悬浮物浓度有关，而且受色度、有机物、pH 等的影响，需要通过混凝实验，确定合适的投加量
D. 污水中的颗粒大小在 $10\mu m$ 程度时通过自然沉淀可去除，但颗粒大小在 $1\mu m$ 以下时如果不先进行混凝，沉淀分离十分困难

16-6 (2008)关于氯和臭氧的氧化，以下描述正确的是（　　）。

A. 氯的氧化能力比臭氧强
B. 氯在水中的存在形态包括 Cl_2、$HClO$、ClO^-
C. 氯在 pH>9.5 时，主要以 $HClO$ 形式存在
D. 利用臭氧氧化时，水中 Cl^- 含量会增加

16-7　(2010)厌氧消化是常用的污泥处理方法,很多因素影响污泥厌氧消化过程,关于污泥厌氧消化的影响因素,下列哪点说明是错误的?(　　)
    A. 甲烷化阶段适宜的pH在6.8～7.2
    B. 高温消化相对于中温消化,消化速度加快,产气量提高
    C. 厌氧消化微生物对基质同样有一定的营养要求,适宜的C∶N为(10～20)∶1
    D. 消化池搅拌越强烈,混合效果越好,传质效率越高

16-8　(2010)曝气池混合液SVI指(　　)。
    A. 曝气池混合液悬浮污泥浓度
    B. 曝气池混合液在1 000mL量筒内静止沉淀30min后,活性污泥所占体积
    C. 曝气池混合液静止沉淀30min后,每单位重量干污泥形成湿污泥的体积
    D. 曝气池混合液挥发性物质所占污泥量的比例

16-9　(2012)好氧生物处理是常用的污水处理方法,为了保证好氧反应构筑物内有足够的溶解氧,通常需要充氧,下列哪点不会影响曝气时氧转移速率?(　　)
    A. 曝气池的平面布置
    B. 好氧反应构筑物内的混合液温度
    C. 污水的性质,如含盐量等
    D. 大气压及氧分压

16-10　(2012)好氧生物稳定塘的池深一般仅为0.5m左右,这主要是因为(　　)。
    A. 因好氧塘出水要求较高,以便于观察处理效果
    B. 防止兼性菌和厌氧菌生长
    C. 便于阳光穿透塘体利于藻类生长和大气复氧,以使全部塘体均处于有溶解氧状态
    D. 根据浅池理论,便于污水中固体颗粒沉淀

16-11　(2012)某污水处理厂二沉池剩余污泥体积200m^3/d,其含水率为99%,浓缩至含水率为96%时,体积为(　　)。
    A. 50m^3　　　　B. 40m^3　　　　C. 100m^3　　　　D. 20m^3

16-12　(2008)下列关于废水生物除磷的说法中错误的是(　　)。
    A. 废水的生物除磷过程是利用聚磷菌从废水中过量摄取磷,并以聚合磷酸盐储存在体内,形成高含磷污泥,通过排放剩余污泥将高含磷污泥排出系统,达到除磷目的
    B. 聚磷菌只有在厌氧环境中充分释磷,才能在后续的好氧环境中实现过量摄磷
    C. 普通聚磷菌只有在好氧条件下才能过量摄取废水中的磷,而反硝化除磷菌则可以在有硝态氮存在的条件下,实现对废水中磷的过量摄取
    D. 生物除磷系统中聚磷菌的数量对于除磷效果至关重要,因此,一般生物除磷系统的污泥龄越长,其清除效果就越好

16-13　水体自净过程受很多因素影响,按机理分为三类,最主要的作用是(　　)。
    A. 物理净化作用　　　　　　　B. 化学净化作用
    C. 生物化学净化作用　　　　　D. 迁移扩散作用

16-14　气浮是一种有效的固-液和液-液分离方法,常用于对(　　)细小颗粒的分离。
    A. 颗粒密度大于水　　　　　　B. 颗粒密度接近或小于水
    C. 尺寸不规则的颗粒　　　　　D. 直径较大颗粒

16-15 混合液悬浮固体浓度(MLSS)表示的是( )。
　　A.曝气池单位容积混合液内所含的活性污泥固体物的总重量
　　B.混合液活性污泥中有机性固体物质部分的浓度
　　C.曝气池中的混合液在量筒中静置30min,其沉淀污泥与原混合液的体积比
　　D.曝气池出口处混合液经30min静沉后,1g干污泥所形成的污泥体积

16-16 下列不是氧化沟特点的是( )。
　　A.简化了预处理,可以不设初次沉淀池,污泥也不需要进行厌氧消化
　　B.氧化沟的流态属于完全混合
　　C.通过对系统合理的设计与控制,可以取得较好的除磷脱氮效果
　　D.曝气设备和构造形式的多样化,运行灵活

16-17 下列不属于生物膜法的是( )。
　　A.生物转盘　　B.生物流化床　　C.生物接触氧化　　D.曝气池

16-18 人工湿地对污染物质的净化机理非常复杂,它不仅可以去除有机污染物,同时具有一定的去除氮磷能力,关于人工湿地脱氮机理,下列哪点说明是错误的?( )
　　A.部分氮因为湿地植物的吸收及其收割而去除
　　B.基质存在大量的微生物,可实现氨氮的硝化和反硝化
　　C.因为湿地没有缺氧环境和外碳源补充,所以湿地中没有反硝化作用
　　D.氨在湿地基质中存在物理吸附而去除

16-19 污泥中的水分不包括( )。
　　A.游离水　　B.毛细水　　C.内部水　　D.外部水

16-20 厌氧处理与好氧处理相比,不具备的优点是( )。
　　A.可以回收沼气　　　　B.反应体积更小
　　C.应用的规模更广泛　　D.无须后续阶段处理

16-21 砂子在沉砂池的沉淀接近( )。
　　A.自由沉淀　　B.絮凝沉淀　　C.拥挤沉淀　　D.压缩沉淀

16-22 常用的膜分离法有微滤、超滤、纳滤、反渗透、电渗析等,其中膜孔径为0.001~0.1μm的为( )。
　　A.微滤膜　　B.超滤膜　　C.反渗透膜　　D.纳滤膜

16-23 关于阶段曝气活性污泥法的工艺流程,下列不是其主要特点的是( )。
　　A.废水沿池长分段注入曝气池,有机物负荷分布较均衡
　　B.废水分段注入,提高了曝气池对冲击负荷的适应能力
　　C.混合液中的活性污泥浓度沿池长逐步降低
　　D.能耗较大,出流混合液的污泥浓度较高

16-24 BOD_5/COD值大于( )的污水,适于采用生化法处理。
　　A.0.1　　B.0.3　　C.0.5　　D.0.6

16-25 UASB的特点不包括( )。
　　A.污泥浓度高,平均污泥浓度为20~40gVSS/L
　　B.有机负荷高,水力停留时间短
　　C.可处理高SS污水
　　D.UASB内设三相分离器,通常不设沉淀池

16-26 下列废水适合用单一活性污泥法处理的是( )。
　　A. 镀铬废水　　B. 食品生产废水　　C. 有机氯废水　　D. 合成氨生产废水

16-27 应用最广泛的污泥机械脱水设施是( )。
　　A. 干化场　　B. 过滤机　　C. 离心机　　D. 干燥炉

16-28 A^2/O 工艺中,第一个 A 及其作用、第二个 A 及其作用各为( )。
　　A. 厌氧段,释磷；缺氧段,脱氮　　B. 缺氧段,释磷；厌氧段,脱氮
　　C. 厌氧段,脱氮；缺氧段,释磷　　D. 缺氧段,脱氮；厌氧段,释磷

16.2 大气污染防治技术

考试大纲☞：气象要素、大气结构和组成　大气污染物的种类和来源　大气污染物浓度的估算方法　烟气抬升高度与烟囱高度计算　燃烧与大气污染　颗粒污染物防治方法　气态污染物防治方法

必备基础知识

16.2.1 气象要素、大气结构和组成

1) 气象要素

在一个区域或一个城市里,从污染源排向大气的污染物的量即使没有很大变化,但对周围环境造成的污染效应却有很大的不同,有时会对人和动植物造成严重危害,有时却很轻,这主要是由于在不同的气象条件下大气具有不同的扩散稀释能力所造成的。影响大气扩散能力的主要因素有两个：一为气象的动力因子,二为气象的热力因子。

(1) 气象的动力因子

主要是指风和湍流,风和湍流对污染物在大气中的扩散和稀释起着决定性的作用。

① 风：空气水平方向的流动。风在不同时刻有着相应的风向和风速,它不仅对污染物起着输送的作用,而且还起着扩散和稀释的作用。一般来说,风都是以风玫瑰图表示。

② 湍流：除在水平方向运动外,空气还会有上、下、左、右方向的运动形式。近地层的大气湍流有两种形式,分别为机械湍流与热力湍流。

③ 局地风

局地风是指某种地貌气候环境下形成的局部空气环流,对大气的污染扩散影响很大。

局地风分为海陆风、山谷风及城市热岛效应。

(2) 气象的热力因子

温度层结、绝热递减率、大气稳定度。

① 温度层结：温度随高度的分布情况,它影响了大气中垂直方向的流动情况。

温度层结类型：温度随高度的增加而降低(一般情况是这种规律)；温度随高度的升高而升高；温度不随高度的升高而改变。在逆温条件下大气处于稳定状态,湍流被抑制,污染物不易扩散。

形成逆温层的原因主要有：a. 辐射逆温；b. 下沉逆温；c. 湍流逆温；d. 锋面逆温。

② 气温的干绝热递减率：气块在绝热过程中,垂直方向上每升降单位距离时的温度变化值(通常取 100m),单位为 ℃/100m。干绝热递减率 $\gamma_d = 0.98 K/100m$。

③大气稳定度:表示空气是否安于原来的层次,是否易于发生垂直运动。
大气稳定度分为以下三类:
a.如果气块受力离开原来的位置后仍加速前进,这时大气是不稳定的;
b.如果气块受力离开原来的位置后逐渐减速,并有返回原来高度的趋势,这时大气是稳定的;
c.如果气块受力离开原来的位置就在那里,既不加速也不减速,这时大气是中性的。

判别大气是否稳定,取决于气温垂直递减率γ与干绝热递减率γ_d:$\gamma-\gamma_d>0$,不稳定;$\gamma-\gamma_d<0$,稳定;$\gamma-\gamma_d=0$,中性。

烟流形与大气稳定度的关系:

波浪形——不稳;
锥形——中性或弱稳;
扇形(平展形)——逆稳;
爬升形(屋脊形)——下稳,上不稳;
漫烟形(熏烟形)——上逆,下不稳。

如图 16-51 所示。

2)大气结构和组成
(1)大气圈
在地球引力作用下随地球而旋转的大气层叫做大气圈,其厚度为地球表面 1 000～1 400km 的范围。

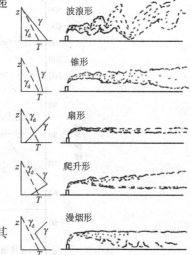

图 16-51 烟流形和大气稳定度

(2)大气结构
在均质层中,根据气体的温度沿地球表面垂直方向的变化,将大气层分为对流层、平流层、中间层、电离层(暖层)、散逸层。如图 16-52 所示。

①对流层:
a.对流层厚度相对于整个大气圈厚度而言很薄,按最厚处计,占总厚度的 6%～9%,占总质量的 75%。在这一层中除了有纯净的干空气以外,还含有一定量的水蒸气,适度的温度对人和动植物的生存起到重要的作用。

b.一般情况下,温度自地表面向高空递减,每上升 100m 降低 0.65℃。在对流层中,由于太阳的辐射以及下垫面特性和大气环流的影响,使得在该层中出现极其复杂的自然现象,有时形成易于扩散的气象特征,有时形成对生态系统有危害的逆温气象条件,雨、雪、霜、雾、雷电等自然现象也都出现在这一层。

c.大气有较强的对流运动,大气污染也主要发生在这一层,特别是在靠近地面 1～2km 的近地层更易造成污染。近地层大气污染物的扩散能力主要取决于当时的气象条件。

d.温度、湿度等各要素水平分布不均匀。

②平流层:a.平流层下部气温几乎不随高度而变化,称为同温层;平流层上部气温随高度增高而上升,称为逆温层。b.几乎不存在水蒸气和尘埃,一般处于平流运动。c.大气很干燥,没有云、雨等现象,是飞机理想的飞行区域。d.在高约 15～35km 处有臭氧层,其分布有季节性变动。

③中间层:气温随高度增加迅速降低,有强烈的垂直对流运动。

④电离层:气温随高度增加迅速上升,空气处于高度电离状态,发电报就是靠电离层反射回来。

⑤散逸层:气体温度很低,气体粒子能克服地球引力而逸向星际空间。

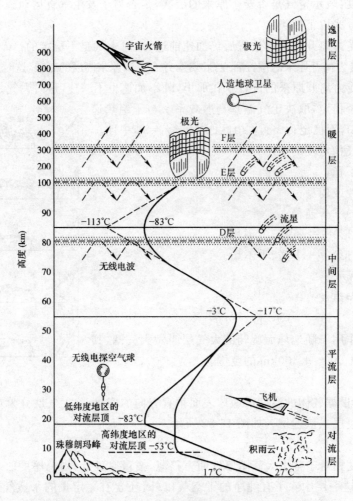

图 16-52 大气层结构示意图

(3) 大气组成

自然状态下的大气由混合气体、水汽和悬浮微粒组成。

干洁空气：即除去水汽和微粒的空气，主要成分是氮、氧、氩，它们占空气总容积的百分数分别为 78.08%、20.95%、0.93%，次要成分有二氧化碳、氖、氦、氪、氙、氢、臭氧等。

典型例题解析

【例 16-17】（2010）对污染物在大气中扩散影响较小的气象因素是：

　　A. 风　　　　　　　　　　　　B. 云况
　　C. 能见度　　　　　　　　　　D. 大气稳定度

解　大气污染最常见的后果之一是能见度降低，是大气污染产生的后果，而不是影响因素。选 C。

【例 16-18】（2014）大气中的臭氧层主要集中在：

　　A. 对流层　　　B. 平流层　　　C. 中间层　　　D. 暖层

解　臭氧层主要集中在平流层中臭氧浓度相对较高的部分。选 B。

16.2.2 大气污染物的种类和来源

1）大气污染

国家标准组织（ISO）定义：自然界中局部的职能变化和人类的生产、生活活动改变大气圈中某些原有成分并向大气中排放有毒有害物质，以致使大气质量恶化，影响原来有利的生态平衡体系，严重威胁着人体健康和正常工农业生产，造成对建筑物和设备财产等的损坏。

大气污染通常是指由于人类活动和自然过程引起某种物质进入大气中，呈现出足够的浓度，达到足够的时间，并因此而危害人体的舒适、健康和福利或危害环境的现象。

2）大气污染物种类

按污染物存在的形态可分为两大类：气溶胶状态（颗粒态）的污染物、气体状态的污染物。

我国环境空气质量标准中，将颗粒态污染物按颗粒大小分为：①总悬浮颗粒物（TSP），指悬浮在空气中的空气动力学直径不大于 $100\mu m$ 的颗粒物；②可吸入颗粒物（PM10），指悬浮在空气中的空气动力学直径不大于 $10\mu m$ 的颗粒物。

主要气态污染物：含硫化合物（以 SO_2 为主）、含氮化合物（以 NO 和 NO_2 为主）、碳氧化合物（CO 和 CO_2）、有机化合物及卤素化合物等。

从污染源直接排入大气的物质称为一次污染物，一次污染物自身或与大气中某成分发生反应的生成物为二次污染物，常见气态污染物的种类见表 16-3。

常见气态污染物的种类　　　　　　　　　　　　　　　　　　　　　　表 16-3

污染物	一次污染物	二次污染物
含硫化合物	SO_2、H_2S	SO_3、H_2SO_4、$MnSO_4$
碳氧化合物	CO、CO_2	—
含氮化合物	NO、NH_3	NO_2、HNO_3、MNO_3
有机化合物	C_mH_n	醛、酮、过氧乙酰基硝酸酯
卤素化合物	HF、HCl	—

3）大气污染物的来源

按污染物来源分为自然源、人为源。

人为源按空间分布分为点源、面源、线源。

人为源按社会活动功能分为生活污染源、生产（工业）污染源、交通污染源，统计分类为燃料燃烧、生产和交通运输；前两种为固定源，后一种为移动源。

典型例题解析

【例 16-19】（2008）下列氮氧化物对环境影响的说法最正确的是哪一项：

A. 光化学烟雾和酸雨
B. 光化学烟雾、酸雨和臭氧层破坏
C. 光化学烟雾、酸雨和全球气候
D. 光化学烟雾、酸雨、臭氧层破坏和全球气候

解 氮氧化物的危害如下：①形成光化学烟雾；②易与动物血液中血色素结合；③破坏臭氧层；④可生成毒性更大的硝酸或硝酸盐气溶胶，形成酸雨；⑤与 CO_2、CH_4 等温室气体共同影响全球气候。选 D。

【例 16-20】 (2014)以下所列大气污染物组成中哪一项包含的全都是一次大气污染物：
A. SO_2、NO、臭氧、CO
B. H_2S、NO、氟氯烃、HCl
C. SO_2、CO、HF、硫酸盐颗粒
D. 酸雨、CO、HF、CO_2

解 一次污染物是指直接从污染源排放的污染物质，如二氧化硫、二氧化氮、一氧化碳、一氧化氮、硫化氢、多环芳烃等。二次污染物是指由一次污染物在大气中互相作用经化学反应形成的新的大气污染物，其毒性比一次污染物更强，如硫酸、硫酸盐气溶胶、硝酸、硝酸盐气溶胶、臭氧、光化学氧化剂、HO 等。选 B。

16.2.3 大气污染物浓度的估算方法

1) 高斯扩散模式基本形式

(1) 坐标系

右手坐标系(食指——x 轴、中指——y 轴、拇指——z 轴)；原点为无界点源或地面源的排放点，或者高架源排放点在地面上的投影点；x 为主风向，y 为横风向，z 为垂直向。

(2) 高斯扩散的四点假设

① 污染物浓度在 y、z 风向上的分布为正态分布；
② 全部高度风速均匀稳定；
③ 源强是连续均匀稳定的；
④ 扩散中污染物是守恒的(不考虑转化)。

(3) 无界空间连续点源扩散模式

$$c(x,y,z)=\frac{q}{2\pi\bar{u}\sigma_y\sigma_z}\exp\left[-\left(\frac{y^2}{2\sigma_y^2}+\frac{z^2}{2\sigma_z^2}\right)\right] \tag{16-24}$$

式中：$\bar{u}$——平均风速(m/s)；
q——源强(g/s)；
σ_y——侧向扩散参数，污染物在 y 方向分布的标准偏差(m)；
σ_z——竖向扩散参数，污染物在 z 方向分布的标准偏差(m)。

2) 高架连续点源扩散模式(也即有界情况的高斯模式)

按全反射原理，像源法：把 P 点污染物浓度看成两部分作用之和，一部分是实源作用，另一部分是虚源作用。

高架连续点源扩散模式见图 16-53。相当于位置在 $(0,0,H)$ 的实源和位置在 $(0,0,-H)$ 的像源，当不存在地面时在 P 点产生的浓度之和。

(1) 高架连续点源正态分布下地面浓度扩散模式

$$C=C_1+C_2$$
$$=\frac{Q}{2\pi\bar{u}\sigma_y\sigma_z}\exp\left(-\frac{y^2}{2\sigma_y^2}\right)\left\{\exp\left[-\frac{(z-H)^2}{2\sigma_z^2}\right]+\exp\left[-\frac{(z+H)^2}{2\sigma_z^2}\right]\right\} \tag{16-25}$$

$z=0$ 时即得地面浓度模式：

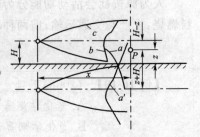

图 16-53 高架连续点源扩散模式

$$C(x,y,0,H)=\frac{Q}{\pi \bar{u}\sigma_y\sigma_z}\exp\left(-\frac{y^2}{2\sigma_y^2}\right)\exp\left(-\frac{H^2}{2\sigma_z^2}\right) \tag{16-26}$$

（2）高架连续点源正态分布下地面轴线浓度模式

$$C(x,0,0,H)=\frac{Q}{\pi \bar{u}\sigma_y\sigma_z}\exp\left(-\frac{H^2}{2\sigma_z^2}\right) \tag{16-27}$$

（3）高架连续点源正态分布下地面最大浓度模式及位置

由

$$\frac{dc}{d\sigma_z}=\frac{d}{d\sigma_z}\left[\frac{Q}{\pi \bar{u}\sigma_y\sigma_z}\exp\left(-\frac{H^2}{2\sigma_z^2}\right)\right]=0 \tag{16-28}$$

得

$$C_{\max}=\frac{2Q}{\pi \bar{u}H^2 e}\left(\frac{\sigma_z}{\sigma_y}\right) \tag{16-29}$$

且最大浓度出现于满足下列关系的下风处：

$$\sigma_z=\frac{H^2}{2} \tag{16-30}$$

$$\sigma_z\bigg|_{X=XC_{\max}}=\frac{H}{\sqrt{2}} \tag{16-31}$$

则风速不变时可导出：

$$C_{\max}=\frac{Q}{\pi e \bar{u}H^2} \tag{16-32}$$

3）地面连续点源扩散模式

令 $H=0$ 的地面连续点源扩散模式：

$$C=\frac{Q}{\pi \bar{u}\sigma_y\sigma_z}\exp\left(-\frac{y^2}{2\sigma_y^2}\right)\exp\left(-\frac{z^2}{2\sigma_z^2}\right)=\frac{Q}{\pi \bar{u}\sigma_y\sigma_z}\exp\left(-\frac{y^2}{2\sigma_y^2}-\frac{z^2}{2\sigma_z^2}\right) \tag{16-33}$$

可见地面源所造成的浓度为无界情况下浓度的 2 倍。

4）特殊气象条件下的扩散模式

（1）有上部逆温层的扩散模式

扩散只能在地面和逆温间进行，称之为"封闭型扩散"。污染源浓度可看成是实源和无穷多个虚源作用之和。

$$C_{(x,y,z,H)}=\frac{Q}{2\pi \bar{u}\sigma_y\sigma_z}\exp\left(-\frac{y^2}{2\sigma_y^2}\right)\sum_{n=-\infty}^{+\infty}\left\{\exp\left[-\frac{(z-H+2nD)^2}{2\sigma_z^2}\right]+\exp\left[\frac{(z+H+2nD)^2}{2\sigma_z^2}\right]\right\} \tag{16-34}$$

式中：D——逆温层底高度，即混合层高度（m）；

n——烟流在两界间的反射次数，一般 $n=3$ 或 4 已包括主要反射。

实际计算中往往要进行简化，设 x_D 为烟羽边缘刚好达逆温底层时离烟源的水平距离：

当 $x \leqslant x_D$ 时，按原扩散模式（一般高斯模式）计算；

当 $x \geqslant 2x_D$ 时，水平方向仍呈正态分布，z 方向浓度渐趋均匀：

$$C_{(x,y,0,H)}=\frac{Q}{\sqrt{2\pi}\bar{u}L\sigma_y}\exp\left(-\frac{y^2}{2\sigma_y^2}\right) \tag{16-35}$$

当 $x_D < x < 2x_D$ 时，情况复杂，此时可取 $x=x_D$ 和 $x=2x_D$ 时两点浓度的内差值（采用双对数坐标系）。

（2）熏烟扩散模式

①逆温层消失到烟囱的有效高度处，即 $h_f=H$ 时：

$$\rho_F(x,y,0,H) = \frac{Q}{2\sqrt{2\pi}\bar{u}h_f\sigma_{yf}} \cdot \exp\left(-\frac{y^2}{2\sigma_{yf}^2}\right) \tag{16-36}$$

式中：h_f——逆温层消失高度；

σ_{yf}——熏烟条件下 y 向扩散参数。

$$\sigma_{yf} = \frac{2.15\sigma_y + H \cdot \tan 15°}{2.15} = \sigma_y + \frac{H}{8} \tag{16-37}$$

②逆温层消失到烟流上边缘，即 $h_f = H + 2\sigma_z$。

$$\rho_F(x,y,0,H) = \frac{q}{\sqrt{2\pi}\bar{u}h_f\sigma_{yf}} \cdot \exp\left(-\frac{y^2}{2\sigma_{yf}^2}\right) \tag{16-38}$$

③逆温消失到 $H + 2\sigma_z$ 以上时，熏烟过程将不复存在。

典型例题解析

【例 16-21】 （2007）某污染源排放 SO_2 的量为 80g/s，有效源高为 60m，烟囱出口处风速为 6m/s。在当时的气象条件下，正下风方向 500m 处的 $\sigma_y = 35.3\text{m}$，$\sigma_z = 18.1\text{m}$，该处的地面浓度是多少：

A. 27.300μg/m³ B. 13.700μg/m³ C. 0.112μg/m³ D. 6.650μg/m³

解 根据高斯公式，地面浓度为

$$C = \frac{Q}{2\pi\bar{u}\sigma_y\sigma_z}\exp\left(-\frac{y^2}{2\sigma_y^2}\right)\left\{\exp\left[-\frac{(z-H)^2}{2\sigma_z^2}\right] + \exp\left[-\frac{(z+H)^2}{2\sigma_z^2}\right]\right\}$$

$$= \frac{80}{2\times 3.14\times 6\times 35.3\times 18.1}\exp\left(-\frac{0}{2\times 35.3^2}\right)\left\{\exp\left[-\frac{(0-60)^2}{2\times 18.1^2}\right] + \exp\left[-\frac{(0+60)^2}{2\times 18.1^2}\right]\right\}$$

$$= 27.3\mu g/m^3$$

选 A。

16.2.4 烟气抬升高度与烟囱高度计算

1）烟气抬升高度

热烟气从烟囱出口排出后，可以升到很高的高度，这相当于增加了烟囱的几何高度，因此，烟囱的有效高度 H 应为烟囱的几何高度 H_s 与烟气抬升高度 ΔH 之和，即 $H = H_s + \Delta H$。

烟气从烟囱排出，有风时，大致有四个阶段：喷出阶段、浮升阶段、瓦解阶段和变平阶段。

烟云抬升的原因有两个：一是烟囱出口处的烟流具有一初始动量（使它们继续垂直上升）；二是因烟流温度高于环境温度产生的静浮力。

确定烟气抬升高度的公式很多，常用的有霍兰德公式、布里格斯公式及中国《环境影响评价技术导则 大气环境》（HJ 2.2—2008）推荐的计算方法。

(1) 霍兰德（Holland）公式

$$\Delta H = \frac{u_s D}{\bar{u}}\left(1.5 + 2.7\frac{T_s - T_a}{T_s}D\right) = (1.5u_s D + 9.79\times 10^{-6} Q_h)/\bar{u} \tag{16-39}$$

式中：u_s——烟气出口流速（m/s）；

D——烟囱出口处的内径（m）；

$\bar{u}$——烟囱出口处的平均风速（m/s）；

Q_h——烟囱的热排放率（kJ/s）；

T_s——烟气出口温度（K）；

T_a——环境大气平均温度(K),取当地近 5 年平均值。

适用条件:中性大气条件。对于非中性大气条件,进行修正;对于不稳定大气,增加$(10\%\sim20\%)\Delta H$;对于稳定大气,减少$(10\%\sim20\%)\Delta H$。

不适于:计算大型的热排放源或高于 100m 烟囱的抬升高度。

(2)布里格斯(Briggs)公式

适用于不稳定大气条件和中性大气条件的计算式。

当 $Q_h > 20\,920$ kJ/s 时:

$$x < 10H_s \qquad \Delta H = 0.362 Q_h^{1/3} \cdot \frac{x^{2/3}}{\bar{u}} \tag{16-40}$$

$$x > 10H_s \qquad \Delta H = 1.55 Q_h^{1/3} \cdot \frac{x^{2/3}}{\bar{u}} \tag{16-41}$$

当 $Q_h < 20\,920$ kJ/s 时($x^* = 0.33 Q_h^{2/5} \cdot x^{3/5}/\bar{u}^{6/5}$):

$$x < 3x^* \qquad \Delta H = 0.362 Q_h^{1/3} \cdot \frac{x^{1/3}}{\bar{u}} \tag{16-42}$$

$$x > 3x^* \qquad \Delta H = 0.33 Q_h^{3/5} \cdot \frac{x^{2/5}}{\bar{u}} \tag{16-43}$$

(3)康凯维(Concawe)公式

$$\Delta H = \frac{2.703 Q_h^{1/2}}{\bar{u}^{3/4}} \tag{16-44}$$

适用于 $Q_h < 8.374 \times 10^3$ kJ/s,近于中性稳定度,中小型烟源的抬升高度计算。

(4)我国《制定地方大气污染物排放标准的技术方法》(GB/T 13201—91)推荐的抬升公式

① 当 $Q_h \geqslant 2\,100$ kJ/s 且 $\Delta T \geqslant 35$ K 时

$$\Delta H = n_0 Q_h^{n_1} \frac{H_s^{n_2}}{\bar{u}} \tag{16-45}$$

其中,$Q_h = 0.35 P_a Q_v \Delta T / T_s$,$n_0$ 指烟气热状况及地表状况系数,n_1 指烟气热释放率指数,n_2 指烟筒高度指数。

当 $Z_2 \leqslant 200$m 时,$\bar{u} = u_1 \left(\frac{Z_2}{Z_1}\right)^m$;当 $Z_2 > 200$m 时,$\bar{u} = u_1 \left(\frac{200}{Z_1}\right)^m$

式中:u_1——附近气象台(站)高度 5 年平均风速(m/s);

Z_1——附近气象台(站)高度(m);

Z_2——烟囱出口处高度(m)。

② 当 $1\,700$ kJ/s $< Q_h < 2\,100$ kJ/s 时

$$\Delta H = \Delta H_1 + (\Delta H_2 - \Delta H_1)\left(\frac{Q_h - 1\,700}{400}\right) \tag{16-46}$$

其中,$\Delta H_1 = 2 \times \frac{1.5 u_s D + 0.01 Q_h}{\bar{u}} - 0.048 \frac{Q_h - 1\,700}{\bar{u}}$,$\Delta H_2$ 由布里吉斯公式求得。

③ 当 $Q_h \leqslant 1\,700$ kJ/s 或者 $\Delta T < 35$K 时

$$\Delta H = 2 \times \frac{1.5 u_s D + 0.01 Q_h}{\bar{u}} \tag{16-47}$$

④ 凡地面以上 10m 高处 $\bar{u} \leqslant 1.5$m/s 的地区

$$\Delta H = 5.5 Q_h^{1/4} \times \left(\frac{dT_a}{dZ} + 0.009\,8\right)^{-3/8} \tag{16-48}$$

(5)高架连续点源地面最大浓度计算式

$$C_{\max}=\frac{2Q}{\pi \bar{u} H^2 e} \cdot \frac{\sigma_z}{\sigma_y} \tag{16-49}$$

2)烟囱高度的计算

烟囱不单是排气装置,也是控制空气污染、保护环境的重要设备。烟囱高度、出口直径、喷出速度等工艺参数应满足减少对地面污染的需要。增加烟囱高度可以减轻污染源对局部地区的污染,但超过一定高度后再增加高度,对地面浓度的影响甚微,而烟囱的造价却随高度增加而急剧增大。所以并不是烟囱愈高愈好。

设计烟囱高度的基本原则是:既要保证排放物造成的地面最大浓度或地面绝对最大浓度不超过国家大气质量标准,又应做到投资最省。

(1)烟囱高度的计算

烟囱高度的计算分为精确计算法和简化计算法。

烟囱高度一般按锥型扩散正态分布模式导出的简化公式计算,根据对地面浓度要求不同,有两种计算方法:①保证地面最大浓度不超过允许浓度的计算方法;②保证地面绝对最大浓度不超过允许浓度的计算方法。

①按地面最大浓度计算:

$$C_{\max}=\frac{2q}{\pi \bar{u} H^2 e} \cdot \frac{\sigma_z}{\sigma_y} \quad \left(\frac{\sigma_z}{\sigma_y}在 0.5 \sim 1.0 \text{ 之间取值}\right)$$

$$H_s=\sqrt{\frac{2q\sigma_z}{\pi e \bar{u}(C_0-C_b)\sigma_y}}-\Delta H$$

$$C_{\max}=C_0-C_b \tag{16-50}$$

其中,C_0 为标准浓度,C_b 为本底浓度。

②按地面绝对最大浓度计算:

$$\Delta H=\frac{B}{\bar{u}} \quad \left(\text{代入 } H=H_s+\frac{B}{\bar{u}}\right)$$

$$\frac{dC_{\max}}{d\bar{u}}=0,得\bar{u}_c=\frac{B}{H_s} \quad (\text{危险风速})$$

此时,$\Delta H=\frac{B}{\bar{u}_c}=H_s=\frac{H}{2}$,代入下式可得:

$$C_{\text{absm}}=\frac{q}{2eH_s B} \cdot \frac{\sigma_z}{\sigma_y} \tag{16-51}$$

$$H_s=\sqrt{\frac{q}{2\pi e \bar{u}(C_0-C_b)} \cdot \frac{\sigma_z}{\sigma_y}} \tag{16-52}$$

(2)烟囱设计中的若干问题

①烟囱高度计算公式的校核:上述计算公式按锥形高斯模式导出,在逆温较强的地区,需要用封闭形或熏烟形模式校核。

②烟气抬升高度的选取:优先采用国家标准中的推荐公式(也有人认为一般选霍氏公式)。

③烟流下洗现象的防止:为避免烟流因受周围建筑物的影响而产生的烟流下洗现象,烟囱高度应为周围建筑物的2倍以上;为避免烟囱本身对烟流产生的下洗现象,烟囱出口气速不得低于该高度处平均风速的1.5倍,一般宜在20~30m/s,烟温宜在100℃以上。

典型例题解析

【例 16-22】 (2010)下列哪项条件会造成烟气抬升高度的减小：
A. 风速增加,排气速率增加,烟气温度增加
B. 风速减小,排气速率增加,烟气温度增加
C. 风速增加,排气速率减小,烟气温度减小
D. 风速减小,排气速率增加,烟气温度减小

解 根据霍兰德烟气抬升公式 $\Delta H = \dfrac{u_s D}{\bar{u}}\left(1.5 + 2.7 \dfrac{T_s - T_a}{T_s} D\right)$ 可知,烟气抬升高度与排气速率和烟气温度成正比,与风速成反比,故正确答案为 C。

16.2.5 燃烧与大气污染

1) 燃料

(1) 煤

煤是一种复杂的物质聚集体。主要可燃成分是由 C、H 及少量 O_2、N_2、S 等一起构成的有机聚合物。按沉积年代的分类法分为褐煤、烟煤、无烟煤。

煤的组成分析主要包括工业分析、元素分析。
①工业分析,水分、灰分、挥发分、固定碳等;
②元素分析,用化学法测定,去除掉外部水分的主要组分,元素 C、H、S、N、O 等。

煤中硫的形态:硫化铁硫、有机硫、硫酸盐硫。

(2) 石油

石油是液体燃料的主要来源。原油是天然存在的易流动液体,相对密度 0.78~1.00,主要含 C、H_2 及少量的 S、N_2、O_2。此外,含有微量金属(钒、镍)、砷、铅、氯等。

(3) 天然气

一般组成有甲烷 85%,乙烷 10%,丙烷 3%。此外,还有 H_2O、CO_2、N_2、He、H_2S 等。

(4) 燃料的成分

燃料的成分分析主要包括工业分析、元素分析。
①工业分析,水分、灰分、挥发分、固定碳等;
②元素分析,用化学法测定,去除掉外部水分的主要组分,元素 C、H、S、N、O 等。

(5) 燃料的发热量

单位量燃料完全燃烧产生的热量。即反应物开始状态和反应物终了状态相同情况下(常温 298K,101 325Pa)的热量变化值,称为燃料的发热量,单位是 kJ/kg(固体)或 kJ/m^3(气体)。发热量有高位、低位之分。

在已知燃料中氢和水的含量时,

$$q_L = q_h - 25(9w_h + w_w)$$

式中:q_L——低位发热量;
w_h——燃料中氢的质量百分数;
q_h——高位发热量;
w_w——燃料中水的质量百分数。

高位:包括燃料燃烧生成物中水蒸气的汽化潜热 Q_h。

低位:指燃料燃烧生成物中水蒸气仍以气态存在时,完全燃烧释放的热量。

2) 燃料的燃烧

(1) 燃烧

燃烧的定义:指可燃混合物的快速氧化过程,并伴有能量的释放,同时使燃料的组成元素转化成相应的氧化物。

燃烧的基本条件:燃料完全燃烧的条件是适量的空气、足够的温度、必要的燃烧时间、燃料与空气的充分混合。

空气条件:按燃烧不同阶段供给相适应的空气量。

温度条件:只有达到着火温度,才能与氧化合而燃烧。

着火温度:在氧存在下可燃质开始燃烧必须达到的最低温度。

时间条件:燃料在高温区的停留时间应超过燃料燃烧所需时间。

燃烧与空气的混合条件:燃料与空气中氧的充分混合是有效燃烧的基本条件。

在大气污染物排放量最低条件下实现有效燃烧的四个因素:空气与燃料之比、温度、时间、湍流度。通常把温度、时间和湍流度称为燃烧过程的"3T"。

(2) 燃料燃烧的空气量

①理论空气量:单位量燃料按燃烧反应方程式完全燃烧所需的空气量称为理论空气量。建立燃烧化学方程式时,假定:

a. 空气仅由 N_2 和 O_2 组成,气体体积比为 $79/21=3.76$;

b. 燃料中的硫被氧化成 SO_2;

c. 计算理论空气量时忽略 NO_x 的生成量;

d. 燃料的化学式为 $C_xH_yS_zO_w$,其中下标 x、y、z、w 分别代表 C、H、S、O 的原子数。

完全燃烧的化学反应方程式:

$$C_xH_yS_zO_w+\left(x+\frac{y}{4}+z-\frac{w}{2}\right)O_2+3.76\left(x+\frac{y}{4}+z-\frac{w}{2}\right)N_2 \to$$

$$xCO_2+\frac{y}{2}H_2O+zSO_2+3.76\left(x+\frac{y}{4}+z-\frac{w}{2}\right)N_2+Q$$

理论空气量:

$$V_a^0=22.4\times4.76\left(x+\frac{y}{4}+z-\frac{w}{2}\right)/(12x+1.008y+32z+16w)$$

$$=106.6\left(x+\frac{y}{4}+z-\frac{w}{2}\right)/(12x+1.008y+32z+16w) \text{ m}^3/\text{kg} \tag{16-53}$$

②实际空气量。实际空气量 V_a 与理论空气量 V_a^0 之比为空气过剩系数 a。其中,$a=\dfrac{V_a}{V_a^0}$,通常 $a>1$。

③空燃比(AF):单位质量燃料燃烧所需的空气质量,可由燃烧方程直接求得。

3) 燃烧过程污染物排放量计算

(1) 烟气量计算

①理论烟气量:在理论空气量下,燃料完全燃烧所生成的烟气体积,以 V_{fg}^0 表示。烟气成分主要是 CO_2、SO_2、N_2 和水蒸气。

干烟气:除水蒸气以外的成分称为干烟气;湿烟气:包括水蒸气在内的烟气。

$$V_{fg}^0=V_{干烟气}+V_{水蒸气} \tag{16-54}$$

$$V_{理水蒸气} = V_{燃料中氢燃烧后的水蒸气} + V_{燃料中所给} + V_{理论空气量带入} \quad (16\text{-}55)$$

② 实际烟气量：

$$V_{fg} = V_{fg}^0 + (a-1)V_a^0 \quad (16\text{-}56)$$

③ 烟气体积和密度的校正。

燃烧产生的烟气其 T、P 总高于标态(273K、1atm)，故需换算成标态。大多数烟气可视为理气，故可应用理气方程。

设观测状态(T_S, P_S)下：烟气的体积为 V_S，密度为 ρ_S。

标态(T_N、P_N)下：烟气的体积为 V_N，密度为 ρ_N。

标态下体积：

$$V_N = V_S \cdot \frac{P_S}{P_N} \cdot \frac{T_N}{T_S} \quad (16\text{-}57)$$

标态下密度：

$$P_N = \rho_S \cdot \frac{P_N}{P_S} \cdot \frac{T_S}{T_N} \quad (16\text{-}58)$$

应指出，美国、日本和国际全球监测系统网的标准态是298K、1atm，在做数据比较时应注意。

(2) 污染物排放量计算

典型例题解析

【例 16-23】 已知某电厂烟气温度为 473K，压力为 96.93kPa，湿烟气量 $Q = 10\,400\text{m}^3/\text{min}$，含水汽 6.25%(体积)，奥萨特仪分析结果是：CO_2 占 10.7%，O_2 占 8.2%，不含 CO，污染物排放的质量流量为 22.7kg/min。求：(1)污染物排放的质量速率(以 t/d 表示)；(2)污染物在烟气中浓度；(3)烟气中空气过剩系数。校正至空气过剩系数 $\alpha = 1.8$ 时污染物在烟气中的浓度。

解 (1) 污染物排放的质量速率

$$22.7 \frac{\text{kg}}{\text{min}} \times \frac{60\text{min}}{\text{h}} \times 24 \frac{\text{h}}{\text{d}} \times \frac{\text{t}}{1\,000\text{kg}} = 32.7\text{t/d}$$

(2) 测定条件下的干空气量

$$Q_d = 10\,400 \times (1 - 0.062\,5) = 9\,750\text{m}^3/\text{min}$$

测定状态下干烟气中污染物的浓度：

$$C = \frac{22.7}{9\,750} \times 10^6 = 2\,328.2\text{mg/(m}^3 \cdot \text{N)}$$

标态下的浓度：

$$C_N = C\left(\frac{P_N}{P} \times \frac{T}{T_N}\right) = 2\,328.2 \times \frac{101.33}{96.93} \times \frac{473}{273} = 4\,217.0\text{mg/(m}^3 \cdot \text{N)}$$

(3) 空气过剩系数

$$\alpha = 1 + \frac{O_{2P}}{0.264N_{2P} - O_{2P}} = 1 + \frac{8.2}{0.264 \times 81.1 - 8.2} = 1.621$$

校正至 $\alpha = 1.8$ 条件下的浓度：

$$C_{校} = C_{实}\frac{\alpha_{实}}{1.8}$$

$$C_{校} = 4\,217.0 \times \frac{1.621}{1.8} = 3\,797.6\text{mg/m}^3\text{N}$$

【例 16-24】 (2007)某种燃料在干空气条件下(假设空气仅由氮气和氧气组成,其体积比为 3.78)燃烧,烟气分析结果(干烟气):CO_2 为 10%,O_2 为 4%,CO 为 1%。则燃烧过程的过剩空气系数是:

A. 1.22 B. 1.18 C. 1.15 D. 1.04

解 氮气与氧气比为 3.78,故空气中总氧量为 $1/3.78\ N_2 = 0.264 N_2$,而烟气中氮气含量为 $1-(CO_2+O_2+CO)=1-(10\%+4\%+1\%)=85\%$。

燃烧过程中产生 CO,则空气过剩系数为:

$$\alpha=1+\frac{O_{2P}-0.5CO_p}{0.264N_{2P}-(O_{2P}-0.5CO_p)}=1+\frac{4\%-0.5\times1\%}{0.264\times85\%-(4\%-0.5\times1\%)}=1.18$$

选 B。

16.2.6 颗粒污染物防治方法

1) 颗粒大小和密度

颗粒大小影响其在环境空气中的滞留时间、对环境和健康的影响、被捕集的难易程度;颗粒越小,活性越高,吸附性也越强。

(1) 单颗颗粒大小的表达

由于颗粒形状极不规则,难以简单地用某一尺度表达,必须根据需要采用不同定义的粒径值表达。

在环境空气质量标准中单颗颗粒大小用空气动力学直径(单位密度下);计算颗粒运动时需要用斯托克斯径(真密度下)。颗粒粒度测定方法很多,不同方法所测得的粒径定义不同,而且不同定义的粒径值多数难以互相换算。

①斯托克斯径:与被研究的颗粒密度相同,且沉降速度相等的球体直径。

$$d_{st}=\left[\frac{18\mu v_s}{(\rho_p-\rho_g)g}\right]^{\frac{1}{2}} \tag{16-59}$$

式中:v_s——颗粒沉降速度(m/s);

ρ_p——气体密度(kg/m^3);

ρ_g——颗粒密度(kg/m^3);

μ——气体动力黏度(Pa·s);

g——重力加速度(m/s^2)。

②分割粒径(半分离粒径)d_{50}:即分级效率为 50% 的颗粒直径,也即除尘器能捕集该粒子群一半的直径。

③空气动力径 d_a:在静止的空气中颗粒的沉降速度与密度为 $1g/cm^3$ 的圆球的沉降速度相同时的圆球的直径。单位 $\mu m(g/cm^3)^{1/2}=\mu mA$ 代表。

④我国《环境空气质量标准》规定了总悬浮物(TSP)、可吸入颗粒物(PM_{10})的浓度限值。其粒径为空气动力学当量直径。

TSP——总悬浮颗粒物,空气动力学当量直径≤100μm 的颗粒物;

PM_{10}——可吸入颗粒物,空气动力学当量直径≤10μm 的颗粒物;

$PM_{2.5}$——空气动力学当量直径≤2.5μm 的颗粒物。

(2) 平均粒径

对于一个由大小和形状不相同的粒子组成的实际粒子群与一个由均一的球形粒子组成的

假想粒子群相比,若两者的粒径全长相同,则称此球形粒子的直径为实际粒子群的平均粒径。一般顺序:$d_1 < d_s < d_v < d_2 < d_3 < d_4$。

各平均粒径的计算方法及意义见表16-4。

各平均粒径的计算方法及意义 表16-4

名　　称	计算公式	意　　义
长度平均径	$d_1 = \sum nd / \sum n$	单一粒径的均值
面积长度平均径	$d_2 = \sum nd^2 / \sum nd$	总表面积与总长度的比值
体面积平均径	$d_3 = \sum nd^3 / \sum nd^2$	总体积与总表面积之比
质量平均径	$d_4 = \sum nd^4 / \sum nd^3$	质量=总质量,数目=总个数的粒子的粒径
表面积平均径	$d_s = \sqrt{\sum nd^2 / \sum n}$	总表面积与总个数之比的平方根
体积平均径	$d_v = (\sum nd^3 / \sum n)^{\frac{1}{3}}$	总体积与总个数之比的立方根
中位径	d_{50}	粒径分布累计值=50%的粒径
众径	d_{om}	粒径分布中频率密度值最大的粒径

2) 粒径分布

粒径分布是指某一粒子群中不同粒径的粒子所占的比例,亦称粒子的分散度。

① 频数分布 ΔR:指粒径 d_p 至 $(d_p + \Delta d_p)$ 之间的粒子质量占粒子群总质量的百分数。

$$\Delta R = \frac{\Delta m}{m_0} \times 100\% \tag{16-60}$$

$\sum \Delta R = 100\%$,ΔR 与选取的粒径间隔的大小有关。

② 频度分布 p:$\Delta d_p = 1\mu m$ 时粒子质量占粒子群的百分数或单位粒径间隔宽度时的频率分布百分数。即

$$p = \frac{\Delta R}{\Delta d_p} (\%/\mu m) \tag{16-61}$$

其微分定义式:$p(d_p) = -\dfrac{dR}{dd_p}$

频度分布如图16-54所示。

③ 筛下累积频率分布 $F(\%)$:指小于某一粒径 d_p 的尘样质量占尘样总质量的百分数。如图16-55所示。

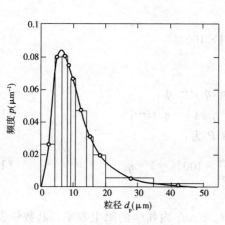

图16-54 频度分布示意图

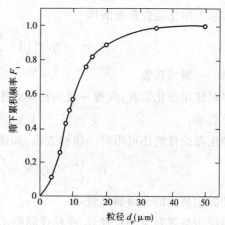

图16-55 筛下累积频率分布

$$F_i = \frac{\sum\limits^n n_i}{\sum\limits_N n_i} \text{或} F_i = \sum\limits^n f_i \tag{16-62}$$

④筛上累积频率分布 $R(\%)$：大于某一粒径 d_p 的尘样质量占尘样总质量的百分比。

常用的筛上累积频率分布 R 的表达式为罗率-拉姆勒分布式（R-R 分布式）：

对于已知中位径 d_{50} 的尘样：

$$R_{(dp)} = \exp\left[-0.693\left(\frac{d_p}{d_{50}}\right)^n\right]$$

其中，n 为分布指数。

3）除尘装置的捕集效率

除尘装置的捕集效率代表装置捕集粉尘效果的重要指标。有以下几种表示：

①总捕集效率 η_T：指在同一时间内净化装置去除污染物的量与进入装置的污染物量之百分比。

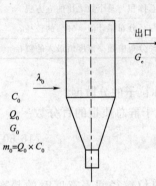

图 16-56 捕集效率的计算

捕集效率的计算如图 16-56 所示。图中入口 λ_0 有气体流量 $Q_0(\mathrm{m^3/s})$、污染物流量 $G_0(\mathrm{g/s})$、污染物浓度 $C_0(\mathrm{g/m^3})$，出口相应的为 Q_e、G_e、C_e。

净化装置捕集的污染物流量 $G_c(\mathrm{g/s})$，有 $G_0 = G_e + G_c$。

$$\eta_T = \frac{G_c}{G_0} \times 100\% = \left(1 - \frac{G_e}{G_0}\right) \times 100\% \tag{16-63}$$

因 $G = CQ$

所以
$$\eta_T = \left(1 - \frac{Q_e C_e}{Q_0 C_0}\right) \times 100\% \tag{16-64}$$

又因 Q_0、Q_e 与状态有关

故常换算成标准状态（$0^\circ\mathrm{C}$，$1.013 \times 10^5 \mathrm{Pa}$）下干气体流量表示，并加角标"N"。

$$\eta_T = \left(1 - \frac{C_{eN} Q_{eN}}{C_{0N} Q_{0N}}\right) \times 100\% \tag{16-65}$$

若装置不漏风，$Q_{0N} = Q_{eN}$

$$\eta_T = \left(1 - \frac{C_{eN}}{C_{0N}}\right) \times 100\% \tag{16-66}$$

实际上净化装置常有漏风

$$\eta_T = \left(1 - \frac{C_{eN}}{C_{0N}} k\right) \times 100\% \tag{16-67}$$

式中：k——漏风系数。

串联使用净化装置：设每一级的捕集效率为 η_1、η_2、$\cdots$、η_n。

总效率：
$$\eta_T = [1 - (1-\eta_1)(1-\eta_2)(1-\eta_3)\cdots] \tag{16-68}$$

净化器的性能还可用另一指标表示，即通过率 P 为：

$$P = \frac{G_e}{G_0} \times 100\% = \frac{C_{eN} Q_{eN}}{C_{0N} Q_{0N}} \times 100\% = 1 - \eta_T \tag{16-69}$$

②除尘装置的分级捕集效率

指除尘装置对某一粒径 d_{pi} 或粒径间隔 d_{pi} 至 $d_{pi} + \Delta d_p$ 内粉尘的除尘效率。其数学表达式为：

$$\eta_d = \frac{\Delta G_c}{\Delta G_0} \times 100\% \tag{16-70}$$

4) 旋风除尘

旋风除尘器是利用旋转气流产生的离心力使尘粒从气流中分离的,用来分离粒径大于 $5\sim10\mu m$ 以上的颗粒物。

特点:结构简单,占地面积小,投资低,操作维修方便,压力损失中等,动力消耗不大,可用于各种材料制造,能用于高温、高压及腐蚀性气体,并可回收干颗粒物,效率 80% 左右,捕集小于 $5\mu m$ 颗粒的效率不高,一般作预除尘用。

(1) 原理

旋风除尘器工作原理如图 16-57 所示。旋风除尘是利用旋转的含尘气流所产生的离心力,将颗粒污染物从气体中分离出来的过程。当含尘气流由进气管进入旋风除尘器时,气流由直线运动变为圆周运动。旋转气流的绝大部分沿器壁和圆筒体成螺旋向下,朝锥体流动,通常称此为外旋流。含尘气体在旋转过程中产生离心力,将密度大于气体的颗粒甩向器壁,颗粒一旦与器壁接触,便失去惯性力而靠入口速度的动量和向下的重力沿壁而下落,进入排灰管。旋转下降的外旋气流在到达锥体时,因圆锥形的收缩而向除尘器中心靠拢,其切向速度不断提高。当气流到达锥体下端某一位置时,便以同样的旋转方向在旋风除尘器中由下回旋而上,继续做螺旋运动。最终,净化气体经排气管排出器外,通常称此为内旋流。一部分未被捕集的颗粒也随之排出。

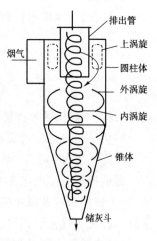

图 16-57 旋风除尘器工作原理示意图

(2) 旋风除尘器分离性能

① 颗粒的分离直径:旋风除尘器的除尘效率与颗粒的直径有关,直径愈大,效率愈高。当 d_p 达到某一值时,其除尘效率可达 100%,此时的颗粒直径为全分离直径 d_{c100} (临界直径),同样,η 为 50% 时的颗粒直径为半分离直径 d_{c50} (切割直径)。分离直径越小,其除尘性能越好。

半分离直径的求法有以下两种方法。

a. 拉波尔经验表达式:适用于切线、螺旋、蜗壳式入口旋风器。

$$d_{c50} = \left(\frac{g\mu HB^2}{\rho_p Q\theta}\right)^{\frac{1}{2}} \tag{16-71}$$

$$\theta = 2\pi N = 2\pi \cdot \frac{L_1 + L_2/2}{H} = \frac{\pi}{H}(2L_1 + L_2) \tag{16-72}$$

式中:H、B——气流入口的宽度与高度;

L_1、L_2——圆筒与圆锥的高度。

b. 根据假想圆筒理论求 d_{c50}:尘粒在旋风器中受到两个力的作用。

离心力 f_t 为:

$$f_t = m\frac{V_t^2}{r} = \left(\frac{\pi}{6}d^3\rho_p\right)\frac{V_\theta^2}{r_i} \quad (\text{球形}) \tag{16-73}$$

向心力 f_d (径向气流阻力)为:

$$f_d = 3\pi\mu V_r d_p \quad (R_{ep}\leqslant 1 \text{ 时}) \tag{16-74}$$

在交界面上尘粒有三种情况:$f_t > f_d$,移向外壁;$f_d > f_t$,移向内壁;$f_t = f_d$,进去 50%,出来 50%,即除尘效率为 50%。

若 $f_t = f_d$,则

$$d_{cp} = \left[\frac{18\mu V_r r_i}{\rho_p V_\theta^2}\right]^{\frac{1}{2}} \tag{16-75}$$

当处理气量为 $Q(\mathrm{m}^3/\mathrm{s})$ 时，则 $Q=2\pi r_i L_i V_r$，代入上式得

$$d_{cp} = \left[\frac{9\mu Q}{\pi L_i \rho_p V_\theta^2}\right]^{\frac{1}{2}} \tag{16-76}$$

②捕集效率

a. 经验式（水田木村典夫）：

$$\eta_d = 1 - \exp\left[-0.693\left(\frac{d_p}{d_{c50}}\right)^{\frac{1}{n+1}}\right] \tag{16-77}$$

$$n = 1 - (1 - 0.67 D^{0.14})\left(\frac{T}{283}\right)^{0.33} \tag{16-78}$$

式中：D——旋风器的直径。

b. 由 η 与 d_p/d_{50} 的关系图查取。

c. $\eta_总 = \sum \Delta R_i \eta_{di}$。

影响捕集效率的因素有：a. 入口风速，入口风速一般为 $12\sim 20\mathrm{m/s}$。b. 除尘器结构与尺寸，增大锥体长度及减小排气管直径都有利于提高 η。c. 颗粒粒径与密度。d. 温度，温升高，η 下降。e. 灰斗气密性，漏气量越小，η 越高。

(3) 旋风除尘器的类型

按气体流动状况分：a. 切流返转式旋风除尘器，含尘气体由筒体沿侧面沿切线方向导入，常用的形式为直入式和螺壳式。b. 轴流式旋转除尘器，轴流直流式和轴流反旋式。

按结构形式分：圆筒体、长锥体、旁通式、扩散式。

5) 电除尘器

电除尘是利用强电场使气体发生电离，气体中的粉尘荷电在电场力的作用下，使气体中的悬浮粒子分离出来的装置。

(1) 原理

用电除尘的方法分离气体中的悬浮离子，需四个步骤：气体电离→粉尘荷电→粉尘沉积→清灰。

电除尘器是在两个曲率半径相差较大的金属阳极和阴极上，通过高压直流电，维持一个足以使气体电离的静电场，气体电离后所产生的阴离子和阳离子，吸附在通过电场的粉尘上，使粉尘获得电荷。电荷极性不同的粉尘在电场力的作用下，分别向不同极性的电极运动，沉积在电极上，从而达到粉尘和气体分离的目的。在电晕区和靠近电晕区很近的一部分荷电粉尘与电晕极的极性相反，沉积在电晕极上。因电晕区的范围小，所沉积的粉尘也少。电晕区外的粉尘，绝大部分带有与电晕极极性相同的电荷，沉积在收尘极板上。

粉尘的捕集与许多因素有关，如粉尘的比电阻、介电常数和密度，气体的流速、温度和湿度，电场的伏安特性，以及收尘极的表面状态等。

(2) 电除尘器的分类

按结构不同可分为以下四类：

①按集尘电极形式可分为管式和板式电除尘器。

管式：极线沿着垂直的管状集尘电极的中心线悬挂，适用于气体量较小的情况，一般采用湿式清灰方式。

板式:在互相平行的板式收尘电极的中间悬挂垂直的极线。板式可采用湿式清灰方式,但绝大多数采用干式清灰方式。

② 按气流流动方式分为立式和卧式电除尘器。

③ 按粉尘荷电区和分离区的空间布置不同分为单区和双区电除尘。

④ 按沉集粉尘的清灰方式可分为湿式和干式电除尘器。

电除尘器的捕集效率 η 通常按多依奇-安德森公式计算:

$$\eta = 1 - \exp\left(\frac{A_c}{Q}w_p\right)$$

式中:A_c——集尘板总面积(m^2);

Q——气体流量(m^3/s);

w_p——有效驱进速度(m/s)。

6)袋式除尘

(1)原理

袋式除尘器是利用棉毛、人造纤维等织物进行过滤的一种除尘装置,滤料本身的网孔较大,为 $20\sim50\mu m$,绒布为 $5\sim10\mu m$,却能除去粒径 $1\mu m$ 以下的颗粒,除尘效率很高。新滤料除尘效率不高。其机理涉及筛滤、惯性碰撞、滞留、扩散、降电、重力沉降。

① 筛过作用:当粉尘粒径大于滤布孔隙或沉积在滤布上的尘粒间孔隙时,粉尘即被截留下来。由于新滤布孔隙远大于粉尘粒径,所以阻留作用很小,但当滤布表面积沉积大量粉尘后,阻留作用就显著增大。

② 惯性碰撞:当含尘气流接近过滤纤维时,气流将绕过纤维,而尘粒由于惯性作用继续直线前进,撞击到纤维上即被捕集,这种惯性碰撞作用,随粉尘粒径及流速的增大而增强。

③ 扩散和静电作用:小于 $1\mu m$ 的尘粒,在气流速度很低时,其除尘机理主要是扩散和静电作用。扩散:布朗运动引起,它随气速的降低、纤维和粉尘直径的减小而增强。电力:带电荷相反时。

④ 重力沉降:当缓慢运动的含尘气流进入除尘器内,粒径和密度大的尘粒可能因重力作用自然沉降下来。

(2)袋式除尘器性能

袋式除尘器性能主要涉及除尘效率、压力损失、过滤风速及滤袋寿命。

① 除尘效率:指含尘气体通过袋式除尘器时新捕集下粉尘量占进入除尘器的粉尘量的百分数。除尘效率的影响因素:除尘器的运行参数、粉尘性质、滤料的性质、清灰方式等。

② 压力损失:重要的技术经济指标,与除尘器的结构、滤袋种类、粉尘性质和粉尘层特性、清灰方式、气体温度、湿度、黏度等因素有关。不仅决定着能量消耗,而且决定着除尘效率和清灰间隔时间等。

$$\Delta P = \Delta P_c + \Delta P_f + \Delta P_d \tag{16-79}$$

式中:ΔP_c——除尘器的设备压力损失;

ΔP_f——通过洁净滤料的压力损失;

ΔP_d——通过粉尘层的压力损失。

对于给定的滤料和操作条件,滤料的压力损失 ΔP_f 基本上是一个常数,通过袋式除尘器的压力损失主要由 ΔP_d 决定。

③ 过滤速度:指气体单位时间通过单位面积滤料的量(m/min)。

$$V_F = \frac{Q}{60S} \tag{16-80}$$

式中：Q——通过滤布的风量（m^3/h）；
S——滤布的面积（m^2）。

过滤速度是一个重要的技术经济指标。选用高的过滤速度，所需要的滤布面积小，除尘器体积、占地面积和一次投资等都会减小，但除尘器的压力损失却会加大。

④滤袋寿命：指破损滤袋占总滤袋的 10% 时所用的时间。滤袋寿命一般为 2～3 年。

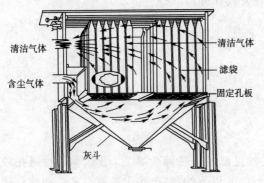

图 16-58　典型机械振动式布袋除尘器

(3) 袋式除尘器的分类

①按滤袋断面形状分为圆形、扁形、异形。
②按含尘气流通过滤袋的方向分为内滤式、外滤式。
③按进气口布置分为上进气、下进气。
④按除尘器内气体压力分为正压式、负压式。
⑤按清灰方式分为机械振动、脉冲喷吹、反吹风。机械振动式布袋除尘器见图 16-58。

7) 湿式除尘

使废气与液体（一般是水）密切接触，利用水滴和尘粒的惯性碰撞及其他作用捕集尘粒或使粒径增大的装置。可以有效地除去直径为 0.1～20μm 的液态或固态粒子，亦能脱除部分气态污染物。低能耗湿式除尘器的压力损失为 0.2～1.5kPa，对 10μm 以上粉尘的净化效率可达 90%～95%；高能耗湿式除尘器的压力损失为 2.5～9.0kPa，净化效率可达 99.5% 以上。

(1) 除尘机理

湿式除尘机理涉及各种机理中的一种或几种。主要是惯性碰撞，扩散效应、黏附、扩散漂移和热漂移，凝聚等作用。

①惯性碰撞。含尘气流在运动过程中同液滴相遇，在液滴前 x_d 处气流开始改变方向，绕过液滴运动，而惯性较大的尘粒有继续保持其原来直线运动的趋势。尘粒运动主要受两个力支配，即其本身的惯性力以及周围气体对它的阻力。尘粒从脱离流线到惯性运动结束时所移动的直线距离为粒子的停止距离 x_s、x_d 为原始距离，即气流改变方向时液滴距尘粒的距离。当 $x_s \geqslant x_d$ 时发生碰撞。

②扩散效应、黏附、扩散漂移和热漂移。若气流中含有饱和蒸汽，当其与较冷液滴接触时，饱和蒸汽会在较冷的液滴表面上凝结，形成一个向液滴运动的附加气流，这就是所谓的热漂移和扩散漂移，这种气流促使较小尘粒向液滴移动，并沉积在液滴表面而被捕集。

③凝聚作用。排烟中常含有水蒸气、气态有机物等。随着温度降低，这些凝结成分就会被吸附在粉尘表面，使尘粒彼此凝聚成较大的二次粒子，易于被液滴捕集。

(2) 气液界面

用液体来洗涤和捕集气体中微粒，大体要在四种气—液交界面上进行，即气泡表面、液体喷射表面、液膜表面以及液滴表面。

①气泡表面。含尘气流通过多孔板上的液体时，气体在孔眼处形成气泡，并逐渐变大，随后上升通过液层。筛板可分为三个区域：最下层是鼓泡区，主要为液体；中间层是运动的气泡层，主要为气体，液体是以气泡膜的形式存在；上层是溅沫区，液体变成了不连续的溅沫。气流中的尘粒主要在气泡区被捕集。

②液体射流表面。画一个压力喷嘴形成的射流。喷出的射流经一定距离后破碎为直径分布范

围很广的液滴群。气体和液体发生强烈混合,常见的除尘器是引射式文丘里洗涤器,由于尘粒和液滴相对速度较小,故此装置的捕集效率不是很高,但由于液体喷射的抽吸作用,气体不需引风设备。

③液膜。液体依靠其流动性、润湿性在固体表面铺展开来,即形成液膜,如洗涤塔,内装填料,在填料表面形成液膜。

④液滴。靠机械力、惯性力以及摩擦力等使液体分散在大量气体中,从而形成液滴。

(3)除尘器的分类

根据净化机理可分为7类:重力喷雾洗涤器、旋风式洗涤器、自激喷雾洗涤器、板式洗涤器、填料床洗涤器、文丘里洗涤器、机械诱导喷雾洗涤器。如图16-59所示。

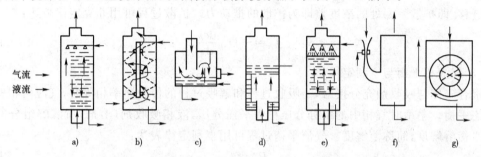

图 16-59 常见的7种类型湿式除尘器工作示意图

典型例题解析

【例 16-25】 (2007)某烟气中颗粒物的粒径符合对数正态分布且非单分散相,已经测得其通过电除尘器的总净化率为99%(以质量计)。如果改用粒数计算,则总净化率:

　　　　A. 不变　　　B. 变大　　　C. 变小　　　D. 无法判断

解 粉尘的粒径分布符合对数正态分布,则其粒数分布、质量分布和表面积分布的几何标准差都相等,频度分布曲线形状相同,因此总净化率不变。选A。

【例 16-26】 (2007)对于某锅炉烟气,除尘器A的全效率为80%,除尘器B的全效率为90%,如果将除尘器A放在前级,B在后级串联使用,总效率应为:

　　　　A. 85%　　　B. 90%　　　C. 99%　　　D. 90%～98%之间

解 总效率 $\eta=1-(1-\eta_1)(1-\eta_2)=1-(1-80\%)\times(1-90\%)=98\%$,实际运行时低于此数值,故正确答案为 D。

【例 16-27】 (2014)PM_{10}是指:

　　　　A. 几何当量直径小于 $10\mu m$ 的颗粒物

　　　　B. 斯托克斯直径小于 $10\mu m$ 的颗粒物

　　　　C. 空气动力学直径小于 $10\mu m$ 的颗粒物

　　　　D. 筛分直径小于 $10\mu m$ 的颗粒物

解 PM_{10}是指空气动力学直径小于 $10\mu m$ 的颗粒物,也称可吸入颗粒物。选C。

16.2.7 气态污染物防治方法

1)吸收

利用气体混合物中各组分在一定液体中溶解度的不同而分离气体混合物的操作,称为吸收。在空气污染控制工程中,这种方法已广泛应用于含 SO_2、NO_x、HF、H_2S 及其他气态污染物的废气净化上,成为控制气态污染物排放的重要技术之一。

(1) 分类

物理吸收:主要是溶解,吸收过程中没有或仅有弱化学反应,吸收质在溶液中呈游离或弱结合状态,过程可逆,热效应不明显。

化学吸收:过程存在化学反应,一般有较强的热效应。如果发生的化学反应是不可逆的,则不能解吸。化学吸收过程的吸收速率和净化效率都明显高于物理吸收。

(2) 扩散与菲克定律

在静止或滞流流体中,分子的无规则热运动会导致物质从浓度较高的区域向浓度较低的区域迁移,即扩散。两处的浓度差即为扩散的推动力。扩散过程可用菲克定律表达:

$$J_A = -D_{AB}\frac{dc_A}{dz} \tag{16-81}$$

(3) 气液相平衡与亨利定律

混合气体与吸收剂充分接触,当吸收过程和解吸过程的传质速率相等时,气液两相就达到了动态平衡。平衡时气相中的组分分压称为平衡分压,液相吸收剂(溶剂)所溶解组分的浓度称为平衡溶解度,简称溶解度。气液平衡过程可用亨利定律表达:

$$P_i^* = E_i x_i \tag{16-82}$$

式中:P_i^*——溶液表面吸收质 i 的气相平衡分压(Pa);

x_i——平衡状态下,吸收质 i 的液相摩尔分率;

E_i——亨利系数(Pa)。

$$E_i = \frac{\rho}{M_0 H_i} \tag{16-83}$$

式中:M_0——吸收剂的摩尔质量(kg/kmol);

ρ——吸收剂密度(kg/m³);

H_i——吸收剂 i 的溶解度系数[kmol/(m³·Pa)]。

亨利定律的另一种表达形式为:

$$C_i = H_i P_i^* \tag{16-84}$$

式中:C_i——液相吸收质的浓度(kmol/m³)。

此外,亨利定律还有其他的表达方式,在使用资料时一定要注意其量纲和表达式的一致。

(4) 物理吸收

① 气相分传质速率方程

$$N_A = k_y(y_A - y_{Ai}) \tag{16-85}$$

$$N_A = k_g(p_A - p_{Ai}) \tag{16-86}$$

式中:p_A、p_{Ai}——吸收质 A 在气相主体、相界面上的平衡分压(Pa);

y_A、y_{Ai}——吸收质 A 在气相主体、相界面上的摩尔分率;

k_y——以 $y_A - y_{Ai}$ 为推动力的气相分吸收系数[kmol/(m²·s)];

k_g——以 $p_A - p_{Ai}$ 为推动力的气相分吸收系数[kmol/(m²·s·Pa)]。

$$k_g = \frac{D_{Ag}}{Z_g} \tag{16-87}$$

式中:D_{Ag}——吸收质 A 在气相中的扩散系数[kmol/(m²·s·Pa)];

Z_g——气膜厚度(m)。

②液相分传质速率方程

$$N_A = k_x(x_{Ai} - x_A) \tag{16-88}$$

$$N_A = k_l(c_{Ai} - c_A) \tag{16-89}$$

式中：x_A、x_{Ai}——吸收质 A 在液相主体、相界面上的摩尔分率；

c_{Ai}、c_A——吸收质 A 在液相主体、相界面上的摩尔浓度（kmol/m³）；

k_x——以 $x_A - x_{Ai}$ 为推动力的气相分吸收系数[kmol/(m²·s)]；

k_l——以 $c_{Ai} - c_A$ 为推动力的气相分吸收系数(m/s)。

$$k_l = \frac{D_{Al}}{Z_l} \tag{16-90}$$

式中：D_{Al}——吸收质 A 在液相中的扩散系数(m²/s)；

Z_l——液膜厚度(m)。

③总传质速率方程

气相总传质速率方程：

$$N_A = K_{Ag}(p_A - p_A^*) \tag{16-91}$$

$$N_A = K_y(y_A - y_A^*) \tag{16-92}$$

液相总传质速率方程：

$$N_A = K_x(x_A^* - x_A) \tag{16-93}$$

$$N_A = K_{Al}(c_A^* - c_A) \tag{16-94}$$

式中：K_{Ag}——以 $p_A - p_A^*$ 为推动力的气相总吸收系数[kmol/(m²·s·Pa)]；

K_y——以 $y_A - y_A^*$ 为推动力的气相总吸收系数[kmol/(m²·s)]；

y_A^*——与液相中吸收质浓度相平衡的气相虚拟浓度；

p_A^*——与液相中吸收质浓度相平衡的气相虚拟分压(Pa)；

K_{Al}——以 $c_A^* - c_A$ 为推动力的液相总吸收系数(m/s)；

K_x——以 $x_A^* - x_A$ 为推动力的液相总吸收系数[kmol/(m²·s)]；

x_A^*——与气相中吸收质浓度相平衡的液相虚拟浓度；

c_A^*——与气相中吸收质浓度相平衡的液相中吸收质的摩尔浓度(kmol/m³)。

吸收系数：吸收推动力表示方式不同，速率方程中吸收系数形式也不同。气、液相总吸收系数与气、液相分吸收系数的关系分别为：

$$\frac{1}{K_y} = \frac{1}{k_y} + \frac{m}{k_y} \tag{16-95}$$

$$\frac{1}{K_x} = \frac{1}{mk_x} + \frac{m}{k_x} \tag{16-96}$$

(5)化学平衡

吸收过程中，如果吸收质与吸收剂发生反应，则两者之间必然同时满足相平衡和化学平衡关系，根据化学平衡关系：

$$K = \frac{[M]^m[N]^n}{[A]^a[B]^b} \cdot \frac{[\gamma_M]^m[\gamma_N]^n}{[\gamma_A]^a[\gamma_B]^b} \tag{16-97}$$

式中：$[A]$、$[B]$、$[M]$、$[N]$——各组分的浓度；

a、b、m、n——各组分的化学计量数；

γ_A、γ_B、γ_M、γ_N——各组分的活度系数。

令
$$\frac{[\gamma_M]^m[\gamma_N]^n}{[\gamma_A]^a[\gamma_B]^b}=K_\gamma \tag{16-98}$$

$$K'=\frac{K}{K_\gamma} \tag{16-99}$$

则
$$P_A^*=\frac{1}{H_A}\left\{\frac{[M]^m[N]^n}{K'[B]^b}\right\}^{\frac{1}{a}} \tag{16-100}$$

由于存在化学反应,使液相中的一部分 A 组分转变为产物,导致 A 组分在液相的浓度较物理吸收低,从而降低了其气相分压,也就是说提高了吸收净化效果。

从热力学角度看,化学吸收提高了吸收容量。

(6)吸收速率

单位接触表面积的气液间化学吸收速率:

$$N=\beta k_l(c_{Ai}-c_{Al}) \tag{16-101}$$

式中:k_l——未发生化学反应时液相传质分系数,亦即物理吸收的液相吸收分系数(m/h);

β——由于化学反应使吸收速率增强的系数,简称增强系数;

c_{Ai}——气液界面未反应的溶质浓度(kmol/m³);

c_{Al}——液相未反应的溶质浓度(kmol/m³)。

(7)吸收设备

液体吸收过程是在塔器内进行的。为了强化吸收过程,降低设备的投资和运行费用,要求吸收设备满足以下基本要求:

①气液之间应有较大的接触面积和一定的接触时间;

②气液之间扰动强烈,吸收阻力低,吸收效率高,气流通过时的压力损失小,操作稳定;

③结构简单,制作维修方便,造价低廉;

④应具有相应的抗腐蚀和防堵塞能力。

所以,正确地选择吸收设备的形式是保证经济有效地分离或净化废气的关键。

目前,工业上常用的吸收设备的类型主要有表面吸收器、鼓泡式吸收器、喷洒吸收器三大类。如图 16-60 所示。

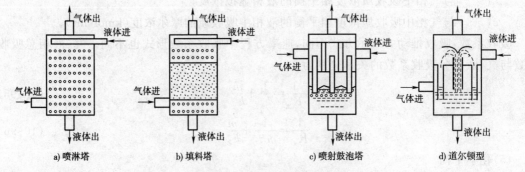

图 16-60 几种常见的吸收设备

2)吸附

吸附是常用的气态污染物净化方法,其特点是能处理很低浓度的废气,净化后的污染物浓度可降到很低的水平。吸附常用于净化有机和部分无机气态污染物,尤其是处理高毒害性废气的重要方法和室内空气净化的主要方法。

物理吸附:让废气与吸附剂接触,气态污染物由气相转入固相内表面,主要是范德华力起作用;吸附的逆过程是脱附。吸附剂饱和后,脱附再生,吸附剂循环使用,污染物可回收利用或进一步无害化处理。

化学吸附：废气与吸附剂接触，气态污染物由气相转入固相内表面，发生化学反应并释放较多的吸附热，化学键起作用。吸附过程不可逆，难脱附，脱附析出的已不是原物质。化学吸附效果更好，吸附质被吸附得更加牢固。所以，对高毒性污染物，可采用化学吸附。

(1) 吸附平衡

气固两相长时间接触，在一定的温度下吸附与脱附达到动态平衡，吸附量与吸附质平衡分压之间的关系曲线被称为等温吸附线，如图16-61所示。

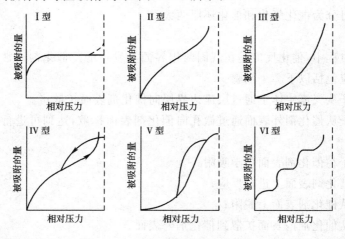

图16-61 6种类型等温吸附线

Ⅰ型-80K下 N_2 在活性炭上的吸附；Ⅱ型-78K下 N_2 在硅胶上的吸附；Ⅲ型-351K下溴在硅胶上的吸附；Ⅳ型-323K下苯在 FeO 上的吸附；Ⅴ型-373K下水蒸气在活性炭上的吸附；Ⅵ型-惰性气体分子分阶段多层吸附

(2) 吸附剂

对吸附剂的基本要求：内表面积大；具有选择性吸附作用；高机械强度、化学和热稳定性；吸附容量大；良好的再生性能；来源广泛，价格低廉。

吸附剂的种类很多，如活性炭、活性氧化铝、多种分子筛等。

常见的吸附剂再生方法有：①加热解吸再生；②降压或真空解吸；③置换再生法。

最常用的吸附剂是活性炭。活性炭因其形状、原料和制备工艺不同，性能各异。常用活性炭有颗粒状、粉状、纤维状等。近年来出现了多种定形制品，如将活性炭粉加入聚氨酯中制成含活性炭泡沫塑料，或与纤维材料一同制成织物、非织造布等。纤维活性炭由于孔结构以中小孔为主，孔道形状简单。所以，吸附和脱附性能均较颗粒状活性炭更好，而且便于加工成形，应用更为方便，近年来发展较快。

吸附剂常用水蒸气脱附，大型装置可采用变压、变温或两者联合操作。

(3) 吸附器

吸附器形式有固定床、移动床、流化床等。

固定床简单、可靠，在气体净化中用得最多。吸附过程由吸附-再生(包括脱附、干燥和冷却)循环构成，固定床不能连续操作，必须至少有两套装置交替运作。

移动床即使固体吸附剂与气流连续逆流运动、互相接触完成吸附。移动床处理气量大，吸附剂循环使用，但耗能大。

回转床吸附器是移动床的一种，可连续操作，近年来应用逐渐增多。

流化床适合处理连续排放且气量大的污染源，但吸附剂磨损严重，且需后接除尘设备。

空气净化器由于需要除去的污染物量很少,吸附器有效作用时间很长,不必频繁再生;用纤维活性炭按需要叠置成单元吸附组件,装卸方便,可定期更换,集中处理,吸附装置大为简化。

3)气体催化

催化转化法是利用催化剂的催化作用,使废气中的污染物转化成无害物,甚至是有用的副产品;或者转化成更容易从气流中分离出去而被去除的物质。前一种催化转化操作直接完成了对污染物的净化过程,而后者则需要附加或吸附等其他操作工序,才能实现全部的净化过程。催化转化法可分为催化氧化和催化还原两大类。

(1)原理

在多相催化过程中,催化反应是在气固两相界面上发生的。催化剂通常有多孔的疏松结构。多项催化反应包括以下7个步骤:

①反应物分子从气流主体中通过层流边界层向催化剂表面扩散;

②反应物分子从催化剂外表面通过微孔向催化剂表面扩散,达到可进行吸附(或反应)的活性中心;

③反应物分子在催化剂表面化学吸附;

④吸附物在催化剂表面上进行反应;

⑤反应产物从催化剂表面上脱附;

⑥反应产物从催化剂内表面扩散到催化剂外表面;

⑦反应产物从催化剂外表面向气流主体扩散。

(2)催化剂

加速化学反应,而本身的化学组成在反应前后保持不变。组成:活性组分＋助催化剂＋载体。

催化剂的性能:①催化活性:催化剂只有在一定的温度(活性温度)范围内具有活性,温度太低,活性不明显,温度太高,催化剂会受到损坏;②选择性:一种催化剂往往只对一种化学反应起作用,当化学反应在热力学上有几个反应方向时,一种催化剂在一定条件下只对一个反应方向起加速作用;③稳定性:稳定性包括三个方面,即热稳定性、机械稳定性及抗毒稳定性。

(3)催化反应器

气态污染物的净化过程用的催化反应器一般是气-固相催化反应器。气-固相催化反应器与吸附净化装置类似,一般有固定床和流化床两种。目前,气态污染物的净化主要采用固定床反应器,一般是中小型,且多为间歇式操作;而大型设备多为连续的流化床反应器。

①固定床催化反应器。固定床催化反应器结构简单,体积小,催化剂用量少,且在反应器内磨损少,气体与催化剂接触紧密,催化转化效率高,气体在反应器内的停留时间容易控制,操作管理方便。但缺点是催化剂层的温度不均匀,当床层较厚时或气体穿过速度较高时,动力消耗大,不能采用细粒催化剂,以免被气流带走,催化剂更换或再生不方便。

根据换热要求和方式的不同,固定床催化反应器可分为绝热式和换热式两种。绝热式又分为单段式、多段式、列管式及径向反应器。

②流化床催化反应器。原理与流化床吸附器相类似,形式有多种。流化床反应器的优点是能够采用较细的催化剂,因而提高了催化剂表面与废气接触的概率,相应地提高了反应的转化率。流化床内催化剂床层的温度分布比较均匀。由于操作过程中催化剂在激烈运动中相互碰撞,因此,主要缺点是催化剂易磨损和破碎,但催化剂的再生与更换比较方便。

4) 生物净化

废气的生物处理即利用微生物的生命活动把气态污染物转化为少害或无害的物质。

生物处理无须再生过程和其他高级处理,处理设备简单,费用低,但生物处理不能回收污染物质,只适应于污染物浓度很低的有机废气的净化。

常用的生物处理装置有生物吸收装置及生物过滤装置,后者常用于有臭味气体的处理。

典型例题解析

【例16-28】 (2008)吸收法包括物理吸收和化学吸收,以下有关吸收的论述正确的是:
A. 常压和低压下用水吸收HCl气体,可以应用亨利定律
B. 吸收分类的原理是根据气态污染物质与吸收剂中活性组分的选择性反应能力的不同
C. 湿式烟气脱硫同时进行物理吸收和化学吸收,且主要是物理吸收
D. 亨利系数随压力的变化较小,但随温度的变化较大

解 实验表明:只有当气体在液体中的溶解度不很高时亨利定律才是正确的,而HCl属于易溶气体,不适用于亨利定律,故A错误。吸收法净化气态污染物就是利用混合气体中各组分在吸收剂中的溶解度不同,或与吸收剂中的组分发生选择性化学反应,从而将有害组分从气流中分离出来,B选项说法不完整。湿式烟气脱硫过程中发生有化学反应,主要是化学吸收,故C错误。一般,温度升高,亨利系数增大,压力对亨利系数的影响可以忽略,故D正确。

经典练习

16-29 (2010)以下关于逆温和大气污染的关系,不正确的选项是(　　)。
A. 在晴朗的夜间到清晨,较易形成辐射逆温,污染物不易扩散
B. 逆温层是强稳定的大气层,污染物不易扩散
C. 空气污染事件多发生在有逆温层和静风的条件下
D. 电厂烟囱等高架点源因污染物排放量大,逆温时一定会造成严重的大气污染

16-30 (2010)以下空气污染问题不属于全球大气污染问题的是(　　)。
A. 光化学烟雾　　　B. 酸雨　　　C. 臭氧层破坏　　　D. 温室效应

16-31 (2008)对于组成为 $C_xH_yS_zO_w$ 的燃料,若燃料中的固定态硫可完全燃烧。燃烧主要氧化成为二氧化硫。假设空气中仅有氮气和氧气组成,其体积比为3.78:1。试计算其完全燃烧1mol所产生的理论烟气量是(　　)。
A. $x+y/2+z$ mol
B. $4.78(x+y/4+z-w/2)$ mol
C. $x+y/2+4.78(x+y/4-w/2)$ mol
D. $x+y/2+z+3.78(x+y/4-w/2)$ mol

16-32 (2008)将两个型号相同的除尘器串联运行,以下观点正确的是(　　)。
A. 第一级除尘效率高,第二级除尘效率低,但两台除尘器的分级效率相同
B. 第一级除尘效率高,第二级除尘效率低,但两台除尘器的分级效率不同
C. 第一级除尘效率和分级效率比第二级都高
D. 第二级除尘效率低,但分级效率高

16-33 (2012)除尘器的分割粒径是指(　　)。
A. 该除尘器对该粒径颗粒物的去除率为90%

B. 该除尘器对该粒径颗粒物的去除率为80%
C. 该除尘器对该粒径颗粒物的去除率为75%
D. 该除尘器对该粒径颗粒物的去除率为50%

16-34 (2012)一除尘系统由旋风除尘器和布袋除尘器组成,已知旋风除尘器的净化效率为85%,布袋除尘器的净化效率为99%,则该系统的透过率为(　　)。
　　　A. 15%　　　　B. 1%　　　　C. 99.85%　　　　D. 0.15%

16-35 (2012)下面有关除尘器分离作用的叙述错误的是(　　)。
　　A. 重力沉降室依靠重力作用进行
　　B. 旋风除尘器依靠惯性力作用进行
　　C. 电除尘器依靠库仑力来进行
　　D. 布袋除尘器主要依靠滤料网孔的筛滤作用来进行

16-36 (2007)喷雾干燥法烟气脱硫工艺属于下列哪一种(　　)。
　　A. 湿法—回收工艺　　　　B. 湿法—抛弃工艺
　　C. 干法工艺　　　　D. 半干法工艺

16-37 下列物质不属于大气污染物的是(　　)。
　　A. SO_2　　　　B. NO_x　　　　C. CO_2　　　　D. 颗粒物

16-38 近几年我国汽车拥有量快速增加,汽车尾气对大气污染程度日益严重,评估汽车尾气的扩散模式属于(　　)。
　　A. 点源扩散模式　　　　B. 连续点源扩散模式
　　C. 线源扩散模式　　　　D. 体源扩散模式

16-39 下列不是高斯模式基本假设的是(　　)。
　　A. 烟羽的扩散在水平和垂直方向都是正态分布
　　B. 在扩散的整个空间,风速是均匀的、稳定的
　　C. 污染源排放是连续的、均匀的
　　D. 在扩散过程中污染物质的质量是不守恒的

16-40 电除尘器中的除尘过程大致可分为四个阶段:气体电离、(　　)、粉尘沉降和清灰。
　　A. 电晕放电　　B. 气体电解　　C. 粉尘荷电　　D. 荷电粒子迁移

16-41 当气体溶解度很大时,吸收过程为(　　)。
　　A. 气膜控制　　B. 液膜控制　　C. 共同控制　　D. 不能确定

16-42 物质在湍流流体中的传递,主要是由于流体中质点的运动而引起的,称为(　　)。
　　A. 分子扩散　　B. 动力扩散　　C. 布朗扩散　　D. 涡流扩散

16-43 对于颗粒物的主要性质,下列说法正确的是(　　)。
　　A. 颗粒物的空隙越大,堆积密度越大
　　B. 颗粒物的颗粒越大,比表面积越小
　　C. 颗粒物的饱和荷电量随着含水量的增加而减少
　　D. 颗粒物通过气孔连续落到水平面上,堆积成圆锥体,其母线与地面的夹角即为堆积角

16-44 人类活动排放的污染物绝大多数聚集以及大气污染主要发生在(　　)。
　　A. 对流层　　B. 平流层　　C. 中间层　　D. 热层

16-45 高斯扩散模式只适用于气态污染物及粒径小于(　　)的颗粒物。

A. 1μm B. 10μm C. 100μm D. 0.1μm

16-46 下列不属于机械式除尘器的是( )。
   A. 重力沉降室 B. 布袋除尘器 C. 惯性除尘器 D. 旋风除尘器

16-47 袋式除尘器中对捕集粉尘起主要作用的是( )。
   A. 滤袋 B. 笼 C. 花板 D. 粉尘初层

16-48 治理酸雾一般采用( )。
   A. 除雾器 B. 水吸收
   C. 活性氧化锰吸收 D. 活性炭吸附

16-49 对于总量控制区内的排气筒有一些特殊的要求，NO_x 排放率超过 9kg/h 的排气筒高度必须超过( )。
   A. 15m B. 20m C. 30m D. 50m

16-50 不属于高斯扩散四点假设的是( )。
   A. 污染物浓度在 x、z 风向上分布为正态分布
   B. 全部高度风速均匀稳定
   C. 源强是连续均匀稳定的
   D. 扩散中污染物是守恒的

16.3 固体废物处理处置技术

考试大纲：固体废物产生　管理　固体废物对环境的危害　固体废物预处理技术　固体废物生物处理固体废物热处理　固体废物的最终处置　固体废物资源化与综合利用

必备基础知识

16.3.1 固体废物产生与管理

1) 固体废物的定义、来源与分类

(1) 固体废物的定义

《中华人民共和国固体废物污染环境防治法》中明确提出：固体废物，是指在生产、生活和其他活动中产生的丧失原有利用价值或者虽未丧失利用价值但被抛弃或者放弃的固态、半固态和置于容器中的气态的物品、物质以及法律、行政法规规定纳入固体废物管理的物品、物质。

从广义上讲，根据物质的形态划分，废物包括固态、液态和气态废弃物质。在液态和气态废弃物中，大部分为废弃的污染物质混掺在水和空气中，直接或经处理后排入水体或大气。以上这些废弃物被习惯地称为废水和废气，而纳入水环境或大气环境管理体系进行管理。其中不能排入水体的液态废物和不能排入大气的置于容器中的气态废物，由于多具有较大的危害性，在我国被归入固体废物管理体系。

从时间方面讲，它仅仅相对于目前的科学技术和经济条件。随着科学技术的飞速发展，矿物资源的日渐枯竭，生物资源滞后于人类需求，昨天的废物势必又将成为明天的资源。从空间角度看，废物仅仅相对于某一过程或某一方面没有使用价值，而并非在一切过程或一切方面都没有使用价值。某一过程的废物，往往是另一过程的原料。

(2)固态废物的来源与分类

固体废物主要来源于人类的生产和消费活动,人们在开发资源和制造产品的过程中,必然产生废物;任何产品经过使用和消耗后,最终将变成废物。物质和能源消耗量越多,废物产生量就越大。进入经济体系中的物质,仅有10%～15%以建筑物、工厂、装置、器具等形式积累起来,其余都变成了废物。

固体废物分类的方法有多种,按其组成可分为有机废物和无机废物;按其形态可分为固态的废物、半固态废物和液态(气态)废物;按其污染特性可分为危险废物和一般废物等。根据《固体废物污染环境防治法》分为城市生活垃圾、工业固体废物和危险废物。

①城市生活垃圾:又称为城市固体废物,它是指在城市居民日常生活中或为城市日常生活提供服务的活动中产生的固体废物,其主要成分包括厨余物、废纸、废塑料、废织物、废金属、废玻璃陶瓷碎片、砖瓦渣土、粪便,以及废家具、废旧电器、庭园废物等。城市生活垃圾主要产自城市居民家庭、城市商业、餐饮业、旅馆业、旅游业、服务业、市政环卫业、交通运输业、文教卫生业和行政事业单位、工业企业单位以及水处理污泥等。它的主要特点是成分复杂,有机物含量高。影响城市生活垃圾成分的主要因素有居民生活水平、生活习惯、季节和气候等。

②工业固体废物:指在工业、交通等生产过程中产生的固体废物。工业固体废物主要包括以下几类。

a.冶金工业固体废物:主要包括各种金属冶炼或加工过程中所产生的各种废渣,如高炉炼铁产生的高炉渣,平炉转炉电炉炼钢产生的钢渣,铜镍铅锌等有色金属冶炼过程产生的有色金属渣、铁合金渣及提炼氧化铝时产生的赤泥等。

b.能源工业固体废物:主要包括燃煤电厂产生的粉煤灰、炉渣、烟道灰,采煤及洗煤过程中产生的煤矸石等。

c.石油化学工业固体废物:主要包括石油及加工工业产生的油泥、焦油页岩渣、废催化剂、废有机溶剂等,化学工业生产过程中产生的硫铁矿渣、酸渣碱渣、盐泥、釜底泥、精(蒸)馏残渣以及医药和农药生产过程中产生的医药废物、废药品、废农药等。

d.矿业固体废物:主要包括采矿废石和尾矿。废石是指各种金属、非金属矿山开采过程中从主矿上剥离下来的各种围岩,尾矿是指在选矿过程中提取精矿以后剩下的尾渣。

e.轻工业固体废物:主要包括食品工业、造纸印刷工业、纺织印染工业、皮革工业等工业加工过程中产生的污泥、动物残物、废酸、废碱以及其他废物。

f.其他工业固体废物:主要包括机加工过程产生的金属碎屑、电镀污泥、建筑废料以及其他工业加工过程产生的废渣等。

③危险废物:是指列入国家危险废物名录或是根据国家规定的危险废物鉴别标准和鉴别方法认定具有危险特性的废物。危险废物的定义:危险废物是固体废物,由于不适当的处理、储存、运输、处置或其他管理方面,它能引起或明显地影响各种疾病和死亡,或对人体健康或环境造成显著的威胁。

固体废物的分类,除以上三者之外,还有来自农业生产、畜禽饲养、农副产品加工以及农村居民生活所产生的废物,如农作物秸秆、人畜禽排泄物等。这些废物多产于城市郊区以外,一般多就地加以综合利用,或作沤肥处理,或作燃料焚化。在我国的《固体废物污染环境防治法》中,对此未单独列项作出规定。

2)固体废物的管理

(1)"三化"原则和"全过程"管理原则

1996年4月1日实施的《中华人民共和国固态废物污染环境防治法》,确立了废物污染防治的"三化"原则和"全过程"管理原则。

①固体废物污染防治的"三化"原则:在20世纪80年代中期提出了"减量化"、"无害化"、"资源化"作为控制固体废物污染的技术政策。由于技术经济原因,我国固体废物处理利用的发展趋势必然是从"无害化"走向"资源化","资源化"是以"无害化"为前提的,"无害化"和"减量化"应以"资源化"为条件。

减量化:指通过实施适当的技术,一方面减少固体废物的排出量,一方面减少固体废物容量。通过适当的手段减少和减小固体废物的数量和体积。

无害化:通过采用适当的工程技术对废物进行处理,使其对环境不产生污染,不致对人体健康产生影响。

资源化:从固体废物中回收有用的物质和能源,加快物质循环,创造经济价值的技术和方法。它包括物质回收,物质转换和能量转换。应遵循的原则是:技术上可行,经济效益好,就地利用产品,不产生二次污染,符合国家相应产品的质量标准。

②固体废物污染防治的"全过程"管理原则:根据3R原则,可将固体废物从生产到处置的全过程分为五个连续或不连续的环节进行控制。

第一阶段:各种产业活动中的清洁生产,即通过改变原材料、改进生产工艺和更换产品等来减少或避免固体废物的产生;

第二阶段:对生产过程中产生的固体废物,尽量进行系统内的回收利用;

第三阶段:对已产生的固体废物,进行系统外的回收利用;

第四阶段:无害化、稳定化处理;

第五阶段:固体废物的最终处置。

(2)固体废物管理制度

①分类管理:固体废物具有量多面广、成分复杂的特点,需对城市生活垃圾、工业固体废物和危险废物分别管理;

②工业固体废物申报登记制度;

③固体废物污染环境影响评价制度及其防治实施的"三同时"制度;

④排污收费制度;

⑤限期治理制度;

⑥进口废物审批制度;

⑦危险废物行政代执行制度;

⑧危险废物经营许可证制度;

⑨危险废物转移报告单制度。

(3)我国的固体废物管理标准

我国的固体废物管理国家标准基本由国家环保部和建设部在各自的管理范围内制定。建设部主要制定有关垃圾清扫、运输、处理处置的标准。国家环保部制定有关污染控制、环境保护、分类、检测方面的标准。

①分类标准:主要包括《国家危险废物名录》、《危险废物的鉴别标准》、《城市垃圾产生源分类及垃圾排放》以及《进口废物环境保护控制标准(试行)》等。

②方法标准:主要包括固体废物样品采样、处理及分析方法的标准,如《固体废物浸出毒性测定方法》、《固体废物检测技术规范》、《生活垃圾分拣技术规范》等。

③污染控制标准:污染控制标准是固体废物管理标准中最重要的标准,是环境影响评价制度、"三同时"制度、限期治理和排污收费等一系列管理制度的基础。它可分为废物处置控制标准和设施控制标准两类。

④综合利用标准:为推进固体废物的"资源化",并避免在废物"资源化"过程中产生二次污染,国家环保部将制定一系列有关固体废物综合利用的规范和标准。

典型例题解析

【例 16-29】 (2010)生活垃圾焚烧厂日处理能力达到什么水平时,宜设置3条以上生产线:
A. 大于 300t/d   B. 大于 600t/d   C. 大于 900t/d   D. 大于 1200t/d

解 记忆题。选D。建设规模分类与生产线数量见表16-5。

建设规模分类与生产线数量   表16-5

类　型	额定日处理能力(t/d)	生产线数量(条)
Ⅰ类	1 200 以上	3～4
Ⅱ类	600～1 200	2～4
Ⅲ类	150～600	2～3
Ⅳ类	50～150	1～2

16.3.2 固体废物对环境的危害

1)污染大气

固体废物对大气的污染表现为三个方面:①废物的细粒被风吹起,增加了大气中的粉尘含量,加重了大气的尘污染;②生产过程中由于除尘效率低,使大量粉尘直接从排气筒排放到大气环境中,污染大气;③堆放的固体废物中的有害成分由于挥发及化学反应等,产生有毒气体,导致大气的污染。④采用焚烧法处理某些固体废物时产生的有毒有害气体及微粒。

2)污染水体

固体废物对水体的污染表现为两个方面:①大量固体废物排放到江河湖海会造成淤积,从而阻塞河道、侵蚀农田、危害水利工程,有毒有害固体废物进入水体,会使一定的水域成为生物死区;②与水接触,废物中的有毒有害成分必然被浸滤出来,从而使水体发生酸性、碱性、富营养化、矿化、悬浮物增加,甚至毒化等变化,危害生物和人体健康。

3)污染土壤

固体废物露天堆存,不但占用大量土地,而且其含有的有毒有害成分也会渗入到土壤之中,使土壤碱化、酸化、毒化,破坏土壤中微生物的生存条件,影响动植物生长发育。许多有毒有害成分还会经过动植物进入人的食物链,危害人体健康。

4)影响环境卫生,广泛传染疾病

固体废物在城市大量堆放且又处理不当,不仅影响市容,而且污染城市的环境。垃圾粪便长期弃往郊外,不做无害化处理,简单地作为堆肥使用,会使土壤碱度提高,土质受到破坏,还会使重金属在土壤中富集。被植物吸收进入食物链,还能传播大量的病原体,引起疾病。城市下水道的污泥中含有几百种病菌和病毒,会给人类造成长期威胁。

16.3.3 固体废物预处理技术

预处理是以机械处理为主,涉及废物中某些组分的简易分离与浓集的废物处理方法。预处理的目的是方便废物后续的资源化、减量化和无害化处理与处置操作。预处理技术主要有压实、破碎、分选和脱水等。

1) 固体废物的压实

通过外力加压于松散的固体废物,以缩小其体积,使固体废物变得密实的操作简称为压实,又称为压缩。如若采用高压压实,除减少空隙外,在分子之间可能产生晶格的破坏使物质变性。

经过压实处理,一方面可增加密度,减少固体废物体积,以便于装卸和运输,确保运输安全与卫生,降低运输成本;另一方面可制取高密度惰性块料,便于储存、填埋或作为建筑材料使用。一般生活垃圾经压实后,体积减小 60%～70%。

(1) 压实原理

大多数固体废物是由不同颗粒及颗粒间的空隙组成的集合体。自然堆放时,表观体积是废物颗粒有效体积与孔隙占有的体积之和,即

$$V_m = V_s + V_v \tag{16-102}$$

式中:V_m——固体废物的表观体积;

V_s——固体颗粒体积(包括水分);

V_v——孔隙体积。

这里质量密度就是固体废物的干密度,用 ρ_d 表示:

$$\rho_d = \frac{m_s}{V_m} = \frac{m_m - m_w}{V_m} \tag{16-103}$$

式中:m_s——固体废物颗粒质量;

m_m——固体废物总质量,包括水分质量;

m_w——固体废物中水分质量。

固体废物经过压实处理后体积减小的程度叫压缩比,可用公式表示:

$$R = \frac{V_i}{V_j} \tag{16-104}$$

式中:R——固体废物体积压缩比;

V_i——废物压缩前的原始体积;

V_j——废物压缩后的最终体积。

一般固体废物压实后的压缩比为 3～5,若破碎后再压实其压缩比可达 5～10 倍。

压实的实质可看作是消耗一定的压力能,提高废物容重的过程。当固废受到外界压力时,各颗粒间相互挤压,变形或破碎,从而达到重新组合的效果。

(2) 压实设备

压实设备由压实单元及容器单元组成。

① 固定式压实器:凡用人工或机械方法(液压方式为主)把废物送进压实机械中进行压实的设备称为固定式压实器。如各种家用小型压实器、废物收集车上配备的压实器及中转站配置的专用压实机。固定式压实器一般设在废物转运站等地。

常见的固定式压实器有水平式压实器、三向垂直压实器、回转式压实器、城市垃圾压实器。水平式压实器见图 16-62。

② 移动式压实器:带有行驶轮或可在轨道上行驶的压实器称为移动式压实器。

按压实过程工作原理不同,可分为碾(滚)压、夯实、振动三种,相应的分为三大类。固体废物压实处理主要采用碾(滚)压方式。

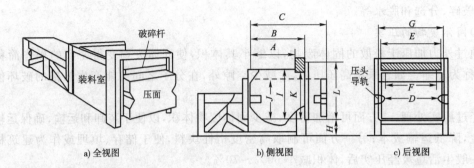

图 16-62 水平式压实器

A-有效顶部开口长度；B-装料室长度；C-压头行程；D-压头导轨长度；E-装料室宽度；F-有效顶部开口宽度；G-出料口宽度；H-压面高度；I-装料室高度；J-压头高度；K-破碎杆高度；L-出料口高度

2) 固体废物的破碎

破碎指在外力作用下破坏固体废物质点间的内聚力使大块的固体废物分裂为小块的过程。目的是减小固体废物的颗粒尺寸，降低空隙率，增加废物密度，有利于后续处理与资源化利用。

(1) 固体废物破碎的基础理论

① 机械强度：指固废抗破碎的阻力，通常用静载下测定的抗压强度为标准来衡量（抗压＞抗剪＞抗弯＞抗拉）。一般，抗压强度大于 250MPa，为坚硬固废；抗压强度在 40~250MPa 之间，为中硬固废；抗压强度小于 40MPa，为软固废。粒度越小，机械强度越高。

② 硬度：指固废抵抗外力机械侵入的能力。

③ 有些固废在常温下呈现较高的韧性和塑性，难以破碎，需要特殊的破碎方法。

(2) 破碎方法

① 干式破碎

机械破碎：利用破碎工具对固废施力而将其破碎的方法。破碎作用分为挤压、劈碎、剪切、磨剥、冲击破碎等。

非机械破碎：利用电能、热能等对固废进行破碎的新方法。如低温、热力、减压及超声波破碎等。

② 湿式破碎：利用特制的破碎机将投入机内的含纸垃圾和大量水流一起剧烈搅拌并破碎成为浆液的过程。

③ 半湿式破碎：破碎和分选同时进行。利用不同物质在一定均匀湿度下其强度、脆性（耐冲击性、耐压缩性、耐剪切力）不同而破碎成不同粒度。

(3) 破碎设备

处理固体废物的破碎机通常有颚式、锤式、剪切式、冲击式、辊式破碎机和粉磨机、球磨机。

① 颚式破碎机：挤压形破碎机械，适于坚硬和中硬废物，常用于处理高韧性、高硬度、高腐蚀性固体废物。主要部件：固定颚板、可动颚板、连动于传动轴的偏心转动轮。两块颚板构成破碎腔。根据可动颚板分简单摆动、复杂摆动颚式破碎机。图 16-63 为简单摆动颚式破碎机。

② 锤式破碎机：按转子数目可分为两类：单转子锤式破碎机（可逆式和不可逆式）、双转子锤式破碎机。按破碎轴安装方式分为卧轴和立轴两种。图 16-64 为不可逆式单转子锤式破碎机。锤式破碎机用于破碎中等硬度且弱腐蚀性的固体废物。

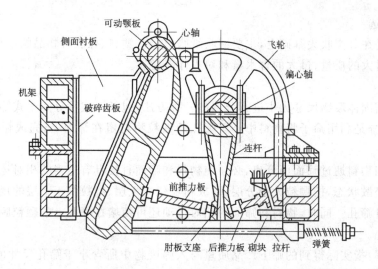

图 16-63 简单摆动颚式破碎机

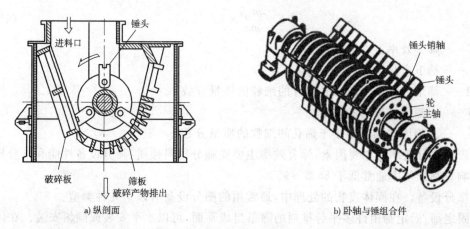

图 16-64 不可逆式单转子锤式破碎机示意图

③冲击式破碎机：利用冲击作用进行破碎。给入破碎机空间的物料块，被绕中心轴高速旋转的转子猛烈冲击后，受到第一次破碎，然后从转子获得能量高速飞向机壁，受到第二次破碎。在冲击过程中弹回的物料再次被转子击碎，难于破碎的物料被转子和固定板挟持而剪断。破碎产品由下部排出。冲击式破碎机常用于破碎中等硬度、软质、脆性、韧性及纤维状固体废物。

④剪切式破碎机：通过固定刀和可动刀之间的啮合作用，将固体废物切开或割裂成适宜的形状和尺寸，特别适合破碎低二氧化硅含量的松散物料。类型：Von roll 型往复剪切式破碎机、Linclemann 型剪切式破碎机、旋转剪切式破碎机。

⑤辊式破碎机：又称对辊破碎机，主要靠剪切和挤压作用破碎废物。结构简单、紧凑、轻便、工作可靠、价格低廉、能耗低、产品过度粉碎程度小等优点，广泛用于处理脆性物料和含泥黏性物料，作为中、细碎之用。

⑥粉磨机：常用的粉磨机主要有球磨机和自磨机。常用于矿业废物及工业废物的预处理。

3）分选

固体废物的分选就是将固体废物中可回收利用的废物或不利于后续处理工艺要求的废物组分采用适当技术分离出来的过程。

固体废物的分选技术方法可概括为人工分选和机械分选。

(1) 人工分选

人工分选是在分类收集基础上，主要回收纸张、玻璃、塑料、橡胶等物品的过程。人工分选的废物不能有过大的质量、过大的含水量和对人体有危害。

(2) 筛分

筛分是根据固体废物尺寸大小进行分选的一种方法，包括湿式筛分和干式筛分两类。

①原理：筛分是利用筛子将物料中小于筛孔的细粒物料留在筛面上，完成粗、细粒物料分离的过程。

为了使粗细物料通过筛面而分离，必须使物料和筛面直接具有适当的相对运动，使筛面上的物料层处于松散状态，按颗粒大小分层，形成粗粒位于上层、细粒位于下层的规则排列，细粒到达筛面并透过筛孔。同时，物料和筛面的相对运动还可使堵在筛孔上的颗粒脱离筛孔，以利于细粒透过筛孔。

②筛分效率：指实际得到的筛下产品质量与入筛废物中所含小于筛孔尺寸的细粒物料质量之比，用百分数表示，即

$$E = \frac{m_1 \beta}{m \alpha} \times 100\% \tag{16-105}$$

式中：E——筛分效率；

m_1——筛下产品质量；

β——筛下产品中小于筛孔尺寸的细粒的质量分数；

m——入筛固体废物的质量；

α——入筛固体物料中小于筛孔的细粒的质量分数。

③影响筛分效率的主要因素：筛分效率主要受筛分物料性质、筛分设备性能和筛分操作条件的影响。筛分效率通常低于 85%～95%。

④筛分设备。在固体废物的处理中，最常用的筛分设备有以下几种类型：

a. 固定筛：固定筛由许多平行排列的筛条组成筛面，可以水平安装或倾斜安装。在固体废物处理中被广泛应用。固定筛又可分为格筛和棒条筛两种。

b. 滚筒筛：滚筒筛为一种缓慢旋转（一般转速控制在 10～15r/min）的圆柱形筛分面，筛筒轴线倾角为 3°～5°。筛面可用各种构造材料制成编织筛网，最常用的是冲击筛板。滚筒筛的筛分效率在 60% 左右。

c. 振动筛：振动筛的特点是振动方向与筛面垂直或近似垂直，振动速度在 600～3 600r/min，振幅为 0.5～1.5mm。振动筛的倾角一般控制在 8°～40°之间。振动筛可用于粗、中、细粒的筛分，也可用于脱水筛分和脱泥筛分。振动筛主要有惯性振动筛和共振筛。振动筛的筛分效率在 90% 以上。

(3) 重力分选

重力分选是根据固体废物中不同物质颗粒间的密度差异，在运动介质中利用重力、介质动力和机械力的作用，使颗粒群产生松散分层和迁移分离，从而得到不同密度产品的分选过程。按介质的不同，重力分选分为风力分选、跳汰分选、重介质分选、摇床分选和惯性分选等。

各种重力分选过程具有共同工艺条件：固体废物中颗粒间必须存在密度差异；分选过程都是在运动介质中进行；在重力、介质动力及机械力综合作用下，使颗粒群松散并按密度分层；分好层的物料在运动介质推动下相互迁移，彼此分离，获得不同密度的最终产品。

①重介质分选：主要适用于几种固体的密度差别较小及难以用淘汰等其他分离技术分选

的场合。通常将密度大于水的介质成为重介质,包括重液和重悬浮液两种流体。

②跳汰分选:是在垂直脉冲介质中颗粒群反复交替地膨胀收缩,按密度分选固体废物的一种方法。跳汰分选的一个脉冲循环中包括两个过程:床面先是浮起,然后被压紧。在浮起状态,轻颗粒加速较快,运动到床面物上面;在压紧状态,重颗粒比轻颗粒加速快,钻入床面物的下层中。物料分层后,密度大的重颗粒群集中在底层,小而重的颗粒会透筛成为筛下重产物,密度小的轻物料群进入上层,被水平向水流带到机外成为轻产物。

③风力分选:以空气为分选介质,将轻物料从较重物料中分离出来的一种方法。风选实质上包含两个分离过程:分离出具有低密度、空气阻力大的轻质部分和具有高密度、空气阻力小的重质部分;进一步将轻质颗粒从气流中分离出来。

④摇床分选:使固体废物颗粒群在倾斜床面的不对称往复运动和薄层斜面水流的综合作用下,按密度差异在床面上呈扇形分布而进行分选的一种方法。

⑤惯性分选:用高速传送带、旋流器或气流等在水平方向抛射粒子,利用由于密度、粒度不同而形成的惯性差异,以及粒子沿抛物线运动轨迹不同的性质,从而实现分离的方法。

(4)磁力分选

利用固体废物中各种物质的磁性差异,在不均匀磁场中进行分选的一种方法。所有经过分选装置的颗粒,都受到磁场力、重力、流动阻力、摩擦力、静电力和惯性力等机械力的作用。若磁性颗粒受力满足以下条件:$F_{磁} > \sum F_{机}$(其中 $F_{磁}$ 为作用于磁性颗粒的吸引力,$\sum F_{机}$ 为与磁性引力方向相反的各机械力的合力),则该颗粒就会沿磁场强度增加的方向移动直至被吸附在滚筒或带式收集器上,随着传输带运动而被排出;非磁性颗粒所受到的机械力占优势。对于粗粒,重力、摩擦力起主要作用;对于细粒,静电力和流体阻力则比较明显。在这些作用下,细粒仍留在废物中被排出,这样各组分就实现了分选。

磁选机中使用的磁铁,有用通电方式磁化或极化铁材料形成的电磁和利用永磁材料形成磁区的永磁两类。磁铁的布置多种多样,常见的几种设备有磁力滚筒、永磁圆筒式磁选机、悬吊磁铁器等。

(5)电力分选

电力分选是利用固体废物中各种组分在高压电场中电性的差异而实现分选的一种方法。电选实际上是分离半导体和非半导体固体废物的过程。

4)脱水

凡含水率超过 90% 的固体废物,必须先脱水减容,以便于包装、运输与资源化利用。常用的方法有浓缩脱水(主要脱出间隙水)、机械过滤脱水(主要脱出毛细结合水和表面吸附水)、泥浆自然干化脱水(利用自然蒸发和底部滤料、土壤进行过滤脱水)。

(1)浓缩脱水

①重力脱水:依据固体颗粒与溶液间存在的密度差,借重力作用脱水,脱水后含水率一般在 50%。

主要设备有:a.间隙式浓缩池。间断浓缩,上清液虹吸排出,仅用于小型处理厂的污泥脱水。b.连续式浓缩池。结构类似于辐射式沉淀池,一般为直径 5~20m 的圆形或矩形钢筋混凝土构筑物,可分为带刮泥机和搅动栅、不带刮泥机、带刮泥机多层浓缩池三种。

图 16-65 为带刮泥机与搅动栅连续式浓缩池。

②气浮浓缩:依靠大量小气泡附着在污泥颗粒上,形成污泥颗粒-气泡结合体,进而产生浮力把颗粒带到水表面,用刮泥机刮出的过程。

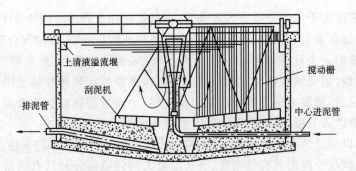

图 16-65　带刮泥机与搅动栅连续式浓缩池结构示意图

特点：浓缩速度快，处理时间一般为重力浓缩的 1/3 左右；占地较少；生成的污泥较干燥，表面刮泥较方便。但基建和操作费用较高，管理较复杂。费用较重力浓缩高 2~3 倍。

常用的是部分澄清水加压溶气气浮法，流程见图 16-66。

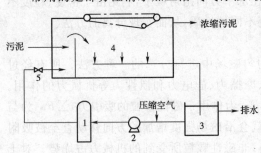

图 16-66　污泥气浮浓缩流程
1-溶气罐；2-加压泵；3-处理后水池；4-气浮浓缩池；5-减压阀

③离心浓缩：利用污泥中的固体颗粒与水的密度及惯性的差异，在高速旋转的离心机中，固体颗粒和水分别受到大小不同的离心力而被分离的过程。

特点：占地面积小、造价低，但运行与机械维修费用较高。

(2) 机械过滤脱水

利用具有许多毛细孔的物质作为过滤介质，以过滤介质两侧产生压差作为过滤的推动力，使固体废物中的溶液强制通过过滤介质成为滤液，固体颗粒被截留成为滤饼的固液分离操作。

①过滤介质：过滤介质就是具有足够的机械强度和尽可能小的流动阻力的滤饼的支撑物。常用的有织物介质、粒状介质、多孔固体介质三类，其选用原则是既满足生产要求，又经济实用。

②过滤设备：

a. 真空抽滤脱水机：在负压下操作的脱水过程。常用的真空过滤机为转鼓式，它由空心转筒、分配头、污泥储槽、真空系统和压缩空气系统组成，应用最为广泛。

b. 压滤机：板与框相间排列而成，在滤板两侧覆有滤布，用压紧装置把板与框压紧，在板与框之间构成压滤室。在板与框的上端中间相同部位开有小孔，压紧后成为一条通道，加压到 0.2~0.4MPa 的污泥，由该通道进入压滤室，滤板的表面刻有沟槽，下端钻有供滤液排除的孔道，滤液在压力下通过滤布沿沟槽与孔道排出压滤机，从而使污泥脱水。

板框压滤机的结构如图 16-67 所示。

c. 离心脱水机：能连续生产，可自动化控制，占地面积小，卫生条件好；污泥预处理要求高，电消耗较大，机械部件易磨损，分离液不清，滤饼含水率较高（达 80%~85%）。不适于含砂量高的污泥脱水。

d. 造粒脱水机：通过加入高分子混凝剂而使泥渣直接形成含水较低的致密泥丸。由圆筒和圆锥组成，设备水平放置，分为造粒段、脱水段和

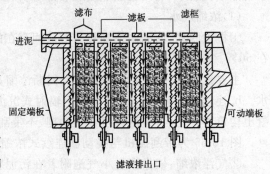

图 16-67　板框压滤机的结构示意图

压密段。优点是设备简单,电耗低,管理方便,处理量大。缺点是钢材消耗量大,混凝剂消耗量较高,污泥泥丸紧密性较差。适于含油污泥的脱水。

典型例题解析

【例 16-30】 (2007)一分选设备处理废物能力 100t/h,废物中玻璃含量 8%。筛下物重 10t/h,其中玻璃 7.2t/h,求玻璃回收率、回收玻璃纯度和综合效率:

A．90%、72%、87% B．90%、99%、72%
C．72%、99%、87% D．72%、90%、72%

解 玻璃的回收率:7.2/(100×8%)=90%;回收玻璃纯度:7.2/10=72%。选 A。

16.3.4 固体废物生物处理

采用生物处理技术,利用微生物(细菌、放线菌、真菌)和动物(蚯蚓等)分解废物中的有机质,回收能源和资源,实现有机废物的资源化、减量化和无害化,既变废为宝又解决环境污染。

1)固体废物的好氧堆肥处理

堆肥化:在人工控制的环境下,依靠自然界中广泛分布的细菌、放线菌、真菌等微生物人为地促进可生物降解的有机物向稳定的腐殖质转化的微生物学过程。

(1)好氧堆肥的基本原理

好氧堆肥是好氧微生物在与空气充分接触的条件下,使堆肥原料中的有机物发生一系列放热分解反应,最终使有机物转化为简单而稳定的腐殖质的过程。在堆肥的过程中,微生物通过同化作用和异化作用,把一部分有机物氧化成简单的无机物,并释放出能量,把另一部分有机物转化合成新的细胞物质,供微生物生长繁殖。图 16-68 即为好氧堆肥基本过程。

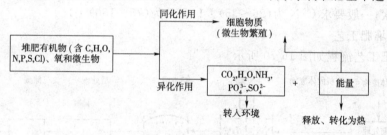

图 16-68 好氧堆肥基本原理示意图

(2)好氧堆肥化过程

好氧堆肥化从废物堆积到腐熟的微生物生化过程比较复杂,可分为如图 16-69 所示的几个阶段。

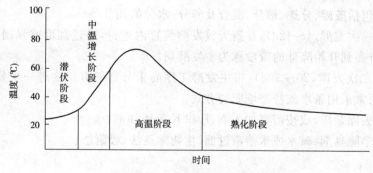

图 16-69 好氧堆肥化过程示意图

①潜伏阶段(也称驯化阶段):指堆肥化开始时微生物适应新环境的过程,即驯化过程。

②中温阶段(也称产热阶段):在此阶段,嗜温性细菌、酵母菌和放线菌等嗜温性微生物利用堆肥中最容易分解的可溶性物质(如淀粉、糖类等)迅速增殖,并释放能量,使堆肥温度不断升高。

③高温阶段:在此阶段,嗜热微生物逐渐代替了嗜温性微生物的活动,堆肥中残留和新形成的可溶性有机物质继续分解转化,复杂的有机化合物如半纤维素、纤维素和蛋白质等开始被强烈分解。通常,在50℃左右进行活动的主要是嗜热性真菌和放线菌;温度上升到60℃时,真菌几乎完全停止活动,仅有嗜热性放线菌与细菌活动;温度升高到70℃以上时,对大多数嗜热性微生物已不适宜,微生物大量死亡或进入休眠状态。

④熟化阶段:当高温持续一段时间后,易分解的有机物已大部分分解,只剩下部分较难分解的有机物和新形成的腐殖质,此时微生物活性下降,发热量减少,温度下降。在此阶段,嗜温性微生物又占优势,对残留的较难分解的有机物作进一步分解,腐殖质不断增多且稳定化。

(3)好氧堆肥的影响因素

①供氧量:通风作用可供氧,调节堆层温度和水分含量。

②含水率:水分作用可溶解有机物,参与微生物新陈代谢;调节温度。适宜含水率为50%~60%。

③温度和有机物含量:温度应在50~65℃之间,高温有利于杀菌。有机物含量影响堆肥温度与通风供氧要求,适宜有机物含量为20%~80%。

④颗粒度:影响供风通氧;堆肥前需进行破碎、分选等去除不可堆肥化物质,使物料粒度均匀化。

⑤C/N 和 N/P 比:碳为生物发酵提供动力和能源,氮主要用于合成微生物体,也是反应速率的控制因素;一般要求 C/N 为(26~35):1,C/P 为(75~150):1。

(4)好氧堆肥工艺

好氧堆肥工艺流程如图 16-70 所示。

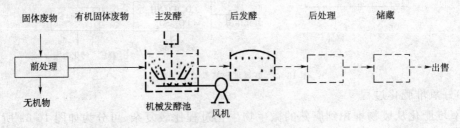

图 16-70 好氧堆肥工艺流程

①前处理:包括破碎、分选、筛分、混合及养分、水分的调节等。

②主发酵(一次发酵,4~12d):在露天或发酵装置内进行,通过翻堆或强制通风供氧。堆肥过程中温度升高到开始降低的阶段称为主发酵期。

③后发酵(二次发酵,20~30d):将主发酵工序尚未分解的有机物进一步分解,得到腐熟的堆肥制品。通常采用条堆或静态堆肥的方式。

④后处理:去除杂质,或按需要加入 N、P 和 K 等添加剂。

⑤脱臭:化学除臭剂、碱水或水溶液过滤、生物除臭法、吸附法。

⑥储存。

(5)堆肥腐熟度评价

①腐熟度:指堆肥中有机质的稳定程度。

②评价指标:

物理指标——气味、粒度、色度、温度,腐熟成品温度较低,呈茶褐色或黑色,没有恶臭;

化学指标——pH、有机质变化指标(COD、BOD_5、VS)、碳氮比、氮化合物(总氮、NH_4—N、NO_3—N、NO_2—N),腐殖酸;

生物指标——耗氧速率、微生物数量及种群。

③测试方法:

淀粉测试法和耗氧速率测试法。

2)固体废物的厌氧消化处理

厌氧消化(甲烷发酵):指厌氧条件下,厌氧微生物使有机物转化为CO_2、CH_4的过程。特点:厌氧消化过程可控、生产过程全封闭;能源化效果好;运行成本低;产物可再利用;但处理效率低,设备体积大,产生恶臭。

(1)厌氧消化原理

三段理论:厌氧发酵一般可以分为三个阶段,即水解阶段、产酸阶段和产甲烷阶段,每一阶段各有其独特的微生物类群起作用。水解阶段起作用的细菌称为发酵细菌,包括纤维素分解菌、蛋白质水解菌;产酸阶段起作用的细菌是醋酸分解菌;产甲烷阶段起作用的细菌是产甲烷细菌。有机物分解三阶段过程如图16-71所示。

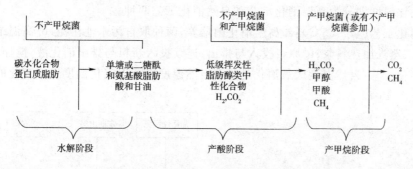

图16-71 有机物的厌氧发酵过程(三段理论)

两段理论:分为酸性发酵阶段和碱性发酵阶段,相应起作用的微生物分为产酸细菌和产甲烷细菌。有机物厌氧发酵的两段理论见图16-72。

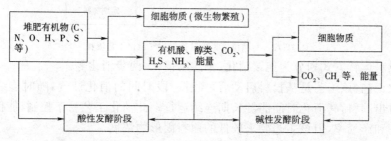

图16-72 有机物厌氧发酵的两段理论

(2)厌氧消化的影响因素

①厌氧条件:用氧化还原电位(Eh)表示,Eh<-330mV。

②原料配比:C/N比为(20~30):1;磷(以磷酸盐计)为有机物量的1/1 000。

③温度:中温发酵(35~38℃)和高温发酵(50~65℃),高温有利于杀菌。

④pH值:6.5～7.5。

⑤添加物和抑制物:添加少量磷矿粉、钢渣、炉灰等,有利于厌氧发酵。抑制物指一些金属离子、杀菌剂和人工合成的化合物。

⑥接种物:提高消化液中微生物的种类和数量。

⑦搅拌:物料、温度分布均匀;增加微生物与物料的接触,防止局部酸积累。

(3)厌氧发酵的理论产气量

①产甲烷量:

$$E=0.37A+0.49B+1.04C$$

式中:E——每克发酵原料的理论产甲烷量(L);

A——每克发酵原料中碳水化合物质量(g);

B——每克发酵原料中蛋白质质量(g);

C——每克发酵原料中酯类质量(g)。

②产CO_2量

$$D=0.37A+0.49B+0.36C$$

式中:D——每克发酵原料的理论产CO_2量(L);

A、B、C含义同前。

(4)厌氧消化工艺

①按消化温度划分为高温消化工艺和自然消化工艺两种。

高温消化工艺(47～55℃):a.高温消化菌培养,菌种取自污水池污泥;b.高温维持,池内布设盘管,通入蒸汽加热料浆;c.原料投入与排出:连续投入新料与排出消化液、搅拌。

自然消化工艺:自然温度厌氧消化是指在自然温度影响下消化温度发生变化的厌氧消化,工艺流程见图16-73。

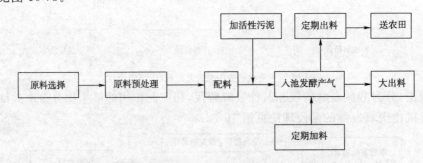

图16-73 自然温度半批量投料沼气消化工艺流程

②根据投料运转方式划分为连续消化、半连续消化、两步消化等。

连续消化工艺:该工艺是从投料启动后,经过一段时间的消化产气,随时连续定量的添加消化原料和排出旧料,其消化时间能够长期连续运行。此消化工艺易于控制,能保持稳定的有机物消化速率和产气率,但该工艺要求较低的原料固形物浓度。

半连续消化工艺:启动时投入较多原料,当产气量下降时,定期和不定期的添加新料和排出旧料,维持稳定的产气率。

两步消化工艺:a.第一反应器功能为水解、液化固态有机物,缓冲和稀释负荷冲击与有害物质,截留难降解的固态物质;b.第二反应器功能为保持厌氧条件和pH,消化、降解前一阶段产物,产生消化气,截留悬浮固体,改善出料性质。

(5)厌氧消化装置

①水压式沼气池：多用于我国农村，多采用地下埋设。优点：池顶有活动盖板，便于检修，结构简单，造价低，施工方便。缺点：气压不稳定，池温、原料利用率、产气率低。

②长方形或方形甲烷消化池：主要特点是气体储藏室与消化室相通，消化室的上方设一储水库来调节气体储藏室的压力。若室内气压很高时，就可将消化室内经消化的废液通过进料间的通水穴压入储水库内；相反，若气体储藏室内压力不足时，储水库内的水由于自重流入消化室，这样通过水量调节气体储藏室的空间，使气压相对稳定。搅拌器的搅拌可加速消化。产生的气体通过导气喇叭口输送到外面导气管。

图 16-74 为长方形消化池。

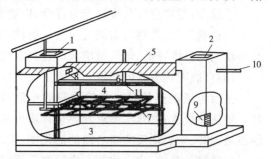

图 16-74　为长方形消化池结构示意图
1-进料口；2-出料口；3-发酵室；4-气体储藏室；5-木板盖；6-储水库；7-搅拌器；8-通水穴；9-出料门洞；10-粪水溢水管；11-导气喇叭口

③红泥塑料沼气池：用红泥塑料用作池盖或池体材料，该工艺多采用批量进料方式。红泥塑料沼气池有半塑式、两模全塑式、带式全塑式和干湿交替式等。

典型例题解析

【例 16-31】（2007）大多数国家对城市生活垃圾堆肥在农业土地上的施用量和长期使用的时间都有限制，其最主要的原因是：

　　　　A. 堆肥造成土壤重金属含量增加和有机质含量降低
　　　　B. 施用堆肥可能造成土壤重金属累积，并可能通过作物吸收进入食物链
　　　　C. 堆肥中的杂质将造成土壤结构的破坏
　　　　D. 堆肥中未降解有机物的进一步分解将影响作物生长

解　概念题，记忆。选 B。

16.3.5 固体废物热处理

热处理是利用热物理方法改变固体废物状态的过程，包括高温下的焚烧、热解（裂解）、焙烧、烧成、煅烧、烧结等。

1) 焚烧处理

(1) 原理

生活垃圾和危险废物的燃烧称为焚烧。通常将焚烧划分为干燥、热分解、燃烧三个阶段。焚烧过程实际上是干燥脱水、热化学分解、氧化还原反应的综合作用过程。

经过焚烧处理，生活垃圾、危险废物和辅助燃料中的碳、氢、氧、氮、硫、氯等元素，分别转化成由碳氧化物、氮氧化物、硫氧化物、氯化物及水等物质组成的烟，不可燃物质、灰分等成为炉渣。

(2) 焚烧的主要影响因素

①固体废物性质：可燃分和有毒有害物质的种类及其含量、水分含量等。

热值：低位热值不大于 3 350kJ/kg 时，需添加辅助燃料。

固体废物尺寸：尺寸越小，所需加热和燃烧时间越短，固体物质燃烧时间与物料粒度的 1～2 次方成正比。

②焚烧温度：焚烧温度越高，所需停留时间越短，焚烧速率越快，焚烧效率越高。

③停留时间：固体废物在焚烧炉内停留时间和烟气在焚烧炉内停留时间。停留时间越长，焚烧越彻底，焚烧效果越好。要求垃圾停留时间达到1.5~2h以上，烟气停留时间达到2s。

④搅动：促进空气与废物充分混合，以达到完全燃烧。

⑤过剩空气：焚烧所需氧气由空气提供，通过提供足够空气保证完全反应。供给过剩空气会导致焚烧温度降低、烟气量增大。过剩空气是理论空气量的1.7~2.5倍。

(3)可燃固体废物的热值

生活垃圾的热值是指单位质量的生活垃圾燃烧释放出来的热量，以 kJ/kg（或 kcal/kg）计。生活垃圾维持燃烧，要求其燃烧释放出来的热量足以提供加热垃圾到达燃烧温度所需要的热量，和发生燃烧反应所必需的活化能。

高位（粗）热值：化合物在一定温度下反应到达最终产物并返回起始温度的焓的变化，此时水为液态，可用氧弹量热计进行测量。

低位（净）热值：与高位热值的意义相同，只是水为气态，为焚烧实际过程中利用的热值。

(4)焚烧设备

一个固体废物焚烧厂包括诸多系统（设备），主要有废物储存及进料系统、焚烧系统、废热回收系统、灰渣收集与处理系统、烟气处理系统等。这些系统各自独立，又相互关联成为统一主体。根据废物状态，可分为固体废物焚烧炉、液体废物焚烧炉、气体废物焚烧炉；根据废物来源，可分为城市垃圾焚烧炉、一般工业废物焚烧炉、危险废物焚烧炉。常用的焚烧炉有多膛焚烧炉、回转窑焚烧炉及流化床焚烧炉。

(5)焚烧过程污染物的控制

焚烧处理虽是一种无害化、资源化程度较高的技术，但在处理过程中却产生了许多污染物质，包括焚烧烟气、灰渣、洗涤废水等。这些物质对环境都有不同程度的危害，必须加以适当的处理，将污染物的含量降至安全标准以下，以免造成二次污染。

①二噁英的控制办法：控制焚烧厂产生的二噁英，应从控制来源、减少炉内形成、避免炉外低温区再合成及去除四方面来着手。

a.通过废物分类收集或预分拣分离，避免含氯成分高的物质（如PVC塑料等）和重金属进入垃圾中。

b.焚烧炉燃烧室应保持足够的燃烧温度（不低于850℃）及气体停留时间（不少于2s），确保废气中具有适当的氧含量（最好在6%~12%之间）。

c.应缩短烟气在处理和排放过程中处于300~500℃温度域的时间。

d.烟气末端净化采用活性炭喷射吸附法去除。

②灰渣的处理与利用：焚烧灰渣是城市垃圾焚烧过程中一种必然的副产物，根据垃圾组成及焚烧工艺的不同，灰渣的产生量一般为垃圾焚烧前总重量的5%~30%。为防止重金属再溶出，重金属飞灰须经过稳定化处理，降低其浸出毒性，方能最终处置。一般采用固化或化学稳定化处理。

a.水泥固化：一般采用波特兰（普通硅酸盐）水泥，但对于重金属含量特别高的飞灰，应使用超快硬水泥等特殊的水泥。

b.药剂稳定化：加入含氮和含硫的有机螯合剂，与重金属反应生成不溶性重金属化合物，使其沉积下来，多与水泥固化混合使用。

c.熔融固化（玻璃化）：高温熔融反应，使重金属固结在生成的玻璃体中。

2) 固体废物的热分解

固体废物的热分解是指晶体状的固体废物在较高温度下脱除其中的吸附水及结合水或同时脱除其他易挥发物质的过程，包括热分解脱水、氧化分解脱除挥发组分、分解熔融及熔融。

热分解的特点：①热分解吸热；②可在缺氧及无氧条件下进行；③产物为可燃低分子化合物、H_2、CH_4、CO、甲醇、丙酮、乙醛、焦油、焦炭等；④热分解可产生燃料油及燃料气。

(1) 热分解脱水

是指在热状态下使废物分子内部的结合水分解排出的过程，排出结合水后的废物资源化利用档次可得到提高。

(2) 氧化分解脱除挥发组分

一些固体废物，如碳酸盐、硫酸盐、氧化物等在高温煅烧时易发生分解，脱除其中的易挥发组分，这些固体废物常可采用煅烧的方法提高性能，使其得到更有效的利用。

(3) 分解熔融

一些硅酸盐矿物，如尾矿，在高温下热解，易转变成新的结晶矿物，同时产生具有补充组分的液相。对固体废物生产陶瓷、耐火材料、玻璃、铸石等高温材料具有重要作用。

(4) 熔融

将固体废物在熔点条件下转变为液相高温流体的工艺过程，有单一成分的熔融和复合成分的熔融。

3) 固体废物的热处理设备

固体废物的热处理设备主要有回转窑、竖窑、隧道窑和倒焰窑。

(1) 回转窑

由进料端的集尘室、转动很慢的窑体以及出料端的窑头小车、热烟室和冷却筒等组成。

(2) 竖窑

窑体呈筒状，物料经提升机械从窑顶加入，煅烧后从窑底排出。废物在竖窑内分别经过预热带、加热带、煅烧带和冷却带。窑体形状对废物在窑内的运动和气流在窑内的分布有重要影响。保证窑内废物均匀下降和顺行，并使气流均匀地沿截面分布，是对竖窑窑体形状的基本要求。

常见的竖窑形式有筒形、哑铃形、煅烧带内径收缩的圆筒形和矩形截面形四种。

(3) 隧道窑

最常见的连续式煅烧设备，主体为一条类似隧道的长形通道，通道两侧用耐火材料及保温材料砌成窑墙，上面是由耐火材料及保温材料砌筑的窑顶，内部是由沿窑内轨道移动的窑车构成的工作室，窑底部及窑两侧下部为热风烟道。

(4) 倒焰窑

倒焰窑工作时燃料在燃烧室内燃烧。燃烧热气在具有一定高度的挡火墙的引导下上升到窑顶，再从窑顶流下来加热制品。加热后的废气由吸火孔进入支烟道，再经主烟道由烟囱排出。采用气流由上而下地"倒焰"方式，有利于窑横断面上温度均匀。

典型例题解析

【例 16-32】 (2007) 废物焚烧过程中，实际燃烧使用的空气量通常用理论空气量的倍数 m 来表示，称为空气比或过剩空气系数。如果测定烟气中过剩氧含量为 6%，试求此时焚烧系统的过剩空气系数 m (假设烟气中 CO 的含量为 0，氮气的含量为 79%)：

A. 1.00　　　　B. 0.79　　　　C. 1.40　　　　D. 1.60

解 由于燃烧过程中不产生 CO，则空气过剩系数计算式：

$$m = 1 + \frac{O_{2P}}{0.264N_{2P} - O_{2P}} = 1 + \frac{4\%}{0.264 \times 79\% - 6\%} = 1.404$$

选 C。

【例 16-33】（2014）某动力煤完全燃烧时的理论空气量为 $8.5 Nm^3/kg$，现在加煤速率 10.3t/h 的情况下，实际鼓入炉膛空气量为 $1923 Nm^3/min$，则该燃烧过程的空气过剩系数是：

A. 0.318　　　　B. 0.241　　　　C. 1.318　　　　D. 1.241

解 空气过剩系数 $= \dfrac{\text{燃烧实际空气量}}{\text{燃烧理论空气量}} = \dfrac{1923}{8.5 \times 10.3 \times 1000/60} = 1.318$

选 C。

【例 16-34】（2014）下列哪种焚烧烟气处理手段对二噁英控制无效：

A. 降温　　　　B. 除酸　　　　C. 微孔袋滤　　　　D. 活性炭吸附

解 低温热脱氯工艺、碱性物质吸附、活性炭吸附，都是对二噁英有效控制的手段。选 C。

16.3.6 固体废物的最终处置

固体废物最终处置是固体废物污染控制的末端环节，是解决固体废物的归宿问题。一些固体废物经过处理和利用，总还会有部分残渣存在，而且很难再利用，这些残渣可能又富集了大量有毒有害成分；还有些固体废物，目前尚无法利用，它们都将长期地保留在环境中，是一种潜在的污染源。为了控制其对环境的污染，必须进行最终处置，使之最大限度地与生物圈隔离。

固体废物处置方法有：海洋处置和陆地处置。海洋处置包括深海投弃和海上焚烧；陆地处置包括土地耕作、永久储存或储留地储存、土地填埋、深井灌注和深地层处置等。

1）海洋处置

海洋处置技术包括海洋倾倒和远洋焚烧两种。

（1）海洋倾倒

海洋倾倒是利用海洋的巨大环境容量，将废物直接倾入海水中。根据有关法规，选择适宜的处置区域，结合区域的特点、水质标准、废物种类与倾倒方式，进行可行性分析，最后做出设计方案。

（2）远洋焚烧

远洋焚烧是利用焚烧船将固体废物运至远洋处置区进行船上焚烧作业。这种技术适于燃性废物，如含氯有机废物等。远洋焚烧船的焚烧器结构因焚烧对象而异，需要专门设计。废物焚烧后产生的废气通过气体净化装置与冷凝器，凝液排入海中，气体排入大气，余渣倾入海洋。

2）土地耕作处置

土地耕作处置是基于土壤的离子交换、吸附、微生物生物降解以及渗滤水浸取、降解产物的挥发等综合作用机制。因此，这种处置方法对废物的质与量均有一定的限制，通常处置含有较丰富且易于生物降解的有机质、含盐较低、不含有毒害性物质的固体废物。这类废物在土壤中经上述各种作用后，大部分有机质被分解。一部分与土壤底质结合，改善土壤结构，增长肥效，另一部分挥发于大气中。未被分解的部分则永久存留于土壤中。这种处置方法可用于经加工、处理后的城市垃圾与污水处理厂的污泥,以及石油化工企业中产生的某些固体废物。

3) 深井灌注处置

深井灌注是将固体废物液体化,用强制性措施注入与饮用地下水层隔绝的可渗性岩层内。这种方法适用于各种相态的废物处置,但必须使废物液化,形成真溶液或乳浊液。

4) 填埋

它是从传统的堆放和填埋处置发展起来的一项最终处置技术。因其工艺简单、成本较低、适于处置多种类型的废物,目前已成为处置固体废物的一种主要方法。

土地填埋处置种类很多,采用的名称也不尽相同。按填埋地形特征,可分为山间填埋、平地填埋、废矿坑填埋;按填埋场的状态,可分为厌氧填埋、好氧填埋、准好氧填埋;按法律可分为卫生填埋和安全填埋等。

随填埋种类的不同其填埋场构造和性能也有所不同。一般来说,填埋构造主要包括废弃物坝、雨水集排水系统(含浸出液体集排水系统和浸出液处理系统)、释放气处理系统、入场管理设施、入场道路、环境监测系统、飞散防止设施、防灾设施、管理办公室、隔离设施等。

卫生土地填埋适于处置一般固体废物。用卫生填埋来处置城市垃圾,不仅操作简单,施工方便,费用低廉,还可同时回收甲烷气体,目前在国内外被广泛采用。在进行卫生填埋场地选择、设计、建造、操作和封场过程中,应着重考虑防止浸出液的渗漏、控制降解气体的释出、臭味和病原菌的消除、场地的开发利用等几个主要问题。

(1) 场地选择

一般要考虑容量、地形、土壤、水文、气候、交通、距离与风向、土地征用和废物开发利用等诸多问题。

一般来讲,填埋场容量应满足 5~20 年的使用期。填埋地形应便于施工,避开洼地,地面泄水能力强,容易取得覆盖土壤,土壤易压实,防渗能力强;地下水位应尽量低,距最下层填埋物至少 1.5m;应避开高寒区,蒸发大于降水区最好;交通方便,具有能在各种气候下运输的全天候公路,运输距离适宜,运输及操作设备噪音不至影响附近居民的工作和休息;填埋场地应位于城市下风向,避免气味、灰尘对城市居民造成影响,最好选在荒芜的廉价地区。

(2) 填埋场气体的控制

当固体废物进入填埋场后,由于微生物的生化降解作用会产生好氧与厌氧分解。填埋初期,由于废物中空气较多,垃圾中有机物开始进行好氧分解,产生二氧化碳、水、氨气,这一阶段可持续数天;但当填埋区氧被耗尽时,垃圾中有机物转入厌氧分解,产生甲烷、二氧化碳、氨气、水以及硫化氢等。因此,应对这些废气进行控制或收集利用,以避免二次污染。

在填埋气体控制方面,早期国外一般将填埋气体作为一种有害气体进行管理和处置。进入 20 世纪 70 年代后开始将之作为一种有价值尚待开发的再生资源,并对填埋气体的产生、迁移规律进行了定性、定量研究。目前已开发填埋气体回收利用的技术设备,部分国家已发展到商业应用阶段,成功地将填埋气体用于工业、民用燃料及发电。

(3) 浸出液的控制

填埋场浸出液一般源于降雨、地表径流、地下水涌出、废物本身水分。渗出液成分较复杂,其 COD 高达 4 万~5 万 mg/L,氨氮达 700~800mg/L。

浸出液属高浓度有机废水,若不加以控制必然对环境造成严重危害。常用的措施是设置防渗衬里,即在底部和侧面设置渗透系数小的黏土或沥青、橡胶、塑料隔层,并设置收集系统,把浸出液收集起来。

然而自20世纪70年代以来,填埋处理主要遇到两大问题:一是填埋场容量有限,旧的填埋场封闭以后,新的填埋场的选择非常困难,填埋处理在世界各国都出现地荒;二是填埋设施难以受当地居民欢迎,新场址的选择往往遭到反对,因此现在世界各国填埋的主要潮流是尽量设法延长填埋场的寿命。填埋场由原始废物的直接填埋转向在填埋处理前先进行预处理,例如先经过焚烧,对焚烧残渣再进行填埋,这样可使填埋容积减少80%左右。

典型例题解析

【例16-35】 (2008)在垃圾填埋的酸化阶段,渗滤液的主要特征为:
A. COD和有机酸浓度较低,但逐渐升高
B. COD和有机酸浓度都很高
C. COD和有机酸浓度降低,pH值介于6.5~7.5之间
D. COD很低,有机酸浓度很高

解 在酸化阶段,垃圾降解中主要作用的微生物是兼性和专性厌氧细菌,填埋气的主要成分是CO_2、COD、VFA,金属离子浓度继续上升至中期达到最大值,此后逐渐下降,pH继续下降到达最低值后逐渐上升。选B。

16.3.7 固体废物资源化与综合利用

根据固体废物的来源不同,固体废物可以分为工矿业固体废物、生活垃圾等,在这些固体废物中,量最大的为采矿过程中产生的矿业固体废物及工业生产过程中产生的部门固体废物。

1)固体废物的沼气利用

沼气是有机物在厌氧条件下经厌氧细菌的分解作用产生的以甲烷为主的可燃性气体。

利用固体废物的厌氧发酵生产沼气的方法有两种。一种方法是有机固体废物的卫生填埋,自然发酵产生沼气。如城市垃圾的卫生填埋,有机物分解过程中产生的气体含甲烷45%~60%,含二氧化碳35%~50%,还有少量的碳氢化合物和少量硫化氢,可把这部分气体收集、净化、回收利用。另一种方法是农业废物沼气化。由于这种方法简便易行,便于推广,因此在我国发展较快。农业废物沼气化是处理垃圾、粪便、农业废物的有效途径。

(1)垃圾沼气燃烧供热、发电

就地利用沼气燃烧供热或发电是沼气应用最广的办法。沼气的净化也可以采用较低水平的处理,其方法为将填埋气经过一系列冷却器、分离器和过滤器使气体净化,得到的沼气甲烷浓度达40%以上,然后再送至锅炉燃烧。这种方法得到的沼气是低热值燃料,如果增加吸附净化法,还可得到高热值沼气燃料。主要用于为填埋场和附近居民供热,还可用于为发电厂锅炉和工业窑炉做燃料,如制砖窑。

(2)垃圾沼气作民用燃料

垃圾沼气作民用燃料,必须将甲烷的浓度提高到98%以上,不仅要除去其中的二氧化碳,还要除去其中的其他有害的有机挥发物。这种净化方法处理成本最高,直接影响其经济效益,因此作为城市民用燃料其可行性有待继续寻求技术、经济的评估。

(3)垃圾沼气作汽车燃料

垃圾沼气净化处理后作汽车燃料,其尾气排放污染大大减轻,具有显著的环境效益;且成

本不高,经济效益显著。

2)固体废物的建材利用

利用工业固体废物生产建筑材料是解决建材资源短缺的一条有效途径,这对保护环境和加速经济建设具有十分重要的意义。利用工业固体废物生产建材的优点是:①原材料省;②耗能低;③综合利用产品的品种多,可满足多方面的需要;④综合利用的产品数量大,可满足市场的部分需要;⑤环境效益高,可最大限度地减少需处置的固体废物数量,在生产过程中,一般不产生二次污染。

工业废渣作建筑材料是综合利用工业废渣数量最大、种类最多、历史较久的领域。其中,利用较多的有高炉渣、钢渣、粉煤灰、煤矸石和其他废渣等。生产品种包括水泥、骨料、砖、玻璃、铸石、石棉和陶瓷等。

(1)高炉渣

高炉渣中主要的化学成分是二氧化硅、三氧化二铝、氧化钙、氧化镁、氧化锰、氧化铁和硫等。在高炉渣中,氧化钙(CaO)、二氧化硅(SiO_2)、三氧化二铝(Al_2O_3)占90%以上。

在利用高炉渣之前,需要进行加工处理。其用途不同,加工处理的方法也不同。我国通常是把高炉渣加工成水淬渣、矿渣碎石、膨胀矿渣和膨胀矿渣珠等形式加以利用。

①水淬渣的用途:可用于生产矿渣水泥、生产矿渣砖、湿碾矿渣混凝土。

②矿渣碎石的用途:可在地基工程、道路工程、铁路道砟上应用。

③膨胀矿渣及膨珠的用途:可用作混凝土轻骨料、防火隔热材料、轻混凝土制品及结构等。

④高炉渣的其他用途:用于生产矿渣棉、微晶玻璃。

(2)钢渣

钢渣是炼钢过程中产生的固体废物。炼钢的基本原理和炼铁相反,是以氧化的方法除去生铁中过多的碳素和杂质,氧和杂质作用生成的氧化物就是钢渣。钢渣是由钙、铁、硅、镁、铝、锰、钛等氧化物所组成,有时还含有钒和钛等氧化物,其中钙、铁、硅氧化物占绝大部分。

钢渣在建材工业方面的利用非常广泛:生产水泥、生产钢渣砖、钢渣代替碎石作骨料和路材。

(3)粉煤灰

燃烧煤的发电厂每年排出大量由煤的灰分形成的各种煤灰渣——粉煤灰、炉渣。从煤燃烧后的烟气中收捕下来的细灰称为粉煤灰,由炉底排出的部分废渣称为炉渣。电厂煤粉锅炉中排出的粉煤灰占整个煤灰渣量的绝大部分。

粉煤灰是灰色或灰白色的粉状物,含水量大的粉煤灰呈灰黑色。它是一种具有较大内表面积的多孔结构,多半呈玻璃状。其主要物理性质如下:粉煤灰密度一般为$2\sim2.3g/cm^3$,松散干容积密度为$550\sim950kg/cm^3$,孔隙率一般为60%~70%,细度一般为4 900孔/cm^2,筛余量30%~20%,比表面积为3 000cm^2/g以上。

粉煤灰的化学成分与黏土质相似,其中以二氧化硅及三氧化二铝的含量占大多数,其余为少量三氧化二铁、氧化钙、氧化镁、氧化钠、氧化钾及三氧化硫等。

粉煤灰在建材方面的利用:

①生产粉煤灰砖:粉煤灰砖是以粉煤灰为原料,掺入一定比例的骨料、石灰、石膏配料,加水搅拌,压制成型,经过养护或焙烧而成。根据砖的配料及工艺,粉煤灰砖分蒸养粉煤灰砖、烧结粉煤灰砖、碳化粉煤灰砖和泡沫粉煤灰砖等。

②生产粉煤灰水泥:由硅酸盐水泥熟料和粉煤灰、加入适量石膏磨细制成的水硬胶凝材料,称为粉煤灰硅酸盐水泥,简称粉煤灰水泥。

粉煤灰水泥生产工艺和技术装备与生产普通硅酸盐水泥大体一样，无特殊工艺技术要求。但要注意配料方案的调整，严格控制各种原料的掺入量，以保证出磨生料化学成分符合要求。水泥中粉煤灰的掺入量按质量百分比计为20%～40%，也允许掺入不超过混合材粒化高炉渣，此时混合材料可达50%，但粉煤灰质量不得少于20%或超过40%。粉煤灰的掺入量，通常与水泥熟料的质量、粉煤灰活性和要求生产的水泥强度等级等因素有关。

粉煤灰在农业方面的应用：

①粉煤灰的改土与增产作用

a. 粉煤灰的孔度与土壤性能的关系：作物生长的土壤需有一定的孔度，而适合植物根部正常呼吸作用的土壤孔度下限量是12%～15%，低于此值，将导致作物减产。粉煤灰中的硅酸盐矿物和炭粒具有多孔性，是土壤本身的硅酸盐类矿物所不具备的。此外，粉煤灰粒子之间的孔度，一般也大于黏结了的土壤的孔度。

b. 施灰对土壤机械组成的影响：黏质土壤掺入粉煤灰，可变得疏松，黏粒减少，砂粒增加。盐碱土掺入粉煤灰，除变得疏松外，还可起到抑碱作用。

c. 粉煤灰对土层温度的影响：粉煤灰所具有的灰黑色利于其吸收热量，施入土壤，一般可使上层温度提高1～2℃。

d. 粉煤灰的增产作用：一些试验和生产实践表明，不同土壤合理施用符合农用标准的粉煤灰都有增产作用。不过，砂质土壤施灰，增产不明显，生荒地施灰增产明显，黏土地施灰增产最明显。作物品种不同，增产效果不同：蔬菜增产效果最好，粮食作物增产比较好，其他经济作物也有增产作用，但不是十分稳定。

②粉煤灰肥料

粉煤灰硅钾肥、粉煤灰硅钙钾肥、粉煤灰磁化肥以及粉煤灰磷肥。

(4) 煤矸石

煤矸石的主要化学成分是二氧化硅、三氧化二铝、三氧化二铁、氧化钙、氧化镁、三氧化硫等，此外还含有铀、钍等放射性元素和其他一些稀有元素。

煤矸石是一种低热值能源和建材资源，可以用来代替燃料及生产建材产品。利用煤矸石可以生产砖、瓦、水泥、轻集料，也可以用来生产空心砌块和预制构件，还可以用于填坑造地及作路基材料。

煤矸石在建材方面的应用有生产煤矸石砖、水泥、空心气块以及生产轻骨料。

3) 固体废物的化工利用

(1) 硫铁矿渣的氯化焙烧与有色金属的回收

硫铁矿烧渣是生产硫酸时焙烧硫铁矿产生的废渣。其组成主要是三氧化二铁和四氧化三铁，金属的硫酸盐、硅酸盐和氧化物。其成分随硫铁矿的组分和焙烧工艺而变。其中含有的有色金属有铜、铅、锌、金、银等。可以用氯化焙烧法回收有色金属，同时提高矿渣含铁品位，直接作为炼铁的原料。

氯化焙烧是利用硫铁矿烧渣与氯化剂在一定温度下加热焙烧，使有用金属转变为气相或凝固相的金属氯化物而与其他组分分离。根据反应温度不同可分为中温氯化焙烧与高温氯化焙烧。

①中温氯化焙烧，是指烧渣与氯化剂在500～600℃的温度下焙烧，使金属氯化物留在固相中用水或酸浸取，可溶性物质与渣分离，再从溶液中回收金属，故该法又称氯化溶出法。

②高温氯化焙烧，是将烧渣与氯化剂造粒，然后在1 000～1 200℃下反应，使金属氯化物变成气体挥发出来，从而收集、分离、回收各种金属氯化物，故该法又叫氯化焙烧挥发法。

(2) 含汞固体废物的焙烧

含汞废物来自不同的生产系统，例如，化工、石油化工、电子、电器仪表、计量仪器等许多行业都排放一定量的含汞废物。其产生量因行业及工艺而异，其中化学工业含汞废物的产生量最多，约占 50% 以上。目前，国内外主要采用焙烧法回收汞。

焙烧法回收汞是根据汞的沸点低，固体废物中其他组分沸点高的差异，通过控制焙烧温度，使汞从废物中分离出来，进而得以回收。

焙烧法回收汞的工艺特点是，回收汞的纯度高，焙烧后残渣含汞少。因此是一种较好的无害化处理、利用方法。

(3) 煤矸石焙烧生产聚合铝

煤矸石中含有大量的硅、铝成分，可以用来生产建筑材料，用来生产硅、铝材料。还可以利用煤矸石生产结晶氯化铝、聚合铝、铝铵矾、三氧化二铝等多种化工产品。

典型例题解析

【例 16-36】 （2008）某城市日产生活垃圾 800t，分选回收废品后剩余生活垃圾 720t/d，采用厌氧消化工艺对其进行处理，处理产生的沼气收集后采用蒸汽锅炉进行发电利用。对分选后垃圾进行分析得出：干物质占 40.5%，可生物降解的干物质占干物质的 74.1%，1kg 可生物降解的干物质最大产沼气能力为 $0.667 m^3$（标态）。假设沼气的平均热值为 18 000 kJ/m^3（标态），蒸汽锅炉发电效率为 30%，试计算生活垃圾处理厂的最大发电功率是：

    A. 7MW   B. 8MW   C. 9MW   D. 10MW

解 可生物降解的干物质为 $720 \times 40.5\% \times 74.1\% = 216.1t = 2.161 \times 10^5 kg$。产生沼气的体积为 $2.161 \times 10^5 \times 0.667 = 1.442 \times 10^5 m^3$，产生的热值为 $1.442 \times 10^5 \times 18\,000 \times 30\%/(3\,600 \times 24) = 9MW$。选 C。

经典练习

16-51 （2012）某生活垃圾转运站服务区域人口 10 万，人均垃圾产量 1.1kg/d，当地垃圾日产量变化系数为 1.3，则该站的设计垃圾转运量为（　　）。

    A. 约 170t/d   B. 约 150t/d   C. 约 130t/d   D. 约 110t/d

16-52 （2008）下列技术中不属于重力分选技术的是（　　）。

    A. 风选技术   B. 重介质分选技术

    C. 跳汰分选技术   D. 磁选技术

16-53 （2012）采用风选方法进行固体废弃物组分分离时，应对废物进行（　　）。

    A. 破碎   B. 筛选   C. 干燥   D. 破碎和筛选

16-54 （2010）固体废弃物厌氧消化器中物料出现酸化迹象时，适宜的调控措施为（　　）。

    A. 降低进料流量 B. 增加接种比 C. 加碱中和 D. 强化搅拌

16-55 （2012）堆肥处理时原料的含水率适宜值不受下列因素影响的是（　　）。

    A. 颗粒度   B. 碳氮比   C. 孔隙率   D. 堆体重度

16-56 （2010）某厂原使用可燃分为 63% 的煤作燃料，现改用经精选的可燃分为 70% 的煤，两种煤的可燃分热值相同，估计其炉渣产水量下降的百分比为（　　）。

    A. 约 25%   B. 约 31%   C. 约 37%   D. 约 43%

16-57 (2010)废计算机填埋处置时的主要污染来源于( )。
 A. 酸溶液和重金属的释放   B. 有机溴的释放
 C. 重金属的释放   D. 有机溴和重金属的释放

16-58 (2012)填埋场渗滤液水质指标中随填埋龄变化改变幅度最大的是( )。
 A. pH   B. 氨氮   C. 盐度   D. COD

16-59 生活垃圾的压实、破碎、分选等方法主要与其( )有关。
 A. 化学性质   B. 物理性质   C. 物理化学性质   D. 生物化学性质

16-60 垃圾在填埋场中的降解过程实际上就是( )。
 A. 堆放过程   B. 堆肥过程   C. 好氧发酵过程   D. 厌氧发酵过程

16-61 分选作业之前的预处理( )。
 A. 包括破碎、压缩和各种固化方法等
 B. 其目的是使废物减容以利于运输、储存、焚烧或填埋等
 C. 其目的是更利于下一步工序的进行
 D. 主要包括破碎和粉磨等

16-62 目前我国大多数城市解决生活垃圾出路的主要方法是( )。
 A. 填埋   B. 焚烧   C. 堆肥   D. 热解

16-63 下列不属于危险废物的是( )。
 A. 医院垃圾   B. 含重金属污泥   C. 酸和碱废物   D. 有机固体废物

16-64 当前使用最广泛的生活垃圾分选方法是( )。
 A. 机械分选   B. 机械结合人工分选
 C. 人工分选   D. 破碎分选

16-65 筛分效率是指( )。
 A. 筛下产品与入筛产品质量之比
 B. 筛下产品质量与入筛废物中所含小于筛孔尺寸的细粒物料质量之比
 C. 筛下产品与筛中所剩产品之比
 D. 入筛废物中所含小于筛孔尺寸的细粒物料质量与筛下产品质量之比

16-66 在好氧堆肥后期,堆肥物孔隙增大,氧扩散能力增强,其需氧量、含水率分别如何变化。( )
 A. 减少、降低   B. 升高、升高   C. 降低、升高   D. 升高、降低

16.4 物理污染防治技术

考试大纲：噪声污染防治技术 振动防治技术 电磁辐射和放射性污染防治技术

必备基础知识

16.4.1 噪声污染防治技术

1) 概述

关于噪声有如下基本概念。

①噪声:将杂乱无章,听起来不和谐的声音或不需要的声音称为噪声。

②环境噪声:把工业生产、建筑施工、交通运输和社会生活中所产生的,使人讨厌、受害和不需要的声音称为环境噪声。

③噪声污染:指当所产生的环境噪声超过国家规定的环境噪声排放标准,并干扰他人正常生活、工作和学习的现象,噪声具有局部性。

④声压级 L_p:将待测声压的有效值 P_e 与参考声压 P_0 的比值取常用对数,再乘以 20,即

$$L_p = 20\lg \frac{P_e}{P_0} (\text{dB}) \tag{16-106}$$

⑤声强级 L_I:将待测声强 I 与参考声强 I_0 的比值取常用对数,再乘以 10,即

$$L_I = 10\lg \frac{I}{I_0} (\text{dB}) \tag{16-107}$$

⑥声功率级 L_W:将待测声功率 W 与参考声功率 W_0 的比值取常用对数,再乘以 10,即

$$L_W = 10\lg \frac{W}{W_0} (\text{dB}) \tag{16-108}$$

⑦声压级、声强级的关系:

$$L_I = 10\lg \frac{I}{I_0} = 10\lg \left(\frac{p^2}{p_0^2} \cdot \frac{p_0^2}{I_0 \rho c}\right)$$

$$= L_p + 10\lg \frac{400}{\rho c} = L_p + b \tag{16-109}$$

在一般情况下 b 的值很小,因此可以认为 $L_I = L_p$。

⑧声强级与声功率级的关系:

$$L_I = 10\lg \left(\frac{W}{S} \cdot \frac{1}{I_0}\right) = 10\lg \left(\frac{W}{W_0} \cdot \frac{W_0}{I_0} \cdot \frac{1}{S}\right) \tag{16-110}$$

$$L_I = L_W - 10\lg S (\text{dB}) \tag{16-111}$$

对于自由声场中的球面波,有

$$L_W = L_I + 20\lg r + 11 (\text{dB}) \tag{16-112}$$

2)城市区域环境噪声功能区的分类和标准值

(1)功能区划分

0 类:特别需要安静的区域,位于城郊和乡村的这一类区分别按严于 0 类标准 5dB 执行。

1 类:以居住、文教机关为主的区域。

2 类:居住、商业、工业混杂区。

3 类:工业区。

4 类:城市中的道路交通干线道路两侧区域,穿越城区的内河航道两侧区域,穿越城区的铁路主、次干线两侧区域。

(2)标准值

五类不同功能类别执行相应类别的标准值。功能类别高的标准值严于低的区域。城市五类环境噪声标准值详见表 16-6。

城市五类环境噪声标准值(等效声级 L_{Aeq},单位:dB) 表 16-6

类 别	昼 间	夜 间
0	50	40
1	55	45
2	60	50
3	65	55
4	70	55

3)噪声级的衰减计算

(1)噪声级的相加

$$L_{1+2}=10\lg(10^{L_1/10}+10^{L_2/10}) \qquad (16\text{-}113)$$

(2)噪声级的相减

$$L_1=10\lg(10^{L_合/10}-10^{L_2/10}) \qquad (16\text{-}114)$$

(3)点噪声源随传播距离增加引起的衰减值

$$\Delta L_1=10\lg\frac{1}{4}\pi r^2 \qquad (16\text{-}115)$$

距点声源 r_1 处传播到 r_2 处的衰减值:

$$\Delta L_1=20\lg\frac{r_1}{r_2} \qquad (16\text{-}116)$$

4)噪声污染控制

(1)噪声控制基本原理

①在声源处抑制噪声。

②在声传播途径中控制:隔声、吸声、消声、阻尼减振等。

③接收器的保护。

控制噪声最根本的方法就是从声源控制,即用无声的或低噪声的工艺和设备代替高噪声的工艺和设备。

但在许多情况下,由于技术或经济方面的原因,直接从声源上治理噪声是很困难的。这就需要在噪声传播途径上采取吸声、消声、隔声、隔振、阻尼等几种常用的噪声控制技术。

(2)吸声

由于室内声源发出的声波被墙面、顶棚、地面及其他物体表面多次反射,使得室内声源的噪声级比同样声源在露天的噪声级高。如果用吸声材料装饰在房间的内表面,或在室内悬挂空间吸声体,房间内的噪声级就会降低,这种控制噪声的方法就叫吸声。

吸声材料吸声能力的大小用吸声系数 α 表示。$\alpha=0$,材料不吸声;$\alpha=1$,声能全部被吸收。α 值在 0~1 之间,α 越大,吸声性能越好,一般来说,$\alpha>0.2$ 的材料叫吸声材料。

吸声材料用的是一些多孔、透气的材料,如玻璃棉、矿渣棉、泡沫塑料、毛毡、吸声砖、甘蔗板等。吸声材料之所以能吸声,是由于声波进入多孔材料后,一部分声能由于小孔中的摩擦和黏滞阻力转化为热能而被吸收掉。除吸声材料外,薄板共振吸声结构和穿孔板共振吸声结构、空间吸声体也可用于吸声。

(3)消声

消声器是一种既能允许气流顺利通过,又能有效地阻止或减弱声能向外传播的装置。

①阻性消声器:阻性消声器是利用吸声材料消声的。把吸声材料固定在气流流动的管道内壁,或者把它按一定方式在管道内排列组合,就构成阻性消声器。

②抗性消声器:抗性消声器靠管道截面的突变或旁接共振腔等,在声传播过程中引起阻抗的改变而产生声能的反射、干涉,从而降低由消声器向外辐射的声能,达到消声目的。

③阻抗复合消声器:阻抗复合消声器是既有吸声材料又有共振腔、扩张室一类滤波元件的消声器。这种消声器消声量大,消声频率范围广,因此得到广泛应用。

(4)隔声

声波在空气中传播时,使声能在传播途径中受到阻挡而不能直接通过的措施,称为隔声。

典型的隔声措施有隔声罩、隔声间、隔声屏等。

(5)隔振与阻尼

为了减少机器振动通过基础传给其他建筑物,通常的办法是防止机械基础与其他构件的刚性连接,这种方法就叫基础隔振。主要措施有三种:

①在机器基础与其他结构之间铺设具有一定弹性的软材料,如橡胶板、软木、毛毡、纤维板等。当振动由基础传至隔振垫层时,这些柔韧材料中的分子或纤维之间产生摩擦,而将部分振动能量转换成热能消耗掉。因而降低了振动的传递,起到隔振的作用。

选用隔振材料时,应注意材料的耐压性能,以免材料过分密实或被压碎而失效。

②在机器上安装设计合理的减振器。减振器主要分三类:橡胶减振器、弹簧减振器和空气减振器。

③在机器周围挖一定深度的沟,也能起到隔振作用。

(6)消声器

消声器常安装于气流通道上,可降噪 20~40dB,用于风机、水泵等机械设备。消声器分阻性消声器、抗性消声器及多孔扩散消声器三种。

典型例题解析

【例 16-37】 (2007)一隔声墙在质量守恒定律范围内,对 800Hz 声音的隔音量为 38dB,请计算该墙对 1.2kHz 声音的隔音量为:

　　　　A. 43.5dB　　　　B. 40.8dB　　　　C. 41.3dB　　　　D. 45.2dB

解 单层墙在质量控制区的声波垂直入射时的隔音量 $R=18\lg m+18\lg f-44$,其中 m 为墙板面密度,f 为入射声波频率。因此 $R_1=18\lg m+18\lg f_1-44$,$R_2=18\lg m+18\lg f_2-44$。$R_1-R_2=18\lg(f_1/f_2)=18\lg(800/1200)=-3.2$,得 $R_2=38+3.2=41.2$dB。选 C。

【例 16-38】 (2014)衡量噪声的指标是:

　　　　A. 声压级　　　　B. 声功率级　　　　C. A 声级　　　　D. 声强级

解 声音的大小通常用声压级表示,单位分贝,记作 dB。选 A。

【例 16-39】 (2007)某车间进行吸声降噪处理前后的平均混响时间分别为 4.5s 和 1.2s,请问该车间噪声级平均降低了:

　　　　A. 3.9dB　　　　B. 5.7dB　　　　C. 7.3dB　　　　D. 12.2dB

解 相应于接受室内某一混响时间基准值的标准声压级差,按下式计算:

$$D_{nT}=D+10\lg\frac{T}{T_0}$$

因 $D_{nT_1}=D+10\lg\frac{T_1}{T_0}$, $D_{nT_2}=D+10\lg\frac{T_2}{T_0}$

故 $D_{nT_1}-D_{nT_2}=10\lg\frac{T_1}{T_2}=10\lg\frac{4.5}{1.2}=5.74$dB,选 B。

16.4.2 振动防治技术

1)振动公害的特征与评价

(1)振动公害的特征

振动公害与噪声公害有着紧密的联系,当振动的频率在 20~20 000Hz 的声频范围时,振动源同时又是噪声源。振动除了引起噪声方面的危害外,还能直接作用于人体、设备和建筑等,损伤人的机体,引起各种病症;损坏设备,使建筑物开裂、倒塌等。

(2)振动的评价

振动的强弱常可根据振动的加速度来评价。它的加速度一般在 $0.01\sim10\text{m/s}^2$ 范围内,与在噪声控制中类似,反映振动加速度的参数可用分贝来表示它的相对大小,这个参数称为振动加速度 L_a,可用下式表示:

$$L_a = 20\lg\frac{a}{a_0}(\text{dB}) \tag{16-117}$$

式中:a——振动时的加速度有效值(m/s^2)。

评价振动的强烈,也可根据振动对人体的影响,分成以下四个等级:

①振动的"感觉阈":振动的"感觉阈"是指人体刚刚能感到振动时的强度。人体对刚超过感觉阈的振动是能忍受的。

②振动的"舒适感降低阈":振动强度增大到一定程度,人就感到不舒适,但没有产生生理影响。

③振动的"疲劳-工效降低阈":振动强度继续增强,人不仅产生心理反应,而且出现生理反应,振动通过刺激神经系统,对其他器官产生影响,使注意力转移,工作效率降低等。当振动停止后,这些生理现象随之消失。

④振动的"极限阈":当振动强度超过一定限度时,就会对人体造成病理性损伤,产生永久性病变,即使振动停止也不能复原。

2)隔振技术

隔振就是将振动源与基础或其他物体的刚性连接改成弹性连接,隔绝或减弱振动能量的传递,从而达到减振的目的。隔振可分为两大类:一是对振动源采取隔振措施,防止它对周围设备和建筑物造成影响,这种隔振叫积极隔振或主动隔振;另一类是对怕振动干扰的精密仪器采取隔振措施,这种隔振叫消极隔振或被动隔振。

工程上常用的隔振材料有钢弹簧、橡胶、软木、毡类等,此外还有空气弹簧和液体弹簧。

3)阻尼减振技术

(1)原理

阻尼材料减振主要是通过减弱金属板中传播的弯曲波来实现的:当薄板发生弯曲振动时,振动的能量迅速传给紧密涂在薄板上的阻尼材料,引起薄板与阻尼层内部的摩擦错动,使相当部分的薄板振动能被消耗,成为热能散发掉,减弱了薄板的弯曲振动。同时,阻尼材料还能缩短薄板被激振后的振动时间,从而也就降低了金属板辐射噪声的能量。

(2)阻尼材料与阻尼层

常用的阻尼材料有沥青、软橡胶和各种高分子涂料。阻尼层与金属板面的结合,一般有两种形式:一种是自由阻尼层,另一种是约束阻尼层。

自由阻尼层是将阻尼材料涂在板的一面或两面,当板弯曲振动时,板和阻尼层都能进行压缩和伸长变形。

约束阻尼层是把阻尼材料涂在两层金属板中间,在板弯曲振动时,阻尼层一面受到拉伸,另一面受到压缩,受上下两板面的约束不能伸缩变形,而主要受较大剪切变形。

4)动力吸振器

当机械设备受某一固定干扰频率激发而振动时,可以在机械设备上附加一个振动系统,使干扰频率激发的振动降低,这叫动力吸振器。

典型例题解析

【例 16-40】 (2008)防止和减少振动响应是振动控制的一个重要方面,下列论述错误的是:
A. 改善设施的结构和总体尺寸或采用局部加强法
B. 改变机器的转速或改变机型
C. 将振动源安装在刚性基础上
D. 粘贴弹性高阻尼结构材料

解 对机械振动的根本治理方法是改变机械机构,降低甚至消除振动的发生,但在实践中往往很难做到这点,故一般采用隔振和减振措施。

隔振就是将振动源与基础或其他物体的刚性连接改成弹性连接,隔绝或减弱振动能量的传递,从而达到减振的目的。隔振可分为两大类:一是对振动源采取隔振措施,防止它对周围设备和建筑物造成影响,这种隔振叫积极隔振或主动隔振;另一类是对怕振动干扰的精密仪器采取隔振措施,这种隔振叫消极隔振或被动隔振。选 C。

16.4.3 电磁辐射和放射性污染防治技术

1)电磁辐射基本概念及类型
①电磁场:交替产生的具有电场和磁场作用的物质空间。
②电磁辐射:电磁场的能量以电磁波形式由源发射到空间的现象。
③电磁辐射污染:接受者长期暴露在超过安全辐射剂量环境下,产生伤害的现象。
④电磁辐射污染源:包括天然的电磁辐射污染源和人为的电磁辐射污染源。

2)电磁污染的传播途径及危害
(1)电磁污染的传播途径
①空间辐射传播途径:是指电磁波通过空间直接辐射。
②线路传导传播途径:是指借助电磁耦合由线路传导。
(2)电磁污染的危害
①电磁辐射对电器设备的干扰,可使航空通信受到干扰,对广播电视信号造成干扰等。
②电磁辐射对人体健康的危害:人体接受电磁辐射后,体内极性与非极性分子在电磁场作用下,极性分子重新排列,非极性分子可被磁化。

3)电磁辐射污染的防护
(1)电磁屏蔽技术
电磁屏蔽是采用某种能抑制电磁辐射能扩散的材料,将电磁场源与外界隔离开来,使辐射能限制在某一范围内,达到防止电磁污染的目的。屏蔽方式根据场源与屏蔽体相对位置可分为主动场屏蔽与被动场屏蔽两类。

(2)吸收法控制微波污染
对于微波辐射污染,可以采用对这种辐射能产生强烈吸收作用的材料敷设于场源外围,以防止大范围的污染。应用吸收材料的防护,一般多用于微波设备调试过程,要求在场源附近能将辐射能大幅度衰减。

(3)远距离控制和自动作业

根据射频电磁场,特别是中、短波,其场强随离场源距离的增大而迅速衰减的原理,采取对射频设备远距离控制或自动化作业,将会显著减少辐射能对操作人员的损害。

(4)线路滤波

为了减少或消除电源线可能传播的射频信号和电磁辐射能,可在电源线与设备交接处加装电源(低通)滤波器,以保证低频信号畅通,而将高频信号滤除,起到对高频传导隔离去除作用。

(5)合理设计工作参数

保证射频设备在匹配状态下操作射频设备工作参数的合理,元件、线路正确的布局,使设备在匹配条件下工作时,可以避免设备因参数不能处于最佳状态或负载过轻,而形成高频功率以驻波形式通过馈线辐射造成污染。

(6)个人防护

对于临时无屏蔽条件的操作人员直接暴露于微波辐射近场区时,必须采取个人防护措施,包括穿防护服、戴防护头盔和防护眼镜等。

4)放射性污染与控制的基本概念

①放射性元素:自然界和人工生产的元素中,有一些能自动发生衰变,并放射出肉眼看不见的射线。这些元素统称放射性元素。

②核辐射:原子核从一种结构或一种能量状态转变为另一种结构或另一种能量状态过程中所释放出来的微观粒子流。

③放射性:放射性元素的原子核在衰变过程放出 α、β、γ 射线的现象。

④放射性污染:由放射性物质所造成的污染。

⑤天放射性活度(A):单位时间内放射线原子核所发生的核转变数。

⑥照射量(X):表示 γ 射线或 X 射线在空气中产生电离程度大小的辐射量。

⑦吸收剂量(D):单位质量受照物质中所吸收的平均辐射能量。

⑧剂量当量(H):辐射对人体造成生物效应的严重程度或发生概率,辐射防护上采用剂量当量进行表示。

5)放射性危害

①急性损伤:如果人在短时间内受到大剂量的 X 射线、γ 射线和中子的全身照射,就会产生急性损伤。在极高的剂量照射下,发生中枢神经损伤直至死亡。

②慢性损伤:由于多次照射、长期累计的原因,将会造成慢性放射病。

6)放射性污染与防止

(1)放射性废物特点

长期危害性、处理难度大、处理技术复杂。

(2)放射性废物分类

高放射性废物、中放射性废物以及低放射性废物。

(3)辐射防护的基本措施

①对于外照射的防护措施:

a.距离防护:尽可能地远离放射源;

b.时间防护:尽量缩短操作时间,从而减少所受辐射量;

c. 屏蔽防护:针对 α、β、γ 射线,采用不同措施。

② 对于内照射的防护措施:

a. 防止呼吸道吸收:防止气体放射性核素进入呼吸道;

b. 防止胃肠道吸收:被放射性核素沾污的食物、水等经口由胃肠进入人体;

c. 防止由伤口吸收:防止某些放射性核素透过完整皮肤进入人体。

(4) 放射性废物处理技术

常用处理方法有:

a. 低中放射废液、洗衣和淋浴水:凝沉淀、吸附、反渗透;

b. 低中放射废液、高放射废液:蒸发方法;

c. 低中放射废液:离子交换法。

典型例题解析

【例 16-41】 (2007) 已知三个不同频率的中波电磁场的场强分别为 $E_1 = 15\text{V/m}$, $E_2 = 20\text{V/m}$, $E_3 = 25\text{V/m}$,这三个电磁波的复合场强与下列值最接近的是:

  A. 35V/m   B. 20V/m   C. 60V/m   D. 30V/m

解 根据《电磁环境控制限值》(GB 8702—2014),复合场强值为各单个频率场强平方和的根值,即 $E = \sqrt{E_1^2 + E_2^2 + \cdots + E_n^2}$。选 A。

【例 16-42】 (2014) 以下属于放射性废水处置技术的是:

  A. 混凝   B. 过滤   C. 封存   D. 离子交换

解 放射性废物处置方法有储藏、封存等。选 C。

经典练习

16-67 (2008) 在长、宽、高分别为 6m、5m、4m 的房间内,顶棚全部安装平均吸声系数为 0.65 的吸声材料,地面及墙面表面为混凝土,墙上开有长 1m 宽 2m 的玻璃窗 4 扇,其中混凝土面的平均吸声系数是 0.01,玻璃窗的平均吸声系数为 0.1,求该房间内表面吸声量为( )。

  A. 19.5m²   B. 21.4m²   C. 20.6m²   D. 20.3m²

16-68 (2010) 在单位时间内入射的声能为 E_0,反射的声能为 E_γ,吸收的声能为 E_α,投射的声能为 E_r,吸声系数可表达为( )。

  A. $\alpha = E_\alpha/E_0$ B. $\alpha = E_\gamma/E_0$ C. $\alpha = E_r/E_0$ D. $\alpha = (E_\alpha + E_r)/E_0$

16-69 (2012) 两个同类型的电动机对某一点的噪声影响分别为 65dB(A) 和 62dB(A),请问两个电动机叠加影响的结果是( )。

  A. 63.5dB(A)   B. 127dB(A)   C. 66.8dB(A)   D. 66.5dB(A)

16-70 (2010)《中华人民共和国城市区域环境振动标准》中用于评价振动的指标是( )。

  A. 振动加速度级   B. 铅垂向 Z 振级

  C. 振动级   D. 累计百分 Z 振级

16-71 (2010) 电磁辐射对人体的影响与波长有关,对人体危害最大的是( )。

  A. 微波   B. 短波   C. 中波   D. 长波

16-72 (2012) 以下不属于放射性操作的工作人员需做的放射性防护方法的是( )。

A. 时间防护　　B. 药剂防护　　C. 屏蔽防护　　D. 距离防护

16-73　在统计噪声级中,相当于噪声平均峰值的是(　　)。
A. L_{90}　　B. L_{60}　　C. L_{50}　　D. L_{10}

16-74　采用某种能抑制电磁辐射能扩散的材料,将电磁场源与外界隔离开来,使辐射能限制在某一范围内,达到防止电磁污染的目的,这种方法称为(　　)。
A. 主动屏蔽　　B. 电磁屏蔽　　C. 被动屏蔽　　D. 以上都不是

16-75　下列措施不能起到隔振作用的是(　　)。
A. 在机器基础与其他结构之间铺设具有一定弹性的软材料
B. 在机器上安装设计合理的减振器
C. 隔振材料应选用密实耐压的
D. 在机器周围挖一定深度的沟

16-76　噪声控制的一种方法是在声音的传播过程中进行隔断或阻拦,此法可分为(　　)。
A. 消声和吸声　　　　　　B. 消声和隔声
C. 吸声和隔声　　　　　　D. 以上都不是

16-77　阻尼材料减振主要是通过减弱金属板中传播的(　　)来实现的。
A. 弯曲波　　B. 直线波　　C. 球形波　　D. 以上都不是

16-78　以居住、文教机关为主的区域,应将噪声控制在昼、夜间各为(　　)dB。
A. 50,40　　B. 55,45　　C. 60,50　　D. 65,55

参考答案及提示

16-1　B　水中COD＞BOD,即使在内源呼吸阶段,细菌也只能利用一部分COD。

16-2　A　选项C中并不是所有的悬浮固体都可以通过沉淀去除;选项D中总固体包括溶解性固体、胶体和悬浮性固体,其中悬浮性固体又包括挥发性悬浮固体和非挥发性悬浮固体。

16-3　B　概念题。

16-4　D　水环境容量如果大于实际排放量,不需削减排污量。

16-5　A　水中微粒表面常带负电荷。

16-6　C　选项B中氯在水中的存在形态不包括ClO,应为OCl^-。选项D中臭氧是一种氧化性很强又不稳定的气体,在水溶液中保持着很强的氧化性。臭氧氧化时一般不会增加水中的氯离子浓度,排放时不会污染环境或伤害水生物,因为臭氧在光合作用下会分解生成氧。

16-7　D　A、B、C均是正确的说法,消化池的搅拌强度适度即可。

16-8　C　由污泥容积指数SVI的定义可知。

16-9　A　氧转移速率的影响因素有污水水质、水温和氧分压等。

16-10　C　好氧塘的深度较浅,阳光能透至塘底,全部塘水内都含有溶解氧,塘内菌藻共生,溶解氧主要是由藻类供给,好氧微生物起净化污水作用。

16-11　A　根据公式(16-18)中$V_1/V_2=(100-p_2)/(100-p_1)$计算可得正确答案为A。

16-12　D　仅以除磷为目的污水处理中,一般宜采用较短的污泥龄。一般来说,污泥龄越短,污泥含磷量越高,排放的剩余污泥量越多,越可以取得较好的脱磷效果。

16-13　C　生物化学净化作用(主要原因)：污染物通过水生生物特别是微生物的生命活动,使其存在形态发生变化,有机物无机化、有害物无害化,从而使污染物的浓度降低总量减少。

16-14　B　气浮是一种有效的固-液和液-液分离方法,常用于对那些颗粒密度接近或小于水的细小颗粒的分离。它通过某种方法产生大量的微气泡,使微小气泡与在水中悬浮的颗粒黏附,形成水-气-颗粒三相混合体系,颗粒黏附上气泡后,密度小于水即浮上水面,从水中分离出去,形成浮渣。

16-15　A　混合液悬浮固体浓度(MLSS)又称混合液污泥浓度,表示的是在曝气池单位容积混合液内所含有的活性污泥固体物的总重量。

16-16　B　氧化沟具有推流特性,溶解氧浓度在沿池长方向形成浓度梯度,形成好氧、缺氧和厌氧条件。

16-17　D　生物膜法的主要类别有生物滤池、生物转盘、生物接触氧化法、生物流化床等。

16-18　C　湿地植物根毛的输氧及传递特性,使根系周围连续呈现好氧、缺氧及厌氧状态,相当于许多串联或并联的处理单元,使硝化、反硝化作用得以在湿地中进行。

16-19　D　污泥中的水分包括游离水、毛细水、内部水和附着水。

16-20　D　厌氧处理效果不好,故一般厌氧处理后需接好氧处理,以使污水达标排放。

16-21　A　沉砂池的工作是以重力沉降为基础的,即在沉降过程中颗粒杂质的尺寸、形状和比例不随时间而变化。自由沉降的沉砂池,其澄清流量与沉深无关,仅与池表面积和颗粒沉降速度相关。

16-22　B　超滤膜孔径为 $0.001\sim0.1\mu m$,可将大分子、细微粒子与溶液分离。

16-23　D　废水沿池长分段注入曝气池,有机物负荷分布较均衡,改善了供养速率与需氧速率间的矛盾,有利于降低能耗。混合液中的活性污泥浓度沿池长逐步降低,出流混合液的污泥浓度较低。

16-24　B　BOD_5/COD 值大于 0.3 适于生化法处理。

16-25　C　UASB 对进水中悬浮物需要适当控制,不宜过高,一般控制在 100mg/L 以下。

16-26　B　对于活性污泥法,铬、有机氯在好氧处理中对微生物有抑制和毒害作用,成为有毒物质；合成氨废水中的营养物质不够,可能会需要补充碳源或者磷硫等物质,故 B 正确。

16-27　C

16-28　A　在首段厌氧池进行磷的释放使污水中 P 的浓度升高,在缺氧池中,反硝化菌利用污水中的有机物作碳源,将回流混合液中带入的大量 NO_3^-—N 和 NO_2^-—N 还原为 N_2,释放至空气。

16-29　D　D 选项说法太绝对化,逆温可能造成严重污染。影响大气污染物地面浓度分布的因素有很多,主要有污染源分布情况、气象条件(如风向风速、气温气压、降水等)、地形以及植被情况等。

16-30　A　目前,全球性大气污染问题主要表现在温室效应、酸雨问题和臭氧层耗损问题三个方面。

16-31　D　根据题意可将燃烧方程式配平如下：$C_xH_yS_zO_w + \left(x+\dfrac{y}{4}+z-\dfrac{w}{2}\right)O_2 + 3.78\left(x+\dfrac{y}{4}+z-\dfrac{w}{2}\right)N_2 \rightarrow xCO_2 + \dfrac{y}{2}H_2O + zSO_2 + 3.78\left(x+\dfrac{y}{4}+z-\dfrac{w}{2}\right)N_2$,可知完

全燃烧 1mol 所产生的理论烟气量是 $x+y/2+z+3.78(x+y/4+z-w/2)$ mol。

16-32　A　分级效率指除尘装置对某一粒径或粒径间隔的除尘效率,对于同一型号的除尘器,分级效率是相同的。除尘器串联运行时第一级除尘效率高,第二级除尘效率低。

16-33　D　分割粒径(半分离粒径)d_{50}：即分级效率为 50% 的颗粒直径。

16-34　D　该系统除尘效率为：
$$\eta=1-(1-\eta_1)(1-\eta_2)=1-(1-85\%)\times(1-99\%)=99.85\%$$
故系统透过率为 0.15%。

16-35　B　旋风除尘器是利用旋转气流产生的离心力使尘粒从气流中分离的装置。惯性除尘器是借助尘粒本身的惯性力作用,使其与气流分离,此外还利用了离心力和重力的作用。

16-36　D　喷雾干燥法因添加的吸收剂呈湿态,而脱硫产物呈干态,也称为半干法。

16-37　C　二氧化碳不属于大气污染物,只能称为温室气体。

16-38　C

16-39　D　在扩散过程中污染物质的质量是守恒的。

16-40　C　用电除尘的方法分离气体中的悬浮离子,需四个步骤：气体电离、粉尘荷电、粉尘沉积和清灰。

16-41　A　当气体溶解度很大时,由气膜阻力控制着吸收过程的速率,故称为"气膜控制"过程。

16-42　D　考查涡流扩散的定义。

16-43　C

16-44　A　对流层的大气有较强的对流运动,大气污染也主要发生在这一层,特别是在靠近地面 1~2km 的近地层更易造成污染。

16-45　B　考查高斯扩散模式。

16-46　B　机械式除尘器是依靠机械力(重力、惯性力、离心力等)将尘粒从气流中去除的装置,包括重力沉降室、惯性除尘器、旋风除尘器。

16-47　D　袋式除尘器的截滤作用主要依靠一次黏附层的作用,可使网孔较大的滤料也能获得较高的过滤效率。

16-48　A

16-49　C

16-50　A　选项 A 应为污染物浓度在 y,z 风向上分布为正态分布。

16-51　B　由 $Q=\delta nq/1\,000=1.3\times10\times10^4\times1.1/1\,000=143$ t/d,设计转运量为 150 t/d。

16-52　D　磁选技术是利用固体废物中各种物质的磁性差异在不均匀磁场中进行分选的一种方法。

16-53　D　固体废物经破碎机破碎和筛分使其粒度均匀后送入分选机分选。

16-54　A　概念题,调控措施首先应是减少进料,然后是中和。

16-55　B　含水率适宜值不受碳氮比的影响。

16-56　A　因为前后可燃能量必须相等,即 $63\%Q_1=70\%Q_2$,得 $Q_2=0.9Q_1$,炉渣产水量下降的百分比为 $\dfrac{0.37Q_1-0.3Q_2}{0.37Q_1}\times100\%=27.03\%$。由于不完全燃烧会产生炉渣,所以应该小于 27.03%,故正确答案为 A。

16-57	C	电子垃圾中重金属危害严重,如何处理电子垃圾已成为各国的环保难题。
16-58	D	垃圾渗滤液中 COD_{cr} 最高可达 80 000mg/L,BOD_5 最高可达 35 000mg/L。一般而言,COD_{cr}、BOD_5、BOD_5/COD_{cr} 将随填埋场的年龄增长而降低,变化幅度较大。
16-59	B	
16-60	D	
16-61	C	
16-62	A	大部分垃圾处理以填埋为主。
16-63	D	
16-64	C	
16-65	B	考查筛分效率的定义。
16-66	A	考查好氧堆肥。
16-67	B	吸声系数反映单位面积的吸声能力,材料实际吸声能的多少,除了与材料的吸声系数有关,还与材料表面积有关,即 $A=\alpha S$,其中 α 为吸声系数,S 为吸声面积。如果组成室内各壁面的材料不同,则总吸声量 $A=\sum A_i=\sum \alpha_i S_i$。本题中,顶棚的面积为 $6\times 5=30m^2$,玻璃窗的面积为 $4\times(2\times 1)=8m^2$,地面及墙面混凝土的面积为 $6\times 5+2\times(6\times 4+5\times 4)-8=110m^2$,则吸声量 $A=0.65\times 30+0.1\times 8+0.01\times 110=21.4m^2$。
16-68	D	吸声系数定义为材料吸收和透过的声能与入射到材料上的总声能之比。
16-69	C	噪声级的叠加公式为 $L_{1+2}=10\lg(10^{L_1/10}+10^{L_2/10})$,代入数据计算得 66.8dB(A)。
16-70	B	概念题。《中华人民共和国城市区域环境振动标准》中用铅垂向 Z 振级作为评价指标。
16-71	A	电磁辐射对人体危害程度随波长而异,波长越短对人体作用越强,微波作用最为突出。
16-72	B	对于外照射的防护措施包括距离防护、时间防护和屏蔽防护。
16-73	D	
16-74	B	
16-75	C	选用隔振材料时,应避免材料过分密实或被压碎而失效。
16-76	C	
16-77	A	
16-78	B	

17 职业法规

考题配置　　单选,6题
分数配置　　每题2分,共12分

复习指导

注册环保工程师考试中与环境及环境要素相关的法律法规都会涉及,内容很多,需要花一定的时间来浏览这些法律条文,找出可能的考试点,如果考生有参加环境影响评价工程师考试的经验,则会对这部分内容有所了解。另外,有关的环境质量标准和污染物排放标准也需要进行了解。

17.1 与基本建设相关的法规

考试大纲☞：中华人民共和国环境保护法　中华人民共和国水污染防治法　中华人民共和国大气污染防治法　中华人民共和国噪声污染防治法　中华人民共和国固体废物污染环境防治法　中华人民共和国海洋污染防治法　中华人民共和国环境影响评价法　建设项目环境保护管理条例　中华人民共和国建筑法　建设工程勘察设计管理条例

必备基础知识

17.1.1 中华人民共和国环境保护法

（相关内容请见上册11.8节。）

典型例题解析

【例17-1】（2009）各级人民政府应当加强对农业环境的保护,防治土壤污染、土地沙化、盐渍化、贫瘠化、沼泽化、地面沉降和防治植被破坏、水土流失、水源枯竭、种源灭绝以及其他生态失调现象的发生和发展,推广植物病虫害的综合防治,合理利用化肥、农药及：

　　A. 转基因药物　　　　　B. 转基因植物
　　C. 动物生长激素　　　　D. 植物生长激素

解　根据《中华人民共和国环境保护法》第二十条可知：各级人民政府应当加强对农业环境的保护,防治土壤污染、土地沙化、盐渍化、贫瘠化、沼泽化、地面沉降和防治植被破坏、水土流失、水源枯竭、种源灭绝以及其他生态失调现象的发生和发展,推广植物病虫害的综合防治,合理利用化肥、农药及植物生长激素。选D。

【例 17-2】 (2010)《中华人民共和国环境保护法》所称的环境是指：
A. 影响人类社会生存和发展的各种天然因素总体
B. 影响人类社会生存和发展的各种自然因素总体
C. 影响人类社会生存和发展的各种大气、水、海洋和土地环境
D. 影响人类社会生存和发展的各种天然和经过人工改造的自然因素

解　根据《中华人民共和国环境保护法》第二条对环境的定义可知。选 D。

17.1.2 中华人民共和国水污染防治法

1）总则

第一条　为了防治水污染，保护和改善环境，保障饮用水安全，促进经济社会全面协调可持续发展，制定本法。

第二条　本法适用于中华人民共和国领域内的江河、湖泊、运河、渠道、水库等地表水体以及地下水体的污染防治。海洋污染防治适用《中华人民共和国海洋环境保护法》。

第三条　水污染防治应当坚持预防为主、防治结合、综合治理的原则，优先保护饮用水水源，严格控制工业污染、城镇生活污染，防治农业面源污染，积极推进生态治理工程建设，预防、控制和减少水环境污染和生态破坏。

第四条　县级以上人民政府应当将水环境保护工作纳入国民经济和社会发展规划。

县级以上地方人民政府应当采取防治水污染的对策和措施，对本行政区域的水环境质量负责。

第五条　国家实行水环境保护目标责任制和考核评价制度，将水环境保护目标完成情况作为对地方人民政府及其负责人考核评价的内容。

第六条　国家鼓励、支持水污染防治的科学技术研究和先进适用技术的推广应用，加强水环境保护的宣传教育。

第七条　国家通过财政转移支付等方式，建立健全对位于饮用水水源保护区区域和江河、湖泊、水库上游地区的水环境生态保护补偿机制。

第八条　县级以上人民政府环境保护主管部门对水污染防治实施统一监督管理。

交通主管部门的海事管理机构对船舶污染水域的防治实施监督管理。

县级以上人民政府水行政、国土资源、卫生、建设、农业、渔业等部门以及重要江河、湖泊的流域水资源保护机构，在各自的职责范围内，对有关水污染防治实施监督管理。

第九条　排放水污染物，不得超过国家或者地方规定的水污染物排放标准和重点水污染物排放总量控制指标。

第十条　任何单位和个人都有义务保护水环境，并有权对污染损害水环境的行为进行检举。

县级以上人民政府及其有关主管部门对在水污染防治工作中做出显著成绩的单位和个人给予表彰和奖励。

2）水污染防治的标准和规划

第十一条　国务院环境保护主管部门制定国家水环境质量标准。省、自治区、直辖市人民政府可以对国家水环境质量标准中未作规定的项目，制定地方标准，并报国务院环境保护主管部门备案。

第十二条　国务院环境保护主管部门会同国务院水行政主管部门和有关省、自治区、直辖市人

民政府,可以根据国家确定的重要江河、湖泊流域水体的使用功能以及有关地区的经济、技术条件,确定该重要江河、湖泊流域的省界水体适用的水环境质量标准,报国务院批准后施行。

第十三条　国务院环境保护主管部门根据国家水环境质量标准和国家经济、技术条件,制定国家水污染物排放标准。

省、自治区、直辖市人民政府对国家水污染物排放标准中未作规定的项目,可以制定地方水污染物排放标准;对国家水污染物排放标准中已作规定的项目,可以制定严于国家水污染物排放标准的地方水污染物排放标准。地方水污染物排放标准须报国务院环境保护主管部门备案。

向已有地方水污染物排放标准的水体排放污染物的,应当执行地方水污染物排放标准。

第十四条　国务院环境保护主管部门和省、自治区、直辖市人民政府,应当根据水污染防治的要求和国家或者地方的经济、技术条件,适时修订水环境质量标准和水污染物排放标准。

第十五条　防治水污染应当按流域或者按区域进行统一规划。国家确定的重要江河、湖泊的流域水污染防治规划,由国务院环境保护主管部门会同国务院经济综合宏观调控、水行政等部门和有关省、自治区、直辖市人民政府编制,报国务院批准。

前款规定外的其他跨省、自治区、直辖市江河、湖泊的流域水污染防治规划,根据国家确定的重要江河、湖泊的流域水污染防治规划和本地实际情况,由有关省、自治区、直辖市人民政府环境保护主管部门会同同级水行政等部门和有关市、县人民政府编制,经有关省、自治区、直辖市人民政府审核,报国务院批准。

省、自治区、直辖市内跨县江河、湖泊的流域水污染防治规划,根据国家确定的重要江河、湖泊的流域水污染防治规划和本地实际情况,由省、自治区、直辖市人民政府环境保护主管部门会同同级水行政等部门编制,报省、自治区、直辖市人民政府批准,并报国务院备案。

经批准的水污染防治规划是防治水污染的基本依据,规划的修订须经原批准机关批准。县级以上地方人民政府应当根据依法批准的江河、湖泊的流域水污染防治规划,组织制定本行政区域的水污染防治规划。

第十六条　国务院有关部门和县级以上地方人民政府开发、利用和调节、调度水资源时,应当统筹兼顾,维持江河的合理流量和湖泊、水库以及地下水体的合理水位,维护水体的生态功能。

3)水污染防治的监督管理

第十七条　新建、改建、扩建直接或者间接向水体排放污染物的建设项目和其他水上设施,应当依法进行环境影响评价。

建设单位在江河、湖泊新建、改建、扩建排污口的,应当取得水行政主管部门或者流域管理机构同意;涉及通航、渔业水域的,环境保护主管部门在审批环境影响评价文件时,应当征求交通、渔业主管部门的意见。建设项目的水污染防治设施,应当与主体工程同时设计、同时施工、同时投入使用。水污染防治设施应当经过环境保护主管部门验收,验收不合格的,该建设项目不得投入生产或者使用。

第十八条　国家对重点水污染物排放实施总量控制制度。

省、自治区、直辖市人民政府应当按照国务院的规定削减和控制本行政区域的重点水污染物排放总量,并将重点水污染物排放总量控制指标分解落实到市、县人民政府。市、县人民政府根据本行政区域重点水污染物排放总量控制指标的要求,将重点水污染物排放总量控制指标分解落实到排污单位。具体办法和实施步骤由国务院规定。

省、自治区、直辖市人民政府可以根据本行政区域水环境质量状况和水污染防治工作的需要,确定本行政区域实施总量削减和控制的重点水污染物。

对超过重点水污染物排放总量控制指标的地区,有关人民政府环境保护主管部门应当暂停审批新增重点水污染物排放总量的建设项目的环境影响评价文件。

第十九条　国务院环境保护主管部门对未按照要求完成重点水污染物排放总量控制指标的省、自治区、直辖市予以公布。省、自治区、直辖市人民政府环境保护主管部门对未按照要求完成重点水污染物排放总量控制指标的市、县予以公布。

县级以上人民政府环境保护主管部门对违反本法规定、严重污染水环境的企业予以公布。

第二十条　国家实行排污许可制度。

直接或者间接向水体排放工业废水和医疗污水以及其他按照规定应当取得排污许可证方可排放的废水、污水的企业事业单位,应当取得排污许可证;城镇污水集中处理设施的运营单位,也应当取得排污许可证。排污许可的具体办法和实施步骤由国务院规定。

禁止企业事业单位无排污许可证或者违反排污许可证的规定向水体排放前款规定的废水、污水。

第二十一条　直接或者间接向水体排放污染物的企业事业单位和个体工商户,应当按照国务院环境保护主管部门的规定,向县级以上地方人民政府环境保护主管部门申报登记拥有的水污染物排放设施、处理设施和在正常作业条件下排放水污染物的种类、数量和浓度,并提供防治水污染方面的有关技术资料。

企业事业单位和个体工商户排放水污染物的种类、数量和浓度有重大改变的,应当及时申报登记;其水污染物处理设施应当保持正常使用;拆除或者闲置水污染物处理设施的,应当事先报县级以上地方人民政府环境保护主管部门批准。

第二十二条　向水体排放污染物的企业事业单位和个体工商户,应当按照法律、行政法规和国务院环境保护主管部门的规定设置排污口;在江河、湖泊设置排污口的,还应当遵守国务院水行政主管部门的规定。禁止私设暗管或者采取其他规避监管的方式排放水污染物。

第二十三条　重点排污单位应当安装水污染物排放自动监测设备,与环境保护主管部门的监控设备联网,并保证监测设备正常运行。排放工业废水的企业,应当对其所排放的工业废水进行监测,并保存原始监测记录。具体办法由国务院环境保护主管部门规定。

应当安装水污染物排放自动监测设备的重点排污单位名录,由设区的市级以上地方人民政府环境保护主管部门根据本行政区域的环境容量、重点水污染物排放总量控制指标的要求以及排污单位排放水污染物的种类、数量和浓度等因素,商同级有关部门确定。

第二十四条　直接向水体排放污染物的企业事业单位和个体工商户,应当按照排放水污染物的种类、数量和排污费征收标准缴纳排污费。排污费应当用于污染的防治,不得挪作他用。

第二十五条　国家建立水环境质量监测和水污染物排放监测制度。国务院环境保护主管部门负责制定水环境监测规范,统一发布国家水环境状况信息,会同国务院水行政等部门组织监测网络。

第二十六条　国家确定的重要江河、湖泊流域的水资源保护工作机构负责监测其所在流域的省界水体的水环境质量状况,并将监测结果及时报国务院环境保护主管部门和国务院水行政主管部门;有经国务院批准成立的流域水资源保护领导机构的,应当将监测结果及时报告流域水资源保护领导机构。

第二十七条 环境保护主管部门和其他依照本法规定行使监督管理权的部门,有权对管辖范围内的排污单位进行现场检查,被检查的单位应当如实反映情况,提供必要的资料。检察机关有义务为被检查的单位保守在检查中获取的商业秘密。

第二十八条 跨行政区域的水污染纠纷,由有关地方人民政府协商解决,或者由其共同的上级人民政府协调解决。

4)水污染防治措施

(1)一般规定

第二十九条 禁止向水体排放油类、酸液、碱液或者剧毒废液。禁止在水体清洗装贮过油类或者有毒污染物的车辆和容器。

第三十条 禁止向水体排放、倾倒放射性固体废物或者含有高放射性和中放射性物质的废水。向水体排放含低放射性物质的废水,应当符合国家有关放射性污染防治的规定和标准。

第三十一条 向水体排放含热废水,应当采取措施,保证水体的水温符合水环境质量标准。

第三十二条 含病原体的污水应当经过消毒处理;符合国家有关标准后,方可排放。

第三十三条 禁止向水体排放、倾倒工业废渣、城镇垃圾和其他废弃物。禁止将含有汞、镉、砷、铬、铅、氰化物、黄磷等的可溶性剧毒废渣向水体排放、倾倒或者直接埋入地下。存放可溶性剧毒废渣的场所,应当采取防水、防渗漏、防流失的措施。

第三十四条 禁止在江河、湖泊、运河、渠道、水库最高水位线以下的滩地和岸坡堆放、存贮固体废弃物和其他污染物。

第三十五条 禁止利用渗井、渗坑、裂隙和溶洞排放、倾倒含有毒污染物的废水、含病原体的污水和其他废弃物。

第三十六条 禁止利用无防渗漏措施的沟渠、坑塘等输送或者存贮含有毒污染物的废水、含病原体的污水和其他废弃物。

第三十七条 多层地下水的含水层水质差异大的,应当分层开采;对已受污染的潜水和承压水,不得混合开采。

第三十八条 兴建地下工程设施或者进行地下勘探、采矿等活动,应当采取防护性措施,防止地下水污染。

第三十九条 人工回灌补给地下水,不得恶化地下水质。

(2)工业水污染防治

第四十条 国务院有关部门和县级以上地方人民政府应当合理规划工业布局,要求造成水污染的企业进行技术改造,采取综合防治措施,提高水的重复利用率,减少废水和污染物排放量。

第四十一条 国家对严重污染水环境的落后工艺和设备实行淘汰制度。

国务院经济综合宏观调控部门会同国务院有关部门,公布限期禁止采用的严重污染水环境的工艺名录和限期禁止生产、销售、进口、使用的严重污染水环境的设备名录。

生产者、销售者、进口者或者使用者应当在规定的期限内停止生产、销售、进口或者使用列入前款规定的设备名录中的设备。工艺的采用者应当在规定的期限内停止采用列入前款规定的工艺名录中的工艺。

依照本条第二款、第三款规定被淘汰的设备,不得转让给他人使用。

第四十二条 国家禁止新建不符合国家产业政策的小型造纸、制革、印染、染料、炼焦、炼硫、炼砷、炼汞、炼油、电镀、农药、石棉、水泥、玻璃、钢铁、火电以及其他严重污染水环境的生产项目。

第四十三条 企业应当采用原材料利用效率高、污染物排放量少的清洁工艺,并加强管理,减少水污染物的产生。

(3)城镇水污染防治

第四十四条 城镇污水应当集中处理。

县级以上地方人民政府应当通过财政预算和其他渠道筹集资金,统筹安排建设城镇污水集中处理设施及配套管网,提高本行政区域城镇污水的收集率和处理率。

国务院建设主管部门应当会同国务院经济综合宏观调控、环境保护主管部门,根据城乡规划和水污染防治规划,组织编制全国城镇污水处理设施建设规划。县级以上地方人民政府组织建设、经济综合宏观调控、环境保护、水行政等部门编制本行政区域的城镇污水处理设施建设规划。县级以上地方人民政府建设主管部门应当按照城镇污水处理设施建设规划,组织建设城镇污水集中处理设施及配套管网,并加强对城镇污水集中处理设施运营的监督管理。

城镇污水集中处理设施的运营单位按照国家规定向排污者提供污水处理的有偿服务,收取污水处理费用,保证污水集中处理设施的正常运行。向城镇污水集中处理设施排放污水、缴纳污水处理费用的,不再缴纳排污费。收取的污水处理费用应当用于城镇污水集中处理设施的建设和运行,不得挪作他用。

城镇污水集中处理设施的污水处理收费、管理以及使用的具体办法,由国务院规定。

第四十五条 向城镇污水集中处理设施排放水污染物,应当符合国家或者地方规定的水污染物排放标准。

城镇污水集中处理设施的出水水质达到国家或者地方规定的水污染物排放标准的,可以按照国家有关规定免缴排污费。

城镇污水集中处理设施的运营单位,应当对城镇污水集中处理设施的出水水质负责。

环境保护主管部门应当对城镇污水集中处理设施的出水水质和水量进行监督检查。

第四十六条 建设生活垃圾填埋场,应当采取防渗漏等措施,防止造成水污染。

(4)农业和农村水污染防治

第四十七条 使用农药,应当符合国家有关农药安全使用的规定和标准。运输、存储农药和处置过期失效农药,应当加强管理,防止造成水污染。

第四十八条 县级以上地方人民政府农业主管部门和其他有关部门,应当采取措施,指导农业生产者科学、合理地施用化肥和农药,控制化肥和农药的过量使用,防止造成水污染。

第四十九条 国家支持畜禽养殖场、养殖小区建设畜禽粪便、废水的综合利用或者无害化处理设施。畜禽养殖场、养殖小区应当保证其畜禽粪便、废水的综合利用或者无害化处理设施正常运转,保证污水达标排放,防止污染水环境。

第五十条 从事水产养殖应当保护水域生态环境,科学确定养殖密度,合理投饵和使用药物,防止污染水环境。

第五十一条 向农田灌溉渠道排放工业废水和城镇污水,应当保证其下游最近的灌溉取水点的水质符合农田灌溉水质标准。

利用工业废水和城镇污水进行灌溉,应当防止污染土壤、地下水和农产品。

(5)船舶水污染防治

第五十二条 船舶排放含油污水、生活污水,应当符合船舶污染物排放标准。从事海洋航运的船舶进入内河和港口的,应当遵守内河的船舶污染物排放标准。

船舶的残油、废油应当回收,禁止排入水体。

禁止向水体倾倒船舶垃圾。

船舶装载运输油类或者有毒货物,应当采取防止溢流和渗漏的措施,防止货物落水造成水污染。

第五十三条 船舶应当按照国家有关规定配置相应的防污设备和器材,并持有合法有效的防止水域环境污染的证书与文书。船舶进行涉及污染物排放的作业,应当严格遵守操作规程,并在相应的记录簿上如实记载。

第五十四条 港口、码头、装卸站和船舶修造厂应当备有足够的船舶污染物、废弃物的接收设施。从事船舶污染物、废弃物接收作业,或者从事装载油类、污染危害性货物船舱清洗作业的单位,应当具备与其运营规模相适应的接收处理能力。

第五十五条 船舶进行下列活动,应当编制作业方案,采取有效的安全和防污染措施,并报作业地海事管理机构批准:①进行残油、含油污水、污染危害性货物残留物的接收作业,或者进行装载油类、污染危害性货物船舱的清洗作业;②进行散装液体污染危害性货物的过驳作业;③进行船舶水上拆解、打捞或者其他水上、水下船舶施工作业。

在渔港水域进行渔业船舶水上拆解活动,应当报作业地渔业主管部门批准。

5)饮用水水源和其他特殊水体保护

第五十六条 国家建立饮用水水源保护区制度。饮用水水源保护区分为一级保护区和二级保护区;必要时,可以在饮用水水源保护区外围划定一定的区域作为准保护区。

饮用水水源保护区的划定,由有关市、县人民政府提出划定方案,报省、自治区、直辖市人民政府批准;跨市、县饮用水水源保护区的划定,由有关市、县人民政府协商提出划定方案,报省、自治区、直辖市人民政府批准;协商不成的,由省、自治区、直辖市人民政府环境保护主管部门会同同级水行政、国土资源、卫生、建设等部门提出划定方案,征求同级有关部门的意见后,报省、自治区、直辖市人民政府批准。

跨省、自治区、直辖市的饮用水水源保护区,由有关省、自治区、直辖市人民政府商有关流域管理机构划定;协商不成的,由国务院环境保护主管部门会同同级水行政、国土资源、卫生、建设等部门提出划定方案,征求国务院有关部门的意见后,报国务院批准。

国务院和省、自治区、直辖市人民政府可以根据保护饮用水水源的实际需要,调整饮用水水源保护区的范围,确保饮用水安全。有关地方人民政府应当在饮用水水源保护区的边界设立明确的地理界标和明显的警示标志。

第五十七条 在饮用水水源保护区内,禁止设置排污口。

第五十八条 禁止在饮用水水源一级保护区内新建、改建、扩建与供水设施和保护水源无关的建设项目;已建成的与供水设施和保护水源无关的建设项目,由县级以上人民政府责令拆除或者关闭。禁止在饮用水水源一级保护区内从事网箱养殖、旅游、游泳、垂钓或者其他可能污染饮用水水体的活动。

第五十九条 禁止在饮用水水源二级保护区内新建、改建、扩建排放污染物的建设项目;已建成的排放污染物的建设项目,由县级以上人民政府责令拆除或者关闭。在饮用水水源二级保护区内从事网箱养殖、旅游等活动的,应当按照规定采取措施,防止污染饮用水水体。

第六十条 禁止在饮用水水源准保护区内新建、扩建对水体污染严重的建设项目;改建建设项目,不得增加排污量。

第六十一条 县级以上地方人民政府应当根据保护饮用水水源的实际需要,在准保护区内采取工程措施或者建造湿地、水源涵养林等生态保护措施,防止水污染物直接排入饮用水水体,确保饮用水安全。

第六十二条 饮用水水源受到污染可能威胁供水安全的,环境保护主管部门应当责令有关企业事业单位采取停止或者减少排放水污染物等措施。

第六十三条 国务院和省、自治区、直辖市人民政府根据水环境保护的需要,可以规定在饮用水水源保护区内,采取禁止或者限制使用含磷洗涤剂、化肥、农药以及限制种植养殖等措施。

第六十四条 县级以上人民政府可以对风景名胜区水体、重要渔业水体和其他具有特殊经济文化价值的水体划定保护区,并采取措施,保证保护区的水质符合规定用途的水环境质量标准。

第六十五条 在风景名胜区水体、重要渔业水体和其他具有特殊经济文化价值的水体的保护区内,不得新建排污口。在保护区附近新建排污口,应当保证保护区水体不受污染。

6)水污染事故处置

第六十六条 各级人民政府及其有关部门,可能发生水污染事故的企业事业单位,应当依照《中华人民共和国突发事件应对法》的规定,做好突发水污染事故的应急准备、应急处置和事后恢复等工作。

第六十七条 可能发生水污染事故的企业事业单位,应当制定有关水污染事故的应急方案,做好应急准备,并定期进行演练。

生产、储存危险化学品的企业事业单位,应当采取措施,防止在处理安全生产事故过程中产生的可能严重污染水体的消防废水、废液直接排入水体。

第六十八条 企业事业单位发生事故或者其他突发性事件,造成或者可能造成水污染事故的,应当立即启动本单位的应急方案,采取应急措施,并向事故发生地的县级以上地方人民政府或者环境保护主管部门报告。环境保护主管部门接到报告后,应当及时向本级人民政府报告,并抄送有关部门。

造成渔业污染事故或者渔业船舶造成水污染事故的,应当向事故发生地的渔业主管部门报告,接受调查处理。其他船舶造成水污染事故的,应当向事故发生地的海事管理机构报告,接受调查处理;给渔业造成损害的,海事管理机构应当通知渔业主管部门参与调查处理。

7)法律责任

第六十九条 环境保护主管部门或者其他依照本法规定行使监督管理权的部门,不依法作出行政许可或者办理批准文件的,发现违法行为或者接到对违法行为的举报后不予查处的,或者有其他未依照本法规定履行职责的行为的,对直接负责的主管人员和其他直接责任人员依法给予处分。

第七十条 拒绝环境保护主管部门或者其他依照本法规定行使监督管理权的部门的监督检查,或者在接受监督检查时弄虚作假的,由县级以上人民政府环境保护主管部门或者其他依照本法规定行使监督管理权的部门责令改正,处一万元以上十万元以下的罚款。

第七十一条 违反本法规定,建设项目的水污染防治设施未建成、未经验收或者验收不合格,主体工程即投入生产或者使用的,由县级以上人民政府环境保护主管部门责令停止生产或者使用,直至验收合格,处五万元以上五十万元以下的罚款。

第七十二条　违反本法规定,有下列行为之一的,由县级以上人民政府环境保护主管部门责令限期改正;逾期不改正的,处一万元以上十万元以下的罚款:

①拒报或者谎报国务院环境保护主管部门规定的有关水污染物排放申报登记事项的;

②未按照规定安装水污染物排放自动监测设备或者未按照规定与环境保护主管部门的监控设备联网,并保证监测设备正常运行的;

③未按照规定对所排放的工业废水进行监测并保存原始监测记录的。

第七十三条　违反本法规定,不正常使用水污染物处理设施,或者未经环境保护主管部门批准拆除、闲置水污染物处理设施的,由县级以上人民政府环境保护主管部门责令限期改正,处应缴纳排污费数额一倍以上三倍以下的罚款。

第七十四条　违反本法规定,排放水污染物超过国家或者地方规定的水污染物排放标准,或者超过重点水污染物排放总量控制指标的,由县级以上人民政府环境保护主管部门按照权限责令限期治理,处应缴纳排污费数额二倍以上五倍以下的罚款。

限期治理期间,由环境保护主管部门责令限制生产、限制排放或者停产整治。限期治理的期限最长不超过一年;逾期未完成治理任务的,报经有批准权的人民政府批准,责令关闭。

第七十五条　在饮用水水源保护区内设置排污口的,由县级以上地方人民政府责令限期拆除,处十万元以上五十万元以下的罚款;逾期不拆除的,强制拆除,所需费用由违法者承担,处五十万元以上一百万元以下的罚款,并可以责令停产整顿。

除前款规定外,违反法律、行政法规和国务院环境保护主管部门的规定设置排污口或者私设暗管的,由县级以上地方人民政府环境保护主管部门责令限期拆除,处二万元以上十万元以下的罚款;逾期不拆除的,强制拆除,所需费用由违法者承担,处十万元以上五十万元以下的罚款;私设暗管或者有其他严重情节的,县级以上地方人民政府环境保护主管部门可以提请县级以上地方人民政府责令停产整顿。

未经水行政主管部门或者流域管理机构同意,在江河、湖泊新建、改建、扩建排污口的,由县级以上人民政府水行政主管部门或者流域管理机构依据职权,依照前款规定采取措施、给予处罚。

第七十六条　有下列行为之一的,由县级以上地方人民政府环境保护主管部门责令停止违法行为,限期采取治理措施,消除污染,处以罚款;逾期不采取治理措施的,环境保护主管部门可以指定有治理能力的单位代为治理,所需费用由违法者承担:

①向水体排放油类、酸液、碱液的;

②向水体排放剧毒废液,或者将含有汞、镉、砷、铬、铅、氰化物、黄磷等的可溶性剧毒废渣向水体排放、倾倒或者直接埋入地下的;

③在水体清洗装储过油类、有毒污染物的车辆或者容器的;

④向水体排放、倾倒工业废渣、城镇垃圾或者其他废弃物,或者在江河、湖泊、运河、渠道、水库最高水位线以下的滩地、岸坡堆放、存储固体废弃物或者其他污染物的;

⑤向水体排放、倾倒放射性固体废物或者含有高放射性、中放射性物质的废水的;

⑥违反国家有关规定或者标准,向水体排放含低放射性物质的废水、热废水或者含病原体的污水的;

⑦利用渗井、渗坑、裂隙或者溶洞排放、倾倒含有毒污染物的废水、含病原体的污水或者其

他废弃物的；

⑧利用无防渗漏措施的沟渠、坑塘等输送或者存储含有毒污染物的废水、含病原体的污水或者其他废弃物的。

有前款第三项、第六项行为之一的，处一万元以上十万元以下的罚款；有前款第一项、第四项、第八项行为之一的，处二万元以上二十万元以下的罚款；有前款第二项、第五项、第七项行为之一的，处五万元以上五十万元以下的罚款。

第七十七条　违反本法规定，生产、销售、进口或者使用列入禁止生产、销售、进口、使用的严重污染水环境的设备名录中的设备，或者采用列入禁止采用的严重污染水环境的工艺名录中的工艺的，由县级以上人民政府经济综合宏观调控部门责令改正，处五万元以上二十万元以下的罚款；情节严重的，由县级以上人民政府经济综合宏观调控部门提出意见，报请本级人民政府责令停业、关闭。

第七十八条　违反本法规定，建设不符合国家产业政策的小型造纸、制革、印染、染料、炼焦、炼硫、炼砷、炼汞、炼油、电镀、农药、石棉、水泥、玻璃、钢铁、火电以及其他严重污染水环境的生产项目的，由所在地的市、县人民政府责令关闭。

第七十九条　船舶未配置相应的防污染设备和器材，或者未持有合法有效的防止水域环境污染的证书与文书的，由海事管理机构、渔业主管部门按照职责分工责令限期改正，处二千元以上二万元以下的罚款；逾期不改正的，责令船舶临时停航。船舶进行涉及污染物排放的作业，未遵守操作规程或者未在相应的记录簿上如实记载的，由海事管理机构、渔业主管部门按照职责分工责令改正，处二千元以上二万元以下的罚款。

第八十条　违反本法规定，有下列行为之一的，由海事管理机构、渔业主管部门按照职责分工责令停止违法行为，处以罚款；造成水污染的，责令限期采取治理措施，消除污染；逾期不采取治理措施的，海事管理机构、渔业主管部门按照职责分工可以指定有治理能力的单位代为治理，所需费用由船舶承担：

①向水体倾倒船舶垃圾或者排放船舶的残油、废油的；

②未经作业地海事管理机构批准，船舶进行残油、含油污水、污染危害性货物残留物的接收作业，或者进行装载油类、污染危害性货物船舱的清洗作业，或者进行散装液体污染危害性货物的过驳作业的；

③未经作业地海事管理机构批准，进行船舶水上拆解、打捞或者其他水上、水下船舶施工作业的；

④未经作业地渔业主管部门批准，在渔港水域进行渔业船舶水上拆解的。

有前款第一项、第二项、第四项行为之一的，处五千元以上五万元以下的罚款；有前款第三项行为的，处一万元以上十万元以下的罚款。

第八十一条　有下列行为之一的，由县级以上地方人民政府环境保护主管部门责令停止违法行为，处十万元以上五十万元以下的罚款；并报经有批准权的人民政府批准，责令拆除或者关闭：

①在饮用水水源一级保护区内新建、改建、扩建与供水设施和保护水源无关的建设项目的；

②在饮用水水源二级保护区内新建、改建、扩建排放污染物的建设项目的；

③在饮用水水源准保护区内新建、扩建对水体污染严重的建设项目，或者改建建设项目增加排污量的。

在饮用水水源一级保护区内从事网箱养殖或者组织进行旅游、垂钓或者其他可能污染饮用水水体的活动的,由县级以上地方人民政府环境保护主管部门责令停止违法行为,处二万元以上十万元以下的罚款。个人在饮用水水源一级保护区内游泳、垂钓或者从事其他可能污染饮用水水体的活动的,由县级以上地方人民政府环境保护主管部门责令停止违法行为,可以处五百元以下的罚款。

第八十二条　企业事业单位有下列行为之一的,由县级以上人民政府环境保护主管部门责令改正;情节严重的,处二万元以上十万元以下的罚款:①不按照规定制定水污染事故的应急方案的;②水污染事故发生后,未及时启动水污染事故的应急方案,采取有关应急措施的。

第八十三条　企业事业单位违反本法规定,造成水污染事故的,由县级以上人民政府环境保护主管部门依照本条第二款的规定处以罚款,责令限期采取治理措施,消除污染;不按要求采取治理措施或者不具备治理能力的,由环境保护主管部门指定有治理能力的单位代为治理,所需费用由违法者承担;对造成重大或者特大水污染事故的,可以报经有批准权的人民政府批准,责令关闭;对直接负责的主管人员和其他直接责任人员可以处上一年度从本单位取得的收入百分之五十以下的罚款。

对造成一般或者较大水污染事故的,按照水污染事故造成的直接损失的百分之二十计算罚款;对造成重大或者特大水污染事故的,按照水污染事故造成的直接损失的百分之三十计算罚款。

造成渔业污染事故或者渔业船舶造成水污染事故的,由渔业主管部门进行处罚;其他船舶造成水污染事故的,由海事管理机构进行处罚。

第八十四条　当事人对行政处罚决定不服的,可以申请行政复议,也可以在收到通知之日起十五日内向人民法院起诉;期满不申请行政复议或者起诉,又不履行行政处罚决定的,由作出行政处罚决定的机关申请人民法院强制执行。

第八十五条　因水污染受到损害的当事人,有权要求排污方排除危害和赔偿损失。

由于不可抗力造成水污染损害的,排污方不承担赔偿责任;法律另有规定的除外。

水污染损害是由受害人故意造成的,排污方不承担赔偿责任。水污染损害是由受害人重大过失造成的,可以减轻排污方的赔偿责任。

水污染损害是由第三人造成的,排污方承担赔偿责任后,有权向第三人追偿。

第八十六条　因水污染引起的损害赔偿责任和赔偿金额的纠纷,可以根据当事人的请求,由环境保护主管部门或者海事管理机构、渔业主管部门按照职责分工调解处理;调解不成的,当事人可以向人民法院提起诉讼。当事人也可以直接向人民法院提起诉讼。

第八十七条　因水污染引起的损害赔偿诉讼,由排污方就法律规定的免责事由及其行为与损害结果之间不存在因果关系承担举证责任。

第八十八条　因水污染受到损害的当事人人数众多的,可以依法由当事人推选代表人进行共同诉讼。

环境保护主管部门和有关社会团体可以依法支持因水污染受到损害的当事人向人民法院提起诉讼。

国家鼓励法律服务机构和律师为水污染损害诉讼中的受害人提供法律援助。

第八十九条　因水污染引起的损害赔偿责任和赔偿金额的纠纷,当事人可以委托环境监测机构提供监测数据。环境监测机构应当接受委托,如实提供有关监测数据。

第九十条　违反本法规定,构成违反治安管理行为的,依法给予治安管理处罚;构成犯罪的,依法追究刑事责任。

8) 附则

第九十一条 本法中下列用语的含义:

①水污染,是指水体因某种物质的介入,而导致其化学、物理、生物或者放射性等方面特性的改变,从而影响水的有效利用,危害人体健康或者破坏生态环境,造成水质恶化的现象。

②水污染物,是指直接或者间接向水体排放的,能导致水体污染的物质。

③有毒污染物,是指那些直接或者间接被生物摄入体内后,可能导致该生物或者其后代发病、行为反常、遗传异变、生理机能失常、机体变形或者死亡的污染物。

④渔业水体,是指划定的鱼虾类的产卵场、索饵场、越冬场、洄游通道和鱼虾贝藻类的养殖场的水体。

第九十二条 本法自2008年6月1日起施行。

典型例题解析

【例17-3】 (2009)《中华人民共和国水污染防治法》规定,防治水污染应当:
A. 按流域或者按区域进行统一规划
B. 按相关行政区域分段管理进行统一规划
C. 按多部门共同管理进行统一规划
D. 按流域或者季节变化进行统一规划

解 根据《中华人民共和国水污染防治法》第十五条:防治水污染应当按流域或者按区域进行统一规划。选A。

【例17-4】 (2014)我国水污染事故频发,严重影响了人民生活和工业生产的安全,关于水污染事故的处置,下列哪点描述是不正确的:
A. 可能发生水污染事故的企业事业单位,应当制定有关水污染事故的应急方案,做好应急准备,并定期进行演练
B. 储存危险化学品的企业事业单位,应当采取措施,防止在处理安全生产事故过程中产生的可能严重污染水体的消防废水、废液直接排入水体
C. 企业事业单位发生事故或者其他突发性事件,造成或者可能造成水污染事故的,应当立即启动本单位的应急方案,采取应急措施
D. 船舶造成水污染事故的,向事故发生地的环境保护机构报告,并接受调查处理即可

解 船舶造成水污染事故的,由海事管理机构、渔业主管部门按照职责分工责令限期改正,并处以罚款。选D。

17.1.3 中华人民共和国大气污染防治法(2015年修订版)

1) 总则

第一条 为保护和改善环境,防治大气污染,保障公众健康,推进生态文明建设,促进经济社会可持续发展,制定本法。

第二条 防治大气污染,应当以改善大气环境质量为目标,坚持源头治理,规划先行,转变经济发展方式,优化产业结构和布局,调整能源结构。

防治大气污染,应当加强对燃煤、工业、机动车船、扬尘、农业等大气污染的综合防治,推行区域大气污染联合防治,对颗粒物、二氧化硫、氮氧化物、挥发性有机物、氨等大气污染物和温室气体实施协同控制。

第三条 县级以上人民政府应当将大气污染防治工作纳入国民经济和社会发展规划,加大对大气污染防治的财政投入。

地方各级人民政府应当对本行政区域的大气环境质量负责,制定规划,采取措施,控制或者逐步削减大气污染物的排放量,使大气环境质量达到规定标准并逐步改善。

第四条 国务院环境保护主管部门会同国务院有关部门,按照国务院的规定,对省、自治区、直辖市大气环境质量改善目标、大气污染防治重点任务完成情况进行考核。省、自治区、直辖市人民政府制定考核办法,对本行政区域内地方大气环境质量改善目标、大气污染防治重点任务完成情况实施考核。考核结果应当向社会公开。

第五条 县级以上人民政府环境保护主管部门对大气污染防治实施统一监督管理。

县级以上人民政府其他有关部门在各自职责范围内对大气污染防治实施监督管理。

第六条 国家鼓励和支持大气污染防治科学技术研究,开展对大气污染来源及其变化趋势的分析,推广先进适用的大气污染防治技术和装备,促进科技成果转化,发挥科学技术在大气污染防治中的支撑作用。

第七条 企业事业单位和其他生产经营者应当采取有效措施,防止、减少大气污染,对所造成的损害依法承担责任。

公民应当增强大气环境保护意识,采取低碳、节俭的生活方式,自觉履行大气环境保护义务。

2) 大气污染防治标准和限期达标规划

第八条 国务院环境保护主管部门或者省、自治区、直辖市人民政府制定大气环境质量标准,应当以保障公众健康和保护生态环境为宗旨,与经济社会发展相适应,做到科学合理。

第九条 国务院环境保护主管部门或者省、自治区、直辖市人民政府制定大气污染物排放标准,应当以大气环境质量标准和国家经济、技术条件为依据。

第十条 制定大气环境质量标准、大气污染物排放标准,应当组织专家进行审查和论证,并征求有关部门、行业协会、企业事业单位和公众等方面的意见。

第十一条 省级以上人民政府环境保护主管部门应当在其网站上公布大气环境质量标准、大气污染物排放标准,供公众免费查阅、下载。

第十二条 大气环境质量标准、大气污染物排放标准的执行情况应当定期进行评估,根据评估结果对标准适时进行修订。

第十三条 制定燃煤、石油焦、生物质燃料、涂料等含挥发性有机物的产品、烟花爆竹以及锅炉等产品的质量标准,应当明确大气环境保护要求。

制定燃油质量标准,应当符合国家大气污染物控制要求,并与国家机动车船、非道路移动机械大气污染物排放标准相互衔接,同步实施。

前款所称非道路移动机械,是指装配有发动机的移动机械和可运输工业设备。

第十四条 未达到国家大气环境质量标准城市的人民政府应当及时编制大气环境质量限期达标规划,采取措施,按照国务院或者省级人民政府规定的期限达到大气环境质量标准。

编制城市大气环境质量限期达标规划,应当征求有关行业协会、企业事业单位、专家和公众等方面的意见。

第十五条 城市大气环境质量限期达标规划应当向社会公开。直辖市和设区的市的大气环境质量限期达标规划应当报国务院环境保护主管部门备案。

第十六条 城市人民政府每年在向本级人民代表大会或者其常务委员会报告环境状况和环境保护目标完成情况时,应当报告大气环境质量限期达标规划执行情况,并向社会公开。

第十七条 城市大气环境质量限期达标规划应当根据大气污染防治的要求和经济、技术条件适时进行评估、修订。

3) 大气污染防治的监督管理

第十八条 企业事业单位和其他生产经营者建设对大气环境有影响的项目,应当依法进行环境影响评价、公开环境影响评价文件;向大气排放污染物的,应当符合大气污染物排放标准,遵守重点大气污染物排放总量控制要求。

第十九条 排放工业废气或者本法第七十八条规定名录中所列有毒有害大气污染物的企业事业单位、集中供热设施的燃煤热源生产运营单位以及其他依法实行排污许可管理的单位,应当取得排污许可证。排污许可的具体办法和实施步骤由国务院规定。

第二十条 企业事业单位和其他生产经营者向大气排放污染物的,应当依照法律法规和国务院环境保护主管部门的规定设置大气污染物排放口。

禁止通过偷排、篡改或者伪造监测数据、以逃避现场检查为目的的临时停产、非紧急情况下开启应急排放通道、不正常运行大气污染防治设施等逃避监管的方式排放大气污染物。

第二十一条 国家对重点大气污染物排放实行总量控制。

重点大气污染物排放总量控制目标,由国务院环境保护主管部门在征求国务院有关部门和各省、自治区、直辖市人民政府意见后,会同国务院经济综合主管部门报国务院批准并下达实施。

省、自治区、直辖市人民政府应当按照国务院下达的总量控制目标,控制或者削减本行政区域的重点大气污染物排放总量。

确定总量控制目标和分解总量控制指标的具体办法,由国务院环境保护主管部门会同国务院有关部门规定。省、自治区、直辖市人民政府可以根据本行政区域大气污染防治的需要,对国家重点大气污染物之外的其他大气污染物排放实行总量控制。

国家逐步推行重点大气污染物排污权交易。

第二十二条 对超过国家重点大气污染物排放总量控制指标或者未完成国家下达的大气环境质量改善目标的地区,省级以上人民政府环境保护主管部门应当会同有关部门约谈该地区人民政府的主要负责人;并暂停审批该地区新增重点大气污染物排放总量的建设项目环境影响评价文件。约谈情况应当向社会公开。

第二十三条 国务院环境保护主管部门负责制定大气环境质量和大气污染源的监测和评价规范,组织建设与管理全国大气环境质量和大气污染源监测网,组织开展大气环境质量和大气污染源监测,统一发布全国大气环境质量状况信息。

县级以上地方人民政府环境保护主管部门负责组织建设与管理本行政区域大气环境质量和大气污染源监测网,开展大气环境质量和大气污染源监测,统一发布本行政区域大气环境质量状况信息。

第二十四条 企业事业单位和其他生产经营者应当按照国家有关规定和监测规范,对其排放的工业废气和本法第七十八条规定名录中所列有毒有害大气污染物进行监测,并保存原始监测记录。其中,重点排污单位应当安装、使用大气污染物排放自动监测设备,与环境保护主管部门的监控设备联网,保证监测设备正常运行并依法公开排放信息。监测的具体办法和重点排污单位的条件由国务院环境保护主管部门规定。

重点排污单位名录由设区的市级以上地方人民政府环境保护主管部门按照国务院环境保护主管部门的规定,根据本行政区域的大气环境承载力、重点大气污染物排放总量控制指标的要求以及排污单位排放大气污染物的种类、数量和浓度等因素,商有关部门确定,并向社会公布。

第二十五条　重点排污单位应当对自动监测数据的真实性和准确性负责。环境保护主管部门发现重点排污单位的大气污染物排放自动监测设备传输数据异常,应当及时进行调查。

第二十六条　禁止侵占、损毁或者擅自移动、改变大气环境质量监测设施和大气污染物排放自动监测设备。

第二十七条　国家对严重污染大气环境的工艺、设备和产品实行淘汰制度。

国务院经济综合主管部门会同国务院有关部门确定严重污染大气环境的工艺、设备和产品淘汰期限,并纳入国家综合性产业政策目录。

生产者、进口者、销售者或者使用者应当在规定期限内停止生产、进口、销售或者使用列入前款规定目录中的设备和产品。工艺的采用者应当在规定期限内停止采用列入前款规定目录中的工艺。

被淘汰的设备和产品,不得转让给他人使用。

第二十八条　国务院环境保护主管部门会同有关部门,建立和完善大气污染损害评估制度。

第二十九条　环境保护主管部门及其委托的环境监察机构和其他负有大气环境保护监督管理职责的部门,有权通过现场检查监测、自动监测、遥感监测、远红外摄像等方式,对排放大气污染物的企业事业单位和其他生产经营者进行监督检查。被检查者应当如实反映情况,提供必要的资料。实施检查的部门、机构及其工作人员应当为被检查者保守商业秘密。

第三十条　企业事业单位和其他生产经营者违反法律法规规定排放大气污染物,造成或者可能造成严重大气污染,或者有关证据可能灭失或者被隐匿的,县级以上人民政府环境保护主管部门和其他负有大气环境保护监督管理职责的部门,可以对有关设施、设备、物品采取查封、扣押等行政强制措施。

第三十一条　环境保护主管部门和其他负有大气环境保护监督管理职责的部门应当公布举报电话、电子邮箱等,方便公众举报。

环境保护主管部门和其他负有大气环境保护监督管理职责的部门接到举报的,应当及时处理并对举报人的相关信息予以保密;对实名举报的,应当反馈处理结果等情况,查证属实的,处理结果依法向社会公开,并对举报人给予奖励。

举报人举报所在单位的,该单位不得以解除、变更劳动合同或者其他方式对举报人进行打击报复。

4)大气污染防治措施

第一节　燃煤和其他能源污染防治

第三十二条　国务院有关部门和地方各级人民政府应当采取措施,调整能源结构,推广清洁能源的生产和使用;优化煤炭使用方式,推广煤炭清洁高效利用,逐步降低煤炭在一次能源消费中的比重,减少煤炭生产、使用、转化过程中的大气污染物排放。

第三十三条　国家推行煤炭洗选加工,降低煤炭的硫分和灰分,限制高硫分、高灰分煤炭的开采。新建煤矿应当同步建设配套的煤炭洗选设施,使煤炭的硫分、灰分含量达到规定标准;已建成的煤矿除所采煤炭属于低硫分、低灰分或者根据已达标排放的燃煤电厂要求不需要洗选的以外,应当限期建成配套的煤炭洗选设施。

禁止开采含放射性和砷等有毒有害物质超过规定标准的煤炭。

第三十四条 国家采取有利于煤炭清洁高效利用的经济、技术政策和措施,鼓励和支持洁净煤技术的开发和推广。

国家鼓励煤矿企业等采用合理、可行的技术措施,对煤层气进行开采利用,对煤矸石进行综合利用。从事煤层气开采利用的,煤层气排放应当符合有关标准规范。

第三十五条 国家禁止进口、销售和燃用不符合质量标准的煤炭,鼓励燃用优质煤炭。

单位存放煤炭、煤矸石、煤渣、煤灰等物料,应当采取防燃措施,防止大气污染。

第三十六条 地方各级人民政府应当采取措施,加强民用散煤的管理,禁止销售不符合民用散煤质量标准的煤炭,鼓励居民燃用优质煤炭和洁净型煤,推广节能环保型炉灶。

第三十七条 石油炼制企业应当按照燃油质量标准生产燃油。

禁止进口、销售和燃用不符合质量标准的石油焦。

第三十八条 城市人民政府可以划定并公布高污染燃料禁燃区,并根据大气环境质量改善要求,逐步扩大高污染燃料禁燃区范围。高污染燃料的目录由国务院环境保护主管部门确定。

在禁燃区内,禁止销售、燃用高污染燃料;禁止新建、扩建燃用高污染燃料的设施,已建成的,应当在城市人民政府规定的期限内改用天然气、页岩气、液化石油气、电或者其他清洁能源。

第三十九条 城市建设应当统筹规划,在燃煤供热地区,推进热电联产和集中供热。在集中供热管网覆盖地区,禁止新建、扩建分散燃煤供热锅炉;已建成的不能达标排放的燃煤供热锅炉,应当在城市人民政府规定的期限内拆除。

第四十条 县级以上人民政府质量监督部门应当会同环境保护主管部门对锅炉生产、进口、销售和使用环节执行环境保护标准或者要求的情况进行监督检查;不符合环境保护标准或者要求的,不得生产、进口、销售和使用。

第四十一条 燃煤电厂和其他燃煤单位应当采用清洁生产工艺,配套建设除尘、脱硫、脱硝等装置,或者采取技术改造等其他控制大气污染物排放的措施。

国家鼓励燃煤单位采用先进的除尘、脱硫、脱硝、脱汞等大气污染物协同控制的技术和装置,减少大气污染物的排放。

第四十二条 电力调度应当优先安排清洁能源发电上网。

第二节 工业污染防治

第四十三条 钢铁、建材、有色金属、石油、化工等企业生产过程中排放粉尘、硫化物和氮氧化物的,应当采用清洁生产工艺,配套建设除尘、脱硫、脱硝等装置,或者采取技术改造等其他控制大气污染物排放的措施。

第四十四条 生产、进口、销售和使用含挥发性有机物的原材料和产品的,其挥发性有机物含量应当符合质量标准或者要求。

国家鼓励生产、进口、销售和使用低毒、低挥发性有机溶剂。

第四十五条 产生含挥发性有机物废气的生产和服务活动,应当在密闭空间或者设备中进行,并按照规定安装、使用污染防治设施;无法密闭的,应当采取措施减少废气排放。

第四十六条　工业涂装企业应当使用低挥发性有机物含量的涂料,并建立台账,记录生产原料、辅料的使用量、废弃量、去向以及挥发性有机物含量。台账保存期限不得少于三年。

第四十七条　石油、化工以及其他生产和使用有机溶剂的企业,应当采取措施对管道、设备进行日常维护、维修,减少物料泄漏,对泄漏的物料应当及时收集处理。

储油储气库、加油加气站、原油成品油码头、原油成品油运输船舶和油罐车、气罐车等,应当按照国家有关规定安装油气回收装置并保持正常使用。

第四十八条　钢铁、建材、有色金属、石油、化工、制药、矿产开采等企业,应当加强精细化管理,采取集中收集处理等措施,严格控制粉尘和气态污染物的排放。

工业生产企业应当采取密闭、围挡、遮盖、清扫、洒水等措施,减少内部物料的堆存、传输、装卸等环节产生的粉尘和气态污染物的排放。

第四十九条　工业生产、垃圾填埋或者其他活动产生的可燃性气体应当回收利用,不具备回收利用条件的,应当进行污染防治处理。

可燃性气体回收利用装置不能正常作业的,应当及时修复或者更新。在回收利用装置不能正常作业期间确需排放可燃性气体的,应当将排放的可燃性气体充分燃烧或者采取其他控制大气污染物排放的措施,并向当地环境保护主管部门报告,按照要求限期修复或者更新。

第三节　机动车船等污染防治

第五十条　国家倡导低碳、环保出行,根据城市规划合理控制燃油机动车保有量,大力发展城市公共交通,提高公共交通出行比例。

国家采取财政、税收、政府采购等措施推广应用节能环保型和新能源机动车船、非道路移动机械,限制高油耗、高排放机动车船、非道路移动机械的发展,减少化石能源的消耗。

省、自治区、直辖市人民政府可以在条件具备的地区,提前执行国家机动车大气污染物排放标准中相应阶段排放限值,并报国务院环境保护主管部门备案。

城市人民政府应当加强并改善城市交通管理,优化道路设置,保障人行道和非机动车道的连续、畅通。

第五十一条　机动车船、非道路移动机械不得超过标准排放大气污染物。

禁止生产、进口或者销售大气污染物排放超过标准的机动车船、非道路移动机械。

第五十二条　机动车、非道路移动机械生产企业应当对新生产的机动车和非道路移动机械进行排放检验。经检验合格的,方可出厂销售。检验信息应当向社会公开。

省级以上人民政府环境保护主管部门可以通过现场检查、抽样检测等方式,加强对新生产、销售机动车和非道路移动机械大气污染物排放状况的监督检查。工业、质量监督、工商行政管理等有关部门予以配合。

第五十三条　在用机动车应当按照国家或者地方的有关规定,由机动车排放检验机构定期对其进行排放检验。经检验合格的,方可上道路行驶。未经检验合格的,公安机关交通管理部门不得核发安全技术检验合格标志。

县级以上地方人民政府环境保护主管部门可以在机动车集中停放地、维修地对在用机动车的大气污染物排放状况进行监督抽测;在不影响正常通行的情况下,可以通过遥感监测等技术手段对在道路上行驶的机动车的大气污染物排放状况进行监督抽测,公安机关交通管理部门予以配合。

第五十四条　机动车排放检验机构应当依法通过计量认证,使用经依法检定合格的机动车排放检验设备,按照国务院环境保护主管部门制定的规范,对机动车进行排放检验,并与环境保护主管部门联网,实现检验数据实时共享。机动车排放检验机构及其负责人对检验数据的真实性和准确性负责。

环境保护主管部门和认证认可监督管理部门应当对机动车排放检验机构的排放检验情况进行监督检查。

第五十五条　机动车生产、进口企业应当向社会公布其生产、进口机动车车型的排放检验信息、污染控制技术信息和有关维修技术信息。

机动车维修单位应当按照防治大气污染的要求和国家有关技术规范对在用机动车进行维修,使其达到规定的排放标准。交通运输、环境保护主管部门应当依法加强监督管理。

禁止机动车所有人以临时更换机动车污染控制装置等弄虚作假的方式通过机动车排放检验。禁止机动车维修单位提供该类维修服务。禁止破坏机动车车载排放诊断系统。

第五十六条　环境保护主管部门应当会同交通运输、住房城乡建设、农业行政、水行政等有关部门对非道路移动机械的大气污染物排放状况进行监督检查,排放不合格的,不得使用。

第五十七条　国家倡导环保驾驶,鼓励燃油机动车驾驶人在不影响道路通行且需停车三分钟以上的情况下熄灭发动机,减少大气污染物的排放。

第五十八条　国家建立机动车和非道路移动机械环境保护召回制度。

生产、进口企业获知机动车、非道路移动机械排放大气污染物超过标准,属于设计、生产缺陷或者不符合规定的环境保护耐久性要求的,应当召回;未召回的,由国务院质量监督部门会同国务院环境保护主管部门责令其召回。

第五十九条　在用重型柴油车、非道路移动机械未安装污染控制装置或者污染控制装置不符合要求,不能达标排放的,应当加装或者更换符合要求的污染控制装置。

第六十条　在用机动车排放大气污染物超过标准的,应当进行维修;经维修或者采用污染控制技术后,大气污染物排放仍不符合国家在用机动车排放标准的,应当强制报废。其所有人应当将机动车交售给报废机动车回收拆解企业,由报废机动车回收拆解企业按照国家有关规定进行登记、拆解、销毁等处理。

国家鼓励和支持高排放机动车船、非道路移动机械提前报废。

第六十一条　城市人民政府可以根据大气环境质量状况,划定并公布禁止使用高排放非道路移动机械的区域。

第六十二条　船舶检验机构对船舶发动机及有关设备进行排放检验。经检验符合国家排放标准的,船舶方可运营。

第六十三条　内河和江海直达船舶应当使用符合标准的普通柴油。远洋船舶靠港后应当使用符合大气污染物控制要求的船舶用燃油。

新建码头应当规划、设计和建设岸基供电设施;已建成的码头应当逐步实施岸基供电设施改造。船舶靠港后应当优先使用岸电。

第六十四条　国务院交通运输主管部门可以在沿海海域划定船舶大气污染物排放控制区,进入排放控制区的船舶应当符合船舶相关排放要求。

第六十五条　禁止生产、进口、销售不符合标准的机动车船、非道路移动机械用燃料;禁止向汽车和摩托车销售普通柴油以及其他非机动车用燃料;禁止向非道路移动机械、内河和江海直达船舶销售渣油和重油。

第六十六条　发动机油、氮氧化物还原剂、燃料和润滑油添加剂以及其他添加剂的有害物质含量和其他大气环境保护指标,应当符合有关标准的要求,不得损害机动车船污染控制装置效果和耐久性,不得增加新的大气污染物排放。

第六十七条　国家积极推进民用航空器的大气污染防治,鼓励在设计、生产、使用过程中采取有效措施减少大气污染物排放。

民用航空器应当符合国家规定的适航标准中的有关发动机排出物要求。

第四节　扬尘污染防治

第六十八条　地方各级人民政府应当加强对建设施工和运输的管理,保持道路清洁,控制料堆和渣土堆放,扩大绿地、水面、湿地和地面铺装面积,防治扬尘污染。

住房城乡建设、市容环境卫生、交通运输、国土资源等有关部门,应当根据本级人民政府确定的职责,做好扬尘污染防治工作。

第六十九条　建设单位应当将防治扬尘污染的费用列入工程造价,并在施工承包合同中明确施工单位扬尘污染防治责任。施工单位应当制定具体的施工扬尘污染防治实施方案。

从事房屋建筑、市政基础设施建设、河道整治以及建筑物拆除等施工单位,应当向负责监督管理扬尘污染防治的主管部门备案。

施工单位应当在施工工地设置硬质围挡,并采取覆盖、分段作业、择时施工、洒水抑尘、冲洗地面和车辆等有效防尘降尘措施。建筑土方、工程渣土、建筑垃圾应当及时清运;在场地内堆存的,应当采用密闭式防尘网遮盖。工程渣土、建筑垃圾应当进行资源化处理。

施工单位应当在施工工地公示扬尘污染防治措施、负责人、扬尘监督管理主管部门等信息。

暂时不能开工的建设用地,建设单位应当对裸露地面进行覆盖;超过三个月的,应当进行绿化、铺装或者遮盖。

第七十条　运输煤炭、垃圾、渣土、砂石、土方、灰浆等散装、流体物料的车辆应当采取密闭或者其他措施防止物料遗撒造成扬尘污染,并按照规定路线行驶。

装卸物料应当采取密闭或者喷淋等方式防治扬尘污染。

城市人民政府应当加强道路、广场、停车场和其他公共场所的清扫保洁管理,推行清洁动力机械化清扫等低尘作业方式,防治扬尘污染。

第七十一条　市政河道以及河道沿线、公共用地的裸露地面以及其他城镇裸露地面,有关部门应当按照规划组织实施绿化或者透水铺装。

第七十二条　贮存煤炭、煤矸石、煤渣、煤灰、水泥、石灰、石膏、砂土等易产生扬尘的物料应当密闭;不能密闭的,应当设置不低于堆放物高度的严密围挡,并采取有效覆盖措施防治扬尘污染。

码头、矿山、填埋场和消纳场应当实施分区作业,并采取有效措施防治扬尘污染。

第五节　农业和其他污染防治

第七十三条　地方各级人民政府应当推动转变农业生产方式,发展农业循环经济,加大对废弃物综合处理的支持力度,加强对农业生产经营活动排放大气污染物的控制。

第七十四条　农业生产经营者应当改进施肥方式,科学合理施用化肥并按照国家有关规定使用农药,减少氨、挥发性有机物等大气污染物的排放。

禁止在人口集中地区对树木、花草喷洒剧毒、高毒农药。

第七十五条　畜禽养殖场、养殖小区应当及时对污水、畜禽粪便和尸体等进行收集、贮存、清运和无害化处理,防止排放恶臭气体。

第七十六条　各级人民政府及其农业行政等有关部门应当鼓励和支持采用先进适用技

术,对秸秆、落叶等进行肥料化、饲料化、能源化、工业原料化、食用菌基料化等综合利用,加大对秸秆还田、收集一体化农业机械的财政补贴力度。

县级人民政府应当组织建立秸秆收集、贮存、运输和综合利用服务体系,采用财政补贴等措施支持农村集体经济组织、农民专业合作经济组织、企业等开展秸秆收集、贮存、运输和综合利用服务。

第七十七条 省、自治区、直辖市人民政府应当划定区域,禁止露天焚烧秸秆、落叶等产生烟尘污染的物质。

第七十八条 国务院环境保护主管部门应当会同国务院卫生行政部门,根据大气污染物对公众健康和生态环境的危害和影响程度,公布有毒有害大气污染物名录,实行风险管理。

排放前款规定名录中所列有毒有害大气污染物的企业事业单位,应当按照国家有关规定建设环境风险预警体系,对排放口和周边环境进行定期监测,评估环境风险,排查环境安全隐患,并采取有效措施防范环境风险。

第七十九条 向大气排放持久性有机污染物的企业事业单位和其他生产经营者以及废弃物焚烧设施的运营单位,应当按照国家有关规定,采取有利于减少持久性有机污染物排放的技术方法和工艺,配备有效的净化装置,实现达标排放。

第八十条 企业事业单位和其他生产经营者在生产经营活动中产生恶臭气体的,应当科学选址,设置合理的防护距离,并安装净化装置或者采取其他措施,防止排放恶臭气体。

第八十一条 排放油烟的餐饮服务业经营者应当安装油烟净化设施并保持正常使用,或者采取其他油烟净化措施,使油烟达标排放,并防止对附近居民的正常生活环境造成污染。

禁止在居民住宅楼、未配套设立专用烟道的商住综合楼以及商住综合楼内与居住层相邻的商业楼层内新建、改建、扩建产生油烟、异味、废气的餐饮服务项目。

任何单位和个人不得在当地人民政府禁止的区域内露天烧烤食品或者为露天烧烤食品提供场地。

第八十二条 禁止在人口集中地区和其他依法需要特殊保护的区域内焚烧沥青、油毡、橡胶、塑料、皮革、垃圾以及其他产生有毒有害烟尘和恶臭气体的物质。

禁止生产、销售和燃放不符合质量标准的烟花爆竹。任何单位和个人不得在城市人民政府禁止的时段和区域内燃放烟花爆竹。

第八十三条 国家鼓励和倡导文明、绿色祭祀。

火葬场应当设置除尘等污染防治设施并保持正常使用,防止影响周边环境。

第八十四条 从事服装干洗和机动车维修等服务活动的经营者,应当按照国家有关标准或者要求设置异味和废气处理装置等污染防治设施并保持正常使用,防止影响周边环境。

第八十五条 国家鼓励、支持消耗臭氧层物质替代品的生产和使用,逐步减少直至停止消耗臭氧层物质的生产和使用。

国家对消耗臭氧层物质的生产、使用、进出口实行总量控制和配额管理。具体办法由国务院规定。

5)重点区域大气污染联合防治

第八十六条 国家建立重点区域大气污染联防联控机制,统筹协调重点区域内大气污染防治工作。国务院环境保护主管部门根据主体功能区划、区域大气环境质量状况和大气污染传输扩散规律,划定国家大气污染防治重点区域,报国务院批准。

重点区域内有关省、自治区、直辖市人民政府应当确定牵头的地方人民政府,定期召开联席会议,按照统一规划、统一标准、统一监测、统一的防治措施的要求,开展大气污染联合防治,落实大气污染防治目标责任。国务院环境保护主管部门应当加强指导、督促。

省、自治区、直辖市可以参照第一款规定划定本行政区域的大气污染防治重点区域。

第八十七条　国务院环境保护主管部门会同国务院有关部门、国家大气污染防治重点区域内有关省、自治区、直辖市人民政府,根据重点区域经济社会发展和大气环境承载力,制定重点区域大气污染联合防治行动计划,明确控制目标,优化区域经济布局,统筹交通管理,发展清洁能源,提出重点防治任务和措施,促进重点区域大气环境质量改善。

第八十八条　国务院经济综合主管部门会同国务院环境保护主管部门,结合国家大气污染防治重点区域产业发展实际和大气环境质量状况,进一步提高环境保护、能耗、安全、质量等要求。

重点区域内有关省、自治区、直辖市人民政府应当实施更严格的机动车大气污染物排放标准,统一在用机动车检验方法和排放限值,并配套供应合格的车用燃油。

第八十九条　编制可能对国家大气污染防治重点区域的大气环境造成严重污染的有关工业园区、开发区、区域产业和发展等规划,应当依法进行环境影响评价。规划编制机关应当与重点区域内有关省、自治区、直辖市人民政府或者有关部门会商。

重点区域内有关省、自治区、直辖市建设可能对相邻省、自治区、直辖市大气环境质量产生重大影响的项目,应当及时通报有关信息,进行会商。

会商意见及其采纳情况作为环境影响评价文件审查或者审批的重要依据。

第九十条　国家大气污染防治重点区域内新建、改建、扩建用煤项目的,应当实行煤炭的等量或者减量替代。

第九十一条　国务院环境保护主管部门应当组织建立国家大气污染防治重点区域的大气环境质量监测、大气污染源监测等相关信息共享机制,利用监测、模拟以及卫星、航测、遥感等新技术分析重点区域内大气污染来源及其变化趋势,并向社会公开。

第九十二条　国务院环境保护主管部门和国家大气污染防治重点区域内有关省、自治区、直辖市人民政府可以组织有关部门开展联合执法、跨区域执法、交叉执法。

6)重污染天气应对

第九十三条　国家建立重污染天气监测预警体系。

国务院环境保护主管部门会同国务院气象主管机构等有关部门、国家大气污染防治重点区域内有关省、自治区、直辖市人民政府,建立重点区域重污染天气监测预警机制,统一预警分级标准。可能发生区域重污染天气的,应当及时向重点区域内有关省、自治区、直辖市人民政府通报。

省、自治区、直辖市、设区的市人民政府环境保护主管部门会同气象主管机构等有关部门建立本行政区域重污染天气监测预警机制。

第九十四条　县级以上地方人民政府应当将重污染天气应对纳入突发事件应急管理体系。

省、自治区、直辖市、设区的市人民政府以及可能发生重污染天气的县级人民政府,应当制定重污染天气应急预案,向上一级人民政府环境保护主管部门备案,并向社会公布。

第九十五条　省、自治区、直辖市、设区的市人民政府环境保护主管部门应当会同气象主管机构建立会商机制,进行大气环境质量预报。可能发生重污染天气的,应当及时向本级人民政府报告。省、自治区、直辖市、设区的市人民政府依据重污染天气预报信息,进行综合研判,确定预警等级并及时发出预警。预警等级根据情况变化及时调整。任何单位和个人不得擅自向社会发布重污染天气预报预警信息。

预警信息发布后,人民政府及其有关部门应当通过电视、广播、网络、短信等途径告知公众采取健康防护措施,指导公众出行和调整其他相关社会活动。

第九十六条　县级以上地方人民政府应当依据重污染天气的预警等级,及时启动应急预案,根据应急需要可以采取责令有关企业停产或者限产、限制部分机动车行驶、禁止燃放烟花爆竹、停止工地土石方作业和建筑物拆除施工、停止露天烧烤、停止幼儿园和学校组织的户外活动、组织开展人工影响天气作业等应急措施。

应急响应结束后,人民政府应当及时开展应急预案实施情况的评估,适时修改完善应急预案。

第九十七条　发生造成大气污染的突发环境事件,人民政府及其有关部门和相关企业事业单位,应当依照《中华人民共和国突发事件应对法》、《中华人民共和国环境保护法》的规定,做好应急处置工作。环境保护主管部门应当及时对突发环境事件产生的大气污染物进行监测,并向社会公布监测信息。

7)法律责任

第九十八条　违反本法规定,以拒绝进入现场等方式拒不接受环境保护主管部门及其委托的环境监察机构或者其他负有大气环境保护监督管理职责的部门的监督检查,或者在接受监督检查时弄虚作假的,由县级以上人民政府环境保护主管部门或者其他负有大气环境保护监督管理职责的部门责令改正,处二万元以上二十万元以下的罚款;构成违反治安管理行为的,由公安机关依法予以处罚。

第九十九条　违反本法规定,有下列行为之一的,由县级以上人民政府环境保护主管部门责令改正或者限制生产、停产整治,并处十万元以上一百万元以下的罚款;情节严重的,报经有批准权的人民政府批准,责令停业、关闭:

(一)未依法取得排污许可证排放大气污染物的;

(二)超过大气污染物排放标准或者超过重点大气污染物排放总量控制指标排放大气污染物的;

(三)通过逃避监管的方式排放大气污染物的。

第一百条　违反本法规定,有下列行为之一的,由县级以上人民政府环境保护主管部门责令改正,处二万元以上二十万元以下的罚款;拒不改正的,责令停产整治:

(一)侵占、损毁或者擅自移动、改变大气环境质量监测设施或者大气污染物排放自动监测设备的;

(二)未按照规定对所排放的工业废气和有毒有害大气污染物进行监测并保存原始监测记录的;

(三)未按照规定安装、使用大气污染物排放自动监测设备或者未按照规定与环境保护主管部门的监控设备联网,并保证监测设备正常运行的;

(四)重点排污单位不公开或者不如实公开自动监测数据的;

(五)未按照规定设置大气污染物排放口的。

第一百零一条　违反本法规定,生产、进口、销售或者使用国家综合性产业政策目录中禁止的设备和产品,采用国家综合性产业政策目录中禁止的工艺,或者将淘汰的设备和产品转让给他人使用的,由县级以上人民政府经济综合主管部门、出入境检验检疫机构按照职责责令改正,没收违法所得,并处货值金额一倍以上三倍以下的罚款;拒不改正的,报经有批准权的人民政府批准,责令停业、关闭。进口行为构成走私的,由海关依法予以处罚。

第一百零二条　违反本法规定,煤矿未按照规定建设配套煤炭洗选设施的,由县级以上人民政府能源主管部门责令改正,处十万元以上一百万元以下的罚款;拒不改正的,报经有批准权的人民政府批准,责令停业、关闭。

违反本法规定,开采含放射性和砷等有毒有害物质超过规定标准的煤炭的,由县级以上人民政府按照国务院规定的权限责令停业、关闭。

第一百零三条　违反本法规定,有下列行为之一的,由县级以上地方人民政府质量监督、工商行政管理部门按照职责责令改正,没收原材料、产品和违法所得,并处货值金额一倍以上三倍以下的罚款:

（一）销售不符合质量标准的煤炭、石油焦的;

（二）生产、销售挥发性有机物含量不符合质量标准或者要求的原材料和产品的;

（三）生产、销售不符合标准的机动车船和非道路移动机械用燃料、发动机油、氮氧化物还原剂、燃料和润滑油添加剂以及其他添加剂的;

（四）在禁燃区内销售高污染燃料的。

第一百零四条　违反本法规定,有下列行为之一的,由出入境检验检疫机构责令改正,没收原材料、产品和违法所得,并处货值金额一倍以上三倍以下的罚款;构成走私的,由海关依法予以处罚:

（一）进口不符合质量标准的煤炭、石油焦的;

（二）进口挥发性有机物含量不符合质量标准或者要求的原材料和产品的;

（三）进口不符合标准的机动车船和非道路移动机械用燃料、发动机油、氮氧化物还原剂、燃料和润滑油添加剂以及其他添加剂的。

第一百零五条　违反本法规定,单位燃用不符合质量标准的煤炭、石油焦的,由县级以上人民政府环境保护主管部门责令改正,处货值金额一倍以上三倍以下的罚款。

第一百零六条　违反本法规定,使用不符合标准或者要求的船舶用燃油的,由海事管理机构、渔业主管部门按照职责处一万元以上十万元以下的罚款。

第一百零七条　违反本法规定,在禁燃区内新建、扩建燃用高污染燃料的设施,或者未按照规定停止燃用高污染燃料,或者在城市集中供热管网覆盖地区新建、扩建分散燃煤供热锅炉,或者未按照规定拆除已建成的不能达标排放的燃煤供热锅炉的,由县级以上地方人民政府环境保护主管部门没收燃用高污染燃料的设施,组织拆除燃煤供热锅炉,并处二万元以上二十万元以下的罚款。

违反本法规定,生产、进口、销售或者使用不符合规定标准或者要求的锅炉,由县级以上人民政府质量监督、环境保护主管部门责令改正,没收违法所得,并处二万元以上二十万元以下的罚款。

第一百零八条　违反本法规定,有下列行为之一的,由县级以上人民政府环境保护主管部门责令改正,处二万元以上二十万元以下的罚款;拒不改正的,责令停产整治:

（一）产生含挥发性有机物废气的生产和服务活动,未在密闭空间或者设备中进行,未按照规定安装、使用污染防治设施,或者未采取减少废气排放措施的;

（二）工业涂装企业未使用低挥发性有机物含量涂料或者未建立、保存台账的;

（三）石油、化工以及其他生产和使用有机溶剂的企业,未采取措施对管道、设备进行日常

维护、维修,减少物料泄漏或者对泄漏的物料未及时收集处理的;

(四)储油储气库、加油加气站和油罐车、气罐车等,未按照国家有关规定安装并正常使用油气回收装置的;

(五)钢铁、建材、有色金属、石油、化工、制药、矿产开采等企业,未采取集中收集处理、密闭、围挡、遮盖、清扫、洒水等措施,控制、减少粉尘和气态污染物排放的;

(六)工业生产、垃圾填埋或者其他活动中产生的可燃性气体未回收利用,不具备回收利用条件未进行防治污染处理,或者可燃性气体回收利用装置不能正常作业,未及时修复或者更新的。

第一百零九条 违反本法规定,生产超过污染物排放标准的机动车、非道路移动机械的,由省级以上人民政府环境保护主管部门责令改正,没收违法所得,并处货值金额一倍以上三倍以下的罚款,没收销毁无法达到污染物排放标准的机动车、非道路移动机械;拒不改正的,责令停产整治,并由国务院机动车生产主管部门责令停止生产该车型。

违反本法规定,机动车、非道路移动机械生产企业对发动机、污染控制装置弄虚作假、以次充好,冒充排放检验合格产品出厂销售的,由省级以上人民政府环境保护主管部门责令停产整治,没收违法所得,并处货值金额一倍以上三倍以下的罚款,没收销毁无法达到污染物排放标准的机动车、非道路移动机械,并由国务院机动车生产主管部门责令停止生产该车型。

第一百一十条 违反本法规定,进口、销售超过污染物排放标准的机动车、非道路移动机械的,由县级以上人民政府工商行政管理部门、出入境检验检疫机构按照职责没收违法所得,并处货值金额一倍以上三倍以下的罚款,没收销毁无法达到污染物排放标准的机动车、非道路移动机械;进口行为构成走私的,由海关依法予以处罚。

违反本法规定,销售的机动车、非道路移动机械不符合污染物排放标准的,销售者应当负责修理、更换、退货;给购买者造成损失的,销售者应当赔偿损失。

第一百一十一条 违反本法规定,机动车生产、进口企业未按照规定向社会公布其生产、进口机动车车型的排放检验信息或者污染控制技术信息的,由省级以上人民政府环境保护主管部门责令改正,处五万元以上五十万元以下的罚款。

违反本法规定,机动车生产、进口企业未按照规定向社会公布其生产、进口机动车车型的有关维修技术信息的,由省级以上人民政府交通运输主管部门责令改正,处五万元以上五十万元以下的罚款。

第一百一十二条 违反本法规定,伪造机动车、非道路移动机械排放检验结果或者出具虚假排放检验报告的,由县级以上人民政府环境保护主管部门没收违法所得,并处十万元以上五十万元以下的罚款;情节严重的,由负责资质认定的部门取消其检验资格。

违反本法规定,伪造船舶排放检验结果或者出具虚假排放检验报告的,由海事管理机构依法予以处罚。

违反本法规定,以临时更换机动车污染控制装置等弄虚作假的方式通过机动车排放检验或者破坏机动车车载排放诊断系统的,由县级以上人民政府环境保护主管部门责令改正,对机动车所有人处五千元的罚款;对机动车维修单位处每辆机动车五千元的罚款。

第一百一十三条 违反本法规定,机动车驾驶人驾驶排放检验不合格的机动车上道路行驶的,由公安机关交通管理部门依法予以处罚。

第一百一十四条 违反本法规定,使用排放不合格的非道路移动机械,或者在用重型柴油车、非道路移动机械未按照规定加装、更换污染控制装置的,由县级以上人民政府环境保护等主管部门按照职责责令改正,处五千元的罚款。

违反本法规定,在禁止使用高排放非道路移动机械的区域使用高排放非道路移动机械的,由城市人民政府环境保护等主管部门依法予以处罚。

第一百一十五条 违反本法规定,施工单位有下列行为之一的,由县级以上人民政府住房城乡建设等主管部门按照职责责令改正,处一万元以上十万元以下的罚款;拒不改正的,责令停工整治:

(一)施工工地未设置硬质围挡,或者未采取覆盖、分段作业、择时施工、洒水抑尘、冲洗地面和车辆等有效防尘降尘措施的;

(二)建筑土方、工程渣土、建筑垃圾未及时清运,或者未采用密闭式防尘网遮盖的。

违反本法规定,建设单位未对暂时不能开工的建设用地的裸露地面进行覆盖,或者未对超过三个月不能开工的建设用地的裸露地面进行绿化、铺装或者遮盖的,由县级以上人民政府住房城乡建设等主管部门依照前款规定予以处罚。

第一百一十六条 违反本法规定,运输煤炭、垃圾、渣土、砂石、土方、灰浆等散装、流体物料的车辆,未采取密闭或者其他措施防止物料遗撒的,由县级以上地方人民政府确定的监督管理部门责令改正,处二千元以上二万元以下的罚款;拒不改正的,车辆不得上道路行驶。

第一百一十七条 违反本法规定,有下列行为之一的,由县级以上人民政府环境保护等主管部门按照职责责令改正,处一万元以上十万元以下的罚款;拒不改正的,责令停工整治或者停业整治:

(一)未密闭煤炭、煤矸石、煤渣、煤灰、水泥、石灰、石膏、砂土等易产生扬尘的物料的;

(二)对不能密闭的易产生扬尘的物料,未设置不低于堆放物高度的严密围挡,或者未采取有效覆盖措施防治扬尘污染的;

(三)装卸物料未采取密闭或者喷淋等方式控制扬尘排放的;

(四)存放煤炭、煤矸石、煤渣、煤灰等物料,未采取防燃措施的;

(五)码头、矿山、填埋场和消纳场未采取有效措施防治扬尘污染的;

(六)排放有毒有害大气污染物名录中所列有毒有害大气污染物的企业事业单位,未按照规定建设环境风险预警体系或者对排放口和周边环境进行定期监测、排查环境安全隐患并采取有效措施防范环境风险的;

(七)向大气排放持久性有机污染物的企业事业单位和其他生产经营者以及废弃物焚烧设施的运营单位,未按照国家有关规定采取有利于减少持久性有机污染物排放的技术方法和工艺,配备净化装置的;

(八)未采取措施防止排放恶臭气体的。

第一百一十八条 违反本法规定,排放油烟的餐饮服务业经营者未安装油烟净化设施、不正常使用油烟净化设施或者未采取其他油烟净化措施,超过排放标准排放油烟的,由县级以上地方人民政府确定的监督管理部门责令改正,处五千元以上五万元以下的罚款;拒不改正的,责令停业整治。

违反本法规定,在居民住宅楼、未配套设立专用烟道的商住综合楼、商住综合楼内与居住层相邻的商业楼层内新建、改建、扩建产生油烟、异味、废气的餐饮服务项目的,由县级以上地方人民政府确定的监督管理部门责令改正;拒不改正的,予以关闭,并处一万元以上十万元以下的罚款。

违反本法规定,在当地人民政府禁止的时段和区域内露天烧烤食品或者为露天烧烤食品提供场地的,由县级以上地方人民政府确定的监督管理部门责令改正,没收烧烤工具和违法所得,并处五百元以上二万元以下的罚款。

第一百一十九条　违反本法规定,在人口集中地区对树木、花草喷洒剧毒、高毒农药,或者露天焚烧秸秆、落叶等产生烟尘污染的物质的,由县级以上地方人民政府确定的监督管理部门责令改正,并可以处五百元以上二千元以下的罚款。

违反本法规定,在人口集中地区和其他依法需要特殊保护的区域内,焚烧沥青、油毡、橡胶、塑料、皮革、垃圾以及其他产生有毒有害烟尘和恶臭气体的物质的,由县级人民政府确定的监督管理部门责令改正,对单位处一万元以上十万元以下的罚款,对个人处五百元以上二千元以下的罚款。

违反本法规定,在城市人民政府禁止的时段和区域内燃放烟花爆竹的,由县级以上地方人民政府确定的监督管理部门依法予以处罚。

第一百二十条　违反本法规定,从事服装干洗和机动车维修等服务活动,未设置异味和废气处理装置等污染防治设施并保持正常使用,影响周边环境的,由县级以上地方人民政府环境保护主管部门责令改正,处二千元以上二万元以下的罚款;拒不改正的,责令停业整治。

第一百二十一条　违反本法规定,擅自向社会发布重污染天气预报预警信息,构成违反治安管理行为的,由公安机关依法予以处罚。

违反本法规定,拒不执行停止工地土石方作业或者建筑物拆除施工等重污染天气应急措施的,由县级以上地方人民政府确定的监督管理部门处一万元以上十万元以下的罚款。

第一百二十二条　违反本法规定,造成大气污染事故的,由县级以上人民政府环境保护主管部门依照本条第二款的规定处以罚款;对直接负责的主管人员和其他直接责任人员可以处上一年度从本企业事业单位取得收入百分之五十以下的罚款。

对造成一般或者较大大气污染事故的,按照污染事故造成直接损失的一倍以上三倍以下计算罚款;对造成重大或者特大大气污染事故的,按照污染事故造成的直接损失的三倍以上五倍以下计算罚款。

第一百二十三条　违反本法规定,企业事业单位和其他生产经营者有下列行为之一,受到罚款处罚,被责令改正,拒不改正的,依法作出处罚决定的行政机关可以自责令改正之日的次日起,按照原处罚数额按日连续处罚:

(一)未依法取得排污许可证排放大气污染物的;

(二)超过大气污染物排放标准或者超过重点大气污染物排放总量控制指标排放大气污染物的;

(三)通过逃避监管的方式排放大气污染物的;

(四)建筑施工或者贮存易产生扬尘的物料未采取有效措施防治扬尘污染的。

第一百二十四条　违反本法规定,对举报人以解除、变更劳动合同或者其他方式打击报复的,应当依照有关法律的规定承担责任。

第一百二十五条　排放大气污染物造成损害的,应当依法承担侵权责任。

第一百二十六条　地方各级人民政府、县级以上人民政府环境保护主管部门和其他负有大气环境保护监督管理职责的部门及其工作人员滥用职权、玩忽职守、徇私舞弊、弄虚作假的,依法给予处分。

第一百二十七条　违反本法规定,构成犯罪的,依法追究刑事责任。

8) 附则

第一百二十八条 海洋工程的大气污染防治，依照《中华人民共和国海洋环境保护法》的有关规定执行。

第一百二十九条 本法自2016年1月1日起施行。

17.1.4 中华人民共和国噪声污染防治法

1) 总则

第一条 防治环境噪声污染，保护和改善生活环境，保障人体健康，促进经济和社会发展，制定本法。

第二条 本法所称环境噪声，是指在工业生产、建筑施工、交通运输和社会生活中所产生的干扰周围生活环境的声音。本法所称环境噪声污染，是指所产生的环境噪声超过国家规定的环境噪声排放标准，并干扰他人正常生活、工作和学习的现象。

第三条 本法适用于中华人民共和国领域内环境噪声污染的防治。因从事本职生产、经营工作受到噪声危害的防治，不适用本法。

第四条 国务院和地方各级人民政府应当将环境噪声污染防治工作纳入环境保护规划，并采取有利于声环境保护的经济、技术政策和措施。

第五条 地方各级人民政府在制定城乡建设规划时，应当充分考虑建设项目和区域开发、改造所产生的噪声对周围生活环境的影响，统筹规划，合理安排功能区和建设布局，防止或者减轻环境噪声污染。

第六条 国务院环境保护行政主管部门对全国环境噪声污染防治实施统一监督管理。县级以上地方人民政府环境保护行政主管部门对本行政区域内的环境噪声污染防治实施统一监督管理。各级公安、交通、铁路、民航等主管部门和港务监督机构，根据各自的职责，对交通运输和社会生活噪声污染防治实施监督管理。

第七条 任何单位和个人都有保护声环境的义务，并有权对造成环境噪声污染的单位和个人进行检举和控告。

第八条 国家鼓励、支持环境噪声污染防治的科学研究、技术开发，推广先进的防治技术和普及防治环境噪声污染的科学知识。

第九条 对在环境噪声污染防治方面成绩显著的单位和个人，由人民政府给予奖励。

2) 环境噪声污染防治的监督管理

第十条 国务院环境保护行政主管部门分别不同的功能区制定国家声环境质量标准。县级以上地方人民政府根据国家声环境质量标准，划定本行政区域内各类声环境质量标准的适用区域，并进行管理。

第十一条 国务院环境保护行政主管部门根据国家声环境质量标准和国家经济、技术条件，制定国家环境噪声排放标准。

第十二条 城市规划部门在确定建设布局时，应当依据国家声环境质量标准和民用建筑隔声设计规范，合理划定建筑物与交通干线的防噪声距离，并提出相应的规划设计要求。

第十三条 新建、改建、扩建的建设项目，必须遵守国家有关建设项目环境保护管理的规定。

建设项目可能产生环境噪声污染的，建设单位必须提出环境影响报告书，规定环境噪声污染的防治措施，并按照国家规定的程序报环境保护行政主管部门批准。环境影响报告书中，应当有该建设项目所在地单位和居民的意见。

第十四条　建设项目的环境噪声污染防治设施必须与主体工程同时设计、同时施工、同时投产使用。建设项目在投入生产或者使用之前,其环境噪声污染防治设施必须经原审批环境影响报告书的环境保护行政主管部门验收;达不到国家规定要求的,该建设项目不得投入生产或者使用。

第十五条　产生环境噪声污染的企业事业单位,必须保持防治环境噪声污染的设施的正常使用;拆除或者闲置环境噪声污染防治设施的,必须事先报经所在地的县级以上地方人民政府环境保护行政主管部门批准。

第十六条　产生环境噪声污染的单位,应当采取措施进行治理,并按照国家规定缴纳超标准排污费。征收的超标准排污费必须用于污染的防治,不得挪作他用。

第十七条　对于在噪声敏感建筑物集中区域内造成严重环境噪声污染的企业事业单位,限期治理。被限期治理的单位必须按期完成治理任务。限期治理由县级以上人民政府按照国务院规定的权限决定。对小型企业事业单位的限期治理,可以由县级以上人民政府在国务院规定的权限内授权其环境保护行政主管部门决定。

第十八条　国家对环境噪声污染严重的落后设备实行淘汰制度。国务院经济综合主管部门应当会同国务院有关部门公布限期禁止生产、禁止销售、禁止进口的环境噪声污染严重的设备名录。生产者、销售者或者进口者必须在国务院经济综合主管部门会同国务院有关部门规定的期限内分别停止生产、销售或者进口列入前款规定的名录中的设备。

第十九条　在城市范围内从事生产活动确需排放偶发性强烈噪声的,必须事先向当地公安机关提出申请,经批准后方可进行。当地公安机关应当向社会公告。

第二十条　国务院环境保护行政主管部门应当建立环境噪声监测制度,制定监测规范,并会同有关部门组织监测网络。环境噪声监测机构应当按照国务院环境保护行政主管部门的规定报送环境噪声监测结果。

第二十一条　县级以上人民政府环境保护行政主管部门和其他环境噪声污染防治工作的监督管理部门、机构,有权依据各自的职责对管辖范围内排放环境噪声的单位进行现场检查。被检查的单位必须如实反映情况,并提供必要的资料。检查部门、机构应当为被检查的单位保守技术秘密和业务秘密。检查人员进行现场检查,应当出示证件。

3)工业噪声污染防治

第二十二条　本法所称工业噪声,是指在工业生产活动中使用固定设备时产生的干扰周围生活环境的声音。

第二十三条　在城市范围内向周围生活环境排放工业噪声的,应当符合国家规定的工业企业厂界环境噪声排放标准。

第二十四条　在工业生产中因使用固定设备造成环境噪声污染的工业企业,必须按照国务院环境保护行政主管部门的规定,向所在地县级以上地方人民政府环境保护行政主管部门申报拥有的造成环境噪声污染的设备的种类、数量以及在正常作业条件下所发出的噪声值和防治环境噪声污染的设施情况,并提供防治噪声污染的技术资料。造成环境噪声污染的设备的种类、数量、噪声值和防治设施有重大改变的,必须及时申报,并采取应有的防治措施。

第二十五条　产生环境噪声污染的工业企业,应当采取有效措施,减轻噪声对周围生活环境的影响。

第二十六条　国务院有关主管部门对可能产生环境噪声污染的工业设备,应当根据声环境保护的要求和国家的经济、技术条件,逐步在依法制定的产品的国家标准、行业标准中规定噪声限值。前款规定的工业设备运行时发出的噪声值,应当在有关技术文件中予以注明。

4) 建筑施工噪声污染防治

第二十七条　本法所称建筑施工噪声,是指在建筑施工过程中产生的干扰周围生活环境的声音。

第二十八条　在城市市区范围内向周围生活环境排放建筑施工噪声的,应当符合国家规定的建筑施工场界环境噪声排放标准。

第二十九条　在城市市区范围内,建筑施工过程中使用机械设备,可能产生环境噪声污染的,施工单位必须在工程开工十五日以前向工程所在地县级以上地方人民政府环境保护行政主管部门申报该工程的项目名称、施工场所和期限、可能产生的环境噪声值以及所采取的环境噪声污染防治措施的情况。

第三十条　在城市市区噪声敏感建筑物集中区域内,禁止夜间进行产生环境噪声污染的建筑施工作业,但抢修、抢险作业和因生产工艺上要求或者特殊需要必须连续作业的除外。因特殊需要必须连续作业的,必须有县级以上人民政府或者其有关主管部门的证明。前款规定的夜间作业,必须公告附近居民。

5) 交通运输噪声污染防治

第三十一条　本法所称交通运输噪声,是指机动车辆、铁路机车、机动船舶、航空器等交通运输工具在运行时所产生的干扰周围生活环境的声音。

第三十二条　禁止制造、销售或者进口超过规定的噪声限值的汽车。

第三十三条　在城市市区范围内行驶的机动车辆的消声器和喇叭必须符合国家规定的要求。机动车辆必须加强维修和保养,保持技术性能良好,防治环境噪声污染。

第三十四条　机动车辆在城市市区范围内行驶,机动船舶在城市市区的内河航道航行,铁路机车驶经或者进入城市市区、疗养区时,必须按照规定使用声响装置。警车、消防车、工程抢险车、救护车等机动车辆安装、使用警报器,必须符合国务院公安部门的规定;在执行非紧急任务时,禁止使用警报器。

第三十五条　城市人民政府公安机关可以根据本地城市市区区域声环境保护的需要,划定禁止机动车辆行驶和禁止其使用声响装置的路段和时间,并向社会公告。

第三十六条　建设经过已有的噪声敏感建筑物集中区域的高速公路和城市高架、轻轨道路,有可能造成环境噪声污染的,应当设置声屏障或者采取其他有效的控制环境噪声污染的措施。

第三十七条　在已有的城市交通干线的两侧建设噪声敏感建筑物的,建设单位应当按照国家规定间隔一定距离,并采取减轻、避免交通噪声影响的措施。

第三十八条　在车站、铁路编组站、港口、码头、航空港等地指挥作业时使用广播喇叭的,应当控制音量,减轻噪声对周围生活环境的影响。

第三十九条　穿越城市居民区、文教区的铁路,因铁路机车运行造成环境噪声污染的,当地城市人民政府应当组织铁路部门和其他有关部门,制定减轻环境噪声污染的规划。铁路部门和其他有关部门应当按照规划的要求,采取有效措施,减轻环境噪声污染。

第四十条　除起飞、降落或者依法规定的情形以外,民用航空器不得飞越城市市区上空。城市人民政府应当在航空器起飞、降落的净空周围划定限制建设噪声敏感建筑物的区域;在该区域内建设噪声敏感建筑物的,建设单位应当采取减轻、避免航空器运行时产生的噪声影响的措施。民航部门应当采取有效措施,减轻环境噪声污染。

6)社会生活噪声污染防治

第四十一条 本法所称社会生活噪声,是指人为活动所产生的除工业噪声、建筑施工噪声和交通运输噪声之外的干扰周围生活环境的声音。

第四十二条 在城市市区噪声敏感建筑物集中区域内,因商业经营活动中使用固定设备造成环境噪声污染的商业企业,必须按照国务院环境保护行政主管部门的规定,向所在地的县级以上地方人民政府环境保护行政主管部门申报拥有的造成环境噪声污染的设备的状况和防治环境噪声污染的设施的情况。

第四十三条 新建营业性文化娱乐场所的边界噪声必须符合国家规定的环境噪声排放标准;不符合国家规定的环境噪声排放标准的,文化行政主管部门不得核发文化经营许可证,工商行政管理部门不得核发营业执照。经营中的文化娱乐场所,其经营管理者必须采取有效措施,使其边界噪声不超过国家规定的环境噪声排放标准。

第四十四条 禁止在商业经营活动中使用高音广播喇叭或者采用其他发出高噪声的方法招揽顾客。在商业经营活动中使用空调器、冷却塔等可能产生环境噪声污染的设备、设施的,其经营管理者应当采取措施,使其边界噪声不超过国家规定的环境噪声排放标准。

第四十五条 禁止任何单位、个人在城市市区噪声敏感建设物集中区域内使用高音广播喇叭。在城市市区街道、广场、公园等公共场所组织娱乐、集会等活动,使用音响器材可能产生干扰周围生活环境的过大音量的,必须遵守当地公安机关的规定。

第四十六条 使用家用电器、乐器或者进行其他家庭室内娱乐活动时,应当控制音量或者采取其他有效措施,避免对周围居民造成环境噪声污染。

第四十七条 在已竣工交付使用的住宅楼进行室内装修活动,应当限制作业时间,并采取其他有效措施,以减轻、避免对周围居民造成环境噪声污染。

7)法律责任

第四十八条 违反本法第十四条的规定,建设项目中需要配套建设的环境噪声污染防治设施没有建成或者没有达到国家规定的要求,擅自投入生产或者使用的,由批准该建设项目的环境影响报告书的环境保护行政主管部门责令停止生产或者使用,可以并处罚款。

第四十九条 违反本法规定,拒报或者谎报规定的环境噪声排放申报事项的,县级以上地方人民政府环境保护行政主管部门可以根据不同情节,给予警告或者处以罚款。

第五十条 违反本法第十五条的规定,未经环境保护行政主管部门批准,擅自拆除或者闲置环境噪声污染防治设施,致使环境噪声排放超过规定标准的,由县级以上地方人民政府环境保护行政主管部门责令改正,并处罚款。

第五十一条 违反本法第十六条的规定,不按照国家规定缴纳超标准排污费的,县级以上地方人民政府环境保护行政主管部门可以根据不同情节,给予警告或者处以罚款。

第五十二条 违反本法第十七条的规定,对经限期治理逾期未完成治理任务的企业事业单位,除依照国家规定加收超标准排污费外,可以根据所造成的危害后果处以罚款,或者责令停业、搬迁、关闭。

前款规定的罚款由环境保护行政主管部门决定。

责令停业、搬迁、关闭由县级以上人民政府按照国务院规定的权限决定。

第五十三条 违反本法第十八条的规定,生产、销售、进口禁止生产、销售、进口的设备的,由县级以上人民政府经济综合主管部门责令改正;情节严重的,由县级以上人民政府经济综合主管部门提出意见,报请同级人民政府按照国务院规定的权限责令停业、关闭。

第五十四条　违反本法第十九条的规定,未经当地公安机关批准,进行产生偶发性强烈噪声活动的,由公安机关根据不同情节给予警告或者处以罚款。

第五十五条　排放环境噪声的单位违反本法第二十一条的规定,拒绝环境保护行政主管部门或者其他依照本法规定行使环境噪声监督管理权的部门、机构现场检查或者在被检查时弄虚作假的,环境保护行政主管部门或者其他依照本法规定行使环境噪声监督管理权的监督管理部门、机构可以根据不同情节,给予警告或者处以罚款。

第五十六条　建筑施工单位违反本法第三十条第一款的规定,在城市市区噪声敏感建筑的集中区域内,夜间进行禁止进行的产生环境噪声污染的建筑施工作业的,由工程所在地县级以上地方人民政府环境保护行政主管部门责令改正,可以并处罚款。

第五十七条　违反本法第三十四条的规定,机动车辆不按照规定使用声响装置的,由当地公安机关根据不同情节给予警告或者处以罚款。机动船舶有前款违法行为的,由港务监督机构根据不同情节给予警告或者处以罚款。铁路机车有第一款违法行为的,由铁路主管部门对有关责任人员给予行政处分。

第五十八条　违反本法规定,有下列行为之一的,由公安机关给予警告,可以并处罚款:
①在城市市区噪声敏感建筑物集中区域内使用高音广播喇叭;
②违反当地公安机关的规定,在城市市区街道、广场、公园等公共场所组织娱乐、集会等活动,使用音响器材,产生干扰周围生活环境的过大音量的;
③未按本法第四十六条和第四十七条规定采取措施,从家庭室内发出严重干扰周围居民生活的环境噪声的。

第五十九条　违反本法第四十三条第二款、第四十四条第二款的规定,造成环境噪声污染的,由县级以上地方人民政府环境保护行政主管部门责令改正,可以并处罚款。

第六十条　违反本法第四十四条第一款的规定,造成环境噪声污染的,由公安机关责令改正,可以并处罚款。省级以上人民政府依法决定由县级以上地方人民政府环境保护行政主管部门行使前款规定的行政处罚权的,从其决定。

第六十一条　受到环境噪声污染危害的单位和个人,有权要求加害人排除危害;造成损失的,依法赔偿损失。赔偿责任和赔偿金额的纠纷,可以根据当事人的请求,由环境保护行政主管部门或者其他环境噪声污染防治工作的监督管理部门、机构调解处理;调解不成的,当事人可以向人民法院起诉。当事人也可以直接向人民法院起诉。

第六十二条　环境噪声污染防治监督管理人员滥用职权、玩忽职守、徇私舞弊的,由其所在单位或者上级主管机关给予行政处分;构成犯罪的,依法追究刑事责任。

8) 附则

第六十三条　本法中下列用语的含义是:
①噪声排放,是指噪声源向周围生活环境辐射噪声。
②噪声敏感建筑物,是指医院、学校、机关、科研单位、住宅等需要保持安静的建筑物。
③噪声敏感建筑物集中区域,是指医疗区、文教科研区和以机关或者居民住宅为主的区域。
④夜间,是指晚二十二点至晨六点之间的期间。
⑤机动车辆,是指汽车和摩托车。

第六十四条　本法自1997年3月1日起施行。1989年9月26日国务院发布的《中华人民共和国环境噪声污染防治条例》同时废止。

典型例题解析

【例 17-5】 (2007)《中华人民共和国环境噪声污染防治法》不适用于：
A. 从事本职工作受到噪声危害的防治　　B. 交通运输噪声污染的防治
C. 工业生产噪声污染的防治　　　　　　D. 建筑施工噪声污染的防治

解　根据《中华人民共和国环境噪声污染防治法》第二条规定：本法所称环境噪声，是指在工业生产、建筑施工、交通运输和社会生活中所产生的干扰周围生活环境的声音。选 A。

17.1.5 中华人民共和国固体废物污染环境防治法

1) 总则

第一条　为了防治固体废物污染环境，保障人体健康，维护生态安全，促进经济社会可持续发展，制定本法。

第二条　本法适用于中华人民共和国境内固体废物污染环境的防治。固体废物污染海洋环境的防治和放射性固体废物污染环境的防治不适用本法。

第三条　国家对固体废物污染环境的防治，实行减少固体废物的产生量和危害性、充分合理利用固体废物和无害化处置固体废物的原则，促进清洁生产和循环经济发展。国家采取有利于固体废物综合利用活动的经济、技术政策和措施，对固体废物实行充分回收和合理利用。国家鼓励、支持采取有利于保护环境的集中处置固体废物的措施，促进固体废物污染环境防治产业发展。

第四条　县级以上人民政府应当将固体废物污染环境防治工作纳入国民经济和社会发展计划，并采取有利于固体废物污染环境防治的经济、技术政策和措施。国务院有关部门、县级以上地方人民政府及其有关部门组织编制城乡建设、土地利用、区域开发、产业发展等规划，应当统筹考虑减少固体废物的产生量和危害性、促进固体废物的综合利用和无害化处置。

第五条　国家对固体废物污染环境防治实行污染者依法负责的原则。产品的生产者、销售者、进口者、使用者对其产生的固体废物依法承担污染防治责任。

第六条　国家鼓励、支持固体废物污染环境防治的科学研究、技术开发、推广先进的防治技术和普及固体废物污染环境防治的科学知识。各级人民政府应当加强防治固体废物污染环境的宣传教育，倡导有利于环境保护的生产方式和生活方式。

第七条　国家鼓励单位和个人购买、使用再生产品和可重复利用产品。

第八条　各级人民政府对在固体废物污染环境防治工作以及相关的综合利用活动中作出显著成绩的单位和个人给予奖励。

第九条　任何单位和个人都有保护环境的义务，并有权对造成固体废物污染环境的单位和个人进行检举和控告。

第十条　国务院环境保护行政主管部门对全国固体废物污染环境的防治工作实施统一监督管理。国务院有关部门在各自的职责范围内负责固体废物污染环境防治的监督管理工作。县级以上地方人民政府环境保护行政主管部门对本行政区域内固体废物污染环境的防治工作实施统一监督管理。县级以上地方人民政府有关部门在各自的职责范围内负责固体废物污染环境防治的监督管理工作。国务院建设行政主管部门和县级以上地方人民政府环境卫生行政主管部门负责生活垃圾清扫、收集、储存、运输和处置的监督管理工作。

2)固体废物污染环境防治的监督管理

第十一条　国务院环境保护行政主管部门会同国务院有关行政主管部门根据国家环境质量标准和国家经济、技术条件,制定国家固体废物污染环境防治技术标准。

第十二条　国务院环境保护行政主管部门建立固体废物污染环境监测制度,制定统一的监测规范,并会同有关部门组织监测网络。大、中城市人民政府环境保护行政主管部门应当定期发布固体废物的种类、产生量、处置状况等信息。

第十三条　建设产生固体废物的项目以及建设储存、利用、处置固体废物的项目,必须依法进行环境影响评价,并遵守国家有关建设项目环境保护管理的规定。

第十四条　建设项目的环境影响评价文件确定需要配套建设的固体废物污染环境防治设施,必须与主体工程同时设计、同时施工、同时投入使用。固体废物污染环境防治设施必须经原审批环境影响评价文件的环境保护行政主管部门验收合格后,该建设项目方可投入生产或者使用。对固体废物污染环境防治设施的验收应当与对主体工程的验收同时进行。

第十五条　县级以上人民政府环境保护行政主管部门和其他固体废物污染环境防治工作的监督管理部门,有权依据各自的职责对管辖范围内与固体废物污染环境防治有关的单位进行现场检查。被检查的单位应当如实反映情况,提供必要的资料。检察机关应当为被检查的单位保守技术秘密和业务秘密。检察机关进行现场检查时,可以采取现场监测、采集样品、查阅或者复制与固体废物污染环境防治相关的资料等措施。检查人员进行现场检查,应当出示证件。

3)固体废物污染环境的防治

(1)一般规定

第十六条　产生固体废物的单位和个人,应当采取措施,防止或者减少固体废物对环境的污染。

第十七条　收集、储存、运输、利用、处置固体废物的单位和个人,必须采取防扬散、防流失、防渗漏或者其他防止污染环境的措施;不得擅自倾倒、堆放、丢弃、遗撒固体废物。禁止任何单位或者个人向江河、湖泊、运河、渠道、水库及其最高水位线以下的滩地和岸坡等法律、法规规定禁止倾倒、堆放废弃物的地点倾倒、堆放固体废物。

第十八条　产品和包装物的设计、制造,应当遵守国家有关清洁生产的规定。国务院标准化行政主管部门应当根据国家经济和技术条件、固体废物污染环境防治状况以及产品的技术要求,组织制定有关标准,防止过度包装造成环境污染。生产、销售、进口依法被列入强制回收目录的产品和包装物的企业,必须按照国家有关规定对该产品和包装物进行回收。

第十九条　国家鼓励科研、生产单位研究、生产易回收利用、易处置或者在环境中可降解的薄膜覆盖物和商品包装物。使用农用薄膜的单位和个人,应当采取回收利用等措施,防止或者减少农用薄膜对环境的污染。

第二十条　从事畜禽规模养殖应当按照国家有关规定收集、储存、利用或者处置养殖过程中产生的畜禽粪便,防止污染环境。禁止在人口集中地区、机场周围、交通干线附近以及当地人民政府划定的区域露天焚烧秸秆。

第二十一条　对收集、储存、运输、处置固体废物的设施、设备和场所,应当加强管理和维护,保证其正常运行和使用。

第二十二条　在国务院和国务院有关主管部门及省、自治区、直辖市人民政府划定的自然保护区、风景名胜区、饮用水水源保护区、基本农田保护区和其他需要特别保护的区域内,禁止建设工业固体废物集中储存、处置的设施、场所和生活垃圾填埋场。

第二十三条 转移固体废物出省、自治区、直辖市行政区域储存、处置的,应当向固体废物移出地的省、自治区、直辖市人民政府环境保护行政主管部门提出申请。移出地的省、自治区、直辖市人民政府环境保护行政主管部门应当商经接受地的省、自治区、直辖市人民政府环境保护行政主管部门同意后,方可批准转移该固体废物出省、自治区、直辖市行政区域。未经批准的,不得转移。

第二十四条 禁止中华人民共和国境外的固体废物进境倾倒、堆放、处置。

第二十五条 禁止进口不能用作原料或者不能以无害化方式利用的固体废物;对可以用作原料的固体废物实行限制进口和自动许可进口分类管理。国务院环境保护行政主管部门会同国务院对外贸易主管部门、国务院经济综合宏观调控部门、海关总署、国务院质量监督检验检疫部门制定、调整并公布禁止进口、限制进口和自动许可进口的固体废物目录。禁止进口列入禁止进口目录的固体废物。进口列入限制进口目录的固体废物,应当经国务院环境保护行政主管部门会同国务院对外贸易主管部门审查许可。进口列入自动许可进口目录的固体废物,应当依法办理自动许可手续。进口的固体废物必须符合国家环境保护标准,并经质量监督检验检疫部门检验合格。进口固体废物的具体管理办法,由国务院环境保护行政主管部门会同国务院对外贸易主管部门、国务院经济综合宏观调控部门、海关总署、国务院质量监督检验检疫部门制定。

第二十六条 进口者对海关将其所进口的货物纳入固体废物管理范围不服的,可以依法申请行政复议,也可以向人民法院提起行政诉讼。

(2)工业固体废物污染环境的防治

第二十七条 国务院环境保护行政主管部门应当会同国务院经济综合宏观调控部门和其他有关部门对工业固体废物对环境的污染作出界定,制定防治工业固体废物污染环境的技术政策,组织推广先进的防治工业固体废物污染环境的生产工艺和设备。

第二十八条 国务院经济综合宏观调控部门应当会同国务院有关部门组织研究、开发和推广减少工业固体废物产生量和危害性的生产工艺和设备,公布限期淘汰产生严重污染环境的工业固体废物的落后生产工艺、落后设备的名录。生产者、销售者、进口者、使用者必须在国务院经济综合宏观调控部门会同国务院有关部门规定的期限内分别停止生产、销售、进口或者使用列入前款规定的名录中的设备。生产工艺的采用者必须在国务院经济综合宏观调控部门会同国务院有关部门规定的期限内停止采用列入前款规定的名录中的工艺。列入限期淘汰名录被淘汰的设备,不得转让给他人使用。

第二十九条 县级以上人民政府有关部门应当制定工业固体废物污染环境防治工作规划,推广能够减少工业固体废物产生量和危害性的先进生产工艺和设备,推动工业固体废物污染环境防治工作。

第三十条 产生工业固体废物的单位应当建立、健全污染环境防治责任制度,采取防治工业固体废物污染环境的措施。

第三十一条 企业事业单位应当合理选择和利用原材料、能源和其他资源,采用先进的生产工艺和设备,减少工业固体废物产生量,降低工业固体废物的危害性。

第三十二条 国家实行工业固体废物申报登记制度。产生工业固体废物的单位必须按照国务院环境保护行政主管部门的规定,向所在地县级以上地方人民政府环境保护行政主管部门提供工业固体废物的种类、产生量、流向、储存、处置等有关资料。前款规定的申报事项有重大改变的,应当及时申报。

第三十三条 企业事业单位应当根据经济、技术条件对其产生的工业固体废物加以利用;对暂时不利用或者不能利用的,必须按照国务院环境保护行政主管部门的规定建设储存设施、场所,安全分类存放,或者采取无害化处置措施。建设工业固体废物储存、处置的设施、场所,必须符合国家环境保护标准。

第三十四条 禁止擅自关闭、闲置或者拆除工业固体废物污染环境防治设施、场所;确有必要关闭、闲置或者拆除的,必须经所在地县级以上地方人民政府环境保护行政主管部门核准,并采取措施,防止污染环境。

第三十五条 产生工业固体废物的单位需要终止的,应当事先对工业固体废物的储存、处置的设施、场所采取污染防治措施,并对未处置的工业固体废物作出妥善处置,防止污染环境。产生工业固体废物的单位发生变更的,变更后的单位应当按照国家有关环境保护的规定对未处置的工业固体废物及其储存、处置的设施、场所进行安全处置或者采取措施保证该设施、场所安全运行。变更前当事人对工业固体废物及其储存、处置的设施、场所的污染防治责任另有约定的,从其约定;但是,不得免除当事人的污染防治义务。对本法施行前已经终止的单位未处置的工业固体废物及其储存、处置的设施、场所进行安全处置的费用,由有关人民政府承担;但是,该单位享有的土地使用权依法转让的,应当由土地使用权受让人承担处置费用。当事人另有约定的,从其约定;但是,不得免除当事人的污染防治义务。

第三十六条 矿山企业应当采取科学的开采方法和选矿工艺,减少尾矿、矸石、废石等矿业固体废物的产生量和储存量。尾矿、矸石、废石等矿业固体废物储存设施停止使用后,矿山企业应当按照国家有关环境保护规定进行封场,防止造成环境污染和生态破坏。

第三十七条 拆解、利用、处置废弃电器产品和废弃机动车船,应当遵守有关法律、法规的规定,采取措施,防止污染环境。

(3)生活垃圾污染环境的防治

第三十八条 县级以上人民政府应当统筹安排建设城乡生活垃圾收集、运输、处置设施,提高生活垃圾的利用率和无害化处置率,促进生活垃圾收集、处置的产业化发展,逐步建立和完善生活垃圾污染环境防治的社会服务体系。

第三十九条 县级以上地方人民政府环境卫生行政主管部门应当组织对城市生活垃圾进行清扫、收集、运输和处置,可以通过招标等方式选择具备条件的单位从事生活垃圾的清扫、收集、运输和处置。

第四十条 对城市生活垃圾应当按照环境卫生行政主管部门的规定,在指定的地点放置,不得随意倾倒、抛撒或者堆放。

第四十一条 清扫、收集、运输、处置城市生活垃圾,应当遵守国家有关环境保护和环境卫生管理的规定,防止污染环境。

第四十二条 对城市生活垃圾应当及时清运,逐步做到分类收集和运输,并积极开展合理利用和实施无害化处置。

第四十三条 城市人民政府应当有计划地改进燃料结构,发展城市煤气、天然气、液化气和其他清洁能源。城市人民政府有关部门应当组织净菜进城,减少城市生活垃圾。城市人民政府有关部门应当统筹规划,合理安排收购网点,促进生活垃圾的回收利用工作。

第四十四条 建设生活垃圾处置的设施、场所,必须符合国务院环境保护行政主管部门和国务院建设行政主管部门规定的环境保护和环境卫生标准。禁止擅自关闭、闲置或者拆除生活垃圾处置的设施、场所；确有必要关闭、闲置或者拆除的，必须经所在地县级以上地方人民政府环境卫生行政主管部门和环境保护行政主管部门核准，并采取措施，防止污染环境。

第四十五条　从生活垃圾中回收的物质必须按照国家规定的用途或者标准使用，不得用于生产可能危害人体健康的产品。

第四十六条　工程施工单位应当及时清运工程施工过程中产生的固体废物，并按照环境卫生行政主管部门的规定进行利用或者处置。

第四十七条　从事公共交通运输的经营单位，应当按照国家有关规定，清扫、收集运输过程中产生的生活垃圾。

第四十八条　从事城市新区开发、旧区改建和住宅小区开发建设的单位，以及机场、码头、车站、公园、商店等公共设施、场所的经营管理单位，应当按照国家有关环境卫生的规定，配套建设生活垃圾收集设施。

第四十九条　农村生活垃圾污染环境防治的具体办法，由地方性法规规定。

4)危险废物污染环境防治的特别规定

第五十条　危险废物污染环境的防治，适用本章规定；本章未作规定的，适用本法其他有关规定。

第五十一条　国务院环境保护行政主管部门应当会同国务院有关部门制定国家危险废物名录，规定统一的危险废物鉴别标准、鉴别方法和识别标志。

第五十二条　对危险废物的容器和包装物以及收集、储存、运输、处置危险废物的设施、场所，必须设置危险废物识别标志。

第五十三条　产生危险废物的单位，必须按照国家有关规定制定危险废物管理计划，并向所在地县级以上地方人民政府环境保护行政主管部门申报危险废物的种类、产生量、流向、储存、处置等有关资料。前款所称危险废物管理计划应当包括减少危险废物产生量和危害性的措施以及危险废物储存、利用、处置措施。危险废物管理计划应当报产生危险废物的单位所在地县级以上地方人民政府环境保护行政主管部门备案。本条规定的申报事项或者危险废物管理计划内容有重大改变的，应当及时申报。

第五十四条　国务院环境保护行政主管部门会同国务院经济综合宏观调控部门组织编制危险废物集中处置设施、场所的建设规划，报国务院批准后实施。县级以上地方人民政府应当依据危险废物集中处置设施、场所的建设规划组织建设危险废物集中处置设施、场所。

第五十五条　产生危险废物的单位，必须按照国家有关规定处置危险废物，不得擅自倾倒、堆放；不处置的，由所在地县级以上地方人民政府环境保护行政主管部门责令限期改正；逾期不处置或者处置不符合国家有关规定的，由所在地县级以上地方人民政府环境保护行政主管部门指定单位按照国家有关规定代为处置，处置费用由产生危险废物的单位承担。

第五十六条　以填埋方式处置危险废物不符合国务院环境保护行政主管部门规定的，应当缴纳危险废物排污费。危险废物排污费征收的具体办法由国务院规定。危险废物排污费用于污染环境的防治，不得挪作他用。

第五十七条　从事收集、储存、处置危险废物经营活动的单位，必须向县级以上人民政府环境保护行政主管部门申请领取经营许可证；从事利用危险废物经营活动的单位，必须向国务院环境保护行政主管部门或省、自治区、直辖市人民政府环境保护行政主管部门申请领取经营许可证。具体管理办法由国务院规定。禁止无经营许可证或者不按照经营许可证规定从事危险废物收集、储存、利用、处置的经营活动。禁止将危险废物提供或者委托给无经营许可证的单位从事收集、储存、利用、处置的经营活动。

第五十八条 收集、储存危险废物,必须按照危险废物特性分类进行。禁止混合收集、储存、运输、处置性质不相容而未经安全性处置的危险废物。储存危险废物必须采取符合国家环境保护标准的防护措施,并不得超过一年;确需延长期限的,必须报经原批准经营许可证的环境保护行政主管部门批准;法律、行政法规另有规定的除外。禁止将危险废物混入非危险废物中储存。

第五十九条 转移危险废物的,必须按照国家有关规定填写危险废物转移联单,并向危险废物移出地设区的市级以上地方人民政府环境保护行政主管部门提出申请。移出地设区的市级以上地方人民政府环境保护行政主管部门应当商经接受地设区的市级以上地方人民政府环境保护行政主管部门同意后,方可批准转移该危险废物。未经批准的,不得转移。转移危险废物途经移出地、接受地以外行政区域的,危险废物移出地设区的市级以上地方人民政府环境保护行政主管部门应当及时通知沿途经过的设区的市级以上地方人民政府环境保护行政主管部门。

第六十条 运输危险废物,必须采取防止污染环境的措施,并遵守国家有关危险货物运输管理的规定。禁止将危险废物与旅客在同一运输工具上载运。

第六十一条 收集、储存、运输、处置危险废物的场所、设施、设备和容器、包装物及其他物品转作他用时,必须经过消除污染的处理,方可使用。

第六十二条 产生、收集、储存、运输、利用、处置危险废物的单位,应当制定意外事故的防范措施和应急预案,并向所在地县级以上地方人民政府环境保护行政主管部门备案;环境保护行政主管部门应当进行检查。

第六十三条 因发生事故或者其他突发性事件,造成危险废物严重污染环境的单位,必须立即采取措施消除或者减轻对环境的污染危害,及时通报可能受到污染危害的单位和居民,并向所在地县级以上地方人民政府环境保护行政主管部门和有关部门报告,接受调查处理。

第六十四条 在发生或者有证据证明可能发生危险废物严重污染环境、威胁居民生命财产安全时,县级以上地方人民政府环境保护行政主管部门或者其他固体废物污染环境防治工作的监督管理部门必须立即向本级人民政府和上一级人民政府有关行政主管部门报告,由人民政府采取防止或者减轻危害的有效措施。有关人民政府可以根据需要责令停止导致或者可能导致环境污染事故的作业。

第六十五条 重点危险废物集中处置设施、场所的退役费用应当预提,列入投资概算或者经营成本。具体提取和管理办法,由国务院财政部门、价格主管部门会同国务院环境保护行政主管部门规定。

第六十六条 禁止经中华人民共和国过境转移危险废物。

5)法律责任

第六十七条 县级以上人民政府环境保护行政主管部门或者其他固体废物污染环境防治工作的监督管理部门违反本法规定,有下列行为之一的,由本级人民政府或者上级人民政府有关行政主管部门责令改正,对负有责任的主管人员和其他直接责任人员依法给予行政处分;构成犯罪的,依法追究刑事责任:

①不依法作出行政许可或者办理批准文件的;
②发现违法行为或者接到对违法行为的举报后不予查处的;
③有不依法履行监督管理职责的其他行为的。

第六十八条　违反本法规定,有下列行为之一的,由县级以上人民政府环境保护行政主管部门责令停止违法行为,限期改正,处以罚款:

①不按照国家规定申报登记工业固体废物,或者在申报登记时弄虚作假的;

②对暂时不利用或者不能利用的工业固体废物未建设储存的设施、场所安全分类存放,或者未采取无害化处置措施的;

③将列入限期淘汰名录被淘汰的设备转让给他人使用的;

④擅自关闭、闲置或者拆除工业固体废物污染环境防治设施、场所的;

⑤在自然保护区、风景名胜区、饮用水水源保护区、基本农田保护区和其他需要特别保护的区域内,建设工业固体废物集中储存、处置的设施、场所和生活垃圾填埋场的;

⑥擅自转移固体废物出省、自治区、直辖市行政区域储存、处置的;

⑦未采取相应防范措施,造成工业固体废物扬散、流失、渗漏或者造成其他环境污染的;

⑧在运输过程中沿途丢弃、遗撒工业固体废物的;

有前款第一项、第八项行为之一的,处五千元以上五万元以下的罚款;有前款第二项、第三项、第四项、第五项、第六项、第七项行为之一的,处一万元以上十万元以下的罚款。

第六十九条　违反本法规定,建设项目需要配套建设的固体废物污染环境防治设施未建成、未经验收或者验收不合格,主体工程即投入生产或者使用的,由审批该建设项目环境影响评价文件的环境保护行政主管部门责令停止生产或者使用,可以并处十万元以下的罚款。

第七十条　违反本法规定,拒绝县级以上人民政府环境保护行政主管部门或者其他固体废物污染环境防治工作的监督管理部门现场检查的,由执行现场检查的部门责令限期改正;拒不改正或者在检查时弄虚作假的,处二千元以上二万元以下的罚款。

第七十一条　从事畜禽规模养殖未按照国家有关规定收集、储存、处置畜禽粪便,造成环境污染的,由县级以上地方人民政府环境保护行政主管部门责令限期改正,可以处五万元以下的罚款。

第七十二条　违反本法规定,生产、销售、进口或者使用淘汰的设备,或者采用淘汰的生产工艺的,由县级以上人民政府经济综合宏观调控部门责令改正;情节严重的,由县级以上人民政府经济综合宏观调控部门提出意见,报请同级人民政府按照国务院规定的权限决定停业或者关闭。

第七十三条　尾矿、矸石、废石等矿业固体废物储存设施停止使用后,未按照国家有关环境保护规定进行封场的,由县级以上地方人民政府环境保护行政主管部门责令限期改正,可以处五万元以上二十万元以下的罚款。

第七十四条　违反本法有关城市生活垃圾污染环境防治的规定,有下列行为之一的,由县级以上地方人民政府环境卫生行政主管部门责令停止违法行为,限期改正,处以罚款:

①随意倾倒、抛撒或者堆放生活垃圾的;

②擅自关闭、闲置或者拆除生活垃圾处置设施、场所的;

③工程施工单位不及时清运施工过程中产生的固体废物,造成环境污染的;

④工程施工单位不按照环境卫生行政主管部门的规定对施工过程中产生的固体废物进行利用或者处置的;

⑤在运输过程中沿途丢弃、遗撒生活垃圾的。

单位有前款第一项、第三项、第五项行为之一的,处五千元以上五万元以下的罚款;有前款第二项、第四项行为之一的,处一万元以上十万元以下的罚款。个人有前款第一项、第五项行为之一的,处二百元以下的罚款。

第七十五条　违反本法有关危险废物污染环境防治的规定,有下列行为之一的,由县级以上人民政府环境保护行政主管部门责令停止违法行为,限期改正,处以罚款:
①不设置危险废物识别标志的;
②不按照国家规定申报登记危险废物,或者在申报登记时弄虚作假的;
③擅自关闭、闲置或者拆除危险废物集中处置设施、场所的;
④不按照国家规定缴纳危险废物排污费的;
⑤将危险废物提供或者委托给无经营许可证的单位从事经营活动的;
⑥不按照国家规定填写危险废物转移联单或者未经批准擅自转移危险废物的;
⑦将危险废物混入非危险废物中储存的;
⑧未经安全性处置,混合收集、储存、运输、处置具有不相容性质的危险废物的;
⑨将危险废物与旅客在同一运输工具上载运的;
⑩未经消除污染的处理将收集、储存、运输、处置危险废物的场所、设施、设备和容器、包装物及其他物品转作他用的;
⑪未采取相应防范措施,造成危险废物扬散、流失、渗漏或者造成其他环境污染的;
⑫在运输过程中沿途丢弃、遗撒危险废物的;
⑬未制定危险废物意外事故防范措施和应急预案的。

有前款第一项、第二项、第七项、第八项、第九项、第十项、第十一项、第十二项、第十三项行为之一的,处一万元以上十万元以下的罚款;有前款第三项、第五项、第六项行为之一的,处二万元以上二十万元以下的罚款;有前款第四项行为的,限期缴纳,逾期不缴纳的,处应缴纳危险废物排污费金额一倍以上三倍以下的罚款。

第七十六条　违反本法规定,危险废物产生者不处置其产生的危险废物又不承担依法应当承担的处置费用的,由县级以上地方人民政府环境保护行政主管部门责令限期改正,处代为处置费用一倍以上三倍以下的罚款。

第七十七条　无经营许可证或者不按照经营许可证规定从事收集、储存、利用、处置危险废物经营活动的,由县级以上人民政府环境保护行政主管部门责令停止违法行为,没收违法所得,可以并处违法所得三倍以下的罚款。不按照经营许可证规定从事前款活动的,还可以由发证机关吊销经营许可证。

第七十八条　违反本法规定,将中华人民共和国境外的固体废物进境倾倒、堆放、处置的,进口属于禁止进口的固体废物或者未经许可擅自进口属于限制进口的固体废物用作原料的,由海关责令退运该固体废物,可以并处十万元以上一百万元以下的罚款;构成犯罪的,依法追究刑事责任。进口者不明的,由承运人承担退运该固体废物的责任,或者承担该固体废物的处置费用。逃避海关监管将中华人民共和国境外的固体废物运输进境,构成犯罪的,依法追究刑事责任。

第七十九条　违反本法规定,经中华人民共和国过境转移危险废物的,由海关责令退运该危险废物,可以并处五万元以上五十万元以下的罚款。

第八十条　对已经非法入境的固体废物,由省级以上人民政府环境保护行政主管部门依法向海关提出处理意见,海关应当依照本法第七十八条的规定作出处罚决定;已经造成环境污染的,由省级以上人民政府环境保护行政主管部门责令进口者消除污染。

第八十一条　违反本法规定,造成固体废物严重污染环境的,由县级以上人民政府环境保护行政主管部门按照国务院规定的权限决定限期治理;逾期未完成治理任务的,由本级人民政府决定停业或者关闭。

第八十二条　违反本法规定,造成固体废物污染环境事故的,由县级以上人民政府环境保护行政主管部门处二万元以上二十万元以下的罚款;造成重大损失的,按照直接损失的百分之三十计算罚款,但是最高不超过一百万元,对负有责任的主管人员和其他直接责任人员,依法给予行政处分;造成固体废物污染环境重大事故的,并由县级以上人民政府按照国务院规定的权限决定停业或者关闭。

第八十三条　违反本法规定,收集、储存、利用、处置危险废物,造成重大环境污染事故,构成犯罪的,依法追究刑事责任。

第八十四条　受到固体废物污染损害的单位和个人,有权要求依法赔偿损失。赔偿责任和赔偿金额的纠纷,可以根据当事人的请求,由环境保护行政主管部门或者其他固体废物污染环境防治工作的监督管理部门调解处理;调解不成的,当事人可以向人民法院提起诉讼。当事人也可以直接向人民法院提起诉讼。国家鼓励法律服务机构对固体废物污染环境诉讼中的受害人提供法律援助。

第八十五条　造成固体废物污染环境的,应当排除危害,依法赔偿损失,并采取措施恢复环境原状。

第八十六条　因固体废物污染环境引起的损害赔偿诉讼,由加害人就法律规定的免责事由及其行为与损害结果之间不存在因果关系承担举证责任。

第八十七条　固体废物污染环境的损害赔偿责任和赔偿金额的纠纷,当事人可以委托环境监测机构提供监测数据。环境监测机构应当接受委托,如实提供有关监测数据。

6) 附则

第八十八条　本法下列用语的含义：

①固体废物,是指在生产、生活和其他活动中产生的丧失原有利用价值或者虽未丧失利用价值但被抛弃或者放弃的固态、半固态和置于容器中的气态的物品、物质以及法律、行政法规规定纳入固体废物管理的物品、物质。

②工业固体废物,是指在工业生产活动中产生的固体废物。

③生活垃圾,是指在日常生活中或者为日常生活提供服务的活动中产生的固体废物以及法律、行政法规规定视为生活垃圾的固体废物。

④危险废物,是指列入国家危险废物名录或者根据国家规定的危险废物鉴别标准和鉴别方法认定的具有危险特性的固体废物。

⑤储存,是指将固体废物临时置于特定设施或者场所中的活动。

⑥处置,是指将固体废物焚烧和用其他改变固体废物的物理、化学、生物特性的方法,达到减少已产生的固体废物数量、缩小固体废物体积、减少或者消除其危险成分的活动,或者将固体废物最终置于符合环境保护规定要求的填埋场的活动。

⑦利用,是指从固体废物中提取物质作为原材料或者燃料的活动。

第八十九条　液态废物的污染防治,适用本法;但是,排入水体的废水的污染防治适用有关法律,不适用本法。

第九十条　中华人民共和国缔结或者参加的与固体废物污染环境防治有关的国际条约与本法有不同规定的,适用国际条约的规定;但是,中华人民共和国声明保留的条款除外。

第九十一条　本法自 2005 年 4 月 1 日起施行。

典型例题解析

【例 17-6】 (2007)修订后的《中华人民共和国固体废物污染环境防治法》的实施日期是：
A. 1995 年 10 月 30 日　　B. 1996 年 4 月 1 日
C. 2004 年 12 月 29 日　　D. 2005 年 4 月 1 日

解 见《中华人民共和国固体废物污染环境防治法》第九十一条。选 D。

【例 17-7】 (2014)下列哪项不符合《中华人民共和国固体废物污染防治法》中生活垃圾污染环境的防治规定：
A. 从生活垃圾中回收的物质必须按照国家规定的用途或者标准使用，不得用于生产可能危害人体健康的产品
B. 清扫、收集、运输、处置城市生活垃圾，必须采取措施防止污染环境
C. 生活垃圾不得随意倾倒、抛撒或者堆放
D. 工程施工单位生产的固体废物，因为主要为无机物质，可以随意堆放

解 工程施工单位应当及时清运工程施工过程中产生的固体废物，并按照环境卫生行政主管部门的规定进行利用或者处置。选 D。

17.1.6 中华人民共和国海洋污染防治法

1）总则

第一条　为了保护和改善海洋环境，保护海洋资源，防治污染损害，维护生态平衡，保障人体健康，促进经济和社会的可持续发展，制定本法。

第二条　本法适用于中华人民共和国内水、领海、毗连区、专属经济区、大陆架以及中华人民共和国管辖的其他海域。在中华人民共和国管辖海域内从事航行、勘探、开发、生产、旅游、科学研究及其他活动，或者在沿海陆域内从事影响海洋环境活动的任何单位和个人，都必须遵守本法。在中华人民共和国管辖海域以外，造成中华人民共和国管辖海域污染的，也适用本法。

第三条　国家建立并实施重点海域排污总量控制制度，确定主要污染物排海总量控制指标，并对主要污染源分配排放控制数量。具体办法由国务院制定。

第四条　一切单位和个人都有保护海洋环境的义务，并有权对污染损害海洋环境的单位和个人，以及海洋环境监督管理人员的违法失职行为进行监督和检举。

第五条　国务院环境保护行政主管部门作为对全国环境保护工作统一监督管理的部门，对全国海洋环境保护工作实施指导、协调和监督，并负责全国防治陆源污染物和海岸工程建设项目对海洋污染损害的环境保护工作。国家海洋行政主管部门负责海洋环境的监督管理，组织海洋环境的调查、监测、监视、评价和科学研究，负责全国防治海洋工程建设项目和海洋倾倒废弃物对海洋污染损害的环境保护工作。

国家海事行政主管部门负责所辖港区水域内非军事船舶和港区水域外非渔业、非军事船舶污染海洋环境的监督管理，并负责污染事故的调查处理；对在中华人民共和国管辖海域航行、停泊和作业的外国籍船舶造成的污染事故登轮检查处理。船舶污染事故给渔业造成损害的，应当吸收渔业行政主管部门参与调查处理。

国家渔业行政主管部门负责渔港水域内非军事船舶和渔港水域外渔业船舶污染海洋环境

的监督管理,负责保护渔业水域生态环境工作,并调查处理前款规定的污染事故以外的渔业污染事故。

军队环境保护部门负责军事船舶污染海洋环境的监督管理及污染事故的调查处理。

沿海县级以上地方人民政府行使海洋环境监督管理权的部门的职责,由省、自治区、直辖市人民政府根据本法及国务院有关规定确定。

2)海洋环境监督管理

第六条　国家海洋行政主管部门会同国务院有关部门和沿海省、自治区、直辖市人民政府拟定全国海洋功能区划,报国务院批准。沿海地方各级人民政府应当根据全国和地方海洋功能区划,科学合理地使用海域。

第七条　国家根据海洋功能区划制定全国海洋环境保护规划和重点海域区域性海洋环境保护规划。毗邻重点海域的有关沿海省、自治区、直辖市人民政府及行使海洋环境监督管理权的部门,可以建立海洋环境保护区域合作组织,负责实施重点海域区域性海洋环境保护规划、海洋环境污染的防治和海洋生态保护工作。

第八条　跨区域的海洋环境保护工作,由有关沿海地方人民政府协商解决,或者由上级人民政府协调解决。跨部门的重大海洋环境保护工作,由国务院环境保护行政主管部门协调;协调未能解决的,由国务院作出决定。

第九条　国家根据海洋环境质量状况和国家经济、技术条件,制定国家海洋环境质量标准。沿海省、自治区、直辖市人民政府对国家海洋环境质量标准中未作规定的项目,可以制定地方海洋环境质量标准。

沿海地方各级人民政府根据国家和地方海洋环境质量标准的规定和本行政区近岸海域环境质量状况,确定海洋环境保护的目标和任务,并纳入人民政府工作计划,按相应的海洋环境质量标准实施管理。

第十条　国家和地方水污染物排放标准的制定,应当将国家和地方海洋环境质量标准作为重要依据之一。在国家建立并实施排污总量控制制度的重点海域,水污染物排放标准的制定,还应当将主要污染物排海总量控制指标作为重要依据。

第十一条　直接向海洋排放污染物的单位和个人,必须按照国家规定缴纳排污费。向海洋倾倒废弃物,必须按照国家规定缴纳倾倒费。根据本法规定征收的排污费、倾倒费,必须用于海洋环境污染的整治,不得挪作他用。具体办法由国务院规定。

第十二条　对超过污染物排放标准的,或者在规定的期限内未完成污染物排放削减任务的,或者造成海洋环境严重污染损害的,应当限期治理。限期治理按照国务院规定的权限决定。

第十三条　国家加强防治海洋环境污染损害的科学技术的研究和开发,对严重污染海洋环境的落后生产工艺和落后设备,实行淘汰制度。企业应当优先使用清洁能源,采用资源利用率高、污染物排放量少的清洁生产工艺,防止对海洋环境的污染。

第十四条　国家海洋行政主管部门按照国家环境监测、监视规范和标准,管理全国海洋环境的调查、监测、监视,制定具体的实施办法,会同有关部门组织全国海洋环境监测、监视网络,定期评价海洋环境质量,发布海洋巡航监视通报。依照本法规定行使海洋环境监督管理权的部门分别负责各自所辖水域的监测、监视。其他有关部门根据全国海洋环境监测网的分工,分别负责对入海河口、主要排污口的监测。

第十五条　国务院有关部门应当向国务院环境保护行政主管部门提供编制全国环境质量

公报所必需的海洋环境监测资料。环境保护行政主管部门应当向有关部门提供与海洋环境监督管理有关的资料。

第十六条 国家海洋行政主管部门按照国家制定的环境监测、监视信息管理制度,负责管理海洋综合信息系统,为海洋环境保护监督管理提供服务。

第十七条 因发生事故或者其他突发性事件,造成或者可能造成海洋环境污染事故的单位和个人,必须立即采取有效措施,及时向可能受到危害者通报,并向依照本法规定行使海洋环境监督管理权的部门报告,接受调查处理。沿海县级以上地方人民政府在本行政区域近岸海域的环境受到严重污染时,必须采取有效措施,解除或者减轻危害。

第十八条 国家根据防止海洋环境污染的需要,制定国家重大海上污染事故应急计划。国家海洋行政主管部门负责制定全国海洋石油勘探开发重大海上溢油应急计划,报国务院环境保护行政主管部门备案。

国家海事行政主管部门负责制定全国船舶重大海上溢油污染事故应急计划,报国务院环境保护行政主管部门备案。

沿海可能发生重大海洋环境污染事故的单位,应当依照国家的规定,制定污染事故应急计划,并向当地环境保护行政主管部门、海洋行政主管部门备案。

沿海县级以上地方人民政府及其有关部门在发生重大海上污染事故时,必须按照应急计划解除或者减轻危害。

第十九条 依照本法规定行使海洋环境监督管理权的部门可以在海上实行联合执法,在巡航监视中发现海上污染事故或者违反本法规定的行为时,应当予以制止并调查取证,必要时有权采取有效措施,防止污染事态的扩大,并报告有关主管部门处理。

依照本法规定行使海洋环境监督管理权的部门,有权对管辖范围内排放污染物的单位和个人进行现场检查。被检查者应当如实反映情况,提供必要的资料。检察机关应当为被检查者保守技术秘密和业务秘密。

3)海洋生态保护

第二十条 国务院和沿海地方各级人民政府应当采取有效措施,保护红树林、珊瑚礁、滨海湿地、海岛、海湾、入海河口、重要渔业水域等具有典型性、代表性的海洋生态系统,珍稀、濒危海洋生物的天然集中分布区,具有重要经济价值的海洋生物生存区域及有重大科学文化价值的海洋自然历史遗迹和自然景观。对具有重要经济、社会价值的已遭到破坏的海洋生态,应当进行整治和恢复。

第二十一条 国务院有关部门和沿海省级人民政府应当根据保护海洋生态的需要,选划、建立海洋自然保护区。国家级海洋自然保护区的建立,须经国务院批准。

第二十二条 凡具有下列条件之一的,应当建立海洋自然保护区:

①典型的海洋自然地理区域、有代表性的自然生态区域,以及遭受破坏但经保护能恢复的海洋自然生态区域;

②海洋生物物种高度丰富的区域,或者珍稀、濒危海洋生物物种的天然集中分布区域;

③具有特殊保护价值的海域、海岸、岛屿、滨海湿地、入海河口和海湾等;

④具有重大科学文化价值的海洋自然遗迹所在区域;

⑤其他需要予以特殊保护的区域。

第二十三条 凡具有特殊地理条件、生态系统、生物与非生物资源及海洋开发利用特殊需要的区域,可以建立海洋特别保护区,采取有效的保护措施和科学的开发方式进行特殊管理。

第二十四条　开发利用海洋资源,应当根据海洋功能区划合理布局,不得造成海洋生态环境破坏。

第二十五条　引进海洋动植物物种,应当进行科学论证,避免对海洋生态系统造成危害。

第二十六条　开发海岛及周围海域的资源,应当采取严格的生态保护措施,不得造成海岛地形、岸滩、植被以及海岛周围海域生态环境的破坏。

第二十七条　沿海地方各级人民政府应当结合当地自然环境的特点,建设海岸防护设施、沿海防护林、沿海城镇园林和绿地,对海岸侵蚀和海水入侵地区进行综合治理。禁止毁坏海岸防护设施、沿海防护林、沿海城镇园林和绿地。

第二十八条　国家鼓励发展生态渔业建设,推广多种生态渔业生产方式,改善海洋生态状况。新建、改建、扩建海水养殖场,应当进行环境影响评价。海水养殖应当科学确定养殖密度,并应当合理投饵、施肥,正确使用药物,防止造成海洋环境的污染。

4)防治陆源污染物对海洋环境的污染损害

第二十九条　向海域排放陆源污染物,必须严格执行国家或者地方规定的标准和有关规定。

第三十条　入海排污口位置的选择,应当根据海洋功能区划、海水动力条件和有关规定,经科学论证后,报设区的市级以上人民政府环境保护行政主管部门审查批准。环境保护行政主管部门在批准设置入海排污口之前,必须征求海洋、海事、渔业行政主管部门和军队环境保护部门的意见。

在海洋自然保护区、重要渔业水域、海滨风景名胜区和其他需要特别保护的区域,不得新建排污口。

在有条件的地区,应当将排污口深海设置,实行离岸排放。设置陆源污染物深海离岸排放排污口,应当根据海洋功能区划、海水动力条件和海底工程设施的有关情况确定,具体办法由国务院规定。

第三十一条　省、自治区、直辖市人民政府环境保护行政主管部门和水行政主管部门应当按照水污染防治有关法律的规定,加强入海河流管理,防治污染,使入海河口的水质处于良好状态。

第三十二条　排放陆源污染物的单位,必须向环境保护行政主管部门申报拥有的陆源污染物排放设施、处理设施和在正常作业条件下排放陆源污染物的种类、数量和浓度,并提供防治海洋环境污染方面的有关技术和资料。排放陆源污染物的种类、数量和浓度有重大改变的,必须及时申报。拆除或者闲置陆源污染物处理设施的,必须事先征得环境保护行政主管部门的同意。

第三十三条　禁止向海域排放油类、酸液、碱液、剧毒废液和高、中水平放射性废水。严格限制向海域排放低水平放射性废水;确需排放的,必须严格执行国家辐射防护规定。严格控制向海域排放含有不易降解的有机物和重金属的废水。

第三十四条　含病原体的医疗污水、生活污水和工业废水必须经过处理,符合国家有关排放标准后,方能排入海域。

第三十五条　含有机物和营养物质的工业废水、生活污水,应当严格控制向海湾、半封闭海及其他自净能力较差的海域排放。

第三十六条　向海域排放含热废水,必须采取有效措施,保证邻近渔业水域的水温符合国家海洋环境质量标准,避免热污染对水产资源的危害。

第三十七条 沿海农田、林场施用化学农药,必须执行国家农药安全使用的规定和标准。沿海农田、林场应当合理使用化肥和植物生长调节剂。

第三十八条 在岸滩弃置、堆放和处理尾矿、矿渣、煤灰渣、垃圾和其他固体废物的,依照《中华人民共和国固体废物污染环境防治法》的有关规定执行。

第三十九条 禁止经中华人民共和国内水、领海转移危险废物。经中华人民共和国管辖的其他海域转移危险废物的,必须事先取得国务院环境保护行政主管部门的书面同意。

第四十条 沿海城市人民政府应当建设和完善城市排水管网,有计划地建设城市污水处理厂或者其他污水集中处理设施,加强城市污水的综合整治。建设污水海洋处置工程,必须符合国家有关规定。

第四十一条 国家采取必要措施,防止、减少和控制来自大气层或者通过大气层造成的海洋环境污染损害。

5)防治海岸工程建设项目对海洋环境的污染损害

第四十二条 新建、改建、扩建海岸工程建设项目,必须遵守国家有关建设项目环境保护管理的规定,并把防治污染所需资金纳入建设项目投资计划。在依法划定的海洋自然保护区、海滨风景名胜区、重要渔业水域及其他需要特别保护的区域,不得从事污染环境、破坏景观的海岸工程项目建设或者其他活动。

第四十三条 海岸工程建设项目的单位,必须在建设项目可行性研究阶段,对海洋环境进行科学调查,根据自然条件和社会条件,合理选址,编报环境影响报告书。环境影响报告书经海洋行政主管部门提出审核意见后,报环境保护行政主管部门审查批准。

环境保护行政主管部门在批准环境影响报告书之前,必须征求海事、渔业行政主管部门和军队环境保护部门的意见。

第四十四条 海岸工程建设项目的环境保护设施,必须与主体工程同时设计、同时施工、同时投产使用。环境保护设施未经环境保护行政主管部门检查批准,建设项目不得试运行;环境保护设施未经环境保护行政主管部门验收,或者经验收不合格的,建设项目不得投入生产或者使用。

第四十五条 禁止在沿海陆域内新建不具备有效治理措施的化学制浆造纸、化工、印染、制革、电镀、酿造、炼油、岸边冲滩拆船以及其他严重污染海洋环境的工业生产项目。

第四十六条 兴建海岸工程建设项目,必须采取有效措施,保护国家和地方重点保护的野生动植物及其生存环境和海洋水产资源。严格限制在海岸采挖砂石。露天开采海滨砂矿和从岸上打井开采海底矿产资源,必须采取有效措施,防止污染海洋环境。

6)防治海洋工程建设项目对海洋环境的污染损害

第四十七条 海洋工程建设项目必须符合海洋功能区划、海洋环境保护规划和国家有关环境保护标准,在可行性研究阶段,编报海洋环境影响报告书,由海洋行政主管部门核准,并报环境保护行政主管部门备案,接受环境保护行政主管部门监督。

海洋行政主管部门在核准海洋环境影响报告书之前,必须征求海事、渔业行政主管部门和军队环境保护部门的意见。

第四十八条 海洋工程建设项目的环境保护设施,必须与主体工程同时设计、同时施工、同时投产使用。环境保护设施未经海洋行政主管部门检查批准,建设项目不得试运行;环境保护设施未经海洋行政主管部门验收,或者经验收不合格的,建设项目不得投入生产或者使用。拆除或者闲置环境保护设施,必须事先征得海洋行政主管部门的同意。

第四十九条　海洋工程建设项目,不得使用含超标准放射性物质或者易溶出有毒有害物质的材料。

第五十条　海洋工程建设项目需要爆破作业时,必须采取有效措施,保护海洋资源。海洋石油勘探开发及输油过程中,必须采取有效措施,避免溢油事故的发生。

第五十一条　海洋石油钻井船、钻井平台和采油平台的含油污水和油性混合物,必须经过处理达标后排放;残油、废油必须予以回收,不得排放入海。经回收处理后排放的,其含油量不得超过国家规定的标准。钻井所使用的油基泥浆和其他有毒复合泥浆不得排放入海。水基泥浆和无毒复合泥浆及钻屑的排放,必须符合国家有关规定。

第五十二条　海洋石油钻井船、钻井平台和采油平台及其有关海上设施,不得向海域处置含油的工业垃圾。处置其他工业垃圾,不得造成海洋环境污染。

第五十三条　海上试油时,应当确保油气充分燃烧,油和油性混合物不得排放入海。

第五十四条　勘探开发海洋石油,必须按有关规定编制溢油应急计划,报国家海洋行政主管部门审查批准。

7)防治倾倒废弃物对海洋环境的污染损害

第五十五条　任何单位未经国家海洋行政主管部门批准,不得向中华人民共和国管辖海域倾倒任何废弃物。需要倾倒废弃物的单位,必须向国家海洋行政主管部门提出书面申请,经国家海洋行政主管部门审查批准,发给许可证后,方可倾倒。禁止中华人民共和国境外的废弃物在中华人民共和国管辖海域倾倒。

第五十六条　国家海洋行政主管部门根据废弃物的毒性、有毒物质含量和对海洋环境影响程度,制定海洋倾倒废弃物评价程序和标准。向海洋倾倒废弃物,应当按照废弃物的类别和数量实行分级管理。可以向海洋倾倒的废弃物名录,由国家海洋行政主管部门拟定,经国务院环境保护行政主管部门提出审核意见后,报国务院批准。

第五十七条　国家海洋行政主管部门按照科学、合理、经济、安全的原则选划海洋倾倒区,经国务院环境保护行政主管部门提出审核意见后,报国务院批准。临时性海洋倾倒区由国家海洋行政主管部门批准,并报国务院环境保护行政主管部门备案。国家海洋行政主管部门在选划海洋倾倒区和批准临时性海洋倾倒区之前,必须征求国家海事、渔业行政主管部门的意见。

第五十八条　国家海洋行政主管部门监督管理倾倒区的使用,组织倾倒区的环境监测。对经确认不宜继续使用的倾倒区,国家海洋行政主管部门应当予以封闭,终止在该倾倒区的一切倾倒活动,并报国务院备案。

第五十九条　获准倾倒废弃物的单位,必须按照许可证注明的期限及条件,到指定的区域进行倾倒。废弃物装载之后,批准部门应当予以核实。

第六十条　获准倾倒废弃物的单位,应当详细记录倾倒的情况,并在倾倒后向批准部门作出书面报告。倾倒废弃物的船舶必须向驶出港的海事行政主管部门作出书面报告。

第六十一条　禁止在海上焚烧废弃物。禁止在海上处置放射性废弃物或者其他放射性物质。废弃物中的放射性物质的豁免浓度由国务院制定。

8)防治船舶及有关作业活动对海洋环境的污染损害

第六十二条　在中华人民共和国管辖海域,任何船舶及相关作业不得违反本法规定向海洋排放污染物、废弃物和压载水、船舶垃圾及其他有害物质。从事船舶污染物、废弃物、船舶垃圾接收、船舶清舱、洗舱作业活动的,必须具备相应的接收处理能力。

第六十三条　船舶必须按照有关规定持有防止海洋环境污染的证书与文书,在进行涉及污染物排放及操作时,应当如实记录。

第六十四条　船舶必须配置相应的防污设备和器材。载运具有污染危害性货物的船舶,其结构与设备应当能够防止或者减轻所载货物对海洋环境的污染。

第六十五条　船舶应当遵守海上交通安全法律、法规的规定,防止因碰撞、触礁、搁浅、火灾或者爆炸等引起的海难事故,造成海洋环境的污染。

第六十六条　国家完善并实施船舶油污损害民事赔偿责任制度;按照船舶油污损害赔偿责任由船东和货主共同承担风险的原则,建立船舶油污保险、油污损害赔偿基金制度。实施船舶油污保险、油污损害赔偿基金制度的具体办法由国务院规定。

第六十七条　载运具有污染危害性货物进出港口的船舶,其承运人、货物所有人或者代理人,必须事先向海事行政主管部门申报。经批准后,方可进出港口、过境停留或者装卸作业。

第六十八条　交付船舶装运污染危害性货物的单证、包装、标志、数量限制等,必须符合对所装货物的有关规定。需要船舶装运污染危害性不明的货物,应当按照有关规定事先进行评估。装卸油类及有毒有害货物的作业,船岸双方必须遵守安全防污操作规程。

第六十九条　港口、码头、装卸站和船舶修造厂必须按照有关规定备有足够的用于处理船舶污染物、废弃物的接收设施,并使该设施处于良好状态。装卸油类的港口、码头、装卸站和船舶必须编制溢油污染应急计划,并配备相应的溢油污染应急设备和器材。

第七十条　进行下列活动,应当事先按照有关规定报经有关部门批准或者核准:
① 船舶在港区水域内使用焚烧炉;
② 船舶在港区水域内进行洗舱、清舱、驱气、排放压载水、残油、含油污水接收、舷外拷铲及油漆等作业;
③ 船舶、码头、设施使用化学消油剂;
④ 船舶冲洗沾有污染物、有毒有害物质的甲板;
⑤ 船舶进行散装液体污染危害性货物的过驳作业;
⑥ 从事船舶水上拆解、打捞、修造和其他水上、水下船舶施工作业。

第七十一条　船舶发生海难事故,造成或者可能造成海洋环境重大污染损害的,国家海事行政主管部门有权强制采取避免或者减少污染损害的措施。对在公海上因发生海难事故,造成中华人民共和国管辖海域重大污染损害后果或者具有污染威胁的船舶、海上设施,国家海事行政主管部门有权采取与实际的或者可能发生的损害相称的必要措施。

第七十二条　所有船舶均有监视海上污染的义务,在发现海上污染事故或者违反本法规定的行为时,必须立即向就近的依照本法规定行使海洋环境监督管理权的部门报告。民用航空器发现海上排污或者污染事件,必须及时向就近的民用航空空中交通管制单位报告。接到报告的单位,应当立即向依照本法规定行使海洋环境监督管理权的部门通报。

9) 法律责任

第七十三条　违反本法有关规定,有下列行为之一的,由依照本法规定行使海洋环境监督管理权的部门责令限期改正,并处以罚款:
① 向海域排放本法禁止排放的污染物或者其他物质的;
② 不按照本法规定向海洋排放污染物,或者超过标准排放污染物的;
③ 未取得海洋倾倒许可证,向海洋倾倒废弃物的;

④因发生事故或者其他突发性事件,造成海洋环境污染事故,不立即采取处理措施的。

有前款第一、第三项行为之一的,处三万元以上二十万元以下的罚款;有前款第二、第四项行为之一的,处二万元以上十万元以下的罚款。

第七十四条　违反本法有关规定,有下列行为之一的,由依照本法规定行使海洋环境监督管理权的部门予以警告,或者处以罚款:

①不按照规定申报,甚至拒报污染物排放有关事项,或者在申报时弄虚作假的;

②发生事故或者其他突发性事件不按照规定报告的;

③不按照规定记录倾倒情况,或者不按照规定提交倾倒报告的;

④拒报或者谎报船舶载运污染危害性货物申报事项的。

有前款第一、第三项行为之一的,处二万元以下的罚款;有前款第二、第四项行为之一的,处五万元以下的罚款。

第七十五条　违反本法第十九条第二款的规定,拒绝现场检查,或者在被检查时弄虚作假的,由依照本法规定行使海洋环境监督管理权的部门予以警告,并处二万元以下的罚款。

第七十六条　违反本法规定,造成珊瑚礁、红树林等海洋生态系统及海洋水产资源、海洋保护区破坏的,由依照本法规定行使海洋环境监督管理权的部门责令限期改正和采取补救措施,并处一万元以上十万元以下的罚款;有违法所得的,没收其违法所得。

第七十七条　违反本法第三十条第一款、第三款规定设置入海排污口的,由县级以上地方人民政府环境保护行政主管部门责令其关闭,并处二万元以上十万元以下的罚款。

第七十八条　违反本法第三十二条第三款的规定,擅自拆除、闲置环境保护设施的,由县级以上地方人民政府环境保护行政主管部门责令重新安装使用,并处一万元以上十万元以下的罚款。

第七十九条　违反本法第三十九条第二款的规定,经中华人民共和国管辖海域,转移危险废物的,由国家海事行政主管部门责令非法运输该危险废物的船舶退出中华人民共和国管辖海域,并处五万元以上五十万元以下的罚款。

第八十条　违反本法第四十三条第一款的规定,未持有经审核和批准的环境影响报告书,兴建海岸工程建设项目的,由县级以上地方人民政府环境保护行政主管部门责令其停止违法行为和采取补救措施,并处五万元以上二十万元以下的罚款;或者按照管理权限,由县级以上地方人民政府责令其限期拆除。

第八十一条　违反本法第四十四条的规定,海岸工程建设项目未建成环境保护设施,或者环境保护设施未达到规定要求即投入生产、使用的,由环境保护行政主管部门责令其停止生产或者使用,并处二万元以上十万元以下的罚款。

第八十二条　违反本法第四十五条的规定,新建严重污染海洋环境的工业生产建设项目的,按照管理权限,由县级以上人民政府责令关闭。

第八十三条　违反本法第四十七条第一款、第四十八条的规定,进行海洋工程建设项目,或者海洋工程建设项目未建成环境保护设施、环境保护设施未达到规定要求即投入生产、使用的,由海洋行政主管部门责令其停止施工或者生产、使用,并处五万元以上二十万元以下的罚款。

第八十四条　违反本法第四十九条的规定,使用含超标准放射性物质或者易溶出有毒有害物质材料的,由海洋行政主管部门处五万元以下的罚款,并责令其停止该建设项目的运行,直到消除污染危害。

第八十五条　违反本法规定进行海洋石油勘探开发活动,造成海洋环境污染的,由国家海洋行政主管部门予以警告,并处二万元以上二十万元以下的罚款。

第八十六条　违反本法规定,不按照许可证的规定倾倒,或者向已经封闭的倾倒区倾倒废弃物的,由海洋行政主管部门予以警告,并处三万元以上二十万元以下的罚款;对情节严重的,可以暂扣或者吊销许可证。

第八十七条　违反本法第五十五条第三款的规定,将中华人民共和国境外废弃物运进中华人民共和国管辖海域倾倒的,由国家海洋行政主管部门予以警告,并根据造成或者可能造成的危害后果,处十万元以上一百万元以下的罚款。

第八十八条　违反本法规定,有下列行为之一的,由依照本法规定行使海洋环境监督管理权的部门予以警告,或者处以罚款:
①港口、码头、装卸站及船舶未配备防污设施、器材的;
②船舶未持有防污证书、防污文书,或者不按照规定记载排污记录的;
③从事水上和港区水域拆船、旧船改装、打捞和其他水上、水下施工作业,造成海洋环境污染损害的;
④船舶载运的货物不具备防污适运条件的。
有前款第一、第四项行为之一的,处二万元以上十万元以下的罚款;有前款第二项行为的,处二万元以下的罚款;有前款第三项行为的,处五万元以上二十万元以下的罚款。

第八十九条　违反本法规定,船舶、石油平台和装卸油类的港口、码头、装卸站不编制溢油应急计划的,由依照本法规定行使海洋环境监督管理权的部门予以警告,或者责令限期改正。

第九十条　造成海洋环境污染损害的责任者,应当排除危害,并赔偿损失;完全由于第三者的故意或者过失,造成海洋环境污染损害的,由第三者排除危害,并承担赔偿责任。对破坏海洋生态、海洋水产资源、海洋保护区,给国家造成重大损失的,由依照本法规定行使海洋环境监督管理权的部门代表国家对责任者提出损害赔偿要求。

第九十一条　对违反本法规定,造成海洋环境污染事故的单位,由依照本法规定行使海洋环境监督管理权的部门根据所造成的危害和损失处以罚款;负有直接责任的主管人员和其他直接责任人员属于国家工作人员的,依法给予行政处分。
前款规定的罚款数额按照直接损失的百分之三十计算,但最高不得超过三十万元,对造成重大海洋环境污染事故,致使公私财产遭受重大损失或者人身伤亡严重后果的,依法追究刑事责任。

第九十二条　完全属于下列情形之一,经过及时采取合理措施,仍然不能避免对海洋环境造成污染损害的,造成污染损害的有关责任者免予承担责任:
①战争;
②不可抗拒的自然灾害;
③负责灯塔或者其他助航设备的主管部门,在执行职责时的疏忽,或者其他过失行为。

第九十三条　对违反本法第十一条、第十二条有关缴纳排污费、倾倒费和限期治理规定的行政处罚,由国务院规定。

第九十四条　海洋环境监督管理人员滥用职权、玩忽职守、徇私舞弊,造成海洋环境污染损害的,依法给予行政处分;构成犯罪的,依法追究刑事责任。

10)附则

第九十五条　本法中下列用语的含义是:
①海洋环境污染损害,是指直接或者间接地把物质或者能量引入海洋环境,产生损害海洋

生物资源、危害人体健康、妨害渔业和海上其他合法活动、损害海水使用素质和减损环境质量等有害影响。

②内水，是指我国领海基线向内陆一侧的所有海域。

③滨海湿地，是指低潮时水深浅于六米的水域及其沿岸浸湿地带，包括水深不超过六米的永久性水域、潮间带（或洪泛地带）和沿海低地等。

④海洋功能区划，是指依据海洋自然属性和社会属性，以及自然资源和环境特定条件，界定海洋利用的主导功能和使用范畴。

⑤渔业水域，是指鱼虾类的产卵场、索饵场、越冬场、洄游通道和鱼虾贝藻类的养殖场。

⑥油类，是指任何类型的油及其炼制品。

⑦油性混合物，是指任何含有油分的混合物。

⑧排放，是指把污染物排入海洋的行为，包括泵出、溢出、泄出、喷出和倒出。

⑨陆地污染源（简称陆源），是指从陆地向海域排放污染物，造成或者可能造成海洋环境污染的场所、设施等。

⑩陆源污染物，是指由陆地污染源排放的污染物。

⑪倾倒，是指通过船舶、航空器、平台或者其他载运工具，向海洋处置废弃物和其他有害物质的行为，包括弃置船舶、航空器、平台及其辅助设施和其他浮动工具的行为。

⑫沿海陆域，是指与海岸相连，或者通过管道、沟渠、设施，直接或者间接向海洋排放污染物及其相关活动的一带区域。

⑬海上焚烧，是指以热摧毁为目的，在海上焚烧设施上，故意焚烧废弃物或者其他物质的行为，但船舶、平台或者其他人工构造物正常操作中，所附带发生的行为除外。

第九十六条　涉及海洋环境监督管理的有关部门的具体职权划分，本法未作规定的，由国务院规定。

第九十七条　中华人民共和国缔结或者参加的与海洋环境保护有关的国际条约与本法有不同规定的，适用国际条约的规定；但是，中华人民共和国声明保留的条款除外。

第九十八条　本法自2000年4月1日起施行。

典型例题解析

【例17-8】（2009）海洋工程建设项目单位，必须在建设项目可行性研究阶段，对海洋工程进行调查，根据自然条件和社会条件，合理选址，并：

A. 编报环境影响报告书　　　　B. 编报环境影响报告表
C. 填报环境影响登记表　　　　D. 填报环境影响登记卡

解　《中华人民共和国海洋环境保护法》第四十三条：海岸工程建设项目的单位，必须在建设项目可行性研究阶段，对海洋环境进行科学调查，根据自然条件和社会条件，合理选址，编报环境影响报告书。选A。

17.1.7　中华人民共和国环境影响评价法

1）总则

第一条　为了实施可持续发展战略，预防因规划和建设项目实施后对环境造成不良影响，促进经济、社会和环境的协调发展，制定本法。

第二条　本法所称环境影响评价，是指对规划和建设项目实施后可能造成的环境影响进行分析、预测和评估，提出预防或者减轻不良环境影响的对策和措施，进行跟踪监测的方法与制度。

第三条　编制本法第九条所规定的范围内的规划，在中华人民共和国领域和中华人民共和国管辖的其他海域内建设对环境有影响的项目，应当依照本法进行环境影响评价。

第四条　环境影响评价必须客观、公开、公正，综合考虑规划或者建设项目实施后对各种环境因素及其所构成的生态系统可能造成的影响，为决策提供科学依据。

第五条　国家鼓励有关单位、专家和公众以适当方式参与环境影响评价。

第六条　国家加强环境影响评价的基础数据库和评价指标体系建设，鼓励和支持对环境影响评价的方法、技术规范进行科学研究，建立必要的环境影响评价信息共享制度，提高环境影响评价的科学性。

国务院环境保护行政主管部门应当会同国务院有关部门，组织建立和完善环境影响评价的基础数据库和评价指标体系。

2）规划的环境影响评价

第七条　国务院有关部门、设区的市级以上地方人民政府及其有关部门，对其组织编制的土地利用的有关规划，区域、流域、海域的建设、开发利用规划，应当在规划编制过程中组织进行环境影响评价，编写该规划有关环境影响的篇章或者说明。

规划有关环境影响的篇章或者说明，应当对规划实施后可能造成的环境影响作出分析、预测和评估，提出预防或者减轻不良环境影响的对策和措施，作为规划草案的组成部分一并报送规划审批机关。

未编写有关环境影响的篇章或者说明的规划草案，审批机关不予审批。

第八条　国务院有关部门、设区的市级以上地方人民政府及其有关部门，对其组织编制的工业、农业、畜牧业、林业、能源、水利、交通、城市建设、旅游、自然资源开发的有关专项规划（以下简称专项规划），应当在该专项规划草案上报审批前，组织进行环境影响评价，并向审批该专项规划的机关提出环境影响报告书。

前款所列专项规划中的指导性规划，按照本法第七条的规定进行环境影响评价。

第九条　依照本法第七条、第八条的规定进行环境影响评价的规划的具体范围，由国务院环境保护行政主管部门会同国务院有关部门规定，报国务院批准。

第十条　专项规划的环境影响报告书应当包括下列内容：

（一）实施该规划对环境可能造成影响的分析、预测和评估；

（二）预防或者减轻不良环境影响的对策和措施；

（三）环境影响评价的结论。

第十一条　专项规划的编制机关对可能造成不良环境影响并直接涉及公众环境权益的规划，应当在该规划草案报送审批前，举行论证会、听证会，或者采取其他形式，征求有关单位、专家和公众对环境影响报告书草案的意见。但是，国家规定需要保密的情形除外。

编制机关应当认真考虑有关单位、专家和公众对环境影响报告书草案的意见，并应当在报送审查的环境影响报告书中附具对意见采纳或者不采纳的说明。

第十二条　专项规划的编制机关在报批规划草案时，应当将环境影响报告书一并附送审批机关审查；未附送环境影响报告书的，审批机关不予审批。

第十三条　设区的市级以上人民政府在审批专项规划草案，作出决策前，应当先由人民政府指定的环境保护行政主管部门或者其他部门召集有关部门代表和专家组成审查小组，对环境影响报告书进行审查。审查小组应当提出书面审查意见。

参加前款规定的审查小组的专家,应当从按照国务院环境保护行政主管部门的规定设立的专家库内的相关专业的专家名单中,以随机抽取的方式确定。

由省级以上人民政府有关部门负责审批的专项规划,其环境影响报告书的审查办法,由国务院环境保护行政主管部门会同国务院有关部门制定。

第十四条　审查小组提出修改意见的,专项规划的编制机关应当根据环境影响报告书结论和审查意见对规划草案进行修改完善,并对环境影响报告书结论和审查意见的采纳情况作出说明;不采纳的,应当说明理由。设区的市级以上人民政府或者省级以上人民政府有关部门在审批专项规划草案时,应当将环境影响报告书结论以及审查意见作为决策的重要依据。

在审批中未采纳环境影响报告书结论以及审查意见的,应当作出说明,并存档备查。

第十五条　对环境有重大影响的规划实施后,编制机关应当及时组织环境影响的跟踪评价,并将评价结果报告审批机关;发现有明显不良环境影响的,应当及时提出改进措施。

3)建设项目的环境影响评价

第十六条　国家根据建设项目对环境的影响程度,对建设项目的环境影响评价实行分类管理。建设单位应当按照下列规定组织编制环境影响报告书、环境影响报告表或者填报环境影响登记表(以下统称环境影响评价文件):

(一)可能造成重大环境影响的,应当编制环境影响报告书,对产生的环境影响进行全面评价;

(二)可能造成轻度环境影响的,应当编制环境影响报告表,对产生的环境影响进行分析或者专项评价;

(三)对环境影响很小、不需要进行环境影响评价的,应当填报环境影响登记表。

建设项目的环境影响评价分类管理名录,由国务院环境保护行政主管部门制定并公布。

第十七条　建设项目的环境影响报告书应当包括下列内容:

(一)建设项目概况;

(二)建设项目周围环境现状;

(三)建设项目对环境可能造成影响的分析、预测和评估;

(四)建设项目环境保护措施及其技术、经济论证;

(五)建设项目对环境影响的经济损益分析;

(六)对建设项目实施环境监测的建议;

(七)环境影响评价的结论。

环境影响报告表和环境影响登记表的内容和格式,由国务院环境保护行政主管部门制定。

第十八条　建设项目的环境影响评价,应当避免与规划的环境影响评价相重复。作为一项整体建设项目的规划,按照建设项目进行环境影响评价,不进行规划的环境影响评价。已经进行了环境影响评价的规划包含具体建设项目的,规划的环境影响评价结论应当作为建设项目环境影响评价的重要依据,建设项目环境影响评价的内容应当根据规划的环境影响评价审查意见予以简化。

第十九条　接受委托为建设项目环境影响评价提供技术服务的机构,应当经国务院环境保护行政主管部门考核审查合格后,颁发资质证书,按照资质证书规定的等级和评价范围,从事环境影响评价服务,并对评价结论负责。为建设项目环境影响评价提供技术服务的机构的资质条件和管理办法,由国务院环境保护行政主管部门制定。

国务院环境保护行政主管部门对已取得资质证书的为建设项目环境影响评价提供技术服

务的机构的名单,应当予以公布。

为建设项目环境影响评价提供技术服务的机构,不得与负责审批建设项目环境影响评价文件的环境保护行政主管部门或者其他有关审批部门存在任何利益关系。

第二十条 环境影响评价文件中的环境影响报告书或者环境影响报告表,应当由具有相应环境影响评价资质的机构编制。

任何单位和个人不得为建设单位指定对其建设项目进行环境影响评价的机构。

第二十一条 除国家规定需要保密的情形外,对环境可能造成重大影响、应当编制环境影响报告书的建设项目,建设单位应当在报批建设项目环境影响报告书前,举行论证会、听证会,或者采取其他形式,征求有关单位、专家和公众的意见。

建设单位报批的环境影响报告书应当附具对有关单位、专家和公众的意见采纳或者不采纳的说明。

第二十二条 建设项目的环境影响报告书、报告表,由建设单位按照国务院的规定报有审批权的环境保护行政主管部门审批。

海洋工程建设项目的海洋环境影响报告书的审批,依照《中华人民共和国海洋环境保护法》的规定办理。

审批部门应当自收到环境影响报告书之日起六十日内,收到环境影响报告表之日起三十日内,分别作出审批决定并书面通知建设单位。

国家对环境影响登记表实行备案管理。

审核、审批建设项目环境影响报告书、报告表以及备案环境影响登记表,不得收取任何费用。

第二十三条 国务院环境保护行政主管部门负责审批下列建设项目的环境影响评价文件:

(一)核设施、绝密工程等特殊性质的建设项目;

(二)跨省、自治区、直辖市行政区域的建设项目;

(三)由国务院审批的或者由国务院授权有关部门审批的建设项目。

前款规定以外的建设项目的环境影响评价文件的审批权限,由省、自治区、直辖市人民政府规定。

建设项目可能造成跨行政区域的不良环境影响,有关环境保护行政主管部门对该项目的环境影响评价结论有争议的,其环境影响评价文件由共同的上一级环境保护行政主管部门审批。

第二十四条 建设项目的环境影响评价文件经批准后,建设项目的性质、规模、地点、采用的生产工艺或者防治污染、防止生态破坏的措施发生重大变动的,建设单位应当重新报批建设项目的环境影响评价文件。

建设项目的环境影响评价文件自批准之日起超过五年,方决定该项目开工建设的,其环境影响评价文件应当报原审批部门重新审核;原审批部门应当自收到建设项目环境影响评价文件之日起十日内,将审核意见书面通知建设单位。

第二十五条 建设项目的环境影响评价文件未依法经审批部门审查或者审查后未予批准的,建设单位不得开工建设。

第二十六条 建设项目建设过程中,建设单位应当同时实施环境影响报告书、环境影响报告表以及环境影响评价文件审批部门审批意见中提出的环境保护对策措施。

第二十七条 在项目建设、运行过程中产生不符合经审批的环境影响评价文件的情形的,建设单位应当组织环境影响的后评价,采取改进措施,并报原环境影响评价文件审批部门和建设项目审批部门备案;原环境影响评价文件审批部门也可以责成建设单位进行环境影响的后评价,采取改进措施。

第二十八条　环境保护行政主管部门应当对建设项目投入生产或者使用后所产生的环境影响进行跟踪检查,对造成严重环境污染或者生态破坏的,应当查清原因、查明责任。对属于为建设项目环境影响评价提供技术服务的机构编制不实的环境影响评价文件的,依照本法第三十二条的规定追究其法律责任;属于审批部门工作人员失职、渎职,对依法不应批准的建设项目环境影响评价文件予以批准的,依照本法第三十四条的规定追究其法律责任。

4) 法律责任

第二十九条　规划编制机关违反本法规定,未组织环境影响评价,或者组织环境影响评价时弄虚作假或者有失职行为,造成环境影响评价严重失实的,对直接负责的主管人员和其他直接责任人员,由上级机关或者监察机关依法给予行政处分。

第三十条　规划审批机关对依法应当编写有关环境影响的篇章或者说明而未编写的规划草案,依法应当附送环境影响报告书而未附送的专项规划草案,违法予以批准的,对直接负责的主管人员和其他直接责任人员,由上级机关或者监察机关依法给予行政处分。

第三十一条　建设单位未依法报批建设项目环境影响报告书、报告表,或者未依照本法第二十四条的规定重新报批或者报请重新审核环境影响报告书、报告表,擅自开工建设的,由县级以上环境保护行政主管部门责令停止建设,根据违法情节和危害后果,处建设项目总投资额百分之一以上百分之五以下的罚款,并可以责令恢复原状;对建设单位直接负责的主管人员和其他直接责任人员,依法给予行政处分。

建设项目环境影响报告书、报告表未经批准或者未经原审批部门重新审核同意,建设单位擅自开工建设的,依照前款的规定处罚、处分。

建设单位未依法备案建设项目环境影响登记表的,由县级以上环境保护行政主管部门责令备案,处五万元以下的罚款。

海洋工程建设项目的建设单位有本条所列违法行为的,依照《中华人民共和国海洋环境保护法》的规定处罚。

第三十二条　接受委托为建设项目环境影响评价提供技术服务的机构在环境影响评价工作中不负责任或者弄虚作假,致使环境影响评价文件失实的,由授予环境影响评价资质的环境保护行政主管部门降低其资质等级或者吊销其资质证书,并处所收费用一倍以上三倍以下的罚款;构成犯罪的,依法追究刑事责任。

第三十三条　负责审核、审批、备案建设项目环境影响评价文件的部门在审批、备案中收取费用的,由其上级机关或者监察机关责令退还;情节严重的,对直接负责的主管人员和其他直接责任人员依法给予行政处分。

第三十四条　环境保护行政主管部门或者其他部门的工作人员徇私舞弊,滥用职权,玩忽职守,违法批准建设项目环境影响评价文件的,依法给予行政处分;构成犯罪的,依法追究刑事责任。

5) 附则

第三十五条　省、自治区、直辖市人民政府可以根据本地的实际情况,要求对本辖区的县级人民政府编制的规划进行环境影响评价。具体办法由省、自治区、直辖市参照本法第二章的规定制定。

第三十六条　军事设施建设项目的环境影响评价办法,由中央军事委员会依照本法的原则制定。

第三十七条　本法自 2016 年 9 月 1 日起施行。

17.1.8 建设项目环境保护管理条例

1）总则

第一条 为了防止建设项目产生新的污染，破坏生态环境，制定本条例。

第二条 在中华人民共和国领域和中华人民共和国管辖的其他海域内建设对环境有影响的建设项目，适用本条例。

第三条 建设产生污染的建设项目，必须遵守污染物排放的国家标准和地方标准；在实施重点污染物排放总量控制的区域内，还必须符合重点污染物排放总量控制的要求。

第四条 工业建设项目应当采用能耗物耗小、污染物产生量少的清洁生产工艺，合理利用自然资源，防止环境污染和生态破坏。

第五条 改建、扩建项目和技术改造项目必须采取措施，治理与该项目有关的原有环境污染和生态破坏。

2）环境影响评价

第六条 国家实行建设项目环境影响评价制度。建设项目的环境影响评价工作，由取得相应资格证书的单位承担。

第七条 国家根据建设项目对环境的影响程度，按照下列规定对建设项目的环境保护实行分类管理：

①建设项目对环境可能造成重大影响的，应当编制环境影响报告书，对建设项目产生的污染和对环境的影响进行全面、详细的评价；

②建设项目对环境可能造成轻度影响的，应当编制环境影响报告表，对建设项目产生的污染和对环境的影响进行分析或者专项评价；

③建设项目对环境影响很小，不需要进行环境影响评价的，应当填报环境影响登记表。建设项目环境保护分类管理名录，由国务院环境保护行政主管部门制订并公布。

第八条 建设项目环境影响报告书，应当包括下列内容：

①建设项目概况；

②建设项目周围环境现状；

③建设项目对环境可能造成影响的分析和预测；

④环境保护措施及其经济、技术论证；

⑤环境影响经济损益分析；

⑥对建设项目实施环境监测的建议；

⑦环境影响评价结论。

涉及水土保持的建设项目，还必须有经水行政主管部门审查同意的水土保持方案。建设项目环境影响报告表、环境影响登记表的内容和格式，由国务院环境保护行政主管部门规定。

第九条 建设单位应当在建设项目可行性研究阶段报批建设项目环境影响报告书、环境影响报告表或者环境影响登记表；但是，铁路、交通等建设项目，经有审批权的环境保护行政主管部门同意，可以在初步设计完成前报批环境影响报告书或者环境影响报告表。按照国家有关规定，不需要进行可行性研究的建设项目，建设单位应当在建设项目开工前报批建设项目环境影响报告书、环境影响报告表或者环境影响登记表；其中，需要办理营业执照的，建设单位应当在办理营业执照前报批建设项目环境影响报告书、环境影响报告表或者环境影响登记表。

第十条 建设项目环境影响报告书、环境影响报告表或者环境影响登记表，由建设单位报有审批权的环境保护行政主管部门审批;建设项目有行业主管部门的,其环境影响报告书或者环境影响报告表应当经行业主管部门预审后,报有审批权的环境保护行政主管部门审批。海岸工程建设项目环境影响报告书或者环境影响报告表,经海洋行政主管部门审核并签署意见后,报环境保护行政主管部门审批。环境保护行政主管部门应当自收到建设项目环境影响报告书之日起 60 日内、收到环境影响报告表之日起 30 日内、收到环境影响登记表之日起 15 日内,分别作出审批决定并书面通知建设单位。预审、审核、审批建设项目环境影响报告书、环境影响报告表或者环境影响登记表,不得收取任何费用。

第十一条 国务院环境保护行政主管部门负责审批下列建设项目环境影响报告书、环境影响报告表或者环境影响登记表:

①核设施、绝密工程等特殊性质的建设项目;

②跨省、自治区、直辖市行政区域的建设项目;

③国务院审批的或者国务院授权有关部门审批的建设项目。

前款规定以外的建设项目环境影响报告书、环境影响报告表或者环境影响登记表的审批权限,由省、自治区、直辖市人民政府规定。建设项目造成跨行政区域环境影响,有关环境保护行政主管部门对环境影响评价结论有争议的,其环境影响报告书或者环境影响报告表由共同上一级环境保护行政主管部门审批。

第十二条 建设项目环境影响报告书、环境影响报告表或者环境影响登记表经批准后,建设项目的性质、规模、地点或者采用的生产工艺发生重大变化的,建设单位应当重新报批建设项目环境影响报告书、环境影响报告表或者环境影响登记表。建设项目环境影响报告书、环境影响报告表或者环境影响登记表自批准之日起满 5 年,建设项目方开工建设的,其环境影响报告书、环境影响报告表或者环境影响登记表应当报原审批机关重新审核。原审批机关应当自收到建设项目环境影响报告书、环境影响报告表或者环境影响登记表之日起 10 日内,将审核意见书面通知建设单位;逾期未通知的,视为审核同意。

第十三条 国家对从事建设项目环境影响评价工作的单位实行资格审查制度。从事建设项目环境影响评价工作的单位,必须取得国务院环境保护行政主管部门颁发的资格证书,按照资格证书规定的等级和范围,从事建设项目环境影响评价工作,并对评价结论负责。国务院环境保护行政主管部门对已经颁发资格证书的从事建设项目环境影响评价工作的单位名单,应当定期予以公布。具体办法由国务院环境保护行政主管部门制定。从事建设项目环境影响评价工作的单位,必须严格执行国家规定的收费标准。

第十四条 建设单位可以采取公开招标的方式,选择从事环境影响评价工作的单位,对建设项目进行环境影响评价。任何行政机关不得为建设单位指定从事环境影响评价工作的单位,进行环境影响评价。

第十五条 建设单位编制环境影响报告书,应当依照有关法律规定,征求建设项目所在地有关单位和居民的意见。

3)环境保护设施建设

第十六条 建设项目需要配套建设的环境保护设施,必须与主体工程同时设计、同时施工、同时投产使用。

第十七条 建设项目的初步设计,应当按照环境保护设计规范的要求,编制环境保护篇章,并依据经批准的建设项目环境影响报告书或者环境影响报告表,在环境保护篇章中落实防治环境污染和生态破坏的措施以及环境保护设施投资概算。

第十八条　建设项目的主体工程完工后,需要进行试生产的,其配套建设的环境保护设施必须与主体工程同时投入试运行。

第十九条　建设项目试生产期间,建设单位应当对环境保护设施运行情况和建设项目对环境的影响进行监测。

第二十条　建设项目竣工后,建设单位应当向审批该建设项目环境影响报告书、环境影响报告表或者环境影响登记表的环境保护行政主管部门,申请该建设项目需要配套建设的环境保护设施竣工验收。环境保护设施竣工验收,应当与主体工程竣工验收同时进行。需要进行试生产的建设项目,建设单位应当自建设项目投入试生产之日起3个月内,向审批该建设项目环境影响报告书、环境影响报告表或者环境影响登记表的环境保护行政主管部门,申请该建设项目需要配套建设的环境保护设施竣工验收。

第二十一条　分期建设、分期投入生产或者使用的建设项目,其相应的环境保护设施应当分期验收。

第二十二条　环境保护行政主管部门应当自收到环境保护设施竣工验收申请之日起30日内,完成验收。

第二十三条　建设项目需要配套建设的环境保护设施经验收合格,该建设项目方可正式投入生产或者使用。

4) 法律责任

第二十四条　违反本条例规定,有下列行为之一的,由负责审批建设项目环境影响报告书、环境影响报告表或者环境影响登记表的环境保护行政主管部门责令限期补办手续;逾期不补办手续,擅自开工建设的,责令停止建设,可以处10万元以下的罚款:

①未报批建设项目环境影响报告书、环境影响报告表或者环境影响登记表的;

②建设项目的性质、规模、地点或者采用的生产工艺发生重大变化,未重新报批建设项目环境影响报告书、环境影响报告表或者环境影响登记表的;

③建设项目环境影响报告书、环境影响报告表或者环境影响登记表自批准之日起满5年,建设项目方开工建设,其环境影响报告书、环境影响报告表或者环境影响登记表未报原审批机关重新审核的。

第二十五条　建设项目环境影响报告书、环境影响报告表或者环境影响登记表未经批准或者未经原审批机关重新审核同意,擅自开工建设的,由负责审批该建设项目环境影响报告书、环境影响报告表或者环境影响登记表的环境保护行政主管部门责令停止建设,限期恢复原状,可以处10万元以下的罚款。

第二十六条　违反本条例规定,试生产建设项目配套建设的环境保护设施未与主体工程同时投入试运行的,由审批该建设项目环境影响报告书、环境影响报告表或者环境影响登记表的环境保护行政主管部门责令限期改正;逾期不改正的,责令停止试生产,可以处5万元以下的罚款。

第二十七条　违反本条例规定,建设项目投入试生产超过3个月,建设单位未申请环境保护设施竣工验收的,由审批该建设项目环境影响报告书、环境影响报告表或者环境影响登记表的环境保护行政主管部门责令限期办理环境保护设施竣工验收手续;逾期未办理的,责令停止试生产,可以处5万元以下的罚款。

第二十八条　违反本条例规定,建设项目需要配套建设的环境保护设施未建成、未经验收或者经验收不合格,主体工程正式投入生产或者使用的,由审批该建设项目环境影响报告书、环境影响报告表或者环境影响登记表的环境保护行政主管部门责令停止生产或者使用,可以处 10 万元以下的罚款。

第二十九条 从事建设项目环境影响评价工作的单位,在环境影响评价工作中弄虚作假的,由国务院环境保护行政主管部门吊销资格证书,并处所收费用 1 倍以上 3 倍以下的罚款。

第三十条 环境保护行政主管部门的工作人员徇私舞弊、滥用职权、玩忽职守,构成犯罪的,依法追究刑事责任;尚不构成犯罪的,依法给予行政处分。

5)附则

第三十一条 流域开发、开发区建设、城市新区建设和旧区改建等区域性开发,编制建设规划时,应当进行环境影响评价。具体办法由国务院环境保护行政主管部门会同国务院有关部门另行规定。

第三十二条 海洋石油勘探开发建设项目的环境保护管理,按照国务院关于海洋石油勘探开发环境保护管理的规定执行。

第三十三条 军事设施建设项目的环境保护管理,按照中央军事委员会的有关规定执行。

第三十四条 本条例自发布之日起施行。

17.1.9 中华人民共和国建筑法

相关内容见上册 11.2 节。

17.1.10 建设工程勘察设计管理条例

相关内容见上册 11.9 节。

典型例题解析

【例 17-9】(2008)按照《建设工程勘察设计管理条例》对建设工程勘察设计文件编制的规定,在编制建设工程勘察设计初步设计文件时,应当满足:

A. 建设工程规划、选址、设计、岩土治理和施工需要
B. 编制初步设计文件和控制概算的需要
C. 编制施工招标文件、主要设备材料订货和编制施工图设计文件的需要
D. 设备材料采购、非标准设备制作和施工的需要

解 《建设工程勘察设计管理条例》第二十六条:编制建设工程勘察文件,应当真实、准确,满足建设工程规划、选址、设计、岩土治理和施工的需要。编制方案设计文件,应当满足编制初步设计文件和控制概算的需要。编制初步设计文件,应当满足编制施工招标文件、主要设备材料订货和编制施工图设计文件的需要。选 C。

【例 17-10】(2014)《中华人民共和国建筑法》规定,建筑单位必须在条件具备时,按照国家有关规定向工程所在地县级以上人民政府建设行政主管部门申请领取施工许可证,建设行政主管部门应当自收到申请之日起多少天内,对符合条件的申请颁发施工许可证:

A. 15 日　　　　B. 1 个月　　　　C. 3 个月　　　　D. 6 个月

解 建设行政主管部门应当自收到申请之日起 15 日内,对符合条件的申请颁发施工许可证。选 A。

经典练习

17-1 (2008)排放污染物超过国家或者地方规定的污染物排放标准的企业事业单位,依

照国家规定应采取下列哪项措施（　　）。
  A. 加强管理，减少或者停止排放污染物
  B. 向当地环保部门报告，接受调查处理
  C. 立即采取措施处理，及时通报可能受到污染危害的单位和居民
  D. 缴纳超标排污费，并负责治理

17-2 （2012）下列哪种行为违反《中华人民共和国水污染防治法》的规定（　　）。
  A. 向水体排放、倾倒含有高放射性和中放射性物质的废水
  B. 向水体排放水温符合水环境质量标准的含热废水
  C. 向水体排放经消毒处理并符合国家有关标准的含病原体废水
  D. 向过度开采地下水地区回灌符合地下水环境要求的深度处理污水

17-3 （2009）工业生产中产生的可燃性气体应该回收利用，不具备回收利用条件而处理的，应当进行（　　）。
  A. 防治污染处理 B. 充分燃烧 C. 除尘脱硫处理 D. 净化

17-4 （2012）对于排放废气和恶臭的单位，下列措施不符合《中华人民共和国大气污染防治法》规定的是（　　）。
  A. 向大气排放粉尘的排污单位，必须采取除尘措施
  B. 向大气排放恶臭气体的排污单位，必须采取措施防止周围居民区受到污染
  C. 企业生产排放含有硫化物气体的，应当配备脱硫装置或采取其他脱硫措施
  D. 只有在农作物收割的季节，才能进行秸秆露天焚烧

17-5 （2010）《中华人民共和国环境噪声污染防治法》中交通运输噪声是指（　　）。
  A. 机动车辆、铁路机车、机动船舶、航空器等交通运输工具在运行时所产生的声音
  B. 机动车辆、铁路机车、机动船舶、航空器等交通运输工具在调试时产生的声音
  C. 机动车辆、铁路机车、机动船舶、航空器等交通运输工具在运行时所产生的干扰周围生活环境的噪声
  D. 机动车辆、铁路机车、机动船舶、航空器等交通运输工具在调试时所产生的干扰周围生活环境的声音

17-6 （2012）《中华人民共和国固体废物污染防治法》适用于（　　）。
  A. 中华人民共和国境内固体废物污染海洋环境的防治
  B. 中华人民共和国境内固体废物污染环境的防治
  C. 中华人民共和国境内放射性固体废物污染防治
  D. 中华人民共和国境内生活垃圾污染环境的防治

17-7 （2010）建设工程勘察设计必须依照《中华人民共和国招标投标法》实行招标发包，某些勘察设计，经有关主管部门的批准，可以直接发包，下列各项中不符合直接发包条件的是（　　）。
  A. 采用特定专利或者专有技术
  B. 建筑艺术造型有特殊要求的
  C. 与建设单位有长期业务关系的
  D. 国务院规定的其他建筑工程勘察、设计

17-8 《中华人民共和国环境保护法》中规定：建设项目中防治污染的措施，必须与主体工程同时设计、同时施工及（　　）。
  A. 同时治污 B. 同时投产使用 C. 同时建设 D. 同时竣工

17-9 《中华人民共和国水污染防治法》不适用于(　　)。
　　A. 中华人民共和国领域内的江河、湖泊、水库等
　　B. 中华人民共和国领域内的地下水体
　　C. 中华人民共和国领域内的运河、渠道
　　D. 中华人民共和国领域内的海洋

17-10 下列关于《中华人民共和国大气污染防治法》错误的是(　　)。
　　A. 国家实行按照向大气排放污染物的种类和数量征收排污费的制度
　　B. 在国务院和省、自治区、直辖市人民政府划定的风景名胜区、自然保护区、文物保护单位附近地区和其他需要特别保护的区域内,不得建设污染环境的工业生产设施
　　C. 国务院按照城市总体规划、环境保护规划目标和城市大气环境质量状况,划定大气污染防治重点城市,其中仅直辖市和省会为大气污染防治重点城市
　　D. 企业应当优先采用能源利用效率高、污染物排放量少的清洁生产工艺,减少大气污染物的产生

17-11 《中华人民共和国固体废物污染环境防治法》适用于(　　)。
　　A. 固体废物污染海洋环境的防治　　　B. 生活垃圾污染环境的防治
　　C. 放射性固体废物污染环境　　　　　D. 以上均适用

17-12 编制建设工程勘察、设计文件,下列(　　)不是依据。
　　A. 工程建设一般性标准　　　B. 项目批准文件
　　C. 城市规划　　　　　　　　D. 国家规定的建设工程勘察、设计深度要求

17-13 我国《大气污染防治法》的实施日期是(　　)。
　　A. 1996 年 5 月 1 日　　　　B. 2000 年 9 月 1 日
　　C. 2008 年 6 月 1 日　　　　D. 1995 年 4 月 1 日

17.2　环境质量与污染物排放标准

考试大纲：地表水环境质量标准　地下水环境质量标准　污水综合排放标准　城镇污水厂污染物排放标准　环境空气质量标准　大气污染物综合排放标准　城市区域环境噪声标准　生活垃圾填埋污染物控制标准

必备基础知识

17.2.1　地表水环境质量标准(GB 3838—2002)

1)主要内容和适用范围

本标准按照地表水环境功能分类和保护目标,规定了水环境质量应控制的项目及限值,以及水质评价、水质项目的分析方法和标准的实施与监督。

本标准适用于中华人民共和国领域内江河、湖泊、运河、渠道、水库等具有使用功能的地表水水域。具有特定功能的水域,执行相应的专业用水水质标准。

2)水域功能和标准分类

依据地表水水域环境功能和保护目标,按功能高低依次划分为五类：

Ⅰ类　主要适用于源头水、国家自然保护区；

Ⅱ类　主要适用于集中式生活饮用水地表水源地一级保护区、珍稀水生生物栖息地、鱼虾类产卵场、仔稚幼鱼的索饵场等；

Ⅲ类　主要适用于集中式生活饮用水地表水源地二级保护区、鱼虾类越冬场、洄游通道、水产养殖区等渔业水域及游泳区；

Ⅳ类　主要适用于一般工业用水区及人体非直接接触的娱乐用水区；

Ⅴ类　主要适用于农业用水区及一般景观要求水域。

对应地表水上述五类水域功能，将地表水环境质量标准基本项目标准值分为五类，不同功能类别分别执行相应类别的标准值。水域功能类别高的标准值严于水域功能类别低的标准值。同一水域兼有多类使用功能的，执行最高功能类别对应的标准值。

3) 常规项目的标准限值

地表水环境质量标准基本项目标准限值见表17-1。

地表水环境质量标准基本项目标准限值（单位：mg/L）　　表17-1

序号	标准值分类项目	Ⅰ类	Ⅱ类	Ⅲ类	Ⅳ类	Ⅴ类
1	水温（℃）	人为造成的环境水温变化应限制在：周平均最大温升≤1　周平均最大温降≤2				
2	pH值（无量纲）	6～9				
3	溶解氧≥	饱和率90%（或7.5）	6	5	3	2
4	高锰酸盐指数≤	2	4	6	10	15
5	化学需氧量（COD）≤	15	15	20	30	40
6	五日生化需氧量（BOD_5）≤	3	3	4	6	10
7	氨氮（NH_3—N）≤	0.15	0.5	1.0	1.5	2.0
8	总磷（以P计）≤	0.02（湖、库0.01）	0.1（湖、库0.025）	0.2（湖、库0.05）	0.3（湖、库0.1）	0.4（湖、库0.2）
9	总氮（湖、库，以N计）≤	0.2	0.5	1.0	1.5	2.0
10	铜≤	0.01	1.0	1.0	1.0	1.0
11	锌≤	0.05	1.0	1.0	2.0	2.0
12	氟化物（以F^-计）≤	1.0	1.0	1.0	1.5	1.5
13	硒≤	0.01	0.01	0.01	0.02	0.02
14	砷≤	0.05	0.05	0.05	0.1	0.1
15	汞≤	0.00005	0.00005	0.0001	0.001	0.001
16	镉≤	0.001	0.005	0.005	0.005	0.01
17	铬（六价）≤	0.01	0.05	0.05	0.05	0.1
18	铅≤	0.01	0.01	0.05	0.05	0.1
19	氰化物≤	0.005	0.05	0.2	0.2	0.2
20	挥发酚≤	0.002	0.002	0.005	0.01	0.1
21	石油类≤	0.05	0.05	0.05	0.5	1.0
22	阴离子表面活性剂≤	0.2	0.2	0.2	0.3	0.3
23	硫化物≤	0.05	0.1	0.2	0.5	1.0
24	粪大肠菌群（个/L）≤	200	2 000	10 000	20 000	40 000

集中式生活饮用水地表水源地补充项目标准限值见表 17-2。

集中式生活饮用水地表水源地补充项目标准限值(单位:mg/L)　　表 17-2

序　号	项　目	标准值
1	硫酸盐(以 SO_4^{2-} 计)	250
2	氯化物(以 Cl^- 计)	250
3	硝酸盐(以 N 计)	10
4	铁	0.3
5	锰	0.1

典型例题解析

【例 17-11】 (2008)根据有关水域功能和标准分类规定,我国集中式生活饮用水地表水水源地二级保护区应该执行保护区中规定的哪项标准:

　　　　A. Ⅰ类　　　B. Ⅱ类　　　C. Ⅲ类　　　D. Ⅳ类

解　依据地表水水域环境功能和保护目标,按功能高低依次划分为五类,其中Ⅲ类主要适用于集中式生活饮用水地表水源地二级保护区、鱼虾类越冬场、洄游通道、水产养殖区等渔业水域及游泳区。选 C。

17.2.2 地下水质量标准(GB/T 14848—93)

1)主题内容与适用范围

本标准规定了地下水的质量分类,地下水质量监测、评价方法和地下水质量保护。

本标准适用于一般地下水,不适用于地下热水、矿水、盐卤水。

2)地下水质量分类

依据我国地下水水质现状、人体健康基准值及地下水质量保护目标,并参照了生活饮用水、工业、农业用水水质最高要求,将地下水质量划分为五类。

Ⅰ类　主要反映地下水化学组分的天然低背景含量。适用于各种用途。

Ⅱ类　主要反映地下水化学组分的天然背景含量。适用于各种用途。

Ⅲ类　以人体健康基准值为依据。主要适用于集中式生活饮用水水源及工、农业用水。

Ⅳ类　以农业和工业用水要求为依据。除适用于农业和部分工业用水外,适当处理后还可作生活饮用水。

Ⅴ类　不宜饮用,其他用水可根据使用目的选用。

3)地下水水质监测

各地区应对地下水水质进行定期检测。检验方法,按国家标准《生活饮用水标准检验方法》(GB 5750)执行。

各地地下水监测部门,应在不同质量类别的地下水域设立监测点进行水质监测,监测频率不得少于每年两次(丰、枯水期)。

监测项目为:pH、氨氮、硝酸盐、亚硝酸盐、挥发性酚类、氰化物、砷、汞、铬(六价)、总硬度、铅、氟、镉、铁、锰、溶解性总固体、高锰酸盐指数、硫酸盐、氯化物、大肠菌群,以及反映本地区主要水质问题的其他项目。

17.2.3 污水综合排放标准(GB 8978—1996)

1) 主题内容与适用范围

主题内容：本标准按照污水排放去向,分年限规定了69种水污染物最高允许排放浓度及部分行业最高允许排水量。

本标准适用于现有单位水污染物的排放管理,以及建设项目的环境影响评价、建设项目环境保护设施设计、竣工验收及其投产后的排放管理。

本标准颁布后,新增加国家行业水污染物排放标准的行业,按其适用范围执行相应的国家水污染物行业标准,不再执行本标准。

2) 标准分级

(1) 排入GB 3838中Ⅲ类水域(划定的保护区和游泳区除外)和排入GB 3097中两类海域的污水,执行一级标准。

(2) 排入GB 3838中Ⅳ、Ⅴ类水域和排入GB 3097中三类海域的污水,执行二级标准。

(3) 排入设置二级污水处理厂的城镇排水系统的污水,执行三级标准。

(4) 排入未设置二级污水处理厂的城镇排水系统的污水,必须根据排水系统出水受纳水域的功能要求,分别执行(1)和(2)的规定。

(5) GB 3838中Ⅰ、Ⅱ类水域和Ⅲ类水域中划定的保护区,GB 3097中一类海域,禁止新建排污口,现有排污口应按水体功能要求,实行污染物总量控制,以保证受纳水体水质符合规定用途的水质标准。

3) 污染物分类

本标准将排放的污染物按其性质及控制方式分为两类。第一类污染物,不分行业和污水排放方式,也不分受纳水体的功能类别,一律在车间或车间处理设施排放口采样,其最高允许排放浓度必须达到本标准要求(采矿行业的尾矿坝出水口不得视为车间排放口)。第二类污染物,在排污单位排放口采样,其最高允许排放浓度必须达到本标准要求。

本标准按年限规定了第一类污染物和第二类污染物最高允许排放浓度及部分行业最高允许排水量。

典型例题解析

【例17-12】 (2007)根据《污水综合排放标准》,排入设置二级污水处理厂的城镇排水系统的污水,应该执行下列哪项标准？

　　A. 一级　　　　B. 二级　　　　C. 三级　　　　D. 四级

解 《污水综合排放标准》标准分级中第三条：排入设置二级污水处理厂的城镇排水系统的污水,执行三级标准。选C。

【例17-13】 (2014)地下水质量标准适用于：

　　A. 一般地下水　　　　　　　　B. 地下热水

　　C. 矿区矿水　　　　　　　　　D. 地下盐卤水

解 地下水质量标准适用于一般地下水,不适用于地下热水、矿水、盐卤水。选A。

17.2.4 城镇污水厂污染物排放标准(GB 18918—2002)

1)范围

本标准规定了城镇污水处理厂出水、废气排放和污泥处置(控制)的污染物限值。

本标准适用于城镇污水处理厂出水、废气排放和污泥处置(控制)的管理。

居民小区和工业企业内独立的生活污水处理设施污染物的排放管理,也按本标准执行。

2)水污染物排放标准

(1)控制项目及分类

根据污染物的来源及性质,将污染物控制项目分为基本控制项目和选择控制项目两类。基本控制项目主要包括影响水环境和城镇污水处理厂一般处理工艺可以去除的常规污染物,以及部分一类污染物,共 19 项。选择控制项目包括对环境有较长期影响或毒性较大的污染物,共计 43 项。

基本控制项目必须执行。选择控制项目,由地方环境保护行政主管部门根据污水处理厂接纳的工业污染物的类别和水环境质量要求选择控制。

(2)标准分级

根据城镇污水处理厂排入地表水域环境功能和保护目标,以及污水处理厂的处理工艺,将基本控制项目的常规污染物标准值分为一级标准、二级标准、三级标准。一级标准分为 A 标准和 B 标准。部分一类污染物和选择控制项目不分级。

①一级标准的 A 标准是城镇污水处理厂出水作为回用水的基本要求。当污水处理厂出水引入稀释能力较小的河湖作为城镇景观用水和一般回用水等用途时,执行一级标准的 A 标准。

②城镇污水处理厂出水排入 GB 3838 地表水Ⅲ类功能水域(划定的饮用水水源保护区和游泳区除外)、GB 3097 海水二类功能水域和湖、库等封闭或半封闭水域时,执行一级标准的 B 标准。

③城镇污水处理厂出水排入 GB 3838 地表水Ⅳ、Ⅴ类功能水域或 GB 3097 海水三、四类功能海域,执行二级标准。

④非重点控制流域和非水源保护区的建制镇的污水处理厂,根据当地经济条件和水污染控制要求,采用一级强化处理工艺时,执行三级标准。但必须预留二级处理设施的位置,分期达到二级标准。

(3)标准值

城镇污水处理厂污染物排放基本控制项目,执行表 17-3 和表 17-4 的规定。

基本控制项目最高允许排放浓度(日均值)(单位:mg/L)　　　　表 17-3

序号	基本控制项目	一级标准		二级标准	三级标准
		A 标准	B 标准		
1	化学需氧量(COD)	50	60	100	120①
2	生化需氧量(BOD_3)	10	20	30	60①
3	悬浮物(SS)	10	20	30	50
4	动物油	1	3	5	20
5	石油类	1	3	5	15
6	阴离子表面活性剂	0.5	1	2	5

续上表

序号	基本控制项目		一级标准		二级标准	三级标准
			A 标准	B 标准		
7	总氮(以 N 计)		15	20	—	—
8	氨氮(以 N 计)②		5(8)	8(15)	25(30)	—
9	总磷(以 P 计)	2005 年 12 月 31 日前建设的	1	1.5	3	5
		2006 年 1 月 1 日起建设的	0.5	1	3	5
10	色度(稀释倍数)		30	30	40	50
11	pH		6~9			
12	粪大肠菌群数(个/L)		10^3	10^4	10^4	—

注:①下列情况下按去除率指标执行:当进水 COD 大于 350mg/L 时,去除率应大于 60%;BOD 大于 160mg/L 时,去除率应大于 50%。

②括号外数值为水温大于 12℃时的控制指标,括号内数值为水温不大于 12℃时的控制指标。

部分一类污染物最高允许排放浓度(日均值)(单位:mg/L) 表 17-4

序 号	项 目	标 准 值
1	总汞	0.001
2	烷基汞	不得检出
3	总镉	0.01
4	总铬	0.1
5	六价铬	0.05
6	总砷	0.1
7	总铅	0.1

(4)取样与监测

氨、硫化氢、臭气浓度监测点设于城镇污水处理厂厂界或防护带边缘的浓度最高点;甲烷监测点设于区内浓度最高点。采样频率,每两小时采样一次,共采集 4 次,取其最大测定值。

3)大气污染物排放标准

(1)标准分级

根据城镇污水处理厂所在地区的大气环境质量要求和大气污染物治理技术和设施条件,将标准分为三级。

①位于 GB 3095 一类区的所有(包括现有和新建、改建、扩建)城镇污水处理厂,自本标准实施之日起,执行一级标准。

②位于 GB 3095 二类区和三类区的城镇污水处理厂,分别执行二级标准和三级标准。其中 2003 年 6 月 30 日之前建设(包括改、扩建)的城镇污水处理厂,实施标准的时间为 2006 年 1 月 1 日;2003 年 7 月 1 日起新建(包括改、扩建)的城镇污水处理厂,自本标准实施之日起开始执行。

③新建(包括改、扩建)城镇污水处理厂周围应建设绿化带,并设有一定的防护距离,防护距离的大小由环境影响评价确定。

(2)标准值。城镇污水处理厂废气的排放标准值按表 17-5 的规定执行。

厂界（防护带边缘）废气排放量最高允许浓度（单位：mg/m³）　　　表 17-5

序号	控制项目	一级标准	二级标准	三级标准
1	氨	1.0	1.5	4.0
2	硫化氢	0.03	0.06	0.32
3	臭气浓度（无量纲）	10	20	60
4	甲烷（厂区最高体积浓度，%）	0.5	1	1

（3）取样与检测

氨、硫化氢、臭气浓度监测点设于城镇污水处理厂厂界或防护带边缘的浓度最高点；甲烷监测点设于区内浓度最高点。采样频率，每两小时采样一次，共采集 4 次，取其最大测定值。

4）污泥控制标准

城镇污水处理厂的污泥应进行稳定化处理，稳定化处理后应达到表 17-6 的规定。

污泥稳定化控制指标　　　表 17-6

稳定化方法	控制项目	控制指标
厌氧消化	有机物降解率（%）	>40
好氧消化	有机物降解率（%）	>40
好氧堆肥	含水率（%）	<65
	有机物降解率（%）	>50
	蠕虫卵死亡率（%）	>95
	粪大肠菌群菌值	>0.01

城镇污水处理厂的污泥应进行污泥脱水处理，脱水后污泥含水率应小于 80%。处理后的污泥进行填埋处理时，应达到安全填埋的相关环境保护要求。

典型例题解析

【例 17-14】（2012）城市污水处理厂进行升级改造时，其中强化脱氮除磷是重要的改造内容，12℃以上水温时，《城镇污水厂污染物排放标准》（GB 18918—2002）一级 A 标准中氨氮、总氮、总磷标准分别小于：

　　　　A. 5mg/L、15mg/L、10mg/L　　　　B. 8mg/L、15mg/L、0.5mg/L
　　　　C. 5mg/L、20mg/L、1.0mg/L　　　　D. 5mg/L、15mg/L、0.5mg/L

解　查表 17-3 可知。选 D。

17.2.5 环境空气质量标准（GB 3095—2012）

1）适用范围

本标准规定了环境空气功能区分类、标准分级、污染物项目、平均时间及浓度限值、检测方法、数据统计的有效性规定及实施与监督等内容。

本标准适用于环境空气质量评价与管理。

2）环境空气功能区分类

环境空气功能区分为两类：一类区为自然保护区、风景名胜区和其他需要特殊保护的地区；二类区为城镇规划中确定的居民区、商业交通居民混合区、文化区、一般工业和农村地区。

3)环境空气功能区质量要求

一类区适用一级浓度限值,二类区适用二级浓度限值。一、二类环境空气功能区质量要求见表17-7和17-8。

环境空气污染物基本项目浓度限值 表17-7

序号	污染物项目	平均时间	浓度限值 一级	浓度限值 二级	单位
1	二氧化硫(SO_2)	年平均	20	60	$\mu g/m^3$
		24小时平均	50	150	
		1小时平均	150	500	
2	二氧化氮(NO_2)	年平均	40	40	
		24小时平均	80	80	
		1小时平均	200	200	
3	一氧化碳(CO)	24小时平均	4	4	mg/m^3
		1小时平均	10	10	
4	臭氧(O_3)	日最大8小时平均	100	160	$\mu g/m^3$
		1小时平均	160	200	
5	颗粒物(粒径小于等于$10\mu m$)	年平均	40	70	
		24小时平均	50	150	
6	颗粒物(粒径小于等于$2.5\mu m$)	年平均	15	35	
		24小时平均	35	75	

环境空气污染物其他项目浓度限值 表17-8

序号	污染物项目	平均时间	浓度限值 一级	浓度限值 二级	单位
1	总悬浮颗粒物(TSP)	年平均	80	200	$\mu g/m^3$
		24小时平均	120	300	
2	氮氧化物(NO_x)	年平均	50	50	
		24小时平均	100	100	
		1小时平均	250	250	
3	铅(Pb)	年平均	0.5	0.5	
		季平均	1	1	
4	苯并[a]芘(BaP)	年平均	0.001	0.001	
		24小时平均	0.0025	0.0025	

典型例题解析

【例17-15】(2010)环境空气质量根据功能区划分三类,对应执行三类环境质量标准,执行一级标准时,二氧化硫平均限值为:

A. $0.02mg/m^3$(标准状态) B. $0.05mg/m^3$(标准状态)

C. $0.06mg/m^3$(标准状态) D. $0.15mg/m^3$(标准状态)

解 查表17-7可知。选A。

17.2.6 大气污染物综合排放标准（GB 16297—1996）

1）主题内容与适用范围

本标准规定了33种大气污染物的排放限值，同时规定了标准执行中的各种要求。

在我国现有的国家大气污染物排放标准体系中，按照综合性排放标准与行业性排放标准不交叉执行的原则，锅炉执行《锅炉大气污染物排放标准》（GB 13271）、工业炉窑执行《工业炉窑大气污染物排放标准》（GB 9078）、火电厂执行《火电厂大气污染物排放标准》（GB 13223）、炼焦炉执行《炼焦炉大气污染物排放标准》（GB 16171）、水泥厂执行《水泥厂大气污染物排放标准》（GB 4915）、恶臭物质排放执行《恶臭污染物排放标准》（GB 14554）、汽车排放执行《汽车大气污染物排放标准》（GB 14761.1～14761.7）、摩托车排气执行《摩托车和轻便摩托车排气污染物排放限值及测量方法》（GB 14621），其他大气污染物排放均执行本标准。

本标准实施后再行发布的行业性国家大气污染物排放标准，按其适用范围规定的污染源不再执行本标准。

本标准适用于现有污染源大气污染物排放管理，以及建设项目的环境影响评价、设计、环境保护设施竣工验收及其投产后的大气污染物排放管理。

2）指标体系

本标准设置下列三项指标：通过排气筒排放废气的最高允许排放浓度；通过排气筒排放的废气，按排气筒高度规定的最高允许排放速率；以无组织方式排放的废气，规定无组织排放的监控点及相应的监控浓度限值。

3）排放速率标准分级

本标准规定的最高允许排放速率，现有污染源分一、二、三级，新污染源分为二、三级。按污染源所在的环境空气质量功能区类别，执行相应级别的排放速率标准，即：位于一类区的污染源执行一级标准（一类区禁止新、扩建污染源，一类区现有污染源改建执行现有污染源的一级标准）；位于二类区的污染源执行二级标准；位于三类区的污染源执行三级标准。

典型例题解析

【例 17-16】（2007）根据《大气污染物综合排放标准》中的定义，下列说法有误的是：

A. 标准规定的各项标准值，均以标准状态下的干空气为基准，这里的标准状态指的是温度为273K，压力为101 325Pa时的状态
B. 最高允许排放浓度是指处理设施后排气筒中污染物任何1h浓度平均值不得超过的限值
C. 最高允许排放速率是指一定高度的排气筒在任何1h排放污染物的质量不得超过的限值
D. 标准设置的指标体系只包括最高允许排放浓度和最高允许排放速率

解 本标准设置下列三项指标：通过排气筒排放废气的最高允许排放浓度；通过排气筒排放的废气，按排气筒高度规定的最高允许排放速率；以无组织方式排放的废气，规定无组织排放的监控点及相应的监控浓度限值。选 D。

17.2.7 声环境质量标准（GB 3096—2008）

1）主题内容与适用范围

本标准规定了城市五类区域的环境噪声最高限值。本标准适用于城市区域。乡村生产区

域可参照本标准执行。

2）标准值

各类环境功能区适用的环境噪声等效声级限值见表17-9。

环境噪声限值[单位:dB(A)] 表17-9

声环境功能区类别		白天	晚上
0类		50	40
1类		55	45
2类		60	50
3类		65	55
4类	4a类	70	55
	4b类	70	60

3）各类标准的适用区域

0类指康复疗养区等特别需要安静的区域。

1类指以居民住宅、医疗卫生、文化教育、科研设计、行政办公为主要功能需要保持安静的区域。

2类指以商业金融、集市贸易为主要功能或居住、商业、工业混杂需要维护住宅安静的区域。

3类指以工业生产、仓储物流为主要功能需要防止工业噪声对周围环境产生严重影响的区域。

4类指交通干线两侧一定距离内需要防止交通噪声对周围环境产生严重影响的区域,包括4a类和4b类。4a类为高速公路、一级公路、二级公路、城市快速路、城市主干路、城市次干路、城市轨道交通(地面段)、内河航道两侧区域;4b类为铁路干线两侧区域。

典型例题解析

【例17-17】（2008）根据国家环境噪声标准规定,昼间55dB,夜间45dB的限值适用于下列哪个区域:

A. 疗养区、高级别墅区、高级宾馆区等特别需要安静的区域和位于城郊和乡村居住环境

B. 以居住、文教机关为主的区域

C. 居住、商业、工业混杂区

D. 城市中交通干线道路两侧区域

解 查表17-9可知。选B。

17.2.8 生活垃圾填埋场污染控制标准(GB 16889—2008)

1）适用范围

本标准规定了生活垃圾填埋场选址、设计与施工、填埋废物的入场条件、运行、封场、后期维护与管理的污染控制和监测等方面的要求。

本标准适用于生活垃圾填埋场建设、运行和封场后的维护与管理过程中的污染控制和监督管理。本标准的部分规定也适用于与生活垃圾填埋场配套建设的生活垃圾转运站的建设、运行。

本标准只适用于法律允许的污染物排放行为;新设立污染源的选址和特殊保护区域内现

有污染源的管理,按照《中华人民共和国大气污染防治法》、《中华人民共和国水污染防治法》、《中华人民共和国海洋环境保护法》、《中华人民共和国固体废物污染环境防治法》、《中华人民共和国放射性污染防治法》、《中华人民共和国环境影响评价法》等法律、法规、规章的相关规定执行。

2)选址要求

生活垃圾填埋场的选址应符合区域性环境规划、环境卫生设施建设规划和当地的城市规划。

生活垃圾填埋场场址不应选在城市工农业发展规划区、农业保护区、自然保护区、风景名胜区、文物(考古)保护区、生活饮用水水源保护区、供水远景规划区、矿产资源储备区、军事要地、国家保密地区和其他需要特别保护的区域内。

生活垃圾填埋场选址的标高应位于重现期不小于50年一遇的洪水位之上,并建设在长远规划中的水库等人工蓄水设施的淹没区和保护区之外。拟建有可靠防洪设施的山谷型填埋场,并经过环境影响评价证明洪水对生活垃圾填埋场的环境风险在可接受范围内,前款规定的选址标准可以适当降低。

生活垃圾填埋场场址的选择应避开下列区域:破坏性地震及活动构造区;活动中的坍塌、滑坡和隆起地带;活动中的断裂带;石灰岩溶洞发育带;废弃矿区的活动塌陷区;活动沙丘区;海啸及涌浪影响区;湿地;尚未稳定的冲积扇及冲沟地区;泥炭以及其他可能危及填埋场安全的区域。

生活垃圾填埋场场址的位置及与周围人群的距离应依据环境影响评价结论确定,并经地方环境保护行政主管部门批准。

3)污染物排放控制要求

(1)水污染物排放控制要求

生活垃圾填埋场应设置污水处理装置,生活垃圾渗滤液(含调节池废水)等污水经处理并符合本标准规定的污染物排放控制要求后,可直接排放。现有和新建生活垃圾填埋场自2008年7月1日起执行《现有和新建生活垃圾填埋场水污染物排放浓度限值》规定的水污染物排放浓度限值。

生活垃圾填埋场应设置污水处理装置,生活垃圾渗滤液(含调节池废水)等污水经处理并符合本标准规定的污染物排放控制要求后,可直接排放。

2011年7月1日前,现有生活垃圾填埋场无法满足水污染物排放浓度限值要求的,满足以下条件时可将生活垃圾渗滤液送往城市二级污水处理厂进行处理:

①生活垃圾渗滤液在填埋场经过处理后,总汞、总镉、总铬、六价铬、总砷、总铅等污染物浓度达到规定浓度限值;

②城市二级污水处理厂每日处理生活垃圾渗液总量不超过污水处理量的0.5%,并不超过城市二级污水处理厂额定的污水处理能力;

③生活垃圾渗滤液应均匀注入城市二级污水处理厂;

④不影响城市二级污水处理场的污水处理效果。

2011年7月1日起,现有全部生活垃圾填埋场应自行处理生活垃圾渗滤液并执行《现有和新建生活垃圾填埋场水污染物排放浓度限值》规定的水污染排放浓度限值。

根据环境保护工作的要求,在国土开发密度已经较高、环境承载能力开始减弱,或环境容量较小、生态环境脆弱,容易发生严重环境污染问题而需要采取特别保护措施的地区,应严格控制生活垃圾填埋场的污染物排放行为,在上述地区的现有和新建生活垃圾填埋场自2008年7月1日起执行《现有和新建生活垃圾填埋场水污染物特别排放限值》规定的水污染物特别排放限值。

(2)甲烷排放控制要求

填埋工作面上2m以下高度范围内甲烷的体积百分比应不大于0.1%。生活垃圾填埋场应采取甲烷减排措施:当通过导气管道直接排放填埋气体时,导气管排放口的甲烷的体积百分比不大于5%。

(3)生活垃圾填埋场在运行中应采取必要的措施防止恶臭物质的扩散。在生活垃圾填埋场周围环境敏感点方位的场界的恶臭污染物浓度应符合GB 14554的规定。

(4)生活垃圾转运站产生的渗滤液经收集后,可采用密闭法输送到城市污水处理厂处理、排入城市排水管道进入城市污水处理厂处理或者自行处理等方式。

典型例题解析

【例17-18】(2012)《生活垃圾填埋污染控制标准》适用于:
- A. 建筑垃圾处置场所
- B. 工业固体废物处置场所
- C. 危险物的处置场
- D. 生活垃圾填埋处置场所

解 本标准适用于生活垃圾填埋场建设、运行和封场后的维护与管理过程中的污染控制和监督管理。本标准的部分规定也适用于与生活垃圾填埋场配套建设的生活垃圾转运站的建设、运行。选D。

经典练习

17-14 (2012)根据地表水水域功能,将地表水环境质量标准基本项目标准值分为五类,地表水Ⅳ类的化学需氧量标准为( )。
- A. ≤15mg/L
- B. ≤20mg/L
- C. ≤30mg/L
- D. ≤40mg/L

17-15 (2008)下列物质中,( )属于我国污水排放控制的第一类污染物。
- A. 总镉、总镍、苯并(a)芘、总铍
- B. 总汞、烷基汞、总砷、总氰化物
- C. 总铬、六价铬、总铅、总锰
- D. 总α放射性、总β放射性、总银、总硒

17-16 (2010)根据《污水综合排放标准》,传染病、结核病医院污水采用氯化消毒时,接触时间应该( )。
- A. ≥0.5h
- B. ≥1.5h
- C. ≥5h
- D. ≥6.5h

17-17 《污水综合排放标准》中规定的第一类污染物,不分行业和污水排放方式,也不分受纳水体的功能类别,一律在( )处采样。
- A. 排污单位排放口
- B. 采矿行业的尾矿坝出水口
- C. 车间或车间处理设施排放口
- D. 以上均不对

17-18 城镇污水处理厂出水排入GB 3838地表水Ⅲ类功能水域(划定的饮用水水源保护区和游泳区除外)、GB 3097海水二类功能水域和湖、库等封闭或半封闭水域时,执行( )。
- A. 一级A标准
- B. 一级B标准
- C. 二级标准
- D. 三级标准

17-19 《大气污染物综合排放标准》不适用于（　　）。
　　A. 锅炉、工业炉窑的废气管理
　　B. 现有污染源大气污染物排放管理
　　C. 建设项目的环境影响评价、设计、环境保护设施的大气污染物排放管理
　　D. 投产后的大气污染物排放管理

17-20 《地下水质量标准》适用于（　　）。
　　A. 地下热水　　B. 矿水　　C. 盐卤水　　D. 一般地下水

17-21 依据地表水水域环境功能和保护目标，按功能高低依次划分为五类，其中Ⅲ类水一般用于（　　）。
　　A. 集中式生活饮用水地表水源地一级保护区、珍稀水生生物栖息地、鱼虾类产卵场、仔稚幼鱼的索饵场等
　　B. 集中式生活饮用水地表水源地二级保护区、鱼虾类越冬场、洄游通道、水产养殖区等渔业水域及游泳区
　　C. 一般工业用水区及人体非直接接触的娱乐用水区
　　D. 农业用水区及一般景观要求水域

17-22 我国水环境标准不包括（　　）。
　　A. 水环境质量标准
　　B. 污水排放标准
　　C. 相关的污水资源化利用的相关标准
　　D. 相关的污水饮用的相关标准

17.3　工程技术人员的职业道德与行为准则

必备基础知识

（1）热爱科技，献身事业。树立"科技是第一生产力"的观念，爱岗敬业，勤奋钻研，追求新知，掌握新技术、新工艺，不断更新业务知识，拓宽视野，忠于职守，辛勤劳动，为企业的振兴与发展贡献自己的才智。

（2）深入实际，勇于攻关。深入基层，深入现场，理论与实际相结合，科研和生产相结合，把施工生产中的难点作为工作重点，知难而进，不断解决施工生产中的技术难题，提高生产效率和经济效益。

（3）一丝不苟，精益求精。牢固确立精心工作、求实认真的工作作风。施工中严格执行建筑技术规范，认真编制施工组织设计，做到技术上精益求精，工程质量上一丝不苟，为用户提供合格产品，推广新技术、新工艺、新材料，不断提高技术水平。

（4）以身作则，培养新人。谦虚谨慎，尊重他人，善于合作共事，搞好团结协作，既当好科学技术带头人，又甘当铺路石，培育科技事业的接班人，大力做好施工科技知识在职工中的普及工作。

（5）严谨求实，追求真理。在参与可行性研究时，坚持真理，实事求是，协助领导进行科学决策；在参与投标时，从企业的实际出发，以合理造价和合理工期进行投标；在施工中，严格执行施工程序、技术规范、操作规程和质量安全标准，决不弄虚作假。

参考答案及提示

17-1 　D　《中华人民共和国环境保护法》第二十八条：排放污染物超过国家或者地方规定的污染物排放标准的企业事业单位，依照国家规定缴纳超标准排污费，并负责治理。

17-2 　A　根据《中华人民共和国水污染防治法》第七十六条可知，选项 A 很明显是违反规定的。

17-3 　A　根据《中华人民共和国大气污染防治法》第三十七条：工业生产中产生的可燃性气体应当回收利用，不具备回收利用条件而向大气排放的，应当进行防治污染处理。

17-4 　D　根据《中华人民共和国大气污染防治法》第三十六、三十八、四十及四十一条可知，A、B、C 均正确。

17-5 　C　《中华人民共和国环境噪声污染防治法》三十一条：本法所称交通运输噪声，是指机动车辆、铁路机车、机动船舶、航空器等交通运输工具在运行时所产生的干扰周围生活环境的声音。

17-6 　B　《中华人民共和国固体废物污染防治法》第二条规定：本法适用于中华人民共和国境内固体废物污染环境的防治。固体废物污染海洋环境的防治和放射性固体废物污染环境的防治不适用本法。

17-7 　C　根据《建设工程勘察设计管理条例》第十六条可知，A、B、D 均正确。

17-8 　B　《中华人民共和国环境保护法》第二十六条：建设项目中防治污染的措施，必须与主体工程同时设计、同时施工、同时投产使用。

17-9 　D　海洋污染防治适用《中华人民共和国海洋环境保护法》。

17-10　C　国务院按照城市总体规划、环境保护规划目标和城市大气环境质量状况，划定大气污染防治重点城市。直辖市、省会城市、沿海开放城市和重点旅游城市应当列入大气污染防治重点城市。

17-11　B　本法适用于中华人民共和国境内固体废物污染环境的防治。固体废物污染海洋环境的防治和放射性固体废物污染环境的防治不适用本法。

17-12　A　编制建设工程勘察、设计文件，应当以下列规定为依据：项目批准文件、城市规划、工程建设强制性标准以及国家规定的建设工程勘察、设计深度要求。

17-13　B

17-14　C　见表 17-1。

17-15　A　B 中的总氰化物、C 中的总锰、D 中的总硒不属于污水排放控制的第一类污染物。

17-16　B

17-17　C

17-18　B

17-19　A

17-20　D

17-21　B

17-22　D

附录一

注册环保工程师执业资格考试
专业基础考试大纲

十二、工程流体力学与流体机械

12.1 流体动力学
恒定流动与非恒定流动 理想流体的运动方程式 实际流体的运动方程式 伯努利方程式及其使用条件 总水头线和测压管水头线 总压线和全压线

12.2 流体阻力
层流与紊流、雷诺数 流动阻力分类 层流和紊流沿程阻力系数的计算 局部阻力产生的原因和计算方法 减少局部阻力的措施

12.3 管道计算
孔口（或管嘴）的变水头出流 简单管路的计算 串联管路的计算 并联管路的计算

12.4 明渠均匀流和非均匀流
明渠均匀流的计算公式 明渠水力最优断面和允许流速 明渠均匀流水力计算的基本问题 断面单位能量临界水深 缓流、急流、临界流及其判别准则 明渠恒定非均匀渐变流基本微分方程

12.5 紊流射流与紊流扩散
紊流射流的基本特征 圆断面射流 平面射流

12.6 气体动力学基础
压力波传播和音速概念 可压缩流体一元稳定流动的基本方程 渐缩喷管与拉伐管的特点 实际喷管的性能

12.7 相似原理和模型实验方法
流动相似 相似准则 方程和因次分析法 流体力学模型研究方法 实验数据处理方法

12.8 泵与风机
泵与风机的工作原理及性能参数 泵与风机的基本方程 泵与风机的特性曲线 管路系统特性曲线 管路系统中泵与风机的工作点 离心式泵或风机的工况调节 离心式泵或风机的选择 气蚀 安装要求

十三、环境工程微生物学

13.1 微生物学基础
微生物的分类、命名、特点 病毒的特点、分类和繁殖过程 病毒的去除 细菌的形态、细胞结构、生理功能和生长繁殖 原生动物及后生动物的分类、结构和生理功能

13.2 微生物生理

酶的催化特性　影响酶活力的因素　营养类型的划分　呼吸类型　微生物的生长曲线

13.3 微生物生态

土壤微生物生态　空气微生物生态　水体微生物生态　水体自净过程　污染水体的微生物生态

13.4 微生物与物质循环

碳循环　氮循环　硫循环　磷循环

13.5 污染物质的生物处理

好氧活性污泥　好氧生物膜　厌氧消化　原生动物及微型后生动物在污水生物处理过程中的作用

十四、环境监测与分析

14.1 环境监测过程的质量保证

监测方法的选择　监测项目的确定　监测点的设置　采样与样品保存　分析测试误差和监测结果表述　质量控制方法

14.2 水和废水监测与分析

重点污染因子（悬浮物、溶解氧、化学需氧量、高锰酸盐指数、生化需氧量、氨氮、磷酸盐、石油类、挥发酚、重金属等）的监测与分析方法原理

14.3 大气和废气监测与分析

气态和蒸汽态污染物质的监测　颗粒物的测定　固定污染源监测

14.4 固体废弃物监测与分析

固体废弃物有害特性监测　生活垃圾特性分析

14.5 噪声监测与测量

声源测量和声环境噪声测量

十五、环境评价与环境规划

15.1 环境与生态评价

环境与环境系统　环境质量与环境价值　环境背景值　环境目标　环境容量　环境污染与生态破坏　环境质量指数

15.2 环境影响评价

环境影响评价的程序和管理　环境影响识别和工程分析　环境影响预测与影响评价　环境影响报告书编制和审批原则

15.3 环境与生态规划

环境规划原则和规划方法　环境规划目标和指标体系　环境功能区划　环境预测内容、预测方法　环境规划的制定的程序　我国环境管理的三大政策及八项制度

十六、污染防治技术

16.1 水污染防治技术

水质指标　水体与水体自净　水环境容量　物理化学处理方法　生物化学处理方

法　水处理厂污泥处理方法　废水的深度处理方法
16.2 大气污染防治技术
　　　气象要素、大气结构和组成　大气污染物的种类和来源　大气污染物浓度的估算方法　烟气抬升高度与烟囱高度计算　燃烧与大气污染　颗粒污染物防治方法　气态污染物防治方法
16.3 固体废弃物处理处置技术
　　　固体废弃物产生与管理　固体废物对环境的危害　固体废物预处理技术　固体废物生物处理　固体废物热处理　固体废物的最终处置　固体废物资源化与综合利用
16.4 物理污染防治技术
　　　噪声污染防治技术　振动防治技术　电磁辐射和放射性污染治理技术

十七、职业法规

17.1 环境与基本建设相关的法规
　　　中华人民共和国环境保护法　中华人民共和国水污染防治法　中华人民共和国大气污染防治法　中华人民共和国噪声污染防治法　中华人民共和国固体废物污染环境防治法　建设项目环境保护管理条例　中华人民共和国环境影响评价法　中华人民共和国海洋污染防治法　中华人民共和国建筑法　建设工程勘察设计管理条例
17.2 环境质量与污染物排放标准
　　　地表水环境质量标准　地下水质量标准　污水综合排放标准　城镇污水厂污染物排放标准　环境空气质量标准　大气污染物综合排放标准　城市区域环境噪声标准　生活垃圾填埋污染物控制标准
17.3 工程技术人员的职业道德与行为准则

附录二

注册环保工程师执业资格考试
专业基础试题配置说明

工程流体力学与流体机械	10 题
环境工程微生物学	6 题
环境监测与分析	8 题
环境评价与环境规划	8 题
污染防治技术	22 题
职业法规	6 题

注：试卷题目数量合计 60 题，每题 2 分，满分为 120 分。考试时间为 4 小时。